U0333392

工程热力学

主　编　何伯述
副主编　段志鹏　严林博
参　编　王超俊　何　頔

刮开涂层，扫描二维码，获取本书配套电子资源。

清华大学出版社
北京交通大学出版社
·北京·

内 容 简 介

本书共计4个模块14个项目，以“引—学—导—做”的模式组织全书内容。本书以能量传递、转移过程中数量守恒和质量贬值为主线，讲述工程热力学基本概念和基本定律、工质的热力性质、热力过程及热力循环、化学热力学基础等内容。本书注重基本理论的阐述及理论与工程实践的联系，又注重结合课程内容对学生进行热力学分析和思维能力的训练，在加强基础理论的同时注意吸收当今热工科技的新成果和新思路。本书各项目附有丰富的例题、思考题和习题，书末有较详细的热工图表供开展热力计算时使用。此外，本书各项目附有项目提要、学习目标、项目总结等内容，便于学生掌握知识要点及其相互联系与应用。

本书适合能源与动力工程、飞行器动力工程、机械工程、建筑环境与能源应用工程、能源与环境系统工程、新能源科学与工程、核工程与核技术、核化工与核燃料工程等专业的学生、教师及工程技术人员等使用。

图书在版编目(CIP)数据

工程热力学 / 何伯述主编. —北京：北京交通大学出版社：清华大学出版社，2020.7
ISBN 978-7-5121-4194-0

Ⅰ. ①工…　Ⅱ. ①何…　Ⅲ. ①工程热力学-高等学校-教材　Ⅳ. ①TK123

中国版本图书馆CIP数据核字(2020)第066879号

工程热力学
GONGCHENG RELIXUE

责任编辑：严慧明
出版发行：清 华 大 学 出 版 社　邮编：100084　电话：010-62776969　http://www.tup.com.cn
　　　　　北京交通大学出版社　邮编：100044　电话：010-51686414　http://www.bjtup.com.cn
印 刷 者：北京时代华都印刷有限公司
经　　销：全国新华书店
开　　本：185 mm×260 mm　印张：32.5　字数：812千字
版 印 次：2020年7月第1版　2020年7月第1次印刷
定　　价：88.00元

本书如有质量问题，请向北京交通大学出版社质监组反映. 对您的意见和批评，我们表示欢迎和感谢.
投诉电话：010-51686043，51686008；传真：010-62225406；E-mail：press@bjtu.edu.cn.

序

本人因一直从事工程热力学教学工作，并录制了国内首门工程热力学慕课，很早就应北京交通大学何伯述教授之邀为他们的新编教材写一个序，近日欣然看到该新编教材的样稿。

工程热力学，是研究热能与机械能相互转换及热能有效利用的科学，是节能的理论基础，是能源动力、机械工程等许多工科专业重要的专业基础课。工程热力学的内容主要包括基本概念和基本定律、工质的性质与热力过程、热力循环以及化学热力学基础等。由于工质是能量转换的媒介或载体，在基本定律、基本定理的推演及应用中有时需要用到工质的性质与热力过程，且工质又分为理想气体和实际气体，两者性质不同，过程及处理方法亦有差异等，因此如何逻辑清晰且循序渐进地讲授或布局教材内容及架构，以更有益于学生对工程热力学的理解和整体掌握，不同的教师或有不同的认识与体会。这也是各工程热力学教材体系不尽相同的原因所在。

本书编者基于多年的教学实践，以模块－项目－任务的编列方式组织教材内容，四大模块及各自囊括的项目（示于括号内）为：热力学基本概念和基本定律（基本概念、热力学第一定律、热力学第二定律）、工质的热力性质（气体的热力性质、热力学微分关系式与通用线图、水蒸气的热力性质、理想混合气体与湿空气）、热力过程及热力循环（理想气体的热力过程、气体的流动与压缩、气体动力循环、蒸汽动力循环、制冷循环）、化学热力学基础（化学热力学基础、燃料电池的热力学基础）。每个项目之下有若干个任务，相当于一般教材每章之下有若干节。特别是在“气体动力循环”项目中，编者对气体动力循环的循环比功给予了更多的关注，导出了给定循环最低和最高温度下循环比功的极值，并强调工程应用时不应该只追求循环热效率，而应该根据具体情况在追求循环热效率与追求循环比功之间科学取舍。另外，为了适应能源科学的发展，编者在“化学热力学基础”模块中增加了“燃料电池的热力学基础”项目，这将有助于读者从能量转换的角度认识和了解燃料电池。总之，编者在本书的编著上做了不少新颖的尝试,期待有利于读者对工程热力学主脉的把握和内容的学习。

工程热力学是一门充满生机的经典科学,特别是在能源危机和环境污染严重制约人类可持续发展的今天,希望有更多的人喜欢并掌握这门科学以更好地服务于节能减排,共筑青山绿水美好家园。

吴晓敏

2020 年 4 月

于清华园

前　言

我国人均能源资源仅为世界平均水平的1/2,且能源利用效率低下。因此,节能与减排是我们的基本国策。工程热力学是研究热能与其他形式能量转换规律的一门学科,是开展节能与减排的理论基础,是能源与动力工程、飞行器动力工程、机械工程、建筑环境与能源应用工程、能源与环境系统工程、新能源科学与工程、核工程与核技术、核化工与核燃料工程等专业的重要专业基础课。

编者多年来一直从事工程热力学的一线教学工作,在教学实践中,编者发现现有的典型教材的内容组织有待优化和完善,部分知识分析的重点需要重新审视,学科的新发展没有纳入教材。此外,编者还发现,有的学生总是感觉工程热力学课程的概念、基本定理容易理解,但是在解决具体问题时往往不知如何下手,还有的学生在解答问题时存在抓不住重点、逻辑不清、推导不规范等问题。为此,编者在编写本书时,不仅对国内外经典教材中的相关知识内容进行了提炼,而且还对其进行了优化组织,同时重新审视了气体动力循环的性能分析方法,提出了气体动力循环的通用温熵图,首次在工程热力学教材中增加了以最大循环比功为目标的气体动力循环(包括混合加热循环、奥托循环、狄塞尔循环、阿特金森循环、米勒循环和燃气轮机循环)优化分析方法及燃料电池的热力学基础,希望能对工程热力学理论知识的学习、掌握和应用提供帮助。

全书共计4个模块14个项目,以“引—学—导—做”的模式组织全书内容。本书内容安排循序渐进,注重引导读者清晰地理解和掌握基本概念、基本定律及基本定理,明确重点和难点,培养从热力学角度抽象和解决实际问题的能力。此外,为了更好地学习相关内容,读者可登录中国大学MOOC网观看由编者录制的工程热力学知识点视频资料。对于各项目的思考题和习题,可参考编者编写的《工程热力学知识点与典型例题》。本书适合能源与动力工程、飞行器动力工程、机械工程、建筑环境与能源应用工程、能源与环境系统工程、新能源科学与工程、核工程与核技术、核化工与核燃料工程等专业的学生、教师及工程技术人员等使用。

在本书的编写过程中，编者参考了大量国内外典型教材及教辅，在此一并致谢！感谢清华大学能源与动力工程系吴晓敏教授拨冗为本书写序。感谢给予编者关心、支持和帮助的各位前辈、同仁、助教、研究生和家人们，以及北京交通大学出版社的相关工作人员，没有他们的支持、关心和辛勤付出，本书是难以成稿付印的！本书共计 81.2 万字，其中何伯述完成 39% 并负责统稿，段志鹏完成 15%，严林博完成 16%，王超俊完成 15%，何頔完成 15%。

由于编者水平有限，书中必有错误或不妥之处，请读者不吝赐教（hebs@bjtu.edu.cn）。

编者

2020 年 2 月于红果园

目　录

模块 2　工质的热力性质

模块 3　热力过程及热力循环

模块 4　化学热力学基础

绪　论

任务0.1　我国能源面临的主要问题

能源、材料、信息是构造人类社会的三大支柱。在这三者中,能源既是材料生产、机械制造及其功能实现的动力,又为信息采集、加工、储存、传递提供所需的能量,它更居于核心地位和发挥着关键作用。而且生产力越发达,社会越进步,人类物质生活及精神生活水平越提高,人类对能源的依赖性越大。1973 年第一次能源(石油)危机,不仅使美国、日本等资本主义国家蒙受数以百亿计美元的巨大经济损失,而且给整个社会生活造成极大的混乱。当时,在最发达的美国甚至出现了马拉汽车、燃木取暖和蜡烛照明的现象。西方报刊惊呼 1973 年的美国过了一个寒冷、暗淡的冬天。可以这样说,现代社会的物质生活和精神生活时刻都离不开能源的供应:没有足够的能源,人类社会将要停滞,现代文明的大厦将要坍塌。不仅如此,在当今世界,能源不仅是人类社会赖以生存和发展的物质基础,而且是一种重要的战略物资。

新中国成立 70 周年以来,我国的能源工业取得了举世瞩目的成就,有力地保证和促进了整个国民经济的发展和社会进步。但是,由于我国是一个人口众多的发展中国家,我国能源工业面临着许多问题,概括起来是“三低、污染重、不均衡”。

1)人均能源拥有量和储备量低

我国能源虽然较为丰富,但人均能源拥有量远低于世界平均水平。我国人均原煤资源不到美国的 1/10,也低于世界平均水平的 1/2;人均原油资源只有美国的 1/5,也远低于世界平均水平的 1/9;天然气资源低于美国的 1/8 和世界平均水平的 1/20。地大而人均物不博才是中国真正的国情。

2)能源利用率低

受到我国科技水平和生产力水平的限制,我国能源终端利用率仅为 33%,比发达国家低 10 个百分点。我国单位产值平均能耗比发达国家高 30% ~80%,加权平均高 40%,单位产值能耗为发达国家的 2 倍。我国每百万美元 GDP 能耗是美国的 2.5 倍,是欧盟的 5 倍,几乎是日本的 9 倍。例如,我国工业锅炉效率仅为西方发达国家的 80%;我国燃煤电厂平均煤耗是 414 g/(kW·h),而国际燃煤电厂的平均煤耗为 350 g/(kW·h);鼓风机及水泵的能源利用率也仅为国际水平的 85%;国产电动机在产生相同动力的情况下,其电力消耗比国际水平高 5% ~10%。

3）人均能耗水平低

我国人均能耗水平特别是生活用能水平很低。例如，目前我国电力装机容量和总发电量已均居世界第二位，但人均占有量分别为0.21 kW和900 kW·h，均只有世界水平的1/3。中国1998年的人均能源消费为1.165 t标准煤，居世界第四位，不足世界人均消费水平（2.4 t标准煤）的一半，只是发达国家的1/10～1/5。专家预计到2040年，我国人均能源消费将达到2.3 t标准煤左右，相当于目前世界平均水平，远低于发达国家的目前水平。可见，人均常规能源相对不足，是中国经济、社会可持续发展的一个制约因素，尤其是石油和天然气，所以我们要有能源忧患意识。

4）环境污染严重

能源的开发利用，一方面为人类社会的发展提供了必需的能源，另一方面也对自然环境造成了污染和破坏。与能源开发利用密切相关的温室效应、酸雨、核废料辐射等对地球的生态系统造成了严重威胁。我国能源构成的特点是富煤、贫油、少气。我国由于以煤为主，而且人口众多，生产和生活所用能源给环境造成的污染已十分严重。有资料表明，生活及取暖用煤和生物质燃烧造成的室内空气污染每年约造成11.1万人早亡，城市内一些空气污染严重地带，呼吸道癌发病率上升50%，肺癌死亡率上升近20%。我国南部和西南部高硫煤地区的酸雨影响已危及全国40%的陆地面积和19%的耕地面积，使受影响地区农作物及林业生产率平均下降3%。据世界银行报道，我国城市空气污染对人体健康和生产力造成的损失估计每年超过200亿美元；酸雨造成的每年农作物收成减产及其他损失高达上千亿美元。含碳能源的大量使用还造成可导致温室效应的二氧化碳气体排量更是居高不下，能源给环境造成的影响是十分严峻的。

5）能源分布极不均衡

我国经济发达的沿海和东部地区缺油少气，天然气丰富的西部经济又欠发达，不得不进行晋煤外运和西气东输等工程。

我国要在21世纪实现全面现代化，实现中华民族的伟大复兴，必须要解决好我国的能源问题。解决我国面临的能源问题，除了要靠国家的宏观政策调控（有效地控制人口，改善我国能源构成和加大投入），更要靠科技进步和自主创新。推动能源科技进步和自主创新的重担历史地落在能源科技工作者的肩上。在能源问题上，目前面临确保能源供应和保护环境的两大挑战，这是大有作为的天地。国家兴亡，匹夫有责，前辈们已为我们做出了榜样。在校学习的青年学生是未来中国建设的骨干和中坚力量，现在应该学习掌握好科学技术，将来为国家富强和人民幸福做出自己的贡献。

任务0.2 热能及其利用

人类在日常生活和生产中，需要多种形式的能源。人类最早从自然能源中寻找所需能源，自然能源的开发和利用是人类社会进步的起点，而能源开发和利用的程度又是社会生产力发展水平和人类富裕文明生活水平的一个重要标志。蒸汽机的发明，开创了人类利用自然力的先河,解放了人的体力和畜力,人类由农业社会过渡到工业社会;电力的发现特别是微电子技术与计算机的出现,又解放了人的体力和部分脑力劳动(重复性脑力劳动),人类社会开始由工业社会向信息社会过渡。

所谓能源,是指为人类生活和生产提供能量和动力的物质资源。自然界中以自然形态存在的、可直接利用的能源称为一次能源,主要有风能、水力能(水能)、燃料化学能、核能、地热能和太阳能等,其中有些可直接加以利用,但通常需要经过适当加工转换才能利用。由一次能源加工转换后得到的能源称为二次能源,主要包括热能、机械能和电能。因此,能量的利用过程实质上是能量的传递和转换过程,如图 0-1 所示。

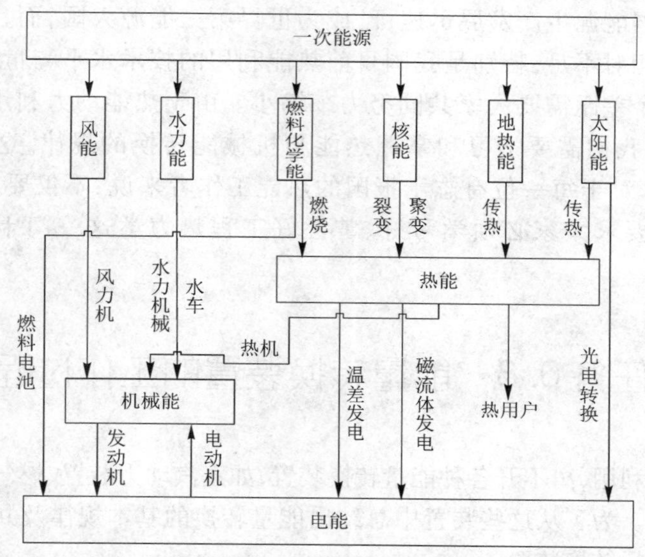

图 0-1　能量的传递和转换过程

由图 0-1 可见,在能量转换过程中,热能不仅是最常见的形式,而且具有特殊重要的作用。一次能源中,太阳能通过光电转换直接提供电能,燃料化学能通过燃料电池直接提供电能,风能、水力能直接提供机械能,除此之外,其余各种一次能源都往往先要转换成热能的形式。据统计,经过热能形式而被利用的能量,在我国占 90% 以上,在世界其他各国平均占比超过 85%。因此,热能的开发利用对人类社会的发展有着重要的意义。

热能的利用有热利用和动力利用两种基本形式。热能的热利用也称热能的直接利用,即将热能直接用于加热物体,以满足烘干、采暖、熔炼等生产工艺和人们生活的需要。这种利用方式已有几千年的历史,它有两个特点:一是能量形式无变化,即产热体提供的是热能,受热体利用的也是热能;二是理论上无损失,即如不考虑实际上的热损失的话,理论上热能可以百分之百地加以利用。在这种热利用方式中,由于提供热能与利用热能的往往不是同一个物体或物体的同一部分,所以要提高其利用效率就必须要研究热能传递的规律与特征,这就需要学习好传热学知识。热能的动力利用也称热能的间接利用,通常是指通过各种热能动力装置将热能转换成机械能或者再转换成电能加以利用,为人类的日常生活和工农业生产及交通运输提供动力。自从发明蒸汽机以来,这种利用方式虽然至今仅有 200 多年的历史,但却开创了热能动力利用的新纪元,使人类社会生产力和科学技术突飞猛进。由此可见热能的动力利用的重要性。这种利用形式具有与前种利用形式相反的两种特点:一是能量形式有变化,即供热体提供的是热能,而受热体(热机)输出的可能是机械能或电能;二是理论上必有损失,即在完全理想化的条件下,由于受到热力学第二定律的限制,热能也不能百分之百地转换为机械能或电能。事实上,也正是因为这个原因,目前热能通过各种热能动力装置转换为机械能的有效利用程度较低。早期蒸汽机的热效率只有1% ~2%,目前燃气轮机装置的热效率只有20% ~30%,内燃机的热效率为25% ~35%,蒸汽电站的热效率也只有40%左右,如何更有效地实现热功转换是一个十分迫切而又重要的课题。尽管自新中国成立以来,我国能源生产发展迅速,已成为世界第三能源大国,而且燃料资源比较丰富,但人均占有量相对不足,特别是我国目前热能利用的技术水平与世界发达国家相比,还有很大差距,这个差距需要大家共同努力来缩小。由于热能动力利用的能量形式有变化、热能需要转换,我们需要学习和掌握热能与机械能转换的规律,这就是工程热力学所要研究的内容。对于每一位有志于报国的热能工作者来说,不仅要有报国之志,更要有报国之才,这就要求大家必须学习好、掌握好工程热力学这一门十分重要的专业基础课。

任务0.3　能量转换装置的工作过程

热能的转换和利用,离不开各种能量转换装置,如蒸汽动力装置、燃气轮机装置、内燃机及压缩制冷装置等。为了从这些装置中总结出能量转换的基本规律及共同特性,下面简要介绍几种常用的能量转换装置。

1. 蒸汽动力装置

简单循环的常规蒸汽动力装置由锅炉、蒸汽轮机、水泵和冷凝器等设备组成,图0-2(a)为其系统简图。煤粉、油、天然气等化石燃料在锅炉内燃烧,其化学能转变为热能,产生高温的烟气。锅炉内的水吸收烟气的热量,变成水蒸气,当它流经过热器时,继续吸热,温度进一步升高,变为过热水蒸气。此时水蒸气的温度、压力比外界介质(空气)的高,具有做功能力。当它被导入蒸汽轮机后,先通过喷管并在其中膨胀,压力、温度都降低,而速度增大,热能转换成了气流的动能。这种高速气流冲击推动叶片,带动叶轮旋转。气流的速度降低,动能转化为叶轮的机械能,通过轴转动做功,如图0-2(b)所示。对于膨胀做功后的乏汽,压力与温度都较低,进入冷凝器后向冷却介质(如循环冷却水或空气)放热而凝结成水,并由泵升压后打入锅炉加热。如此周而复始循环,重复上述吸热、膨胀、放热和升压等一系列过程,把燃料燃烧放出的热能源源不断地转换成机械能。这种装置可简化为如图0-2(c)所示的热力系统图。

核电站蒸汽动力装置的构成和工作过程与上述常规蒸汽动力装置的主要区别是反应堆取代了锅炉,如图0-3所示。二回路的工作介质(如水)在蒸汽发生器中吸收反应堆中产生的能量,成为具有做功能力的蒸汽,然后膨胀、放热、压缩,进行循环工作。

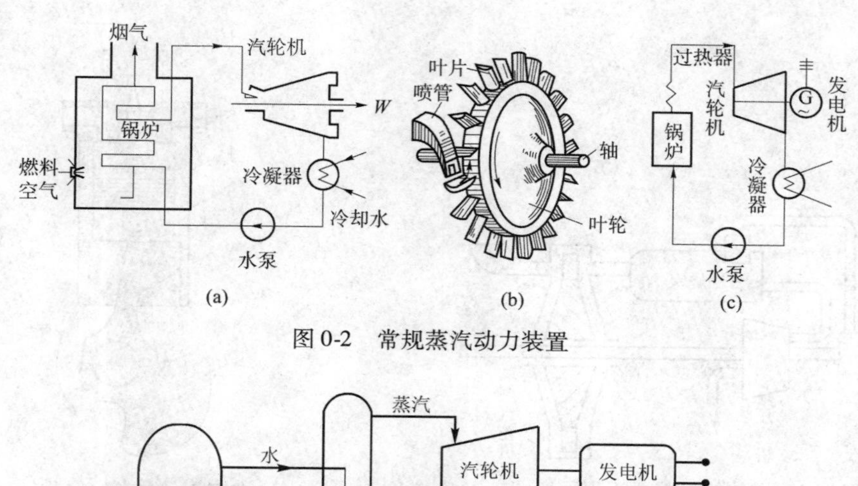

图 0-2　常规蒸汽动力装置

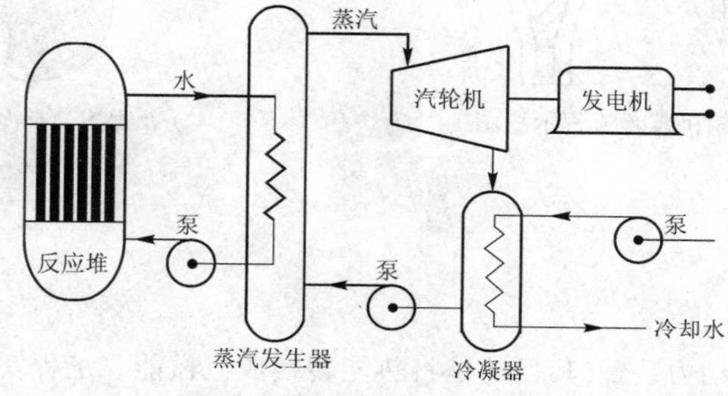

图 0-3　核电站蒸汽动力装置

在各类蒸汽动力装置中,工作介质都经历吸热、膨胀、放热和升压过程,只有这样才能把热能源源不断地转变为功。

2. 燃气轮机装置

燃气轮机装置是 20 世纪 40 年代发展起来的一种比较新型的动力装置。最简单的燃气轮机装置包括三个主要部件:压气机、燃气轮机和燃烧室,图 0-4 为其流程示意图。空气和燃料分别经压气机与泵增压后送入燃烧室,在燃烧室中燃料与空气混合并燃烧,释放出热能。燃烧所产生的燃气吸热后温度升高,然后流入燃气轮机边膨胀边做功。做功后的气体排向大气并向大气放热。重复上述升压、吸热、膨胀与放热的过程,连续不断地将燃料的化学能转换成热能,进而转换成机械能。

3. 内燃机装置

内燃机的工作特点是,燃料在气缸内燃烧,所产生的燃气直接推动活塞做功。下面以图 0-5 所示的汽油机为例加以说明。

开始,活塞向下移动,进气阀开启,排气阀关闭,汽油与空气的混合气进入气缸。当活塞到达最低位置后,改变运动方向而向上移动,这时进、排气阀关闭,缸内气体受到压缩。压缩终了,火花塞将燃料气点燃。燃料燃烧所产生的燃气在缸内膨胀,向下推动活塞而做功。当活塞再次上行时,进气阀关闭,排气阀打开,做功后的燃气排向大气。重复上述压缩、燃烧、膨胀、排气等过程,周而复始,不断地将燃料的化学能转换成热能,进而转换成机械能。

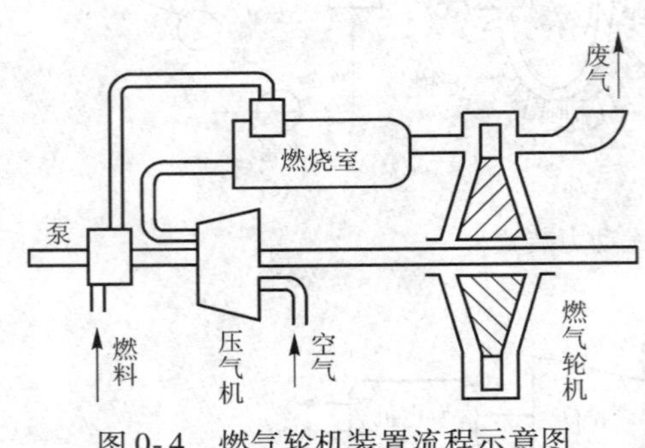

图 0-4　燃气轮机装置流程示意图

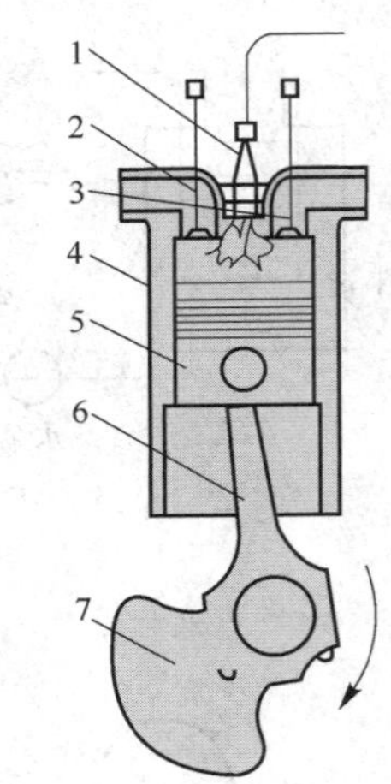

1—火花塞;2—进气阀;3—排气阀;
4—气缸;5—活塞;6—连杆;7—曲轴
图 0-5　汽油机

4. 压缩制冷装置

以上介绍了热能动力装置,其目的是将热能转换成机械能。工程实际中还存在另一种装置,它们消耗机械功来实现热能从低温物体向高温物体的转移,这类装置通常称为制冷装置或热泵。现以氟利昂蒸气压缩制冷装置为例说明其工作原理。

在图 0-6 所示的氟利昂蒸气压缩制冷装置中,一般采用氟利昂作为制冷剂。当低温、低压的氟利昂蒸气从冷藏室出来被吸入压缩机后,经压缩变为温度和压力都较高的氟利昂过热蒸气,此过热蒸气被送至冷凝器冷凝为液态氟利昂,同时放出热量,液态氟利昂再经膨胀机绝热膨胀,降温降压后送至冷藏室,吸收热量而汽化,这是在冷藏室内形成低温制冷的条件。

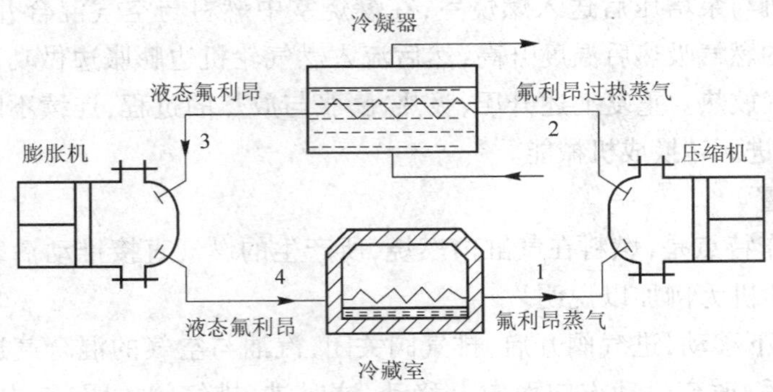

图 0-6　氟利昂蒸气压缩制冷装置

尽管上述几种能量转换装置的结构与工作方式各不相同,但经分析会发现它们有如下的共性。

(1) 在热能装置中实现能量转换时,均需要某种物质作为工作物质,称为工质。例如水蒸气、空气、燃气及氟利昂等。简言之,工质是能量转换中必不可少的。

(2)能量转换是在工质状态连续变化的情况下实现的。工质在热能动力装置中都要经历升压、吸热、膨胀和放热等过程才能实现能量转换。简言之,热力过程是能量转换必须经历的途径。

(3)供给热能动力装置的热能,只有一部分转换成机械能,其余部分传给大气或冷却水。简言之,热能不能百分之百转换为机械能。

以上是通过初步的观察和分析得到的寓于各装置个性中的共性。所有这些,正是工程热力学这门课程中所要讨论的问题。

任务 0.4　工程热力学的研究对象及其主要研究内容

工程热力学是研究热能和机械能转换规律及应用的科学,从理论上阐明提高热机效率和热能利用率的途径是工程热力学的一项主要任务。

工程热力学的主要研究内容包括下列几个部分。

(1)能量转换的客观规律,即热力学第一、第二定律。这是工程热力学的理论基础,其中,热力学第一定律从数量上描述了热能与机械能相互转换时的关系;热力学第二定律从质量上说明热能与机械能之间的差别,指出能量转换时的条件和方向性。

(2)工质的基本热力性质。包括空气、燃气、水蒸气、湿空气等的热力性质。

(3)各种热工设备中的工作过程。即应用热力学基本定律分析计算工质在各种热工设备中所经历的状态变化过程和循环,探讨、分析影响能量转换效果的因素及提高能量转换效果的途径。

(4)与热工设备工作过程直接有关的一些化学与物理问题。目前,热能的主要来源是燃料的燃烧,而燃烧是剧烈的化学反应过程,因此需要讨论化学热力学的基本知识。

随着科技进步与生产发展,工程热力学的研究与应用范围已不限于只是作为建立热机(或制冷装置)理论的基础,现已扩展到许多工程技术领域,如航空航天、高能激光、热泵、空气分离、空气调节、海水淡化、化学精炼、生物工程、低温超导、物理化学等,这些领域都需要应用工程热力学的基本理论和基本知识。因此,工程热力学已成为许多有关专业所必修的一门技术基础课。

任务 0.5　热力工程及热力学发展简史

热现象是人类最早接触的自然现象之一。相传远古时代的燧人氏钻木取火,就是将机械能转换成热能使木头温度升高而发生燃烧的热现象。但是人类对热的利用和认识,经历了漫长的岁月,直到近 300 年,人类对热的认识才逐步形成了一门科学。

在 18 世纪初期,由于煤矿开采工业上对动力抽水机的需要,最初在英国出现了带动往复水泵的原始蒸汽机。到了18世纪的下半期,由于资本主义手工业的发展和自动纺纱机、织布机等工作机的不断发明,利用实用的动力机来带动这些工作机成为一种迫切的需要,所以直到工厂手工业的晚期阶段,热力动力机的发明与应用才有了可能与需要。因此可以说,蒸汽机的发明与应用是社会生产力发展的必然结果,而且蒸汽机的发明和改进也是经过当时许多国家的很多人共同努力所完成的。

1763—1784年,英国人瓦特(James Watt, 1736—1819)对当时的原始蒸汽机做了重大改进,发明了使用高于大气压的蒸汽作为工质、有回转运动、有独立冷凝器的单缸蒸汽机,现在估计其热效率约为2%,这在当时已是很大的进步。

此后蒸汽机被纺织、冶金等工业所普遍采用,生产力得到很大提高,以后蒸汽机被不断改进。到了19世纪初,发明了以蒸汽机作为动力的铁路机车和船舶。随着蒸汽机的广泛应用,如何进一步提高蒸汽机效率的问题变得日益重要。这样就促使人们对提高蒸汽机热效率、热功转换的规律及水蒸气的热力性质问题进行了深入研究,从而推动了热力学的发展。

在热功转换规律的研究方面,年轻的工程师卡诺(Sadi Carnot, 1796—1832)在1824年提出了卡诺定理。他首先在理论上指出,热机必须工作于温度各不相同的热源之间才能将从高温热源吸入的热量转变为有用的机械功,并提出了热机最高效率的概念。这些实质上已揭示了热力学第二定律最基本的内容,但是由于卡诺受到了当时流行的热质说的束缚,他不能从中发现热力学第二定律。尽管如此,卡诺对热力学的贡献仍是功不可没的,他指出冷、热源之间温差越大,工作于其间的热机的热效率就越高,这成为以后各种实际热机等热动力设备提高热效率的总指导原则。热力学第一定律,即能量守恒及转换定律的建立,世界目前公认应归功于德国人迈耶(Julius Robert Mayer, 1814—1878)、英国人焦耳(James Prescott Joule, 1818—1889)和德国人亥姆霍兹(Helmholtz, 1821—1894)。迈耶于1842年首先发表论文全面阐明了这一定律,但当时尚缺乏实验支持,没有得到公认。焦耳在与迈耶的理论研究没有联系的情况下,在这方面进行了全面的实验研究。到1850年,焦耳在发表的第一篇关于热功相当实验的总结论文中,以各种精确的实验结果使热力学第一定律得到了充分的证实,从而获得物理学界的公认。1847年,亥姆霍兹发表了著名论文《论力的守恒》。虽然这篇论文的内容就其实质来讲并没有超出早他几年的迈耶和焦耳所发表的论文,但它除了兼有迈耶论文的深刻思想和焦耳论文的坚实实验数据外,还充分运用了数学知识,使用了物理学家的语言,容易令人信服,它十分接近今天各类教科书中能量守恒定律的一般叙述。在促使人们最终接受能量守恒定律的过程中,这篇论文所起的作用超过迈耶和焦耳的论文。

能量守恒及转换定律是19世纪物理学最重要的发现,它用定量的规律将各种物理现象联系起来,求一个可以度量各种现象的物理量,即能量。能量这一概念是由汤姆孙(William Thomson,1824—1907)于1851年引入热力学的。热力学第一定律的建立宣告了不消耗能量的永动机(第一类永动机)是不可能实现的。

随着热力学第一定律的建立,克劳修斯(Rudolf Clausius, 1822—1888)在迈耶和焦耳工作的基础上,重新分析了卡诺的工作。根据热量总是从高温物体传向低温物体这一客观事实,他于1850年提出了热力学第二定律的一种表述:不可能把热量从低温物体传到高温物体而不引起其他变化。

1851 年,开尔文也独立地从卡诺的工作中发现了热力学第二定律,提出了热力学第二定律的另一种表述:不可能从单一热源吸取热量使之完全转变为功而不产生其他影响。

从单一热源(如大气)吸热并完全转变为功而不产生其他影响的机器是不违背能量守恒定律的,但这种机器可从大气或海洋中吸取热量,使热量完全转变为功,不需付出任何代价,所以实质上这也是一种永动机(称为第二类永动机)。第二类永动机是非常吸引人的,曾使许多人浪费了大量的精力。热力学第二定律的建立,宣告了第二类永动机和第一类永动机一样,也是不可能实现的。

在卡诺研究的基础上,克劳修斯和开尔文提出了热力学第二定律。热力学第二定律本质上是指明过程方向性的定律。在建立热力学两个基本定律以后,它们被应用于分析各种具体问题的过程中,得到了进一步的发展。如应用这两个基本定律推导出了反映物质各种性质的相应的热力学函数及各热力学函数之间的普通关系,求得了各种物质在相变过程中、化学反应中的各种规律等。

在将热力学原理应用于低温现象的研究中,能斯特(Walther Nernst, 1864—1941)在 1906 年得到了一个称为能氏定理的新规律,并于 1913 年将这一规律表述为绝对零度不能达到原理,这就是热力学第三定律。经典热力学的基础理论就是由上面三个热力学基本定律构成的。

纵观热力学的发展简史,可以说,热力学理论与热机技术及热力工程相互促进而共同发展。19 世纪末期内燃机被发明出来,它具有体积小、重量轻、热效率较高等优点,因而很快成为汽车、飞机、船舶、机车等交通运输工具的主要动力机,也广泛用作拖拉机、采矿机械、国防战车等的动力。

19 世纪后半期,蒸汽机已经不能满足工业生产对动力的巨大需要。19 世纪末,蒸汽轮机被发明出来,它具有适宜于应用高参数的蒸汽、热效率高、功率可以很大等主要优点,现今成为火力发电厂最主要的动力设备。蒸汽轮机的发明与应用,促进了工程热力学中对高参数蒸汽的性质、气体与蒸汽经过喷管的流动等问题的研究。

20 世纪 40 年代,燃气轮机已经发展成为实际应用中的一种重要热动力设备,在热力学中也发展了相应的研究内容。

1942 年,美国人凯南(Joseph Henry Keenan, 1900—1977)在热力学基础上提出了有效能的概念,使人们对能源利用和节能的认识又上了一个台阶。

近代科学技术的发展给热力学提出了新的课题,如等离子发电、燃料电池等能量转换新技术,环保型制冷工质研究,以及物质在超高温、超高压和超低温、超低真空等极端条件下的性质与规律等。古老的热力学不仅在传统领域中继续保持着青春与活力,而且也必将在解决高新技术领域的新课题中扮演着十分重要的角色。

任务 0.6　热力学的研究方法

热力学有两种不同的研究方法:一种是宏观研究方法,另一种是微观研究方法。宏观研究方法不考虑物质的微观结构，也不考察微观粒子(分子和原子)的运动行为，而是把物质看成连续的整体，并且用宏观物理量来描述它的状态。通过大量的直接观察和实验总结出基本规律，再以基本规律为依据，经过严格逻辑推理，推导出描述物质性质的宏观物理量之间的普遍关系及其他的一些重要推论。热力学基本定律是无数经验的总结，因而其具有高度的可靠性和普遍性。应用宏观研究方法的热力学叫作宏观热力学或经典热力学或唯象热力学。工程热力学主要应用宏观研究方法。

在热力学和工程热力学中，还普遍采用抽象、概括、理想化和简化处理方法。为了突出主要矛盾，往往将较为复杂的实际现象与问题略去细节，抽出共性，建立起合适的物理模型，以便能更本质地反映客观事物。例如，将空气、燃气、湿空气等气体理想化为理想气体处理；将高温热源及各种可能的热源概括成为具有一定温度的抽象热源；将实际不可逆过程理想化为可逆过程等，以便分析计算，然后再依据实验给予必要校正等。当然，运用理想化和简化方法的程度要视分析研究的具体目的和所要求的精度而定。

宏观研究方法有它的局限性。由于不涉及物质的微观结构，因而它往往不能解释热现象的本质及其内在原因。微观研究方法正好弥补了这个不足。应用微观研究方法的热力学叫作微观热力学或统计热力学。它从物质的微观结构出发，即从分子、原子的运动和它们的相互作用出发，研究热现象的本质规律。在对物质的微观结构及微粒运动规律做某些假设的基础上，应用统计方法，将宏观物理量解释为微观量的统计平均值，从而解释热现象的本质及其发生的内部原因。由于做了某些假设，因此通过此方法获得的结果与实际并不完全符合，这是它的局限性。

作为应用科学之一的工程热力学，是以宏观研究方法为主，以微观理论的某些假设来帮助理解宏观现象的物理本质。

思考题

1. 我国能源面临的主要问题是什么？
2. 热能利用的两种主要形式是什么？各有什么特点？
3. 工程热力学的研究对象和主要研究内容是什么？
4. 能量转换有哪些共同的特点？

模块 1
热力学基本概念和基本定律

项目1　基本概念

项目提要

本项目阐明热力系的定义及其描述，着重介绍热力系的平衡态及由平衡态构成的准（内部）平衡过程。温度、压力、比体积、比热力学能、比焓、比熵、比亥姆霍兹自由能、比吉布斯自由焓是描述平衡（均匀）态的八个常用状态参数，其中温度、压力、比体积这三个基本状态参数之间的关系称为状态方程。（传）热量和（做）功（量）是在热力过程中热力系与外界交换的两种基本能量形式，它们都是过程量（参数）。

学习目标

（1）明确一般热力系的定义，准确解释闭口系、开口系、绝热系和孤立系等热力系的特点及相互间的联系与区别。

（2）准确解释平衡态、均匀态、稳定态的特点及区别。

（3）准确掌握工程热力学中八个常用状态参数的定义、物理意义。

（4）准确解释准平衡过程，具有在状态参数坐标图中表示准平衡过程的能力。

（5）准确解释状态量和过程量的特性及相互区别。

（6）具有根据力平衡原理计算容器中压力的能力。

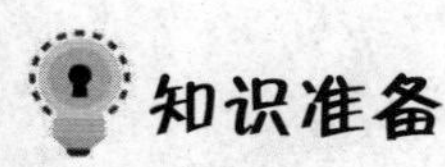

知识准备

任务1.1　热力系

1. 热力系的选取

做任何分析研究，首先必须明确研究对象。理论力学研究的对象是刚体与质点，材料力学研究的对象是弹性体，热力学研究的对象是热力系。那么什么是热力系呢？通常根据所研究问题的需要，把用某种表面包围的特定物质和空间作为具体指定的热力学的研究对象，称之为热力学系统，简称热力系。

热力系的选取主要取决于所提出的研究任务。它可以是一个物体，如一杯水、一台锅炉，也可以是一个物体的一部分，如蒸汽管道上的阀门，还可以是一群物体，如一台由诸多部件组成的内燃机、燃气轮机，甚至是一座由诸多设备组成的火力发电厂等。

热力系的选取应注意两个限制条件。第一，热力系虽然可以选得很小，但构成热力系的微观粒子必须是大量的，因为这是热力学理论赖以建立的统计基础。对于只含有少量微观粒子甚至单个粒子的系统，可以按力学规律来研究而不能用热力学的方法来研究。这个"微观粒子必须是大量的"要求，在实际中是很容易满足的。譬如，在标准状态（101.325 kPa，0 ℃）下的空气，每立方厘米的容积中含有2.7×10^9个分子，即使压力下降到原来的1/1 000，每立方厘米的容积中仍含有2.7×10^6个分子。第二，热力系尽管可以选得很大，但作为热力系的宏观物体必须是有限的，对于无边无垠的无限系统，即使含有大量微观粒子也不能用作热力学的研究对象。这是因为，热力学规律虽然是自然界的根本规律，但它的理论是人们在长期实践中研究有限系统总结出来的。这些理论是否能用于无限系统中去，目前尚无科学定论。简而言之，热力系选取的限制是系统中微观粒子数量足够多，作为系统的宏观物体尺寸要有限大。

热力系的选取非常重要，这是进行热力学分析计算的前提和基础。热力系选取恰当与否虽然不会影响分析计算的结果，却会影响求解的繁简、难易程度，因此必须逐步学会选取热力系的方法。

2. 外界与界面

热力系是根据研究问题的需要从众多物体中人为划定的部分物体，热力系之外的其他物体统称为环境。热力系的外界是指在热力系之外的环境中与热力系有某种直接作用的那些物体。这样定义外界就抓住了规定外界的目的是要分析外界与热力系相互作用的这个实质。

界面是热力系与外界的分界面。界面有真假之分、动静之别和能质可穿过三个特征。即界面可能是真实的物理实壁面，也可能是为便于分析计算而人为划定的几何面或计算表面；界面可能是固定不变的，也可能是移动变化的。然而无论哪种界面，能量和质量可以从中穿过是其共同的特征。界面只有让能量和质量可穿过、可传递才能实现热力系与外界的相互作用，从而达到热工设计的目的。图1-1为热力系、外界、环境示意图。

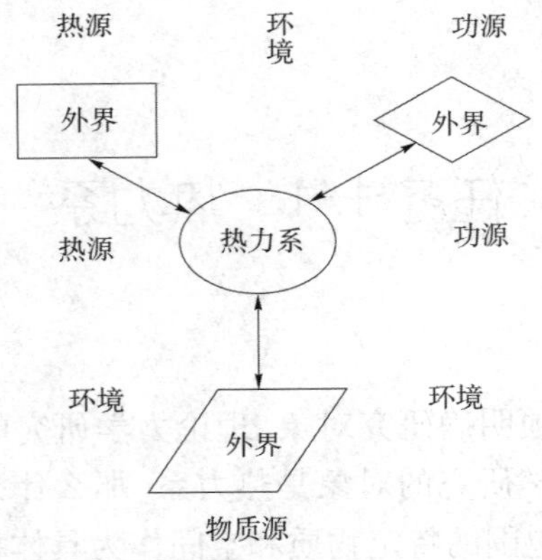

图1-1　热力系、外界、环境示意图

图 1-2(a) 为一气缸活塞的简图,取缸内气体为热力系时,活塞内侧面为功可输入输出的真实的移动的界面,其余三个侧面为热可输入输出的真实的固定的界面。在图 1-2(b) 所示的流体通道中,如取其中的水蒸气为热力系,则 1—1 面和 2—2 面为水蒸气可流入流出的人为划定的界面,其余各面则为热或功可传递的真实的固定的界面。

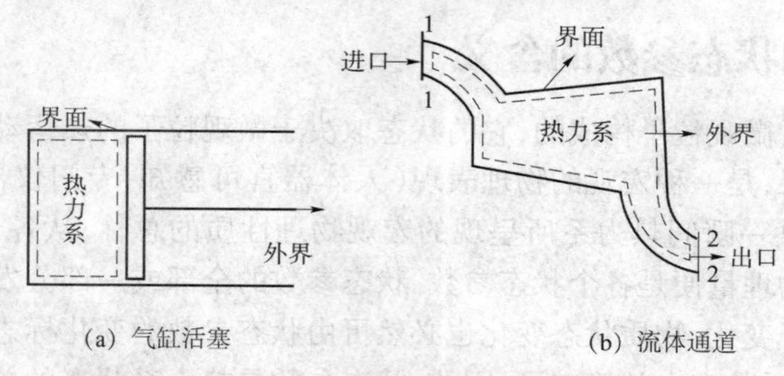

图 1-2　气缸活塞与流体通道

3. 热力系的类型

客观物质世界和热力学研究对象的多样性决定了热力系也是多样的。为便于分析研究热力系,需对热力系加以分类。

根据热力系内部情况的不同,热力系可以分为以下 6 种:

(1) 单元系:由单一的化学成分组成;

(2) 多元系:由多种化学成分组成;

(3) 单相系:由单一的相(如气体、液体或固体)组成;

(4) 复相系:由多种相(如气 - 液、气 - 固、液 - 固两相或气、液、固三相等)组成;

(5) 均匀系:各部分性质均匀一致;

(6) 非均匀系:各部分性质不均匀一致。

根据热力系和外界相互作用情况的不同,热力系又可分为以下 5 种:

(1) 闭口系:和外界无物质交换,实际中有这种系统;

(2) 开口系:和外界有物质交换,实际中有这种系统;

(3) 绝热系:和外界无热量交换,实际中近似存在这种系统;

(4) 绝功系:和外界无功量(膨胀功或技术功)交换,实际中有这种系统;

(5) 孤立系:和外界无任何相互作用,虽然实际不存在这种系统,但这种系统在热力学分析中极为重要。

需要注意的是,孤立系一定是闭口系,反之则不然。同样,孤立系一定是绝热系,但绝热系不一定都是孤立系。

另外,还有一种热力系在热力学分析中常常遇到,即热(冷)源(库),它是指具有无限大热容量的系统,其特点是从中取出或投入有限量的热量但其温度却不改变。这种热力系是真实存在的,如大气系统、湖泊系统、海水系统等,它们在热力学分析中也很重要。在工程热力学中讨论的大部分系统是那些与外界只有热量及膨胀功或压缩功交换的简单的可压缩系统。

任务 1.2　状态和状态参数

1.2.1　状态和状态参数的含义

热力系是由大量微观粒子构成的,它的状态取决于微观粒子的热运动,是大量微观粒子行为的统计平均结果,是一种宏观的物理表现(人体器官可感知,专门仪器可测量)。所以热力系的状态是指在某一瞬间热力系所呈现的宏观物理性质的总称,从各个不同方面描述这种宏观物理状态的物理量便是各个状态参数。状态参数的全部或一部分发生变化,即表明物质所处的状态发生了变化。物质状态变化也必然可由状态参数的变化标志出来。状态参数一旦完全确定下来,物质状态也就确定了。因此,状态参数是热力系状态的单值函数,其值取决于所处状态而与如何达到该状态的途径无关。这一特征表现在数学上是点函数,其微元差是全微分,全微分沿闭合路线的积分等于零。运动热力系集热力学系统与力学系统于一身,其状态的描述应包括热力学状态与力学状态两部分。对静止热力系,其状态的描述指的是热力学状态。

1.2.2　状态参数类型

热力学研究对象的广泛性决定状态参数的多样性,大体可分为以下 5 类:

(1) 几何参数:体积(或容积)V、面积 A、长度 L、应变 ε 等;

(2) 力学参数:压力 p、表面张力 γ、力 F、应力 σ 等;

(3) 电磁参数:电场强度 E、磁场强度 H、电位 V、电荷量 Q 等;

(4) 化学参数:质量 m、物质的量 n、浓度 c、密度 ρ 等;

(5) 热力学参数:温度 T、热力学能 U、熵 S 及其他派生的参数。

如此众多的状态参数可以分成两类:一类与物质总量成正比,如体积、质量、热力学能、熵等,这类参数称为广延量,以[广]表示;另一类参数与物质总量无关,如温度、压力、密度等,这类参数称为强度量,以[强]表示。广延量和强度量有如下关系。

[广]/[广] = [强],如:$\rho = m/V$。

[广] × [强] = [广],如:$\delta w = p\mathrm{d}v$。

[强] × [强] = [强],如:$p = \rho R_g T$。

[广] = [广] + [广],如:$Q = \Delta U + W$。

[强] = [强] + [强],如:$q = \Delta u + w$。

其中:$q = Q/m, u = U/m, w = W/m, v = V/m$ 等皆为强度量。

1.2.3　工程热力学中的状态参数

工程热力学中的状态参数有 8 个,即温度、压力、比体积、比热力学能、比焓、比熵、比亥姆霍兹函数(亦称比亥姆霍兹自由能)和比吉布斯自由焓(比吉布斯函数)。常用的状态参数有6个,即温度、压力、比体积、比热力学能、比焓、比熵。其中压力、比体积和温度可直接测量,也比较直观,称为基本状态参数。

1. 温度

温度是物体冷热程度的标志,它有两种定义方法。按经验定义方法,温度是表示物体冷热程度的物理量。这种定义方法尽管便于接受,但容易引起误解,因为具有相同温度的同一物体,不同的人接触时获得的冷热感觉是不同的;对于具有相同温度的不同物体,同一个人的感觉也不同。温度的严格定义是建立在热力学第零定律基础之上的,用于确定一个系统是否与其他系统处于热平衡的物理量被定义为温度,或说温度是表征系统是否处于热平衡的物理量。

温度的实质是体系内大量微观粒子紊乱运动的宏观表现,表征物质分子热运动的激烈程度。对于气体,温度可以用分子的平均移动能的大小来表示,即

$$\frac{1}{2}\bar{m}\,\bar{c}^2 = \frac{3}{2}kT \tag{1-1}$$

式中,$\bar{m}$ 为一个分子的平均质量;$\bar{c}$ 为分子的方均根移动速度,$\bar{c} = \sqrt{\dfrac{\sum\limits_{i=1}^{n} C_i^2}{N}}$,$N$ 为分子数;$\frac{1}{2}\bar{m}\,\bar{c}^2$ 为分子的平均移动能;k 为玻尔兹曼常量,$k = 1.380\,650\,5 \times 10^{-23}$ J/K;T 为热力学温度(K)。两个物体接触时,通过接触面上分子的碰撞进行动能交换,能量从平均动能较大的一方(温度较高的物体)传到了平均动能较小的一方(温度较低的物体)。这种微观的动能交换就是热能的交换,也就是两个温度不同的物体间进行的热量传递。传递的方向总是由温度高的物体传向温度低的物体。这种热量的(净)传递将持续不断地进行,直到两物体的温度相等时为止。

温度的测量须了解测量温度的标尺,即温标。在国际单位制即SI制中,温度测量采用热力学温标,它是基本温标,一切温度测量后都可以以热力学温标为准,它也叫开尔文温标,其单位符号用K表示,温度值用 T 表示。工程实际中,除了热力学温标外,还使用摄氏温标,其单位符号用℃表示,温度值用 t 表示,它们之间的换算关系为

$$\{t\}_{℃} = \{T\}_{K} - 273.15 \tag{1-2}$$

目前,某些资料和仪表中还保留西方常用的其他温标,如华氏温标和兰氏温标。华氏温标的单位符号用℉表示,温度值用 t 表示,它与摄氏温度之间的换算关系为

$$\{t\}_{℉} = \frac{9}{5}\{t\}_{℃} + 32 \tag{1-3}$$

以热力学温度0 K为起点的华氏温度称为兰氏温度,其单位符号用°R表示,温度值用 t 表示,它与华氏温度的关系为

$$\{t\}_{°R} = \{t\}_{℉} + 459.69 \tag{1-4}$$

四种温标的温度对应关系见表1-1。

表 1-1　四种温标的温度对应关系

$\{T\}_K$	$\{t\}_{℃}$	$\{t\}_{℉}$	$\{t\}_{°R}$
873.15	600	1 112	1 571.69
773.15	500	932	1 391.69
673.15	400	752	1 211.69
573.15	300	572	1 031.69
473.15	200	392	851.69
373.15	100	212	671.69
273.15	0	32	491.69
173.15	−100	−148	311.69
73.15	−200	−328	131.69
0	−273.15	−459.69	0

兰氏温度的零点与热力学温度的零点相同,它们的转换关系为

$$\{t\}_{°R} = \frac{9}{5}\{T\}_K \tag{1-5}$$

例 1-1　已知某系统温度为 50 ℃,则它的热力学温度、华氏温度和兰氏温度各为多少?

解:由式(1-2)有

$$\{T\}_K = \{t\}_{℃} + 273.15 = 50 + 273.15 = 323.15$$

相当于华氏温度

$$\{t\}_{℉} = \frac{9}{5}\{t\}_{℃} + 32 = \frac{9}{5} \times 50 + 32 = 122$$

相当于兰氏温度

$$\{t\}_{°R} = \{t\}_{℉} + 459.69 = 122 + 459.69 = 581.69$$

2. 压力

压力是指单位面积上所承受的垂直作用力,即

$$p = \frac{F}{A} \tag{1-6}$$

式中,p 为压力(Pa);F 为垂直作用力(N);A 为面积(m^2)。

气体压力的微观实质是组成气体的大量微观粒子紊乱的热运动中对容器壁频繁碰撞的结果。

在使用压力这个状态参数时,应注意两个问题:一是测压仪表上显示的测量值并不是压力的真实值;二是压力单位的换算。

1) 绝对压力、表压力、真空度

式(1-6)表示的是系统的真实压力,也叫绝对压力。由于测压原理是建立在力学平衡基础上的,测压仪表总是置于环境之中,所以仪表所示的测压值是绝对压力与环境压力的差值。如图 1-3(a)所示,当罐内气体的真实压力 p 高于大气压力 p_b 时,测压计显示的压力称为表压力 p_g,是系统的真实压力高于大气压力 p_b 的部分,即

$$p_g = p - p_b \tag{1-7}$$

如图1-3(b)所示,当罐内气体的真实压力 p 低于大气压力 p_b 时,测压计(此时称为真空计)显示的压力称为真空度 p_v,是系统的真实压力低于大气压力 p_b 的部分,即

$$p_v = p_b - p \tag{1-8}$$

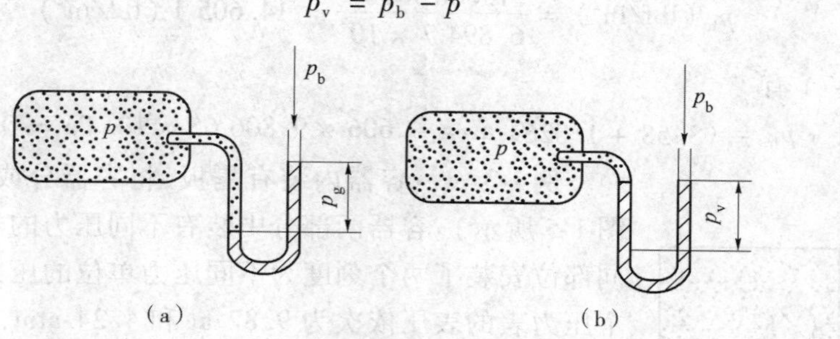

图1-3　绝对压力图

风机中绝对压力、表压力、真空度和大气压力之间的关系示于图1-4中。

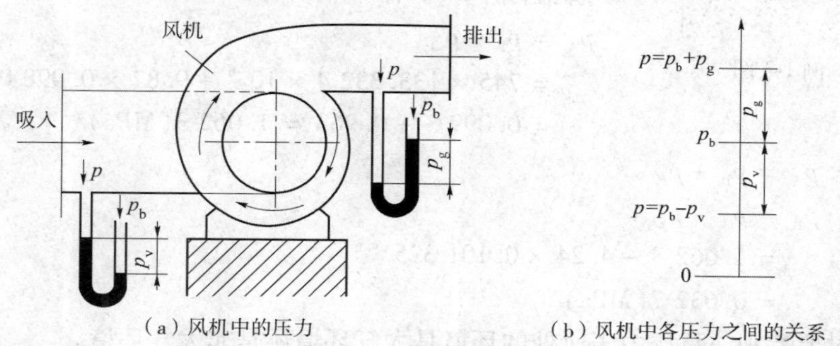

图1-4　风机中绝对压力、表压力、真空度和大气压力之间的关系

由式(1-7)和式(1-8)可知,即使气体的绝对压力保持不变,如果大气压力发生变化,则压力计和真空计的读数也是会发生变化的。

2) 压力的单位及换算

在SI制中,压力的单位为Pa,且

$$1\ \text{Pa} = 1\ \text{N/m}^2$$

因为Pa太小,故实际中常用百帕(hPa)、千帕(kPa)、兆帕(MPa)表示,它们的关系为

$$1\ \text{MPa} = 10^3\ \text{kPa} = 10^4\ \text{hPa} = 10^6\ \text{Pa}$$

由于大气压力是一个因地因时而变化的量,因此在物理学中,将纬度45°海平面上常年平均的大气压定为标准物理气压,单位符号为atm,其值为760 mmHg(0 ℃)。

$$1\ \text{atm} = 101\ 325\ \text{Pa}$$

例1-2　气压计测得某地大气压力为755 mmHg,将其换算成单位为:atm,Pa,at,lbf/in^2。若容器上压力表显示为3.58 kgf/cm^2,问容器内气体的绝对压力各为何值(以SI制表示)?

解:大气压力用 p_b 表示,则

$$p_b(\text{atm}) = 755/760 = 0.993(\text{atm})$$

$$p_b(\text{Pa}) = 101\ 325 \times 0.993 = 1.006 \times 10^5(\text{Pa})$$

$$p_b(\text{at}) = \frac{1.006 \times 10^5}{9.806\ 65 \times 10^4} = 1.026(\text{at})$$

$$p_b\ (\text{lbf/in}^2) = \frac{1.006 \times 10^5}{6.894\ 7 \times 10^3} = 14.605\ 1\ (\text{lbf/in}^2)$$

由式(1-7) 有

$$p = p_g + p_b = (3.58 + 1.026)\ \text{at} = 4.606 \times 9.806\ 65 \times 10^4\ \text{Pa} = 0.451\ 7\ \text{MPa}$$

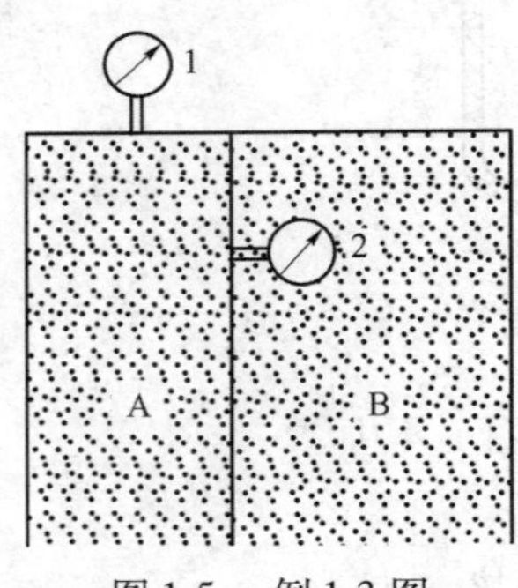

图 1-5　例 1-3 图

例 1-3　一容器内装有隔板，将容器分成 A、B 两部分(如图 1-5 所示)。容器两部分中装有不同压力的气体，并在 A 的不同部位安装了两个刻度为不同压力单位的压力表。已知 1、2 两个压力表的表压依次为 9.82 at 和 4.24 atm，当时大气压力为 745 mmHg。试求 A、B 两部分中气体的绝对压力(单位用 MPa 表示)。

解：由式(1-7) 有

$$\begin{aligned} p_A &= p_b + p_{g1} \\ &= 745 \times 133.332\ 4 \times 10^{-6} + 9.82 \times 0.098\ 066\ 5 \\ &= 0.099\ 3 + 0.963 = 1.062\ 3(\text{MPa}) \end{aligned}$$

因为　$p_A = p_B + p_{g2}$

所以

$$\begin{aligned} p_B &= p_A - p_{g2} \\ &= 1.062\ 3 - 4.24 \times 0.101\ 325 \\ &= 0.632\ 7(\text{MPa}) \end{aligned}$$

解此题时要特别注意压力表所处的环境是大气环境还是非大气环境。

3. 比体积

单位质量物质所占有的容积就是比体积，即

$$v = \frac{V}{m} \tag{1-9}$$

式中：v 为比体积(m^3/kg)；V 为体积(m^3)；m 为质量(kg)。

比体积是描述系统中分子聚集疏密程度的参数。对于均匀系统，有 $V = vm$。

密度与比体积互为倒数，密度是单位体积内所包含的物质质量，即

$$\rho = \frac{m}{V} \tag{1-10}$$

$$\rho v = 1 \tag{1-11}$$

式中，ρ 为密度(kg/m^3)。

因为比体积和密度不是相互独立的参数，可以任意选用其中一个，热力学中通常选用比体积 v 作为独立状态参数。

4. 比热力学能

存在于热力系内部的大量微观粒子本身具有的能量，称之为热力学能(内能)。它与系统内粒子的微观运动和空间位置有关。热力学能应该包括分子的动能、分子力所形成的位能、

构成分子的化学能和构成原子的原子能等。由于在热能和机械能的转换过程中一般不涉及化学变化和核反应,因此在工程热力学中通常只考虑前两者。

由气体组成的热力系分子的动能包括分子的移动动能、分子的转动动能、分子的振动动能(分子内部原子振动动能) 和分子间位能。其中,前三项视为气体分子内动能,它是温度的函数。

气体的分子间存在作用力,因此气体内部还具有克服分子间作用力形成的分子位能,也称气体内位能,它是比体积和温度的函数。

在一般热力学分析中,如不特别说明,热力学能是指分子内动能和分子内位能的总和。

单位质量的热力学能称为比热力学能,对于均匀系统,有

$$u = \frac{U}{m}$$

$$U = um \tag{1-12}$$

式中,u 为比热力学能(J/kg);U 为热力学能(J 或 kJ)。

既然气体的内动能取决于气体的温度,内位能取决于气体的比体积和温度,所以气体的热力学能就是温度和比体积的函数,即气体热力学能是一个状态参数。

$$U = f(T,v) \tag{1-13}$$

5. 比焓

焓是组合的状态参数,其定义式为

$$H = U + pV \tag{1-14}$$

单位质量物质的焓称为比焓,对于均匀系统,有

$$H = hm$$

$$h = H/m = u + pv \tag{1-15}$$

式中,H 为焓 (J 或 kJ);h 为比焓(J/kg 或 kJ/kg)。

由于 u,p,v 都是状态参数,故 h 也是状态参数,并可以写成任意两个独立参数的函数形式,如 $h = f(T,p)$ 或 $h = f(T,v)$ 等。

6. 比熵

熵是导出的状态参数,对于简单可压缩均匀热力系,熵可由其他状态参数写出

$$S = \int \frac{\mathrm{d}U + p\mathrm{d}V}{T} + S_0 \tag{1-16}$$

式中,S_0 为熵的初值。

$$\mathrm{d}S = \frac{\mathrm{d}U + p\mathrm{d}V}{T} \tag{1-17}$$

单位物质的熵称为比熵,对于均匀系统,有

$$s = \frac{S}{m} = \int \frac{\mathrm{d}u + p\mathrm{d}v}{T} + s_0$$

$$\mathrm{d}s = \frac{\mathrm{d}S}{m} = \frac{\mathrm{d}u + p\mathrm{d}v}{T} \tag{1-18}$$

式中,S 为熵(J/K 或 kJ/K);s 为比熵[J/(kg · K) 或 kJ/(kg · K)]。

从宏观上来看，熵的物理意义是表征热力系做功能力和热力过程进行的程度的状态参数。

7. 比亥姆霍兹函数(比亥姆霍兹自由能)

定义亥姆霍兹函数 F 和比亥姆霍兹函数 f 分别为

$$F = U - TS \tag{1-19}$$

$$f = u - Ts \tag{1-20}$$

因为 U,u,T,S,s 均为状态参数，所以组合参数 F,f 也是状态参数。亥姆霍兹自由能又称为自由能，其单位与热力学能单位相同。

8. 比吉布斯函数(比吉布斯自由能)

定义吉布斯函数 G 和比吉布斯函数 g 分别为

$$G = H - TS \tag{1-21}$$

$$g = h - Ts \tag{1-22}$$

因为 H,h,T,S,s 均为状态参数，所以组合参数 G,g 也是状态参数。吉布斯自由焓又称为自由焓，其单位与焓单位相同。

亥姆霍兹函数和吉布斯函数在相平衡和化学反应过程的研究中有很大的用处。

上述 8 个状态参数的相互关系如图 1-6 所示。

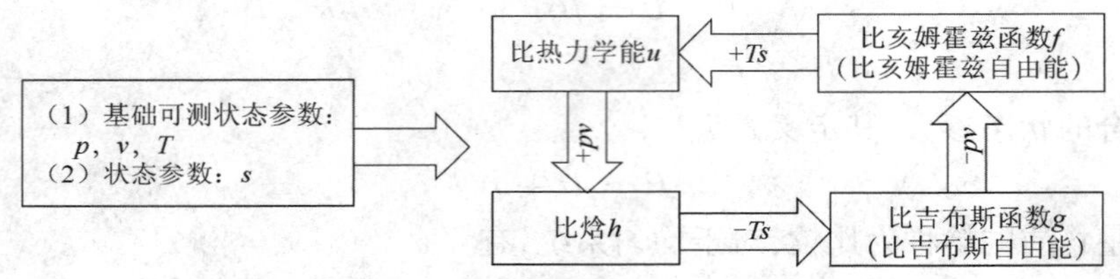

图 1-6 状态参数的相互关系

1.2.4 状态参数的特征

(1) 状态参数是热力状态的单值函数，其数值仅仅取决于它所处的热力状态，而与如何达到这一状态的途径无关。

(2) 状态参数是点函数，它的微分是全微分，其全微分的循环积分恒等于零，即有

$$\oint \mathrm{d}T \equiv 0, \oint \mathrm{d}p \equiv 0, \oint \mathrm{d}v \equiv 0$$

$$\oint \mathrm{d}u \equiv 0, \oint \mathrm{d}h \equiv 0, \oint \mathrm{d}s \equiv 0$$

$$\oint \mathrm{d}f \equiv 0, \oint \mathrm{d}g \equiv 0$$

任务 1.3 平衡态

平衡是一个使用非常广泛的词汇。平衡现象几乎随处可见，如力的平衡、收支平衡、酸碱

平衡等。如同力学状态有静止与运动之分一样，热力系的状态也有平衡态与非平衡态之分。热力系的状态在内外因素的影响下，是随着时间变化的，通常处于非平衡（状态参数不均匀一致且随时间变化）状态，这是非平衡热力学研究的内容。经典热力学或平衡态热力学只能研究平衡态，平衡态在热力学中是非常重要的概念。本书所说的热力状态是指某一瞬间系统所呈现的一种特殊的宏观平衡状态，简称平衡态。

平衡态是指热力系在无外界作用的情况下其宏观性质不随时间变化的状态。这里的“无外界作用”是指没有外界对系统的能量（功、热）作用与质量作用，并不排除有恒定的外力场如重力场的作用。

考虑到系统的多样性，热力系平衡一般有热平衡、力平衡、相平衡和化学平衡四种类型。

热平衡是指在无外界作用下，系统内各部分温度不随时间而变化。力平衡是在无外界作用下，系统内各部分力（广义力）参数不随时间而变化。相平衡是指在无外界作用下，系统内各部分（气相、液相、固相等）的性质与质量不随时间而变化。化学平衡是指在无外界作用下，系统内各部分的化学成分与质量不随时间而变化。

无外界作用是系统平衡的必要条件，有外界作用必然破坏平衡。破坏热平衡的驱动力是系统与外界间的温差，破坏力平衡的驱动力是系统与外界间的（压）力差等。总之，造成系统平衡破坏的外因是系统与外界之间存在的某种势差，可称之为外势差。

应该指出，“无外界作用”只是系统平衡的必要条件，但不是充分条件。例如，对于一孤立系统，它不受外界任何作用，但由于其内部存在某种势差，起初它也可能出现非平衡态，但一段时间后，系统参数趋向均匀，它将自发地转化为平衡态。所以，无外界作用和系统内宏观状态不随时间而变化才是系统平衡的必要充分条件。

平衡态下，虽然热力系的宏观性质不随时间变化，但是组成系统的大量微观粒子却在不断运动，只是这种热运动的统计平均效果在宏观上是不变的。所以热力系的平衡态是一种动态平衡，与力学平衡中的绝对静止是有差异的。

对于稳定态，虽然其热力系宏观性质也不随时间变化，但是要有外界作用。例如，一块“Π”形铁条，一端放在沸水中，另一端放在冰水中（如图1-7所示），只要外界作用不变，铁条所形成的温度分布在长时间内不会改变。但这不是平衡态，而是一种稳定的非平衡态。一旦取消外界作用（撤掉沸水和／或冰水），铁条各点的温度分布立刻改变，最后均匀一致，使铁条处于平衡态。可见，稳定态与平衡态的差异在于前者有外界作用，而后者无外界作用。平衡必定稳定，但稳定未必平衡。

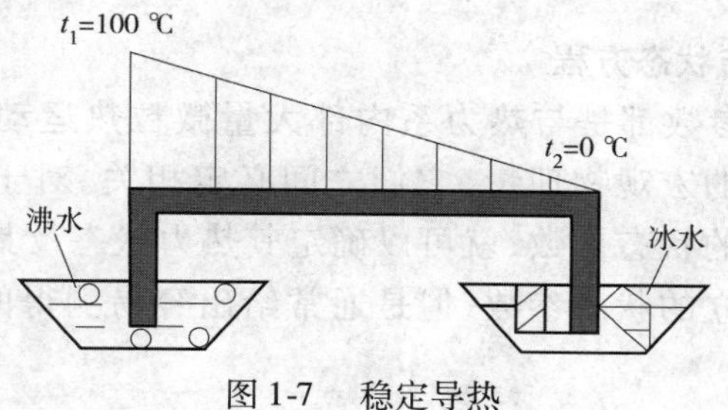

图1-7　稳定导热

平衡与均匀也是不同的概念。平衡是相对时间而言的。而均匀是相对空间而言的。平衡不一定均匀。例如,处于平衡态的水和水蒸气,虽然气、液两相的温度与压力分别相同,但它们的比体积相差很大,显然并非均匀系统。但是对于单相流体(气相或液相)系统,如果忽略重力场对压力分布的影响,则可认为平衡必定是均匀的,即处于平衡态的单相流体系统内部的热力参数均匀一致,不仅温度、压力及其他参数均匀一致,而且它们不随时间变化。本书所研究的就是这样一种平衡、均匀、连续系统。因此,对于整个系统,既可用一组统一的并具有确定数值的状态参数来描述其热力状态,又可用微积分等数学工具来计算平衡均匀状态间连续变化的热力过程,使热力学分析大为简化和便利。

任务 1.4 状态方程和状态参数坐标图

1. 状态公理

在力学系统中,空间质点的运动状态用 3 个位置坐标分量和 3 个速度坐标分量即可确定,那么热力系平衡态需要几个状态参数才能确定其状态呢?虽然对于处于一定平衡(均匀)态的热力系,其各个状态参数都有确定的值,但是,反过来要规定这样的平衡态,却并不要求给出全部状态参数值,这是由状态公理所决定的:热力系状态参数的个数,取决于系统平衡态的自由度,或者可以说,取决于系统内可变化(化学变化)物质的种类和系统与外界相互作用的数目。设系统内部有 K 种可以变化的物质,系统与外界有 L 种交换(或作用温差之外的),温差是系统与外界热交换(作用)的唯一驱动力,为系统的一个自由度,则系统可变化的总的自由度 I 为

$$I = K + L + 1 \tag{1-23}$$

例如,对于一个化学成分不改变的定质量可压系(定组元的闭口系),因可变物质种类 $K = 0$,只做容积功($L = 1$),所以 $I = 2$,其独立状态参数为2。对于质量可变化的单组元单相简单可压系,$K = 1$,$L = 1$,所以 $I = 3$,其独立状态参数为3。

对于在本书目前讨论的与外界只存在热能和机械能交换(两个自由度)的单元简单可压缩热力系,只要给出两个相互独立的状态参数就可以确定它的平衡态。所谓两个相互独立的状态参数,亦即其中一个不能是另一个的函数。例如,比体积和密度不是两个相互独立的状态参数$\left[v = \dfrac{1}{\rho} = f(\rho)\right]$,给出比体积值也就意味着给出了密度值。

2. 状态参数的关联与状态方程

热力系的各个状态参数都是与热力系内部大量微粒热运动密切相关的、描述同一热运动的某一方面特性的宏观物理量,它们之间必定相关。对于简单可压缩的闭口系,只要给出两个相互独立的状态参数,就可以确定其热力状态及其他状态参数数值。原则上可以给出任意两个独立的状态参数,但是通常给出容易测得的温度 T 和压力 p,再求其他参数。

$$\begin{aligned} v &= f(T,p) \\ u &= f_1(T,p) \\ h &= f_2(T,p) \\ s &= f_3(T,p) \end{aligned} \tag{1-24}$$

其中 $v = f(T,p)$ 还可以写成隐函数 $f(T,p,v) = 0$ 的形式,它表示的三个可直接测得的基本状态参数之间的关系,称为状态方程。其余三个形式不是状态方程。状态方程给出了热力系一个平衡均匀点基本状态参数之间的关系,是热力状态点状态参数计算的基本公式。

3. 状态参数坐标图

状态参数坐标图是用几何图形的方法来表示热力系的热力状态、热力过程及进行热力分析计算的方便而直观的数学工具。简单可压缩热力系的平衡(均匀)态,可由任何两个相互独立的状态参数确定。状态参数坐标图为以两个任意独立的状态参数为纵、横坐标所组成的平面直角坐标系。所以,热力系任意平衡态可用这种坐标图上的点表示,常用的坐标图有 p-v 图、T-s 图。如图 1-8 所示,纵坐标轴表示状态参数 p,横坐标轴表示状态参数 v,图中点 A 表示由 p,v 这两个独立的状态参数所确定的平衡态。如果系统处于非平衡态,由于无确定的状态参数数值,也就无法用图上的点加以表示。

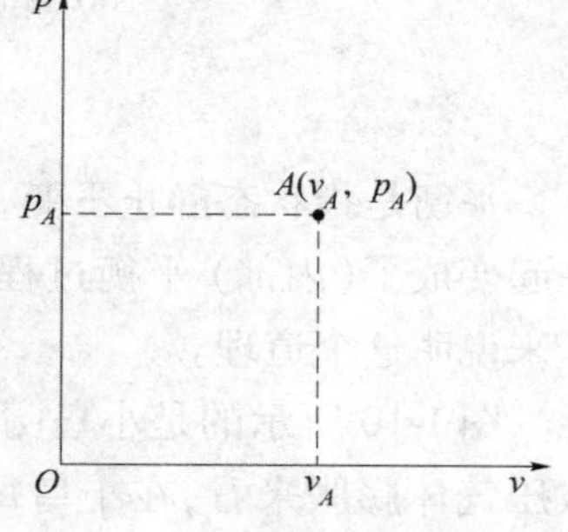

图 1-8　状态参数坐标图

任务 1.5　过程和循环

1. 过程和内部平衡过程

热能和机械能的相互转化必须通过工质的状态变化才能完成,而实际设备中进行的这些过程是极其复杂的。热力系从一个状态向另一个状态转化时,所经历的全部热力状态的总和称之为热力过程,简称过程。一切过程都是平衡被破坏的结果。一般热力过程所经历的热力状态是不平衡的,这样的热力过程就是非平衡过程。讨论这种非平衡过程是复杂和困难的,它是非平衡热力学研究的内容。工程热力学所研究的是一种特殊的热力过程,即内部平衡过程。热力系从一个平衡(均匀)态出发,连续经过一系列的(无数个)无限接近平衡的中间状态,到达另一个平衡(均匀)态,这样的过程称之为内部平衡过程。严格地讲,内部平衡过程所经历的每一个中间状态不是绝对的平衡态或静止状态,而是一种无限接近平衡的准平衡态,或是一种似动非动、似静非静的准静态,因此也称这种过程为准平衡过程或准静态过程,如图 1-9(a)所示。内部平衡过程在状态参数坐标图上可以用一条连续实曲线表示。严格地说,内部不平衡过程不能这样表示。但是如果过程的初、终态是平衡的,而中间状态的不平衡(不均匀)状态程度相对较小,那么也可以用虚线来近似表示,如图 1-9(b)所示。

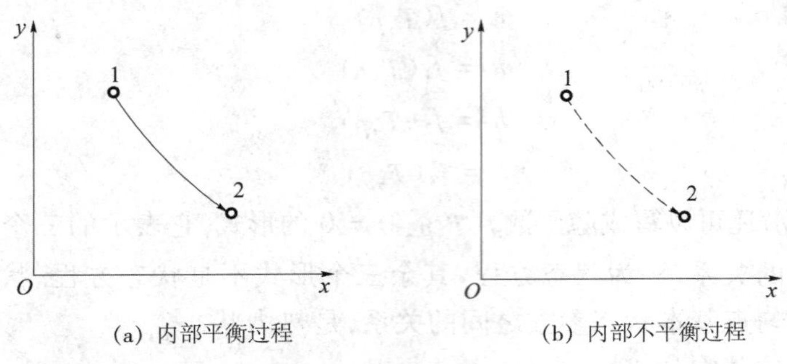

(a) 内部平衡过程　　(b) 内部不平衡过程

图 1-9　热力过程

平衡是指状态静止不变,而过程意味着状态的变化,这两个相互对立的概念怎么会合在一起变成了(内部) 平衡过程呢?两极相通,物极必反,这是自然界的普遍规律。现用两个例子来说明这个道理。

图 1-10 所示的是小鸟叼纸,开始缸内气体压力与活塞上厚纸的重量处于力平衡态。从减压气体膨胀来看,在小鸟每叼出一叠纸后,缸内气体所经历的过程就是非平衡膨胀过程。图 1-11 所示的是大象吸纸,在大象每吸出一张纸后,缸内气体所经历的过程非常接近内部平衡膨胀过程。反过来,加压气体被压缩也有类似过程。

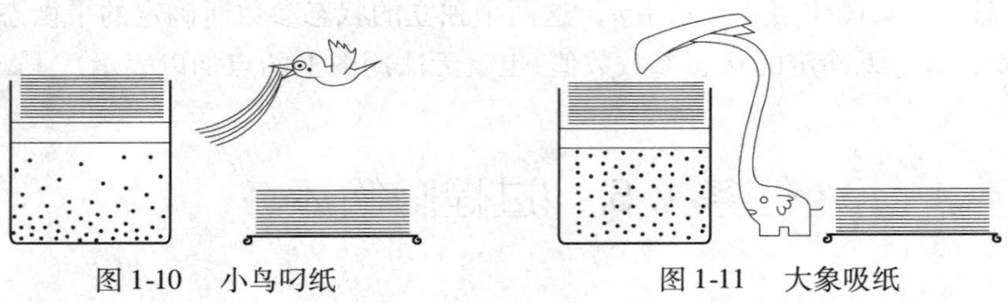

图 1-10　小鸟叼纸　　图 1-11　大象吸纸

从理论上讲,内部平衡过程进行的时间是无限长的,过程进行的速度是无限缓慢的。但是从实际情况来看,并非如此,只要实际过程进行得足够缓慢,缓慢到外界作用对系统平衡态的破坏速度低于系统本身的平衡态的恢复速度即可。也就是说,只要弛豫时间(平衡破坏后自动恢复至平衡所需要的时间) 小于状态变化时间,实际过程就可以看作是内部平衡过程了。

所幸的是,以上这种内部过程在很多情况下很接近于实际。如在活塞式机械中,活塞在气缸内的运动速度是每秒十几米或几十米的数量级,这也就是外界作用对缸内气体系统的平衡造成破坏的速度或状态变化(过程进行) 的速度,而缸内气体状态恢复平衡的速度取决于气体运动的速度,这种速度是以一种压力波的传播速度即以声速传播的,为每秒几百米甚至上千米,非常之快。也就是说,活塞的运动时间相对于系统从一个状态变化到另一个状态所需的时间来说是足够长的。在这足够长的时间内,系统内有充分的时间达到新的平衡态,从而使系统连续地经历一系列平衡态而达到终态,构成一个内部平衡过程。

对于一般管内流动,流速不可能大于声速,内部平衡过程假设是正确的。但是对于叶轮机械这种流速很大的外流，如超声速气流（马赫数大于1），内部平衡过程假设是不正确的，但仍可用此模型来分析，只是需要用实验来修正这种误差。

2. 循环和内部平衡循环

循环是封闭的过程，即循环是这样的过程：热力系从某一状态开始，经历一系列中间状态后，又恢复到原来状态。

循环也有内部非平衡循环和内部平衡循环的区分。内部平衡循环在状态参数坐标图上可以用封闭的实曲线来表示，如图1-12（a）所示。而内部非平衡循环则不能这样表示，如果构成循环的过程是近似内部平衡循环过程，则在状态参数坐标图上可用封闭的虚曲线来近似地表示，如图1-12（b）所示。

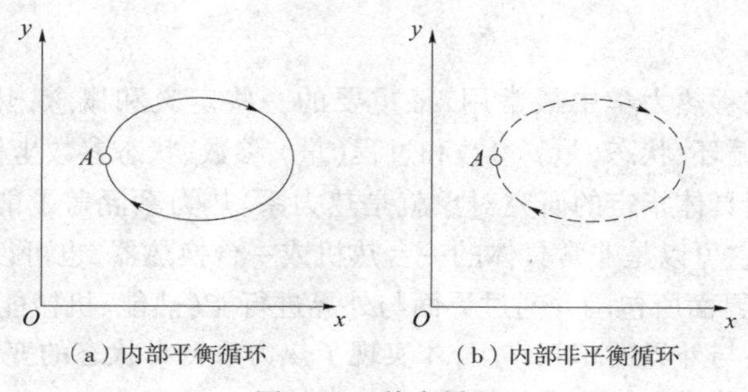

（a）内部平衡循环　（b）内部非平衡循环

图1-12　热力循环

任务1.6　功和热量

功和热量是热力系与外界相互作用（交换）的两种能量形式。热力系通过界面与外界进行的机械能的交换量称为做功量，简称功（机械功）；热力系通过界面与外界进行的热能的交换量称为传热量，简称热量。

功的符号是W，热量的符号是Q。对单位质量的热力系而言，功用w表示，热量用q表示。热力学中通常规定：热力系对外做功为正（$W > 0$），外界对热力系做功为负（$W < 0$）；热力系从外界吸热为正（$Q > 0$），热力系向外界放热为负（$Q < 0$）。在SI制中，W和Q的单位为J或kJ，w和q的单位为J/kg或kJ/kg。在工程单位制与SI制中，热量的换算关系为

$$1\ \text{kcal} = 4.186\ 8\ \text{kJ} \tag{1-25}$$

不同于状态参数的特性，功和热量有如下特性。

（1）功和热量不是状态量，虽然它们都是状态量变化的结果，但其本身都不是状态量。因此不能说：热力系在某一状态下具有多少功，具有多少热量。虽然状态量和过程量是两种本质不同的量，但是二者是密切相关的，即热力系内部状态量的变化必然引起热力系与外界之间过程量的传递（或交换）。反之亦然。

（2）功和热量都是过程量。它们的数值大小与所经历的具体过程（路线）有关，即使过程的初、终态相同，如果中间经历的途径不同，则功和热量的数值也不同。不同热力过程做功示意图如图1-13所示。

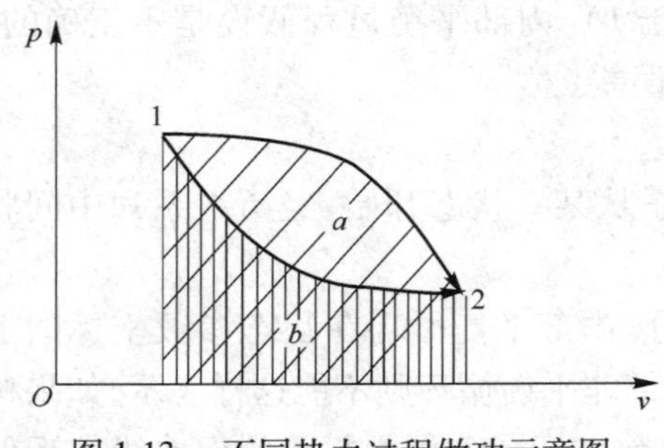

图 1-13　不同热力过程做功示意图

(3) 功和热量作为过程量的数学特征是它们都不是点函数而是线函数,它们的微分都不是全微分,它们的微分的循环积分均不为零。即不能写成 dW,dw 和 dQ,dq,而应写成 δW,δw 和 δQ,δq,且

$$\oint \delta W \neq 0,\oint \delta w \neq 0$$

$$\oint \delta Q \neq 0,\oint \delta q \neq 0$$

项目总结

本项目给出了工程热力学中最常用、最重要的一些定义和概念:热力系、平衡(均匀)态、内部平衡过程和循环、状态(量)参数和过程(量)参数、状态参数坐标图等。

根据研究任务而具体指定的研究对象就是热力系。热力系涵盖了能源动力领域所涉及的所有装置和设备,它可以是非常具体的一台热机或一台换热器,也可以是非常抽象的某一热源(库)。热力系由界面所包围并通过界面与外界进行能(热能、机械能)质作用(或交换)。正是通过这种热力系与外界的相互作用,才实现了热力系自身状态的变化、热能与机械能的相互转换及热力系与外界之间能质的授受。

热力系可以是某种场(电场、磁场等),更多的是物质的实体。热力系内部由大量微观粒子所组成,称之为工质。工质承担着完成热功转换的载能体的作用。由于热功转换常常通过工质的膨胀来实现,所以要求工质有很好的膨胀性。同时,工程实际中热能动力装置要连续不断地实现热功之间的转换,这就要求工质能够连续通畅地流进、流出,因此,要求工质有很好的流动性。同时具有良好膨胀性和流动性的工质只能是气态工质,所以在工程热力学这门课程中,气态工质的性质是重要的研究内容之一。

气态工质构成的热力系所处的状态,可能是平衡(均匀)的,也可能是不平衡(不均匀)的。前者是平衡态热力学或经典热力学所研究的内容,也是本课程的任务。后者即为非平衡态热力学,它是平衡态热力学的继承和发展。非平衡态热力学(或称不可逆过程热力学)从 20 世纪 60 年代以来有了突破性的发展,其中最有代表性的成就是诺贝尔奖获得者比利时科学家普里高津提出的耗散结构理论。耗散结构理论对自然科学、社会科学乃至人类社会和整个宇宙具有很大的指导意义,是当今非平衡态热力学研究的世界前沿。

工程热力学研究的热力系都是处于平衡(均匀)态的,在状态参数坐标图上可简化为一个平衡(均匀)态点,整个热力系的状态可由一个点代表(以点代体)。平衡(均匀)过程和循环就是由这样的平衡(均匀)态组成的,那么,这样的过程和循环就可以在状态参数坐标图中用连续实线来表示。

涉及平衡(均匀)态及其过程和循环的具体描述和定量计算,则需要用到状态参数(状态量)和过程参数(过程量)。状态参数(T,p,v,u,h,s,f,g)是从各个不同侧面描述处于平衡(均匀)态的热力系宏观性质的物理量。状态参数是热力系所处热力状态的单值函数。状态参数着眼于热力系内部特性的描述,一组确定的状态参数数值与一个相应的平衡(均匀)态点一一对应。过程参数 w, q 是从能量的角度对热力系与外界相互作用的功或热进行计量的物理量。过程参数着眼于热力系与外界间作用特征的描述。过程参数的确定数值取决于热力系与外界之间相互作用过程的具体特征。离开了具体热力过程，便无过程量可言。

状态量与过程量有本质上的差别，但二者是对立统一的关系，可以说二者互为因果：热力系状态量改变必然引起热力系与外界间过程量的传递；反过来，热力系与外界间过程量的授受，也必然引起热力系状态量的增减。之所以如此，皆由能量守恒与转换定律所制约。

本项目的知识结构框图如图1-14所示。

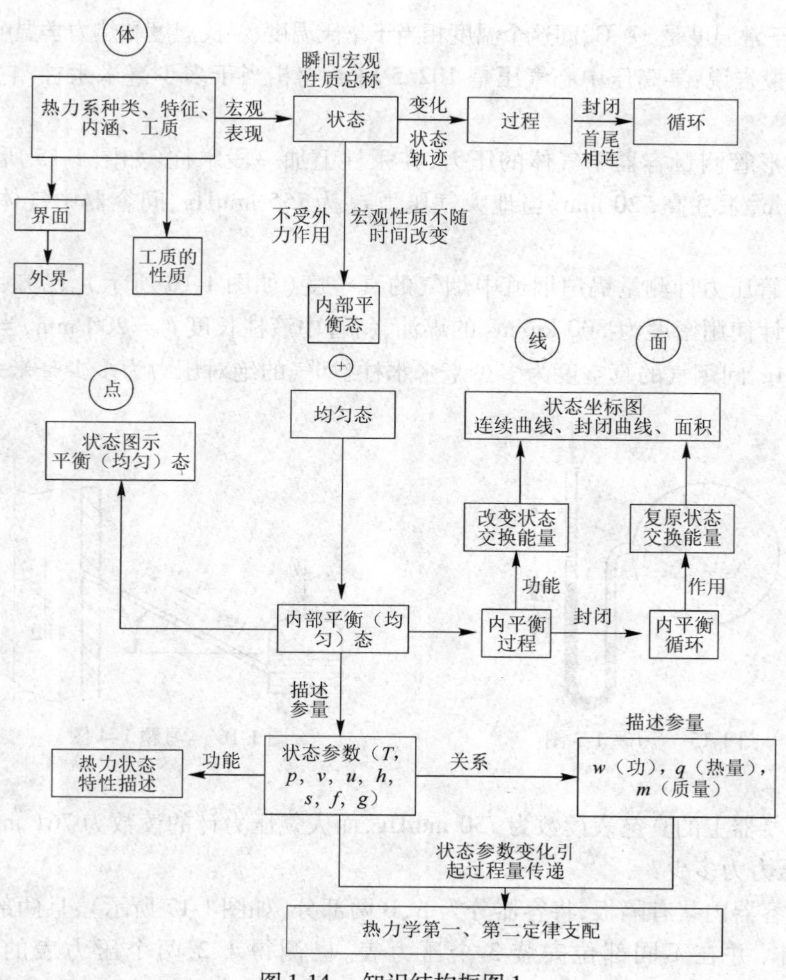

图1-14　知识结构框图1

思考题

1. 有人说绝对压力、表压力和真空度都是状态参数，对吗？为什么？

2. 如果容器中气体的压力保持不变,那么压力表的读数一定也保持不变吗?

3. 平衡态与稳定态有何区别和联系?

4. 平衡态与均匀态有何区别和联系?

5. 状态量和过程量有何区别和联系?

6. 热力系的选取有何限制?

7. 有人说,状态方程就是状态参数之间的关系,对吗?

8. 举例说明促使系统状态变化的原因是什么。

习　题

1-1 人体正常温度是37 ℃,问这个温度相当于华氏温度、兰氏温度和热力学温度各为多少?

1-2 气象报告说:某高压中心气压是102.5 kPa,它相当于多少毫米汞柱?它比标准物理气压高出多少?

1-3 用U形管测量容器中气体的压力,在汞柱上加一段水柱(如图1-15所示)。已测得水柱高850 mm,汞柱高520 mm。当地大气压力 p_b 为755 mmHg,问容器中气体的绝对压力为多少。

1-4 用斜管压力计测量锅炉烟道中烟气的真空度(如图1-16所示)。已知:管子的倾角 $\alpha=30°$。压力计使用密度为800 kg/m^3 的煤油,斜管中液柱长度 $l=200$ mm,当时大气压力 $p_b=745$ mmHg。问烟气的真空度为多少毫米水柱?烟气的绝对压力为多少毫米汞柱?

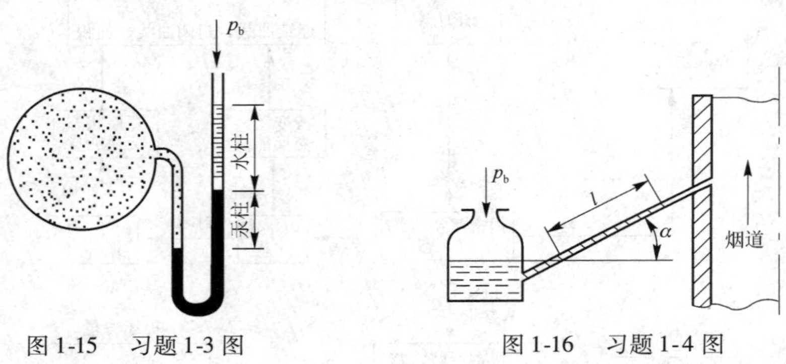

图1-15　习题1-3图　　　　图1-16　习题1-4图

1-5 某冷凝器上的真空表读数为750 mmHg,而大气压力计的读数为761 mmHg,试问冷凝器的绝对压力为多少?

1-6 有一容器内装有隔板,将容器分为A、B两部分(如图1-17所示),且两部分中装有不同压力的气体,并在不同部位安装3个压力表。已测得1、2两个压力表的表压依次为 1.10×10^5 Pa和 1.75×10^5 Pa,当时大气压力为 9.70×10^4 Pa。试求A、B两部分中气体的绝对压力和表3的读数(单位用MPa)。

1-7 某实验设备中空气流过管道,利用压差计测量孔板两边的压差(如图1-18所示)。如果使用的是汞压差计,测得液柱高为300 mmHg,汞密度为13.60 g/cm^3。试确定孔板两边压差。

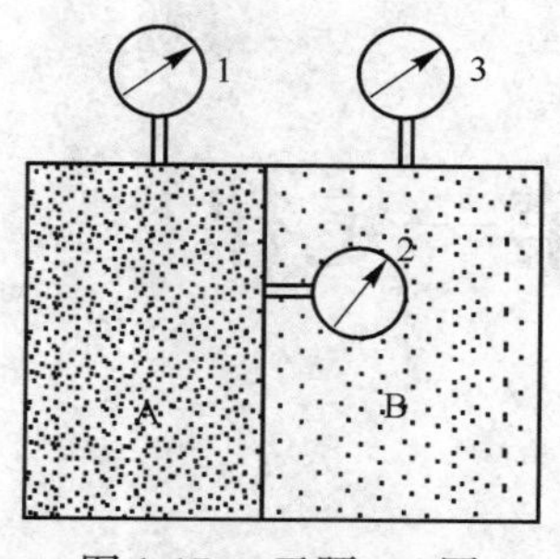

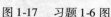

图 1-17　习题 1-6 图

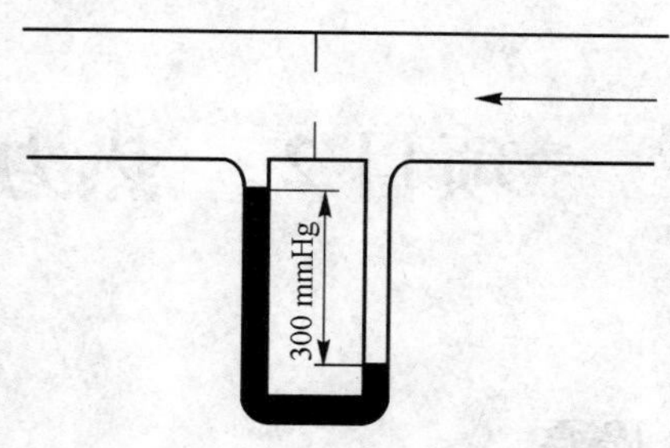

图 1-18　习题 1-7 图

1-8 从工程单位制热力性质表中查得，水蒸气在 500 ℃、10 MPa 的比体积和比焓分别为 v = 0.033 47 m^3/kg，h = 806.6 kcal/kg。试问，在 SI 制中，这时水蒸气的温度、压力和比焓各为多少？

1-9 容器中的真空度为 p_v = 600 mmHg，气压计上汞柱高度 p_b = 755 mm，求容器中的绝对压力（以 MPa 表示）。如果容器中的绝对压力不变，而气压计上汞柱高度为770 mm，则此时真空表上的读数是多少（以 mmHg 表示）？

项目2　热力学第一定律

项目提要

本项目根据能量守恒与转换定理，在得出一般热力系热力学第一定律基本表达式——基本能量方程的基础上，运用演绎法逐一推导出了闭口系、开口系、稳定流动系统的能量方程，并给出了能量方程中涉及的功和热量的基本计算公式及功和热量在状态参数坐标图中的表示。本项目内容是后续内容的基本理论依据。

学习目标

(1) 具有应用热力学第一定律推导出一般热力系能量方程表达式的能力。

(2) 具有应用稳定流动系统的能量方程进行热能动力设备(热机、换热器等)中的能量转换分析计算的能力。

(3) 具有对无摩擦的准平衡过程中的膨胀功、流动功、技术功、轴功和热量进行分析计算的能力，以及在压容图、温熵图中表示功和热量的能力。

(4) 准确掌握任何动力循环的循环净功与循环净热量的关系。

(5) 能够使用热力学第一定律准确解释热变功的本质。

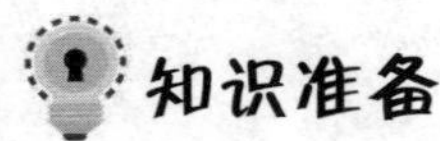

知识准备

任务2.1　热力学第一定律的实质

人们从无数的实践经验中总结出了这样一条规律：自然界中存在各种形式的能量，如热能、机械能、电磁能、化学能、光能、原子能等，各种不同形式的能量都可以彼此转移(从一个物体传递到另一个物体或由物体的一部分传递到另一个部分)，也可以相互转换(从一种能量形式转变为另一种能量形式)，但在转移和转换过程中，尽管能量的形式可以改变，但是它们的总量保持不变。这一规律被称为能量守恒与转换定律。这是自然界中的一条普遍原理，它适用于各个领域和各个方面。能量守恒与转换定律应用在热力学中，或者说应用在伴有热效应的各种过程中，即是热力学第一定律。在工程热力学中，热力学第一定律主要说明热能和机械能在相互转换时，能量的总量必定守恒。热力学第一定律是热力学的基本定律，它建立了热能与机械能等其他形式能量在相互转换时的数量关系，是热工分析和计算的理论基础。热力学第一定律有多种表述形式，如“当热能与其他形式的能量相互转换时，能量的总量保持恒定”“第一类永动机是不可能制成的”等。

任务2.2　热力学第一定律表达式

2.2.1　一般热力系的能量方程——热力学第一定律基本表达式

1. 热力系总能量

设有一热力系如图2-1中虚线（界面）所包围的体积所示。假设热力系具有的质量为 m，能量为 E，如图2-1(a)所示。热力系作为一个整体，它在空间的运动速度为 c，它所具有的宏观动能为 E_k，热力系质心位置离参考位置（如地面）的高度为 z，它所具有的重力位能为 E_p，则有 $E_k = mc^2/2$，$E_p = mgz$。由于这种宏观动能和重力位能是热力系本身所储存的机械能，它们需要借助热力系外的参考坐标系内测量的参数（c，z）来表示，故而也称之为外部储存能。

此外，热力系的内部能量是与热力系内部大量粒子微观运动和粒子空间位置有关的能量，称作热力学能，记为 U。

综前所述，热力系总能量是热力学能（U）、宏观动能（E_k）和重力位能（E_p）的总和，即

$$E = U + E_k + E_p \tag{2-1}$$

2. 一般热力系的能量方程

如图2-1所示，假定这一热力系在一段极短的时间 $d\tau$ 内从外界吸收了微小的热量 δQ，又从外界流进了每千克总能量为 e_1（$e_1 = u_1 + e_{k1} + e_{p1}$）的质量 δm_1（注意：这里用“δ”表示微元过程中传递的微小量，以便和用全微分符号“d”表示的状态量的微小增量区分开）。与此同时，热力系对外界做出了微小的总功 δW_{tot}（各种形式功的总和），并向外界流出了每千克总能量为 e_2（$e_2 = u_2 + e_{k2} + e_{p2}$）的质量 δm_2，如图2-1(b)所示。经过这段时间（$d\tau$）后，热力系的总能量变成了 $E + dE$，如图2-1(c)所示。

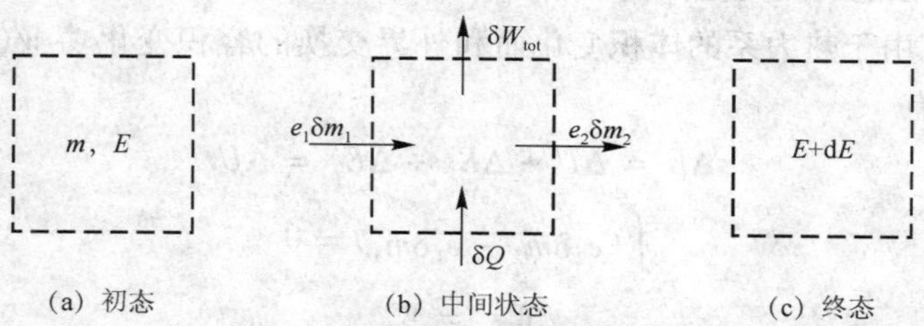

图2-1　热力系能量方程推导示意图

根据质量守恒定律可知，热力系质量的变化等于流进和流出质量的差，即

$$dm = \delta m_1 - \delta m_2 \tag{2-2}$$

式中，dm 为热力系在 $d\tau$ 时间内质量的增量，它是热力系状态量的变化；δm_1 和 δm_2 为热力系在 $d\tau$ 时间内和外界交换的质量，它们是过程量。

根据热力学第一定律可知：

加入热力系的能量的总和 - 热力系输出的能量的总和 = 热力系总能量的增量

即

$$(\delta Q + e_1\delta m_1) - (\delta W_{tot} + e_2\delta m_2) = (E + dE) - E$$

或

$$\delta Q = dE + (e_2\delta m_2 - e_1\delta m_1) + \delta W_{tot} \tag{2-3}$$

对有限长的时间 τ，可将式(2-3) 两边积分，从而得

$$Q = \Delta E + \int_\tau (e_2\delta m_2 - e_1\delta m_1) + W_{tot} \tag{2-4}$$

式(2-3) 和式(2-4) 是热力学第一定律的最基本的表达式，适用于任何工质进行的任何(无摩擦或有摩擦) 过程。

下面以工程中常见的三种情况(闭口系、开口系、稳定流动系统) 为例，进一步把热力学第一定律的基本表达式具体化。

2.2.2 闭口系的能量方程

设有一带活塞的气缸，内装气体，如图 2-2 所示，气体在初态下的热力学能为 U_1，吸热(Q) 膨胀并对外界做功(W) 后达到终态，热力学能变为 U_2。下面根据式(2-4) 来分析这一过程的能量平衡关系。

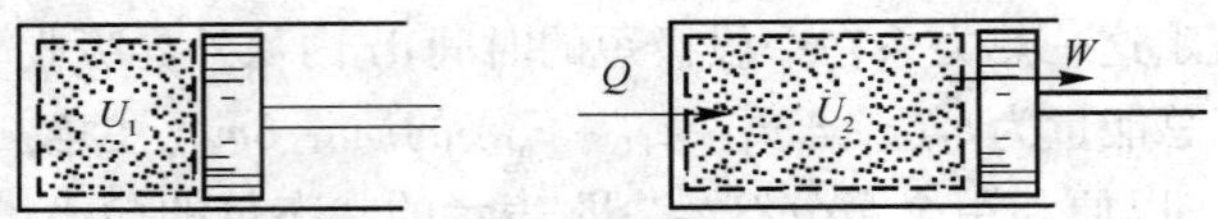

图 2-2 带活塞的气缸

取封闭在气缸中的工质为研究对象，即图 2-2 中虚线(界面) 所包围的闭口系。该热力系的宏观动能和重力位能均无变化($\Delta E_k = \Delta E_p = 0$)，而且与外界无物质交换($m_1 = 0, m_2 = 0$)，同时在 W_{tot} 中只有由于热力系的体积变化而和外界交换的容积变化功 W(称为膨胀功)。因此，根据式(2-4) 有

$$\Delta E = \Delta U + \Delta E_k + \Delta E_p = \Delta U$$

$$\int_\tau (e_2\delta m_2 - e_1\delta m_1) = 0$$

$$W_{tot} = W$$

从而得

$$Q = \Delta U + W = U_2 - U_1 + W \tag{2-5}$$

对每千克工质而言，可得

$$q = \Delta u + w = u_2 - u_1 + w \tag{2-6}$$

对微元过程而言，可将式(2-6)两边微分，从而得

$$\delta q = \mathrm{d}u + \delta w \tag{2-7}$$

式(2-5)、式(2-6)、式(2-7)都是闭口系的能量方程(热力学第一定律表达式)。

2.2.3　开口系的能量方程

活塞式动力机械在工作时，工质并不一直封闭在气缸中，而总是伴有进气、排气过程交替进行着(如图2-3所示)。所以，如果考虑到工质的流进、流出，那么界面为气缸内壁和活塞顶面的热力系在整个工作周期就不再是闭口系。在进气、排气期间，它和外界有质量交换，因而是开口系。

在进气前，活塞位于气缸顶端，如图2-3(a)所示。这时气缸中没有气体，热力系的质量为零，总能量也为零。进气过程如图2-3(b)所示，此时进入气缸的气体给热力系带进热力学能U_1(忽略宏观动能或并入滞止参数)，进口、出口气体的重力位能基本不变，因而在计算能量变化时可以不必考虑。同时，外界对体积为V_1且压力为p_1的气体做了推动功p_1V_1，使它通过进气口进入热力系，这部分推动功通过活塞传递给动力机械(飞轮)，这样动力机械就获得了进气功(W_{in})。进气完毕后，气体工质被封闭在气缸中。从这时开始，外界向气体供给热量Q，气体受热膨胀推动活塞向外，使动力机械做出膨胀功W，同时气体由状态1变化到状态2，如图2-3(c)所示。然后开始排气，动力机械通过活塞向气体输送排气功(W_{out})，而热力系又通过排气口将这部分功以推动功(p_2V_2)的形式传递给外界，如图2-3(d)所示。排气完毕后，活塞又回到气缸的顶端，动力机械完成了一个工作周期，这时气缸中没有气体，热力系的总能量回复到零。

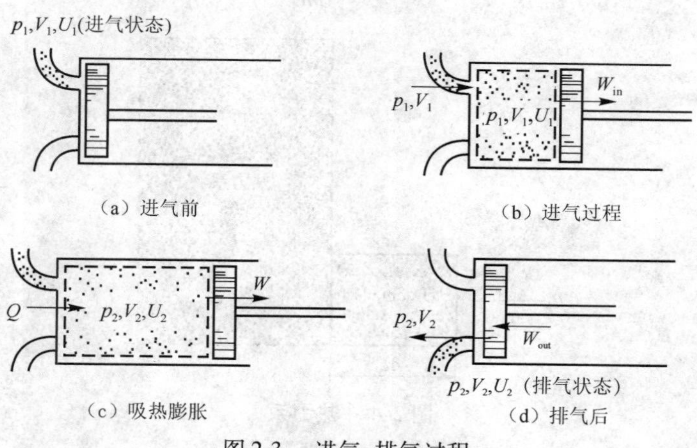

图2-3　进气、排气过程

下面分析这个开口系在一个工作周期中的能量进出情况。按式(2-4)列出其中的各项。由于在一个工作周期的始末，气缸中均无气体，故有

$$\Delta E = 0$$

$$\int_{\tau}(e_2\delta m_2 - e_1\delta m_1) = U_2 - U_1$$

热力系对外界做功为正,从外界获得功为负,故有

$$W_{tot} = -p_1V_1 + W_{in} + W - W_{out} + p_2V_2$$

所以,根据式(2-4)可得

$$Q = U_2 - U_1 + p_2V_2 - p_1V_1 + W_{in} + W - W_{out} \tag{2-8}$$

式中,$W_{in} + W - W_{out}$ 为动力机械在一个工作周期中获得的功,称为技术功,用 W_t 表示,即

$$W_t = W_{in} + W - W_{out} \tag{2-9}$$

式(2-9)是技术功的定义式。将它代入式(2-8),并考虑到焓的定义式(1-14)可得

$$Q = H_2 - H_1 + W_t \tag{2-10}$$

对每千克工质而言,有

$$q = h_2 - h_1 + w_t \tag{2-11}$$

对微元过程,可将式(2-11)两边微分,从而得

$$\delta q = dh + \delta w_t \tag{2-12}$$

式(2-10)、式(2-11)、式(2-12)都是开口系的能量方程(热力学第一定律表达式)。在上面的推导中称 pv 为推动功,其物理意义分析如下。

如图 2-4 所示,将有 δm_1 的微元质量被推进虚线所包围的热力系中,热力系进口面积为 A_1,被推入气体的压力为 p_1,推进的距离为 dL,则把微元质量 δm_1 推进热力系时外界的耗功为

$$\delta W_1 = p_1A_1dL = p_1dV_1 = p_1v_1\delta m_1$$

则有

$$p_1v_1 = \frac{\delta W_1}{\delta m_1}$$

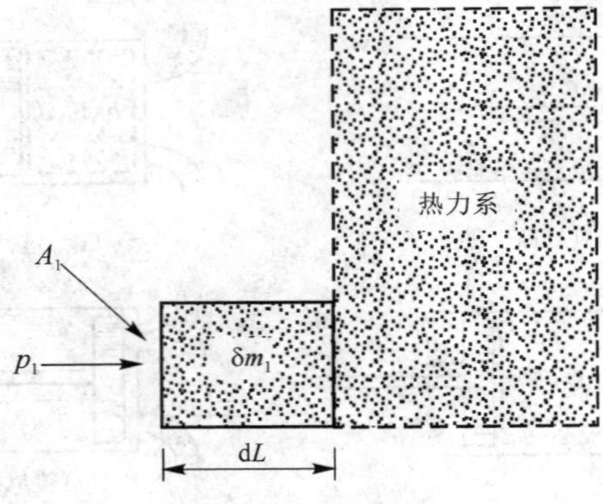

热力系

A_1

p_1

δm_1

dL

图 2-4 热力系

2.2.4 稳定流动系统的能量方程

稳定流动是指流道中任何位置上流体的流速及其他状态参数(温度、压力、比体积、比热

力学能等）都不随时间变化的流动。各种工业设备处于正常运行状态时，流动工质所经历的过程都接近于稳定流动。设有流体流过一复杂通道（如图2-5所示），取通道进出口之间的流体为研究对象，即图2-5中虚线（界面）所包围的开口系。假定进出口截面上流体的各个参数均匀一致（如果不均匀则取平均值），进、出口截面的压力、比体积、比热力学能、流速、高度、比总能量分别依次为 $p_1, v_1, u_1, c_1, z_1, e_1$ 和 $p_2, v_2, u_2, c_2, z_2, e_2$。

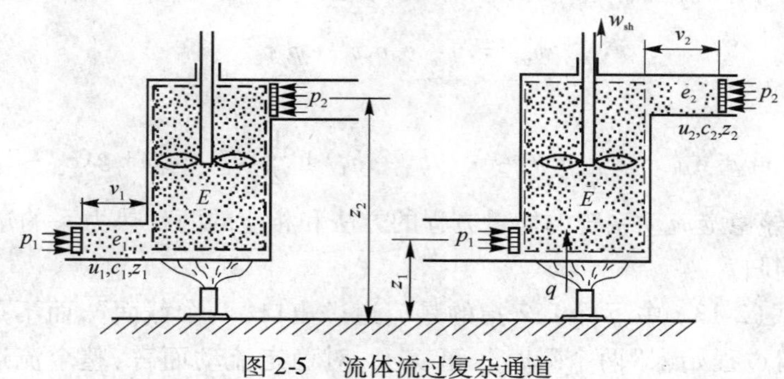

图2-5　流体流过复杂通道

显然，对于稳定流动，这些参数不随时间变化，开口系的总能量 E 也不随时间变化。取一段时间 $\Delta\tau$，设在这段时间内恰好有1 kg流体流过通道（因为是稳定流动，所以在这段时间内流过进出口截面及流过任意截面的流体都是1 kg），同时有热量 q 从外界通过界面传入该热力系，又有轴功 w_{sh} 由热力系通过叶轮轴向外界做出。对这样一个稳定流动的开口系，根据式（2-4）可得

$$\Delta E = 0(E\text{为定值})$$

$$\int_\tau (e_2\delta m_2 - e_1\delta m_1) = (e_2 - e_1)\int_\tau \delta m = e_2 - e_1$$

$$w_{tot} = w_{sh} - p_1v_1 + p_2v_2$$

w_{tot} 中除叶轮的轴功 w_{sh} 外，还包括在进口处外界对热力系做的推动功 p_1v_1（负值），在出口处热力系对外界做的推动功 p_2v_2（正值）。所以，根据式（2-4）可得

$$q = e_2 - e_1 + w_{sh} - p_1v_1 + p_2v_2$$
$$= (e_2 + p_2v_2) - (e_1 + p_1v_1) + w_{sh}$$

其中：

$$e_2 + p_2v_2 = u_2 + e_{k2} + e_{p2} + p_2v_2 = h_2 + \frac{c_2^2}{2} + gz_2$$

$$e_1 + p_1v_1 = u_1 + e_{k1} + e_{p1} + p_1v_1 = h_1 + \frac{c_1^2}{2} + gz_1$$

最后得

$$q = (h_2 - h_1) + \frac{1}{2}(c_2^2 - c_1^2) + g(z_2 - z_1) + w_{sh} \tag{2-13}$$

从式（2-11）和式（2-13）的推导过程中可以看出：对流动工质，焓可以理解为流体向下游传送的热力学能与推动功之和。式（2-13）即为稳定流动系统的能量方程（热力学第一定律

表达式)。

式(2-13) 也可以换一种方式推得。如果取图 2-5 中两个假想活塞之间的流体(阴影部分) 为热力系,那么这就是一个闭口系。对这一闭口系,根据式(2-4) 有

$$\Delta e = (e + e_2) - (e + e_1) = e_2 - e_1$$

$$\int_\tau (e_2 \delta m_2 - e_1 \delta m_1) = 0(\text{对闭口系}, \delta m_2 = \delta m_1 = 0)$$

$$w_{\text{tot}} = w_{\text{sh}} - p_1 v_1 + p_2 v_2$$

同样可得

$$q = e_2 - e_1 + w_{\text{sh}} - p_1 v_1 + p_2 v_2 = (h_2 - h_1) + \frac{1}{2}(c_2^2 - c_1^2) + g(z_2 - z_1) + w_{\text{sh}}$$

上述两种推导稳定流动系统的能量方程的方法和相应的两种热力系的选取方法可谓是异曲同工、殊途同归。

应该指出,式(2-13) 中下标 1、2 指的是流道进出口"两个截面",而不是像式(2-6) 和式(2-11) 那样指过程始末"两个瞬时"。事实上,对稳定流动而言,整个流道空间(包括进出口截面) 的状况是不随时间变化的。但是,如果设想取一流体微团为热力系,考察这个微团从流道进口到出口的变化过程,则"两个截面" 和"两个瞬时" 是一致的。

2.2.5 能量方程之间的内在联系和热变功的实质

式(2-6)、式(2-11)、式(2-13) 三个能量方程有各自适用的场合,但也有基本的共性。事实上,如果把稳定流动系统的能量方程中流体动能的增量和重力位能的增量看作是暂存于流体(热力系) 本身而尚未对外界做出的功,并把它们与轴功合并在一起,那么合并以后的功也就相当于开口系的能量方程中的技术功。这样,式(2-13) 和式(2-11) 也就完全一样了,即

$$q = h_2 - h_1 + \left[\frac{1}{2}(c_2^2 - c_1^2) + g(z_2 - z_1) + w_{\text{sh}}\right] = h_2 - h_1 + w_{\text{t}} \tag{2-14}$$

如果再把式(2-11) 中的焓写为热力学能与推动功之和,把技术功写为进气功、膨胀功及排气功的代数和,消去一些项后,便可得到式(2-6)。

$$q = (u_2 + p_2 v_2) - (u_1 + p_1 v_1) + w_{\text{in}} + w - w_{\text{out}}$$

因为

$$e_2 + p_2 v_2 = u_2 + e_{\text{k2}} + e_{\text{p2}} + p_2 v_2 = h_2 + \frac{c_2^2}{2} + g z_2$$

$$w_{\text{in}} = p_1 v_1, w_{\text{out}} = p_2 v_2$$

所以

$$q = u_2 - u_1 + w$$

这就是说,归根结底,反映热能和机械能转换的是式(2-6)。可以将式(2-6) 改写为

$$w = (u_1 - u_2) + q$$

这说明:在任何情况下,膨胀功都只能从热力系本身的热力学能储备或外界供给的热量

转变而来,这就是热变功的实质。所不同的只是,在闭口系中,膨胀功(w)全部向外界输出;在开口系中,膨胀功中有一部分要用来弥补排气推动功和进气推动功的差值($p_2v_2 - p_1v_1$),剩下的部分(技术功)可供输出。所以有

$$w_t = w - (p_2v_2 - p_1v_1) \tag{2-15}$$

而在稳定流动中,膨胀功除用于弥补排气推动功和进气推动功的差值外,还要用于增加流体的动能$\left[\frac{1}{2}(c_2^2 - c_1^2)\right]$和位能$[g(z_2 - z_1)]$,剩下的部分(为轴功)才供输出。所以

$$w_{sh} = w - (p_2v_2 - p_1v_1) - \frac{1}{2}(c_2^2 - c_1^2) - g(z_2 - z_1) \tag{2-16}$$

将式(2-15)和式(2-16)分别代入式(2-6),即可得出式(2-11)和式(2-13)。

从以上的推导和讨论中可以清楚地看到总功(w_{tot})、膨胀功(w)、技术功(w_t)和轴功(w_{sh})之间的区别和内在联系,但不应得出膨胀功大于技术功、技术功大于轴功的结论,因为$p_2v_2 - p_1v_1$,$\frac{1}{2}(c_2^2 - c_1^2)$,$g(z_2 - z_1)$都是可正、可负的。

任务2.3　稳定流动系统的能量方程的应用

1. 做功的动力机(蒸汽轮机、燃气轮机)

(1) 工质的动能变化一般只占做功量的千分之几,可忽略,即$\frac{1}{2}\Delta c^2 = 0$。

(2) 工质的位能变化一般不到做功量的万分之一,可忽略,即$g\Delta z = 0$。

(3) 热力系散热一般只占做功量的百分之一左右,有时也可忽略,即$q = 0$。

在以上的条件下,如图2-6(a)所示,由式(2-13)可得

$$w_{sh} = w_T = h_1 - h_2$$

即动力机对外做功w_T等于工质的焓降。

2. 耗功的工作机(压气机、风机、水泵)

以上三个条件基本适用,如图2-6(b)所示,由式(2-13)可得

$$w_C = w_{sh} = h_1 - h_2 \text{ 或 } -w_C = h_2 - h_1 > 0$$

即压气机、风机和水泵的耗功w_C等于工质的焓升。

3. 换热器(加热器、散热器、蒸发器、冷凝器)

工质的动能及位能变化可以忽略,又不做轴功,即$\frac{1}{2}\Delta c^2 = 0$,$g\Delta z = 0$,$w_{sh} = 0$,由式(2-13)可得:

对于加热器:$q = h_2 - h_1 > 0$;

对于散热器:$q = h_2 - h_1 < 0$。

即加入加热器的热量等于工质的焓升,如图2-7(a)所示;散热器散出的热量等于工质的焓降,如图2-7(b)所示。

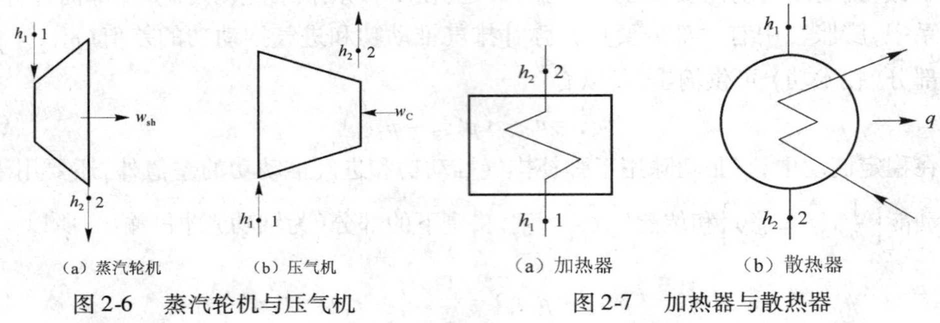

图 2-6　蒸汽轮机与压气机　　　图 2-7　加热器与散热器

4. 喷管

喷管是使流体降压升速的特殊管道，一般可认为是绝热过程，即 $q = 0$；可忽略位能的变化，即 $g\Delta z = 0$；又不对外做功，即 $w_{sh} = 0$。如图 2-8(a) 所示，由式(2-13) 可得

$$\frac{1}{2}(c_2^2 - c_1^2) = h_1 - h_2 > 0$$

即工质通过喷管后动能的增加等于工质的焓降。

5. 扩压管

扩压管是降速升压的特殊管道，以上喷管的假定条件同样适用于扩压管(如图 2-8(b) 所示)，由式(2-13) 可得

$$\frac{1}{2}(c_1^2 - c_2^2) = h_2 - h_1 > 0$$

即工质通过扩压后动能的降低等于工质的焓升。

6. 节流

流体工质流经阀门、缝隙等时所经历的过程称之为节流，如图 2-9 所示。可以认为此时 $q = 0, g\Delta z = 0, w_{sh} = 0$。在节流前后足够远的地方，$c_1 \approx c_2, \frac{\Delta c^2}{2} = 0$，由式(2-13) 可得

$$\Delta h = 0 \text{ 或 } h_2 = h_1$$

即节流前后焓相等。需要说明的是，虽然节流前后焓不变，但节流过程不是等焓过程，因为在节流过程中焓是变化的。

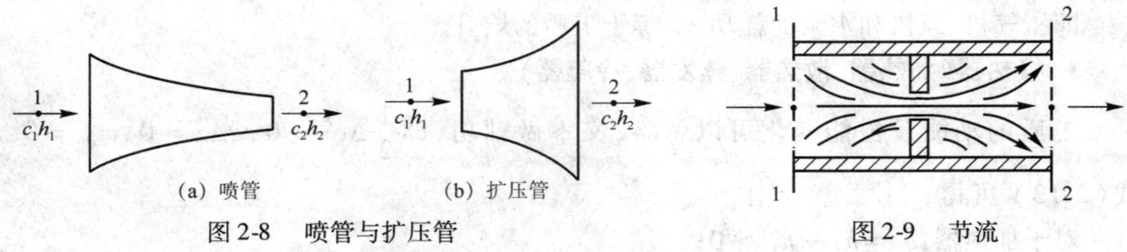

图 2-8　喷管与扩压管　　　图 2-9　节流

任务2.4 功和热量的计算及其在压容图和温熵图中的表示

设有一截面为 A 的带活塞的气缸,里面装有 1 kg 气体,气体处于平衡态,压力、比体积、比热力学能、温度、比熵依次为 p,v,u,T,s。气体对活塞的作用力 pA 由外力 F 和活塞与气缸壁之间的摩擦力 F_f 加以平衡,即

$$pA = F + F_f$$

如果像通常那样取气缸中的气体为热力系,那么活塞气缸便是外界,它们之间的摩擦便是外摩擦。如图 2-10 所示,为了直观地分析热力系内摩擦的影响,取气缸内的气体连同活塞和气缸一并作为热力系。这样,活塞与气缸壁之间的摩擦便是内摩擦了。当然,这个热力系也就不是一个简单的均匀系了。但是,如果假定活塞与气缸壁之间由于摩擦生成的热全部由气缸中的气体吸收,而活塞和气缸的热力状态无改变,那么在分析过程时,对活塞和气缸就可以不予考虑了。下面来分析摩擦对过程的影响。

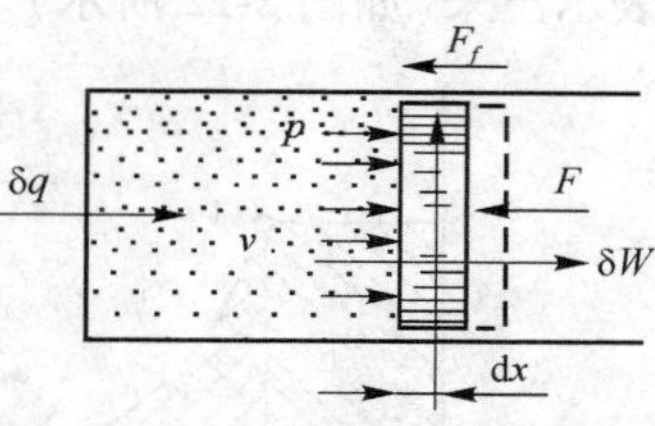

图 2-10 带活塞的气缸

当外界向气体加 q 热量以后,气体膨胀,并在平衡态下使活塞移动了 dx 距离,气体对外界做出了(外界获得了)δW 的功,有

$$\begin{aligned}\delta W &= F\mathrm{d}x = (pA - F_f)\mathrm{d}x \\ &= p\mathrm{d}V - F_f\mathrm{d}x = p\mathrm{d}V - \delta W_{\mathrm{L}} < p\mathrm{d}V\end{aligned} \tag{2-17}$$

式中,δW_{L} 是由于存在摩擦而损失的功,称为功损。由功损产生的热称为热产,用 Q_{g} 表示。显然有

$$Q_{\mathrm{g}} = W_{\mathrm{L}} \text{ 或 } q_{\mathrm{g}} = w_{\mathrm{L}} \tag{2-18}$$

应该指出,式(2-17) 对压缩过程同样是适用的。在压缩过程中,如果存在摩擦(这时摩擦力反向),由于有功损,外界将消耗比 $p\mathrm{d}V$ 计算值较多的功,$|\delta W| > |p\mathrm{d}V|$,但由于这时 δW 和 $p\mathrm{d}V$ 均为负值,所以式(2-17) 仍然成立。

如果不存在摩擦($\delta w_{\mathrm{L}} = 0$),则无论对膨胀过程或是压缩过程,均可得

$$\delta w = p\mathrm{d}v \tag{2-19}$$

对式(2-19) 两边积分,可得膨胀功的计算式(对无摩擦的内平衡过程而言):

$$w = \int_1^2 p\mathrm{d}v \tag{2-20}$$

根据式(2-15) 和式(2-20),可得技术功的计算式(对无摩擦的内平衡过程而言):

$$w_{\mathrm{t}} = w - p_2v_2 + p_1v_1 = \int_1^2 p\mathrm{d}v - \int_1^2 \mathrm{d}(pv) = -\int_1^2 v\mathrm{d}p \tag{2-21}$$

根据熵的定义式有

$$\mathrm{d}s = \frac{\mathrm{d}u + p\mathrm{d}v}{T}, \mathrm{d}u + p\mathrm{d}v = T\mathrm{d}s$$

在无摩擦内平衡的情况下,式(2-7) 可写为

$$\delta q = \mathrm{d}u + p\mathrm{d}v$$

所以，对无摩擦的内平衡过程可得

$$\delta q = T\mathrm{d}s$$

积分后得

$$q = \int_1^2 T\mathrm{d}s \tag{2-22}$$

式(2-20)、式(2-21)、式(2-22) 表明：对于一个无摩擦的内平衡过程，其膨胀功和技术功可以在压容图(p-v 图) 中分别表示出来(如图 2-11 所示)；而热量则可以在温熵图(T-s 图)中表示出来(如图 2-12 所示)。

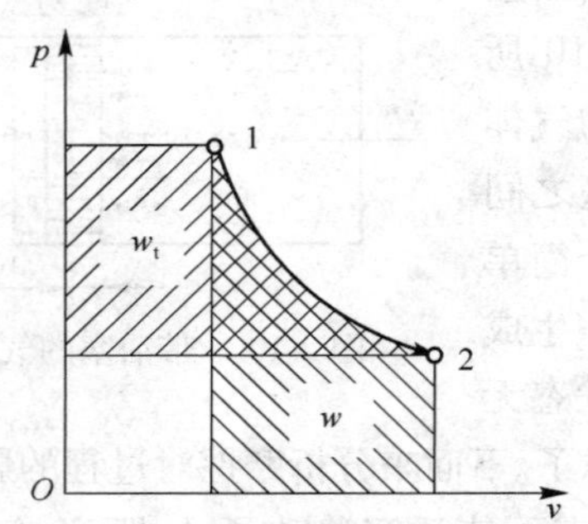

图 2-11　无摩擦的内平衡过程压容图

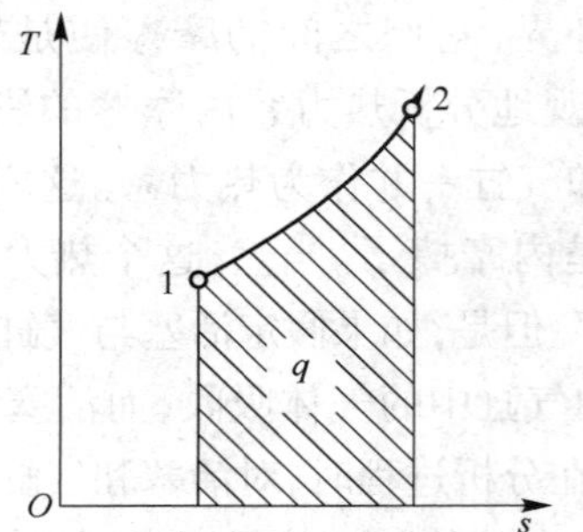

图 2-12　无摩擦的内平衡过程温熵图

一个由无摩擦的内平衡过程构成的循环，其膨胀功与技术功相等，用循环功 W_0 表示。在图 2-13 所示的压容图中，对每千克工质而言，w_0 可用包围在循环曲线内部的面积 A_{abcda} 表示。

循环的膨胀功为

$$\begin{aligned} w_0 &= \oint p\mathrm{d}v = \int_{abc} p\mathrm{d}v + \int_{cda} p\mathrm{d}v \\ &= A_{abcefa} - A_{cdafec} \\ &= A_{abcda} \end{aligned}$$

循环的技术功为

$$\begin{aligned} w_0 &= -\oint v\mathrm{d}p = -\int_{bcd} v\mathrm{d}p - \int_{dab} v\mathrm{d}p \\ &= A_{bcdghb} - A_{dabhgd} \\ &= A_{abcda} \end{aligned}$$

循环的热量 q_0 则可用图 2-14 所示的温熵图中循环曲线包围的面积 A_{abcda} 表示：

$$\begin{aligned} q_0 &= \oint T\mathrm{d}s = \int_{ABC} T\mathrm{d}s + \int_{CDA} T\mathrm{d}s \\ &= A_{ABCEFA} - A_{CDAFEC} \\ &= A_{ABCDA} \end{aligned}$$

对能量方程式(2-7) 进行循环积分，可得

$$\oint \delta q = \int \mathrm{d}u + \oint \delta w = \int \delta w$$

即

$$q_0 = w_0 \tag{2-23}$$

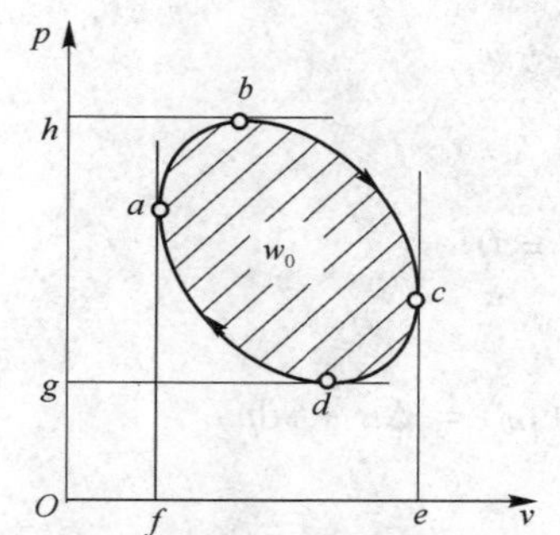

图2-13　循环功在压容图中的图示

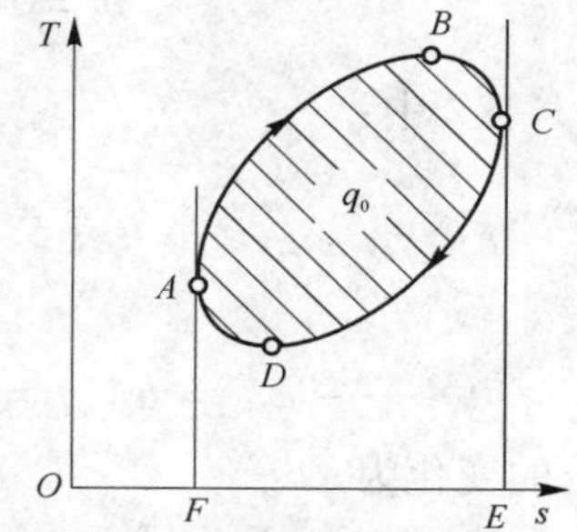

图2-14　热量在温熵图中的图示

式(2-23)表明：循环的净热量等于循环的净功。这是很容易理解的，因为工质完成一个循环后回到了原状态，工质的热力学能未变，所以循环对外界做出的净功只能由从外界获得的净热量转变而来。正因为如此，对有摩擦的内不平衡循环，虽然 w_0 和 q_0 不能用压容图和温熵图中包围在循环曲线内部的面积表示，但是由于 $\oint \mathrm{d}u = 0$，根据能量守恒与转换定律，纵然有摩擦、不平衡，$q_0 = w_0$ 的结论仍然成立。

例 2-1　水泵向 50 m 高的水塔送水（如图 2-15 所示）。试问：

（1）每输送 1 kg 水理论上最少应消耗多少功？

（2）如果水泵的效率 $\eta_{\mathrm{P}} = \dfrac{w_{\mathrm{P,the}}}{w_{\mathrm{P,act}}} = 70\%$，那么实际消耗多少功？

（3）理论消耗的功变成了什么？实际比理论多消耗的功到哪里去了？

（4）过程 $1 \to 2$ 和过程 $1 \to 3$ 的比焓和比热力学能的变化如何？

计算时可以忽略和外界的热交换及动能的变化，并认为水是不可压缩的。

解：（1）理论上最少应消耗的功即无摩擦情况下消耗的功（对水泵而言，通常取消耗功为正）。因此，可得

$$\begin{aligned} w_{\mathrm{P,the}} &= -w_{\mathrm{t}} = \int_1^2 v\mathrm{d}p = v(p_2 - p_1) = v[(p_{\mathrm{b}} + \rho g \Delta z) - p_{\mathrm{b}}] \\ &= v\rho g \Delta z = g\Delta z = 9.807 \times 50 \times 10^{-3} \\ &= 0.490\ 4(\mathrm{kJ/kg}) \end{aligned}$$

在压容图中，这部分理论功如图 2-16 中矩形面积所示。

（2）实际消耗的功

$$w_{\mathrm{P,act}} = \frac{w_{\mathrm{P,the}}}{\eta_{\mathrm{P}}} = \frac{0.490\ 4}{0.70} = 0.700\ 6(\mathrm{kJ/kg})$$

（3）理论消耗的功（0.490 4 kJ/kg）在水泵出口处（状态2）由于压力提高而增加了水的焓，在水塔里（状态3）由于高度增加而变成水的重力位能。实际比理论多消耗的功为

$$\Delta w_{\mathrm{P}} = 0.700\ 6 - 0.490\ 4 = 0.210\ 2(\mathrm{kJ/kg})$$

这部分功变成了热(功损变为热产),水获得了这部分热,水的热力学能增加。

(4) 应用稳定流动系统的能量方程有

$$q = \Delta h + \frac{\Delta c^2}{2} + g\Delta z + w_{sh}$$

在过程 $1 \to 2$ 中:

$$q = 0, \frac{\Delta c^2}{2} = 0, \Delta z = 0$$

从而得

$$-w_{sh} = w_{P,act} = \Delta h = \Delta u + \Delta(pv) = \Delta u + v\mathrm{d}p$$

所以,焓的变化为

$$h_2 - h_1 = w_{P,act} = 0.700\ 6\ \mathrm{kJ/kg}$$

热力学能的变化为

$$u_2 - u_1 = (h_2 - h_1) - (p_2v_2 - p_1v_1) = w_{P,act} - v(p_2 - p_1) = \Delta w_P = 0.210\ 2\ \mathrm{kJ/kg}$$

在过程 $1 \to 3$ 中:

$$q = 0, \frac{\Delta c^2}{2} = 0, \Delta p = 0$$

从而得

$$-w_{sh} = w_{P,act} = \Delta h + g\Delta z = \Delta u + v\Delta p + g\Delta z = \Delta u + g\Delta z$$

所以,焓的变化为

$$\begin{aligned} h_3 - h_1 &= w_{P,act} - g(z_3 - z_1) \\ &= 0.700\ 6 - 9.807 \times 50 \times 10^{-3} = 0.201\ 3(\mathrm{kJ/kg}) \end{aligned}$$

热力学能的变化为

$$u_3 - u_1 = (h_3 - h_1) - (p_3v_3 - p_1v_1) = h_3 - h_1 = 0.201\ 3\ \mathrm{kJ/kg}$$

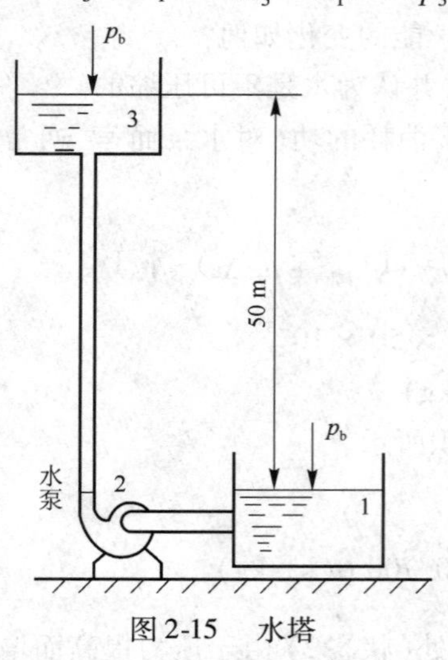

图 2-15 水塔

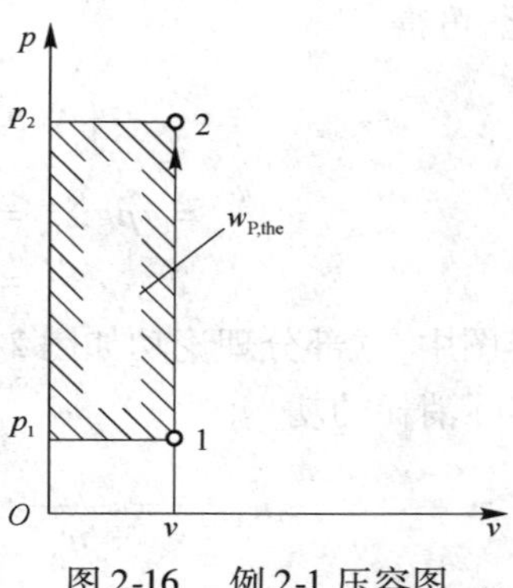

图 2-16 例 2-1 压容图

例 2-2 某燃气轮机装置如图 2-17 所示,空气质量流量 $q_m = 10$ kg/s。在压气机进口处空气的比焓 $h_1 = 290$ kJ/kg,经过压气机压缩后,空气的比焓升为580 kJ/kg。在燃烧室中喷油燃烧生成高温燃气,其比焓 $h_3 = 1\ 250\ \text{kJ/kg}$,其在燃气轮机中膨胀做功后,比焓降低为 $h_4 = 780\ \text{kJ/kg}$,然后排向大气。试求:

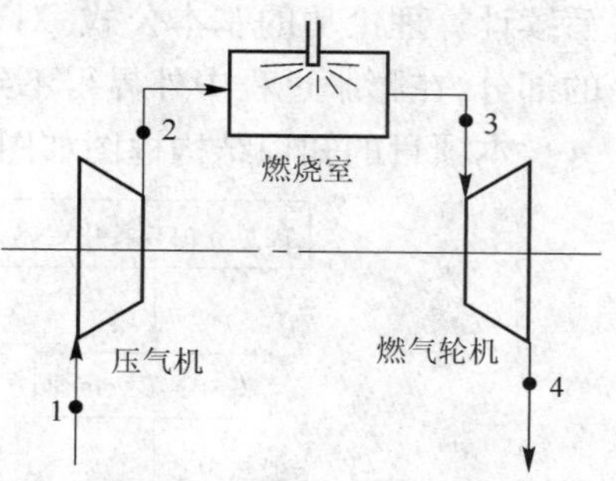

图 2-17　例 2-2 图

(1) 压气机消耗的功率;

(2) 燃料消耗量(已知燃料发热量 $H_v = 43\ 960\ \text{kJ/kg}$);

(3) 燃气轮机发出的功率;

(4) 燃气轮机装置输出的功率。

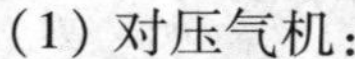**解**:稳定流动系统的能量方程为

$$q = \Delta h + \frac{\Delta c^2}{2} + g\Delta z + w_{sh}$$

(1) 对压气机:

$$q = 0,\ \frac{\Delta c^2}{2} = 0,\Delta z = 0$$

因而得

$$-w_{sh} = w_C = \Delta h = h_2 - h_1 = 580 - 290 = 290(\text{kJ/kg})$$

所以压气机消耗的功率为

$$P_C = q_m w_C = 10 \times 290 = 2\ 900(\text{kW})$$

(2) 对燃烧室:

$$\frac{\Delta c^2}{2} = 0,\Delta z = 0,w_{sh} = 0$$

因而得

$$q = \Delta h = h_3 - h_2 = 1\ 250 - 580 = 670(\text{kJ/kg})$$

所以,燃料消耗量为

$$q_{mf} = \frac{q_m q}{H_v} = \frac{10 \times 670}{43\ 960} = 0.152\ 4(\text{kg/s})$$

(3) 对燃气轮机:

$$q = 0,\frac{\Delta c^2}{2} = 0,g\Delta z = 0$$

因而得

$$w_{sh} = w_T = -\Delta h = h_3 - h_4 = 1\ 250 - 780 = 470(\text{kJ/kg})$$

所以,燃气轮机发出的功率为

$$P_T = q_m w_T = 10 \times 470 = 4\ 700(\text{kW})$$

(4) 燃气轮机装置输出的功率为

$$P = P_T - P_C = 4\ 700 - 2\ 900 = 1\ 800(\text{kW})$$

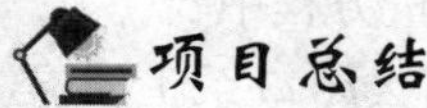

项目总结

本项目给出的无摩擦准平衡过程功的计算式 $w = \int_1^2 p\mathrm{d}v$ 和 $w_t = -\int_1^2 v\mathrm{d}p$ 非常重要,它是

后续计算理论功的基本公式。对于有摩擦的过程，存在摩擦功损，它是实际功比理论功减少的部分，在膨胀过程中外界得不到这部分功，它以热产的形式耗散掉了。

本项目的知识结构框图如图 2-18 所示。

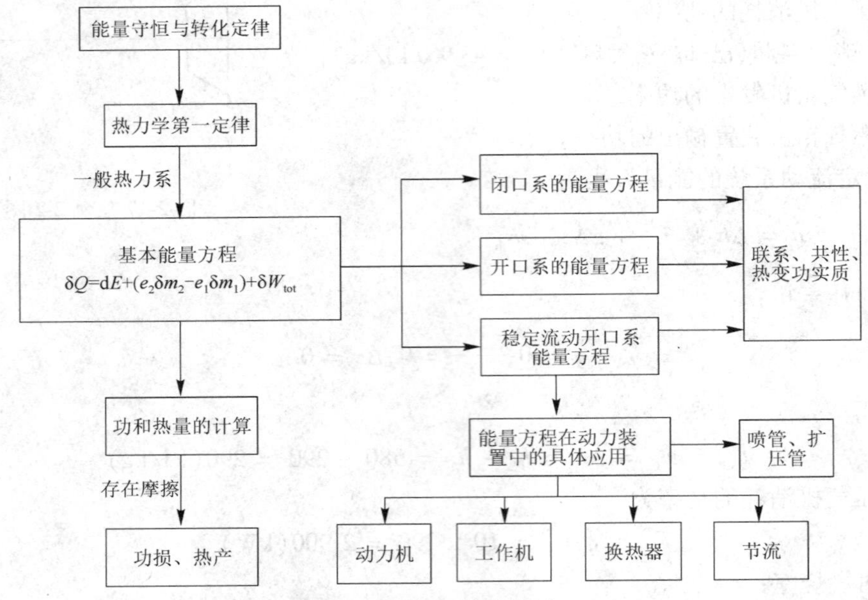

图 2-18　知识结构框图 2

思考题

1. 热量和热力学能有什么区别和联系？

2. 如果将能量方程写为 $\delta q = du + pdv$ 或 $\delta q = dh - vdp$，那么它们的适用范围如何？

3. 能量方程 $\delta q = du + pdv$ 与比焓的微分式 $dh = du + d(pv)$ 很相像，为什么每千克工质的热量 q 不是状态参数，而比焓 h 是状态参数？

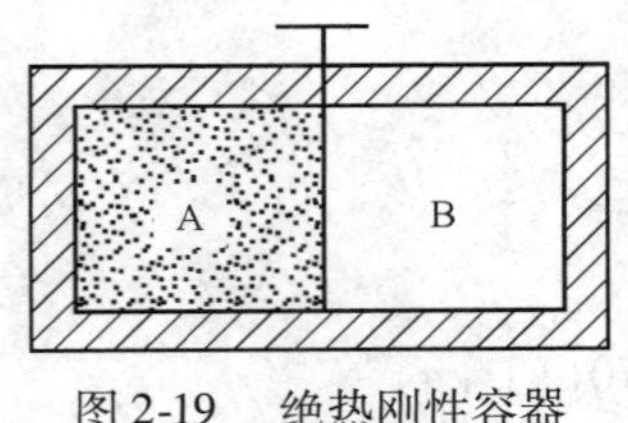

图 2-19　绝热刚性容器

4. 用隔板将绝热刚性容器分成 A、B 两部分（如图 2-19 所示），A 部分装有 1 kg 气体，B 部分为高度真空。将隔板抽去后，气体热力学能是否会发生变化？能不能用 $\delta q = du + pdv$ 来分析这一过程？

5. 说明下列论断是否正确。

（1）气体吸热后一定膨胀，其热力学能一定增加。

（2）气体膨胀时一定对外做功。

（3）气体压缩时一定消耗外功。

（4）气体对外做功，热力学能一定减少。

6. 为什么推动功出现在开口系的能量方程中，而不出现在闭口系的能量方程中？

7. 焓是工质流入（或流出）开口系时传入（或传出）系统的总能量，那么闭口系工质有没有焓值？

8. 稳定流动系统的能量方程是否可以应用于像活塞式压气机这样的动力机械稳定运行

时的能量分析中？为什么？

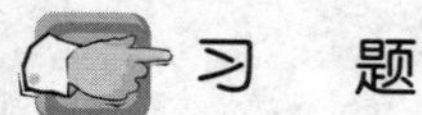

习　题

2-1 冬季，工厂某车间要使室内维持一适宜温度。在这一温度下，透过墙壁和玻璃窗等处，室内向室外每小时传出2.9×10^6 kJ的热量。车间各工作机器消耗的动力为680 kW(认为机器工作时将全部动力转变为热能)。另外，室内经常点着50盏100 W的电灯。要使这个车间的温度维持不变，则每小时需供给多少热量？

2-2 某电厂的发电功率为25 000 kW，电厂效率为27%。已知煤的发热量为29 000 kJ/kg，试求：(1) 该电厂每昼夜要消耗多少吨煤；(2) 每发一度电要消耗多少千克煤。

2-3 水在760 mmHg下定压汽化，温度为100 ℃，比容从0.001 m^3/kg增加到1.763 m^3/kg，汽化潜热为2 250 kJ/kg。试求工质在汽化期间：(1) 内能的变化；(2) 焓的变化。

2-4 某车间，在冬季每小时经过墙壁和玻璃窗等传给外界环境的热量为3×10^5 kJ。已知该车间各种工作机器所消耗动力中有50 kW将转化为热量，室内经常亮着50盏100 W的电灯。问该车间在冬季为了维持合适的室温，还是否需要外加采暖设备？要多大的外供热量？

2-5 1 kg空气由$p_1=1.0$ MPa，$t_1=500$ ℃膨胀到$p_2=0.1$ MPa，$t_2=500$ ℃，得到热量506 kJ，做膨胀功506 kJ。又在同一初态及终态间做第二次膨胀，仅加入热量39.1 kJ。求：

(1) 第一次膨胀中空气内能增加多少；

(2) 第二次膨胀中空气做了多少功；

(3) 第二次膨胀中空气内能增加多少。

2-6 一台锅炉水泵将冷水压力由$p_1=6$ kPa升高至$p_2=2.0$ MPa，若冷凝水(水泵进口)流量为2×10^5 kg/h，水密度$\rho_{H_2O}=1\ 000$ kg/m^3。假定水泵效率为0.88，问带动此水泵至少要多大功率的电机。

2-7 某机器运转时，由于润滑不良产生摩擦热，使质量为150 kg的钢制机体在30 min内温度升高50 ℃。试计算摩擦引起的功率损失(已知每千克钢每升高1 ℃需热量0.461 kJ)。

2-8 气体在某一过程中吸入热量12 kJ，同时热力学能增加20 kJ。问此过程是膨胀过程还是压缩过程？对外所做的功是多少？(不考虑摩擦)

2-9 如图2-20所示，有一闭口系，从状态1经过a变化到状态2；又从状态2经过b回到状态1；再从状态1经过c变化到状态2。在这三个过程中，热量和功的某些值已知(如下表中所列数值)，某些值未知(表中空白)。试确定这些未知值。

过程	热量Q/kJ	膨胀功W/kJ
$1\rightarrow a\rightarrow 2$	10	
$2\rightarrow b\rightarrow 1$	−7	−4
$1\rightarrow c\rightarrow 2$		8

2-10 如图2-21所示，绝热封闭的气缸中储存有不可压缩的液体0.002 m^3，通过活塞使液体的压力从0.2 MPa提高到4 MPa。试求：

(1) 外界对流体所做的功；

（2）液体热力学能的变化；

（3）液体焓的变化。

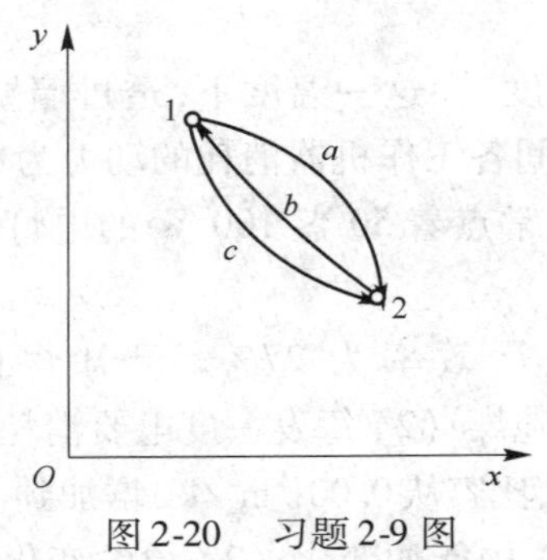

图 2-20　习题 2-9 图

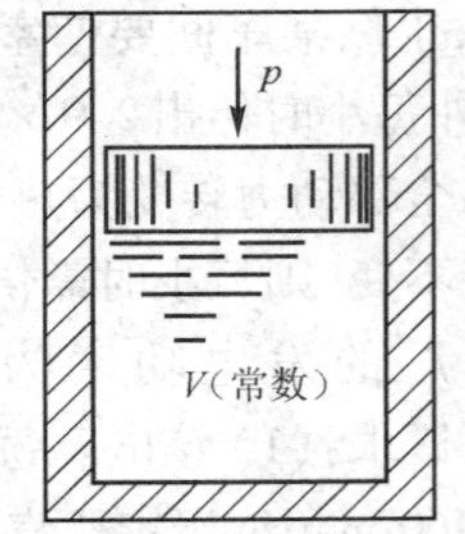

图 2-21　习题 2-10 图

2-11 同题 2-10，如果认为液体是从压力为 0.2 MPa 的低压管道进入气缸，经提高压力后排向 4 MPa 的高压管道，这时外界消耗的功及液体的热力学能和焓的变化如何？

2-12 已知蒸汽轮机中蒸汽的质量流量 q_m = 40 t/h，蒸汽轮机进口蒸汽比焓 h_1 = 3 442 kJ/kg，出口蒸汽比焓 h_2 = 2 448 kJ/kg。试计算蒸汽轮机的功率（不考虑蒸汽轮机的散热及进出口气流的动能差和位能差）。如果考虑到蒸汽轮机每小时散失热量 0.5×10^6 kJ，进口流速为70 m/s，出口流速为120 m/s，进口比出口高1.6 m，那么蒸汽轮机的功率又是多少？

2-13 一汽车以 45 km/h 的速度行驶，每小时耗油 $34.1 \times 10^{-3}\ \mathrm{m}^3$。已知汽油的密度为 0.75 g/cm^3，汽油的发热量为44 000 kJ/kg，通过车轮输出的功率为118 kW。试求每小时通过排气及水箱散出的总热量。

2-14 有一热机循环，在吸热过程中工质从外界获得热量1 800 J，在放热过程中向外界放出热量1 080 J，在压缩过程中外界消耗功 700 J。试求膨胀过程中工质对外界所做的功。

2-15 一台制冷机放在一个绝热的房间里，一个 2.7 kW 的电动机驱动压缩机。该制冷机在30 min内提供5 300 kJ的冷量以使空间冷却，同时有8 000 kJ的热量从制冷机后部的盘管排出。计算房间里热力学能的增量。

2-16 某蒸汽循环 1 → 2 → 3 → 4 → 1，对每千克工质而言，各过程中的热量、技术功及焓的变化有的已知（如下表中所列数值），有的未知（表中空白）。试确定这些未知值，并计算循环的净功 w_0 和净热量 q_0。

过程	q/（kJ/kg）	w_t/（kJ/kg）	Δh/（kJ/kg）
1 → 2	0		18
2 → 3		0	
3 → 4	0		− 1 142
4 → 1		0	− 2 094

2-17 空气以 260 kg/（m^2 · s）的质量流率在一等截面管道内做稳定绝热流动，已知某一截面上的压力为 0.5 MPa，温度为 300 ℃，下游另一截面上的压力为 0.2 MPa。若定压比热容 c_p = 1.005 kJ/（kg · K），且空气的焓 $h = c_pT$，试求下游截面上空气的流速是多少？

项目3　热力学第二定律

项目提要

热力学第二定律是工程热力学的重点和难点之一。本项目首先阐明热力学第二定律存在的客观性，指出这是独立于热力学第一定律之外的制约热力过程必不可少的客观规律，而后介绍热力学第二定律的任务是研究热力过程进行的方向性、条件和限度问题。熵方程、卡诺定理和卡诺循环、克劳修斯积分式及可用能的不可逆损失是本项目的重点和难点。通过熵方程推导出了孤立系的熵增原理和克劳修斯积分式，通过孤立系的熵增原理推导出了卡诺定理及不可逆损失的计算公式。本项目还介绍了热量㶲、流动工质㶲和热力学能㶲及其㶲损等概念。

学习目标

(1) 准确解释熵、熵流与熵产的含义，具有应用熵方程分析与计算过程和循环的能力。

(2) 具有使用热力学第二定律证明卡诺定理、导出克劳修斯积分式的能力。

(3) 准确解释不可逆损失与熵产，具有分析计算不可逆损失的能力。

(4) 具有分析循环过程中热力系(工质) 向冷源放出的理论废热(必要废热)、实际废热(全部废热)、附加废热(实际废热与理论废热之差) 及其与不可逆损失的关系的能力。

(5) 具有使用循环平均吸热温度与循环平均放热温度分析热力循环的能力。

(6) 准确解释热力学第二定律的核心与本质。

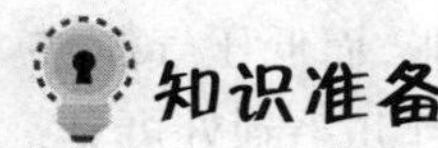

任务3.1　热力学第二定律的任务

1. 热力学第二定律存在的客观性和必然性

由热力学第一定律可知，自然界中各种形式的能量可以相互转换和彼此转移而不会引起总能量数量的改变。而且，自然界中一切过程都严格遵守热力学第一定律。然而，是否任何不违反热力学第一定律的过程都是可以实现的呢?事实证明并非如此。

例如，一杯热茶放到桌子上让它自然冷却，随着时间的推移，茶水要向空气中散热，直至茶水的温度与空气温度相等。显然,茶杯周围空气获得的热量等于茶水放出的热量,这完全遵守热力学第一定律。现在设想这个已经冷却了的茶水从周围空气中收回它散失的那部分热能,使自己重新热起来。这样的过程也并不违反热力学第一定律(茶水获得的热量等于周围空气供给的热量),然而,经验证明,这样的过程是不会实现的。

又例如,冬季我们都有通过搓手跺脚而使自己暖和起来的经验:冬天我们在室外可以通过搓手和/或跺脚消耗人体内的化学能(或机械能)放出热量而使自己暖和起来,该热量最终会释放到空气中去。但是反过来,周围空气是否可以将原先获得的热能还给人体,使人体获得热能且动起来?经验告诉我们,这也是不可能的,尽管这样的过程并不违反热力学第一定律。

再例如,一个飘在空中的氦气球,如果气球有小孔(或充气阀门未关严),气球内部的氦气会自动缓慢地泄漏至空气中而使气球瘪下去。相反,空气中的氦气(或其他气体)能否再通过气球上的小孔(或未关严的充气阀门)重新进入气球内部而使气球再膨胀鼓起来呢?显然,没有外力的作用这个过程也是不可能实现的。

类似的例子还有很多。从上述例子可以看出:尽管自然界中存在的各种过程都一定符合热力学第一定律,但是并不是所有符合热力学第一定律的过程都能够存在和发生。这样就提出一个问题:符合热力学第一定律的什么样的过程能够发生,什么样的过程不能够发生呢?显然,热力学第一定律回答不了这个问题。因为热力学第一定律只告诉人们在能量的转移和转换时能量的数量是守恒的,是得失相当的,但是其中究竟谁得谁失却并不加以区别。如果对能量的转换和转移方向不加以区别的话,就不能全面完整地说明过程中的能量转换问题。由此可见,只有一个仅从能量数量关系上说明能量转换关系的热力学第一定律是不够的、不充分的,还必须有一个从能量转换方向和转换条件上来约束它的新的定律,这就是热力学第二定律。所以,热力学第二定律不是凭空臆造的,而是客观必然存在的。

2. 热力学第二定律的任务是研究热力过程的方向性、条件和限度

首先,看过程的方向性。前面考察的三个实例已经涉及过程的方向性问题了。热茶总是向低温空气散热,而低温空气却不能使冷却下来的茶水重新热起来,这说明热能总是自发地从温度较高的物体传向温度较低的物体,而反之不能自发进行;搓手跺脚总是自发地把化学能(或机械能)转变为热能,而反之不能自发进行;高压气体总是自发地膨胀,而低压气体被压缩不能自发进行;等等。不仅热力过程如此,自然界中像这种有方向的过程几乎到处可见:水可以自发地从高处流向低处却不能从低处自发地流向高处;岩石会自发地裂碎而裂碎的岩石却不会自发地聚拢;树皮会自发地脱落而脱落的树皮却不会自发地长回到树上。

其次,看过程的条件。前面在介绍过程进行的方向时,多次强调了"自发"一词。实际过程可以分成自发过程和非自发过程两大类。自发过程是不用借助外界作用而靠热力系内部的某种势差(广义热力学力)的推动即可进行的过程。非自发过程是借助外界作用才能进行的过程。自发过程都是在内部势差推动下进行的过程:热量从高温物体传向低温物体就是在温差(势差)推动下进行的自发传热过程,水从高处流向低处就是在水位差(势差)推动下进行的自发流动过程,电能从高电位传向低电位就是在电位差(势差)推动下进行的电子自发流动过程等。

非自发过程不能自发进行并不是说这些非自发过程根本无法实现，而只是说，如果没有外界的推动，它们是不会进行的。如果借助外界作用和条件，非自发过程是完全可以进行的。事实上，在制冷装置中可以使热能从温度较低的物体（冷库）转移到温度较高的物体（大气）。但是，这个非自发过程的实现是以另一个自发过程的进行作为代价的。例如，制冷机消耗了一定的功，使之转变为热并排给了大气，也就是说，前者是靠后者的推动才得以实现的。在热机中可以使一部分高温热能转变为机械能，但是这个非自发过程的实现是以另一部分高温热能转移到低温物体（大气）的自发过程作为代价的。在压气机中气体被压缩，这一非自发过程的进行是以消耗一定的机械能（这部分机械能变成了热能）的自发过程作为补偿条件的。

总之，一个非自发过程的进行，必须有另外的自发过程来推动，或者说必须以另外的自发过程的进行作为代价或补偿条件。一个非自发过程的进行需要有一个自发过程的时时伴随。

最后，看过程的限度。对于热机而言，这个过程的限度就是热机效率问题。瓦特发明蒸汽机以后，尽管经过包括瓦特本人在内的许多人的改进，热机效率还是一直很低。经过大约半个世纪的努力，热机效率从3% 左右提高到8% 左右。热机效率还能否提高？如何提高？热机效率有没有限度，它是否可以无限度地提高？从理论上来看，这些问题在当时并没有得以真正解决，直到19 世纪初它们才被法国杰出的年轻工程师卡诺解决了。卡诺提出了卡诺定理和卡诺热机，指出热机效率是可以提高的，热机效率提高的根本途径在于提高循环的吸热温度和降低循环的放热温度；热机效率是有限度的，即使是最理想、最完善的热机，其热效率也不可能达到100%，而只能小于100%。卡诺关于热机的这些结论对于热机的研究具有划时代意义。研究过程进行的方向、条件和限度正是热力学第二定律的任务。

3. 热力学第二定律是更重要、作用更大的定律

热力学第一、第二定律是构成对能量转换规律进行完整描述的两条定律，两者互为补充，都很重要。但是，热力学第二定律似乎更重要。热力学第一定律解决的是能量收支平衡的数量计算问题，但是这种计算必须有一个基本前提，即所要计算的热力过程本身必须存在才行，否则，再精确的计算也无任何意义。而判断过程是否存在或能否实现，热力学第一定律是无能为力的，只有热力学第二定律才能解决这些问题。所以相对而言，热力学第二定律似乎更重要。热力学第二定律及熵概念的应用十分广泛，许多古老学科的发展和新兴学科的出现都曾经从中汲取过营养，而且，社会科学的许多领域里也呈现出将熵和热力学第二定律不断引入的趋势。科学巨匠爱因斯坦曾说过，热力学第二定律和熵的法则是自然界中的基本法则之一。还有人说，任何学科，哪怕是最索然无味、最枯燥的学科，一旦与热力学第二定律结合，就如同白开水加了调料变成有滋有味的汤一样。

任务3.2　可逆过程和不可逆过程

一切实际过程都是有方向的。所谓过程的方向性，就是指实际自发过程只能自发地向一个方向进行，而不能自发地向着与之相反的方向进行。因此，过程的方向性也就是过程的单向性或不可逆性。热力学第二定律的根本任务是研究热力过程的方向性、条件和限度，其实质是过程的不可逆性。要理解和掌握热力学第二定律，就必须要很好地理解实际过程的不可逆性，必须弄清楚可逆过程与不可逆过程这两种截然不同的过程。实际过程的不可逆性是由于其中的不可逆因素造成的。一般来说，造成实际过程不可逆性的因素有很多。简单地讲，对于所讨论的热力系与外界只有功和热量交换的热力过程而言，主要包括以下两种不可逆因素。

1. 相对运动物体之间存在摩擦时的不可逆因素

在一个实际过程的进行中，凡产生相对运动的各接触部分（包括流体各相邻部分）之间，摩擦是不可避免的。因此，不管是膨胀过程还是压缩过程，或多或少总会损失一部分机械能。这样，当热力系进行完一个过程后，如果再使热力系沿原路线进行一个反向过程并回到原状态，就会在外界留下不能消除的影响。该影响就是：由于做机械运动时有摩擦，有一部分机械能不可逆地变成了热能。

2. 两个物体之间有温差传热时的不可逆因素

一个实际过程在进行时，如果有热量交换，那么热量总是由温度较高的物体传向温度较低的物体。因此，当热力系从外界吸热时，如图3-1(a)所示，外界物体A的温度必须高于热力系的温度（$T_A > T$）；当热力系沿原路线反向进行而向外界放出热量时，如图3-1(b)所示，外界物体B的温度必须低于热力系的温度（$T_B < T$）。经过一次往返，热力系恢复至原来的状态，但却给外界留下了不能消除的影响。该影响就是：由于传热时有温差，有一部分热能不可逆地从温度较高的物体A转移到了温度较低的物体B。

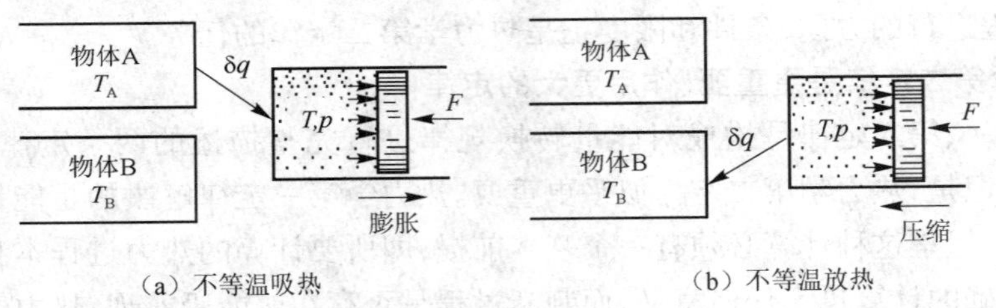

（a）不等温吸热 （b）不等温放热

图3-1 不等温传热

3. 可逆过程与不可逆过程

任何实际热力过程，在做机械运动时不可避免地存在摩擦（力不平衡），在传热时必定存在温差（热不平衡）。因此，实际的热力过程必然具有这样的特性：如果使过程沿原路线反向进行，并使热力系恢复到原状态，将会给外界留下这种或那种影响，这就是实际过程的不可逆性。人们把这样的过程统称为不可逆过程。一切实际的过程都是不可逆过程。

要精确地分析计算不可逆过程是困难的，因为热力系和外界之间及热力系内部都可能存在不同程度的力不平衡和热不平衡。为了简便起见，常常对假想的可逆过程进行分析计算，必要时再用一些经验系数加以修正。

可逆过程是指具有如下特性的过程：过程进行后，如果使热力系沿原过程的路线反向进行并恢复到原状态，将不会给外界留下任何影响。因此，可逆过程的进行必须满足下述条件：

(1) 热力系内部原来处于平衡状态;

(2) 做机械运动时,热力系和外界保持力平衡(无摩擦);

(3) 传热时,热力系和外界保持热平衡(无温差)。

也可以说,可逆过程是运动无摩擦、传热无温差的准平衡过程。实质上,无势差和无耗散效应(如摩擦)是可逆过程的两个根本条件。反之,有限势差和存在耗散效应是造成不可逆性的两个根本原因,而且势差越大,耗散越强。

由以上可逆过程的条件可知,可逆过程比准平衡过程的限制更加严格,可逆过程一定是准平衡过程,但是准平衡过程并非一定是可逆过程。准平衡过程只有在无摩擦等耗散效应的条件下才是可逆过程。显然,可逆过程实际上是不能进行的,因为没有温差实际上就不能传热,要完全避免摩擦就不能有机械运动。但是,可逆过程也可以理解为在无限小的温差下传热,在摩擦无限微弱的情况下做机械运动的理想过程。也就是说,可逆过程可以理解为不可逆过程当不平衡因素趋于无限小时的极限情况。可逆过程还可以从如下两个角度来理解:从过程得以进行的角度看,推动过程的作用力——某种势差(温差、压差、电位差、浓度差等)必须是一个有限大的量,否则不足以推动过程进行;从不给外界留下任何影响的角度看,这种推动过程进行的作用力或势差又必须是一个无限小的量,否则,必然会给外界留下不可消除的影响。

4. 可逆过程概念的实际意义

虽然可逆过程实际上并不存在,但却是一种有用的抽象概念。可逆过程不仅是构成经典热力学理论的重要基础之一,而且它的引入具有重要意义:可逆过程指出了能量转换、能量利用最理想的情况,给出了能量转换最大值的前提;可逆过程可以作为实际过程完善优化程度的比较标准;可逆过程指出了实际过程的改进方向;可逆过程可以给热力分析和计算带来极大的简化与方便。分析可逆过程不但可以得出原则性的结论,而且从工程应用的角度来看,很多实际过程也比较接近可逆过程。因此,对可逆过程进行分析和计算,无论在理论上还是在应用上,都具有重要意义。

任务3.3　热力学第二定律的表达式——熵方程

热力学第一定律可以用能量方程表达,热力学第二定律则可以用熵方程来表达。在建立熵方程前,需要先了解影响热力系熵变化的两个过程量(不是状态量):熵流和熵产。

1. 熵流和熵产

对内部平衡(均匀)的闭口系,在 $\mathrm{d}\tau$ 时间内熵的变化 $\mathrm{d}S$ 可根据熵的定义式得出,即

$$\begin{aligned}\mathrm{d}S &= \frac{\mathrm{d}U + p\mathrm{d}V}{T} = \frac{\mathrm{d}U + \delta W + \delta W_{\mathrm{L}}}{T} \\ &= \frac{\delta Q + \delta Q_{\mathrm{g}}}{T} = \frac{\delta Q}{T} + \frac{\delta Q_{\mathrm{g}}}{T} \\ &= \delta S_{\mathrm{f}} + \delta S_{\mathrm{g}}^{Q_{\mathrm{g}}}\end{aligned} \tag{3-1}$$

式中，$\delta S_f = \delta Q/T$，为熵流，它表示热力系与外界交换热量而导致的熵的流动量。熵流可正、可负。对热力系而言，当它从外界吸热时，熵流为正；当它向外界放热时，熵流为负。如果热力系既不吸热也不放热，则熵流为零。$\delta S_g^{Q_g} = \delta Q_g/T$ 为热力系内部的热产引起的熵产，因为热产恒为正，所以热产引起的熵产亦恒为正。

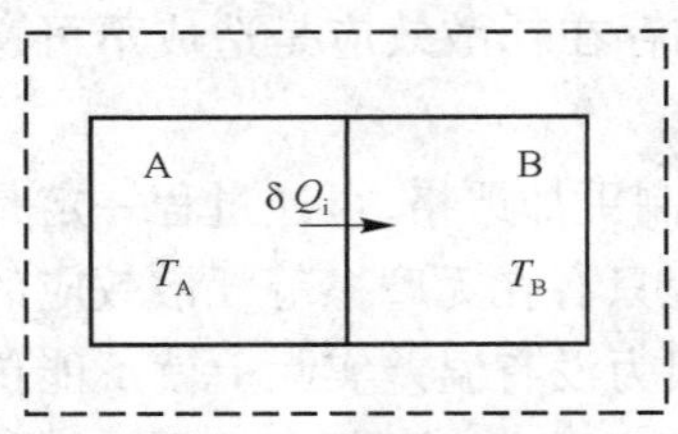

图 3-2 不均匀闭口热力系

对内部不平衡（不均匀）的闭口系，其熵的变化除了熵流和热产引起的熵产外，还应包括热力系内部传热引起的熵产。事实上，如果热力系温度不均匀，那么在热力系内部也会传热（由热力系的高温部分传给低温部分），必然出现熵产。先来分析一种最简单的情况。假定有一温度不均匀的热力系，它由温度各自均匀的两部分 A 和 B 组成，如图 3-2 所示。

由于两部分温度不相等（$T_A > T_B$），在 dτ 时间内，A 部分向 B 部分传递了 δQ_i 的热量（δQ_i 表示内部传递的热量），结果一般会使 A 部分温度降低，B 部分温度升高，但总有 $T_A > T_B$（时间足够长时有 $T_A = T_B$）。对整个热力系而言，内部传热量的代数和一定等于零，即

$$\delta Q_A + \delta Q_B = -\delta Q_i + \delta Q_i = 0$$

但是由内部传热引起的内部熵流的代数和却不为零，而总是大于零，即

$$\delta S_{f,A} + \delta S_{f,B} = \frac{-\delta Q_i}{T_A} + \frac{\delta Q_i}{T_B} = \delta Q_i\left(\frac{1}{T_B} - \frac{1}{T_A}\right) > 0（因为 T_A > T_B）$$

这就是这个不平衡热力系内部传热引起的熵产，用符号 $\delta S_g^{Q_i}$ 表示，即

$$\delta S_g^{Q_i} = \delta Q_i\left(\frac{1}{T_B} - \frac{1}{T_A}\right) > 0$$

一般地，如果一个内部不平衡的热力系由 n 个温度各自均匀（彼此间可等可不等）的部分组成，则可得

$$\delta Q_i = \sum_{j=1}^{n} \delta Q_{i,j} = 0 \tag{3-2}$$

$$\delta S_g^{Q_i} = \sum_{j=1}^{n} \frac{\delta Q_{i,j}}{T_j} > 0 \tag{3-3}$$

若将一个内部不平衡的闭口系分成无数个温度各自平衡（均匀）的部分，然后再对整个体积 V 积分，则可得热力系内部传热引起的熵产和热产引起的熵产分别为

$$\delta S_g^{Q_i} = \int_V \frac{\delta(\delta Q_i)}{T} \tag{3-4}$$

$$\delta S_g^{Q_g} = \int_V \frac{\delta(\delta Q_g)}{T} \tag{3-5}$$

再沿整个热力系的外表面积 A 积分，则可得热力系与外界换热产生的熵流为

$$\delta S_f = \int_A \frac{\delta(\delta Q)}{T} \tag{3-6}$$

将式(3-4)、式(3-5)、式(3-6) 相加，可得闭口系在 dτ 时间内熵的变化为

$$dS = \delta S_f + \delta S_g^{Q_i} + \delta S_g^{Q_g} = \delta S_f + \delta S_g = \int_A \frac{\delta(\delta Q)}{T} + \int_V \frac{\delta(\delta Q_i + \delta Q_g)}{T} \tag{3-7}$$

式中

$$\begin{cases} 熵流\ \delta S_f = \int_A \dfrac{\delta(\delta Q)}{T}(可正、可负) \\ 熵产\ \delta S_g = \int_V \dfrac{\delta(\delta Q_i + \delta Q_g)}{T} > 0 \end{cases} \tag{3-8}$$

式(3-8)说明:因热力系与外界交换热量引起的熵流可正、可负(视热流方向而定),而由热力系内部不等温传热和热产(摩擦产生的热)引起的熵产恒为正。

2. 熵方程

设想有一热力系,如图3-3中虚线(界面)包围的体积所示,其总熵为S,如图3-3(a)所示。假定在一段极短的时间$d\tau$内,由于传热,从外界进入热力系的熵流为δS_f,又从外界流进了比熵为s_1的质量δm_1,并向外界流出了比熵为s_2的质量δm_2。与此同时,热力系内部的熵产为δS_g,如图3-3(b)所示。经过这段极短的时间$d\tau$后,热力系总熵变为$S + dS$,如图3-3(c)所示。这时,熵方程可用文字表达为

流入热力系的熵的总和+热力系的熵产-从热力系流出的熵的总和=热力系总熵的增量

即

$$(\delta S_f + s_1\delta m_1) + \delta S_g - s_2\delta m_2 = (S + dS) - S$$

所以

$$dS = \delta S_f + \delta S_g + s_1\delta m_1 - s_2\delta m_2 \tag{3-9}$$

将式(3-9)对时间积分,可得

$$\Delta S = S_f + S_g + \int_\tau (s_1\delta m_1 - s_2\delta m_2) \tag{3-10}$$

式(3-9)和式(3-10)即熵方程的基本表达式。式中,$s\delta m$也是一种熵流(有时也称质熵流),它是伴随物质流进或流出热力系的熵流,流进热力系的为正,流出热力系的为负。这样,热力系熵的变化ΔS就等于总的熵流$\left[S_f + \int_\tau (s_1\delta m_1 - s_2\delta m_2)\right]$与熵产($S_g$)之和。

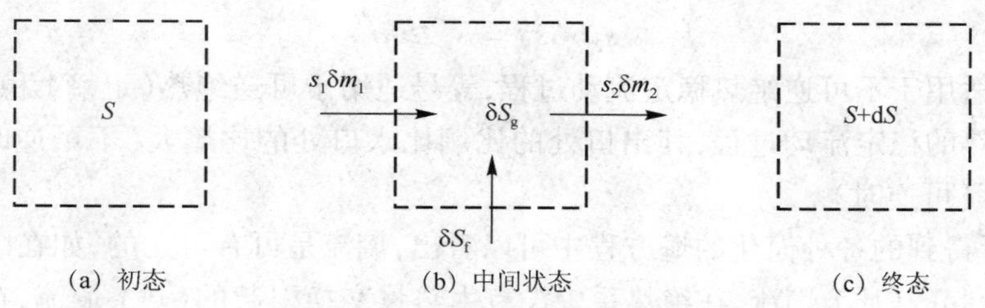

图3-3 热力系熵方程推导示意图

3. 熵方程的简化与热力学第二定律的实质——熵产

对闭口系而言,由于热力系和外界无物质交换,即

$$\delta m_1 = \delta m_2 = 0$$

所以

$$dS = \delta S_f + \delta S_g \tag{3-11}$$

积分后得

$$\Delta S = S_f + S_g \tag{3-12}$$

如果这个闭口系是绝热的，则熵流等于零，即

$$\delta S_f = 0$$

因而

$$dS = \delta S_g \geqslant 0 \tag{3-13}$$

积分后得

$$\Delta S = S_g \geqslant 0 \tag{3-14}$$

孤立系显然符合闭口系和绝热的条件，因而上述不等式经常表示为

$$\Delta S_{id} = S_{g,id} \geqslant 0 \tag{3-15}$$

式(3-13)、式(3-14)、式(3-15)说明：绝热闭口系或孤立系的熵只会增加，不会减少，这就是绝热闭口系或孤立系的熵增原理。式中，不等号适用于不可逆过程，等号适用于可逆过程。

对稳定流动的开口系来说，由于在 $d\tau$ 时间内流进和流出热力系的质量相等（$\delta m_1 = \delta m_2 = \delta m$），这种开口系的总熵又不随时间而变化（$dS = 0$），因而式(3-9)可简化为

$$\delta S_f + \delta S_g + (s_1 - s_2)\delta m = 0$$

取一段时间，假定在这段时间内恰好有 1 kg 流体流过开口系，则式(3-9)又可进一步写为

$$s_f + s_g + s_1 - s_2 = 0$$

即

$$s_2 - s_1 = s_f + s_g \tag{3-16}$$

式(3-16)表明：对稳定流动过程而言，热力系（开口系）在每流过 1 kg 流体时间内的熵流和熵产之和恰好等于流出和流入热力系的流体的比熵之差，而不等于热力系的熵的变化。事实上，该开口热力系的熵是不变的。

如果稳定流动过程是绝热的（$s_f = 0$），则可得

$$s_2 - s_1 = s_g \geqslant 0 \tag{3-17}$$

式中，不等号适用于不可逆绝热稳定流动过程，等号适用于可逆绝热（定熵）稳定流动过程。该式表明：绝热的稳定流动过程，其出口处的比熵比入口处的比熵大（不可逆时）或与入口处的比熵相等（可逆时）。

从以上所得到的各种简化的熵方程中可以看出，熵流是可有可无的，如在闭口系中没有由质量交换引起的（质）熵流，在绝热系中没有由热量交换引起的（热）熵流，在绝热闭口系中以上两种熵流都没有。但是，无论在哪种熵方程中，熵产总是必不可少的。由此可见，熵流只是熵方程中的配角，而熵产才是熵方程中的主角和核心。熵产也正是热力学第二定律的实质内容。那么，为什么总有熵产呢？这是由于能量在转移和转换过程中的特性引起的。其一，因为在能量转换中总不可避免地会有一部分其他形式的能量转变成热能，如：热功转换中摩擦功的功损变为热产进而转化为熵产；电光转换中的焦耳效应也会使一部分电能转变成热产和熵产；功电转换中发电机发热的热产也会引起熵产；等等。其二，热量传递必须有温差，而且热量总是自发地从高温物体传向低温物体，这种不等温传热也会造成熵产。

从熵方程中可见,有熵产就有不可逆损失,这种损失不是能量数量的损失而是能量质量的损失,即能量做功能力的损失。因为各种形式的能量不仅有数量的多少,而且还有质量与品质的高低,能量质量的高低具体体现在它的转换能力上。高级或高品质的能量如机械能、电能等,可以全部转换成热能;而低级或低品质的能量如热能等,只能部分地转换成机械能。而且,即使是低品质的热能,由于其所具有的温度不同,其转换能力也大不相同。高温热能比低温热能具有较大的做功或转换能力。弄清楚了能量品质的含义之后,便可以理解为什么实际过程有熵产时就会有能量质量的损失了。

实际过程中能量(数量)是守恒的而熵产是不守恒的。熵产不但不守恒,而且还会自发地产生出来,一旦有了熵产,过程就是不可逆的。热力学第二定律实质反映了过程的方向性、单向性和不可逆性问题。实际过程一旦有熵产,能量的品质就要下降。当一个实际过程进行完了再沿原路线返回至原状态时,由于熵产造成了能量的贬值和转换能力的降低,如果不借助外界的力量,就无法使热力系再返回至原状态。但是,一旦借助了外界的作用而使热力系完全恢复至原状态,就必然给外界留下这样或那样的影响。那么这样的过程必然是不可逆的。所以,熵产才是造成实际过程的方向性、单向性和不可逆性的根源。如果说热力学第一定律确定了能量既不能创造,也不会消灭,那么热力学第二定律确定了熵不但不会消灭(它只能随热量和质量而转移),而且会在能量的转换和转移过程中自发地产生出来。

概括地讲,熵产或不可逆损失有两个来源:一是推动各种输运(如热量传递、质量传递、动量传递等)得以进行的有限势差;二是伴随在各种能量转换(如热功转换、功电转换、电热转换等)过程中的不可避免的耗散效应,而且势差越大,耗散越强。耗散效应是一种非目的转化。任何传递转换过程都是有目的的,通过一个过程要达到的传递转换效果或效率是人们的预期目的转化,而与之相伴的不可避免的非目的转化就是损失,也就是耗散。耗散效应是事物之间联系的普遍性在能量转换中的反映。

例3-1　先用电热器使20 kg温度(t_0)为20 ℃的凉水加热到$t_1 = 80$ ℃,然后再与40 kg温度为20 ℃的凉水混合。求混合后的水温及电加热和混合这两个过程各自造成的熵产。水的定压比热容c_p为4.187 kJ/(kg·K),水的膨胀性可忽略。

解:设混合后的水温为t(单位为℃),则能量方程为

$$m_1 c_p (t_1 - t) = m_2 c_p (t - t_0)$$

即

$$20 \times 4.187 \times (80 - t) = 40 \times 4.187 \times (t - 20)$$

从而解得

$$t = 40\ ℃ \quad (T = 313.15\ \mathrm{K})$$

电加热过程造成的熵产为

$$S_g^{Q_g} = \int \frac{\delta Q_g}{T} = \int_{T_0}^{T_1} \frac{m_1 c_p \mathrm{d}T}{T} = m_1 c_p \ln \frac{T_1}{T_0}$$

$$= 20 \times 4.187 \times \ln \frac{353.15}{293.15} = 15.593(\mathrm{kJ/K})$$

混合过程的熵产为

$$S_g^{Q_i} = \int \frac{\delta Q_i}{T} = \int_{T_1}^{T} \frac{m_1 c_p \mathrm{d}T}{T} + \int_{T_0}^{T} \frac{m_2 c_p \mathrm{d}T}{T} = m_1 c_p \ln \frac{T}{T_1} + m_2 c_p \ln \frac{T}{T_0}$$

$$= 20 \times 4.187 \times \ln \frac{313.15}{353.15} + 40 \times 4.187 \times \ln \frac{313.15}{293.15}$$

$$= 0.987(\mathrm{kJ/K})$$

总熵产为

$$S_g = S_g^{Q_g} + S_g^{Q_i} = 15.593 + 0.987 = 16.580(\mathrm{kJ/K})$$

由于本例中无熵流(将电热器加热水看作是水内部摩擦生热),根据式(3-12)可知,熵产应等于热力系的熵增。熵是状态参数,它的变化只和过程始末状态有关,而和具体过程无关。因此,根据60 kg水由最初的20 ℃变为最后的40 ℃所引起的熵增,也可计算出总的熵产。

$$S_g = \Delta S = (m_1 + m_2) c_p \ln \frac{T}{T_0}$$

$$= 60 \times 4.187 \times \ln \frac{313.15}{293.15}$$

$$= 16.580(\mathrm{kJ/K})$$

例 3-2 一块 50 kg 温度为 500 K 的铁块掉入温度为 285 K 的水库中,且最终达到热平衡。设铁的平均定压比热容为 0.45 kJ/(kg · K),试求:

(1) 铁块的熵变化;

(2) 水库水的熵变化;

(3) 过程的熵产。

解:(1) 取铁块为热力系,这是一个闭口系。铁块的熵变化为

$$(\Delta S)_{铁块} = \int_{T_1}^{T_2} \frac{\delta Q}{T} = \int_{T_1}^{T_2} \frac{m c_p \mathrm{d}T}{T} = m\,(c_p)_{\mathrm{ave}} \ln \frac{T_2}{T_1} = 50 \times 0.45 \times \ln \frac{285}{500} = -12.65(\mathrm{kJ/K})$$

(2) 计算水库水的熵变化。此过程中水库水温保持不变,同时,水的吸热量恰为铁块的放热量:

$$(\Delta S)_{水库水} = \frac{m\,(c_p)_{\mathrm{ave}}(T_1 - T_2)}{T_2}$$

$$= \frac{50 \times 0.45 \times (500 - 285)}{285} = 16.97(\mathrm{kJ/K})$$

(3) 计算过程的熵产。取铁块和水库水为热力系,这是一个孤立系,仅内部存在换热,根据式(3-3)可得热力系的熵产为

$$S_g = \sum S_g^{Q_i} = (\Delta S)_{铁块} + (\Delta S)_{水库水}$$

$$= -12.65 + 16.97 = 4.32(\mathrm{kJ/K})$$

这就是这个不平衡热力系内部因传热引起的熵产。

例 3-3 某换热设备由热空气加热凉水(如图 3-4 所示),已知空气流参数为:$t_1 = 200$ ℃, $p_1 = 0.12$ MPa;$t_2 = 80$ ℃, $p_2 = 0.11$ MPa。水流的参数为:$t'_1 = 15$ ℃, $p'_1 = 0.21$ MPa;$t'_2 = 70$ ℃, $p'_2 = 0.115$ MPa。每小时需供应 2 t 热水($q'_m = 2\ 000$ kg/h)。试求:

(1) 热空气的流量；

(2) 由于不等温传热和流动阻力造成的熵产。

计算时不考虑散热损失，空气和水都按定压比热容计算。空气的定压比热容 $c_p = 1.005$ kJ/(kg·K)，水的定压比热容 $c'_p = 4.187$ kJ/(kg·K)。

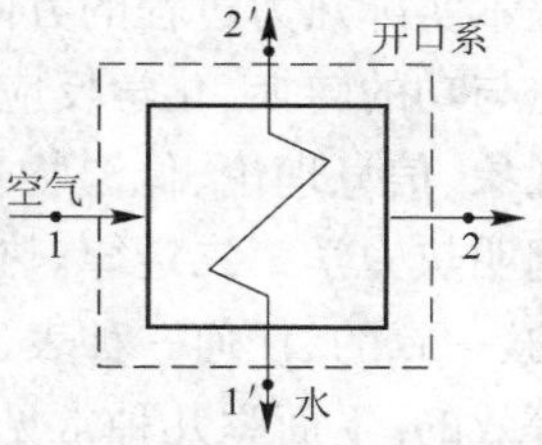

图3-4　例3-3图

解：(1) 换热设备中进行的是不做技术功的稳定流动过程。单位时间内热空气放出的热量为

$$\dot{Q} = q_m(h_1 - h_2) = q_m c_p(t_1 - t_2)$$

水吸收的热量：

$$\dot{Q}' = q'_m(h'_2 - h'_1) = q'_m c'_p(t'_2 - t'_1)$$

对于水(它不是理想气体)，它在各种温度和压力下的比焓和比熵的精确值可由相关热力性质表(表A-1 ~ 表A-6)或热力性质图(图B-1)查得，但由于水基本不可压缩，只要温度和压力不是很高，对等压过程和不做技术功过程，均可近似地认为其比焓差为

$$h'_2 - h'_1 = c'_p(t'_2 - t'_1)$$

比熵差为

$$s'_2 - s'_1 = \int_{T'_1}^{T'_2} \frac{\delta q}{T'} = \int_{T'_1}^{T'_2} \frac{c'_p \mathrm{d}T'}{T'} = c'_p \ln \frac{T'_2}{T'_1}$$

没有散热损失，因此有

$$q_m c_p(t_1 - t_2) = q'_m c'_p(t'_2 - t'_1)$$

所以热空气的质量流量为

$$\begin{aligned} q_m &= \frac{q'_m c'_p(t'_2 - t'_1)}{c_p(t_1 - t_2)} \\ &= \frac{2\,000 \times 4.187 \times (70 - 15)}{1.005 \times (200 - 80)} = 3\,819(\text{kg/h}) \end{aligned}$$

(2) 该换热设备为一稳定流动的开口系。该开口系与外界无热量交换(热交换发生在开口系内部)，其内部传热和流动阻力造成的熵产可根据式(3-17)计算，即

$$\begin{aligned} \dot{S}_g &= \dot{S}_2 - \dot{S}_1 = (q_m s_2 + q'_m s'_2) - (q_m s_1 + q'_m s'_1) \\ &= q_m(s_2 - s_1) + q'_m(s'_2 - s'_1) \\ &= q_m\left(c_p \ln \frac{T_2}{T_1} - R_g \ln \frac{p_2}{p_1}\right) + q'_m c'_p \ln \frac{T'_2}{T'_1} \\ &= 3\,819 \times \left(1.005 \times \ln \frac{80 + 273.15}{200 + 273.15} - 0.287\,0 \times \ln \frac{0.11}{0.12}\right) + 2\,000 \times 4.187 \times \ln \frac{70 + 273.15}{15 + 273.15} \\ &= 436[\text{kJ/(K·h)}] \end{aligned}$$

任务3.4　热力学第二定律各种表述及其等效性

热力学第二定律是阐明与热现象相关的各种过程进行的方向性、条件及限度的定律，是

揭示实际热力过程的方向性和不可逆性的普遍规律。热力学第二定律广泛应用于热量传递、热与功的转换、化学反应、燃料燃烧、气体扩散、混合、分离、溶解、结晶、辐射、生物化学、生命现象、信息理论、低温物理、气象等领域。由于热力过程的多样性,人们可以从不同的方面来阐明热力学第二定律。热力学第二定律曾以不同的方式被表述,但它们所表达的实质是共同的、一致的,任何一种表述都是其他各种表述的逻辑上的必然结果。因此,这些不同的表述是等效的。下面举几种常见的热力学第二定律的表述,并证明它们的等效性。

3.4.1 热力学第二定律表述

1. 克劳修斯表述

人们很早就发现两个温度不同的物体相互接触时,热量总是从高温物体传向低温物体,而不能自发地反向传热。当时热动说已经取代了热质说,认为热是一种能量而不是一种物质,而且空气压缩制冷机已经得以发明使用,有了实现热量从低温物体传向高温物体的知识和经验。在这个基础上,1850 年克劳修斯从热量传递的角度针对传热方向性问题,提出了热力学第二定律的一种表述:“热量不可能自发地、不付代价地从低温物体传至高温物体。”

这里需要强调的是“自发地、不付代价地”。通过热泵装置可以将热量自低温物体传向高温物体,这并不违背克劳修斯表述,因为该过程的进行是付出了代价的,而非自发。非自发过程(热量自低温传向高温物体)的进行,必须同时伴随一个自发过程(如机械能转变为热能)的进行作为代价、补充条件,后者称为补偿过程。

2. 开尔文 - 普朗克表述

蒸汽机出现以后,在生产实践的基础上,人们在提高蒸汽机热效率的研究中逐渐认识到要使热能连续不断地转变为机械能,必须至少有两个温度不同的热源,这是一个根本条件。如果只有一个热源,热能动力装置是无法工作的。在此基础上出现了开尔文 - 普朗克表述:“不可能制造出从单一热源吸热而使之全部转变为功的循环发动机。”或者说:“第二类永动机是不可能制成的。”

开尔文 - 普朗克表述指出,用任何技术手段都不可能使取自热源的热量全部转化为机械功,不可避免地有一部分热量要排给温度更低的低温热源。开尔文 - 普朗克表述还指出,非自发过程(热转变为功)的实现,必须有一个自发过程(如部分热量由高温物体传向低温物体)的进行作为补充条件。

3. 孤立系的熵增原理

熵方程用于孤立系(或绝热闭口系)而得出的熵增原理也可以作为热力学第二定律的一种表述,即

$$(\Delta S)_{\mathrm{id}} = S_{\mathrm{g}}\begin{cases} = 0, 可逆 \\ > 0, 不可逆 \end{cases}$$

这个式子就是熵增原理表达式。因此,孤立系的熵增原理可作为热力学第二定律的概括表述,即:“自然界的一切过程总是自发地、不可逆地朝着使孤立系熵增加的方向进行。”

孤立系的熵增原理有两个用途:一是判断过程进行的方向和限度,二是计算实际过程的

不可逆损失。就判断用途而言，不等式$(\Delta S)_{id} \geqslant 0$表明发生在孤立系内的实际过程总是朝着熵增加的方向进行，当$(\Delta S)_{id} = 0$时，熵达到极大值，过程停止，系统达到平衡而不再变化。如果$(\Delta S)_{id} < 0$，则过程不可能发生。对于一些比较复杂的化学反应过程，利用$(\Delta S)_{id} \geqslant 0$可以得到相应的判断准则。

在应用孤立系的熵增原理时需要注意以下几点。

(1) 孤立系整体的熵(总熵)是只增不减，但是对于孤立系内的某一部分物体的熵，可能会随着其物质或热量的迁移而出现熵减少的现象。

(2) 从表面上看，熵增原理只适用于孤立系而不适用于非孤立系，似乎其应用受到了限制，但其实这正是它的普适性所在。因为只要把热力系(如果不是孤立系的话)、其他与该热力系相关的所有物体、所有过程都包括进来而构成一个足够大的孤立系，就可以放心大胆地使用这个原理。

(3) 熵增原理的应用具有局限性，只有在有限空间内才具有普适性。

3.4.2　热力学第二定律各种表述的等效性

孤立系的熵增原理和热力学第二定律的克劳修斯表述及开尔文-普朗克表述有着逻辑上的必然联系，下面来阐明这种联系。

假定有一种机器能使热量Q从低温热源T_2转移到高温热源T_1，而机器并没有消耗功，也没有产生其他变化(如图3-5所示)，那么包括两个恒温热源($\Delta S_{h,ry}$，$\Delta S_{l,ry}$)和机器(ΔS_{mach})在内的孤立系的熵的变化为

$$\begin{aligned}\Delta S_{id} &= \Delta S_{h,ry} + \Delta S_{l,ry} + \Delta S_{mach} \\ &= \frac{Q}{T_1} + \frac{(-Q)}{T_2} + 0 = Q\left(\frac{1}{T_1} - \frac{1}{T_2}\right) < 0 \quad (\text{因为 } T_1 > T_2)\end{aligned}$$

但是，根据式(3-15)可知，孤立系的熵是不可能减少的。所以，使热量从低温物体转移到高温物体而不产生其他变化是不可能的，即“热量不可能自发地、不付代价地从低温物体传至高温物体”——这就是克劳修斯对热力学第二定律的表述。

再假定有一种热机(循环发动机)，它每完成一个循环就能从温度为T_0的单一热源取得热量Q_0并使之转变为功W_0(如图3-6所示)。根据热力学第一定律可知

$$Q_0 = W_0$$

当热机完成一个循环，工质回到原状态后，包括热源和热机的整个孤立系的熵的变化为

$$\Delta S_{id} = \Delta S_{ry} + \Delta S_{rj} = \frac{-Q_0}{T_0} + 0 < 0$$

热机中的工质完成一个循环后回到原状态，因此熵未变。但是，孤立系的熵不可能减少。所以，利用单一热源而不断做功的循环发动机是不可能制成的，即“不可能制造出从单一热源吸热而使之全部转变为功的循环发动机”——这就是开尔文-普朗克对热力学第二定律的表述。

如上面的推理所表明的，热力学第二定律的各种表述在逻辑上是相互联系的、一致的、

等效的。一种表述成立必然导致另一种表述也成立,同时,一种表述不成立将会导致另一种表述也不成立。

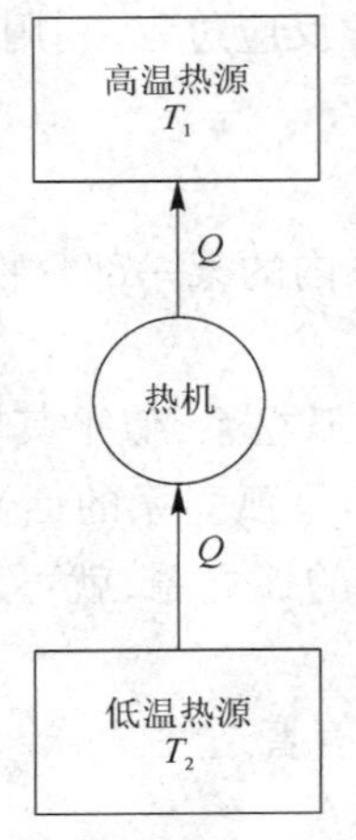

图 3-5 证明克劳修斯表述示意图

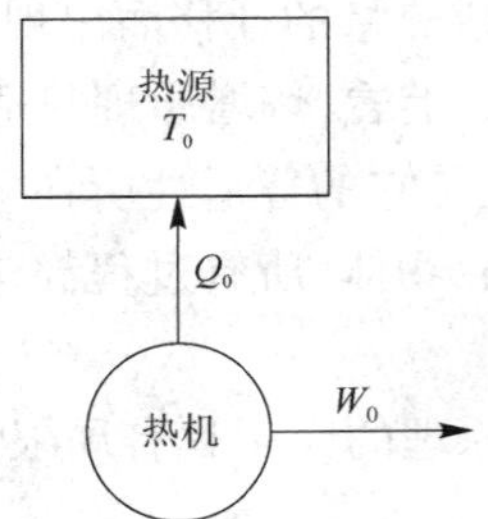

图 3-6 证明开尔文 - 普朗克表述示意图

任务 3.5 卡诺定理和卡诺循环

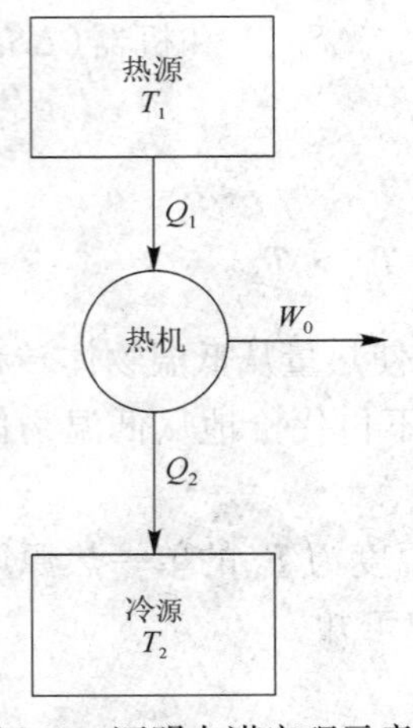

图 3-7 证明卡诺定理示意图

1. 卡诺定理

热力学第二定律的开尔文 - 普朗克表述指出,仅依靠单一热源,在热机中实现热能转换为机械能(功)是不可能的。要实现热能转换为功,至少需要两个不等温的热源。那么,对于工作在两个热源之间的热机,其热效率如何呢?与工质有关吗?与热机循环的可逆与否有关吗?卡诺定理回答了这个问题。

卡诺定理:工作在两个恒温热源(T_1 和 T_2,且 $T_1 > T_2$)之间的循环,不管采用什么工质,如果是可逆的,其热效率均为 $1 - T_2/T_1$;如果是不可逆的,其热效率恒小于 $1 - T_2/T_1$。

可以通过孤立系的熵增原理来证明这一定理。设有一热机工作在两个恒温热源(T_1 和 T_2)之间,如图3-7 所示。热机每完成一个循环,工质从高温热源 T_1(简称热源)吸取热量 Q_1,其中一部分转变为机械功 W_0,其余部分 Q_2 排给低温热源 T_2(简称冷源)。

根据热力学第一定律可知

$$W_0 = Q_1 - Q_2 \tag{3-18}$$

热机循环的热效率为

$$\eta_t = \frac{W_0}{Q_1} = \frac{Q_1 - Q_2}{Q_1} = 1 - \frac{Q_2}{Q_1} \tag{3-19}$$

当热机完成一个循环，工质回到原状态后，包括热源、冷源和热机的整个孤立系的熵的变化为

$$\Delta S_{id} = \Delta S_{ry} + \Delta S_{ly} + \Delta S_{rj}$$
$$= \frac{-Q_1}{T_1} + \frac{Q_2}{T_2} + 0 = \frac{Q_2}{T_2} - \frac{Q_1}{T_1}$$

根据孤立系的熵增原理可知

$$\Delta S_{id} = \frac{Q_2}{T_2} - \frac{Q_1}{T_1} \geqslant 0$$

即

$$\frac{Q_2}{Q_1} \geqslant \frac{T_2}{T_1} \tag{3-20}$$

将式(3-20)代入式(3-19)可得

$$\eta_t \leqslant 1 - \frac{T_2}{T_1} \tag{3-21}$$

式中，等号适用于可逆循环；不等号适用于不可逆循环。

式(3-21)说明：所有工作在两个恒温热源(T_1，T_2)之间的可逆热机，不管采用什么工质及具体经历什么循环，其热效率相等，都等于 $1 - T_2/T_1$，而所有工作在这两个恒温热源之间的不可逆热机，也不管采用什么工质及具体经历什么循环，其热效率必定低于 $1 - T_2/T_1$，这就是卡诺定理。

2. 卡诺循环

为保证热机所进行的循环是可逆的，首先工质内部必须是平衡的。另外，当工质从热源吸热时，工质的温度必须等于热源的温度(传热无温差)，工质在吸热膨胀时无摩擦。也就是说，工质必须进行一个可逆的等温吸热(膨胀)过程。同样，在向冷源放热时，工质的温度必须等于冷源温度，工质必须进行一个可逆的等温放热(压缩)过程。工质在热源温度 T_1 和冷源温度 T_2 之间变化时，不能和热源或冷源有热量交换(如果有热量交换，必定是在不等温的情况下进行的，因而是不可逆的)，因此只能是可逆绝热(等熵)过程，即卡诺循环(如图 3-8 所示)，或者是吸热、放热在循环内部正好抵消的可逆过程，即回热卡诺循环(如图 3-9 所示)。

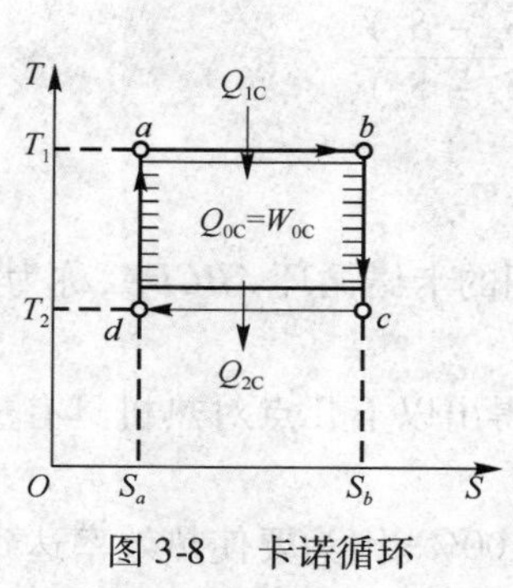

图 3-8　卡诺循环

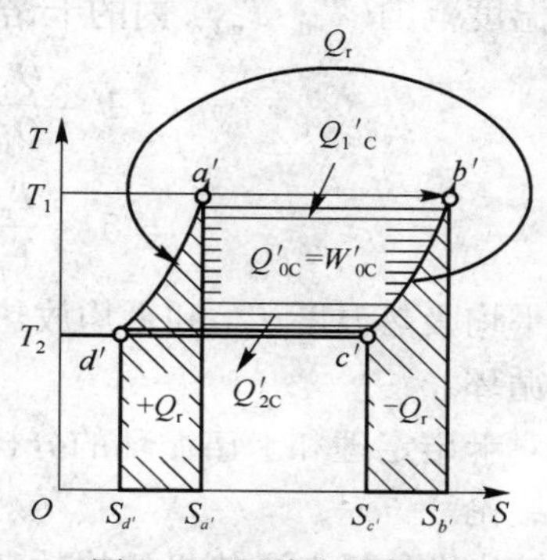

图 3-9　回热卡诺循环

图 3-8 所示的循环由两个可逆的等温过程($a \to b$ 和 $c \to d$)及两个可逆的绝热(等熵)过程($b \to c$ 和 $d \to a$)组成,称为卡诺循环。卡诺循环的热效率为

$$\eta_t = \frac{W_{0C}}{Q_{1C}} = \frac{Q_{0C}}{Q_{1C}} = \frac{Q_{1C} - Q_{2C}}{Q_{1C}} = 1 - \frac{Q_{2C}}{Q_{1C}} = 1 - \frac{T_2}{T_1}\frac{(S_b - S_a)}{(S_b - S_a)}$$

$$= 1 - \frac{T_2}{T_1} \tag{3-22}$$

图 3-9 所示的循环由两个可逆的等温过程($a' \to b'$ 和 $c' \to d'$)及两个在温熵图中平行的,即吸热(Q_r)和放热($-Q_r$)在循环内部通过回热(吸热和放热)正好抵消的可逆过程($d' \to a'$ 和 $b' \to c'$)组成,称为回热卡诺循环。它的热效率为

$$\eta'_{t,C} = \frac{W'_{0C}}{Q'_{1C}} = 1 - \frac{Q'_{2C}}{Q'_{1C}} = 1 - \frac{T_2(S_{c'} - S_{d'})}{T_1(S_{b'} - S_{a'})}$$

因为

$$S_{c'} - S_{d'} = S_{b'} - S_{a'}$$

所以

$$\eta'_{t,C} = 1 - \frac{T_2}{T_1} \tag{3-23}$$

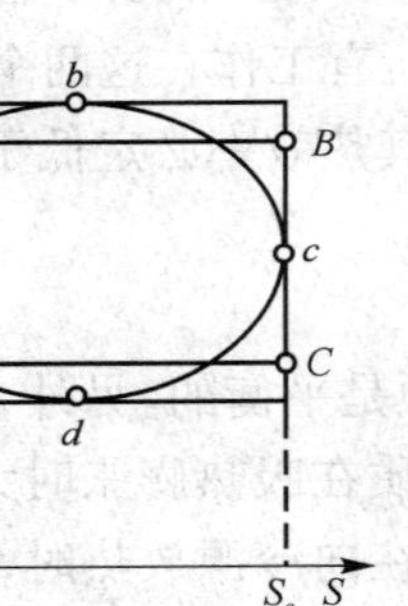

图 3-10 内平衡循环

所以,工作在两个恒温热源之间的可逆热机进行的具体循环,只能是卡诺循环或回热卡诺循环(卡诺循环也可看作是回热卡诺循环中 $Q_r = 0$ 的特例),它们是一定温度范围(T_1, T_2)内热效率最高的循环。

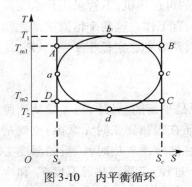

如图 3-10 所示,对于任意一个内平衡循环 $abcda$,由于它们的平均吸热温度 T_{m1} 低于循环的最高温度 T_1,而平均放热温度 T_{m2} 却又高于循环的最低温度 T_2,即

$$T_{m1} = \frac{Q_1}{\Delta S} = \frac{Q_{abc}}{S_c - S_a} < T_1$$

$$T_{m2} = \frac{Q_2}{\Delta S} = \frac{Q_{cda}}{S_c - S_a} > T_2$$

因此,它们的热效率总是低于相同温度范围(T_1, T_2)内卡诺循环的热效率,而只相当于工作在较小温度范围(T_{m1}, T_{m2})内的卡诺循环的热效率,即

$$\eta_t = 1 - \frac{Q_2}{Q_1} = 1 - \frac{T_{m2}}{T_{m1}}\frac{(S_c - S_a)}{(S_c - S_a)}$$

$$= 1 - \frac{T_{m2}}{T_{m1}} < 1 - \frac{T_2}{T_1} = \eta_{t,C} \tag{3-24}$$

工作在平均吸热温度 T_{m1} 和平均放热温度 T_{m2} 之间的卡诺循环 $ABCDA$,称为循环 $abcda$ 的等效卡诺循环。

从以上对卡诺定理和卡诺循环的分析讨论中可以得出以下几点对热机具有重要指导意义的原则性结论。

(1) 任何热机包括卡诺热机的热效率都不能达到 100%。因为要使热效率达到 100%,就必须使 $T_2 = 0$ 或 $T_1 \to \infty$,而这都是不可能达到的。所以,供给循环发动机的热量不可能全部

转变为机械功。

(2) 无论采用什么工质和什么循环，也无论将不可逆损失减小到何种程度，在相同的温度范围(T_1，T_2)内，任何实际热机的热效率都不可能超过卡诺热机的热效率。只能接近最高热效率$1 - T_2/T_1$，而实际上这也是不能达到的。

(3) 热机要循环做功必须至少要有高温和低温两个热源。不能指望靠单一热源供热而使热机不停地循环工作。因为当 $T_1 = T_2$ 时，$\eta_{t,C} = 0$。也就是说，在单一热源的情况下，不可能通过循环发动机从该热源吸取热量而使之转变为正功(第二类永动机不可能制成)。

(4) 提高实际热机循环热效率的根本途径是提高循环的平均吸热温度和降低循环的平均放热温度。

以上四点结论极其重要，前两点是热机循环热效率的限制条件，第三点是热机工作的必备条件，最后一点是提高热效率的根本方法，再加上孤立系的熵增原理，就把热力学第二定律的三大任务都解决了。

例 3-4　某热机工作于 $T_H = 2\ 000$ K 的高温热源和 $T_L = 300$ K 的低温热源之间，试判断下列三种情况下的循环是可逆的、不可逆的，还是不可能的。

(1) $Q_H = 1.0$ kJ，$W = 0.9$ kJ；

(2) $Q_H = 2.0$ kJ，$Q_L = 0.3$ kJ；

(3) $W = 1.5$ kJ，$Q_L = 0.5$ kJ。

解：工作在这两个热源间的热机的最高效率为

$$\eta_{t,C} = 1 - \frac{T_L}{T_H} = 1 - \frac{300}{2\ 000} = 0.85$$

(1) 热机的效率为

$$\eta_t = \frac{W}{Q_H} = \frac{0.9}{1.0} = 0.9$$

因$\eta_t > \eta_{t,C}$，所以这种热机是不可能工作的。

(2) 热机的效率为

$$\eta_t = \frac{W}{Q_H} = \frac{Q_H - Q_L}{Q_H} = \frac{2.0 - 0.3}{2.0} = 0.85$$

因$\eta_t = \eta_{t,C}$，所以这种热机是可能工作的，而且这是一个可逆热机。

(3) 热机的效率为

$$\eta_t = \frac{W}{Q_H} = \frac{W}{W + Q_L} = \frac{1.5}{1.5 + 0.5} = 0.75$$

因$\eta_t < \eta_{t,C}$，所以这种热机是可能工作的，而且这是一个不可逆热机。

任务3.6　熵及克劳修斯积分式

3.6.1　熵参数的导出

熵是与热力学第二定律紧密相关的状态参数，它是判别实际过程的方向，提供过程能否实现、是否可逆的判据，在过程不可逆程度的量度、热力学第二定律的量化等方面有至关重要的作用。

熵是在热力学第二定律的基础上导出的状态参数。热力学第二定律有各种表述方式，状态参数熵的导出也可采用各种方法，有从物系出发，直接用热力学第二定律的喀喇氏表述导出熵的公理法，也有从循环出发，利用卡诺循环及已被热力学第二定律证明的卡诺定理导出熵的克劳修斯法。本书介绍后一种方法，因为它更为简单、直观。

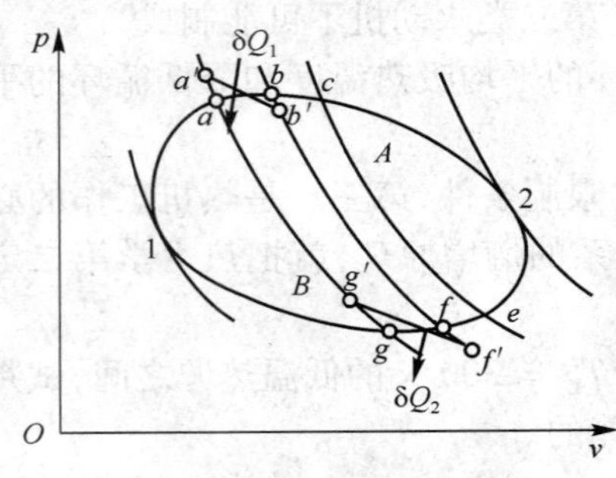

图 3-11　熵参数导出用图

下面分析任意工质进行的一个任意可逆循环，如图 3-11 中的循环 $1 \to A \to 2 \to B \to 1$。为了保证循环可逆，需要与工质温度变化相对应的无穷多个热源。

用一组可逆绝热线将它分割成无穷多个微元循环，这些小循环（如 $a \to b \to f \to g \to a$）的总和构成了循环 $1 \to A \to 2 \to B \to 1$。可以证明：可逆过程 $a \to b$ 可以用可逆等熵过程 $a \to a'$、可逆等温过程 $a' \to b'$ 和可逆等熵过程 $b \to b'$ 取代。同样，可逆过程 $f \to g$ 可以用可逆等熵过程 $f \to f'$、可逆等温过程 $f' \to g'$ 和可逆等熵过程 $g' \to g$ 取代。这样，循环 $a \to b \to f \to g \to a$ 就可以用卡诺循环 $a' \to b' \to f' \to g' \to a'$ 替代。同理，$b \to c \to e \to f \to b$ 等也可以用相应的卡诺循环替代。这些微小卡诺循环的总和也构成了循环 $1 \to A \to 2 \to B \to 1$。

在任一卡诺循环 $a' \to b' \to f' \to g' \to a'$ 中，$a' \to b'$ 是等温吸热过程，工质温度与热源温度相同，都是 T_{r1}，吸热量为 δQ_1；$f' \to g'$ 是等温放热过程，工质温度与冷源温度相同，都是 T_{r2}，放热量为 δQ_2。这个微小卡诺循环的热效率为

$$1 - \frac{\delta Q_2}{\delta Q_1} = 1 - \frac{T_{r2}}{T_{r1}}$$

即

$$\frac{\delta Q_2}{\delta Q_1} = \frac{T_{r2}}{T_{r1}}$$

式中，δQ_2 为绝对值，改为代数值有

$$\frac{\delta Q_1}{T_{r1}} + \frac{\delta Q_2}{T_{r2}} = 0$$

即对微小卡诺循环 $a' \to b' \to f' \to g' \to a'$ 有

$$\sum \frac{\delta Q}{T_r} = 0$$

循环 $1 \to A \to 2 \to B \to 1$ 被划分为无穷多个微小卡诺循环，所有微小卡诺循环的总和构成了这个任意可逆循环 $1 \to A \to 2 \to B \to 1$。显然，对这个循环有

$$\int_{1 \to A \to 2} \frac{\delta Q}{T_r} + \int_{2 \to B \to 1} \frac{\delta Q}{T_r} = 0 \tag{3-25}$$

$$\oint \frac{\delta Q}{T_r} = 0 \tag{3-26}$$

式(3-26) 的意义是：任意工质经任一可逆循环，微小量 $\frac{\delta Q}{T_r}$（吸热量与吸热时热源的温度

的比值，也称热温商）沿循环的积分为零。积分$\oint \frac{\delta Q}{T_r}$由克劳修斯首先提出，因而称之为克劳修斯积分。式(3-26)称为克劳修斯积分等式。

根据态函数的数学特性，可以断定被积函数$\frac{\delta Q}{T_r}$是某个状态参数的全微分。1865年，克劳修斯将这个状态参数定名为熵(entropy)，以符号S表示，即

$$dS = \frac{\delta Q}{T_r} \tag{3-27}$$

式中，δQ为微元过程的换热量，T_r为热源温度。因为此微元过程可逆，换热时无温差，即热源温度T_r等于工质温度T。式(3-27)就是熵参数的定义式。对于1 kg工质，其比熵变为

$$ds = \frac{\delta q}{T_r} = \frac{\delta q}{T} \tag{3-28}$$

过程$2 \to B \to 1$和过程$1 \to B \to 2$是同一路径上的两个可逆过程，必然有

$$\int_{2 \to B \to 1} \frac{\delta Q}{T_r} = -\int_{1 \to B \to 2} \frac{\delta Q}{T_r}$$

代入式(3-25)有

$$\int_{1 \to A \to 2} \frac{\delta Q}{T_r} = \int_{1 \to B \to 2} \frac{\delta Q}{T_r} = \int_1^2 \frac{\delta Q}{T_r} = \int_1^2 \frac{\delta Q}{T} \tag{3-29}$$

式(3-29)表明，从状态1至状态2，无论沿哪一条可逆路线，积分值$\int \frac{\delta Q}{T}$都相等，这正是状态参数的特征。

由此，将熵的定义式(3-27)代入式(3-26)和式(3-29)分别有

$$\oint \frac{\delta Q}{T_r} = \int dS = 0 \tag{3-30}$$

$$\Delta S = \int_1^2 \frac{\delta Q}{T} = \int_1^2 dS \tag{3-31}$$

式(3-31)提供了计算任意可逆过程的熵变化的途径。

3.6.2　克劳修斯积分式

克劳修斯积分式包括一个等式和一个不等式，即

$$\oint \frac{\delta Q}{T_r} \leqslant 0 \tag{3-32}$$

式中，T_r为热源外界温度，等号适用于可逆循环，即式(3-26)，小于号适用于不可逆循环。

式(3-32)所表达的意思是：任何闭口系在进行了一个循环后，它和外界交换的微元热量（有正、有负）与参与这一微元换热过程时热源温度的比值（商）的循环积分不可能大于零，而只能小于零（如果循环是不可逆的），或者最多等于零（如果循环是可逆的）。

可以利用熵方程或卡诺定理来证明克劳修斯积分式的正确性。

1. 利用熵方程证明克劳修斯积分式

对闭口系可以利用式(3-11)，即

$$\mathrm{d}S = \delta S_{\mathrm{f}} + \delta S_{\mathrm{g}} \tag{3-33a}$$

式(3-33a) 中的熵产为

$$\delta S_{\mathrm{g}} = \int_V \frac{\delta(\delta Q_{\mathrm{i}} + \delta Q_{\mathrm{g}})}{T} \geqslant 0 \tag{3-33b}$$

式中,等号适用于热力系内部无温差传热和热产的情况;大于号适用于热力系内部有温差传热和热产的情况。

式(3-33a) 中的熵流为

$$\delta S_{\mathrm{f}} = \int_A \frac{\delta(\delta Q)}{T} \geqslant \int_A \frac{\delta(\delta Q)}{T_{\mathrm{r}}} \tag{3-33c}$$

式中,等号适用于热力系与外界交换热量时无温差的情况;大于号适用于热力系与外界交换热量时有温差的情况。

无论热力系吸热($Q > 0$)或是放热($Q < 0$),式(3-33c) 中的不等式总是成立的。吸热时,外界热源温度必须高于热力系的温度,这时 $Q > 0$, $T_{\mathrm{r}} > T$,所以不等式成立;放热时,外界热源温度必须低于热力系的温度,这时 $Q < 0$, $T_{\mathrm{r}} < T$,所以不等式仍然成立。

将式(3-33b) 和式(3-33c) 代入式(3-33a) 得

$$\mathrm{d}S = \delta S_{\mathrm{f}} + \delta S_{\mathrm{g}} \geqslant \int_A \frac{\delta(\delta Q)}{T_{\mathrm{r}}} \tag{3-33d}$$

式中,等号适用于可逆过程(热力系内部无传热、无热产、与外界交换热量时无温差的过程);大于号适用于不可逆过程。

如果外界的温度(T_{r}) 是均匀的,即在任何指定瞬时各部分均有一致的温度(温度不随空间而变),那么式(3-33d) 将变为

$$\mathrm{d}S \geqslant \frac{1}{T_{\mathrm{r}}}\int_A \delta(\delta Q) = \frac{\delta Q}{T_{\mathrm{r}}}$$

对 $1 \to 2$ 的过程积分,得

$$S_2 - S_1 \geqslant \int_1^2 \frac{\delta Q}{T_{\mathrm{r}}} \tag{3-34}$$

如果外界的温度恒定不变(也不随时间而改变),比如说外界是一个恒温热源,则式(3-34) 将变为

$$S_2 - S_1 \geqslant \frac{1}{T_{\mathrm{r}}}\int_1^2 \delta Q = \frac{Q}{T_{\mathrm{r}}} \tag{3-35}$$

式(3-34) 和式(3-35) 表明:当闭口系由状态 1 无论经过什么过程变化到状态 2 时,作为状态参数的熵的变化是一定的,都等于 $S_2 - S_1$;如果这一状态变化所经历的过程是可逆的,那么这个闭口系的熵的变化等于外界的热温商(外界向热力系放热为正,外界从热力系吸热为负);如果这一状态变化所经历的过程是不可逆的,那么这个闭口系的熵的变化就一定大于外界的热温商。

将式(3-34) 应用于循环,即得克劳修斯积分式

$$\oint \frac{\delta Q}{T_{\mathrm{r}}} \leqslant \int \mathrm{d}S = 0$$

克劳修斯积分式可用来判断循环是否可逆。它将循环的内在特性(是否可逆) 和循环对

外界的影响(外界热温商的变化)联系了起来。

2. 利用卡诺定理证明克劳修斯积分式

如果任意循环中包含有不可逆过程,即为不可逆循环,如图3-12中的循环$1\rightarrow A\rightarrow 2\rightarrow B\rightarrow 1$,同样,用一组可逆绝热线将它分割成无穷多个微元循环,这些微元循环可能包含有可逆循环,但是肯定包含有不可逆循环。根据卡诺定理,对任意一个微元循环,其热效率不会超过工作于同温限间的卡诺循环的热效率,即

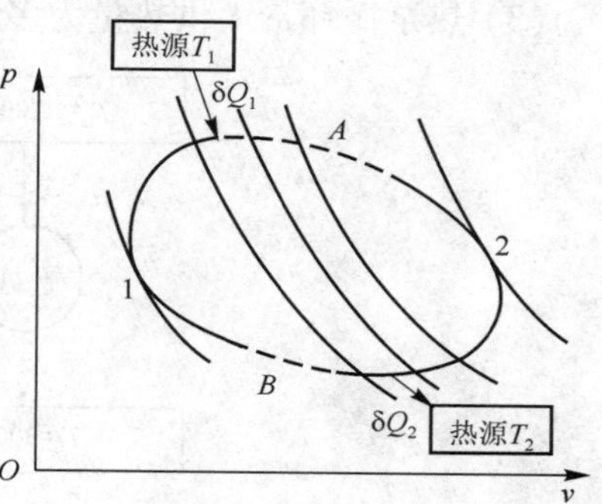

图3-12　克劳修斯积分式导出用图

$$\eta_t \leqslant \eta_{t,C}$$

即

$$1-\frac{\delta Q_2}{\delta Q_1}\leqslant 1-\frac{T_{r2}}{T_{r1}}$$

同样,δQ_2为绝对值,改为代数值有

$$\frac{\delta Q_1}{T_{r1}}+\frac{\delta Q_2}{T_{r2}}\leqslant 0\rightarrow \sum\frac{\delta Q}{T_r}\leqslant 0$$

综合全部微元循环,包括可逆的和不可逆的,将其全部相加。令微元循环数目趋向无穷多,用积分代替求和,即得出

$$\oint\frac{\delta Q}{T_r}\leqslant 0 \tag{3-36}$$

这就是克劳修斯积分式(3-32)。

例3-5　有人声称设计出一台可以工作于$T_1=400\ \text{K}$和$T_2=250\ \text{K}$之间的热机,工质从高温热源吸收了104 750 kJ热量,对外做功20 kW·h,向低温热源放出的热量恒为两者之差,该设计能实现吗?

解:这个问题可以用克劳修斯积分式计算证明。

已知:$T_1=400\ \text{K}$,$T_2=250\ \text{K}$,$Q_H=104\ 750\ \text{kJ}$,$W=20\ \text{kW}\cdot\text{h}=20\times 3\ 600\ \text{kJ}=72\ 000\ \text{kJ}$,则

$$Q_L=Q_H-W=104\ 750-72\ 000=32\ 750(\text{kJ})$$

由克劳修斯积分式有

$$\oint\frac{\delta Q}{T_r}=\frac{\sum Q}{T_r}=\frac{Q_H}{T_1}+\frac{Q_L}{T_2}$$
$$=\frac{104\ 750}{400}+\frac{(-32\ 750)}{250}$$
$$=130.875(\text{kJ/K})$$

由于$\oint\frac{\delta Q}{T_r}>0$,不满足克劳修斯积分式$\oint\frac{\delta Q}{T_r}\leqslant 0$,因而这种热机是不可能实现的。

例3-6　有人设计了一台热泵装置,它在温度为393 K和300 K的两个恒温热源之间工作,热泵消耗的功来自一台热机。热机在温度为1 200 K和300 K的两个恒温热源间工作,吸热量为1 100 kJ,循环净功为742.5 kJ,如图3-13所示。问:

(1) 热机循环是否可行?是否可逆?

(2) 若热泵设计供热量为 2 400 kJ,热泵循环是否可行?是否可逆?

(3) 热泵循环最大供热量为多少?

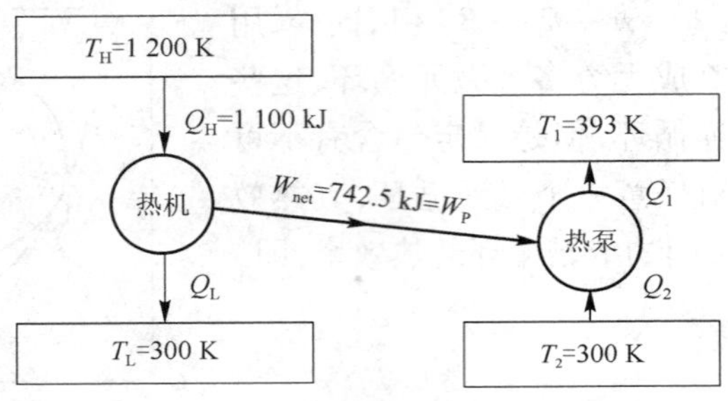

图 3-13　例 3-6 图

解:(1) 根据热力学第一定律,热机循环的放热量为

$$Q_L = Q_H - W_{net} = 1\,100 - 742.5 = 357.5(\text{kJ})$$

由克劳修斯积分式有

$$\oint \frac{\delta Q}{T_r} = \frac{\sum Q}{T_r} = \frac{Q_H}{T_H} + \frac{Q_L}{T_L} = \frac{1\,100}{1\,200} + \frac{(-357.5)}{300} = -0.275(\text{kJ/K})$$

由于$\oint \frac{\delta Q}{T_r} < 0$,满足克劳修斯积分式$\oint \frac{\delta Q}{T_r} \leqslant 0$,即该热机循环是可行的,但不可逆。

(2) 根据热力学第一定律,热泵循环的吸热量为

$$Q_2 = Q_1 - W_P = 2\,400 - 742.5 = 1\,657.5(\text{kJ})$$

由克劳修斯积分式有

$$\oint \frac{\delta Q}{T_r} = \frac{\sum Q}{T_r} = \frac{Q_1}{T_1} + \frac{Q_2}{T_2} = \frac{-2\,400}{393} + \frac{1\,657.5}{300} = -0.581\,9(\text{kJ/K})$$

由于$\oint \frac{\delta Q}{T_r} < 0$,满足克劳修斯积分式$\oint \frac{\delta Q}{T_r} \leqslant 0$,即该热泵循环是可行的,但不可逆。

(3) 热泵循环按照可逆循环工作,可以实现热泵的最大供热量,此时有

$$\oint \frac{\delta Q}{T_r} = \frac{\sum Q}{T_r} = \frac{-Q_{1,\max}}{T_1} + \frac{Q_{1,\max} - W_P}{T_2} = \frac{-Q_{1,\max}}{393} + \frac{Q_{1,\max} - 742.5}{300} = 0$$

解得:$Q_{1,\max} = 3\,137.67$ kJ

即工质向热源($T_1 = 393$ K) 放热(或高温热源吸热)3 137.67 kJ。

需要注意的是:热力学第一定律中的 Q 是绝对值,而克劳修斯积分式中的 Q 为代数值,且以循环工质为热力系。

例 3-7　有 1 kg 温度为 100 ℃ 的水在温度恒为 500 K 的加热器内在标准大气压下定压加热,如图 3-14 所示,完全汽化为 100 ℃ 的水蒸气时需要加入热量 2 256.5 kJ。试求:

(1) 水在汽化过程中的熵变;

(2) 过程的熵流和熵产;

(3) 恒温加热器温度为 800 K 时水的熵变、过程的熵流和熵产。

解:(1) 取容器内的工质为热力系(如图 3-14 中的虚线所示),这是闭口系。在定压下的汽化过程中,工质的温度 T 不变,保持 $T = 373.15\ \text{K}$。已知热源温度 T_r 为 500 K,加热量为 2 256.5 kJ。显然,$T_r > T$,属有限温差传热,工质的熵变不能按照 $\Delta s_{1-2} > \frac{q}{T_r}$ 求出。

如图 3-14 所示,设想有一个中间热源,热量 q 由热源先传给中间热源(温度为 T'),再由中间热源传给水(热力系)。中间热源的温度与水温相同,可实现等温传热。中间热源的温度与热源温度不同,它们之间的传热是不可逆温差传热。如此处理,这个问题就转化为热力系内部可逆、外部不可逆问题,按式(3-35)有

$$\Delta s_{1-2} = \int_1^2 \frac{\delta q}{T_r} = \frac{q}{T'} = \frac{q}{T}$$

$$= \frac{2\ 256.5}{373.15} = 6.047\ 2[\text{kJ/(kg·K)}]$$

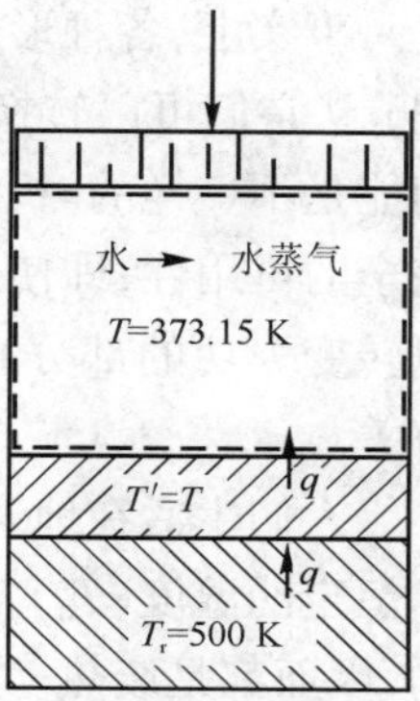

图 3-14　例 3-7 图

对于无摩擦、仅有温差传热的不可逆过程,都可以如此处理。

(2) 由闭口系的熵方程式(3-7)有

$$\Delta s_{1-2} = s_f + s_g$$

其中,熵流为

$$s_f = \int_1^2 \frac{\delta q}{T_r} = \frac{q}{T_r} = \frac{2\ 256.5}{500} = 4.513\ 0[\text{kJ/(kg·K)}]$$

熵产为

$$s_{g(2)} = \Delta s_{1-2} - s_f = 6.047\ 2 - 4.513\ 0 = 1.534\ 2[\text{kJ/(kg·K)}]$$

$s_{g(2)} > 0$,这表示温差传热导致了熵产,确为不可逆过程。

(3) 若 $T_r = 800\ \text{K}$,其他条件不变。仍然假想一个温度为 $T' = T$ 的中间热源,工质的熵变仍为 6.047 2 kJ/(kg·K)。由于热源温度改变,故熵流为

$$s_f = \int_1^2 \frac{\delta q}{T_r} = \frac{q}{T_r} = \frac{2\ 256.5}{800} = 2.820\ 6[\text{kJ/(kg·K)}]$$

熵产为

$$s_{g(3)} = \Delta s_{1-2} - s_f = 6.047\ 2 - 2.820\ 6 = 3.226\ 6[\text{kJ/(kg·K)}]$$

讨论:(1) 水在不同温度(373.15 K、800 K) 下的熵变相同,表明虽热源温度不同,但热力系的熵变并没有受到影响,因为熵是状态参数;

(2) 由上述计算结果知 $s_{g(3)} > s_{g(2)}$,表明传热温差加大,不可逆程度更严重,而熵产是不可逆程度的量度。

任务 3.7　热量的可用能(㶲) 及其不可逆损失(㶲损)

热力学第一定律确定了各种热力过程中总能量在数量上的守恒关系,而热力学第二定

律则说明了各种实际热力过程(不可逆过程)中能量在质量上的退化、贬值、可用性降低、可用能减少。

3.7.1 能量的可用性和可用能

事实上,各种形式的能量并不都具有同样的可用性。也就是说,不同形式的能量(数量相同)从它们可以转换成功的多少的角度来分析,可转换的量是有区别的,即能量中具有的可用能是不一样的。机械能和电能等具有完全的可用性,它们全部是可用能;而热能则不具有完全的可用性,即使通过理想的可逆循环,热能也不能全部转变为机械能。热能中可用能(可以转变为功的部分)所占的比例,既和热能所处的温度水平有关,也和转换时的环境温度有关。

人们生活在地球表面,地球表面的空气和海水等成为天然的环境和巨大的热库,具有基本恒定的温度(T_0),容纳着巨大的热能。然而,这些温度一致的热能是无法用来转变为动力的,因而都是废热。

对热能而言,把其在热机中可以转变为机械功的那部分热能称为做功热或可用能(㶲,exergy),而不能转变为机械功的那部分热能称为废热或不可用能(炁,anergy)。因而,任何热能从理论上讲均有下列关系:

$$\text{热能} = \text{做功热(可用能或㶲)} + \text{废热(不可用能或炁)}$$

实际上,由于不可逆因素的存在,总有不可逆损失,必然造成了做功热(可用能)的减少和废热(不可用能)的增加。人们把由于实际过程中不可逆因素造成的做功热(可用能)减少的部分或废热(不可用能)增加的部分称为可用能的不可逆损失,简称不可逆损失。

3.7.2 热量的可用能的不可逆损失分析

1. 完全可逆的没有任何可用能不可逆损失的情况

某个供热源(如高温烟气)在某一温度范围内(T_a 和 T_b 之间)可以提供热量 Q,在图 3-15 中,Q 即为四边形 $abcd$ 的面积。可以设想利用某种工质通过可逆循环 $1\to2\to3\to4\to1$ 使热源提供的热量 Q 中的 W_{max} 部分转变为功,在图3-15中表现为顶点1,2,3,4所围成的四边形的面积。这就是热量 Q 中的可用能部分,也叫热量㶲 $E_{x,Q}$,即

$$\begin{aligned}E_{x,Q} &= W_{max} = Q - T_0(S_a - S_b)\\ &= Q - T_0S_f = \int_b^a \delta Q - T_0\int_b^a \frac{\delta Q}{T}\end{aligned}$$

即

$$E_{x,Q} = Q - T_0S_f = \int_b^a\left(1 - \frac{T_0}{T}\right)\delta Q \tag{3-37}$$

式中,$1 - \dfrac{T_0}{T}$ 是卡诺循环热效率的表达式,在此称为卡诺因子,表示热量中的热量㶲的相对含

量。热量中除了热量㶲外，剩余的即为不能转变为功的部分，即为热量炕 $A_{n,Q}$：

$$A_{n,Q} = Q - W_{max} = Q - E_{x,Q} = T_0(S_a - S_b) = T_0 S_f \tag{3-38}$$

$A_{n,Q}$ 将被排入大气。应该指出，热量㶲是过程量而非状态量，表示过程所传热量中的可用能，而不是工质在某种状态下的可用能。然而，任何不可逆因素的存在都必然会使可用能减少，并使不可用能相应地增加。

2. 供热源和工质在传热过程中存在温差时的不可逆损失

如图3-16 所示，有温差时工质的平均吸热温度必然有所下降，因而热量 Q 中可转变为功的部分将减少为 $W'(W' = W_{max} - E_{L1})$，而炕将增加为 $Q - W_{max} + E_{L1}$，比原来增加了 E_{L1}。在这里，E_{L1} 即为不可逆传热过程造成的可用能损失，称为㶲损。该㶲损变成附加的废热（炕）排给环境。

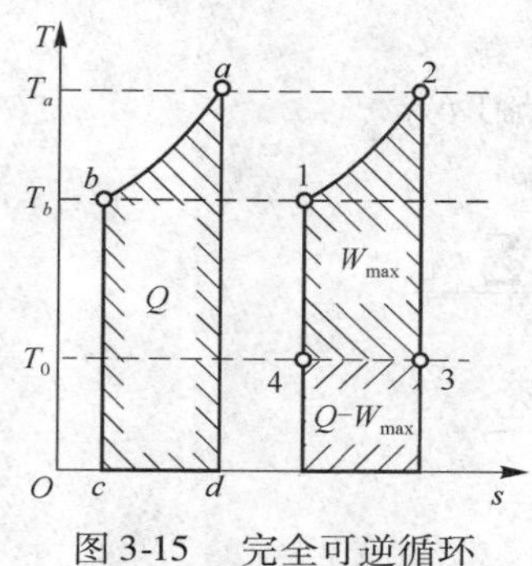

图3-15　完全可逆循环

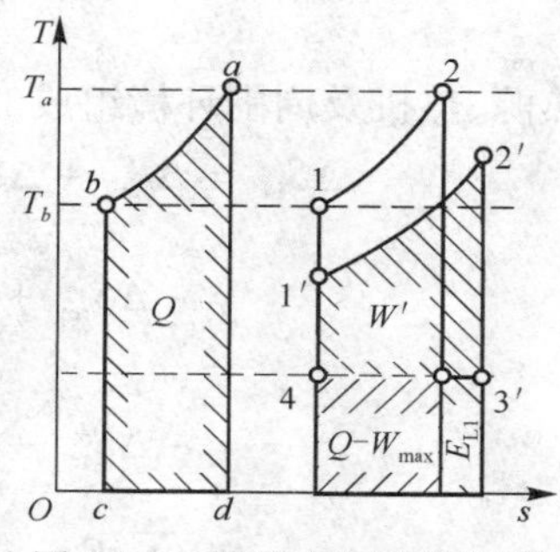

图3-16　吸热有温差的循环

3. 绝热膨胀过程有摩擦时的不可逆损失

如图3-17 中的过程 2→3，因出现了有摩擦的绝热膨胀，这同样会引起可用能的减少（减少为 $W'' = W_{max} - E_{L2}$）和炕的增加（增加为 $Q - W_{max} + E_{L2}$）。在这里，E_{L2} 即为不可逆绝热膨胀造成的㶲损，该㶲损同样变成附加的炕排给环境。

4. 完全不可逆时可用能的不可逆损失

如果不仅工质的吸热过程有温差，放热过程也有温差，不仅绝热膨胀过程有摩擦，绝热压缩过程也有摩擦，如图 3-18 中的循环 ①→②→③→④→①，那么原来所提供的热量 Q 中就只有 $W_{max} - E_{L1} - E_{L2} - E_{L3} - E_{L4}$ 可以转变为功，其余部分（$Q - W_{max} + E_{L1} + E_{L2} + E_{L3} + E_{L4}$）都将成为炕而排入环境。

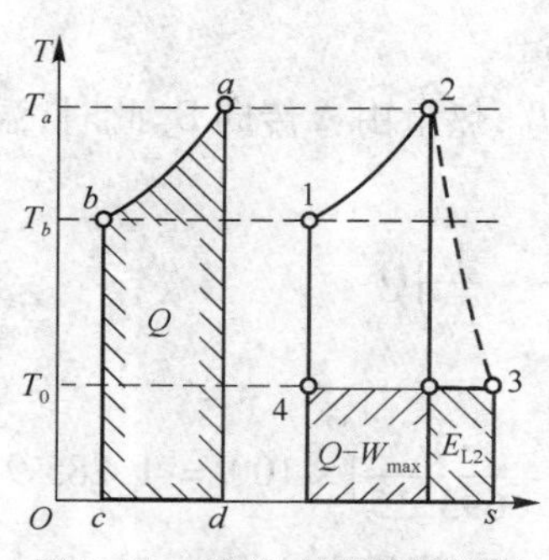

图3-17　膨胀有摩擦的循环

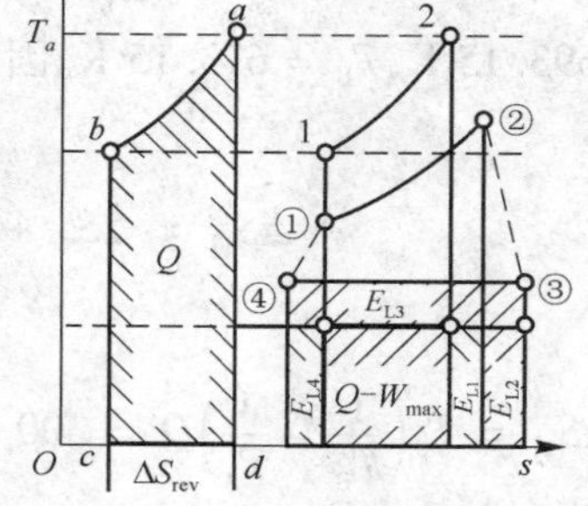

图3-18　完全不可逆循环

总之,由于各种不可逆因素的存在,使所提供的热量 Q 中实际转变为功的部分比理论上的最大值($W_{max}=E_{x,Q}$)减少了。所减少的部分,就是可用能(㶲)不可逆损失(㶲损)E_L($E_L=\sum E_{Li}$),这些损失都成为了炁排给环境。

特别需要强调的是,在完全可逆的循环中,由于受热力学第二定律限制的缘故,总有一部分不能转换为功的炁(废热)排向冷源,但是,这部分废热是完成循环必不可少的必要废热或理论废热,这部分废热不是可用能的不可逆损失。在实际的不可逆循环中,只有任何不可逆因素所造成的向冷源多放出的那部分附加炁才是真正的可用能的不可逆损失。

5. 可用能不可逆损失的计算

可用能不可逆损失(㶲损)等于包括热源、热机及周围环境在内的整个孤立系的熵增[由式(3-15)可知,也等于孤立系的熵产]与环境温度的乘积,即$E_L=T_0\Delta S_{id}=T_0\Delta S_g$,可证明如下。

对于由热源、热机及周围环境组成的整个孤立系,其熵增为

$$\begin{aligned}\Delta S_{id}&=\Delta S_{ry}+\Delta S_{rj}+\Delta S_e\\&=-\Delta S_{rev}+0+\frac{Q-W_{max}+\sum E_{Li}}{T_0}\\&=-\Delta S_{rev}+0+\Delta S_{rev}+\frac{\sum E_{Li}}{T_0}\\&=\frac{\sum E_{Li}}{T_0}=\sum S_{gi}=S_g\end{aligned}$$

从而有

$$E_L=\sum E_{Li}=T_0\sum S_{gi}=T_0S_g=T_0\Delta S_{id} \tag{3-39}$$

显然,㶲损(E_L)是过程量,即E_L 是针对过程而不是针对状态的。

例 3-8 设 A、B 两个热源间的换热量 $Q=100$ kJ,环境温度 $T_0=300$ K。求下列三种不可逆传热造成的㶲损失:

(1)$T_A=420$ ℃,$T_B=400$ ℃;

(2)$T_A=70$ ℃,$T_B=50$ ℃;

(3)$T_A=200$ K,$T_B=220$ K。

解:㶲损失的计算公式为

$$E_L=T_0S_g=T_0\Delta S_{id}$$

(1)$T_A=693.15$ K,$T_B=673.15$ K。因$T_A>T_B>T_0$,热量由 A 传向 B。此时,温差传热的熵产为

$$\Delta S_{id}=\Delta S_A+\Delta S_B=\left(\frac{1}{T_B}-\frac{1}{T_A}\right)Q$$

㶲损失为

$$E_L=T_0\Delta S_{id}=T_0\left(\frac{1}{T_B}-\frac{1}{T_A}\right)Q=300\times\left(\frac{1}{673.15}-\frac{1}{693.15}\right)\times100=1.2859(\text{kJ})$$

(2)$T_A=343.15$ K,$T_B=323.15$ K。因$T_A>T_B>T_0$,热量由 A 传向 B。此时,温差传热

导致的㶲损失为

$$E_L = T_0 \Delta S_{id} = T_0\left(\frac{1}{T_B} - \frac{1}{T_A}\right)Q = 300 \times \left(\frac{1}{323.15} - \frac{1}{343.15}\right) \times 100 = 5.410\,8(\text{kJ})$$

(3) 因$T_A < T_B < T_0$,热量由 B 传向 A。此时,温差传热导致的㶲损失为

$$E_L = T_0 \Delta S_{id} = T_0\left(\frac{1}{T_A} - \frac{1}{T_B}\right)Q = 300 \times \left(\frac{1}{200} - \frac{1}{220}\right) \times 100 = 13.636(\text{kJ})$$

计算表明:传热温差相同,但是导致的㶲损失却不同,且温度越低,㶲损也越大。

例 3-9　设热源温度 $T_H = 1\,300$ K,冷源温度即为环境大气温度 $T_0 = 288$ K。工质的平均吸热温度 $T_1 = 600$ K,平均放热温度 $T_2 = 300$ K。已知循环发动机E的热效率为工作于T_1和T_2间的卡诺热机的热效率的80%,即 $\eta_t = 0.8\eta_C$,如图 3-19 所示。若每千克工质从热源的吸热量为 100 kJ,试求:

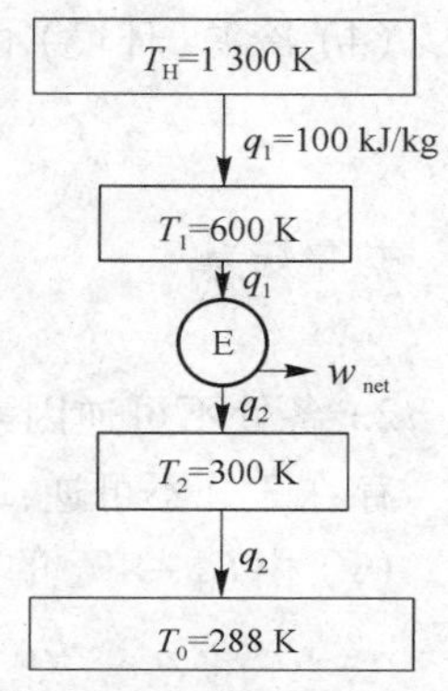

图 3-19　例 3-9 附图

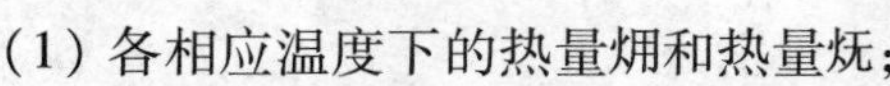

(1) 各相应温度下的热量㶲和热量炕;

(2) 各处不可逆因素引起的㶲损失,并在 T-s 图中表示出来;

(3) 发动机实际循环净功 w_{net},实际循环少做的功($w_C - w_{net}$) 是否等于热机不可逆引起的㶲损失?

解:本例题可以使用热力学第二定律进行分析,分别从㶲或熵的角度进行(也称㶲分析法和熵分析法)。

1. 㶲分析法

1) 各相应温度下的热量㶲和热量炕

(1) 已知 $q_1 = 100$ kJ/kg,$T_0 = 288$ K。由 $T_H = 1\,300$ K 的热源放出热量 q_1 的热量㶲为

$$e_{x,Q,T_H} = \left(1 - \frac{T_0}{T_H}\right)q_1 = \left(1 - \frac{288}{1\,300}\right) \times 100 = 77.8(\text{kJ/kg})$$

热量炕为

$$a_{n,Q,T_H} = q_1 - e_{x,Q,T_H} = 100 - 77.8 = 22.2(\text{kJ/kg})$$

(2) 中间热源 $T_1 = 600$ K 获得热量 q_1 的热量㶲为

$$e_{x,Q,T_1} = \left(1 - \frac{T_0}{T_1}\right)q_1 = \left(1 - \frac{288}{600}\right) \times 100 = 52.0(\text{kJ/kg})$$

热量炕为

$$a_{n,Q,T_1} = q_1 - e_{x,Q,T_1} = 100 - 52.0 = 48.0(\text{kJ/kg})$$

(3) 工作在 T_1 和 T_2 间的卡诺热机的热效率

$$\eta_C = 1 - \frac{T_2}{T_1} = 1 - \frac{300}{600} = 0.5$$

$$w_C = \eta_C q_1 = 0.5 \times 100 = 50(\text{kJ/kg})$$

实际循环的热效率

$$\eta_t = 0.8\eta_C = 0.8 \times 0.5 = 0.4$$

实际循环净功

$$w_{net} = \eta_t q_1 = 0.4 \times 100 = 40(\text{kJ/kg})$$

实际放热量

$$q_2 = q_1 - w_{net} = 100 - 40 = 60(kJ/kg)$$

工质向中间热源$T_2 = 300$ K 放热q_2 的热量㶲为

$$e_{x,Q,T_2} = \left(1 - \frac{T_0}{T_2}\right)q_2 = \left(1 - \frac{288}{300}\right) \times 60 = 2.4(kJ/kg)$$

热量炾为

$$a_{n,Q,T_2} = q_2 - e_{x,Q,T_2} = 60 - 2.4 = 57.6(kJ/kg)$$

(4) 冷源(环境) 由中间热源$T_2 = 300$ K 获得热量q_2 的热量㶲为

$$e_{x,Q,T_0} = \left(1 - \frac{T_0}{T_0}\right)q_2 = 0$$

热量炾为

$$a_{n,Q,T_0} = q_2 - e_{x,Q,T_0} = 60 - 0 = 60(kJ/kg)$$

2) 各处不可逆因素引起的㶲损失情况

存在3处不可逆:2处温差传热及1处不可逆热机。

(1) 由$T_H \to T_1$ 的温差传热导致的不可逆损失(㶲损失) 为

$$E_{L1} = e_{x,Q,T_H} - e_{x,Q,T_1} = 77.8 - 52.0 = 25.8(kJ/kg)$$

(2) 不可逆热机中不可逆循环导致的㶲损失为

$$E_{L2} = e_{x,Q,T_1} - w_{net} - e_{x,Q,T_2} = 52.0 - 40.0 - 2.4 = 9.6(kJ/kg)$$

(3) 由$T_2 \to T_0$ 的温差传热导致的不可逆损失(㶲损失) 为

$$E_{L3} = e_{x,Q,T_2} - e_{x,Q,T_0} = 2.4 - 0 = 2.4(kJ/kg)$$

系统的总㶲损失为

$$E_L = \sum E_{Li} = E_{L1} + E_{L2} + E_{L3} = 25.8 + 9.6 + 2.4 = 37.8(kJ/kg)$$

将各项㶲损失表示在 T-s 图中,如图3-20所示。

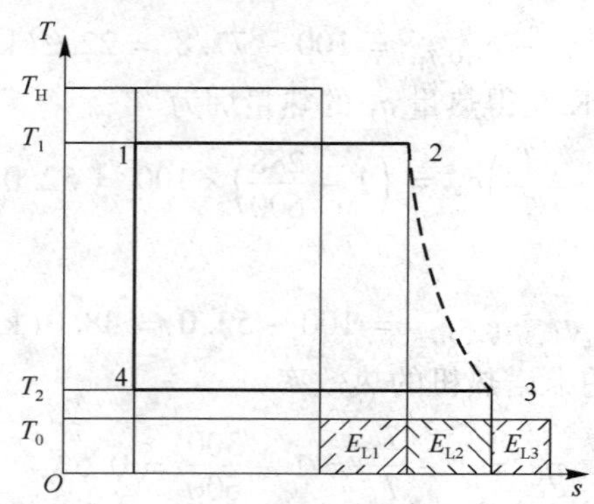

图3-20　例3-9中的㶲损失

3) 实际循环净功、实际循环少做的功

实际循环净功 $w_{net} = 40$ kJ/kg,与可逆循环相比,实际循环少做的功为

$$w_C - w_{net} = 50 - 40 = 10(kJ/kg)$$

而发生在热机中的不可逆循环引起的㶲损失 $E_{L2}=9.6\ \text{kJ/kg}$，显然 $w_C-w_{net}\neq E_{L2}$。也就是说，实际循环少做的功（w_C-w_{net}）不等于热机不可逆引起的㶲损失。

将可逆热机与不可逆热机中的能量转化示于图3-21中。不可逆热机的放热量 $q_{2,ir}=60\ \text{kJ/kg}$，其中包含的热量㶲为2.4 kJ/kg；可逆热机的放热量 $q_{2,rev}=50\ \text{kJ/kg}$，其中包含的热量㶲为 $\left(1-\dfrac{T_0}{T_2}\right)q_{2,rev}=\left(1-\dfrac{288}{300}\right)\times 50=2.0(\text{kJ/kg})$。与可逆热机相比，不可逆热机多放出的10 kJ/kg热量中尚有0.4 kJ/kg的热量㶲，故㶲损失要比少做的功少0.4 kJ/kg。

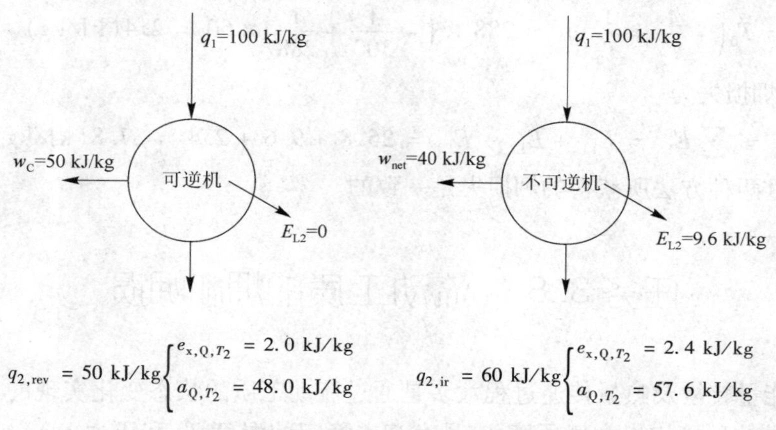

图3-21　例3-9中的可逆热机与不可逆热机中的能量转化

2. 熵分析法

把该问题分为3个子系统：① 热源 T_H 与中间热源 T_1 间的温差传热系统；② 两个中间热源 T_1 和 T_2 与实际热机完成热变功的循环系统；③ 中间热源 T_2 和环境 T_0 间的温差传热系统。3个子系统的总体效果与原系统相同，且这3个子系统可视作孤立系统。

（1）由 $T_H\rightarrow T_1$，热源放热，熵变化为 $\Delta s_{T_H}=\dfrac{-q_1}{T_H}$；中间热源吸热，熵变化为 $\Delta s_{T_1}=\dfrac{q_1}{T_1}$。孤立系的熵增 $\Delta s_{id,1}$，即不可逆传热的熵产 $s_{g,1}$，为热源熵变化与中间热源熵变化之和，即

$$\Delta s_{id,1}=s_{g,1}=\Delta s_{T_H}+\Delta s_{T_1}=\frac{-q_1}{T_H}+\frac{q_1}{T_1}$$

不可逆传热的㶲损为

$$\begin{aligned}E_{L1}&=T_0\Delta s_{id,1}=T_0 s_{g,1}\\&=T_0\left(\frac{1}{T_1}-\frac{1}{T_H}\right)q_1=288\times\left(\frac{1}{600}-\frac{1}{1\ 300}\right)\times 100=25.8(\text{kJ/kg})\end{aligned}$$

（2）对实际的不可逆热机，$w_{net}=40\ \text{kJ/kg}$，$q_2=60\ \text{kJ/kg}$，且

$$\begin{aligned}\Delta s_{id,2}&=s_{g,2}=\Delta s_{T_1}+\Delta s_{rj}+\Delta s_{T_2}=\frac{-q_1}{T_1}+0+\frac{q_2}{T_2}\\&=\frac{-100}{600}+\frac{60}{300}=0.033\ 3[\text{kJ/(kg}\cdot\text{K)}]\end{aligned}$$

不可逆循环的㶲损为

$$E_{L2} = T_0 \Delta s_{id,2} = T_0 s_{g,2}$$
$$= 288 \times 0.0333 = 9.6(\text{kJ/kg})$$

(3) 由$T_2 \to T_0$,不可逆传热引起的孤立系的熵增$\Delta s_{id,3}$或熵产$s_{g,1}$为

$$\Delta s_{id,3} = s_{g,3} = \Delta s_{T_2} + \Delta s_{T_0} = \frac{-q_2}{T_2} + \frac{q_2}{T_0}$$

不可逆传热的㶲损为

$$E_{L3} = T_0 \Delta s_{id,3} = T_0 s_{g,3}$$
$$= T_0\left(-\frac{1}{T_2} + \frac{1}{T_0}\right)q_2 = 288 \times \left(-\frac{1}{300} + \frac{1}{288}\right) \times 60 = 2.4(\text{kJ/kg})$$

系统的总㶲损失为

$$E_L = \sum E_{Li} = E_{L1} + E_{L2} + E_{L3} = 25.8 + 9.6 + 2.4 = 37.8(\text{kJ/kg})$$

显然,通过两种方法所获得的㶲损失是一致的。

任务 3.8　流动工质的㶲和㶲损

工程上,能量转换及热量传递过程大多是通过流动工质的状态变化实现的。在一定的环境条件下(通常的环境均指大气环境,它具有基本稳定的温度T_0和压力p_0),如果流动工质具有不同于环境的温度和压力,它就具有一种潜在的做功能力。例如,高温、高压的气流可以通过自身的膨胀及和环境的热交换而做功,直至变为与环境的温度、压力相同为止。流动工质处于不同状态时的做功能力的大小,可以通过一个综合考虑工质与环境状况的新参数——㶲(亦称流动工质㶲、焓㶲)来表示。下面来推导这个㶲参数的表达式。

设流动工质处于状态A时的温度为T、压力为p、比熵为s、比焓为h(如图3-22所示),大气环境的温度和压力分别为T_0和p_0(T_0,p_0恒定不变)。当工质的温度和压力与大气环境参数T_0,p_0相同时,其比熵为s_0,比焓为h_0。流动工质在从状态A变化到状态C的过程中将会对外界做出技术功,而以经过可逆过程做出的功为最大。在大气环境是唯一热源的条件下,工质要从状态A可逆地变化到状态C,可以先可逆绝热(等熵)地变化到与大气温度T_0相同而压力不同的状态B,即先由状态A经历一个等熵过程变化到状态B;然后再在温度T_0下与大气交换热量,进行一个可逆的等温过程,从状态B变化到状态C,在这一定温过程中,从大气吸收的热量或向大气放出的热量都是炕(废热)。所以,在$A \to B$和$B \to C$的整个可逆过程中单位工质的最大技术功为

$$w_{t,\max} = w_{t,AB} + w_{t,BC}$$
$$= [q_{AB} - (h_B - h_A)] + [q_{BC} - (h_0 - h_B)]$$
$$= [0 - (h_B - h)] + [T_0(s_0 - s) - (h_0 - h_B)]$$
$$= (h - h_0) - T_0(s - s_0)$$

单位工质的最大技术功称为比㶲(有时也把比㶲称为㶲),用符号e_x表示,有

$$e_x = (h - h_0) - T_0(s - s_0) \tag{3-40}$$

任意量工质的㶲,用符号E_x表示,有

$$E_x = (H - H_0) - T_0(S - S_0) \tag{3-41}$$

比㶲是状态参数,表示单位质量的流动工质在给定条件下具有的做功能力(或可用能)。这种做功能力,在大气环境是唯一热源的条件下,可以通过从该给定状态可逆地变化到与大气环境参数相同时,以对外做出技术功的形式全部发挥出来。

流动工质的比㶲可以在 h-s 图中用垂直线段方便而清楚地表示出来。先在 h-s 图中画出某指定工质在环境温度 T_0 下的等温线和环境压力 p_0 下的等压线(如图3-23所示),再在二者的交点 C 上做 p_0 等压线的切线,这条切线称为环境直线。从任意状态 A 到环境直线的纵向距离 AB 即为流动工质处于该状态时的比㶲,可证明如下。

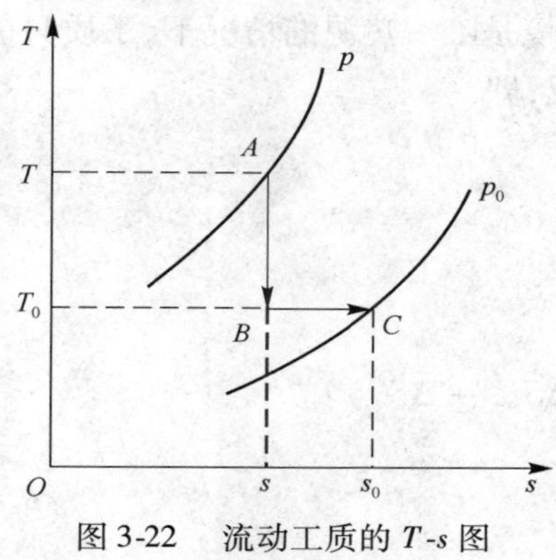

图3-22　流动工质的 T-s 图

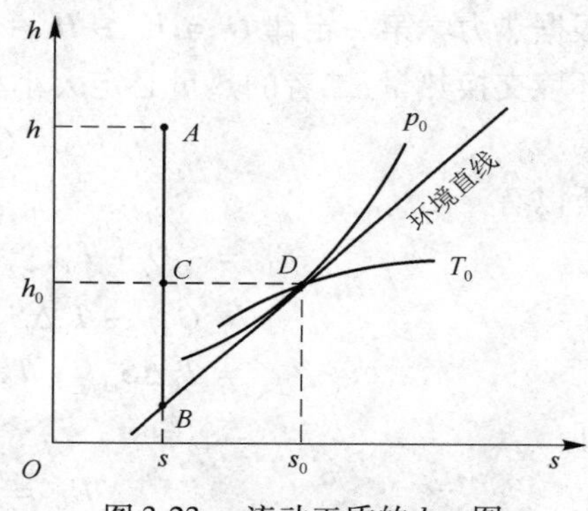

图3-23　流动工质的 h-s 图

环境直线的斜率为

$$\tan\alpha = \left(\frac{\partial h}{\partial s}\right)_C = \frac{CB}{CD}$$

根据熵的定义式(1-17)有

$$T\mathrm{d}s = \mathrm{d}u + p\mathrm{d}v = \mathrm{d}h - v\mathrm{d}p \tag{3-42}$$

或

$$\mathrm{d}h = T\mathrm{d}s + v\mathrm{d}p$$

等压线上有

$$\left(\frac{\partial h}{\partial s}\right)_p = T \tag{3-43}$$

式(3-43)表明:h-s 图中等压线上各点的斜率等于该等压线上各点的热力学温度。因此

$$\left(\frac{\partial h}{\partial s}\right)_{p_0} = T_0 = \tan\alpha = \frac{CB}{CD}$$

流动工质的比㶲为

$$\begin{aligned} e_x &= (h - h_0) - T_0(s - s_0) = (h - h_0) + T_0(s_0 - s) \\ &= AC + \tan\alpha \times CD = AC + CB \\ &= AB \end{aligned}$$

证毕。

在除大气环境外别无其他热源的条件下，流动工质从状态 1 变化到状态 2 时的㶲降($E_{x1}-E_{x2}$)理论上应该等于对外界做出的技术功，即

$$W_{t,the}=E_{x1}-E_{x2}=(H_1-H_2)-T_0(S_1-S_2) \tag{3-44}$$

实际上，由于过程的不可逆性，流动工质做出的技术功总是小于㶲降。减少的这部分就是㶲损(流动工质的可用能损失)，即

$$E_L=W_{t,the}-W_t=(H_1-H_2)-T_0(S_1-S_2)-W_t \tag{3-45}$$

还可以写为

$$E_L=-(H_2-H_1+W_t)-T_0(S_1-S_2)$$

根据热力学第一定律 $Q=H_2-H_1+W_t$，在大气环境是唯一热源的情况下，工质只能和大气环境交换热量，二者的热量必定大小相等，符号相反，即

$$Q_{atm}=-Q$$

所以有

$$\begin{aligned}E_L&=-Q+T_0(S_2-S_1)\\&=Q_{atm}+T_0\Delta S_{工质}\\&=T_0\Delta S_{atm}+T_0\Delta S_{工质}=T_0(\Delta S_{atm}+\Delta S_{工质})\end{aligned}$$

即

$$E_L=T_0\Delta S_{id}=T_0S_g \tag{3-46}$$

该㶲损计算式与式(3-39)完全相同。

任务 3.9　工质的㶲和㶲损

工质的总能量包括热力学能、动能和位能($E=U+E_k+E_p$)，其中动能和位能本来就是可用能，而热力学能中可用能的含量则和工质所处的状态及环境状态有关。当工质的温度和压力(T,p)与环境的温度和压力(T_0,p_0)不同时(如图 3-24(a)所示)，该工质就可以与环境相互作用(换热、做功)进行一个过程，直至工质的温度、压力与环境的温度、压力相同而过程不能再进行为止(如图 3-24(b)所示)。在这一过程中，工质会对外界做出可用功。如果这一过程是可逆的，对外界做出的可用功将达到最大值。

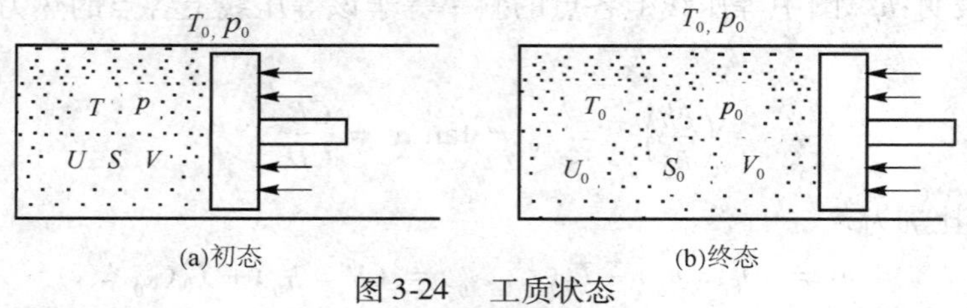

(a)初态　(b)终态

图 3-24　工质状态

这里提到的可用功与膨胀功的区别在于：当气体膨胀时，它对外界做出膨胀功(W)，但

该膨胀功中有一部分 $p_0(V_0-V)$ 对大气做出(用于排开大气)而无法利用,而其余部分才是可用功。当气体被压缩时,在大气压力的推动下,可以减少压缩耗功。

工质从初态经过什么样的具体过程才能可逆地过渡到与环境平衡的状态呢?与任务3.8中讨论的相同,工质由 T 变为 T_0 的过程必须是可逆绝热过程(等熵过程,参考图3-22中的过程 $A\to B$),然后再在 T_0 温度下进行一个可逆的等温过程,使压力达到 p_0(参考图3-22中过程 $B\to C$)。在这两个可逆过程中,工质对外界做出的最大可用功为

$$\begin{aligned}W_{av,max} &= W_{AB}+W_{BC}-p_0(V_0-V)\\&=[Q_{AB}-(U_B-U_A)]+[Q_{BC}-(U_0-U_B)]-p_0(V_0-V)\\&=[0-(U_B-U)]+[T_0(S_0-S)-(U_0-U_B)]-p_0(V_0-V)\\&=(U-U_0)-T_0(S-S_0)+p_0(V-V_0)\end{aligned}$$

最大有用功称为工质㶲(亦称热力学能㶲、内能㶲),用符号 $E_{x,U}$ 表示,有

$$E_{x,U}=(U-U_0)-T_0(S-S_0)+p_0(V-V_0) \tag{3-47}$$

对单位工质而言,工质㶲用符号 $e_{x,U}$ 表示:

$$e_{x,U}=(u-u_0)-T_0(s-s_0)+p_0(v-v_0) \tag{3-48}$$

显然,工质㶲是状态量,它表示对一定的环境而言,工质在某一状态下所具有的热力学能中理论上可以转化为可用能的部分,或者说工质在该状态下具备的做功能力,该做功能力可以在从该状态可逆过渡到与环境参数相同的过程中以对外界做出最大可用功的方式全部释放出来。

在除大气环境外无其他热源的条件下,工质(闭口系)从状态1变化到状态2时,工质㶲的减少量理论上应等于对外界做出的可用功:

$$\begin{aligned}W_{av,the} &= E_{x,U_1}-E_{x,U_2}\\&=(U_1-U_2)-T_0(S_1-S_2)+p_0(V_1-V_2)\end{aligned} \tag{3-49}$$

实际上,由于过程的不可逆性,工质实际做出的可用功总是小于工质㶲的减少量,两者的差值就是㶲损:

$$\begin{aligned}E_L &= W_{av,the}-W_{av}\\&=(U_1-U_2)-T_0(S_1-S_2)+p_0(V_1-V_2)-W_{av}\\&=-[(U_2-U_1)+W_{av}+p_0(V_2-V_1)]+T_0(S_2-S_1)\\&=-[(U_2-U_1)+W]+T_0(S_2-S_1)\\&=-Q+T_0(S_2-S_1)\end{aligned}$$

在大气环境为唯一热源时,工质的放热量也就是大气的吸热量:

$$-Q=Q_{atm}$$

所以

$$E_L=-Q+T_0(S_2-S_1)=Q_{atm}+T_0\Delta S_{工质}=T_0\Delta S_{atm}+T_0\Delta S_{工质}$$

即

$$E_L=T_0(\Delta S_{atm}+\Delta S_{工质})=T_0\Delta S_{id}=T_0S_g \tag{3-50}$$

此㶲损的计算式与式(3-39)、式(3-46)完全相同。

任务3.10　关于㶲损的讨论及㶲方程

1. 关于㶲损的讨论

在前面讨论热量㶲、流动工质㶲和工质㶲在不可逆过程中的损失（㶲损）时，得到了同样的计算式［参看式(3-39)、式(3-46)、式(3-50)］：

$$E_L = T_0 \Delta S_{id} = T_0 S_g$$

虽然该式是针对三种不同情况分别得出的，但实际上，该式是普遍成立的。也就是说，任何㶲损（可用能的不可逆损失）都等于孤立系的熵增（它等于熵产）与环境温度的乘积。这一普遍结论的正确性显然不能通过设想各种可能情况逐一加以证明，但可通过下面一段推理来证明。

假定某个任意指定的孤立系由于其内部的不可逆性引起该孤立系的熵增为 ΔS_{id}。现在设想打破该孤立系的孤立状态，使它与周围环境（温度为T_0）之间进行某种可逆过程，并令这一可逆过程进行的结果使原孤立系的熵减少一个数量 ΔS_{id}，使它恢复到进行不可逆过程前的初始值。由于原孤立系已被打破孤立状态，它本身已不是孤立系，但它和周围环境构成了一个更大的孤立系。该扩大的孤立系进行了可逆过程后，其总熵应该不变。因此，当原孤立系的熵减少了 ΔS_{id} 的同时，周围环境的熵必定增加了同一数量。环境的熵增加 ΔS_{id} 意味着废热（炕）增加了$T_0\Delta S_{id}$。这废热的形成当然不是由于扩大的孤立系中进行了可逆过程，而只能是由于原孤立系中原先进行了不可逆过程。所以，原孤立系由于其内部不可逆性所造成的可用能损失（㶲损）必定等于$T_0\Delta S_{id}$。

应该指出，由各种不可逆因素引起的孤立系的可用能损失，不同于由摩擦造成的功损。即使在孤立系的不可逆损失完全由功损（热产）引起的情况下，可用能的损失也并不一定等于功损。因为功损所形成的热产，如果其温度 T 高于环境温度 T_0，则这一部分热产对环境而言仍然具有一定的可用性，因而这时可用能的损失小于功损（如涡轮机前级的摩擦热在后级中得以部分利用等）；只有当功损所形成的热产全部是废热（温度为 T_0）时，可用能的损失才等于功损，从如下两式的比较中也可清楚地看出这一点。

可用能损失——㶲损：

$$E_L = T_0 \Delta S_{id} = T_0 (S_2 - S_1)_{id}$$

摩擦的损失——功损：

$$W_L = Q_g = \int_1^2 T dS_{id} = T_m (S_2 - S_1)_{id}$$

当$T_m > T_0$时，$W_L > E_L$；当$T_m = T_0$时，$E_L = W_L$。

能量在数量上是守恒的。所谓的能量损失，指的是能量在质量上的损失，即由可用能（㶲）变为废热（炕）的不可逆损失。了解和掌握能量所包含的㶲与炕，可以合理科学地评价能量的可用性，包括实际过程的可用能的不可逆损失，以及改进用能设备的方向。

2. 㶲方程

各种实际过程中有㶲损，㶲是不守恒的。如果把㶲损考虑进㶲的平衡式中，就可以建立起平衡的㶲方程。

设有一热力系如图3-25中虚线(界面)包围的体积所示。热力系处于大气环境下(T_0，p_0)，可以胀缩，可以运动。设该热力系开始时有动能E_k、位能E_p、工质㶲$E_{x,U}$。在一段极短的时间$d\tau$内，从外界进入热力系的热量㶲(或流入热力系的热量㶲与流出热力系的热量㶲之差)为$\delta E_{x,Q}$，质量为δm_i(比㶲为$e_{x,i}$，流速为c_i，高度为z_i)；同时，流出热力系的质量为δm_j(比㶲为$e_{x,j}$，流速为c_j，高度为z_j)，并对外界做出了可用功δW_{av}。在$d\tau$时间内，热力系内部由于不可逆因素引起的㶲损为δE_L。经过$d\tau$时间后，热力系的动能、位能和工质㶲分别变为$E_k+\delta E_k$，$E_p+\delta E_p$，$E_{x,U}+\delta E_{x,U}$。根据图3-25，热力系的可用能平衡可以表示为

输入热力系的可用能的总和－热力系输出的可用能的总和－热力系内部可用能的不可逆损失 ＝ 热力系的可用能的增量

即

$$\left[\delta E_{x,Q}+\left(e_{x,i}+\frac{c_i^2}{2}+gz_i\right)\delta m_i\right]-\left[\delta W_{av}+\left(e_{x,j}+\frac{c_j^2}{2}+gz_j\right)\delta m_j\right]-\delta E_L=dE_k+dE_p+dE_{x,U}$$

或

$$\delta E_{x,Q}=dE_{x,U}+dE_k+dE_p+\left[\left(e_{x,j}+\frac{c_j^2}{2}+gz_j\right)\delta m_j-\left(e_{x,i}+\frac{c_i^2}{2}+gz_i\right)\delta m_i\right]+\delta W_{av}+\delta E_L \tag{3-51}$$

积分得

$$E_{x,Q}=\Delta E_{x,U}+\Delta E_k+\Delta E_p+\int_\tau\left[\left(e_{x,j}+\frac{c_j^2}{2}+gz_j\right)q_{m,j}-\left(e_{x,i}+\frac{c_i^2}{2}+gz_i\right)q_{m,i}\right]d\tau+W_{av}+E_L \tag{3-52}$$

式中，质量流率$q_m=\dfrac{\delta m}{d\tau}$。

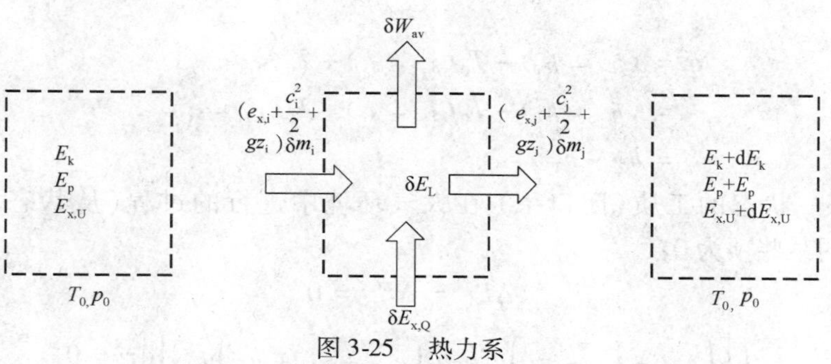

图3-25　热力系

式(3-51)和式(3-52)为可用能的平衡式或㶲方程，这是普遍适用的㶲方程的一般表达式。其含义为热力系由于吸热从外界获得的热量㶲($\delta E_{x,Q}$)用于：增加热力系的工质㶲($dE_{x,U}$)，增加热力系的动能和位能(dE_k+dE_p)，弥补流出和流入热力系的流体的㶲差、动能差和位能差$\left[\left(e_{x,j}+\frac{c_j^2}{2}+gz_j\right)\delta m_j-\left(e_{x,i}+\frac{c_i^2}{2}+gz_i\right)\delta m_i\right]$，对外界做出可用功($\delta W_{av}$)，以及

用于因不可逆因素变成的㶲损(δE_L)。在式(3-51)和式(3-52)中,除㶲损必为正值外,其他均可正、可负。

如果是稳定流动,并取一段时间,在该段时间内正好有 1 kg 流体流过,则由式(3-52)得到

$$\Delta E_{x,U} = \Delta E_k = \Delta E_p = 0$$

$$\int_\tau \left[\left(e_{x,j} + \frac{c_j^2}{2} + gz_j \right) q_{m,j} - \left(e_{x,i} + \frac{c_i^2}{2} + gz_i \right) q_{m,i} \right] d\tau = \left(e_{x2} + \frac{c_2^2}{2} + gz_2 \right) - \left(e_{x1} + \frac{c_1^2}{2} + gz_1 \right)$$

$$w_{av} = w_{sh}$$

从而有

$$e_{x,Q} = (e_{x2} - e_{x1}) + \frac{c_2^2 - c_1^2}{2} + g(z_2 - z_1) + w_{sh} + e_L \tag{3-53}$$

对各种涡轮式机械装置,其流动可以视为是绝热的,并可略去进出口的动能、位能变化,有

$$w_{sh} = (e_{x1} - e_{x2}) - e_L \tag{3-54}$$

把式(3-54)展开:

$$\begin{aligned} w_{sh} &= (e_{x1} - e_{x2}) - e_L = (h_1 - h_2) - T_0(s_1 - s_2) - T_0 s_g \\ &= (h_1 - h_2) - T_0(s_1 - s_2) - T_0(s_2 - s_1) \\ &= h_1 - h_2 \end{aligned}$$

上述结果与通过稳定流动系统的能量方程所得的结果一致。

对各种换热器$\left(\frac{c_2^2 - c_1^2}{2} = g(z_2 - z_1) = w_{sh} = 0\right)$,由式(3-53)可得

$$e_{x,Q} = (e_{x2} - e_{x1}) + e_L \tag{3-55}$$

式(3-55)可以写为

$$q - T_0 s_f = (h_2 - h_1) - T_0(s_2 - s_1) + T_0 s_g$$

所以

$$\begin{aligned} q &= (h_2 - h_1) - T_0(s_2 - s_1) + T_0(s_f + s_g) \\ &= (h_2 - h_1) - T_0(s_2 - s_1) + T_0(s_2 - s_1) \\ &= h_2 - h_1 \end{aligned}$$

对处于某一状态的工质(闭口系)在大气环境中进行的过程(从状态 1 到状态 2),式(3-52)中的某些项为 0:

$$\Delta E_k = \Delta E_p = 0$$

$$\int_\tau \left[\left(e_{x,j} + \frac{c_j^2}{2} + gz_j \right) q_{m,j} - \left(e_{x,i} + \frac{c_i^2}{2} + gz_i \right) q_{m,i} \right] d\tau = 0$$

从而有

$$E_{x,Q} = (E_{x,U_2} - E_{x,U_1}) + W_{av} + E_L \tag{3-56}$$

把式(3-56)展开有

$$Q - T_0 S_f = [(U_2 - U_1) - T_0(S_2 - S_1) + p_0(V_2 - V_1)] + W_{av} + E_L$$

从而有

$$\begin{aligned}Q &= (U_2 - U_1) - T_0(S_2 - S_1) + p_0(V_2 - V_1) + W_{av} + T_0(S_f + S_g)\\ &= (U_2 - U_1) - T_0(S_2 - S_1) + W + T_0(S_2 - S_1)\\ &= (U_2 - U_1) + W\end{aligned}$$

这就是能量转换间的数量关系,即热力学第一定律。

上述结果表明,能量方程、熵方程、㶲方程都是用来确定热力过程中各状态量和过程量间的关系的。虽然它们的形式不同,但其实质是相融相通的。

例 3-10　将500 kg温度为20 ℃的水用电热器加热到60 ℃。求这一不可逆过程造成的功损和可用能的损失。不考虑散热损失,周围大气温度为20 ℃,水的比定压热容为4.187 kJ/(kg·K)。

解:在这里,功损即消耗的电能,它等于水吸收的热量,即为图3-23中点1,2,4,5所围成的面积。

$$\begin{aligned}W_L &= Q_g = mc_p(t - t_0)\\ &= 500 \times 4.187 \times (60 - 20) = 83\ 740(\text{kJ})\end{aligned}$$

系统(孤立系)的熵增为

$$\begin{aligned}\Delta S_{id} &= \int_{t_0}^{t} \frac{\delta Q}{T} = \int_{t_0}^{t} \frac{mc_p \mathrm{d}T}{T} = mc_p \ln \frac{T}{T_0}\\ &= 500 \times 4.187 \times \ln \frac{273.15 + 60}{273.15 + 20} = 267.8(\text{kJ/K})\end{aligned}$$

可用能(㶲)损失即为图3-25中点1,3,4,5所围成的面积,即

$$E_L = T_0 \Delta S_{id} = 293.15 \times 267.8 = 78\ 506(\text{kJ})$$

可用能的损失小于功损($E_L < W_L$),图3-26中的点1,2,3所围成的图形即为两者之差。这个差值表明,对于环境而言,功损中是具有一定的可用能(㶲)的,其值为83 740 − 78 506 = 5 234(kJ)。

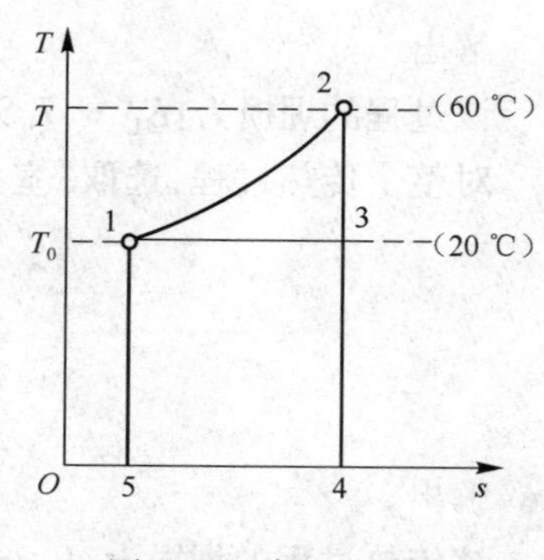

图3-26　例3-10图

例 3-11　考虑通过房间砖墙的一维稳态传热。墙体的长度、高度分别为5 m、6 m,厚度为30 cm。室外维持0 ℃,室内维持27 ℃,墙内外表面温度分别为20 ℃和5 ℃,导热量$\dot{Q}$ = 1 035 W,如图3-27所示。计算砖墙完成导热引起的㶲损和这个传热过程(由室内至室外)的总㶲损。

解:可使用两种方法(㶲平衡法和熵产法)解答此题。

1. 㶲平衡法

选取砖墙为热力系,这是一个闭口系。应用㶲平衡方程式(3-52)有

$$E_{x,Q} = E_L$$

即

$$\left[\left(1 - \frac{T_0}{T}\right)\dot{Q}\right]_{in} - \left[\left(1 - \frac{T_0}{T}\right)\dot{Q}\right]_{out} = E_L$$

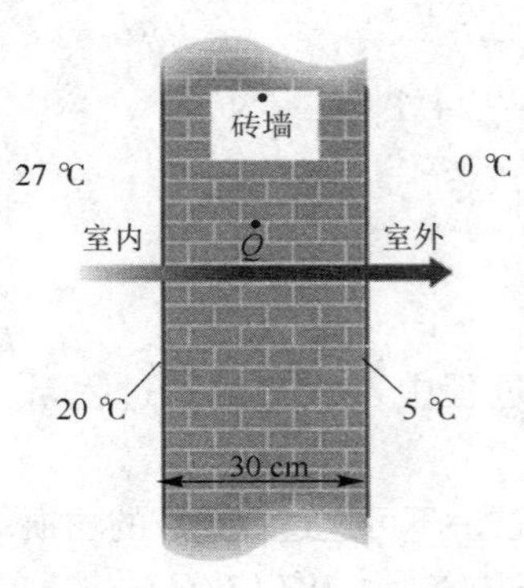

图 3-27　例 3-11 图

$$E_{\mathrm{L}} = \left[\left(1 - \frac{273.15}{293.15}\right) \times 1\,035\right] - \left[\left(1 - \frac{273.15}{278.15}\right) \times 1\,035\right] = 52.0(\mathrm{W})$$

即砖墙完成导热产生的炯损为 52.0 W。

为了分析整个传热过程的炯损，选取“室内 + 砖墙 + 室外”为热力系。此时，传热过程的总炯损为

$$E_{\mathrm{L}} = \left[\left(1 - \frac{T_0}{T}\right)\dot{Q}\right]_{\mathrm{in}} - \left[\left(1 - \frac{T_0}{T}\right)\dot{Q}\right]_{\mathrm{out}}$$

$$= \left[\left(1 - \frac{273.15}{300.15}\right) \times 1\,035\right] - \left[\left(1 - \frac{273.15}{273.15}\right) \times 1\,035\right]$$

$$= 93.1(\mathrm{W})$$

包含砖墙两侧的空气后，炯损增加了 41.1 W，这是在砖墙两侧的空气层中发生的不可逆温差换热引起的。

2. 熵产法

选取砖墙为热力系，使用熵方程有

$$\mathrm{d}S = \delta S_{\mathrm{f}} + \delta S_{\mathrm{g}}$$

$$0 = \left[\left(\frac{\dot{Q}}{T}\right)_{\mathrm{in}} - \left(\frac{\dot{Q}}{T}\right)_{\mathrm{out}}\right] + S_{\mathrm{g}}$$

$$0 = \frac{1\,035}{293.15} - \frac{1\,035}{278.15} + S_{\mathrm{g}}$$

解出
$$S_{\mathrm{g}} = 0.190\ \mathrm{W/K}$$

该过程的炯损为：$E_{\mathrm{L}} = T_0 S_{\mathrm{g}} = 273.15 \times 0.190 = 52(\mathrm{W})$

对整个传热过程，选取“室内 + 砖墙 + 室外”为热力系。此时，传热过程的熵产为

$$0 = \left[\left(\frac{\dot{Q}}{T}\right)_{\mathrm{in}} - \left(\frac{\dot{Q}}{T}\right)_{\mathrm{out}}\right] + S_{\mathrm{g}}$$

$$0 = \frac{1\,035}{300.15} - \frac{1\,035}{273.15} + S_{\mathrm{g}}$$

解出
$$S_{\mathrm{g}} = 0.341\ \mathrm{W/K}$$

该传热过程的炯损为：$E_{\mathrm{L}} = T_0 S_{\mathrm{g}} = 273.15 \times 0.341 = 93.1(\mathrm{W})$

由此可见，采用上述两种方法计算得出的结果是一致的。

任务 3.11　热力学温标

由选定的任意一种测量物质的某种物理性质，采用任意一种温度标定规则所得到的温标称为经验温标。由于经验温标依赖于测温物质的性质，当选用采用不同测温物质的温度计、采用不同的物理量作为温度的标志来测量温度时，除选定为基准点的温度，如冰点和汽点外，其他温度的测定值可能有微小的差异（不唯一），因而任何一种经验温标不能作为度量温度的标准。人们期望找到一种不依赖于测温物质性质的温标，热力学第二定律和卡诺定理

为建立一种与物性无关的温标提供了理论基础。根据卡诺定理，从理论上得到了一种温标，叫作热力学温标。

国际上规定热力学温标作为测量温度的最基本温标，它是根据热力学第二定律的基本原理制定的，与测温物质的特性无关，可以成为度量温度的标准。

卡诺定理指出，在两个恒温的热源和冷源间工作的任意可逆热机，其热效率都相同，且取决于热源和冷源的温度，与工质无关。

如图3-28所示，在温度为 t_1 的热源和温度为 t_2 的冷源间有一可逆热机A，根据卡诺定理，热效率 η_A 只是温度的函数，则

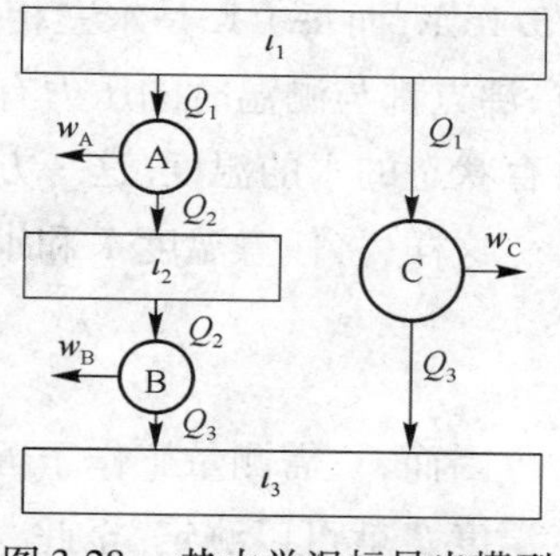

图3-28　热力学温标导出模型

$$\eta_A = 1 - \frac{Q_2}{Q_1} = \Phi(t_1, t_2)$$

或

$$\frac{Q_1}{Q_2} = F(t_1, t_2) \tag{3-57a}$$

同理，在温度为 t_2 的热源和温度为 t_3 的冷源间有一可逆热机B，则有

$$\frac{Q_2}{Q_3} = F(t_2, t_3) \tag{3-57b}$$

由卡诺定理：在 t_1，t_3 间A和B两可逆热机联合工作的效果一定和可逆机C相同。也就是说，C机若自热源 t_1 吸热 Q_1 的话，则它向热源 t_3 放出同样大小的热量 Q_3，因而对热机C有

$$\frac{Q_1}{Q_3} = F(t_1, t_3) \tag{3-57c}$$

将式(3-57c)除以(3-57b)，并与(3-57a)比较有

$$\frac{Q_1}{Q_2} = F(t_1, t_2) = \frac{F(t_1, t_3)}{F(t_2, t_3)} \tag{3-57d}$$

因式(3-57d)左侧为 t_1，t_2 的函数，右侧含有的关于 t_3 的部分必然可以消去，所以式(3-57d)可以表示为

$$F(t_1, t_2) = \frac{f(t_1)\varphi(t_3)}{f(t_2)\varphi(t_3)} = \frac{f(t_1)}{f(t_2)} \tag{3-57e}$$

式中，$f(t)$ 是温度的待定函数。函数的形式仅与温标的选择有关，而温标的选择是任意的。温标一旦选定，$f(t)$ 的形式也就确定了。开尔文建议，最简单的形式是 $f(t) = T$，于是有

$$\frac{Q_1}{Q_2} = \frac{T_1}{T_2} \tag{3-57f}$$

据此建立的温标即为热力学温标。这里，热力学温度的比值被定义为工作于两个恒温热源间的可逆热机与热源交换热量的比值，而与工质性质无关。式(3-57f)仅仅规定了比值 T_1/T_2，还需指定温标的基准点和分度才能确定温度值。摄氏温标曾经用两点定度法：规定1标准大气压(0.101 325 MPa)下纯水的冰点温度为0 ℃，沸点温度为100 ℃，其间等分

100 ℃。1954 年，第十届国际计量会议将纯水的三相点热力学温度定为 $T_{tp} = 273.16$ K，做此规定后，温标的分度也就被确定了，同时也给定了温标的零点(0 K) 是水的三相点以下 273.16 K，而每 1 K 是水三相点热力学温标的 1/273.16。这种方法称为单点定度法。水的冰点、沸点都与测温时的压力有关，而测量水的三相点温度只需测量密封容器内处于三相平衡共存状态的水的温度。这一方法易实现，更准确。

这样，将任意温度 T 和水的三相点温度 T_{tp} 代入式(3-57f)，则有

$$T = T_{tp}\frac{Q}{Q_{tp}} = 273.16\frac{Q}{Q_{tp}}$$

因而，只需测量工作于恒温热源 T, T_{tp} 间的可逆热机的吸热量 Q 和放热量 Q_{tp}，理论上任意温度 T 就可以测定。至此，在原理上完成了热力学温标的建立。

但是，可逆循环难以实现，精确测量 Q 和 Q_{tp} 也很困难，所以热力学温标无法直接实施。尽管如此，热力学温标的建立有深远的理论价值，它确实是最科学、最严密的基本温标。

理想气体温标也是一种经验温标，它是以理想气体为测温物质，依据理想气体的特性 $pV = mR_gT^*$制定的温标，T^*为理想气体温标上的温度读数。如下面所论证的那样，理想气体温标与热力学温标如果基准点温度规定相同，则二者相应的温度读数完全相同，即可用理想气体温标来实现热力学温标。根据卡诺定理，理想气体为工质的卡诺循环的热效率，为

$$\eta_C = 1 - \frac{Q_2}{Q_1} = 1 - \frac{T_2^*}{T_1^*}$$

即

$$\frac{Q_2}{Q_1} = \frac{T_2^*}{T_1^*}$$

与式(3-57f) 比较，有

$$\frac{T_2}{T_1} = \frac{T_2^*}{T_1^*}$$

理想气体温标同样规定纯水三相点的温度为 $T_{tp}^* = 273.16$ K。对于任意温度 T, T^* 时，有 $\frac{T}{T_{tp}} = \frac{T^*}{T_{tp}^*}$，即$\frac{T}{273.16} = \frac{T^*}{273.16}$，所以 $T^* = T$。可见，两种温标的温度读数是一致的，通常都用符号 T 表示，单位也同样为 K。

理想气体温标虽与采用的某种气体种类无关，但温度读数必须校正到理想气体状态($p \to 0$) 时的读数。这种测量和修正都是极为精确和繁复的工作，只有极少数实验室有此条件。目前使用的是国际实用温标，它指定了包括纯水的三相点在内的若干个固定点的温度，并且将 13.81 K 以上的温度分为三个区间，规定了各区间测量所用的温度计型式、规格及相应的温度计算公式。它所得出的温度偏离热力学温标极小，广泛用于校核科研或工业用温度计。

任务3.12　热力学第二定律对工程实践的指导意义

1. 对热机的理论指导意义

理解热力学第二定律对热机的理论指导意义时，可参考卡诺定理和卡诺循环对热机的原则指导意义。

2. 预测过程进行的方向和判断平衡状态

有些简单过程进行的方向很容易看出来。例如，一个高温物体和一个低温物体相接触，传热过程的方向必定是高温物体将热量传给低温物体，这个过程将一直持续到两个物体的温度相等为止。传热过程停止后，两个物体的温度不再发生变化，据此就可以断定两个物体已处于热平衡状态。但是，很多比较复杂的过程，如一些化学反应，要直接预测它们进行的方向是很困难的。这时可以通过计算孤立系的熵的变化来预测，因为过程总是朝着使孤立系熵增加的方向进行，并且一直进行到熵达到给定条件下的最大值为止。孤立系的熵达到了最大值，孤立系也就达到了平衡状态。所以，孤立系的熵是否达到给定状态下的最大值，可以作为判断孤立系是否处于平衡状态的依据。此外，还可以根据孤立系的熵增原理，结合具体条件，得出平衡状态的其他一些判据。

3. 指导节约能源

热力学第二定律揭示了一切实际过程都具有不可逆性的规律。从能量利用的角度来看，不可逆性意味着能量的贬值、可用能和功的损失或能源利用上的浪费。掌握了能量贬值的规律性，就可以懂得如何避免不必要的不可逆损失，并将不可避免的不可逆损失降到尽可能低的程度。这就可以使现有的能源得到充分而合理的利用，达到节约能源的目的。

例如，用电炉取暖（功变热）就是最大的浪费（能量质量上的浪费），直接烧燃料取暖也很浪费，而利用低温热能（如地热、热机排气中的热能及工业余热等）取暖则比较合理。

再如，在一些工艺过程中，一方面消耗冷却水去冷却一些设备，另一方面又消耗燃料去加热一些设备，这是很不合理的。应该设法将需要冷却的设备中放出的热量尽量在需要加热的设备中加以利用。

至于在各种动力机械中如何尽量减少不可逆损失，提高效率，节约能量的消耗，更是需要仔细设计、研究和分析的问题。

4. 避免做出违背热力学第二定律的傻事

热力学第二定律是客观规律，只能遵循不能违反。然而，由于它不像热力学第一定律那样容易直接理解，因此一些实质上是违背热力学第二定律的过程，或实质上属于第二类永动机的构想（虽然有时被一些复杂的情况所掩盖），还是屡见不鲜地被提出来。掌握了热力学第二定律，应该能够透过复杂的现象正确判别某种构想是否违背热力学第二定律，然后再决定取舍，以免工作徒劳，造成时间、人力、财力和物力的浪费。

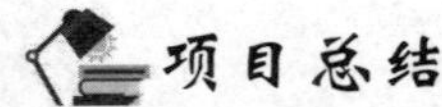

1. 三种应用形式

1）孤立系的熵增原理

将孤立系条件加到一般热力系熵方程上，则有

$$\Delta S_{id} = S_g > 0$$

此原理的文字表述为：自然界中进行的一切实际过程总是自发地朝着使孤立系的熵增加的方向发展。这个公式和原理可以用于判断过程进行的方向性、条件和限度，为解决热力学第二定律的任务提供一种方法。

2）卡诺定理、卡诺循环热效率公式

将孤立系的熵增原理应用于工作在两个恒温热源 T_1，T_2 之间的可逆循环，可得循环热效率公式为

$$\eta_{t,C} = 1 - \frac{T_2}{T_1}$$

卡诺定理可表述为：所有工作在恒温热源 T_1，T_2 之间的可逆热机，不管采用什么工质及具体经历什么循环，其热效率相等，都等于 $\eta_{t,C} = 1 - \frac{T_2}{T_1}$；而所有工作在这两个恒温热源之间的不可逆热机，不管采用什么工质及具体经历什么循环，其热效率总小于 $\eta_{t,C}$。卡诺定理、卡诺循环用途广泛，尤其对热机有非常重要的应用价值和指导意义，可概括为如下几点。

（1）任何热机包括卡诺热机的热效率总小于1，即总有 $\eta_t(\eta_{t,C}) < 1$。

（2）任何实际热机的热效率 η_t 总小于相同温度范围的卡诺热机的热效率 $\eta_{t,C}$，即总有 $\eta_t < \eta_{t,C}$。$\eta_{t,C}$ 是可望而不可即的，因为实际热力过程中不可逆损失总是不可避免的。

（3）热机要循环做功至少要有两个热源，即不能指望依靠单一热源供热而使热机不停循环工作。

（4）提高热机循环热效率的根本途径在于尽可能提高循环的平均吸热温度 T_{m1} 和尽可能降低循环的平均放热温度 T_{m2}。

3）克劳修斯积分式

对于循环

$$\oint \frac{\delta Q}{T_r} < 0$$

对于过程

$$S_2 - S_1 > \int_1^2 \frac{\delta Q}{T_r}$$

以上两式可借助孤立系的熵增原理或闭口系的熵方程导出。克劳修斯积分式的文字表述为：任何闭口热力系在进行了一个循环后，它和外界交换的微元热量（有正、有负）与参与微元换热过程时热源温度的比值（商）的循环积分不可能大于零，只能小于零（如果循环是不可逆的），或者最多等于零（如果循环是可逆的）。

历史上克劳修斯积分式是克劳修斯分析卡诺循环时得出来的，并且为熵参数的导出起

过关键作用,它是热力学第二定律或熵方程的重要应用形式,有着普遍的应用价值。实际上,它把循环可逆与否的内在特性与循环对外界的影响(外界热温比的变化)联系起来,可以用来判断过程或循环可逆与否。使用定义判断过程或循环可逆与否是困难的和不方便的,而克劳修斯积分式却提供了用定量计算方法的判别工具,这就是克劳修斯积分式的最大价值。

对于闭口系经历的任何一种热力循环,如果

$$\oint \frac{\delta Q}{T_r} = 0$$

则该循环是可逆的。

如果

$$\oint \frac{\delta Q}{T_r} < 0$$

则该循环是不可逆的。

如果

$$\oint \frac{\delta Q}{T_r} > 0$$

则该循环是不可能的。

同样,对于任何一种热力过程,如果

$$S_2 - S_1 = \int_1^2 \frac{\delta Q}{T_r}$$

则该过程是可逆的。

如果

$$S_2 - S_1 > \int_1^2 \frac{\delta Q}{T_r}$$

则该过程是不可逆的。

如果

$$S_2 - S_1 < \int_1^2 \frac{\delta Q}{T_r}$$

则该过程是不可能的。

由此可见,上述表达式把闭口系在一个过程中的内在特性熵变($S_2 - S_1$)与它对外界的影响变化热温比联系起来了。

2. 两种应用方面

1)熵方程和热力学第二定律的应用

熵方程和热力学第二定律有两大用途:一是用于判断,二是用于计算。关于判断,有以下两大用途。

(1)判断过程进行方向。

热工过程　　$\Delta S_{id} > 0$

化工过程　　$(\Delta F)_{T,V} < 0$

$(\Delta G)_{T,p} < 0$

(2) 判断过程或循环可逆与否、可能与否。

熵增原理法	$\Delta S_{id} = 0$	可逆
	$\Delta S_{id} > 0$	不可逆
	$\Delta S_{id} < 0$	不可能
克劳修斯积分法	$\oint \frac{\delta Q}{T_r} = 0$	可逆
	$\oint \frac{\delta Q}{T_r} < 0$	不可逆
	$\oint \frac{\delta Q}{T_r} > 0$	不可能
卡诺定理法	$\eta_t = \eta_{t,C} = 1 - \frac{T_2}{T_1}$	可逆
	$\eta_t < \eta_{t,C} = 1 - \frac{T_2}{T_1}$	不可逆
	$\eta_t > \eta_{t,C} = 1 - \frac{T_2}{T_1}$	不可能

关于计算,熵方程和热力学第二定律有以下两大用途。

(1) 计算不可逆过程的熵变(非理想气体、非气体)。

$$\Delta S_{ir} = \Delta S_{rev} = S_2 - S_1 = \int_1^2 \frac{\delta Q}{T_r}$$

上式说明一个不可逆过程的熵变可以通过一个可逆过程中的热温比来计算。根据有两条,一是熵是状态参数,熵变与过程的具体路径无关,不可逆过程的熵变等于可逆过程的熵变;二是对于可逆过程,熵变就等于热温比。

(2) 计算实际过程的不可逆损失。

$$E_L = T_0 \Delta S_{id} = T_0 S_g$$

2) 关于熵概念的四个要点

(1) 如同温度、压力、比体积等一样,熵是一个实实在在的客观存在的物理量。它有些神秘和不可捉摸的原因是至今没有直接测量熵的仪器设备。如测温度有各种温度计,测压力有各种压力表,但是唯独熵没有专门的仪器来测量,而是被间接计算出来的,因而显得过于抽象。

(2) 对于可逆过程则有 $dS = \delta Q/T$,可见熵的变化表征了可逆过程中热量传递的方向。系统可逆地从外界吸收热量,$\delta Q > 0$,系统熵增大;系统可逆地向外界放出热量,$\delta Q < 0$,系统熵减少;在可逆绝热过程中,$\delta Q = 0$,系统熵不变,这是熵的物理意义之一。

(3) 从孤立系的熵增原理可知,孤立系的熵的变化(或者说任何系统的熵产)表征过程不可逆的程度和不可逆损失的程度。孤立系的熵增越大,表明系统的不可逆程度越大。

(4) 熵是判断自然界中所进行的一切实际过程进行的方向的普适判据。

本项目的知识结构框图如图3-29所示。

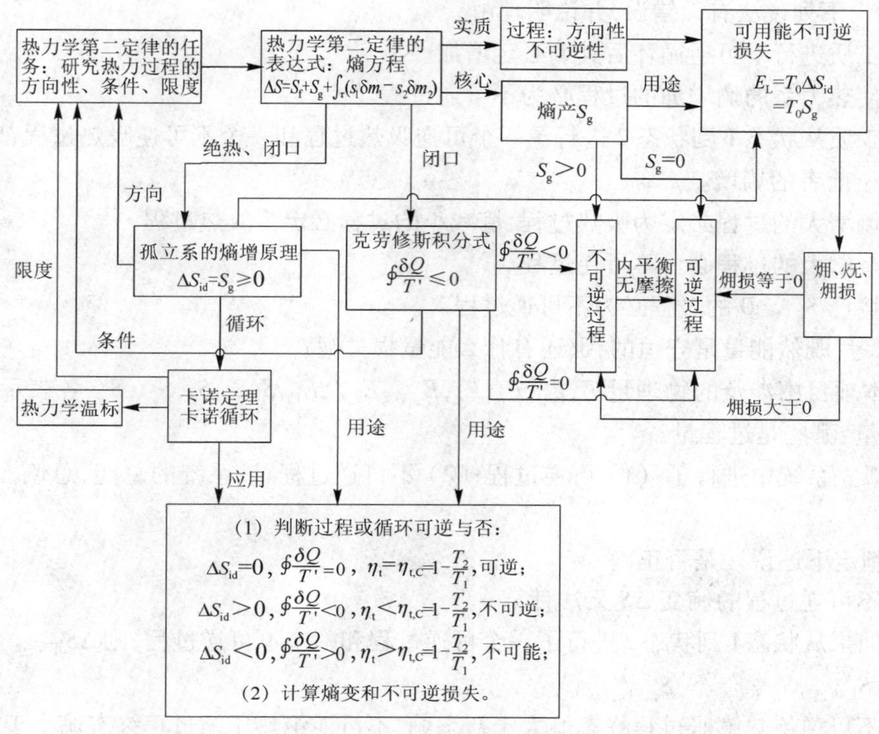

图3-29　知识结构框图3

思考题

1. 自发过程是不可逆过程，非自发过程是可逆过程，这样说对吗？

2. 热力学第二定律能不能说成“机械能可以全部转变为热能，而热能不能全部转变为机械能”？为什么？

3. 与大气温度相同的压缩气体可以从大气中吸热而膨胀做功（依靠单一热源做功），这是否违背热力学第二定律？

4. 闭口系进行一个过程后，如果熵增加了，是否能肯定它从外界吸收了热量？如果熵减少了，是否能肯定它向外界放出了热量？

5. 试指出循环热效率公式 $\eta_t=1-Q_2/Q_1$ 和 $\eta_t=1-T_2/T_1$ 各自的适用范围（T_1 和 T_2 指热源和冷源的温度，单位为K）。

6. 要提高卡诺循环热效率，是保持 T_2 不变、升高 T_1 为好，还是保持 T_1 不变，降低 T_2 为好呢？

7. 有人从熵的定义式 $ds=\frac{\delta q}{T}$ 和 $\delta q=cdT$，以及理想气体的比热容 c 是温度的单值函数条件出发，得出 $ds=\frac{\delta q}{T}=\frac{cdT}{T}=f(T)$，即理想气体的熵也是温度的单值函数。这个结论正确吗?为什么?

8. 指出下列说法有无错误,并说明理由。

(1) 工质进行不可逆循环后其熵必定增加。

(2) 使热力系的熵增加的过程必为不可逆过程。

(3) 工质从状态1到状态2进行了一个可逆吸热过程和一个不可逆吸热过程,后者的熵增必定大于前者的熵增。

(4) 熵增大的过程必定为吸热过程,熵减小的过程必定为放热过程。

(5) 熵增大的过程必为不可逆过程。

(6) 熵产 $S_g > 0$ 的过程必为不可逆过程。

9. 思考:既然能量是守恒的,那还有什么能量损失呢?

10. 本项目中涉及的物理量 $E, E_k, E_p, E_x, E_{x,Q}, E_{x,U}, E_L, S, S_f, S_g, S_g^{Q_g}, S_g^{Q_i}$ 各表示什么?哪些是状态量?哪些是过程量?

11. 孤立系统中进行了:(1) 可逆过程;(2) 不可逆过程。该系统的总能、总熵、总㶲各如何变化?

12. 判定下述说法是否正确。

(1) 不可逆过程的熵变 ΔS 无法计算。

(2) 如果从状态1到状态2进行了一个可逆过程和一个不可逆过程,则 $\Delta S_{不可逆} > \Delta S_{可逆}$, $S_{f,不可逆} > S_{f,可逆}$, $S_{g,不可逆} > S_{g,可逆}$。

(3) 不可逆绝热膨胀过程终态熵大于初态熵,不可逆绝热压缩过程终态熵小于初态熵。

(4) 工质经过不可逆循环后,$\oint ds > 0$, $\oint \frac{\delta q}{T_r} < 0$。

13. 判断下列各情况的熵变是:(a) 正;(b) 负;(c) 可正、可负;(d) 不变。

(1) 闭口系经历一个可逆过程,系统与外界交换功量 10 kJ,热量 -10 kJ,系统熵变。

(2) 闭口系经历一个不可逆过程,系统与外界交换功量 10 kJ,热量 -10 kJ,系统熵变。

(3) 在一稳定流动装置内工作的流体,经历一个不可逆过程,装置做功 20 kJ,与外界交换热量 -15 kJ,进出口截面上流体的熵变。

(4) 在一稳定流动装置内工作的流体,经历一个可逆过程,装置做功 20 kJ,与外界交换热量 -15 kJ,进出口截面上流体的熵变。

(5) 流体在稳定流动的情况下按不可逆绝热变化,系统对外做功 10 kJ,此开口系的熵变。

【提示】根据闭口系或稳定流动系统的熵方程进行判断。系统与外界交换功不直接影响系统的熵变,对于稳定流动装置内工作的流体,它的熵随流动过程可以改变,但是对于控制体积,其总熵不随时间改变。

习　题

3-1 设有一卡诺热机,工作在温度为 1 200 K 和 300 K 的两个恒温热源之间。问热机每做出 1 kW · h 功需从热源吸取多少热量?向冷源放出多少热量?热机的热效率为多少?

3-2 以 T_1，T_2 为变量，导出图3-30所示两循环的热效率的比值，并求 T_1 趋无限大时此值的极限。若热源温度 $T_1 = 1\ 000$ K，冷源温度 $T_2 = 300$ K，则循环热效率各为若干？热源每供应100 kJ热量，图3-30(b)所示循环比卡诺循环少做多少功？冷源的熵多增加多少？整个孤立系(包括热源、冷源和热机)的熵增加多少？

3-3 两台卡诺热机串联工作。A热机工作在700 ℃和 t 之间，B热机吸收A热机的排热，工作在 t 和20 ℃之间。试计算在下述情况下的 t 值：

(1) 两热机输出的功相同；

(2) 两热机的热效率相同。

3-4 试证明：在压容图中任何两条定熵线(可逆绝热过程曲线)不能相交，若相交，则违反热力学第二定律。

3-5 将3 kg温度为0 ℃的冰投入盛有20 kg温度为50 ℃的水的绝热容器中，求最后达到热平衡时的温度及整个绝热系的熵增。已知水的定压比热容为4.187 kJ/(kg·K)，冰的熔化热为333.43 kJ/kg(不考虑体积变化)。

3-6 有两个物体的质量相同，均为 m 定压；比热容相同，均为 c_p(定压比热容为定值，不随温度变化)。A物体的初温为 T_A，B物体的初温为 T_B($T_A > T_B$)。用它们作为热源和冷源，使可逆热机工作于其间，直至两物体温度相等为止，如图3-31所示。试证明：

(1) 两物体最后达到的平衡温度为 $T_m = \sqrt{T_A T_B}$；

(2) 可逆热机做出的总功为 $W_0 = mc_p(T_A + T_B - 2\sqrt{T_A T_B})$；

(3) 如果抽掉可逆热机，使两物体直接接触直至温度相等，这时两物体的熵增为 $\Delta S = mc_p \ln \dfrac{(T_A + T_B)^2}{4T_A T_B}$。

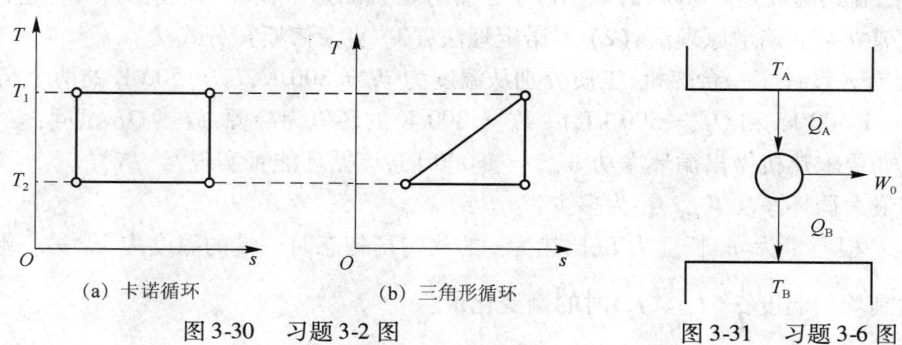

(a) 卡诺循环　(b) 三角形循环

图3-30　习题3-2图

图3-31　习题3-6图

3-7 求质量为2 kg、温度为300 ℃的铅块具有的可用能。如果让它在空气中冷却到100 ℃，则其可用能损失了多少？如果将这300 ℃的铅块投入5 kg温度为50 ℃的水中，则可用能的损失又是多少？铅的定压比热容 $c_p = 0.13$ kJ/(kg·K)，空气(环境)温度为20 ℃。

3-8 如图3-32所示，在恒温热源 T_1 和 T_0 之间工作的热机做出的循环净功 W_{net} 正好带动工作于 T_H 和 T_0 之间的热泵，热泵的供热量 Q_H 用于葡萄烘干。已知 $T_1 = 1\ 000$ K，$T_H = 360$ K，$T_0 = 290$ K，$Q_1 = 100$ kJ。

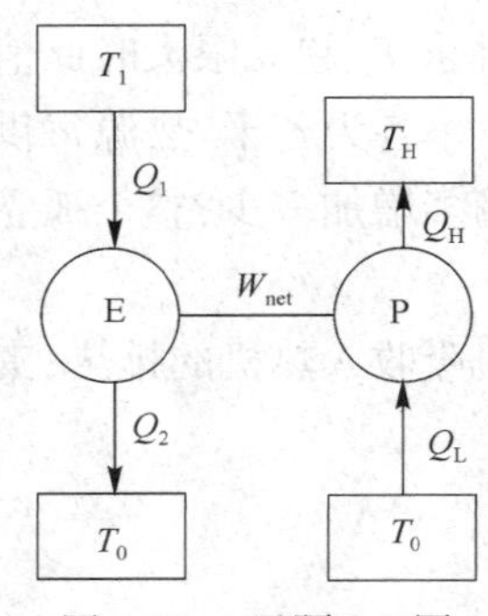

图 3-32　习题 3-8 图

(1) 若热机效率 $\eta_t = 40\%$,热泵供暖系数 $\varepsilon' = 3.5$,求 Q_H;

(2) 设 E 和 P 都以可逆机代替,求此时的 Q_H;

(3) 计算结果 $Q_H > Q_1$,表示冷源中有部分热量传入温度为 T_H 的热源,此复合系统并未消耗机械功,将热量由 T_0 传给了 T_H,是否违背了热力学第二定律?为什么?

3-9 将一根 $m = 0.36$ kg 的金属棒投入盛有 $m_w = 9$ kg 的水的绝热容器中,初始时金属棒的温度 $T_{m,1} = 1\ 060$ K,水的温度 $T_w = 295$ K。金属棒和水的比热容分别为 $c_m = 420$ J/(kg · K) 和 $c_w = 4\ 187$ J/(kg · K),求终温 T_f 和金属棒、水及它们组成的孤立系的熵变。

3-10 将 100 kg 温度为 20 ℃ 的水与 200 kg 温度为 80 ℃ 的水在绝热容器中混合,求混合前后水的熵变及㶲损失。设水的比热容为定值,$c_w = 4.187$ kJ/(kg · K),环境温度 $t_0 = 20$ ℃。

3-11 100 kg 温度为 0 ℃ 的冰在 20 ℃ 的环境中熔化为水后升温至 20 ℃。已知冰的熔化热为 333.43 kJ/kg ,水的比热容为 $c_w = 4.187$ kJ/(kg · K),求:

(1) 冰熔化为水,并升温到 20 ℃ 时的熵变化;

(2) 包括相关环境在内的孤立系统的熵变化;

(3) 㶲损失,并将其示于 T-s 图上。

3-12 某太阳能供暖的房屋用 5 m × 8 m × 0.3 m 的大块混凝土板作为蓄热材料,其密度为 2 300 kg/m^3,比热容为 0.65 kJ/(kg · K)。若室温为 18 ℃ 的房子内的混凝土板在晚上从 23 ℃ 冷却到 18 ℃,求此过程的熵产。

3-13 有人设计出一种循环,使热机从温度为 300 K 的高温热源吸热 2 400 kJ,向温度为 250 K 的低温热源放热 2 000 kJ,试用以下三种方法判断这个循环的可能与否?可逆与否?

(1) 孤立系的熵增原理法;(2) 卡诺定理法;(3) 克劳修斯积分式法。

3-14 有人设计了一台热机,工质分别从温度为 $T_1 = 800$ K,$T_2 = 500$ K 的两个高温热源吸热 $Q_1 = 1\ 500$ kJ 和 $Q_2 = 500$ kJ,以 $T_0 = 300$ K 的环境为冷源,放热 Q_3。试问:

(1) 如要求热机做出循环净功 $W_{net} = 1\ 000$ kJ,该循环能否实现?

(2) 最大循环净功 $W_{net,max}$ 为多少?

3-15 一根质量为 m、长度为 L、比热为 c 的均匀杆初态时一端的温度为 T_1,另一端为 T_2,计算在达到均匀温度 $\frac{1}{2}(T_1 + T_2)$ 时的熵变化量。

模块 2

工质的热力性质

项目 4　气体的热力性质

项目提要

工程热力学所研究的热能与机械能之间的相互转换是通过气态工质的状态变化来实现的。气态工质是这种转换的载能体。因此,气态工质的热力性质对热功转换效果影响很大。本项目首先从分子运动理论出发,将气态工质划分为实际气体和理想气体,然后导出了理想气体状态方程、比热容、比热力学能、比焓和比熵的计算式,最后指出了实际气体在状态方程和集聚态上的偏离,通过建立范德瓦耳斯方程等新的实际气体状态方程和压缩因子等方法修正这种偏离,进而获得实际气体的热力性质。

学习目标

(1) 准确解释实际气体与理想气体。

(2) 具有分析与计算理想气体热力性质(比热容、比热力学能、比焓、比熵等)的能力。

(3) 具有准确应用范德瓦耳斯方程的能力。

(4) 准确解释压缩因子的含义,具有使用实际气体状态方程分析计算实际气体状态参数的能力。

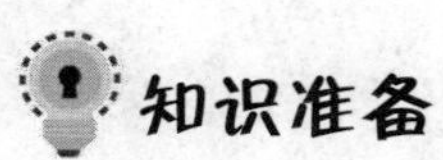

知识准备

任务 4.1　实际气体和理想气体

热机中的工质都采用气体,严格地讲,这些气体都是实际气体。为计算方便,将气体人为地划分为实际气体和理想气体。按照分子运动理论的观点,气体与液体及固体一样,都是由大量分子组成的,这是其微粒性。这些分子处于永不停息的紊乱运动状态,称为热动性。气体分子尽管很小、很轻,但都有体积和质量,而且分子间都有作用力。因为微粒性、热动性和分子有质量是所有气体都具有的性质,所以实际气体和理想气体的主要区别在于分子是否具有体积和分子间是否有作用力。一般把分子本身具有体积、分子间具有作用力的气体称为实际气体,把分子本身不具有体积、分子间没有作用力的气体称为理想气体。

气体通常具有较大的比体积,气体分子之间的作用力(分子力)也较小,在高温、低压的状态下更是如此。处于这种状态的气体在工程计算中可视为理想气体。在低温、高压的状态下，当气体的比体积不是很大时，在工程计算中则通常必须考虑分子本身体积和分子间作用力的影响，应按实际气体来对待。其实，实际气体和理想气体之间没有天然的鸿沟，当实际气体比体积趋于无穷大时，实际气体也就成了理想气体，因为这时分子间的作用力随着距离的无限增大而逐渐消失了，分子本身的体积比起气体占据的极大体积来讲也完全可以忽略了。

至于气体在什么情况下才能按理想气体处理，什么情况下必须按实际气体对待，主要取决于气体所处的状态及计算所要求的精确度。在能源与动力工程中经常遇到的很多气体（如空气、燃气、烟气、湿空气等），如果压力不是很高，一般都可以将它们按理想气体进行分析和计算，并能保证达到满意的精确度。所以，关于理想气体的讨论，无论在理论上或者在实用上，都有很重要的意义。对于工程中常用的蒸气（如水蒸气及很多制冷剂蒸气），如果压力不是很低，则需按实际气体对待。

任务 4.2　理想气体状态方程和摩尔气体常数

根据分子运动理论和理想气体的假定（分子本身不具有体积，分子之间无作用力），可以得出如下的基本方程

$$p = \frac{2}{3}n\frac{\overline{m}\,\bar{c}^2}{2} \tag{4-1}$$

式中，n 为体积分子数，即单位体积包含的分子数$\left(n = \dfrac{N}{V}\right)$；$\dfrac{\overline{m}\,\bar{c}^2}{2}$ 为分子平均移动能，$\overline{m}$ 为分子平均质量。

式(4-1) 可用文字表述如下：理想气体的压力等于单位体积中全部分子移动能总和的$\dfrac{2}{3}$。

根据式(1-1) 有

$$\frac{\overline{m}\,\bar{c}^2}{2} = \frac{3}{2}kT$$

代入式(4-1) 后得

$$p = \frac{2}{3}n\frac{\overline{m}\,\bar{c}^2}{2} = \frac{2}{3}\,\frac{N}{V}\,\frac{3}{2}kT = \frac{N}{mv}kT$$

式中，m 为气体质量。

所以

$$\frac{pv}{T} = k\frac{N}{m} = kN_{(1\ \mathrm{kg})}$$

令

$$kN_{(1\ \mathrm{kg})} = R_g \tag{4-2}$$

则得

$$\frac{pv}{T} = R_g \qquad \text{或} \qquad pv = TR_g \tag{4-3}$$

式(4-3)即为理想气体的状态方程。R_g 为气体常数，它等于玻尔兹曼常量 k 与每千克气体所包含的分子数 $N_{(1\ kg)}$ 的乘积。气体常数的单位在我国法定计量单位中是 J/(kg·K)。

对于同一种气体，$N_{(1\ kg)}$ 是一定的，所以 R_g 是一个不变的常数；对于不同的气体，由于相对分子质量不同，$N_{(1\ kg)}$ 的数值是不同的，所以各种气体具有不同的气体常数。

如果对不同气体都取 1 mol，那么式(4-3)变为

$$Mpv = MR_gT \qquad \text{或} \qquad pV_m = RT \tag{4-4}$$

式中，M 为摩尔质量(g/mol 或 kg/kmol)；V_m 为 1 mol 气体的体积，称为摩尔体积(m^3/mol)；R 为 1 mol 气体的气体常数，称为摩尔气体常数，单位为 J/(mol·K)。

对不同气体，R 是同一数值，可证明如下。

将式(4-2)两边同乘以 M 得

$$kMN_{(1\ kg)} = MR_g$$

即

$$kN_{(1\ mol)} = kN_A = MR_g = R \tag{4-5}$$

式中，N_A 为阿伏加德罗常数，对任何物质有

$$N_A = (6.022\ 141\ 29 \pm 0.000\ 000\ 27) \times 10^{23}\ mol^{-1} \tag{4-6}$$

所以，对任何气体，摩尔气体常数是相同的。

$$\begin{aligned} R &= kN_A = 1.380\ 650\ 5 \times 10^{-23} \times 6.022\ 141\ 29 \times 10^{23} \\ &= 8.314\ 47\ [\mathrm{J/(mol \cdot K)}] \end{aligned} \tag{4-7}$$

若已知气体的摩尔质量，则可以很方便地由摩尔气体常数计算出气体常数：

$$R_g = \frac{R}{M} \tag{4-8}$$

例如，已知氮气的摩尔质量是 0.028 016 kg/mol，所以氮气的气体常数为

$$R_{g,N_2} = \frac{8.314\ 47}{0.028\ 016} = 296.776[\mathrm{J/(kg \cdot K)}]$$

即 $R_{g,N_2} = 0.296\ 776\ \mathrm{kJ/(kg \cdot K)}$

根据摩尔气体常数也可以很容易地计算出标准摩尔体积，即 1 mol 理想气体在标准状况(101.325 kPa，0 ℃)下的体积：

$$V_{std} = \left(\frac{RT}{p}\right)_{std,1mol} = \frac{8.314\ 47 \times 273.15}{101.325} = 22.414(\mathrm{m^3/mol})$$

任务 4.3　气体的热力性质

1. 气体的比热容

早在蒸汽机出现之前，英国格拉斯哥大学的布莱克在量热学研究中就提出了比热容的概念。其实，人们在生活中早就不自觉地使用比热容这个概念了。沏茶要烧开水，只有加热足够，冷水才能达到沸腾状态。比热容建立了加热量与水温之间的关系。

比热容是物质的重要热力性质之一。比热容(c_x) 定义为在不发生相变和化学反应的前提下,单位质量的物质在无摩擦的内平衡的特定过程(x) 中,做单位温度变化时所吸收或放出的热量。

$$c_x = \left(\frac{\delta q}{\delta T}\right)_x \tag{4-9}$$

比热容的单位在 SI 制中是 J/(kg · K)。比热容不仅因物质不同和过程不同而异,而且还和物质所处的状态有关,即

$$c_x = f(T,p) \tag{4-10}$$

如果已知某种物质在某过程中的比热容随状态的变化规律,即已知式(4-10) 所表达函数的具体形式,则可根据下列积分式求出该过程的热量:

$$q_x = \int_{T_1}^{T_2} c_x \mathrm{d}T \tag{4-11}$$

式中,T_1 和 T_2 分别为过程开始和终了时的温度。

常用的气体热容有定容比热容(c_V) 和定压比热容(c_p):

$$c_V = \left(\frac{\delta q}{\partial T}\right)_v = \frac{\delta q_v}{\mathrm{d}T} \tag{4-12}$$

$$c_p = \left(\frac{\delta q}{\partial T}\right)_p = \frac{\delta q_p}{\mathrm{d}T} \tag{4-13}$$

它们对应的特定过程分别是等容过程(过程进行时保持比体积不变) 和等压过程(过程进行时保持压力不变)。

对无摩擦的内平衡过程,热力学第一定律的表达式可写为

$$\delta q = \mathrm{d}u + p\mathrm{d}v$$

$$\delta q = \mathrm{d}h - v\mathrm{d}p$$

因而得

$$c_V = \left(\frac{\delta q}{\partial T}\right)_v = \left(\frac{\partial u}{\partial T}\right)_v \tag{4-14}$$

$$c_p = \left(\frac{\delta q}{\partial T}\right)_p = \left(\frac{\partial h}{\partial T}\right)_p \tag{4-15}$$

式(4-14) 和式(4-15) 可用文字表述为:定容比热容是单位质量的物质在比体积不变的条件下,做单位温度变化时相应的比热力学能变化量;定压比热容是单位质量的物质在压力不变的条件下,做单位温度变化时相应的比焓变化量。

2. 理想气体的比热容、比热力学能和比焓

理想气体的比热力学能中只有分子动能而没有分子位能,因此它仅仅是温度的函数:

$$u = u(T) \tag{4-16}$$

理想气体的比焓也仅仅是温度的函数:

$$h = u + pv = u(T) + R_g T = h(T) \tag{4-17}$$

因此,对于理想气体有

$$c_{V0} = \frac{\mathrm{d}u}{\mathrm{d}T}, \mathrm{d}u = c_{V0}\mathrm{d}T \tag{4-18}$$

$$c_{p0} = \frac{dh}{dT}, dh = c_{p0} dT \tag{4-19}$$

在这里，用 c_{V0} 和 c_{p0} 分别表示理想气体的定容比热容和定压比热容，以区别于实际气体的 c_V 和 c_p。

由于理想气体的比热力学能和比焓仅仅是温度的函数，所以对于理想气体，式(4-18)和式(4-19)对任何过程都是成立的，而不局限于等容或等压的条件。也就是说，理想气体进行的任何过程，其比热力学能的微元变化均为 $c_{V0}dT$，其比焓的微元变化均为 $c_{p0}dT$。

根据焓的定义式，有

$$h = u + pv$$

微分后可得

$$dh = du + d(pv)$$

对于理想气体，又可写为

$$c_{p0} dT = c_{V0} dT + R_g dT$$

所以

$$c_{p0} = c_{V0} + R_g \tag{4-20}$$

式(4-20)称为迈耶(J. R. Mayer)公式，它建立了理想气体定容比热容和定压比热容之间的关系。比热容无论是定值还是变量(随温度变化)，只要是理想气体，该式都成立。

如果将式(4-20)两边同乘以摩尔质量，则得

$$Mc_{p0} = Mc_{V0} + MR_g$$

或写为

$$C_{p0,m} = C_{V0,m} + R \tag{4-21}$$

式中，$C_{p0,m}$ 和 $C_{V0,m}$ 分别是理想气体的摩尔定压比热容和摩尔定容比热容。常见理想气体的定值摩尔热容和比热容的比值见表4-1。式(4-21)说明，对任何理想气体，摩尔定压比热容恰好比摩尔定容比热容大1个摩尔气体常数的值，即

$$C_{p0,m} - C_{V0,m} = R = 8.314\ 47\ \text{J/(mol·K)} \tag{4-22}$$

表4-1　常见理想气体的定值摩尔热容和比热容的比值

	单原子气体	双原子气体	多原子气体
$C_{V0,m}$/[J/(mol·K)]	$\frac{3R}{2}$	$\frac{5R}{2}$	$\frac{7R}{2}$
$C_{p0,m}$/[J/(mol·K)]	$\frac{5R}{2}$	$\frac{7R}{2}$	$\frac{9R}{2}$
$\gamma = C_{p0,m}/C_{V0,m}$	1.67	1.40	1.29

因为理想气体的比热力学能和比焓都只是温度的函数，所以根据式(4-18)和式(4-19)可知，理想气体的定容比热容和定压比热容也都只是温度的函数。这一函数，通常可以表示为温度的三次多项式(经验式)：

$$c_{p0} = a_0 + a_1 T + a_2 T^2 + a_3 T^3 \tag{4-23}$$

$$c_{V0} = (a_0 - R_g) + a_1 T + a_2 T^2 + a_3 T^3 \tag{4-24}$$

对不同气体，a_0, a_1, a_2, a_3 各有一套不同的经验数值，可查阅表 A-7（见附录 A）。利用式(4-23) 和式(4-24) 计算等压过程和等容过程的热量时需要积分，即

$$q_p = \int_{T_1}^{T_2} c_{p0} \mathrm{d}T = \int_{T_1}^{T_2} (a_0 + a_1 T + a_2 T^2 + a_3 T^3) \mathrm{d}T$$

$$= a_0 (T_2 - T_1) + \frac{a_1}{2}(T_2^2 - T_1^2) + \frac{a_2}{3}(T_2^3 - T_1^3) + \frac{a_3}{4}(T_2^4 - T_1^4) \tag{4-25}$$

$$q_V = \int_{T_1}^{T_2} c_{V0} \mathrm{d}T = \int_{T_1}^{T_2} [(a_0 - R_g) + a_1 T + a_2 T^2 + a_3 T^3] \mathrm{d}T$$

$$= (a_0 - R_g)(T_2 - T_1) + \frac{a_1}{2}(T_2^2 - T_1^2) + \frac{a_2}{3}(T_2^3 - T_1^3) + \frac{a_3}{4}(T_2^4 - T_1^4) \tag{4-26}$$

为了避免积分的麻烦，可利用比热容表（表 A-7）来计算热量。在表 A-7 中，平均比热容表中的数据通常均指 0 ℃ 到 t(℃) 之间的平均比热容：

$$\bar{c}_{p0} \Big|_0^t = \frac{\int_0^t c_{p0} \mathrm{d}t}{t - 0} = \frac{q_p \Big|_0^t}{t} \tag{4-27}$$

$$\bar{c}_{V0} \Big|_0^t = \frac{\int_0^t c_{V0} \mathrm{d}t}{t - 0} = \frac{q_V \Big|_0^t}{t} \tag{4-28}$$

所以，利用平均比热容表中的数据求 0 ℃ 到 t 之间的热量（$q_p \Big|_0^t$ 或 $q_V \Big|_0^t$）非常方便，只要查出 t 时的平均比热容 $\bar{c}_{p0} \Big|_0^t$ 或 $\bar{c}_{V0} \Big|_0^t$ 再乘以 t 即可直接计算出热量：

$$q_p = \bar{c}_{p0} \Big|_0^t t \tag{4-29}$$

$$q_V = \bar{c}_{V0} \Big|_0^t t \tag{4-30}$$

利用平均比热容表中的数据求 t_1 到 t_2 之间的热量（$q_p \Big|_{t_1}^{t_2}$ 或 $q_V \Big|_{t_1}^{t_2}$）也很方便，只需将 0 ℃ 到 t_2 之间的热量减去 0 ℃ 到 t_1 之间的热量即可：

$$q_p \Big|_{t_1}^{t_2} = q_p \Big|_0^{t_2} - q_p \Big|_0^{t_1} = \bar{c}_{p0} \Big|_0^{t_2} t_2 - \bar{c}_{p0} \Big|_0^{t_1} t_1 \tag{4-31}$$

$$q_V \Big|_{t_1}^{t_2} = q_V \Big|_0^{t_2} - q_V \Big|_0^{t_1} = \bar{c}_{V0} \Big|_0^{t_2} t_2 - \bar{c}_{V0} \Big|_0^{t_1} t_1 \tag{4-32}$$

应该指出，单原子气体的定容比热容和定压比热容基本上都是定值，可认为与温度无关。对双原子气体和多原子气体，如果温度接近常温，为了简化计算，亦可将比热容看作是定值，通常取 298.15 K(25 ℃) 时气体的比热容值为定比热容值。某些常用气体在理想气体状态下的定比热容值可查阅表 A-7。

定压比热容和定容比热容的比值称为比热容比，用 γ 表示：

$$\gamma = \frac{c_p}{c_V} \tag{4-33}$$

对于理想气体,结合式(4-33)和迈耶公式可得

$$\gamma_0 = \frac{c_{p0}}{c_{V0}} = 1 + \frac{R_g}{c_{V0}} \tag{4-34}$$

$$R_g = c_{V0}(\gamma_0 - 1) \tag{4-35}$$

$$c_{V0} = \frac{R_g}{\gamma_0 - 1} \tag{4-36}$$

$$c_{p0} = \frac{\gamma_0 R_g}{\gamma_0 - 1} \tag{4-37}$$

理想气体的比热力学能和比焓可以根据式(4-18)和式(4-19)积分而得

$$u = u(0\mathrm{K}) + \int_0^T c_{V0}\mathrm{d}T = u(T) \tag{4-38}$$

$$h = h(0\mathrm{K}) + \int_0^T c_{p0}\mathrm{d}T = h(T) \tag{4-39}$$

如果将式(4-24)和式(4-23)分别代入式(4-38)和式(4-39)进行积分,则得

$$u = (a_0 - R_g)T + \frac{a_1}{2}T^2 + \frac{a_2}{3}T^3 + \frac{a_3}{4}T^4 + C \tag{4-40}$$

$$h = a_0 T + \frac{a_1}{2}T^2 + \frac{a_2}{3}T^3 + \frac{a_3}{4}T^4 + C \tag{4-41}$$

式中,C 为积分常数。

$$h - u = R_g T = pv(\text{对理想气体}) \tag{4-42}$$

空气在理想气体状态下的比热力学能和比焓的精确值可查阅表 A-9。

3. 理想气体的熵

根据熵的定义式,有

$$\mathrm{d}s = \frac{\mathrm{d}u + p\mathrm{d}v}{T}$$

对理想气体:

$$\mathrm{d}u = c_{V0}\mathrm{d}T, \frac{p}{T} = \frac{R_g}{v}$$

所以

$$\mathrm{d}s = \frac{c_{V0}}{T}\mathrm{d}T + \frac{R_g}{v}\mathrm{d}v$$

积分后得

$$s = \int \frac{c_{V0}}{T}\mathrm{d}T + R_g \ln v + C_1 = f_1(T,v) \tag{4-43}$$

式中,C_1 为积分常数。

如果利用式(4-24)表示的定容比热容的经验式,则积分后可得

$$s = (a_0 - R_g)\ln T + a_1 T + \frac{a_2}{2}T^2 + \frac{a_3}{3}T^3 + R_g \ln v + C_1 = f_2(T,v) \tag{4-44}$$

如果认为理想气体的定容比热容是定值,则得

$$s = c_{V0}\ln T + R_g\ln v + C_1 = f_3(T,v) \tag{4-45}$$

式(1-18) 亦可写为

$$ds = \frac{dh - vdp}{T}$$

对理想气体:

$$dh = c_{p0}dT, \frac{v}{T} = \frac{R_g}{p}$$

所以

$$ds = \frac{c_{p0}}{T}dT - \frac{R_g}{p}dp$$

积分后得

$$s = \int \frac{c_{p0}}{T}dT - R_g\ln p + C_2 = f_1(T,p) \tag{4-46}$$

式中,C_2 为积分常数。

如果利用式(4-23) 表示的定压比热容的经验式,则积分后可得

$$s = a_0\ln T + a_1 T + \frac{a_2}{2}T^2 + \frac{a_3}{3}T^3 - R_g\ln p + C_2 = f_2(T,p) \tag{4-47}$$

如果认为理想气体的定压比热容是定值,则得

$$s = c_{p0}\ln T - R_g\ln p + C_2 = f_3(T,p) \tag{4-48}$$

式(4-44) 和式(4-47) 是理想气体的比熵的计算式;式(4-45) 和式(4-48) 是定比热容理想气体的比熵的计算式。这些计算式表明:对理想气体来说,比熵确实是一个状态参数(无论比热容是定值或随温度而变)。另外,应该注意:如果说理想气体的比热力学能和比焓都只是温度的函数,那么理想气体的比熵则不仅仅是温度的函数,它还和压力或比体积有关。

选择基准状态:p_0 = 101.325 kPa,T_0 = 0 K。规定此时:$s_{0K}^0 = 0$。上角标"0" 表示压力为标准大气压 101.325 kPa。由式(4-46),任意状态(T,p) 时 s 值为

$$s = s_{0K}^0 + \int_{T_0}^{T} \frac{c_{p0}}{T}dT - R_g\ln\frac{p}{p_0}$$

状态(T,p_0) 时 s^0 值为

$$s^0 = s_{0K}^0 + \int_{T_0}^{T} \frac{c_{p0}}{T}dT - R_g\ln\frac{p_0}{p_0} = \int_{T_0}^{T} \frac{c_{p0}}{T}dT$$

对于理想气体,当比热已知时,s^0 仅为温度的函数,其值可查附录 A,如空气的 s^0 可查表 A-9。

即,任意状态(T,p) 时 s 值为

$$s = s^0 - R_g\ln\frac{p}{p_0} \tag{4-49}$$

例 4-1 利用比热容与温度的关系式及平均比热容表,计算每千克低压氮气从 500 ℃ 定压加热到 1 000 ℃ 所需要的热量。

解:从表 A-7 查得氮气在低压下(理想气体状态下) 定压比热容随温度的变化关系为

$$\{c_{p0}\}_{\mathrm{kJ/(kg\cdot K)}} = 1.031\ 7 - 0.056\ 081 \times 10^{-3}\{T\}_{\mathrm K} + 0.288\ 47 \times 10^{-6}\{T\}_{\mathrm K}^2 - 0.102\ 56 \times 10^{-9}\{T\}_{\mathrm K}^3$$

$$q_p\Big|_{500\ ℃}^{1\ 000\ ℃} = \int_{773.15\ \mathrm K}^{1\ 273.15\ \mathrm K} c_{p0}\mathrm dT$$

$$= 1.031\ 7 \times (1\ 273.15 - 773.15) - \frac{0.056\ 081}{2} \times 10^{-3} \times (1\ 273.15^2 - 773.15^2) +$$

$$\frac{0.288\ 47}{3} \times 10^{-6} \times (1\ 273.15^3 - 773.15^3) - \frac{0.102\ 56}{4} \times 10^{-9} \times (1\ 273.15^4 - 773.15^4)$$

$$= 583(\mathrm{kJ/kg})$$

利用平均比热容表进行计算,则更为简便。由表A-7查得,氮气在理想气体状态下500 ℃和1 000 ℃ 时的平均定压比热容分别为

$$\bar c_{p0}\Big|_{0\ ℃}^{500\ ℃} = 1.066\ \mathrm{kJ/(kg\cdot K)}$$

$$\bar c_{p0}\Big|_{0\ ℃}^{1\ 000\ ℃} = 1.118\ \mathrm{kJ/(kg\cdot K)}$$

所以

$$q_p\Big|_{500\ ℃}^{1\ 000\ ℃} = 1.118 \times 1\ 000 - 1.066 \times 500 = 585(\mathrm{kJ/kg})$$

例4-2　空气初态为$p_1 = 0.1$ MPa,$T_1 = 300$ K,经压缩后变为$p_2 = 1$ MPa,$T_2 = 600$ K。试求压缩过程中比热力学能、比焓和比熵的变化。

(1) 按定比热容理想气体计算;

(2) 按理想气体比热容经验公式计算。

解:(1) 按表A-7,取空气的定比热容为

$$c_{p0} = 1.005\ \mathrm{kJ/(kg\cdot K)}$$
$$c_{V0} = 0.718\ \mathrm{kJ/(kg\cdot K)}$$

气体常数为:$R_g = 0.287\ \mathrm{kJ/(kg\cdot K)}$

根据式(4-38)和式(4-39)可知:

$$\Delta u = u_2 - u_1 = c_{V0}(T_2 - T_1) = 0.718 \times (600 - 300) = 215.4(\mathrm{kJ/kg})$$

$$\Delta h = h_2 - h_1 = c_{p0}(T_2 - T_1) = 1.005 \times (600 - 300) = 301.5(\mathrm{kJ/kg})$$

根据式(4-48)可知:

$$\Delta s = s_2 - s_1 = c_{p0}\ln\frac{T_2}{T_1} - R_g\ln\frac{p_2}{p_1} = 1.005 \times \ln\frac{600}{300} - 0.287 \times \ln\frac{1}{0.1} = 0.035\ 5[\mathrm{kJ/(kg\cdot K)}]$$

(2) 从表A-7查得空气定压比热容的系数为

$$a_0 = 0.970\ 3;a_1 = 0.067\ 898 \times 10^{-3}$$

$$a_2 = 0.16576 \times 10^{-6};a_3 = -0.067863 \times 10^{-9}$$

根据式(4-41)可得:

$$\Delta h = h_2 - h_1 = a_0(T_2 - T_1) + \frac{a_1}{2}(T_2^2 - T_1^2) + \frac{a_2}{3}(T_2^3 - T_1^3) + \frac{a_3}{4}(T_2^4 - T_1^4)$$

$$= 0.9703 \times (600 - 300) + \frac{0.067898 \times 10^{-3}}{2}(600^2 - 300^2) +$$

$$\frac{0.16576 \times 10^{-6}}{3}(600^3 - 300^3) + \frac{(-0.067863) \times 10^{-9}}{4}(600^4 - 300^4)$$

$$= 308.6(\text{kJ/kg})$$

根据式(4-42)可得:

$$\Delta u = u_2 - u_1 = (h_2 - h_1) - R_g(T_2 - T_1)$$

$$= 308.6 - 0.287 \times (600 - 300)$$

$$= 222.5(\text{kJ/kg})$$

根据式(4-47)可得:

$$\Delta s = s_2 - s_1 = a_0 \ln\frac{T_2}{T_1} + a_1(T_2 - T_1) + \frac{a_2}{2}(T_2^2 - T_1^2) + \frac{a_3}{3}(T_2^3 - T_1^3) - R_g \ln\frac{p_2}{p_1}$$

$$= 0.9703 \times \ln\frac{600}{300} + 0.067898 \times 10^{-3} \times (600 - 300) + \frac{0.16576 \times 10^{-6}}{2} \times$$

$$(600^2 - 300^2) + \frac{(-0.067863) \times 10^{-9}}{3}(600^3 - 300^3) - 0.287 \times \ln\frac{1}{0.1}$$

$$= 0.0502[\text{kJ/(kg} \cdot \text{K)}]$$

应该指出,按比热容公式计算的结果比按定比热容计算的结果更准确。

任务 4.4 实际气体对理想气体性质的偏离

工程中常用的气态工质,有的(如空气、燃气、湿空气等)由于压力相对较低、温度相对较高,其性质比较接近理想气体的性质,基本遵守理想气体状态方程($pv = R_gT$);有的(如水蒸气、各种制冷剂等)由于压力相对较高、温度相对较低,比较接近液相,不遵守理想气体状态方程,出现了实际气体对理想气体性质的偏离。这种偏离主要表现在状态方程的偏离和集聚态上的偏离。

1. 状态方程的偏离

实验表明:任何气体只有在高温、低压(大比体积、低密度)的情况下,其性质近似服从理想气体状态方程 $pv = R_gT$,即$\frac{pv}{R_gT} = 1$。但是,在高压、低温(小比体积、大密度)的情况下,任何气体相对于理想气体,其状态方程都出现了偏差,$pv \neq R_gT$,即压缩因子 $Z = \frac{pv}{R_gT} \neq 1$。以水蒸气为例,在 $p = 3$ MPa,$T = 513$ K 时,按理想气体状态方程计算,$v = 0.07892\ \text{m}^3/\text{kg}$,$Z = 1$,然而实验结果却是 $v = 0.0681\ \text{m}^3/\text{kg}$,$Z = 0.8632 < 1$。图 4-1 给出了 Z 与 p 的关系。图 4-1

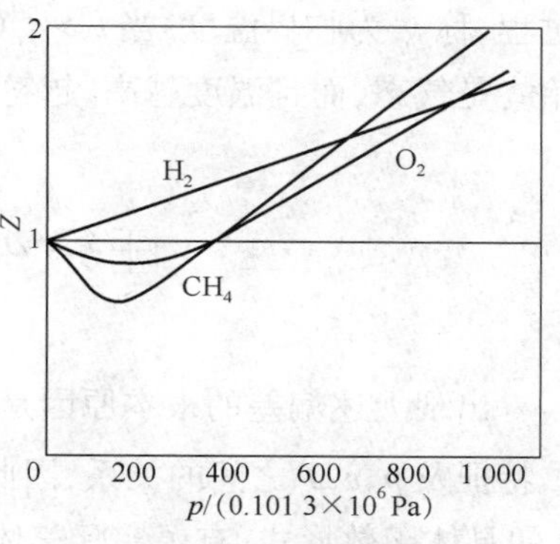

图 4-1　气体的压缩因子

中理想气体始终是一条水平线$\left(\dfrac{pv}{R_g T}=1\right)$,但是实际气体并不符合这样的规律。

实际气体的这种偏离通常采用压缩因子(或压缩系数)Z 表示,其定义为

$$Z=\frac{pv}{R_g T} \tag{4-50}$$

理想气体的 $Z=1$,实际气体的 Z 可大于1,也可小于1。Z 值偏离1的大小,反映了实际气体对理想气体性质的偏离程度。Z 值的大小不仅与气体的种类有关,而且同一种气体的 Z 值还随压力和温度的变化而变化。为了便于理解 Z 的物理意义,将式(4-50) 改写为

$$Z=\frac{pv}{R_g T}=\frac{v}{\dfrac{R_g T}{p}}=\frac{v}{v_0}$$

式中,v 为实际气体在 p,T 时的比体积;v_0 为在相同的 p,T 下把实际气体当作理想气体对待时计算得到的比体积。

可见,压缩因子 Z 即为温度、压力相同时的实际气体与理想气体比体积之比,是用比体积的比值来描述实际气体的偏离程度的。$Z>1$,说明该气体的比体积比将之作为理想气体在同温、同压下计算而得的比体积大,也说明实际气体较之理想气体更难压缩;反之,若 $Z<1$,则说明实际气体可压缩性大。所以,压缩因子 Z 的实质反映了气体的可压缩性的大小。产生这种偏离的原因是,理想气体模型中忽略了气体分子间的作用力和气体分子所占据的体积。分子间的吸引力有助于气体的压缩,而分子本身具有体积,这使分子自由活动的空间减小,不利于压缩。正是由于同时存在这两个影响相反的因素的综合作用,实际气体才偏离理想气体,偏离的方向取决于哪一个因素起主导作用。

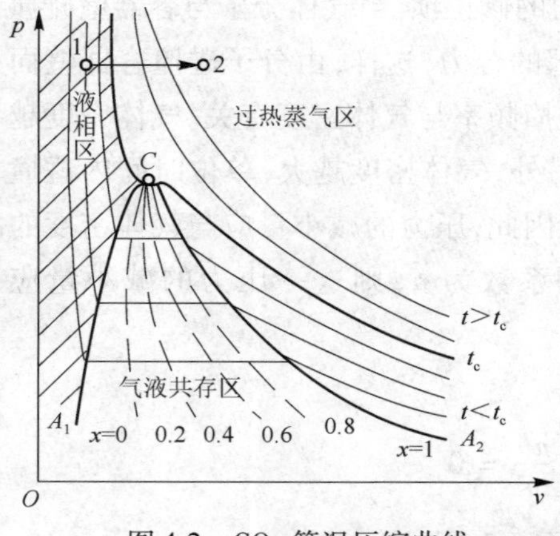

图 4-2　CO_2 等温压缩曲线

2. 集聚态上的偏离——实际气体的液化

在适当的条件下,实际气体还可以发生气液相变,这是实际气体与理想气体之间的重要差别,而理想气体无论状态如何变化,始终是气态,不会发生相变。

1863 年荷兰科学家安德鲁斯在不同温度下,对 CO_2 气体进行等温压缩,并相应测定不同温度下的 p,v 值,得到了 p-v 图上的一组等温曲线(如图 4-2 所示)。实验表明:当 $t<t_c$(31.1 ℃),气态 CO_2 等温压缩或膨胀时,存在气液相变;当 $t=t_c$(31.1 ℃)时,气液相变过程线段缩成一个点 C,表明不存在 CO_2 相变

过程,称 t_c 为临界温度;当 $t > t_c$(31.1 ℃),CO_2 等温压缩或膨胀时,无论压力如何变化,CO_2 始终是气态,而且温度越高,越符合理想气体规律。

任务 4.5 实际气体状态方程

出现上述偏差的根本原因是理想气体状态方程($pv = R_gT$)不能准确反映实际气体的基本特征及 p,v,T 之间的关系,因此需要设法找出适合它们的实际气体状态方程 $F(p,v,T) = 0$ 的具体函数形式。有了实际气体状态方程,加上其低压下(理想气体状态下)定压比热容与温度的关系式 $c_{p0} = f(T)$,就可以通过热力学一般关系式计算出气体的全部平衡性质。由此可见状态方程在流体热物性研究中的特殊重要性。

实际气体状态方程大致可分两类。第一类是在考虑了物质结构的基础上建立起来的半经验状态方程,其特点是形式比较简单,物理意义比较清楚,利用少数几个经验或半经验的参量就能得到具有一定精确度的结果。第二类是为数很多的各种经验的状态方程,这些方程对特定的物质在特定的参数范围内能给出精确度较高的结果,其形式一般都比较复杂。

1. 范德瓦耳斯方程

比较成功的半经验状态方程当属范德瓦耳斯方程。1873 年,荷兰学者范德瓦耳斯(van der Waals)针对实际气体区别于理想气体的两个主要特征(分子有体积、分子间有引力),对理想气体状态方程进行了相应的修正而提出了如下的状态方程:

$$\begin{cases}\left(p + \dfrac{a}{v^2}\right)(v - b) = R_gT \\ p = \dfrac{R_gT}{v - b} - \dfrac{a}{v^2}\end{cases} \tag{4-51}$$

这就是著名的范德瓦耳斯方程。式中修正项 b 是考虑到分子本身有体积,因而将分子运动的自由空间由 v 减小为 $v - b$;a/v^2 是考虑分子间引力的修正项。当气体分子与容器壁碰撞时,由于受到容器内部分子吸引而产生一指向容器内部的合力,这样,由分子碰撞容器壁而产生的压力就会减小,影响压力减小量的碰撞强度和碰撞频率与气体密度有关。气体密度越大,分子间引力作用越大,对碰撞的减弱作用越明显。另外,气体密度越大,单位时间内碰撞在容器单位面积上的被减弱碰撞力度的分子数也越多。因此,压力的减小量应与气体密度的平方成正比,或者说与比体积的平方成反比,设比例系数为 a,则这一压力的减小量应为 a/v^2。

也可以将范德瓦耳斯方程整理成比体积的三次式:

$$v^3 - \left(b + \frac{R_gT}{p}\right)v^2 + \frac{a}{p}v - \frac{ab}{p} = 0$$

令 T 为各种不同值,可从该式得到一簇等温线(如图 4-3 所示)。

当温度高于某一特定温度时($T > T_c$),等温线在 p-v 图中近似地是一条双曲线。当 $T =$

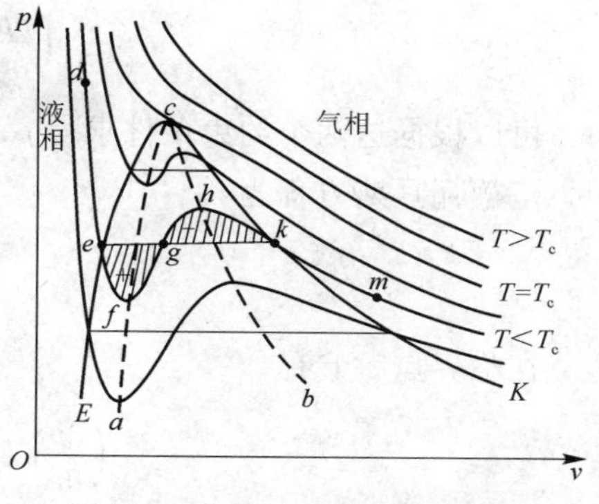

图4-3　范德瓦耳斯方程等温线

T_c 时，等温线在 c 点有一拐点，这个拐点即为临界点，其温度 T_c 即为临界温度。当 $T < T_c$ 时，等温线发生曲折。将 $T < T_c$ 情况下的一簇等温线上的极小值点连成 ca 线，在 ca 线上有

$$\left(\frac{\partial p}{\partial v}\right)_T = 0, \left(\frac{\partial^2 p}{\partial v^2}\right)_T < 0$$

将这一簇等温线上的极大值点连成 cb 线，在 cb 线上有

$$\left(\frac{\partial p}{\partial v}\right)_T = 0, \left(\frac{\partial^2 p}{\partial v^2}\right)_T > 0$$

原则上对应每一温度和每一压力，比体积都有3个值，即 v 的3个根。这3个根可能是1个实根、2个虚根（如图4-3中 d,m 点），也可能是1个实根和1个二重根（如图4-3中 f,h 点），或是1个三重根（临界点 c）。当然，也可能是3个不同的实根（如图中的 e,g,k 点）。对 $T < T_c$ 的一簇等温线中的每一条，总可以相应地找到一条等压线（水平线），它和该等温线的横 S 形线段相交时所形成的两块面积正好相等（图4-3中用“+”和“-”标出的两块带阴影的面积相等）。这条等压线（图4-3中的直线 egk）就是对应于该温度的饱和压力线，也是实际的等温线（参看图4-2中的 CO_2 等温压缩曲线）。将所有这种等压线和等温线相交时左边的交点连接起来形成一条 ceE 线，它相当于实验中的饱和液体线；将所有右边的交点连接起来形成一条 ckK 线，它相当于实验中的饱和蒸气线。

饱和等压线（亦即实际的等温线）必须正好平分那块横 S 形的面积，这可以用热力学第二定律来说明。直线 egk 是实际的等温线，曲线 $efghk$ 是同一温度的理论等温线。设想沿整个 $egkhgfe$ 等温线进行一个可逆循环，这时将形成正向循环 $egfe$（功为正）和逆向循环 $gkhg$（功为负）。如果正向循环做出的功大于逆向循环消耗的功，则整个循环可以输出功，而热力学第二定律已经确定没有温差是不能循环做功的。如果正向循环做出的功小于逆向循环消耗的功，造成净功的不可逆损失，则又不符合可逆循环的假定。所以图4-3中的这两块面积必定相等。据此可在 $T < T_c$ 的等温线上找到相应于饱和液体和饱和蒸气的 e,k 两点。

图4-3中的 egk 也是等压线，这时气、液两相并存，达到稳定平衡。理论的等温线是否也可能实际存在呢？应该说，对于其中的 ef 段和 kh 段，当压力升高时，比体积减小$\left[\left(\frac{\partial v}{\partial p}\right)_T < 0\right]$，还是可能存在的。$ef$ 段相当于应该汽化而没有汽化的过热液体，kh 段相当于应该凝结而没有凝结的过冷蒸气，它们处于亚稳状态，虽然可以存在，但很容易转变为稳定的气-液共存状态，因此通常情况下不易实现。至于 fgh 线段，当压力升高时，比体积也增大$\left[\left(\frac{\partial v}{\partial p}\right)_T > 0\right]$，则是完全不稳定的无法存在的状态。

下面再来看看范德瓦耳斯修正数 a,b 和临界参数之间的关系。由于 p-v 图中临界等温线在临界点处的斜率等于零，并且形成拐点，因此有

$$\left(\frac{\partial p}{\partial v}\right)_T = 0, \left(\frac{\partial^2 p}{\partial v^2}\right)_T = 0$$

可以根据这两个约束条件求得 a,b 和 T_c,p_c,v_c 之间的关系。

范德瓦耳斯方程为

$$p = \frac{R_g T}{v - b} - \frac{a}{v^2} \tag{4-52a}$$

在临界点 c 上有

$$\left(\frac{\partial p}{\partial v}\right)_T = -\frac{R_g T_c}{(v - b)^2} + \frac{2a}{v_c^3} = 0 \tag{4-52b}$$

$$\left(\frac{\partial^2 p}{\partial v^2}\right)_T = \frac{2R_g T_c}{(v_c - b)^3} - \frac{6a}{v_c^4} = 0 \tag{4-52c}$$

由式(4-52b) 和式(4-52c) 可解得

$$b = \frac{v_c}{3}, a = \frac{9}{8} R_g T_c v_c \tag{4-53}$$

将式(4-53) 代入式(4-52a),在临界点上可得

$$\frac{p_c v_c}{R_g T_c} = \frac{3}{8} = 0.375 \tag{4-54}$$

令$\frac{p_c v_c}{R_g T_c} = Z_c$,$Z_c$ 为临界压缩因子。

由式(4-54) 可得

$$v_c = \frac{3}{8} \frac{R_g T_c}{p_c} \tag{4-55}$$

将式(4-55) 代入式(4-53) 可得

$$a = \frac{27}{64} \frac{R_g^2 T_c^2}{p_c}, b = \frac{R_g T_c}{8 p_c} \tag{4-56}$$

以上分析结果表明,遵守范德瓦耳斯方程的气体(简称范德瓦耳斯气体) 的临界压缩因子值应该是相同的,都等于 0.375。实际情况如何呢?从表 A-8 可以看出,大多数气体的 Z_c 值为0.23 ~ 0.30,距0.375 较远。所以范德瓦耳斯方程虽然在定性上能很好地反映气体和液体的很多特性,但在定量上还不是很精确。

2. 比泰 - 布雷基曼方程

1928 年,比泰 - 布雷基曼提出了基于五个常数的状态方程式:

$$p = \frac{RT}{v_m^2}\left(1 - \frac{c}{v_m T^3}\right)(v_m + B) - \frac{A}{v_m^2} \tag{4-57}$$

式中,$A = A_0\left(1 - \frac{a}{v_m}\right)$; $B = B_0\left(1 - \frac{b}{v_m}\right)$;$p$ 为压力,kPa;R 为摩尔气体常数;v_m 为比摩尔体积,m^3/kmol。

将部分气体相对应的比泰 - 布雷基曼方程中的五个常数列于表 4-2 中。

表 4-2　比泰 - 布雷基曼方程中的常数

气体	A_0	a	B_0	b	c
空气	131.844 1	0.019 31	0.046 11	−0.001 101	4.34×10^4
氩气(Ar)	130.780 2	0.023 28	0.039 31	0.0	5.99×10^4
二氧化碳(CO_2)	507.283 6	0.071 32	0.104 76	0.072 35	6.60×10^5
氦气(He)	2.188 6	0.059 84	0.014 00	0.0	40
氢气(H_2)	20.011 7	0.005 06	0.020 96	−0.043 59	504
氮气(N_2)	136.231 6	0.026 17	0.050 46	−0.006 91	4.20×10^4
氧气(O_2)	151.085 7	0.025 62	0.046 24	0.004 208	4.80×10^4

3. 位力方程

1901 年,卡末林 - 昂内斯提出了用级数形式表达的状态方程(位力方程):

$$\frac{pv}{R_g T} = A + \frac{B}{v} + \frac{C}{v^2} + \frac{D}{v^3} + \cdots \tag{4-58}$$

式中,$A,B,C,D,\cdots$ 分别为第一、第二、第三、第四 …… 位力系数。

事实上,当 $v \to \infty$ 时,$\frac{pv}{R_g T} = Z \to 1$(趋近于理想气体),所以第一位力系数 $A = 1$,故式(4-58) 可写为

$$Z = 1 + \frac{B}{v} + \frac{C}{v^2} + \frac{D}{v^3} + \cdots \tag{4-59}$$

位力系数 $B,C,D,\cdots$ 都是温度的函数。

也可以将位力方程写成压力的幂级数的形式,即

$$Z = 1 + B'p + C'p^2 + D'p^3 + \cdots \tag{4-60}$$

式中,$B',C',D',\cdots$ 也都是温度的函数。

式(4-59) 中的位力系数和式(4-60) 中的位力系数之间的关系为

$$B' = \frac{B}{R_g T}, C' = \frac{C - B^2}{R_g^2 T^2}, D' = \frac{D - 3BC + 2B^3}{R_g^3 T^3}, \cdots \tag{4-61}$$

式(4-61) 可证明如下。

由式(5-57) 得

$$p = \frac{R_g T}{v}\left(1 + \frac{B}{v} + \frac{C}{v^2} + \frac{D}{v^3} + \cdots\right) \tag{4-62a}$$

将式(4-62a) 代入式(4-60),有

$$Z = 1 + B'\frac{R_g T}{v}\left(1 + \frac{B}{v} + \frac{C}{v^2} + \frac{D}{v^3} + \cdots\right) + C'\frac{R_g^2 T^2}{v^2}\left(1 + \frac{B}{v} + \frac{C}{v^2} + \frac{D}{v^3} + \cdots\right)^2 +$$

$$D'\frac{R_g^3 T^3}{v^3}\left(1 + \frac{B}{v} + \frac{C}{v^2} + \frac{D}{v^3} + \cdots\right)^3 + \cdots$$

即

$$Z = 1 + \frac{1}{v}(B'R_gT) + \frac{1}{v^2}(B'R_gTB + C'R_g^2T^2) + \frac{1}{v^3}(B'R_gTC + 2C'R_g^2T^2B + D'R_g^3T^3) + \cdots \tag{4-62b}$$

将式(4-62b)与式(4-59)进行比较,可得

$$B = B'R_gT$$

$$C = B'R_gTB + C'R_g^2T^2$$

$$D = B'R_gTC + 2C'R_g^2T^2B + D'R_g^3T^3$$

从而解得

$$B' = \frac{B}{R_gT}, C' = \frac{C - B^2}{R_g^2T^2}, D' = \frac{D - 3BC + 2B^3}{R_g^3T^3}$$

式(4-59)和式(4-60)这两个位力方程都是无穷级数,实际应用时,可将它们截断,取前面若干项。从哪一项开始截断应这样来确定:截断处以后的各项的总和应在实验误差之内。

由于式(4-59)比式(4-58)收敛得慢,在同样的精度下,对式(4-59)应取更多的项。正因为式(4-59)收敛得慢,它主要用于低密度的情况。

位力方程提供了一种状态方程的形式。任何状态方程原则上都可以用位力方程的形式来表达,不过,有时一个简单的状态方程用位力方程形式表达时反而复杂化了。例如范德瓦耳斯方程

$$p = \frac{R_gT}{v - b} - \frac{a}{v^2} = \frac{R_gT}{v}\left(\frac{v}{v - b} - \frac{a}{R_gTv}\right) = \frac{R_gT}{v}\left(\frac{1}{1 - \dfrac{b}{v}} - \frac{a}{R_gTv}\right)$$

$$= \frac{R_gT}{v}\left(1 + \frac{b}{v} + \frac{b^2}{v^2} + \frac{b^3}{v^3} + \cdots - \frac{a}{R_gTv}\right)$$

所以

$$\frac{pv}{R_gT} = Z = 1 + \frac{b - a/(R_gT)}{v} + \frac{b^2}{v^2} + \frac{b^3}{v^3} + \cdots \tag{4-63}$$

式(4-63)即位力形式的范德瓦耳斯方程,它显然比式(4-51)更复杂。

4. Redlich-Kwong 方程

Redlich 和 Kwong 于 1949 年在范德瓦耳斯方程基础上,提出了含两个常数的方程,保留了体积三次方的简单形式,通过对内压力项的修正,使精度与范德瓦耳斯方程相比有较大的提高。Redlich-Kwong 方程由于应用简便,对于气液相平衡和混合物的计算十分成功,因而在化学工程中曾得到了广泛的应用。Redlich-Kwong 方程的具体表达式为

$$p = \frac{R_gT}{v - b} - \frac{a}{v(v + b)T^{0.5}} \tag{4-64}$$

式中,a 和 b 是各种物质的固有常数,可以通过 p,v,T 实验数据拟合求得。当缺乏实验数据时,可由下列临界参数求取近似值:

$$a = \frac{0.427\ 480R_g^2T_c^{2.5}}{p_c}$$

$$b = \frac{0.08664 R_g T_c}{p_c}$$

1972 年，出现了对 Redlich-Kwong 方程进行修正的 Redlich-Kwong-Soave 方程。1976 年，又出现了 P-R 方程。这些方程拓展了 Redlich-Kwong 方程的适用范围。

在二常数方程不断发展的同时，半经验的多常数状态方程也不断出现，如由 Benedict-Webb-Rubin 提出的 B-W-R 方程及由 Martin 和侯虞均提出并完善的 Martin-Hou 方程。B-W-R 方程有 8 个经验常数，对于烃类气体有较高的准确度。Martin-Hou 方程的 M-H59 型方程有 11 个经验常数，对烃类气体、强极性的水和 NH_3、氟利昂制冷剂有较高的准确度。M-H59 型方程被国际制冷学会选定作为制冷剂热力性质计算的状态方程。M-H81 型方程基本保持了 M-H55 型方程在气相区的精度，并将其适用范围扩展到了液相。

例 4-3　实验测得氮气在 $T = 175$ K，比体积 $v = 0.00375\ \text{m}^3/\text{kg}$ 时的压力为 10 MPa，分别根据理想气体状态方程、范德瓦耳斯方程、比泰 - 布雷基曼方程、Redlich-Kwong 方程计算压力值，并与实验值比较。

解：(1) 利用理想气体状态方程

$$p = \frac{R_g T}{v} = \frac{296.8 \times 175}{0.00375} = 13.85 \times 10^6 (\text{Pa})$$

即 $p = 13.85$ MPa，与实验值相比，误差为 38.5%。

(2) 利用范德瓦耳斯方程，由表 A-8 查得氮气的临界点参数为

$$T_c = 126.2\ \text{K}, p_c = 3.39\ \text{MPa}$$

范德瓦耳斯常数为

$$a = \frac{27}{64}\frac{R_g^2 T_c^2}{p_c} = \frac{27}{64} \times \frac{296.8^2 \times 126.2^2}{3.39 \times 10^6} = 174.59$$

$$b = \frac{R_g T_c}{8 p_c} = \frac{296.8 \times 126.2}{8 \times 3.39 \times 10^6} = 0.001381$$

代入范德瓦耳斯方程得

$$\begin{aligned} p &= \frac{R_g T}{v - b} - \frac{a}{v^2} \\ &= \frac{296.8 \times 175}{0.00375 - 0.001381} - \frac{174.59}{0.00375^2} \\ &= 9.5096 \times 10^6 (\text{Pa}) \end{aligned}$$

即 $p = 9.5096$ MPa，与实验值相比，误差为 −4.9%。

(3) 利用比泰 - 布雷基曼方程。

因氮气的摩尔质量为：$M = 28.013$ kg/kmol。

所以，比摩尔体积为：$v_m = vM = 0.00375\ \text{m}^3/\text{kg} \times 28.013\ \text{kg/kmol} = 0.10505\ \text{m}^3/\text{kmol}$。

查表 4-2 得氮气相对应的比泰 - 布雷基曼方程的五个常数如下。

气体	A_0	a	B_0	b	c
氮气(N_2)	136.231 6	0.026 17	0.050 46	−0.006 91	4.20×10^4

因此有

$$A = A_0\left(1 - \frac{a}{v_m}\right) = 136.231\ 6 \times \left(1 - \frac{0.026\ 17}{0.105\ 05}\right) = 102.293\ 7$$

$$B = B_0\left(1 - \frac{b}{v_m}\right) = 0.050\ 46 \times \left(1 - \frac{-0.006\ 91}{0.105\ 05}\right) = 0.053\ 78$$

所以

$$p = \frac{RT}{v_m^2}\left(1 - \frac{c}{v_m T^3}\right)(v_m + B) - \frac{A}{v_m^2}$$

$$= \frac{8.314\ 47 \times 175}{0.105\ 05^2} \times \left(1 - \frac{4.20 \times 10^4}{0.105\ 05 \times 175^3}\right) \times (0.105\ 05 + 0.053\ 78) - \frac{102.293\ 7}{0.105\ 05^2}$$

$$= 10\ 110(\mathrm{kPa})$$

即 $p = 10.11$ MPa，与实验值相比，误差为 1.10%。

(4) 利用 Redlich-Kwong 方程。

Redlich-Kwong 方程的常数为

$$a = \frac{0.427\ 480 R_g^2 T_c^{2.5}}{p_c}$$

$$= \frac{0.427\ 480 \times 296.8^2 \times 126.2^{2.5}}{3.39 \times 10^6} = 1\ 987.43$$

$$b = \frac{0.086\ 64 R_g T_c}{p_c}$$

$$= \frac{0.086\ 64 \times 296.8 \times 126.2}{3.39 \times 10^9} = 0.000\ 957\ 3$$

所以

$$p = \frac{R_g T}{v - b} - \frac{a}{v(v + b)T^{0.5}}$$

$$= \frac{296.8 \times 175}{0.003\ 75 - 0.000\ 957\ 3} - \frac{1\ 987.43}{0.003\ 75 \times (0.003\ 75 + 0.000\ 957\ 3) \times 175^{0.5}}$$

$$= 10.081 \times 10^6(\mathrm{Pa})$$

即 $p = 10.081$ MPa，与实验值相比，误差为 0.81%。

项目总结

在物质的三态（气态、固态和液态）中，气态物质因其良好的膨胀性、压缩性能最适合在热机中作为工质。自然界并不存在理想气体，理想气体是一种简化处理气体性质的物理模型，所有气态在压力趋于无穷小、温度又不太低时都可以作为理想气体处理。

处在理想气体状态的气体的比热力学能 u、比焓 h 只是温度的函数。由此得到理想气体任意过程的热力学能的变化量等于同温限的定容过程的热力学能的变化量，即等于同温限的定容过程的热量；理想气体任意过程的焓变化量等于同温限的定压过程的焓变化量，即等于同温限的定压过程的热量。工程上只关心热力学能和焓的变化量。

理想气体状态下，气体的定压比热容 c_p 和定容比热容 c_V 也只是温度的函数，且两者的差为气体常数 $R_g = c_p - c_V$、两者的比值为比热容比 $\gamma_0 = \frac{c_p}{c_V}$。由此可以通过较易精确实验测量的 c_p 得到很难精确实验测量的 c_V。在利用比热容进行过程换热量及 Δu，Δh 计算时，按不同的精度要求可采用真实比热容积分、查取平均比热容表、利用平均比热容直线式及采用定值比热容。

实际气体并不符合理想气体的基本假设，不能参照理想气体相关性质的计算办法计算实际气体参数，只能采用实际气体状态方程、压缩因子等途径进行。液态和固态物质的定压比热容与定容比热容相差很小，工程上很少区分。

本项目知识结构框图如图 4-4 所示。

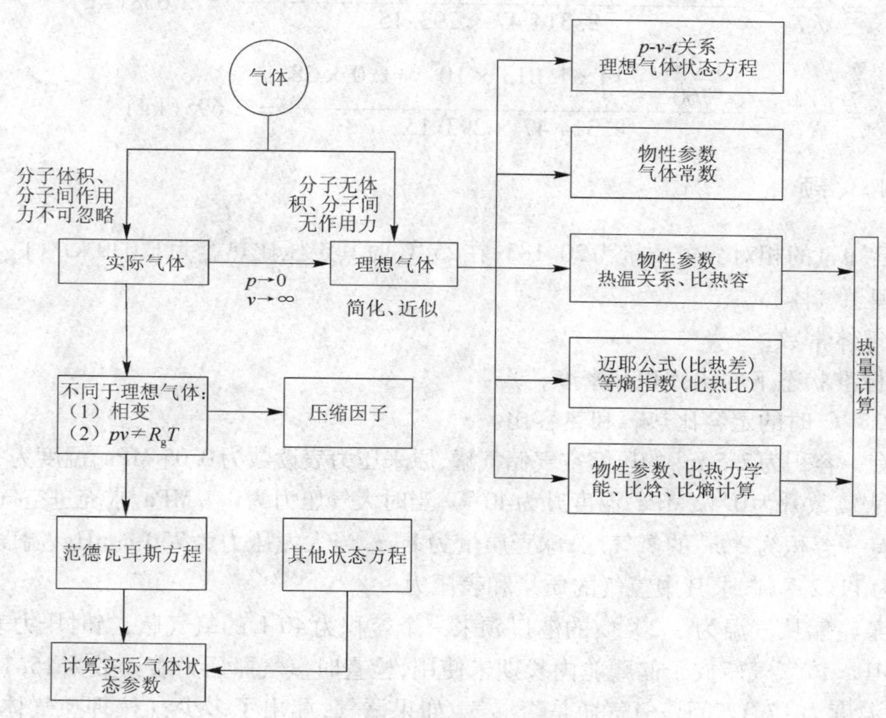

图 4-4　知识结构框图 4

思考题

1. 理想气体的热力学能和焓只和温度有关，而和压力及比体积无关。但是根据给定的压力和比体积又可以确定热力学能和焓。其间有无矛盾？如何解释？

2. 迈耶公式对变比热容理想气体是否适用？对实际气体是否适用？

3. 为什么 c_{p0} 要比 c_{V0} 大？

4. 在压容图中，不同定温线的相对位置如何？在温熵图中，不同定容线和不同定压线的相对位置如何？

5. 在温熵图中，如何将理想气体在任意两状态间热力学能的变化和焓的变化表示出来？

6. 容积为1 m^3 的容器中充满 N_2，其温度为20 ℃，表压力为1 000 mmHg，当时当地大气压力为760 mmHg。为了确定其质量，不同的人分别采用了下列几种计算式并得出了结果，请判断它们是否正确。若有错误，请改正。

(1) $m = \frac{pVM}{RT} = \frac{1\ 000 \times 1.0 \times 28}{8.314\ 47 \times 20} = 168.4(\text{kg})$

(2) $m = \frac{pVM}{RT} = \frac{\frac{1\ 000}{735.6} \times 0.980\ 665 \times 10^5 \times 1.0 \times 28}{8.314\ 47 \times 293.15} = 1\ 531.5(\text{kg})$

(3) $m = \frac{pVM}{RT} = \frac{\left(\frac{1\ 000}{735.6} + 1\right) \times 0.980\ 665 \times 10^5 \times 1.0 \times 28}{8.314\ 47 \times 293.15} = 2\ 658(\text{kg})$

(4) $m = \frac{pVM}{RT} = \frac{\left(\frac{1\ 000}{760} + 1\right) \times 1.013 \times 10^5 \times 1.0 \times 28}{8.314\ 47 \times 293.15} = 2\ 695(\text{kg})$

习　题

4-1 已知氖的相对分子质量为20.183，在25 ℃时其定压比热容为1.030 kJ/(kg·K)。试计算(按理想气体)：

(1) 气体常数；

(2) 标准状态下的比体积和密度；

(3) 25 ℃时的定容比热容和热容比。

4-2 有一容积为2.5 m^3 的压缩空气储气罐，原来压力表读数为0.05 MPa，温度为18 ℃。充气后压力表读数升为0.42 MPa，温度升为40 ℃。当时大气压力为0.1 MPa。求充进空气的质量。

4-3 有一容积为2 m^3 的氢气球，球壳质量为1 kg。当大气压力为750 mmHg、温度为20 ℃时，浮力为11.2 N。试求其中氢气的质量和表压力。

4-4 某轮船从气温为 −20 ℃的港口领来一个容积为40 L的氧气瓶，当时压力表指示压力为15 MPa。该氧气瓶放于储藏舱内长期未使用，检查时氧气瓶压力表读数为15.1 MPa，储藏室当时温度为17 ℃。问该氧气瓶是否漏气？如果漏气，漏出了多少？(按理想气体计算，并认为大气压力 $p_b \approx 0.1$ MPa。)

4-5 空气从300 K定压加热到900 K。试按理想气体计算每千克空气吸收的热量及熵的变化：

(1) 按定比热容计算；

(2) 利用定压比热容经验公式计算；

(3) 利用热力性质表计算。

4-6 狄特里西方程为：$p = \frac{R_g T}{v-b} e^{-a/(R_g T v)}$（修正数 a，b 为常数）。试导出 a，b 与临界参数之间的关系并证明临界压缩因子 $Z_c = \frac{2}{e^2} = 0.270\ 7$。

4-7 试导出范德瓦耳斯气体在可逆定温过程中比体积由 v_1 变为 v_2 时，膨胀功和技术功的计算式。

4-8 Redlich-Kwong 方程为：$p=\frac{R_g T}{v-b}-\frac{a}{v(v+b)T^{0.5}}$（修正数 a,b 为常数）。试证明：

(1) $a=\frac{1}{9(\sqrt[3]{2}-1)}\cdot\frac{R_g^2 T_c^{2.5}}{p_c}=0.427\ 48\frac{R_g^2 T_c^{2.5}}{p_c}$；

(2) $b=\frac{1}{3}(\sqrt[3]{2}-1)\frac{R_g T_c}{p_c}=0.086\ 64\frac{R_g T_c}{p_c}$；

(3) $Z_c=\frac{1}{3}$。

4-9 一容积为100 L的氧气瓶中装有高压氧气，已测得其表压力为10 MPa（大气压力为0.1 MPa），当时室温为20 ℃。试按下列方法计算所装氧气的质量：

(1) 认为氧气是理想气体；

(2) 认为氧气是范德瓦耳斯气体（修正数 a,b 可从表A-8查得）；

(3) 利用通用压缩因子图计算（临界参数从表A-8查得）。

4-10 被封闭在气缸中的空气在定容下被加热，温度由360 ℃升高到1 700 ℃，试计算每千克空气需吸收的热量。

(1) 用平均比热容表数据计算；

(2) 用理想气体理论定摩尔热容计算；

(3) 比较上述两种计算结果的偏差。

项目 5　热力学微分关系式与通用线图

项目提要

运用热力学定律进行热力过程和热力循环的计算都离不开工质的各种热力参数数值。压力、体积和温度等一些参数可以直接被测量出来，而热力学能、焓、熵(甚至㶲、炾)等参数却不可以。根据热力学基本定律及基本定义可以导出热力学微分关系式，通过热力学参数的微分关系式，可以将那些不能直接测量的参数用一些易测的参数表达出来。热力学微分关系式是研究物质热力性质的理论基础，对于工质热物性的实验研究及热力计算具有普遍的指导意义和实用价值。本项目首先介绍 4 个常用的特征函数，然后借助热力学知识和二元连续函数的数学特征得出表示热力学参数之间联系的麦克斯韦关系式，导出纯物质的熵、焓、热力学能及比热容的普遍关系式，最后介绍对比状态方程和对应态原理，以及如何使用通用压缩因子图、通用对比余焓图、通用对比余熵图等通用线图计算纯物质的热力性质。

学习目标

(1) 深刻理解特征函数的内涵，具有基于特征函数导出麦克斯韦关系式的能力。

(2) 根据热力学基本定律，具有导出纯物质的热力学一般关系式的能力，包括纯物质的比熵、比焓、比热力学能及比热容的普遍关系式。

(3) 准确解释纯物质的热力学一般关系式，具有据此导出理想气体热力性质计算式的能力。

(4) 具有使用压缩因子图确定实际气体性质的能力，包括使用通用线图(通用压缩因子图、通用对比余焓图、通用对比余熵图)对气体性质进行修正的能力。

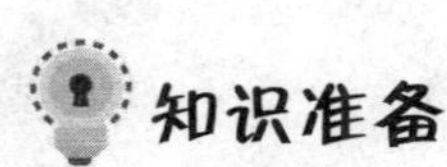

任务 5.1　特征函数

1. 比亥姆霍兹函数和比吉布斯函数

比焓是一个组合的状态参数($h = u + pv$)，比亥姆霍兹函数(亦称比亥姆霍兹自由能)和比吉布斯函数(亦称比吉布斯自由焓)则是另外两个组合的状态参数(状态函数)。

比亥姆霍兹函数：

$$f = u - Ts \tag{5-1}$$

比吉布斯函数：

$$g = h - Ts = u + pv - Ts \tag{5-2}$$

由微分比焓、比亥姆霍兹函数和比吉布斯函数的定义式，可得

$$\mathrm{d}h = \mathrm{d}u + p\mathrm{d}v + v\mathrm{d}p \tag{5-3a}$$

$$\mathrm{d}f = \mathrm{d}u - T\mathrm{d}s - s\mathrm{d}T \tag{5-3b}$$

$$\mathrm{d}g = \mathrm{d}u + p\mathrm{d}v + v\mathrm{d}p - T\mathrm{d}s - s\mathrm{d}T \tag{5-3c}$$

另外，根据比熵的定义式可得到如下的恒等式：

$$\mathrm{d}h = \mathrm{d}u + p\mathrm{d}v + v\mathrm{d}p$$

$$T\mathrm{d}s = \mathrm{d}u + p\mathrm{d}v$$

或

$$\mathrm{d}u = T\mathrm{d}s - p\mathrm{d}v \tag{5-4}$$

将式(5-4)代入式(5-3a)、式(5-3b)、式(5-3c)可得

$$\mathrm{d}h = T\mathrm{d}s + v\mathrm{d}p \tag{5-5}$$

$$\mathrm{d}f = -s\mathrm{d}T - p\mathrm{d}v \tag{5-6}$$

$$\mathrm{d}g = -s\mathrm{d}T + v\mathrm{d}p \tag{5-7}$$

式(5-4) ~ 式(5-7)称为吉布斯方程组。

吉布斯方程组是直接根据热力学定律及基本定义导出的，因此，其具有高度的正确性和普遍性。吉布斯方程组建立了热力学中最常用的8个状态参数之间的基本关系式，在此基础上，可以导出许多其他的普遍适用的热力学函数关系。

2. 特征函数

在适当选择独立变量（状态参数）的情况下，只要给出一个具体的函数式，就可以确定（计算）简单可压缩物质的全部平衡性质，这样的函数称为特征函数。例如 u 是以 s,v 为独立变量时的特征函数 $u = u(s,v)$，只要给出 $u = u(s,v)$ 函数形式，其他热力学性质（状态参数）均可求得：

$T = \left(\dfrac{\partial u}{\partial s}\right)_v$（温度的计算式）

$p = -\left(\dfrac{\partial u}{\partial v}\right)_s$（压力的计算式）

$h = u + pv = u(s,v) - \left(\dfrac{\partial u}{\partial v}\right)_s v$（比焓的计算式）

$f = u - Ts = u(s,v) - \left(\dfrac{\partial u}{\partial s}\right)_v s$（比亥姆霍兹函数的计算式）

$g = u + pv - Ts = u(s,v) - \left(\dfrac{\partial u}{\partial v}\right)_s v - \left(\dfrac{\partial u}{\partial s}\right)_v s$（比吉布斯函数的计算式）

$u = u(s,v)$，$h = h(s,p)$，$f = f(T,v)$，$g = g(T,p)$ 都是相应于特定独立参数的特征函数。

任务5.2 二元连续函数的数学特性

本项目仅限于讨论简单可压缩流体的热力学微分关系式。对于简单可压缩流体，只要给出两个相互独立的状态参数，系统的整个状态也就确定了，其他状态参数原则上都可以由给出的两个状态参数计算出来。任何第三个状态参数与这两个状态参数之间必然存在确定的函数关系：

$$z = z(x,y) \tag{5-8a}$$

下面着重介绍二元连续函数的数学特性，以便于在后续推导中应用。

1. 全微分条件

对简单可压缩物质，既然任何第三个状态参数都是两个独立变量的函数，而状态参数都是点函数，那么它的微分必定满足如下的全微分条件：

$$dz = \left(\frac{\partial z}{\partial x}\right)_y dx + \left(\frac{\partial z}{\partial y}\right)_x dy \tag{5-8b}$$

$$dz = M dx + N dy \tag{5-8c}$$

$$\left(\frac{\partial M}{\partial y}\right)_x = \left(\frac{\partial N}{\partial x}\right)_y \tag{5-9}$$

2. 循环关系式

当z不变时，式(5-8b) 变为

$$0 = \left(\frac{\partial z}{\partial x}\right)_y dx_z + \left(\frac{\partial z}{\partial y}\right)_x dy_z$$

两边同时除以 dy_z 得

$$\left(\frac{\partial z}{\partial x}\right)_y \left(\frac{\partial x}{\partial y}\right)_z + \left(\frac{\partial z}{\partial y}\right)_x = 0$$

变形得

$$\frac{\left(\frac{\partial z}{\partial x}\right)_y \left(\frac{\partial x}{\partial y}\right)_z}{\left(\frac{\partial z}{\partial y}\right)_x} = -1$$

亦可写为

$$\left(\frac{\partial z}{\partial x}\right)_y \left(\frac{\partial x}{\partial y}\right)_z \left(\frac{\partial y}{\partial z}\right)_x = -1 \tag{5-10}$$

式(5-10) 即所谓的循环关系式。任何三个两两相互独立的状态参数(特征量) 之间都存在这种关系。

3. 链式关系式

设有四个特征量，其中任意两个相互独立。对函数 $x = x(y,\alpha)$ 和 $y = y(z,\alpha)$，有

$$dx = \left(\frac{\partial x}{\partial y}\right)_\alpha dy + \left(\frac{\partial x}{\partial \alpha}\right)_y d\alpha \tag{5-11a}$$

$$dy = \left(\frac{\partial y}{\partial z}\right)_\alpha dz + \left(\frac{\partial y}{\partial \alpha}\right)_z d\alpha \tag{5-11b}$$

将式(5-11b) 代入(5-11a) 得

$$dx = \left(\frac{\partial x}{\partial y}\right)_\alpha \left(\frac{\partial y}{\partial z}\right)_\alpha dz + \left[\left(\frac{\partial x}{\partial \alpha}\right)_y + \left(\frac{\partial x}{\partial y}\right)_\alpha \left(\frac{\partial y}{\partial \alpha}\right)_z\right] d\alpha \tag{5-11c}$$

对函数 $x = x(y,\alpha)$,有

$$dx = \left(\frac{\partial x}{\partial z}\right)_\alpha dz + \left(\frac{\partial x}{\partial \alpha}\right)_z d\alpha \tag{5-11d}$$

因为z和x是相互独立的变量,将式(5-11d) 和式(5-11c) 进行比较可知,两式中 dz 和 $d\alpha$ 的系数应相等,即

$$\left(\frac{\partial x}{\partial z}\right)_\alpha = \left(\frac{\partial x}{\partial y}\right)_\alpha \left(\frac{\partial y}{\partial z}\right)_\alpha \tag{5-12}$$

$$\left(\frac{\partial x}{\partial \alpha}\right)_z = \left(\frac{\partial x}{\partial \alpha}\right)_y + \left(\frac{\partial x}{\partial y}\right)_\alpha \left(\frac{\partial y}{\partial \alpha}\right)_z \tag{5-13}$$

式(5-12) 可以改写为下列链式关系式:

$$\left(\frac{\partial x}{\partial y}\right)_\alpha \left(\frac{\partial y}{\partial z}\right)_\alpha \left(\frac{\partial z}{\partial x}\right)_\alpha = 1 \tag{5-14}$$

任务5.3　热系数

由热力学状态参数组成的偏导数可以有很多,其中由一些可测参数(主要是 p,v,T) 组成的偏导数不仅可以测量,而且其物理意义明确。由这些有明确物理意义的可测参数组成的物理量统称为热系数。

1. 体膨胀系数

物质在定压条件下的比体积随温度的变化率称为体膨胀系数,其数学表达式为

$$\alpha_V = \frac{1}{v}\left(\frac{\partial v}{\partial T}\right)_p \tag{5-15}$$

一般情况下,体膨胀系数为正值,但少数物质在某些情况下,其体膨胀系数为负值。例如水在 0 ~ 4 ℃ 及某些合金在定压条件下的比体积随温度的升高而减小。

理想气体的体膨胀系数可根据其状态方程($pv = R_g T$) 得出:

$$\alpha_{V0} = \frac{1}{v}\left(\frac{\partial v}{\partial T}\right)_p = \frac{1}{v}\frac{R_g}{p} = \frac{1}{v}\frac{v}{T} = \frac{1}{T} > 0$$

2. 等温压缩率

物质在等温条件下的比体积随压力的变化率称为等温压缩率,其数学表达式为

$$\kappa_T = -\frac{1}{v}\left(\frac{\partial v}{\partial p}\right)_T > 0 \tag{5-16}$$

物质的等温压缩率恒为正值,即在等温条件下,随着压力的升高,比体积必定减小。这是物质稳定存在的必要条件。否则,压力越高,比体积越大,同时比体积越大又导致压力越高,

这样将无法获得平衡。

理想气体的等温压缩率为

$$\kappa_T = -\frac{1}{v}\left(\frac{\partial v}{\partial p}\right)_T = -\frac{1}{v}\left(-\frac{R_g T}{p^2}\right) = -\frac{1}{v}\left(-\frac{v}{p}\right) = \frac{1}{p} > 0$$

3. 等熵压缩率

物质在等熵(可逆绝热)条件下的比体积随压力的变化率称为等熵压缩率或绝热压缩率,其数学表达式为

$$\kappa_s = -\frac{1}{v}\left(\frac{\partial v}{\partial p}\right)_s > 0 \tag{5-17}$$

物质的等熵压缩率也必为正值,即在等熵(可逆绝热)条件下,随着压力的升高,比体积必定减小。与上述等温压缩率必为正值一样,这也是物质稳定存在的必要条件。

可得出理想气体的等熵压缩率为

$$\kappa_{s0} = -\frac{1}{v}\left(\frac{\partial v}{\partial p}\right)_s = -\frac{1}{v}\left(\frac{-v}{\gamma_0 p}\right) = \frac{1}{\gamma_0 p} > 0$$

4. 相对压力系数

物质在等容条件下的压力随温度的变化率称为相对压力系数,其数学表达式为

$$\alpha_p = \frac{1}{p}\left(\frac{\partial p}{\partial T}\right)_v \tag{5-18}$$

相对压力系数可以根据体膨胀系数和等温压缩率计算出来。根据循环关系式(5-10)有

$$\left(\frac{\partial p}{\partial v}\right)_T\left(\frac{\partial v}{\partial T}\right)_p\left(\frac{\partial T}{\partial p}\right)_v = -1$$

即

$$-\left(\frac{1}{\kappa_T v}\right)(\alpha_V v)\left(\frac{1}{\alpha_p p}\right) = -1$$

亦即

$$\frac{\alpha_V}{\kappa_T} = \alpha_p p \tag{5-19}$$

由于式(5-19)中的 κ_T 和 p 必为正值,所以 α_p 和 α_V 具有相同的符号。通常相对压力系数为正值,但当体膨胀系数为负值时,相对压力系数也为负值。

理想气体的相对压力系数为

$$\alpha_{p0} = \frac{1}{p}\left(\frac{\partial p}{\partial T}\right)_v = \frac{1}{p}\frac{R_g}{v} = \frac{1}{p}\frac{p}{T} = \frac{1}{T} > 0$$

对于理想气体

$$\frac{\alpha_{V0}}{\kappa_{T0}} = \frac{1/T}{1/p} = \alpha_{p0} p$$

从而验证了式(5-19)。

例 5-1 范德瓦耳斯状态方程为 $\left(p+\frac{a}{v^2}\right)(v-b) = R_g T$($a$,$b$ 为常数),试导出范德瓦耳

斯气体的体膨胀系数、等温压缩率和相对压力系数的计算式。

解:为便于求导数,将范德瓦耳斯方程改变为 p 的显函数

$$p = \frac{R_g T}{v-b} - \frac{a}{v^2},\left(\frac{\partial p}{\partial T}\right)_v = \frac{R_g}{v-b}$$

所以其相对压力系数

$$\alpha_p = \frac{1}{p}\left(\frac{\partial p}{\partial T}\right)_v = \frac{R_g}{p(v-b)}$$

其等温压缩率

$$\kappa_T = -\frac{1}{v}\left(\frac{\partial v}{\partial p}\right)_T = -\frac{1}{v}\frac{1}{\left(\frac{\partial p}{\partial v}\right)_T} = -\frac{1}{v}\frac{1}{-\frac{R_g T}{(v-b)^2}+\frac{2a}{v^3}} = \frac{v^2(v-b)^2}{R_g T v^3 - 2a(v-b)^2}$$

其体膨胀系数

$$\alpha_V = \frac{1}{v}\left(\frac{\partial v}{\partial T}\right)_p$$

式中偏导数$\left(\frac{\partial v}{\partial T}\right)_p$不易直接求得,可利用循环关系式(5-10)来计算:

$$\begin{aligned}\left(\frac{\partial v}{\partial T}\right)_p &= \frac{-1}{\left(\frac{\partial T}{\partial p}\right)_v\left(\frac{\partial p}{\partial v}\right)_T} = -\left(\frac{\partial p}{\partial T}\right)_v\left(\frac{\partial v}{\partial p}\right)_T \\ &= -\frac{R_g}{v-b}\left[-\frac{v^3(v-b)^2}{R_g T v^3 - 2a(v-b)^2}\right] \\ &= \frac{R_g v^3(v-b)}{R_g T v^3 - 2a(v-b)^2}\end{aligned}$$

所以

$$\alpha_V = \frac{1}{v}\left(\frac{\partial v}{\partial T}\right)_p = \frac{R_g v^2(v-b)}{R_g T v^3 - 2a(v-b)^2}$$

例5-2　已知汞在常温(20 ℃)、常压(0.1 MPa)下的体膨胀系数 $\alpha_V = 0.000\ 181\ 9\ \mathrm{K}^{-1}$,等温压缩率 $\kappa_T = 0.000\ 038\ 7\ \mathrm{MPa}^{-1}$,试求其相对压力系数。如果在20 ℃室温下将汞灌满一刚性容器并加以密封,当室温升至25 ℃时,容器内压力为多少?

解:在常温、常压下汞的相对压力系数可根据式(5-19)计算:

$$\alpha_p = \frac{\alpha_V}{p\kappa_T} = \frac{0.000\ 181\ 9}{0.1\times 0.000\ 038\ 7} = 47.003(\mathrm{K}^{-1})$$

即在等容情况下,温度每升高1 K,压力约升高为原来的47倍。

近似地认为在一定参数范围内 α_V 和 κ_T 为定值,则得

$$\alpha_p p = \left(\frac{\partial p}{\partial T}\right)_v = \frac{\alpha_V}{\kappa_T}(\text{定值})$$

$$\int_{p_1}^{p_2}\mathrm{d}p_v = \frac{\alpha_V}{\kappa_T}\int_{T_1}^{T_2}\mathrm{d}T_v$$

当温度由 20 ℃ 升高至 25 ℃ 时,容器内的压力将为

$$
\begin{aligned}
p_2 &= \frac{\alpha_V}{\kappa_T}(T_2 - T_1) + p_1 \\
&= \frac{0.000\,181\,9}{0.000\,038\,7} \times (298.15 - 293.15) + 0.1 \\
&= 23.601(\text{MPa})
\end{aligned}
$$

压力近似升高为原来的 236 倍。所以,用刚性容器装液体时,不能装满并密封,以免引起容器受热后超压,甚至爆裂。

任务 5.4　麦克斯韦关系式

以 s,v 为独立变量时,微分热力学能的函数式 $u = u(s,v)$,可得

$$\mathrm{d}u = \left(\frac{\partial u}{\partial s}\right)_v \mathrm{d}s + \left(\frac{\partial u}{\partial v}\right)_s \mathrm{d}v \tag{5-20}$$

将式(5-20) 和式(5-4) 相比较后,可得

$$\left(\frac{\partial u}{\partial s}\right)_v = T, \left(\frac{\partial u}{\partial v}\right)_s = -p \tag{5-21}$$

另外,根据全微分条件$\frac{\partial^2 u}{\partial v \partial s} = \frac{\partial^2 u}{\partial s \partial v}$,得

$$\left(\frac{\partial T}{\partial v}\right)_s = -\left(\frac{\partial p}{\partial s}\right)_v \tag{5-22}$$

同样,根据 $h = h(s,p)$,$f = f(T,v)$,$g = g(T,p)$,按照与上面同样的方法可以相应地得出

$$\left(\frac{\partial h}{\partial s}\right)_p = T, \left(\frac{\partial h}{\partial p}\right)_s = v \tag{5-23}$$

$$\left(\frac{\partial T}{\partial p}\right)_s = \left(\frac{\partial v}{\partial s}\right)_p \tag{5-24}$$

$$\left(\frac{\partial f}{\partial T}\right)_v = -s, \left(\frac{\partial f}{\partial v}\right)_T = -p \tag{5-25}$$

$$\left(\frac{\partial s}{\partial v}\right)_T = \left(\frac{\partial p}{\partial T}\right)_v \tag{5-26}$$

$$\left(\frac{\partial g}{\partial T}\right)_p = -s, \left(\frac{\partial g}{\partial p}\right)_T = v \tag{5-27}$$

$$\left(\frac{\partial s}{\partial p}\right)_T = -\left(\frac{\partial v}{\partial T}\right)_p \tag{5-28}$$

式(5-22)、式(5-24)、式(5-26)、式(5-28) 称为麦克斯韦关系式,其重要性在于它们将简单可压缩物质的不能直接测量的状态参数比熵(s) 与可以直接测量的基本状态参数(p,v,T) 联系了起来。

任务5.5 比熵、比热力学能和比焓的一般关系式

1. 比熵的一般关系式

由 $s = s(T, v)$ 可得

$$ds = \left(\frac{\partial s}{\partial T}\right)_v dT + \left(\frac{\partial s}{\partial v}\right)_T dv \tag{5-29a}$$

其中

$$\left(\frac{\partial s}{\partial T}\right)_v = \frac{\left(\frac{\partial u}{\partial T}\right)_v}{\left(\frac{\partial u}{\partial s}\right)_v} = \frac{c_V}{T} \tag{5-29b}$$

$$\left(\frac{\partial s}{\partial v}\right)_T = \left(\frac{\partial p}{\partial T}\right)_v \text{(麦克斯韦第三关系式)} \tag{5-29c}$$

将式(5-29c)和式(5-29b)代入式(5-29a),得

$$ds = \frac{c_V}{T}dT + \left(\frac{\partial p}{\partial T}\right)_v dv \tag{5-30}$$

这就是以 T,v 为独立变量时比熵的一般关系式(第一 ds 方程),它适用于任何简单可压缩物质。

对于理想气体,则可通过对式(5-30)积分而得到

$$s = \int \frac{c_V}{T}dT + \int \frac{R_g}{v}dv + C_1 = \int \frac{c_V}{T}dT + R_g \ln v + C_1$$

同样,由 $s = s(T, p)$ 有

$$ds = \left(\frac{\partial s}{\partial T}\right)_p dT + \left(\frac{\partial s}{\partial p}\right)_T dp \tag{5-31a}$$

其中

$$\left(\frac{\partial s}{\partial T}\right)_p = \frac{\left(\frac{\partial h}{\partial T}\right)_p}{\left(\frac{\partial h}{\partial s}\right)_p} = \frac{c_p}{T} \tag{5-31b}$$

$$\left(\frac{\partial s}{\partial p}\right)_T = -\left(\frac{\partial v}{\partial T}\right)_p \text{(麦克斯韦第四关系式)} \tag{5-31c}$$

将式(5-31b)和式(5-31c)代入式(5-31a),得

$$ds = c_p\frac{dT}{T} - \left(\frac{\partial v}{\partial T}\right)_p dp \tag{5-32}$$

该式是以 T,p 为独立变量时比熵的一般关系式(第二 ds 方程)。

以 p,v 为独立变量时,$s = s(p, v)$,有

$$ds = \left(\frac{\partial s}{\partial p}\right)_v dp + \left(\frac{\partial s}{\partial v}\right)_p dv \tag{5-33a}$$

其中

$$\left(\frac{\partial s}{\partial p}\right)_v = \left(\frac{\partial s}{\partial T}\right)_v \left(\frac{\partial T}{\partial p}\right)_v = \frac{c_V}{T}\left(\frac{\partial T}{\partial p}\right)_v \tag{5-33b}$$

$$\left(\frac{\partial s}{\partial v}\right)_p = \left(\frac{\partial s}{\partial T}\right)_p \left(\frac{\partial T}{\partial v}\right)_p = \frac{c_p}{T}\left(\frac{\partial T}{\partial v}\right)_p \tag{5-33c}$$

将式(5-33b)和式(5-33c)代入式(5-33a),得

$$\mathrm{d}s = \frac{c_V}{T}\left(\frac{\partial T}{\partial p}\right)_v \mathrm{d}p + \frac{c_p}{T}\left(\frac{\partial T}{\partial v}\right)_p \mathrm{d}v \tag{5-34}$$

该式是以 p,v 为独立变量时比熵的一般关系式(第三 ds 方程)。

2. 比热力学能的一般关系式

将第一 ds 方程代入式(5-4)即可得

$$\mathrm{d}u = c_V\mathrm{d}T + \left[T\left(\frac{\partial p}{\partial T}\right)_v - p\right]\mathrm{d}v \tag{5-35}$$

这就是以 T,v 为独立变量时比热力学能的一般关系式(第一 du 方程)。

将第二 ds 方程代入式(5-4)得

$$\mathrm{d}u = c_p\mathrm{d}T - T\left(\frac{\partial v}{\partial T}\right)_p - p\mathrm{d}v \tag{5-36a}$$

由 $v = v(T,p)$ 可得

$$\mathrm{d}v = \left(\frac{\partial v}{\partial T}\right)_p \mathrm{d}T + \left(\frac{\partial v}{\partial p}\right)_T \mathrm{d}p \tag{5-36b}$$

将式(5-36b)代入式(5-36a),经整理后可得

$$\mathrm{d}u = \left[c_p - p\left(\frac{\partial v}{\partial T}\right)_p\right]\mathrm{d}T - \left[T\left(\frac{\partial v}{\partial T}\right)_p + p\left(\frac{\partial v}{\partial p}\right)_T\right]\mathrm{d}p \tag{5-37}$$

这就是以 T,p 为独立变量时比热力学能的一般关系式(第二 du 方程)。

将第三 ds 方程代入式(5-4)可得

$$\mathrm{d}u = c_V\left(\frac{\partial T}{\partial p}\right)_v \mathrm{d}p + \left[c_p\left(\frac{\partial T}{\partial v}\right)_p - p\right]\mathrm{d}v \tag{5-38}$$

这就是以 p,v 为独立变量时比热力学能的一般关系式(第三 du 方程)。

在上述三个 du 方程中,显然以第一 du 方程最为简单。所以,在计算比热力学能时,最好选 T,v 为独立变量。

3. 比焓的一般关系式

将第一 ds 方程代入式(5-5)得

$$\mathrm{d}h = c_V\mathrm{d}T + T\left(\frac{\partial p}{\partial T}\right)_v \mathrm{d}v + v\mathrm{d}p \tag{5-39a}$$

由 $p = p(T,v)$ 可得

$$\mathrm{d}p = \left(\frac{\partial p}{\partial T}\right)_v \mathrm{d}T + \left(\frac{\partial p}{\partial v}\right)_T \mathrm{d}v \tag{5-39b}$$

将式(5-39b)代入式(5-39a),经整理后可得

$$\mathrm{d}h = \left[c_V + v\left(\frac{\partial p}{\partial T}\right)_v\right]\mathrm{d}T + \left[T\left(\frac{\partial p}{\partial T}\right)_v + v\left(\frac{\partial p}{\partial v}\right)_T\right]\mathrm{d}v \tag{5-40}$$

此即以 T,v 为独立变量时比焓的一般关系式(第一 dh 方程)。

将第二 ds 方程代入式(5-5),即可得以 T,p 为独立变量时比焓的一般关系式(第二 dh 方程):

$$\mathrm{d}h = c_p\mathrm{d}T - \left[T\left(\frac{\partial v}{\partial T}\right)_p - v\right]\mathrm{d}p \tag{5-41}$$

将第三 ds 方程代入式(5-5),即可得以 p,v 为独立变量时比焓的一般关系式(第三 dh 方程):

$$\mathrm{d}h = \left[c_V\left(\frac{\partial T}{\partial p}\right)_v + v\right]\mathrm{d}p + c_p\left(\frac{\partial T}{\partial v}\right)_p\mathrm{d}v \tag{5-42}$$

在上述三个 dh 方程中,显然以第二 dh 方程最为简单。因此,在计算比焓时,最好选 T,p 为独立变量。

例 5-3　试导出以 T,v 为独立变量时范德瓦耳斯气体的比熵和比热力学能的计算式。

解:对第一 ds 方程两边积分可得

$$s = \int\frac{c_V}{T}\mathrm{d}T + \int\left(\frac{\partial p}{\partial T}\right)_v\mathrm{d}v + s_0$$

例 5-1 中已经导出了$\left(\frac{\partial p}{\partial T}\right)_v = \frac{R_g}{v-b}$,所以有

$$s = \int\frac{c_V}{T}\mathrm{d}T + \int\frac{R_g}{v-b}\mathrm{d}v + s_0 = \int\frac{c_V}{T}\mathrm{d}T + R_g\ln(v-b) + s_0$$

此即范德瓦耳斯气体比熵的计算式。如果认为定容比热容是定值,则得

$$s = c_V\ln T + R_g\ln(v-b) + s_0$$

对第一 du 方程进行两边积分可得

$$u = \int c_V\mathrm{d}T + \int\left[T\left(\frac{\partial p}{\partial T}\right)_v - p\right]\mathrm{d}v + u_0 = \int c_V\mathrm{d}T + \int\left(\frac{R_gT}{v-b} - p\right)\mathrm{d}v + u_0$$

$$= \int c_V\mathrm{d}T + \int\left(p + \frac{a}{v^2} - p\right)\mathrm{d}v + u_0 = \int c_V\mathrm{d}T - \frac{a}{v} + u_0$$

此即范德瓦耳斯气体比热力学能的计算式。如果认为定容比热容为定值,则得

$$u = c_VT - \frac{a}{v} + u_0$$

例 5-4　已知氮气的范德瓦耳斯方程中的常数 $a = 174.59$,$b = 0.001\,381$。试计算氮气在 20 ℃ 的等温条件下,比体积由 0.3 m^3/kg 膨胀至 1.2 m^3/kg 时比热力学能、比焓和比熵的变化。

解:利用例 5-3 得出的范德瓦耳斯气体比热力学能的计算式$\left(u = c_VT - \frac{a}{v} + u_0\right)$,可得等温下比热力学能的变化为

$$u_2 - u_1 = -a\left(\frac{1}{v_2} - \frac{1}{v_1}\right)$$

$$= -174.59 \times \left(\frac{1}{1.2} - \frac{1}{0.3}\right) \times 10^3 = -0.436\,5(\mathrm{kJ/kg})$$

比焓的变化：

$$h_2 - h_1 = (u_2 - u_1) + (p_2v_2 - p_1v_1)$$

其中，p_1 和 p_2 可根据范德瓦耳斯方程计算：

$$\begin{aligned} p_1 &= \frac{R_g T}{v_1 - b} - \frac{a}{v_1^2} \\ &= \left(\frac{296.8 \times 293.15}{0.3 - 0.001\ 381} - \frac{174.59}{0.3^2}\right) \times 10^{-6} = 0.289\ 424(\text{MPa}) \\ p_2 &= \frac{R_g T}{v_2 - b} - \frac{a}{v_2^2} \\ &= \left(\frac{296.8 \times 293.15}{1.2 - 0.001\ 381} - \frac{174.59}{1.2^2}\right) \times 10^{-6} = 0.072\ 468(\text{MPa}) \end{aligned}$$

所以比焓的变化：

$$\begin{aligned} h_2 - h_1 &= 436.5 + 72\ 468 \times 1.2 - 289\ 424 \times 0.3 \\ &= 570.9(\text{J/kg}) \end{aligned}$$

即 $h_2 - h_1 = 0.570\ 9\ \text{kJ/kg}$。

利用例 5-3 得出的范德瓦耳斯气体比熵的计算式 $s = c_V \ln T + R_g \ln(v - b) + s_0$ 可得等温条件下比熵的变化为

$$\begin{aligned} s_2 - s_1 &= R_g \ln \frac{v_2 - b}{v_1 - b} = 296.8 \times \ln \frac{1.2 - 0.001\ 381}{0.3 - 0.001\ 381} \\ &= 412.5[\text{J/(kg·K)}] \end{aligned}$$

即 $s_2 - s_1 = 0.412\ 5\ \text{kJ/(kg·K)}$。

讨论：若按照理想气体计算，则在等温条件下可得

$$u_2 - u_1 = 0, h_2 - h_1 = 0$$

$$\begin{aligned} s_2 - s_1 &= R_g \ln \frac{v_2}{v_1} \\ &= 296.8 \times \ln \frac{1.2}{0.3} \times 10^{-3} \\ &= 0.441\ 5[\text{kJ/(kg·K)}] \end{aligned}$$

任务 5.6　比热容的一般关系式

1. 比热容差

按定容比热容和定压比热容定义：

$$c_V = \left(\frac{\partial u}{\partial T}\right)_v = \left(\frac{\partial u}{\partial s}\right)_v \left(\frac{\partial s}{\partial T}\right)_v = T\left(\frac{\partial s}{\partial T}\right)_v \tag{5-43}$$

$$c_p = \left(\frac{\partial h}{\partial T}\right)_p = \left(\frac{\partial h}{\partial s}\right)_p \left(\frac{\partial s}{\partial T}\right)_p = T\left(\frac{\partial s}{\partial T}\right)_p \tag{5-44}$$

比热容差：

$$c_p - c_V = T\left[\left(\frac{\partial s}{\partial T}\right)_p - \left(\frac{\partial s}{\partial T}\right)_v\right] \tag{5-45}$$

由式(5-13)可知：

$$\left(\frac{\partial s}{\partial T}\right)_p = \left(\frac{\partial s}{\partial T}\right)_v + \left(\frac{\partial s}{\partial v}\right)_T\left(\frac{\partial v}{\partial T}\right)_p \tag{5-46}$$

将式(5-46)代入式(5-45)后得

$$c_p - c_V = T\left(\frac{\partial s}{\partial v}\right)_T\left(\frac{\partial v}{\partial T}\right)_p \tag{5-47}$$

将式(5-26)代入式(5-47)得

$$c_p - c_V = T\left(\frac{\partial p}{\partial T}\right)_v\left(\frac{\partial v}{\partial T}\right)_p \tag{5-48}$$

式中，$\left(\frac{\partial p}{\partial T}\right)_v = p\alpha_p$，而 c_V 较不常用，可利用循环关系式(5-10)将其变换一下：

$$\left(\frac{\partial p}{\partial T}\right)_v = -\frac{\left(\frac{\partial v}{\partial T}\right)_p}{\left(\frac{\partial v}{\partial p}\right)_T}$$

代入式(5-48)可得

$$c_p - c_V = -\frac{T\left(\frac{\partial v}{\partial T}\right)_p^2}{\left(\frac{\partial v}{\partial p}\right)_T} = \frac{Tv\alpha_V^2}{\kappa_T} \tag{5-49}$$

式(5-49)为迈耶公式的通用表达式，对理想气体，该式即为式(4-20)。式(5-49)中，T，v，κ_T 恒为正值，α_V 有时可能为负值，但 α_V^2 必为正值，所以 $c_p - c_V > 0$，即任何物质的 c_p 必定大于 c_V。由于 c_V 的测定较为困难，因此，一般总是先测出 c_p，然后再利用状态方程式按式(5-48)或式(5-49)计算出 c_V。

2. 比热比

按比热比的定义有

$$\gamma = \frac{c_p}{c_V} = \frac{T\left(\frac{\partial s}{\partial T}\right)_p}{T\left(\frac{\partial s}{\partial T}\right)_v} = \frac{\left(\frac{\partial s}{\partial T}\right)_p}{\left(\frac{\partial s}{\partial T}\right)_v} \tag{5-50}$$

根据循环关系式有

$$\left(\frac{\partial s}{\partial T}\right)_p = -\left(\frac{\partial p}{\partial T}\right)_s\left(\frac{\partial s}{\partial p}\right)_T \tag{5-51}$$

$$\left(\frac{\partial s}{\partial T}\right)_v = -\left(\frac{\partial v}{\partial T}\right)_s\left(\frac{\partial s}{\partial v}\right)_T \tag{5-52}$$

将式(5-51)、式(5-52)代入式(5-50)得

$$\gamma = \frac{c_p}{c_V} = \frac{-T\left(\frac{\partial p}{\partial T}\right)_s\left(\frac{\partial s}{\partial p}\right)_T}{-T\left(\frac{\partial v}{\partial T}\right)_s\left(\frac{\partial s}{\partial v}\right)_T} = \frac{\left(\frac{\partial p}{\partial v}\right)_s}{\left(\frac{\partial p}{\partial v}\right)_T} = \frac{-\frac{1}{v}\left(\frac{\partial v}{\partial p}\right)_T}{-\frac{1}{v}\left(\frac{\partial v}{\partial p}\right)_s} = \frac{\kappa_T}{\kappa_s} \tag{5-53}$$

因为 $c_p - c_V > 0, \frac{c_p}{c_V} > 1$,所以 $\kappa_T > \kappa_s$,即任何物质的等温压缩率一定大于等熵压缩率。另外,由物理学可知声速

$$c = \sqrt{\left(\frac{\partial p}{\partial \rho}\right)_s} = \sqrt{-v^2\left(\frac{\partial p}{\partial v}\right)_s} \qquad \left(\rho = \frac{1}{v}\right)$$

即

$$\left(\frac{\partial p}{\partial v}\right)_s = -\frac{c^2}{v^2} \tag{5-54}$$

将式(5-54)代入式(5-53)可得比热比

$$\gamma = \frac{c_p}{c_V} = -\frac{c^2}{v^2}\left(\frac{\partial v}{\partial p}\right)_T = -\frac{c^2}{v}\kappa_T \tag{5-55}$$

所以,也可以通过测量声速结合状态方程而得到比热比。

3. 压力对比热容的影响

以 T,v 为独立变量的第一 $\mathrm{d}s$ 方程式为

$$\mathrm{d}s = \frac{c_V}{T}\mathrm{d}T + \left(\frac{\partial p}{\partial T}\right)_v \mathrm{d}v$$

根据全微分条件:

$$\left[\frac{\partial(c_V/T)}{\partial v}\right]_T = \left(\frac{\partial^2 p}{\partial T^2}\right)_v \tag{5-56}$$

以 T,p 为独立变量的第二 $\mathrm{d}s$ 方程式为

$$\mathrm{d}s = \frac{c_p}{T}\mathrm{d}T - \left(\frac{\partial v}{\partial T}\right)_p \mathrm{d}p$$

根据全微分条件:

$$\left[\frac{\partial(c_p/T)}{\partial p}\right]_T = -\left(\frac{\partial^2 v}{\partial T^2}\right)_p \tag{5-57}$$

即

$$\left(\frac{\partial c_p}{\partial p}\right)_T = -T\left(\frac{\partial^2 v}{\partial T^2}\right)_p = -Tv\left[\alpha_p^2 + \left(\frac{\partial \alpha_p}{\partial T}\right)_p\right] \tag{5-58}$$

对式(5-58)两边进行积分,得

$$(c_p - c_{p0})_T = -T\int_0^p \left(\frac{\partial^2 v}{\partial T^2}\right)_p \mathrm{d}p_T$$

或写为

$$c_p(T,p) = c_{p0}(T) - T\int_0^p \left(\frac{\partial^2 v}{\partial T^2}\right)_p \mathrm{d}p_T \tag{5-59}$$

式中,c_{p0} 为零压下气体的定压比热容,亦即理想气体状态下的定压比热容。要讨论 c_V 与压力的关系,可以根据式(5-49)和式(5-41)进行。

式(5-58)和式(5-59)表明:利用状态方程 $v = v(T,p)$ 的二阶偏导数可以计算出等温下定压比热容随压力的变化。另外,根据式(5-56)和式(5-57)还可以进行以下计算:由已知状

态方程确定实际气体的比热容；检验实际气体状态方程的准确性；结合比热容的实验数据，建立实际气体的状态方程；等等。

任务5.7　焦耳-汤姆孙系数的一般关系式

焦耳-汤姆孙系数（简称焦-汤系数）是指绝热节流的微分温度效应，即

$$\mu_J = \left(\frac{\partial T}{\partial p}\right)_h \tag{5-60}$$

由稳定流动系统的能量方程式(2-13)可知，绝热节流后比焓不变，压力降低，如果温度也降低，则 $\mu_J > 0$，为正效应；如果温度升高，则 $\mu_J < 0$，为负效应；如果温度不变，则 $\mu_J = 0$，为零效应。

焦-汤系数与其他参数之间的关系可以利用比焓的一般关系式来确定，即

$$dh = c_p dT - \left[T\left(\frac{\partial v}{\partial T}\right)_p - v\right]dp$$

绝热节流后比焓不变

$$dh = 0$$

即

$$c_p dT_h - \left[T\left(\frac{\partial v}{\partial T}\right)_p - v\right]dp_h = 0$$

所以

$$\mu_J = \left(\frac{\partial T}{\partial p}\right)_h = \frac{1}{c_p}\left[T\left(\frac{\partial v}{\partial T}\right)_p - v\right] = \frac{v}{c_p}(T\alpha_V - 1) \tag{5-61}$$

式(5-61)建立了焦-汤系数、定压比热容及状态方程三者之间的关系。

显然，焦-汤系数为零的条件应是

$$T\left(\frac{\partial v}{\partial T}\right)_p = v \text{ 或 } T\alpha_V = 1 \tag{5-62}$$

理想气体在任何状态下都满足式(5-62)，所以在任何情况下，理想气体绝热节流后的温度都不会改变。实际气体的绝热节流过程将在项目9中加以详细讨论。

本项目导出的各种热力学微分方程建立了各特征量之间的一般关系，它们适用于任何具有两个自由度的简单可压缩物质。虽然它们并没有给出物质的具体知识，但有了热力学微分方程，只需知道较少的必要的热物性数据（如定压比热容和状态方程），就可以获得比较全面的热物性知识，因而它们在热物性研究中有重要作用。

任务5.8　克拉佩龙方程和饱和蒸气压方程

1. 纯物质的相图

根据状态方程 $f(p,v,T) = 0$，纯物质的平衡状态点在 p,v,T 三维坐标系中构成一个曲

面，称为热力学面，如图 5-1 所示。从 p-v-T 热力学面上可以清晰地看到不同参数范围内物质呈现的不同聚集状态（不同的相态）及它们之间的转变过程。把 p-v-T 热力学面投影到 p-v 面上，即得 p-v 图，如图 5-2 所示。

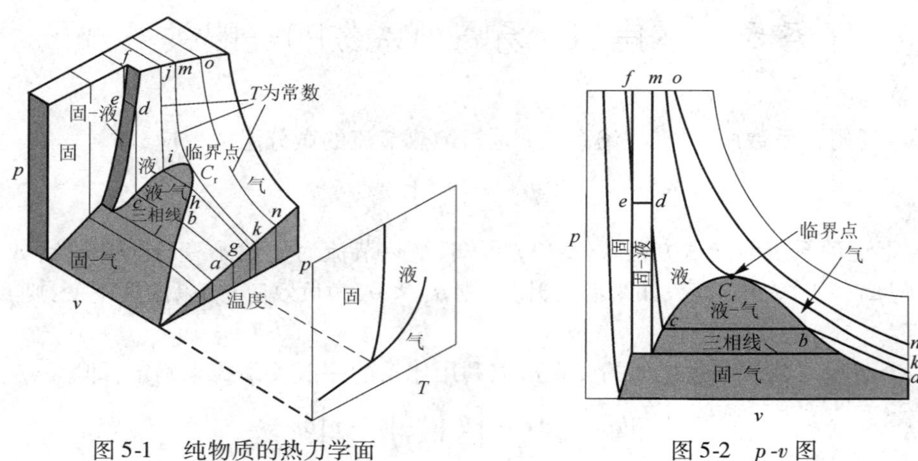

图 5-1 纯物质的热力学面

图 5-2 p-v 图

把 p-v-T 热力学面投影到 p-T 面上，即得 p-T 图，如图 5-3 所示。p-T 图常被称为相图。热力学面上气 - 液、气 - 固和固 - 液三个两相区在相图上的投影是三条曲线，分别为汽化曲线、熔化曲线和升华曲线，三条线在 p-T 面上投影的交点称为三相点，而三相线是物质处于固、液、气三相平衡共存的状态点的集合。图 5-3（a）是凝固时体积收缩的物质的 p-T 图，图 5-3（b）是凝固时体积膨胀的物质（如水）的 p-T 图。

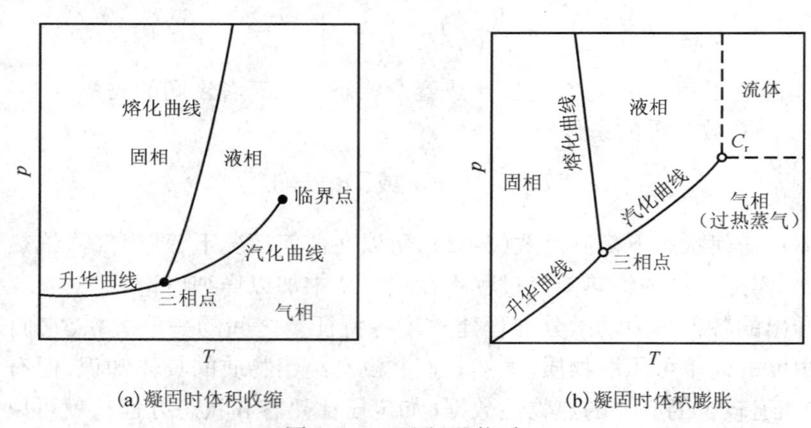

(a) 凝固时体积收缩

(b) 凝固时体积膨胀

图 5-3 p-T 图（纯物质）

2. 吉布斯相律

单相系（如液态水）可以有两个独立变化的强度量，即温度 T 和压力 p 都可以自由变化，称其有两个自由度。而在相变区域，如湿蒸气（气 - 液两相）区，温度和压力是一一对应的，因此只有一个可自由变化，称为有一个自由度（参见项目 6 中水蒸气的热力性质）。1875 年，吉布斯在状态公理的基础上导出了著名的相律，称为吉布斯相律。它确定了相平衡系统中每一

个单独相热力状态的自由度数，即可独立变化的强度参数的数目，可表示为

$$F = C - p + 2 \tag{5-63}$$

式中，F 为独立强度量的数目；C 为组元数；p 为相数。如单元两相系中，$C = 1$，$p = 2$，因此 $F = 1$，这意味着指定温度或压力就可以唯一确定各个相的状态。单元物质在三相平衡共存时，$F = 0$，所以各相的压力、温度都唯一确定，不能自由变化，但其体积等广延参数则随各相比例而变化。

3. 克拉佩龙方程

吉布斯相律指出，纯物质处于两相平衡共存时，其温度和压力彼此不能独立，它们之间存在一定关系，相图（p-T 图）上的汽化曲线、升华曲线和熔化曲线即反映了这种关系，而这种关系就是克拉佩龙方程。

根据麦克斯韦关系式(5-26)

$$\left(\frac{\partial s}{\partial v}\right)_T = \left(\frac{\partial p}{\partial T}\right)_v$$

两相共存时，压力是温度的函数，因此$\left(\frac{\partial p}{\partial T}\right)_v$ 可写为$\left(\frac{\mathrm{d}p}{\mathrm{d}T}\right)_\mathrm{s}$，这里的"s"表示相平衡，也就是说相平衡曲线的斜率与比体积无关。所以，据式(5-26)可得

$$\left(\frac{\mathrm{d}p}{\mathrm{d}T}\right)_\mathrm{s} = \frac{s^\beta - s^\alpha}{v^\beta - v^\alpha} \tag{5-64}$$

式中，α 和 β 表示相变过程中的两相。式(5-64)就是克拉佩龙方程，也称克拉佩龙-克劳修斯方程。相变过程中有

$$s^\beta - s^\alpha = \frac{h^\beta - h^\alpha}{T_\mathrm{s}} = \frac{r}{T_\mathrm{s}}$$

式中，h^α 和 h^β 分别表示相平衡时两相的比焓；r 是相变潜热；T_s 是相变时的饱和温度。这样，式(5-64)可改写为

$$\left(\frac{\mathrm{d}p}{\mathrm{d}T}\right)_\mathrm{s} = \frac{r}{T_\mathrm{s}(v^\beta - v^\alpha)} \tag{5-65}$$

式(5-65)也称为克拉佩龙方程。

克拉佩龙方程是普遍适用的微分方程式，它将两相平衡时 $p = f(T_\mathrm{s})$ 的斜率、相变潜热和比体积三者联系起来了。因此，可以根据其中的任何两个数据求取第三个。例如，可以通过实验测得的 r，T 和两相的比体积差 $v^\beta - v^\alpha$，对式(5-65)两边进行积分，即可求得两相（如气-液两相）平衡时蒸气压力与温度的关系式 $p = f(T_\mathrm{s})$。

4. 饱和蒸气压方程

用式(5-65)能预测饱和温度和饱和压力的关系。

例如，低压下液相的比体积 v_l 远小于气体的比体积 v_g 而忽略不计。由于压力较低，对于气相，可以近似应用理想气体状态方程，于是，式(5-65)可写为

$$\left(\frac{\mathrm{d}p}{\mathrm{d}T}\right)_\mathrm{s} = \frac{r}{T_\mathrm{s} v_\mathrm{g}} = \frac{r}{T_\mathrm{s}} \frac{p_\mathrm{s}}{R_\mathrm{g} T_\mathrm{s}} \tag{5-66}$$

所以

$$r = R_g \frac{dp_s}{p_s} \frac{T_s^2}{dT_s} = -R_g \frac{d\ln p_s}{d(1/T_s)}$$

如果温度变化范围不大，r 可视为常数，则式(5-66) 变为

$$\ln p_s = -\frac{r}{R_g T_s} + A = A - \frac{B}{T_s} \tag{5-67}$$

式中，$B = \frac{r}{R_g}$，A，B 均可通过拟合实验数据获得。此式表明，在较低压力时，$\ln p_s$ 与 $1/T_s$ 为直线关系。虽然式(5-67) 并不精确，但它提供了一种近似计算不同 T_s 下 p_s 的方法。

在式(5-67) 的基础上，可以使用如下较为精确的关系：

$$\ln p_s = A - \frac{B}{T_s + C} \tag{5-68}$$

式中，A，B，C 均为常数，可由实验数据拟合得出。

任务 5.9 对比状态方程和对应态原理

1. 对比状态方程

由有量纲参数表达的状态方程 $f(p,v,T) = 0$，也可以改为由量纲一的参数表达的形式。所谓量纲一的参数是指由有量纲参数组成的量纲为一的值，如：

对比温度：

$$T_r = \frac{T}{T_c}$$

对比压力：

$$p_r = \frac{p}{p_c}$$

对比比体积：

$$v_r = \frac{v}{v_c}$$

压缩因子：

$$Z = \frac{pv}{R_g T}$$

由量纲一的对比状态参数组成的状态方程称为对比状态方程。任何由有量纲参数表达的状态方程都可以变换为由量纲一的参数组成的对比状态方程。例如，由有量纲参数表达的范德瓦耳斯方程式(4-51) 为

$$\left(p + \frac{a}{v^2}\right)(v - b) = R_g T \tag{5-69a}$$

对该方程曾推得式(4-53) 和式(4-54)：

$$a = \frac{9}{8} R_g T_c v_c, b = \frac{v_c}{3}, R_g = \frac{8}{3} \frac{p_c v_c}{T_c} \tag{5-69b}$$

将式(5-69b)代入式(5-69a)得

$$\left(p + \frac{9}{8}\frac{R_g T_c v_c}{v^2}\right)\left(v - \frac{v_c}{3}\right) = \frac{8}{3}\frac{p_c v_c}{T_c}T \tag{5-70}$$

式(5-70)两边同时除以 $p_c v_c$ 得

$$\left(\frac{p}{p_c} + \frac{9}{8}\frac{R_g T_c}{p_c v_c}\frac{v_c^2}{v^2}\right)\left(\frac{v}{v_c} - \frac{1}{3}\right) = \frac{8}{3}\frac{T}{T_c} \tag{5-71}$$

考虑到$\frac{R_g T_c}{p_c v_c} = \frac{8}{3}$,则式(5-71)可化为

$$\left(p_r + \frac{3}{v_r^2}\right)\left(v_r - \frac{1}{3}\right) = \frac{8}{3}T_r \tag{5-72}$$

式(5-72)即为范德瓦耳斯对比状态方程。也可以用压缩因子 Z 替代对比比体积 v_r 来表达范德瓦耳斯对比状态方程,即

$$Z = \frac{pv}{R_g T} = \frac{p_r p_c v_r v_c}{R_g T_r T_c} = \frac{p_r v_r}{T_r}Z_c \tag{5-73}$$

对范德瓦耳斯气体($Z_c = \frac{3}{8}$),有

$$v_r = \frac{ZT_r}{Z_c p_r} = \frac{8}{3}\frac{ZT_r}{p_r} \tag{5-74}$$

将式(5-74)代入式(5-72),有

$$\left[p_r + \frac{3}{\left(\frac{8}{3}\frac{ZT_r}{p_r}\right)^2}\right]\left(\frac{8}{3}\frac{ZT_r}{p_r} - \frac{1}{3}\right) = \frac{8}{3}T_r$$

即

$$p_r\left(1 + \frac{27}{64}\frac{p_r}{Z^2 T_r^2}\right)Z\left(\frac{8}{3}\frac{T_r}{p_r} - \frac{1}{3Z}\right)\frac{3}{8T_r} = 1$$

亦即

$$\left(Z + \frac{27}{64}\frac{p_r}{ZT_r^2}\right)\left(1 - \frac{p_r}{8ZT_r}\right) = 1 \tag{5-75}$$

式(5-75)为另一种形式(用 Z 替代 v_r)的范德瓦耳斯对比状态方程。

式(5-72)和式(5-75)都是范德瓦耳斯对比状态方程,式中不包含反映不同物质特性的不同常数(如气体常数、临界常数、修正数等),它们是通用的,对任何范德瓦耳斯气体都适用。但是,如果用范德瓦耳斯对比状态方程来计算实际气体的性质,误差将是很大的,因为该方程中不合实际地认为所有物质的临界压缩因子 Z_c 都等于0.375,而实际上所有物质的临界压缩因子都远小于此值(见表A-8)。理想气体的对比状态方程最简单:$Z = 1$。

2. 对应态原理

虽然范德瓦耳斯对比状态方程不适用于实际气体性质的定量计算,但它却提供了一个很好的启示:所有的范德瓦耳斯气体(范德瓦耳斯气体其实也是一类假想的气体)都可以用同一个包含三个对比参数(T_r, p_r, v_r 或 T_r, p_r, Z)的对比状态方程表示它们的性质。那么对所

有的范德瓦耳斯气体，只要有两个对比参数相同，第三个对比参数也就必定相同。

所有的范德瓦耳斯气体是热力学相似的，它们在 T_r-p_r-v_r 或（T_r-p_r-Z）三维图中具有同一热力学面，该热力学面上任何一点代表着所有范德瓦耳斯气体的一个相应的状态。事实上，任何一组热力学相似的气体（它们可以具有不同于范德瓦耳斯气体的对比状态方程），在 T_r-p_r-v_r 或（T_r-p_r-Z）三维图中都具有同一热力学面，该热力学面上任何一点代表这组热力学相似气体的一个对应状态。因此，可以得出这样一个普遍的推论：对热力学相似的流体［它们具有相同的对比状态方程 $f(T_r,p_r,v_r)=0$ 或 $f(T_r,p_r,Z)=0$］，在三个分参数中，如果有两个相同，那么第三个也必定相同，这就是对应态原理（热力学相似原理）。这时，具有相同对比参数的热力学相似的流体处于对应状态。

任务 5.10　通用线图

1. 通用压缩因子图

范德瓦耳斯气体是热力学相似的，但实际气体偏离范德瓦耳斯气体较远，那么实际气体是否也存在热力学相似的现象呢？图 5-4 为多种气体的 p,v,T 实验数据在 Z-p_r 坐标系中整理出来的定对比温度线上各点的实际位置。从图 5-4 中可以看出，这些性质差异较大的物质基本上都遵守对应态原理（当 T_r，p_r 相同时，实验数据 Z 值也基本相同）。

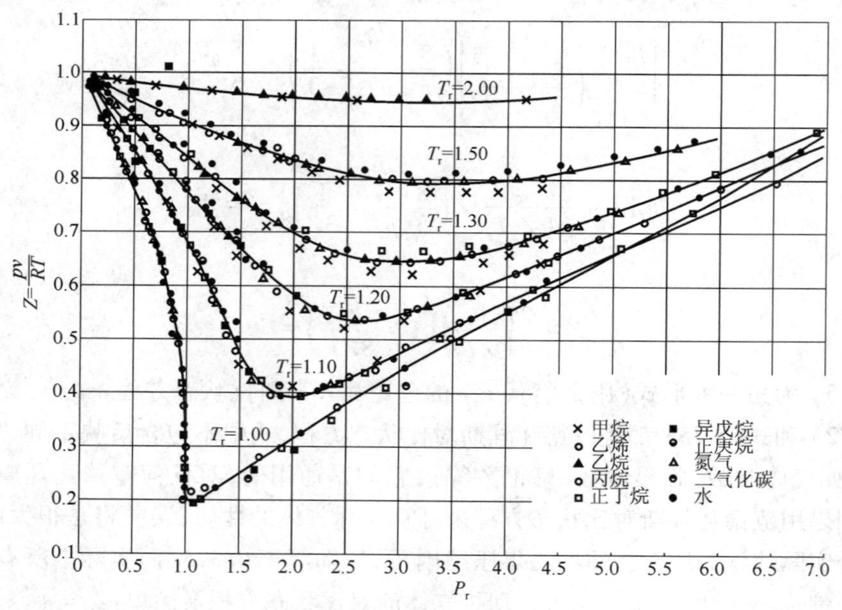

图 5-4　若干种气体的压缩因子

从式（5-73）可知：

$$Z=\frac{p_r v_r}{T_r}Z_c$$

而 v_r 是 T_r 和 p_r 的函数,所以有

$$Z = Z(T_r, p_r, Z_c) \tag{5-76}$$

对具有相同 Z_c 值的气体,则

$$Z = Z(T_r, p_r) \tag{5-77}$$

式(5-76)和式(5-77)表明,具有相同临界压缩因子值的流体是一组热力学相似的流体,不同 Z_c 值的流体具有不同的状态方程。由于大多数流体的临界压缩因子比较接近0.27(见表A-8),因此,如能得到一个 $Z_c = 0.27$ 的状态方程,将能表达一大批热力学相似的气体的性质。但是要想获得一个在较大参数范围内适用的对比状态方程并非易事,因而只好依据很多 $Z_c \approx 0.27$ 的物质的大量实验数据在 Z-p_r 图中画出等对比温度线簇,以此来代替对比状态方程,这就形成了如图5-5所示的通用压缩因子图。通用压缩因子图就是图示的对比状态方程。

从图5-4及图5-5可以看出:所有等对比温度线在 $p_r \to 0$ 时都将集中到 $Z_c = 1$ 处,这是因为任何气体在极低压力下,其性质都趋于理想气体。

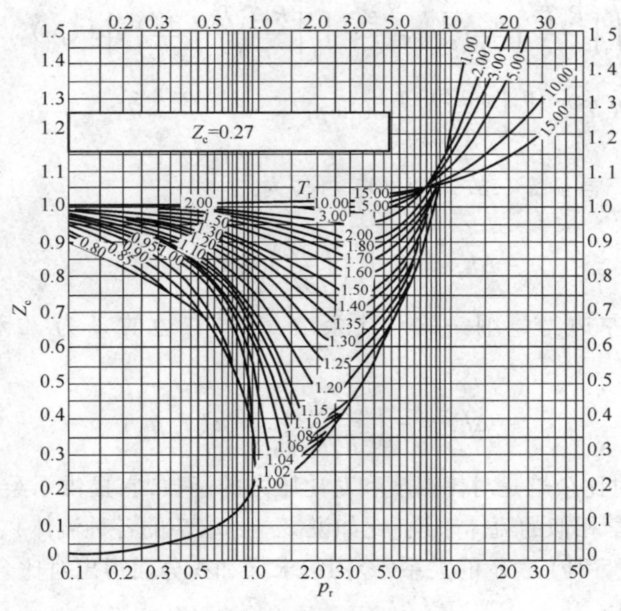

图5-5　通用压缩因子图

对一些 Z_c 值离0.27较远的流体,也可以绘制其他 Z_c 值(如 $Z_c = 0.29$,$Z_c = 0.25$)所对应的通用压缩因子图,但那些图用得较少。通用压缩因子图为那些缺乏专用状态方程和专用图表的流体提供计算 p,v,T 的依据。

2. 通用对比余焓图

对于第二 dh 方程式(5-41):

$$\mathrm{d}h = c_p \mathrm{d}T - \left[T\left(\frac{\partial v}{\partial T}\right)_p - v\right]\mathrm{d}p$$

在等温下积分,得

$$\int_{h_0}^{h} \mathrm{d}h_T = -\int_0^p \left[T\left(\frac{\partial v}{\partial T}\right)_p - v \right] \mathrm{d}p_T$$

即

$$(h - h_0)_T = \int_0^p \left[v - T\left(\frac{\partial v}{\partial T}\right)_p \right] \mathrm{d}p_T \tag{5-78}$$

式中,h_0 为零压下(理想气体状态下)气体的比焓,h_0 仅仅是温度的函数。

用压缩因子代替比体积:

$$v = \frac{ZR_g T}{p} \tag{5-79a}$$

$$\left(\frac{\partial v}{\partial T}\right)_p = \frac{ZR_g}{p} + \frac{R_g T}{p}\left(\frac{\partial Z}{\partial T}\right)_p \tag{5-79b}$$

将式(5-79a)和式(5-79b)代入式(5-78)有

$$\begin{aligned}(h - h_0)_T &= \int_0^p \left[\frac{ZR_g T}{p} - \frac{ZR_g T}{p} - \frac{R_g T^2}{p}\left(\frac{\partial Z}{\partial T}\right)_p \right] \mathrm{d}p_T \\ &= -\int_0^p \left[\frac{R_g T^2}{p}\left(\frac{\partial Z}{\partial T}\right)_p \right] \mathrm{d}p_T = -\int_0^{p_r} \left[\frac{R_g T_r^2 T_c^2}{p_r p_c}\left(\frac{\partial Z}{\partial T_r}\right)_{p_r} \right] \mathrm{d}\,(p_r)_{T_r} \frac{p_c}{T_c} \\ &= -R_g T_r^2 T_c \int_0^{p_r} \left[\left(\frac{\partial Z}{\partial T_r}\right)_{p_r} \right] \mathrm{d}\,(\ln p_r)_{T_r}\end{aligned} \tag{5-80}$$

又因为$\left(\dfrac{h - h_0}{R_g T_c}\right)_T = -\Delta h_r$,故式(5-80)可写为

$$-\Delta h_r = T_r^2 \int_0^{p_r} \left[\left(\frac{\partial Z}{\partial T_r}\right)_{p_r} \right] \mathrm{d}\,(\ln p_r)_{T_r} \tag{5-81}$$

式(5-81)等号左边为量纲一的对比余焓,等号右边的 Z 为 T_r 和 p_r 的函数,所以式(5-81)又可写为

$$-\Delta h_r = -\left(\frac{h - h_0}{R_g T_c}\right)_T = \varphi(T_r, p_r) \tag{5-82}$$

式(5-82)表明对比余焓是对比温度和对比压力的函数,它提供了绘制通用对比余焓图的理论依据。对热力学相似的流体来说(比如说 $Z_c \approx 0.27$ 的各种流体),可以根据已有的通用压缩因子图,按式(5-81)表示的关系,经图解求导和积分而得出对比余焓与 T_r 和 p_r 的关系曲线,如图 5-6 所示。

有了通用对比余焓图,只要知道流体的临界温度和临界压力及理想气体状态下相同温度时的比焓(h_0),即可求得实际气体的比焓值。

3. 通用对比余熵图

对于第二 ds 方程式(5-32)

$$\mathrm{d}s = c_p \frac{\mathrm{d}T}{T} - \left(\frac{\partial v}{\partial T}\right)_p \mathrm{d}p$$

在等温下积分,得

$$\int_{s_0}^{s_p} \mathrm{d}s_T = -\int_0^p \left(\frac{\partial v}{\partial T}\right)_p \mathrm{d}p_T$$

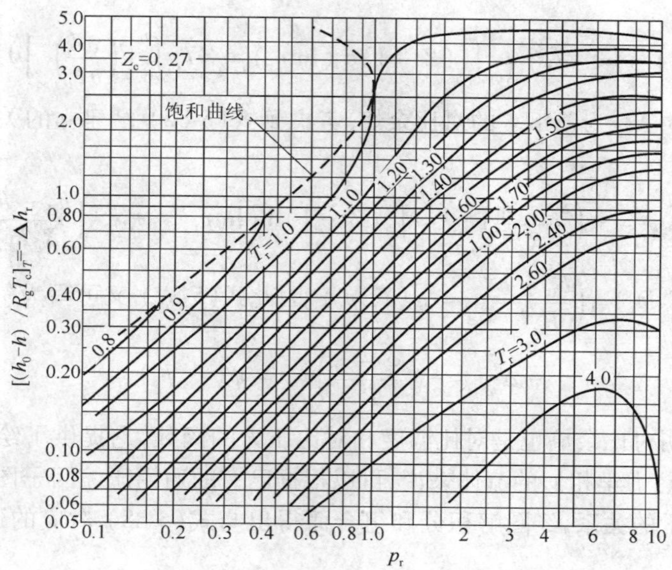

图 5-6　通用对比余焓图

即

$$(s_p - s_0)_T = -\int_0^p \left(\frac{\partial v}{\partial T}\right)_p \mathrm{d}p_T \tag{5-83}$$

式(5-83) 表达了实际气体当温度不变时,其比熵随压力的变化。

理想气体的比熵不像理想气体的比焓那样只是温度的函数,而是和温度及压力都有关系。理想气体在定温下,比熵随压力的变化关系为

$$(s_{0,p} - s_{0,0})_T = -\int_0^p \frac{R_g}{p}\mathrm{d}p_T \tag{5-84}$$

式(5-83) 中的 s_0 表示温度为 $T,p\rightarrow 0$ 时,实际气体趋于理想气体时的比熵;式(5-84) 中的 $s_{0,0}$ 表示温度为 $T,p\rightarrow 0$ 时,理想气体的比熵。显然,二者是相等的。

将式(5-83) 及式(5-84) 两边分别相减得

$$(s_p - s_{0,p})_T = -\int_0^p \left[\left(\frac{\partial v}{\partial T}\right)_p - \frac{R_g}{p}\right]\mathrm{d}p_T \tag{5-85}$$

将式(5-79b) 代入式(5-85),得

$$\begin{aligned}(s_p - s_{0,p})_T &= \int_0^p \left[\frac{ZR_g}{p} - \frac{R_g}{p} + \frac{R_gT}{p}\left(\frac{\partial Z}{\partial T}\right)_p\right]\mathrm{d}p_T \\ &= -R_g\int_0^p \left[\frac{Z-1}{p} + \frac{T}{p}\left(\frac{\partial Z}{\partial T}\right)_p\right]\mathrm{d}p_T \\ &= -R_g\int_0^{p_r} \left[\frac{Z-1}{p} + \frac{T_rT_c}{p_rp_c}\left(\frac{\partial Z}{\partial T_r}\right)_{p_r}\right]\mathrm{d}(p_r)_{T_r}p_c \\ &= -R_g\int_0^{p_r}(Z-1)\mathrm{d}(\ln p_r)_{T_r} - R_gT_r\int_0^{p_r}\left[\left(\frac{\partial Z}{\partial T_r}\right)_{p_r}\right]\mathrm{d}(\ln p_r)_{T_r}\end{aligned}$$

或写为

$$-\left(\frac{s_p - s_0}{R_g}\right)_{p,T} = -\Delta s_r = \int_0^{p_r}(Z-1)\mathrm{d}(\ln p_r)_{T_r} + T_r\int_0^{p_r}\left[\left(\frac{\partial Z}{\partial T_r}\right)_{p_r}\right]\mathrm{d}(\ln p_r)_{T_r} \quad (5\text{-}86)$$

式(5-86)中的 Δs_r 为量纲一的对比余熵。考虑到式(5-82)已建立的关系，式(5-86)又可写为

$$-\Delta s_r = -\left(\frac{s_p - s_0}{R_g}\right)_{p,T} = \int_0^{p_r}(Z-1)\mathrm{d}(\ln p_r)_{T_r} + \frac{1}{T_r}\left(\frac{h_0 - h}{R_g T_c}\right)_T \quad (5\text{-}87)$$

已知 $Z = f(T_r, p_r)$，$\left(\frac{h_0 - h}{R_g T_c}\right)_T = \varphi(T_r, p_r)$，因此式(5-87)又可写为

$$-\Delta s_r = -\left(\frac{s_p - s_0}{R_g}\right)_{p,T} = \psi(T_r, p_r) \quad (5\text{-}88)$$

式(5-88)表明对比余熵也是对比温度和对比压力的函数，它提供了绘制通用对比余熵图的理论依据。对热力学相似的流体来说，可以根据已有的通用压缩因子图和通用对比余焓图按式(5-87)所示的关系，经图解积分和组合而得出与式(5-88)对应的通用对比余熵图，如图5-7所示。

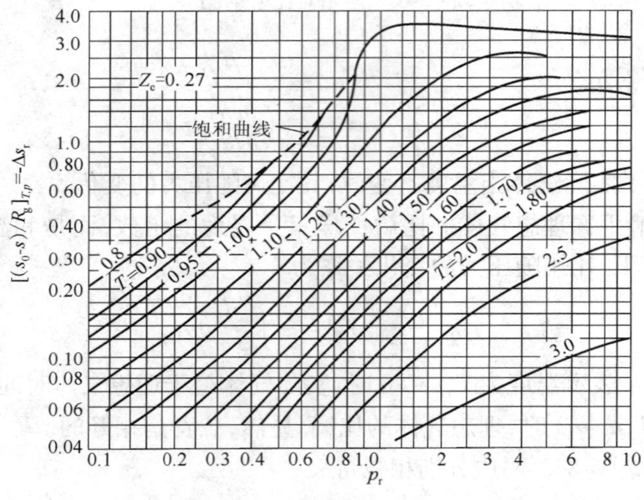

图5-7　通用对比余熵图

有了通用对比余熵图，只要知道流体的临界温度和临界压力，以及相同温度和相同压力下理想气体的熵(s_0)，即可求得实际气体的熵。

以上所有通用线图之所以通用，其基本依据是流体的热力学物性相似。通用线图是对比状态方程、对比焓方程和对比熵方程的不得已的替代物，因为由实验数据综合得出的曲线形状复杂，很难由一个总的数学关系式表达出来，因此就直接用图中曲线表示。

项目总结

实际气体并不符合理想气体的基本假设，因此计算分析时不能利用形式简单、计算方便的理想气体状态方程、比热容及其他参数的各种计算式，只能采用从热力学基本定律直接导

出的一般关系式(因这些关系式在导出时未做任何假设,因而具有普遍性)。这些关系式通常表示成由可直接测量的p,v,T,c_p等少数几个参数组成的偏微分关系,揭示了各种热力学参数间的内在联系,对工质热力性质的理论研究和实验测试都有重要意义。

麦克斯韦关系式是简化推导热力学一般关系式的工具。麦克斯韦关系式把不可测量的熵转换成可测量的量的关系。在熵、热力学能、焓的一般关系式中,最重要的是熵的一般关系式,特别是第二 ds 方程。因为把 ds 方程代入吉布斯方程即可得到热力学能和焓的一般关系式。

通过临界点的等温线在临界点的一阶导数等于零、二阶导数等于零等性质是物质的共同特性,这些特性可以用来验证实际气体状态方程的正确性,并为对应态原理的建立提供了基础。大多数的经验性和半理论半经验性的状态方程中含有物性常数,基于对应态原理得出的对比态方程可以使方程的使用范围扩大到一组热相似的物质。利用通用压缩因子图查取压缩因子,修正由于采用理想气体状态方程造成的偏差,是用于解决物性缺乏工质的p,v,T关系的一个选择。

本项目的知识结构框图如图5-8所示。

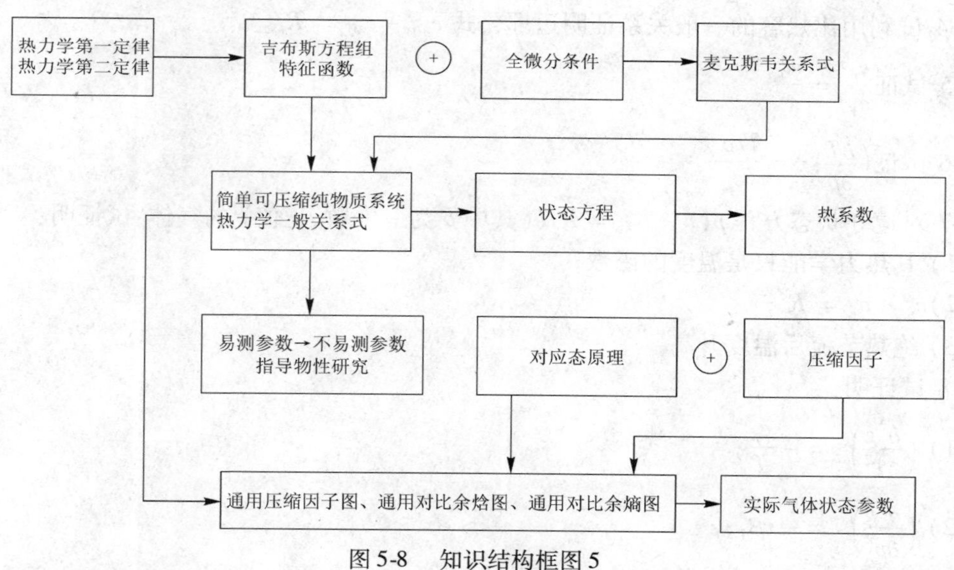

图5-8　知识结构框图5

思考题

1. 麦克斯韦关系式有何重要性?

2. 热力学微分关系式能否指明特定物质的具体性质?若欲知某物质的特性,一般还采取什么手段?

3. 特征函数有什么作用?试说明$v(T,p)$是否为特征函数。

4. 对不可压缩的流体,试证明:$c_p = c_V, u = u(T), h = h(T,p), s = s(T)$。

5. 微元准静态过程的膨胀功为$\delta w = p\mathrm{d}v$,试判断δw是否为全微分。

6. 如何利用状态方程和热力学微分关系式分析实际气体的定温过程?

7. 试分析不可压缩流体的内能、焓与熵是否均为温度与压力的函数。

8. 试证明理想气体的 α_p 为 T^{-1}。

9. 本项目导出的 ds,dh,du 等热力学微分关系式能否适用于不可逆过程?

10. 对应态原理和通用压缩因子图、通用对比余焓图、通用对比余熵图适用于什么样的情况?

11. 实际气体在低压下 $Z<1$,而在高压下 $Z>1$(参看图 5-4),为什么?

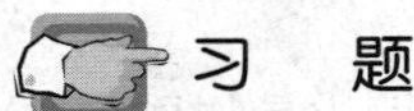

习　题

5-1 将常压(0.1 MPa)和室温(20 ℃)下的液体苯装满一刚性容器并将其密封。已知液体苯在常温、常压下的体膨胀系数 $\alpha_V=0.001\ 23\ \mathrm{K^{-1}}$,等温压缩率 $\kappa_T=0.000\ 95\ \mathrm{MPa^{-1}}$。当夏天室温升至 28 ℃ 时,容器中的压力将达到多高?

5-2 已知汞在 0 ℃ 时 $c_p=0.139\ 71\ \mathrm{kJ/(kg\cdot K)}$,$\rho=13\ 595\ \mathrm{kg/m^3}$,$\alpha_p=0.181\ 6\times10^{-3}\ \mathrm{K^{-1}}$,$\kappa_T=0.038\ 677\times10^{9}\ \mathrm{Pa^{-1}}$。试计算其在该温度下定容比热容和比热比之值。

5-3 试从四个麦克斯韦关系式中的一个推导出其他三个。

5-4 试利用比热容的一般关系证明迈耶公式 $c_{p0}-c_{V0}=R_g$。

5-5 试证 $\dfrac{c_p}{c_V}=\dfrac{\kappa_T}{\kappa_s}$。

5-6 试证 $\left(\dfrac{\partial T}{\partial p}\right)_s=\dfrac{Tv\alpha_V}{c_p}$。

5-7 对遵守状态方程 $p(v-b)=R_gT$(其中 b 为一常数,正值)的气体,试证明:

(1) 其热力学能只是温度的函数;

(2) $c_p-c_V=R_g$;

(3) 绝热节流后温度升高。

5-8 试证明:

(1) $\left(\dfrac{\partial^2 g}{\partial T^2}\right)_p=-\dfrac{c_p}{T}$;

(2) $\left(\dfrac{\partial^2 g}{\partial p^2}\right)_T=-v\beta_T$;

(3) $\dfrac{\partial^2 u}{\partial T\partial v}=T\dfrac{\partial^2 s}{\partial T\partial v}$。

5-9 试对遵守范德瓦耳斯方程 $\left(p=\dfrac{R_gT}{v-b}-\dfrac{a}{v^2}\right)$ 的气体推导出其比热容差和焦 - 汤系数的计算式。

5-10 已知对于氮气,范德瓦耳斯方程中的 $a=147.275\ \mathrm{Pa\cdot m^6/kg^2}$,$b=0.001\ 379\ 2\ \mathrm{m^3/kg}$。试计算其处于 5 MPa 和 200 K 状态下的相对压力系数和等温压缩率的值。

5-11 某气体在一定参数范围内遵守状态方程 $v=\dfrac{R_gT}{p}-\dfrac{C}{T^3}$($C$ 为常数)。已知在极低压力(理想气体条件)下该气体的定压比热容与温度的关系为 $c_{p0}=a+bT$(a,b 为常数),试导出该气体的定压比热容与温度和压力的关系式 $c_p(T,p)$。

5-12 试证明：

(1) $\left(\frac{\partial h}{\partial p}\right)_T = -\mu_J c_p$；

(2) $\left(\frac{\partial T}{\partial v}\right)_s = -\frac{T\alpha_p}{c_v\beta_T}$；

(3) 当 c_p 为常数时，$\left(\frac{\partial c_p}{\partial p}\right)_T = -Tv\alpha_p^2$。

5-13 对遵守方程 $\frac{pv}{R_g T} = 1 + B'p + C'p^2$ 的气体（B'，C' 为温度的函数），试证明其焦-汤系数 $\mu_J = 0$ 时符合如下条件：$p = -\frac{dB'/dT}{dC'/dT}$。

5-14 试用通用压缩因子图确定 O_2 在 160 K 与 0.007 4 m^3/kg 时的压力。已知 T_c = 154.6 K，$p_c = 50.5 \times 10^5$ Pa。

项目 6　水蒸气的热力性质

项目提要

水蒸气因其数据齐全、参数适宜、容易获得、价格低廉和不污染环境等优点而备受工程界青睐。在热能动力工程中，水蒸气应用非常广泛。蒸汽轮机及很多换热器都采用水蒸气作为工作介质。另外，许多工业部门的生产工艺过程也常用到水蒸气。工业和生活用的水蒸气都由水在蒸汽锅炉中加热汽化而产生。这种水蒸气的温度通常离凝结温度不远，有时还和水同时并存。所以，水蒸气在其通常的应用场合一般不能当作理想气体处理，而必须按实际气体对待。通常采用根据水蒸气的实验数据及相应的方程而编制的水蒸气的热力性质图表来进行水蒸气的计算。本项目主要介绍水蒸气的饱和状态、水蒸气的产生过程、水蒸气的热力性质图表和水蒸气的热力过程。

学习目标

(1) 准确掌握水的临界状态及状态参数。

(2) 准确解释水在定压下加热的状态变化现象，具有在温熵图（或压容图或焓熵图）上表示水的状态[未饱和水（过冷水）、饱和水、湿饱和蒸汽、干饱和蒸汽（饱和蒸汽）、过热蒸汽]及其热力过程的能力。

(3) 具有使用水蒸气热力性质图表获得水的热力性质的能力。

(4) 准确解释水蒸气热力过程中热量和功的关系，具有在焓熵图中表示水蒸气热力过程及热量和功的能力。

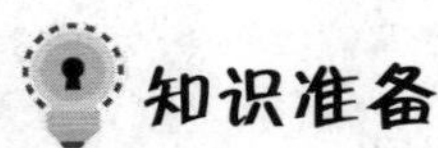

任务 6.1　水蒸气的饱和状态

为了理解水蒸气饱和状态的概念，首先回顾与之相关的一些概念。液体转变为气体的过程称为汽化，蒸气或气体转变为液体的过程称为液化或凝结，液体表面在任何温度下进行的缓慢的汽化过程称为蒸发。

简单地说，水蒸气的饱和状态是汽化和液化达到动态平衡而水、汽共存的状态。饱和状态有它的特殊性，在这里对水蒸气的饱和状态进行进一步讨论。

假定一容器（如图6-1所示）内灌有一定量的水（不装满），然后设法将留在容器中水面上方的空气抽出，并将容器封闭。空气抽出后，水面上方不可能是真空状态，而是充满了水蒸气（由水汽化而来）。水蒸气的分子处于紊乱的热运动中，它们相互碰撞，既和容器壁碰撞，也和水面碰撞。在分子和水面碰撞时，有的仍然返回蒸汽空间来，有的就进入水面变成水分子。一方面，从液化的微观机制讲，水蒸气的压力越高，密度越大，水蒸气分子与水面碰撞越频繁，在单位时间内进入水面变成水分子的水蒸气分子数也越多；另一方面，从汽化的微观机制讲，容器中的水分子也在做不停息的热运动。水面附近动能较大的分子有可能挣脱其他分子的引力离开水面变成水蒸气分子。水的温度越高，分子运动越剧烈，在单位时间内脱离水面变成水蒸气的水分子数也就越多。

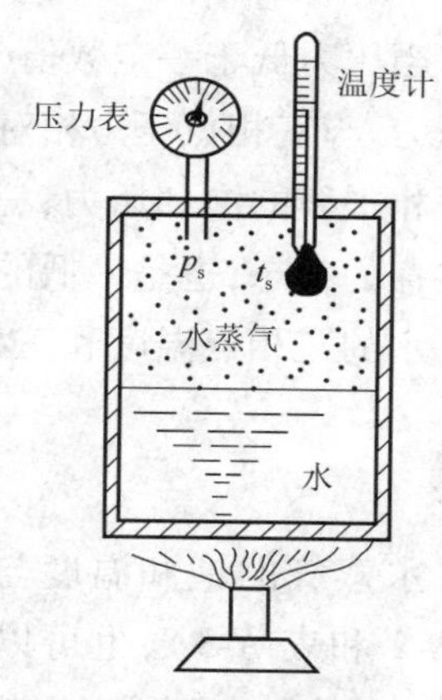

图6-1　水蒸气饱和状态

在一定温度下，水蒸气的压力总会自动稳定在一定的数值上。这时进入水面和脱离水面的分子数相等，水蒸气和水处于动态平衡状态，也就是饱和状态。饱和的含义是：处于饱和状态时，在蒸汽空间的水蒸气分子数已经到达最大值，再也不能增加，如果再加入水蒸气，则这些加入的水蒸气便会自动凝结出水分子来。饱和状态下的水称为饱和水；饱和状态下的水蒸气称为饱和水蒸气；饱和水蒸气和饱和水的混合物称为湿饱和蒸汽，简称湿蒸汽；不含饱和水的蒸汽称为干饱和蒸汽。饱和水蒸气的压力称为饱和压力p_s，与此相应的饱和水蒸气（或饱和水）的温度称为饱和温度t_s（或T_s）。温度高于所处压力对应的饱和温度的蒸汽称为过热水蒸气；温度低于所处压力对应的饱和温度的水称为过冷水或未饱和水。

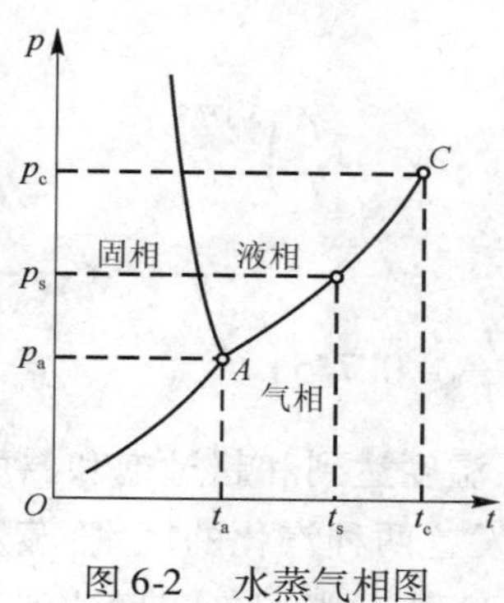

图6-2　水蒸气相图

改变饱和温度，饱和压力也会起相应的变化。一定的饱和温度总是对应着一定的饱和压力，一定的饱和压力也总是对应着一定的饱和温度。饱和温度越高，饱和压力也越高。由实验可以测出饱和温度与饱和压力的关系，如图6-2中曲线AC所示。

饱和温度与饱和压力的这种对应关系是有其适用范围的。当温度超过t_c时，液相不可能存在，而只可能是气相。C点为临界点，t_c称为临界温度，与临界温度相对应的饱和压力p_c称为临界压力。所以，临界温度是最高的饱和温度，临界压力是最高的饱和压力。由临界温度和临界压力确定的状态就是临界状态，临界状态是汽液两相模糊不清、不易区分的状态，也是最高的饱和状态。

水（或水蒸气）的临界参数值为

$$T_c = 647.14\ \text{K}\ (373.99\ ℃)$$

$$p_c = 22.064\ \text{MPa}$$

$$v_c = 0.003\ 106\ \text{m}^3/\text{kg}$$

当压力低于一定数值p_a时,液相也不可能存在,而只可能存在气相或固相。p_a称为三相点压力。与三相点压力相对应的饱和温度t_a称为三相点温度。所以,三相点压力是最低的气、液两相平衡的饱和压力;三相点温度是最低的气、液两相平衡的饱和温度。三相点是气、液、固共存的状态,也是最低的饱和状态。

水的三相点温度和三相点压力分别为

$$T_a = 273.16\ \text{K}$$

$$p_a = 0.000\ 611\ 659\ \text{MPa}$$

水蒸气的饱和温度与饱和压力的对应关系可以查饱和水蒸气的热力性质表(参看表 A-2 和表 A-3),也可以根据经验公式计算。式(5-67)所示的饱和蒸汽压方程依然有效。对水蒸气,还可以用粗略的经验公式计算:

$$p_s = \left(\frac{t_s}{100}\right)^4 \tag{6-1}$$

式中,p_s的单位为 atm,t_s的单位为 ℃。式(6-1)只能用于 100 ℃ 附近。

严家騄教授提供了一个精确的水蒸气饱和压力计算公式,从三相点到临界点,计算结果全部符合 1985 年国际水蒸气性质骨架表中规定的允差要求,即

$$p_s = p_c \exp\left[f\left(\frac{T_s}{T_c}\right)\left(1 - \frac{T_s}{T_c}\right)\right] \tag{6-2}$$

式中,当$T_a < T_s < 482$ K 时,有

$$f\left(\frac{T_s}{T_c}\right) = 7.214\ 8 + 3.956\ 4\left(0.745 - \frac{T_s}{T_c}\right)^2 + 1.348\ 7\left(0.745 - \frac{T_s}{T_c}\right)^{3.177\ 8}$$

当 482 K $< T_s < T_c$时,有

$$f\left(\frac{T_s}{T_c}\right) = 7.214\ 8 + 4.546\ 1\left(\frac{T_s}{T_c} - 0.745\right)^2 + 307.53\left(\frac{T_s}{T_c} - 0.745\right)^{5.347\ 5}$$

液体汽化的另外一种方式是沸腾。沸腾是液体表面和内部在温度达到和超过饱和温度时,通过产生气泡所进行的激烈的汽化过程。需要注意沸腾和蒸发这两种汽化的区别:蒸发是在任何温度下液体表面通过分子飞升的方式进行的缓慢的汽化过程;沸腾是在温度达到和超过饱和温度时,通过液体内部产生气泡和液体表面分子飞升的方式所进行激烈的汽化过程。

任务 6.2 水蒸气的产生过程

蒸汽锅炉产生水蒸气时,压力变化一般都不大,所以水蒸气的产生过程接近于一个等压加热过程。

考察水在等压加热时的变化情况。将1 kg 0 ℃ 的水装在带有活塞的容器中，如图6-3(a)所示。在外界对容器加热，同时保持容器内的压力为 p 不变。起初，水的温度逐渐升高，比体积也稍有增加(图6-4、图6-5 中的过程 $a \to b$)。但当温度升高到相应于 p 的饱和温度 T_s 而变成饱和水以后，如图6-3(b) 所示，继续加热，饱和水便逐渐变成饱和水蒸气(汽化)，直到汽化完毕。在整个汽化过程中，温度始终保持为饱和温度 T_s 不变。如图6-4、图6-5 所示，在汽化过程中，由于饱和水蒸气的量不断增加，比体积一般增大很多(过程 $b \to d$)。再继续加热，温度又开始上升，比体积继续增大(过程 $d \to e$)，饱和水蒸气变成了过热水蒸气，该过程和一般气体的等压加热过程没有什么区别。

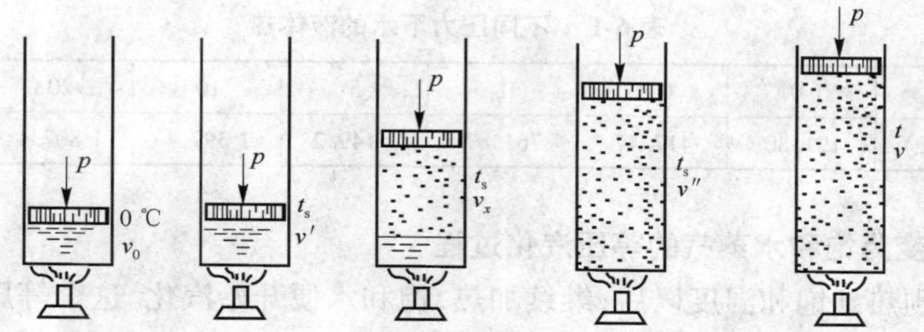

图6-3　水定压加热时水的状态变化过程

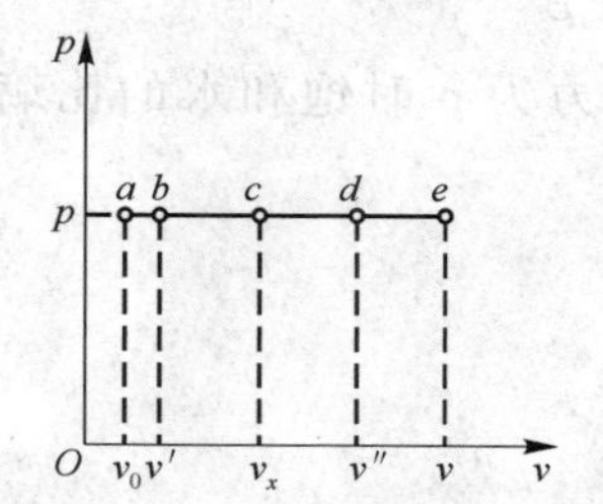

图6-4　水蒸气产生过程的压容图

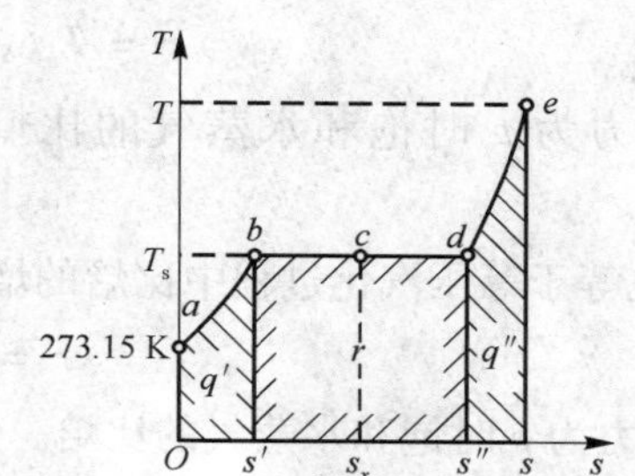

图6-5　水蒸气产生过程的温熵图

水蒸气的产生过程一般分为如下三个阶段。

1. 未饱和水变成饱和水的等压预热过程

将1 kg 0 ℃ 的水等压加热到该压力 p 下的饱和温度 T_s 所需加入的热量 q' 称为水的液体热(参看图6-5 中的过程 $a \to b$)。液体热可以通过比热容和温度变化的乘积计算出来：

$$q' = \int_0^{t_s} c'_p \mathrm{d}t \tag{6-3}$$

式中，c'_p 为压力为 p 时水的定压比热容，它随温度而变。

水在等压预热过程中(或在不做技术功的流动过程中)所吸收的液体热 q' 也等于比焓的增量：

$$q' = h' - h_0 \tag{6-4}$$

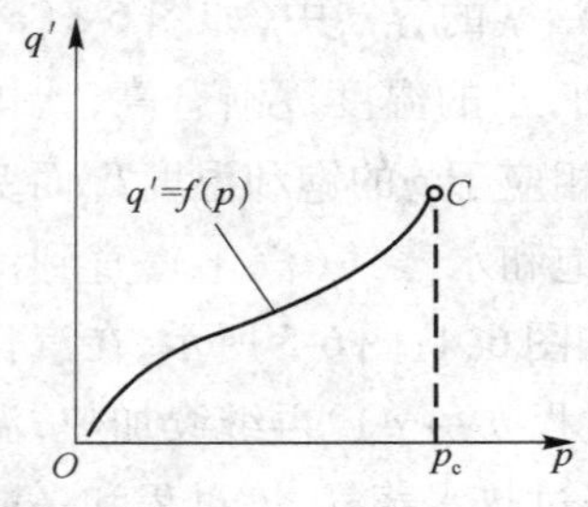

图 6-6　液体热与压力的关系

式中，h' 为压力为 p 时饱和水的比焓；h_0 为压力为 p、温度为0 ℃时水的比焓。

从式(6-4) 可得饱和水的比焓为

$$h' = h_0 + q' \tag{6-5}$$

水的液体热随压力的提高而增加，可参看表 6-1、图 6-6。这是因为压力高，则所对应的饱和温度也高，在较高的压力下，必须加入较多的热量才能使水升到较高的饱和温度而成为饱和水。

表 6-1　不同压力下水的液体热

压力 p/MPa	0.01	0.1	1	5	10	20	22.064(p_c)
液体热 q'/(kJ/kg)	191.80	417.47	761.87	1 149.2	1 397.1	1 807.1	2 063.8

2. 饱和水变为饱和水蒸气的等压汽化过程

当水等压预热到饱和温度以后，继续加热，饱和水便开始汽化。这个等压汽化过程同时又是在等温下进行的。使 1 kg 饱和水在一定压力下完全变为相同温度的饱和水蒸气所需加入的热量称为水的汽化热，用符号 r 表示。在温熵图中，等压汽化过程(同时也是等温过程)为一水平线段(图 6-5 中的过程 $b \rightarrow d$)，而汽化热则相应于水平线段下的矩形面积：

$$r = T_s(s'' - s') = T_s\beta \tag{6-6}$$

式中，s'' 为压力为 p 时饱和水蒸气的比熵；s' 为压力为 p 时饱和水的比熵；汽化熵变化$\beta = s'' - s'$。

汽化热也等于等压汽化过程中比焓的增加：

$$r = h'' - h' \tag{6-7}$$

式中，h'' 为压力为 p 时饱和水蒸气的比焓。

从式(6-7) 和式(6-5) 可得饱和水蒸气的比焓为

$$h'' = h' + r = h_0 + q' + r \tag{6-8}$$

水的汽化热可由实验测定。在不同的压力下，汽化热的数值也不相同。表 6-2 中列出了不同压力下水的汽化热。从表 6-2 中的数据可以看出：压力越高，汽化热越小，而当压力达到临界压力 p_c 时，汽化热变为零，如图 6-7 所示。

表 6-2　不同压力下水的汽化热

压力 p/MPa	0.01	0.1	1	5	10	20	22.064(p_c)
汽化热 r/(kJ/kg)	2 392.0	2 257.6	2 014.8	1 639.5	1 317.2	585.9	0

汽化过程中饱和水与饱和水蒸气同时并存[参看图 6-3(c) 及图 6-4、图 6-5 中的状态 c]的湿蒸汽状态可以通过其中饱和水蒸气和饱和水的质量分数(分别称为干度和湿度) 来计算，即

干度：

$$x = \frac{m_v}{m_v + m_w} \tag{6-9}$$

湿度：

$$y = \frac{m_w}{m_v + m_w} \tag{6-10}$$

式中，m_v 为湿蒸汽中饱和水蒸气的质量；m_w 为湿蒸汽中饱和水的质量；$m_v + m_w$ 为湿蒸汽的质量。

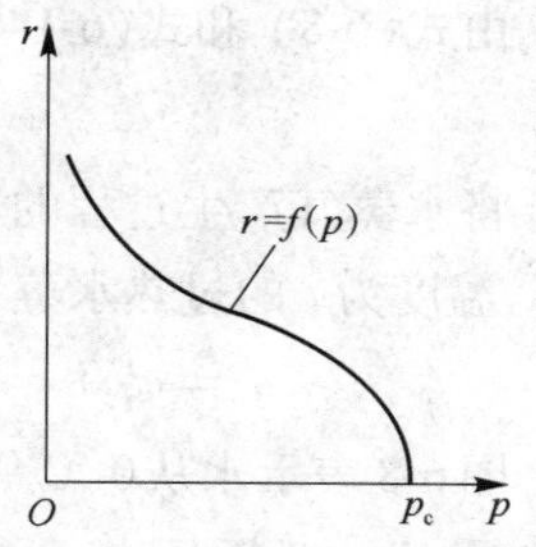

图6-7　汽化热与压力的关系

显然有

$$x + y = 1; x = 1 - y; y = 1 - x \tag{6-11}$$

对于饱和水：　$x = 0, y = 1$

对于饱和水蒸气：　$x = 1, y = 0$

对于湿蒸汽：　$0 < x < 1, 1 > y > 0$

湿蒸汽的比状态参数可以由干度（或湿度）及该压力下饱和水与饱和水蒸气的比状态参数（查表A-2和表A-3）按下列各式计算出来：

$$\begin{cases} v_x = (1 - x)v'' + xv'' = v' + x(v'' - v') \\ h_x = (1 - x)h' + xh'' = h' + x(h'' - h') = h' + xr \\ u_x = h_x - p_s v_x \\ s_x = (1 - x)s' + xs'' = s' + x(s'' - s') = s' + x\beta = s' + x\dfrac{r}{T_s} \end{cases} \tag{6-12}$$

式中，v', h', s' 分别为饱和水的比体积、比焓、比熵；v'', h'', s'' 分别为饱和水蒸气的比体积、比焓、比熵；v_x, h_x, s_x 分别为湿蒸汽的比体积、比焓、比熵；u_x 为湿蒸汽的比热力学能。

湿蒸汽的压力和温度就是饱和压力和饱和温度。

3. 饱和水蒸气变为过热水蒸气的等压过热过程

将饱和水蒸气继续等压加热，便得到过热水蒸气。假定过热过程终了时过热水蒸气的温度为t，那么在这个等压过热过程中，每千克水蒸气吸收的热量，即过热量q''（参看图6-5中的过程 $d \rightarrow e$）为

$$q'' = \int_{t_s}^{t} c_p \mathrm{d}t = \bar{c}_p \Big|_{t_s}^{t} (t - t_s) = \bar{c}_p \Big|_{t_s}^{t} D \tag{6-13}$$

式中，c_p 为压力为p时过热水蒸气的定压比热容，它随温度而变；$\bar{c}_p \Big|_{t_s}^{t}$ 为压力为p时过热水蒸气的平均定压比热容，以压力 p 所对应的饱和温度t_s 为平均定压比热容的起点温度；D 为过热水蒸气的过热度，表示过热水蒸气的温度超出该压力下饱和温度的数值，它说明过热水蒸气离开饱和状态的远近程度。

水蒸气在等压过热过程中吸收的过热量也等于比焓的增加

$$q'' = h - h'' \tag{6-14}$$

式中，h 为压力为 p、温度为 t 时过热水蒸气的比焓。

由式(6-8)和式(6-14)可得过热水蒸气的比焓为

$$h = h'' + q'' = h_0 + q' + r + q'' \tag{6-15}$$

将水蒸气产生过程的三个阶段串联起来,从压力为p、温度为0 ℃的未饱和水,变为压力为p、温度为t的过热水蒸气,在这整个等压加热过程中所吸收的热量为

$$q = q' + r + q'' = (h' - h_0) + (h'' - h') + (h - h'') = h - h_0 \tag{6-16}$$

图6-8表示水从0 ℃等压加热变为温度为t的过热水蒸气所需的热量及三个加热阶段所需热量q',r,q''因压力不同而变化的情况。

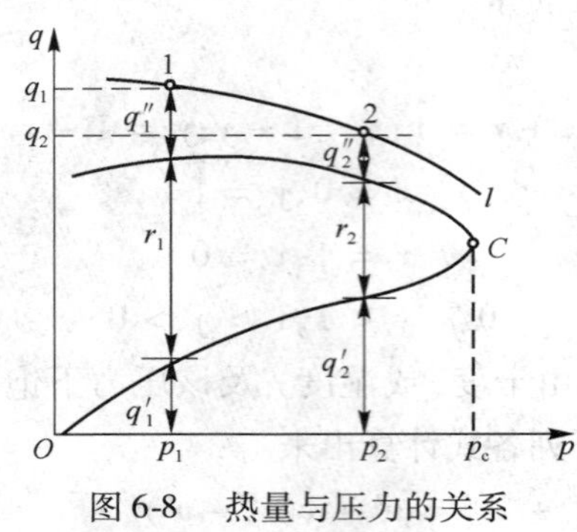

图6-8 热量与压力的关系

任务6.3 水蒸气的热力性质图表

1. 水蒸气的压容图、温熵图和焓熵图

水在不同压力下等压预热、汽化、过热,变成过热水蒸气。将各等压线上所有开始汽化的各点连接起来,形成一条曲线A_1C(如图6-9 ~ 图6-11所示),称为下界线。下界线上各点相应于不同压力下的饱和水,因此下界线又称为饱和液体线。显然,它同时又是$x = 0$的等干度线。

将等压线上所有汽化完毕的各点连接起来,形成另一条曲线A_2C,称为上界线。上界线上各点相应于不同压力下的饱和水蒸气,因此上界线又称为饱和水蒸气线。显然,它同时又是$x = 1$的等干度线。

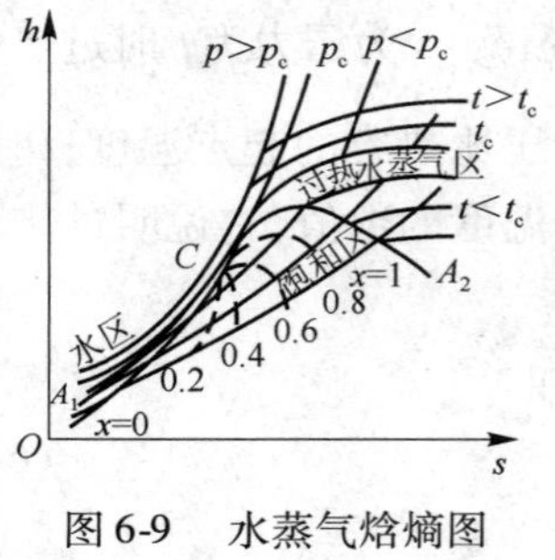

图6-9 水蒸气焓熵图

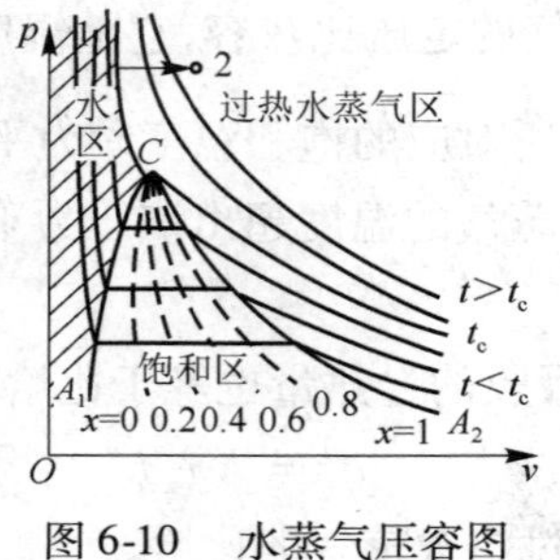

图6-10 水蒸气压容图

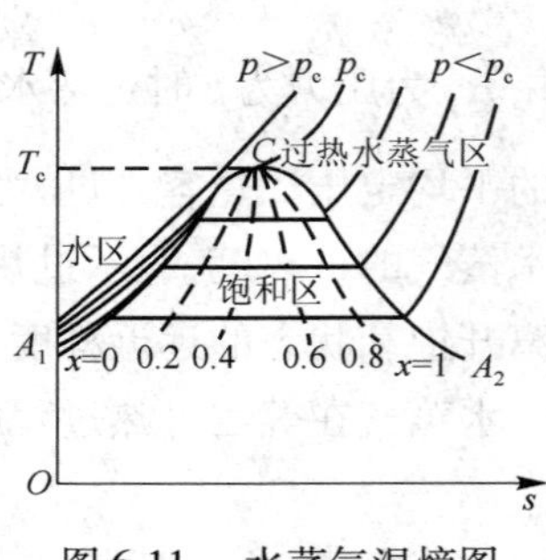

图6-11 水蒸气温熵图

下界线和上界线相交于临界点 C，这样就形成了饱和曲线 A_1CA_2 所包围的饱和区（或称湿蒸汽区）。超出饱和区的范围（$p > p_c$）后便不再有水的等压汽化过程（如图6-10中的过程$1 \to 2$）。

为了分析和计算方便，通常取 p,v,T,s,h 等状态参数为坐标轴构成二维坐标图（压容图、温熵图、焓熵图）。特别是焓熵图，在分析计算水蒸气过程时非常方便有用，因此常在焓熵图中详细画出各种等值线以便查用，参见图B-1、图B-9（水的焓熵图又叫穆勒图）。

水蒸气热力性质图的结构特征可以用“一点连双线三区五态含”这样的口诀来记忆。一点：临界点；双线：饱和水线、饱和水蒸气线；三区：未饱和水区、饱和水蒸气（湿蒸汽、两相）区、过热水蒸气区；五态：未饱和水态、饱和水态、湿蒸汽态、饱和水蒸气态、过热水蒸气态。

水蒸气热力性质图中不同区域内的不同等值线呈现出不同的形状是由内在的物理特性决定的。由于水的压缩性很小，因此在压容图中，等温线处于下界线左边的线段是很陡的，几乎是垂直线段。这说明水在等温压缩时，即使压力高很多，比体积的减小也是不显著的。同时，也正由于水的压缩性很小，等熵压缩消耗的功很少，即使压力提高很多，热力学能也增加极少，温度几乎没有提高。因此，在温熵图中不同压力的等压线处于下界线左边的线段靠得很近，并且几乎都和下界线重合在一起（在图6-10中，为了看得清楚，已将等压线和下界线之间及不同等压线之间的距离夸大了）。在焓熵图中，由于水在等熵压缩后焓的增加也有限，所以这些等压预热线段和下界线还是靠得比较近的。

另外，由于一定的饱和温度总是对应一定的饱和压力，因此在饱和区中，等温线同时也是等压线。所以，在压容图中，等温线处于饱和区中的线段是水平线段（等压线）；在温熵图中，等压线处于饱和区中的线段也是水平线段（等温线）；在焓熵图中，等压线（等温线）处于饱和区中的线段是不同斜率的直线段。因为在焓熵图中，等压线上各点的斜率正好等于各点的温度：

$$\left(\frac{\partial h}{\partial s}\right)_p = T$$

在饱和区中，由于等压线同时也是等温线，压力不变，相应的饱和温度也不变，因此

$$\left(\frac{\partial h}{\partial s}\right)_p = T_s（常数） \tag{6-17}$$

既然等压线的斜率是常数，那么等压线当然就是直线。所以，在焓熵图中，等压线（等温线）处于饱和区中的线段是直线段。同时，压力越高，相应的饱和温度也越高，等压线的斜率就越大，在焓熵图中也就越陡。

2. 水蒸气热力性质表

为了计算的需要和方便，将有关水蒸气各种性质的大量数据编制成表。常用的有饱和水与饱和水蒸气的热力性质表及未饱和水（过热水）的热力性质表两种。根据上述两个表和干度及湿度便可以计算湿蒸汽的相关热力学参数，因此没有必要给出湿蒸汽热力性质表。

饱和水与饱和水蒸气的热力性质表通常列成两个：一个按温度排列（见表A-2），对温

度取比较整齐的数值,按次序排列,相应地列出饱和压力及饱和液体、饱和蒸汽的比体积、比热力学能、比焓、比熵;另一个按压力排列(见表 A-3),对压力取比较整齐的数值,按次序排列,相应地列出饱和温度及饱和液体与饱和蒸汽的比体积、比热力学能、比焓、比熵。

在过热水蒸气的热力性质表(见表 A-4)中,根据不同压力,按温度次序排列(因为温度与压力没有对应关系),相应地列出饱和水蒸气和过热水蒸气的比体积、比热力学能、比焓和比熵。

在未饱和水(过冷水)的热力性质表(见表 A-5)中,根据不同压力,按温度次序排列(因为温度与压力没有对应关系),相应地列出饱和水和过冷水的比体积、比热力学能、比焓和比熵。

在饱和冰-水蒸气的热力性质表(见表 A-6)中,根据不同温度,按次序排列,相应地列出饱和冰和饱和水蒸气的比体积、比热力学能、比焓和比熵。

任务 6.4　水蒸气的热力过程

由于精确的水蒸气的状态方程都比较复杂,而且有时还牵涉到相变,因此一般都不利用状态方程而利用图表对水蒸气的热力过程进行分析和计算,这种方法既简便又精确。当然,必备的条件是有一套精确而详尽的水蒸气热力性质图表。近年来,由于水蒸气性质软件的开发和应用,利用计算机计算水蒸气的各种热力过程和循环已日益广泛。利用图表进行水蒸气热力过程计算的一般步骤大致如下。

(1) 将过程画在焓熵图中(如图 6-12 所示),以便分析。

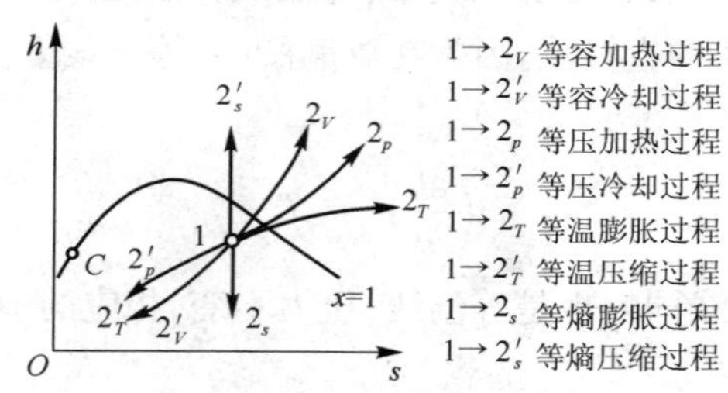

图 6-12　水蒸气热力过程

(2) 根据焓熵图或热力性质表查出过程始末各状态参数值,即

$$T_1, p_1, v_1, u_1, h_1, s_1$$

$$T_2, p_2, v_2, u_2, h_2, s_2$$

(3) 计算热量(1 kg 水蒸气,不考虑摩擦)。

对等容过程(无膨胀功的过程):

$$q_v = u_2 - u_1 = (h_2 - h_1) - (p_2 - p_1)v \tag{6-18}$$

对等压过程(无技术功的过程):

$$q_p = h_2 - h_1 \tag{6-19}$$

对等温过程：

$$q_T = T(s_2 - s_1) \tag{6-20}$$

对等熵过程（绝热过程）：

$$q_s = 0 \tag{6-21}$$

（4）计算功（1 kg 水蒸气，不考虑摩擦）。

对等容过程（无膨胀功的过程）：

$$w_v = 0 \tag{6-22}$$

$$w_{t,v} = v(p_1 - p_2) \tag{6-23}$$

对等压过程（无技术功的过程）：

$$w_p = p(v_2 - v_1) \tag{6-24}$$

$$w_{t,p} = 0 \tag{6-25}$$

对等温过程：

$$w_T = q_T - (u_2 - u_1) = T(s_2 - s_1) - (h_2 - h_1) + (p_2v_2 - p_1v_1) \tag{6-26}$$

$$w_T = q_T - (h_2 - h_1) = T(s_2 - s_1) - (h_2 - h_1) \tag{6-27}$$

对等熵过程（绝热过程）：

$$w_s = u_1 - u_2 = (h_1 - h_2) - (p_1v_1 - p_2v_2) \tag{6-28}$$

$$w_{t,s} = h_1 - h_2 \tag{6-29}$$

例 6-1　水蒸气从初状态 $p_1 = 1$ MPa，$t_1 = 300$ ℃ 可逆绝热（等熵）地膨胀到 $p_2 = 0.1$ MPa。求每千克水蒸气所做的技术功 $w_{t,s}$ 及膨胀终了时的湿度。

解：（1）先利用焓熵图计算（如图 6-13 所示）。

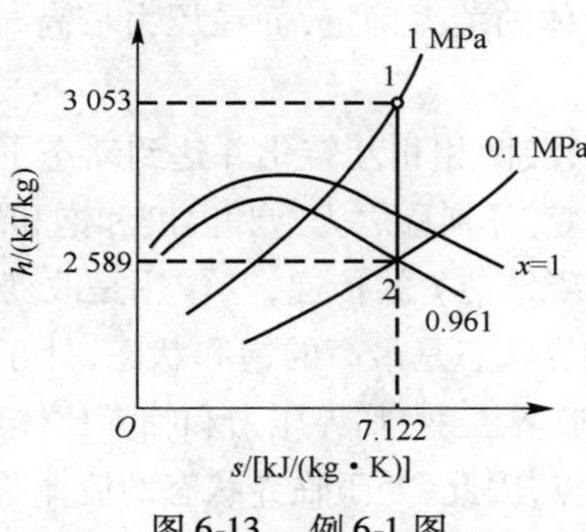

图 6-13　例 6-1 图

当 $p_1 = 1$ MPa 时，查焓熵图（图 B-9）得：

$$h_1 = 3\,053\ \text{kJ/kg}, s_1 = 7.122\ \text{kJ/(kg} \cdot \text{K)}$$

沿 7.122 kJ/(kg · K) 的等熵线垂直向下，与 0.1 MPa 的等压线的交点 2 即为终态点。据此查得：

$$h_2 = 2\,589\ \text{kJ/kg}, x_2 = 0.961$$

所以 $w_{t,s}$ 为

$$w_{t,s} = h_1 - h_2 = 3\ 053 - 2\ 589 = 464(\text{kJ/kg})$$

终态湿度为

$$y_2 = 1 - x_2 = 1 - 0.961 = 0.039$$

(2) 再利用水蒸气热力性质表进行计算。

当 $p_1 = 1$ MPa, $t_1 = 300$ ℃ 时,查过热水蒸气的热力性质表(见表 A-4) 得

$$h_1 = 3\ 051.6\ \text{kJ/kg}, s_1 = 7.124\ 6\ \text{kJ/(kg·K)}$$

查饱和水与饱和水蒸气的热力性质表(见表 A-3),当 $p_2 = 0.1$ MPa 时,有

$$s' = 1.302\ 8\ \text{kJ/(kg·K)}, s'' = 7.358\ 9\ \text{kJ/(kg·K)}$$

$$h' = 417.51\ \text{kJ/kg},\ h'' = 2\ 675.0\ \text{kJ/kg}$$

根据式(6-12) 有

$$s_2 = s' + x_2(s'' - s') = s_1 = 7.124\ 6\ \text{kJ/(kg·K)}$$

$$x_2 = \frac{s_2 - s'}{s'' - s'} = \frac{7.124\ 6 - 1.302\ 8}{7.358\ 9 - 1.302\ 8} = 0.961\ 3$$

由此可得

$$h_2 = h' + x_2(h'' - h') = 417.51 + 0.961\ 3 \times (2\ 675.0 - 417.51) = 2\ 587.6(\text{kJ/kg})$$

所以 $w_{t,s}$ 为

$$w_{t,s} = h_1 - h_2 = 3\ 051.6 - 2\ 587.6 = 464(\text{kJ/kg})$$

项目总结

水蒸气是广泛使用的工质,虽然可以认为空气中的水蒸气处于理想气体状态,但工程(尤其是动力工程) 中应用的水蒸气并不处于理想气体状态,所以水蒸气的参数及各种关系在压力很低时方可采用理想气体的关系确定,而在压力较高时则需要按基本定义及热力学基本定律直接导出的关系确定。

物质的饱和状态是物质气、液两相相互转化并达到动态平衡而共存的状态。在气、液相变过程中,其温度、压力保持不变,分别称之为饱和温度和饱和压力,二者之间有单调相互对应关系。相变期间有汽化热(或凝结热) 的传递,其作用是改变湿蒸汽中饱和液体和饱和气体的比例(干、湿度)。物质的临界状态是最高的饱和状态,处于临界状态的流体具有相同的温度、压力和比体积,分别称为临界温度、临界压力和临界比体积。临界点是饱和液体状态点与饱和气体状态点合二为一的点,因此,处于临界状态的流体既是液体也是气体,或者说,处于临界状态的流体是液非液、是气非气,此时的流体区分不清是液体还是气体,临界状态点的汽化热为零。

水在饱和状态时的压力和温度一一对应,即压力和温度这两个参数并不相互独立。饱和水和干饱和蒸汽的各参数可据温度或压力从饱和水和干饱和蒸汽表查取,未饱和水和过热蒸汽的参数可根据温度和压力(或其他两个独立参数) 从未饱和水和过热蒸汽表查取(过热蒸汽的参数还可以在焓熵图上读取),湿饱和蒸汽的参数需要根据饱和水和干饱和蒸汽对应的数据按干度计算。

水的临界状态是压力最高(温度最高)的饱和状态,此时液体和气体的参数相同。一般地,高于临界温度的物质只能以气相存在。三相点状态则是气-液、气-固、固-液三条相平衡曲线的交点,水的三相点的压力和温度有确定的值,但比体积还要依赖于各相的份额。

水蒸气的基本热力过程包括等容过程、等压过程、等温过程、等熵过程这四种基本热力过程,而以等压过程和等熵过程最为重要。其理论基础是热力学第一定律和热力学第二定律。

本项目知识结构框图如图6-14所示。

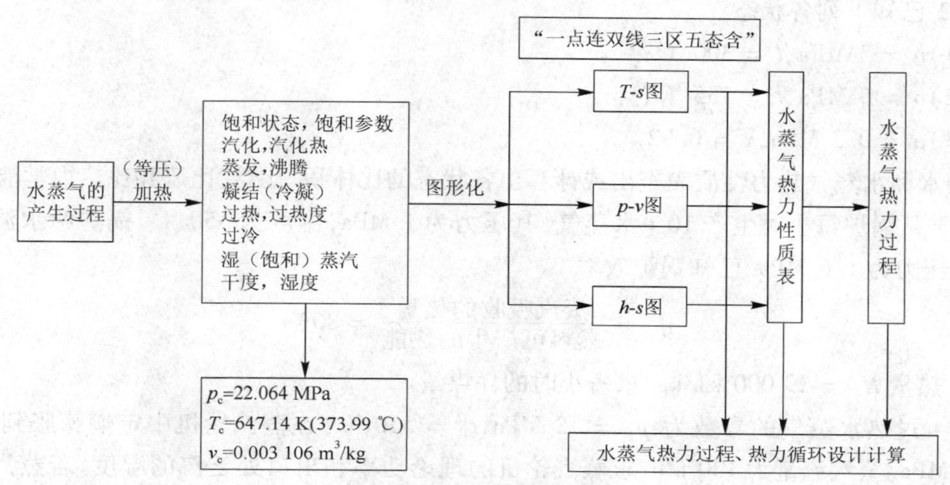

图6-14　知识结构框图6

思考题

1. 理想气体的热力学能只是温度的函数,而实际气体的热力学能则和温度及压力都有关。试根据水蒸气图表中的数据,举例计算过热水蒸气的热力学能以验证上述结论。

2. 根据公式 $c_p = \left(\frac{\partial h}{\partial T}\right)_p$ 可知:在定压过程中 $dh = c_p dT$。这对任何物质都适用,只要过程是定压的。如果将此式应用于水的定压汽化过程,则得 $dh = c_p dT = 0$(因为水定压汽化时温度不变,$dT = 0$)。然而众所周知,水在汽化时焓是增加的($dh > 0$)。问题到底出在哪里?

3. 物质的临界状态究竟是怎样一种状态?

4. 以可逆绝热过程为例,说明水蒸气的热力过程与理想气体的热力过程有何异同。

5. 有没有500 ℃的水?有没有 $v > 0.004\ m^3/kg$ 的水?有没有0 ℃或0 ℃以下的蒸汽?为什么?

6. 25 MPa的水汽化过程是否存在?为什么?

7. 已知湿饱和蒸汽压力,在 h-s 图上如何查出该蒸汽的温度?

习　题

6-1 利用水蒸气的焓熵图填空。

状态	p/MPa	t/℃	h/(kJ/kg)	s/[kJ/(kg·K)]	干度 x/%	过热度 D/℃
1	5	500				
2	0.3		2 550			
3		180		6.0		
4	0.01				90	
5		400				150

6-2 已知下列各状态：

(1)$p = 3$ MPa，$t = 300$ ℃；

(2)$p = 5$ MPa，$t = 155$ ℃；

(3)$p = 0.3$ MPa，$x = 0.92$。

试利用水和水蒸气热力性质表查出或计算出各状态的比体积、比焓、比熵和比热力学能。

6-3 某锅炉每小时生产 10 t 水蒸气，其压力为 1 MPa，温度为 350 ℃。锅炉给水温度为 40 ℃，压力为 1.6 MPa。已知锅炉效率

$$\eta_{B} = \frac{\text{蒸汽吸收的热量}}{\text{燃料可产生的热能}} = 80\%$$

煤的发热量 $H_v = 29\ 000$ kJ/kg。求每小时的耗煤量。

6-4 过热水蒸气的参数为：$p_1 = 13$ MPa，$t_1 = 550$ ℃。在蒸汽轮机中定熵膨胀到 $p_2 = 0.005$ MPa。蒸汽流量为 130 t/h。求蒸汽轮机的理论功率和出口处乏汽的湿度。若蒸汽轮机的相对内效率 $\eta_{ri} = 85\%$，求蒸汽轮机的功率和出口处乏汽的湿度，并计算因不可逆膨胀造成蒸汽比熵的增加。

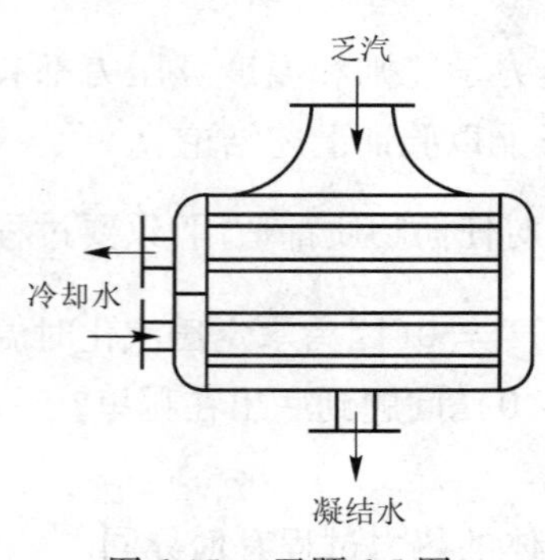

图 6-15　习题 6-5 图

6-5 一台功率为 200 MW 的蒸汽轮机，其耗汽率 $d = 3.1$ kg/(kW·h)。乏汽压力为 0.004 MPa，干度为 0.9，在凝汽器中全部凝结为饱和水（如图 6-15 所示）。已知冷却水进入凝汽器时的温度为 10 ℃，离开时的温度为 18 ℃；水的定压比热容为 4.187 kJ/(kg·K)，求冷却水流量。

6-6 1 kg 蒸汽由初态 $p_1 = 1$ MPa，$t_1 = 300$ ℃ 可逆绝热膨胀到 $p_2 = 0.1$ MPa，求过程中水蒸气所做的技术功。

6-7 1 kg 蒸汽由初态 $p_1 = 3$ MPa，$t_1 = 300$ ℃ 可逆绝热膨胀到 $p_2 = 0.004$ MPa，求终态参数 t_2, v_2, h_2, s_2，并求过程中的膨胀功和技术功。

6-8 1 kg 蒸汽由初态 $p_1 = 2$ MPa，$x_1 = 0.95$ 定温膨胀到 $p_2 = 1$ MPa，求终态参数 t_2, v_2, h_2, s_2 及过程中的换热量和蒸汽所做的膨胀功。

6-9 给水在温度 $t_1 = 60$ ℃，压力 $p_1 = 3.5$ MPa 下进入蒸汽锅炉的省煤器中，在锅炉中被定压加热为 $t_2 = 350$ ℃ 的过热蒸汽。求该加热过程中水的平均温度。

项目 7　理想混合气体与湿空气

项目提要

本项目阐明了理想混合气体的成分表示方法及其热力性质计算，着重介绍了湿空气的绝对湿度、相对湿度、含湿量、露点温度、湿球温度等概念和焓湿图及其应用。

学习目标

(1)明确未饱和湿空气与饱和湿空气的概念，准确解释湿空气中的水蒸气处于过热状态的真实含义。

(2)准确解释绝对湿度、相对湿度及比相对湿度，具有确定空气露点温度和湿球温度的能力。

(3)具有在湿空气的焓湿图表示湿空气过程的能力。

(4)具有使用湿空气的焓湿图分析和计算湿空气热力过程的能力。

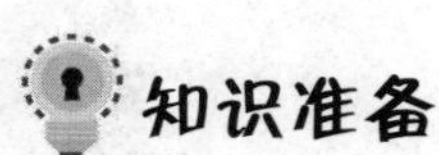

知识准备

任务7.1　混合气体的成分

在热力工程中经常采用混合气体作为工质，如空气、燃气、烟气、湿空气等，因此研究混合气体的性质更为实用。混合气体通常可以当作理想混合气体处理。要确定混合气体的性质，首先要知道混合气体的成分。混合气体的成分可以用绝对成分和相对成分来表示。绝对成分指的是每种组分的绝对量，相对成分指的是每种组分占总量的相对百分比。

1. 混合气体的成分

混合气体的绝对成分可以用质量(m)标出，也可以用物质的量(n)或体积(V)标出。如果用体积标出，应该指明是什么状况下的体积，通常用标准状况(101.325 kPa，0 ℃)下的体积标出。例如，某混合气体的成分为

$$m_{O_2} = 8\ \text{kg}, m_{N_2} = 14\ \text{kg}, m_{H_2} = 2\ \text{kg}, \cdots$$

$$n_{O_2} = 0.25\ \text{kmol}, n_{N_2} = 0.5\ \text{kmol}, n_{H_2} = 1\ \text{kmol}, \cdots$$

$$V_{O_2,std} = 5.6\ \text{m}^3, V_{N_2,std} = 11.2\ \text{m}^3, V_{H_2,std} = 22.4\ \text{m}^3, \cdots$$

混合气体的相对成分更常用。例如,已知某混合气体由 n 种气体组成,其中第 i 种气体的质量为m_i、物质的量为n_i、标准状况下的体积为$V_{i,\mathrm{std}}$,那么第 i 种气体的相对质量成分,即质量分数为

$$w_i = \frac{m_i}{\sum_{i=1}^{n} m_i} = \frac{m_i}{m_{\mathrm{mix}}} \tag{7-1}$$

式中,下标“mix”表示混合气体。

显然有

$$\sum_{i=1}^{n} w_i = 100\% = 1 \tag{7-2}$$

第 i 种气体的相对摩尔成分,即摩尔分数为

$$x_i = \frac{n_i}{\sum_{i=1}^{n} n_i} = \frac{n_i}{n_{\mathrm{mix}}} \tag{7-3}$$

第 i 种气体的相对体积成分,即体积分数为

$$\varphi_i = \frac{V_i}{\sum_{i=1}^{n} V_i} = \frac{V_{i,\mathrm{std}}}{V_{\mathrm{mix,\,std}}} \tag{7-4}$$

2. 成分表示方法的换算

对理想混合气体来说,摩尔分数在数值上等于其体积分数:

$$x_i = \frac{n_i}{n_{\mathrm{mix}}} = \frac{V_{i,\mathrm{std}}/22.414}{V_{\mathrm{mix,std}}/22.414} = \frac{V_{i,\mathrm{std}}}{V_{\mathrm{mix,std}}} = \varphi_i \tag{7-5}$$

显然有

$$\sum_{i=1}^{n} x_i = \sum_{i=1}^{n} \varphi_i = 100\% = 1 \tag{7-6}$$

质量分数和摩尔分数(或体积分数)之间的换算关系为

$$w_i = \frac{m_i}{\sum_{i=1}^{n} m_i} = \frac{M_i n_i}{\sum_{i=1}^{n} M_i n_i} = \frac{M_i n_i / n_{\mathrm{mix}}}{\sum_{i=1}^{n} M_i n_i / n_{\mathrm{mix}}}$$

所以

$$w_i = \frac{m_i x_i}{\sum_{i=1}^{n} M_i x_i} \tag{7-7}$$

另外

$$x_i = \frac{n_i}{\sum_{i=1}^{n} n_i} = \frac{m_i/M_i}{\sum_{i=1}^{n} m_i/M_i} = \frac{m_i/(M_i m_{\mathrm{mix}})}{\sum_{i=1}^{n} m_i/(M_i m_{\mathrm{mix}})}$$

所以

$$x_i = \frac{m_i/M_i}{\sum_{i=1}^{n} w_i/M_i} \tag{7-8}$$

3. 混合气体的平均摩尔质量和气体常数

混合气体的平均摩尔质量可以根据各组成气体的摩尔质量和各相对成分来计算。

物质的摩尔质量等于质量(kg)除以物质的量(mol),据此可求得混合气体的平均摩尔质量:

$$M_{mix}=\frac{m_{mix}}{n_{mix}}=\frac{\sum_{i=1}^{n}m_i}{n_{mix}}=\frac{\sum_{i=1}^{n}M_in_i}{n_{mix}}$$

即

$$M_{mix}=\sum_{i=1}^{n}M_ix_i \tag{7-9}$$

所以,混合气体的平均摩尔质量等于各组成气体的摩尔质量与摩尔分数乘积的总和,与此相仿有

$$M_{mix}=\frac{m_{mix}}{n_{mix}}=\frac{\sum_{i=1}^{n}m_i}{\sum_{i=1}^{n}n_i}=\frac{\sum_{i=1}^{n}m_i}{\sum_{i=1}^{n}\frac{m_i}{M_i}}=\frac{\sum_{i=1}^{n}\frac{m_i}{m_{mix}}}{\sum_{i=1}^{n}\frac{m_i}{M_im_{mix}}}=\frac{\sum_{i=1}^{n}w_i}{\sum_{i=1}^{n}\frac{w_i}{M_i}}$$

即

$$M_{mix}=\frac{1}{\sum_{i=1}^{n}\frac{w_i}{M_i}} \tag{7-10}$$

所以,混合气体的平均摩尔质量也等于各组成气体的质量分数与其摩尔质量比值的总和的倒数。

知道了混合气体的平均摩尔质量后,就可以用摩尔气体常数(通用气体常数)除以平均摩尔质量而得出混合气体的气体常数:

$$R_{g,mix}=\frac{R}{M_{mix}} \tag{7-11}$$

任务7.2　混合气体的参数计算

1. 道尔顿定律

道尔顿定律指出,理想混合气体的总压力(p_{mix})等于理想混合气体中各组成气体分压力(p_i)的总和:

$$p_{mix}=\sum_{i=1}^{n}p_i \tag{7-12}$$

所谓分压力,就是假定混合气体中各组成气体单独存在,与混合气体具有相同的温度和体积时给予容器壁的压力。

道尔顿定律的正确性是显而易见的。既然是理想气体,各组成气体混合在一起并不互相

影响,因此混合气体全部分子碰撞容器壁的效果,必定等效于各组成气体各自碰撞容器壁效果的总和,也就是总压力等于分压力的总和。

理想混合气体中各组成气体的分压力与总压力之比等于各组成气体的摩尔分数(或体积分数),证明过程如下所述。

$$\frac{p_i}{p_{\text{mix}}} = \frac{m_i R_{gi} T_i / V_i}{m_{\text{mix}} R_{g,\text{mix}} T_{\text{mix}} / V_{\text{mix}}} = \frac{m_i R T_i / (M_i V_i)}{m_{\text{mix}} R T_{\text{mix}} / (M_{\text{mix}} V_{\text{mix}})} = \frac{n_i T_i / V_i}{n_{\text{mix}} T_{\text{mix}} / V_{\text{mix}}}$$

因为

$$T_i = T_{\text{mix}}, V_i = V_{\text{mix}}$$

所以

$$\frac{p_i}{p_{\text{mix}}} = \frac{n_i}{n_{\text{mix}}} = x_i \tag{7-13}$$

因此,只要知道混合气体的总压力及各组成气体的摩尔分数(或体积分数),即可方便地求得各组成气体的分压力:

$$p_i = p_{\text{mix}} x_i = p_{\text{mix}} \varphi_i \tag{7-14}$$

2. 分体积定律

各组成气体都处于与混合物具有相同的温度(T_{mix})、压力(p_{mix})下,各自单独占据的体积 V_i 称为分体积,则

$$p_{\text{mix}} V_i = n_i R T_{\text{mix}} \tag{7-15}$$

对各组成气体求和,可得对混合物有

$$p_{\text{mix}} \sum V_i = R T_{\text{mix}} \sum n_i \tag{7-16}$$

$$V = \sum V_i \tag{7-17}$$

该式表明,理想气体的分体积之和等于混合气体的总体积。这就是分体积定律。

在计算混合气体的广延参数时,需将各组元的参数累加起来:

$$U_{\text{mix}} = \sum_{i=1}^{n} U_i$$

$$H_{\text{mix}} = \sum_{i=1}^{n} H_i$$

$$S_{\text{mix}} = \sum_{i=1}^{n} S_i$$

同样,理想气体混合物经过一个过程,广延参数热力学能、焓和熵的变化可以分别表示为

$$\Delta U_{\text{mix}} = \sum_{i=1}^{n} \Delta U_i$$

$$\Delta H_{\text{mix}} = \sum_{i=1}^{n} \Delta H_i$$

$$\Delta S_{\text{mix}} = \sum_{i=1}^{n} \Delta S_i$$

在计算混合气体的强度参数时,可以通过上面的式子除以混合气体的质量,有

$$u_{mix}=\frac{U_{mix}}{m_{mix}}=\frac{\sum_{i=1}^{n}m_iu_i}{m_{mix}}=\sum_{i=1}^{n}w_iu_i$$

$$h_{mix}=\frac{H_{mix}}{m_{mix}}=\frac{\sum_{i=1}^{n}m_ih_i}{m_{mix}}=\sum_{i=1}^{n}w_ih_i$$

$$s_{mix}=\frac{S_{mix}}{m_{mix}}=\frac{\sum_{i=1}^{n}m_is_i}{m_{mix}}=\sum_{i=1}^{n}w_is_i$$

同样，理想气体混合物经过一个热力过程，比热力学能、比焓和比熵的变化可以分别表示为

$$\Delta u_{mix}=\sum_{i=1}^{n}w_i\Delta u_i$$

$$\Delta h_{mix}=\sum_{i=1}^{n}w_i\Delta h_i$$

$$\Delta s_{mix}=\sum_{i=1}^{n}w_i\Delta s_i$$

例 7-1　已知空气各组成成分的体积分数依次为 $\varphi_{N_2}=78.026\%$，$\varphi_{O_2}=21.000\%$，$\varphi_{CO_2}=0.030\%$，$\varphi_{H_2}=0.014\%$，$\varphi_{Ar}=0.93\%$。试计算其平均摩尔质量、气体常数和各组成气体的分压力(设总压力为101.325 kPa)。

解：$M_a=\sum_{i=1}^{n}M_i\varphi_i$

$=0.028\,016\times0.780\,26+0.032\times0.210\,00+0.044\,011\times0.000\,3+0.002\,016\times0.000\,14+0.039\,948\times0.009\,30$

$=0.028\,965(\text{kg/mol})$

$$R_{g,a}=\frac{R}{M_a}=\frac{8.314\,47}{0.028\,965}=287.05[\text{J/(kg·K)}]$$

由式(7-14)可得气体的分压力为

$$p_{N_2}=p_{mix}\varphi_{N_2}=101\,325\times78.026\%=79\,059.8(\text{Pa})$$

$$p_{O_2}=21\,278.3\text{ Pa}$$

$$p_{CO_2}=30.40\text{ Pa}$$

$$p_{H_2}=14.19\text{ Pa}$$

$$p_{Ar}=942.3\text{ Pa}$$

任务7.3　湿空气及其湿度

1. 湿空气和干空气

江河湖海里的水蒸发出来的水蒸气进入空气中就形成了湿空气。湿空气是指含有水蒸

气的空气。完全不含水蒸气的空气称为干空气。大气中的空气或多或少都含有水蒸气，所以人们通常遇到的空气都是湿空气，只是由于其中水蒸气的含量不大，有时就按干空气计算。但对那些与湿空气中水蒸气含量有显著关系的过程，如干燥过程、空气调节、蒸发冷却等，就必须要按湿空气来处理。

湿空气是水蒸气和干空气的混合物。干空气本身又是氮气、氧气及少量其他气体的混合物。干空气的成分比较稳定，而湿空气中水蒸气的含量在自然界的大气中有所不同，而在如上所述的那些工程应用中则变化更大。但总体来说，湿空气中水蒸气的分压力通常都很低，因此可按理想气体处理。所以，整个湿空气也可以按理想气体计算。

按照道尔顿定律，湿空气的压力等于水蒸气和干空气分压力的总和：

$$p = p_v + p_{DA} \tag{7-18}$$

式中，p_v 为水蒸气的分压力；p_{DA} 为干空气的分压力。

如果没有特意进行压缩或抽空，那么湿空气的压力一般也就是当时当地的大气压力。

从温度的关系看，湿空气中的水蒸气通常处于过热状态，即水蒸气的温度 t 高于当时水蒸气分压力 p_v 所对应的饱和温度（如图7-1和图7-2中的状态 a）；从压力的关系看，这种湿空气亦可称为未饱和湿空气，即水蒸气的分压力 p_v 低于当时温度所对应的饱和压力 p_{sv}。未饱和湿空气还具有吸湿能力，即它能容纳更多的水蒸气。

在湿空气中加入温度为 t 的水蒸气，则水蒸气的分压力 p_v 将增加，当 p_v 增加到当时温度 t 所对应的饱和压力 p_{sv} 时（如图7-1和图7-2中的状态 b），这时的湿空气便称为饱和湿空气（水蒸气干度 $x = 1$）。饱和湿空气不再具有吸湿能力，如再加入水蒸气，就会凝结出水珠来。

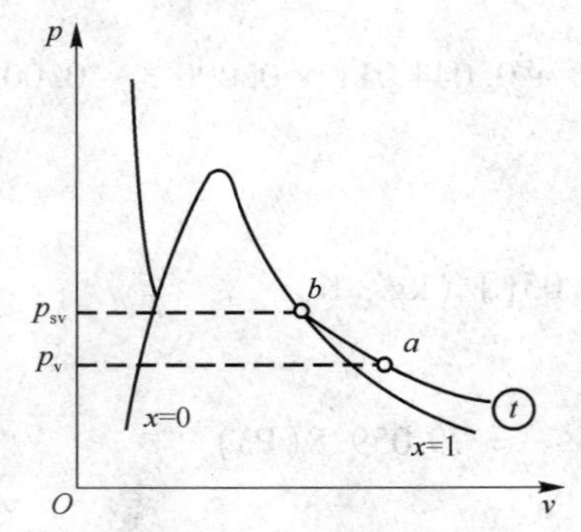

图7-1　湿空气中水蒸气的未饱和状态

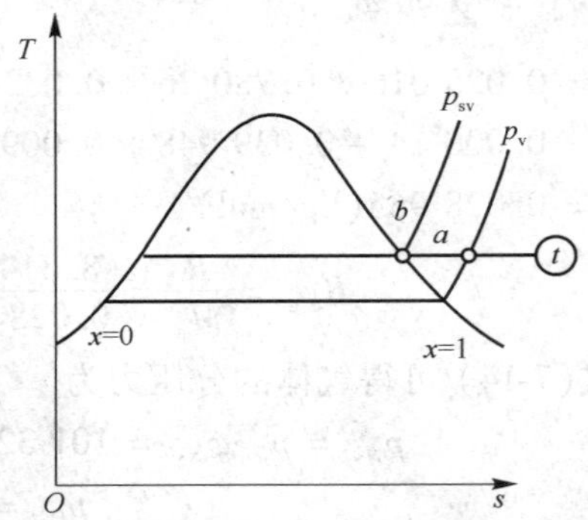

图7-2　湿空气中水蒸气的过热状态

2. 湿空气的湿度

湿度是用来表示湿空气中水蒸气的含量的参数，湿度有三种表示方法：绝对湿度、相对湿度和含湿量。

绝对湿度是指单位体积（通常指1 m^3）的湿空气中所含水蒸气的质量。所以绝对湿度也就是湿空气中水蒸气的密度：

$$\rho_v = \frac{m_v}{V} = \frac{1}{v_v} \tag{7-19}$$

对于饱和湿空气：

$$\rho_{sv}=\frac{1}{v_{sv}}=\frac{1}{v''} \tag{7-20}$$

绝对湿度并不能完全说明湿空气的潮湿程度（或干燥程度）和吸湿能力。因为，同样的绝对湿度，如果温度较高（如20 ℃），则该温度所对应的饱和压力及饱和水蒸气的密度都较高，湿空气中的水蒸气还没有达到饱和压力和饱和水蒸气的密度，因而这时的空气还是比较干燥的，还具有吸湿能力（例如，冬季室内开放暖气就会感到干燥）；如果温度较低（如10 ℃），则该温度所对应的饱和压力和饱和水蒸气的密度都比较低，这时就会感到阴冷潮湿；如果温度再低，就会有水珠凝结出来。

所以，绝对湿度的大小不能完全说明空气的干燥程度和吸湿能力，它与湿空气所处的温度有关，故而引入相对湿度的概念。

相对湿度是指绝对湿度和相同温度下可能达到的最大绝对湿度（饱和空气的绝对湿度）的比值：

$$\varphi=\frac{\rho_{v}}{\rho_{v,max}}=\frac{\rho_{v}}{\rho_{sv}} \tag{7-21}$$

相对湿度表示湿空气离开饱和空气的远近程度，所以相对湿度也叫饱和度。

根据理想气体状态方程，相对湿度也可以表示成未饱和空气中的分压力和饱和空气中水蒸气的分压力的比值。因为

$$\rho_{v}=\frac{p_{v}}{R_{g,v}T},\quad \rho_{sv}=\frac{p_{sv}}{R_{g,v}T}$$

所以

$$\varphi=\frac{\rho_{v}}{\rho_{sv}}=\frac{p_{v}/(R_{g,v}T)}{p_{sv}/(R_{g,v}T)}=\frac{p_{v}}{p_{sv}} \tag{7-22}$$

当湿空气温度t所对应的水蒸气饱和压力p_{sv}超过湿空气的压力p时，或者当湿空气温度超过湿空气压力所对应的饱和温度时，湿空气中水蒸气所能达到的最大分压力不再是p_{sv}，而是湿空气的总压力，这时干空气的分压力已等于零。因此，在这种情况下，相对湿度应定义为

$$\varphi=\frac{p_{v}}{p_{v,max}}=\frac{p_{v}}{p} \tag{7-23}$$

在空气调节及干燥过程中，湿空气被加湿或去湿，其中水蒸气的质量是变化的（增加或减少），但其中干空气的质量是不变的。因此，以1 kg干空气的质量为计算单位显然比较方便。用这种方法表示的湿度称为含湿量。

含湿量是指单位质量（1 kg）干空气夹带的水蒸气的质量（g），即

$$d=1\,000\frac{m_{v}}{m_{DA}}=1\,000\frac{m_{v}/V}{m_{DA}/V}=1\,000\frac{\rho_{v}}{\rho_{DA}} \tag{7-24}$$

式中，d为含湿量；DA表示干空气。

式（7-24）建立了含湿量和绝对湿度之间的关系。含湿量实质上是湿空气中水蒸气密度与干空气密度之比。

含湿量和相对湿度之间的关系推导如下。

根据理想气体状态方程

$$p_{\mathrm{v}} = \rho_{\mathrm{v}} R_{\mathrm{g,v}} T,\quad p_{\mathrm{DA}} = \rho_{\mathrm{DA}} R_{\mathrm{g,DA}} T$$

所以

$$\frac{\rho_{\mathrm{v}}}{\rho_{\mathrm{DA}}} = \frac{p_{\mathrm{v}} R_{\mathrm{g,DA}}}{p_{\mathrm{DA}} R_{\mathrm{g,v}}} = \frac{p_{\mathrm{v}} M_{\mathrm{v}}}{p_{\mathrm{DA}} M_{\mathrm{DA}}} = \frac{18.015 p_{\mathrm{v}}}{28.97 p_{\mathrm{DA}}} = 0.622 \frac{p_{\mathrm{v}}}{p_{\mathrm{DA}}}$$

代入式(7-24)得

$$d = 1\,000 \frac{\rho_{\mathrm{v}}}{\rho_{\mathrm{DA}}} = 622 \frac{p_{\mathrm{v}}}{p_{\mathrm{DA}}} = 622 \frac{p_{\mathrm{v}}}{p - p_{\mathrm{v}}}$$

即

$$d = 622 \frac{\varphi p_{\mathrm{sv}}}{p - \varphi p_{\mathrm{sv}}} \tag{7-25}$$

式(7-25)建立了含湿量和相对湿度之间的关系。

从式(7-25)又可得

$$p_{\mathrm{v}} = \frac{pd}{622 + d} \tag{7-26}$$

式(7-26)表明：当空气压力一定时，水蒸气的分压力和水蒸气的含湿量之间有单值的对应关系。

任务7.4 露点温度和湿球温度

根据式(7-21)和式(7-22)可以计算相对湿度，式中的ρ_{sv}和p_{sv}可以根据湿空气的温度从饱和水蒸气热力性质表中查出。但绝对湿度和水蒸气的分压力为未知数，需要测量出ρ_{v}或p_{v}才可以计算出相对湿度。但是，ρ_{v}和p_{v}都不易直接测量，通常要用露点计或干湿球温度计间接测定。

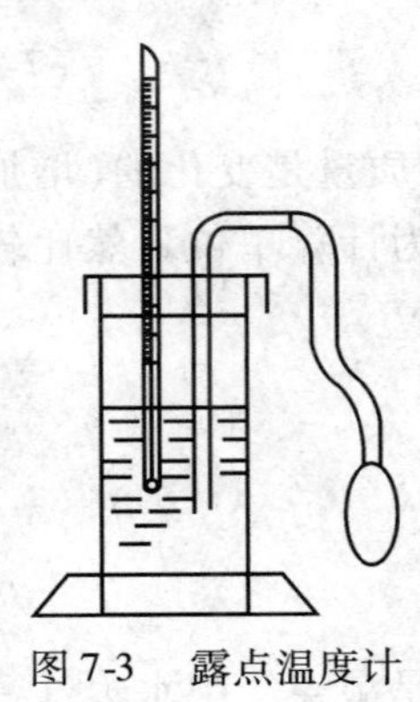

图7-3 露点温度计

一种简单的露点温度计如图7-3所示，表面镀铬的金属容器内装有易挥发的液体乙醚。测量时，手捏橡皮球向容器内送进空气，使乙醚挥发。由于乙醚挥发时吸收热量，从而使乙醚及整个容器的温度不断降低。当温度降到一定程度时，镀铬的金属表面开始失去光泽（出现微小露珠），这时温度计所示温度即为露点温度。露点温度就是在湿空气的压力保持不变的条件下，其中的水蒸气分压力所对应的饱和温度。由露点温度可以从饱和水与饱和水蒸气的热力性质表（见表A-2）中查出相应的饱和压力。由于容器周围的空气是在总压力与分压力都不变的情况下被冷却的（如图7-4和图7-5中的过程$a \rightarrow c$），所以

$$p_v = p_{sv(t_d)} \tag{7-27}$$

因此

$$\varphi = \frac{p_v}{p_{sv}} = \frac{p_{sv(t_d)}}{p_{sv(t)}} \tag{7-28}$$

对于饱和空气有

$$t_d = t, \varphi = 1 \tag{7-29}$$

用图7-3所示的露点温度计测露点温度只是原理性的，是不够准确的。精确的露点温度计可以作为标定测湿仪表的二级标准。

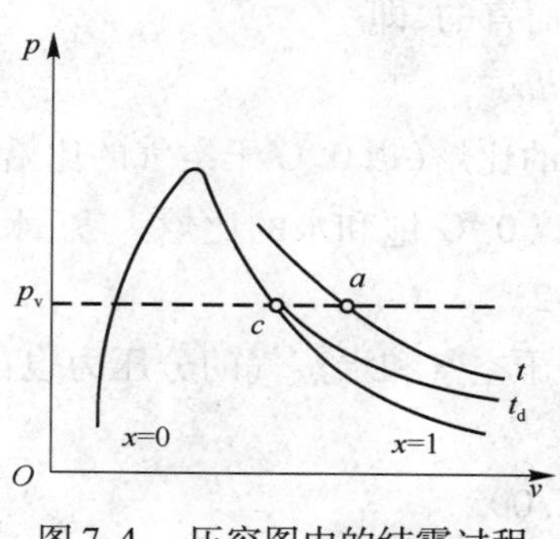

图7-4　压容图中的结露过程

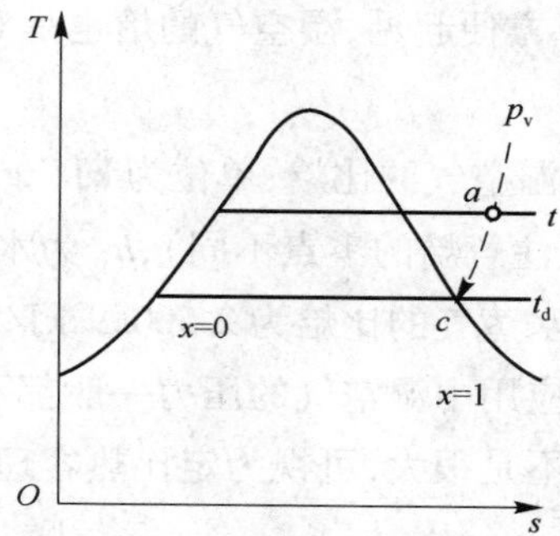

图7-5　温熵图中的结露过程

干湿球温度计由两支普通温度计组成，如图7-6所示。其中一支的温包直接和湿空气接触，称为干球温度计；另一支的温包则用湿纱布包着，称为湿球温度计。干球温度计显示（测出）的温度 t 就是湿空气的温度。湿球温度计由于有湿布包着，如果周围的空气是未饱和的，那么湿纱布表面的水分就会不断蒸发。由于水蒸发时吸收热量，从而使贴近湿纱布周围的一层空气的温度降低。当温度降低到一定程度时，外界传入纱布的热量正好等于水蒸发需要的热量，这时温度维持不变，这就是湿球温度 t_w。显然，空气的相对湿度越小，水蒸发得越快，湿球温度比干球温度就低得越多。因此，可以根据不同相对湿度下干、湿球间的温差及干球温度制成相应的表格来查取相对湿度值。

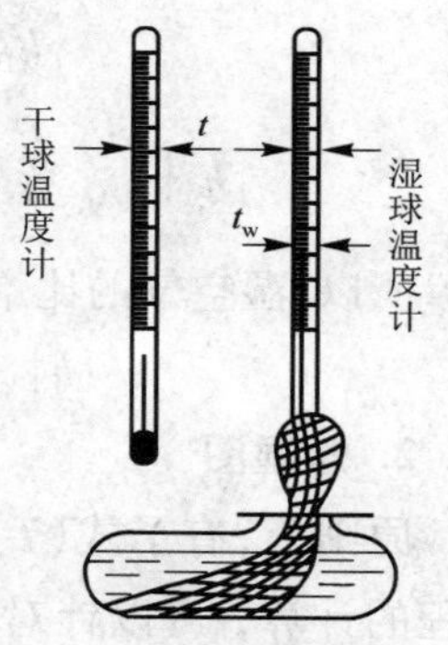

图7-6　干湿球温度计

湿球温度一般介于露点温度和干球温度之间。

当 $\varphi < 1$ 时，有

$$t_d < t_w < t \tag{7-30}$$

对于饱和空气，这三种温度相等，即

$$t_d = t_w = t \tag{7-31}$$

应该指出，湿球温度计的读数和掠过湿球的风速有一定关系。实验表明，对于同样的湿空气，具有一定风速时湿球温度计的读数比风速为零时低些，但在风速超过2 m/s的宽广范围内，湿球温度计的读数变化很小。在查图表或进行计算时应以这种通风式干湿球温度计的读数为准。

任务7.5　焓和焓湿图

1. 焓

在加热和冷却的空气调节中，湿空气的焓值是变化的，而湿空气中干空气的质量是不变的。为计算方便起见，湿空气的焓也是对1 kg干空气而言的，即

$$h = h_{DA} + 0.001dh_v$$

式中，h 为湿空气的比焓，单位为kJ/kg；h_{DA} 为干空气的比焓（以0 ℃干空气的比焓为零），可查表A-9（注意焓的零点不同）；h_v 为水蒸气的比焓（以0 ℃饱和水的比焓为零、水的汽化潜热或饱和水蒸气的比焓为2 500.9 kJ/kg），可查表A-2。

由于应用中湿空气的压力一般都不高，因而其中干空气和水蒸气的分压力也都较低，温度变化也不是很大，可视为定比热容理想气体，且：

$$\{c_{p,DA}\}_{kJ/(kg\cdot K)} = 1.005$$

$$\{c_{p,v}\}_{kJ/(kg\cdot K)} = 1.82$$

所以

$$\{h_{DA}\}_{kJ/kg} = \int_0^t \{c_{p,DA}\}_{kJ/(kg\cdot K)} \mathrm{d}\{t\}_{℃} = 1.005\{t\}_{℃}$$

$$\{h_v\}_{kJ/kg} = r_{(t=0℃)} + \int_0^t \{c_{p,v}\}_{kJ/(kg\cdot K)} \mathrm{d}\{t\}_{℃} = 2\,500.9 + 1.82\{t\}_{℃}$$

所以，湿空气的比焓为

$$\{h\}_{kJ/kg} = 1.005\{t\}_{℃} + 0.001d(2\,500.9 + 1.82\{t\}_{℃}) \tag{7-32}$$

2. 焓湿图

原则上，有了式(7-32)就可以进行湿空气比焓的计算。而实际上，为方便涉及湿空气过程的计算，可以针对某一指定压力将湿空气的热力性质绘制成图。例如，图B-2是湿空气压力为0.1 MPa时的空气焓湿图，它以湿空气的温度(t)和焓(h)为纵坐标，含湿量(d)为横坐标。为使图中曲线看起来清楚，两坐标轴的夹角适当放大（比如说取135°而不是90°）。图7-7中表示出了各主要参数 h,d,t,φ 的定值线，其中 $\varphi=1$ 所对应的等相对湿度线上的各点表示不同温度的饱和空气，该线称为饱和空气线。饱和空气线的上方($\varphi<1$)代表未饱和空气。图7-7的上方还标出了水蒸气的分压力和含湿量的对应关系。

在指定的压力下，只要另外给出湿空气的两个参量，即可在焓湿图（如图7-8所示）中查到相应的其他参数。例如，指定湿空气压力 $p=0.1$ MPa，已知 $t=30$ ℃，$\varphi=80\%$（图7-8中的状态 a），则可查得 $d=22$ g/kg，$h=86$ kJ/kg。由于等湿球温度线基本上和等比焓线平行，因此湿球温度可以这样来确定：由该状态 a 沿等比焓线往右下方与饱和空气线相交于 b 点，b

点的温度即为湿球温度。

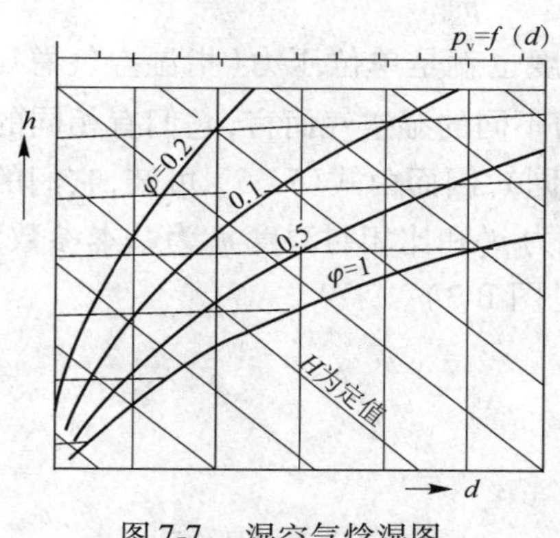

图7-7　湿空气焓湿图

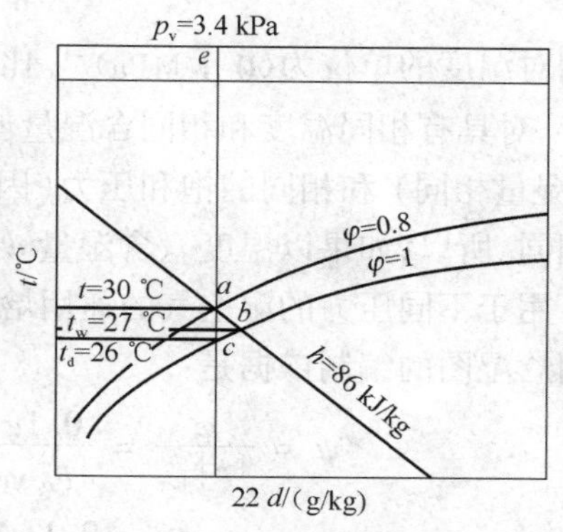

图7-8　焓湿图

露点温度和水蒸气的分压力可由 a 点沿等含湿量线垂直往下与饱和空气线相交于 c 点，垂直往上与 $p_v=f(d)$ 线相交于 e 点。c 点的温度(26 ℃)即为露点温度，e 点的压力(3.4 kPa)即为水蒸气的分压力。

所以

$$t_d = 26\ ℃$$

$$p_v = 3.4\ \text{kPa} = 0.003\ 4\ \text{MPa}$$

由于通常的焓湿图都是针对指定的湿空气压力而绘制的，它只适用于该指定压力，因此对不同的湿空气压力需要绘制不同的焓湿图。如高原地区的环境压力及一些特殊条件下的环境压力可能与平原地区的环境压力很不相同，因而就需要绘制很多针对不同压力的焓湿图。使用比相对湿度的概念和可用于不同压力的通用焓湿图可以解决这个问题。

任务7.6　比相对湿度和通用焓湿图

对于具有不同压力的湿空气，只要温度和含湿量相同，则它们的焓也相同，参见式(7-32)，饱和蒸气压也相同。这时，相对湿度仅取决于水蒸气的分压力，该分压力在含湿量(水蒸气和干空气的相对含量)不变的情况下与湿空气的总压力成正比。因此，对含湿量相同而总压力不同的湿空气，水蒸气的比分压力(水蒸气分压力与湿空气总压力之比)是相同的，即

$$p'_v = \frac{p_v}{p} \tag{7-33}$$

由式(7-26)可知：

$$p'_v = \frac{d}{622 + d} \tag{7-34}$$

即，p'_v 是含湿量 d 的单值函数。

定义湿空气的相对湿度 φ 与湿空气总压力 p 之比为比相对湿度 ψ，即

$$\psi = \frac{\varphi}{p} = \frac{p_v/p_{sv}}{p} = \frac{p'_v}{p_{sv}} \tag{7-35}$$

比相对湿度的单位为$(0.1\ \mathrm{MPa})^{-1}$。比相对湿度也就是单位压力(指湿空气总压力)的相对湿度。对具有相同温度和相同含湿量但总压力不同的湿空气而言,它们有相同的比分压力(因含湿量相同)和相同的饱和压力(因温度相同),因而由式(7-35)可知,它们的比相对湿度也相同。所以,如果以温度t、含湿量d、比分压力p'_v和比相对湿度ψ为基本参数,就可以绘制出可用于不同压力的湿空气的通用焓湿图(见图B-3)。

通用焓湿图的编制依据是:

$$\begin{aligned}\psi &= \frac{\varphi}{\{p\}_{\mathrm{bar}}} = \frac{0.1\varphi}{\{p\}_{\mathrm{MPa}}} \\ &= \frac{0.1(A_w - D)}{A\{p\}_{\mathrm{MPa}} - (A - A_w + D)\{p_{sv(t)}\}_{\mathrm{MPa}}}(0.1\ \mathrm{MPa})^{-1}\end{aligned} \tag{7-36}$$

式中:

$$A = (1\,555.6 + 1.151t + 0.000\,13T^2 - 2.604t_w)\frac{p_{sv(t)}}{p - p_{sv(t)}}$$

$$A_w = (1\,555.6 - 1.453t_w + 0.000\,13T_w^2)\frac{p_{sv(t_w)}}{p - p_{sv(t_w)}}$$

$$D = 1.002(t - t_w) + 0.000\,05(T^2 - T_w^2)$$

$$p_{sv(t>0\,℃)} = 22.064\exp\left\{\left[7.214\,8 + 3.956\left(0.745 - \frac{\{t\}_{℃} + 273.15}{647.14}\right)^2 + 1.348\,7\left(0.745 - \frac{\{t\}_{℃} + 273.15}{647.14}\right)^{3.177\,8}\right]\left(1 - \frac{647.14}{\{t\}_{℃} + 273.15}\right)\right\}\mathrm{MPa}$$

给出湿空气压力p(MPa)、干球温度t和湿球温度t_w,据式(7-36)可以计算出相对湿度φ和比相对湿度ψ,再根据式(7-25)和式(7-28)可以计算出含湿量d(g/kg)和焓h(kJ/kg)。

式(7-36)中的φ是根据定义式(7-22)计算的,其中的最大水蒸气分压力$p_{v,\max}$取的是干球温度所对应的饱和蒸汽压$p_{sv(t)}$。当干球温度所对应的饱和蒸汽压超过湿空气的总压分(亦即当干球温度超过湿空气总压力所对应的水蒸气饱和温度)时,应根据式(7-23)计算φ,即$p_{v,\max}$应取湿空气总压力,因此,需将按式(7-36)计算所得的相对湿度值($\varphi_{计}$)乘以$\frac{p_{sv(t)}}{p}$,这样就可以得到正确的相对湿度值:

$$\varphi = \frac{p_v}{p} = \frac{p_v}{p_{sv(t)}}\frac{p_{sv(t)}}{p} = \varphi_{计}\frac{p_{sv(t)}}{p} \tag{7-37}$$

对于在通用焓湿图中查出的比相对湿度值($\psi_{图}$),在遇到上述情况时,需要乘以$p_{sv(t)}$即可得到正确的相对湿度值:

$$\varphi = \frac{p_v}{p} = \frac{p_v}{p_{sv(t)}}\frac{p_{sv(t)}}{p} = \frac{\varphi_{图}}{p}p_{sv(t)} = \psi_{图}\,p_{sv(t)} \tag{7-38}$$

通用焓湿图的用法与一般焓湿图的用法基本相同。如果湿空气的压力为0.1 MPa,那么只要将通用焓湿图中的ψ视为φ即可。这时,饱和空气线($\varphi = 1$)也就是$\psi = 1\ (0.1\ \mathrm{MPa})^{-1}$

的定值线；$\varphi = 0.5$ 的定相对湿度线也就是 $\psi = 0.5\,(0.1\ \text{MPa})^{-1}$ 的定值线。如果湿空气的压力为0.2 MPa，则饱和空气线（$\varphi = 1$）为 $\psi = 0.5\,(0.1\ \text{MPa})^{-1}$ 的定值线；$\varphi = 0.5$ 的定相对湿度线也就是 $\psi = 0.25\,(0.1\ \text{MPa})^{-1}$ 的定值线。如果湿空气的压力为0.05 MPa，则饱和空气线为 $\psi = 2\,(0.1\ \text{MPa})^{-1}$ 的定值线；$\varphi = 0.5$ 的定相对湿度线也就是 $\psi = 1\,(0.1\ \text{MPa})^{-1}$ 的定值线；依此类推。

总之，对任意指定的湿空气压力 p，只要将通用焓湿图中各个比相对湿度值，按 $\varphi = \psi p$ 计算后，通用焓湿图就成了该指定压力下的焓湿图了，即一张通用焓湿图代表了不同指定压力（任意）的焓湿图。

在湿空气的通用焓湿图（图 B-3）中，与定焓线基本平行的线是定湿球温度线。这些定湿球温度线都是直线，在图中只有确定的斜率（随温度的提高而稍趋平坦），而无固定位置。在给定了湿空气压力，因而饱和空气线也确定的条件下，根据饱和空气线上湿球温度和干球温度相等的原理，将标出的定湿球温度线平行移动到相应位置，这样便得到该压力下的定湿球温度线的具体位置。图 B-3 中画出的定湿球温度线的位置是0.1 MPa 压力下的实际位置。

在图 7-9 中，三条平行虚线 aa'，bb'，cc' 分别是压力为0.05 MPa、0.1 MPa、0.125 MPa［其饱和空气线顺次为 $\psi = 2\,(0.1\ \text{MPa})^{-1}$、$\psi = 1\,(0.1\ \text{MPa})^{-1}$ 和 $\psi = 0.8\,(0.1\ \text{MPa})^{-1}$］时的 30 ℃ 的定湿球温度线。在通用焓湿图中，aa' 线和 cc' 线可由 bb' 线平行移动到相应位置而得到。如果湿球温度不是很高，那么定湿球温度线基本上与定焓线平行，因此可以沿定焓线来确定湿球温度（湿球温度值等于定焓线与饱和空气线交点对应的干球温度值），如此既方便，误差也不显著。因此，温度范围较小的焓湿图中不画出定湿球温度线，认为其与定焓线平行。

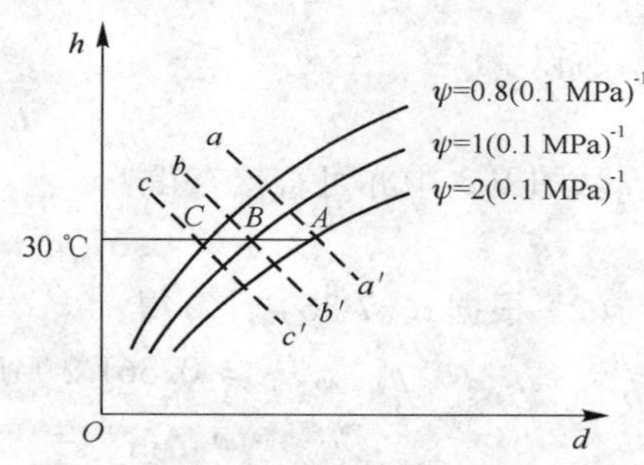

图 7-9　不同压力下的定湿球温度线

在通用焓湿图的上方，还标出了水蒸气的比分压力与含湿量的对应关系。当干球温度超过湿空气总压力所对应的饱和温度时，水蒸气的比分压力也就是相对湿度 $\left[p'_v = \dfrac{p_v}{p} = \varphi\right.$，参见式(7-23)$\left.\right]$。

例 7-2　计算湿空气的相对湿度、含湿量和焓。已知：

(1) 干球温度 $t = 30$ ℃，湿球温度 $t_w = 25$ ℃，湿空气压力 $p = 0.1$ MPa；

(2) $t = 140$ ℃，$t_w = 54$ ℃，$p = 745$ mmHg。

解：(1) 根据式(7-36) 计算相对湿度。先计算饱和蒸汽压（亦可直接查饱和水蒸气表）：

$$p_{sv(30\,℃)} = 0.004\,245\ \text{MPa},\ p_{sv(25\,℃)} = 0.003\,169\ \text{MPa}$$

又可计算得

$$A = 67.613,\ A_w = 49.724,\ D = 5.023\,8$$

最后计算相对湿度：

$$\psi = \frac{\varphi}{\{p\}_{\text{bar}}} = \frac{0.1\varphi}{\{p\}_{\text{MPa}}}$$

$$= \frac{0.1 \times (49.724 - 5.0238)}{67.613 \times 0.1 - (67.613 - 49.724 + 5.0238) \times 0.004245}$$

$$= 0.6708\,[(0.1\ \text{MPa})^{-1}]$$

因为 $p = 0.1$ MPa,所以有

$$\varphi = 0.6708$$

根据式(7-25) 计算含湿量:

$$d = 622\frac{\varphi p_{sv}}{p - \varphi p_{sv}}$$

$$= 622 \times \frac{0.6708 \times 0.004245}{0.1 - 0.6708 \times 0.004245} = 18.23(\text{g/kg})$$

根据式(7-32) 计算焓。

$$\{h\}_{\text{kJ/kg}} = 1.005\{t\}_{℃} + 0.001d(2500.9 + 1.82\{t\}_{℃})$$

$$= 1.005 \times 30 + 0.001 \times 18.23 \times (2500.9 + 1.82 \times 30)$$

$$= 76.74$$

所以

$$h = 76.74\ \text{kJ/kg}$$

从图 B-3 中亦可直接查得:

$$\varphi = 0.67, d = 18.3\ \text{g/kg}, \quad h = 77\ \text{kJ/kg}$$

(2) 根据式(7-36) 计算得:

$$p_{sv(140\ ℃)} = 0.3612\ \text{MPa} = 2709\ \text{mmHg} > p(-745\ \text{mmHg})$$

$$p_{sv(54\ ℃)} = 0.01501\ \text{MPa} = 112.6\ \text{mmHg}$$

$$A = -2177.5, A_w = 263.07, D = 87.006$$

从而得:$\varphi_{计} = 0.02759$

对 $p_{sv(t)} > p$ 的情况,相对湿度的实际值应根据式(7-37) 加以修正:

$$\varphi = \varphi_{计}\frac{p_{sv(t)}}{p} = 0.02759 \times \frac{2709}{745} = 0.1003$$

根据式(7-25) 计算含湿量,这里需要注意的是,式(7-25) 中 φ 的定义为 $\varphi = \frac{p_v}{p_{sv(t)}}$,所以,应该用 $\varphi_{计}$ 代入计算:

$$d = 622\frac{\varphi_{计}\, p_{sv(t)}}{p - \varphi_{计}\, p_{sv(t)}}$$

$$= 622 \times \frac{0.02759 \times 2709}{745 - 0.2759 \times 2709} = 69.36(\text{g/kg})$$

根据式(7-32) 计算焓。

$$h = 1.005 \times 140 + 0.001 \times 69.36 \times (2500.9 + 1.82 \times 140)$$

$$= 331.83(\text{kJ/kg})$$

例 7-3 对于压力分别为0.04 MPa,0.1 MPa,0.2 MPa 的湿空气,测得它们的干球温度

均为20 ℃，湿球温度均为15 ℃。试利用通用焓湿图求它们的相对湿度和含湿量。

解：当 $p_A = 0.04\ \text{MPa}, p_B = 0.1\ \text{MPa}, p_C = 0.2\ \text{MPa}$ 时，通用焓湿图中饱和空气线（$\varphi = 1$）顺次为 $\psi_A = 2.5(0.1\text{MPa})^{-1}, p_B = 1(0.1\ \text{MPa})^{-1}, p_C = 0.5(0.1\ \text{MPa})^{-1}$ 的定比相对湿度线参见图7-10。

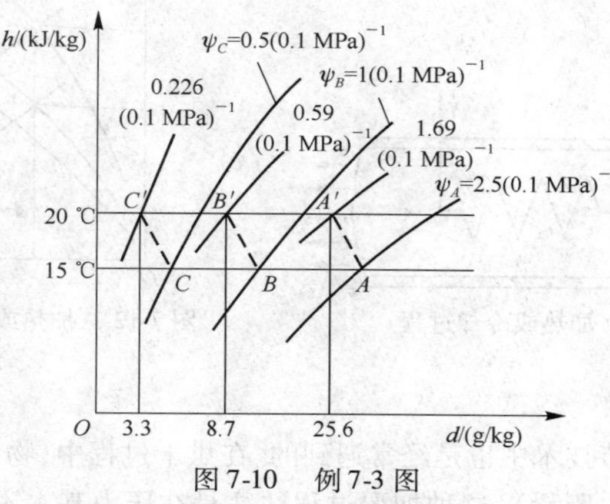

图7-10　例7-3图

从15 ℃的定温线与上述各定比相对湿度线的交点 A, B, C 出发画出15 ℃的定湿球温度线（三条斜率略小于定焓线的平行虚线 AA', BB', CC'，考虑到15 ℃离0 ℃不远，也可以用定焓线代替定湿球温度线），与20 ℃干球温度的定温线分别相交于 A', B', C'。通过这些交点的定比相对湿度线所对应的值即为上述不同压力的湿空气的比相对湿度，依次为

$$\psi_{A'} = 1.69\ (0.1\ \text{MPa})^{-1}, \psi_{B'} = 0.59\ (0.1\ \text{MPa})^{-1}, \psi_{C'} = 0.226\ (0.1\ \text{MPa})^{-1}$$

再乘以各自的压力，即得相对湿度（$\varphi = \psi p$）分别为

$$\varphi_{A'} = 0.676, \varphi_{B'} = 0.59, \varphi_{C'} = 0.452$$

它们的含湿量（A', B', C' 在横坐标上的位置）可以从湿空气的通用焓湿图（见图B-3）中直接查得 $d_A = 25.6\ \text{g/kg}, d_B = 8.7\ \text{g/kg}, d_C = 3.3\ \text{g/kg}$。

所以，对于不同压力的湿空气，它们尽管具有相同的干球温度和湿球温度，但却具有不同的相对湿度和含湿量。

任务7.7　湿空气过程——焓湿图的应用

1. 加热（或冷却）过程

在空气调节技术中，使空气在压力基本不变的情况下进行加热或冷却的过程是经常会遇到的（如图7-11所示）。利用热空气烘干物品时，在烘干之前也需要将空气加热。这种加热或冷却过程在进行时，空气的含湿量保持不变（如图7-12中的过程1→2）：

$$d = C(\text{常数}), \Delta d = d_2 - d_1 = 0 \tag{7-39}$$

在加热过程中，湿空气的温度升高，焓增加，相对湿度减小，即

$$\Delta t = t_2 - t_1 > 0$$

$$\Delta h = h_2 - h_1 > 0 \tag{7-40}$$

加热过程中吸收的热量等于焓的增量：

$$Q = \Delta h = h_2 - h_1 \tag{7-41}$$

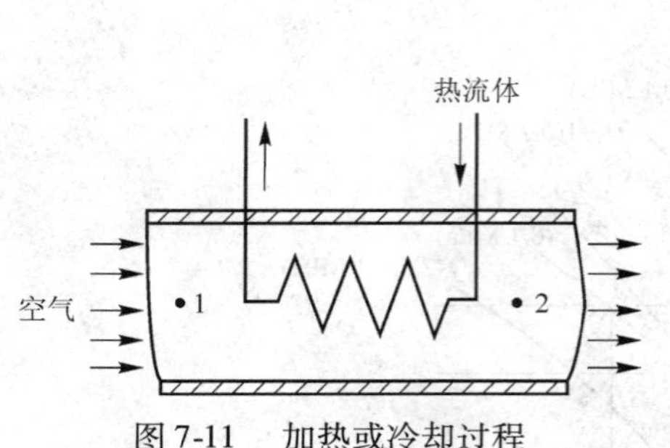

图 7-11　加热或冷却过程

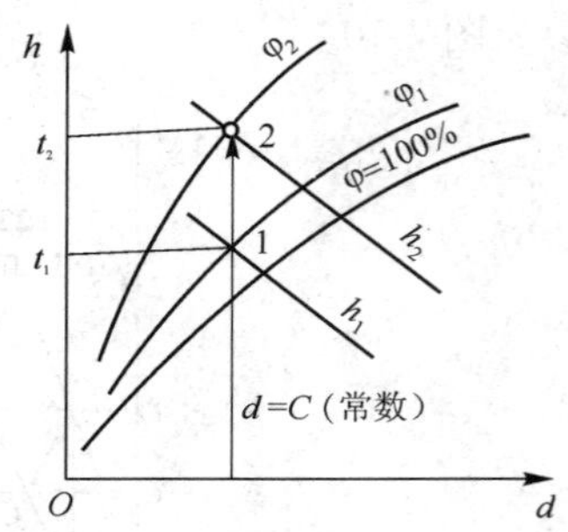

图 7-12　加热或冷却过程焓湿图

2. 加湿过程

加湿过程在空气调节技术中也是经常遇到的。在烘干过程中，物品的干燥过程也就是空气的加湿过程（如图 7-13 所示）。这种加湿过程往往是在压力基本不变，同时又和外界基本绝热的情况下进行的。空气将热量传给水，使水蒸发变为水蒸气，水蒸气又加入到空气中，而过程进行时与外界又没有热量交换，因此湿空气的焓不变（如图 7-14 中的过程 2 → 3）：

$$h = C'（常数）, \Delta h = h_3 - h_2 = 0 \tag{7-42}$$

在加湿过程中，湿空气的温度降低、相对湿度和含湿量则增加，即

$$\Delta t = t_3 - t_2 < 0$$

$$\Delta \varphi = \varphi_3 - \varphi_2 > 0$$

$$\Delta d = d_3 - d_2 > 0$$

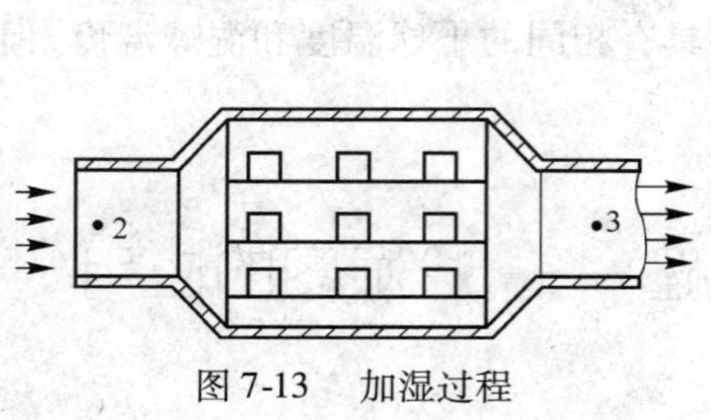

图 7-13　加湿过程

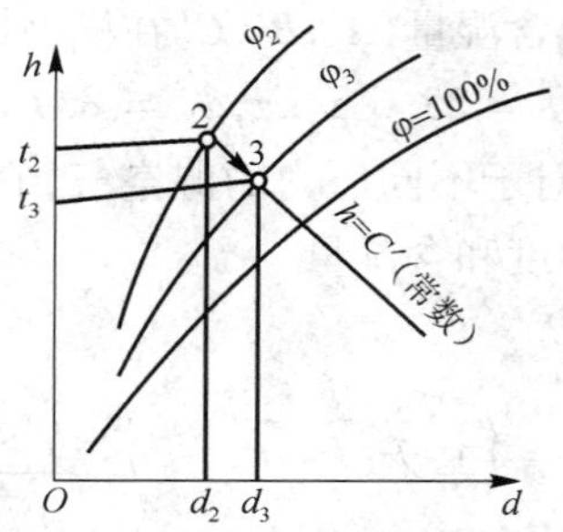

图 7-14　加湿过程焓湿图

3. 绝热混合过程

在空气调节和干燥技术中，还经常采用两股（或多股）状态不同但压力基本相同的气流混合的办法，以获得符合温度和湿度要求的空气（如图 7-15 所示）。在混合过程中，气流与外界交换的热量通常都很少，因此混合过程可以认为是绝热的。

如果忽略混合过程中微小的压力降低，那么通过这种等压的绝热混合所得到的湿空气的状态，将完全取决于混合前各股气流的状态和它们的相对流量。

设混合前两股气流中干空气的流量分别为 q_{m1}，q_{m2}，含湿量分别为 d_1，d_2，焓分别为 h_1，h_2；混合后气流中干空气的流量为 q_{m3}，含湿量为 d_3，焓为 h_3。根据质量守恒和能量守恒原理可得下列各方程：

$$q_{m1} + q_{m2} = q_{m3} \quad \text{（干空气质量守恒）} \tag{7-43}$$

$$q_{m1}d_1 + q_{m2}d_2 = q_{m3}d_3 \quad \text{（湿空气中水蒸气质量守恒）} \tag{7-44}$$

$$q_{m1}h_1 + q_{m2}h_2 = q_{m3}h_3 \quad \text{（湿空气能量守恒）} \tag{7-45}$$

知道了混合前各股气流的流量和状态，就可以据此计算出混合后气流的流量和状态。也可以在焓湿图中利用图解的方法来确定混合后气流的状态，其原理如下。

从式(7-44) 和式(7-45) 分别得

$$q_{m1}\frac{d_1}{d_3} + q_{m2}\frac{d_2}{d_3} = q_{m3}, q_{m1}\frac{h_1}{h_3} + q_{m2}\frac{h_2}{h_3} = q_{m3}$$

所以

$$q_{m1}\frac{d_1}{d_3} + q_{m2}\frac{d_2}{d_3} = q_{m1}\frac{h_1}{h_3} + q_{m2}\frac{h_2}{h_3} = q_{m1} + q_{m2}$$

即

$$q_{m1}\frac{d_1 - d_3}{d_3} = q_{m2}\frac{d_3 - d_2}{d_3}$$

$$q_{m1}\frac{h_1 - h_3}{h_3} = q_{m2}\frac{h_3 - h_2}{h_3}$$

亦即

$$\frac{q_{m1}}{q_{m2}} = \frac{d_3 - d_2}{d_1 - d_3} = \frac{h_3 - h_2}{h_1 - h_3} \tag{7-46}$$

式(7-46) 表明：在焓湿图中，绝热混合后的状态3 正好落在混合前状态1 和状态2 的连接直线上，而直线距离 $\overline{32}$ 和 $\overline{31}$ 之比等于流量 q_{m1} 和 q_{m2} 之比（$\overline{32}/\overline{31} = q_{m1}/q_{m2}$），如图7-16 所示。

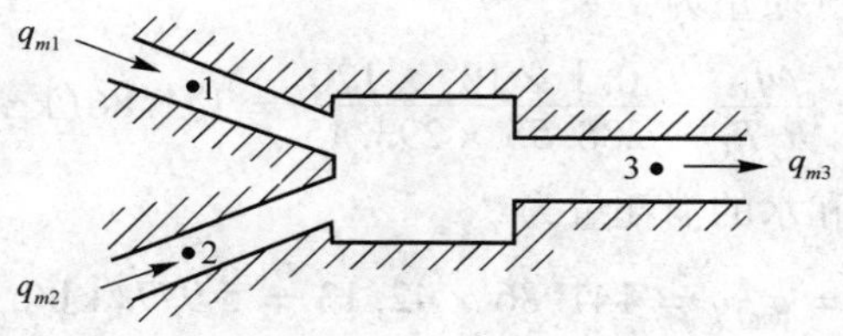

图7-15　绝热混合过程

例7-4　某空调设备从室外吸进温度为 −5 ℃、相对湿度为80% 的冷空气，并向室内送进 120 m^3/h 的温度为 20 ℃、相对湿度为 60% 的暖空气。问每小时需向该设备供给多少热量和水？如果先加热、后加湿，那么应该加热到多高温度（大气压力为0.1 MPa，不考虑压力变化）。

解：先将过程画在焓湿图中以便分析，如图7-17 中的过程1 →3 所示。对于每千克干空气而言，需加入的热量和水的质量分别为（查图 B-3）

$$q = \Delta h = h_3 - h_1 = 42.5 - 0 = 42.5(\text{kJ/kg})$$

$$m_w = \Delta d = d_3 - d_1 = 8.9 - 2 = 6.9(\text{g/kg})$$

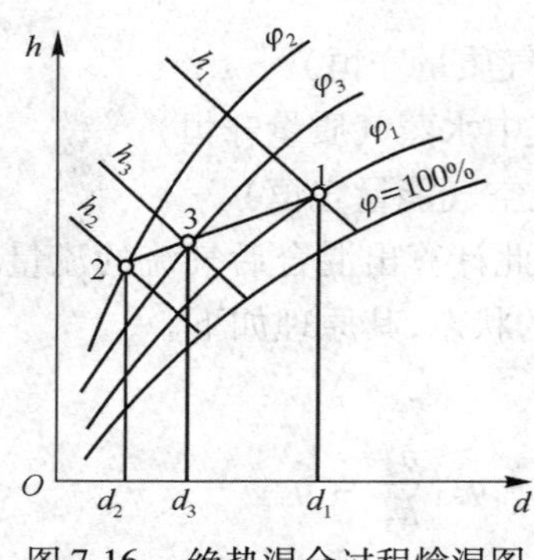

图 7-16 绝热混合过程焓湿图

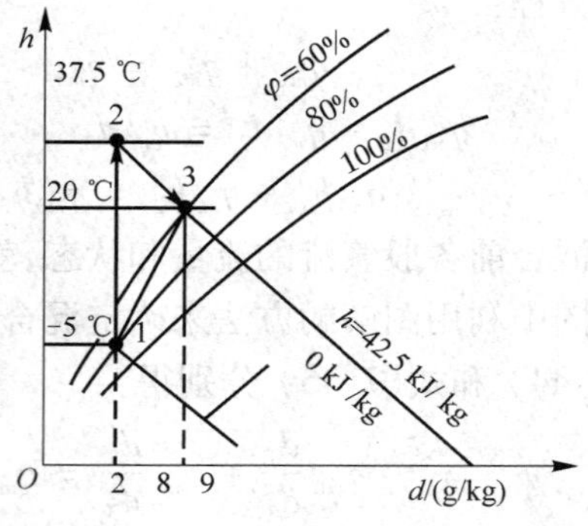

图 7-17 例 7-4 图

对于每千克湿空气而言，所需加入的热量和水的质量则分别为

$$q' = \frac{\Delta h}{1 + 0.001d_3} = \frac{42.5}{1 + 0.001 \times 8.9} = 42.13(\text{kJ/kg})$$

$$m'_w = \frac{\Delta d}{1 + 0.001d_3} = \frac{6.9}{1 + 0.001 \times 8.9} = 6.84(\text{g/kg})$$

暖空气的平均摩尔质量为

$$M = \frac{1 + 0.008\,9}{\dfrac{1}{0.028\,97} + \dfrac{0.008\,9}{0.018\,015}} = 0.028\,815(\text{kg/mol})$$

其气体常数为

$$R_g = \frac{8.314\,47}{0.028\,815} = 288.55[\text{J/(kg·K)}]$$

每小时送进室内的空气质量为

$$q_{m3} = \frac{pq_V}{R_g T_3} = \frac{0.1 \times 10^6 \times 120}{288.55 \times 293.15} = 141.86(\text{kg/h})$$

所以空调设备中热量和水的消耗量为

$$\dot{Q} = q_{m3}q = 141.86 \times 42.13 = 5\,977(\text{kJ/h})$$

$$q_{m,w} = q_{m3}m'_w = 141.86 \times 6.84 = 0.970(\text{kg/h})$$

也可以按干空气标准来计算。暖空气中干空气的分压力为

$$p_{DA} = px_{DA} = p\frac{w_{DA}/M_{DA}}{\dfrac{w_{DA}}{M_{DA}} + \dfrac{w_w}{M_w}}$$

$$= 0.1 \times 10^6 \times \frac{1/0.028\,97}{\dfrac{1}{0.028\,97} + \dfrac{0.008\,9}{0.018\,015}} \times 10^3$$

$$= 98.589(\text{kPa})$$

干空气流量为

$$q_{m,\mathrm{DA}} = \frac{p_{\mathrm{DA}} q_V}{R_{\mathrm{g,DA}} T} = \frac{98\ 589 \times 120}{287.0 \times 293.15} = 140.62(\mathrm{kg/h})$$

从而得到：

$$\dot{Q} = q_{m,\mathrm{DA}} q = 140.62 \times 42.5 = 5\ 976(\mathrm{kJ/h})$$

$$q_{m,\mathrm{w}} = q_{m,\mathrm{DA}} m_{\mathrm{w}} = 140.62 \times 6.9 = 970(\mathrm{g/h})$$

如果先加热、后加湿(不是边加热边加湿)，那么应先将冷空气沿等含湿量线 d_1 加热到与等焓线 H_3 相交的点2，然后再从状态2沿等焓线加湿到状态3。所需热量和水的质量和原来一样。

查焓湿图得状态2的温度：

$$t_2 = 37.53\ ℃$$

例7-5　利用空调设备使温度为30 ℃、相对湿度为80%的空气降温、去湿。先使温度降到10 ℃(以达到去湿的目的)，然后再加热到20 ℃。试求冷却过程中析出的水分和加热后所得空气的相对湿度(大气压力为0.1 MPa)。

解：在冷却过程中，空气先在含湿量不变的情况下降温(图7-18中的过程1→2)，当温度降到露点温度($t_{\mathrm{d}} = t_2 = 26.4$ ℃)时变为饱和空气($\varphi = 1$)。继续降温，饱和空气沿饱和空气线析出水分(图7-18中的过程2→3)。然后在含湿量不变的情况下加热到20 ℃(图7-18中的过程3→4)。由图B-2可查得最后空气的相对湿度为

$$\varphi_4 = 52\%$$

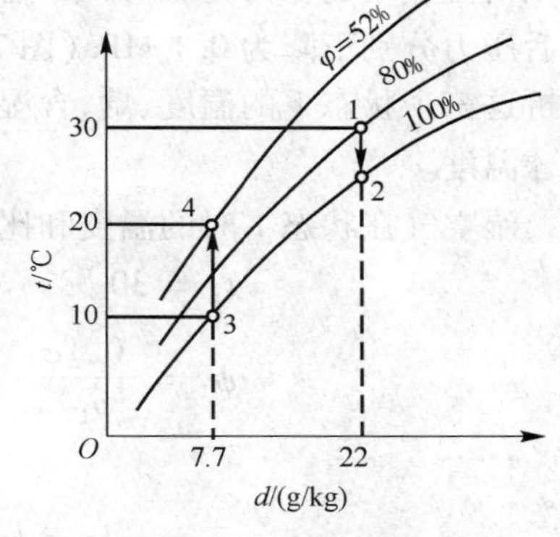

图7-18　例7-5图

冷却过程中析出的水分为

$$m_{\mathrm{w}} = d_2 - d_3 = 22 - 7.7 = 14.3[\mathrm{g/kg(DA)}]$$

例7-6　有两股空气，压力均为0.1 MPa，温度分别为40 ℃和0 ℃，相对湿度均为40%，干空气的流量百分比分别为60%和40%。求空气混合后的温度和相对湿度(混合后压力仍为0.1 MPa)。

解：已知：$t_1 = 40$ ℃，$\varphi_1 = 40\%$，$t_2 = 0$ ℃，$\varphi_2 = 40\%$。

查图B-2得

$$d_1 = 19\ \mathrm{g/kg(DA)},\ h_1 = 89\ \mathrm{kJ/kg}$$

$$d_2 = 1.5\ \mathrm{g/kg(DA)},\ h_2 = 3.5\ \mathrm{kJ/kg}$$

根据式(7-44)和式(7-45)可得

$$d_3 = 0.6 \times 19 + 0.4 \times 1.5 = 12(\mathrm{g/kg})$$

$$h_3 = 0.6 \times 89 + 0.4 \times 3.5 = 54.8(\mathrm{kJ/kg})$$

再根据 d_3，h_3 查焓湿图得：

$$t_3 = 24.5\ ℃,\ \varphi = 62\%$$

4. 绝热节流过程

湿空气的绝热节流过程和一般气体一样：绝热节流后压力降低，比体积增大，焓不变，熵增加。由于可将湿空气看作理想气体，绝热节流后既然其焓不变，那么其温度也不变。另外，由于节流过程中湿空气的含湿量不变，根据式(7-35)可得

$$\psi = \frac{p'_{\mathrm{v}}}{p_{\mathrm{sv}(t)}}$$

式中，$p_{\mathrm{sv}(t)}$ 取决于湿空气温度。

既然绝热节流后湿空气的温度和水蒸气的比分压力都不变，所以，绝热节流过程中比相对湿度也不变。

绝热节流后，湿空气的相对湿度和水蒸气的比分压力随湿空气总压力的降低而按比例减小($\varphi = \psi p, p_{\mathrm{v}} = p'_{\mathrm{v}} p$)。同时，湿球温度也有所降低。

由于绝热节流后湿空气的焓、含湿量和比相对湿度都没有改变，所以，绝热节流过程在通用焓湿图中表示为同一状态点，但是，该点对不同压力代表着不同的相对湿度、不同的水蒸气分压力和不同的湿球温度。

设湿空气的压力为0.2 MPa、温度为30 ℃、相对湿度为0.6(图7-19中的状态1)，绝热节流后压力分别下降为0.1 MPa(图7-19中的状态2)和0.05 MPa(图7-19中的状态3)。下面分析这三个状态下的温度、焓、含湿量、比相对湿度、相对湿度、水蒸气的比分压力和分压力、湿球温度。

湿空气在状态1时的温度和比相对湿度分别为

$$t_1 = 30\ ℃$$

$$\psi_1 = \frac{0.1\varphi_1}{\{p_1\}_{\mathrm{MPa}}} = \frac{0.1 \times 0.6}{0.2} = 0.3[(0.1\ \mathrm{MPa})^{-1}]$$

且有

$$t_2 = t_3 = t_1 = 30\ ℃$$

$$\psi_2 = \psi_3 = \psi_1 = 0.3\ (0.1\ \mathrm{MPa})^{-1}$$

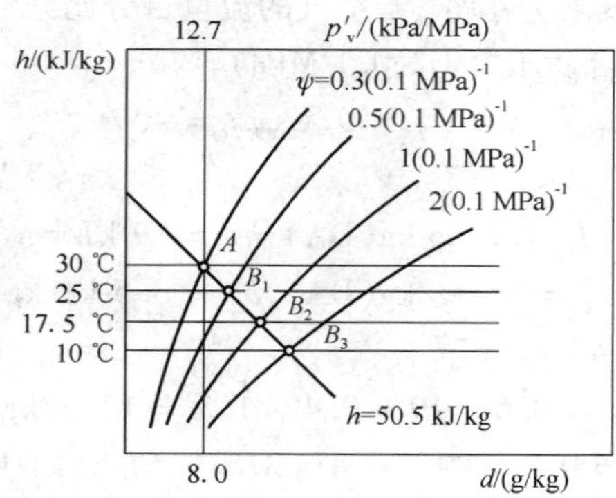

图7-19 湿空气的绝热节流过程

状态1,2,3在通用焓湿图中为同一状态点A，即图7-19中30 ℃定温线和

0.3 (0.1 MPa)$^{-1}$ 定比相对湿度线的交点。从图 B-3 可以查出：

$$h_1 = h_2 = h_3 = 50.5\ \text{kJ/kg}$$

$$d_1 = d_2 = d_3 = 8.0\ \text{g/kg}$$

$$p'_{v1} = p'_{v2} = p'_{v3} = 12.7\ \text{kPa/MPa}$$

由于状态 1,2,3 的压力不同,A 点所代表的这三个状态的相对湿度、水蒸气分压力和湿球温度也不同：

$$\varphi_1 = \psi_1 p_1 = 0.3\ (0.1\ \text{MPa})^{-1} \times 0.2\ \text{MPa} = 0.6$$

$$\varphi_2 = \psi_2 p_2 = 0.3\ (0.1\ \text{MPa})^{-1} \times 0.1\ \text{MPa} = 0.3$$

$$\varphi_3 = \psi_3 p_3 = 0.3\ (0.1\ \text{MPa})^{-1} \times 0.05\ \text{MPa} = 0.15$$

$$p_{v1} = p'_{v1} p_1 = 12.7\ \text{kPa/MPa} \times 0.2\ \text{MPa} = 2.54\ \text{kPa}$$

$$p_{v2} = p'_{v2} p_2 = 12.7\ \text{kPa/MPa} \times 0.1\ \text{MPa} = 1.27\ \text{kPa}$$

$$p_{v3} = p'_{v3} p_3 = 12.7\ \text{kPa/MPa} \times 0.05\ \text{MPa} = 0.635\ \text{kPa}$$

三个状态的湿球温度可以通过 A 点的定焓线与各自的(不同压力的)饱和空气线的交点(B_1, B_2, B_3)来确定。相应于 $p_1 = 0.2$ MPa,$p_2 = 0.1$ MPa,$p_3 = 0.05$ MPa 的压力,饱和空气线依次为 $\psi_{s1} = \dfrac{0.1 \times 100\%}{0.2} = 0.5\ (0.1\ \text{MPa})^{-1}$,$\psi_{s2} = \dfrac{0.1 \times 100\%}{0.1} = 1\ (0.1\ \text{MPa})^{-1}$,$\psi_{s3} = \dfrac{0.1 \times 100\%}{0.05} = 2\ (0.1\ \text{MPa})^{-1}$ 三条定比相对湿度线,因此可从图 B-2 中查得

$$t_{w1} = 25\ ℃$$

$$t_{w2} = 17.5\ ℃$$

$$t_{w3} = 10\ ℃$$

把上述结果列于表 7-1 中,可以看出湿空气绝热节流后各参数的变化情况。

表 7-1　湿空气绝热节流后各参数的变化情况

状态点	压力/MPa	温度/℃	比焓/(kJ/kg)	含湿量/(g/kg)	比相对湿度/[(0.1 MPa)$^{-1}$]	相对湿度	水蒸气的比分压力/(kPa/MPa)	水蒸气的分压力/kPa	湿球温度/℃
1	0.2	30	50.5	8.0	0.3	0.6	12.7	2.54	25
2	0.1	30	50.5	8.0	0.3	0.3	12.7	1.27	17.5
3	0.05	30	50.5	8.0	0.3	0.15	12.7	0.635	10

之前讨论的有关湿空气的加热、冷却、加湿和绝热混合过程,都是压力基本不变的过程,即在定压(0.1 MPa)下进行。如果这些过程在进行时有显著的压力降低,就相当于在原来压力不变的基础上附加了一个绝热节流过程。此时,有关温度、比焓、含湿量、比相对湿度、水蒸气的比分压力和过程的热量等的计算,以及这些过程在图中的表示和分析方法都与压力不变时相同,只需将相对湿度换算成比相对湿度在通用焓湿图中进行分析即可。

例 7-7　现有一干燥装置,已知空气在加热前 $t_1 = 30$ ℃,$t_{w1} = 25$ ℃,$p_1 = 0.08$ MPa,加热后 $t_2 = 60$ ℃,$p_2 = 0.075$ MPa,空气流出干燥装置时 $t_3 = 35$ ℃,$p_3 = 0.07$ MPa。求空气在加热前、加热后和流出干燥装置时的相对湿度及每千克干空气的加热量及吸湿量。

解:对 $p_1 = 0.08$ MPa 而言,饱和空气线为 $\psi = \dfrac{0.1 \times 100\%}{0.08} = 1.25\ (0.1\ \text{MPa})^{-1}$ 的定比相对湿度线,如图 7-20 所示。

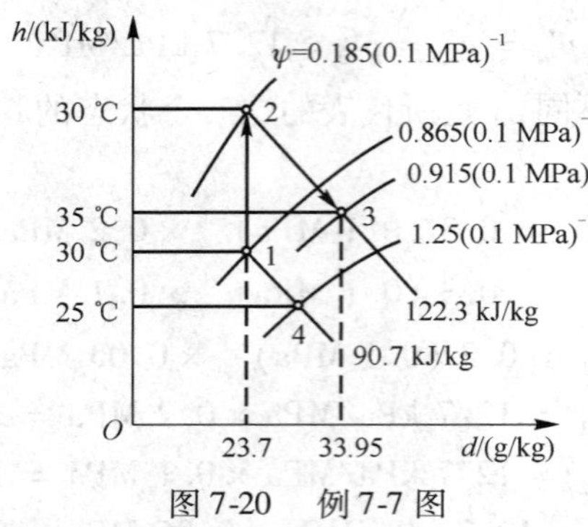

图 7-20　例 7-7 图

从 25 ℃ 定温线与 $\psi = 1.25\ (0.1\ \text{MPa})^{-1}$ 的定比相对湿度线的交点 4,沿定焓线(严格地,应该是定湿球温度线)向左上方与30 ℃ 定温线的交点 1 即为空气加热前的状态。查图 B-3 得

$$d_1 = 23.7\ \text{g/kg}, h_1 = 90.7\ \text{kJ/kg}, \psi_1 = 0.865\ (0.1\ \text{MPa})^{-1}$$

所以有

$$\varphi_1 = \psi_1 p_1 = 0.865\ (0.1\ \text{MPa})^{-1} \times 0.08\ \text{MPa} = 0.692$$

从状态 1 沿定含湿量线垂直向上,与60 ℃ 定温线的交点 2 即为空气经加热后的状态。查图 B-3 可得

$$d_2 = d_1 = 23.7\ \text{g/kg}$$
$$h_2 = 122.3\ \text{kJ/kg}$$
$$\psi_2 = 0.185\ (0.1\ \text{MPa})^{-1}$$

所以有

$$\varphi_2 = \psi_2 p_2 = 0.185\ (0.1\ \text{MPa})^{-1} \times 0.075\ \text{MPa} = 0.139$$

再从状态 2 沿定焓线向右下方与35 ℃ 定温线的交点 3 即为空气流出干燥装置的状态。查图 B-3 可得

$$d_3 = 33.95\ \text{g/kg}$$
$$h_3 = h_2 = 122.3\ \text{kJ/kg}$$
$$\psi_3 = 0.915\ (0.1\ \text{MPa})^{-1}$$

所以有

$$\varphi_3 = \psi_3 p_3 = 0.915\ (0.1\ \text{MPa})^{-1} \times 0.07\ \text{MPa} = 0.641$$

故加热量

$$q = h_2 - h_1 = 122.3 - 90.7 = 31.6(\text{kJ/kg})$$

吸湿量

$$\Delta d = d_2 - d_1 = 33.95 - 23.7 = 10.25(\text{g/kg})$$

项目总结

工程上处理理想气体混合物的基本方法是把组分气体都处于理想气体状态的混合气体作为某种假想的理想气体，所以只要根据组分气体的成分确定折合气体常数和折合摩尔质量，就可像对待空气一样考虑其他气体混合物。需要强调的是，混合气体中各个组分气体与混合气体的温度、容积相同，但压力为分压力，所以在处理与压力有关的量，如熵时，应采用分压力概念。

湿空气是干空气和水蒸气的混合物，由于水蒸气还受到饱和温度和饱和压力相对应的制约，也就是湿空气中水蒸气的分压力不能超过与湿空气温度对应的水的饱和压力，因而就有相对湿度、含湿量等参数。湿空气的相关求解，就是求解水蒸气和干空气的质量守恒方程及过程的能量守恒方程构成的方程组。使用湿空气的焓湿图确定湿空气的参数时，必须确保空气总压力与所使用焓湿图的压力一致，且保持不变。否则，应该使用湿空气的通用焓湿图分析湿空气的热力过程。

本项目知识结构框图如图7-21所示。

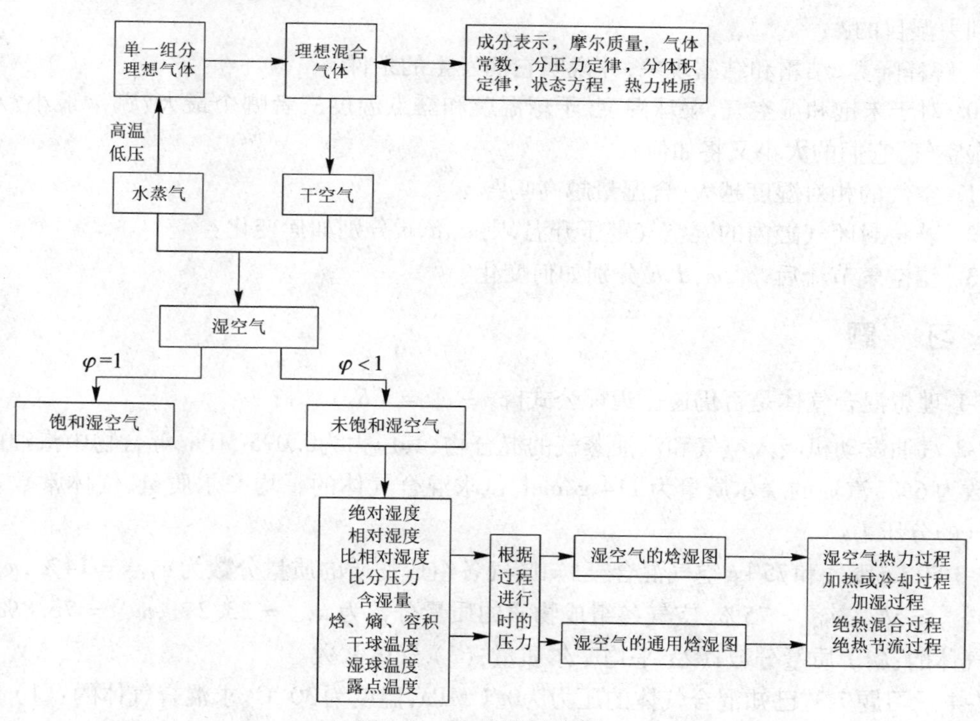

图7-21　知识结构框图7

思考题

1. 处于平衡态的理想气体混合物中，各种组成气体可以互不影响地充满整个体积，它们的行为与它们各自单独存在时一样，为什么？

2. 理想混合气体的比热力学能是否是温度的单值函数?

3. 为什么在计算理想混合气体中组元气体的熵时必须采用分压力而不能用总压力?

4. 判断下列说法是否有错误。

(1) 湿空气相对湿度 φ 越高,其含湿量 d 就越大。

(2) 当 $\varphi = 0$ 时,湿空气不含水蒸气,全为干空气;当 $\varphi = 100\%$ 时,湿空气不含干空气,全为水蒸气。

(3) 当 φ 固定不变时,湿空气温度越高,含湿量 d 越大。

(4) 当含湿量 d 固定不变时,湿空气温度 t 越高,相对湿度 φ 越小。

(5) 干球温度、露点温度和湿球温度的排列次序如下:35 ℃,19 ℃,8 ℃。

5. 湿空气和湿蒸汽、饱和湿空气和饱和湿蒸汽,它们分别有什么区别?

6. 当湿空气的温度低于和超过其压力所对应的饱和温度时,相对湿度的定义式分别有何相同和不同之处?

7. 为什么浴室在夏天不像冬天那样雾气腾腾?

8. 使湿空气冷却到露点温度以下可以达到去湿目的,那么将湿空气压缩(温度不变)能否达到去湿目的?

9. 解释降雾、结霜和结露现象,并说明它们发生的条件。

10. 对于未饱和湿空气,湿球温度、干球温度和露点温度三者哪个最大?哪个最小?对于饱和湿空气,它们的大小又将如何?

11. 空气的相对湿度越大,含湿量越高吗?

12. 若将封闭气缸内的湿空气定压升温,则 φ, d, h 分别如何变化?

13. 湿空气节流后,p_v, φ, d, h 分别如何变化?

习　题

7-1 理想混合气体是否仍遵循迈耶公式$[c_p - c_V = (R_g)_{mix}]$?

7-2 汽油发动机吸入空气和汽油蒸气的混合物,其压力为0.095 MPa。混合物中汽油的质量分数为6%,汽油的摩尔质量为114 g/mol。试求混合气体的平均摩尔质量、气体常数及汽油蒸气的分压力。

7-3 50 kg废气和75 kg空气混合。已知废气各组成物质的质量分数为$w_{CO_2} = 14\%$,$w_{O_2} = 6\%$,$w_{H_2O} = 5\%$,$w_{N_2} = 75\%$。空气各组成物质的质量分数为$w_{O_2} = 23.2\%$,$w_{N_2} = 76.8\%$。求混合气体的:(1) 质量分数;(2) 平均摩尔质量;(3) 气体常数。

7-4 承习题7-3。已知混合气体的压力为0.1 MPa,温度为30 ℃。求混合气体的:(1) 体积分数;(2) 各组成气体的分压力;(3) 体积;(4) 总热力学能(利用表 A-7 中的经验公式并令积分常数 $C = 0$)。

7-5 夏天空气的温度为35 ℃,相对湿度为60%,求通风良好的荫处的水温。已知大气压力为0.1 MPa。

7-6 已知空气温度为20 ℃,相对湿度为60%。先将空气加热至50 ℃,然后将其送进干燥箱去干燥物品。空气流出干燥箱时的温度为30 ℃。试求空气在加热器中吸收的热量和从干燥箱中带走的水分。计算时认为空气压力 $p = 0.1$ MPa。

7-7 10 ℃ 的干空气和20 ℃ 的饱和空气按干空气质量对半混合,所得湿空气的含湿量和相对湿度各为多少?已知空气的压力在混合前后均为0.1 MPa。

7-8 设压力 $p = 0.1$ MPa,将下面的表格补充完整。

状态序号	t/℃	t_w/℃	φ/%	d/(kg/kg)	t_d/℃
1	25		40		
2	20	15			
3	20				10
4	30			0.020	
5		20	100		
6			60	0.010	

7-9 设大气压力 $p_b = 0.1$ MPa,温度 $t = 28$ ℃,相对湿度 $\varphi = 0.72$,试用饱和空气状态参数表确定空气的 p, t_d, d, h。

7-10 湿空气 $t = 35$ ℃,$t_d = 24$ ℃,总压力 $p = 0.101\ 33$ MPa。求:(1)φ 和 d;(2) 在海拔1 500 m 处,大气压力 $p = 0.084$ MPa,求这时的 φ 和 d。

7-11 湿空气体积流量 $q_V = 15\ m^3/s$,$t_1 = 6$ ℃,$\varphi = 60\%$,总压力 $p = 0.1$ MPa,进入加热装置。(1) 温度加热到 $t_2 = 30$ ℃,求 φ_2 和加热量 Q;(2) 再经过绝热喷湿装置,使其相对湿度达 $\varphi_3 = 40\%$,喷水温度 $t_{w,i} = 22$ ℃,求喷水量。(忽略喷水带入的焓值,按等焓过程计算。)

7-12 $p = 0.1$ MPa,$\varphi_1 = 60\%$,$t_1 = 32$ ℃ 的湿空气,以 $q_{m,a} = 1.5$ kg/s 的质量流率进入制冷设备的蒸发盘管被冷却去湿,以 15 ℃ 的饱和空气离开。求每秒钟的凝水量 $q_{m,w}$ 及放热量。

7-13 烘干装置入口处湿空气 $t_1 = 20$ ℃,$\varphi_1 = 30\%$,$p = 0.101\ 3$ MPa,加热到 $t_2 = 85$ ℃。试计算从湿物体中吸收 1 kg 水分所需干空气质量和加热量。

7-14 将压力为0.1 MPa、温度为 25 ℃、相对湿度为 80% 的湿空气压缩到0.2 MPa,温度保持 25 ℃。问此过程能除去多少水分?(利用图 B-3 计算。)

模块 3

热力过程及热力循环

项目8　理想气体的热力过程

项目提要

本项目扼要说明了研究热力过程的任务和目的及热力过程的分类,着重阐述了理想气体典型定值热力过程的状态参数变化规律、过程图示、功和热量的计算,之后又将四种定值过程(等容过程、等压过程、等温过程、等熵过程)统一于一般的多变过程之中。根据绝大多数热工设备中传热过程与做功过程往往是分开进行的特征,本项目分析了在不做功过程和绝热过程中,是否存在摩擦对状态参数变化及能量交换的影响规律。本项目最后还介绍了工程中常见的混合过程和充气、放气过程。

学习目标

(1) 明确理想气体典型定值热力过程(等容过程、等压过程、等温过程、等熵过程、多变过程)的特征与参数变化规律,具有使用热力学定律对过程参数进行分析与计算的能力。

(2) 根据热力学定律,能够准确解释不做功过程和绝热过程中状态参数变化规律及能量交换的特征,具有分析摩擦对这些过程的影响的能力。

(3) 准确解释混合过程和充气、放气过程的参数变化特征,具有对过程参数进行分析与计算的能力。

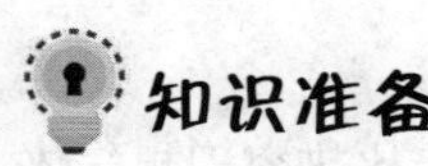

知识准备

任务8.1　概述

热能与机械能的相互转换是通过工质的状态变化即热力过程来实现的。热力过程既是变化的状态,又是构成热力循环的基础,是工程热力学的重要内容之一。

1. 研究热力过程的任务和目的

研究热力过程主要有两个任务:其一是根据过程特点和状态方程来确定过程中状态参数的变化规律;其二是利用能量方程来分析计算过程中热力系与外界交换的能量和质量。

研究热力过程的目的是分析热力过程中影响参数变化和能质交换的因素,从而确定改善过程的措施。

2. 热力过程的分类

热力过程按过程中热力系内部的特征可分为等容过程、等压过程、等温过程、等熵过程和多变过程；按热力系与外界的相互作用可分为不做功过程（绝功过程）、绝热过程、混合过程、充气过程和放气过程等。在以下的讨论中多以理想气体为工质，但是许多结论并不局限于理想气体。

任务 8.2 典型定值热力过程分析

本任务中所讨论的过程均指内平衡过程。

气体进行热力过程时，一般地，所有状态参数都可能发生变化，但也可以使气体的某个状态参数保持不变，而其他状态参数发生变化。等容过程、等压过程、等温过程和等熵过程正是这样的过程，这些过程进行时，分别保持比体积、压力、温度和比熵为定值。

8.2.1 等容过程

1. 定义

等容过程是热力系在保持比体积不变的情况下进行的吸热或放热过程，如在斯特林发动机中进行的过程和爆米花机里的加热过程。

2. 过程方程和状态参数变化规律

根据定义，可得

$$v = C(\text{常数}), v_2 = v_1, \mathrm{d}v = 0$$

对于理想气体，根据其状态方程，在等容过程中其压力与温度成正比，即

$$\frac{p}{T} = \frac{R_g}{v} = C'(\text{常数}), \frac{p_2}{T_2} = \frac{p_1}{T_1} \tag{8-1}$$

3. 过程图示

在 p-v 图中，等容过程为一条垂直线，如图 8-1(a) 所示；在 T-s 图中，定比热容理想气体进行的等容过程是一条指数曲线，如图 8-1(b) 所示。

定比热容理想气体进行等容过程时，根据理想气体比熵的计算公式［式(4-45)］可知：温度和比熵的变化将保持如下关系

$$s = c_{V0}\ln T + C_1' \tag{8-2}$$

或

$$T = \exp\frac{s - C_1'}{C_{V0}} \tag{8-3}$$

它的斜率是

$$\left(\frac{\partial T}{\partial s}\right)_v = \frac{\exp\dfrac{s - C_1'}{c_{V0}}}{c_{V0}} = \frac{T}{c_{V0}} \tag{8-4}$$

式(8-4)表明,温度 T 越高,等容线的斜率 $\left(\frac{\partial T}{\partial s}\right)_v$ 越大。

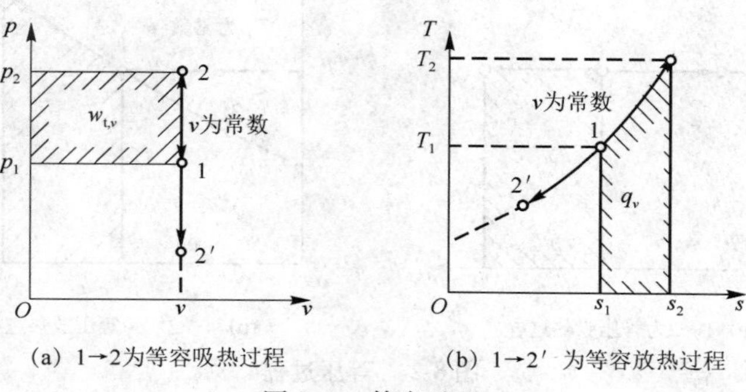

(a) 1→2为等容吸热过程　　(b) 1→2′ 为等容放热过程

图8-1　等容过程

4. 功和热量的计算

在无摩擦的情况下,对每千克工质等容过程的膨胀功、技术功和热量可分别按下式计算:

$$w_v = \int_1^2 p\mathrm{d}v = 0 \tag{8-5}$$

$$w_{t,v} = -\int_1^2 v\mathrm{d}p = v(p_1 - p_2) \tag{8-6}$$

$$q_v = \int_1^2 T\mathrm{d}s = \int_1^2 c_V\mathrm{d}T = \bar{c}_V\Big|_0^{t_2} t_2 - \bar{c}_V\Big|_0^{t_1} t_1 \tag{8-7}$$

或由式(2-6)有

$$q_v = u_2 - u_1 + w_v = u_2 - u_1 \tag{8-8}$$

理想气体热力学能的值可在气体热力性质表中查到。

8.2.2　等压过程

1. 定义

等压过程是指热力系在保持压力不变的情况下进行的吸热或放热过程。例如,在燃烧室和锅炉炉膛内进行的过程就是常见的近似的等压过程。

2. 过程方程和状态参数变化规律

根据定义,可得:

$$p = C(\text{常数}), p_2 = p_1, \mathrm{d}p = 0$$

对于理想气体,根据其状态方程,在等压过程中其比体积和温度成正比,即

$$\frac{v}{T} = \frac{R_g}{p} = C'(\text{常数}) \tag{8-9}$$

3. 过程图示

在压容图中,等压过程是一条水平线,如图8-2(a)所示;在温熵图中,等比热容理想气体进行的等压过程是一条指数曲线,如图8-2(b)所示。

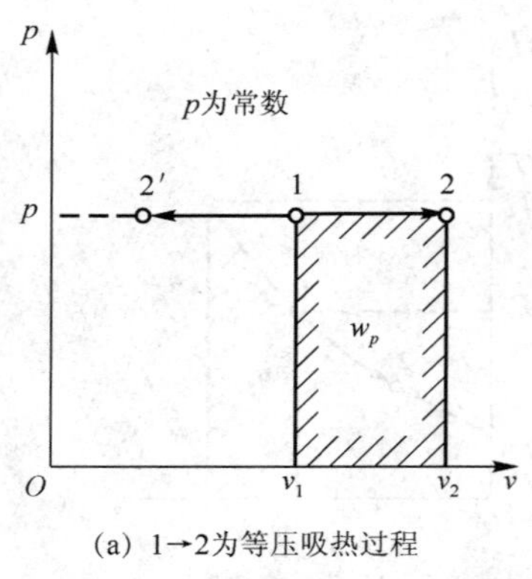

(a) 1→2为等压吸热过程

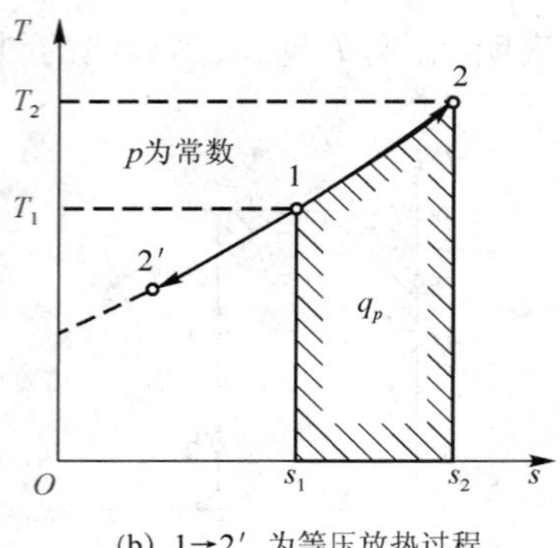

(b) 1→2′ 为等压放热过程

图 8-2　等压过程

等比热容理想气体进行等压过程时,根据理想气体比熵的计算公式[式(4-45)]可知:温度和比熵的变化将保持如下关系:

$$s = c_{p0}\ln T + C_2' \tag{8-10}$$

或

$$T = \exp\frac{s - C_2'}{c_{p0}} \tag{8-11}$$

它的斜率为

$$\left(\frac{\partial T}{\partial s}\right)_p = \frac{\exp\dfrac{s - C_2'}{c_{p0}}}{c_{p0}} = \frac{T}{c_{p0}} \tag{8-12}$$

式(8-12)表明,温度越高,等压线的斜率也越大。由于 $c_{p0} > c_{V0}$,在相同的温度下,等压线的斜率小于等容线的斜率,因而整个等压线比等容线要平坦些。

4. 功和热量的计算

在无摩擦的情况下,对每千克工质等压过程的膨胀功、技术功和热量可分别按下式计算:

$$w_p = \int_1^2 p\mathrm{d}v = p(v_2 - v_1) \tag{8-13}$$

$$w_{t,p} = \int_1^2 - v\mathrm{d}p = 0 \tag{8-14}$$

$$q_p = \int_1^2 T\mathrm{d}s = \int_1^2 c_p\mathrm{d}T = \bar{c}_p\Big|_0^{t_2} t_2 - \bar{c}_p\Big|_0^{t_1} t_1 \tag{8-15}$$

或由式(2-14)有

$$q_p = h_2 - h_1 + w_{t,p} = h_2 - h_1 \tag{8-16}$$

理想气体比焓的值可在气体热力性质表中查到。

8.2.3　等温过程

1. 定义

等温过程是热力系在温度保持不变的情况下进行的膨胀(吸热)或压缩(放热)过程。例如,在冷凝器或蒸发器中进行的过程就是等温过程。

2. 过程方程和状态参数变化规律

根据定义,可得

$$T = C(\text{常数}), T_2 = T_1, \mathrm{d}T = 0$$

对于理想气体,在等温过程中,其压力和比体积保持反比关系,即

$$pv = R_g T = C'(\text{常数}) \tag{8-17}$$

3. 过程图示

在压容图中,理想气体的等温过程是一条等边双曲线,如图 8-3(a) 所示;在温熵图中,等温过程是一条水平线,如图 8-3(b) 所示。

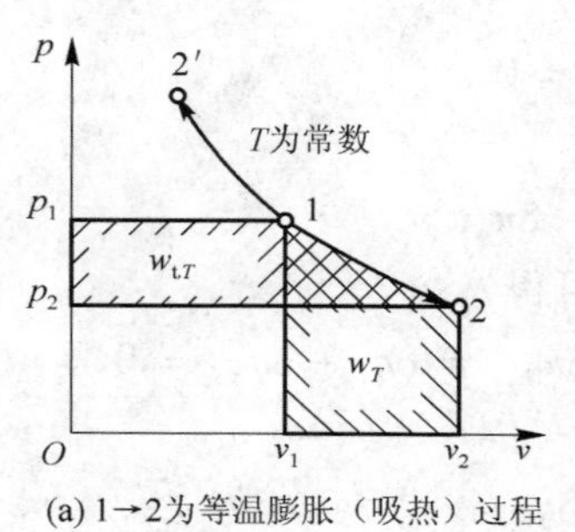

(a) 1→2为等温膨胀（吸热）过程

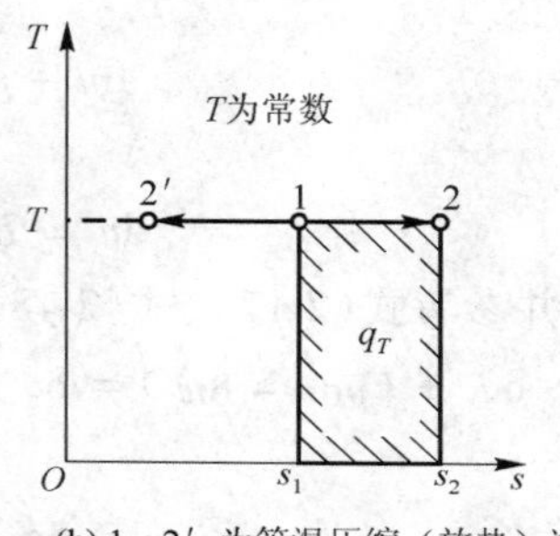

(b) 1→2′ 为等温压缩（放热）过程

图 8-3　等温过程

4. 功和热量的计算

在无摩擦的情况下,对每千克工质等温过程的膨胀功和技术功可分别按下式计算:

$$w_T = \int_1^2 p\mathrm{d}v = \int_1^2 \frac{R_g T}{v}\mathrm{d}v = R_g T\ln\frac{v_2}{v_1} \tag{8-18}$$

$$w_{t,T} = -\int_1^2 v\mathrm{d}p = -\int_1^2 \frac{R_g T}{p}\mathrm{d}p = R_g T\ln\frac{p_1}{p_2} \tag{8-19}$$

由于

$$\frac{v_2}{v_1} = \frac{p_1}{p_2}$$

因此

$$w_T = R_g T\ln\frac{v_2}{v_1} = R_g T\ln\frac{p_1}{p_2} = w_{t,T} \tag{8-20}$$

在无摩擦的情况下,等温过程的热量为

$$q_T = \int_1^2 T\mathrm{d}s = T(s_2 - s_1) \tag{8-21}$$

根据式(4-43) 和式(4-46) 可知,对于理想气体所进行的等温过程,有

$$s_2 - s_1 = R_g\ln\frac{v_2}{v_1} = R_g\ln\frac{p_1}{p_2} \tag{8-22}$$

另外,根据热力学第一定律,对等温过程可得如下关系:

$$q_T = u_2 - u_1 + w_T = h_2 - h_1 + w_{t,T}$$

理想气体在等温过程中，由于 $u_2 = u_1, h_2 = h_1$，所以无论有无摩擦，下列关系始终成立：

$$q_T = w_T = w_{t,T} \tag{8-23}$$

8.2.4 等熵过程

1. 等熵过程的一般条件

根据熵的定义式(1-17)可得等熵过程的条件是

$$ds = \frac{du + pdv}{T} = 0$$

即

$$du + pdv = 0 \tag{8-24}$$

从式(2-7)得

$$du = \delta q_s - \delta w_s$$

代入式(8-24)并参考式(2-17)、式(2-18)，可得

$$\delta q_s + (pdv - \delta w_s) = \delta q_s + \delta w_{L,s} = \delta q_s + \delta q_{g,s} = 0$$

即

$$-\delta q_s = \delta q_{g,s} \tag{8-25}$$

也就是说，只要过程进行时热力系向外界放出的热量始终等于热产，那么过程就是等熵的。通常所说的等熵过程都是指无摩擦的绝热过程，即 $-\delta q_s = \delta q_{g,s} = 0$。

2. 定义

等熵过程是热力系在保持比熵不变的条件下进行的膨胀或压缩过程。例如，在蒸汽轮机和压气机中进行的过程就近似于等熵过程。

3. 过程方程和状态参数变化规律

$$s = C(\text{常数}), s_2 = s_1, ds = 0$$

对于理想气体的等熵过程，根据式(4-43)和式(4-46)可得

$$ds = \frac{c_{p0}}{T}dT - \frac{R_g}{p}dp = 0$$

$$ds = \frac{c_{V0}}{T}dT + \frac{R_g}{v}dv = 0$$

即

$$\frac{c_{p0}}{T}dT = \frac{R_g}{p}dp$$

$$\frac{c_{V0}}{T}dT = -\frac{R_g}{v}dv$$

两式相除得

$$\frac{c_{p0}}{c_{V0}} = \gamma_0 = -\frac{v}{p}\left(\frac{\partial p}{\partial v}\right)_s \tag{8-26}$$

将式(8-26)两边积分得

$$\int \gamma_0 \frac{dv}{v} + \int \frac{dp}{p} = C(\text{常数})$$

如比热容(c_{p0} 和 c_{V0}) 是定值,则比热比(γ_0) 也是定值(有时也称等熵指数 κ)。所以,对等比热容理想气体有

$$pv^{\gamma_0} = C(\text{常数}) \tag{8-27}$$

$$Tv^{\gamma_0 - 1} = C(\text{常数}) \tag{8-28}$$

$$\frac{T}{p^{(\gamma_0 - 1)/\gamma_0}} = C(\text{常数}) \tag{8-29}$$

式(8-27) ~ 式(8-29) 都是等比热容理想气体等熵过程的关系式。

4. 过程图示

在压容图中,等比热容理想气体的等熵过程是一条高次双曲线($\gamma_0 > 1$),如图8-4(a) 所示。在温熵图中,等熵过程是一条垂直线,如图 8-4(b) 所示。

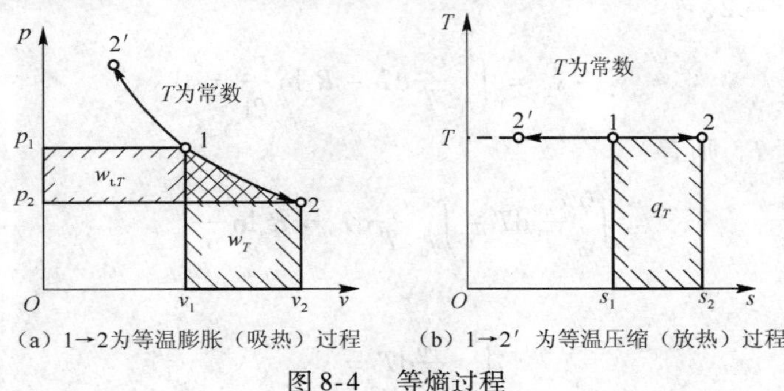

(a) 1→2为等温膨胀(吸热)过程　　(b) 1→2′ 为等温压缩(放热)过程

图 8-4　等熵过程

5. 功的计算(无摩擦,每千克等比容理想气体)

膨胀功:

$$w_s = \int_1^2 p\mathrm{d}v = \int_1^2 \frac{p_1 v_1^{\gamma_0}}{v^{\gamma_0}}\mathrm{d}v = p_1 v_1^{\gamma_0}\int_1^2 \frac{\mathrm{d}v}{v^{\gamma_0}} = \frac{p_1 v_1^{\gamma_0}}{\gamma_0 - 1}\left(\frac{1}{v_1^{\gamma_0-1}} - \frac{1}{v_2^{\gamma_0-1}}\right) = \frac{1}{\gamma_0 - 1}R_g T_1\left[1 - \left(\frac{v_1}{v_2}\right)^{\gamma_0-1}\right]$$

即

$$w_s = \frac{1}{\gamma_0 - 1}R_g T_1\left[1 - \left(\frac{p_2}{p_1}\right)^{(\gamma_0-1)/\gamma_0}\right] \tag{8-30}$$

由 $-v\mathrm{d}p = \gamma_0 p\mathrm{d}v$ 可得技术功为

$$w_{t,s} = -\int_1^2 v\mathrm{d}p = \gamma_0\int_1^2 p\mathrm{d}v = \gamma_0 w_s$$

$$= \frac{\gamma_0}{\gamma_0 - 1}R_g T_1\left[1 - \left(\frac{v_1}{v_2}\right)^{\gamma_0-1}\right] = \frac{\gamma_0}{\gamma_0 - 1}R_g T_1\left[1 - \left(\frac{p_2}{p_1}\right)^{(\gamma_0-1)/\gamma_0}\right] \tag{8-31}$$

式(8-30) 所表示的等熵过程的膨胀功还可以表示为

$$w_s = \frac{1}{\gamma_0 - 1}\left(\frac{p_1 v_1^{\gamma_0}}{v_1^{\gamma_0-1}} - \frac{p_2 v_2^{\gamma_0}}{v_2^{\gamma_0-1}}\right) = \frac{1}{\gamma_0 - 1}\left(\frac{p_1 v_1^{\gamma_0}}{v_1^{\gamma_0-1}}\frac{v_1}{v_1} - \frac{p_2 v_2^{\gamma_0}}{v_2^{\gamma_0-1}}\frac{v_2}{v_2}\right)$$

$$= \frac{1}{\gamma_0 - 1}(p_1 v_1 - p_2 v_2) = \frac{1}{\gamma_0 - 1}(R_g T_1 - R_g T_2) = c_{V0}(T_1 - T_2) = u_1 - u_2$$

即等熵过程向外所做出的膨胀功来自工质热力学能的降低。这个结论与闭口系的能量方程(热力学第一定律表达式)式(2-6)一致。

同样,式(8-31)所表示的等熵过程的技术功还可以表示为

$$w_{t,s} = \gamma_0 w_s = \gamma_0 c_{V0}(T_1 - T_2) = c_{p0}(T_1 - T_2) = h_1 - h_2$$

即等熵过程向外所做出的技术功来自工质焓的降低。这个结论与开口系的能量方程(热力学第一定律表达式)式(2-11)一致。

6. 变比热容理想气体等熵过程计算 —— 热力性质表法

1)相对压力之比等于绝对压力之比

根据式(4-46):

$$s = \int \frac{c_{p0}}{T}\mathrm{d}T - R_g \ln p + C_2$$

对等熵过程 $1 \to 2$,有

$$s_2 - s_1 = \int_{T_1}^{T_2} \frac{c_{p0}}{T}\mathrm{d}T - R_g \ln \frac{p_2}{p_1} = 0$$

取一参考温度 T_0,则有

$$\int_{T_0}^{T_2} \frac{c_{p0}}{T}\mathrm{d}T - \int_{T_0}^{T_1} \frac{c_{p0}}{T}\mathrm{d}T = R_g \ln \frac{p_2}{p_1}$$

令

$$\int_{T_0}^{T} \frac{c_{p0}}{T}\mathrm{d}T = s^0 \tag{8-32}$$

则

$$s_{T_2}^0 - s_{T_1}^0 = R_g \ln \frac{p_2}{p_1} \tag{8-33}$$

定义一个新参数(相对压力 p_r):

$$\ln p_r = \frac{s_T^0}{R_g} = \frac{1}{R_g}\int_{T_0}^{T} \frac{c_{p0}}{T}\mathrm{d}T \tag{8-34}$$

则得

$$R_g \ln p_{r2} - R_g \ln p_{r1} = R_g \ln \frac{p_2}{p_1}$$

即

$$R_g \ln \frac{p_{r2}}{p_{r1}} = R_g \ln \frac{p_2}{p_1}$$

所以

$$\frac{p_{r2}}{p_{r1}} = \frac{p_2}{p_1} \tag{8-35}$$

2)相对比体积之比等于绝对比体积之比

与上面的推导相仿,根据

$$s = \int \frac{c_{V0}}{T}\mathrm{d}T + R_g \ln v + C_1$$

对等熵过程 1 → 2，有

$$s_2 - s_1 = \int_{T_1}^{T_2} \frac{c_{V0}}{T}\mathrm{d}T + R_g \ln \frac{v_2}{v_1} = 0$$

仍然取一参考温度 T_0，则有

$$\int_{T_0}^{T_2} \frac{c_{V0}}{T}\mathrm{d}T - \int_{T_0}^{T_1} \frac{c_{V0}}{T}\mathrm{d}T + R_g \ln \frac{v_2}{v_1} = 0$$

定义一个新参数（相对比体积 v_r）：

$$\ln v_r = -\frac{1}{R_g}\int_{T_0}^{T} \frac{c_{V0}}{T}\mathrm{d}T \tag{8-36}$$

则得

$$-R_g \ln v_{r2} - (-R_g \ln v_{r1}) = -R_g \ln \frac{v_2}{v_1}$$

即

$$-R_g \ln \frac{v_{r2}}{v_{r1}} = -R_g \ln \frac{v_2}{v_1}$$

所以

$$\frac{v_{r2}}{v_{r1}} = \frac{v_2}{v_1} \tag{8-37}$$

由于理想气体的 c_{p0} 只是温度的函数，故，s^0，p_r，v_r 也都只是温度的函数。在图 A-9 中列出了空气在不同温度下的 s^0，p_r，v_r 值，以便对变比热容理想气体热力过程进行计算时查用。图 A-9 中还列出了不同温度下的比热力学能（u）和比焓（h），这给等熵过程功的计算带来很大方便。

另外，对于每千克工质，其变比热容等熵过程的膨胀功和技术功分别等于过程中比热力学能的减少和比焓的减少，即

$$w_s = u_1 - u_2 \tag{8-38}$$

$$w_{t,s} = h_1 - h_2 \tag{8-39}$$

例 8-1　空气初态为 $p_1 = 0.1$ MPa，$T_1 = 300$ K，经压缩后变为 $p_2 = 1$ MPa，$T_2 = 600$ K。试利用热力性质表求该压缩过程中比热力学能、比焓和比熵的变化。

解：查图 A-9 得

当 $T_1 = 300$ K 时，有

$$u_1 = 214.07\ \text{kJ/kg};\quad h_1 = 300.19\ \text{kJ/kg};\quad s_{T_1}^0 = 1.702\,03\ \text{kJ/(kg·K)}$$

当 $T_2 = 600$ K 时，有

$$u_2 = 434.78\ \text{kJ/kg};\quad h_2 = 607.02\ \text{kJ/kg};\quad s_{T_2}^0 = 2.409\,02\ \text{kJ/(kg·K)}$$

所以

$$u_2 - u_1 = 437.78 - 214.07 = 220.71(\text{kJ/kg})$$

$$h_2 - h_1 = 607.02 - 300.19 = 306.83(\text{kJ/kg})$$

根据式(4-46)有

$$s_2 - s_1 = \int_{T_1}^{T_2} \frac{c_{p0}}{T} \mathrm{d}T - R_g \ln \frac{p_2}{p_1} = \int_{T_0}^{T_2} \frac{c_{p0}}{T} \mathrm{d}T - \int_{T_0}^{T_1} \frac{c_{p0}}{T} \mathrm{d}T - R_g \ln \frac{p_2}{p_1} = s_{T_2}^0 - s_{T_1}^0 - R_g \ln \frac{p_2}{p_1}$$

$$= 2.409\,02 - 1.702\,03 - 0.287 \times \ln \frac{1}{0.1}$$

$$= 0.046\,148[\text{kJ/(kg} \cdot \text{K)}]$$

例8-2 已知空气的初参数为 $T_1 = 600$ K, $p_1 = 0.62$ MPa,等熵膨胀到 $p_2 = 0.1$ MPa。求终参数 T_2, v_2 及膨胀功和技术功。

解:(1)由表 A-9 查得:

当 $T_1 = 600$ K 时,有

$$p_{r1} = 16.28, v_{r1} = 105.8, u_1 = 434.78\,\text{kJ/kg}, h_1 = 607.02\,\text{kJ/kg}$$

根据式(8-35)有

$$p_{r2} = p_{r1} \frac{p_2}{p_1} = 16.28 \times \frac{0.1}{0.62} = 2.626$$

当 $p_{r2} = 2.626$ 时,查表得

$$T_2 = 360\text{ K}, v_{r2} = 393.4, u_2 = 257.24\,\text{kJ/kg}, h_2 = 360.58\,\text{kJ/kg}$$

根据式(8-37)有

$$v_2 = v_1 \frac{v_{r2}}{v_{r1}} = \frac{R_g T_1}{p_1} \frac{v_{r2}}{v_{r1}} = \frac{287.0 \times 600}{0.62 \times 10^6} \times \frac{393.4}{105.8} = 1.033(\text{m}^3/\text{kg})$$

亦可根据 $v_2 = \dfrac{R_g T_2}{p_2}$ 计算:

$$v_2 = \frac{R_g T_2}{p_2} = \frac{287.0 \times 360}{0.1 \times 10^6} = 1.033\ (\text{m}^3/\text{kg})$$

根据式(8-38)计算膨胀功:

$$w_s = u_1 - u_2 = 434.78 - 257.24 = 177.54(\text{kJ/kg})$$

根据式(8-39)计算技术功:

$$w_{t,s} = h_1 - h_2 = 607.02 - 360.58 = 246.44(\text{kJ/kg})$$

(2)如果按等比热容计算,则根据式(8-29)可得

$$T_2 = T_1 \left(\frac{p_2}{p_1}\right)^{\frac{\gamma_0 - 1}{\gamma_0}} = 600 \times \left(\frac{0.1}{0.62}\right)^{\frac{1.4-1}{1.4}} = 356.2(\text{K})$$

根据式(8-27)有

$$v_2 = v_1 \left(\frac{p_1}{p_2}\right)^{\frac{1}{\gamma_0}} = \frac{R_g T_1}{p_1} \left(\frac{p_1}{p_2}\right)^{\frac{1}{\gamma_0}} = \frac{287.0 \times 600}{0.62 \times 10^6} \times \left(\frac{0.62}{0.1}\right)^{\frac{1}{1.4}} = 1.022(\text{m}^3/\text{kg})$$

亦可根据 $v_2 = \frac{R_g T_2}{p_2}$ 计算：

$$v_2 = \frac{R_g T_2}{p_2} = \frac{287.0 \times 356.2}{0.1 \times 10^6} = 1.022\ (\mathrm{m^3/kg})$$

根据式(8-30) 计算膨胀功：

$$w_s = \frac{1}{\gamma_0 - 1} R_g T_1 \left[1 - \left(\frac{p_2}{p_1}\right)^{\frac{\gamma_0 - 1}{\gamma_0}}\right]$$

$$= \frac{1}{1.4 - 1} \times 287.0 \times 600 \times \left[1 - \left(\frac{0.1}{0.62}\right)^{\frac{1.4-1}{1.4}}\right] = 174.89 \times 10^3 (\mathrm{J/kg})$$

即 $w_s = 174.89\ \mathrm{kJ/kg}$。

根据式(8-31) 计算技术功：

$$w_{t,s} = \gamma_0 w_s = 1.4 \times 174.89 = 244.85 (\mathrm{kJ/kg})$$

应该认为，根据热力性质表(考虑到比热容随温度的变化) 计算的结果比按等比热容计算的结果要更精确。

例 8-3　空气从 $T_1 = 720$ K，$p_1 = 0.2$ MPa 先等容冷却，压力降到 $p_2 = 0.1$ MPa；然后等压加热，使比体积增加 3 倍($v_3 = 4v_2$)。对每千克空气，求过程 1 → 2 和过程 2 → 3 中的热量及过程 2 → 3 中的膨胀功(不考虑摩擦)，并计算最后的温度(T_3)、比体积(v_3) 及整个过程比熵的变化($s_3 - s_1$)。

解：在压容图和温熵图中，过程 1 → 2 和 2 → 3 如图 8-5 所示。

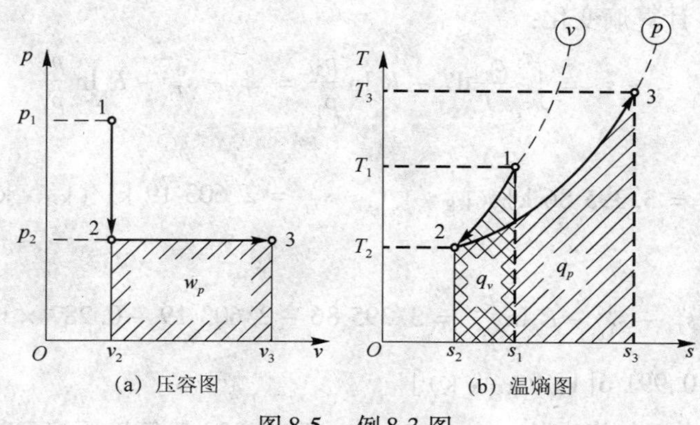

图 8-5　例 8-3 图

根据式(8-1) 有

$$T_2 = T_1 \frac{p_2}{p_1} = 720 \times \frac{0.1}{0.2} = 360(\mathrm{K})$$

从表 A-9 查得

当 $T_1 = 720$ K 时，$u_1 = 528.14$ kJ/kg

当 $T_2 = 360$ K 时，$u_2 = 257.24$ kJ/kg

根据式(8-8) 可得过程 1 → 2 的热量为

$$q_v = u_2 - u_1 = 257.24 - 528.14 = -270.90(\text{kJ/kg})$$

“-”表示这是一个放热过程。

从表 A-8 查得空气的气体常数为

$$R_g = 0.287\,0\ \text{kJ/(kg·K)} = 287.0\ \text{J/(kg·K)}$$

所以

$$v_2 = v_1 = \frac{R_g T_1}{p_1} = \frac{287.0 \times 720}{0.2 \times 10^6} = 1.033\,2\ (\text{m}^3/\text{kg})$$

$$v_3 = 4v_2 = 4 \times 1.033\,2 = 4.133\ (\text{m}^3/\text{kg})$$

根据式(8-9)有

$$T_3 = T_2 \frac{v_3}{v_2} = 360 \times 4 = 1\,440(\text{K})$$

查表 A-9 得

$$h_3 = 1\,563.51\ \text{kJ/kg},\quad h_2 = 360.58\ \text{kJ/kg}$$

根据式(8-16)可得过程 2 → 3 的热量为

$$q_p = h_3 - h_2 = 1\,563.51 - 360.58 = 1\,202.93(\text{kJ/kg})$$

根据式(8-13)可得过程 2 → 3 的膨胀功为

$$w_p = p_2(v_3 - v_2) = 0.1 \times 10^6 \times (4.133 - 1.033\,2)$$
$$= 309\,980(\text{J/kg})$$

即 $w_p = 309.98$ kJ/kg。

根据式(4-43)计算熵变化:

$$s_3 - s_1 = \int_{T_1}^{T_3} \frac{c_{p0}}{T} \mathrm{d}T - R_g \ln \frac{p_3}{p_1} = s_{T_3}^0 - s_{T_1}^0 - R_g \ln \frac{p_3}{p_1}$$

查表 A-9 得

$$s_{T_3}^0 = 3.395\,86\ \text{kJ/(kg·K)},\quad s_{T_1}^0 = 2.603\,19\ \text{kJ/(kg·K)}$$

所以有

$$s_3 - s_1 = s_{T_3}^0 - s_{T_1}^0 - R_g \ln \frac{p_3}{p_1} = 3.395\,86 - 2.603\,19 - 0.287 \times \ln \frac{0.1}{0.2}$$
$$= 0.991\,6[\text{kJ/(kg·K)}]$$

例 8-4 空气在压气机中从 $p_1 = 0.1$ MPa, $T_1 = 300$ K 等熵压缩到0.5 MPa。对每千克空气,试求压缩终了的温度及压气机消耗的功(技术功)。

解:(1) 按等比热容理想气体计算。

查表 A-7 得空气的比热比 $\gamma_0 = 1.400$,气体常数 $R_g = 0.287$ kJ/(kg·K)。

根据式(8-29)得压缩终了的温度为

$$T_2 = T_1 \left(\frac{p_2}{p_1}\right)^{\frac{\gamma_0 - 1}{\gamma_0}} = 300 \times \left(\frac{0.5}{0.1}\right)^{\frac{1.4-1}{1.4}} = 475.15(\text{K})$$

根据式(8-31)可得压气机的功为

$$w_{t,s} = \frac{\gamma_0}{\gamma_0 - 1} R_g T_1 \left[1 - \left(\frac{p_2}{p_1} \right)^{\frac{\gamma_0 - 1}{\gamma_0}} \right]$$

$$= \frac{1.4}{1.4 - 1} \times 0.287 \times 300 \times \left[1 - \left(\frac{0.5}{0.1} \right)^{\frac{1.4-1}{1.4}} \right] = -176.0(\text{kJ/kg})$$

(2) 按变比热容理想气体计算,可通过查表 A-9 完成计算。

当 $T_1 = 300$ K 时,查表 A-9 有

$$h_1 = 300.19 \text{ kJ/kg}, \quad s_{T_1}^0 = 1.702\,03 \text{ kJ/(kg·K)}$$

根据式(8-33) 有

$$s_{T_2}^0 = s_{T_1}^0 + R_g \ln \frac{p_2}{p_1}$$

$$= 1.702\,03 + 0.287 \times \ln \frac{0.5}{0.1} = 2.163\,94[\text{kJ/(kg·K)}]$$

查表 A-9 有

当 $T = 470$ K 时,$h = 472.24$ kJ/kg,　$s_T^0 = 2.156\,04$ kJ/(kg·K)

当 $T = 480$ K 时,$h = 482.49$ kJ/kg,　$s_T^0 = 2.177\,60$ kJ/(kg·K)

按照直线插值得压缩终了空气温度为

$$T_2 = 470 + (480 - 470) \times \frac{2.163\,94 - 2.156\,04}{2.177\,60 - 2.156\,04} = 473.66(\text{K})$$

终态空气的焓值为

$$h_2 = 472.24 + (482.49 - 472.24) \times \frac{2.163\,94 - 2.156\,04}{2.177\,60 - 2.156\,04} = 476.00(\text{kJ/kg})$$

根据式(8-39) 得压气机的耗功为

$$w_{t,s} = h_2 - h_1 = 175.81 \text{ kJ/kg}$$

同样地,通过两种方法计算得到的结果有少许差异,后者更加准确。

8.2.5　多变过程

1. 定义

前面讨论了四种典型等值的热力学过程,其特点是在过程中工质的某一状态参数保持不变。然而,在一般的实际热力过程中,工质的状态参数都会发生变化,研究发现许多准平衡过程的状态参数之间的关系可以近似符合下面的公式:

$$pv^n = C(\text{常数}) \tag{8-40}$$

式中,n 称为多变指数,理论上 n 可以取$(-\infty, +\infty)$内的任何实数。式(8-40) 就是多变过程定义式。

2. 过程方程和状态参数变化规律

将多变过程定义式与等熵过程进行比较,可以发现,只要将式(8-27) ~ 式(8-29) 中的

比热比 γ_0(或等熵指数 κ) 换成多变指数 n,即可得到多变过程状态参数变化规律:

$$\frac{p_2}{p_1} = \left(\frac{v_1}{v_2}\right)^n \tag{8-41}$$

$$\frac{T_2}{T_1} = \left(\frac{v_1}{v_2}\right)^{n-1} \tag{8-42}$$

$$\frac{T_2}{T_1} = \left(\frac{p_2}{p_1}\right)^{\frac{n-1}{n}} \tag{8-43}$$

3. 过程图示

在压容图上,如图 8-6 所示,多变过程图是随 n 变化的曲线簇,当 $n = 0$, -1 或 $n \to +\infty$, $n \to -\infty$ 时,为直线;当 $0 < n < +\infty$ 时,为不同方次的双曲线;当 $-\infty < n < -1$ 和 $-1 < n < 0$ 时,为不同方次的抛物线。在压容图上,多变过程的分布规律为:从等容线出发,n 由 $-\infty \to 0 \to +\infty$,按顺时针方向递增。

对式(8-40) 取对数,则得

$$\lg p + n\lg v = C(\text{常数})$$

移项后得

$$\lg p = -n\lg v + C(\text{常数}) \tag{8-44}$$

式(8-44) 表明:如果将多变过程画在以 lg$p$ 为纵轴、lg$v$ 为横轴的平面坐标系中,那么所有的多变过程都是直线(如图 8-7 所示),而每条直线的斜率正好等于多变指数的负值,即

$$\frac{\mathrm{d}\lg p}{\mathrm{d}\lg v} = -n \tag{8-45}$$

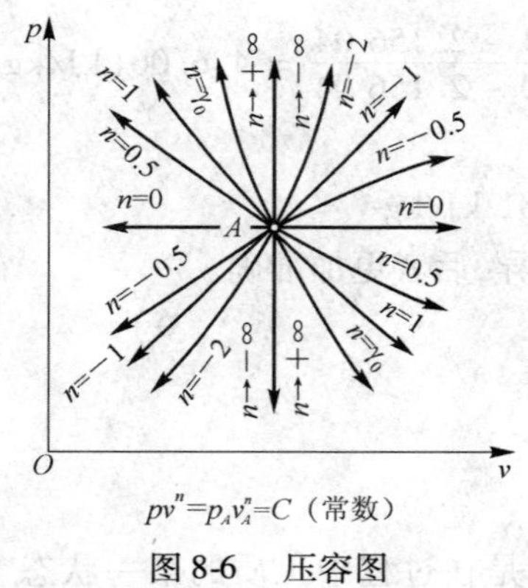

图 8-6　压容图

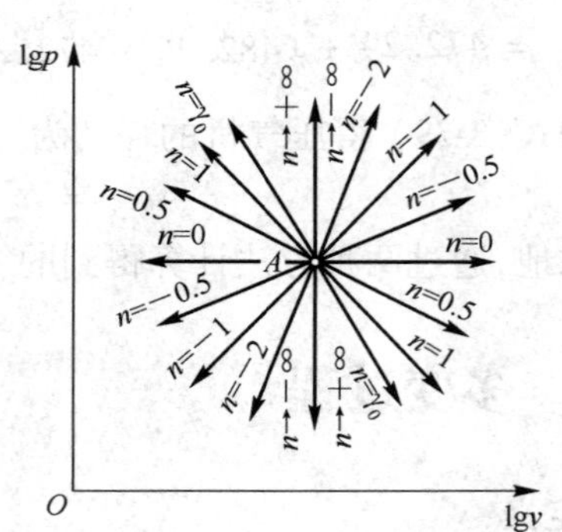

图 8-7　lg$p$-lg$v$ 图(多变过程)

这就提供了一种分析任意过程的方法:将任意过程画到 lg$p$-lg$v$ 图中(如图 8-8 所示),不管它是一条如何不规则的曲线,它总可以近似地用几条相互衔接的直线段来替代。这就是说,不管某一过程在进行时压力和比体积的变化如何复杂,总可以用几个相互衔接的多变过程来近似地描述这一过程。

在温熵图上,多变过程图也是随 n 变化的指数曲线簇。多变过程的温度和熵的变化规律如下:

$$s = \int \frac{\delta q_n}{T} + C(\text{常数}) = \int \frac{c_n \mathrm{d}T}{T} + C(\text{常数}) \tag{8-46}$$

式中，c_n 为多变比热容。

$$c_n = \frac{\delta q_n}{\mathrm{d}T} = T\left(\frac{\partial s}{\partial T}\right)_n$$

如果多变比热容是不变的定值，则得

$$s = c_n \ln T + C \text{ 或 } T = \exp \frac{s - C}{c_n} \tag{8-47}$$

式中，C 为常数。式(8-47)表明，如果多变比热容是定值，那么多变过程图在温熵图中是一簇指数曲线。只有当 $c_n = c_T \to +\infty$、$c_n = c_T \to -\infty$ 及 $c_n = c_s = 0$ 时，指数曲线才退化为直线，因而等温过程和等熵过程在温熵图中是直线（如图8-9所示）。在温熵图上，多变过程线的分布规律也是从等容线开始，多变指数 n 按顺时针方向递增。

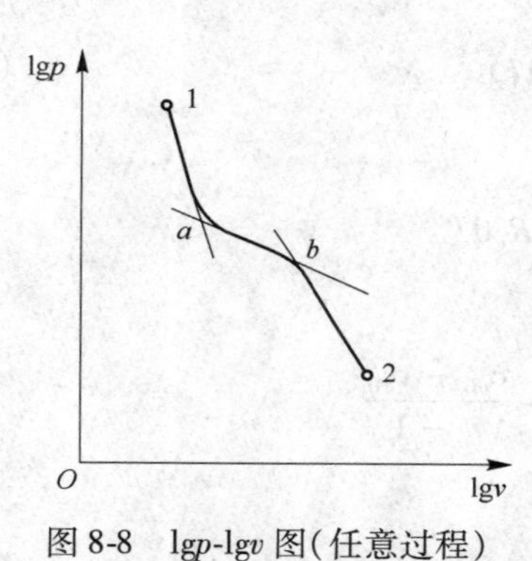

图8-8　lg$p$-lg$v$ 图（任意过程）

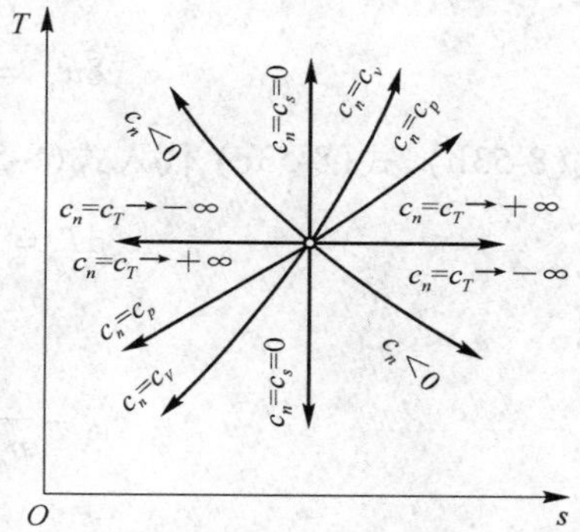

图8-9　温熵图中的多变过程

4. 功和热量计算（无摩擦的准平衡过程，每千克工质）

膨胀功：

$$w_n = \int_1^2 p\mathrm{d}v$$

将过程方程式 $p = p_1 v_1^n / v^n$（$n \neq 1$，$n = 1$ 时多变过程为等温过程）代入上式，积分后可得

$$w_n = \frac{1}{n-1}(p_1 v_1 - p_2 v_2) = \frac{1}{n-1} R_g (T_1 - T_2) \tag{8-48}$$

进一步表示为

$$w_n = \frac{1}{n-1} R_g T_1 \left[1 - \left(\frac{p_2}{p_1}\right)^{\frac{n-1}{n}}\right]$$

技术功

$$w_{t,n} = -\int_1^2 v\mathrm{d}p \tag{8-49}$$

将式(8-40)微分得

$$v\mathrm{d}p = -np\mathrm{d}v$$

代入式(8-49)得

$$w_{t,n} = n\int_1^2 p\mathrm{d}v = nw_n \tag{8-50}$$

对于理想气体,多变比热容和多变指数之间有如下关系:

$$c_n = \frac{nc_{V0} - c_{p0}}{n-1} \tag{8-51}$$

$$n = \frac{c_n - c_{p0}}{c_n - c_{V0}} \tag{8-52}$$

式(8-51)和式(8-52)可证明如下。

根据热力学第一定律,针对多变过程:

$$\delta q_n = c_n\mathrm{d}T = \mathrm{d}u + \delta w_n \tag{8-53a}$$

对理想气体有

$$\mathrm{d}u = c_{V0}\mathrm{d}T \tag{8-53b}$$

从式(8-48)得

$$\delta w_n = \frac{1}{n-1}R_g(-\mathrm{d}T) \tag{8-53c}$$

将式(8-53b)、式(8-53c)代入式(8-53a)得

$$c_n\mathrm{d}T = c_{V0}\mathrm{d}T - \frac{1}{n-1}R_g\mathrm{d}T$$

所以

$$c_n = c_{V0} - \frac{1}{n-1}R_g = c_{V0} - \frac{c_{p0} - c_{V0}}{n-1}$$

即

$$c_n = \frac{nc_{V0} - c_{p0}}{n-1} \tag{8-53d}$$

变化式(8-53d)即可得

$$n = \frac{c_n - c_{p0}}{c_n - c_{V0}} \tag{8-53e}$$

多变过程的热量可根据多变比热容计算:

$$q_n = \int_1^2 c_n\mathrm{d}T$$

如果多变比热容是定值,则

$$q_n = c_n(T_2 - T_1) \tag{8-54}$$

如果工质是理想气体,则

$$q_n = \int_1^2 \frac{nc_{V0} - c_{p0}}{n-1}\mathrm{d}T \tag{8-55}$$

如果工质是定比热容理想气体,则

$$q_n = \frac{nc_{V0} - c_{p0}}{n-1}(T_2 - T_1) \tag{8-56}$$

5. 多变过程与典型定值过程的关系及过程中能量变化特征

当 n 取不同的特定值时,经过简单变换,多变过程就变为前面讨论过的四种典型热力过

程,多变比热容也就分别取相应数值。

当 $n = 0$ 时,$c_n = c_p$,即为等压过程;

当 $n = 1$ 时,$c_n \to \infty$,即为等温过程;

当 $n = \kappa$ 时,$c_n \to 0$,即为等熵过程;

当 $n \to \infty$ 时,$c_n = c_V$,即为等容过程。

对每千克工质,多变过程中功和热量值的正负可按下面的方法判断(如图 8-10 所示)。

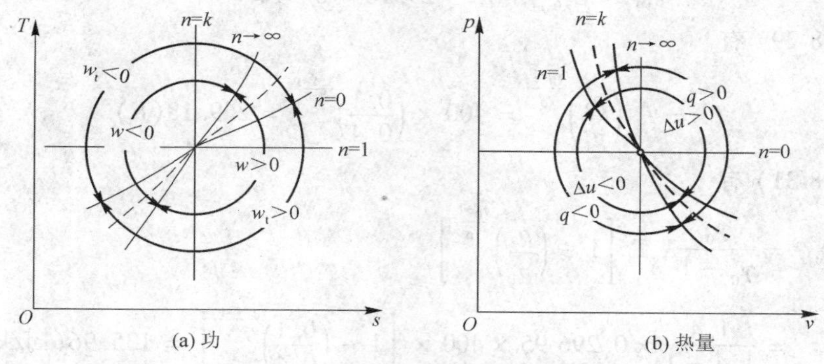

图 8-10　多变过程中功和热量

膨胀功 w 的正负以过起点的等容线为分界线。在压容图上,由同一起点出发的多变过程线若位于等容线的右方,比体积增大,$w > 0$;反之,$w < 0$。在温熵图上,$w > 0$ 的过程线位于等容线的右下方,$w < 0$ 的过程线位于等容线的左上方。

技术功 w_t 的正负以过起点的等压线为分界线。在压容图上,由同一起点出发的多变过程线若位于等压线的下方,$w_t > 0$;反之,$w_t < 0$。在温熵图上,$w_t > 0$ 的过程线位于等压线的右下方,$w_t < 0$ 的过程线位于等压线的左上方。

热量 q 的正负以过起点的等熵线为分界线。在压溶图上,吸热过程线位于绝热线的右上方,放热过程线位于绝热线的左下方。在温熵图上,$q > 0$ 的过程线位于绝热线的右方,$q < 0$ 的过程线位于绝热线的左方。

例 8-5　某气体可作等比热容理想气体处理,其摩尔质量 $M = 0.028$ kg/mol,比摩尔定压热容 $C_{p0,m} = 29.10$ J/(mol·K)。气体从初态 $p_1 = 0.4$ MPa,$T_1 = 400$ K,在无摩擦的情况下,经过(1) 定温过程;(2) 定熵过程;(3)$n = 1.25$ 的多变过程,膨胀到 $p_2 = 0.1$ MPa。试求终态温度、每千克气体所做的技术功和所吸收的热量及熵的变化量。

解:(1) 经过等温过程。

$$T_2 = T_1 = 400 \text{ K}$$

$$R_g = \frac{R}{M} = \frac{8.314\,47}{0.028} = 296.95[\text{J/(kg·K)}]$$

根据式(8-19) 有

$$w_{t,T} = R_g T \ln \frac{p_1}{p_2} = 0.296\,95 \times 400 \times \ln \frac{0.4}{0.1} = 164.66(\text{kJ/kg})$$

根据式(8-23) 有

$$q_T = w_{t,T} = 164.66\ \text{kJ/kg}$$

根据式(8-21)有

$$\Delta s = s_2 - s_1 = \frac{164.66}{400} = 0.411\,65[\text{kJ/(kg·K)}]$$

(2)经过定熵过程。

$$\gamma_0 = \frac{c_{p0}}{c_{V0}} = \frac{C_{p0,\text{m}}}{C_{p0,\text{m}} - R} = \frac{29.10}{29.10 - 8.314\,47} = 1.400$$

根据式(8-29)有

$$T_2 = T_1\left(\frac{p_2}{p_1}\right)^{\frac{\gamma_0-1}{\gamma_0}} = 400 \times \left(\frac{0.1}{0.4}\right)^{\frac{1.4-1}{1.4}} = 269.18(\text{K})$$

根据式(8-31)有

$$w_{t,s} = \frac{\gamma_0}{\gamma_0 - 1}R_g T_1\left[1 - \left(\frac{p_2}{p_1}\right)^{\frac{\gamma_0-1}{\gamma_0}}\right]$$

$$= \frac{1.4}{1.4-1} \times 0.296\,95 \times 400 \times \left[1 - \left(\frac{0.1}{0.4}\right)^{\frac{1.4-1}{1.4}}\right] = 135.96(\text{kJ/kg})$$

对等熵过程,显然有

$$q_s = 0$$

$$\Delta s = s_2 - s_1 = 0$$

(3)经过多变过程($n = 1.25$)。

根据式(8-43)有终态温度:

$$T_2 = T_1\left(\frac{p_2}{p_1}\right)^{\frac{n-1}{n}} = 400 \times \left(\frac{0.1}{0.4}\right)^{\frac{1.25-1}{1.25}} = 303.14(\text{K})$$

根据式(8-50)有技术功:

$$w_{t,n} = \frac{n}{n-1}R_g T_1\left[1 - \left(\frac{p_2}{p_1}\right)^{\frac{n-1}{n}}\right]$$

$$= \frac{1.25}{1.25-1} \times 0.296\,95 \times 400\left[1 - \left(\frac{0.1}{0.4}\right)^{\frac{1.25-1}{1.25}}\right] = 143.81(\text{kJ/kg})$$

根据式(8-51)有多变比热容:

$$c_n = \frac{nc_{V0} - c_{p0}}{n-1} = \frac{n(C_{p0,\text{m}} - R) - C_{p0,\text{m}}}{M(n-1)}$$

$$= \frac{1.25 \times (29.10 - 8.314\,47) - 29.10}{0.028 \times (1.25 - 1)} = -445.44[\text{J/(kg·K)}]$$

即

$$c_n = -0.445\,44\ \text{kJ/(kg·K)}$$

根据式(8-54)有多变过程的热量:

$$q_n = c_n(T_2 - T_1) = -0.445\,44 \times (303.14 - 400) = 43.15(\text{kJ/kg})$$

根据式(8-47)有多变过程的熵变化:

$$\Delta s = s_2 - s_1 = c_n \ln \frac{T_2}{T_1} = -0.445\ 44 \times \ln \frac{303.14}{400} = 0.123\ 5[\mathrm{kJ/(kg \cdot K)}]$$

或按照定值比热容理想气体熵变公式(4-48)计算：

$$\begin{aligned}\Delta s &= s_2 - s_1 = c_{p0} \ln \frac{T_2}{T_1} - R_g \ln \frac{p_2}{p_1} \\ &= \frac{29.10}{0.028} \times \ln \frac{303.14}{400} - 296.95 \times \ln \frac{0.1}{0.4} \\ &= 123.50[\mathrm{J/(kg \cdot K)}]\end{aligned}$$

即

$$\Delta s = 0.123\ 5\ \mathrm{kJ/(kg \cdot K)}$$

任务8.3　绝功过程和绝热过程

1. 绝功过程

绝功过程是指热力系在和外界无功(这里的功一般指膨胀功或技术功)交换的情况下进行的过程。绝大多数热工设备的传热过程和做功过程都是分开完成的。各种换热设备(如锅炉、冷凝器、加热器及其他各种换热器)只完成传热过程而不同时做功(技术功)；流体在这些设备中进行的是不做技术功的(传热)过程。另外，各种动力机械(如涡轮机、压气机、液体泵及各种活塞式动力机械)在完成做功过程时，和外界基本上没有热量交换，工质进行的是绝热(做功)过程。所以，分析讨论这些无功过程和绝热过程是十分必要的，而这些“传热过程不做功($w_t = 0$)”和“做功过程传热难($q \approx 0$)”的特点也给热力学分析和能量计算带来了极大的简化。

与外界无功(任何形式)交换的过程即为绝功过程。绝功过程包括两种：一种是不做膨胀功的绝功过程，另一种是不做技术功的绝功过程。

1)不做膨胀功的绝功过程

不做膨胀功的绝功过程是指闭口热力系在经历状态变化时，不对外界做出膨胀功，也不消耗外功，即

$$\delta w = 0 \tag{8-57}$$

如果不存在摩擦，那么不做膨胀功的过程也是等容过程：

$$\delta w = p\mathrm{d}v = 0$$

因为

$$p > 0$$

所以

$$\mathrm{d}v = 0\ (\text{等容过程}) \tag{8-58}$$

如果存在摩擦(包括流体的黏性摩擦)，那么不做膨胀功的过程必定是一个比体积增大的过程：

$$p\mathrm{d}v = \delta w + \delta w_L > \delta w = 0$$

即

$$p\mathrm{d}v > 0$$

因为

$$p > 0$$

所以

$$\mathrm{d}v > 0\text{（比体积增大）} \tag{8-59}$$

例如，气体向真空自由膨胀就是这种比体积增大而又不做膨胀功的过程（如图 8-11 所示）。

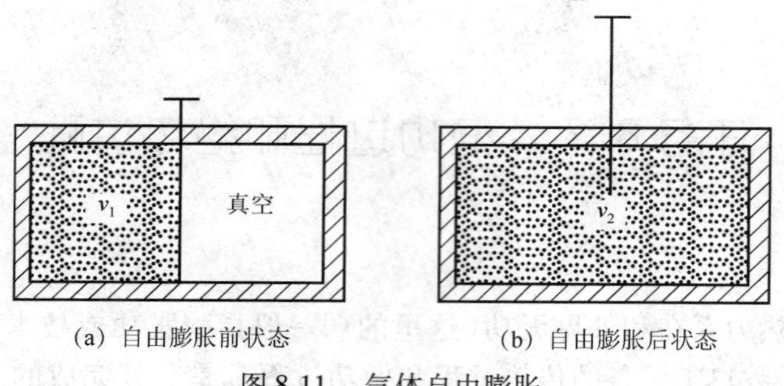

(a) 自由膨胀前状态　(b) 自由膨胀后状态

图 8-11　气体自由膨胀

根据热力学第一定律可知：热力系进行不做膨胀功的过程时，它和外界交换的热量必定等于热力学能的变化：

$$\delta q = \mathrm{d}u + \delta w = \mathrm{d}u \tag{8-60}$$

积分后得

$$q = u_2 - u_1 \tag{8-61}$$

该式适用于任何工质。无论是否存在摩擦，也无论内部是否平衡（但过程的初、终状态必须平衡），只要不做膨胀功，式(8-61) 均成立。

如果工质是理想气体，则得

$$q = \int_1^2 c_{V0}\mathrm{d}T \tag{8-62}$$

如果工质是等比热容理想气体，则得

$$q = c_{V0}(T_2 - T_1) \tag{8-63}$$

应该指出，不做膨胀功的过程和等容过程并不一样，它们只是在无摩擦的情况下才是一致的。不做膨胀功的过程只是在无摩擦的情况下比体积才不变（在有摩擦的情况下比体积一定增大），而等容过程也只是在无摩擦的情况下才不消耗外功（在有摩擦的情况下一定消耗外功）。另外，不做膨胀功的过程，无论有无摩擦，其热量必定等于热力学能的变化，而等容过程只有在无摩擦的情况下，其热量才等于热力学能的变化。

2）不做技术功的绝功过程

不做技术功的绝功过程是指热力系（工质）在稳定流动过程中，不对外界做出技术功，也不消耗外功，即

$$\delta w_t = 0 \tag{8-64}$$

如果不存在摩擦,那么不做技术功的过程也是等压过程,即

$$\delta w_t = v\mathrm{d}p = 0$$

因为

$$v > 0$$

所以

$$\mathrm{d}p = 0\text{（等压过程）} \tag{8-65}$$

如果存在摩擦,那么不做技术功的过程必定引起压力下降,即

$$-v\mathrm{d}p = \delta w_t + \delta w_L > \delta w_t = 0$$

因为

$$v > 0$$

所以

$$\mathrm{d}p < 0\text{（压力下降）} \tag{8-66}$$

例如,流体在各种换热设备及输送管道中的流动就是这种压力不断降低而又不做技术功的绝功过程。

根据热力学第一定律可知,热力系进行不做技术功的绝功过程,它和外界交换的热量必定等于焓的变化:

$$\delta q = \mathrm{d}h + \delta w_t = \mathrm{d}h \tag{8-67}$$

积分后得

$$q = h_2 - h_1 \tag{8-68}$$

该式适用于任何工质。无论是否存在摩擦,压力是否下降,也无论内部是否平衡(但过程的初、终状态必须平衡),只要不做技术功,式(8-68)均成立。

如果工质是理想气体,则

$$q = \int_1^2 c_{p0}\mathrm{d}T \tag{8-69}$$

如果工质是等比热容理想气体,则

$$q = c_{p0}(T_2 - T_1) \tag{8-70}$$

不做技术功的绝功过程和等压过程也是不一样的。只是在无摩擦的情况下它们才是一致的:不做技术功的绝功过程只是在无摩擦的情况下压力才不变(如果存在摩擦,那么压力一定下降),而等压过程也只是在无摩擦的情况下才不消耗技术功(如果存在摩擦,那么一定消耗技术功)。另外,不做技术功的绝功过程,无论有无摩擦,其热量一定等于焓的变化,而等压过程只是在无摩擦的情况下,其热量才等于焓的变化。

需要强调的是,在各种换热设备中,尽管存在或大或小的摩擦阻力,因而有不同程度的压力下降,但与外界交换的热量均可用流体的焓的变化进行计算。这是由于流体进行的是不做技术功的绝功过程,由热力学定律本该这样计算,而并非近似认为等压过程后的简化计算方法。

2. 绝热过程

绝热过程是指热力系在和外界无热量交换的情况下进行的过程,即

$$\delta q = 0 \tag{8-71}$$

如果不存在摩擦,而过程是内平衡的,那么绝热过程也是等熵过程:

$$\delta q = \mathrm{d}u + p\mathrm{d}v = T\mathrm{d}s = 0$$

因为

$$T > 0$$

所以

$$\mathrm{d}s = 0\ (\text{等熵过程}) \tag{8-72}$$

如果存在摩擦,那么绝热过程必定引起熵的增加:

$$T\mathrm{d}s = \mathrm{d}u + p\mathrm{d}v = \mathrm{d}u + \delta w + \delta w_{\mathrm{L}} = \delta q + \delta q_{\mathrm{g}} > \delta q = 0$$

即

$$T\mathrm{d}s > 0$$

因为

$$T > 0$$

所以

$$\mathrm{d}s > 0\ (\text{熵增加}) \tag{8-73}$$

例如,气体在各种叶轮式动力机械中及在高速活塞式机械中进行的膨胀或压缩过程都是这种绝热而又增熵的过程。

根据热力学第一定律可知,热力系进行绝热过程时,无论有无摩擦,它对外界做出的膨胀功和技术功分别等于过程前后热力学能的减少和焓的减少(焓降),则有

$$\delta q = \mathrm{d}u + \delta w = \mathrm{d}h + \delta w_{\mathrm{t}} = 0$$

所以

$$\delta w = -\mathrm{d}u, \delta w_{\mathrm{t}} = -\mathrm{d}h \tag{8-74}$$

积分后得

$$w = u_1 - u_2 \tag{8-75}$$

$$w_{\mathrm{t}} = h_1 - h_2 \tag{8-76}$$

式(8-75)和式(8-76)适用于任何工质。无论是否存在摩擦,熵是否增加,也无论内部是否平衡(但过程的初、终状态必须平衡),只要是绝热过程,它们都是成立的。

如果工质是理想气体,则有

$$w = -\int_1^2 c_{V0}\mathrm{d}T,\ w_{\mathrm{t}} = -\int_1^2 c_{p0}\mathrm{d}T$$

如果工质是等比热容理想气体,则得

$$w = c_{V0}(T_1 - T_2) \tag{8-77}$$

$$w_{\mathrm{t}} = c_{p0}(T_1 - T_2) \tag{8-78}$$

对有摩擦的绝热过程,可以基于式(8-77)、式(8-78)推导出另外的计算式。虽然有摩擦的绝热过程的状态变化不遵守 $pv^{\gamma_0} = C$(常数)的规律,但也并非无规律可循。事实上,动力机械中所进行的有摩擦的绝热膨胀或压缩过程的状态变化都近似遵守多变过程 $pv^n = C$(常数)的规律。这里的多变指数 n 当然已经偏离了 γ_0。在绝热膨胀时,$n < \gamma_0$,如图8-12所示;在

绝热压缩时，$n > \gamma_0$（如图8-13所示）。n 偏离 γ_0 的程度恰恰反映了膨胀或压缩过程中摩擦的大小，这时参看式(8-43)：

$$\frac{T_2}{T_1} = \left(\frac{p_2}{p_1}\right)^{\frac{n-1}{n}}$$

因此，从式(8-77)、式(8-78)可以推导出：

$$w = \frac{1}{\gamma_0 - 1} R_g T_1 \left[1 - \left(\frac{p_2}{p_1}\right)^{\frac{n-1}{n}}\right] \tag{8-79}$$

$$w_t = \frac{\gamma_0}{\gamma_0 - 1} R_g T_1 \left[1 - \left(\frac{p_2}{p_1}\right)^{\frac{n-1}{n}}\right] \tag{8-80}$$

注意式(8-79)、式(8-80)系数中出现 γ_0，而指数中出现 n，不同于无摩擦的绝热过程［式(8-30)、式(8-31)］，也不同于无摩擦多变过程［式(8-49)、式(8-50)］。式(8-79)、式(8-80)的适用条件是：等比热容理想气体按多变过程状态变化规律进行有摩擦的绝热过程。

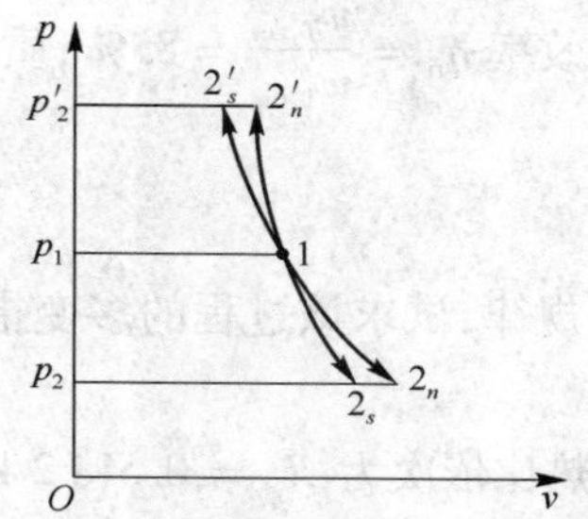

图8-12　压容图中有摩擦的绝热过程图

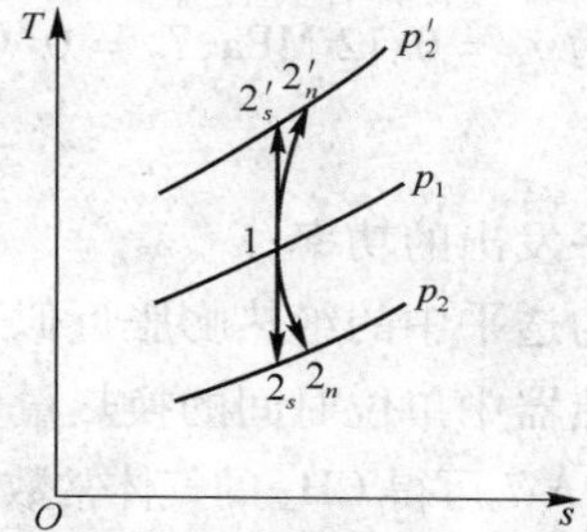

图8-13　温熵图中有摩擦的绝热过程图

例8-6　空气（按等比热容理想气体考虑）在压气机中从20 ℃、0.1 MPa绝热压缩至1 MPa。由于存在摩擦，压缩过程偏离 $pv^{\gamma_0} = C$（常数）的变化规律而近似地符合 $pv^{1.5} = C$（常数）的规律。试计算压缩终了时空气的温度、生产1 kg压缩空气消耗的功及压气机的绝热效率。

解：根据式(8-43)可知，压缩终了时空气的温度为

$$T_2 = T_1 \left(\frac{p_2}{p_1}\right)^{\frac{n-1}{n}} = (273.15 + 20) \times \left(\frac{1}{0.1}\right)^{\frac{1.5-1}{1.5}} = 631.57(\text{K})$$

压气机绝热压缩实际消耗的功可根据式(8-78)计算：

$$\begin{aligned} w_{C,act} &= -w_t = c_{p0}(T_2 - T_1) \\ &= 1.005 \times (631.57 - 293.15) = 340.11(\text{kJ/kg}) \end{aligned}$$

也可以按照式(8-80)直接计算压气机实际消耗的功：

$$\begin{aligned} w_{C,act} &= -w_t = -\frac{\gamma_0}{\gamma_0 - 1} R_g T_1 \left[1 - \left(\frac{p_2}{p_1}\right)^{\frac{n-1}{n}}\right] \\ &= -\frac{1.4}{1.4 - 1} \times 0.287 \times 293.15 \times \left[1 - \left(\frac{1}{0.1}\right)^{\frac{1.5-1}{1.5}}\right] \end{aligned}$$

$$= 339.95(\text{kJ/kg})$$

压气机绝热(等熵)压缩消耗的理论功可根据式(8-31)计算:

$$w_{\text{C,the}} = -w_{\text{t},s} = -\frac{\gamma_0}{\gamma_0 - 1}R_{\text{g}}T_1\left[1 - \left(\frac{p_2}{p_1}\right)^{\frac{\gamma_0-1}{\gamma_0}}\right]$$

$$= -\frac{1.4}{1.4-1}\times 0.287\times 293.15\times\left[1-\left(\frac{1}{0.1}\right)^{\frac{1.4-1}{1.4}}\right] = 274.06(\text{kJ/kg})$$

压气机的绝热效率为

$$\eta_{\text{C},s} = \left|\frac{w_{\text{C,the}}}{w_{\text{C,act}}}\right| = \frac{274.06}{339.95}\times 100\% = 80.62\%$$

例 8-7 天然气(CH_4,按等比热容理想气体处理)从输气管道进入气体透平(膨胀机)膨胀做功,再进入制冷换热器升温,然后送往炉中燃烧。已知透平入口处的压力和温度分别为 $p_1 = 2$ MPa,$T_1 = 20$ ℃;透平排气(换热器入口)压力为 $p_2 = 0.15$ MPa;换热器出口压力和温度分别为 $p_3 = 0.12$ MPa,$T_3 = 0$ ℃;透平的相对内效率 $\eta_{\text{ri}} = \dfrac{w_{\text{T,act}}}{w_{\text{T,the}}} = 85\%$,质量流量 $q_m = 3$ kg/s。试求:

(1) 透平发出的功率;

(2) 认为透平中的绝热膨胀近似遵守多变过程的规律,试求该过程的多变指数;

(3) 换热器中单位时间的换热量(制冷率)。

解:查表 A-7 可得 CH_4 的气体常数、定压比热容、比热比依次为:$R_{\text{g}} = 0.5182$ kJ/(kg·K),$\gamma_0 = 1.299$,$c_{p0} = 2.2537$ kJ/(kg·K)。

(1) 计算透平发出的功率。

对每千克工质,透平在无摩擦的情况下的理论功为

$$w_{\text{T,the}} = w_{\text{t},s} = \frac{\gamma_0}{\gamma_0 - 1}R_{\text{g}}T_1\left[1 - \left(\frac{p_2}{p_1}\right)^{\frac{\gamma_0-1}{\gamma_0}}\right]$$

$$= \frac{1.299}{1.299-1}\times 0.5182\times 293.15\times\left[1-\left(\frac{0.15}{2}\right)^{\frac{1.299-1}{1.299}}\right] = 296.40(\text{kJ/kg})$$

透平的实际输出功为

$$w_{\text{T,act}} = \eta_{\text{ri}}w_{\text{T,the}} = 85\%\times 296.40 = 251.94(\text{kJ/kg})$$

透平实际发出的功率为

$$P_{\text{T}} = q_m w_{\text{T,act}} = 3\times 251.94 = 755.82(\text{kJ/kg})$$

(2) 计算透平绝热膨胀过程的多变指数。

先由式(8-78)求出透平的排气温度:

$$T_2 = T_1 - \frac{w_{\text{t}}}{c_{p0}} = T_1 - \frac{w_{\text{T,act}}}{c_{p0}} = 293.15 - \frac{251.94}{2.2537} = 181.36(\text{K})$$

即 $T_2 = -91.79$ ℃

可根据式(8-43)计算多变指数:

$$\frac{n-1}{n} = \ln\left(\frac{T_2}{T_1}\right) \Big/ \ln\left(\frac{p_2}{p_1}\right) \rightarrow n = \left[1 - \frac{\ln\left(\frac{T_2}{T_1}\right)}{\ln\left(\frac{p_2}{p_1}\right)}\right]^{-1}$$

所以

$$n = \left[1 - \frac{\ln\left(\frac{181.36}{293.15}\right)}{\ln\left(\frac{0.15}{2}\right)}\right]^{-1} = 1.228$$

利用多变指数使用式(8-80)核算透平的实际输出功：

$$w_{\mathrm{T,act}} = w_{\mathrm{t}} = \frac{\gamma_0}{\gamma_0 - 1} R_{\mathrm{g}} T_1 \left[1 - \left(\frac{p_2}{p_1}\right)^{\frac{n-1}{n}}\right]$$

$$= \frac{1.299}{1.299 - 1} \times 0.518\,2 \times 293.15 \times \left[1 - \left(\frac{0.15}{2}\right)^{\frac{1.228-1}{1.228}}\right] = 251.97(\mathrm{kJ/kg})$$

该值与251.94 kJ/kg很接近。

(3) 计算换热器中单位时间的换热量(制冷率)。

这是一个不做技术功的过程。在换热器中的换热量按式(8-70)有

$$q = c_{p0}(T_3 - T_2) = 2.253 \times (273.15 - 181.36) = 206.80(\mathrm{kJ/kg})$$

所以，换热器的制冷率为

$$\dot{Q} = q_m q = 3 \times 206.80 = 620.40(\mathrm{kJ/s})$$

任务8.4　混合过程

1. 等容混合过程

设有一刚性容器，内置隔板将它分隔成 n 个空间，n 种气体分别装于其间，如图8-14所示。现将隔板全部抽掉，使它们充分混合，分析混合后的情况。

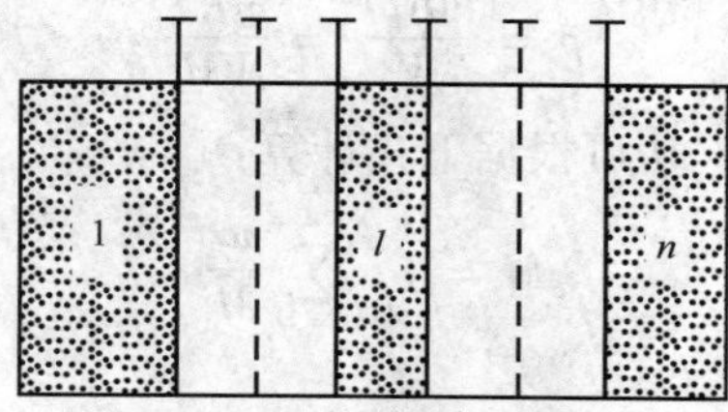

图8-14　等容混合过程

显然，混合后的质量等于各气体质量的总和：

$$m = \sum_{i=1}^{n} m_i \tag{8-81}$$

混合后的体积等于原来各体积的总和：

$$V = \sum_{i=1}^{n} V_i \tag{8-82}$$

这一混合过程是不做膨胀功的绝功过程（$W = 0$）。根据热力学第一定律可知：

$$Q = \Delta U$$

如果和外界没有热量交换（对短暂的混合过程常常可以认为是绝热的，$Q = 0$），那么混合后的热力学能将不发生变化：

$$\Delta U = U - \sum_{i=1}^{n} U_i = 0$$

或

$$U = \sum_{i=1}^{n} U_i \tag{8-83}$$

为便于分析，假定 n 种气体都是定比热容理想气体。这时，式(8-83) 可写为

$$mc_{V0}T = \sum_{i=1}^{n} m_i c_{V0,i} T_i \tag{8-84a}$$

另外，理想混合气体的热力学能应该等于各组成气体在混合状态下的热力学能的总和：

$$mc_{V0}T = \sum_{i=1}^{n} m_i c_{V0,i} T$$

消去 T，得

$$mc_{V0} = \sum_{i=1}^{n} m_i c_{V0,i} \tag{8-84b}$$

式(8-84b) 表明，混合气体的热容等于各组成气体的热容的总和。将式(8-84b) 代入式(8-84a) 后，即可得混合气体温度的计算式：

$$T = \frac{\sum_{i=1}^{n} m_i c_{V0,i} T_i}{\sum_{i=1}^{n} m_i c_{V0,i}} \tag{8-85}$$

混合后的压力则可根据理想气体状态方程计算：

$$p = \frac{mR_g T}{V} = \frac{mRT}{VM}$$

式中，混合气体的平均摩尔质量 M 可根据下式计算：

$$M = 1 \Big/ \sum_{i=1}^{n} \frac{w_i}{M_i}$$

所以

$$p = \frac{mRT}{V} \sum_{i=1}^{n} \frac{w_i}{M_i} \tag{8-86}$$

混合过程的熵增等于每一种气体由混合前的状态变到混合后的状态（具有混合气体的温度并占有整个体积）的熵增的总和：

$$\Delta S = \sum_{i=1}^{n} \Delta S_i = \sum_{i=1}^{n} m_i \left(c_{V0,i} \ln \frac{T}{T_i} + R_{g,i} \ln \frac{V}{V_i} \right) \tag{8-87}$$

如果进行混合的是同一种理想气体,则式(8-85) 和式(8-86) 变为

$$T = \frac{\sum_{i=1}^{n} m_i T_i}{m} \tag{8-88}$$

$$p = \frac{mRT}{VM} \tag{8-89}$$

但是,由于同一种气体的分子混合后无法区分,熵增的计算式不能根据式(8-87) 进行,而应根据混合后全部气体的熵与混合前各部分气体的熵的差值来计算:

$$\Delta S = S - \sum_{i=1}^{n} S_i = m\left(c_{V0} \ln T + R_g \ln \frac{V}{m} + C_1 \right) - \sum_{i=1}^{n} m_i \left(c_{V0} \ln T_i + R_g \ln \frac{V_i}{m_i} + C_1 \right)$$

常数 C_1 可消去,从而得

$$\Delta S = m\left(c_{V0} \ln T + R_g \ln \frac{V}{m} \right) - \sum_{i=1}^{n} m_i \left(c_{V0} \ln T_i + R_g \ln \frac{V_i}{m_i} \right) \tag{8-90}$$

如按式(8-87) 计算同种气体混合后的熵增将会引起谬误,即所谓吉布斯佯谬。为了说明佯谬的产生,举一个最简单的例子。设容器中装有某种等比热容理想气体,它处于平衡状态,温度为 T,体积为 V,质量为 m,如图 8-15(a) 所示。根据式(4-45) 可知,它的熵为

$$S = m\left(c_{V0} \ln T + R_g \ln \frac{V}{m} + C_1 \right)$$

如图 8-15 所示,现用一块很薄的隔板将它一分为二,两部分温度仍为 T,每部分体积为 $V/2$,质量为 $m/2$,如图 8-15(b) 所示,这两部分的熵的总和仍为 S:

$$\begin{aligned} S_1 + S_2 &= \frac{m}{2}\left(c_{V0} \ln T + R_g \ln \frac{V/2}{m/2} + C_1 \right) + \frac{m}{2}\left(c_{V0} \ln T + R_g \ln \frac{V/2}{m/2} + C_1 \right) \\ &= m\left(c_{V0} \ln T + R_g \ln \frac{V}{m} + C_1 \right) = S \end{aligned}$$

$S_1 + S_2 = S$ 这是很容易理解的。现在再将隔板抽开,两部分气体进行“混合”,“混合” 后的温度仍为 T,体积仍为 V,质量仍为 m。如果按式(8-87) 来计算“混合” 过程的熵增,则得

$$\begin{aligned} \Delta S &= \Delta S_1 + \Delta S_2 = \frac{m}{2}\left(c_{V0} \ln \frac{T}{T} + R_g \ln \frac{V}{V/2} \right) + \frac{m}{2}\left(c_{V0} \ln \frac{T}{T} + R_g \ln \frac{V}{V/2} \right) \\ &= mR_g \ln 2 > 0 \end{aligned}$$

如果按式(8-90) 计算,则得

$$\begin{aligned} \Delta S &= S - (S_1 + S_2) \\ &= m\left(c_{V0} \ln T + R_g \ln \frac{V}{m} + C_1 \right) - 2 \times \frac{m}{2}\left(c_{V0} \ln T + R_g \ln \frac{V/2}{m/2} + C_1 \right) \\ &= 0 \end{aligned}$$

显然后者是正确的,而前者产生了佯谬。

2. 流动混合过程

设有 n 股不同气体流入混合室,充分混合后再流出,如图 8-16 所示。如果流动是稳定的,

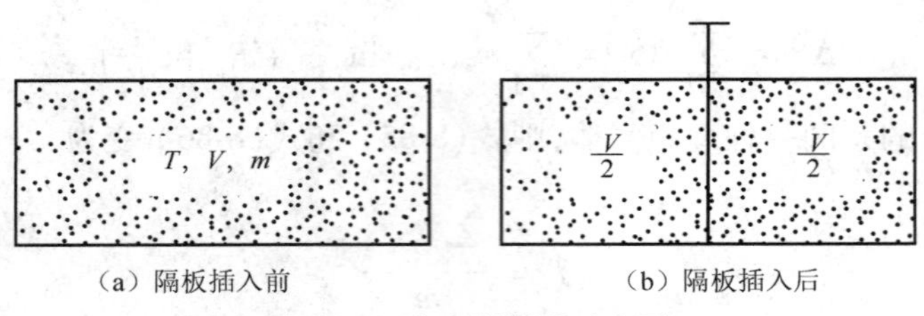

图 8-15　吉布斯佯谬示意图

那么混合后的流量应等于混合前各股流量的总和：

$$q_m = \sum_{i=1}^{n} q_{mi} \tag{8-91}$$

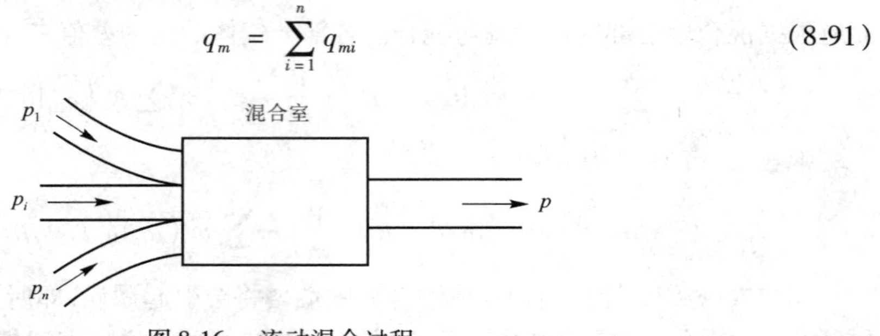

图 8-16　流动混合过程

流动混合过程是一个不做技术功的绝功过程，混合前后流体动能及重力位能的变化可以略去不计，同时，通常都可以忽略混合室及其附近管段与外界的热交换，因此它是一个不做技术功的绝热过程（$W_t = 0, Q = 0$）。根据热力学第一定律可知，混合后流体的总焓不变：

$$\Delta h = q_m h - \sum_{i=1}^{n} q_{mi} h_i = 0$$

或

$$q_m h = \sum_{i=1}^{n} q_{mi} h_i \tag{8-92a}$$

如果 n 种流体均为等比热容理想气体，则式(8-92a) 可写为

$$q_m c_{p0} T = \sum_{i=1}^{n} q_{mi} c_{p0,i} T_i \tag{8-92b}$$

另外，理想混合气流的焓应该等于各组成气体在混合流状态下焓的总和，有

$$q_m c_{p0} T = \sum_{i=1}^{n} q_{mi} c_{p0,i} T$$

即

$$q_m c_{p0} = \sum_{i=1}^{n} q_{mi} c_{p0,i} \tag{8-93}$$

代入式(8-92b) 后即可得混合气流的温度计算式：

$$T = \frac{\sum_{i=1}^{n} q_{mi} c_{p0,i} T_i}{\sum_{i=1}^{n} q_{mi} c_{p0,i}} \tag{8-94}$$

混合后各种气体成分的分压力(p'_i) 等于混合气流总压力(p) 与各摩尔分数(x_i) 的乘积。再根据摩尔分数与质量分数的换算关系,可得各分压力为

$$p'_i = p x_i = p \frac{w_i / M_i}{\sum_{i=1}^{n} w_i / M_i} = p \frac{q_{mi} / M_i}{\sum_{i=1}^{n} q_{mi} / M_i} \tag{8-95}$$

单位时间内混合过程的熵增,等于每一种气流由混合前的状态变化到混合后的状态(具有混合气流的温度及相应的分压力) 的熵增的总和:

$$\Delta \dot{S} = \sum_{i=1}^{n} q_{mi} \Delta s_i = \sum_{i=1}^{n} q_{mi} \left(c_{p0,i} \ln \frac{T}{T_i} - R_{g,i} \ln \frac{p'_i}{p_i} \right) \tag{8-96}$$

如果进行混合的是同一种理想气体($c_{p0,i} = c_{p0}$),则式(8-94) 变为

$$T = \frac{\sum_{i=1}^{n} q_{mi} T_i}{\sum_{i=1}^{n} q_{mi}} \tag{8-97}$$

考虑到同种分子混合后无法区分,单位时间内混合过程的熵增应根据混合后全部气流的熵与混合前各股气流的熵之和的差值来计算:

$$\Delta \dot{S} = q_m s - \sum_{i=1}^{n} q_{mi} s_i$$

$$= q_m (c_{p0} \ln T - R_g \ln p + C_2) - \sum_{i=1}^{n} q_{mi} (c_{p0} \ln T_i - R_g \ln p_i + C_2)$$

消去常数 C_2,从而得

$$\Delta \dot{S} = q_m (c_{p0} \ln T - R_g \ln p) - \sum_{i=1}^{n} q_{mi} (c_{p0} \ln T_i - R_g \ln p_i) \tag{8-98}$$

例 8-8　有两瓶氧气,一瓶压力为 10 MPa,另一瓶压力为 2.5 MPa ,其容积均为 100 L,温度与大气温度相同,均为 300 K。将它们连通后,达到平衡,最后温度仍为 300 K。问这时压力为多少?整个过程的熵增为多少?与大气有无热交换?

解:将氧气作等比热容理想气体处理。从表 A-7 查得:

$$R_{g,O_2} = 0.259\,8 \text{ kJ/(kg·K)}, c_{V0,O_2} = 0.658 \text{ kJ/(kg·K)}$$

两氧气瓶中氧气的质量分别为

$$m_1 = \frac{p_1 V_1}{R_{g,O_2} T_1} = \frac{10 \times 10^6 \times 100 \times 10^{-3}}{0.259\,8 \times 10^3 \times 300} = 12.83(\text{kg})$$

$$m_2 = \frac{p_2 V_2}{R_{g,O_2} T_2} = \frac{2.5 \times 10^6 \times 100 \times 10^{-3}}{0.259\,8 \times 10^3 \times 300} = 3.21(\text{kg})$$

连通并达到平衡后,总质量为 $m_1 + m_2$,总容积为 $V_1 + V_2$,温度仍为 300 K,所以压力为

$$p=\frac{(m_1+m_2)R_{g,O_2}T}{V_1+V_2}$$

$$=\frac{(12.83+3.21)\times 0.2598\times 10^3\times 300}{(100+100)\times 10^{-3}}=6.25\times 10^6(\mathrm{Pa})$$

即 $p=6.25$ MPa。

因为是同种气体的混合过程,熵增应根据式(8-90)计算:

$$\Delta S=m\left(c_{V0}\ln T+R_g\ln\frac{V}{m}\right)-\sum_{i=1}^{n}m_i\left(c_{V0}\ln T_i+R_g\ln\frac{V_i}{m_i}\right)$$

$$=(m_1+m_2)\left(c_{V0,O_2}\ln T+R_{g,O_2}\ln\frac{V_1+V_2}{m_1+m_2}\right)-\left[m_1\left(c_{V0,O_2}\ln T_1+R_{g,O_2}\ln\frac{V_1}{m_1}\right)+m_2\left(c_{V0,O_2}\ln T_2+R_{g,O_2}\ln\frac{V_2}{m_2}\right)\right]$$

$$=R_{g,O_2}\left[(m_1+m_2)\ln\frac{V_1+V_2}{m_1+m_2}-m_1\ln\frac{V_1}{m_1}-m_2\ln\frac{V_2}{m_2}\right]$$

$$=0.2598\times\left[(12.83+3.21)\times\ln\frac{200\times 10^{-3}}{12.83+3.21}-12.83\times\ln\frac{100\times 10^{-3}}{12.83}-3.21\times\ln\frac{100\times 10^{-3}}{3.21}\right]$$

$$=0.8025(\mathrm{kJ/K})$$

这个混合过程未做膨胀功($W=0$),所以有

$$Q=\Delta U+W=\Delta U=U-(U_1+U_2)$$

$$=(m_1+m_2)c_{V0,O_2}T-(m_1c_{V0,O_2}T_1+m_2c_{V0,O_2}T_2)$$

由于 $T=T_1=T_2$,所以 $Q=0$。

从两个容器构成的整体看,与大气无热量交换。实际上,具有较高压力的氧气瓶从大气吸收了热量,具有较低压力的氧气瓶向大气放出了热量,只是两者大小相等,正好抵消了。

例 8-9 压力为0.12 MPa、温度为300 K、流量为0.1 kg/s 的天然气(CH_4)与压力为0.2 MPa、温度为350 K、流量为3.5 kg/s 的压缩空气混合,混合后的压力为0.1 MPa。求混合气流的温度及单位时间的熵增。

解:将天然气和压缩空气均按等比热容理想气体处理。从表 A-7 和表 A-8 查得:

天然气:$M_1=16.043$ kg/kmol,$R_{g,1}=0.5182$ kJ/(kg·K),$c_{p0,1}=2.2537$ kJ/(kg·K)

压缩空气:$M_2=28.97$ kg/kmol,$R_{g,2}=0.2870$ kJ/(kg·K),$c_{p0,2}=1.005$ kJ/(kg·K)

根据式(8-94)可计算出混合气流的温度为

$$T=\frac{q_{m1}c_{p0,1}T_1+q_{m2}c_{p0,2}T_2}{q_{m1}c_{p0,1}+q_{m2}c_{p0,2}}$$

$$=\frac{0.1\times 2.2537\times 300+3.5\times 1.005\times 350}{0.1\times 2.2537+3.5\times 1.005}=347(\mathrm{K})$$

混合后,天然气和压缩空气的分压力可根据式(8-95)计算:

$$p_1'=px_1=p\frac{q_{m1}/M_1}{q_{m1}/M_1+q_{m2}/M_2}$$

$$=0.1\times\frac{0.1/16.043}{0.1/16.043+3.5/28.97}=0.0049(\mathrm{MPa})$$

$$p_2' = p - p_1' = 0.1 - 0.0049 = 0.0951(\mathrm{MPa})$$

因为是不同气体的流动混合过程,单位时间的熵增应根据式(8-96)计算:

$$\begin{aligned}\Delta\dot{S} &= \sum_{i=1}^{n} q_{mi}\left(c_{p0,i}\ln\frac{T}{T_i} - R_{g,i}\ln\frac{p_i'}{p_i}\right)\\ &= q_{m1}\left(c_{p0,1}\ln\frac{T}{T_1} - R_{g,1}\ln\frac{p_1'}{p_1}\right) + q_{m2}\left(c_{p0,2}\ln\frac{T}{T_2} - R_{g,2}\ln\frac{p_2'}{p_2}\right)\\ &= 0.1\times\left(2.2537\times\ln\frac{347}{300} - 0.5182\times\ln\frac{0.0049}{0.12}\right) + 3.5\times\left(1.005\times\ln\frac{347}{350} - \right.\\ &\quad \left. 0.2870\times\ln\frac{0.0951}{0.2}\right) = 0.915[\mathrm{kJ/(K\cdot s)}]\end{aligned}$$

任务8.5　充气、放气过程

工程中除了大量的稳定流动过程外,还会遇到一些非稳定流动过程。充气过程和放气过程就是典型的非稳定流动过程。在充气或放气时,除了流量随时间变化外,容器中气体的状态也随时间发生变化。但是,通常可以认为在任何瞬时,气体在整个容器空间的状态是近似均匀的(各处温度、压力一致),这样就给分析计算带来了一定的方便。

1. 充气过程

由气源向容器充气时(如图8-17所示),气源通常具有稳定的参数(p_0, T_0, h_0不随时间变化)。

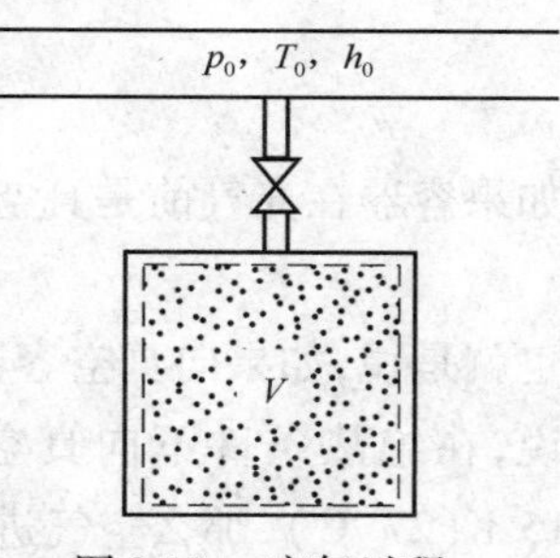

图8-17　充气过程

取容器中的气体为热力系,其容积V在充气过程中保持不变。设充气前容器中气体的温度为T_1、压力为p_1、质量为m_1,充气后压力升高至p_2(p_2不可能超过p_0)、温度为T_2、质量为m_2。应用热力学第一定律的基本表达式(2-4):

$$Q = \Delta E + \int_\tau (e_2\delta m_2 - e_1\delta m_1) + W_{\mathrm{tot}}$$

其中

$$\Delta E = \Delta U = U_2 - U_1 = m_2u_2 - m_1u_1$$

$$\int_\tau (e_{\mathrm{out}}\delta m_{\mathrm{out}} - e_{\mathrm{in}}\delta m_{\mathrm{in}}) = -\int_\tau u_{\mathrm{in}}\delta m_{\mathrm{in}} = -u_0m_{\mathrm{in}} = -u_0(m_2 - m_1)$$

$$W_{\mathrm{tot}} = -m_{\mathrm{in}}p_0v_0 = -(m_2 - m_1)p_0v_0$$

所以

$$Q = (m_2u_2 - m_1u_1) - (m_2 - m_1)u_0 - (m_2 - m_1)p_0v_0$$

即

$$Q = m_2u_2 - m_1u_1 - (m_2 - m_1)h_0 \tag{8-99}$$

充气时有两种典型情况。一种是快速充气(与外界无热量交换),充气过程在很短的时间内完成,或者容器有很好的热绝缘,这样便可以认为充气过程是在与外界基本上绝热的条件下进行的。另一种是缓慢充气(温度保持不变),充气过程在较长的时间内完成,或者容器与外界有良好的换热条件,这样便可以认为充气过程基本上是在定温(具有与外界相同的不变温度)下进行的。

对绝热充气的情况($Q = 0$),式(8-99)变为

$$m_2 u_2 = m_1 u_1 + (m_2 - m_1) h_0 \tag{8-100}$$

式(8-100)表明:绝热充气后,容器中气体的热力学能等于容器中原有气体的热力学能与充入气体的焓的总和。

如果容器中的气体和充入的气体是同一种等比热容理想气体,则式(8-100)可写为

$$m_2 c_{V0} T_2 = m_1 c_{V0} T_1 + (m_2 - m_1) c_{p0} T_0$$

即

$$\frac{p_2 V}{R_g T_2} T_2 = \frac{p_1 V}{R_g T_1} T_1 + \left(\frac{p_2 V}{R_g T_2} - \frac{p_1 V}{R_g T_1}\right) \frac{c_{p0}}{c_{V0}} T_0$$

从而得充气完毕时的温度

$$T_2 = \frac{p_2 \gamma_0 T_0 T_1}{(p_2 - p_1) T_1 + p_1 \gamma_0 T_0} \tag{8-101}$$

充入容器的质量

$$m_2 - m_1 = \frac{V}{R_g}\left(\frac{p_2}{T_2} - \frac{p_1}{T_1}\right) \tag{8-102}$$

如果容器在充气前是真空的($p_1 = 0$ 或 $m_1 = 0$),则由式(8-101)可得

$$T_2 = \gamma_0 T_0 \tag{8-103}$$

也就是说,如果向真空容器绝热充气,那么气体进入容器后温度将提高为原来的 γ_0 倍。比如说,在绝热条件下向真空容器充入压缩空气($\gamma_0 = 1.4$)。如果压缩空气源的温度为 300. 15 K(27 ℃),那么空气进入容器后,温度将达 420. 15 K(147 ℃)。温度之所以升高,是由于充气时的推动功($p_0 v_0$)转变成了气体的热力学能。

对等温充气的情况($T_2 = T_1$),如果将气体作等比热容理想气体处理,则 $u_2 = u_1$,式(8-99)变为

$$Q = (m_2 - m_1) c_{V0} T_1 - (m_2 - m_1) c_{p0} T_0$$

即

$$Q = (m_2 - m_1) c_{V0} (T_1 - \gamma_0 T_0)$$

或写为

$$Q = \frac{V}{R_g T_1} (p_2 - p_1) c_{V0} (T_1 - \gamma_0 T_0)$$

亦即

$$Q = (p_2 - p_1) V \frac{T_1 - \gamma_0 T_0}{T_1 (\gamma_0 - 1)} \tag{8-104}$$

等温充气过程中,容器通常向外界放热(Q 为负值),因为通常 $T_1 < \gamma_0 T_0$。充入容器的质量为

$$m_2 - m_1 = \frac{(p_2 - p_1)V}{R_g T_1} \tag{8-105}$$

2. 放气过程

放气过程是指容器中具有较高压力的气体向外界排出,如图 8-18 所示。

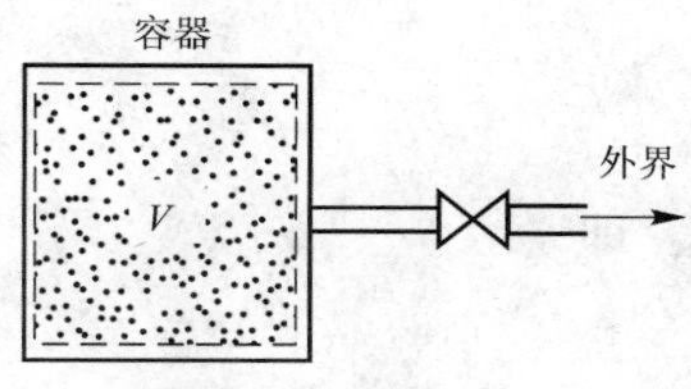

图 8-18　放气过程

取容器中的气体为热力系,其容积 V 不变。设放气前容器中气体的温度为 T_1、压力为 p_1、质量为 m_1,放气后压力降至 p_2(p_2 不可能低于外界压力 p_0)、温度为 T_2、质量减至 m_2。应用热力学第一定律的基本表达式(2-4):

$$Q = \Delta E + \int_\tau (e_2 \delta m_2 - e_1 \delta m_1) + W_{tot}$$

其中

$$\Delta E = \Delta U = U_2 - U_1 = m_2 u_2 - m_1 u_1$$

$$\int_\tau (e_{out} \delta m_{out} - e_{in} \delta m_{in}) = -\int_\tau u \delta m_{out} = \int_\tau u(-\mathrm{d}m) = -\int_{m_1}^{m_2} u \mathrm{d}m$$

$$W_{tot} = \int_\tau pv \delta m_{out} = \int_\tau pv(-\mathrm{d}m) = -\int_{m_1}^{m_2} pv \mathrm{d}m$$

所以

$$Q = (m_2 u_2 - m_1 u_1) - \int_{m_1}^{m_2} u \mathrm{d}m - \int_{m_1}^{m_2} pv \mathrm{d}m$$

即

$$Q = m_2 u_2 - m_1 u_1 - \int_{m_1}^{m_2} h \mathrm{d}m \tag{8-106}$$

与充气类似,放气也有绝热和等温两种典型情况。

对绝热放气的情况($Q = 0$),式(8-106) 变为

$$m_2 u_2 = m_1 u_1 + \int_{m_1}^{m_2} h \mathrm{d}m \tag{8-107}$$

如果认为容器中的气体是等比热容理想气体,则式(8-106) 可写为

$$m_2 c_{V0} T_2 = m_1 c_{V0} T_1 + c_{p0} \int_{m_1}^{m_2} T \mathrm{d}m$$

即

$$m_2 T_2 = m_1 T_1 + \gamma_0 \int_{m_1}^{m_2} T \mathrm{d}m \tag{8-108}$$

式中,T 为容器中气体的温度,在绝热放气过程中它是不断降低的。在绝热条件下进行的放气过程,通常都可以认为是一个等熵膨胀过程(气体膨胀后超出 V 的部分从容器中排出),因而容器中气体温度和压力的变化关系应为

$$T = T_1 \left(\frac{p}{p_1}\right)^{\frac{\gamma_0 - 1}{\gamma_0}}$$

当压力降至 p_2 时，温度为

$$T_2 = T_1 \left(\frac{p_2}{p_1}\right)^{\frac{\gamma_0 - 1}{\gamma_0}} \tag{8-109}$$

这时容器中剩余的气体质量为

$$m_2 = \frac{p_2 V}{R_g T_2} = \frac{p_2 V}{R_g T_1}\left(\frac{p_1}{p_2}\right)^{\frac{\gamma_0 - 1}{\gamma_0}} = \frac{p_1 V}{R_g T_1}\left(\frac{p_2}{p_1}\right)^{\frac{1}{\gamma_0}}$$

即

$$m_2 = m_1 \left(\frac{p_2}{p_1}\right)^{\frac{1}{\gamma_0}} \tag{8-110}$$

放出气体的质量为

$$-\Delta m = m_1 - m_2 = m_1\left[1 - \left(\frac{p_2}{p_1}\right)^{\frac{1}{\gamma_0}}\right] = \frac{p_1 V}{R_g T_1}\left[1 - \left(\frac{p_2}{p_1}\right)^{\frac{1}{\gamma_0}}\right] \tag{8-111}$$

对等温放气的情况（$T_2 = T_1$），如果将容器中的气体作等比热容理想气体处理，则式（8-106）变为

$$\begin{aligned} Q &= (m_2 - m_1)c_{V0}T_1 - (m_2 - m_1)c_{p0}T_1 = (m_2 - m_1)(c_{V0} - c_{p0})T_1 \\ &= R_g T_1 (m_1 - m_2) = R_g T_1 \left(\frac{p_1 V}{R_g T_1} - \frac{p_2 V}{R_g T_1}\right) \end{aligned}$$

即

$$Q = (p_1 - p_2)V \tag{8-112}$$

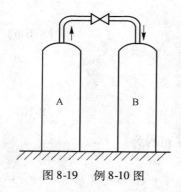

该式表明：等比热容理想气体在定温放气过程中吸收的热量，与气体的温度、比热容及气体常数等均无关，而只取决于容器的体积和压力下降的大小。

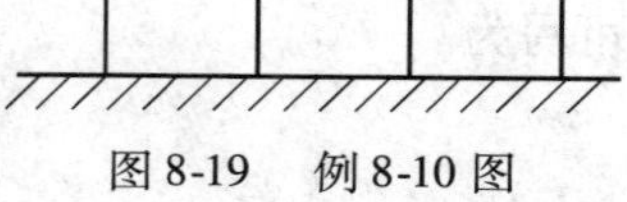

图 8-19　例 8-10 图

例 8-10　将例 8-8 看作是由高压氧气瓶向低压氧气瓶放气（如图 8-19 所示）。假定放气速度很慢，两个瓶内的气体温度都一直基本上保持为大气温度（300 K），试求高压氧气瓶在整个放气过程中从大气吸收的热量。

解：根据例 8-8 有如下条件：

$$p_{A1} = 10\ \text{MPa}, p_{B1} = 2.5\ \text{MPa}, T_{A1} = T_{B1} = T_{A2} = T_{B2} = 300\ \text{K}$$
$$V_A = V_B = 0.1\ \text{m}^3, p_{A2} = p_{B2} = 6.25\ \text{MPa}$$

这是一个等温放气（A → B）过程，A 在放气过程中的放热量按式（8-112）计算：

$$\begin{aligned} Q_A &= (p_{A1} - p_{A2})V_A \\ &= (10 - 6.25) \times 10^6 \times 0.1 = 375\ 000(\text{J}) \end{aligned}$$

即 $Q_A = 375$ kJ。

该值表示容器 A 中的气体会从大气吸收热量。如果把这个过程视为针对 B 的充气过程，过程进行中温度维持不变（压力在变化），则 A 中气体的比焓保持不变，即式（8-99）仍然成立，即

$$
\begin{aligned}
Q_{B} &= m_{B2}u_{B2} - m_{B1}u_{B1} - (m_{B2} - m_{B1})h_{A} \\
&= (m_{B2} - m_{B1})u_{B} - (m_{B2} - m_{B1}) \\
&= (m_{B2} - m_{B1})(c_{V0} - c_{p0})T_{B}h_{B} \\
&= (m_{B2} - m_{B1})(c_{V0} - c_{p0})T_{B}
\end{aligned}
$$

充气过程中进入容器 B 的氧气可按式(8-105) 计算,即

$$\Delta m = m_{B2} - m_{B1} = \frac{(p_{B2} - p_{B1})V_{B}}{R_{g}T_{B1}} = \frac{(6.25 - 2.5) \times 10^{6} \times 0.1}{0.2598 \times 1000 \times 300} = 4.81(\mathrm{kg})$$

因此,容器 B 的换热量为

$$
\begin{aligned}
Q_{B} &= (m_{B2} - m_{B1})(c_{V0} - c_{p0})T_{B} \\
&= 4.81 \times (0.658 - 0.918) \times 300 = -375.18(\mathrm{kJ})
\end{aligned}
$$

该值表示容器 B 中的气体会向大气放出热量。而 $Q_{A} + Q_{B} \approx 0$,与例 8-8 中将 A、B 两个气瓶整体考虑时所得的结论一致。

项目总结

热力过程是工程热力学的重点和难点之一。热力过程既是热力状态的变化轨迹,又是构成热力循环的基础,更是改变状态参数、实现能质交换的必然途径。等容过程、等压过程、等温过程、等熵过程这四种可逆过程是基本热力过程,可用简单的热力学方法分析计算。分析热力过程的目的是确定变化过程中工质参数及与外界交换的功和热量。工质基本热力过程的分析和计算是热力设备设计计算的基础和依据。

工质热力状态变化的规律及能量转换状况是否与流动无关,对于确定的工质仅取决于过程特征。归纳起来,分析计算理想气体热力过程的方法和步骤如下所述。

(1) 根据过程的特点,结合状态方程获得不同状态下状态参数间的变化规律,从而由已知初态参数确定终态参数,或者反之。

(2) 画出过程曲线,以直观地表达过程中工质状态参数的变化规律及能量转换情况。

(3) 确定工质初、终态间比热力学能、比焓、比熵的变化量,理想气体进行的任何过程都是相同的,即理想气体进行的任何过程,不管是否可逆,这些状态参数的变化值都是相同的。

(4) 关于确定工质对外做出的功和过程交换的热量。各种可逆过程的膨胀功为 $w = \int_{1}^{2} p\mathrm{d}v$。在求出 w 和 Δu 后,可按 $q = \Delta u + w$ 计算过程交换的热量 q。等容过程和等压过程的热量还可按比热容乘以温差计算,等温过程可由温度乘以比熵变计算。各种可逆过程的技术功都可按 $w_{t} = -\int_{1}^{2} v\mathrm{d}p$ 计算。

本项目的知识结构框图如图 8-20 所示。

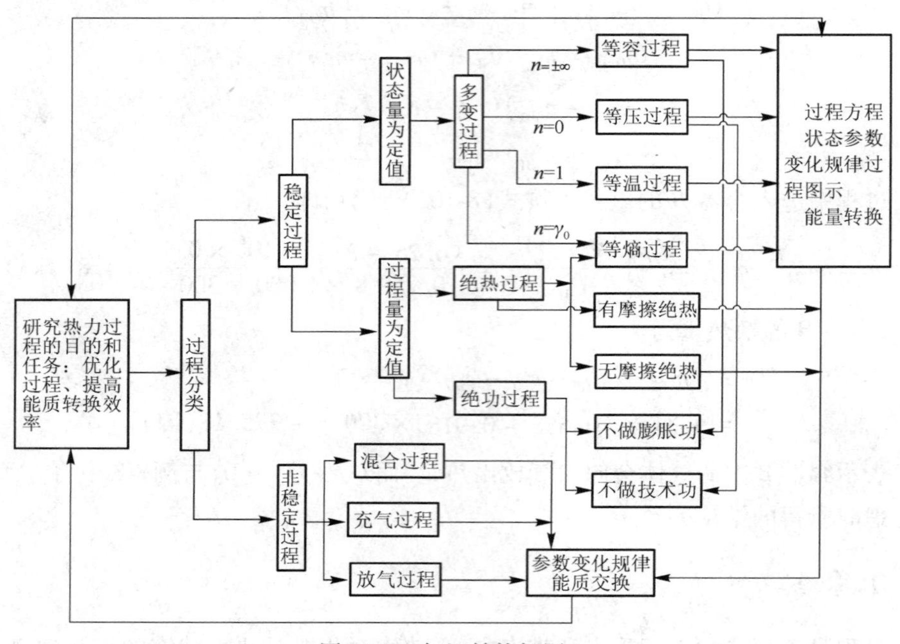

图 8-20　知识结构框图 8

思考题

1. 等压过程和不做技术功的过程有何区别和联系？

2. 在温熵图上，如何将理想气体任意两状态间的内能变化和焓的变化表示出来？

3. 等熵过程和绝热过程有何区别和联系？

4. $q=\Delta h, w_t=-\Delta h, w_t=\dfrac{\gamma_0}{\gamma_0-1}R_g T_1\left[1-\left(\dfrac{p_2}{p_1}\right)^{\frac{\gamma_0-1}{\gamma_0}}\right]$ 各适用于什么工质、什么过程？

5. 举例说明比体积和压力同时增大或同时减小的过程是否可能。如果可能，它们做功（包括膨胀功和技术功，不考虑摩擦）和吸热的情况如何？如果它们是多变过程，那么多变指数在什么范围内？在压容图和温熵图中位于什么区域？

6. 当用气管向自行车轮胎打气时，气管发热，轮胎也发热，它们发热的原因各是什么？

7. 状态变化遵守多变过程规律的有摩擦的绝热过程与可逆多变过程有何异同？

8. 有人认为理想气体组成的闭口系统吸热后，温度必定增加，对此你有何看法？在这种情况下，你认为哪一个状态参数必定增加？

习　题

8-1 定比热容理想气体进行了 $1\to2$、$4\to3$ 两个等容过程及 $1\to4$、$2\to3$ 两个等压过程（如图 8-21 所示）。试证明：$q_{1\to2\to3}>q_{1\to4\to3}$。

8-2 有 5 g 氩气，经历一内能不变的过程，初态为 $p_1=6.0\times10^5$ Pa，$T_1=600$ K，膨胀终了

的容积 $V_2 = 3V_1$。氩气可视为理想气体,且假定比热容为定值。求终温、终压及总熵变量,已知 $R_{g,Ar} = 0.2081$ kJ/(kg·K)。

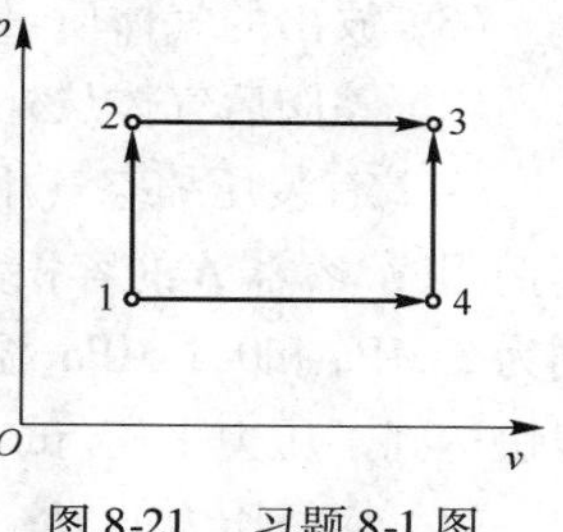

图 8-21　习题 8-1 图

8-3 空气在气缸中由初态 $T_1 = 300$ K,$p_1 = 0.15$ MPa 进行如下过程:

(1) 定压吸热膨胀,温度升高到 480 K;

(2) 先定温膨胀,然后再在等容下使压力增到0.15 MPa,温度升高到 480 K。

试将上述两种过程画在压容图和温熵图中。同时利用热力性质表计算这两种过程中的膨胀功、热量及热力学能和熵的变化,并对计算结果略加讨论。

8-4 空气从 $T_1 = 300$ K,$p_1 = 0.1$ MPa 压缩到 $p_2 = 0.6$ MPa。试计算过程的膨胀功(压缩功)、技术功和热量,设过程是:(1) 定温的;(2) 定熵的($\gamma_0 = 1.4$);(3) 多变的($n = 1.25$)。按定比热容理想气体计算,不考虑摩擦。

8-5 空气在膨胀机中由 $T_1 = 300$ K,$p_1 = 0.25$ MPa 绝热膨胀到 $p_2 = 0.1$ MPa。流量 $q_m = 5$ kg/s。试利用热力性质表计算膨胀终了时空气的温度和膨胀机的功率:

(1) 不考虑摩擦损失;

(2) 考虑内部摩擦损失。已知膨胀机的相对内效率 $\eta_{ri} = \dfrac{w_{T,act}}{w_{T,the}} = \dfrac{w_t}{w_{t,s}} = 85\%$。

8-6 计算习题 8-5 中由于膨胀机内部摩擦引起的气体比熵的增加(利用热力性质表)。

8-7 天然气(其主要成分是 CH_4)由高压输气管道经膨胀机绝热膨胀做功后再使用。已测出天然气进入膨胀机时的压力为4.9 MPa,温度为 25 ℃;流出膨胀机时压力为0.15 MPa,温度为 −115 ℃。如果认为天然气在膨胀机中的状态变化规律接近一多变过程,试求多变指数及温度降为 0 ℃ 时的压力,并确定膨胀机的相对内效率(按定比热容理想气体计算)。

8-8 压缩空气的压力为1.2 MPa,温度为 380 K。由于输送管道的阻力和散热,流至节流阀门前压力降为 1 MPa、温度降为 300 K。经节流后压力进一步降到0.7 MPa。试求每千克压缩空气由输送管道散到大气中的热量,以及空气流出节流阀时的温度和节流过程的熵增(按定比热容理想气体进行计算)。

8-9 某氧气瓶的容积为50 L。原来瓶中氧气压力为0.8 MPa、温度为环境温度 293 K。将它与温度为 300 K 的高压氧气管道接通,并使瓶内压力迅速充至 3 MPa(与外界的热交换可以忽略)。试求充进瓶内的氧气质量。

8-10 承习题 8-9。如果充气过程缓慢,瓶内气体温度基本上一直保持为环境温度 293 K。试求压力同样充到 3 MPa 时充进瓶内的氧气质量及充气过程中向外界放出的热量。

8-11 10 L 的容器中装有压力为0.15 MPa、温度为室温(293 K) 的氩气。现将容器阀门突然打开,氩气迅速排向大气,容器中的压力很快降至大气压力(0.1 MPa),这时立即关闭阀门。经一段时间后,容器内恢复到大气温度。试求:

(1) 放气过程达到的最低温度;

(2) 恢复到大气温度后容器内的压力;

（3）放出的气体质量；

（4）关阀后气体从外界吸收的热量。

8-12 有装压缩空气用的A、B两个热绝缘很好的刚性容器，一根管道将它们相连，中间有阀门阻隔。容器A的容积为1 m^3，容器B的容积为3 m^3。开始时，容器A和B中空气的压力分别为5 MPa和0.1 MPa，温度均为20 ℃。打开阀门后，空气迅速由容器A流向容器B，两容器很快达到了压力平衡。试求：

（1）均衡压力的值；

（2）两容器中空气的温度；

（3）由容器A流进容器B的空气质量。

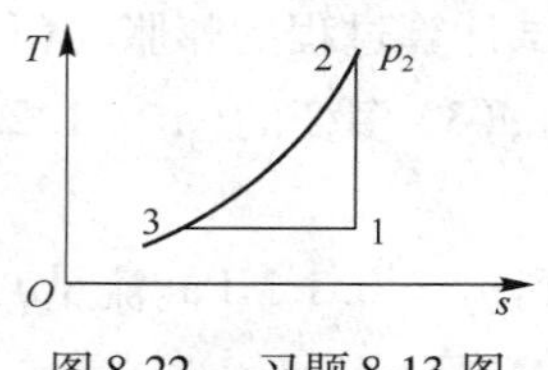

图8-22 习题8-13图

8-13 如图8-22所示，某理想气体（其摩尔质量M已知）由同一初态p_1，T_1经历如下两过程，一是定熵压缩到状态2，其压力为p_2；二是由定温压缩到状态3，但其压力也为p_2，且两个终态的熵差为Δs，试推导p_2的表达式。

8-14 容量为0.027 m^3的刚性储气筒内装有7×10^5 Pa，20 ℃的空气，筒上装有一排气阀，此阀在压力达到8.75×10^5 Pa时就开启，在压力降为8.4×10^5 Pa时才关闭。若由于外界加热的原因造成阀门的开启。

（1）当阀门开启时，筒内温度为多少？

（2）因加热而失掉多少空气？设筒内空气温度在排气过程中保持不变。

8-15 压气机在大气压力为1×10^5 Pa，温度为20 ℃时，每分钟吸入空气3 m^3。如将经此压气机压缩后的空气送入容积为8 m^3的储气筒，需多长时间才能使筒内压力升高到$7.845\,6 \times 10^5$ Pa？设筒内空气的初温、初压与压气机的吸气状态相同，筒内空气温度在空气压入前后无变化。

8-16 如图8-23所示，左、右两室由活塞隔开。开始时左、右两室的体积均为0.1 m^3，分别储有空气和氢气，压力均为$0.980\,7 \times 10^5$ Pa，温度均为15 ℃。若对空气侧壁加热，直到两室内气体压力升高到$1.961\,4 \times 10^5$ Pa为止，求空气终温及外界加入的Q。已知$c_{V,a} = 718$ J/(kg·K)，$\gamma_{0H_2} = 1.405$。活塞不导热，且与气缸间无摩擦。

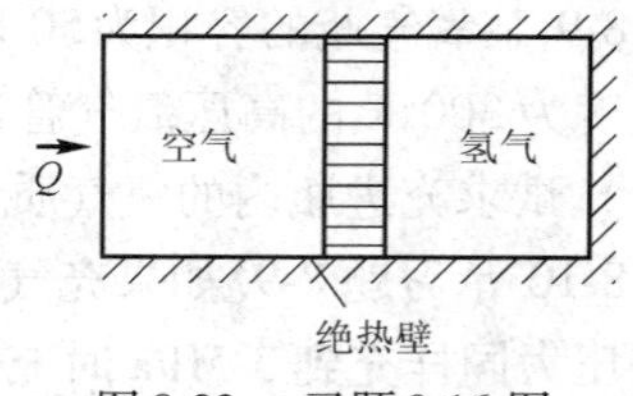

图8-23 习题8-16图

8-17 2 kg某种理想气体按可逆多变过程膨胀到原有体积的3倍，温度从300 ℃降到60 ℃，膨胀期间做膨胀功418.68 kJ，吸热83.736 kJ，求该气体的c_p和c_V。

8-18 已知空气$p_1 = 1 \times 10^5$ Pa，$t_1 = 50$ ℃，$V_1 = 0.032$ m^3，进入压气机按多变过程压缩至$p_2 = 3.2 \times 10^6$ Pa，$V_2 = 0.002\,1$ m^3，试求：

（1）多变指数n；

（2）所需轴功；

（3）压缩终了时的空气温度；

（4）压缩过程中传出的热量。

项目 9　气体的流动与压缩

项目提要

工程中经常要处理气体(含水蒸气)在管路设备中的流动问题。例如,在蒸汽轮机和燃气轮机等动力设备中,高温、高压的气体通过喷管产生高速流动,然后利用高速气流冲击叶轮旋转而输出机械功。又如,火箭腾空升起的力量就是来自其尾喷管高速喷出的气体动能的反作用力,叶轮式压缩机和喷射式抽气器也都是利用将动能转化为压力能的扩压管的原理工作的。此外,热力工程中还常遇到气体和水蒸气流经阀门、孔板等狭窄通道时产生的节流现象。本项目主要讨论气体稳定流动的基本方程,并应用这些方程分析气体流经喷管时气流参数与流道截面积之间的变化关系及流动过程中气体能量转化等问题。本项目阐述了活塞式和叶轮式压气机中的气体压缩,着重分析了单级活塞式压气机的理论功耗、余隙容积的影响和带有中间冷却器的多级活塞式压气机的中间最佳增压比的选择方法及所带来的压缩功耗的减少与压缩终了温度的降低。

学习目标

(1)准确解释稳定流动的基本方程组的物理意义,明确其适用条件和实际用途。

(2)准确解释马赫数的物理意义。当喷管背压变化时,准确解释喷管中流动参数变化与喷管截面积变化的关系,具有计算喷管最大流量的能力。

(3)准确解释流动的临界状态和流体的临界状态、有摩擦的绝热流动与理想的等熵流动。

(4)准确解释压气机的压气过程,具有计算活塞式和叶轮式压气机压缩耗功的能力。

(5)准确解释有中间冷却器的多级活塞式压气机的压气过程,具有确定最佳中间压力的能力。

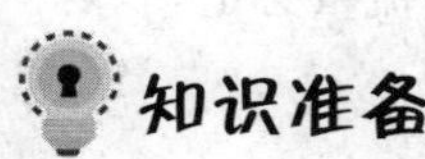

任务 9.1　一元稳定流动的基本方程

所谓一元流动,是指流动的一切参数仅沿一个方向有显著变化(这个方向可以是弯曲流道的轴线),而在其他两个方向上的变化是极小甚至可以忽略的。所谓稳定流动,是指流道中任意指定空间的一切参数都不随时间而变化。

1. 连续方程

设有一任意流道如图9-1所示,图中q_m为质量流量(kg/s),v为比体积(m^3/kg),c为流速(m/s),A为流道截面积(m^2),p为压力(Pa)。

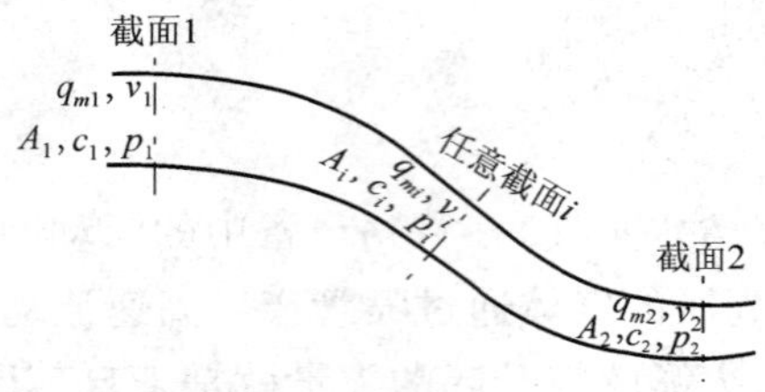

图9-1 任意流道

单位时间流过流道中任意一个截面的体积(体积流量q_V)等于质量流量和比体积的乘积,也等于流速和流道截面积的乘积,即

$$q_V = q_m v = Ac$$

所以

$$q_m = \frac{Ac}{v}$$

对稳定流动而言,质量流量不随时间而变化,所以

$$q_m = \frac{Ac}{v} = C(\text{常数})$$

对截面1有

$$q_{m1} = \frac{A_1 c_1}{v_1} = C(\text{常数})$$

对截面2有

$$q_{m2} = \frac{A_2 c_2}{v_2} = C(\text{常数})$$

对任意截面i有

$$q_{mi} = \frac{A_i c_i}{v_i} = C(\text{常数})$$

对于稳定流动,根据质量守恒原理可知,流过流道任何一个截面的质量流量必定相等:

$$q_{m1} = q_{m2} = \cdots = q_m = C(\text{常数})$$

即

$$\frac{A_1 c_1}{v_1} = \frac{A_2 c_2}{v_2} = \cdots = \frac{Ac}{v} = q_m = C(\text{常数}) \tag{9-1}$$

式(9-1)就是一元稳定流动的连续方程。它表明:在稳定流动中,任何时刻流过流道任何截面的质量流量都是不变的常数。它是流量计算的基本公式,适用于任何一元稳定流动,不管是什么流体,也不管是可逆过程还是不可逆过程。要注意的是,稳定流动中质量流量是不

变的常数,但是,其体积流量不是不变的常数。

2. 能量方程

根据稳定流动的能量方程式(2-13):

$$q = (h_2 - h_1) + \frac{1}{2}(c_2^2 - c_1^2) + g(z_2 - z_1) + w_{sh}$$

由于喷管和扩压管是典型的绝功过程,故其流动有如下特点。

无轴功:

$$w_{sh} = 0$$

气体和外界基本上绝热:

$$q \approx 0$$

重力位能基本上无变化:

$$g(z_2 - z_1) \approx 0$$

所以能量方程式(2-13)变为如下的简单形式:

$$\frac{1}{2}(c_2^2 - c_1^2) = h_1 - h_2$$

或

$$h_1 + \frac{1}{2}c_1^2 = h_2 + \frac{1}{2}c_2^2 \tag{9-2}$$

式(9-2)适用于任何工质的绝热稳定流动过程,不管过程是可逆的或是不可逆的,它是流速计算的基本公式。这个公式可以表述为:在绝能(绝热、绝功)过程中,工质的焓与动能之和是不变的常数。

3. 动量方程

在流体中沿流动方向取一微元柱体(如图9-2所示),柱体的截面积为dA,长度为dx。假定作用在柱体侧面的摩擦力(黏性阻力)为dF_f。

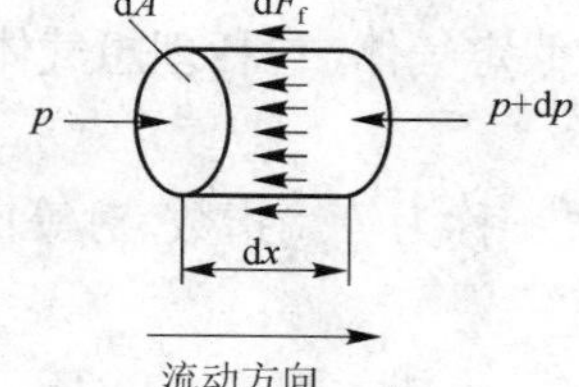

图9-2　微元柱体

根据牛顿第二定律可知,在dτ时间内,作用在微元柱体上的冲量必定等于该柱体的动量变化,即

$$[p\mathrm{d}A - (p + \mathrm{d}p)\mathrm{d}A - \mathrm{d}F_f]\mathrm{d}\tau = \mathrm{d}m\mathrm{d}c = \frac{\mathrm{d}A\mathrm{d}x}{v}\mathrm{d}c$$

即

$$-v\mathrm{d}p - v\frac{\mathrm{d}F_f}{\mathrm{d}A} = \frac{\mathrm{d}x}{\mathrm{d}\tau}\mathrm{d}c = c\mathrm{d}c$$

亦即

$$\frac{1}{2}\mathrm{d}c^2 = -v\mathrm{d}p - v\frac{\mathrm{d}F_f}{\mathrm{d}A} = -v\mathrm{d}p - \delta w_L \tag{9-3}$$

这就是动量方程。

如果不考虑黏性阻力(无摩擦),则有

$$\frac{1}{2}\mathrm{d}c^2 = -v\mathrm{d}p \tag{9-4a}$$

式(9-4a) 可以改写为

$$cdc = -vdp \tag{9-4b}$$

式(9-4b) 表明:在无摩擦流动中,工质的流速和压力成反向变化。换言之,在没有摩擦的流动中,气体的流速越快,其压力越低;气体的流速越慢,其压力越高。

将式(9-4a) 两边积分,得

$$\frac{1}{2}(c_2^2 - c_1^2) = -\int_1^2 v\mathrm{d}p \tag{9-5}$$

该式建立了流速与技术功之间的关系:对于无摩擦流动,气体膨胀所获得的速度能正好等于气体做出的技术功。

4. 气体的流动与压缩中常用的其他方程

1) 状态方程

流体状态方程的一般形式是

$$F(p,v,T) = 0$$

实际气体的 p,v,T 之间的函数关系比较复杂。为简化计算,一些实际气体的热力性质可利用现成的图表查出。

理想气体状态方程具有最简单的形式:

$$pv = R_g T$$

2) 过程方程

本项目只讨论绝热流动。如果不考虑摩擦,也就是等熵流动,则过程方程就是等熵过程方程。

假定气体(包括理想气体和实际气体) 经历的等熵过程遵守如下方程:

$$pv^{\kappa} = C(\text{常数})\ (\kappa\ \text{为定值}) \tag{9-6}$$

其中,κ 称为等熵指数。对等比热容理想气体而言,等熵指数等于比热容比:

$$\kappa = \gamma_0$$

3) 声速方程

根据物理学可知,声速是微小扰动在连续介质中产生的压力波的传播速度。由于一般扰动很小,内摩擦很小,故可以认为扰动是可逆的,而且扰动传播很快,来不及向外散热,故又可以认为扰动是绝热的,所以声音的这种扰动传播是一种等熵过程。声音在气体中的传播速度(声速 c_s,亦称当地声速) 与气体的状态有关:

$$c_s = \sqrt{\left(\frac{\partial p}{\partial \rho}\right)_s} = \sqrt{-v^2\left(\frac{\partial p}{\partial v}\right)_s} \tag{9-7}$$

从式(9-6) 可得

$$\left(\frac{\partial p}{\partial v}\right)_s = -\kappa\frac{p}{v}$$

代入式(9-7) 即得

$$c_s = \sqrt{\kappa p v} \tag{9-8}$$

式(9-8) 对任何气体都适用,而对理想气体则可得

$$c_s = \sqrt{\gamma_0 R_g T} \tag{9-9}$$

式(9-9)表明,声音在理想气体中的传播速度(当地声速)与热力学温度的平方根成正比,温度越高,声速越大。

任务9.2　喷管中气流参数变化特征

喷管是利用压力降落而使流体气流膨胀加速的管道,如火箭的尾喷管。由于气体通过喷管时的流速一般都较高(比如说每秒几百米),而喷管的长度有限(一般为几厘米或几十厘米),气流从进入喷管到流出喷管所经历的时间极短,因而和外界交换的热量极少,完全可以忽略不计。因此,喷管中进行的过程可以认为是绝热过程。

气流在管道中流动时的状态变化情况和管道截面积的变化情况有密切关系。因此,要掌握气流参数在喷管中的变化规律,就必须搞清楚管道截面的变化情况。或者说,要控制气流按一定的规律变化(加速或减速),就必须相应地设计出一定形状的管道(如喷管或扩压管)。

连续方程式(9-1)建立了喷管截面积和流速、质量流量及比体积之间的关系:

$$\frac{Ac}{v} = q_m = C(\text{常数})$$

两边取对数得

$$\ln A + \ln c - \ln v = \ln q_m = C'$$

微分后得

$$\frac{\mathrm{d}A}{A} + \frac{\mathrm{d}c}{c} - \frac{\mathrm{d}v}{v} = 0$$

所以

$$\frac{\mathrm{d}A}{A} = \frac{\mathrm{d}v}{v} - \frac{\mathrm{d}c}{c} \tag{9-10}$$

式(9-10)说明:喷管截面的增加率等于气体比体积的增加率和流速的增加率之差。

在喷管中,流速和比体积都是不断增加的。对可压缩流体(气体),如果比体积的增加率小于流速的增加率$\left(\frac{\mathrm{d}v}{v} < \frac{\mathrm{d}c}{c}\right)$,那么$\frac{\mathrm{d}A}{A} < 0$,喷管应该是渐缩形的,如图9-3(a)所示;如果比体积的增加率大于流速的增加率$\left(\frac{\mathrm{d}v}{v} > \frac{\mathrm{d}c}{c}\right)$,那么$\frac{\mathrm{d}A}{A} > 0$,喷管是渐放形的,如图9-3(b)所示。然而,对不可压缩的流体(例如液体),$\frac{\mathrm{d}v}{v} \approx 0$,喷管一定是渐缩形的$\left(\frac{\mathrm{d}A}{A} \approx -\frac{\mathrm{d}c}{c} < 0\right)$。例如,注射器和消防水枪都是利用这个原理制成的。究竟什么时候比体积的增加率小于流速的增加率,什么时候比体积的增加率大于流速的增加率,这涉及一个重要参数——马赫数(Ma)。

对于无摩擦的流动,其动量方程为式(9-4b),即

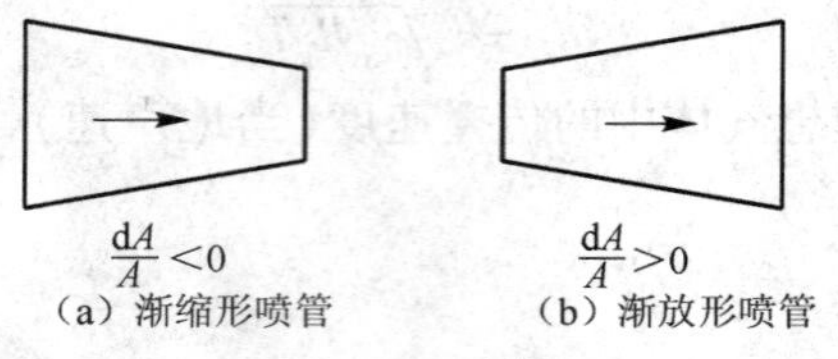

图 9-3　喷管

$$cdc = -vdp \tag{9-11a}$$

而等熵过程方程为

$$pv^{\kappa} = C(\text{常数})$$

微分后得

$$v^{\kappa}dp + p\kappa v^{\kappa-1}dv = 0$$

即

$$dp = -\kappa p\frac{dv}{v} \tag{9-11b}$$

将式(9-11b) 代入式(9-11a)，得

$$cdc = \kappa p dv \tag{9-11c}$$

式(9-11c) 亦可写为

$$\frac{dv}{v} = \frac{c^2}{\kappa pv}\frac{dc}{c} \tag{9-11d}$$

将声速方程[式(9-8)] 代入式(9-11d)，得

$$\frac{dv}{v} = \frac{c^2}{c_s^2}\frac{dc}{c} \tag{9-11e}$$

令

$$\frac{c}{c_s} = Ma$$

式中，Ma 称为马赫数，它等于流速与当地声速之比。这样，式(9-11e) 就可写为

$$\frac{dv}{v} = Ma^2\frac{dc}{c} \tag{9-12}$$

将式(9-12) 代入式(9-10) 即得

$$\frac{dA}{A} = (Ma^2 - 1)\frac{dc}{c} \tag{9-13}$$

根据式(9-12) 和式(9-13) 可以得出如下结论：在喷管中，流速是不断增加的$\left(\frac{dc}{c} > 0\right)$，因此，当 $Ma < 1$ 时(当流速为小于当地声速的亚声速时)，比体积的增加率小于流速的增加率，喷管应该是渐缩形的$\left(\frac{dA}{A} < 0\right)$；当 $Ma > 1$ 时(当流速为大于当地声速的超声速时)，比体积的增加率大于流速的增加率，喷管应该是渐放形的$\left(\frac{dA}{A} > 0\right)$。这一结论适合于等熵流动，不管工质是理想气体还是实际气体。

如果气体在喷管中的流速由低于当地声速增加到超过当地声速[注意:当地声速是随位置而变化的,参见式(9-8)或式(9-9)],那么喷管应该由渐缩过渡到渐放(如图9-4所示),这样就形成了缩放形喷管(或称拉伐尔喷管)。

在喷管中,当流速不断增加时,当地声速是不断下降的。可证明如下。

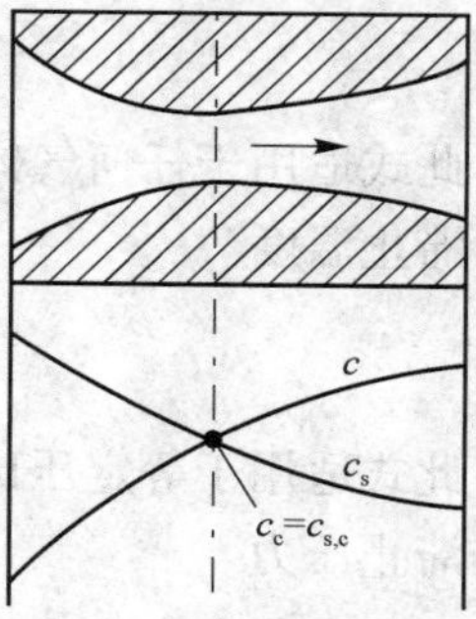

对式(9-8)两边取对数得

$$\ln c_{s} = \frac{1}{2}(\ln \kappa + \ln p + \ln v) \tag{9-14a}$$

将式(9-14a)两边微分,得

$$\frac{dc_{s}}{c_{s}} = \frac{1}{2}\left(\frac{dp}{p} + \frac{dv}{v}\right) \tag{9-14b}$$

另外,从式(9-11b)得

$$\frac{dv}{v} = -\frac{1}{\kappa}\frac{dp}{p} \tag{9-14c}$$

图9-4　缩放形喷管

将式(9-14c)代入式(9-14b),得

$$\frac{dc_{s}}{c_{s}} = \frac{1}{2}\left(1 - \frac{1}{\kappa}\right)\frac{dp}{p} \tag{9-14d}$$

从式(9-14d)可以看出:由于等熵指数 $\kappa > 1$,而气流在喷管中的压力是不断降低的($dp < 0$),所以当地声速在喷管中也是不断降低的($dc_{s} < 0$)。

根据理想气体等熵过程方程 $Tv^{\kappa-1} = C$(常数),式(9-14c)还可以写为

$$\frac{dv}{v} = -\frac{1}{\kappa}\frac{dp}{p} = \frac{1}{1-\kappa}\frac{dT}{T} \tag{9-14e}$$

代入式(9-14d)有

$$\frac{dc_{s}}{c_{s}} = \frac{1}{2}\frac{dT}{T} \tag{9-14f}$$

式(9-14f)还可以根据理想气体声速方程直接获得。在喷管中,流速不断增加,而当地声速不断下降(如图9-4所示),温度和压力不断降低,比体积不断增大。当流速达到当地声速时,喷管开始由渐缩形变为渐放形,这样就形成了一个最小截面积,称为喉部。达到当地声速的流速称为临界流速($c_{c} = c_{s,c}$)。对于定熵流动,临界流速一定发生在喷管最小截面处(喉部)。

任务9.3　气体流经喷管的流速和流量

1. 流速

在研究气体流动过程时,为了表达和计算方便,把气体流速为零时或流速虽大于零但按等熵压缩过程折算到流速为零时的各种参数称为滞止参数。用星号"*"标记滞止参数,如滞止压力 p^{*}、滞止温度 T^{*}、滞止比焓 h^{*} 等。对具有一定流速的气体来说,滞止参数就是设想

其逆返(等熵压缩)到流速为零时所对应的各种参数。这些滞止参数可以根据已知的流速 c 及相应的状态(T,p)来计算。

滞止比焓［参看式(9-2)］

$$h^* = h + \frac{c^2}{2}$$

此式适用于任何气体的绝热压缩(滞止)过程。

滞止温度

$$T^* = T + \frac{c^2}{2c_{p0}} \tag{9-15}$$

此式适用于等定压比热容理想气体的绝热压缩(滞止)过程。

滞止压力

$$\left(\frac{p^*}{p}\right)^{\frac{\gamma_0-1}{\gamma_0}} = \frac{T^*}{T} = 1 + \frac{c^2}{2c_{p0}T}$$

所以

$$p^* = p\left(1 + \frac{c^2}{2c_{p0}T}\right)^{\frac{\gamma_0}{\gamma_0-1}} \tag{9-16}$$

此式只适用于等定压比热容理想气体的等熵压缩(滞止)过程。

滞止比体积可以根据理想气体状态方程和式(9-15)、式(9-16)导出：

$$v^* = \frac{R_g T^*}{p^*} = R_g \frac{T\left(1 + \frac{c^2}{2c_{p0}T}\right)}{p\left(1 + \frac{c^2}{2c_{p0}T}\right)^{\frac{\gamma_0}{\gamma_0-1}}}$$

所以

$$v^* = \frac{R_g T}{p}\left(1 + \frac{c^2}{2c_{p0}T}\right)^{\frac{1}{1-\gamma_0}} \tag{9-17}$$

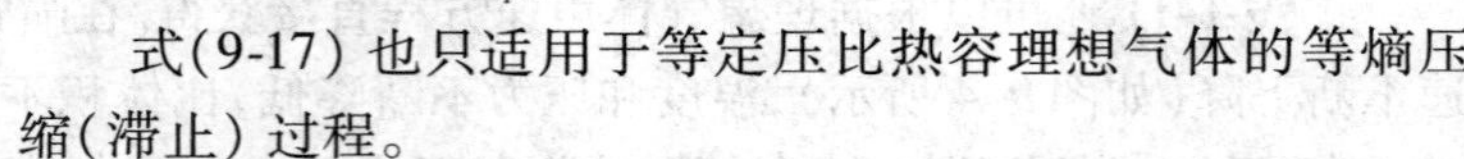

式(9-17)也只适用于等定压比热容理想气体的等熵压缩(滞止)过程。

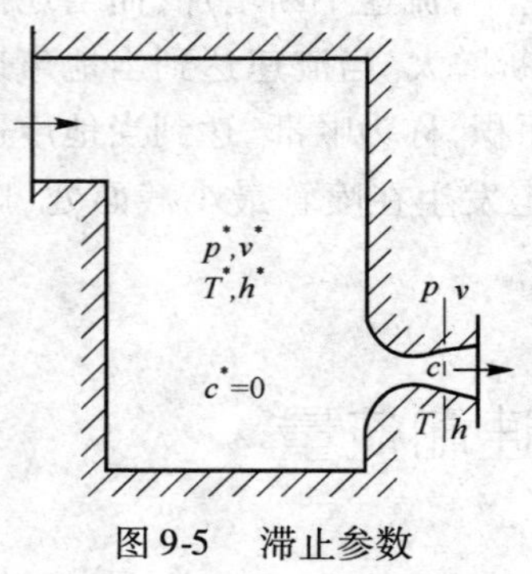

图 9-5　滞止参数

气体从滞止状态($c^*=0$)开始，在喷管中随着喷管截面积的变化，流速(c)不断增加，其他状态参数(p,v,T,h)也相应地随着变化(如图 9-5 所示)。

气体通过喷管任意截面时的流速可以根据能量方程式(9-2)计算：

$$\frac{1}{2}[c^2 - (c^*)^2] = h^* - h$$

所以

$$c = \sqrt{2(h^* - h)} \tag{9-18}$$

式(9-18)适用于绝热流动，不管是什么工质，也不管过程是否可逆，只要知道滞止比焓降$(h^* - h)$，即可计算出该截面的流速。

对等定压比热容理想气体则可得

$$c = \sqrt{2c_{p0}(T^* - T)} \tag{9-19}$$

对于无摩擦的绝热流动过程，可以根据式(9-5)和式(9-6)得出另一种形式的流速计算公式。由式(9-5)可知：

$$c = \sqrt{2\left(-\int_{p^*}^{p} v\mathrm{d}p\right)} \tag{9-20a}$$

从式(9-6)得

$$v = (p^*)^{\frac{1}{\kappa}} v^* p^{-\frac{1}{\kappa}} \tag{9-20b}$$

将式(9-20b)代入式(9-20a)中的积分式得

$$-\int_{p^*}^{p} v\mathrm{d}p = -\int_{p^*}^{p} (p^*)^{\frac{1}{\kappa}} v^* p^{-\frac{1}{\kappa}} \mathrm{d}p = -(p^*)^{\frac{1}{\kappa}} v^* \int_{p^*}^{p} p^{-\frac{1}{\kappa}} \mathrm{d}p$$

$$= -(p^*)^{\frac{1}{\kappa}} v^* \frac{1}{1-\frac{1}{\kappa}} \left[p^{\frac{\kappa-1}{\kappa}} - (p^*)^{\frac{\kappa-1}{\kappa}}\right] = \frac{\kappa}{\kappa-1} p^* v^* \left[1 - \left(\frac{p}{p^*}\right)^{\frac{\kappa-1}{\kappa}}\right] \tag{9-20c}$$

将式(9-20c)代入式(9-20a)即得

$$c = \sqrt{\frac{2\kappa}{\kappa-1} p^* v^* \left[1 - \left(\frac{p}{p^*}\right)^{\frac{\kappa-1}{\kappa}}\right]} = c_s^* \sqrt{\frac{2}{\kappa-1}\left[1 - \left(\frac{p}{p^*}\right)^{\frac{\kappa-1}{\kappa}}\right]} \tag{9-21}$$

式(9-21)适用于任何气体的等熵流动。

对等比热容理想气体，式(9-21)可写为

$$c = \sqrt{\frac{2\gamma_0}{\gamma_0-1} R_g T^* \left[1 - \left(\frac{p}{p^*}\right)^{\frac{\gamma_0-1}{\gamma_0}}\right]} = c_s^* \sqrt{\frac{2}{\gamma_0-1}\left[1 - \left(\frac{p}{p^*}\right)^{\frac{\gamma_0-1}{\gamma_0}}\right]} \tag{9-22}$$

2. 临界流速和临界压力比

临界流速可以根据式(9-21)求出，即

$$c_c = \sqrt{\frac{2\kappa}{\kappa-1} p^* v^* \left[1 - \left(\frac{p_c}{p^*}\right)^{\frac{\kappa-1}{\kappa}}\right]} \tag{9-23a}$$

但是要想知道临界压力p_c（当流速等于当地声速($Ma = 1$)时气体的压力），必须找出临界压力和一些已知参数之间的关系。

根据临界流速的定义，它等于当地声速：

$$c_c = c_{s,c} = \sqrt{\kappa p_c v_c} \tag{9-23b}$$

从式(9-23a)和式(9-23b)可得

$$\frac{p_c v_c}{p^* v^*} = \frac{2}{\kappa-1}\left[1 - \left(\frac{p_c}{p^*}\right)^{\frac{\kappa-1}{\kappa}}\right] \tag{9-23c}$$

其中

$$\frac{v_c}{v^*} = \left(\frac{p_c}{p^*}\right)^{-\frac{1}{\kappa}} \tag{9-23d}$$

将式(9-23d) 代入式(9-23c) 后得

$$\left(\frac{p_c}{p^*}\right)^{\frac{\kappa-1}{\kappa}} = \frac{2}{\kappa-1}\left[1-\left(\frac{p_c}{p^*}\right)^{\frac{\kappa-1}{\kappa}}\right]$$

即

$$\left(\frac{p_c}{p^*}\right)^{\frac{\kappa-1}{\kappa}}\left(1+\frac{2}{\kappa-1}\right) = \frac{2}{\kappa-1}$$

所以

$$\beta_c = \frac{p_c}{p^*} = \left(\frac{2}{\kappa+1}\right)^{\frac{\kappa}{\kappa-1}} \tag{9-24}$$

式中,β_c 为临界压力比,它是临界压力和滞止压力的比值。

从式(9-24) 可知,对无摩擦的绝热流动,临界压力比取决于等熵指数。根据式(9-24) 计算出的各种气体的临界压力比为

$$\begin{cases} \text{单原子气体}\ \kappa \approx 1.67,\ \beta_c \approx 0.487 \\ \text{双原子气体}\ \kappa \approx 1.40,\ \beta_c \approx 0.528 \\ \text{多原子气体}\ \kappa \approx 1.30,\ \beta_c \approx 0.546 \\ \text{过热水蒸气}\ \kappa \approx 1.30,\ \beta_c \approx 0.546 \\ \text{饱和水蒸气}\ \kappa \approx 1.135,\ \beta_c \approx 0.577 \end{cases} \tag{9-25}$$

从式(9-25) 可以得到这样一个大致的概念:各种气体在喷管中的流速从零增加到临界流速,压力大约降低一半(真实关系为 $p_c = \beta_c p^*$)。

知道了临界压力比后再回过来根据式(9-23a) 计算临界流速。将式(9-24) 代入式(9-23a) 后得

$$c_c = \sqrt{\frac{2\kappa}{\kappa-1}p^*v^*\left(1-\frac{2}{\kappa+1}\right)}$$

即

$$c_c = c_s^*\sqrt{\frac{2}{\kappa+1}} \tag{9-26}$$

3. 流量和最大流量

对于稳定流动,如果没有分流和合流,那么流体通过流道任何截面的流量都是相同的。所以,无论按哪一个截面的参数计算流量,所得结果都是一样的,通常按喷管的最小截面(喉部) 的参数计算流量。

根据式(9-1) 和式(9-21) 可得

$$q_m = \frac{A_{min}c_{th}}{v_{th}} = \frac{A_{min}}{v_{th}}c_s^*\sqrt{\frac{2}{\kappa-1}\left[1-\left(\frac{p_{th}}{p^*}\right)^{\frac{\kappa-1}{\kappa}}\right]} \tag{9-27a}$$

式中,A_{min} 为喷管最小截面积(喉部截面积);c_{th},v_{th},p_{th} 分别为喉部的流速、比体积和压力。

又

$$\frac{1}{v_{th}} = \frac{1}{v^*}\left(\frac{p_{th}}{p^*}\right)^{\frac{1}{\kappa}}$$

代入式(9-27a)后即得

$$q_m = \frac{A_{\min}}{v^*}c_s^* \sqrt{\frac{2}{\kappa - 1}\left[\left(\frac{p_{th}}{p^*}\right)^{\frac{2}{\kappa}} - \left(\frac{p_{th}}{p^*}\right)^{\frac{\kappa+1}{\kappa}}\right]} \tag{9-27b}$$

式(9-27b)为喷管流量计算公式。

对于渐缩形喷管，$p_{th} = p_2$，$A_{\min} = A_2$，式(9-27b)可写为

$$q_m = \frac{A_2}{v^*}c_s^* \sqrt{\frac{2}{\kappa - 1}\left[\left(\frac{p_2}{p^*}\right)^{\frac{2}{\kappa}} - \left(\frac{p_2}{p^*}\right)^{\frac{\kappa+1}{\kappa}}\right]} \tag{9-27c}$$

当出口截面积和进口截面状态参数确定时，喷管流量仅随出口截面压力 p_2 与滞止压力 p^* 之比而变化，如图9-6所示。

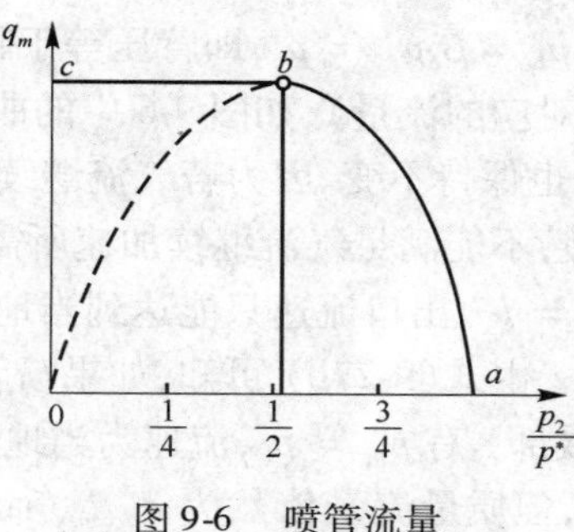

图9-6　喷管流量

如果喷管最小截面积和滞止参数不变，那么当最小截面上的流速达到临界流速($p_{th} = p_c$，$c_{th} = c_c$)时，流量将达到最大值，可证明如下。

从式(9-27b)可以看出，在 $A_{\min}$，v^*，c_s^*，p^*(当然还有 κ)不变的条件下，当 $\left(\frac{p_{th}}{p^*}\right)^{\frac{2}{\kappa}} - \left(\frac{p_{th}}{p^*}\right)^{\frac{\kappa+1}{\kappa}}$ 具有极大值时，流量也具有极大值。

令

$$\frac{p_{th}}{p^*} = \beta_{th}$$

并令

$$\frac{d}{d\beta_{th}}\left(\beta_{th}^{\frac{2}{\kappa}} - \beta_{th}^{\frac{\kappa+1}{\kappa}}\right) = 0$$

即

$$\frac{2}{\kappa}\beta_{th}^{\frac{2-\kappa}{\kappa}} - \frac{\kappa+1}{\kappa}\beta_{th}^{\frac{1}{\kappa}} = 0$$

亦即

$$\frac{1}{\kappa}\beta_{th}^{\frac{1}{\kappa}}\left[2\beta_{th}^{\frac{1-\kappa}{\kappa}} - (\kappa + 1)\right] = 0$$

从而得

$$\beta_{th}^{\frac{1}{\kappa}} = 0 \quad 或 \quad 2\beta_{th}^{\frac{1-\kappa}{\kappa}} - (\kappa + 1) = 0$$

亦即

$$\beta_{th} = 0 \quad 或 \quad \beta_{th} = \left(\frac{2}{\kappa + 1}\right)^{\frac{\kappa}{\kappa - 1}} = \beta_c$$

但当 $\beta_{th} = 0$ 时，由式(9-27b)得 $q_m = 0$，显然这不是最大流量。因此，只有当 $\beta_{th} = \beta_c$($p_{th} = p_c$，$c_{th} = c_c$，$Ma_{th} = 1$)时，流量才达到最大值。所以，最大流量为

$$q_{m,\max} = \frac{A_{\min}}{v^*}c_s^* \sqrt{\frac{2}{\kappa-1}\left[\left(\frac{2}{\kappa+1}\right)^{\frac{2}{\kappa-1}} - \left(\frac{2}{\kappa+1}\right)^{\frac{\kappa+1}{\kappa-1}}\right]}$$

化简后得

$$q_{m,\max} = \frac{A_{\min}}{v^*}c_s^* \left(\frac{2}{\kappa+1}\right)^{\frac{\kappa+1}{2\kappa-2}} \tag{9-28}$$

式(9-21)到式(9-28)都只适用于等熵(无摩擦绝热)流动。

由式(9-27c)可知,对于渐缩形喷管,当背压 p_b(喷管出口截面外的压力)从大于临界压力 p_c 开始逐渐降低时,出口截面上的压力 p_2 也逐渐降低且数值上 $p_2 = p_b$,而 q_m 则逐渐增大;到 $p_b = \beta_c p^* = p_c$,即背压等于临界压力时,p_2 仍等于 p_b,q_m 达到最大值 $q_{m,\max}$(图9-6中 b 点所对应的流量),如图9-6中的曲线 ab 所示。之后,若 p_b 继续下降,p_2 不随之下降,仍然为 p_c,q_m 也保持不变。因为若气流继续膨胀,其速度将增至超声速,要求流通截面要增大,但渐缩形喷管不能满足气流继续加速所需要的流通截面要求。因此,气流在渐缩形喷管中只能膨胀到 $p_2 = p_c$,出口流速只能达到当地声速,流量也维持不变。

由式(9-27b)可知,如果喷管为缩放形喷管,其正常工作时 $p_b < p_c$,在喷管截面最小处(喉部)有 $p_{th} = p_c$,流速为当地声速,即 $Ma = 1$。尽管最小截面之后,流速增加,流通截面增大,但质量流量依然为 $q_{m,\max}$ 而不变,如图9-6中的曲线 bc 所示。图9-6中的虚线是按照式(9-27a)计算出的喷管流量随背压变化的理论结果,此结果在理想情况下也是不会出现的。

有一种流道和喷管的作用恰恰相反,它利用流速的降低使气体增压,这种流道称为扩压管。例如,叶轮式压气机就利用扩压管来达到降速增压的目的。

气流在扩压管中进行的是绝热压缩过程。从理论分析上讲,扩压管可看作是喷管的倒逆。对喷管的分析和适用于喷管的各计算式原则上也都适用于扩压管,但各种参数变化的符号恰恰相反(熵的变化除外)。例如,在喷管中,$\mathrm{d}c > 0$,$\mathrm{d}p < 0$,$\mathrm{d}h < 0$,$\mathrm{d}T < 0$,$\mathrm{d}v > 0$,等等;而在扩压管中,则有 $\mathrm{d}c < 0$,$\mathrm{d}p > 0$,$\mathrm{d}h > 0$,$\mathrm{d}T > 0$,$\mathrm{d}v < 0$,等等。可以想象气流在喷管中逆向流动时各种参数将会发生的反向变化,以此来分析气流在扩压管中的流动情况。

例9-1 空气进入某缩放形喷管时的流速为300 m/s,相应的压力为0.5 MPa,温度为450 K,试求各滞止参数及临界压力和临界流速。若出口截面的压力为0.1 MPa,则出口流速和出口温度各为多少?按等定压比热容理想气体计算,不考虑摩擦。

解:对于空气:

$$\gamma_0 = 1.4,\ c_{p0} = 1.005\ \mathrm{kJ/(kg\cdot K)},\ R_g = 0.287\,0\ \mathrm{kJ/(kg\cdot K)}$$

滞止比焓:

$$h^* = h_1 + \frac{c_1^2}{2} = c_{p0}T_1 + \frac{c_1^2}{2} = 1.005\times 450 + \frac{300^2}{2}\times 10^{-3} = 497.3(\mathrm{kJ/kg})$$

滞止温度、滞止压力和滞止比体积则分别为

$$T^* = \frac{h^*}{c_{p0}} = \frac{497.3}{1.005} = 494.8(\mathrm{K})$$

$$p^* = p_1\left(\frac{T^*}{T_1}\right)^{\frac{\gamma_0}{\gamma_0-1}} = 0.5\times\left(\frac{494.8}{450}\right)^{\frac{1.4}{1.4-1}} = 0.697\,0(\mathrm{MPa})$$

$$v^* = \frac{R_g T^*}{p^*} = \frac{0.287\,0 \times 10^3 \times 494.8}{0.697\,0 \times 10^6} = 0.203\,7\ (\mathrm{m^3/kg})$$

根据式(9-24) 可知临界压力为

$$p_c = p^* \beta_c = p^* \left(\frac{2}{\gamma_0 + 1}\right)^{\frac{\gamma_0}{\gamma_0 - 1}} = 0.697\,0 \times \left(\frac{2}{1.4 + 1}\right)^{\frac{1.4}{1.4-1}} = 0.368\,2(\mathrm{MPa})$$

临界流速则根据式(9-26) 求出:

$$c_c = c_s^* \sqrt{\frac{2}{\gamma_0 + 1}} = \sqrt{\gamma_0 R_g T^*} \sqrt{\frac{2}{\gamma_0 + 1}}$$

$$= \sqrt{1.4 \times 0.287\,0 \times 10^3 \times 494.8 \times \frac{2}{1.4 + 1}} = 407.0(\mathrm{m/s})$$

根据式(9-22) 计算喷管出口流速:

$$c_2 = \sqrt{\frac{2\gamma_0}{\gamma_0 - 1} R_g T^* \left[1 - \left(\frac{p_2}{p^*}\right)^{\frac{\gamma_0 - 1}{\gamma_0}}\right]}$$

$$= \sqrt{\frac{2 \times 1.4}{1.4 - 1} \times 0.287\,0 \times 10^3 \times 494.8 \times \left[1 - \left(\frac{0.1}{0.697\,0}\right)^{\frac{1.4-1}{1.4}}\right]} = 650.6(\mathrm{m/s})$$

喷管出口气流的温度则为

$$T_2 = T_1 \left(\frac{p_2}{p_1}\right)^{\frac{\gamma_0 - 1}{\gamma_0}} = 450 \times \left(\frac{0.1}{0.5}\right)^{\frac{1.4-1}{1.4}} = 284.1(\mathrm{K})$$

例 9-2　试设计一喷管,流体为空气。已知 $p^* = 0.8$ MPa,$T^* = 290$ K,喷管出口压力 $p_2 = 0.1$ MPa,$q_m = 1$ kg/s。按等比热容理想气体计算,不考虑摩擦。

解:对于空气:

$$\gamma_0 = 1.4,\ \beta_c = 0.528$$

因为

$$\beta_2 = \frac{p_2}{p^*} = \frac{0.1}{0.8} = 0.125 < \beta_c$$

所以喷管应该是缩放形的结构。

该喷管的临界流速

$$c_c = c_s^* \sqrt{\frac{2}{\gamma_0 + 1}} = \sqrt{\gamma_0 R_g T^*} \sqrt{\frac{2}{\gamma_0 + 1}}$$

$$= \sqrt{1.4 \times 287.0 \times 290 \times \frac{2}{1.4 + 1}} = 311.6(\mathrm{m/s})$$

出口流速

$$c_2 = \sqrt{\frac{2\gamma_0}{\gamma_0 - 1} R_g T^* \left[1 - \left(\frac{p_2}{p^*}\right)^{\frac{\gamma_0 - 1}{\gamma_0}}\right]}$$

$$= \sqrt{\frac{2 \times 1.4}{1.4 - 1} \times 287.0 \times 290 \times \left[1 - \left(\frac{0.1}{0.8}\right)^{\frac{1.4-1}{1.4}}\right]} = 510.9(\mathrm{m/s})$$

喉部横截面面积即最小截面面积：

$$A_{\min} = \frac{q_m v_c}{c_c} = \frac{q_m}{c_c} v^* \left(\frac{p^*}{p_c}\right)^{\frac{1}{\gamma_0}} = \frac{q_m}{c_c} \frac{R_g T^*}{p^*} \left(\frac{1}{\beta_c}\right)^{\frac{1}{\gamma_0}}$$

$$= \frac{1}{311.6} \times \frac{287.0 \times 290}{0.8 \times 10^6} \times \left(\frac{1}{0.528}\right)^{\frac{1}{1.4}} = 0.000\ 527(\mathrm{m}^2)$$

即 $A_{\min} = 527\ \mathrm{mm}^2$。

出口截面积：

$$A_2 = \frac{q_m v_2}{c_2} = \frac{q_m}{c_2} \frac{R_g T^*}{p^*} \left(\frac{p^*}{p_2}\right)^{\frac{1}{\gamma_0}}$$

$$= \frac{1}{510.9} \times \frac{287.0 \times 290}{0.8 \times 10^6} \times \left(\frac{0.8}{0.1}\right)^{\frac{1}{1.4}} = 0.000\ 899(\mathrm{m}^2)$$

即 $A_2 = 899\ \mathrm{mm}^2$。

喷管截面设计成圆形，喉部直径即最小直径：

$$D_{\min} = \sqrt{\frac{4A_{\min}}{\pi}} = \sqrt{\frac{4 \times 527}{\pi}} = 25.9(\mathrm{mm})$$

出口直径：

$$D_2 = \sqrt{\frac{4A_2}{\pi}} = \sqrt{\frac{4 \times 899}{\pi}} = 33.8(\mathrm{mm})$$

取渐放段锥角 $\alpha = 10°$（如图 9-7 所示），则渐放段长度

$$L = \frac{D_2 - D_{\min}}{2\tan\frac{\alpha}{2}} = \frac{33.8 - 25.9}{2\tan 5°} = 45.1(\mathrm{mm})$$

渐缩段较短，从较大的进口直径光滑过渡到喉部直径即可。

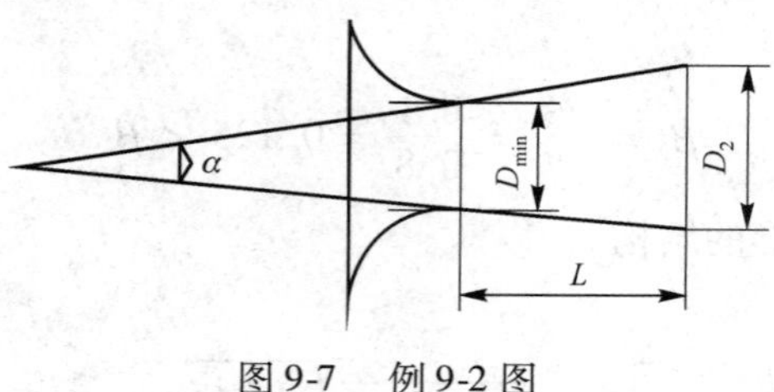

图 9-7　例 9-2 图

任务 9.4　喷管背压变化时的流动

按设计参数工作的喷管如果在设计参数下运行，当然一切正常，但有时喷管也可能工作在非设计参数下，喷管前的滞止参数和喷管后的背压都有可能发生变化。为使问题简化，假定滞止参数（p^*，T^*）不变，单独变化背压（p_b），观察喷管内的流动将发生怎样的变化。如果弄清楚了背压变化的影响因素，那么滞止参数发生变化时喷管内的流动变化情况也就很容

易想象了。

1．渐缩形喷管

图9-8为当滞止参数p^*,T^*保持不变,背压p_b由滞止压力p^*逐渐下降到低于临界压力p_c时,渐缩形喷管内压力的变化情况。当$p_b = p^*$时,喷管内因没有压差而没有流动,流速、流量均为零,喷管内压力保持p^*不变。当p_b不断下降,在达到临界压力以前,喷管出口压力始终等于p_b,这时喷管出口流速和流量也不断增加。

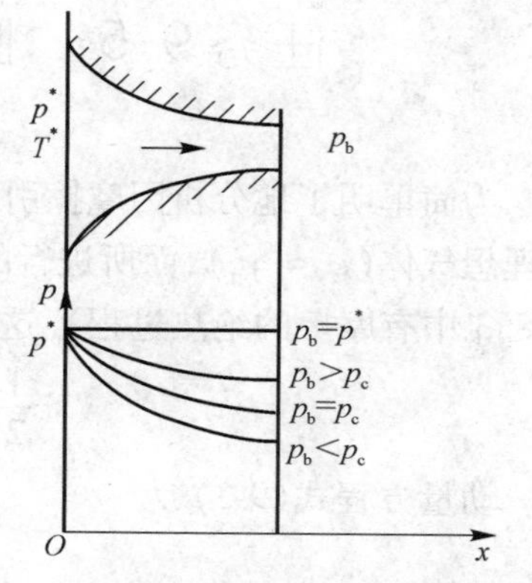

图9-8　渐缩形喷管中压力的变化

当p_b下降到临界压力p_c时[临界压力约为滞止压力的一半,参看式(9-25)],喷管出口流速达到当地声速(临界流速c_c),这是渐缩形喷管能达到的最高出口流速,这时的流量也是最大的。

继续降低p_b(直至真空)也不会影响到喷管内部的流动状况,喷管出口始终保持临界压力和临界流速,喷管的流量也始终保持为最大值不变。这时,气流在喷管出口处显然膨胀不足,将在喷管外继续降低压力,直至与p_b相等时结束膨胀。

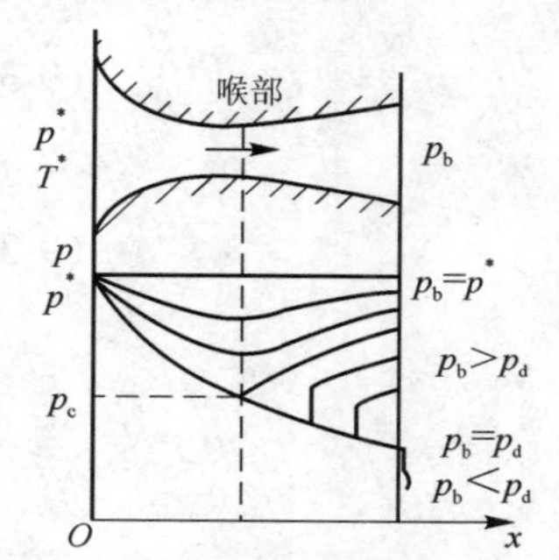

图9-9　缩放形喷管中压力的变化

2．缩放形喷管

图9-9为当滞止参数p^*,T^*不变,背压p_b由滞止压力逐渐下降到低于设计出口压力p_d时,缩放形喷管内压力的变化情况。当$p_b = p^*$时,喷管内因不存在压差而没有流动,流速、流量均为零。当p_b开始下降时,在相当一段压力范围内(亚声速区),缩放形喷管将像文丘里管一样工作,即在喷管的渐缩部分气流降压、加速,而在渐放部分则按扩压管工作,气流减速、增压,在出口处压力达到与p_b相等,这种情况将一直持续到喉部达到临界状况时为止。在这一阶段,随着p_b的降低,流速和流量都不断增加。

达到临界状况后继续降低p_b,喷管喉部将一直保持临界状况,因而流量也一直保持为最大值,这时气流在渐放部分的前段达到超声速,然后在某个相应的截面上产生激波,流速由超声速急剧下降到亚声速,压力也突然升高(但绝非等熵压缩,而是一个不可逆性很强的剧变过程),在激波截面后的渐放部分按扩压管工作,亚声速气流减速、增压,直至出口处达到与p_b相等。在p_b稍大于设计压力的情况下,气流在喷管出口处可达设计工况,流出喷管后减速、升压直至与p_b相等。当喷管出口压力正好等于p_b时,喷管出口流速达到设计的超声速,流量仍为最大流量。

之后,继续降低p_b(直至真空),喷管内部流动状况将不再变化,喷管出口处仍为设计工况,这时气流在喷管出口处显然膨胀不足,将在喷管外继续膨胀降低压力,直至与p_b相等。

激波的产生,不仅因不可逆损失而显著降低喷管的效率,也使喷管的工作不稳定,应该避免。有关激波的详细讨论可参考气体动力学相关书籍。

任务9.5　喷管中有摩擦的绝热流动过程

为简单明了地分析因摩擦引起的喷管中流动状况的变化，假定喷管中的流体是等比热容理想气体($\kappa = \gamma_0$)，而所进行的有摩擦的绝热流动遵守多变过程的规律($n < \gamma_0$，参看任务8.3中有摩擦的绝热过程)。这时能量方程式(9-2)可写为

$$\frac{1}{2}\mathrm{d}c^2 = c\mathrm{d}c = -\mathrm{d}h = -c_{p0}\mathrm{d}T \tag{9-29}$$

动量方程式(9-3)为

$$c\mathrm{d}c = -v\mathrm{d}p - \delta w_{\mathrm{L}}$$

状态方程为

$$pv = R_{\mathrm{g}}T$$

过程方程为

$$pv^n = C(\text{常数})$$

声速方程式(9-9)为

$$c_{\mathrm{s}} = \sqrt{\gamma_0 R_{\mathrm{g}} T} \tag{9-30}$$

连续方程式(9-10)为

$$\frac{\mathrm{d}A}{A} = \frac{\mathrm{d}v}{v} - \frac{\mathrm{d}c}{c} \tag{9-31}$$

对多变过程：

$$Tv^{n-1} = C(\text{常数})$$

对该式取对数：

$$\ln T + (n-1)\ln v = C(\text{常数})$$

微分后得

$$\frac{\mathrm{d}T}{T} + (n-1)\frac{\mathrm{d}v}{v} = 0$$

亦即

$$\frac{\mathrm{d}v}{v} = -\frac{1}{n-1}\frac{\mathrm{d}T}{T} \tag{9-32a}$$

由式(9-29)可知：

$$\frac{\mathrm{d}T}{T} = -\frac{c^2}{c_{p0}T}\frac{\mathrm{d}c}{c} = -\frac{c^2}{c_{p0}T}\frac{c_{p0}-c_{V0}}{R_{\mathrm{g}}}\frac{\mathrm{d}c}{c} = -\frac{c^2(\gamma_0-1)}{R_{\mathrm{g}}T}\frac{\mathrm{d}c}{c}$$

$$= -(\gamma_0-1)\frac{c_2}{c_{\mathrm{s}}^2}\frac{\mathrm{d}c}{c} = -(\gamma_0-1)Ma^2\frac{\mathrm{d}c}{c} \tag{9-32b}$$

将式(9-32b)代入式(9-32a)得

$$\frac{\mathrm{d}v}{v} = \frac{\gamma_0-1}{n-1}Ma^2\frac{\mathrm{d}c}{c} \tag{9-32c}$$

将式(9-32c) 代入式(9-31) 得

$$\frac{dA}{A} = \left(\frac{\gamma_0 - 1}{n - 1}Ma^2 - 1\right)\frac{dc}{c} \tag{9-33}$$

由式(9-33) 可以看出，当 $dA = 0$ 时(在喷管喉部)，由于 $dc > 0$，所以 $\frac{\gamma_0 - 1}{n - 1}Ma^2 - 1 = 0$，又由于 $n < \gamma_0$，所以 $Ma < 1$。这表明：当喷管中气流存在摩擦时，喉部的流速为亚声速。

由式(9-33) 还可以看出，当 $Ma = 1$ 时，由于 $n < \gamma_0$，$dc > 0$，因而 $dA > 0$，即 $Ma = 1$ 的截面发生在喷管喉部后面的渐放部分。

下面继续分析有摩擦时喷管中主要参数的变化情况。

1. 流速

式(9-15) 适用于等比热容理想气体，无论是否存在摩擦。所以有

$$c = \sqrt{2c_{p0}(T^* - T)} = \sqrt{2c_{p0}T^*\left(1 - \frac{T}{T^*}\right)} = \sqrt{\frac{2\gamma_0 R_g T^*}{\gamma_0 - 1}\left(1 - \frac{T}{T^*}\right)}$$

$$= c_s^* \sqrt{\frac{2}{\gamma_0 - 1}\left(1 - \frac{T}{T^*}\right)} \tag{9-34a}$$

对多变过程有

$$\frac{T}{T^*} = \left(\frac{p}{p^*}\right)^{\frac{n-1}{n}} \tag{9-34b}$$

将式(9-34b) 代入式(9-34a) 即得

$$c = c_s^* \sqrt{\frac{2}{\gamma_0 - 1}\left[1 - \left(\frac{p}{p^*}\right)^{\frac{n-1}{n}}\right]} \tag{9-35}$$

式(9-35) 即为有摩擦时喷管流速的计算式，可将其与式(9-22) 对照一下，看看两者有何区别。

工程中常用速度系数来修正喷管出口流速。所谓速度系数是指相同参数条件下，喷管出口的实际流速与等熵膨胀可达到的理论流速之比，即

$$\varphi = \frac{c}{c_s} = \frac{c_s^* \sqrt{\frac{2}{\gamma_0 - 1}\left[1 - \left(\frac{p}{p^*}\right)^{\frac{n-1}{n}}\right]}}{c_s^* \sqrt{\frac{2}{\gamma_0 - 1}\left[1 - \left(\frac{p}{p^*}\right)^{\frac{\gamma_0-1}{\gamma_0}}\right]}}$$

所以速度系数

$$\varphi = \sqrt{\frac{1 - (p/p^*)^{\frac{n-1}{n}}}{1 - (p/p^*)^{\frac{\gamma_0-1}{\gamma_0}}}} \tag{9-36}$$

式(9-36) 建立了速度系数与多变指数之间的关系。

喷管效率

$$\eta_N = \frac{c^2/2}{c_s^2/2} = \varphi^2 = \frac{1 - (p/p^*)^{\frac{n-1}{n}}}{1 - (p/p^*)^{\frac{\gamma_0-1}{\gamma_0}}} \tag{9-37}$$

2. 临界流速和临界压力比

在临界截面上，式(9-35)可写为

$$c_c = c_s^* \sqrt{\frac{2}{\gamma_0 - 1}\left[1 - \left(\frac{p_c}{p^*}\right)^{\frac{n-1}{n}}\right]} \tag{9-38a}$$

因为在临界截面上流速(临界流速)等于当地声速(临界声速)：

$$c_c = c_{s,c} = \sqrt{\gamma_0 R_g T_c} \tag{9-38b}$$

将式(9-38b)代入式(9-38a)有

$$\sqrt{\gamma_0 R_g T_c} = \sqrt{\gamma_0 R_g T^*}\sqrt{\frac{2}{\gamma_0 - 1}\left[1 - \left(\frac{p_c}{p^*}\right)^{\frac{n-1}{n}}\right]} \tag{9-38c}$$

对多变过程：

$$\frac{T_c}{T^*} = \left(\frac{p_c}{p^*}\right)^{\frac{n-1}{n}} \tag{9-38d}$$

将式(9-38d)代入式(9-38c)有

$$\left(\frac{p_c}{p^*}\right)^{\frac{n-1}{n}} = \frac{2}{\gamma_0 - 1}\left[1 - \left(\frac{p_c}{p^*}\right)^{\frac{n-1}{n}}\right]$$

即

$$\left(\frac{p_c}{p^*}\right)^{\frac{n-1}{n}}\left(1 + \frac{2}{\gamma_0 - 1}\right) = \frac{2}{\gamma_0 - 1}$$

所以流动有摩擦时的临界压力比

$$\beta_c = \frac{p_c}{p^*} = \left(\frac{2}{\gamma_0 + 1}\right)^{\frac{n}{n-1}} \tag{9-39}$$

将式(9-39)与式(9-24)相比可知：有摩擦时临界压力比将减小$\left(\text{因为}\frac{2}{\gamma_0 + 1} < 1,\ n < \gamma_0, \frac{n}{n-1} > \frac{\gamma_0}{\gamma_0 - 1}\right)$。

将式(9-39)代入式(9-38a)即可得有摩擦时流动的临界流速：

$$c_c = c_s^* \sqrt{\frac{2}{\gamma_0 - 1}\left(1 - \frac{2}{\gamma_0 + 1}\right)} = c_s^* \sqrt{\frac{2}{\gamma_0 + 1}} \tag{9-40}$$

将式(9-40)与式(9-26)相比可知：对理想气体，有摩擦时的临界流速与无摩擦时的临界流速相同。

3. 流量

喷管的流量一般都根据最小截面(喉部)的参数计算。根据式(9-1)和式(9-27a)可得

$$q_m = \frac{A_{min} c_{th}}{v_{th}} = \frac{A_{min}}{v_{th}} c_s^* \sqrt{\frac{2}{\gamma_0 - 1}\left[1 - \left(\frac{p_{th}}{p^*}\right)^{\frac{n-1}{n}}\right]} \tag{9-41}$$

其中

$$\frac{1}{v_{th}} = \frac{1}{v^*}\left(\frac{p_{th}}{p^*}\right)^{\frac{1}{n}}$$

代入式(9-41)后即得

$$q_m = \frac{A_{\min}}{v_{\mathrm{th}}} c_s^* \sqrt{\frac{2}{\gamma_0 - 1}\left[\left(\frac{p_{\mathrm{th}}}{p^*}\right)^{\frac{2}{n}} - \left(\frac{p_{\mathrm{th}}}{p^*}\right)^{\frac{n+1}{n}}\right]} \tag{9-42}$$

在最小截面积和滞止参数不变的情况下,当式(9-42)中的$\left(\frac{p_{\mathrm{th}}}{p^*}\right)^{\frac{2}{n}} - \left(\frac{p_{\mathrm{th}}}{p^*}\right)^{\frac{n+1}{n}}$具有极大值时,喷管将达到最大流量。

令

$$\frac{p_{\mathrm{th}}}{p^*} = \beta_{\mathrm{th}}$$

并令

$$\frac{\mathrm{d}}{\mathrm{d}\beta_{\mathrm{th}}}\left(\beta_{\mathrm{th}}^{\frac{2}{n}} - \beta_{\mathrm{th}}^{\frac{n+1}{n}}\right) = 0$$

结果得

$$\beta_{\mathrm{th}} = \left(\frac{2}{n+1}\right)^{\frac{n}{n-1}} \tag{9-43}$$

将式(9-43)代入式(9-42)即得最大流量

$$q_{m,\max} = \frac{A_{\min}}{v^*} c_s^* \sqrt{\frac{2}{\gamma_0 - 1}\left[\left(\frac{2}{n+1}\right)^{\frac{2}{n-1}} - \left(\frac{2}{n+1}\right)^{\frac{n+1}{n-1}}\right]} = A_{\min}\frac{c_s^*}{v^*}\sqrt{\frac{n-1}{\gamma_0 - 1}\left(\frac{2}{n+1}\right)^{\frac{n+1}{n-1}}} \tag{9-44}$$

其中

$$\frac{c_s^*}{v^*} = \frac{\sqrt{\gamma_0 R_g T^*}}{R_g T^*/p^*} = p^*\sqrt{\frac{\gamma_0}{R_g T^*}} \tag{9-45}$$

将式(9-45)代入式(9-44),得

$$q_{m,\max} = A_{\min} p^* \sqrt{\frac{\gamma_0}{R_g T^*}}\sqrt{\frac{n-1}{\gamma_0 - 1}\left(\frac{2}{n+1}\right)^{\frac{n+1}{n-1}}} \tag{9-46}$$

式(9-45)和式(9-46)都是有摩擦时喷管最大流量的计算式。当给出的滞止参数为T^*,p^*时,用式(9-46)计算最大流量更为方便。

将式(9-45)与式(9-28)相比较后可知,当最小截面积和滞止参数相同时,由于$n < \gamma_0$,有摩擦时喷管的最大流量将小于无摩擦时喷管的最大流量(可设定γ_0和n并通过计算验证这一结论)。

4. 功损和㶲损

由$c\mathrm{d}c = -v\mathrm{d}p - \delta w_L$可知,有摩擦时喷管流动过程的功损为

$$w_L = -\int_{p^*}^{p} v\mathrm{d}p - \frac{c^2}{2} \tag{9-47a}$$

对多变过程:

$$-\int_{p^*}^{p} v\mathrm{d}p = \frac{n}{n-1}R_g T^*\left[1 - \left(\frac{p}{p^*}\right)^{\frac{n-1}{n}}\right] \tag{9-47b}$$

由式(9-35)可得

$$\frac{c^2}{2}=c_s^{*2}\frac{1}{\gamma_0-1}\left[1-\left(\frac{p}{p^*}\right)^{\frac{n-1}{n}}\right]=\frac{\gamma_0 R_g T^*}{\gamma_0-1}\left[1-\left(\frac{p}{p^*}\right)^{\frac{n-1}{n}}\right] \tag{9-47c}$$

将式(9-47b)、式(9-47c)代入式(9-47a),得

$$w_L=\frac{n}{n-1}R_g T^*\left[1-\left(\frac{p}{p^*}\right)^{\frac{n-1}{n}}\right]-\frac{\gamma_0 R_g T^*}{\gamma_0-1}\left[1-\left(\frac{p}{p^*}\right)^{\frac{n-1}{n}}\right]$$

所以功损

$$w_L=\left(\frac{n}{n-1}-\frac{\gamma_0}{\gamma_0-1}\right)R_g T^*\left[1-\left(\frac{p}{p^*}\right)^{\frac{n-1}{n}}\right] \tag{9-48}$$

这里的功损是指有摩擦时气流实际获得的动能与通过可逆多变过程应获得的动能的差值,而不是与通过可逆绝热(等熵)过程获得的气流动能之差。

有摩擦时喷管流动过程的熵产等于气流的熵增:

$$\begin{aligned}s_g&=s-s^*=c_{p0}\ln\frac{T}{T^*}-R_g\ln\frac{p}{p^*}=c_{p0}\ln\left(\frac{p}{p^*}\right)^{\frac{n-1}{n}}-R_g\ln\frac{p}{p^*}\\&=\left(\frac{c_{p0}}{R_g}\frac{n-1}{n}-1\right)R_g\ln\frac{p}{p^*}\\&=\left(\frac{\gamma_0}{\gamma_0-1}\frac{n-1}{n}-1\right)R_g\ln\frac{p}{p^*}\end{aligned}$$

所以熵产

$$s_g=-\frac{\gamma_0-n}{n(\gamma_0-1)}R_g\ln\frac{p}{p^*}>0 \tag{9-49}$$

因喷管中由滞止状态开始一直是增速、降压的,所以 $\ln(p/p^*)$ 为负值,而 $\gamma_0>1$,$n<\gamma_0$,所以 $s_g>0$。

而㶲损则为

$$e_L=T_0 s_g=-\frac{\gamma_0-n}{n(\gamma_0-1)}R_g T_0\ln\frac{p}{p^*}>0 \tag{9-50}$$

对于本任务中所有关于有摩擦时喷管中气体流动状况的计算式[式(9-33)~式(9-50)],当 $n=\gamma_0$ 时,均可立即简化为无摩擦时的相应计算式。

对有摩擦时的扩压管中气体的流动状况,不能像无摩擦时那样可以看作是喷管的倒逆,因为有摩擦时的过程是不可逆的。对有摩擦的扩压管,也可以用多变过程的分析方法,这时需注意的是多变指数 $n>\gamma_0$,所得计算公式与喷管的会有所不同,感兴趣的读者可自行推导。

例 9-3 空气(视作等比热容理想气体)在喷管中从 400 K,0.5 MPa 膨胀到0.1 MPa。已知喷管喉部面积为 300 mm^2,气流遵守 $pv^{1.35}=C$(常数)的变化规律。求喷管的出口流速、流量、速度系数及熵产。

解:查表 A-7,对空气有:$R_g=0.287\ 0$ kJ/(kg·K),$c_{p0}=1.005$ kJ/(kg·K),$\gamma_0=1.4$。

这是有摩擦的流动过程(因为 $n = 1.35 < \gamma_0$),喷管出口流速由式(9-35)计算:

$$c_2 = \sqrt{\gamma_0 R_g T^*}\sqrt{\frac{2}{\gamma_0 - 1}\left[1 - \left(\frac{p_2}{p^*}\right)^{\frac{n-1}{n}}\right]}$$

$$= \sqrt{1.4 \times 287.0 \times 400} \times \sqrt{\frac{2}{1.4 - 1} \times \left[1 - \left(\frac{0.1}{0.5}\right)^{\frac{1.35-1}{1.35}}\right]} = 523.59(\mathrm{m/s})$$

由于 $\frac{p_2}{p^*} = \frac{0.1}{0.5} = 0.2$,远小于空气的临界压力比 $\beta_c = 0.528$,因而可以断定喷管是缩放形的,流量为最大流量。

根据式(9-46)有最大流量:

$$q_{m,\max} = A_{\min} p^* \sqrt{\frac{\gamma_0}{R_g T^*}}\sqrt{\frac{n-1}{\gamma_0 - 1}\left(\frac{2}{n+1}\right)^{\frac{n+1}{n-1}}}$$

$$= 300 \times 10^{-6} \times 0.5 \times 10^6 \times \sqrt{\frac{1.4}{287.0 \times 400}} \times \sqrt{\frac{1.35 - 1}{1.4 - 1} \times \left(\frac{2}{1.35 + 1}\right)^{\frac{1.35+1}{1.35-1}}} = 0.285\,1(\mathrm{kg/s})$$

若为等熵膨胀,则出口速度为

$$c_{2,s} = \sqrt{\gamma_0 R_g T^*}\sqrt{\frac{2}{\gamma_0 - 1}\left[1 - \left(\frac{p}{p^*}\right)^{\frac{\gamma_0-1}{\gamma_0}}\right]}$$

$$= \sqrt{1.4 \times 287.0 \times 400} \times \sqrt{\frac{2}{1.4 - 1} \times \left[1 - \left(\frac{0.1}{0.5}\right)^{\frac{1.4-1}{1.4}}\right]} = 544.26(\mathrm{m/s})$$

所以喷管的速度系数为

$$\varphi = \frac{c_2}{c_{2,s}} = \frac{523.59}{544.26} = 0.962$$

根据式(9-49),气流在喷管中不可逆加速造成的熵产为

$$s_g = -\frac{\gamma_0 - n}{n(\gamma_0 - 1)} R_g \ln \frac{p}{p^*}$$

$$= -\frac{1.4 - 1.35}{1.35 \times (1.4 - 1)} \times 0.287 \times \ln \frac{0.1}{0.5} = 0.042\,77[\mathrm{kJ/(kg \cdot K)}]$$

任务9.6　活塞式压气机的压气过程

压气机是用来产生压缩气体的耗功机械,最常见的是用来压缩空气,称为空气压缩机,简称压气机。按结构和工作原理分类,压气机可分为活塞式(做往复运动)和叶轮式(做旋转运动)两种,每种又有单级与多级之分;按压力范围分类,依据提供的压力由低到高的顺序,压气机可分为通风机、鼓风机和压缩机。然而,无论如何分类,从热力学的观点来看,压气机的作用是一样的,它们都消耗功,并使气体从较低的压力提升到较高的压力(引风机和真空泵也是一种产生负压的压气机)。

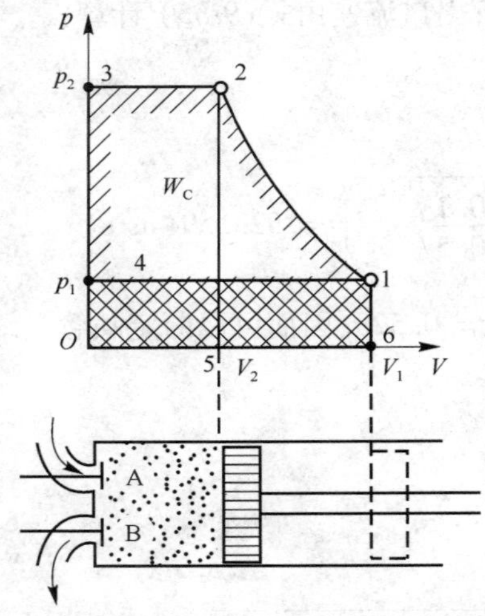

图 9-10　单级活塞式压气机的压缩功

1. 单级活塞式压气机的压气过程

图 9-10 为单级活塞式压气机的压缩功。当活塞从气缸顶端向右移动时,进气阀门 A 开放,气体在较低的压力 p_1 下进入气缸,并推动活塞向外做功(进气功),功的大小为图9-10 中点4,1,6,O 围成的面积 A_1(不考虑摩擦,下同)。然后活塞向左移动,这时两个阀门都关闭,气体在气缸中被压缩,压力不断升高,一直达到排气压力 p_2(过程 $1\to2$)。在压缩过程中,外界消耗的功(压缩功) 为图 9-10 中点 1,2,5,6 围成的面积 A_2。活塞继续向左移动,排气阀门 B 开放,气体在较高的压力 p_2 下排出气缸,这时必须消耗外界功(排气功),功的大小为图9-10 中点2,3,O,5 围成的面积 A_3。因此,压气机在包括进气、压缩、排气的整个压气过程中所消耗的功为

$$
\begin{aligned}
W_C &= A_2 + A_3 - A_1 \\
&= -\int_1^2 p\mathrm{d}V + p_2V_2 - p_1V_1 = \int_1^2 V\mathrm{d}p = A_4
\end{aligned}
$$

式中,A_4 为图 9-10 中点 1,2,3,4 围成的面积。

压缩 1 kg 气体压气机消耗的功为

$$
w_C = \int_1^2 v\mathrm{d}p \tag{9-51}
$$

2. 单级活塞式压气机的压气耗功分析

图9-11 中 $1\to2_T$、$1\to2_n$、$1\to2_s$ 分别表示单级活塞式压气机中进行的等温压缩过程、多变压缩过程和绝热压缩过程。

从图 9-11 中可以看出,使气体从相同的初态(状态 1) 压缩到相同的终压(p_2),以等温压缩时压气机消耗的功($W_{C,T}$) 为最少,绝热压缩时压气机消耗的功最多,多变压缩时压气机消耗的功居于二者之间。为了减少压气机耗功,常采用水套冷却气缸,以期压缩过程由绝热趋向等温。但是,由于气体在气缸中停留的时间很短,气体总是得不到充分冷却。因此,活塞式压气机的压缩过程通常介于等温压缩过程和绝热压缩过程之间而接近多变压缩过程[$pv^n = C$(常数)]。如果认为被压缩的气体是等比热容理想气体而且不考虑摩擦,那么多变指数 n 满足 $1 < n < \gamma_0$。当冷却情况好时,多变指数较小;当转速高、冷却情况差时,多变指数较大,接近等熵指数。

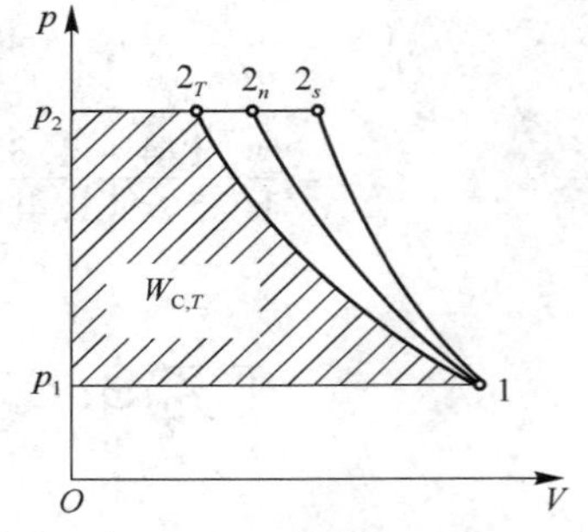

图 9-11　单级活塞式压气机 p-V 图

多变压气过程理论上压缩 1 kg 气体消耗的功为

$$w_{C,n} = \frac{n}{n-1}p_1 v_1\left[\left(\frac{p_2}{p_1}\right)^{\frac{n-1}{n}} - 1\right] = \frac{n}{n-1}p_1 v_1(\pi^{\frac{n-1}{n}} - 1) \tag{9-52}$$

式中，$\pi = p_2/p_1$，称为增压比，它表示气体通过压气机后压力提高的倍率。

对理想气体进行的多变压缩过程、等温压缩过程及对等比热容理想气体进行的等熵压缩过程，压气机每生产1 kg压缩气体，理论上消耗的功依次为

$$w_{C,n} = \frac{n}{n-1}R_g T_1(\pi^{\frac{n-1}{n}} - 1) = \frac{n}{n-1}R_g(T_2 - T_1) \tag{9-53}$$

$$w_{C,T} = R_g T_1 \ln \pi \tag{9-54}$$

$$w_{C,s} = \frac{\gamma_0}{\gamma_0 - 1}R_g T_1(\pi^{\frac{\gamma_0-1}{\gamma_0}} - 1) = \frac{\gamma_0}{\gamma_0 - 1}R_g(T_2 - T_1) \tag{9-55}$$

3. 活塞式压气机余隙容积的影响

上面在分析单级活塞式压气机的工作过程时，认为压缩后的气体在排气过程中全部排出气缸。实际上，为了安装进气阀门和排气阀门并避免活塞与气缸顶端碰撞，在活塞的上止点（图9-12中虚线所示的最左端位置）和气缸顶端之间必须留有一定的空隙，即所谓余隙容积（V_c）。这样，在排气过程中活塞将不能把全部体积（V_2）的压缩气体排出气缸，而只能排出其中一部分（$V_2 - V_3$），其余的部分（V_3，亦即V_c）将留在气缸中。当活塞离开上止点开始向右移动时，进气阀门因为这时气缸中气体的压力高于进气压力，必须等这部分压缩气体在气缸中经过3→4过程膨胀到进气压力p_1后，进气阀门才能打开，并开始进气。这样，气缸中实际吸进气体的容积，即所谓有效容积（V_e），将小于活塞排量（V_h）。有效容积与活塞排量之比称为容积效率，即

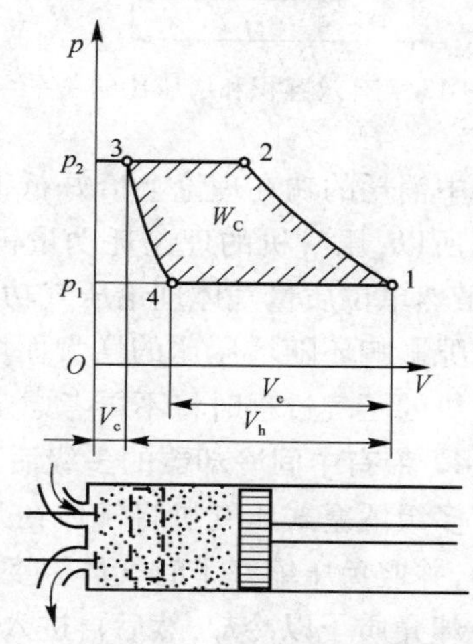

图9-12　存在余隙容积时的压缩过程

$$\eta_V = \frac{V_e}{V_h} = \frac{V_h + V_c - V_4}{V_h} = 1 - \frac{V_c}{V_h}\left(\frac{V_4}{V_c} - 1\right) \tag{9-56}$$

式中，$\frac{V_c}{V_h}$为余隙容积与活塞排量之比，称为余隙比。

假定留在余隙容积中的压缩气体在膨胀过程（3→4）中的多变指数和压缩过程（1→2）中的多变指数相同，均为n，那么有

$$\frac{V_4}{V_c} = \frac{V_4}{V_3} = \left(\frac{p_3}{p_4}\right)^{\frac{1}{n}} = \left(\frac{p_2}{p_1}\right)^{\frac{1}{n}} = \pi^{\frac{1}{n}}$$

代入式（9-56）后得

$$\eta_V = 1 - \frac{V_c}{V_h}(\pi^{\frac{1}{n}} - 1) \tag{9-57}$$

容积效率直接影响压气机压缩气体的产量。式（9-57）表明：容积效率和余隙比、增压比

及多变指数有关。余隙比越小,增压比越低,则容积效率越高,压缩气体的产量也越大。

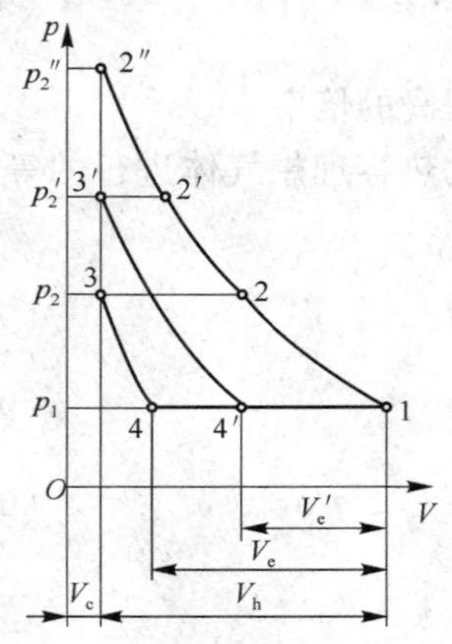

图 9-13　有效容积和增压比的关系

余隙比的大小取决于制造工艺(一般为 3% ~ 8%),多变指数取决于气缸的冷却情况($1 < n < \gamma_0$),增压比取决于对压缩气体的压力要求。当余隙比和多变指数一定时,要想通过一级压缩就达到较高的增压比,将会显著降低容积效率。从图 9-13 可以看出,当 $p_2' > p_2$ 时,$\eta_V' > \eta_V$;当排气压力高达 p_2''时,$\eta_V = 0$,压气机将无法输出压缩气体。而且增压比过高还会使压缩终了时温度过高而不利于活塞与气缸壁之间的润滑。所以,单级活塞式压气机的增压比一般不超过 10。为了获得更高的压力,应采用多级压气机。

应该指出,余隙容积的存在,在理论上并不影响压气机消耗的功。因为留在余隙容积中未排出气缸的压缩气体在膨胀过程($3 \to 4$)中所做的功和这部分气体在压缩过程中消耗的功在理论上恰好抵消了(在膨胀和压缩过程均为可逆、多变指数相同的条件下)。所以,压气机的理论耗功量仍可按不考虑余隙容积的理想情况来计算。当有余隙容积时,虽然单位质量气体理论压气功不变,但气量减小,气缸容积不能充分利用,而且这一有害的余隙影响还随增压比的增大而增加。所以,应该尽量减小余隙容积。下面讨论多级活塞式压气机的压气过程时将不再考虑余隙容积的影响。

4. 带有中间冷却器的多级活塞式压气机的压气过程

多级活塞式压气机将气体在几个气缸中连续压缩,使之达到较高压力。同时,为了少消耗功,并避免压缩终了时气体温度过高,将前一级气缸排出的压缩气体引入中间冷却器中使用冷却介质予以冷却,然后再进入下一级气缸继续进行压缩(如图 9-14 所示)。

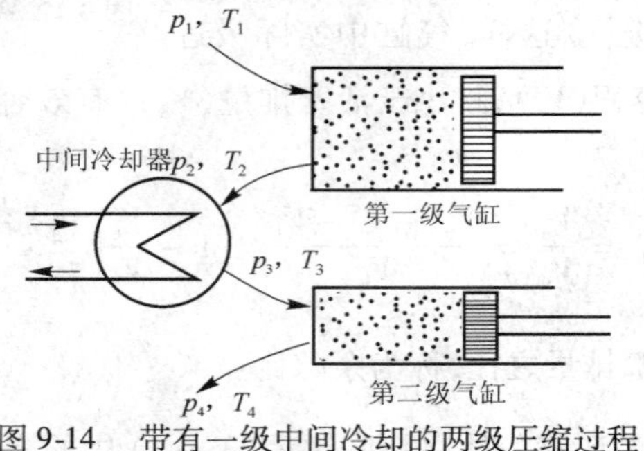

图 9-14　带有一级中间冷却的两级压缩过程

在做理论分析时,可做以下一些近似假定。

(1) 假定被压缩气体是等比热容理想气体,两级气缸中的压缩过程具有相同的多变指数 n,并且不存在摩擦。

(2) 假定第二级气缸的进气压力等于第一级气缸的排气压力(不考虑气体流经管道、阀门和中间冷却器时的压力损失),即 $p_3 = p_2$。

(3) 假定两个气缸的进气温度相同(认为进入第二级气缸的气体在中间冷却器中得到了充分的冷却),即 $T_3 = T_1$。

根据式(9-53),结合上述假定条件,可得两级压气机压缩 1 kg 气体消耗的功为

$$w_{C,n} = \frac{n}{n-1}R_g T_1\left[\left(\frac{p_2}{p_1}\right)^{\frac{n-1}{n}} - 1\right] + \frac{n}{n-1}R_g T_3\left[\left(\frac{p_4}{p_3}\right)^{\frac{n-1}{n}} - 1\right]$$

$$= \frac{n}{n-1}R_g T_1\left[\left(\frac{p_2}{p_1}\right)^{\frac{n-1}{n}} + \left(\frac{p_4}{p_2}\right)^{\frac{n-1}{n}} - 2\right] \tag{9-58}$$

在第一级进气压力 p_1(最低压力)和第二级排气压力 p_4(最高压力)之间,合理选择 p_2,可使压气机消耗的功最少。为此,对式(9-58)求一阶导数并令其等于零,可以得到

$$p_2 = \sqrt{p_1 p_4}$$

即

$$\frac{p_2}{p_1} = \frac{p_4}{p_2} = \frac{p_4}{p_3} = \sqrt{\frac{p_4}{p_1}} = \pi \tag{9-59}$$

如果第一级和第二级气缸采用相同的增压比$\left(\pi = \frac{p_2}{p_1} = \frac{p_4}{p_3}\right)$,那么该两级压气机消耗的功将是最少的,这时两个气缸消耗的功相等。压气机消耗的功是每个气缸消耗功的 2 倍(如图 9-15 所示),即

$$w_{C,n} = 2\frac{n}{n-1}R_g T_1(\pi^{\frac{n-1}{n}} - 1) \tag{9-60}$$

由于有中间冷却器,压气机少消耗的功等于图 9-15 中的面积 A。

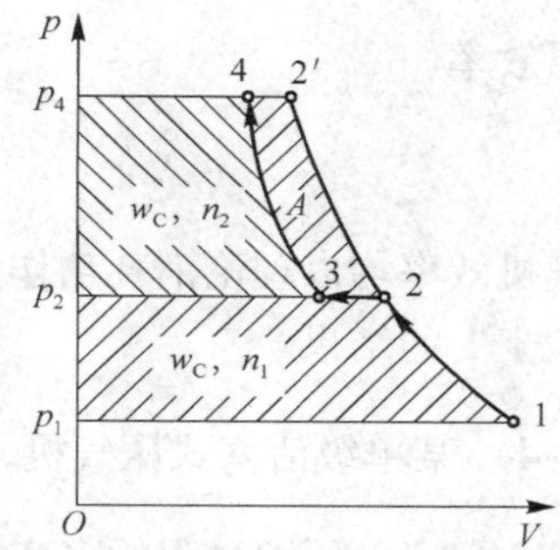

图 9-15　两级压缩、一级中间冷却的 p-V 图

依此类推,对 m 级压气机,各级增压比应该按照下式选取:

$$\pi = \left(\frac{p_{max}}{p_{min}}\right)^{\frac{1}{m}} \tag{9-61}$$

式中,p_{max} 为末级气缸排气压力;p_{min} 为第一级气缸进气压力。这时压气机消耗的功为每一级气缸消耗的功的 m 倍,有

$$w_{C,n} = m\frac{n}{n-1}R_g T_1(\pi^{\frac{n-1}{n}} - 1) \tag{9-62}$$

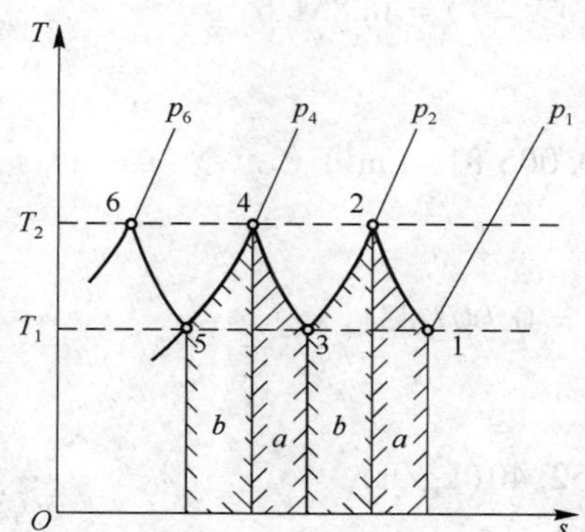

图 9-16　多级压缩、中间冷却的 T-s 图

由于有中间冷却器,故压气机少消耗的功等于图 9-15 中点 2,3,4,2′ 所围成的面积。

在温熵图中,这种多级压缩、中间冷却的压气过程理论上消耗的功和放出的热量可以表示得更加清楚,如图 9-16 所示。图 9-16 中面积 a 表示各级气缸在多变压缩过程中通过气缸壁向外界放出的热量;面积 b 表示气体被压缩后在各个中间冷却器中放出的热量;面积 $a + b$ 既可表示这两部分热量之和,又可表示各级气缸消耗的功。因为根据热力

学第一定律可得

$$w_C = -w_t = \Delta h + (-q)$$

气体从进入各级气缸到流出各中间冷却器，温度未变（$T_1 = T_3 = T_5 = \cdots$），因而比焓亦未变（$\Delta h = 0$，假定是理想气体），所以 1 kg 气体在各级气缸和各中间冷却器中放出的热量（$-q = a + b$）必定等于各级气缸消耗的功（w_C）。

5. 活塞式压气机的效率

根据气体压缩过程是接近于绝热过程、多变过程还是等温过程，活塞式压气机的效率也相应地有绝热效率、多变效率和等温效率之分。它们分别是在相同的进气状态及出口压力条件下，可逆绝热压缩、可逆多变压缩和可逆等温压缩时压气机消耗的功（技术功）与压气机实际消耗功之比。

绝热效率

$$\eta_{C,s} = \frac{w_{C,s}}{w_C} \tag{9-63}$$

多变效率

$$\eta_{C,n} = \frac{w_{C,n}}{w_C} \tag{9-64}$$

等温效率

$$\eta_{C,T} = \frac{w_{C,T}}{w_C} \tag{9-65}$$

压气机效率均以理论消耗功作为分子，实际消耗功作为分母，以避免得出容易引起误解的效率大于 1 的结果。

例 9-4 某单级活塞式压气机，其增压比 π 为 6，活塞排量为 0.008 m³，余隙比 $\frac{V_c}{V_h}$ 为 0.05，转速为 750 r/min，压缩过程的多变指数为 1.3。试求其容积效率、产气量（kg/h）、消耗的理论功率（kW）、气体压缩终了时的温度和压缩过程中放出的热量。已知吸入空气的温度为 30 ℃、压力为 0.1 MPa，空气按等比热容理想气体处理。

解：根据式（9-57）计算容积效率，有

$$\eta_V = 1 - \frac{V_c}{V_h}(\pi^{\frac{1}{n}} - 1) = 1 - 0.05 \times (6^{\frac{1}{1.3}} - 1) = 0.8516$$

气缸的有效容积为

$$V_e = \eta_V V_h = 0.8516 \times 0.008 = 0.006813\ (\text{m}^3)$$

每次吸入空气的质量为

$$m = \frac{p_1 V_e}{R_g T_1} = \frac{0.1 \times 10^6 \times 0.006813}{287.0 \times (30 + 273.15)} = 0.007831(\text{kg})$$

所以，压气机的生产量为

$$q_m = 750 \times 60 \times 0.007831 = 352.40(\text{kg/h})$$

压气机理论上消耗的功率为

$$P_C = q_m w_C = q_m \frac{n}{n-1} R_g T_1 (\pi^{\frac{n-1}{n}} - 1)$$

$$= \left(\frac{352.40}{3\ 600}\right) \times \frac{1.3}{1.3-1} \times 287.0 \times 303.15 \times (6^{\frac{1.3-1}{1.3}} - 1)$$

$$= 18\ 897.5(\mathrm{W})$$

即 $P_C \approx 19.00$ kW。

压缩终了时气体温度为

$$T_2 = T_1 \pi^{\frac{n-1}{n}} = 303.15 \times 6^{\frac{1.3-1}{1.3}} = 458.4\ \mathrm{K}(185.25\ ℃)$$

压缩过程中单位时间的热量为

$$\dot{Q} = q_m q = q_m c_n (t_2 - t_1) = q_m \frac{n c_{V0} - c_{p0}}{n-1}(t_2 - t_1)$$

$$= 325.40 \times \frac{1.3 \times 0.718 - 1.005}{1.3-1} \times (185.25 - 30)$$

$$= -12\ 057(\mathrm{kJ/h})\ (负号表示放出热量)$$

例 9-5　空气初态为 $p_1 = 0.1$ MPa，$t_1 = 20$ ℃，经过三级活塞式压气机后，压力提高到 12.5 MPa。假定各级增压比相同，压缩过程的多变指数 n 均为1.3。试求生产 1 kg 压缩空气理论上应消耗的功，并求各级气缸出口温度。如果不用中间冷却器，那么压气机消耗的功和各级气缸出口温度又是多少？空气按等比热容理想气体计算。

解：各级增压比为

$$\pi = \left(\frac{p_{\max}}{p_{\min}}\right)^{\frac{1}{m}} = \left(\frac{12.5}{0.1}\right)^{\frac{1}{3}} = 5$$

消耗的理论功为

$$w_{C,n} = m \frac{n}{n-1} R_g T_1 (\pi^{\frac{n-1}{n}} - 1)$$

$$= 3 \times \frac{1.3}{1.3-1} \times 287.0 \times (20 + 273.15) \times \left(5^{\frac{1.3-1}{1.3}} - 1\right)$$

$$= 491\ 938(\mathrm{J/kg})$$

即 $w_{C,n} \approx 492$ kJ/kg。

各级气缸出口温度为

$$T_2 = T_1 \pi^{\frac{n-1}{n}} = (20 + 273.15) \times 5^{\frac{1.3-1}{1.3}} = 425\ \mathrm{K}\ (151.85\ ℃)$$

如果没有中间冷却器，则各级气缸出口温度为

第一级：

$$T_2 = T_1 \pi^{\frac{n-1}{n}} = 425\ \mathrm{K}\ (151.85\ ℃)$$

第二级：

$$T_2' = T_2 \pi^{\frac{n-1}{n}} = 425 \times 5^{\frac{1.3-1}{1.3}} = 616\ \mathrm{K}\ (342.85\ ℃)$$

第三级：

$$T_2'' = T_2' \pi^{\frac{n-1}{n}} = 616 \times 5^{\frac{1.3-1}{1.3}} = 893\ \mathrm{K}\ (619.85\ ℃)$$

压气机消耗的功则为

$$
\begin{aligned}
w'_{C,n} &= \frac{n}{n-1}R_g(T_1 + T_2 + T'_2)(\pi^{\frac{n-1}{n}} - 1) \\
&= \frac{1.3}{1.3-1} \times 287.0 \times (293.15 + 425 + 616) \times (5^{\frac{1.3-1}{1.3}} - 1) \\
&= 746\ 284(\text{J/kg})
\end{aligned}
$$

即 $w_{C,n} \approx 746.3$ kJ/kg。

从计算结果可以看出：如果不采用中间冷却，不仅浪费功，而且气体温度将逐级升高，以致工作温度达到润滑条件不能允许的高温。

任务 9.7　叶轮式压气机的压气过程

叶轮式压气机主要分离心式和轴流式两种形式，与活塞式压气机不同的是，叶轮式压气机的特点是工作连续：气体不断流进压气机，在压气机中不断压缩，压缩完毕的气体又不断流出压气机。而且叶轮式压气机对气体的压缩过程都很接近于绝热压缩过程：大量气体很快流过压气机，单位质量的气体在短暂的压缩过程中散发的热量极少，可以忽略不计。所以，叶轮式压气机中的压气过程都可以作为绝热压缩流动过程处理，在做热力学分析时离心式压气机和轴流式压气机并没有什么不同。

当离心式压气机（如图 9-17 所示）工作时，气流沿轴向进入压气机，高速旋转的叶轮使气体靠离心力的作用加速，然后在扩压管中降低速度、提高压力。为了获得具有更高压力的压缩气体，还可以将第一级排出的压缩气体引到第二级、第三级中继续压缩。

轴流式压气机（如图 9-18 所示）主要由装有工作叶片的转子和固定在机壳上的导向叶片组成。气体进入压气机后沿轴向在一环隔一环的工作叶片和导向叶片中提速、升压，直至达到所需的压力。工作叶片之间的通道起着使气流加速的作用，导向叶片之间的通道则起着引导气流及扩压的作用。

无论是离心式压气机还是轴流式压气机，气流都是快速通过的（停留时间都很短），虽然气体在压缩过程中会升温，发热后的机壳也会向环境散热，但平均到每千克气体时，散失的热量极少，完全可以认为压气机的压气工作过程是绝热压缩过程。根据能量方程式，压缩每千克气体所消耗的功为（不计进、出口气流动能的变化和重力位能的变化）

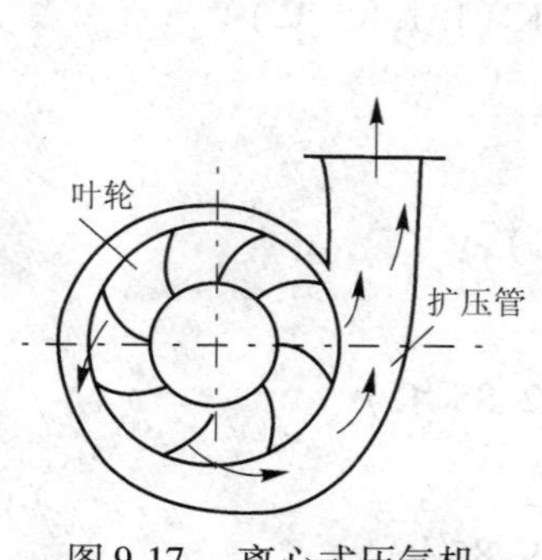

图 9-17　离心式压气机

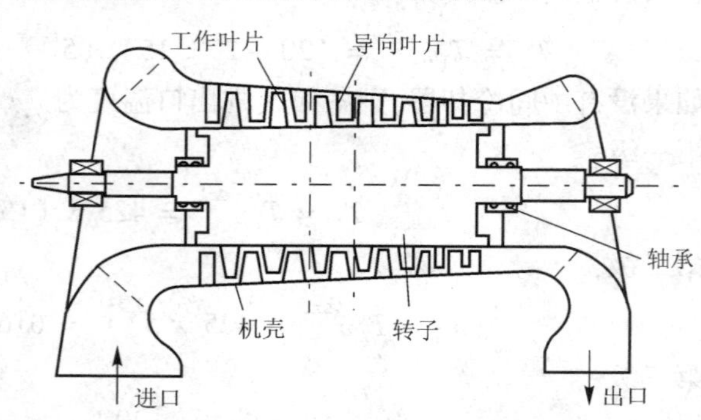

图 9-18　轴流式压气机

$$w_C = h_2 - h_1 \tag{9-66}$$

如果被压缩的是等比热容理想气体,则

$$w_C = c_{p0}(T_2 - T_1) \tag{9-67}$$

如果压缩过程是可逆的(等熵压缩),则压气机消耗的功又可按下式计算:

$$w_{C,s} = \frac{\kappa}{\kappa - 1} p_1 v_1 \left(\pi^{\frac{\kappa-1}{\kappa}} - 1 \right) \tag{9-68}$$

对等比热容理想气体的等熵压缩过程,则有

$$w_{C,s} = \frac{\gamma_0}{\gamma_0 - 1} R_g T_1 \left(\pi^{\frac{\gamma_0-1}{\gamma_0}} - 1 \right) \tag{9-69}$$

叶轮式压气机的效率一般采用绝热效率[参见式(9-63)]。如果认为叶轮式压气机中实际进行的不可逆绝热压缩过程接近一多变过程(如图9-19所示,多变指数$n > \gamma_0$),则实际压缩功为

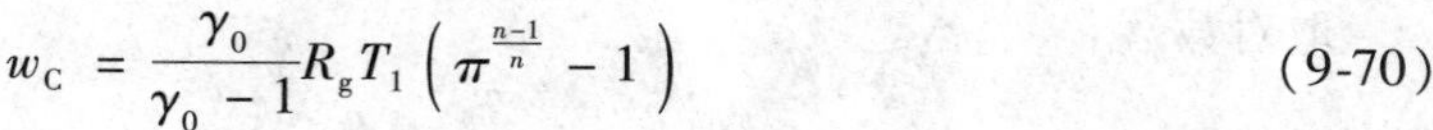

$$w_C = \frac{\gamma_0}{\gamma_0 - 1} R_g T_1 \left(\pi^{\frac{n-1}{n}} - 1 \right) \tag{9-70}$$

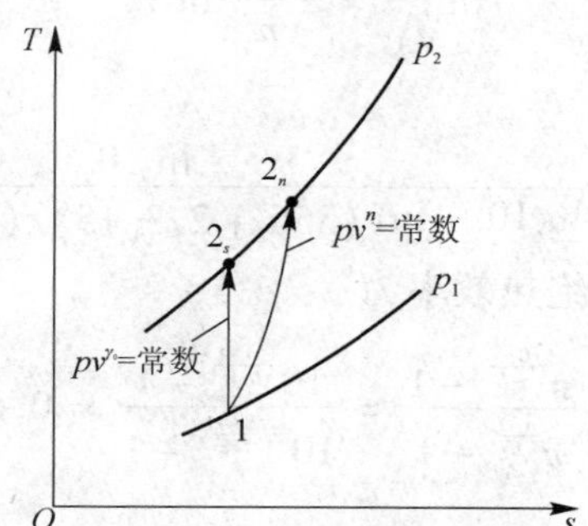

图9-19　温熵图中不可逆绝热压缩过程

这时压气机的绝热效率为

$$\eta_{C,s} = \frac{w_{C,s}}{w_C} = \frac{\dfrac{\gamma_0}{\gamma_0 - 1} R_g T_1 \left(\pi^{\frac{\gamma_0-1}{\gamma_0}} - 1 \right)}{\dfrac{\gamma_0}{\gamma_0 - 1} R_g T_1 \left(\pi^{\frac{n-1}{n}} - 1 \right)} = \frac{\pi^{\frac{\gamma_0-1}{\gamma_0}} - 1}{\pi^{\frac{n-1}{n}} - 1} \tag{9-71}$$

有时也采取多变效率,即可逆多变压气功与不可逆绝热(按多变规律变化)气功之比为

$$\eta_{C,n} = \frac{w_{C,n}}{w_C} = \frac{\dfrac{n}{n - 1} R_g T_1 \left(\pi^{\frac{n-1}{n}} - 1 \right)}{\dfrac{\gamma_0}{\gamma_0 - 1} R_g T_1 \left(\pi^{\frac{n-1}{n}} - 1 \right)} = \frac{n(\gamma_0 - 1)}{\gamma_0(n - 1)} \tag{9-72}$$

同样一台压气机,同样的实际压气功,由于与之对比的理论过程不一样,所得效率值也不一样:

$$\eta_{C,n} > \eta_{C,s} \tag{9-73}$$

从热力学角度看,使用多变效率更合理。因为它是同一过程(图9-19中的过程$1 \to 2_n$)可

逆压气功与不可逆压气功之比。但在绝热过程中，更习惯用可逆压气功（图 9-19 中的过程 $1\rightarrow 2_s$）与不可逆压气功（图 9-19 中的过程 $1\rightarrow 2_n$）来比较。

与活塞式压气机相比，叶轮式压气机由于没有往复运动部件，因而运行平稳，可采用高转速，机器设备也更轻便，适宜用作大流量的压气设备。活塞式压气机则更宜用作小流量、高压比的压气设备。

例 9-6 一轴流式压气机，增压比为 10，流量为 5 kg/s，进气参数为0.1 MPa，25 ℃。已测得排气温度为 356 ℃。试求该压气机的绝热效率、多变效率和消耗的功率。

解：认为空气在该压气机工作参数范围内可视为等比热容理想气体，不可逆绝热压缩过程近似遵守 pv^n = 常数的规律。已知对于空气有：$\gamma_0 = 1.4$，$R_g = 0.287\ 00\ \text{kJ/(kg}\cdot\text{K)}$。

根据多变过程：

$$\frac{T_2}{T_1} = \left(\frac{p_2}{p_1}\right)^{\frac{n-1}{n}} = \pi^{\frac{n-1}{n}}$$

取对数

$$\ln\frac{T_2}{T_1} = \frac{n-1}{n}\ln\pi$$

所以多变指数

$$n = \frac{\ln\pi}{\ln\pi - \ln(T_2/T_1)} = \frac{\ln 10}{\ln 10 - \ln[(356+273.15)/(25+273.15)]} = 1.588$$

根据式(9-71)，该压气机的绝热效率为

$$\eta_{C,s} = \frac{\pi^{\frac{\gamma_0-1}{\gamma_0}}-1}{\pi^{\frac{n-1}{n}}-1} = \frac{10^{\frac{1.4-1}{1.4}}-1}{10^{\frac{1.588-1}{1.588}}-1} = 0.691\ 6$$

根据式(9-72)，多变效率为

$$\eta_{C,n} = \frac{n(\gamma_0-1)}{\gamma_0(n-1)} = \frac{1.588\times(1.4-1)}{1.4\times(1.588-1)} = 0.771\ 6$$

根据式(9-70)，压气机消耗的功率为

$$\begin{aligned}P_C &= w_C q_m = \frac{\gamma_0}{\gamma_0-1}R_g T_1\left(\pi^{\frac{n-1}{n}}-1\right)q_m\\ &= \frac{1.4}{1.4-1}\times 0.287\times 298.15\times\left(10^{\frac{1.588-1}{1.588}}-1\right)\times 5\\ &= 2\ 015.2(\text{kW})\end{aligned}$$

任务 9.8 引射器的工作过程

为达到提升气体压力的目的，除了利用压气机外，还可以利用如图 9-20 所示的引射器实现。引射器的工作原理是：具有较高压力（p_1）的流体进入喷管降压、加速，带动（引射）低压力（p_2）的流体进入混合室中混合，达到一中等流速（前者减速、后者加速），然后混合流体进入扩压管提高压力（p_3）后流出引射器。引射器的作用是使低压流体升压（从 p_2 升到 p_3）。当

然，这是以高压流体降压（从 p_1 降到 p_3）为代价的。在一些特定场合，引射器有其应用价值。例如，当为保证某容器具有一定的真空度而需要不断抽气时，可用高压流体（比如发电厂中有现成的高压蒸汽可以利用）通过引射器不断抽气，并与抽出的气体一并排出。又如有高压蒸汽和低压蒸汽，但需用中压蒸汽，这时可通过引射器，利用高压蒸汽提高低压蒸汽的压力，共同达到中压后使用，这样比通过节流使高压蒸汽降至中压使用要经济。

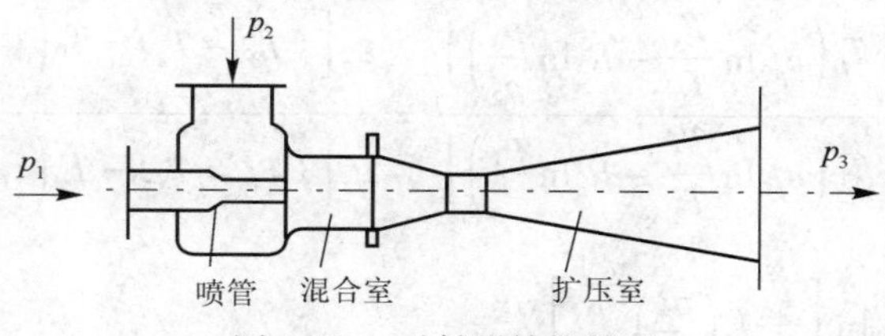

图 9-20　引射器结构简图

引射器内进行的热力过程，从内部看，有膨胀、压缩、混合，压力和流速的变化比较显著，但从混合前的状态（状态 1、状态 2）和混合后的状态（状态 3）来看，混合过程是对外界无技术功的绝热过程，和之前讨论过的流动混合过程是同样的。因此有

$$q_{m3}h_3 = q_{m1}h_1 + q_{m2}h_2$$

或写为

$$h_3 = \frac{q_{m1}}{q_{m3}}h_1 + \frac{q_{m2}}{q_{m3}}h_2 = g_1h_1 + g_2h_2 \tag{9-74}$$

式中，g_1，g_2 为质量流量的百分率。

如果高压和低压两股流体为同一种等比热容理想气体（比如说空气），则式(9-74) 可写为

$$c_{p0}T_3 = g_1c_{p0}T_1 + g_2c_{p0}T_2$$

即

$$T_3 = g_1T_1 + g_2T_2 \tag{9-75}$$

这时，从引射器每流出 1 kg 气体，因不可逆因素造成的熵产（等于混合前后的熵增）可计算如下：

$$\begin{aligned} s_g &= s_3 - (g_1s_1 + g_2s_2) = (c_{p0}\ln T_3 - R_g\ln p_3 + C_2) - \\ &\quad g_1(c_{p0}\ln T_1 - R_g\ln p_1 + C_2) - g_2(c_{p0}\ln T_2 - R_g\ln p_2 + C_2) \\ &= c_{p0}\ln\frac{T_3}{T_1^{g_1}T_2^{g_2}} - R_g\ln\frac{p_3}{p_1^{g_1}p_2^{g_2}} \end{aligned} \tag{9-76}$$

引射器的性能可以有多种表示方法。引射器的工作性能可以直观地使用每千克高压气体所引射的低压气体的质量来表示，称为引射系数 μ，即

$$\mu = \frac{q_{m2}}{q_{m1}} \tag{9-77}$$

从热力学角度来看，对引射器还可以采用如下的效率表示其工作性能，即

$$\eta_{ex} = \frac{收获}{消耗} = \frac{低压流体流经引射器后可用能的增加}{高压流体流经引射器后可用能的减少}$$

$$= \frac{g_2[(h_3''-h_2)-T_0(s_3''-s_2)]}{g_1[(h_1-h_3')-T_0(s_1-s_3')]} \tag{9-78}$$

式中，h_3'，h_3''和 s_3'，s_3''分别为高压流体1和低压流体2在引射器出口 T_3，p_3 下的比焓和比熵（不考虑异种流体掺混的影响）。

如果高压和低压两股流体为同一种等比热容理想气体，则式(9-78)可简化为

$$\eta_{ex} = \frac{g_2\left[c_{p0}(T_3-T_2)-T_0\left(c_{p0}\ln\frac{T_3}{T_2}-R_g\ln\frac{p_3}{p_2}\right)\right]}{g_1\left[c_{p0}(T_1-T_3)-T_0\left(c_{p0}\ln\frac{T_1}{T_3}-R_g\ln\frac{p_1}{p_3}\right)\right]} = \frac{g_2\left[(T_3-T_2)-T_0\left(\ln\frac{T_3}{T_2}-\frac{\gamma_0-1}{\gamma_0}\ln\frac{p_3}{p_2}\right)\right]}{g_1\left[(T_1-T_3)-T_0\left(\ln\frac{T_1}{T_3}-\frac{\gamma_0-1}{\gamma_0}\ln\frac{p_1}{p_3}\right)\right]}$$

$$= \frac{g_2}{g_1}\frac{(T_3-T_2)-T_0\ln\left[\frac{T_3}{T_2}\bigg/\left(\frac{p_3}{p_2}\right)^{\frac{\gamma_0-1}{\gamma_0}}\right]}{(T_1-T_3)-T_0\ln\left[\frac{T_1}{T_3}\bigg/\left(\frac{p_1}{p_3}\right)^{\frac{\gamma_0-1}{\gamma_0}}\right]} \tag{9-79}$$

由于引射器掺混过程中的不可逆损失很大，引射器的效率一般都很低，但引射器结构简单，而且没有运动部件，工作可靠，故仍具有一定的使用价值。

例 9-7 用压缩空气通过引射器来抽空气以维持某容器的真空度，抽出的气体排向大气。已测得压缩空气的参数为 $p_1 = 0.5$ MPa，$t_1 = 20$ ℃，$q_{m1} = 0.15$ kg/s；真空容器的参数为 $p_2 = 0.025$ MPa，$t_2 = 20$ ℃，被抽走气体的流量 $q_{m2} = 0.022$ kg/s；大气参数为 $p_0 = 0.1$ MPa，$t_0 = 20$ ℃。试求引射器引射系数、排出气体的温度、引射过程的㶲损及引射器效率。

解：空气按等比热容理想气体处理，主要参数为：$c_{p0} = 1.005$ kJ/(kg·K)，$R_g = 0.2870$ kJ/(kg·K)，$\gamma_0 = 1.400$。

引射系数按式(9-77)计算，即

$$\mu = \frac{q_{m2}}{q_{m1}} = \frac{0.022}{0.15} = 0.1467 = 14.67\%$$

压缩空气的质量流量百分率为

$$g_1 = \frac{q_{m1}}{q_{m1}+q_{m2}} = \frac{0.15}{0.15+0.022} = 0.8721 = 87.21\%$$

被抽走空气的质量流量百分率为

$$g_2 = 1-g_1 = 1-0.8721 = 0.1279 = 12.79\%$$

根据式(9-75)，引射器出口温度为

$$T_3 = g_1T_1+g_2T_2 = 0.8721\times 293.15+0.1279\times 293.15 = 293.15\ \text{K}(20\ ℃)$$

从引射器每流出1 kg 空气的㶲损为 $e_L = T_0 s_g$。考虑到 $T_3 = T_2 = T_1$，由式(9-76)可得

$$e_L = T_0 s_g = T_0\left(-R_g\ln\frac{p_3}{p_1^{g_1}p_2^{g_2}}\right)$$

$$= 293.15\times\left[-0.2870\times\ln\frac{0.1}{0.5^{0.8721}\times 0.025^{0.1279}}\right]$$

$$= 103.17(\text{kJ/kg})$$

由于 $T_3 = T_2 = T_1$，按式(9-79)计算的引射器的效率可简化为

$$\eta_{ex} = \frac{g_2}{g_1}\frac{\ln\frac{p_3}{p_2}}{\ln\frac{p_1}{p_3}} = \frac{0.1279}{0.8721} \times \frac{\ln\frac{0.1}{0.025}}{\ln\frac{0.5}{0.1}} = 0.1263 = 12.63\%$$

由计算结果可见，引射器的不可逆损失的确很大，其效率也的确很低。

任务9.9　绝热节流

当流体在管道系统内流动时，会流经阀门、孔板等设备，由于局部阻力，流体压力降低，这就是节流现象。如果在节流过程中，流体与外界无热量交换，即为绝热节流，简称节流。

节流过程是典型的不可逆过程。流体在孔口附近发生强烈的扰动及涡流，处于极度不平衡状态，如图9-21所示，故不能用平衡态热力学方法分析孔口附近的流动状况。但在距孔口较远的地方，如图9-21中的截面1—1和2—2，流体仍处于平衡态。若取管段1—2为控制体，应用绝热流动的能量方程可得

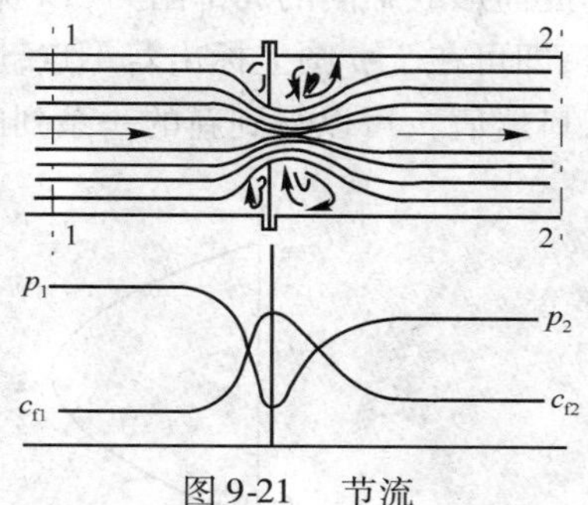

图9-21　节流

$$h_1 = h_2 + \frac{1}{2}(c_{f2}^2 - c_{f1}^2)$$

在通常情况下，节流前后流速 c_{f1} 和 c_{f2} 差别不大，流体动能差与 h_1 和 h_2 相比极小而可忽略不计：

$$h_1 = h_2 \tag{9-80}$$

该式表明，经过节流后，流体的焓值仍回复到原值。由于在1—1截面和2—2截面之间流体处于不平衡态，因而不能确定各截面的焓值。因此，尽管 $h_1 = h_2$，但不能把节流过程（通过1—1截面流至2—2截面的流动过程）视为焓值处处相等的定焓过程。

节流过程是不可逆绝热过程，过程中有熵产，即其熵值增大：

$$s_2 > s_1 \tag{9-81}$$

对于理想气体，$h = f(T)$，焓值不变，则温度也不变，即 $T_1 = T_2$。节流后其他状态参数可依据 p_2 及 T_2 求得。实际气体节流过程的温度变化比较复杂，视其节流前所处状态及节流产生的压降值而定，节流后温度可以降低，可以升高，也可以维持不变。

节流过程的温度变化可以用焦-汤系数 μ_J 来表示，它是指绝热节流的微分温度效应。项目5中已经导出了焦-汤系数与其他参数之间的关系为

$$\mu_J = \left(\frac{\partial T}{\partial p}\right)_h = \frac{1}{c_p}\left[T\left(\frac{\partial v}{\partial T}\right)_p - v\right] = \frac{v}{c_p}(T\alpha_V - 1) \tag{9-82a}$$

而式(9-82a)的积分即节流后产生的温度差，称为节流的积分效应：

$$T_2 - T_1 = \int_1^2 \mu_J \mathrm{d}p = \int_1^2 \frac{v}{c_p}(T\alpha_V - 1)\mathrm{d}p \tag{9-82b}$$

由于节流后压力总是降低的($dp<0$),所以有:

若 $T\left(\frac{\partial v}{\partial T}\right)_p - v > 0$,$\mu_J > 0$,节流后温度降低,$T_2 - T_1 < 0$;

若 $T\left(\frac{\partial v}{\partial T}\right)_p - v < 0$,$\mu_J < 0$,节流后温度升高,$T_2 - T_1 > 0$;

若 $T\left(\frac{\partial v}{\partial T}\right)_p - v = 0$,$\mu_J = 0$,节流后温度不变,$T_2 - T_1 = 0$。

节流后温度不变的气流温度,称为转回温度,用 T_i 表示。若已知气体的状态方程,利用 $T\left(\frac{\partial v}{\partial T}\right)_p - v = 0$ 的关系,即可求出不同压力下的转回温度 T_i。在 T-p 图上,把不同压力下的转回温度连接起来获得一条连续曲线,称为转回曲线,如图 9-22(a) 所示。

转回温度也可由实验测定。在某一给定的进口状态下(入口焓值固定),通过控制阀门的开度而形成不同的局部阻力,以获得不同的出口压力。测得不同出口压力对应的出口温度值,即可在 T-p 图上标出若干点,连接这些点,就得到一条定焓线。随后,改变进口状态(改变入口焓值),可以得到新的一系列的定焓线,如图 9-22(b) 所示。

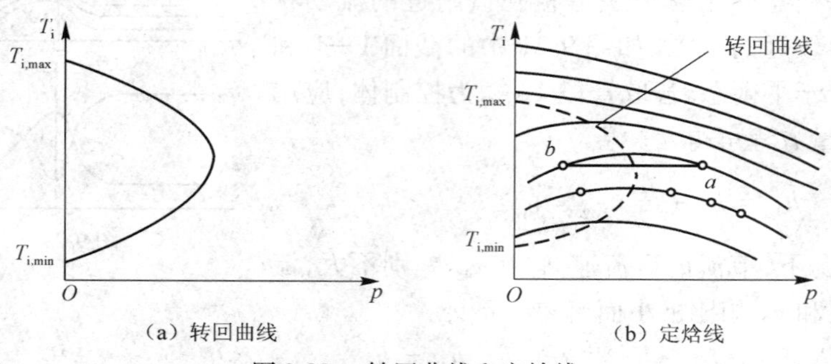

图 9-22 转回曲线和定焓线

T-p 图中定焓线上任意一点切线的斜率 $\left(\frac{\partial T}{\partial p}\right)_h$ 即是该点的 μ_J 值。由图 9-22(b) 可见,每一条定焓线上都有一点的温度达到最大值,此点上的节流微分效应 $\mu_J = \left(\frac{\partial T}{\partial p}\right)_h = 0$,该点的温度即为转回温度,转回温度的连线即为转回曲线。转回曲线把 T-p 图划分为两个区域:在曲线与温度轴所包围的区域内部,节流微分效应 $\mu_J > 0$,称为冷效应区;在曲线与温度轴所包围的区域之外,节流微分效应 $\mu_J < 0$,称为热效应区。初始状态处于冷效应区的气体,节流后无论压力如何变化,温度总是下降的,且压力下降越大,温度降低越多。初始状态处于热效应区的气体,节流后温度的变化与压力变化有关:当压力变化微小时,节流后温度上升;而当压力下降足够大以后,节流后温度会下降。如图 9-22(b) 所示,由状态点 a 节流后压力下降至状态点 b 对应的压力以下时,温度才开始下降。由此可见,节流的微分效应和节流的积分效应有所不同。转回曲线与温度轴上方交点的温度是最大转回温度 $T_{i,max}$,与温度轴下方交点的温度是最小转回温度 $T_{i,min}$。流体温度高于最大转回温度 $T_{i,max}$ 或低于最小转回温度 $T_{i,min}$,都不可能发生节流冷效应。

对于范德瓦耳斯气体,范德瓦耳斯状态方程又可写为

$$T = \frac{1}{R_g}\left(p + \frac{a}{v^2}\right)(v - b)$$

则有

$$\left(\frac{\partial T}{\partial v}\right)_p = \frac{pv^3 - av + 2ab}{R_g v^3}$$

$$\left(\frac{\partial v}{\partial T}\right)_p = \frac{1}{\left(\frac{\partial T}{\partial v}\right)_p} = \frac{R_g v^3}{pv^3 - av + 2ab}$$

代入式(9-82a) 得其焦 - 汤系数为

$$\mu_J = \frac{1}{c_p}\left(\frac{R_g T v^3}{pv^3 - av + 2ab} - v\right)$$

即,不同于理想气体(焦 - 汤系数一定为零),范德瓦耳斯气体的焦 - 汤系数不一定为零,其值与状态有关。

对于大多数气体,节流后温度降低,利用这一现象可使气体通过节流降温而获得低温或使其液化。

节流过程的工程应用除了利用其冷效应进行制冷外,还可以用来调节发动机的功率、测量流体的流量等。因为绝热节流是不可逆过程,所以工质熵必然增加,因而节流后工质的做功能力必然减小,故节流是简易可行的调节发动机功率的方法。工程上常用的孔板流量计是利用节流现象测量流体流量的常用仪器,其基本原理是利用孔板使流体节流,再用压差计测定孔板前后的压力差,进而精确地计算出流体流量。

节流现象还可以用于帮助建立实际气体的状态方程。把式(9-82a) 改写为

$$\mu_J = \frac{T^2}{c_p}\left[\frac{\partial}{\partial T}\left(\frac{v}{T}\right)\right]_p \tag{9-83a}$$

进一步可得

$$\left[\frac{\partial}{\partial T}\left(\frac{v}{T}\right)\right]_p = \frac{\mu_J c_p}{T^2} \tag{9-83b}$$

通过实验,可以获得气体在各种温度和压力下的节流效应,即 $\mu_J = \mu_J(T,p)$,结合 $c_p = c_p(T,p)$,则式(9-83b) 的积分为

$$\frac{v}{T} = \int_T \frac{\mu_J c_p}{T^2}\mathrm{d}T + \varphi(p) \tag{9-83c}$$

式中,$\varphi(p)$ 为待定项,可根据边界条件确定。在 $p \to 0$ 时,所有实际气体都趋近于理想气体,而对理想气体 $\mu_J = 0$,由式(9-83c) 可得

$$\varphi(p) = \frac{R_g}{p} \tag{9-83d}$$

所以有

$$\frac{v}{T} = \int_T \frac{\mu_J c_p}{T^2}\mathrm{d}T + \frac{R_g}{p} \tag{9-83e}$$

将$\mu_J = \mu_J(T,p)$和$c_p = c_p(T,p)$代入式(9-83e)，即可获得该实际气体的状态方程。

项目总结

流动问题是工程热力学难点之一，要理解好临界流动的概念，必须对马赫数（Ma）有深入的理解。从马赫数的表达式上看，马赫数是流体流速与当地声速的比值。其实，马赫数表达的是在连续介质中的扰动速度（流速，作分子）与这个扰动在连续介质中的传播速度（声速，作分母）的比值，这是马赫数本身的物理意义。不同的马赫数取值代表了流场的不同特性。当$Ma < 1$时，即在亚声速流动中，流场中任何一点的扰动能够在流场全域内传播；当$Ma = 1$时，即在临界流动中，流场中任何一点的扰动只能在流场扰动点下游的半域内传播。换句话说，在扰动速度与扰动的传播速度相等的流动中，流场中任何一点的扰动都不能逆流上传，这一点类似于在逆流中划行的小船。当小船的划行速度恰好等于水的逆流速度时，小船只能停止在水中而不能前行。理解了这一点，就能明白为什么在渐缩形喷管中不能获得超声速气流：此时的压降扰动不能逆向传进喷管，喷管出口的流速只能是声速。当$Ma > 1$时，即在超声速流动中，流场中任何一点的扰动只能在流场下游的，被称为马赫锥的局域内传播。马赫数的这三种取值代表了流场的不同特性，可以说，马赫数实际是反映了连续介质流场中任何一点扰动传播范围的物理本质。

本项目的知识结构框图如图 9-23 所示。

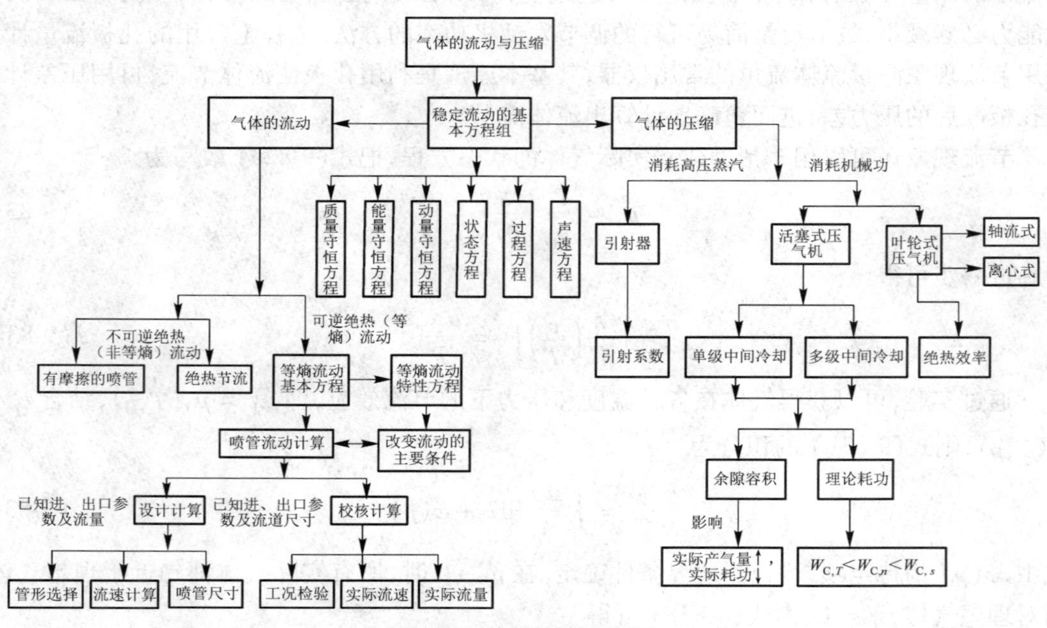

图 9-23　知识结构框图 9

思考题

1. 既然$c = \sqrt{2(h^* - h)}$对有摩擦和无摩擦的绝热流动都适用，那么摩擦损失表现在哪里呢？

2. 为什么渐放形管道使气流加速？渐放形管道也能使液流加速吗？

3. 声速是一个固定数值吗？

4. 在亚声速和超声速气流中，如图9-24所示的三种形状的管道适宜作喷管还是适宜作扩压管？

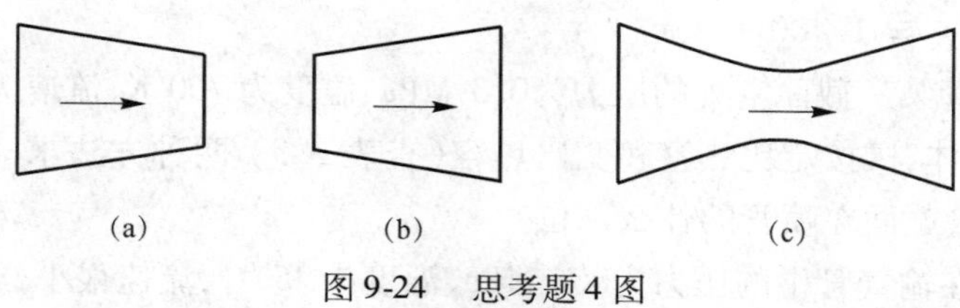

(a)　(b)　(c)

图9-24　思考题4图

5. 有一渐缩形喷管，进口前的滞止参数不变，背压 p_b（喷管出口外面的压力）由等于滞止压力逐渐下降到极低压力。问该喷管的出口压力、出口流速和喷管的流量将如何变化？

6. 有一渐缩形喷管和一缩放形喷管，最小截面积相同，都工作在相同的滞止参数和极低的背压之间（如图9-25所示）。试问气体经过它们后的出口压力、出口流速、流量是否相同？如果将它们截去一段（图中虚线右侧段），那么它们的出口压力、出口流速和流量将如何变化？

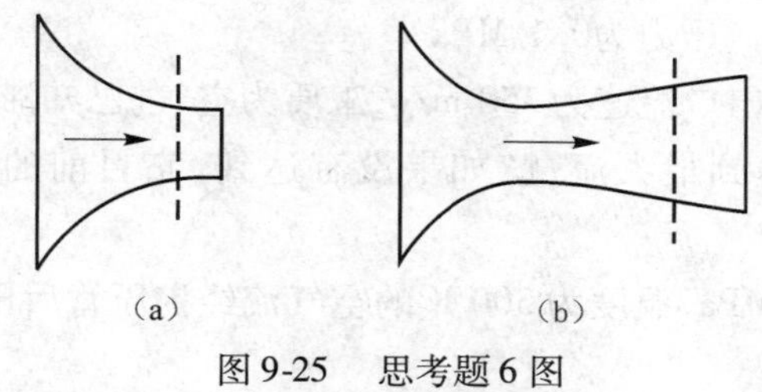

(a)　(b)

图9-25　思考题6图

7. 什么叫临界压力比？临界压力比在分析气体在喷管中的流动情况方面起什么作用？

8. 什么叫当地声速？马赫数 Ma 表明了什么？

9. 气体在喷管中绝热流动，不管其过程是否可逆，都可以用 $c_2 = 1.414\sqrt{h_1 - h_2}$ 进行计算。这是否说明，可逆过程和不可逆过程所得到的效果相同？或者说，不可逆过程会在什么地方表现出能量的损失？

10. 对于定温压缩的压气机，是否需要采用多级压缩？为什么？

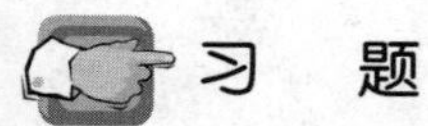

习　题

9-1 空气以2 kg/s的流率定温地流经水平放置的具有等截面积（0.02 m^2）的金属管。进口处空气比容为0.05 m^3/kg，出口处流速为10.5 m/s。管内空气和管外环境温度相同，均为293 K。问管内的空气是否与环境发生热量交换？流动过程是否可逆？

9-2 用管道输送天然气（甲烷）。已知管道内天然气的压力为4.5 MPa、温度为295 K、流速为30 m/s，管道直径为0.5 m。问每小时能输送天然气多少标准立方米？

9-3 初态为1.0 MPa,27 ℃的氢气在渐缩形喷管中膨胀到0.8 MPa。已知喷管的出口截面积为80 cm^2,若可忽略摩阻损失,试确定气体在喷管中绝热流动和定温流动的质量流量各为多少?假定氢气的定压比热容 $c_p = 14.307$ kJ/(kg·K),$\kappa = 1.405$。

9-4 温度为750 ℃、流速为550 m/s的空气流,以及温度为20 ℃、流速为380 m/s的空气流,是亚声速气流还是超声速气流?它们的马赫数各为多少?已知空气在750 ℃时,$\kappa = 1.335$;在20 ℃时,$\kappa = 1.400$。

9-5 已测得喷管某一截面空气的压力为0.3 MPa、温度为700 K、流速为600 m/s。视空气为定比热容理想气体,试按定比热容和变比热容(查表A-9)两种方法求滞止温度和滞止压力。能否推知该测量截面在喷管的什么部位?

9-6 压缩空气在输气管中的压力为0.6 MPa、温度为25 ℃,流速很小。经一出口截面积为300 mm^2 的渐缩形喷管后压力降为0.45 MPa。求喷管出口流速及喷管流量。按定比热容理想气体计算,不考虑摩擦,以下各题均如此。

9-7 承习题9-6。若渐缩形喷管的背压为0.1 MPa,则喷管流量及出口流速为多少?

9-8 空气进入渐缩形喷管时的初速为200 m/s,初压为1 MPa,初温为400 ℃。求该喷管达到最大流量时出口截面的流速、压力和温度。

9-9 试设计一喷管,工质是空气。已知流量为3 kg/s,进口截面上的压力为1 MPa、温度为500 K、流速为250 m/s,出口压力为0.1 MPa。

9-10 一渐缩形喷管的出口流速为350 m/s,工质为空气。已知滞止温度为300 ℃(滞止参数不变)。试问这时是否达到最大流量?如果没有达到,它目前的流量是最大流量的百分之几?

9-11 欲使压力为0.1 MPa、温度为300 K的空气流经扩压管后压力提高到0.2 MPa,空气的初速至少应为多少?

9-12 氦气从恒定压力 $p_1 = 0.695$ MPa,温度 $t_1 = 27$ ℃的储气罐内流入一喷管。如果喷管效率 $\eta_N = \dfrac{h_1 - h_{2'}}{h_1 - h_2} = 0.89$,求喷管里静压力 $p_2 = 0.138$ MPa处的流速为多少?如果其他条件维持不变,工质由氦气改为空气,其流速变为多少?氦气的 $c_p = 5.1926$ kJ/(kg·K),$\kappa = 1.667$,空气的 $c_p = 1.005$ kJ/(kg·K),$\kappa = 1.4$。

9-13 对某空气,有 $p_1 = 0.1$ MPa,$t_1 = 50$ ℃,$V_1 = 0.032\ m^3$,进入压气机按多变过程压缩至 $p_2 = 3.2$ MPa,$V_2 = 0.0021\ m^3$,试求:

(1) 多变指数 n;

(2) 所需轴功;

(3) 压缩终了时的空气温度;

(4) 压缩过程中传出的热量。

9-14 大气在 $p_1 = 750$ mmHg和 $t_1 = 10$ ℃下进入压气机,被压缩至 $p_2 = 0.5886$ MPa。当按 $n = 1.3$ 的多变过程压缩时,压气机的多变效率为70%。如果带动压气机的电动机功率为100 kW,试求该压气机在标准状态下的压气量为多少(以 m^3/h 为单位)?若压气机绝热压缩效率亦为70%,结果又如何?

9-15 压气机中气体压缩后的温度不宜过高,取极限值为150 ℃,吸入空气的压力和温度分别为$p_1 = 0.1$ MPa,$t_1 = 20$ ℃。在单级压气机中压缩250 m^3/h空气,若压气机缸套中流过465 kg/h 的冷却水,在气缸套中水温升高14 ℃,求可能达到的最高压力及压气机必需的功率。

9-16 实验室需要压力为6.0 MPa 的压缩空气,应采用一级压缩还是两级压缩?若采用两级压缩,最佳中间压力应等于多少?设大气压力为0.1 MPa,大气温度为20 ℃,$n = 1.25$,采用中间冷却器将压缩空气冷却到初温,试计算压缩终了时空气的温度。

9-17 三台压气机的余隙比均为0.06,进气状态均为0.1 MPa,27 ℃,出口压力均为0.5 MPa,但压缩过程的指数分别为$n_1 = 1.4$,$n_2 = 1.25$,$n_3 = 1$,试求各压气机的容积效率(设膨胀过程与压缩过程的多变指数相同)。

9-18 有两台单级活塞式压气机,每台每小时均能生产压力为0.6 MPa 的压缩空气2 500 kg。进气参数都是0.1 MPa,20 ℃。其中一台用水套冷却气缸,压缩过程的多变指数$n = 1.3$;另一台没有水套冷却,压缩过程的多变指数$n = \gamma_0 = 1.4$。试求两台压气机理论上消耗的功率。如果能做到定温压缩,则理论上消耗的功率将是多少?

9-19 某一单级活塞式压气机,其余隙比为0.06,空气进入气缸时的温度为32 ℃,压力为0.1 MPa,压缩过程的多变指数为1.25。试求压缩气体能达到的极限压力(图9-13中的p_2'')及达到该压力时的温度。当压气机的出口压力分别为0.5 MPa,1 MPa 时,其容积效率及压缩终了时气体的温度各为多少?如果将余隙比降为0.03,则上面所要求计算的各项将是多少?将计算结果列成表格,以便对照比较。

9-20 某一离心式空气压缩机,其流量为3.5 kg/s,进口压力为0.1 MPa,温度为20 ℃,出口压力为0.3 MPa。试求压气机消耗的理论功率和实际功率。已知压气机的绝热效率$\eta_{C,s} = \dfrac{w_{C,the}}{w_{C,act}} = 0.85$。

9-21 承习题9-20。如果认为压缩过程遵守多变过程的规律,试确定多变指数和压气机的多变效率。

9-22 当某轴流式压气机运行时,已测得入口空气参数为$p_1 = 0.1$ MPa,$t_1 = 20$ ℃,排气参数为$p_2 = 1.2$ MPa,$t_2 = 375$ ℃,消耗功率1 850 kW。试计算该压气机的绝热效率、流量及㶲损。

9-23 对有摩擦的绝热气流,斯托道拉(Stodola) 假定功损(或热产) 与焓降成正比,并称之为能量损失系数ξ($\xi = \dfrac{\delta q_g}{-\mathrm{d}h} = C$(常数))。试证明它与多变指数之间的关系为:$\xi = \dfrac{\gamma_0 - n}{\gamma_0(n-1)}$或$n = \dfrac{\gamma_0(\xi+1)}{\gamma_0\xi+1}$。

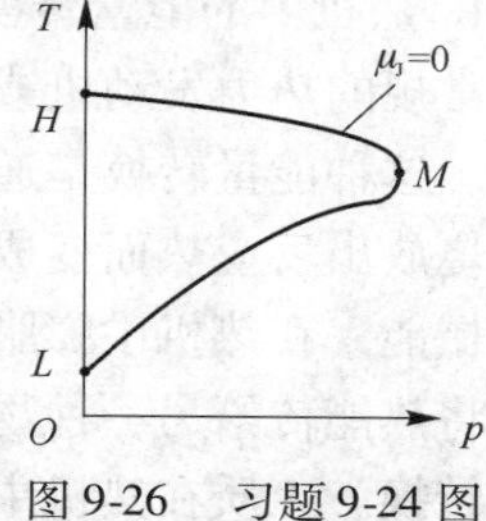

图9-26　习题9-24图

9-24 范德瓦耳斯气体的转回曲线($\mu_J = 0$) 如图9-26所示。试证明其最高转回温度、最低转回温度和最高转回压力分别为$T_H = 6.75T_c$,$T_L = 0.75T_c$,$p_M = 9p_c$。

项目 10　气体动力循环

项目提要

本项目简要说明了分析计算动力循环的任务和目的，着重阐述了活塞式内燃机循环和燃气轮机装置循环，分析了影响这些循环热效率及循环比功的因素及提高循环热效率的途径，以循环比功最大化为目标进行了气体动力循环的优化分析，指出了给定条件下气体动力循环装置的经济工作参数，给出了气体动力循环的通用 T-s 图。本项目对喷气发动机循环和活塞式热气发动机循环也做了扼要介绍。

学习目标

（1）明确气体动力循环的构成，具有对其性能参数进行计算的能力。

（2）准确解释循环比功的物理意义，具有计算理想气体动力循环最大循环比功的能力。

（3）准确解释实际气体动力循环装置的两个最优工况：循环热效率最大工况和循环比功最大工况，具有确定最优工况工作参数的能力。

（4）明确过程不可逆性等对实际气体动力循环装置性能的影响。

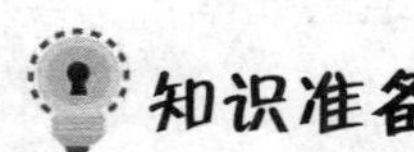

任务 10.1　概　　述

1. 热机中的能量转换

常规的热力发动机或热能动力装置（简称热机）都以消耗燃料为代价，以输出机械功为目的。这种能量转换是通过两步实现的：首先，化石燃料（煤、燃油、天然气等）中的化学能通过燃烧放出反应热而变成工质的热能；然后，再通过工质的状态变化（热力过程）使热能转变为机械能。在热机中膨胀做功的工质可以是燃烧产物本身（如内燃式热机），也可以由燃烧产物将热能传给另一种物质（水蒸气），而以后者作为工质（如外燃式热机）实现热能向机械能的转换。工质在热机中不断完成热力循环，并使热能连续地转变为机械能而服务于生产和生活。

2. 分析计算动力循环的任务和目的

由于所采用的工质及工质所经历的热力循环不同，各种热机不仅在结构上，而且在工作性能上，都存在差别。从热力学的角度来分析热机，其主要任务和目的是针对热机中进行的热力循环，计算其性能评价指标，主要包括：功（功率、扭矩）、平均有效压力、循环热效率、比燃料消耗、循环比功等。尤其是其循环热效率及循环比功，分析影响循环热效率与循环比功的各种因素，指出提高循环热效率或循环比功的途径。针对指定条件（如循环最低温度和最高温度）下的气体动力循环装置，明确循环比功的重要理论意义。

3. 实际循环和理论循环的意义

虽然实际的热力循环是多样的、不可逆的，而且有时还是相当复杂的，但通常总可以近似地用一系列简单的、典型的、可逆的过程来代替，这些过程相互衔接，形成一个封闭的理论循环。对这样的理论循环就可以方便地进行热力学分析和计算了。理论循环和实际循环当然是有一定差别的，但是只要这种从实际到理论的抽象、概括和简化是合理的、接近实际的，则对理论循环进行分析和计算进行的结果不仅具有一般的理论指导意义，而且也会具有一定的准确性，必要时可做进一步修正，以提高其精确度。另外，对某种理论循环进行计算可以给出这类循环理论上能达到的最佳效果，这就为指导和改进实际循环及减少不可逆损失树立了一个可以与之相比较的标准，实际装置依据热力学理想循环的理论结果持续完善。所以，对理论循环的分析和计算无论在理论上或是在实用上，都是有价值的。本项目（气体动力循环）、项目 11（蒸汽动力循环）及项目 12（制冷循环）将主要讨论各种理论循环。

任务 10.2　活塞式内燃机的混合加热循环及优化分析

因为工质的膨胀和压缩及燃料的燃烧等过程均在同一个带活塞的气缸中进行，活塞式内燃机（包括煤气机、汽油机、柴油机等）自问世以来，以其结构紧凑、体积小、重量小、启动快和热效率较高等优点而得到广泛的应用，是目前各种交通工具最主要的动力装置。

10.2.1　四冲程柴油机的实际循环及其简化

实际上，活塞式内燃机的动力循环相当复杂，对其进行分析的理论基础是闭口系统能量方程和热力学第二定律。为了便于分析，需要进行一些必要的简化和假设，以获得有关气体动力循环最本质的结论。

在活塞式内燃机的气缸中，气体工质的压力和体积的变化情况可以通过一种叫作“示功器”的仪器记录下来。现以典型的四冲程柴油机为例，介绍四冲程柴油机的实际循环与简化模型。

四冲程柴油机实际循环示功图如图 10-1 所示。当活塞从最左端（所谓上止点）向右移动时，进气阀门开放，空气被吸进气缸。这时气缸中空气的压力由于进气管道和进气阀门的阻力而稍低于外界大气压力（$a \to b$）。然后活塞从最右端（所谓下止点）向左移动，这时进气阀门和排气阀门都关闭着，空气被压缩，这一过程接近于绝热压缩过程，温度和压力同时升高（$b \to c$）。当活塞即将达到上止点时，由喷油器向气缸中喷柴油，柴油遇到高温压缩空气被加热而立即迅速燃烧，温度和压力在极短的一瞬间急剧上升，以致活塞在上止点附近移动极微,因此这一过程接近于等容燃烧过程($c \to d$)。接着活塞开始向右移动,燃烧继续进行,直到喷进气缸内的燃料烧完为止,这时气缸中的压力变化不大,接近于等压燃烧过程($d \to e$)。此后,活塞继续向右移动,燃烧后的气体膨胀做功,这一过程接近于绝热膨胀过程($e \to f$)。当活塞接近下止点时,排气阀门开放,气缸中的气体冲出气缸,压力突然下降,而活塞还几乎停留在下止点附近,这个排气过程接近于等容排气过程($f \to g$)。最后,活塞由下止点向左移动,将剩余在气缸中的废气继续排出,这时气缸中气体的压力由于排气阀门和排气管道的阻力而需略高于大气压力($g \to a$)。当活塞第二次回到上止点时(活塞往返共 4 次),便完成了一个循环。此后,便是循环的不断重复。

如上所述,内燃机的工作循环是开式的(工质与大气连通),工质的成分也是有变化的:进入内燃机气缸的是新鲜空气,而从气缸中排出的是废气(燃烧产物)。但是,由于废气和空气的成分相差并不悬殊(其中 80% 左右均为不参加燃烧的氮气),因此在做理论分析时,可以近似地假定气缸中工质的成分不变(工质为理想气体),而将气缸内部的燃烧过程看作是从气缸外部向工质加热的过程,并将等容排气过程看作是等容冷却(降压)过程。另外,进气过程和等压排气过程都是在接近大气压力的情况下进行的,可以近似地假定图 10-1 中的 $a \to b$ 和 $g \to a$ 过程线与大气压力线重合,进气过程得到的功和排气过程需要的功互相抵消。因此,可以认为工作循环既不进气也不排气,而是由封闭在活塞气缸中的一定量的气体工质不断地完成热力循环。这样,实际上一个工质成分改变的内燃的开式循环已经变换成了一个工质成分不变的外燃的闭式循环。

再将绝热压缩过程 $b \to c$ 理想化为等熵压缩过程 $1 \to 2$(如图 10-2 所示),将等容燃烧过程 $c \to d$ 理想化为等容加热过程 $2 \to a$,将等压燃烧过程 $d \to e$ 理想化为等压加热过程 $a \to 3$,将绝热膨胀过程 $e \to f$ 理想化为等熵膨胀过程 $3 \to 4$,将等容排气(降压)过程 $f \to g$ 理想化为等容冷却(降压)过程 $4 \to 1$。这样就得到了如图 10-2 所示的活塞式内燃机的理想循环 $1 \to 2 \to a \to 3 \to 4 \to 1$。因该循环中的工质加热包括两个加热过程:等容加热过程 $2 \to a$、等压加热过程 $a \to 3$,故该循环也称混合加热循环。

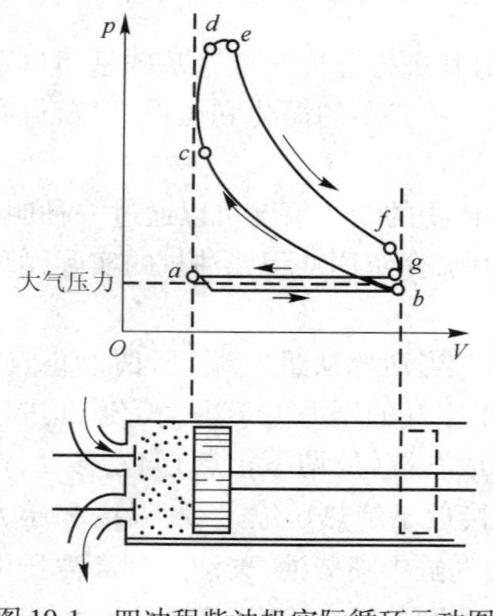

图 10-1　四冲程柴油机实际循环示功图

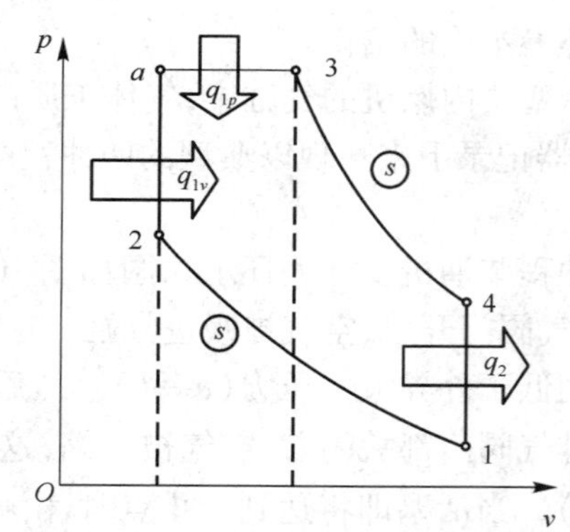

图 10-2　混合加热循环的压容图

10.2.2　活塞式内燃机理论混合加热循环分析

在现代高速压缩点火发动机中，燃料注入燃烧室的时间比早期的柴油发动机要早得多。现代柴油机采用喷油泵和喷油器将燃油在压缩冲程上止点前喷进气缸，由于高压燃油（供油压力为 80～150 MPa）经细小如针孔的喷孔挤出时受到强烈的摩擦、扰动及气缸内压缩空气的阻力，燃油被雾化。在燃烧室中，细微的燃油液滴被高温压缩空气加热而蒸发，与空气形成可燃混合气，当某处燃油达到自燃点（约 335 ℃）时，燃油燃烧，放出热量，从而引燃燃烧室中所有可燃混合气。燃油在上止点前喷入气缸到火苗出现的这段时间，称为滞燃期。滞燃期内积累的燃油量在活塞位于上止点附近的一瞬间燃烧放热，工质压力在一瞬间上升到6～8 MPa，在理想循环中，可以认为这部分热量是在等容条件下加入的；而火苗出现后喷入的燃油由于随喷随烧，此时活塞已向下止点方向运动，燃烧放出的热量使气缸在容积增大时保持压力基本不变，在理想循环中，可以认为这部分燃油放热量是在等压条件下加入的。当燃烧终了时，工质温度可达1 400～1 800 ℃。由于兼有等容加热和等压加热过程，所以现代机械喷射柴油机的理想循环称为等容放热循环（以后简称为混合加热循环，也称沙巴德循环）。

1. 特性参数

在图 10-2 和图 10-3 中，循环 1→2→a→3→4→1 称为混合加热循环，其特性可以用下述特性参数确定。

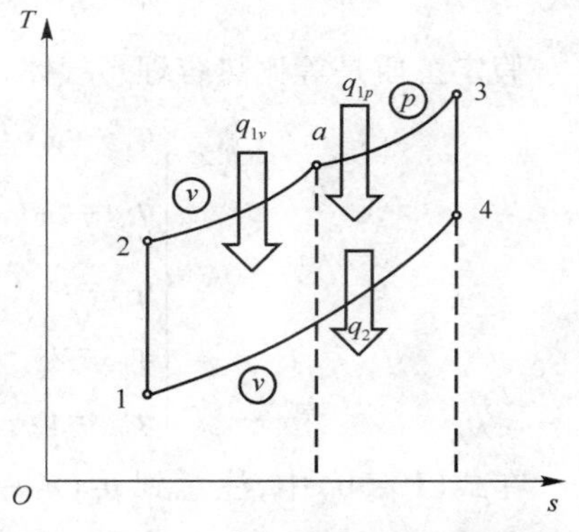

图 10-3　混合加热循环的温熵图

（1）压缩比（ε）。

$$\varepsilon = \frac{v_1}{v_2} = \left(\frac{T_2}{T_1}\right)^{\frac{1}{\gamma_0 - 1}} \tag{10-1}$$

压缩比说明燃烧前气体在气缸中被压缩的程度，即气体比体积缩小的倍率。

（2）压升比（λ）。

$$\lambda = \frac{p_a}{p_2} = \frac{T_a}{T_2} \tag{10-2}$$

压升比说明等容燃烧时气体压力升高的倍率。

（3）预胀比（ρ）。

$$\rho = \frac{v_3}{v_a} = \frac{T_3}{T_a} \tag{10-3}$$

预胀比说明等压燃烧时气体比体积增大的倍率。

（4）升温比（τ）。

$$\tau = \frac{T_3}{T_1} \tag{10-4}$$

升温比（或循环温比）为循环的最高温度与最低温度的比值。

（5）平均有效压力（p_{ME}）。

活塞式内燃机的压缩、膨胀过程中的压力是变化的，工程界引入平均有效压力 p_{ME} 作为

往复式发动机比较的手段，将p_{ME}定义为

$$p_{ME}=\frac{循环净功}{活塞排量}=\frac{循环净功}{活塞面积\times 冲程}$$

即

$$p_{ME}=\frac{w_{net}}{v_1-v_2}=\frac{w_{net}}{v_1\left(1-\frac{1}{\varepsilon}\right)} \tag{10-5}$$

活塞排量是上止点与下止点间的气缸容积差。当两个相同尺寸（排量相同）的发动机进行性能比较时，p_{ME}较大者可以产生更多的净输出功，或当所需净输出功相同时，可以使用较小尺寸的发动机。

2. 循环热效率

如果进气状态（状态 1）和压缩比 ε、压升比 λ 及预胀比 ρ 均已知，那么整个混合加热循环也就确定了。

混合加热循环的温熵图如图 10-3 所示，它的热效率为

$$\eta_t=\frac{w_{net}}{q_1}=\frac{w_{out}-w_{in}}{q_1}=1-\frac{q_2}{q_1}=1-\frac{q_2}{q_{1v}+q_{1p}} \tag{10-6a}$$

假定工质是等比热容理想气体，则有

$$\begin{cases} q_2=c_{V0}(T_4-T_1) \\ q_{1v}=c_{V0}(T_a-T_2) \\ q_{1p}=c_{p0}(T_3-T_a) \\ w_{in}=u_2-u_1=c_{V0}(T_2-T_1) \\ w_{out}=u_3-u_4=c_{V0}(T_3-T_4)+p_3(v_3-v_a) \end{cases} \tag{10-6b}$$

在式（10-6b）中，注意到 $p_a(v_3-v_a)=R_g(T_3-T_a)=(c_{p0}-c_{V0})(T_3-T_a)$，循环的能量方程成立，即

$$w_{net}=w_{out}-w_{in}=q_{1v}+q_{1p}-q_2=q_{net}$$

虽然从功和热量的角度都可以计算循环热效率，但从吸热量和放热量的角度计算比从功的角度计算要直观简便一些。其他气体动力循环的分析也类似。

将式（10-6b）代入式（10-6a），得

$$\eta_t=1-\frac{c_{V0}(T_4-T_1)}{c_{V0}(T_a-T_2)+c_{p0}(T_3-T_a)}=1-\frac{T_4-T_1}{(T_a-T_2)+\gamma_0(T_3-T_a)} \tag{10-6c}$$

过程 1→2 是绝热（等熵）过程，因此：

$$T_2=T_1\left(\frac{v_1}{v_2}\right)^{\gamma_0-1}=T_1\varepsilon^{\gamma_0-1} \tag{10-6d}$$

过程 2→a 是等容过程，因此：

$$T_a=T_2\frac{p_a}{p_2}=T_1\varepsilon^{\gamma_0-1}\lambda \tag{10-6e}$$

过程 $a\to3$ 是等压过程,因此:

$$T_3 = T_a \frac{v_3}{v_a} = T_1 \varepsilon^{\gamma_0 - 1} \lambda\rho \tag{10-6f}$$

过程 $3\to4$ 是绝热(等熵)过程,因此膨胀终点温度为

$$T_4 = T_3 \left(\frac{v_3}{v_4}\right)^{\gamma_0-1} = T_3 \left(\frac{v_a\rho}{v_1}\right)^{\gamma_0-1} = T_3 \left(\frac{v_2\rho}{v_1}\right)^{\gamma_0-1} = T_1\varepsilon^{\gamma_0-1}\lambda\rho\left(\frac{\rho}{\varepsilon}\right)^{\gamma_0-1} = T_1\lambda\rho^{\gamma_0} \tag{10-6g}$$

将式(10-6d)~式(10-6g)代入式(10-6c)得

$$\eta_t = 1 - \frac{T_1\lambda\rho^{\gamma_0} - T_1}{(T_1\varepsilon^{\gamma_0-1}\lambda - T_1\varepsilon^{\gamma_0-1}) + \gamma_0(T_1\varepsilon^{\gamma_0-1}\lambda\rho - T_1\varepsilon^{\gamma_0-1}\lambda)}$$

化简后可得

$$\eta_t = 1 - \frac{1}{\varepsilon^{\gamma_0-1}} \frac{\lambda\rho^{\gamma_0} - 1}{(\lambda - 1) + \gamma_0\lambda(\rho - 1)} \tag{10-7}$$

混合加热循环的热效率在相关特征参数确定后可以按照式(10-7)计算。

状态点 4 的温度还可以使用熵变化相等的方法确定。如图 10-3 所示,因

$$\Delta s_{2a} + \Delta s_{a3} = \Delta s_{14}$$

对等容过程 $2\to a$ 和 $4\to1$,使用第一 ds 方程[式(5-30)],有

$$\Delta s_{2a} = c_{V0}\ln\frac{T_a}{T_2}$$

$$\Delta s_{14} = c_{V0}\ln\frac{T_4}{T_1}$$

对等压过程 $a\to3$,使用第二 ds 方程[(式 5-32)],有

$$\Delta s_{a3} = c_{p0}\ln\frac{T_3}{T_a}$$

即

$$c_{V0}\ln\frac{T_a}{T_2} + c_{p0}\ln\frac{T_3}{T_a} = c_{V0}\ln\frac{T_4}{T_1}$$

$$T_4 = \frac{T_1T_a}{T_2}\left(\frac{T_3}{T_a}\right)^{\gamma_0} = T_1\lambda\rho^{\gamma_0}$$

3. 最佳压缩比

如图 10-3 所示,如果循环的最低温度 T_1 和最高温度 T_3 是确定的(注意,不是状态 1 和状态 3 固定),当仅改变压缩比(如由 1 增加到足够大)时,循环热效率将由零增加到足够大(以这个温限间的卡诺循环效率为极限值),而循环比功(图 10-3 中过程线围成的面积)的变化趋势是由零开始增加,随后会减小,而当压缩比足够大时,循环比功将趋近于零(此时的热效率趋近于卡诺循环效率)。

循环比功的大小是衡量发动机性能的一个重要指标。当发动机的功率确定后,循环比功越大,流经发动机的工质质量(或空气质量)就越少(燃料消耗也少),从而发动机的体积就小,成本相对就低。混合加热循环的热效率在相关特征参数确定后可以按照式(10-7)计

算。在循环的最低温度 T_1 和最高温度 T_3 确定以后，存在热效率非常高（与此同时，循环比功非常低）的工作状态，但这不应该是能源动力装置工程应用所追求的目标，因为此时循环比功无限地接近于零。

由以上分析可知，随着压缩比的变化，必然在 T_1 和 T_3 间存在最大循环比功（此时的压缩比称为最佳压缩比），而这个状态才是能源动力装置应该追求的状态，而不是单纯地追求高效率。

如图 10-3 所示，循环比功为

$$w_{\text{net}} = q_1 - q_2 = c_{V0}(T_a - T_2) + c_{p0}(T_3 - T_a) - c_{V0}(T_4 - T_1) \tag{10-8a}$$

将压升比 $\lambda = \dfrac{T_a}{T_2}$（说明在等容过程中工质压力升高的倍数）代入式(10-8a)有

$$w_{\text{net}} = c_{p0}T_3 - [\lambda(c_{p0} - c_{V0}) + c_{V0}]T_2 - c_{V0}T_4 + c_{V0}T_1 \tag{10-8b}$$

式(10-6g)所表示的膨胀终点温度还可以表示为

$$T_4 = \left(\frac{1}{\lambda}\right)^{\gamma_0 - 1}\frac{T_1 T_3^{\gamma_0}}{T_2^{\gamma_0}} \tag{10-8c}$$

代入式(10-8b)，在 $\lambda = \dfrac{T_a}{T_2}$，$T_1$，$T_3$ 为定值的条件下，把循环比功对 T_2 求导数并令其等于零有

$$\frac{\mathrm{d}w_{\text{net}}}{\mathrm{d}T_2} = -[\lambda(c_{p0} - c_{V0}) + c_{V0}] - c_{V0}\left(\frac{1}{\lambda}\right)^{\gamma_0 - 1} T_1 T_3^{\gamma_0}(-\gamma_0)T_2^{-(\gamma_0+1)}$$

$$= -[\lambda(c_{p0} - c_{V0}) + c_{V0}] + c_{V0}\gamma_0\left(\frac{1}{\lambda}\right)^{\gamma_0 - 1}\frac{T_1 T_3^{\gamma_0}}{T_2^{\gamma_0}T_2} = 0$$

由此得到循环比功最大时的最佳压缩终点温度为

$$T_{2,\text{opt}} = \frac{\gamma_0 T_4}{(\gamma_0 - 1)\lambda + 1}$$

或

$$T_{2,\text{opt}} = \left[\left(\frac{1}{\lambda}\right)^{\gamma_0 - 1}\frac{\gamma_0}{(\gamma_0 - 1)\lambda + 1}\right]^{\frac{1}{\gamma_0+1}}\tau^{\frac{\gamma_0}{\gamma_0+1}}T_1 \tag{10-9}$$

循环比功最大时的最佳膨胀终点温度为

$$T_{4,\text{opt}} = \left(\frac{1}{\lambda}\right)^{\gamma_0 - 1}\frac{T_1 T_3^{\gamma_0}}{T_{2,\text{opt}}^{\gamma_0}} = \frac{T_1}{\lambda^{\gamma_0 - 1}}\left(\frac{T_3}{T_{2,\text{opt}}}\right)^{\gamma_0}$$

由式(10-9)，结合式(10-6d)可得循环比功最大时的最佳压缩比为

$$\varepsilon_{\text{opt}} = \left(\frac{T_2}{T_1}\right)^{\frac{1}{\gamma_0 - 1}} = \left[\left(\frac{1}{\lambda}\right)^{\gamma_0 - 1}\frac{\gamma_0}{(\gamma_0 - 1)\lambda + 1}\left(\frac{T_3}{T_1}\right)^{\gamma_0}\right]^{\frac{1}{\gamma_0^2 - 1}}$$

即

$$\varepsilon_{\text{opt}} = \left[\left(\frac{1}{\lambda}\right)^{\gamma_0 - 1}\frac{\gamma_0\tau^{\gamma_0}}{(\gamma_0 - 1)\lambda + 1}\right]^{\frac{1}{\gamma_0^2 - 1}} \tag{10-10}$$

表10-1给出了 $T_1=290,310,340,370,410\ \text{K}$，$T_3=1\,800,1\,900,2\,000,2\,100,2\,200,2\,300\ \text{K}$ 条件下当 $\gamma_0=1.36$，$\lambda=1.5$ 时，根据式(10-10)计算得到的循环比功最大时的最佳压缩比。

表10-1　当 $\gamma_0=1.36$，$\lambda=1.5$ 时，不同 T_1 和 T_3 时的最佳压缩比 ε_{opt}

T_1/K	T_3/K					
	1 800	1 900	2 000	2 100	2 200	2 300
290	13.52	14.74	16.01	17.31	18.64	20.02
310	12.15	13.25	14.39	15.55	16.76	17.99
340	10.48	11.43	12.41	13.42	14.45	15.52
370	9.16	9.98	10.84	11.72	12.62	13.55
410	7.77	8.47	9.20	9.94	10.71	11.50

4. 最大循环比功

将式(10-6d)、式(10-8c)代入式(10-8b)得混合加热循环(如图10-3所示)的最大循环比功为

$$\frac{w_{net,max}}{c_{V0}T_1}=\gamma_0\frac{T_3}{T_1}-[\lambda(\gamma_0-1)+1]\varepsilon_{opt}^{\gamma_0-1}-\left[\left(\frac{1}{\lambda}\right)^{\frac{\gamma_0-1}{\gamma_0}}\frac{T_3/T_1}{\varepsilon_{opt}^{\gamma_0-1}}\right]^{\gamma_0}+1$$

即

$$\frac{w_{net,max}}{c_{V0}T_1}=\gamma_0\tau-\left[\lambda(\gamma_0-1)+1\right]\varepsilon_{opt}^{\gamma_0-1}-\left[\left(\frac{1}{\lambda}\right)^{\frac{\gamma_0-1}{\gamma_0}}\frac{\tau}{\varepsilon_{opt}^{\gamma_0-1}}\right]^{\gamma_0}+1 \tag{10-11}$$

混合加热循环的最大循环比功如表10-1所示，它不仅与温度 T_1，T_3 有关，与工质的热力学参数 γ_0 及 c_{V0} 也有关，还与等容加热过程的压升比有关。当 T_3 一定时，$w_{net,max}$ 随工质的最低温度 T_1 的增高(升温比 τ 降低)而减少；当 T_1 一定时，$w_{net,max}$ 随工质的最高温度 T_3 的增高(升温比 τ 增加)而增大。

5. 最佳热效率

将混合加热循环的最大循环比功对应的温度值代入循环热效率的表达式(10-6c)即可得混合加热循环的最佳热效率为

$$\eta_t=1-\frac{T_4-T_1}{(T_a-T_2)+\gamma_0(T_3-T_a)}=1-\frac{\dfrac{T_4}{T_1}-1}{\gamma_0\dfrac{T_3}{T_1}-[(\gamma_0-1)\lambda+1]\dfrac{T_2}{T_1}}$$

即

$$\eta_{t,opt}=1-\frac{\dfrac{1}{\lambda^{\gamma_0-1}}\left(\dfrac{\tau}{\varepsilon_{opt}^{\gamma_0-1}}\right)^{\gamma_0}-1}{\gamma_0\tau-[(\gamma_0-1)\lambda+1]\varepsilon_{opt}^{\gamma_0-1}} \tag{10-12}$$

将与表10-1相同条件下的混合加热循环的循环比功最大值所对应的最佳热效率 $\eta_{t,opt}$ 列于表10-2中。同时，表10-2中还给出了循环比功最大值所对应的最佳压缩终点温度 $T_{2,opt}$ 和最佳膨胀终点温度 $T_{4,opt}$。从表10-2中可以发现，混合加热循环的循环比功达到最大值

时，$T_{4,opt}>T_{2,opt}$，而最佳热效率的变化趋势也是符合卡诺定理的，即随着循环的最低温度的降低，最佳热效率增大；或随着循环的最高温度的升高，最佳热效率也增大。

表 10-2　当 $\gamma_0=1.36$，$\lambda=1.5$ 时，不同 T_1 和 T_3 时的最佳压缩终点温度 $T_{2,opt}$、最佳膨胀终点温度 $T_{4,opt}$ 和最佳热效率 $\eta_{t,opt}$

	T_1/K	T_3/K					
		1 800	1 900	2 000	2 100	2 200	2 300
$T_{2,opt}$	290	740.6	764.0	786.9	809.4	831.4	852.9
	310	761.8	785.9	809.5	832.6	855.2	877.4
	340	792.2	817.3	841.8	865.8	889.3	912.4
	370	821.1	847.1	872.5	897.4	921.8	945.7
	410	857.6	884.8	911.3	937.3	962.8	987.7
$T_{4,opt}$	290	838.6	865.1	891.1	916.5	941.4	965.8
	310	862.6	889.9	916.6	942.8	968.4	993.5
	340	897.1	925.5	953.2	980.4	1 007.0	1 033.2
	370	929.8	959.2	988.0	1 016.2	1 043.8	1 070.9
	410	971.1	1 001.9	1 031.9	1 061.3	1 090.2	1 118.5
$\eta_{t,opt}$	290	0.580 4	0.591 3	0.601 4	0.610 8	0.619 4	0.627 5
	310	0.566 5	0.577 8	0.588 3	0.597 9	0.606 9	0.615 3
	340	0.546 4	0.558 3	0.569 2	0.579 4	0.588 9	0.597 7
	370	0.527 0	0.539 5	0.551 0	0.561 6	0.571 5	0.580 7
	410	0.502 2	0.515 4	0.527 6	0.538 9	0.549 4	0.559 1

另外，需要说明的是，如果对于实际混合加热循环，仅考虑压缩和膨胀过程的不可逆性，将存在对应于两个最佳工况的压缩比：①循环比功最大条件下的压缩比$\varepsilon_{opt}\big|_{w_{net,max}}$；②循环热效率最高条件下的压缩比$\varepsilon_{opt}\big|_{\eta_{t,max}}$。通常这两个压缩比是不同的，而工程应用时是追求比功最大，还是追求效率最高，将与装置的性质与用途有关。其他实际气体动力循环与此类似，也存在两个最佳工况。本书仅给出理想气体动力循环的详细分析。

6. 最佳平均有效压力

最佳压缩比（最大循环比功）时，按照定义式（10-5）可得循环最佳平均有效压力为

$$p_{ME}=\frac{w_{net}}{v_1-v_1/\varepsilon}=\frac{w_{net,max}}{\left(1-\dfrac{1}{\varepsilon_{opt}}\right)v_1} \tag{10-13}$$

或

$$p_{ME}=\frac{\gamma_0\tau-[\lambda(\gamma_0-1)+1]\varepsilon_{opt}^{\gamma_0-1}-\left[\left(\dfrac{1}{\lambda}\right)^{\frac{\gamma_0-1}{\gamma_0}}\dfrac{\tau}{\varepsilon_{opt}^{\gamma_0-1}}\right]^{\gamma_0}+1}{\left(1-\dfrac{1}{\varepsilon_{opt}}\right)(\gamma_0-1)}p_1$$

7. 循环热效率的影响因素及提高循环热效率的途径

从式(10-7)可以看出:如果压升比 λ 及预胀比 ρ 不变,那么提高压缩比 ε 可以提高混合加热循环的热效率,这也可以从温熵图中看出。图 10-4 中循环 1→2′→3′→4′→5→1 的压缩比高于循环 1→2→3→4→5→1 的压缩比,它也具有较高的平均吸热温度($T'_{m1} > T_{m1}$,平均放热温度 T_{m2} 相同),因而具有较高的热效率($\eta'_t > \eta_t$)。图 10-5 中的曲线表示混合加热循环的热效率随压缩比变化的情况。需要注意的是,不要陷入单纯追求高的热效率,而忽视了(最大)循环比功的误区。

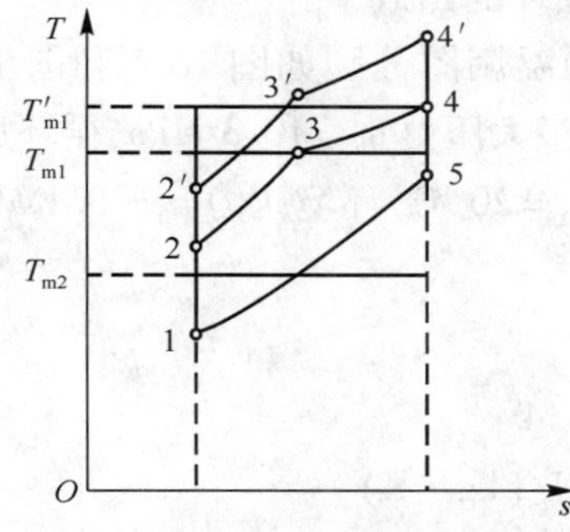

图 10-4　混合加热循环的温熵图

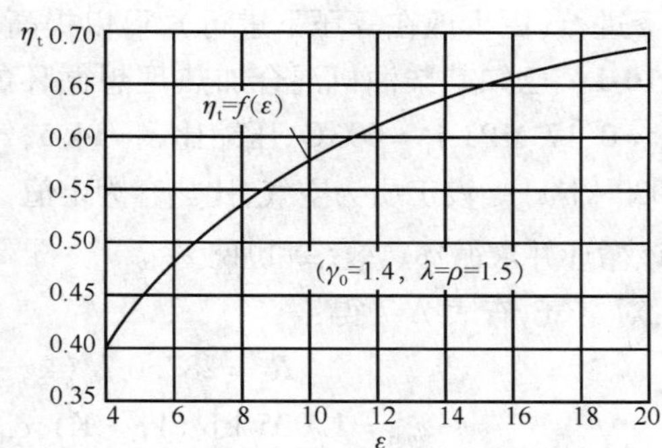

图 10-5　混合加热循环的热效率随压缩比变化曲线

为了保证气缸中的空气在压缩终了时具有足够高的温度,以便喷油燃烧,同时也为了获得较高的热效率,柴油机的压缩比 ε 比较高,一般为 15～22。

图 10-6 表示出了压升比 λ 和预胀比 ρ 对混合加热循环的热效率 η_t 的影响。从图 10-6 中可以看出:提高压升比,或降低预胀比,可以提高混合加热循环的热效率。也可以用温熵图来说明压升比和预胀比对混合加热循环的热效率的影响。图 10-7 中的循环 1→2→3′→4′→5→1 比循环 1→2→3→4→5→1 具有更高的压升比($\lambda' > \lambda$)和较低的预胀比($\rho' < \rho$)。循环 1→2→3→4→5→1 的热效率为

$$\eta_t = 1 - \frac{q_2}{q_1} = 1 - \frac{A_3}{A_2 + A_3}$$

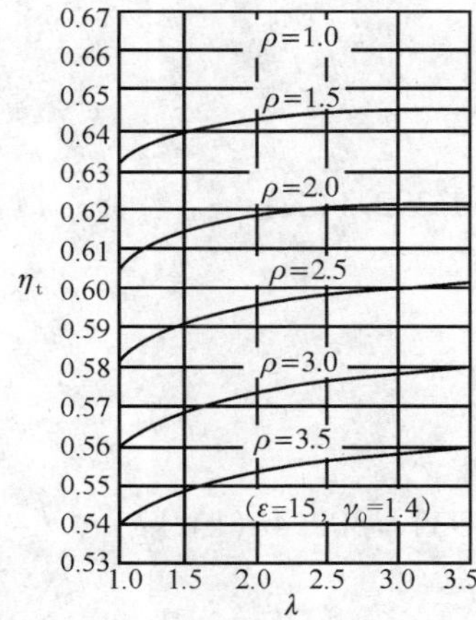

图 10-6　压升比 λ 和预胀比 ρ 对混合加热循环的热效率 η_t 的影响

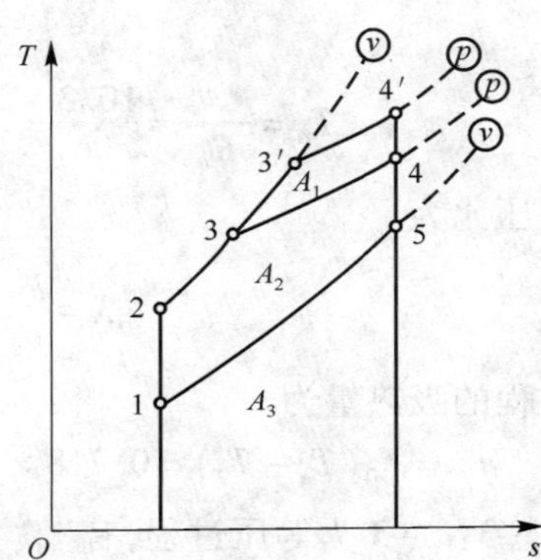

图 10-7　压升比与预胀比变化时的温熵图

循环 1→2→3′→4′→5→1 的热效率为

$$\eta_t' = 1 - \frac{q_2'}{q_1'} = 1 - \frac{A_3}{A_1 + A_2 + A_3}$$

显然

$$\eta_t' > \eta_t$$

所以,如果压缩比 ε 不变,那么提高压升比 λ 并降低预胀比 ρ(亦即使燃烧过程更多地在等容下进行,更少地在等压下进行),可以提高混合加热循环的热效率。

例 10-1 已知某柴油机混合加热理想循环的压容图和温熵图分别如图 10-2 和图 10-3 所示,$p_1 = 0.17$ MPa,$t_1 = 60$ ℃,压缩比 $\varepsilon = 14.5$,气缸中气体最大压力 $p_a = 10.3$ MPa,循环加热量 $q_1 = 900$ kJ/kg。设工质为空气,比热容为定值,环境温度 $t_0 = 20$ ℃,环境压力 $p_0 = 0.1$ MPa。试分析该循环并求循环热效率和㶲效率。

解:对空气,查表 A-7 得:

$$R_g = 287.0 \text{ J/(kg·K)},\ \gamma_0 = 1.4$$

$$c_{p0} = 1.005 \text{ kJ/(kg·K)},\ c_{V0} = 0.718 \text{ kJ/(kg·K)}$$

如图 10-2、图 10-3 所示:

(1)状态 1:

$$p_1 = 0.17 \text{ MPa},\ T_1 = 333.15 \text{ K}$$

$$v_1 = \frac{R_g T_1}{p_1} = \frac{287.0 \times 333.15}{0.17 \times 10^6} = 0.562\,4(\text{m}^3/\text{kg})$$

(2)状态 2:1→2 为等熵过程,有

$$v_2 = \frac{v_1}{\varepsilon} = \frac{0.562\,4}{14.5} = 0.038\,79(\text{m}^3/\text{kg})$$

$$T_2 = T_1 \varepsilon^{\gamma_0 - 1} = 333.15 \times 14.5^{1.4-1} = 970.93(\text{K})$$

$$p_2 = p_1 \left(\frac{v_1}{v_2}\right)^{\gamma_0} = p_1 \varepsilon^{\gamma_0} = 0.17 \times 14.5^{1.4} = 7.184(\text{MPa})$$

(3)状态 a:2→a 为等容过程,有

$$v_a = v_2 = 0.038\,79 \text{ m}^3/\text{kg}$$

$$T_a = \frac{p_a v_a}{R_g} = \frac{10.3 \times 10^6 \times 0.038\,79}{287.0} = 1\,392.1(\text{K})$$

等容增压比为

$$\lambda = \frac{p_a}{p_2} = \frac{10.3}{7.184} = 1.434$$

等容过程的吸热量为

$$q_{1v} = c_{V0}(T_a - T_2) = 0.718 \times (1\,392.1 - 970.93) = 302.40(\text{kJ/kg})$$

(4)状态 3:a→3 为等压过程,有

$$p_3 = p_a = 10.3 \text{ MPa}$$

等压过程的吸热量为

$$q_{1p}=c_{p0}(T_3-T_a)=1.005\times(T_3-1\ 392.1)=q_1-q_{1v}$$
$$=900-302.40=597.6(\text{kJ/kg})$$

所以

$$T_3=\frac{597.6}{1.005}+1\ 392.1=1\ 986.73(\text{K})$$

$$v_3=\frac{R_gT_3}{p_3}=\frac{287.0\times1\ 986.73}{10.3\times10^6}=0.055\ 36(\text{m}^3/\text{kg})$$

等压预胀比为

$$\rho=\frac{v_3}{v_a}=\frac{0.055\ 36}{0.038\ 79}=1.427\ 2$$

(5)状态 4:3→4 为等熵过程,有

$$v_4=v_1=0.562\ 4\ \text{m}^3/\text{kg}$$

$$p_4=p_3\left(\frac{v_3}{v_4}\right)^{\gamma_0}=10.3\times\left(\frac{0.055\ 36}{0.562\ 4}\right)^{1.4}=0.401\ 1(\text{MPa})$$

$$T_4=\frac{p_4v_4}{R_g}=\frac{0.401\ 1\times10^6\times0.562\ 4}{287.0}=786.0(\text{K})$$

4→1 为等容过程,有

等容过程的放热量为

$$q_2=c_{V0}(T_4-T_1)=0.718\times(786.0-333.15)=325.15(\text{kJ/kg})$$

循环净功为

$$w_{\text{net}}=q_1-q_2=900-325.15=574.85(\text{kJ/kg})$$

根据式(10-7),循环效率为

$$\eta_t=1-\frac{1}{\varepsilon^{\gamma_0-1}}\frac{\lambda\rho^{\gamma_0}-1}{(\lambda-1)+\gamma_0\lambda(\rho-1)}$$
$$=1-\frac{1}{14.5^{1.4-1}}\times\frac{1.434\times1.427\ 2^{1.4}-1}{(1.434-1)+1.4\times1.434\times(1.427\ 2-1)}=0.638\ 8$$

或

$$\eta_t=\frac{w_{\text{net}}}{q_1}=\frac{574.85}{900}=0.638\ 7$$

吸热过程 2→3 的熵增为

$$\Delta s_{2-3}=\Delta s_{2-a}+\Delta s_{a-3}=\Delta s_{1-4}$$
$$=c_{V0}\ln\frac{T_4}{T_1}=0.718\times\ln\frac{786.0}{333.15}$$
$$=0.616\ 3\ [\text{kJ/(kg}\cdot\text{K)}]$$

平均吸热温度为

$$T_{1m}=\frac{q_1}{\Delta s_{2-3}}=\frac{900}{0.616\ 3}=1\ 460.33(\text{K})$$

循环吸热量 q_1 中的㶲为

$$e_{x,Q}=\left(1-\frac{T_0}{T_{1m}}\right)q_1=\left(1-\frac{293.15}{1\ 460.33}\right)\times 900=719.33(\text{kJ/kg})$$

所以，㶲效率为

$$\eta_{ex}=\frac{w_{net}}{e_{x,Q}}=\frac{574.85}{719.33}=0.799\ 1$$

本例中，循环内部是可逆的，仅放热过程系统（工质）与环境存在温差，因而导致不可逆损失，即做功能力损失（㶲损）：

$$e_L=T_0s_g=T_0(\Delta s_{4-1}+\Delta s_0)=T_0\left(-\Delta s_{2-3}+\frac{q_2}{T_0}\right)$$

$$=293.15\times\left(-0.616\ 3+\frac{325.15}{293.15}\right)=144.48(\text{kJ/kg})$$

循环吸热量 q_1 中的㶲有两个去向：循环净功和㶲损，即 $e_{x,Q}=w_{net}+e_L$。

平均有效压力为

$$p_{ME}=\frac{w_{net}}{v_1-v_2}=\frac{574.85}{0.562\ 4-0.038\ 79}=1\ 097.86(\text{kPa})$$

即 $p_{ME}\approx 1.098$ MPa。

例 10-2 对于例 10-1 中的柴油机混合加热理想循环，保持 1 和 4 点的温度、等容增压比不变。设工质为空气，比热容为定值，环境温度 $t_0=20$ ℃，环境压力 $p_0=0.1$ MPa。试分析该循环的最大循环比功、循环热效率和㶲效率。

解：已知等容增压比为

$$\lambda=\frac{p_a}{p_2}=\frac{T_a}{T_2}=1.434$$

循环最高温度 $T_3=1\ 986.73$ K，循环最低温度 $T_1=333.15$ K，$p_1=0.17$ MPa。

对空气，查表 A-7 得

$$R_g=287.0\ \text{J/(kg·K)},\gamma_0=1.4$$

$$c_{p0}=1.005\ \text{kJ/(kg·K)},c_{V0}=0.718\ \text{kJ/(kg·K)}$$

由式(10-9)得循环比功最大时的最佳压缩终点温度为

$$T_{2,opt}=\left\{\left[\left(\frac{1}{\lambda}\right)^{\gamma_0-1}\frac{\gamma_0}{(\gamma_0-1)\lambda+1}\right](T_1T_4^{\gamma_0})\right\}^{\frac{1}{\gamma_0+1}}$$

$$=\left\{\left[\left(\frac{1}{1.434}\right)^{1.4-1}\times\frac{1.4}{(1.4-1)\times 1.434+1}\right]\times(333.15\times 1\ 986.73^{1.4})\right\}^{\frac{1}{1.4+1}}$$

$$=846.78(\text{K})$$

循环比功最大时的最佳膨胀终点温度为

$$T_{4,opt}=\left(\frac{1}{\lambda}\right)^{\gamma_0-1}\frac{T_1T_3^{\gamma_0}}{T_{2,opt}^{\gamma_0}}$$

$$=\left(\frac{1}{1.434}\right)^{1.4-1}\times\frac{333.15\times 1\ 986.73^{1.4}}{846.78^{1.4}}=951.78(\text{K})$$

由式(10-10)可得循环比功最大时的最佳压缩比为

$$\varepsilon_{\text{opt}}=\left(\frac{T_2}{T_1}\right)^{\frac{1}{\gamma_0-1}}=\left(\frac{846.78}{333.15}\right)^{\frac{1}{1.4-1}}=10.30$$

由式(10-11)得混合加热循环的最大循环比功为

$$\frac{w_{\text{net,max}}}{c_{V0}T_1}=\gamma_0\frac{T_3}{T_1}-[\lambda(\gamma_0-1)+1]\varepsilon_{\text{opt}}^{\gamma_0-1}-\left[\left(\frac{1}{\lambda}\right)^{\frac{\gamma_0-1}{\gamma_0}}\frac{T_3/T_1}{\varepsilon_{\text{opt}}^{\gamma_0-1}}\right]^{\gamma_0}+1$$

$$=\frac{1.4\times1\,986.73}{333.15}-[1.434\times(1.4-1)+1]\times10.30^{1.4-1}-$$

$$\left[\left(\frac{1}{1.434}\right)^{\frac{1.4-1}{1.4}}\times\frac{1\,986.73/333.15}{10.30^{1.4-1}}\right]^{1.4}+1$$

$$=2.492\,3$$

即,循环最大功为

$$w_{\text{net,max}}=2.492\,3\times c_{V0}T_1=2.492\,3\times0.718\times333.15=596.16(\text{kJ/kg})$$

(1)状态 1:

$$p_1=0.17\ \text{MPa},T_1=333.15\ \text{K}$$

$$v_1=\frac{R_gT_1}{p_1}=\frac{287.0\times333.15}{0.17\times10^6}=0.562\,4(\text{m}^3/\text{kg})$$

(2)状态 2: 1→2 为等熵过程,有

$$v_2=\frac{v_1}{\varepsilon_{\text{opt}}}=\frac{0.562\,4}{10.3}=0.054\,60(\text{m}^3/\text{kg})$$

$$T_2=T_{2,\text{opt}}=846.78\ \text{K}$$

$$p_2=p_1\left(\frac{v_1}{v_2}\right)^{\gamma_0}=p_1\varepsilon^{\gamma_0}=0.17\times10.3^{1.4}=4.451(\text{MPa})$$

(3)状态 a:2→a 为等容过程,有

$$v_a=v_2=0.054\,60\ \text{m}^3/\text{kg}$$

$$T_a=\lambda T_2=1.434\times846.78=1\,214.28(\text{K})$$

$$p_a=\lambda p_2=1.434\times4.451=6.382(\text{MPa})$$

等容过程的吸热量为

$$q_{1v}=c_{V0}(T_a-T_2)=0.718\times(1\,214.28-846.78)=263.87(\text{kJ/kg})$$

(4)状态 3:a→3 为等压过程,有

$$p_3=p_a=6.382\ \text{MPa}$$

$$T_3=1\,986.73\ \text{K}$$

$$v_3=\frac{R_gT_3}{p_3}=\frac{287.0\times1\,986.73}{6.382\times10^6}=0.089\,34\ (\text{m}^3/\text{kg})$$

等压过程的吸热量为

$$q_{1p}=c_{p0}(T_3-T_a)=1.005\times(1\,986.73-1\,214.28)=776.31(\text{kJ/kg})$$

总的吸热量为

$$q_1=q_{1v}+q_{1p}=263.87+776.31=1\,040.18(\text{kJ/kg})$$

故等压预胀比为

$$\rho=\frac{v_3}{v_a}=\frac{0.089\ 34}{0.054\ 60}=1.636\ 3$$

(5)状态 4:3→4 为等熵过程,有

$$v_4=v_1=0.562\ 4\ \mathrm{m^3/kg}$$

$$p_4=p_3\left(\frac{v_3}{v_4}\right)^{\gamma_0}=6.382\times\left(\frac{0.089\ 34}{0.562\ 4}\right)^{1.4}=0.485\ 7(\mathrm{MPa})$$

$$T_4=\frac{p_4v_4}{R_g}=\frac{0.485\ 7\times10^6\times0.562\ 4}{287.0}=951.77(\mathrm{K})$$

4→1 为等熵过程,有

等容过程的放热量为

$$q_2=c_{V0}(T_4-T_1)=0.718\times(951.77-333.15)=444.17(\mathrm{kJ/kg})$$

循环净功为

$$w_{net}=q_1-q_2=1\ 040.18-444.17=596.01(\mathrm{kJ/kg})$$

循环效率为

$$\eta_t=1-\frac{1}{\varepsilon^{\gamma_0-1}}\frac{\lambda\rho^{\gamma_0}-1}{(\lambda-1)+\gamma_0\lambda(\rho-1)}$$

$$=1-\frac{1}{10.3^{1.4-1}}\times\frac{1.434\times1.636\ 3^{1.4}-1}{(1.434-1)+1.4\times1.434\times(1.636\ 3-1)}=0.573\ 0$$

或

$$\eta_t=\frac{w_{net}}{q_1}=\frac{596.01}{1\ 040.18}=0.573\ 0$$

或由式(10-12)即可得混合加热循环的最佳热效率为

$$\eta_{t,opt}=1-\frac{\dfrac{T_{4,opt}}{T_1}-1}{\gamma_0\dfrac{T_3}{T_1}-[(\gamma_0-1)\lambda+1]\varepsilon_{opt}^{\gamma_0-1}}$$

$$=1-\frac{\dfrac{951.78}{333.15}-1}{\dfrac{1.4\times1\ 986.73}{333.15}-[(1.4-1)\times1.434+1]\times10.3^{1.4-1}}=0.573\ 0$$

由式(5-32)得吸热过程 2→3 的熵增为

$$\Delta s_{2-3}=c_p\ln\frac{T_3}{T_2}-R_g\ln\frac{p_3}{p_2}$$

$$=1.005\times\ln\frac{1\ 986.73}{846.78}-0.287\times\ln\frac{6.382}{4.451}=0.753\ 6[\mathrm{kJ/(kg\cdot K)}]$$

平均吸热温度为

$$T_{1m}=\frac{q_1}{\Delta s_{2-3}}=\frac{1\ 040.18}{0.753\ 6}=1\ 380.28(\mathrm{K})$$

循环吸热量 q_1 中的㶲为

$$e_{x,Q}=\left(1-\frac{T_0}{T_{1m}}\right)q_1=\left(1-\frac{293.15}{1\,380.28}\right)\times 1\,040.18=819.26(\text{kJ/kg})$$

所以,㶲效率为

$$\eta_{ex}=\frac{w_{net}}{e_{x,Q}}=\frac{596.01}{819.26}=0.727\,4$$

本例中,循环内部是可逆的,仅放热过程系统(工质)与环境存在温差,而导致不可逆损失,即做功能力损失(㶲损):

$$e_L=T_0s_g=T_0(\Delta s_{4-1}+\Delta s_0)=T_0\left(-\Delta s_{2-3}+\frac{q_2}{T_0}\right)$$

$$=293.15\times\left(-0.753\,6+\frac{444.17}{293.15}\right)=223.25(\text{kJ/kg})$$

循环吸热量 q_1 中的㶲有两个去向:循环净功和㶲损,即 $e_{x,Q}=w_{net}+e_L$。

平均有效压力为

$$p_{ME}=\frac{w_{net}}{v_1-v_2}=\frac{596.01}{0.562\,4-0.054\,60}=1\,173.71(\text{kPa})$$

即 $p_{ME}=1.173\,71\ \text{MPa}$。

或

$$p_{ME}=\frac{\gamma_0\tau-[\lambda(\gamma_0-1)+1]\varepsilon_{opt}^{\gamma_0-1}-\left[\left(\frac{1}{\lambda}\right)^{\frac{\gamma_0-1}{\gamma_0}}\frac{\tau}{\varepsilon_{opt}^{\gamma_0-1}}\right]^{\gamma_0}+1}{\left(1-\frac{1}{\varepsilon_{opt}}\right)(\gamma_0-1)}p_1$$

$$=\frac{1.4\times 5.963\,5-[1.434\times(1.4-1)+1]\times 10.3^{1.4-1}-\left[\left(\frac{1}{1.434}\right)^{\frac{1.4-1}{1.4}}\times\frac{5.963\,5}{10.3^{1.4-1}}\right]^{1.4}+1}{\left(1-\frac{1}{10.3}\right)\times(1.4-1)}\times 0.17$$

$$=1.173\,1(\text{MPa})$$

与例 10-1 相比,例 10-2 的混合加热循环的热效率降低了,但是压缩比减小了,工质完成一个循环的循环比功增加了,平均有效压力也是增加的。按照例 10-2 中的参数工作的柴油机的综合性能优于按例 10-1 中的参数工作的柴油机。

任务 10.3　活塞式内燃机的等容、等压加热循环及优化分析

10.3.1　活塞式内燃机等容加热循环分析

有些活塞式内燃机(如煤气机和汽油机),其燃料是在预先和空气混合好后被投入气缸

中的，然后在压缩终了时用电火花将其点燃。燃料一经点燃，其燃烧过程进行得非常迅速，几乎在一瞬间完成，活塞基本上停留在上止点未动，因此这一燃烧过程可以看作是等容加热过程，而其他过程则和混合加热循环相同。

这种等容加热等容放热循环在热力学分析上可以看作是混合加热循环在预胀比 $\rho=1$ 时的特例。这种循环简称为等容加热循环，又称奥托循环（Otto cycle），是由 Nikolaus August Otto 发明并以其名字命名的循环。当 $\rho=1$ 时，$v_3=v_a$，图 10-2、图 10-3 中的状态 3 和状态 a 重合，混合加热循环便成了等容加热循环（如图 10-8、图 10-9 所示）。令式（10-7）中 $\rho=1$，即可得到等容加热循环的理论热效率计算式：

$$\eta_{t,v}=1-\frac{1}{\varepsilon^{\gamma_0-1}} \tag{10-14}$$

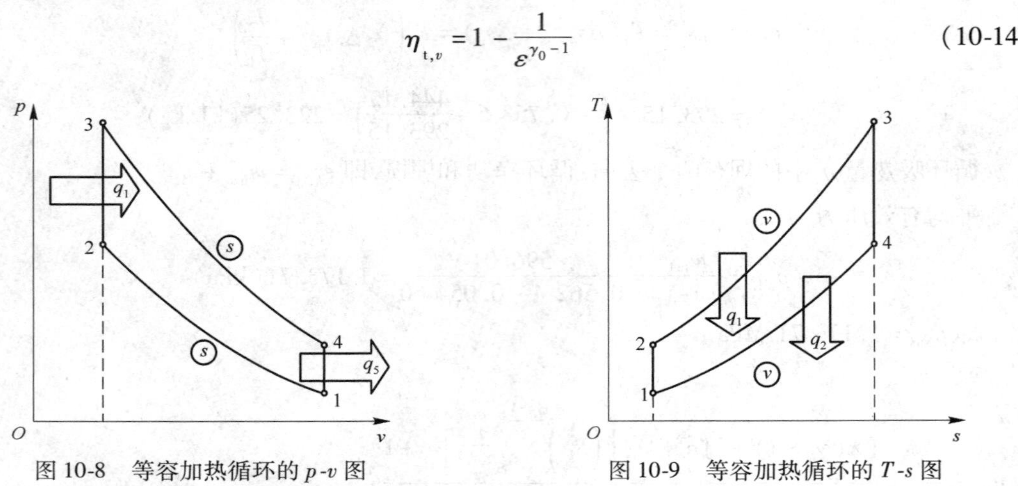

图 10-8　等容加热循环的 p-v 图　　图 10-9　等容加热循环的 T-s 图

从式（10-14）可以看出：提高压缩比可以提高等容加热循环的理论热效率。但是，由于这种点燃式内燃机中被压缩的是燃料和空气的混合物，压缩比过高，会使压缩终了的温度和压力太高，容易引起不正常的燃烧（爆燃）。这样不仅会降低效率，而且会损坏发动机。所以，点燃式内燃机（汽油机）的压缩比都比较低，一般为 5 ~ 9，远低于压燃式内燃机（柴油机）的压缩比（13 ~ 20）。

与混合加热理想循环类似，等容加热循环也存在循环比功最大的最佳压缩比。图 10-10 给出了在 T_1 和 T_3 间具有不同压缩比的三个等容加热循环的 T-s 图。循环 $1\to2'\to3'\to4'\to1$ 这一压缩过程的压缩比很小，不难看出，这个循环不仅热效率低，而且循环比功（过程线围成的面积）也很小；循环 $1\to2''\to3''\to4''\to1$ 这一压缩过程的压缩比很大，热效率高（极限是同温限间卡诺循环的热效率），但是循环比功很小（极限是做功为零）；循环 $1\to2\to3\to4\to1$ 这一压缩过程的压缩比居中，热效率居中，但是循环比功却比较大。即，随着压缩比的变化，必然在 T_1 和 T_3 间存在最大循环比功。

1. 最佳压缩比

如图 10-10 所示，等容加热循环的循环比功为

$$w_{net}=q_1-q_2=c_{V0}(T_3-T_2)-c_{V0}(T_4-T_1)=c_{V0}(T_3-T_2-T_4+T_1) \tag{10-15a}$$

根据式（10-6d）、式（10-6f）、式（10-6g）有

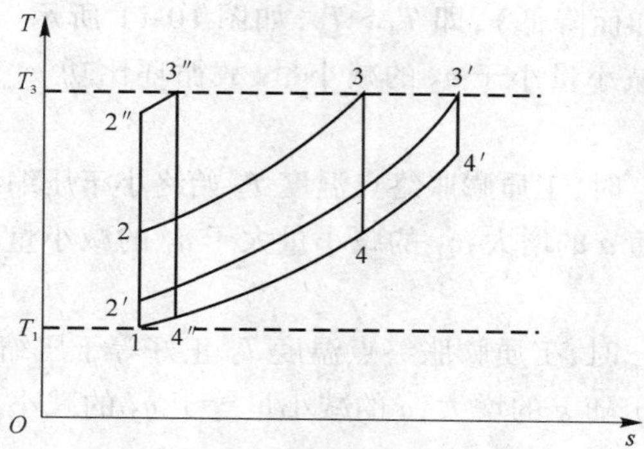

图10-10　T_1和T_3间具有不同压缩比的等容加热循环的T-s图

$$T_2 = T_1 \left(\frac{v_1}{v_2}\right)^{\gamma_0 - 1} = T_1 \varepsilon^{\gamma_0 - 1},\ T_3 = T_2 \frac{p_3}{p_2} = T_1 \varepsilon^{\gamma_0 - 1} \lambda$$

$$T_4 = T_3 \left(\frac{v_3}{v_4}\right)^{\gamma_0 - 1} = T_3 \left(\frac{1}{\varepsilon}\right)^{\gamma_0 - 1} = \frac{T_1 T_3}{T_2} = \lambda T_1$$

代入式(10-15a),并在T_1和T_3为定值时,对T_2求导得

$$\frac{\mathrm{d}w_{\mathrm{net}}}{\mathrm{d}T_2} = c_{V0}\left(-1 + \frac{T_1 T_3}{T_2^2}\right) \tag{10-15b}$$

再求一次导数得

$$\frac{\mathrm{d}^2 w_{\mathrm{net}}}{\mathrm{d}T_2^2} = -2c_{V0}\frac{T_1 T_3}{T_2^3} < 0 \tag{10-15c}$$

由此可见,循环比功确实存在最大值。令式(10-15b)等于零,则有

$$\frac{\mathrm{d}w_{\mathrm{net}}}{\mathrm{d}T_2} = c_{V0}\left(-1 + \frac{T_1 T_3}{T_2^2}\right) = 0$$

从而,循环比功为极大值时的最佳压缩终点温度为

$$T_{2,\mathrm{opt}} = \sqrt{T_1 T_3} \tag{10-16}$$

相应地,循环比功为极大值时的最佳膨胀终点温度为

$$T_{4,\mathrm{opt}} = \sqrt{T_1 T_3} = T_{2,\mathrm{opt}} \tag{10-17}$$

由此获得一个重要结论:对于等容加热等容放热的活塞式理想循环(奥托循环)来说,当压缩终点温度恰好等于膨胀终点温度时,循环比功为极大值。此时的最佳压缩比为

$$\varepsilon_{\mathrm{opt}}^{\gamma_0 - 1} = \frac{\sqrt{T_1 T_3}}{T_1} = \sqrt{\frac{T_3}{T_1}} = \sqrt{\tau}$$

即

$$\varepsilon_{\mathrm{opt}} = \left(\frac{T_3}{T_1}\right)^{\frac{1}{2(\gamma_0 - 1)}} = \tau^{\frac{1}{2(\gamma_0 - 1)}} \tag{10-18}$$

循环比功随压缩比的变化而出现极大值的原因如下所述。

(1)当压缩比小于$\varepsilon_{\mathrm{opt}}$时,工质膨胀终点温度$T_4$(随$\varepsilon$的增加而增加)始终大于压缩

终点温度 T_2（随 ε 的增加而降低），即 $T_4 > T_2$，如图 10-11 所示。这时，随 ε 的增大，q_1，q_2 均是减小的，但 q_1 的减小量小于 q_2 的减小量，故循环比功 w_{net} 随 ε 的增大而增大，如图 10-12 所示。

（2）当压缩比大于 ε_{opt} 时，工质膨胀终点温度 T_4 始终小于压缩终点温度 T_2，即 $T_4 < T_2$，如图 10-11 所示。这时，随 ε 的增大，q_1 的减小量大于 q_2 的减小量，故循环比功 w_{net} 随 ε 的增大而减小。

（3）当压缩比等于 ε_{opt} 时，工质膨胀终点温度 T_4 正好等于压缩终点温度 T_2，即 $T_4 = T_2$，如图 10-11 所示。这时，q_1 随 ε 的增大，q 的减小量等于 q_2 的减小量，故循环比功 w_{net} 出现最大值。

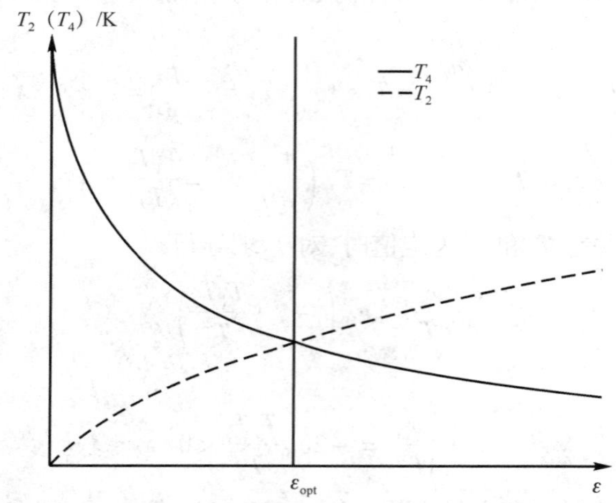

图 10-11　工质膨胀终点温度、压缩终点温度与压缩比之间的关系

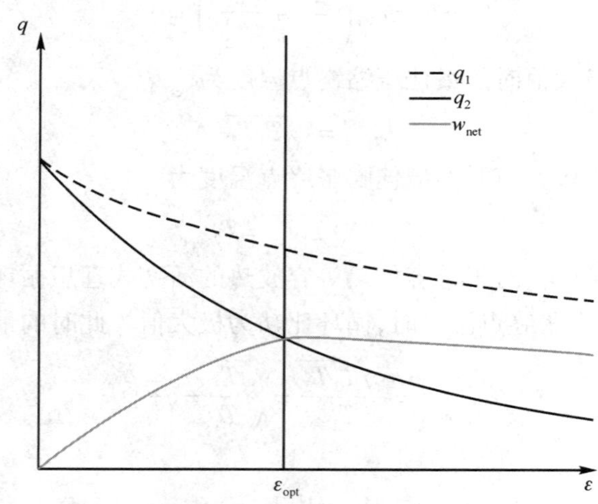

图 10-12　循环比功与压缩比之间的关系曲线

2. 最大循环比功

将最佳压缩终点温度计算式（10-16）、最佳膨胀终点温度计算式（10-17）代入式

(10-15a)得最大循环比功为

$$w_{\mathrm{net,max}} = c_{V0}\left(T_3 - \sqrt{T_1T_3} - \sqrt{T_1T_3} + T_1\right) = c_{V0}\left(\sqrt{T_3} - \sqrt{T_1}\right)^2$$

即

$$\frac{w_{\mathrm{net,max}}}{c_{V0}T_1} = \left(\sqrt{\tau} - 1\right)^2 \tag{10-19}$$

式(10-19)表明,等容加热等容放热内燃机循环的最大循环比功只是工质的定容比热容、工作的最高温度和最低温度的函数,与绝热指数无关。提高工作的最高温度、降低工作的最低温度及选用定容比热容较大的工质,均能增大最大循环比功。

3. 最佳热效率

将最佳压缩比计算式(10-18)代入式(10-14)得循环比功最大时的最佳热效率为

$$\eta_{\mathrm{t},v,\mathrm{opt}} = 1 - \frac{1}{\varepsilon^{\gamma_0 - 1}} = 1 - \frac{1}{\sqrt{\tau}} \tag{10-20}$$

式(10-20)表明,最佳热效率只是升温比 $\tau = T_3/T_1$ 的函数,而与工质性质无关,且随 T_3/T_1 的增大而提高,即提高 T_3 或降低 T_1 均可改善发动机的经济性,这与卡诺定理的结论是一致的。

4. 最佳平均有效压力

当循环的压缩比为最佳压缩比(最大循环比功)时,按照定义式(10-5)可得循环的最佳平均有效压力为

$$p_{\mathrm{ME}} = \frac{w_{\mathrm{net}}}{v_1 - v_1/\varepsilon} = \frac{w_{\mathrm{net,max}}}{\left(1 - \dfrac{1}{\varepsilon_{\mathrm{opt}}}\right)v_1} \tag{10-21}$$

上述分析还表明,发动机的循环比功与其经济性(热效率)是矛盾的。当循环比功为极大值时,热效率并未达到其最高值;而当热效率接近或达到其最高值时,循环比功却接近于零。

例 10-3　某火花点火活塞式汽油机的循环压缩比为 7,循环加热量为 1 000 kJ/kg(来自温度为 2 100 K 的热源),压缩起始时空气压力为 90 kPa,温度为 10 ℃,假定空气的比热容可取定值,求:(1)循环的最高温度和最高压力;(2)循环热效率和平均有效压力;(3)四个过程及循环的㶲损;(4)循环的㶲效率。

解:如图 10-8 和图 10-9 所示,采用标准空气假设,首先需要确定各状态点的参数。

(1)循环的最高温度和最高压力发生在状态 3。

对于空气,查表 A-7 得

$$R_{\mathrm{g}} = 287.0\ \mathrm{J/(kg \cdot K)}, \gamma_0 = 1.4$$

$$c_{p0} = 1.005\ \mathrm{kJ/(kg \cdot K)}, c_{V0} = 0.718\ \mathrm{kJ/(kg \cdot K)}$$

以下计算参见图 10-9。

状态 1:

$$p_1 = 0.09\ \mathrm{MPa}, T_1 = 283.15\ \mathrm{K}$$

$$v_1 = \frac{R_{\mathrm{g}}T_1}{p_1} = \frac{287.0 \times 283.15}{0.09 \times 10^6} = 0.902\ 9(\mathrm{m^3/kg})$$

状态 2：

$$v_2=\frac{v_1}{\varepsilon}=\frac{0.902\ 9}{7}=0.129\ 0(\mathrm{m^3/kg})$$

$$T_2=T_1\varepsilon^{\gamma_0-1}=283.15\times7^{1.4-1}=616.67(\mathrm{K})$$

$$p_2=p_1\left(\frac{v_1}{v_2}\right)^{\gamma_0}=p_1\varepsilon^{\gamma_0}=0.09\times7^{1.4}=1.372\ 1(\mathrm{MPa})$$

状态 3：

$$v_3=v_2=0.129\ 0\ \mathrm{m^3/kg}$$

$$q_1=c_{V0}(T_3-T_2)=0.718\times(T_3-616.67)=100\ 0(\mathrm{kJ/kg})$$

即

$$T_3=2\ 009.43\ \mathrm{K}$$

$$p_3=p_2\frac{T_3}{T_2}=1.372\ 1\times\frac{2\ 009.43}{616.67}=4.471\ 0(\mathrm{MPa})$$

状态 4：

$$v_4=v_1=0.902\ 9\ \mathrm{m^3/kg}$$

$$p_4=p_3\left(\frac{v_3}{v_4}\right)^{\gamma_0}=4.471\ 0\times\left(\frac{0.129\ 0}{0.902\ 9}\right)^{1.4}=0.293\ 3(\mathrm{MPa})$$

$$T_4=\frac{p_4v_4}{R_g}=\frac{0.293\ 3\times10^6\times0.902\ 9}{287.0}=922.72(\mathrm{K})$$

(2)循环热效率和平均有效压力。

单位工质放出的热量为

$$q_2=c_{V0}(T_4-T_1)=0.718\times(922.72-283.15)=459.21(\mathrm{kJ/kg})$$

单位工质的循环功(循环比功)为

$$w_{\mathrm{net}}=q_1-q_2=1\ 000-459.21=540.79(\mathrm{kJ/kg})$$

循环热效率为

$$\eta_{t,v}=\frac{w_{\mathrm{net}}}{q_1}=\frac{540.79}{1\ 000}=0.541$$

或

$$\eta_{t,v}=1-\frac{1}{\varepsilon^{\gamma_0-1}}=1-\frac{1}{7^{1.4-1}}=0.541$$

则平均有效压力为

$$p_{\mathrm{ME}}=\frac{w_{\mathrm{net}}}{v_h}=\frac{w_{\mathrm{net}}}{v_1-v_2}=\frac{540.79}{0.902\ 9-0.129\ 0}=699(\mathrm{kPa})$$

即 $p_{\mathrm{ME}}=0.699\ \mathrm{MPa}$。

(3)四个过程及循环的㶲损。

过程 1→2 和过程 3→4 为等熵过程，即 $s_1=s_2,s_3=s_4$，因此无内部和外部不可逆因素，即 $e_{L,12}=0,e_{L,34}=0$。

过程 2→3 和过程 4→1 分别为等容吸热和等容放热过程，是内部可逆过程。但是，工质与热源和工质与环境间的热交换是存在温差的，也就是存在外部不可逆因素。

过程 2→3 这一等容吸热过程的熵变化为

$$\begin{aligned} s_3 - s_2 &= c_{V0} \ln \frac{T_3}{T_2} \\ &= 0.718 \times \ln \frac{2\ 009.43}{616.67} \\ &= 0.848\ 2 [\mathrm{kJ/(kg \cdot K)}] \end{aligned}$$

而且

$$q_1 = 1\ 000\ \mathrm{kJ/kg}, T_\mathrm{H} = 2\ 100\ \mathrm{K}$$

所以

$$\begin{aligned} e_{\mathrm{L},23} &= T_0 \left[(s_3 - s_2) - \frac{q_1}{T_\mathrm{H}} \right] \\ &= 283.15 \times \left(0.848\ 2 - \frac{1\ 000}{2\ 100} \right) \\ &= 105.33 (\mathrm{kJ/kg}) \end{aligned}$$

吸热平均温度

$$\overline{T}_1 = \frac{q_1}{s_3 - s_2} = \frac{1\ 000}{0.848\ 2} = 1\ 179.1 (\mathrm{K})$$

对于过程 4→1，$s_1 - s_4 = s_2 - s_3 = -0.848\ 2\ \mathrm{kJ/(kg \cdot K)}$，$q_{41} = q_2 = 459.21\ \mathrm{kJ/kg}$，且 $T_\mathrm{L} = 283\ \mathrm{K}$，于是有

$$\begin{aligned} e_{\mathrm{L},41} &= T_0 \left[(s_1 - s_4) + \frac{q_2}{T_\mathrm{L}} \right] \\ &= 283.15 \times \left(-0.848\ 2 + \frac{459.21}{283.15} \right) \\ &= 219.04 (\mathrm{kJ/kg}) \end{aligned}$$

因此，循环的㶲损失为

$$\begin{aligned} \sum e_\mathrm{L} &= e_{\mathrm{L,cycle}} = e_{\mathrm{L},12} + e_{\mathrm{L},23} + e_{\mathrm{L},34} + e_{\mathrm{L},41} \\ &= 0 + 105.33 + 0 + 219.04 \\ &= 324.37 (\mathrm{kJ/kg}) \end{aligned}$$

放热过程的㶲损失远远大于吸热过程的，这也告知我们减少㶲损失（提高用能经济性）的着手点。

吸热平均温度

$$\overline{T}_2 = \frac{q_2}{s_4 - s_1} = \frac{459.21}{0.848\ 2} = 541.39 (\mathrm{K})$$

根据平均吸热温度和平均放热温度计算循环热效率：

$$\eta_{t,v} = 1 - \frac{\overline{T}_2}{\overline{T}_1} = 1 - \frac{541.39}{1\ 179.1} = 0.541$$

(4)㶲效率为输出㶲(净功)与输入㶲(热量㶲)之比。

$$e_{x,w} = w_{net,out} = 540.79\ kJ/kg$$

$$e_{x,Q} = \left(1 - \frac{T_0}{T_H}\right)q_1$$

$$= \left(1 - \frac{283.15}{2\,100}\right) \times 1\,000 = 865.17(kJ/kg)$$

所以,循环的㶲效率(也称第二定律效率)为

$$\eta_{II} = \frac{e_{x,w}}{e_{x,Q}} = \frac{540.79}{865.17} = 0.625\,1 = 62.51\%$$

或者

$$\eta_{II} = 1 - \frac{e_{L,cycle}}{e_{x,Q}} = 1 - \frac{324.37}{865.17} = 0.625\,1 = 62.51\%$$

例 10-4 对于例 10-3 中的火花点火活塞式汽油机,如果已知其最低工作温度 $T_1 = 283.15$ K,最高工作温度 $T_3 = 2\,009.43$ K。如果在最佳压缩比下工作,重新计算例 10-3 中的相关数据。

解:参见图 10-8 和图 10-9,采用标准空气假设。先计算最佳压缩比,再确定各状态点的参数。

由式(10-18)得最佳压缩比为

$$\varepsilon_{opt} = \left(\frac{T_3}{T_1}\right)^{\frac{1}{2(\gamma_0 - 1)}} = \left(\frac{2\,009.43}{283.15}\right)^{\frac{1}{2\times(1.4-1)}} = 11.58$$

(1)循环的最高温度和最高压力发生在状态 3。

状态 1:

$$p_1 = 0.09\ MPa, T_1 = 283.15\ K$$

$$v_1 = \frac{R_g T_1}{p_1} = \frac{287.0 \times 283.15}{0.09 \times 10^6} = 0.902\,9(m^3/kg)$$

状态 2:

$$v_2 = \frac{v_1}{\varepsilon_{opt}} = \frac{0.902\,9}{11.58} = 0.078\,0(m^3/kg)$$

$$T_{2,opt} = \sqrt{T_1 T_3} = \sqrt{283.15 \times 2\,009.43} = 754.30(K)$$

$$p_2 = p_1\left(\frac{v_1}{v_2}\right)^{\gamma_0} = p_1 \varepsilon_{opt}^{\gamma_0} = 0.09 \times 11.58^{1.4} = 2.776\,1(MPa)$$

状态 3:

$$v_3 = v_2 = 0.078\,0\ m^3/kg$$

$$q_1 = c_{V0}(T_3 - T_2) = 0.718 \times (2\,009.43 - 754.30) = 901.18(kJ/kg)$$

$$p_3 = p_2\frac{T_3}{T_2} = 2.776\,1 \times \frac{2\,009.43}{754.30} = 7.395\,4(MPa)$$

状态 4:

$$v_4 = v_1 = 0.902\,9\ m^3/kg$$

$$p_4 = p_3\left(\frac{v_3}{v_4}\right)^{\gamma_0} = 7.395\ 4 \times \left(\frac{0.078\ 0}{0.902\ 9}\right)^{1.4} = 0.239\ 9(\text{MPa})$$

$$T_{4,\text{opt}} = T_{2,\text{opt}} = 754.30\ \text{K}$$

(2)循环热效率和平均有效压力。

单位工质放出的热量

$$q_2 = c_{V0}(T_4 - T_1) = 0.718 \times (754.30 - 283.15) = 338.29(\text{kJ/kg})$$

单位工质的循环功(循环比功)

$$w_{\text{net}} = q_1 - q_2 = 901.18 - 338.29 = 562.89(\text{kJ/kg})$$

循环热效率

$$\eta_{t,v} = \frac{w_{\text{net}}}{q_1} = \frac{562.89}{901.18} = 0.624\ 6$$

或此时的效率即为最佳热效率,由式(10-20)有

$$\eta_{t,v,\text{opt}} = 1 - \frac{1}{\varepsilon_{\text{opt}}^{\gamma_0 - 1}} = 1 - \frac{1}{\sqrt{T_3/T_1}} = 1 - \frac{1}{\sqrt{2\ 009.43/283.15}} = 0.624\ 6$$

由式(10-19)有最大循环比功:

$$w_{\text{net,max}} = c_{V0}T_1\left(\sqrt{\frac{T_3}{T_1}} - 1\right)^2 = 0.718 \times 283.15 \times \left(\sqrt{\frac{2\ 009.43}{283.15}} - 1\right)^2 = 562.90(\text{kJ/kg})$$

此时的吸热量为

$$q_1 = \frac{w_{\text{net,max}}}{\eta_{t,v,\text{opt}}} = \frac{562.90}{0.624\ 6} = 901.21(\text{kJ/kg})$$

平均有效压力为

$$p_{\text{ME}} = \frac{w_{\text{net}}}{v_{\text{h}}} = \frac{w_{\text{net,max}}}{v_1 - v_2} = \frac{562.90}{0.902\ 9 - 0.078\ 0} = 682(\text{kPa})$$

即 $p_{\text{ME}} = 0.682$ MPa。

需要注意的是,当增加压缩比时,平均有效压力有所降低,这是因为两者的排量已经发生了改变。

(3)四个过程及循环的㶲损。

过程 1→2 和过程 3→4 为等熵过程,即 $s_1 = s_2$,$s_3 = s_4$,因此无内部和外部不可逆因素,即 $e_{\text{L},12} = 0$,$e_{\text{L},34} = 0$。

过程 2→3 和过程 4→1 分别为等容吸热和等容放热过程,是内部可逆过程。但是,工质与热源和工质与环境间的热交换是存在温差的,也就是存在外部不可逆因素。

过程 2→3 这一等容吸热过程的熵变化为

$$\begin{aligned} s_3 - s_2 &= c_{V0}\ln\frac{T_3}{T_2} \\ &= 0.718 \times \ln\frac{2\ 009.43}{754.30} \\ &= 0.703\ 5[\text{kJ/(kg·K)}] \end{aligned}$$

而且

$$q_1 = 901.18\ \text{kJ/kg}, T_H = 2\ 100\ \text{K}$$

所以

$$\begin{aligned} e_{L,23} &= T_0\left[(s_3 - s_2) - \frac{q_1}{T_H}\right] \\ &= 283.15 \times \left(0.703\ 5 - \frac{901.18}{2\ 100}\right] \\ &= 77.69(\text{kJ/kg}) \end{aligned}$$

吸热平均温度

$$\overline{T}_1 = \frac{q_1}{s_3 - s_2} = \frac{901.18}{0.703\ 5} = 1\ 281.0(\text{K})$$

对于过程 4→1，$s_1 - s_4 = s_2 - s_3 = -0.703\ 5\ \text{kJ/(kg·K)}$，$q_{41} = q_2 = 338.29\ \text{kJ/kg}$，且 $T_L = 283\ \text{K}$，于是有

$$\begin{aligned} e_{L,41} &= T_0\left[(s_1 - s_4) + \frac{q_2}{T_L}\right] \\ &= 283.15 \times \left(-0.703\ 5 + \frac{338.29}{283.15}\right] \\ &= 139.09(\text{kJ/kg}) \end{aligned}$$

因此，循环的㶲损失为

$$\begin{aligned} \sum e_L &= e_{L,\text{cycle}} = e_{L,12} + e_{L,23} + e_{L,34} + e_{L,41} \\ &= 0 + 77.69 + 0 + 139.09 \\ &= 216.78(\text{kJ/kg}) \end{aligned}$$

放热过程的㶲损失远远大于吸热过程，这也告知我们减少㶲损失的着手点。

吸热平均温度

$$\overline{T}_2 = \frac{q_2}{s_3 - s_2} = \frac{338.29}{0.703\ 5} = 480.87(\text{K})$$

根据平均吸热温度和平均放热温度计算循环热效率：

$$\eta_{t,v} = 1 - \frac{\overline{T}_2}{\overline{T}_1} = 1 - \frac{480.87}{1\ 281.0} = 0.624\ 6$$

(4)㶲效率为输出㶲(净功)与输入㶲(热量㶲)之比。

$$e_{x,w} = w_{\text{net,max}} = 562.90\ \text{kJ/kg}$$

$$\begin{aligned} e_{x,Q} &= \left(1 - \frac{T_0}{T_H}\right)q_{\text{in}} \\ &= \left(1 - \frac{283.15}{2\ 100}\right) \times 901.18 = 779.67(\text{kJ/kg}) \end{aligned}$$

所以，循环的㶲效率(也称第二定律效率)为

$$\eta_{\mathrm{II}}=\frac{e_{x,w}}{e_{x,Q}}=\frac{562.90}{779.67}=0.722=72.2\%$$

或

$$\eta_{\mathrm{II}}=1-\frac{e_{L,cycle}}{e_{x,Q}}=1-\frac{216.78}{779.67}=0.722=72.2\%$$

或

$$\eta_{\mathrm{II}}=\frac{\eta_{t,v}}{\eta_C}=\frac{0.6246}{1-\dfrac{283.15}{2100}}=0.722=72.2\%$$

例 10-5　对于例 10-3 中的火花点火活塞式汽油机，如果已知其最低工作温度 $T_1=283.15$ K，假定所采用的压缩比就是循环比功最大时的最佳压缩比，即 $\varepsilon=\varepsilon_{opt}=7$，求该循环的其他参数。

解：参见图 10-8 和图 10-9，采用标准空气假设。

由于此时的压缩比已经是最佳压缩比，则由式(10-18)得最佳压缩比时的循环最高温度为

$$T_3=T_1\varepsilon_{opt}^{2(\gamma_0-1)}=283.15\times7^{2\times(1.4-1)}=1\,343.06(\mathrm{K})$$

以下计算参见图 10-9。

状态 1：

$$p_1=0.09\ \mathrm{MPa},T_1=283.15\ \mathrm{K}$$

$$v_1=\frac{R_gT_1}{p_1}=\frac{287.0\times283.15}{0.09\times10^6}=0.902\,93(\mathrm{m^3/kg})$$

状态 2：

$$v_2=\frac{v_1}{\varepsilon}=\frac{0.902\,93}{7}=0.129\,0(\mathrm{m^3/kg})$$

$$T_2=T_1\varepsilon^{\gamma_0-1}=283.15\times7^{1.4-1}=616.67(\mathrm{K})$$

$$p_2=p_1\left(\frac{v_1}{v_2}\right)^{\gamma_0}=p_1\varepsilon^{\gamma_0}=0.09\times7^{1.4}=1.372\,1(\mathrm{MPa})$$

状态 3：

$$v_3=v_2=0.129\,0\ \mathrm{m^3/kg}$$

$$T_3=1\,343.06\ \mathrm{K}$$

$$p_3=p_2\frac{T_3}{T_2}=1.372\,1\times\frac{1\,343.06}{616.67}=2.988\,3(\mathrm{MPa})$$

状态 4：

$$v_4=v_1=0.902\,9\ \mathrm{m^3/kg}$$

$$p_4=p_3\left(\frac{v_3}{v_4}\right)^{\gamma_0}=2.988\,3\times\left(\frac{0.129\,0}{0.902\,93}\right)^{1.4}=0.196\,012(\mathrm{MPa})$$

$$T_4=\frac{p_4v_4}{R_g}=\frac{0.196\,012\times10^6\times0.902\,9}{287.0}=616.67(\mathrm{K})=T_2$$

单位工质吸收的热量：

$$q_1 = c_{V0}(T_3 - T_2) = 0.718 \times (1\ 343.06 - 616.61) = 521.59(\text{kJ/kg})$$

单位工质放出的热量：

$$q_2 = c_{V0}(T_4 - T_1) = 0.718 \times (616.61 - 283.15) = 239.42(\text{kJ/kg})$$

单位工质的循环功：

$$w_{net} = q_1 - q_2 = 521.59 - 239.42 = 282.17(\text{kJ/kg})$$

循环热效率：

$$\eta_{t,v} = \frac{w_{net}}{q_1} = \frac{282.17}{521.59} = 0.541$$

或

$$\eta_{t,v} = 1 - \frac{1}{\varepsilon^{\gamma_0 - 1}} = 1 - \frac{1}{7^{1.4-1}} = 0.541$$

平均有效压力

$$p_{ME} = \frac{w_{net}}{v_h} = \frac{w_{net}}{v_1 - v_2} = \frac{282.17}{0.902\ 93 - 0.129\ 0} = 365(\text{kPa})$$

即 $p_{ME} = 0.365$ MPa。

把例 10-3、例 10-4 和例 10-5 的状态点及循环参数列于表 10-3 中进行详细的对比，表中 $w_{net,1}$ 是 1 kg 工质的循环功；$w_{net,2}$ 是将 1 kg 工质的吸热量折算到 1 000 kJ 时求得的循环功，即对比是在吸热量相同（也就是相同燃料量消耗）条件下进行的。从多角度看，例 10-3 中的火花点火活塞式汽油机没有工作在最佳或最经济条件下。需要注意的是，例 10-5 中的循环最高温度是1 343.06 K（不同于例 10-3），而效率却与例 10-3 中的循环（最高温度为 2 009.43 K）相同（54.1%），说明使用低热值燃料，汽油机按照例 10-5 中的参数进行工作时，消耗相同热值的低热值燃料也能输出相同的功。

表 10-3　例 10-3 ~ 例 10-5 的参数对比

参数	单位	例 10-3	例 10-4	例 10-4 与例 10-3 相比		例 10-5	例 10-5 与例 10-3 相比	
γ_0		1.4	1.4		0	1.4		0
R_g	J/(kg · K)	287.0	287.0		0	287.0		0
T_1	K	283.15	283.15		0	283.15		0
T_2	K	616.67	754.30	↑	137.63	616.67		0
T_3	K	2 009.43	2 009.43		0	1 343.06	↓	−666.37
T_4	K	922.72	754.30	↓	−168.42	616.67	↓	−306.11
压缩比 ε		7	11.58	↑	4.58	7		0
p_1	MPa	0.09	0.09		0	0.09		0
p_2	MPa	1.372 1	2.776 1	↑	1.404	1.372 1		0
p_3	MPa	4.471 0	7.395 4	↑	2.924 4	2.988 3	↓	−1.482 7

续表

参数	单位	例 10-3	例 10-4	例 10-4 与例 10-3 相比		例 10-5	例 10-5 与例 10-3 相比	
p_4	MPa	0.293 3	0.239 9	↓	−0.053 4	0.196 0	↓	−0.097 3
v_1	m^3/kg	0.902 9	0.902 9		0	0.902 9		0
v_2	m^3/kg	0.129 0	0.078 0	↓	−0.051	0.129 0		0
v_3	m^3/kg	0.129 0	0.078 0	↓	−0.051	0.129 0		0
v_4	m^3/kg	0.902 9	0.902 9		0	0.902 9		0
循环热效率 $\eta_{t,v}$		0.541	0.624 6	↑	0.083 6	0.541		0
吸热量 q_1	kJ/kg	1 000	901.21	↓	−98.79	521.59	↓	−478.41
放热量 q_2	kJ/kg	459.21	338.29	↓	−120.92	239.42	↓	−219.79
$w_{net,1}$	kJ/kg	540.79	562.90	↑	22.11	282.17	↓	−258.62
$w_{net,2}$	kJ/kg	540.79	624.60	↑	83.84	540.98		0.19
平均有效压力 p_{ME}	MPa	0.699	0.682	↓	−0.017	0.365	↓	−0.334

10.3.2　活塞式内燃机等压加热循环分析

有些柴油机的燃烧过程主要在活塞离开上止点的一段行程中进行，这时一边燃烧一边膨胀，气缸内气体的压力基本保持不变，相当于等压加热，而放热过程依然在等容条件下进行。这种等压加热等容放热循环也可以看作是混合加热等容放热循环的特例。这种循环又称狄塞尔循环（Diesel cycle），是由 Rudolf Christian Karl Diesel 发明并以其名字命名的循环。当 $\lambda=1$ 时，$p_a=p_2$，混合加热循环中的状态 a 和状态 2 重合，混合加热循环就成了等压加热循环（如图 10-13、图 10-14 所示）。

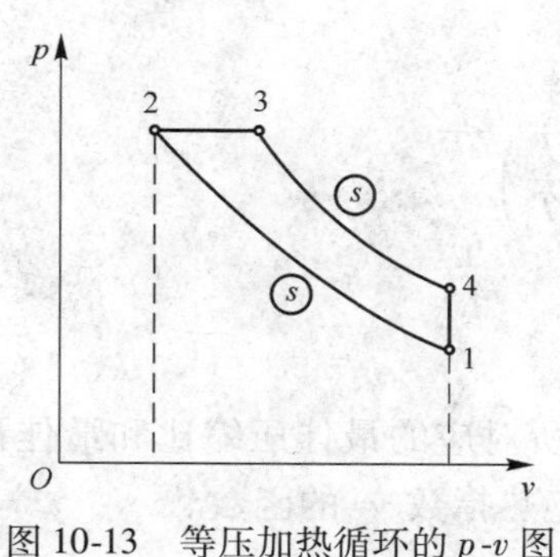

图 10-13　等压加热循环的 p-v 图

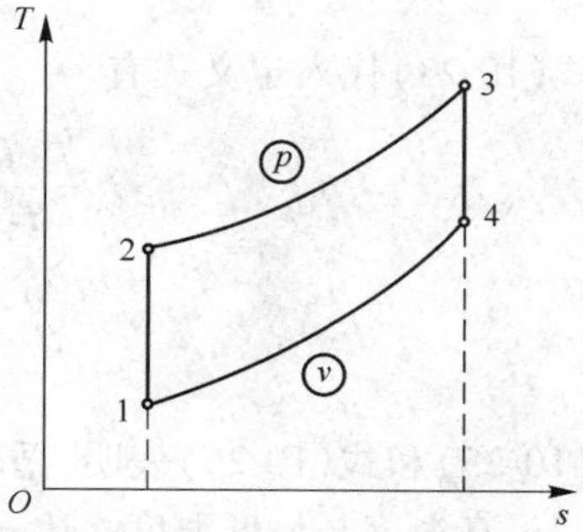

图 10-14　等压加热循环的 T-s 图

令式（10-7）中 $\lambda=1$，即可得等压加热循环的理论热效率计算式：

$$\eta_{t,p}=1-\frac{1}{\varepsilon^{\gamma_0-1}}\frac{\rho^{\gamma_0}-1}{\gamma_0(\rho-1)} \tag{10-22}$$

从式（10-22）可以看出：如果预胀比不变，那么提高压缩比可以提高等压加热循环的热效率;如果压缩比不变,那么预胀比的增大(增加发动机负荷)会引起循环热效率的降低,这是由于在 $\gamma_0>1$ 条件下,当 ρ 增大时,$\rho^{\gamma_0}-1$ 比 $\rho-1$ 增加得快。从图 10-6 也可以看出:当 $\lambda=1$ 时,η_t 随 ρ 的增加而降低。

1. 最佳压缩比

当 $\lambda=1$ 时,混合加热循环中的状态 a 和状态 2 重合,混合加热循环便成了等压加热循环(如图 10-11、图 10-12 所示)。参照任务 10.2 中对混合加热循环的分析,令相关参数中的 $\lambda=1$ 即得等压加热(等容放热)循环的相关参数。

由式(10-9)得循环比功最大时的最佳压缩终点温度为

$$T_{2,\mathrm{opt}}=(T_1T_3^{\gamma_0})^{\frac{1}{\gamma_0+1}}=T_1\tau^{\frac{\gamma_0}{\gamma_0+1}} \tag{10-23}$$

循环比功最大时的最佳膨胀终点温度为

$$T_{4,\mathrm{opt}}=\frac{T_1T_3^{\gamma_0}}{T_{2,\mathrm{opt}}^{\gamma_0}}=(T_1T_3^{\gamma_0})^{\frac{1}{\gamma_0+1}}=T_{2,\mathrm{opt}} \tag{10-24}$$

式(10-24)的结果与等容加热循环一样,当膨胀终点温度 T_4 与压缩终点温度 T_2 相同时,循环比功也出现极大值。

循环比功最大时的最佳压缩比为

$$\varepsilon_{\mathrm{opt}}=\left(\frac{T_2}{T_1}\right)^{\frac{1}{\gamma_0-1}}=\left(\frac{T_3}{T_1}\right)^{\frac{\gamma_0}{\gamma_0^2-1}}$$

即

$$\varepsilon_{\mathrm{opt}}=\tau^{\frac{\gamma_0}{\gamma_0^2-1}} \tag{10-25}$$

2. 最佳预胀比

预胀比说明了等压过程容积增加的倍数。对于循环比功为极大值时的等压加热循环,此时对应的预胀比 $\rho=\frac{v_3}{v_2}=\frac{T_3}{T_2}$ 即为最佳预胀比,也是最佳压缩终点温度所对应的预胀比。

将式(10-23)代入定义式有

$$\rho_{\mathrm{opt}}=\frac{T_3}{T_{2,\mathrm{opt}}}=\frac{T_3}{(T_1T_3^{\gamma_0})^{\frac{1}{\gamma_0+1}}}=\left(\frac{T_3}{T_1}\right)^{\frac{1}{\gamma_0+1}}$$

即

$$\rho_{\mathrm{opt}}=\tau^{\frac{1}{\gamma_0+1}} \tag{10-26}$$

式(10-25)和式(10-26)表明,循环比功为极大值时所对应的最佳压缩比和最佳预胀比仅是循环最高温度与最低温度之比 $\tau=T_3/T_1$ 及工质的绝热指数 γ_0 的函数。

3. 最大循环比功

等压加热循环的循环比功为

$$\begin{aligned}w_{\mathrm{net}}&=q_1-q_2=c_{p0}(T_3-T_2)-c_{V0}(T_4-T_1)=c_{V0}[\gamma_0T_3-(1+\gamma_0)T_2+T_1]\\&=c_{V0}T_1\left[\gamma_0\frac{T_3}{T_1}-(1+\gamma_0)\frac{T_2}{T_1}+1\right]\end{aligned} \tag{10-27}$$

将最佳压缩终点温度计算式(10-23)代入式(10-27)得最大循环比功为

$$w_{\mathrm{net,max}}=\left[\gamma_0\frac{T_3}{T_1}-(1+\gamma_0)\left(\frac{T_3}{T_1}\right)^{\frac{\gamma_0}{\gamma_0+1}}+1\right]c_{V0}T_1$$

即

$$\frac{w_{\mathrm{net,max}}}{c_{V0}T_1}=\gamma_0\tau-(1+\gamma_0)\tau^{\frac{\gamma_0}{\gamma_0+1}}+1 \tag{10-28}$$

由式(10-19)可知,等容加热等容放热理想循环的最大循环比功与绝热指数无关,但式(10-28)表明:等压加热等容放热理想循环的最大循环比功还受到绝热指数的影响,但是影响不大。

4. 最佳热效率

将最佳压缩比计算式(10-25)、最佳膨胀终点温度计算式(10-24)代入式(10-12)并令 $\lambda=1$ 得循环比功最大时的最佳热效率为

$$\eta_{\mathrm{t,opt}}=1-\frac{\dfrac{T_{4,\mathrm{opt}}}{T_1}-1}{\gamma_0\dfrac{T_3}{T_1}-\gamma_0\varepsilon_{\mathrm{opt}}^{\gamma_0-1}}$$

即

$$\eta_{\mathrm{t,opt}}=1-\frac{1}{\gamma_0}\frac{\tau^{\frac{\gamma_0}{\gamma_0+1}}-1}{\tau-\tau^{\frac{\gamma_0}{\gamma_0+1}}} \tag{10-29}$$

同样,由式(10-20)和式(10-29)可知,与等容加热等容放热理想循环的最佳热效率仅与循环最高温度与最低温度之比有关所不同的是,等压加热等容放热理想循环的最佳热效率还受到绝热指数的影响。

5. 最佳平均有效压力

当处于最佳压缩比(最大循环比功)时,按照定义式(10-5)得循环最佳平均有效压力为

$$p_{\mathrm{ME}}=\frac{w_{\mathrm{net}}}{v_1-v_1/\varepsilon}=\frac{w_{\mathrm{net,max}}}{\left(1-\dfrac{1}{\varepsilon_{\mathrm{opt}}}\right)v_1} \tag{10-30}$$

例 10-6　试计算活塞式内燃机等压加热循环各状态点(图 10-13 和图 10-14 中状态 1,2,4,5)的温度、压力、比体积,以及单位质量工质的循环功、放出的热量和循环热效率。计算时可认为工质为空气,按等比热容理想气体计算。已知 $p_1=0.1$ MPa,$\varepsilon=16$,$q_1=1\ 000$ kJ/kg,$t_1=50$ ℃。

解:对于空气,查表 A-7 得

$$R_{\mathrm{g}}=287.0\ \mathrm{J/(kg\cdot K)},\gamma_0=1.4$$
$$c_{p0}=1.005\ \mathrm{kJ/(kg\cdot K)},c_{V0}=0.718\ \mathrm{kJ/(kg\cdot K)}$$

状态 1:

$$p_1=0.1\ \mathrm{MPa},T_1=323.15\ \mathrm{K}$$

$$v_1=\frac{R_gT_1}{p_1}=\frac{287.0\times323.15}{0.1\times10^6}=0.9274(\mathrm{m^3/kg})$$

状态 2：

$$v_2=\frac{v_1}{\varepsilon}=\frac{0.9274}{16}=0.05797(\mathrm{m^3/kg})$$

$$p_2=p_1\left(\frac{v_1}{v_2}\right)^{\gamma_0}=p_1\varepsilon^{\gamma_0}=0.1\times16^{1.4}=4.850(\mathrm{MPa})$$

$$T_2=323.15\times16^{1.4-1}=979.6(\mathrm{K})$$

状态 3：

$$p_3=p_2=4.850\ \mathrm{MPa}$$

$$T_3=T_2+\frac{q_1}{c_{p0}}=979.6+\frac{1000}{1.005}=1974.6(\mathrm{K})$$

$$v_3=v_2\frac{T_3}{T_2}=0.05797\times\frac{1974.6}{979.6}=0.1169(\mathrm{m^3/kg})$$

状态 4：

$$v_4=v_1=0.9274\ \mathrm{m^3/kg}$$

$$p_4=p_3\left(\frac{v_3}{v_4}\right)^{\gamma_0}=4.850\times\left(\frac{0.1169}{0.9274}\right)^{1.4}=0.2670(\mathrm{MPa})$$

$$T_4=\frac{p_4v_4}{R_g}=\frac{0.2670\times10^6\times0.9274}{287.0}=862.8(\mathrm{K})$$

单位工质放出的热量

$$q_2=c_{V0}(T_4-T_1)=0.718\times(862.8-323.15)=387.47(\mathrm{kJ/kg})$$

单位工质的循环功

$$w_{net}=q_1-q_2=1000-387.47=612.53(\mathrm{kJ/kg})$$

循环热效率

$$\eta_{t,p}=\frac{w_{net}}{q_1}=\frac{612.53}{1000}=0.6125$$

或

$$\rho=\frac{v_3}{v_2}=\frac{0.1169}{0.05797}=2.0166$$

$$\eta_{t,p}=1-\frac{1}{\varepsilon^{\gamma_0-1}}\frac{\rho^{\gamma_0}-1}{\gamma_0(\rho-1)}=1-\frac{1}{16^{1.4-1}}\times\frac{2.0166^{1.4}-1}{1.4\times(2.0166-1)}=0.6130$$

平均有效压力

$$p_{ME}=\frac{w_{net}}{v_1-v_2}=\frac{612.53}{0.9274-0.05797}=705(\mathrm{kPa})$$

即 $p_{ME}=0.705\ \mathrm{MPa}$。

例 10-7 试计算按例 10-6 确定的工作于最低温度 $T_1=323.15\ \mathrm{K}$、最高温度 $T_3=1974.6\ \mathrm{K}$

间的等压加热循环的最大循环比功和最经济热效率。

解:以下计算参见图 10-14。

对于空气,查表 A-7 得

$$R_g = 287.0\ \text{J/(kg·K)}, \gamma_0 = 1.4$$
$$c_{p0} = 1.005\ \text{kJ/(kg·K)}, c_{V0} = 0.718\ \text{kJ/(kg·K)}$$

工作于最低温度 $T_1 = 323.15$ K、最高温度 $T_3 = 1\ 974.6$ K 间的等压加热循环的升温比为

$$\tau = \frac{T_3}{T_1} = \frac{1\ 974.6}{323.15} = 6.11$$

则由式(10-25)可得最佳压缩比为

$$\varepsilon_{\text{opt}} = \tau^{\frac{\gamma_0}{\gamma_0^2-1}} = 6.11^{\frac{1.4}{1.4^2-1}} = 14.006$$

由式(10-26)可得最佳预胀比为

$$\rho_{\text{opt}} = \tau^{\frac{1}{\gamma_0+1}} = 6.11^{\frac{1}{1.4+1}} = 2.125\ 8$$

由式(10-29)得最佳热效率为

$$\eta_{\text{t,opt}} = 1 - \frac{1}{\gamma_0}\frac{\tau^{\frac{\gamma_0}{\gamma_0+1}}-1}{\tau - \tau^{\frac{\gamma_0}{\gamma_0+1}}} = 1 - \frac{1}{1.4} \times \frac{6.11^{\frac{1.4}{1.4+1}}-1}{6.11 - 6.11^{\frac{1.4}{1.4+1}}} = 0.586\ 3$$

此时,各点的状态参数如下。

状态 1:

$$p_1 = 0.1\ \text{MPa}, T_1 = 323.15\ \text{K}$$
$$v_1 = \frac{R_g T_1}{p_1} = \frac{287.0 \times 323.15}{0.1 \times 10^6} = 0.927\ 4(\text{m}^3/\text{kg})$$

状态 2:

$$v_2 = \frac{v_1}{\varepsilon_{\text{opt}}} = \frac{0.927\ 4}{14.006} = 0.066\ 21(\text{m}^3/\text{kg})$$
$$T_{2,\text{opt}} = (T_1 T_3^{\gamma_0})^{\frac{1}{\gamma_0+1}} = (323.15 \times 1\ 974.6^{1.4})^{\frac{1}{1.4+1}} = 928.85(\text{K})$$
$$p_2 = p_1 \varepsilon_{\text{opt}}^{\gamma_0} = 0.1 \times 14.006^{1.4} = 4.025\ 7(\text{MPa})$$

状态 3:

$$p_3 = p_2 = 4.025\ 7\ \text{MPa}$$
$$T_3 = 1\ 974.6\ \text{K}$$
$$v_3 = v_2 \frac{T_3}{T_2} = 0.066\ 21 \times \frac{1\ 974.6}{928.85} = 0.140\ 75(\text{m}^3/\text{kg})$$

状态 4:

$$v_4 = v_1 = 0.927\ 4\ \text{m}^3/\text{kg}$$
$$p_4 = p_3\left(\frac{v_3}{v_4}\right)^{\gamma_0} = 4.025\ 7 \times \left(\frac{0.140\ 75}{0.927\ 4}\right)^{1.4} = 0.287\ 4(\text{MPa})$$
$$T_4 = T_2 = 928.85\ \text{K}$$

单位工质的吸热量

$$q_1 = c_{p0}(T_3 - T_2) = 1.005 \times (1\ 974.6 - 928.85) = 1\ 051.0(\text{kJ/kg})$$

单位工质放出的热量

$$q_2 = c_{V0}(T_4 - T_1) = 0.718 \times (928.85 - 323.15) = 434.89(\text{kJ/kg})$$

单位工质的循环功

$$w_{net} = q_1 - q_2 = 1\ 051.0 - 434.89 = 616.11(\text{kJ/kg})$$

因

$$\frac{w_{net,max}}{c_{V0}T_1} = \gamma_0 \tau - (1 + \gamma_0)\tau^{\frac{\gamma_0}{\gamma_0 + 1}} + 1$$

$$= 1.4 \times 6.11 - (1 + 1.4) \times 6.11^{\frac{1.4}{1.4+1}} + 1 = 2.655\ 8$$

即最大循环比功

$$w_{net,max} = 2.655\ 8 \times 0.718 \times 323.15 = 616.2(\text{kJ/kg})$$

循环最经济热效率

$$\eta_{t,p} = \frac{w_{net,max}}{q_1} = \frac{616.2}{1\ 051.0} = 0.586\ 3$$

或

$$\eta_{t,p} = 1 - \frac{1}{\varepsilon^{\gamma_0 - 1}} \frac{\rho^{\gamma_0} - 1}{\gamma_0(\rho - 1)} = 1 - \frac{1}{14.006^{1.4-1}} \times \frac{2.125\ 8^{1.4} - 1}{1.4 \times (2.125\ 8 - 1)} = 0.586\ 3$$

平均有效压力为

$$p_{ME} = \frac{w_{net}}{v_2 - v_1} = \frac{616.3}{0.927\ 4 - 0.066\ 21} = 716(\text{kPa})$$

即 $p_{ME} = 0.716\text{MPa}$。

与例 10-6 相比,例 10-7 的等压加热循环的热效率降低了,但是压缩比减小了,工质完成一个循环的循环比功增加了,平均有效压力也是增加的。按照例 10-7 中的参数工作的柴油机的性能好于按例 10-6 中的参数工作的柴油机。

任务 10.4 活塞式内燃机的其他循环及优化分析

10.4.1 阿特金森循环

1882 年,英国工程师阿特金森(James Atkinson)在奥托循环内燃机的基础上设计了一套连杆机构,使得发动机的压缩行程小于膨胀行程,改善了发动机的进气效率,也使得发动机的膨胀比$\left(\varepsilon_2 = \frac{v_4}{v_3}\right)$高于压缩比$\left(\varepsilon = \frac{v_1}{v_2}\right)$,有效地提高了发动机效率。对于如图 10-15 和图 10-16 所示的阿特金森循环(Atkinson cycle),它由等熵压缩、等容吸热、等熵膨胀和等压放热过程构成。

福特锐际和丰田普锐斯混合动力汽车采用的就是阿特金森循环发动机。

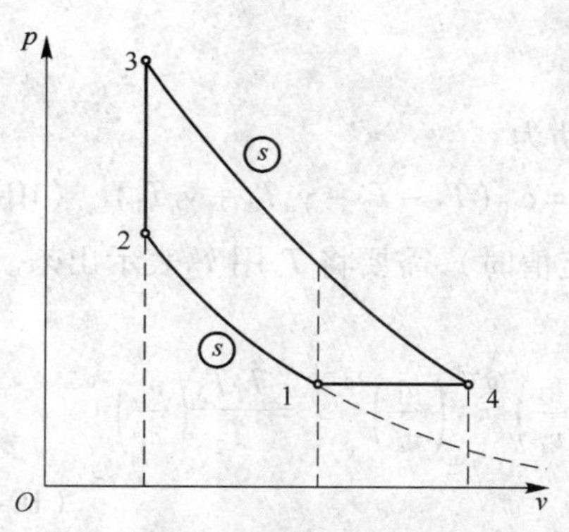

图 10-15　等容加热等压放热循环的 p-v 图

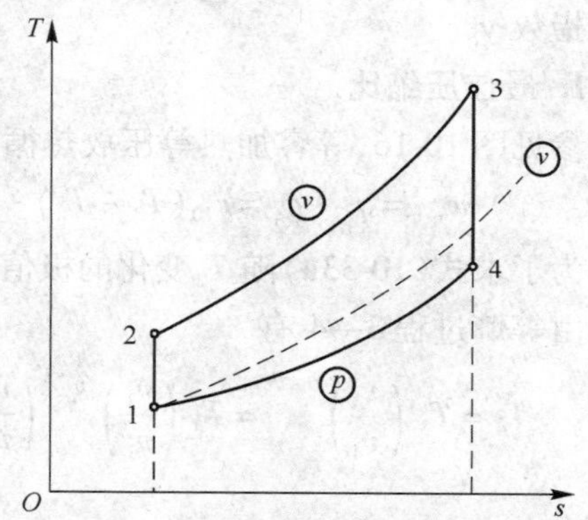

图 10-16　等容加热等压放热循环的 T-s 图

阿特金森循环不是混合加热循环的特例。与奥托循环相比,阿特金森循环仅在放热(等压放热)过程上有所不同,其他 3 个过程都是相同的。与其他循环(如奥托循环、狄塞尔循环)一样,当循环温限(T_1,T_3)和压缩比确定后,阿特金森循环也就确定了。且同样条件下,因等压线比等容线平坦,阿特金森循环的循环比功和热效率都大于奥托循环,而在相同温限时,也存在最佳压缩比和最大循环比功。

各状态点的温度为

$$T_2 = T_1 \left(\frac{v_1}{v_2}\right)^{\gamma_0 - 1} = T_1 \varepsilon^{\gamma_0 - 1}, T_4 = T_1 \left(\frac{v_4}{v_1}\right) = T_1 \frac{\varepsilon_2}{\varepsilon}, T_3 = T_4 \varepsilon_2^{\gamma_0 - 1} = T_1 \frac{\varepsilon_2}{\varepsilon} \varepsilon_2^{\gamma_0 - 1} = \frac{\varepsilon_2^{\gamma_0}}{\varepsilon} T_1 = \tau T_1$$

式中,$\varepsilon_2 = \dfrac{v_4}{v_3}$为膨胀比,且 $\varepsilon_2 > \varepsilon$。对阿特金森循环而言,$\varepsilon_2$ 值不独立而依赖于压缩比:$\varepsilon_2 = (\tau\varepsilon)^{\frac{1}{\gamma_0}}$。

吸热量

$$q_1 = c_{V0}(T_3 - T_2)$$

放热量

$$q_2 = c_{p0}(T_4 - T_1)$$

热效率

$$\eta_t = \frac{q_1 - q_2}{q_1} = 1 - \frac{c_{p0}(T_4 - T_1)}{c_{V0}(T_3 - T_2)} = 1 - \gamma_0 \frac{T_4 - T_1}{T_3 - T_2} \tag{10-31}$$

把各状态点的温度代入式(10-31)得

$$\eta_t = 1 - \gamma_0 \frac{\varepsilon_2 - \varepsilon}{\varepsilon_2^{\gamma_0} - \varepsilon^{\gamma_0}} \tag{10-32a}$$

或

$$\eta_t = 1 - \gamma_0 \frac{(\tau\varepsilon)^{\frac{1}{\gamma_0}} - \varepsilon}{\tau\varepsilon - \varepsilon^{\gamma_0}} \tag{10-32b}$$

即阿特金森循环的热效率决定于循环的压缩比 ε、膨胀比 ε_2（或循环升温比 τ）和气体的绝热指数 γ_0。

1. 最佳压缩比

参见图 10-16，等容加热等压放热循环的循环比功为

$$w_{\text{net}} = q_1 - q_2 = c_{V0}(T_3 - T_2) - c_{p0}(T_4 - T_1) = c_{V0}(T_3 - T_2 - \gamma_0 T_4 + \gamma_0 T_1) \tag{10-33a}$$

为了求式（10-33a）随 T_2 变化的极值（T_1 和 T_3 为定值时），需要将 T_4 用 T_2 表示出来。

由等熵过程 3→4 有

$$T_4 = T_3\left(\frac{v_3}{v_4}\right)^{\gamma_0-1} = T_3\left(\frac{v_3}{v_1}\right)^{\gamma_0-1}\left(\frac{v_1}{v_4}\right)^{\gamma_0-1} = T_3\left(\frac{v_2}{v_1}\right)^{\gamma_0-1}\left(\frac{v_1}{v_4}\right)^{\gamma_0-1} = \frac{T_1T_3}{T_2}\left(\frac{v_1}{v_4}\right)^{\gamma_0-1} \tag{10-33b}$$

由等压过程 4→1 有

$$\frac{v_1}{v_4} = \frac{T_1}{T_4} \tag{10-33c}$$

将式（10-33c）代入式（10-33b）有

$$T_4 = \frac{T_1T_3}{T_2}\left(\frac{T_1}{T_4}\right)^{\gamma_0-1} = \frac{T_3}{T_2}\frac{T_1^{\gamma_0}}{T_4^{\gamma_0-1}}$$

即

$$T_4 = T_1\left(\frac{T_3}{T_2}\right)^{\frac{1}{\gamma_0}} = \frac{T_1T_3^{\frac{1}{\gamma_0}}}{T_2^{\frac{1}{\gamma_0}}} \tag{10-33d}$$

代入式（10-33a）得

$$w_{\text{net}} = c_{V0}\left(T_3 - T_2 - \frac{\gamma_0T_1T_3^{\frac{1}{\gamma_0}}}{T_2^{\frac{1}{\gamma_0}}} + \gamma_0T_1\right) \tag{10-33e}$$

当 T_1 和 T_3 为定值时，w_{net} 随压缩比 ε 的变化（T_2 的变化）而变化。将式（10-33e）的两边对 T_2 求导得

$$\frac{\mathrm{d}w_{\text{net}}}{\mathrm{d}T_2} = c_{V0}\left(-1 + T_1T_3^{\frac{1}{\gamma_0}}T_2^{-\frac{1+\gamma_0}{\gamma_0}}\right) \tag{10-33f}$$

再求一次导数得

$$\frac{\mathrm{d}^2w_{\text{net}}}{\mathrm{d}T_2^2} = -c_{V0}\frac{1+\gamma_0}{\gamma_0}T_2^{-\frac{1}{\gamma_0}-2} < 0 \tag{10-33g}$$

由此可见，循环比功确实存在最大值。令式（10-33f）为零有

$$\frac{\mathrm{d}w_{\text{net}}}{\mathrm{d}T_2} = c_{V0}\left(-1 + T_1T_3^{\frac{1}{\gamma_0}}T_2^{-\frac{1}{\gamma_0}-1}\right) = 0$$

从而，循环比功为极大值时的最佳压缩终点温度为

$$T_{2,\text{opt}} = T_1^{\frac{\gamma_0}{1+\gamma_0}}T_3^{\frac{1}{1+\gamma_0}} = T_1\left(\frac{T_3}{T_1}\right)^{\frac{1}{1+\gamma_0}} = T_1\tau^{\frac{1}{1+\gamma_0}} \tag{10-34}$$

此时的最佳压缩比为

$$\varepsilon_{\text{opt}}=\left(\frac{T_3}{T_1}\right)^{\frac{1}{\gamma_0^2-1}}=\tau^{\frac{1}{\gamma_0^2-1}} \tag{10-35}$$

当 γ_0 相同时，因 $\frac{1}{\gamma_0^2-1}<\frac{1}{2(\gamma_0-1)}$，在相同的循环升温比下，阿特金森循环的最佳压缩比小于奥托循环的最佳压缩比。

相应地，循环比功为极大值时的最佳膨胀终点温度为

$$T_{4,\text{opt}}=T_1\left(\frac{T_3}{T_1}\right)^{\frac{1}{1+\gamma_0}}=T_{2,\text{opt}} \tag{10-36}$$

2. 最大循环比功

将最佳压缩终点温度计算式(10-34)、最佳膨胀终点温度计算式(10-36)代入式(10-33a)得最大循环比功为

$$\begin{aligned}w_{\text{net,max}}&=c_{V0}(T_3-T_2-\gamma_0 T_4+\gamma_0 T_1)\\&=c_{V0}\left(T_3-T_1^{\frac{\gamma_0}{1+\gamma_0}}T_3^{\frac{1}{1+\gamma_0}}-\gamma_0 T_1^{\frac{\gamma_0}{1+\gamma_0}}T_3^{\frac{1}{1+\gamma_0}}+\gamma_0 T_1\right)\\&=c_{V0}\left[T_3-(1+\gamma_0)T_1\left(\frac{T_3}{T_1}\right)^{\frac{1}{1+\gamma_0}}+\gamma_0 T_1\right]\end{aligned}$$

即

$$\frac{w_{\text{net,max}}}{c_{V0}T_1}=\tau-(1+\gamma_0)\tau^{\frac{1}{1+\gamma_0}}+\gamma_0 \tag{10-37}$$

式(10-37)表明，等容加热等压放热内燃机循环的最大循环比功只是工质的定容比热容、绝热指数、工作的最高温度和最低温度的函数。提高最高工作温度、降低最低工作温度、选用定容比热容较大或绝热指数较高的工质，均能增大最大循环比功。

3. 最佳热效率

将各状态点的温度代入式(10-31)得循环比功最大时的最佳热效率为

$$\eta_{\text{t,opt}}=1-\gamma_0\frac{T_4-T_1}{T_3-T_2}=1-\gamma_0\frac{\left(\frac{T_3}{T_1}\right)^{\frac{1}{1+\gamma_0}}-1}{\frac{T_3}{T_1}-\left(\frac{T_3}{T_1}\right)^{\frac{1}{1+\gamma_0}}}$$

即

$$\eta_{\text{t,opt}}=1-\gamma_0\frac{\tau^{\frac{1}{1+\gamma_0}}-1}{\tau-\tau^{\frac{1}{1+\gamma_0}}} \tag{10-38}$$

式(10-38)表明，最佳热效率只是升温比 τ 和绝热指数 γ_0 的函数，且随 τ 的增大而提高，即提高 T_3 或降低 T_1 均可改善发动机的经济性，这与卡诺定理的结论是一致的。

4. 最佳平均有效压力

当处于最佳压缩比(最大循环比功)时，按照定义式(10-5)得循环最佳平均有效压力为

$$p_{\mathrm{ME}} = \frac{w_{\mathrm{net}}}{v_1 - v_1/\varepsilon} = \frac{w_{\mathrm{net,max}}}{\left(1 - \frac{1}{\varepsilon_{\mathrm{opt}}}\right) v_1} \tag{10-39}$$

上述分析还表明,发动机的循环比功与其经济性是矛盾的。当循环比功为极大值时,热效率并未达到其最高值;而当热效率接近或达到其最高值时,循环比功却接近于零。

10.4.2 米勒循环

针对奥托循环或狄塞尔循环,在膨胀比保持不变时,米勒(Ralph H. Miller)提出如下降低压缩比的改进思路:有效压缩冲程小于膨胀冲程;提高增压压力;使用可变气门正时技术,提前关闭进气门,在压缩前提供中间冷却器减少压缩功耗。按照米勒的改进思想,在等容加热等容放热的奥托循环基础上改进的循环称为米勒-奥托(Miller-Otto)循环,如图 10-17 和图 10-18 所示;在混合加热的沙巴德循环基础上改进的循环称为米勒-沙巴德(Miller-Sabathe 或 Miller-Dual)循环,如图 10-19 和图 10-20 所示;在等压加热等容放热的狄塞尔循环基础上改进的循环称为米勒-狄塞尔(Miller-Diesel)循环,如图 10-21 和图 10-22 所示。米勒循环的一个重要特征是放热过程不是单一的,而是混合放热过程(等容放热过程 + 等压放热过程)。

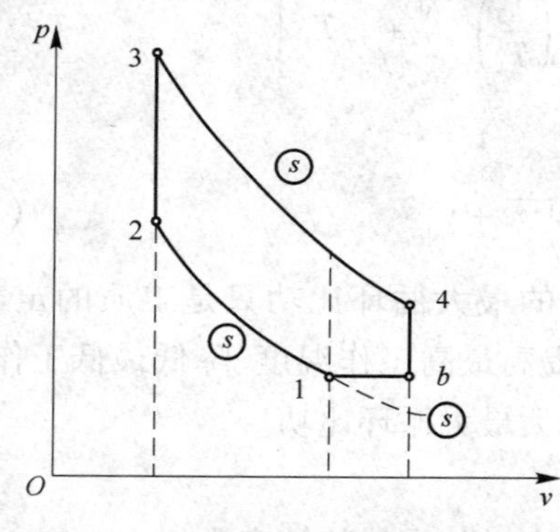

图 10-17 米勒-奥托循环的 p-v 图

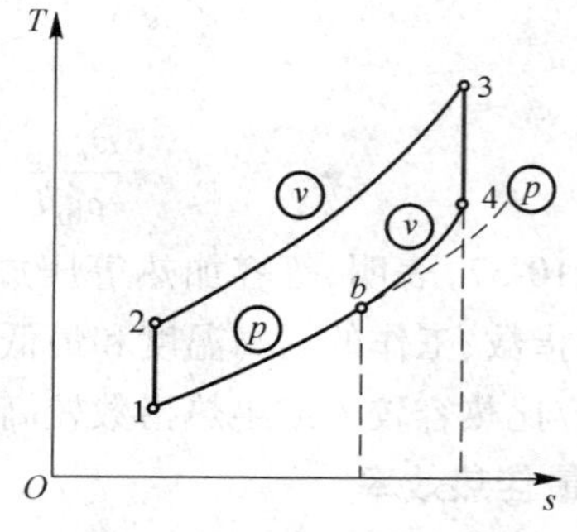

图 10-18 米勒-奥托循环的 T-s 图

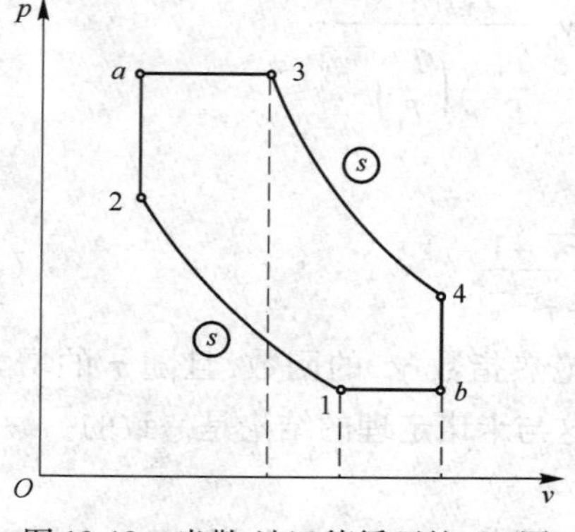

图 10-19 米勒-沙巴德循环的 p-v 图

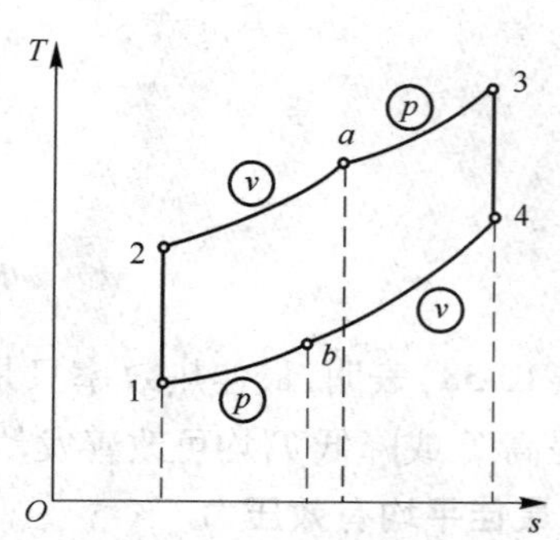

图 10-20 米勒-沙巴德循环的 T-s 图

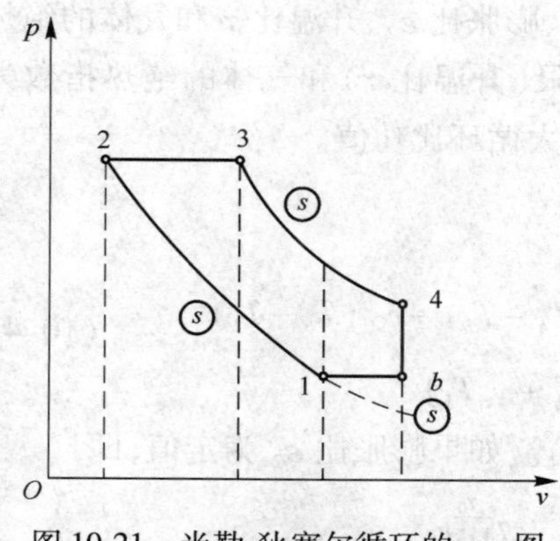

图 10-21　米勒-狄塞尔循环的 p-v 图

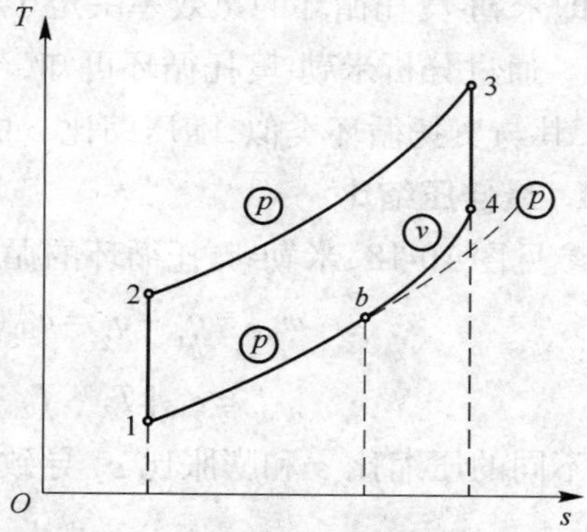

图 10-22　米勒-狄塞尔循环的 T-s 图

给定进气状态(1 点的温度 T_1 和压力 p_1)、压缩比$\left(\varepsilon=\dfrac{v_1}{v_2}\right)$、循环最高温度 T_3 $\left(\text{或循环升温比 } \tau=\dfrac{T_3}{T_1}\right)$和膨胀比$\left(\varepsilon_2=\dfrac{v_4}{v_3}\right)$后,米勒-奥托循环、米勒-狄塞尔循环或米勒-沙巴德循环就确定了(米勒-沙巴德循环的确定还需要循环最高工作压力 p_3、等容等压加热的比例、压升比 λ 或预胀比 ρ 这几个参数中的某一个)。下面以米勒-奥托循环为例进行循环性能分析。

参见图 10-18,各状态点的温度如下:

$$T_2=T_1\left(\frac{v_1}{v_2}\right)^{\gamma_0-1}=T_1\varepsilon^{\gamma_0-1},T_3=\tau T_1,T_4=T_3\left(\frac{v_3}{v_4}\right)^{\gamma_0-1}=\tau T_1\left(\frac{1}{\varepsilon_2}\right)^{\gamma_0-1}=\frac{T_3}{\varepsilon_2^{\gamma_0-1}}$$

$$T_b=T_1\frac{v_b}{v_1}=T_1\frac{v_b}{v_3}\frac{v_3}{v_1}=T_1\frac{v_4}{v_3}\frac{v_2}{v_1}=\frac{\varepsilon_2 T_1}{\varepsilon}=\varepsilon_2\frac{T_1^{\frac{\gamma_0}{\gamma_0-1}}}{T_2^{\frac{1}{\gamma_0-1}}}$$

式中,$\varepsilon_2=\dfrac{v_4}{v_3}$为膨胀比。这里,该值是独立的,且 $\varepsilon_2\geqslant\varepsilon$(参见图 10-17)。当 $\varepsilon_2=\varepsilon$ 时,$T_b=T_1$,米勒-奥托循环退化为奥托循环。

等容过程 2→3 的吸热量

$$q_1=c_{V0}(T_3-T_2)$$

等容等压过程 4→b→1 的放热量

$$q_2=c_{V0}(T_4-T_b)+c_{p0}(T_b-T_1)$$

热效率

$$\eta_t=\frac{q_1-q_2}{q_1}=1-\frac{c_{V0}(T_4-T_b)+c_{p0}(T_b-T_1)}{c_{V0}(T_3-T_2)}$$

代入各状态点的温度得

$$\eta_t=1-\frac{\dfrac{\tau}{\varepsilon_2^{\gamma_0-1}}+\dfrac{\varepsilon_2(\gamma_0-1)}{\varepsilon}-\gamma_0}{\tau-\varepsilon^{\gamma_0-1}}\tag{10-40}$$

即米勒-奥托循环的热效率决定于循环的压缩比 ε、膨胀比 ε_2、升温比 τ 和气体的绝热指数 γ_0。通过分析米勒-奥托循环可知，当膨胀比 ε_2、温限（升温比 τ）和气体的绝热指数为定值时，其与奥托循环类似，随压缩比 ε 的变化也存在最大循环比功值。

1. 最佳压缩比

参见图 10-18，米勒-奥托循环的循环比功为

$$w_{\text{net}} = q_1 - q_2 = c_{V0}(T_3 - T_2) - c_{V0}(T_4 - T_b) - c_{p0}(T_b - T_1) \quad (10\text{-}41\text{a})$$

$$= c_{V0}[T_3 - T_2 - T_4 + (1 - \gamma_0)T_b + \gamma_0 T_1]$$

不同的压缩比 ε 和膨胀比 ε_2 导致不同的 T_2, T_4, T_b。如果膨胀比 ε_2 为定值，即

$$w_{\text{net}} = c_{V0}\left[T_3 - T_2 - T_4 + (1 - \gamma_0)\varepsilon_2 \frac{T^{\frac{\gamma_0}{\gamma_0 - 1}}_1}{T^{\frac{1}{\gamma_0 - 1}}_2} + \gamma_0 T_1\right] \quad (10\text{-}41\text{b})$$

将式（10-41b）两边对 T_2 求导得

$$\frac{\mathrm{d}w_{\text{net}}}{\mathrm{d}T_2} = c_{V0}\left(-1 + \varepsilon_2 T_1^{\frac{\gamma_0}{\gamma_0 - 1}} T_2^{-\frac{\gamma_0}{\gamma_0 - 1}}\right) \quad (10\text{-}41\text{c})$$

再求一次导数得

$$\frac{\mathrm{d}^2 w_{\text{net}}}{\mathrm{d}T_2^2} = -c_{V0}\frac{\varepsilon_2\gamma_0}{\gamma_0 - 1} T_1^{\frac{\gamma_0}{\gamma_0 - 1}} T_2^{-\frac{2\gamma_0 - 1}{\gamma_0 - 1}} < 0 \quad (10\text{-}41\text{d})$$

由此可见，循环比功确实存在最大值。令式（10-41c）为零有

$$-1 + \varepsilon_2 T_1^{\frac{\gamma_0}{\gamma_0 - 1}} T_2^{-\frac{\gamma_0}{\gamma_0 - 1}} = 0$$

从而，循环比功为极大值时的最佳压缩终点温度为

$$T_{2,\text{opt}} = \varepsilon_2^{\frac{\gamma_0 - 1}{\gamma_0}} T_1 \quad (10\text{-}42)$$

且有：$T_{b,\text{opt}} = T_{2,\text{opt}}$。

此时的最佳压缩比为

$$\varepsilon_{\text{opt}} = \varepsilon_2^{\frac{1}{\gamma_0}} \quad (10\text{-}43)$$

2. 最大循环比功

将最佳压缩终点温度计算公式（10-42）代入式（10-41a）得最大循环比功为

$$w_{\text{net,max}} = c_{V0}\left(T_3 - \frac{T_3}{\varepsilon_2^{\gamma_0 - 1}} - \gamma_0\varepsilon_2^{\frac{\gamma_0 - 1}{\gamma_0}} T_1 + \gamma_0 T_1\right)$$

$$= c_{V0} T_1\left(\frac{T_3}{T_1} - \frac{T_3}{\varepsilon_2^{\gamma_0 - 1} T_1} - \gamma_0\varepsilon_2^{\frac{\gamma_0 - 1}{\gamma_0}} + \gamma_0\right)$$

即

$$\frac{w_{\text{net}}}{c_{V0} T_1} = \tau - \frac{\tau}{\varepsilon_2^{\gamma_0 - 1}} - \gamma_0\varepsilon_2^{\frac{\gamma_0 - 1}{\gamma_0}} + \gamma_0 \quad (10\text{-}44)$$

式（10-44）表明，米勒-奥托循环的最大循环比功只是工质的定容比热容、绝热指数、膨

胀比及循环升温比的函数。提高最高工作温度、降低最低工作温度、选用定容比热容较大或绝热指数较高的工质，均能增大最大循环比功。

3. 最佳热效率

将各状态点的温度代入式(10-29)得循环比功最大时的最佳热效率为

$$\eta_{t,opt}=1-\frac{\dfrac{\tau}{\varepsilon_2^{\gamma_0-1}}+\dfrac{\varepsilon_2(\gamma_0-1)}{\varepsilon_{opt}}-\gamma_0}{\tau-\varepsilon_{opt}^{\gamma_0-1}}$$

即

$$\eta_{t,opt}=1-\frac{\dfrac{\tau}{\varepsilon_2^{\gamma_0-1}}+(\gamma_0-1)\varepsilon_2^{\frac{\gamma_0-1}{\gamma_0}}-\gamma_0}{\tau-\varepsilon_2^{\frac{\gamma_0-1}{\gamma_0}}} \tag{10-45}$$

式(10-45)表明，最佳热效率只是升温比 T_3/T_1、膨胀比和绝热指数的函数，且随 T_3/T_1 的增大而增大，即提高 T_3 或降低 T_1 均可改善发动机的经济性，这与卡诺定理的结论是一致的。

4. 最佳平均有效压力

当处于最佳压缩比(最大循环比功)时，按照定义式(10-5)得循环最佳平均有效压力为

$$p_{ME}=\frac{w_{net}}{v_1-v_1/\varepsilon}=\frac{w_{net,max}}{\left(1-\dfrac{1}{\varepsilon_{opt}}\right)v_1} \tag{10-46}$$

上述分析还表明，发动机的循环比功与其经济性(循环热效率)是矛盾的。当循环比功为极大值时，循环热效率并未达到其最高值；而当循环热效率接近或达到其最高值时，循环比功却接近于零。

任务 10.5　活塞式内燃机各种循环的比较

对于上面讨论的活塞式内燃机的 7 种循环，即混合加热循环、奥托循环、狄塞尔循环、阿特金森循环和米勒循环(Miller cycles：Miller-Otto cycle，Miller-Diesel cycle，Miller-Dual cycle)，它们真实的工作条件并不相同，但是为了对它们进行比较，需要给定某些相同的比较条件。只要比较条件选择恰当，还是可以得出某些合理结论的。为了简明清晰，下面给出 3 种典型简单循环(混合加热循环、奥托循环和狄塞尔循环)在一定条件下的对比，而关于这些循环间的进一步比较，请感兴趣的读者自行进行分析。

1. 进气状态、压缩比及吸热量相同时

图 10-23 给出了符合上述条件的内燃机的 3 种理论循环，图中循环 1→2→3→4→5→1 为混合加热循环，循环 1→2→4′→5′→1 为等容加热循环，循环 1→2→4″→5″→1 为等压加热循环。

按所给的条件，3 种循环的吸热量相同：

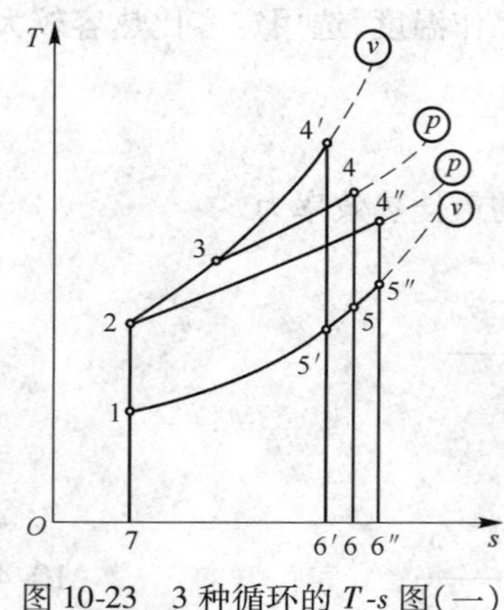

图 10-23　3 种循环的 T-s 图(一)

$$q_{1v}=q_1=q_{1p}$$

即

$$A_1=A_2=A_3$$

式中,A_1 为点 7,2,4′,6′所围成的面积,A_2 为点 7,2,3,4,6 所围成的面积,A_3 为点 7,2,4′,6′所围成的面积。

从图 10-23 中可以明显地看出,等容加热循环等容放热所放出的热量最少,混合加热循环等容放热所放出的热量次之,等压加热循环等容放热所放出的热量最多:

$$q_{2v}<q_2<q_{2p}$$

即

$$A_4<A_5<A_6$$

式中,A_4 为点 7,1,5′,6′所围成的面积,A_5 为点 7,1,5,6 所围成的面积,A_6 为点 7,1,5″,6″所围成的面积。

根据循环热效率的公式$\left(\eta_t=1-\dfrac{q_2}{q_1}\right)$可知:

$$\eta_{tv}>\eta_t>\eta_{tp} \tag{10-47}$$

所以,在进气状态、压缩比和吸热量相同的条件下,等容加热循环的热效率最高,混合加热循环次之,等压加热循环最低。这个结论说明以下两点。

第一,对点燃式内燃机(汽油机、煤气机等),在所用燃料已经确定,压缩比也基本确定的情况下,发动机按等容加热循环工作是最有利的。

第二,对于压燃式内燃机(柴油机等),在压缩比确定以后,按混合加热循环工作比按等压加热循环工作有利,如能按接近于等容加热循环工作,则可达更高的热效率。但是,不能从式(10-47)就得出点燃式内燃机的热效率必定高于压燃式内燃机的结论(事实恰恰相反),因为它们的压缩比相差悬殊,上述比较条件已经不成立了。

2. 进气状态、最高温度(T_{max})和最高压力(p_{max})相同时

图 10-24 给出了符合上述比较条件的内燃机的 3 种理论循环。图 10-24 中的循环 1→2→3→4→5→1 为混合加热循环,循环 1→2′→4→5→1 为等容加热循环,循环 1→2″→4→5→1 为等压加热循环。从图 10-24 中可以看出,3 种循环放出的热量相同,即

$$q_{2v}=q_2=q_{2p}=A_7$$

式中,A_7 为点 7,1,5,6 所围成的面积。

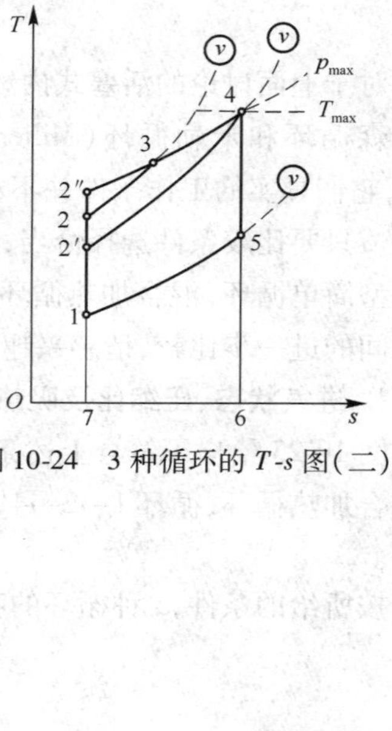

图 10-24　3 种循环的 T-s 图(二)

它们吸收的热量则以等压加热循环的最多,混合加热循环的次之,等容加热循环的最少,即

$$q_{1v}=q_r=q_{1p}$$

$$A_8>A_9>A_{10}$$

式中,A_8 为点 7,2″,4,6 所围成的面积,A_9 为点 7,2,3,4,6 所围成的面积,A_{10} 为点 7,2′,4,6 所围成的面积。

根据循环热效率的公式$\left(\eta_t = 1 - \frac{q_2}{q_1}\right)$可知:

$$\eta_{tv} < \eta_t < \eta_{tp} \tag{10-48}$$

所以,在进气状态及最高温度和最高压力相同的条件下,等压加热循环的热效率最高,混合加热循环次之,等容加热循环最低。这一结论说明以下两点。

第一,在内燃机的热强度和机械强度受到限制的情况下,为了获得较高的热效率,采用等压加热循环是适宜的。

第二,如果近似地认为点燃式内燃机循环和压燃式内燃机循环具有相同的最高温度和最高压力,那么压燃式内燃机具有较高的热效率。实际情况正是这样,由于压缩比较高,柴油机的热效率通常都显著地超过了汽油机的热效率。

需要指出的是,上述各循环在一定条件下经比较而得出的效率高低,对工程应用的指导作用是不明确的。因为根据任务 10.2 至任务 10.4 的分析可知,工程应用上应该根据设备的用途而追求不同的性能指标:对于用于移动用途(如交通运输工具)的设备,必须追求循环比功最大化;对于用于固定用途(如分布式发电装置等)的设备,必须追求循环热效率最大化。按照这样的思想设计制造的设备,可以实现整体经济性能或动力性能最好。

任务 10.6　燃气轮机装置的循环及优化分析

燃气轮机装置(如图 10-25 所示)包括下列三部分主要设备:压气机、燃烧室、燃气轮机。压气机都采用叶轮式的结构,叶轮式压气机已在项目 9 中做了介绍,这里简单介绍一下燃气轮机。

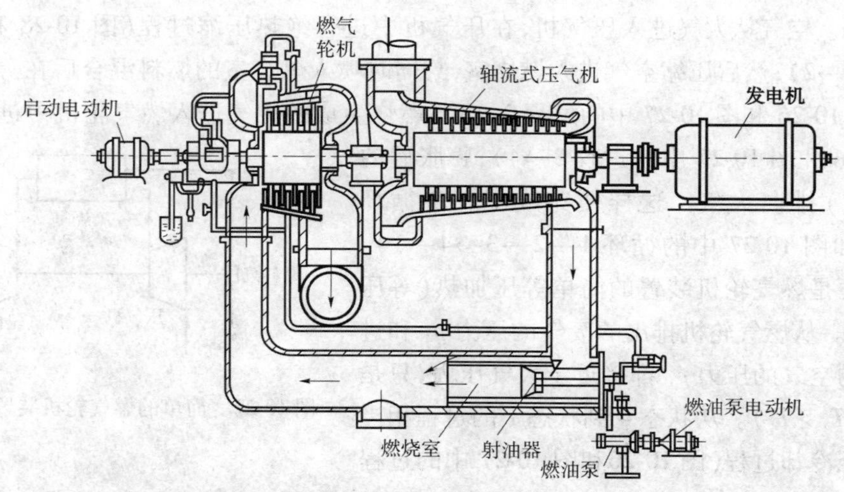

图 10-25　燃气轮机装置

1. 燃气轮机简介

燃气轮机主要由装有动叶片的转子和固定在机壳上的静叶片(叶片间的通道构成喷管)组成。燃气进入燃气轮机后,沿轴向在一环环静叶片构成的喷管中降压、加速,并通过紧接每一环静叶片后面的动叶片推动转子旋转对外做功。

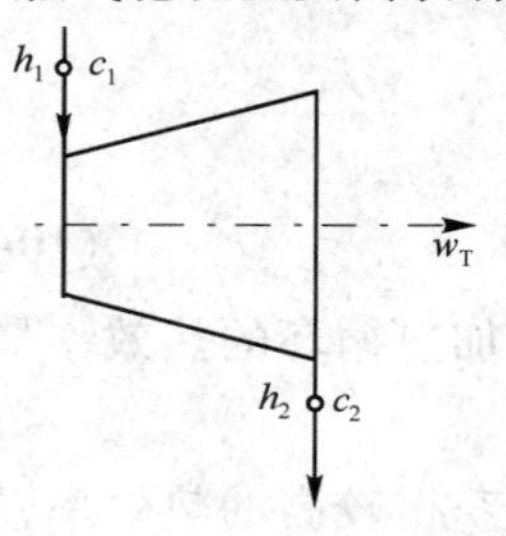

图 10-26　燃气轮机膨胀做功示意图

燃气在燃气轮机中的膨胀过程可以认为是绝热的,因为燃气很快通过燃气轮机,散失到周围空气中的热量很少。燃气轮机膨胀做功示意图如图 10-26 所示。

另外,燃气轮机进口和出口气流的动能都不大,它们的差值更可略去不计[$(c_2^2-c_1^2)/2\approx 0$],气流重力位能的变化也可以忽略[$g(z_2-z_1)\approx 0$]。因此,根据稳定流动系统的能量方程式(2-13)可得出燃气轮机所做的功等于燃气的焓降,即

$$w_T = h_1 - h_2 \tag{10-49}$$

如果将燃气看作是等比热容理想气体,则

$$w_T = c_{p0}(T_1 - T_2) \tag{10-50}$$

如果膨胀过程是可逆的等熵过程,则

$$w_{T,s} = \frac{\kappa}{\kappa-1}p_1 v_1\left[1-\left(\frac{p_2}{p_1}\right)^{\frac{\kappa-1}{\kappa}}\right] \tag{10-51}$$

对于等比热容理想气体的等熵过程,则有

$$w_{T,s} = \frac{\gamma_0}{\gamma_0-1}R_g T_1\left[1-\left(\frac{p_2}{p_1}\right)^{\frac{\gamma_0-1}{\gamma_0}}\right] \tag{10-52}$$

2. 燃气轮机装置的简单等压加热循环

图 10-27 为最简单的按等压加热循环(也叫布雷敦循环,Brayton cycle)工作的燃气轮机装置的示意图。空气从大气进入压气机,在压气机中进行绝热压缩过程(图 10-28 和图 10-29 中的过程 1→2);然后压缩空气进入燃烧室,与同时喷入燃烧室的燃料混合后在等压的情况下燃烧(图 10-26 和图 10-27 中的过程 2→3);燃烧生成的燃气进入燃气轮机中进行绝热膨胀(图 10-26 和图 10-27 中的过程 3→4);膨胀后的燃气(废气)排向大气。这样便完成了一个循环(图 10-26和图 10-27 中的循环 1→2→3→4→1)。这一循环便是燃气轮机装置的简单等压加热(等压放热)循环。从燃气轮机排出的废气的压力 p_4 和进入压气机的空气的压力 p_1 都接近于大气压力,只是温度不同($T_4 > T_1$)。从状态 4 到状态 1 的过程相当于一个等压冷却过程(图 10-26和图 10-27 中的过程 4→1)。

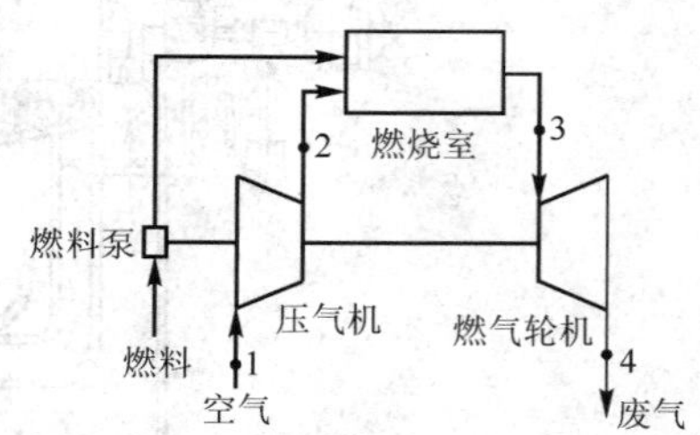

图 10-27　简单的燃气轮机装置示意图

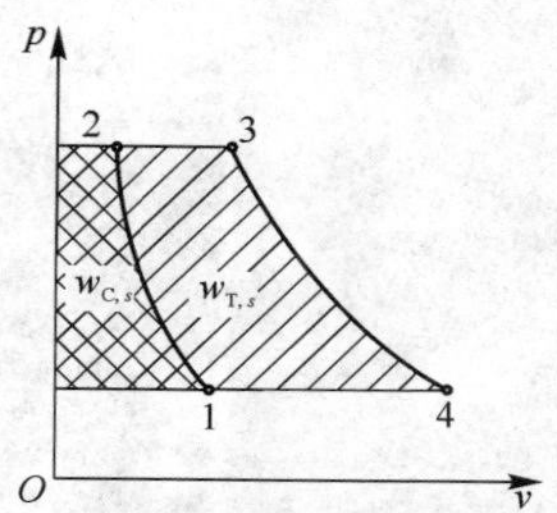

图 10-28　燃气轮机装置的循环 p-v 图

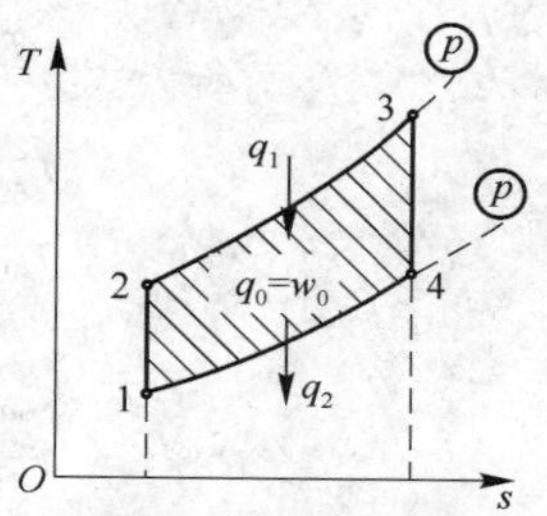

图 10-29　燃气轮机装置的循环 T-s 图(一)

等压加热循环的特性可由增压比 $\pi=p_2/p_1$ 和升温比 $\tau=T_3/T_1$ 来确定。

假定燃气轮机装置中的工质成分在整个循环期间保持不变并可近似地看作是等比热容理想气体,那么等压加热循环的理论热效率为

$$\eta_{t,p}=1-\frac{q_2}{q_1}=1-\frac{c_{p0}(T_4-T_1)}{c_{p0}(T_3-T_2)}=1-\frac{T_4-T_1}{T_3-T_2}$$

其中

$$T_2=T_1\left(\frac{p_2}{p_1}\right)^{\frac{\gamma_0-1}{\gamma_0}}=T_1\pi^{\frac{\gamma_0-1}{\gamma_0}}$$

$$T_3=T_1\tau$$

$$T_4=T_3\left(\frac{p_4}{p_3}\right)^{\frac{\gamma_0-1}{\gamma_0}}=T_3\left(\frac{p_1}{p_2}\right)^{\frac{\gamma_0-1}{\gamma_0}}=T_1\tau\left(\frac{1}{\pi}\right)^{\frac{\gamma_0-1}{\gamma_0}}=T_1T_3/T_2$$

所以

$$\eta_{t,p}=1-\frac{T_4-T_1}{T_3-T_2}=1-\frac{T_1\tau\left(\frac{1}{\pi}\right)^{\frac{\gamma_0-1}{\gamma_0}}-T_1}{T_1\tau-T_1\pi^{\frac{\gamma_0-1}{\gamma_0}}}$$

化简后有

$$\eta_{t,p}=1-\frac{1}{\pi^{\frac{\gamma_0-1}{\gamma_0}}}\tag{10-53}$$

还可通过一个更简单的方法获得式(10-53),如下所示:

$$\eta_{t,p}=1-\frac{T_4-T_1}{T_3-T_2}=1-\frac{T_1T_3/T_2-T_1}{T_3-T_2}=1-\frac{T_1}{T_2}=1-\frac{1}{\pi^{\frac{\gamma_0-1}{\gamma_0}}}$$

从式(10-53)可以看出:按等压加热循环工作的燃气轮机装置的理论热效率仅仅取决于增压比,而和升温比无关,增压比越高,理论热效率也越高。从图 10-28 可以看出,加大增压比 π(升温比 τ 不变),可以提高循环的平均吸热温度($T'_{m1}>T_{m1}$)并降低循环中的平均放热温度($T'_{m2}<T_{m2}$),这是循环热效率提高的根本原因。但是需要注意,效率提高不一定都是好事。在图 10-30 中,加大增压比 π 可以大大地提高热效率,直至接近卡诺循环的热效率。但是,正如任务 10.3 中所分析的那样,热效率很高时循环比功却非常小,甚至接近于零,这也不是动力装置所追求的目标,尤其是移动式动力装置。

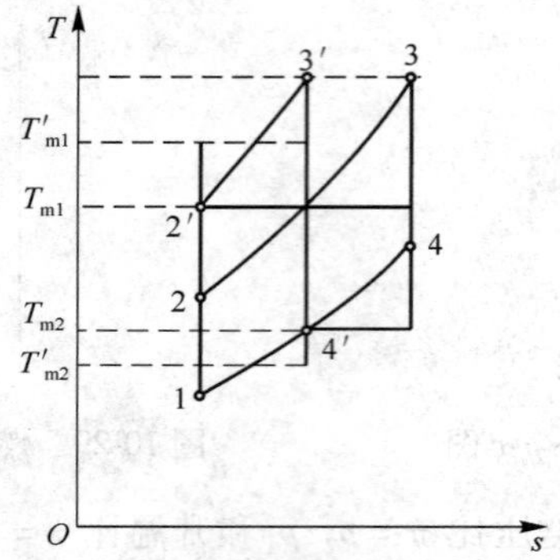

图 10-30 燃气轮机装置的循环 T-s 图(二)

1)最佳增压比

燃气轮机装置理想循环的循环比功为

$$w_{net} = c_{p0}(T_3 - T_2) - c_{p0}(T_4 - T_1) = c_{p0}(T_3 - T_2 - T_4 + T_1)$$

或

$$w_{net} = c_{p0}(T_3 - T_2 - T_1T_3/T_2 + T_1) \tag{10-54}$$

在循环的最低温度 T_1 和最高温度 T_3 不变时,循环比功仅与 T_2 有关,且有极值:

$$\frac{dw_{net}}{dT_2} = -1 + \frac{T_1T_3}{T_2^2} = 0,\quad \frac{d^2w_{net}}{dT_2^2} = -\frac{T_1T_3}{T_2^3} < 0$$

即

$$T_{2,opt} = \sqrt{T_1T_3} = T_{4,opt} \tag{10-55}$$

此时循环将做出最大循环比功。式(10-55)表明,与等容加热等容放热理想循环(奥托循环)一样,当循环比功为极大值时,燃气轮机装置中工质的最佳压缩终点温度与最佳膨胀终点温度相等。此时的增压比即为最佳增压比:

$$T_{2,opt} = T_1\pi_{opt}^{\frac{\gamma_0-1}{\gamma_0}}$$

即

$$\pi_{opt} = \left(\frac{T_3}{T_1}\right)^{\frac{\gamma_0}{2(\gamma_0-1)}} = \tau^{\frac{\gamma_0}{2(\gamma_0-1)}} \tag{10-56}$$

2)最大循环比功

把式(10-55)代入式(10-54)得等压加热循环工作的燃气轮机装置理想循环的最大循环比功为

$$w_{net,max} = c_{p0}(\sqrt{T_3} - \sqrt{T_1})^2 = c_{p0}T_1(\sqrt{\tau} - 1)^2 \tag{10-57}$$

需要注意的是,式(10-57)表示的是当 T_1,T_3 确定时,燃气轮机装置理想循环能够做出的最大循环比功。此时的循环效率不是在该温限内的最高值。

3)最佳热效率

把式(10-56)代入式(10-53)得对应于最大循环比功的最佳热效率为

$$\eta_{t,p}=1-\frac{1}{\pi^{\frac{\gamma_0-1}{\gamma_0}}}=1-\frac{1}{\left(\frac{T_3}{T_1}\right)^{\frac{1}{2}}}$$

即

$$\eta_{t,opt}=1-\sqrt{\frac{T_1}{T_3}}=1-\frac{1}{\sqrt{\tau}} \tag{10-58}$$

3. 燃气轮机装置的回热循环

由于燃气轮机排出的废气的温度通常都高于压气机出口压缩空气的温度（此时的循环比功已经偏离了最大循环比功的工作状态），因此可以利用回热器回收废气中的一部分热能，用于加热压缩空气（如图 10-31 所示），以达到节约燃料并提高热效率的目的。在图 10-31 中，过程 1→2 为工质在压气机中的等熵压缩过程，过程 2→a 为工质在回热器内的等压吸热过程，过程 a→3 为工质的等压吸热过程，过程 3→4 为工质的等熵膨胀过程，过程4→b为工质在回热器内的等压放热过程，过程 b→1 为工质向冷源的放热过程。

带回热器的燃气轮机装置的理论循环 T-s 图如图 10-32 所示。为了衡量高温废气的余热在回热器中的利用程度，定义回热度：空气在回热器中吸收的热量与废气在回热器中可能放出的最大热量的比值。燃气离开燃气轮机的状态为4，温度为 T_4，理想情况下，它的温度在回热器中可以降低到空气离开压气机时的温度 T_2（严格地说，是与 T_2有无限小温差的温度）。

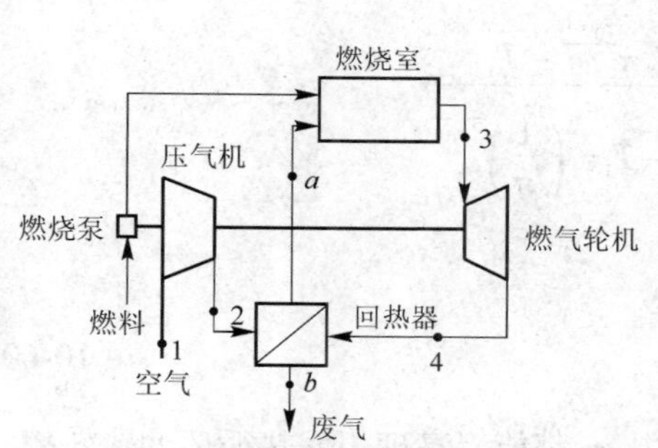
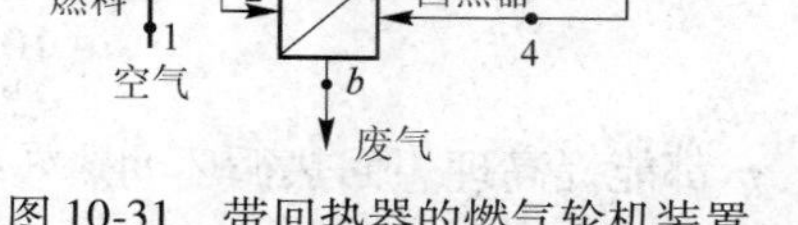

图 10-31　带回热器的燃气轮机装置

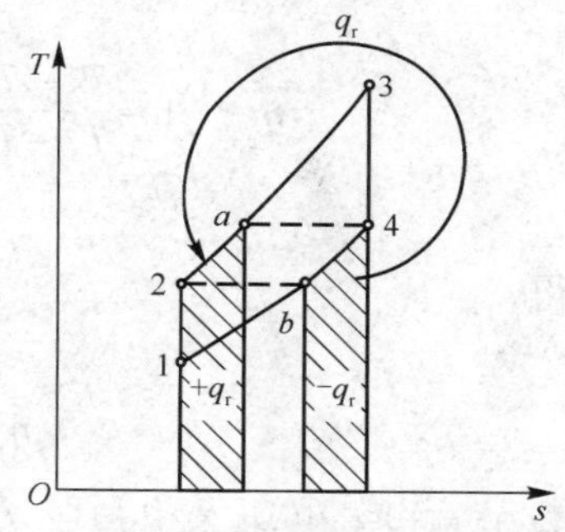

图 10-32　带回热器的燃气轮机装置的理论循环 T-s 图

在理想循环中，空气与燃料的燃烧过程是假定工质与无穷多个热源接触吸热，还假定工质的热力学性质不变，这时，回热度可以表示为

$$f=\frac{T_a-T_2}{T_4-T_2} \tag{10-59}$$

当 $T_a=T_2$ 时，$f=0$，即无回热；当 $T_a=T_4$ 时，$f=1$，表示高温废气在回热器中的可被利用的热量全部被增压后的空气吸收。

通过对图 10-32 加以分析发现，当循环比功的值为最大值时，膨胀终点温度 T_4与空气压缩终点温度 T_2相等，如式(10-55)所示。此时，工质的增压比等于最佳增压比，因$T_4=T_2$，回热器内不发生热量交换，即回热器无回热作用。而当工质的增压比大于最佳增压比时，$T_2>T_4$，此时空气经过回热器时，不仅得不到加热升温，反而会被冷却。显然，带回热器的燃气轮机装置不能在大于或等于最佳增压比条件下工作，而必须在 $T_2<T_4$的条件下工作，此时的循环比功小

于该温限范围内的最大循环比功，效率也小于循环比功最大时的最经济效率。

当增压比小于最佳增压比时，始终有 $T_2 < T_4$，这时回热器内会发生热量交换，且增压比越小，T_4与 T_2的差值越大，回热度越高，燃气轮机装置的热效率也会越高。在完全回热的理想情况下，可以认为 $T_a = T_4$，$T_b = T_2$，等压加热过程 2→a 所需的热量由等压冷却过程4→b放出的热量来提供。因此，气体在燃烧室中所需的热量减少，而（回热及不回热）循环所做的功不变。所以，采用回热器可以节约燃料，提高循环热效率。

也可以这样来阐明回热循环比不回热循环具有更高的热效率的原因：回热循环从外界吸热的过程 a→3 比不回热循环的吸热过程 2→3 具有更高的平均吸热温度，而回热循环向外界等压放热的过程 b→1 比不回热循环的放热过程 4→1 具有更低的平均放热温度。因此，回热循环的热效率比不回热循环的热效率更高。

理想回热循环（$f=1$）的热效率为（认为工质是等比热容理想气体）

$$\eta_{t,r} = 1 - \frac{q_2}{q_1} = 1 - \frac{c_{p0}(T_b - T_1)}{c_{p0}(T_3 - T_a)} = 1 - \frac{T_2 - T_1}{T_3 - T_4}$$

其中

$$T_2 = T_1 \pi^{\frac{\gamma_0 - 1}{\gamma_0}}, T_3 = T_1 \tau, T_4 = T_1 \tau \left(\frac{1}{\pi}\right)^{\frac{\gamma_0 - 1}{\gamma_0}}$$

所以

$$\eta_{t,r} = 1 - \frac{T_2 - T_1}{T_3 - T_4} = 1 - \frac{T_1 \pi^{\frac{\gamma_0 - 1}{\gamma_0}} - T_1}{T_1 \tau - T_1 \tau \left(\frac{1}{\pi}\right)^{\frac{\gamma_0 - 1}{\gamma_0}}}$$

化简后得

$$\eta_{t,r} = 1 - \frac{\pi^{\frac{\gamma_0 - 1}{\gamma_0}}}{\tau} \tag{10-60}$$

从式(10-60)可以看出：提高升温比 τ 或降低增压比 π 都能提高理想回热循环的热效率。

图 10-33 为升温比 τ 升高时带回热器的燃气轮机装置的循环 T-s 图。从图 10-33 来看，如果 π 不变，提高 τ（燃烧终态由 3 点升高至 3′点，升温比由 τ 升高至 τ'），可以提高循环的平均吸热温度（$T'_{m1} > T_{m1}$），理想完全回热时平均放热温度不变（$T'_{m2} = T_{m2}$），所以能提高回热循环的热效率。

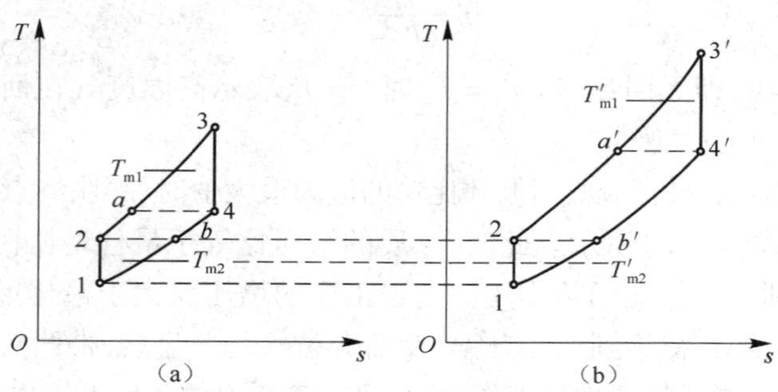

图 10-33　带回热器的燃气轮机装置的循环 T-s 图（升温比 τ 升高）

如图 10-34 所示，如果 τ 不变，降低 $\pi(\pi'<\pi)$，理想完全回热可以提高平均吸热温度（$T'_{m1}>T_{m1}$），同时降低平均放热温度（$T'_{m2}<T_{m2}$），所以也能提高回热循环的热效率。

对于增压比较大的大型燃气轮机装置，也可以考虑分段压缩、中间冷却和分段膨胀、中间再热，再同时采取回热的措施。图 10-35 中的循环 $1\to2\to1'\to2'\to3'\to4'\to3\to4\to1$ 即为这种装置的理论循环。

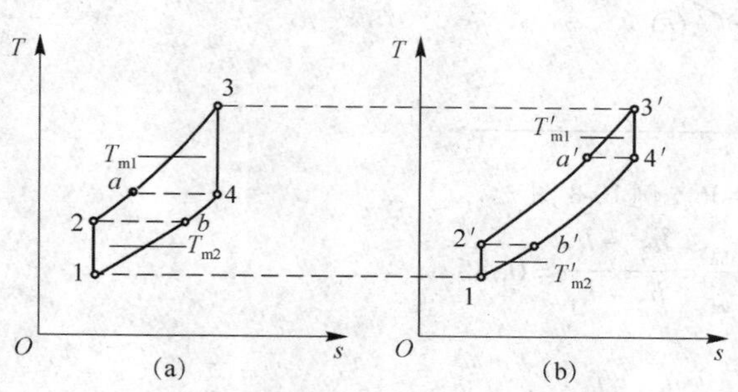

图 10-34　带回热器的燃气轮机的循环 T-s 图（增压比 π 降低）

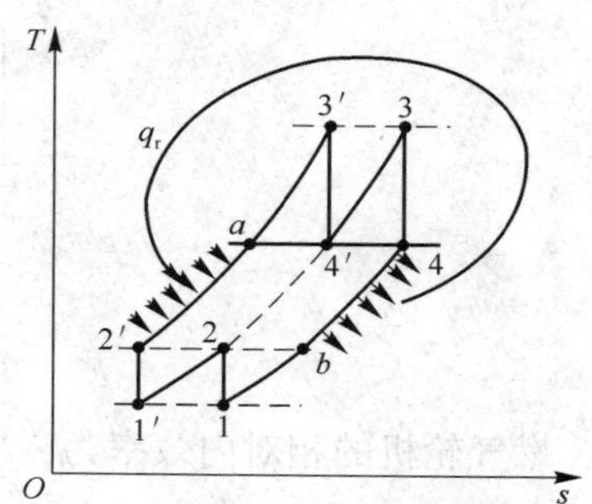

图 10-35　带回热器多级压缩的燃气轮机的循环 T-s 图

在分级压缩$\frac{p_2}{p_1}=\frac{p'_2}{p'_1}=\frac{p'_3}{p'_4}=\frac{p_3}{p_4}=\sqrt{\pi}$（$\pi$ 为整个循环的增压比）及完全回热（$|q_{2'\to a}|=|q_{4\to b}|$）的条件下，这一复杂的理论循环相当于两个增压比均为$\sqrt{\pi}$的子理想回热循环（循环 $1\to2\to3\to4\to1$ 和循环 $1'\to2'\to3'\to4'\to1'$）。因为这两个循环的升温比相同，增压比也相同，由式（10-60）可知，这两个子循环的理论热效率也相同，为

$$\eta_{t,r}\Big|_{子循环}=1-\frac{(\sqrt{\pi})^{\frac{\gamma_0-1}{\gamma_0}}}{\tau} \tag{10-61}$$

而整个循环的理论热效率为

$$\begin{aligned}\eta'_{t,r}&=1-\frac{q_2}{q_1}=1-\frac{c_{p0}(T_b-T_1)+c_{p0}(T_2-T_{1'})}{c_{p0}(T_{3'}-T_a)+c_{p0}(T_3-T_{4'})}\\&=1-\frac{T_2-T_1}{T_3-T_4}=1-\frac{(\sqrt{\pi})^{\frac{\gamma_0-1}{\gamma_0}}}{\tau}=\eta_{t,r}|_{子循环}\end{aligned} \tag{10-62}$$

显然，在 π 和 τ 相同的条件下，由式（10-60）和式（10-62）可知，在完全回热时，采用分级压缩分级膨胀的循环热效率高于未分级时的循环热效率，即 $\eta'_{t,r}>\eta_{t,r}$。这一结论也可以用采用中间冷却、中间再热和回热措施后，提高了循环的平均吸热温度并降低了循环的平均放热温度来解释。

以上分析只是理想情况下的相关分析，实际上，由于复杂循环不仅增加了设备，也增加了附加的不可逆损失，循环实际热效率的提高会打折扣，是否采用复杂循环及相关参数如何选取，需要在根据具体情况进行技术经济分析和比较后才能做出抉择。

例 10-8　已知某燃气轮机装置中压气机的绝热效率和燃气轮机的相对内效率均为 0.85，升温比为 3.8。试求增压比 $\pi=4,6,8,10,12,14,16$ 时燃气轮机装置的绝对内效率，并画出它随增压比变化的曲线（按等比热容理想气体计算，取 $\gamma_0=1.4$）。

解：燃气轮机的循环 T-s 图如图 10-36 所示。根据所给条件，压气机的绝热效率为

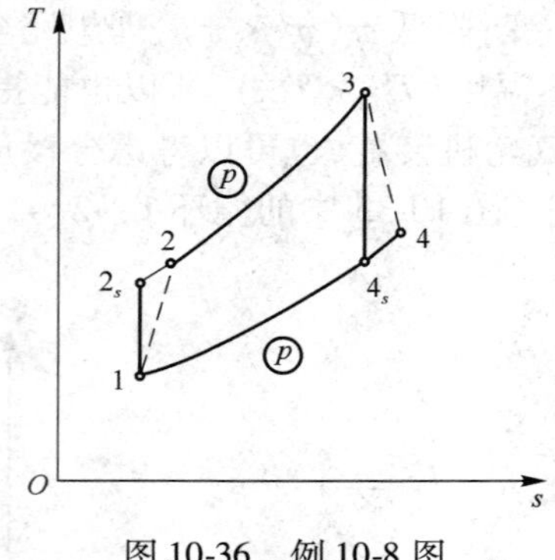

图 10-36 例 10-8 图

$$\eta_{C,s}=\frac{w_{C,the}}{w_{C,act}}=\frac{h_{2_s}-h_1}{h_2-h_1}=0.85$$

燃气轮机的相对内效率为

$$\eta_{ri}=\frac{w_{T,act}}{w_{T,the}}=\frac{h_3-h_4}{h_3-h_{4_s}}=0.85$$

燃气轮机装置的绝对内效率为

$$\eta_i=\frac{w_i}{q_1}=\frac{w_{T,act}-w_{C,act}}{q_1}=\frac{(h_3-h_4)-(h_2-h_1)}{q_1}$$

$$=\frac{(h_3-h_{4_s})\eta_{ri}-\dfrac{h_{2_s}-h_1}{\eta_{C,s}}}{(h_3-h_1)-\dfrac{h_{2_s}-h_1}{\eta_{C,s}}}=\frac{c_{p0}(T_3-T_{4_s})\eta_{ri}-\dfrac{c_{p0}(T_{2_s}-T_1)}{\eta_{C,s}}}{c_{p0}(T_3-T_1)-\dfrac{c_{p0}(T_{2_s}-T_1)}{\eta_{C,s}}}$$

$$=\frac{(T_3-T_{4_s})\eta_{ri}-\dfrac{(T_{2_s}-T_1)}{\eta_{C,s}}}{(T_3-T_1)-\dfrac{(T_{2_s}-T_1)}{\eta_{C,s}}}=\frac{\dfrac{T_3-T_{4_s}}{T_{2_s}-T_1}\eta_{ri}-\dfrac{1}{\eta_{C,s}}}{\dfrac{T_3-T_1}{T_{2_s}-T_1}-\dfrac{1}{\eta_{C,s}}}$$

其中

$$T_{2_s}=T_1\pi^{\frac{\gamma_0-1}{\gamma_0}},T_{4_s}=\frac{T_3}{\pi^{\frac{\gamma_0-1}{\gamma_0}}}$$

所以

$$\eta_i=\frac{\dfrac{T_3(1-1/\pi^{\frac{\gamma_0-1}{\gamma_0}})}{T_1\left(\pi^{\frac{\gamma_0-1}{\gamma_0}}-1\right)}\eta_{ri}-\dfrac{1}{\eta_{C,s}}}{\dfrac{T_1\left(\dfrac{T_3}{T_1}-1\right)}{T_1\left(\pi^{\frac{\gamma_0-1}{\gamma_0}}-1\right)}-\dfrac{1}{\eta_{C,s}}}=\frac{\dfrac{\tau}{\pi^{\frac{\gamma_0-1}{\gamma_0}}}\eta_{ri}-\dfrac{1}{\eta_{C,s}}}{\dfrac{\tau-1}{\pi^{\frac{\gamma_0-1}{\gamma_0}}-1}-\dfrac{1}{\eta_{C,s}}}=f(\pi,\tau,\eta_{ri},\eta_{C,s},\gamma_0)$$

令 $\eta_{ri}=\eta_{C,s}=0.85$，$\tau=3.8$，$\gamma_0=1.4$，则可计算出燃气轮机装置在不同增压比下的绝对内效率，见下表。

π	4	6	8	10	12	14	16
η_i	0.217	0.252	0.267	0.271	0.269	0.262	0.251

燃气轮机装置绝对内效率 η_i 随增压比 π 变化的曲线如图10-37所示。当 $\pi\approx10$ 时，η_i 有最大值。所以，在本题所给的条件下，最佳增压比 $\pi_{opt}\approx10$，最高绝对内效率 $\eta_{i,max}\approx0.271$。

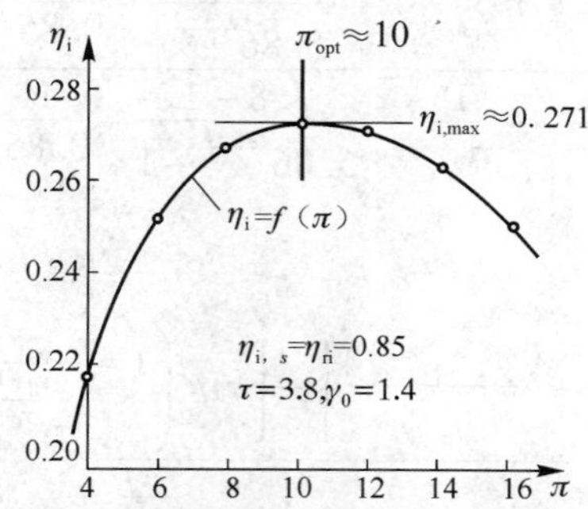

图10-37　燃气轮机装置绝对内效率 η_i 随增压比 π 变化的曲线

在以上分析计算的基础上进行下列讨论。

(1)最高效率时的最佳压缩比。

借用习题10-20中所获得的给定条件下的最高热效率所对应的压缩比(最佳压缩比)计算公式，可以获得

$$\pi_{1,opt}=\left\{\frac{0.85\times3.8-\sqrt{0.85\times3.8\times(3.8-1)\times[0.85\times(3.8-1)-(0.85\times0.85\times3.8-1)]}}{0.85\times3.8-(3.8-1)}\right\}^{\frac{1.4}{1.4-1}}$$

$$=10.18$$

在此压缩比下的循环比功为

$$\frac{w_{i,1}}{c_{p0}T_1}=\tau\eta_{ri}\left(1-\frac{\tau}{\pi_{1,opt}^{\frac{\gamma_0-1}{\gamma_0}}}\right)-\frac{\left(\pi_{1,opt}^{\frac{\gamma_0-1}{\gamma_0}}-1\right)}{\eta_{C,s}}$$

在此压缩比下的效率为

$$\eta_{i,1}=\frac{\dfrac{\tau\eta_{ri}}{\pi_{1,opt}^{\frac{\gamma_0-1}{\gamma_0}}}-\dfrac{1}{\eta_{C,s}}}{\dfrac{\tau-1}{\pi_{1,opt}^{\frac{\gamma_0-1}{\gamma_0}}-1}-\dfrac{1}{\eta_{C,s}}}=\frac{\dfrac{3.8\times0.85}{10.18^{\frac{1.4-1}{1.4}}}-\dfrac{1}{0.85}}{\dfrac{3.8-1}{10.18^{\frac{1.4-1}{1.4}}-1}-\dfrac{1}{0.85}}=0.2710$$

(2)最大循环比功对应的最佳压缩比。

借用习题10-21中所获得的给定条件下的最大循环比功对应的最佳压缩比(最经济压缩比)计算公式，可以获得

$$\pi_{2,opt}=(\tau\eta_{ri}\eta_{C,s})^{\frac{\gamma_0}{2(\gamma_0-1)}}=(3.8\times0.85\times0.85)^{\frac{1.4}{2\times(1.4-1)}}=5.86$$

在此压缩比下的循环比功为

$$\frac{w_{i,2}}{c_{p0}T_1}=\tau\eta_{ri}\left(1-\frac{\tau}{\pi_{2,opt}^{\frac{\gamma_0-1}{\gamma_0}}}\right)-\frac{\left(\pi_{2,opt}^{\frac{\gamma_0-1}{\gamma_0}}-1\right)}{\eta_{C,s}}$$

在此压缩比下的效率为

$$\eta_{i,2}=\frac{\frac{\tau\eta_{ri}}{\pi_{opt}^{\frac{\gamma_0-1}{\gamma_0}}}-\frac{1}{\eta_{C,s}}}{\frac{\tau-1}{\pi_{opt}^{\frac{\gamma_0-1}{\gamma_0}}-1}-\frac{1}{\eta_{C,s}}}=\frac{\frac{3.8\times0.85}{5.86^{\frac{1.4-1}{1.4}}}-\frac{1}{0.85}}{\frac{3.8-1}{5.86^{\frac{1.4-1}{1.4}}-1}-\frac{1}{0.85}}=0.2505$$

循环比功增加比例为

$$\frac{w_{i,2}-w_{i,1}}{w_{i,1}}=\frac{\left[\tau\eta_{ri}\left(1-\frac{\tau}{\pi_{2,opt}^{\frac{\gamma_0-1}{\gamma_0}}}\right)-\frac{\left(\pi_{2,opt}^{\frac{\gamma_0-1}{\gamma_0}}-1\right)}{\eta_{C,s}}\right]-\left[\tau\eta_{ri}\left(1-\frac{\tau}{\pi_{1,opt}^{\frac{\gamma_0-1}{\gamma_0}}}\right)-\frac{\left(\pi_{1,opt}^{\frac{\gamma_0-1}{\gamma_0}}-1\right)}{\eta_{C,s}}\right]}{\tau\eta_{ri}\left(1-\frac{\tau}{\pi_{1,opt}^{\frac{\gamma_0-1}{\gamma_0}}}\right)-\frac{\left(\pi_{1,opt}^{\frac{\gamma_0-1}{\gamma_0}}-1\right)}{\eta_{C,s}}}=0.1780$$

比较给定条件下的两种工况发现，与以效率最大化的运行工况相比，以循环比功最大化时，压缩比降低了 42.44%，热效率降低了 7.56%，循环比功增加了 17.80%。

与图 10-10 类似，当循环最低温度、最高温度确定后，所有理想气体动力循环都可以用图 10-38 表示。

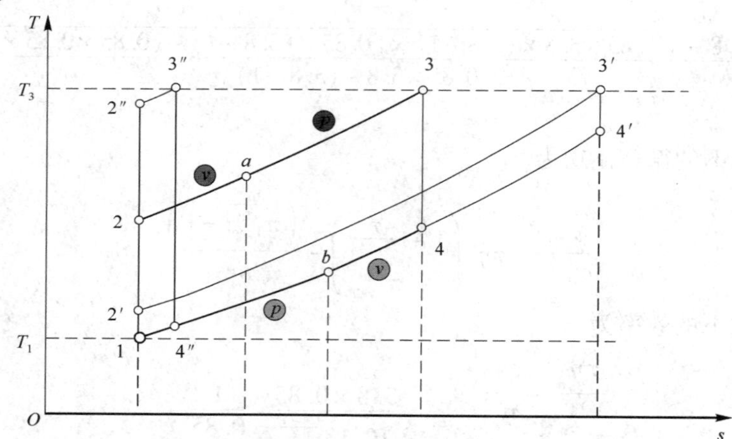

图 10-38 相同 T_1 和 T_3 间不同压缩比/增压比的理想气体动力循环的通用 T-s 图

以循环 1→2→a→3→4→b→1（或 1→2→3→4→1）为例，过程 1→2 为等熵压缩过程，过程 3→4 为等熵膨胀过程。而 2→a→3、4→b→1 为不同的吸热和放热过程，即可表示不同的理想气体动力循环。比如：

（1）汽油机奥托循环：过程 2→3 为等容吸热过程（2→a→3）；过程 4→1 为等容放热过程（4→b→1）；图 10-38 即为图 10-9；

（2）汽油机阿特金森循环：过程 2→3 为等容吸热过程（2→a→3）；过程 4→1 为等压放热过程（4→b→1）；图 10-38 即为图 10-16；

(3)汽油机米勒-奥托循环(汽油机增压循环):过程 2→3 为等容吸热过程(2→a→3);过程 4→1 为等容过程(4→b)加等压放热过程(b→1);图 10-38 即为图 10-18;

(4)柴油机混合加热循环:过程 2→3 为等容过程(2→a)加等压吸热过程(a→3);过程 4→1 为等容放热过程(4→b→1);图 10-38 即为图 10-3;

(5)柴油机狄塞尔循环:过程 2→3 为等压吸热过程(2→a→3);过程 4→1 为等容放热过程(4→b→1);图 10-38 即为图 10-14;

(6)柴油机米勒-混合加热循环(柴油机增压循环):过程 2→3 为等容过程(2→a)加等压吸热过程(a→3);过程 4→1 为等容过程(4→b)加等压放热过程(b→1);图 10-38 即为图 10-20;

(7)柴油机米勒-狄塞尔循环(柴油机增压循环):过程 2→3 为等压吸热过程(2→a→3);过程 4→1 为等容过程(4→b)加等压放热过程(b→1);图 10-38 即为图 10-22;

(8)燃气轮机布雷敦循环:过程 2→3 为等压吸热过程(2→a→3);过程 4→1 为等压容放热过程(4→b→1);图 10-38 即为图 10-29 或图 10-30。

使用图 10-38 所示的通用 T-s 图,可以更加方便地对理想气体动力循环进行分析。

任务 10.7　回热燃气轮机装置理想循环的优化分析

采用中间冷却和级间再热技术,如图 10-34 所示,可以大幅度提高循环输出功,但对改善装置的经济性效果不大,如式(10-62)所示。在某些情况下,热效率反而比不采用上述措施还低。如何提高热效率是改善燃气轮机装置性能的首要任务。减少向冷源的放热损失是提高装置性能的关键,采用的方法是使用回热器,如图 10-31 和图 10-32 所示。

如图 10-31 所示,经压气机增压以后的空气在进入燃烧室前,先在回热器内吸收由燃气轮机排出的高温燃气的热能,温度提升后再在燃烧室内与燃料混合燃烧,工质的温度进一步提高。高温高压气体进入燃气轮机膨胀做功,离开燃气轮机的高温气体再进入回热器,释放热量后排入大气。

图 10-39 为带回热器的燃气轮机装置理想循环的 p-v 图和 T-s 图。

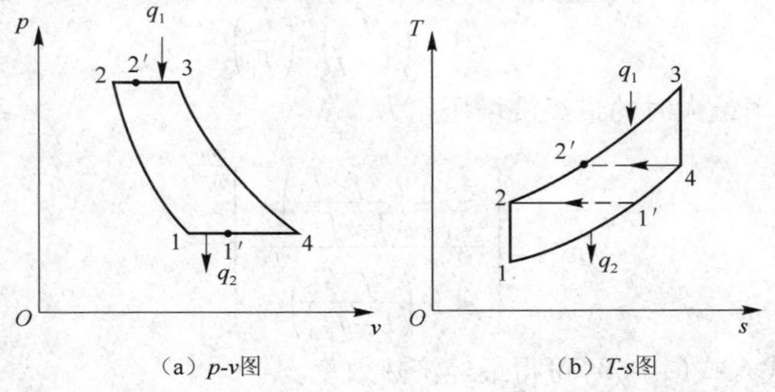

图 10-39　带回热器的燃气轮机装置理想循环

1. 循环比功

采用回热技术后,循环比功的计算依然是膨胀功与压缩功之差,或工质从热源吸收的热量(不含在回热器中吸收的热量)减去向冷源排出的热量(不含在回热器中放出的热量),即

$$w_0 = c_{p0}(T_3 - T_{2'}) - c_{p0}(T_{1'} - T_1) \tag{10-63}$$

由回热度的定义式(10-59)有

$$T_{2'} = (1-f)T_2 + fT_4 \tag{10-64}$$

不考虑回热器中的散热损失,有

$$c_{p0}(T_4 - T_{1'}) = c_{p0}(T_{2'} - T_2)$$

膨胀后离开回热器的工质温度为

$$T_{1'} = T_4 - (T_{2'} - T_2) = (1-f)T_4 + fT_2 \tag{10-65}$$

代入式(10-63)有

$$w_0 = c_{p0}(T_3 - T_4 - T_2 + T_1) \tag{10-66}$$

由此可见,回热度对理想循环的循环比功没有影响。回热度 $f=1$ 的燃气轮机装置理想循环已经在任务 10.5 中分析过了。带回热器的燃气轮机装置理想循环的最大循环比功、最佳增压比、最佳热效率均与回热度无关。现代燃气轮机装置回热度 f 一般为 0.75 ~ 0.93。

2. 优化参数

按照定义,带回热器的燃气轮机装置理想循环的热效率为

$$\eta_t = \frac{w_0}{q_1} = \frac{T_3 - T_4 - T_2 + T_1}{T_3 - T_{2'}} = \frac{T_3 - T_4 - T_2 + T_1}{T_3 - fT_4 - (1-f)T_2} \tag{10-67}$$

因为:$T_4 = T_1T_3/T_2$,$T_2 = T_1\pi^{\frac{\gamma_0-1}{\gamma_0}}$,代入式(10-67)有

$$\eta_t = \frac{\dfrac{T_3}{T_1}\left(1 - \dfrac{1}{\pi^{\frac{\gamma_0-1}{\gamma_0}}}\right) - \left(\pi^{\frac{\gamma_0-1}{\gamma_0}} - 1\right)}{\dfrac{T_3}{T_1}\left(1 - \dfrac{f}{\pi^{\frac{\gamma_0-1}{\gamma_0}}}\right) - (1-f)\pi^{\frac{\gamma_0-1}{\gamma_0}}} \tag{10-68}$$

注意,当 $f=1$ 时,式(10-68)即为式(10-60)。将 $T_4 = T_1T_3/T_2$ 代入式(10-67),在 T_1 和 T_3 为定值时,对 T_2 求导数,得热效率为极大值时所对应的最经济压缩终点温度为

$$T_{2,\text{eco}} = \frac{T_3 + T_1\left(\dfrac{f}{1-f}\right)^{\frac{1}{2}}\left(\dfrac{T_3}{T_1}\right)^{\frac{1}{2}}}{1 + \left(\dfrac{f}{1-f}\right)^{\frac{1}{2}}\left(\dfrac{T_3}{T_1}\right)^{\frac{1}{2}}} \tag{10-69}$$

由此可得热效率最大时的最经济增压比为

$$\pi_{\text{eco}} = \left[\frac{\dfrac{T_3}{T_1} + \left(\dfrac{f}{1-f}\dfrac{T_3}{T_1}\right)^{\frac{1}{2}}}{1 + \left(\dfrac{f}{1-f}\dfrac{T_3}{T_1}\right)^{\frac{1}{2}}}\right]^{\frac{\gamma_0}{\gamma_0-1}} \tag{10-70}$$

将式(10-70)代入式(10-68)可得最经济热效率。

为了全面了解带回热器的燃气轮机装置理想循环的特点,表 10-4 列出了 $\gamma_0 = 1.4$,$T_1 = 288$ K 和 $T_3 = 1\ 100, 1\ 300, 1\ 500, 1\ 700, 1\ 900, 2\ 100$ K,回热度 $f = 0.70, 0.75, 0.80, 0.85, 0.90$ 时的各种最佳性能参数和最经济性能参数,同时还列出了无回热(回热度 $f=0$)时燃气轮机装置理想循环的性能参数。计算时取气体的定压比热容为常数,

$c_{p0}=1.005\ kJ/(kg\cdot K)$。

表 10-4　不同 T_3 和 f 对燃气轮机装置理想循环性能参数的影响

T_3/K		1 100	1 300	1 500	1 700	1 900	2 100
π_{opt}	$f=0$	10.44	13.98	17.96	22.35	27.16	32.36
π_{eco}	$f=0.7$	6.50	8.25	10.13	12.14	14.26	16.50
	$f=0.75$	5.68	7.10	8.61	10.19	11.86	13.61
	$f=0.8$	4.90	6.01	7.18	8.40	9.67	10.98
	$f=0.85$	4.12	4.96	5.82	6.71	7.62	8.56
	$f=0.9$	3.34	3.91	4.49	5.09	5.68	6.29
$T_{2,opt}$	$f=0$	562.8	611.9	657.3	699.7	739.7	777.7
$T_{2,eco}$	$f=0.7$	491.7	526.4	558.2	587.7	615.4	641.6
	$f=0.75$	473.2	504.2	532.7	559.1	583.8	607.2
	$f=0.8$	453.4	480.8	505.8	529.0	550.7	571.1
	$f=0.85$	431.7	455.1	476.4	496.2	514.6	531.9
	$f=0.9$	406.3	425.2	442.5	458.4	473.2	487.1
$T_{4,opt}$	$f=0$	562.8	611.9	657.3	699.7	739.7	777.7
$T_{4,eco}$	$f=0.7$	644.2	711.3	774.0	833.1	889.2	942.7
	$f=0.75$	669.5	742.5	811.0	875.7	937.2	996.1
	$f=0.8$	698.7	778.7	854.1	925.5	993.7	1 059.0
	$f=0.85$	733.9	822.7	906.8	986.8	1 063.4	1 137.0
	$f=0.9$	779.7	880.4	976.4	1 068.2	1 156.5	1 241.6
$w_{0,max}$	$f=0$	263.6	366.1	475.8	591.5	712.1	836.8
$w_{0,eco}$	$f=0.7$	253.3	352.1	458.2	570.1	686.8	807.8
	$f=0.75$	246.5	343.0	446.6	556.0	670.3	788.7
	$f=0.8$	237.1	330.1	430.3	536.1	646.8	761.7
	$f=0.85$	223.5	311.7	406.8	507.6	613.1	722.7
	$f=0.9$	203.0	283.7	371.0	463.8	561.2	662.6
$\eta_{t,opt}$	$f=0$	0.488 3	0.529 3	0.561 8	0.588 4	0.610 7	0.629 7
$\eta_{t,eco}$	$f=0.7$	0.502 5	0.543 9	0.576 5	0.603 1	0.625 3	0.644 2
	$f=0.75$	0.511 5	0.553 0	0.585 7	0.612 3	0.634 5	0.653 3
	$f=0.8$	0.523 8	0.565 5	0.598 3	0.624 8	0.646 9	0.665 7
	$f=0.85$	0.540 6	0.582 6	0.615 4	0.641 9	0.663 8	0.682 4
	$f=0.9$	0.564 8	0.607 0	0.639 8	0.666 1	0.687 8	0.706 0

从表 10-4 给出的计算结果可以得出如下结论：

(1)$f=0$ 对应的是燃气轮机装置理想循环的性能参数，此时 $T_2=T_4$，对应的循环比功最大，压缩比也最大，但热效率是最低的；

(2)当 T_3一定时,随着回热度的增大,最经济增压比减小;而当回热度一定时,工质的最经济增压比随着 T_3的提高而增大;

(3)当 T_3一定时,最经济压缩终点温度随回热度的增大而减小;而当回热度一定时,最经济压缩终点温度随 T_3的提高而提高;

(4)当 T_3一定时,随着回热度的增大,循环比功减小;而当回热度一定时,循环比功随 T_3的提高而提高;

(5)当 T_3一定时,随着回热度的增大,循环热效率提高;而当回热度一定时,循环热效率随 T_3的提高而提高。

总之,采用回热技术可以显著提高动力装置的经济性,缺点是功率减小,导致整个动力装置的尺寸增大,但是采用高效紧凑式换热器可以大大减小换热器的尺寸。

任务 10.8 喷气发动机循环简介

燃气轮机装置利用高温、高压气体在喷管中加速时的作用力推动叶轮做功,与之相反,喷气发动机的工作特点则是利用高温、高压气体在喷管中加速时的反作用力推动移动装置,如飞机、汽车等。图 10-40 为现代喷气式飞机中采用的涡轮喷气发动机示意图,概括地讲,其理论热力过程是由两次压缩、一次燃烧和两次膨胀构成的,如图 10-41 所示。飞机在飞行时,空气以飞行速度的相对流速进入扩压管,通过它初步提高压力(图 10-41 中的过程 1→5),这是第一次压缩,再进入压气机继续压缩(图 10-41 中的过程 5→2),然后压缩空气进入燃烧室喷油燃烧(图 10-41 中的等压加热过程 2→3)。从燃烧室出来的高温、高压燃气先在燃气轮机中初步(第一次)膨胀(图 10-41 中的过程 3→6),所做之功供压气机之用,有

$$w_T = h_3 - h_6 = A_1, w_C = h_2 - h_5 = A_2$$

$$w_T = w_C$$

式中,A_1 为点 d,3,6,c 围成的面积,A_2 为点 d,2,5,b 围成的面积。

最后,燃气在尾喷管中膨胀(第二次)至环境压力,并以高速喷出,对飞机产生推力。

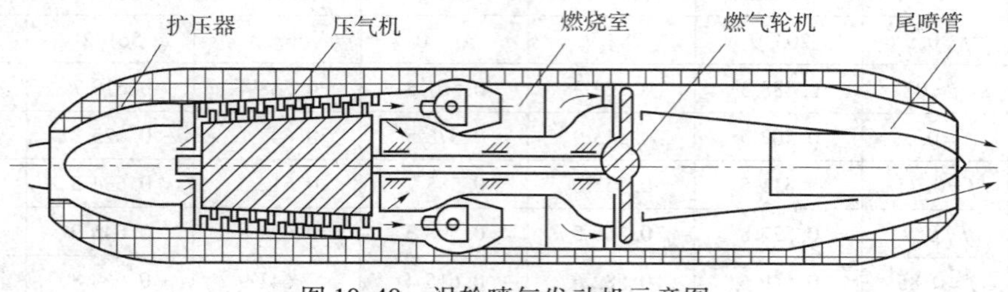

图 10-40 涡轮喷气发动机示意图

对比图 10-41 所示的喷气发动机循环 p-v 图及图 10-28所示的燃气轮机装置的循环 p-v 图,发现两者的差别仅在于:喷气发动机循环的压缩过程是两次完成的,膨胀过程也是两次完成的;而燃气轮机循环的压缩和膨胀过程都是一次完成的。从热力学角度看,两者并无本质区别。

每流过 1 kg 气体，在尾喷管中获得的速度能相当于由点 c，6，4，a 围成的面积，扩压管消耗的速度能相当于由点 b，5，1，a 围成的面积，二者之差是由点 c，6，4，1，5，b 围成的面积（A_1），而整个膨胀过程（过程 3→4）与整个压缩过程（过程 1→2）的技术功之差（循环净功，推动飞机前进的动力）为由点 1，2，3，4 围成的面积（A_2），A_1 与 A_2 是相等的。在理论上可以将整个发动机的工作过程看作是由等熵压缩过程 1→2、等压加热过程 2→3、等熵膨胀过程 3→4 和喷出气体在大气中的等压冷却过程 4→1 构成的布雷敦循环（如图 10-30 所示）。其理论热效率的计算式与式（10-53）相同，即

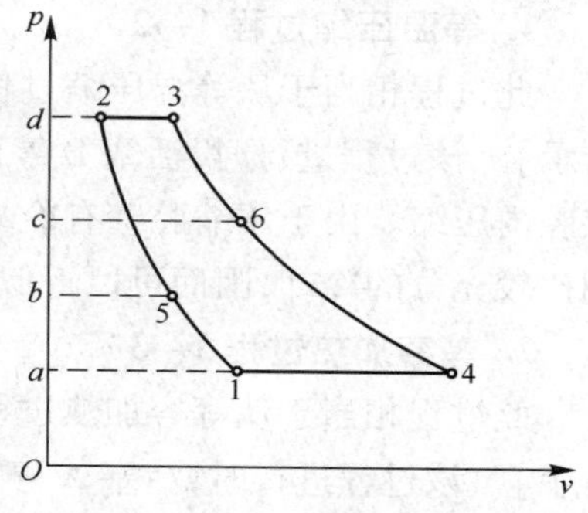

图 10-41　喷气发动机循环 p-v 图

$$\eta_{t,p} = 1 - \frac{1}{\pi^{\frac{\gamma_0 - 1}{\gamma_0}}} \left(\pi = \frac{p_2}{p_1} = \frac{p_3}{p_4} \right) \tag{10-71}$$

任务 10.9　活塞式热气发动机循环

活塞式热气发动机（又称斯特林发动机）是一种外燃式的闭式循环发动机，它的工作原理如图 10-42 所示。在图 10-42 中，A 为动力活塞，B 为配气活塞，C 为回热器。

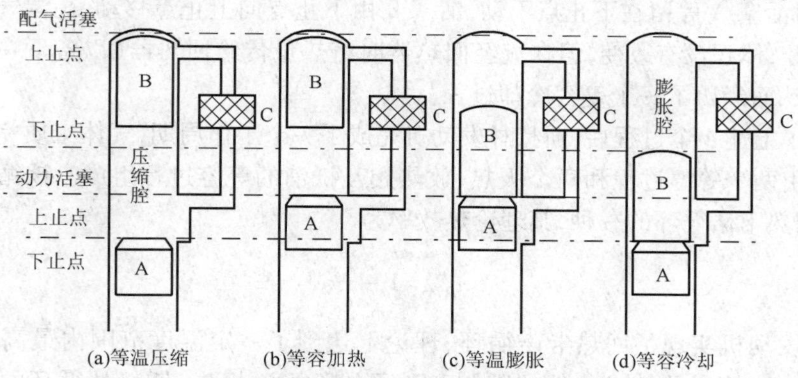

图 10-42　斯特林发动机的工作原理

该发动机的循环可分为 4 个过程，如图 10-43 和图 10-44 所示。

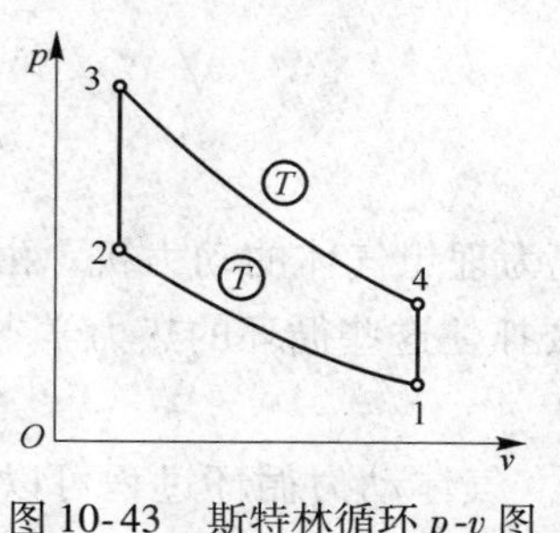

图 10-43　斯特林循环 p-v 图

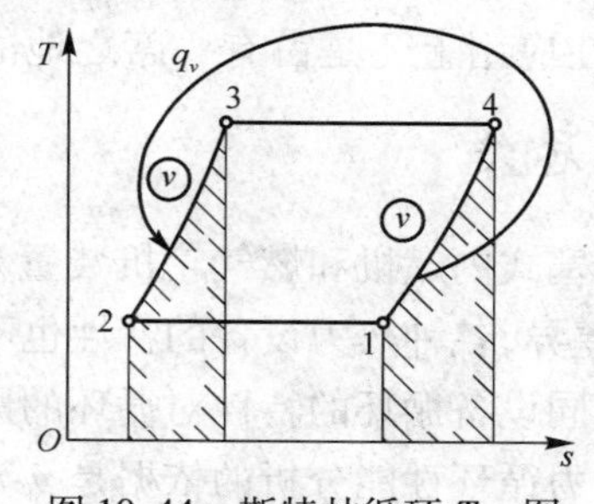

图 10-44　斯特林循环 T-s 图

1. 等温压缩过程 1→2

此过程相当于从等温压缩过程[如图 10-42(a)所示]到等容加热过程[如图 10-42(b)所示]。该过程进行时,活塞 B 停留在上止点不动,活塞 A 由下止点移向上止点,气体工质在腔内压缩。由于压缩腔壁有冷却水冷却,而压缩过程也进行得比较缓慢,气体被压缩时得到比较充分的冷却,因而可以近似地认为该过程是一个等温压缩过程。

2. 等容加热过程 2→3

此过程相当于从等容加热过程[如图 10-42(b)所示]到等温膨胀过程[如图 10-42(c)所示]。该过程进行时,活塞 A 停留在上止点不动,活塞 B 由上止点下移到其底部与活塞 A 的顶部接触。在这一过程中,气体从压缩腔被驱赶到膨胀腔,气体的体积并未改变,但在流经回热器时被加热了,因此这是一个等容加热过程。

3. 等温膨胀过程 3→4

此过程相当于从等温膨胀过程[如图 10-42(c)所示]到等容冷却过程[如图 10-42(d)所示]。这时活塞 B 推动活塞 A 下行,并同时达到各自的下止点。这一膨胀过程是一个通过活塞 A 对外做功的过程(活塞 A 因此而被称为动力活塞)。气体在膨胀的同时,由于有外界燃烧系统向它提供热能,而膨胀过程也进行得比较缓慢,气体膨胀时的温度基本保持不变,因而可以认为这是一个等温膨胀(做功)过程。

4. 等容冷却过程 4→1

此过程相当于从等容冷却过程[如图 10-42(d)所示]到等温压缩过程[如图 10-42(a)所示]。这时活塞 A 停留在下止点不动,活塞 B 由下止点向上止点移动,高温气体由膨胀腔被赶进压缩腔,体积没有改变,但在流经回热器时将热量传给回热器(以备下一个循环加热压缩气体),从而经历了一个等容冷却过程。

在经历了上述 4 个过程后,斯特林发动机完成了一个工作周期,气体工质完成了一个循环。该循环由两个等温过程和两个吸热、放热相互抵消的等容过程组成。该循环也叫斯特林循环,是回热卡诺循环的一种,其理论热效率为

$$\eta'_{t,c}=1-\frac{T_2}{T_3} \tag{10-72}$$

斯特林发动机实现了回热卡诺循环,理论上达到了一定温度范围内最高的循环热效率,但实际上,由于一些技术条件的限制和过程的不可逆损失,斯特林循环的热效率达不到式(10-72)的计算值。现代斯特林发动机的热效率为 40% ~50%,这样的热效率可算得上是较高的,同时所用燃料品种不限,工作也稳定可靠。其虽然因过程较慢,功率不可能很大,但在应用上还是占有一席之地的。

项目总结

理想活塞式内燃机和燃气轮机装置是工质可简化为理想气体的动力机。由于燃料、工质、循环等差异,各种热力设备的特性也不同,一方面要抓住这些循环的热力学本质,另一方面要注意不同设备循环的特性对循环的影响。

气体动力循环性能分析的依据是 p-v 图和 T-s 图。气体动力循环过程可以在通用 T-s

图中统一表示，各循环的区别体现在吸热和放热过程中。使用通用 T-s 图可以方便地对理想（或仅考虑压缩和膨胀过程不可逆性的实际）气体动力循环的性能进行分析，包括汽油机奥托循环、汽油机阿特金森循环、汽油机米勒-奥托循环（汽油机增压循环）、柴油机混合加热循环、柴油机狄塞尔循环、柴油机米勒-混合加热循环（柴油机增压循环）、柴油机米勒-狄塞尔循环（柴油机增压循环）、燃气轮机布雷敦循环。

气体动力循环性能评价主要指标有：功（功率、扭矩）、平均有效压力、循环热效率、循环比功等，核心是循环热效率和循环比功。理想气体动力循环具有最大循环比功状态，实际气体动力循环具有最大循环比功状态和最高热效率状态（两个极值状态一般不重合）。应该根据气体动力循环装置的使用状态（移动或固定）选择不同的工作状态。对于工作时处于移动状态的气体动力循环装置，如果一味地追求高效率，会导致整体装置的综合经济性显著降低，直至完全不具备可用性。

内燃机循环性能会受到压缩和膨胀过程不可逆性的影响。压气机绝热效率和燃气轮机相对内效率、回热和回热度、分级压缩级间冷却对燃气轮机装置循环性能有较大的影响。

本项目的知识结构框图如图 10-45 所示。

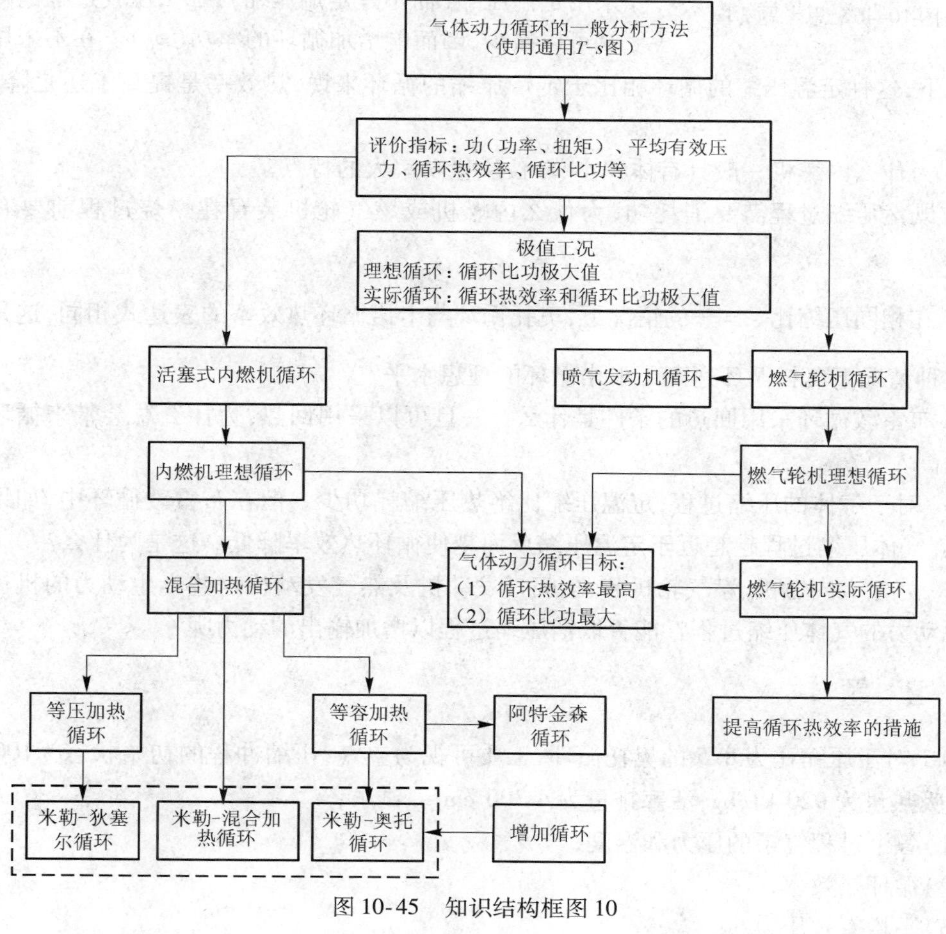

图 10-45 知识结构框图 10

思考题

1. 活塞式内燃机的平均吸热温度相当高,为什么其循环热效率不是很高?是否是因平均放热温度太高所致?

2. 内燃机循环从状态 f 到状态 g(如图 10-1 所示)实际上是排气过程而不是等容冷却过程。试在 p-v 图和 T-s 图中将这一过程进行时气缸中气体的实际状态变化情况表示出来。

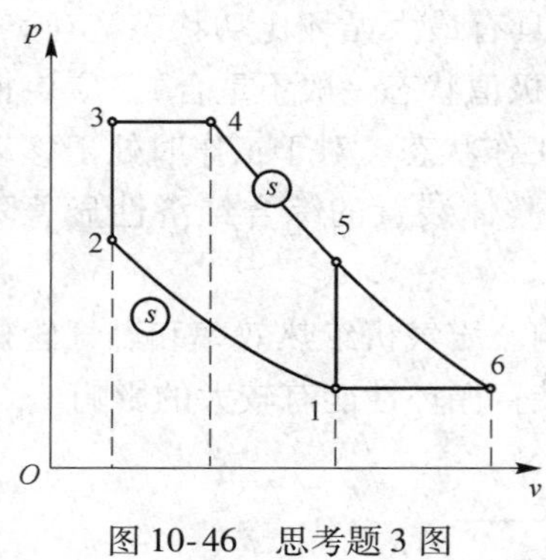

图 10-46　思考题 3 图

3. 在活塞式内燃机循环中,如果绝热膨胀过程不是在状态 5 结束(如图 10-46 所示),而是继续膨胀到状态 6($p_6=p_1$),那么循环热效率是否会提高?试用 p-v 图和 T-s 图加以分析。

4. 试证明:对于燃气轮机装置的等压加热循环和活塞式内燃机的等容加热循环,如果燃烧前气体被压缩的程度相同,那么它们将具有相同的理论热效率。

5. 在燃气轮机装置的循环中,如果空气的压缩过程采用定温压缩(而不是定熵压缩),那么压气过程消耗的功就可以减少,因而能增加循环的净功(w_0)。在不采用回热的情况下,这种定温压缩的循环相比于定熵压缩的循环来说,热效率是提高了还是降低了?为什么?

6. 为什么内燃机一般具有体积小、单位质量功率大的特点?

7. 既然压缩过程需要消耗功,为什么内燃机或燃气轮机装置在燃烧过程前要有压缩过程?

8. 在相同压缩比 $\varepsilon=\dfrac{v_1}{v_2}$ 的情况下,奥托循环与卡诺循环热效率的表达式相同,这是否意味着这种情况下奥托循环达到了卡诺循环的理想水平?

9. 布雷敦循环采用回热的条件是什么?一旦可以采用回热,为什么总会带来循环热效率的提高?

10. 对于气体的压缩过程,定温压缩比绝热压缩耗功少。但在布雷敦循环中,如果不采用回热,气体压缩过程越趋近于定温压缩反而越使循环热效率降低。这是为什么?

11. 为什么内燃机、燃气轮机装置、喷气发动机及热气发动机这些产生动力的机械都伴有消耗动力的气体压缩过程?能否取消压缩过程以增加输出的动力呢?

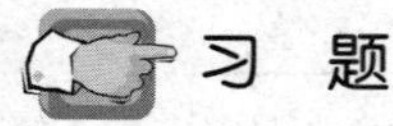

习　题

10-1 对于压缩比为 8.5 的奥托循环,工质可视为空气,压缩冲程的初始状态为100 kPa, 27 ℃,吸热量为 920 kJ/kg,活塞排量为 4 300 cm³。试求:

(1)各个过程终了的压力和温度;

(2)循环热效率;

(3)平均有效压力。

10-2 对于压缩比为 7.5 的奥托循环，吸气状态为 98 kPa 和 285 K，试分别计算在 $\gamma_0 = 1.3$ 和 $\gamma_0' = 1.4$ 两种情况下，压缩冲程终了的压力和温度及循环热效率。

10-3 已知活塞式内燃机等容加热循环的进气参数为 $p_1 = 0.1$ MPa，$t_1 = 50$ ℃，压缩比 $\varepsilon = 6$，加入的热量 $q_1 = 750$ kJ/kg。试求循环的最高温度、最高压力、压升比、循环的净功和理论热效率。认为工质是空气并按定比热容理想气体计算。

10-4 承习题 10-3，但将压缩比提高到 8。试计算循环的平均吸热温度、平均放热温度和理论热效率。

10-5 对于活塞式内燃机的混合加热循环，已知其进气压力为 0.1 MPa，进气温度为 300 K，压缩比为 16，最高压力为 6.8 MPa，最高温度为 1 980 K。求加入每千克工质的热量、压升比、预胀比、循环的净功和理论热效率。认为工质是空气并按定比热容理想气体计算。

10-6 承习题 10-5，按空气热力性质表计算。

10-7 对于混合加热理想循环，吸热量是 1 000 kJ/kg，等容过程和等压过程的吸热量各占一半，压缩比是 14，压缩过程的初始状态为 100 kPa，27 ℃。工质可视为空气，比热为定值，试计算：

(1)输出净功；

(2)循环热效率。

10-8 对于按等压加热循环工作的柴油机，已知其压缩比 $\varepsilon = 15$，预胀比 $\rho = 2$，工质的绝热指数 $\gamma_0 = 1.33$。求理论循环的热效率。如果预胀比变为 2.4(其他条件不变)，这时循环的热效率将是多少？功率比原来增加了百分之几？

10-9 一台阿特金森循环发动机的吸气状态参数为 150 kPa，300 K。如果压缩比为 9，膨胀比为 11，则燃烧过程的放热率至少要达到多少？平均有效压力为多少？工质按空气计算，并视空气为定比热容理想气体。

10-10 一台阿特金森循环发动机的吸气状态参数为 101.4 kPa，18 ℃。如果压缩比为 9，燃烧放热量为 1 000 kJ/kg，气缸中有 0.01 kg 空气。试确定该循环的最高温度、最高压力、吸热量、放热量、循环净功量、平均有效压力及循环热效率。

10-11 一台米勒-奥托循环发动机的吸气状态参数为 150 kPa，300 K。如果压缩比为 9，膨胀比为 11，膨胀终了的压力为 250 kPa，则燃烧过程的放热率至少要达到多少？工质按空气计算，并视空气为定比热容理想气体。

10-12 一台米勒-奥托循环发动机的吸气状态参数为 150 kPa，300 K。如果压缩比为 9，燃烧放热量为 1 000 kJ/kg，则膨胀终了的压力为 250 kPa 时的膨胀比为多少？

10-13 参见图 10-19 和图 10-20(或图 10-38)。试对理想米勒-沙巴德循环发动机进行优化分析。

10-14 参见图 10-21 和图 10-22(或图 10-38)。试对理想米勒-狄塞尔循环发动机进行优化分析。

10-15 对于某燃气轮机装置，已知其质量流量 $q_m = 8$ kg/s，增压比 $\pi = 12$，升温比 $\tau = 4$，大气温度为 295 K。试求理论上输出的净功率及循环的理论热效率。认为工质是空气，并按定比热容和变比热容(查表)两种方法计算。

10-16 承习题10-15。若压气机的绝热效率 $\eta_{C,s}=0.86$，燃气轮机的相对内效率 $\eta_{ri}=0.88$，则实际输出的净功率及循环的绝对内效率为多少？按空气热力性质表计算。

10-17 已知某燃气轮机装置的增压比为9，升温比为4，大气温度为295 K。如果采用回热循环，则其理论热效率比不回热循环增加多少？认为工质是空气，按定比热容和变比热容(查表)两种方法计算。

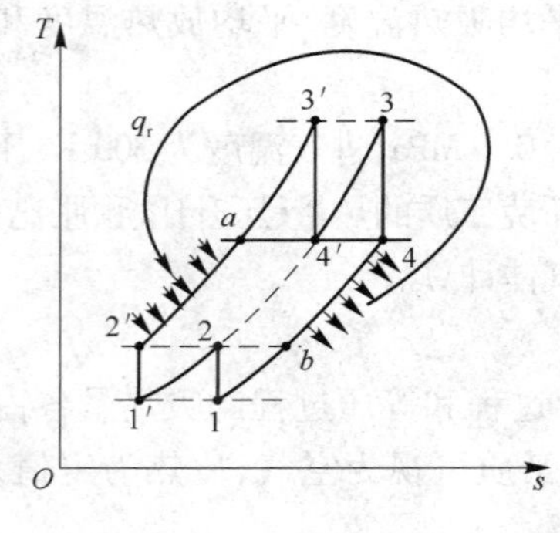

图10-47　习题10-18图

10-18 有一采用中间冷却和中间再热的燃气轮机装置(如图10-47所示)，已知装置总的增压比为25，压气机进气温度为300 K，燃气轮机入口燃气温度为1 350 K，如果不采用回热器，它的理论热效率与相同增压比和相同升温比条件下的布雷敦循环相比，是提高了，还是降低了？若在采取中间冷却、中间再热的同时也采用回热装置，则其循环的理论热效率为多少？对计算结果略加讨论。

10-19 承例10-8。在压气机绝热效率和燃气轮机相对内效率都较低，而升温比又不高的情况下，采用较高的增压比反而不利，甚至不能输出功率(压气机消耗了燃气轮机发出的全部功率)。试计算：当 $\eta_{C,s}=\eta_{ri}=0.78$，$\tau=3$ 时，增压比为多少时会出现输出功率为零这种情况。工质按空气计算，并视空气为定比热容理想气体。

10-20 承例10-8。当 $\eta_{C,s}$，η_{ri}，τ，γ_0 不变时，试证明燃气轮机装置最佳增压比(在该增压比下循环绝对内效率最高)为

$$\pi_{opt}=\left\{\frac{\eta_{ri}\tau-\sqrt{\eta_{ri}(\tau-1)[\eta_{C,s}(\tau-1)-(\eta_{ri}\eta_{C,s}\tau-1)]}}{\eta_{ri}\tau-(\tau-1)}\right\}^{\frac{\gamma_0}{\gamma_0-1}}$$

并利用此式计算习题10-10条件下的最佳增压比和最高绝对内效率的值。

$\left(\text{提示：令 } \pi^{\frac{\gamma_0}{\gamma_0-1}}=x\text{，并令}\dfrac{\partial\eta_i}{\partial x}=0\text{。}\right)$

10-21 承例10-8。根据每千克工质做功最多(循环比功最大，这样相同功率的机器将更轻小)，也可以得出燃气轮机装置的另一种最佳增压比，试证明：相应于 $w_{t,max}$ 的最佳增压比为

$$\pi_{opt}=(\tau\eta_{ri}\eta_{C,s})^{\frac{\gamma_0}{2(\gamma_0-1)}}$$

10-22 对于某燃气轮机装置的动力循环，压气机的绝热效率为80%，燃气轮机的相对内效率为85%，循环的最高温度是1 300 K，压气机入口状态为0.1 MPa，18 ℃。试计算1 kg工质最大循环做功量及发出3 000 kW功率时的工质流率。工质按空气计算，并视空气为定比热容理想气体。

项目 11　蒸汽动力循环

项目提要

本项目首先指出了湿蒸汽卡诺循环的实际不可行性，接着分别着重阐述了基本蒸汽动力循环——兰金循环、蒸汽再热循环、抽汽回热循环，并对每种循环热效率的影响因素及其提高途径进行了分析。本项目对节能与环保效益明显的双工质动力循环和热电联产循环进行了分析与计算，还对实际蒸汽动力循环进行了能量分析与㶲分析。

学习目标

(1)明确基本蒸汽动力循环——兰金循环的构成，具有对其性能参数进行计算的能力。

(2)准确解释提高蒸汽动力循环热效率的方法及其热力学原理，具有计算抽汽回热循环热效率及其抽汽量的能力。

(3)具有使用能量分析法与㶲分析法对蒸汽动力循环进行分析的能力。

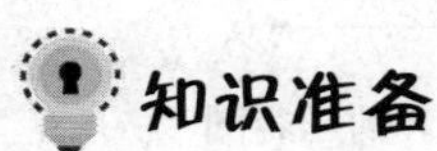

知识准备

任务 11.1　基本蒸汽动力循环——兰金循环

11.1.1　湿蒸汽的卡诺循环及其改进

从理论上讲，根据卡诺定理，在一定的温度范围内，卡诺循环热效率最高，蒸汽在湿蒸汽区内可以实现卡诺循环。但是，实际上这样的卡诺循环存在诸多缺点：一是受临界点限制，循环的吸热温度不会很高，因此循环热效率较低；二是水泵工作在高湿度区，这不仅使得水泵压缩湿蒸汽耗功多，而且稳定性差，压缩效率低；三是蒸汽轮机也在湿度较高的区域工作，这不仅使得湿蒸汽膨胀时速度三角形会发生畸变，气动性能不好，效率大为降低，而且蒸汽轮机末级叶片腐蚀严重，安全性不好。

实际应用时，为了克服这些缺点，水泵压缩的不再是湿蒸汽而是饱和水，从而降低了压缩功耗，提高了压缩效率和工作稳定性。在蒸汽轮机中膨胀的也不再是湿蒸汽而是过热蒸汽,从而提高了循环吸热温度和蒸汽膨胀的做功能力,大大降低了叶片的腐蚀风险。这种经过改进的蒸汽动力循环就是兰金循环。

11.1.2 兰金循环

1. 简单兰金循环蒸汽动力装置的构成及工作原理

简单兰金循环(Rankine cycle)蒸汽动力装置如图 11-1 所示,其主要组成设备包括蒸汽锅炉、蒸汽轮机、凝汽器、水泵。来自水泵的凝结水在蒸汽锅炉中预热、汽化并过热,变成过热水蒸气(图 11-2、图 11-3、图 11-4 中的过程 0→1)。过热水蒸气进入蒸汽轮机膨胀做功带动发电机发电或带动其他原动机工作,经蒸汽轮机做功后的乏汽进入凝汽器中凝结放热,放出的凝结热被冷却水带走,凝结出来的凝结水进入水泵,水泵压缩凝结水并将其打入蒸汽锅炉再进行下一个循环。通过上述那样周而复始的循环,可连续不断地将热能转变为机械能。

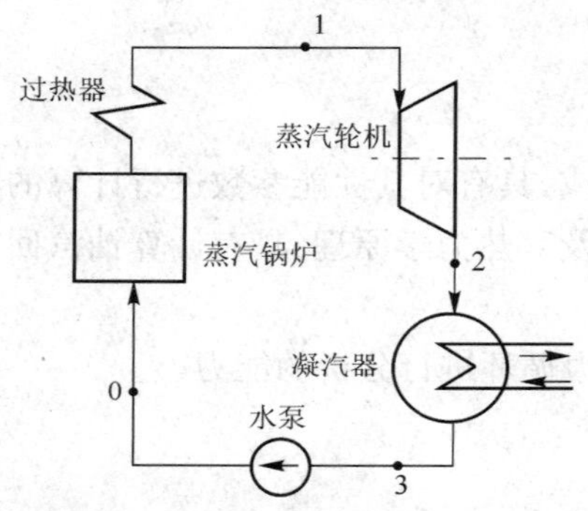

图 11-1 简单兰金循环蒸汽动力装置

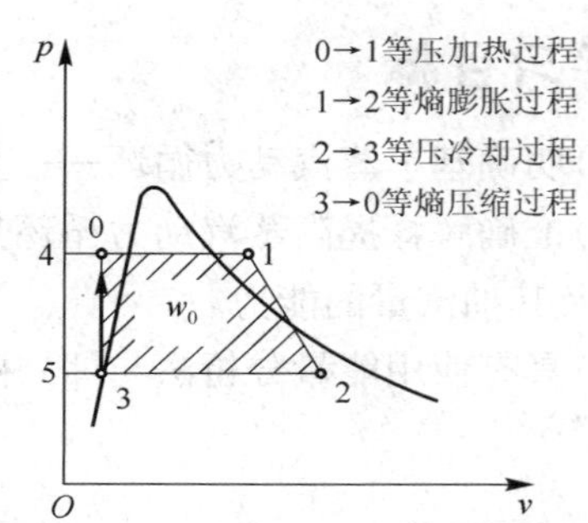

图 11-2 简单兰金循环的压容图

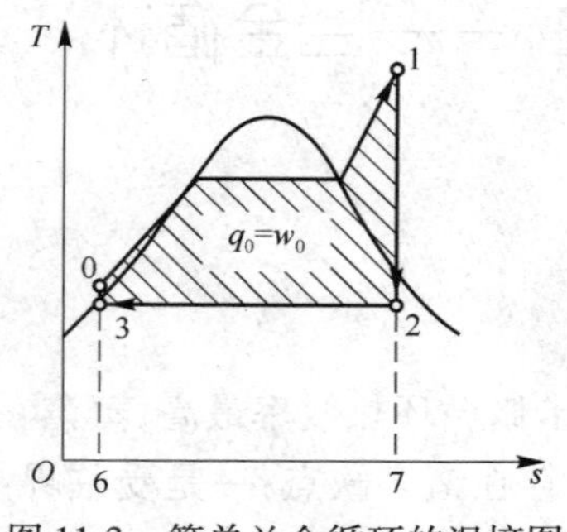

图 11-3 简单兰金循环的温熵图

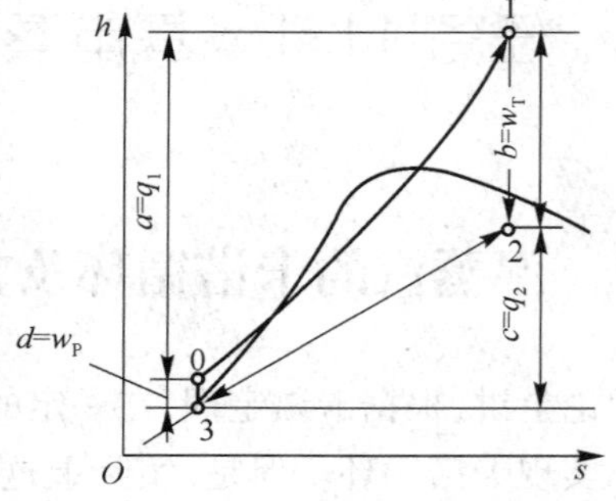

图 11-4 简单兰金循环的焓熵图

2. 简单兰金循环的构成及其图示

(1)未饱和水在蒸汽锅炉中的等压加热过程(过程 0→1)。

来自水泵的凝结水在蒸汽锅炉中预热、汽化并过热,变成过热水蒸气。平均每千克蒸汽获得的热量为

$$q_1 = h_1 - h_0 \tag{11-1}$$

在图 11-3 中，q_1 可用点 6，0，1，7 围成的面积表示；在图 11-4 中，q_1 可用状态点 0 与 1 的纵坐标之差表示。

(2) 过热水蒸气在蒸汽轮机中的膨胀做功过程(过程 1→2)。

从蒸汽锅炉出来的水蒸气(所谓"新汽"或"新蒸汽")进入蒸汽轮机中膨胀做功。因为大量水蒸气快速流过蒸汽轮机，平均每千克蒸汽散失到外界的热量相对来说很少，因此可以认为这一过程是绝热的。在绝热(等熵)膨胀过程中，水蒸气通过蒸汽轮机对外所做的功(技术功)为

$$w_T = h_1 - h_2 \tag{11-2}$$

在图 11-2 中，w_T 表示为点 4，1，2，5 围成的面积；在图 11-4 中，w_T 表示为状态点 1 与 2 的纵坐标之差。

(3) 做功后的乏汽在凝汽器中的凝结放热过程(过程 2→3)。

在蒸汽轮机中做功后的乏汽进入凝汽器凝结放热，放出的凝结热被冷却水带走，每千克乏汽所放出的热量为

$$q_2 = h_2 - h_3 \tag{11-3}$$

在图 11-3 中，q_2 表示为点 6，3，2，7 围成的面积；在图 11-4 中，q_2 表示为状态点 2 与 3 的纵坐标之差。

(4) 凝结水在水泵中的压缩过程(过程 3→0)。

凝结水经过水泵提高压力后再进入蒸汽锅炉。水在水泵中被压缩时散失到外界的热量很少，可以认为这一过程是绝热的。因此水泵消耗的功(技术功)为

$$w_P = h_0 - h_3 \tag{11-4}$$

在图 11-2 中，w_P 表示为点 4，0，3，5 围成的面积；在图 11-4 中，w_P 表示为状态点 0 与 3 的纵坐标之差。由于水的比体积比水蒸气的比体积小得多，因此水泵所消耗的功只占蒸汽轮机所做功的很小一部分。

经过上述四个过程后，工质回到了原始状态，完成了一个循环。这种由两个等压过程(或者说由两个不做技术功的过程)和两个绝热过程组成的最简单的蒸汽动力循环，称为兰金循环。每千克工质每完成一个循环对外界做出的功为

$$w_0 = w_T - w_P = q_1 - q_2 = q_0 \tag{11-5}$$

图 11-2 和图 11-3 中包围在循环曲线内部的面积(点 0，1，2，3 围成的面积)即表示循环所做的功 w_0(或循环的净热量 q_0)。

考虑水泵耗功时兰金循环的理论热效率为

$$\eta_t = 1 - \frac{q_2}{q_1} = 1 - \frac{h_2 - h_3}{h_1 - h_0} \tag{11-6}$$

忽略水泵耗功时兰金循环的理论热效率为

$$\eta_t = 1 - \frac{q_2}{q_1} = 1 - \frac{h_2 - h_3}{h_1 - h_3} \tag{11-7}$$

汽耗率 d_0 为蒸汽轮机每发出 1 kW · h 电能所消耗的蒸汽量[kg/(kW · h)],即

$$d_0 = D/P_0 = 3\ 600/w_T \tag{11-8}$$

式中,D 为蒸汽总消耗量,P_0 为总功率(kW)。

热耗率 q_t 为蒸汽轮机每发出 1 kW · h 电能所消耗的热量[kg/(kW · h)]。

煤耗率 b_b 为蒸汽轮机每发出 1 kW · h 电能所消耗的标煤克数[g/(kW · h)],即

$$b_b = 123/\eta_{ndc} \tag{11-9}$$

式中,η_{ndc} 为凝汽式机组热效率。

在计算循环热效率及相关参数时,各状态点的比焓值可由水的焓熵图或热力性质表查得。

例 11-1 某蒸汽动力装置按简单兰金循环工作。新汽参数为 $p_1 = 3$ MPa,$t_1 = 450$ ℃,乏汽压力 $p_2 = 0.005$ MPa,蒸汽流量为 60 t/h。试求:

(1)新汽每小时从锅炉吸收的热量和乏汽每小时在凝汽器中放出的热量;

(2)蒸汽轮机发出的理论功率和水泵消耗的理论功率;

(3)循环的理论热效率(可忽略水泵消耗的功率)。

设蒸汽轮机的相对内效率为 82%,再求:

(4)蒸汽轮机发出的实际功率;

(5)乏汽在凝汽器中实际放出的热量;

(6)循环的绝对内效率(可忽略水泵消耗的功率)。

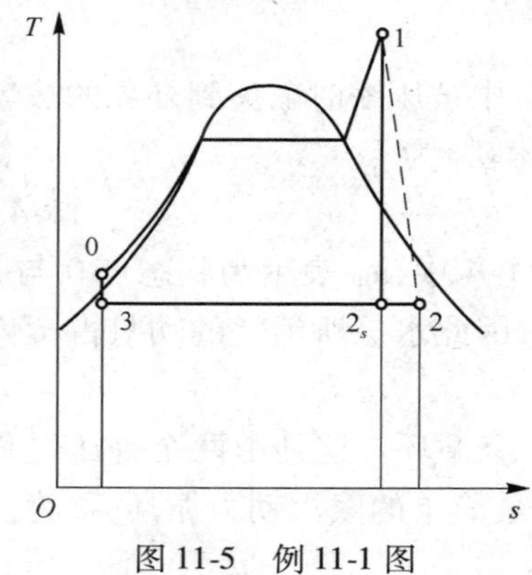

图 11-5 例 11-1 图

解:理论的兰金循环和考虑蒸汽轮机内部不可逆损失的兰金循环分别如图 11-5 中循环 $0\to1\to2_s\to3\to0$ 和循环 $0\to1\to2\to3\to0$ 所示。

查水的焓熵图(见图 B-9)有

$$h_1 = 3\ 345\ \text{kJ/kg}, s_1 = 7.080\ \text{kJ/(kg·K)}$$

$$h_{2_s} = 2\ 185\ \text{kJ/kg}, s_{2_s} = 7.080\ \text{kJ/(kg·K)}$$

查饱和水与饱和水蒸气的热力性质表(见表 A-3)有

$$h_3 = 137.75\ \text{kJ/kg}, v_3 = 0.001\ 005\ \text{m}^3\text{/kg}$$

由式(11-4)有

$$\begin{aligned} h_0 &= h_3 + w_P \approx h_3 + v_3(p_0 - p_3) \\ &= 137.75 + 0.001\ 005 \times (3 - 0.005) \times 10^6 \times 10^{-3} \\ &= 140.76\ (\text{kJ/kg}) \end{aligned}$$

根据蒸汽轮机相对内效率的定义有

$$\eta_{ri} = \frac{w_{T,act}}{w_{T,the}} = \frac{h_1 - h_2}{h_1 - h_{2_s}} = \frac{3\ 345 - h_2}{3\ 345 - 2\ 158} = 0.82$$

所以

$$h_2 = 3\ 345 - 0.82 \times (3\ 345 - 2\ 158) = 2\ 372(\text{kJ/kg})$$

(1)新汽从锅炉吸收的热量

$$\dot{Q}_1 = q_m(h_1 - h_0) = 60 \times 10^3 \times (3\ 345 - 140.76) = 1.922\ 5 \times 10^8(\text{kJ/h})$$

乏汽在凝汽器中放出的热量

$$\dot{Q}_2 = q_m(h_{2_s} - h_3) = 60 \times 10^3 \times (2\,158 - 137.75) = 1.212\,2 \times 10^8 (\text{kJ/h})$$

(2)蒸汽轮机发出的理论功率

$$P_\text{T} = q_m(h_1 - h_{2_s}) = \frac{60 \times 10^3}{3\,600} \times (3\,345 - 2\,158) = 19\,783 (\text{kW})$$

水泵消耗的理论功率

$$P_\text{P} = q_m(h_0 - h_3) = \frac{60 \times 10^3}{3\,600} \times (140.76 - 137.75) = 50.2 (\text{kW})$$

或

$$P_\text{P} \approx q_m v_3 (p_0 - p_3) = \frac{60 \times 10^3}{3\,600} \times 0.001\,005\,3 \times [(3 - 0.005) \times 10^6] \times 10^{-3} \approx 50 (\text{kW})$$

(3)循环的理论热效率。

考虑水泵耗功时,按式(11-6)计算:

$$\eta_\text{t} = 1 - \frac{h_{2_s} - h_3}{h_1 - h_0} = 1 - \frac{2\,158 - 137.75}{3\,345 - 140.76} = 0.369\,5 = 36.95\%$$

或

$$\eta_\text{t} = \frac{3\,600(P_\text{T} - P_\text{P})}{\dot{Q}_1} = \frac{3\,600 \times (19\,780 - 50.2)}{192.25 \times 10^6} = 0.369\,5 = 36.95\%$$

(4)蒸汽轮机发出的实际功率

$$P'_\text{T} = q_m(h_1 - h_2) = \frac{60 \times 10^3}{3\,600} \times (3\,345 - 2\,372) = 16\,217 (\text{kW})$$

或

$$P'_\text{T} = P_\text{T} \eta_\text{ri} = 19\,780 \times 0.82 = 16\,220 (\text{kW})$$

(5)乏汽在凝汽器中实际放出的热量

$$\dot{Q}'_2 = q_m(h_2 - h_3) = 60 \times 10^3 \times (2\,372 - 137.75) = 1.340\,6 \times 10^8 (\text{kJ/h})$$

(6)循环的绝对内效率

$$\eta_\text{i} \approx \frac{3\,600 P'_\text{T}}{\dot{Q}_1} = \eta_\text{t} \eta_\text{ri} = 0.369\,5 \times 0.82 = 30.30\%$$

或

$$\eta_\text{i} = \frac{h_1 - h_2}{h_1 - h_0} = \frac{3\,345 - 2\,372}{3\,345 - 140.76} = 30.37\%$$

11.1.3　蒸汽参数对兰金循环热效率的影响

在确定了新汽的温度(初温 T_1)、压力(初压 p_1)及乏汽的压力(终压 p_2)的条件下,整个兰金循环也就确定了。因此,蒸汽参数对兰金循环热效率的影响,也就是指初温、初压和终压对兰金循环热效率的影响。

假定新汽和乏汽压力分别保持为 p_1 和 p_2 不变，将新汽的温度从 T_1 提高到 T_1'（如图 11-6 所示），结果兰金循环的平均吸热温度有所提高（$T'_{m1} > T_{m1}$），而平均放热温度未变，因而循环的热效率也就提高了（$\eta'_t > \eta_t$）。同时可以降低汽耗率 d_0 和蒸汽轮机乏汽湿度，以降低汽轮机组腐蚀。

假定新汽温度和乏汽压力分别保持为 T_1 和 p_2 不变，将新汽压力由 p_1 提高到 $p_{1'}$，如图 11-7所示。在通常情况下，这也能提高兰金循环的平均吸热温度（$T'_{m1} > T_{m1}$），而平均放热温度不变，因而也可以提高循环的热效率。

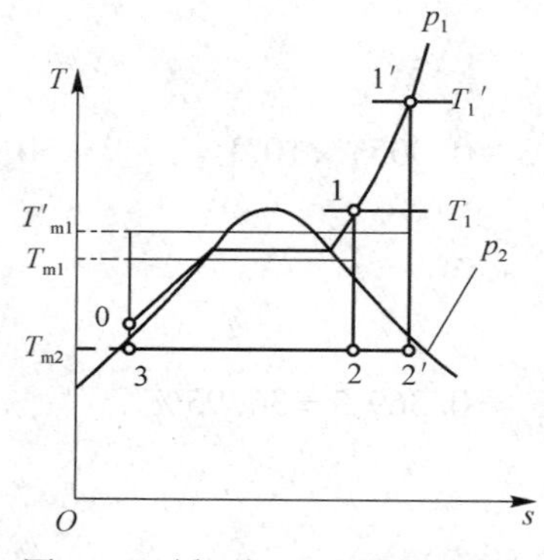

图 11-6　循环初温对循环的影响

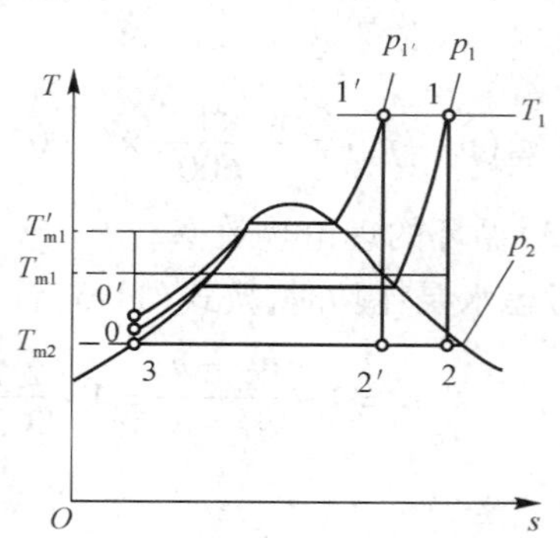

图 11-7　循环初压对循环的影响

需要注意的是，虽然提高蒸汽的初压能提高兰金循环的热效率，但是，如果单独提高初压会使膨胀终了时乏汽的湿度增大，如图 11-7 中 $2'$点的湿度大于 2 点的湿度。乏汽湿度过大，不仅影响蒸汽轮机最末几级的工作效率，而且危及安全。为此，现代大型蒸汽动力装置除了采用疏水和蒸汽轮机最末几级动叶进汽边背弧硬化处理外，均对湿度加以限制。大型凝汽式机组湿度为 0.09 ~ 0.10，调节抽汽式机组湿度为 0.14 ~ 0.18。由于提高初温可降低膨胀终了时乏汽的湿度，如图 11-6 中 $2'$点的湿度小于 2 点的湿度，所以，蒸汽的初温和初压一般都是同时提高的，这样既可避免单独提高初压带来的乏汽湿度增大的问题，又可使循环热效率的增长更为显著。提高蒸汽的初温和初压一直是蒸汽动力装置的发展方向，现代大型超超临界蒸汽动力装置的蒸汽初温达 650 ℃，初压达 35 MPa 甚至更高。

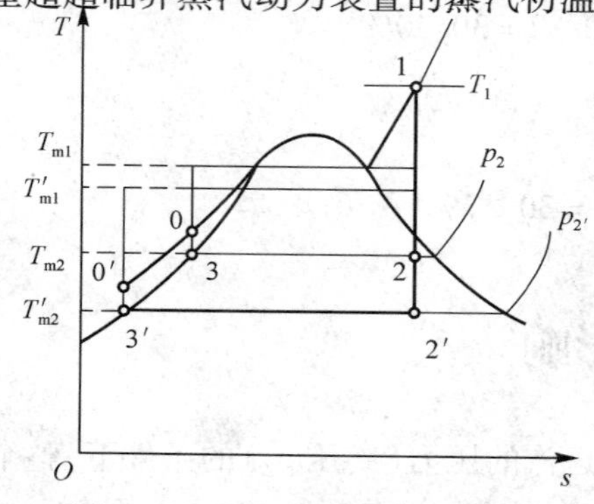

图 11-8　乏汽压力对循环的影响

再来分析乏汽压力对兰金循环热效率的影响。假定新汽温度和压力分别保持为 T_1 和 p_1 不变，将乏汽压力由 p_2 降低到 $p_{2'}$（如图 11-8 所示），循环的平均放热温度显著降低了（$T'_{m2} < T_{m2}$），而平均吸热温度 T_{m1} 降低很少，因此随着乏汽压力的降低，兰金循环的热效率有显著的提高。但是由于乏汽是饱和的，乏汽压力受对应的饱和温度的限制，而乏汽温度充其量也只能降低到和天然冷源（如大气、海水、河水等）相同的温度，因此乏汽压力的降低也是有限度的，不能无限降低。目前，大型蒸汽动力装置中蒸汽轮机

的乏汽压力 $p_2 \approx 0.004$ MPa（因为相应的饱和温度为29 ℃），这可以说是已经到了下限。

任务11.2　蒸汽再热循环和抽汽回热循环

11.2.1　蒸汽再热循环

采用蒸汽再热循环也是提高热效率的一个有效措施。图11-9为一个采用（一次）再热循环的蒸汽动力装置。过热水蒸气在蒸汽轮机中不是一次性膨胀到最低压力，而是先膨胀到某个中间压力（称为再热压力），离开蒸汽轮机到锅炉再热器中再次加热，然后到第二段蒸汽轮机中继续膨胀。其他过程如同基本兰金循环。图11-10为蒸汽再热循环的温熵图。只要再热参数（$p_{1'}$，$T_{1'}$）选择得合理，再热循环（循环0→1→a→1′→2′→3→0）的热效率就会比兰金循环（循环0→1→2→3→0）的热效率高，因为图11-10中再热循环的平均吸热温度高于兰金循环的平均吸热温度，即 $T'_{m1} > T_{m1}$，而二者的平均放热温度是相同的。采用再热循环还可以显著地降低乏汽的湿度（2′点的湿度小于2点的湿度）。目前大型蒸汽动力装置几乎都采用再热循环，甚至采用二次再热循环。

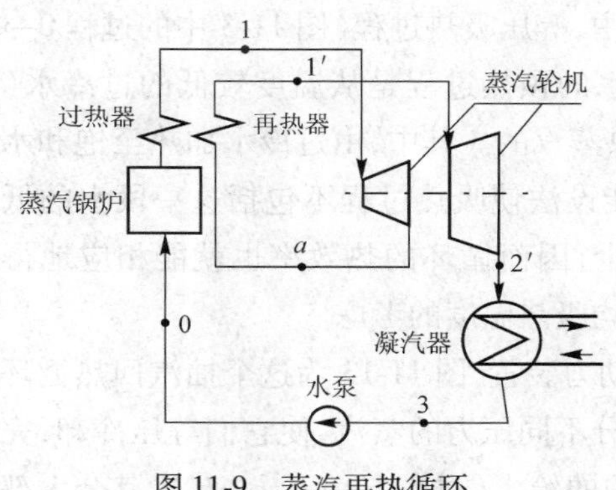

图11-9　蒸汽再热循环

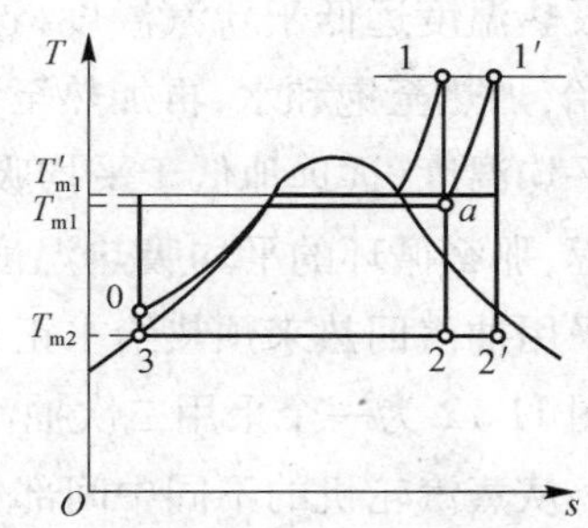

图11-10　蒸汽再热循环的温熵图

再热循环热效率的计算式为

$$\eta_{t,z} = 1 - \frac{q_2}{q_1} = 1 - \frac{h_{2'} - h_3}{(h_1 - h_0) + (h_{1'} - h_a)} \tag{11-10}$$

蒸汽再热的温度 $T_{1'}$一般与新汽的温度 T_1相同，而再热压力 p_a在初压 p_1和终压 p_2之间变化。如图11-11所示，如何选择再热压力才会使再热循环的热效率高于未再热循环呢？从热力学的角度分析，前段蒸汽轮机排汽状态 a（其压力为再热压力 p_a）应落在基本循环的平均吸热温度（T_{m1}）线上。这样，因采取再热措施而形成的附加循环（循环a→1′→2′→2→a）的吸热温度（吸热过程 a→1′）高于平均吸热温度（T_{m1}）。若采用更高的再热压力 $p_{a'}$，则附加循环(循环 $a'\to b'\to c'\to 2\to a'$)虽然吸热温度较高,但循环比功(膨胀过程$1\to a'$)较小,未充分发挥再热的潜力,对整个循环热效率的增益也较小。若采用较低的再热压力 $p_{a''}$,则附加循环(循环 $a''\to b''\to c''\to 2\to a''$)中开始吸热时的温度低于平均吸热温度(再热压力 $p_{a''}$过低时,甚至会导致再热过程 $a''\to b''$的平均吸热温度低于基本循环的平均吸热温度 T_{m1}),这会减弱再热对整个循环热效率的增益。所以说,前段蒸汽轮机的排汽状态 a 应落在基本循环的平均吸热温度线上(或 T_{m1} 附近),这对循环热效率的提高最为有利。考虑到压力越低,再热管道越显粗大,权衡利弊,将再热压力选得比热力学意义上的最佳值稍高些,应更为有利。实际工程上的最佳再热压力的确定是通过热力计算和技术经济分析确定的。

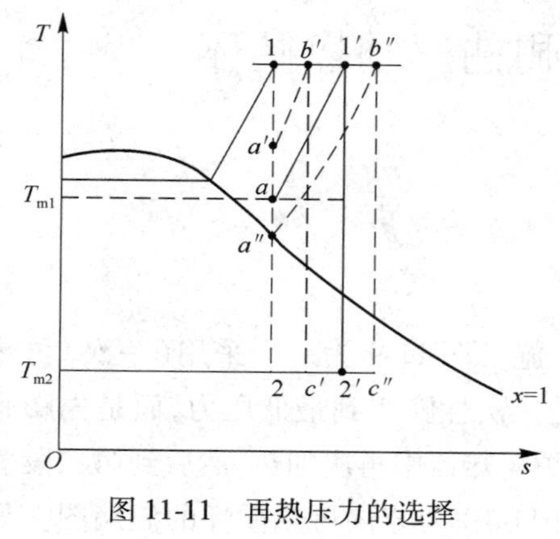

图 11-11　再热压力的选择

11.2.2　抽汽回热循环

从卡诺定理对热机的指导原则可知,在循环平均放热温度不变的情况下,提高热效率的关键是提高循环的平均吸热温度。在兰金循环中,等压吸热过程(图 11-3 中的过程 $0\to1$)的平均吸热温度远低于新汽温度,这主要是由于水的预热过程是从温度较低的过冷水(状态0)开始,加热至饱和水,再加热至饱和蒸汽、过热蒸汽的。其中,由过冷水加热至饱和水这一段的平均温度,远远地低于平均吸热温度。如能设法使吸热过程不包括这一段水的低温预热过程,那么循环的平均吸热温度将会提高不少,因而循环的热效率也就能相应地得到提高。采用抽汽回热来预热给水正是出于提高平均吸热温度的考虑。

图 11-12 为一个采用二次抽汽回热的蒸汽动力装置,图 11-13 为这个抽汽回热循环的温熵图。从蒸汽轮机的不同中间部位抽出一小部分不同压力的蒸汽,使它们等压冷却,完全凝结(过程 $a\to a'$,$b\to b'$)放出的热量用来预热锅炉的给水(过程 $b''\to a'$,$c\to b'$),其余大部分蒸汽在蒸汽轮机中继续膨胀做功。这时,蒸汽锅炉中的吸热过程变为 $a''\to1$,这使工质在锅炉中吸热的平均温度提高了,从而提高了循环热效率。抽汽回热循环是提高蒸汽动力装置热效率的切实可行和行之有效的方法,几乎所有火力发电厂中的蒸汽动力装置都采用这种抽汽回热循环。抽汽次数少则三四次,多则七八次,甚至高达十次。

抽汽量可按质量守恒和能量平衡方程确定。

假定进入蒸汽轮机的水蒸气量为 1 kg,第一、第二次抽汽率分别为 α_1,α_2,不考虑散热损失时有

$$\alpha_1(h_a - h_{a'}) = (1-\alpha_1)(h_{a'} - h_{b''})$$

$$\alpha_2(h_b - h_{b'}) = (1-\alpha_1-\alpha_2)(h_{b'} - h_c)$$

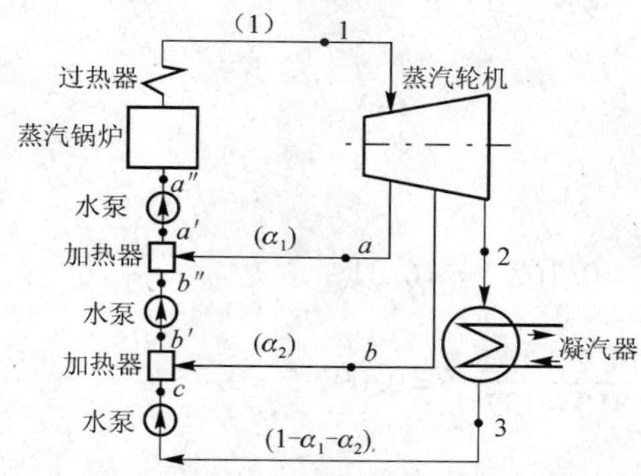

图 11-12　采用二次抽汽回热的蒸汽动力装置

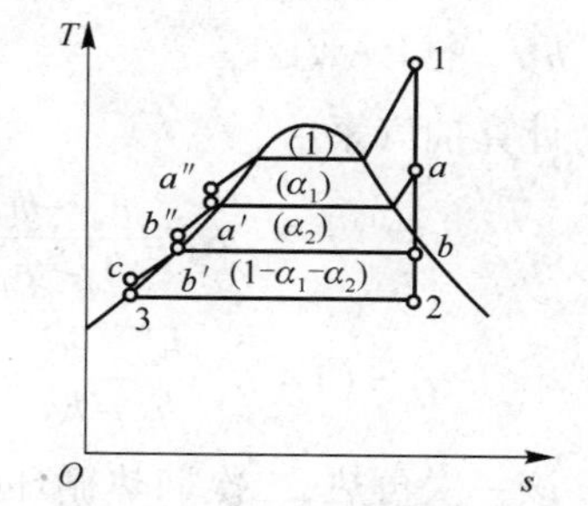

图 11-13　二次抽汽回热循环的温熵图

可以解得

$$\begin{cases} \alpha_1 = \dfrac{h_{a'} - h_{b''}}{h_a - h_{b''}} \\ \alpha_2 = (1 - \alpha_1)\dfrac{h_{b'} - h_c}{h_b - h_c} \end{cases} \tag{11-11}$$

所以,这个回热循环的热效率为

$$\eta_{t,h} = 1 - \frac{q_2}{q_1} = 1 - \frac{(1 - \alpha_1 - \alpha_2)(h_2 - h_3)}{h_1 - h_{a''}} \tag{11-12}$$

式(11-11)和式(11-12)中各状态点的比焓值可以根据给定的条件从水蒸气图表中查得。

多级抽汽回热时,各级的抽汽压力如何确定才对提高循环热效率最有利,这是一个值得探讨的问题。目前虽有不同的确定方法(如焓降分配法、等焓差分配法、等温升分配法、等温比分配法等),但所得结果也并非相差甚远,特别是当回热级数较多时更是如此。有的学者认为从凝汽器出口温度到锅炉给水温度之间,按最简单的等温升分配法分配各级回热之温升(每一级回热器中水的预热温升相同)即可获得接近最佳的效果。

例 11-2　某回热并再热的蒸汽动力循环的焓熵图如图 11-14 所示。已知初压 p_1 = 10 MPa,初温 t_1 = 500 ℃;第一次抽汽压力,亦即再热压力 $p_a = p_{1'}$ = 1.5 MPa,再热温度 $t_{1'} = t_1$;第二次抽汽压力 p_b = 0.13 MPa;终压 p_2 = 0.005 MPa。试求该循环的理论热效率。它比相同参数的兰金循环(循环 0→1→2→3→0)的理论热效率提高了多少?

解:查水的焓熵图和热力性质表,得各状态点的比焓、比熵值为

h_1 = 3 376 kJ/kg, s_1 = 6.595 kJ/(kg·K)

$h_{1'}$ = 3 475 kJ/kg, $s_{1'}$ = 7.565 kJ/(kg·K)

h_a = 2 866 kJ/kg, h_b = 2 810 kJ/kg

$h_{2'}$ = 2 308 kJ/kg, h_2 = 2 008 kJ/kg

h_3 = 137.75 kJ/kg, h_c = 137.8 kJ/kg

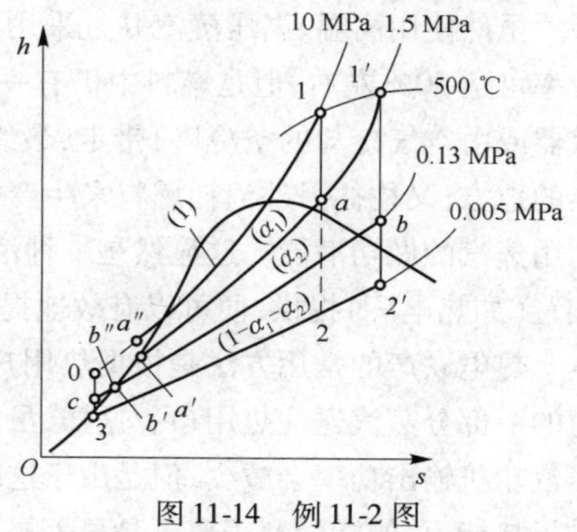

图 11-14　例 11-2 图

$h_0 = 147.7\ \text{kJ/kg}, h_{b'} = 449.2\ \text{kJ/kg}$

$h_{b''} = 450.6\ \text{kJ/kg}, h_{a'} = 844.55\ \text{kJ/kg}$

$h_{a''} = 854.6\ \text{kJ/kg}$

计算抽汽率

$$\alpha_1 = \frac{h_{a'} - h_{b''}}{h_a - h_{b''}} = \frac{844.55 - 450.6}{2\ 866 - 450.6} = 0.163\ 1 = 16.31\%$$

$$\alpha_2 = (1 - \alpha_1)\frac{h_{b'} - h_c}{h_b - h_c} = (1 - 0.163\ 1) \times \frac{449.2 - 137.8}{2\ 810 - 137.8} = 0.097\ 5 = 9.75\%$$

该一次再热、二次回热循环的理论热效率为

$$\eta_{\text{t,z,h}} = 1 - \frac{Q_2}{Q_1} = 1 - \frac{(1 - \alpha_1 - \alpha_2)(h_{2'} - h_3)}{(h_1 - h_{a''}) + (1 - \alpha_1)(h_{1'} - h_a)}$$

$$= 1 - \frac{(1 - 0.163\ 1 - 0.097\ 5) \times (2\ 308 - 137.75)}{(3\ 376 - 854.55) + (1 - 0.163\ 1) \times (3\ 475 - 2\ 866)}$$

$$= 0.470\ 6 = 47.06\%$$

相同参数的兰金循环（循环 3→0→1→2→3）的理论热效率为

$$\eta_{\text{t}} = 1 - \frac{q_2}{q_1} = 1 - \frac{h_2 - h_3}{h_1 - h_0}$$

$$= 1 - \frac{2\ 008 - 137.75}{3\ 376 - 147.7} = 0.420\ 7 = 42.07\%$$

热效率提高的百分比为

$$\frac{\Delta\eta_{\text{t}}}{\eta_{\text{t}}} = \frac{0.470\ 6 - 0.420\ 7}{0.420\ 7} = 0.118\ 6 = 11.86\%$$

任务 11.3　热电联产循环

虽然使用高温、高压蒸汽并且采用再热、回热等措施的现代大型蒸汽动力装置，其发电效率可达 50% 左右，但是燃料中仍有一半能量作为废热由冷却装置（如由冷却水冷却的凝汽器或由空气冷却的空冷塔）带走，最终排向大气而损失掉了。另外，生产和生活中需要用热的地方，又往往另外消耗燃料来生产中低压力和温度的蒸汽或热水直接供给用户，而没有利用蒸汽的做功潜能。这显然是一种浪费。如果设法将热和电的需要集中由大型蒸汽动力装置（如热电厂）提供，便可以有效地提高燃料能量的利用率，这就是热电联产的概念。

热电联产的常用方法是根据热用户的要求，从蒸汽轮机的中间部位抽出所需温度和压力的一部分蒸汽送往热用户。这样，虽然流经蒸汽轮机抽汽口后面的蒸汽流量将减少，因而蒸汽轮机输出功率会减少，但是由于这时的蒸汽动力装置（如热电厂）不仅提供了电力，还提供了热能，总的能量利用率还是显著提高了。

传统上,热电联产通常采用背压式机组和调节式机组两种方式。对于具有相当规模和稳定需求的热用户,可以采用背压式蒸汽轮机,即蒸汽在蒸汽轮机中不是一直膨胀到接近环境温度,而是膨胀到某一较高的压力和温度(例如对于采暖用热,可将蒸汽轮机背压设计为 0.12 MPa 左右,相应的饱和温度为 105 ℃左右),然后将蒸汽轮机全部排汽直接提供给热用户。背压式热电联产循环示意图如图 11-15 所示,图 11-16 为该循环的温熵图。

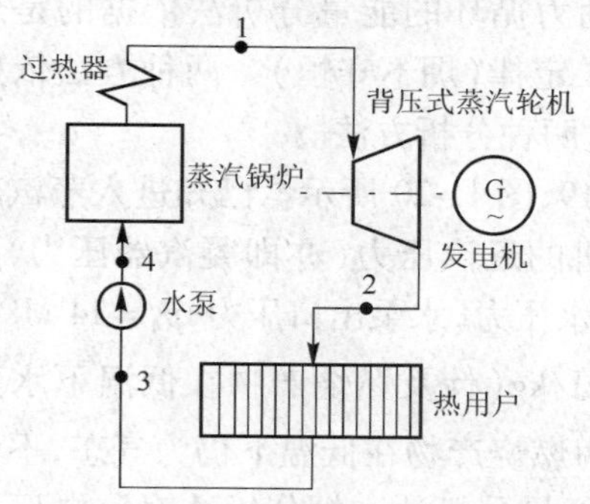

图 11-15　背压式热电联产循环示意图

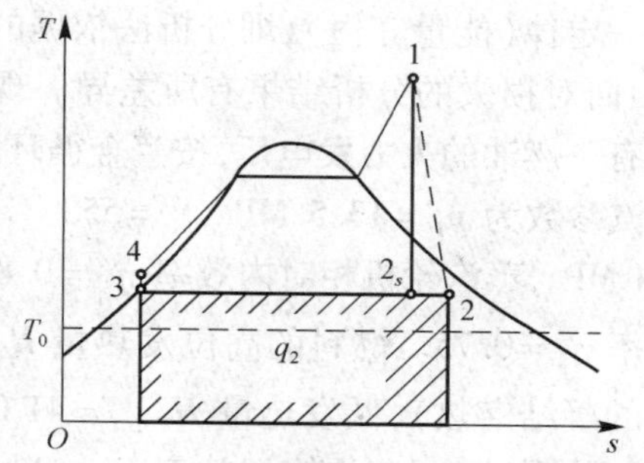

图 11-16　背压式热电联产循环的温熵图

背压式蒸汽轮机的优点是能量利用率高,理论上蒸汽能量的利用率可达 100%,在考虑到蒸汽轮机膨胀过程是不可逆的情况下也是如此,这时能量利用率为

$$\xi=\frac{\text{发电能量}+\text{供热能量}}{\text{蒸汽从锅炉中获得的能量}}=\frac{w_0+q_2}{q_1} \tag{11-13}$$

由于式(11-13)中未计锅炉的热损失及供热管道等其他损失,因此实际的燃料能量利用率约为 70%。因机械能(电能)和热能在能质上是有本质差别的,在热电循环中,热效率 η_t 仍然是一个重要的经济指标。η_t 中未考虑低温热能的利用,ξ 中又未能区分电能和热能间的差异,二者各有侧重又各有其片面性。

对于背压式热电联产,其电产量和热产量的比例不能调节,在用热不足时,发电也受限制,从而使得机组不能发挥应有的效能。调节式热电联产可以克服这个缺点,它可以根据热用户在不同时期电热需求的变化灵活地调节输出的电能和热能。当采用这种方式时,热用户对热能需求的变动对电能产量的影响较小,且此时的热效率较背压式热电联产机组的高。调节式热电联产循环示意图如图 11-17 所示,图 11-18 为该循环的温熵图。

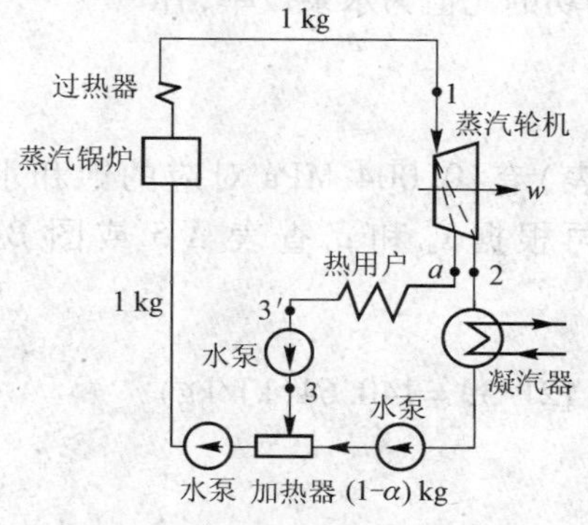

图 11-17　调节式热电联产循环示意图

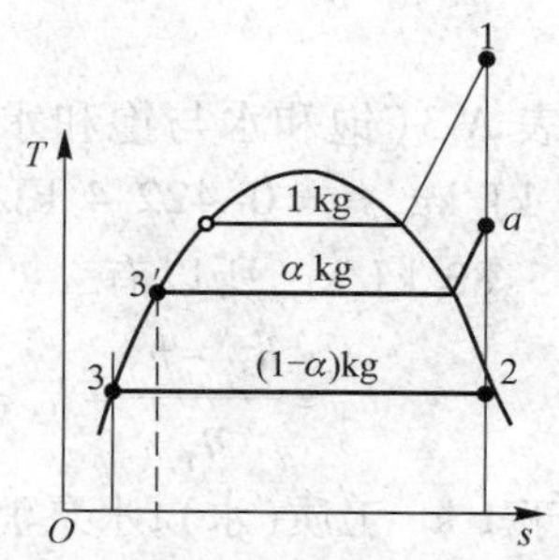

图 11-18　调节式热电联产循环的温熵图

任务 11.4 实际蒸汽动力循环的能量分析

实际的蒸汽动力循环必然存在各种能量损失和㶲损失，对其进行的分析包括能量数量分析及能量质量分析，分别称为能量分析和㶲分析。动力循环的能量分析法依据的是热力学第一定律（能量守恒），㶲分析法依据的是热力学第二定律（㶲不守恒）。两种方法依据不同，因而对损失的分析结果有所差异。现举例来说明这两种分析方法。

有一燃油的火力发电厂，按兰金循环工作，如图 11-19、图 11-20 所示。已知进入蒸汽轮机的新汽参数为 $p_1 = 13.5$ MPa，$t_1 = 550$ ℃，流出蒸汽轮机的乏汽压力（亦即凝汽器压力）$p_2 = 0.004$ MPa，蒸汽轮机相对内效率 $\eta_{ri} = 0.88$，蒸汽锅炉给水压力（水泵出口压力）$p_4 = 14$ MPa，水泵效率 $\eta_P = 0.75$。燃料的高位发热量 $H_{V,H,f} = 43\ 200$ kJ/kg（计及燃烧产物在低温下水蒸气放出的凝结潜热），低发热量 $H_{V,L,f} = 41\ 000$ kJ/kg（认为燃烧产物在低温下仍为气态，不考虑水蒸气的凝结）。蒸汽锅炉效率 $\eta_B = 0.90$。下面使用能量分析法和㶲分析法对该电厂进行分析。

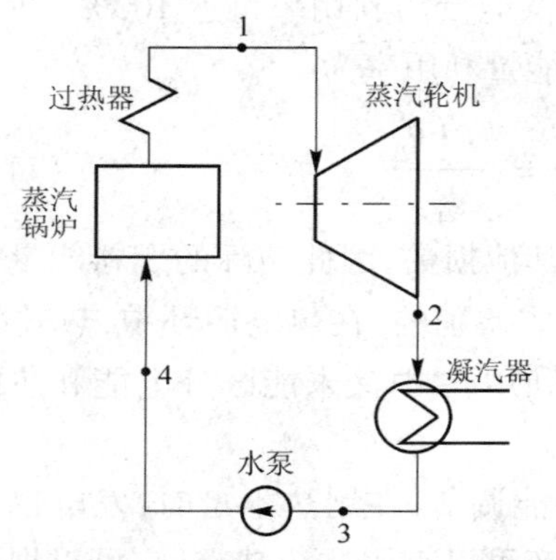

图 11-19 火力发电厂的兰金循环示意图

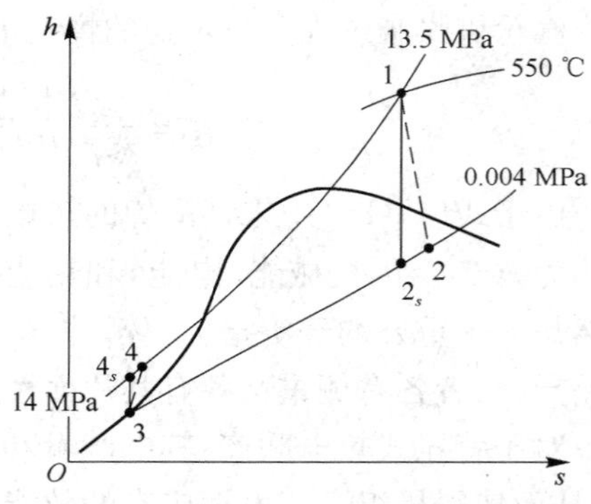

图 11-20 火力发电厂的兰金循环焓熵图

1. 能量分析法

1）水泵

水泵理论上（等熵时）消耗的功与实际上消耗的功的比值为水泵效率，有

$$\eta_P = \frac{h_{4_s} - h_3}{h_4 - h_3}$$

查表 A-3（饱和水与饱和水蒸气的热力性质表）有：0.004 MPa 对应的饱和水 $h_3 = 121.39$ kJ/kg，$s_3 = 0.422\ 4$ kJ/(kg·K) $= s_{4_s}$。再根据 s_{4_s} 和 p_1 查表 A-5 或图 B-9 有：$h_{4_s} = 135.83$ kJ/kg，所以有

$$h_4 = \frac{h_{4_s} - h_3}{\eta_P} + h_3 = \frac{135.83 - 121.39}{0.75} + 121.39 = 140.64 (\text{kJ/kg})$$

对于 1 kg 工质（水），水泵消耗功为

$$w_P = h_4 - h_3 = 140.64 - 121.39 = 19.25 (\text{kJ/kg})$$

对于 1 kg 燃料（m 为 1 kg 燃料产生的蒸汽量，见下面的计算），水泵消耗功为

$$W_P = mw_P = 11.103\,7 \times 19.25 = 213.75(\text{kJ/kg})$$

由于水泵中进行的是绝热过程，没有热量散失，所以水泵热损失为

$$Q_{L,P} = 0$$

2）蒸汽锅炉

按习惯，蒸汽锅炉效率是指每燃烧 1 kg 燃料蒸汽获得的能量与燃料低位发热量之比。设每消耗 1 kg 燃料可产生 m kg 的新汽，则蒸汽锅炉效率为

$$\eta_B = 0.90 = \frac{m(h_1 - h_4)}{H_{V,L,f}}$$

由于过程 4→1 为无技术功的过程，即使水吸热过程有压力降，吸热量仍然为焓增。另外，根据新汽参数 $p_1 = 13.5$ MPa，$t_1 = 550$ ℃查表 A-4 得 $h_1 = 3\,463.9$ kJ/kg，$s_1 = 6.5827$ kJ/(kg · K)。所以有

$$m = \frac{H_{V,L,f}\eta_B}{h_1 - h_4} = \frac{41\,000 \times 0.9}{3\,463.9 - 140.64} = 11.103\,6(\text{kg})$$

消耗 1 kg 燃料产生 11.103 6 kg 的蒸汽，这些蒸汽所吸收的热量为

$$Q_1 = m(h_1 - h_4) = 11.103\,6 \times (3\,463.9 - 140.64) = 36\,900.1(\text{kJ/kg})$$

蒸汽锅炉由于排出温度较高的烟气、不完全燃烧及炉体散热等因素造成的热损失总计为

$$Q_{L,B,f} = H_{V,L,f}(1 - \eta_B) = 41\,000 \times (1 - 0.9) = 4\,100(\text{kJ/kg})$$

其占燃料低发热量的百分比为

$$\frac{Q_{L,B,f}}{H_{V,L,f}} = \frac{4\,100}{41\,000} = 10\%$$

3）蒸汽轮机

蒸汽轮机相对内效率为

$$\eta_{ri} = \frac{h_1 - h_2}{h_1 - h_{2_s}}$$

根据 s_1 和 p_2 查水的焓熵（h-s）图（见图 B-9）可得：$h_{2_s} = 1\,982.51$ kJ/kg，所以有

$$h_2 = h_1 - \eta_{ri}(h_1 - h_{2_s}) = 3\,463.9 - 0.88 \times (3\,463.9 - 1\,982.51) = 2\,160.28(\text{kJ/kg})$$

消耗 1 kg 燃料产生 11.103 7 kg 的蒸汽，这些蒸汽在蒸汽轮机中所做的功为

$$W_T = m(h_1 - h_2) = 11.103\,6 \times (3\,463.9 - 2\,160.28) = 14\,475.0(\text{kJ/kg})$$

由于蒸汽轮机中进行的是绝热过程，没有热量损失，所以蒸汽轮机热损失为

$$Q_{L,T} = 0$$

4）凝汽器

乏汽在凝汽器中放出的热量为

$$Q_2 = m(h_2 - h_3) = 11.103\,6 \times (2\,160.28 - 121.39) = 22\,639.0(\text{kJ/kg})$$

这些热量通过冷却水全部排放到大气中，成为热损失：

$$Q_{L,C,f} = Q_2 = 22\,639.0\ \text{kJ/kg}$$

其占燃料低发热量的百分比为

$$\frac{Q_{L,C,f}}{H_{V,L,f}}=\frac{22\ 639.0}{41\ 000}=55.22\%$$

按 1 kg 燃料计算，能量应该满足下式（能量平衡验算）：

燃料的低位发热量 = 热损失（水泵、蒸汽锅炉、蒸汽轮机、凝汽器）+ 净功（蒸汽轮机做功 − 水泵耗功）

其中，热损失为

$$Q_{L,P}+Q_{L,B,f}+Q_{L,T}+Q_{L,C,f}=0+4\ 100+0+22\ 639.0=26\ 739.0(\text{kJ/kg})$$

净功为

$$W_T-W_P=14\ 475-213.75=14\ 261.25(\text{kJ/kg})$$

即

$$(Q_{L,P}+Q_{L,B,f}+Q_{L,T}+Q_{L,C,f})+(W_T-W_P)=26\ 739.0+14\ 261.25=41\ 000.25(\text{kJ/kg})\approx H_{V,L,f}$$

即，能量是平衡的，说明计算结果正确。

以新汽的吸热量 Q_1 为 100%（包括锅炉的热损失在内），循环的热效率为

$$\eta_t=\frac{W_T-W_P}{Q_1}=\frac{14\ 261.25}{36\ 900.5}=38.648\%$$

若以燃料的低发热量 $H_{V,L,f}$ 为 100%（包括锅炉的热损失在内），则循环的热效率为

$$\eta_t'=\frac{W_T-W_P}{H_{V,L,f}}=\frac{14\ 261.25}{41\ 000}=34.78\%$$

计算表明，以燃料的低发热量为 100%，燃料的大部分能量损失（55.22%）发生在凝汽器中。

2. 㶲分析法

碳氢燃料的比㶲（$e_{x,U,f}$）与燃料的高发热量（$H_{V,H,f}$）很接近，对常用的燃料油，可以认为 $e_{x,U,f}\approx0.975H_{V,H,f}=42\ 120$ kJ/kg，这就是说，燃料中的化学能理论上（通过可逆的化学反应）绝大部分都能转化为有用功。然而，在实际的蒸汽动力装置中，燃料㶲在所有的过程都会有不可逆损失。分析这些损失在各个相关设备中的分布情况，对改进设备性能，减少㶲损，提高整个装置的效率具有重要的指导意义。

对上述发电厂从另一个角度进行分析，即㶲分析。设环境状态为：$p_0=0.1$ MPa，$T_0=293.15$ K（20 ℃）。

1）水泵

对于 1 kg 燃料，水泵的㶲损为

$$e_{L,P}=T_0m(s_4-s_3)$$

根据 $p_4=14$ MPa，$h_4=140.64$ kJ/kg 查表 A-4 得：$s_4=0.439\ 6$ kJ/kg，所以有

$$e_{L,P}=T_0m(s_4-s_3)=293.15\times11.103\ 6\times(0.439\ 6-0.422\ 439)=55.86(\text{kJ/kg})$$

以燃料比㶲（$e_{x,U,f}$）为 100%，得水泵的㶲损率为

$$\frac{e_{L,P}}{e_{x,U,f}}=\frac{e_{L,P}}{0.975H_{V,H,f}}=\frac{55.86}{0.975\times43\ 200}=0.133\%$$

2）蒸汽锅炉

蒸汽锅炉的㶲损为

$$e_{L,B}=e_{x,U,f}-m(e_{x1}-e_{x4})=e_{x,U,f}-m[(h_1-h_4)-T_0(s_1-s_4)]$$

即

$$e_{L,B}=e_{x,U,f}-m[(h_1-h_4)-T_0(s_1-s_4)]$$
$$=42\ 120-11.103\ 6\times[(3\ 463.9-140.64)-293.15\times(6.582\ 7-0.439\ 6)]$$
$$=25\ 215.77(kJ/kg)$$

蒸汽锅炉的㶲损率为

$$\frac{e_{L,B}}{e_{x,U,f}}=\frac{25\ 215.77}{42\ 120}=59.87\%$$

蒸汽锅炉的㶲损高达燃料㶲的一半以上，这主要是由于燃烧是一个强烈的不可逆过程，同时蒸汽锅炉中的火焰、烟气与水和蒸汽之间的传热温差很大，往往高达几百甚至上千摄氏度。提高蒸汽的温度虽然可以减少传热的不可逆㶲损，但又受到材料耐压、耐热性能的限制。蒸汽锅炉的排烟温度较高，直接将烟气中的可用能(㶲)排放到大气中未加利用也造成蒸汽锅炉的㶲损，然而降低排烟温度也受到多种因素的制约。蒸汽锅炉中的其他㶲损，如不完全燃烧、炉体散失、管道阻力、阀门节流等造成的㶲损相对较小。

3)蒸汽轮机

蒸汽轮机的㶲损为

$$e_{L,T}=T_0m(s_1-s_2)$$

根据 $p_2=0.004$ MPa，$h_2=2\ 160.28$ kJ/kg 查表 A-4 得：$s_2=7.171\ 1$ kJ/kg，所以有

$$e_{L,T}=T_0m(s_2-s_1)$$
$$=293.15\times11.103\ 6\times(7.171\ 1-6.582\ 7)=1\ 915.25(kJ/kg)$$

蒸汽轮机的㶲损率为

$$\frac{e_{L,T}}{e_{x,U,f}}=\frac{1\ 915.25}{42\ 120}=4.547\%$$

4)凝汽器

凝汽器的㶲损为

$$e_{L,C}=m(e_{x2}-e_{x3})=m[(h_2-h_3)-T_0(s_2-s_3)]$$
$$=11.103\ 6\times[(2\ 160.28-121.39)-293.15\times(7.171\ 1-0.422\ 439)]$$
$$=672.0(kJ/kg)$$

凝汽器的㶲损率为

$$\frac{e_{L,C}}{e_{x,U,f}}=\frac{672.0}{42\ 120}=1.595\%$$

对于 1 kg 燃料，装置输出的功(可用能)与燃料㶲的比值称为循环的㶲效率，即

$$\eta_{ex}=\frac{W_T-W_P}{e_{x,U,f}}=\frac{14\ 261.25}{42\ 120}=33.859\%$$

按 1 kg 燃料计算，㶲应该满足下式(㶲平衡验算)：

1 kg 燃料的㶲 = 㶲损失(水泵、蒸汽锅炉、蒸汽轮机、凝汽器) + 净功(蒸汽轮机做功 - 水泵耗功)

其中，㶲损失为

$$\sum e_L = e_{L,P} + e_{L,B} + e_{L,T} + e_{L,C} = 55.86 + 25\ 215.61 + 1\ 915.27 + 672.0 = 27\ 858.74(\mathrm{kJ/kg})$$

净功为

$$W_0 = W_T - W_P = 14\ 475 - 213.75 = 14\ 261.25(\mathrm{kJ/kg})$$

即

$$\sum e_L + W_0 = 27\ 858.74 + 14\ 261.25 = 42\ 120(\mathrm{kJ/kg}) \approx H_{V,L,f}$$

即,㶲是平衡的,说明计算结果正确。

计算表明,以 1 kg 燃料的㶲为 100%,燃料的大部分㶲损失(59.87%)发生在蒸汽锅炉中。

将能量分析和㶲分析的各项计算结果列在表 11-1 中进行对照比较。表 11-1 中的数据清楚地显示:能量平衡中的最大损失发生在凝汽器,㶲平衡中的最大损失发生在蒸汽锅炉,二者均超过 50%。应该说,㶲分析的结果更合理,更具指导意义。要提高从燃料化学能到可用功的能量转换效率,不可能从减少凝汽器的排热中找到出路(凝汽器排热中的绝大部分,从理论上来说是必须的),而应从减少蒸汽锅炉燃烧、传热、排烟等的㶲损中和所有实际设备都存在的㶲损中找出路(任何㶲损在理论上都可以避免)。

表 11-1　能量分析和㶲分析对比(1 kg 燃料)

	能量分析法		㶲分析法	
	数值/(kJ/kg)	占燃料低位发热量的比例/%	数值/(kJ/kg)	占燃料㶲的比例/%
水泵损失	0.00	0.00%	55.86	0.133%
蒸汽锅炉损失	4 100.00	10.00%	25 215.77	59.87%
蒸汽轮机损失	0.00	0.00%	1 915.25	4.547%
凝汽器损失	22 639.0	55.22%	672.0	1.595%
装置输出净功	14 261.25	34.78%	14 261.25	33.859%
合计	41 000.25	100%	42 120	100%

从表 11-1 可以获得如下事实。

(1)从能量平衡角度看,蒸汽锅炉效率高达 90%,排烟、散热等热损失仅占 10%,似乎已经非常完善。但是,从㶲平衡的角度看,以燃料㶲为 100%,蒸汽锅炉内的㶲损失却达到 59.87%,原因主要是烟气与水和水蒸气之间存在相当大的传热温差,燃料化学㶲的一半以上在锅炉中损失了,其中的燃烧过程中的㶲损失占多数。改进的方法是避免目前的通过燃烧把燃料的化学能转变为热能的常规路线,改为采用新型能量转换技术,如采用燃料电池,实现化学能至电能的直接转换,而不采用目前的转换过程:化学能→热能→机械能→电能,因为每一个能量转换过程必然产生或多或少的㶲损失。然而,目前燃料电池尚不能大规模积极地实现化学能向电能的直接转换,还需要借助燃烧把化学能转变为热能后再加以利用。因此,设法提高水蒸气的最高温度和工质平均吸热温度,减小烟气与工质之间的平均传热温差是减少蒸汽锅炉内㶲损失的主要途径。

(2)凝汽器中乏汽放给冷却水的热量很多,表 11-1 中这部分热量占到了燃料低位热值的55.22%,但是凝汽器中的㶲损失却仅占燃料㶲的 1.595%,其中的主要原因是,乏汽压力

(凝汽器中的压力)很低,使乏汽温度与环境温度差别很小,因此乏汽排热中的可用能很小。但是,维持凝汽器内高真空需要花费代价(上述计算中未考虑),同时过低的压力将使乏汽与冷却水(空气)温差过小,导致凝汽器传热面积过大,使设备投资大幅增加。因此,也不宜追求过低的凝汽器压力来减小凝汽器中的㶲损。

(3)蒸汽轮机内部膨胀过程的不可逆性引起的㶲损失为 4.547%,而其热损失为零。提高蒸汽轮机的内效率可减少蒸汽轮机的㶲损失。

从表面上看,对于采用兰金循环的简单蒸汽动力装置,其能量损失最大的设备是凝汽器,然而实际上蒸汽锅炉中的不可逆过程造成的不可逆损失才是最严重的,正是蒸汽锅炉中严重的不可逆导致了大量冷源损失。

任务 11.5　双工质动力循环

11.5.1　双工质动力循环概述和循环充满度

现代的燃气轮机装置循环最高温度可达 1 900 ℃,排气温度也高约 600 ℃,循环热效率仅为 30%,它与相同最高温度和环境温度(设为 20 ℃)范围内的卡诺循环的热效率之比(如图 11-21 所示)为

$$\frac{\eta_t}{\eta_{t,C}}=\frac{0.3}{1-\frac{293}{1\ 573}}=0.368\ 7$$

现代蒸汽动力循环的最高温度接近 600 ℃,排气温度约为 30 ℃,循环热效率约为 40%。该循环热效率与相同最高温度与环境温度(设为 20 ℃)范围内的卡诺循环的热效率之比(如图 11-22 所示)为

$$\frac{\eta_t}{\eta_{t,C}}=\frac{0.4}{1-\frac{293}{873}}=0.602\ 1$$

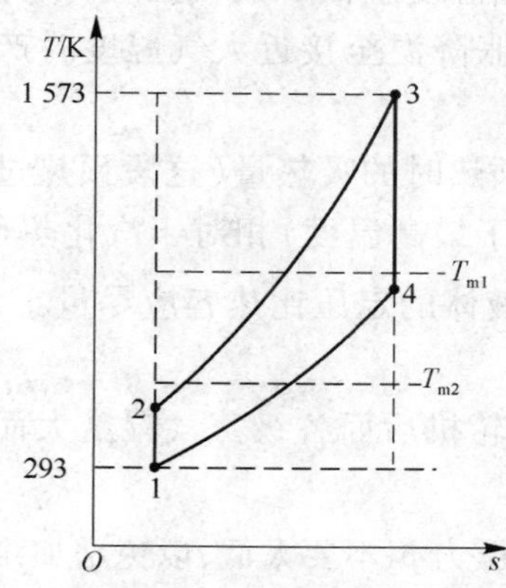

图 11-21　燃气轮机循环与卡诺循环的温熵图

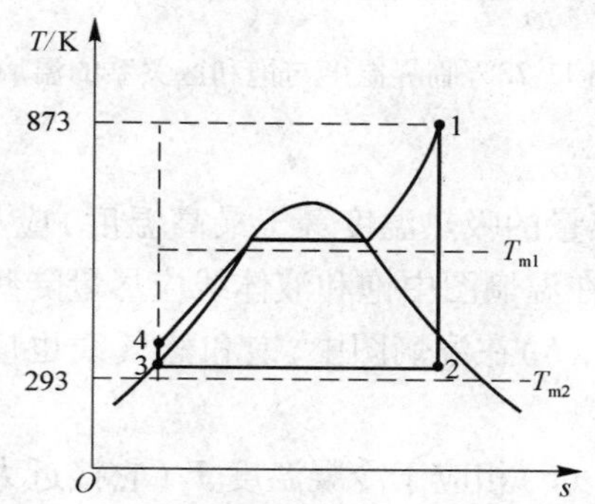

图 11-22　兰金循环与卡诺循环的温熵图

上述的循环热效率与相同温度范围内卡诺循环热效率之比称为充满度,意即该循环在温熵图中与矩形的卡诺循环相比时的饱满程度。

动力循环热效率的高低完全取决于平均吸热温度 T_{m1} 和平均放热温度 T_{m2}。平均吸热温度越高,平均放热温度越低,则循环热效率越高。燃气轮机装置的平均吸热温度虽较高,但平均放热温度也高,所以循环热效率不高。蒸汽动力循环的平均吸热温度虽不是很高,但平均放热温度很低(接近环境温度),所以其循环热效率显著高于燃气轮机装置的循环热效率。但从循环的充满度来说,二者均远小于1。如何提高循环的充满度而使之更接近相同温度范围内的卡诺循环的热效率呢?能否将不同循环结合起来,取长补短,达到更佳效果呢?这就是接下来要讨论的问题。

11.5.2　工质性质对循环热效率的影响

蒸汽动力循环的热效率比燃气轮机装置循环高的主要原因是它具有接近环境温度的等温放热过程。因为在饱和区内,等温放热即等压放热,而等压放热(或吸热)过程(无技术功的换热过程)可以通过换热器方便地实现。燃气因不处于饱和区内,只能实现等压吸热或放热过程,很难实现等温过程。蒸汽动力循环的等压吸热过程只有汽化过程这一段处于饱和区内,因而同时也是等温的,但温度仍不高,无法与卡诺循环的最高吸热温度相比。这些都是工质的热力性质决定的。那么动力循环中的工质应具备哪些特性才能保证循环的高效率而同时在技术上又可行呢?

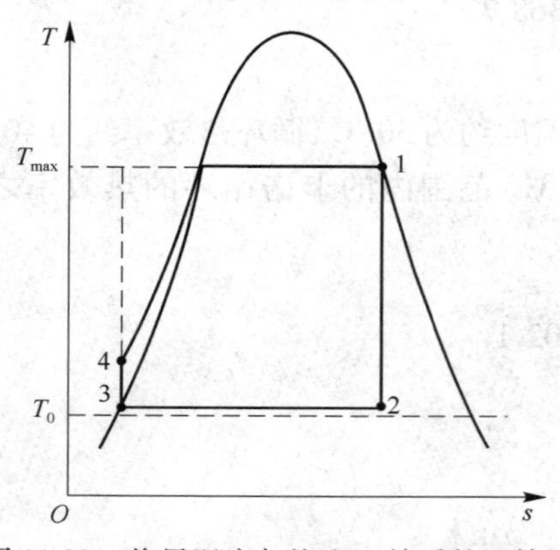

图 11-23　临界温度与饱和区关系的温熵图

理想的动力循环工质应具备下列主要特性:

(1)工质的临界温度必须远超过材料容许的蒸气最高温度 T_{max},以便在饱和区内实现等温(亦即等压)的吸热和放热过程(如图 11-23 所示);

(2)相应于新饱和蒸气温度 T_1(材料容许的最高温度)的最高压力不要太高,汽化热则应尽可能大些,以便更有效地吸热;

(3)三相点温度应低于大气温度,以免工质在涡轮机中膨胀降温至接近大气温度时产生固态物质;

(4)液体预热时的吸热量(这段预热过程的吸热温度远低于最高温度)相对于汽化热(这部分热量的吸热温度等于最高温度)应尽量小,也就是说,液体的定压比热容应尽量小,或者说,在温熵图中饱和液体线应尽量陡些;

(5)在温熵图中,饱和蒸气线也应尽量陡些,以免涡轮机后面各级蒸气湿度大而损害叶片;

(6)相应于冷凝温度 T_2(它接近大气温度 T_0)的饱和压力 p_2 不要太低,以免增加维持冷凝器内高真空度的困难及由于比体积太大造成涡轮机后面几级的叶片及排气管道的尺寸过大；

(7)工质应满足化学稳定性好、无毒、不腐蚀金属、来源充足、价格便宜等特点。

然而,目前还没有找到这样的工质。水蒸气的临界温度太低,无法实现高温下的等温(等压)加热,但水蒸气在接近大气温度时的饱和压力还不算很低。汞和钾都具有很高的临界温度,便于实现高温下的等温(等压)吸热,但在接近大气温度时,汞和钾的饱和压力极低,钾在这样的温度下则已凝固。鉴于水和汞及钾在性质上的互补性(水适宜在低温段工作,汞和钾适宜在高温段工作),有人提出了汞-水双蒸气循环或钾-水双蒸气循环。

11.5.3　双蒸气循环

蒸汽动力循环的主要缺点是水在预热和汽化时平均吸热温度不高,提高蒸汽的初温受到材料耐热性能的限制。若提高蒸汽的初压,则由于水的临界温度不高($t_c = 373.99$ ℃),即使初压超过临界压力($p_c = 22.064$ MPa),也不会带来多少效益,这时兰金循环曲线将接近一个三角形(如图11-24所示),而循环的充满度(或平均吸热温度)并无显著提高。

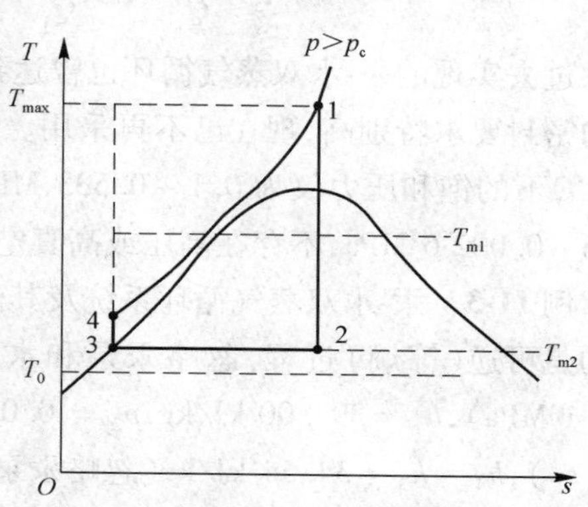

图11-24　超临界兰金循环的温熵图

用临界温度高的物质(如汞、钾等)进行顶循环,以水蒸气循环作为底循环,顶循环的放热通过换热器被底循环的水预热和汽化时所吸收,这样可收到很好的效果。图11-25和图11-26分别为钾-水双蒸气循环系统和相应的温熵图。

设钾蒸气质量流量与水蒸气质量流量之比为m,则

$$\frac{q_m'}{q_m} = m = \frac{h_5 - h_4}{h_{2'} - h_{3'}} \tag{11-14}$$

对1 kg水蒸气而言,整个双蒸气循环所做的功为

$$\begin{aligned} W_0 &= mw_0' + w_0 = m(w_T' - w_P') + (w_T - w_P) \\ &= m[(h_{1'} - h_{2'}) - (h_{4'} - h_{3'})] + [(h_1 - h_2) - (h_4 - h_3)] \end{aligned} \tag{11-15}$$

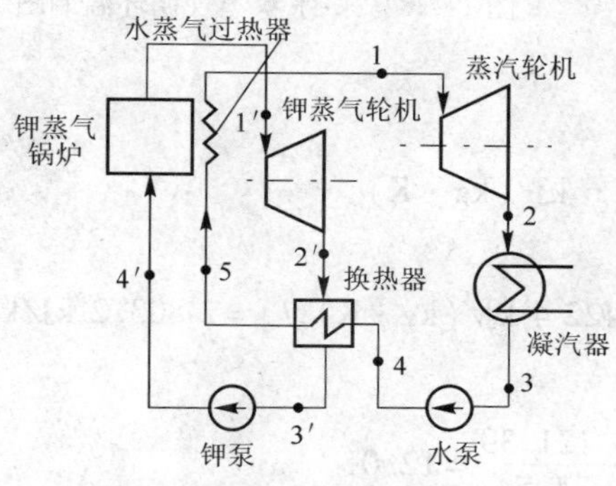

图11-25　钾-水双蒸气循环系统

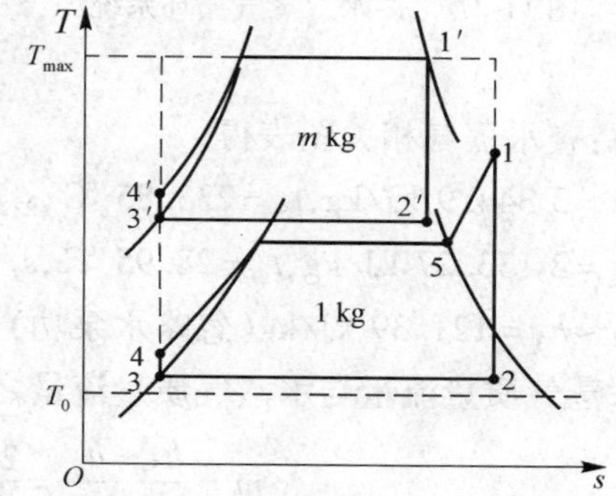

图11-26　钾-水双蒸气循环的温熵图

循环从外界吸收的热量为

$$Q_1 = mq_1' + q_1 = m(h_{1'} - h_{4'}) + (h_1 - h_5) \quad \text{（平均吸热温度较高）} \tag{11-16}$$

循环向外界放出的热量为

$$Q_2 = q_2 = h_2 - h_3 \quad \text{（平均放热温度很低）} \tag{11-17}$$

双蒸气循环的热效率为

$$\eta_t = \frac{W_0}{Q_1} = 1 - \frac{Q_2}{Q_1} = 1 - \frac{h_2 - h_3}{m(h_{1'} - h_{4'}) + (h_1 - h_5)} \tag{11-18}$$

过去实现的汞-水双蒸气循环也曾达到较高的热效率，但由于汞价格高，而且有毒，对设备的密封要求特别高，现在已不再采用。钾蒸气具有与汞蒸气类似的性质，它在高温760 ~ 982 ℃下的饱和压力仅为0.1 ~ 0.533 MPa，而在放热温度为611 ~ 477 ℃下的饱和压力为0.16 ~ 0.002 6 MPa，不存在高压或高真空度的技术困难，因而有很好的发展前景。

例 11-3 汞-水双蒸气循环系统及其温熵图分别如图11-27、图11-28 所示。涡轮机中进行的是可逆（等熵）过程，忽略汞泵和水泵的耗功。已知汞蒸气参数：$t_{1'} = 515.5$℃（$p_{1'} = 0.981$ MPa），$h_{1'} = 393.00$ kJ/kg，$p_{2'} = 0.098$ MPa（$t_{2'} = 249.6$ ℃），$h_{2'} = 257.85$ kJ/kg（已考虑 $s_{2'} = s_{1'}$），$h_{4'} \approx h_{3'} = 34.54$ kJ/kg（忽略汞泵耗功）；水蒸气参数：$p_1 = 3.0$ MPa，$t_1 = 450$ ℃，$p_2 = 0.004$ MPa；大气温度 $t_0 = 20$ ℃。试计算该双蒸气循环的平均放热温度和平均吸热温度、循环热效率和循环充满度。

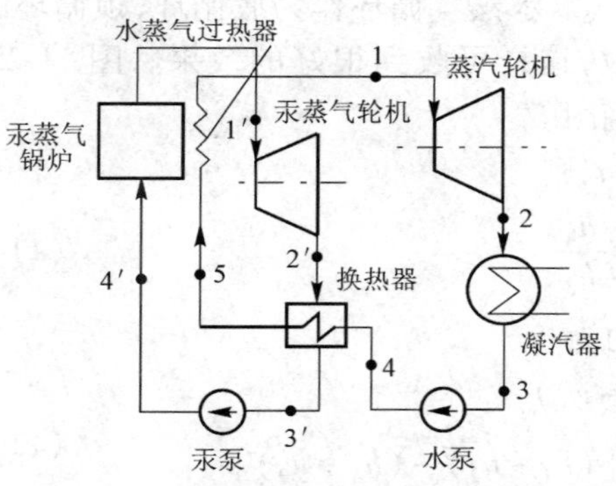

图 11-27 汞-水双蒸气循环系统

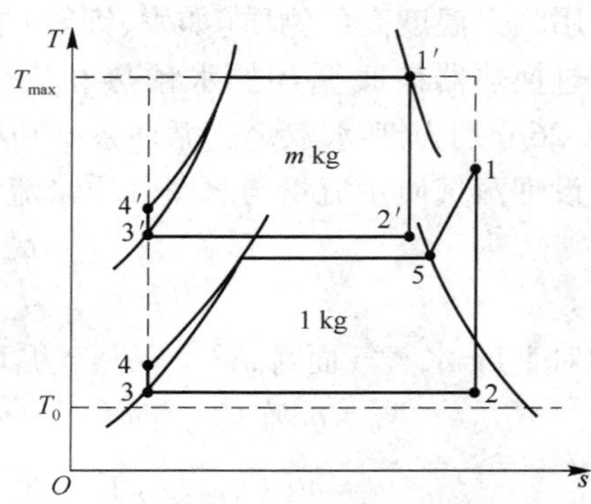

图 11-28 汞-水双蒸气循环温熵图

解：查水蒸气相关图表得

$h_1 = 3\ 344.9$ kJ/kg，$t_5 = 233.85$ ℃，$s_1 = 7.085\ 6$ kJ/(kg · K)

$h_2 = 2\ 133.27$ kJ/kg，$t_2 = 28.95$ ℃，$s_2 = s_1$

$h_4 \approx h_3 = 121.39$ kJ/kg（忽略水泵功），$s_3 = 0.422\ 4$ kJ/(kg · K)，$h_5 = 2\ 803.2$ kJ/kg

汞蒸气质量流量与水蒸气质量流量之比为

$$m = \frac{h_5 - h_4}{h_{2'} - h_{3'}} = \frac{2\ 803.2 - 121.39}{257.85 - 34.54} = 12.01$$

循环的平均放热温度即 p_2 所对应的饱和温度为

$$T_{m2} = T_2 = 28.96 + 273.15 = 302.11(\text{K})$$

平均吸热温度为

$$T_{m1} = \frac{Q_1}{\Delta s} = \frac{m(h_{1'} - h_{4'}) + (h_1 - h_5)}{s_2 - s_3}$$

$$= \frac{12.01 \times (393.00 - 34.54) + (3344.9 - 2\,803.2)}{7.085\,6 - 0.422\,4}$$

$$= 727.40(\text{K})$$

双蒸气循环的热效率为

$$\eta_t = 1 - \frac{T_{m2}}{T_{m1}} = 1 - \frac{302.11}{727.40} = 58.47\%$$

工作在相同最高温度和环境温度之间的卡诺循环的热效率为

$$\eta_{t,C} = 1 - \frac{T_0}{T_{1'}} = 1 - \frac{293.15}{515.5 + 273.15} = 62.83\%$$

循环的充满度为

$$\frac{\eta_t}{\eta_{t,C}} = \frac{0.583\,0}{0.628\,3} = 92.79\%$$

11.5.4　燃气-蒸汽联合循环

比双蒸气循环更为现实的是用已获得实际应用的燃气轮机装置循环与蒸汽动力装置循环相配合,形成优势互补。燃气轮机的排气温度较高(600 ℃左右),如果用燃气轮机装置进行顶循环,用蒸汽动力装置进行底循环,将燃气轮机的排气引入余热锅炉加热水,使之变为蒸汽,进入蒸汽轮机做功,这样便形成了燃气-蒸汽联合循环系统,如图 11-29 所示,其对应的温熵图如图 11-30 所示。

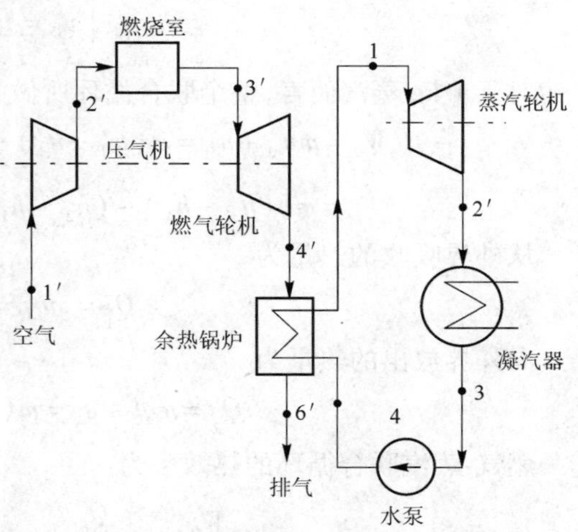

图 11-29　燃气-蒸汽联合循环系统

在余热锅炉中,水在等压下汽化,最后成为过热蒸汽,而燃气轮机排气在冷却过程中的温度是一直下降的。图 11-31 画出了余热锅炉中燃气放热和水吸热生成蒸汽时的温度变化与热量的关系,显示了冷、热流体间的传热温差分布状况,其中以水开始汽化时的状态(状态 5)温度与燃气间的温差最小,这一温差称为节点(夹点)(pinch point, PP)温差,有

$$\Delta T_{PP} = T_{5'} - T_5 \tag{11-19}$$

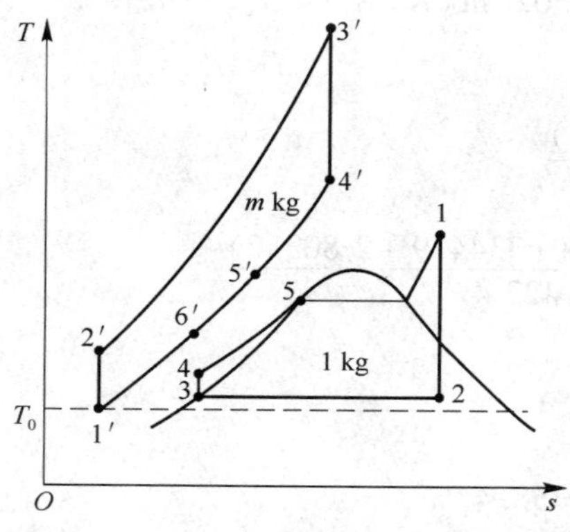

图 11-30　燃气-蒸汽联合循环的温熵图

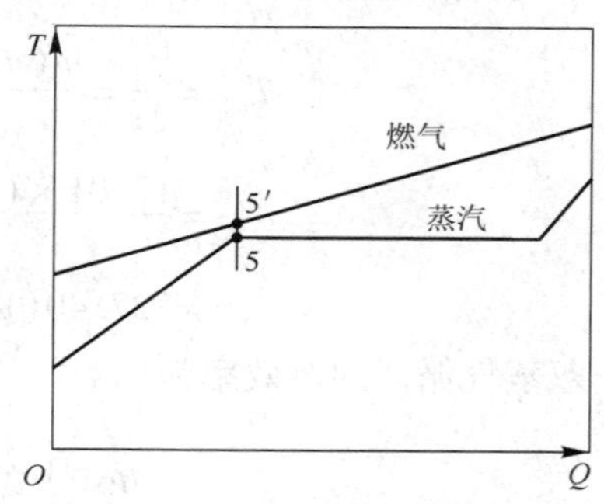

图 11-31　节点温差

为了保证必要的传热强度，节点温差一般不小于 10 K。在选定了节点温差值后，就可以确定 $T_{5'}$（$T_{5'}=T_5+\Delta T_{\mathrm{PP}}$），这样状态 5′也就确定了，因而燃气（空气）与蒸汽的质量流量之比 m 就可以由下式确定：

$$\frac{q_m'}{q_m}=m=\frac{h_1-h_5}{h_{4'}-h_{5'}}=\frac{h_5-h_4}{h_{5'}-h_{6'}}=\frac{h_1-h_4}{h_{4'}-h_{6'}} \tag{11-20}$$

而状态 6′也可以由 m 值确定：

$$\begin{cases} m=\dfrac{h_1-h_4}{h_{4'}-h_{6'}} \\ h_{6'}=h_{4'}-\dfrac{h_1-h_4}{m} \end{cases} \tag{11-21}$$

对于 1 kg 蒸汽而言，整个联合循环所做的功为

$$\begin{aligned} W_0 &= mw_0'+w_0=m(w_{\mathrm{T}}'-w_{\mathrm{C}}')+(w_{\mathrm{T}}-w_{\mathrm{C}}) \\ &= m[(h_{3'}-h_{4'})-(h_{2'}-h_{1'})]+[(h_1-h_2)-(h_4-h_3)] \end{aligned} \tag{11-22}$$

从外界吸收的热量为

$$Q_1=mq_1'=m(h_{3'}-h_{2'}) \tag{11-23}$$

向外界放出的热量为

$$Q_2=mq_2'+q_2=m(h_{6'}-h_{1'})+(h_2-h_3) \tag{11-24}$$

燃气-蒸汽联合循环的热效率为

$$\eta_{\mathrm{t}}=\frac{W_0}{Q_1}=1-\frac{Q_2}{Q_1}=1-\frac{m(h_{6'}-h_{1'})+(h_2-h_3)}{m(h_{3'}-h_{2'})} \tag{11-25}$$

由于燃气轮机装置和蒸汽动力装置在技术上都很成熟，因此实现燃气-蒸汽联合循环并无困难。目前，联合循环的净发电效率可达 50% 以上。

例 11-4　燃气-蒸汽联合循环系统如图 11-29 所示。已知燃气轮机装置循环参数：$T_{1'}=295\ \mathrm{K}$，$p_{1'}=p_{4'}=0.1\ \mathrm{MPa}$，$T_{3'}=1\ 500\ \mathrm{K}$，$p_{3'}=p_{2'}=1.2\ \mathrm{MPa}$；蒸汽动力装置循环参数：$p_1$

$=5\ \text{MPa}$，$t_1=450\ ℃$，$p_2=0.004\ \text{MPa}$；大气参数：$T_0=295\ \text{K}$，$p_0=0.1\ \text{MPa}$；余热锅炉中的节点温差 $\Delta T_{\text{PP}}=10\ \text{K}$。假定水泵、压气机和涡轮机中进行的过程均为等熵过程，燃气性质接近空气，忽略燃料质量。试利用空气的热力性质表和水蒸气热力性质图表计算该联合循环的理论热效率。

解：对空气，查表 A-9 有

$$h_{1'}=295.17\ \text{kJ/kg},p_{\text{r1}'}=1.306\ 8,h_{3'}=1\ 635.97\ \text{kJ/kg},p_{\text{r3}'}=601.9$$

对压气机中的等熵过程 1′→2′，有

$$p_{\text{r2}'}=\frac{p_{2'}}{p_{1'}}p_{\text{r1}'}=\frac{1.2}{0.1}\times1.306\ 8=15.682$$

由 $p_{\text{r2}'}$ 查表 A-9 得

$$T_{2'}=593.84\ \text{K},h_{2'}=600.55\ \text{kJ/kg}$$

对燃气轮机中的等熵过程 3′→4′，有

$$p_{\text{r4}'}=\frac{p_{4'}}{p_{3'}}p_{\text{r3}'}=\frac{0.1}{1.2}\times601.9=50.158$$

由 $p_{\text{r4}'}$ 查表 A-9 得

$$T_{4'}=801.16\ \text{K},h_{4'}=833.14\ \text{kJ/kg}$$

查水蒸气热力性质表有

$$h_1=3\ 315.2\ \text{kJ/kg},s_1=6.871\ 0\ \text{kJ/(kg}\cdot\text{K)},h_2=2\ 100.77\ \text{kJ/kg}(s_2=s_1)$$

$$h_3=121.39\ \text{kJ/kg},s_3=0.422\ 4\ \text{kJ/(kg}\cdot\text{K)},h_4=126.38\ \text{kJ/kg}(s_4=s_3)$$

$$h_5=1\ 154.5\ \text{kJ/kg},T_5=263.94+273.15=537.09(\text{K})（5\ \text{MPa 饱和水参数}）$$

5′点对应的空气温度为

$$T_{5'}=T_5+\Delta T_{\text{PP}}=537.09+10=547.09(\text{K})$$

由 $T_{5'}$ 查表 A-9 得

$$h_{5'}=551.76\ \text{kJ/kg}$$

燃气（空气）与蒸汽的质量流量之比 m 为

$$m=\frac{h_1-h_5}{h_{4'}-h_{5'}}=\frac{3\ 315.2-1\ 154.5}{833.14-551.76}=7.679$$

根据式(11-21)有

$$h_{6'}=h_{4'}-\frac{h_1-h_4}{m}=833.14-\frac{3\ 315.2-126.38}{7.679}=417.87(\text{kJ/kg})$$

由 $h_{6'}=417.87\ \text{kJ/kg}$ 查表 A-9 有

$$T_{6'}=416.72\ \text{K}$$

该温度也就是余热锅炉废气的排放温度。

对于 1 kg 蒸汽而言，由式(11-22)可得整个联合循环所做的功为

$$\begin{aligned} W_0 &= m[(h_{3'} - h_{4'}) - (h_{2'} - h_{1'})] + [(h_1 - h_2) - (h_4 - h_3)] \\ &= 7.679 \times [(1\ 635.97 - 833.14) - (600.55 - 295.17)] + \\ &\quad [(3\ 315.2 - 2\ 100.7) - (126.38 - 121.39)] \\ &= 5\ 029.43(\mathrm{kJ/kg}) \end{aligned}$$

对 1 kg 水蒸气亦即对 m kg 燃气而言，由式(11-23)可得循环从外界吸收的热量为

$$Q_1 = m(h_{3'} - h_{2'}) = 7.679 \times (1\ 635.97 - 600.55) = 7\ 950.99(\mathrm{kJ/kg})$$

由式(11-24)可得循环向外界放出的热量为

$$\begin{aligned} Q_2 &= m(h_{6'} - h_{1'}) + (h_2 - h_3) \\ &= 7.679 \times (417.87 - 295.17) + (2\ 100.77 - 121.39) = 2\ 921.59\ (\mathrm{kJ/kg}) \end{aligned}$$

由式(11-25)可得燃气-蒸汽联合循环的热效率为

$$\eta_t = \frac{W_0}{Q_1} = \frac{5\ 029.23}{7\ 950.99} = 63.25\%$$

或

$$\eta_t = 1 - \frac{Q_2}{Q_1} = 1 - \frac{2\ 921.59}{7\ 950.99} = 63.26\%$$

11.5.5 注蒸汽-燃气轮机装置循环

对于上面讨论的燃气-蒸汽联合循环，燃气(空气)和蒸汽分别进行各自的布莱敦循环和兰金循环，工质并不掺混，它是串联的双工质循环(双蒸气循环也是串联的双工质循环)。这里要讨论的注蒸汽-燃气轮机装置循环则是将余热锅炉产生的蒸汽直接注入从燃烧室流出的高温燃气(如图 11-32 所示)，然后燃气和蒸汽的混合物(湿燃气)进入涡轮机膨胀做功，并在余热锅炉中放出部分热量后排入大气。水则在余热锅炉中吸收涡轮机排气放出的热量变为蒸汽后注入高温燃气。所以，注蒸汽-燃气轮机装置循环是并联的双工质循环。

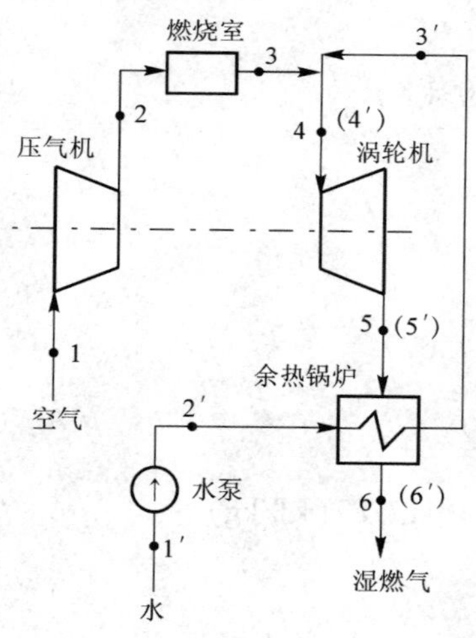

图 11-32　注蒸汽-燃气轮机装置

在压气机进气状态(T_1, p_1)、燃气轮机组的增压比(膨胀比)π 不变，给水参数($T_{1'}, p_{1'}$)、蒸汽参数($T_{3'}, p_{3'}$)也不变，注蒸汽比 $D = \frac{q'_m}{q_m}$(蒸汽流量与燃气流量之比，亦即每千克燃气的注蒸汽量)给定的情况下，整个循环及其他参数(如 T_3, T_6, p_4, p_5 等)也就完全确定了。认为绝热膨胀和绝热压缩过程均为等熵过程，不考虑流动阻力及散热。

注蒸汽混合过程的能量平衡为

$$h_3 - h_4 = D(h_{4'} - h_{3'}) \tag{11-26}$$

认为混合后的压力保持混合前燃气的压力($p_4+p_{4'}=p_3$)。p_4 和 $p_{4'}$ 分别为湿燃气中燃气和蒸汽的分压力,它们可以根据注蒸汽比计算。

燃气的摩尔分数为

$$x=\frac{1/M}{1/M+D/M'} \tag{11-27a}$$

蒸汽的摩尔分数为

$$x'=\frac{D/M'}{1/M+D/M'}=1-x \tag{11-27b}$$

式中,M 和 M' 分别为燃气和蒸汽的摩尔质量。燃气和蒸汽的分压力分别为

$$p_4=xp_3,p_{4'}=x'p_3 \tag{11-28}$$

蒸汽-燃气轮机装置循环的温熵图如图 11-33 所示,在整个膨胀过程(过程 4→5、4′→5′)和放热过程(过程 5→6、5′→6′)中,燃气和蒸汽的分压力之比(x/x')保持不变。

湿燃气(包括其中的水蒸气)在较高温度 T_1 下可视为理想气体,它在涡轮机中做等熵膨胀时近似遵守 $pv^{\kappa_m}=C$(常数)的规律。其中,κ_m 为湿燃气的平均等熵指数,它可以由燃气的等熵指数(κ)和蒸汽的等熵指数(κ')按下式计算:

$$\kappa_m=x\kappa+x'\kappa' \tag{11-29}$$

应该指出,图 11-33 所示的膨胀过程 4→5 和 4′→5′($T_4=T_{4'},p_4/p_5=p_{4'}/p_{5'}=\pi$)并非等熵线,因为燃气和蒸汽在相同的初温($T_4=T_{4'}$)和相同的膨胀比($p_4/p_5=p_{4'}/p_{5'}$)的条件下分别做等熵膨胀时,由于等熵指数不同($\kappa>\kappa'$),所达到的终温是不同的($T_{5_s}<T_{5'_s}$),可参看图 11-34 及后面的例 11-5。然而,事实上蒸汽和燃气混合在一起无法分开,它们在膨胀过程中,温度始终是同步变化(下降)的。如果设想它们并未掺混,则为了保持温度同步下降,燃气必须吸热,蒸汽必须放热,前者增熵,后者减熵(图 11-34 中的过程 4→5 和 4′→5′),二者合起来保持等熵。等熵膨胀的终温($T_5<T_{5'}$)可由湿燃气的平均等熵指数确定,即

$$T_5=T_{5'}=T_4\left(\frac{p_5}{p_4}\right)^{\frac{\kappa_m-1}{\kappa_m}}=T_4\left(\frac{1}{\pi}\right)^{\frac{\kappa_m-1}{\kappa_m}} \tag{11-30}$$

状态点 5 应根据 p_5 和 T_5 来确定,状态点 5′应根据 $p_{5'}$ 和 $T_{5'}$ 来确定,而不是由从状态点 4 和 4′沿等熵线而下,与等压线 p_5 和 $p_{5'}$ 的交点(5_s 和 $5_{s'}$)来确定。

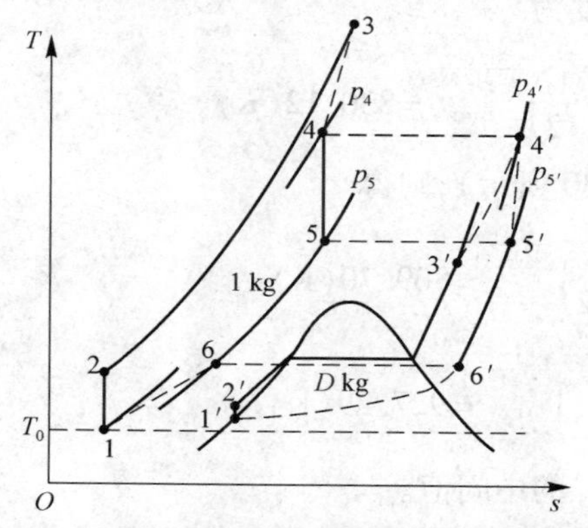

图 11-33　蒸汽-燃气轮机装置循环的温熵图

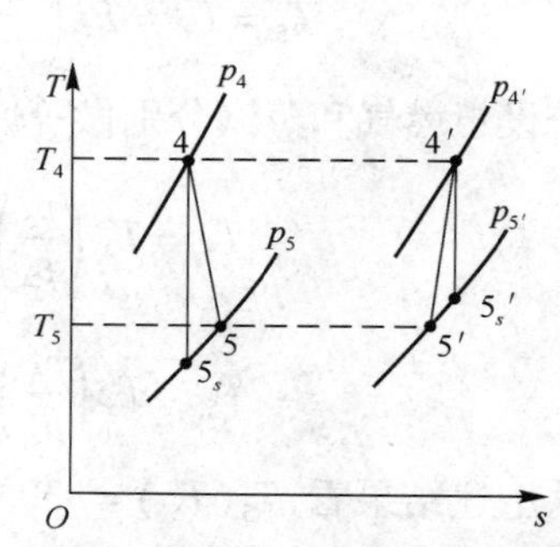

图 11-34　燃气和蒸汽膨胀终态的温度

余热锅炉的能量平衡式为

$$(h_5 - h_6) + D(h_{5'} - h_{6'}) = D(h_{3'} - h_{2'}) \tag{11-31}$$

循环做出的功为

$$W_0 = W_T - W_C - W'_P = [(h_4 - h_5) + D(h_{4'} - h_{5'})] - (h_2 - h_1) - D(h_{2'} - h_{1'}) \tag{11-32}$$

循环吸热量

$$Q_1 = q_1 = h_3 - h_2 \tag{11-33}$$

循环放热量

$$Q_2 = (h_6 - h_1) + D(h_{6'} - h_{1'}) \tag{11-34}$$

循环热效率

$$\eta_t = \frac{W_0}{Q_1} = 1 - \frac{Q_2}{Q_1} = 1 - \frac{(h_6 - h_1) + D(h_{6'} - h_{1'})}{h_3 - h_2} \tag{11-35}$$

注蒸汽-燃气轮机装置循环不需要单独的蒸汽轮机，它只需在原有燃气轮机装置的基础上增加一台余热锅炉；注蒸汽后，涡轮机的流量增大，因而功率增大，但压气机耗功不变，因此整个机组的输出功率增大，循环热效率也有所提高，这些都是它的优点。它的缺点是要消耗大量经过处理的软水。如何设法回收水，形成闭式的水-气循环系统是值得研究的问题。

例 11-5　注蒸汽-燃气轮机装置如图 11-32 所示。已知 $p_1 = p_{1'} = p_0 = 0.1\ \text{MPa}$，$T_{3'} = 450\ ℃$，$T_1 = T_{1'} = T_0 = 295\ \text{K}$，$\pi = p_2/p_1 = 12$，$T_4 = T_{4'} = 1\,500\ \text{K}$，$p_{3'} = 2\ \text{MPa}$，注蒸汽比 $D = 0.15$。试求该循环的热效率。假定燃气性质接近于空气，忽略燃料质量，膨胀、压缩过程均可逆。

解：湿燃气中燃气的摩尔分数为

$$x = \frac{1/M}{1/M + D/M'} = \frac{1/28.97}{1/28.97 + 0.15/18.015} = 0.805\,7$$

蒸汽的摩尔分数为

$$x' = 1 - 0.805\,7 = 0.194\,3$$

在 800 ~ 1 500 K 的高温段，燃气的等熵指数 $\kappa \approx 1.33$，蒸汽的等熵指数 $\kappa' \approx 1.24$。根据式(11-29)，湿燃气的平均等熵指数为

$$\kappa_m = x\kappa + x'\kappa' = 0.805\,7 \times 1.33 + 0.194\,3 \times 1.24 = 1.312\,5$$

所以，由式(11-30)可知涡轮机出口湿燃气温度为

$$T_5 = T_{5'} = T_4 \left(\frac{1}{\pi}\right)^{\frac{\kappa_m - 1}{\kappa_m}} = 1\,500 \times \left(\frac{1}{12}\right)^{\frac{1.312\,5 - 1}{1.312\,5}} = 830.12(\text{K})$$

若设想燃气和蒸汽分别做等熵膨胀（如图 11-30 所示），则得

$$T_{5_s} = T_4 \left(\frac{p_5}{p_4}\right)^{\frac{\kappa - 1}{\kappa}} = 1\,500 \times \left(\frac{1}{12}\right)^{\frac{1.33 - 1}{1.33}} = 809.70(\text{K})$$

$$T_{5'_s} = T_{5'} \left(\frac{p_{5'}}{p_{4'}}\right)^{\frac{\kappa' - 1}{\kappa'}} = 1\,500 \times \left(\frac{1}{12}\right)^{\frac{1.24 - 1}{1.24}} = 927.29(\text{K})$$

从上述结果看，$T_5(T_{5'}) = 830.12\ \text{K}$，为 T_{5_s} 和 $T_{5'_s}$ 的中间值。

根据 T_5 查表 A-9 得

$$h_5 = 855.05\ \text{kJ/kg}$$

而水蒸气分压力为

$$p_{5'} = x'(p_5 + p_{5'}) = 0.1943 \times 0.1 = 0.01943(\text{MPa})$$

对应于 $T_{5'}$ 和 $p_{5'}$ 的过热蒸汽,其焓值为

$$h_{5'} = 3\ 609.3\ \text{kJ/kg}$$

压力的差异在此处造成的误差不大,因为在低压、高温下(水蒸气可视作理想气体),水蒸气的焓基本上只与温度有关。

涡轮机所做的功为

$$W_{\text{T}} = (h_4 - h_5) + D(h_{4'} - h_{5'})$$

当 $T_4 = 1\ 500$ K 时,查表 A-9 得空气的焓值 $h_4 = 1\ 635.97$ kJ/kg。而水蒸气的焓值按下式计算:

$$h_{4'} = h_{0℃} + c_{p0}\Big|_0^t t$$

式中,0 ℃时饱和水蒸气的焓值为 2 500.9 kJ/kg(查表 A-2);当 $t = 1\ 500 - 273.15 = 1\ 226.85$ (℃)时,查表 A-7 有:$c_{p0}\Big|_0^t = 2.219\ 592$ kJ/(kg · ℃),因此有

$$h_{4'} = h_{0℃} + c_{p0}\Big|_0^t t = 2\ 500.9 + 2.219\ 592 \times 1\ 226.85 = 5\ 224.01(\text{kJ/kg})$$

如果 $h_{5'}$ 也按 $h_{4'}$ 的计算方法计算,具体计算过程如下。

当 $t_{5'} = 830.12 - 273.15 = 556.97$(℃)时,查表 A-7 有:$c_{p0}\Big|_0^t = 1.995\ 661$ kJ/(kg · ℃),则

$$h_{5'} = h_{0℃} + c_{p0}\Big|_0^t t = 2\ 500.9 + 1.995\ 661 \times 556.97 = 3\ 612.42(\text{kJ/kg})$$

该值与之前查得的 $h_{5'} = 3\ 609.3$ kJ/kg 差别也不大。

所以

$$\begin{aligned} W_{\text{T}} &= (h_4 - h_5) + D(h_{4'} - h_{5'}) \\ &= (1\ 635.97 - 855.05) + 0.15 \times (5\ 224.01 - 3\ 612.42) = 1\ 022.66(\text{kJ/kg}) \end{aligned}$$

查水蒸气热力性质表有

当 $p_{3'} = p_{2'} = 2$ MPa,$t_{3'} = 450$ ℃时,$h_{3'} = 3\ 356.4$ kJ/kg;

当 $t_{1'} = 21.85$ ℃(295 K)时,饱和水焓 $h_{1'} = 91.7$ kJ/kg,比体积 $v_{1'} = 0.001\ 002\ 37\ \text{m}^3/\text{kg}$

水泵消耗的功:

$$W'_{\text{P}} = v_{1'}(p_{2'} - p_{1'}) = 0.001\ 002\ 37 \times (2 - 0.1) \times 10^6 \times 10^{-3} = 1.9(\text{kJ/kg})$$

$$h_{2'} = h_{1'} + W'_{\text{P}} = 91.7 + 1.9 = 93.6(\text{kJ/kg})$$

将各比焓值代入余热锅炉的能量平衡式(11-31),有

$$(855.05 - h_6) + 0.15 \times (3\ 612.42 - h_{6'}) = 0.15 \times (3\ 356.4 - 93.6)$$

即

$$h_6 + 0.15h_{6'} = 907$$

查水蒸气热力性质表(试算法)和空气热力性质表有

$$T_6 = 473.13\ \text{K}(199.98\ ℃), h_6 = 475.45\ \text{kJ/kg}, h_{6'} = 2\ 878.5\ \text{kJ/kg}$$

查表 A-9:当 $T_1 = 295$ K 时,$h_1 = 295.17$ kJ/kg,按式(11-34)计算循环放热量:

$$Q_2 = (h_6 - h_1) + D(h_{6'} - h_{1'})$$

$$= (475.45 - 295.17) + 0.15 \times (2\ 878.5 - 91.7) = 598.30(\text{kJ/kg})$$

根据式(11-26)可计算出注蒸汽前燃气的比焓:

$$h_3 = h_4 + D(h_{4'} - h_{3'})$$

$$= 1\ 635.97 + 0.15 \times (5\ 224.01 - 3\ 356.4) = 1\ 916.11(\text{kJ/kg})$$

查表 A-9:当 $h_3 = 1\ 917.88$ kJ/kg 时,$T_3 = 1\ 730.7$ K。

压气机消耗的功为

$$W_C = h_2 - h_1$$

查表 A-9:当 $T_1 = 295$ K 时,$h_1 = 295.17$ kJ/kg,$s^0_{T_1} = 1.685\ 15$ kJ/(kg · K)。对等熵过程 1→2 有

$$s^0_{T_2} = s^0_{T_1} + R_g \ln \frac{p_2}{p_1} = 1.685\ 15 + 0.287 \times \ln 12 = 2.398\ 32\ [\text{kJ/(kg} \cdot \text{K)}]$$

查表 A-9:当 $s^0_{T_2} = 2.398\ 32$ kJ/(kg · K),$T_2 = 593.9$ K 时,$h_2 = 600.64$ kJ/kg,所以有

$$W_C = h_2 - h_1 = 600.64 - 295.17 = 305.5(\text{kJ/kg})$$

按式(11-33)计算循环吸热量为

$$Q_1 = q_1 = 1\ 916.11 - 600.64 = 1\ 315.47(\text{kJ/kg})$$

按式(11-32)计算循环做出的功为

$$W_0 = W_T - W_C - DW'_P = 1\ 022.66 - 305.5 - 0.15 \times 1.9 = 716.88(\text{kJ/kg})$$

至此,循环热效率为

$$\eta_t = \frac{W_0}{Q_1} = \frac{716.88}{1\ 315.47} = 54.5\%$$

或

$$\eta_t = 1 - \frac{Q_2}{Q_1} = 1 - \frac{598.30}{1\ 315.47} = 54.5\%$$

项目总结

对各种动力装置进行能量分析时应注重其共同本质,更应抓住其特性。水蒸气动力装置中的工质性质不同于气体动力循环装置。水和水蒸气不能助燃,只能从外热源吸收热量,所以蒸汽动力循环必须配备供能设备(如锅炉、核岛等高温热源),因此蒸汽动力循环装置设备也不同于气体动力循环装置。

兰金循环是水蒸气动力循环装置的基本循环,现代各种水蒸气的复杂循环都是基于兰金循环发展起来的。掌握兰金循环的构成及初参数(及排气参数)对兰金循环性能影响的分析方法是分析复杂蒸汽动力循环的基础。再热循环主要是为解决乏汽干度问题而出现的一

种循环，因此，研究再热循环时不能把注意力全放在热效率上。抽汽回热是适合水蒸气动力循环装置的一种提高循环热效率的方法，应掌握抽汽量的计算方法，并从热力学原理上认识抽汽回热的作用。

即使采用再热、多级抽汽回热后，水蒸气动力循环装置的热效率仍然不高，热电联产循环、燃气-蒸汽联合循环和双工质动力循环是提高水蒸气动力循环装置的能量利用率的有效措施。

本项目的知识结构框图如图 11-35 所示。

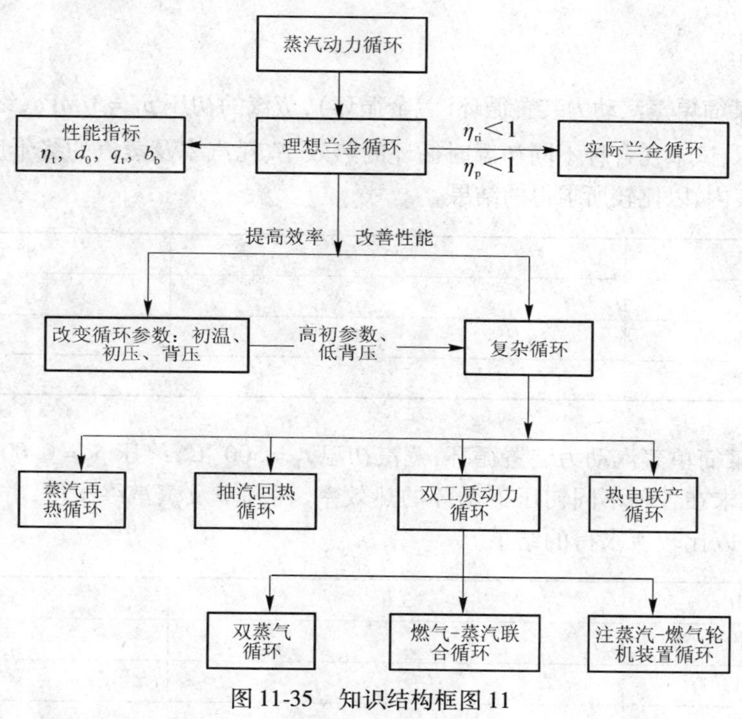

图 11-35　知识结构框图 11

思考题

1. 理想气体的热力学能只是温度的函数，而实际气体的热力学能则和温度及压力都有关。试根据水蒸气图表中的数据举例计算过热水蒸气的热力学能以验证上述结论。

2. 根据公式 $c_p=\left(\frac{\partial h}{\partial T}\right)_p$ 可知：在等压过程中有 $\mathrm{d}h=c_p\mathrm{d}T$，这对任何物质都适用，只要过程是等压的。如果将此式应用于水的等压汽化过程，则得 $\mathrm{d}h=c_p\mathrm{d}T=0$（因为水等压汽化时温度不变，$\mathrm{d}T=0$）。然而众所周知，水在汽化时比焓是增加的（$\mathrm{d}h>0$）。问题到底出在哪里？

3. 对于各种气体动力循环和蒸汽动力循环，经过理想化以后可按可逆循环进行计算，但所得理论热效率即使在温度范围相同的条件下也并不相等。这和卡诺定理相矛盾吗？

4. 能否在蒸汽动力循环中将全部蒸汽抽出来用于回热（这样就可以取消凝汽器，$Q_2=0$），从而提高热效率？能否不让乏汽凝结放出热量 Q_2，而用压缩机将乏汽直接压入蒸汽锅炉，从而减少热能损失，提高热效率？

5. 对热电联产循环为什么要同时考虑能量利用率和热效率？

6. 为什么说对循环进行㶲分析所得到的结果比进行能量分析所得到的结果更合理？

7. 什么是循环的充满度？循环充满度高，循环的热效率就一定高吗？

8. 两种工质掺混的并联型的双工质循环相比于两种工质不掺混的串联型的双工质循环，其主要优点和缺点是什么？

习　题

11-1 对于某简单蒸汽动力装置循环（兰金循环），蒸汽的初压 $p_1=3$ MPa，终压 $p_2=6$ kPa，初温如下表所示，试求在各种不同初温时循环的热效率、耗汽率及蒸汽的终干度，并将所求得的各值填写入表内，以比较所求得的结果。

初温 t_1/℃	300	500
循环热效率 η_t		
汽耗率 d_0/(kg/J)		
蒸汽终干度 x_2		

11-2 对于某简单蒸汽动力装置循环，蒸汽初温 $t_1=500$ ℃，终压 $p_2=0.006$ MPa，初压 p_1 如下表所示，试求在各种不同初压下循环的热效率、耗汽率及蒸汽终干度，并将所求得的数值填入下表内，以比较所求得的结果。

初压 p_1/MPa	3.0	15.0
循环热效率 η_t		
汽耗率 d_0/(kg/J)		
蒸汽终干度 x_2		

11-3 某蒸汽动力循环的初温 $t_1=350$ ℃，初压 $p_1=2.5$ MPa，背压 $p_2=0.0075$ MPa，若蒸汽轮机相对内效率 $\eta_{ri}=0.8$，忽略泵功。求循环比功、热效率及汽耗率。

11-4 已知兰金循环的蒸汽初压 $p_1=10$ MPa，终压 $p_2=0.005$ MPa。初温为：(1) 500 ℃；(2) 550 ℃。试分别求循环的平均吸热温度、理论热效率和汽耗率[kg/(kW·h)]。

11-5 已知兰金循环的初温 $t_1=500$ ℃，终压 $p_2=0.005$ MPa。初压为：(1) 10 MPa；(2) 15 MPa。试分别求循环的平均吸热温度、理论热效率和乏汽湿度。

11-6 水蒸气再热循环的初压为 17.5 MPa，初温为 550 ℃，背压为 5.0 kPa，再热前压力为 3.5 MPa，再热后温度与初温相同。

(1) 求其热效率；

(2) 若因阻力损失，再热后压力为 3 MPa，其热效率发生了什么变化。

11-7 某蒸汽动力装置采用一次抽汽回热循环，已知新汽参数 $p_1=2.5$ MPa，$t_1=$

400 ℃,抽汽压力 $p_a=0.15$ MPa,乏汽压力 $p_2=5$ kPa。试计算其热效率、汽耗率,并与理想兰金循环做比较。

11-8 蒸汽两级回热循环的初参数为:$p_1=3.5$ MPa,$t_1=440$ ℃,背压为6 kPa,第一级抽汽压力 $p_{a1}=1.4$ MPa,第二级抽汽压力 $p_{a2}=0.3$ MPa,试计算用混合式回热器时的抽汽率、热效率、汽耗率。

11-9 某蒸汽动力循环由一次再热及一级抽汽混合式回热所组成。蒸汽初参数 $p_1=16$ MPa,$t_1=535$ ℃,乏汽压力 $p_2=0.005$ MPa,再热压力 $p_b=3$ MPa,再热后 $t_e=t_1$,回热抽汽压力 $p_a=0.3$ MPa,试计算抽汽率 α、加热量 q_1、净功及热效率 η_t。

11-10 某蒸汽动力装置采用再热循环。已知新汽参数为 $p_1=14$ MPa,$t_1=550$ ℃,再热蒸汽的压力为3 MPa,再热后温度为550 ℃,乏汽压力为0.004 MPa。试求它的理论热效率比不再热的兰金循环高多少,并将再热循环表示在压容图和焓熵图中。

11-11 设有两个蒸汽再热动力装置循环,蒸汽的初参数都为 $p_1=12.0$ MPa,$t_1=450$ ℃,终压都为 $p_2=0.004$ MPa。第一个再热循环再热时压力为2.4 MPa,第二个再热循环再热时的压力为0.5 MPa,两个再热循环再热后蒸汽的温度都为400 ℃。试确定这两个再热循环的热效率和终湿度,将所得的热效率、终湿度和简单理想兰金循环(无再热时)做比较,以说明再热时压力的选择对循环热效率和终湿度的影响。

11-12 某发电厂采用的蒸汽动力装置,蒸汽以 $p_1=9.0$ MPa,$t_1=480$ ℃的初态进入蒸汽轮机。蒸汽轮机的 $\eta_{ri}=0.88$。冷凝器的压力与冷却水的温度有关,设夏天冷凝器温度保持35 ℃,假定按兰金循环工作。求蒸汽轮机理想汽耗率 d_0 与实际耗汽率 d_i。若冬天冷却水水温降低,使冷凝器的温度保持15 ℃,试比较冬、夏两季因冷凝器温度不同所导致的以下各项的差别:

(1)蒸汽轮机做功;

(2)加热量;

(3)热效率(略去水泵功)。

11-13 对于某兰金循环,蒸汽初压 $p_1=6$ MPa,初温 $t_1=600$ ℃,冷凝器内维持压力10 kPa,蒸汽质量流量是80 kg/s,假定蒸汽锅炉内的传热过程在1 400 K的热源和水之间进行,冷凝器内冷却水平均温度为25 ℃。试求:

(1)水泵功;

(2)蒸汽锅炉烟气对水的加热率;

(3)蒸汽轮机做功;

(4)冷凝器内乏汽的放热率;

(5)循环热效率;

(6)各过程及循环不可逆做功能力损失,已知 $T_0=290.15$ K。

11-14 某热电厂(或称热电站)以背压式蒸汽轮机的乏汽供热,其新汽参数为3 MPa,400 ℃,背压为0.12 MPa。乏汽被送入用热系统,作加热蒸汽用,放出热量后凝结为同一压力的饱和水,再经水泵返回蒸汽锅炉。设用热系统中热量消费为 1.06×10^7 kJ/h,问理论上此背压式蒸汽轮机的电功率输出为多少?

项目 12　制冷循环

项目提要

本项目介绍逆向卡诺循环(包括逆向卡诺制冷循环和逆向卡诺热泵循环),以制冷循环为主,着重阐述空气压缩制冷循环、蒸气压缩制冷循环及制冷剂的热力性质与新型制冷剂,同时对蒸汽喷射制冷循环和吸收式制冷循环也做了简要介绍。

学习目标

(1)明确逆向卡诺制冷循环和逆向卡诺热泵循环的构成,具有对蒸气压缩制冷循环和空气压缩制冷循环进行分析与计算的能力。

(2)准确解释蒸汽喷射制冷循环和吸收式制冷循环的特点。

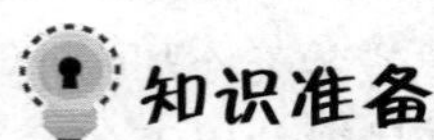

知识准备

任务 12.1　逆向卡诺循环

在热功转换装置中,除了有使热能转变为机械能的动力装置外,还有一类使热能从温度较低的物体转移到温度较高的物体的装置,这就是制冷机和热泵。在制冷机(或热泵)中进行的循环,其方向正好和动力循环相反,这种逆向循环称为制冷循环(或热泵循环)。如果说卡诺循环是理想的动力循环,那么逆向卡诺循环则是理想的制冷循环(或热泵循环)。

1. 逆向卡诺制冷循环

设有一逆向卡诺制冷循环工作在冷库温度 T_R 和大气温度 T_0 之间。对于 1 kg 工质,它消耗净功 w_0,同时从冷库吸收热量 q_2,并向大气放出热量 q_1(如图 12-1 所示)。制冷循环的热经济性用制冷系数衡量。制冷系数是制冷剂(制冷装置中的工质)从冷库吸收的热量与循环消耗的净功的比值:

$$\varepsilon=\frac{q_2}{w_0} \tag{12-1}$$

逆向卡诺制冷循环的制冷系数为

$$\varepsilon_C=\frac{q_2}{w_0}=\frac{T_R\Delta s}{(T_0-T_R)\Delta s}=\frac{T_R}{T_0-T_R}=\frac{1}{\dfrac{T_0}{T_R}-1} \tag{12-2}$$

当大气温度 T_0 一定时，冷库温度 T_R 越低，制冷系数越小。制冷系数可以大于 1 也可以小于 1。如果取 $T_0=300$ K，那么当 $T_R<150$ K 时，逆向卡诺制冷循环的制冷系数小于 1。因此，在深度冷冻的情况下，制冷系数通常都小于 1，而在冷库温度不是很低的情况下，制冷系数往往大于 1。

2. 逆向卡诺热泵循环

利用逆向卡诺供热循环也可以达到供热的目的，这时循环工作在大气温度 T_0 和供热温度 T_H 之间（如图 12-2 所示）。对 1 kg 工质，供热装置（热泵）消耗功 w_0（转变为热 q_0），同时从大气吸取热量 q_2，并向供热对象放出热量 q_1（$q_1=q_2+w_0$）。

热泵循环与制冷循环的本质都是消耗高质能以实现热量从低温热源向高温热源的传输。热泵是将热能从低温物系（如大气环境）向加热对象（高温热源，如室内空气）输送的装置。热泵循环和制冷循环的热力学原理相同，但热泵装置与制冷装置两者的工作温度范围和达到的效果不同。如利用热泵对房间进行供暖，则热泵在房间空气温度 T_H（高温热源 T_H）和大气温度 T_0（低温热源 T_0）之间工作，其效果是室内空气获得热能，室温维持 T_H 不变。制冷循环则是在环境温度 T_0（高温热源）和冷库温度 T_R（低温热源）之间工作的循环，其效果是从冷库移走热量，使冷库温度维持 T_R 不变。蒸气压缩式热泵系统及其 T-s 图与蒸气压缩式制冷系统相比，仅温限不同而已。

热泵循环的热经济性用供热系数衡量，供热系数是热泵的供热量和净耗功量的比值：

$$\xi=\frac{q_1}{w_0} \tag{12-3}$$

逆向卡诺热泵循环的供热系数为

$$\xi_C=\frac{q_1}{w_0}=\frac{T_H\Delta s}{(T_H-T_0)\Delta s}=\frac{T_H}{T_H-T_0}=\frac{1}{1-\dfrac{T_0}{T_H}} \tag{12-4}$$

当大气温度一定时，供热温度 T_H 越高，供热系数越小，但供热系数一定大于 1。

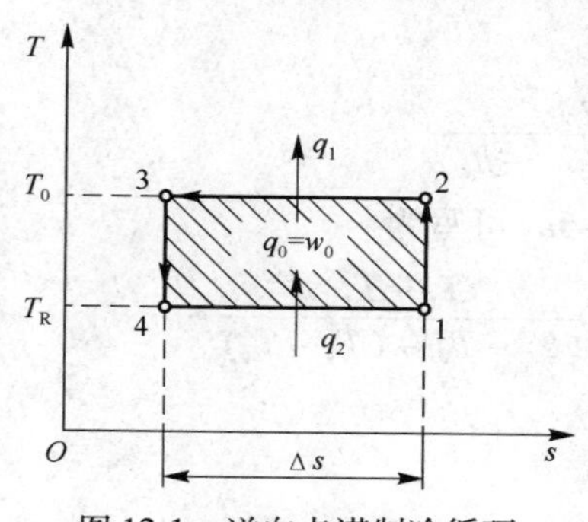

图 12-1　逆向卡诺制冷循环

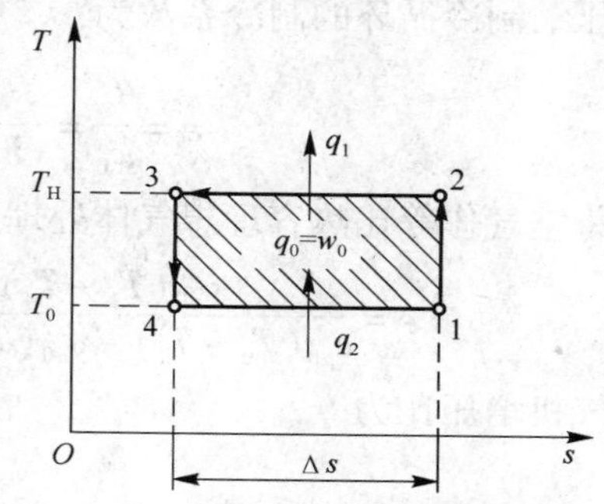

图 12-2　逆向卡诺热泵循环

热泵循环和制冷循环在热力学原理上是相通的，只是使用目的和工作的温度范围不同罢了，所以在后面各任务中将只讨论制冷循环。

任务 12.2　空气压缩制冷循环

空气的温度随着压力的变化而变化，空气被压缩时，其温度升高，空气膨胀时，其温度降低，空气压缩制冷就是基于这样的原理。

1. 空气压缩制冷循环装置的构成及制冷原理

空气压缩制冷循环装置如图 12-3 所示，装置包括压气机、冷却器、膨胀机和冷库四部分。从冷库出来的具有较低温度和较低压力的空气在压气机中被绝热压缩至较高压力和较高温度（图 12-4中的过程 1→2），又在冷却器中等压冷却到接近大气温度 T_0（图 12-4 中的过程 2→3），然后将经过冷却的压缩空气送到膨胀机中绝热膨胀到较低压力，温度降到冷库温度 T_R 以下（图 12-4 中的过程 3→4），最后低压、低温的冷空气在冷库中等压吸热（图 12-4 中的过程4→1），从而达到制冷的目的。

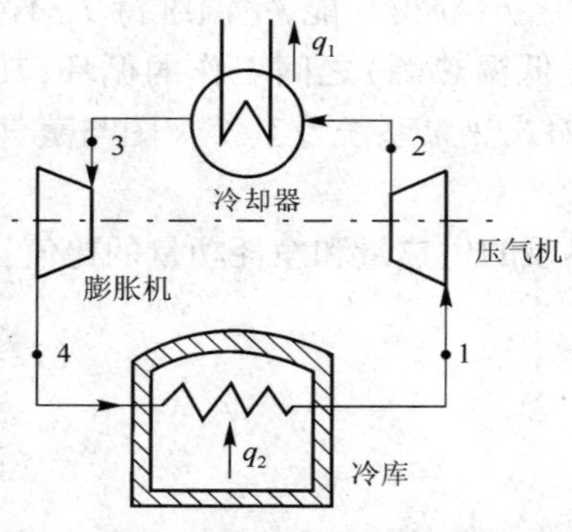

图 12-3　空气压缩制冷循环装置

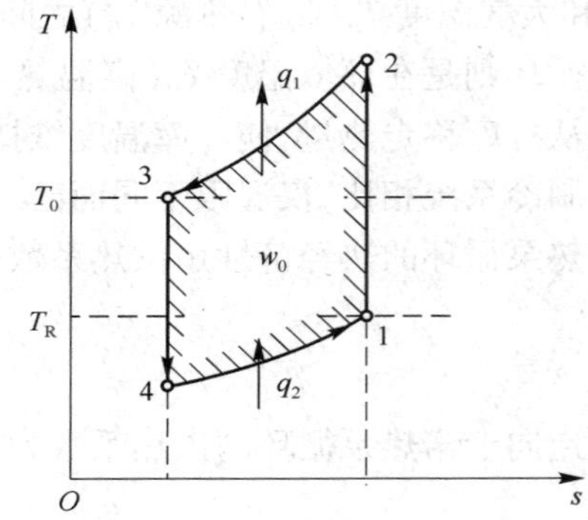

图 12-4　空气压缩制冷循环的 T-s 图

2. 空气压缩制冷循环的制冷系数及其影响因素

空气压缩制冷循环的制冷系数为

$$\varepsilon=\frac{q_2}{w_0}=\frac{h_1-h_4}{(h_2-h_1)-(h_3-h_4)} \tag{12-5a}$$

如果将空气作等比热容理想气体处理，则式（12-5a）可写为

$$\varepsilon=\frac{c_{p0}(T_1-T_4)}{c_{p0}(T_2-T_1)-c_{p0}(T_3-T_4)}=\frac{T_1-T_4}{(T_2-T)-(T_3-T_4)} \tag{12-5b}$$

设压气机增压比为

$$\pi=\frac{p_2}{p_1}$$

则可得

$$\begin{cases} T_1 = T_R \\ T_2 = T_1 \left(\dfrac{p_2}{p_1}\right)^{\frac{\gamma_0 - 1}{\gamma_0}} = T_R \pi^{\frac{\gamma_0 - 1}{\gamma_0}} \\ T_3 = T_0 \\ T_4 = T_3 \left(\dfrac{p_4}{p_3}\right)^{\frac{\gamma_0 - 1}{\gamma_0}} = T_0 \left(\dfrac{1}{\pi}\right)^{\frac{\gamma_0 - 1}{\gamma_0}} \end{cases} \tag{12-5c}$$

将式(12-5c)代入式(12-5b)得

$$\varepsilon = \frac{T_R - T_0/\pi^{\frac{\gamma_0 - 1}{\gamma_0}}}{\left(T_R \pi^{\frac{\gamma_0 - 1}{\gamma_0}} - T_R\right) - \left(T_0 - T_0/\pi^{\frac{\gamma_0 - 1}{\gamma_0}}\right)} = \frac{T_R - T_0/\pi^{\frac{\gamma_0 - 1}{\gamma_0}}}{\left(\pi^{\frac{\gamma_0 - 1}{\gamma_0}} - 1\right)\left(T_R - T_0/\pi^{\frac{\gamma_0 - 1}{\gamma_0}}\right)}$$

即

$$\varepsilon = \frac{1}{\pi^{\frac{\gamma_0 - 1}{\gamma_0}} - 1} = \frac{1}{\dfrac{T_2}{T_R} - 1} \tag{12-6}$$

在相同的大气温度和冷库温度下，逆向卡诺循环的制冷系数为

$$\varepsilon_C = \frac{1}{\dfrac{T_0}{T_R} - 1}$$

显然，由于 $T_2 > T_0$，所以 $\varepsilon < \varepsilon_C$。

从式(12-6)可以看出：增压比越大(或 T_2 越高)，空气压缩制冷循环的制冷系数越小。

3. 回热式空气压缩制冷循环

由前可知，高增压比将导致制冷系数降低，是否可以降低增压比来提高空气压缩制冷循环的制冷系数呢？这在理论上当然是可行的。但是，降低增压比会减小每千克空气的制冷量，而压缩空气的制冷能力由于空气的定压比热容较小本来就已经显得小了。另外，不适当地降低增压比还可能引起实际制冷系数(考虑压气机和膨胀机等设备不可逆损失的制冷系数)降低。一种可行的办法是采用回热循环(如图 12-5、图 12-6 中的循环 $1_r \to 2_r \to 3_r \to 4 \to 1_r$)。

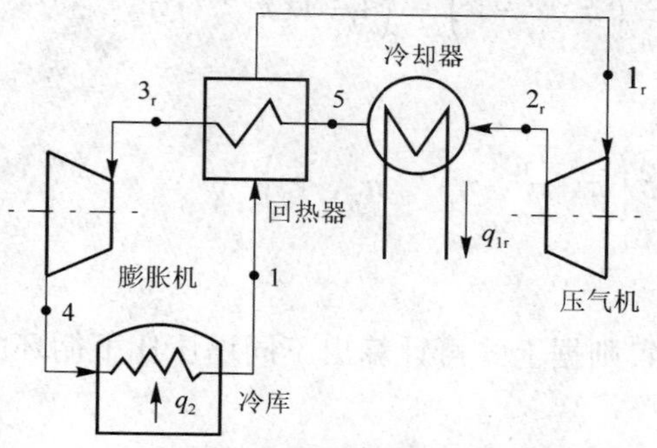

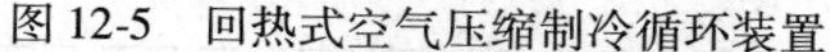

图 12-5　回热式空气压缩制冷循环装置

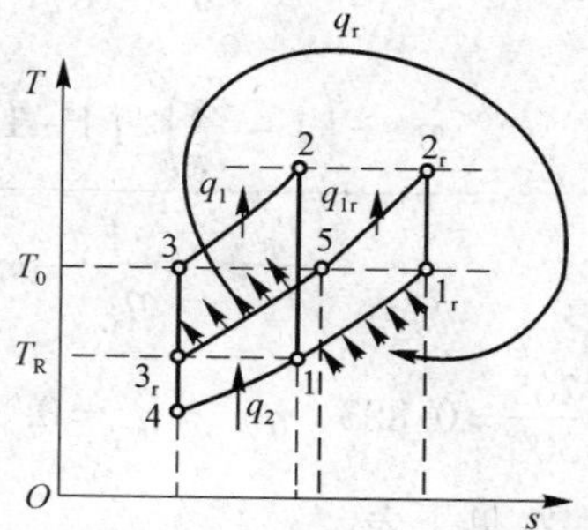

图 12-6　理论回热式空气压缩制冷循环的 T-s 图

从图 12-6 中可以看出：采用回热循环后，在理论上，制冷能力(图 12-6 中的过程 4→1 的

吸热量 q_2)及循环消耗的净功、向外界排出的热量与没有回热的循环(图 12-6 中的循环 1→2→3→4→1)相比,显然都没有变($w_{0r}=w_0, q_{1r}=q_1$),所以理论上制冷系数也没有变。但是,采用回热后,循环的增压比降低,从而使压气机耗功和膨胀机做功减少了同一数量,减轻了压气机和膨胀机的工作负担,使它们在较小的压力范围内工作,因而机器可以设计得比较简单而轻小。另外,如果考虑到压气机和膨胀机中过程的不可逆性(如图 12-7 所示),那么压气机少消耗的功因采用回热将不是等于而是大于膨胀机少做的功。因此,制冷机实际消耗的净功将因采用回热而减少。同时,每千克空气的制冷量也相应地有所增加(增加量为图 12-7 中的面积 a)。所以,采用回热措施能提高空气压缩制冷循环的实际制冷系数。由于空气压缩制冷循环采用回热后具有上述优点,因此它在深度冷冻、液化气体等方面获得了实际的应用。

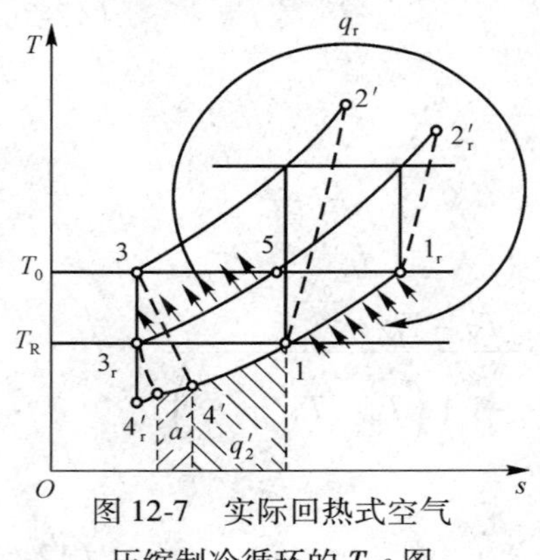

图 12-7　实际回热式空气压缩制冷循环的 T-s 图

例 12-1　考虑压气机和膨胀机不可逆损失的空气压缩制冷循环如图 12-7 中的循环 1→2′→3→4′→1 所示。已知大气温度 $T_0=300$ K,冷库温度 $T_R=265$ K,压气机的绝热效率和膨胀机的相对内效率均为 0.82。试计算增压比分别为 2,3,4,5,6 时循环的实际制冷系数(按等比热容理想气体计算)。

解:考虑到压气机和膨胀机的不可逆损失,循环的实际制冷系数为

$$\varepsilon'=\frac{q'_2}{w'_C-w'_T}=\frac{h_1-h_{4'}}{(h_{2'}-h_1)-(h_3-h_{4'})}=\frac{(h_3-h_{4'})-(h_3-h_1)}{(h_{2'}-h_1)-(h_3-h_{4'})}$$

$$=\frac{(h_3-h_4)\eta_{ri}-(h_3-h_1)}{(h_2-h_1)\dfrac{1}{\eta_{C,s}}-(h_3-h_4)\eta_{ri}}=\frac{(T_3-T_4)\eta_{ri}-(T_3-T_1)}{(T_2-T_1)\dfrac{1}{\eta_{C,s}}-(T_3-T_4)\eta_{ri}}$$

$$=\frac{\left(1-\dfrac{T_4}{T_3}\right)\eta_{ri}-\left(1-\dfrac{T_1}{T_3}\right)}{\dfrac{T_1}{T_3}\left(\dfrac{T_2}{T_1}-1\right)\dfrac{1}{\eta_{C,s}}-\left(1-\dfrac{T_4}{T_3}\right)\eta_{ri}}=\frac{\left(1-1/\pi^{\frac{\gamma_0-1}{\gamma_0}}\right)\eta_{ri}-\left(1-\dfrac{T_R}{T_0}\right)}{\dfrac{T_R}{T_0}\left(\pi^{\frac{\gamma_0-1}{\gamma_0}}-1\right)-\left(1-1/\pi^{\frac{\gamma_0-1}{\gamma_0}}\right)\eta_{ri}}$$

$$=\frac{\eta_{ri}-\left(1-\dfrac{T_R}{T_0}\right)\Big/\left(1-1/\pi^{\frac{\gamma_0-1}{\gamma_0}}\right)}{\dfrac{T_R}{T_0}\pi^{\frac{\gamma_0-1}{\gamma_0}}\dfrac{1}{\eta_{C,s}}-\eta_{ri}}=f\left(\pi,\frac{T_R}{T_0},\eta_{C,s},\eta_{ri},\gamma_0\right)$$

令 $\dfrac{T_R}{T_0}=\dfrac{265}{300}=0.883$,$\eta_{C,s}=\eta_{ri}=0.82$,$\gamma_0=1.4$,则据上式可计算出不同增压比下循环的实际制冷系数,见下表。

π	2	3	4	5	6
ε'	0.346 0	0.591 2	0.593 4	0.568 2	0.541 1

图 12-8 所示为 $\varepsilon'=f(\pi)$ 的曲线，从图 12-8 中可以看出：对应于 ε' 的最大值（0.599 7）有一最佳增压比（3.45）。选取太大或太小的增压比都会引起实际制冷系数的下降。

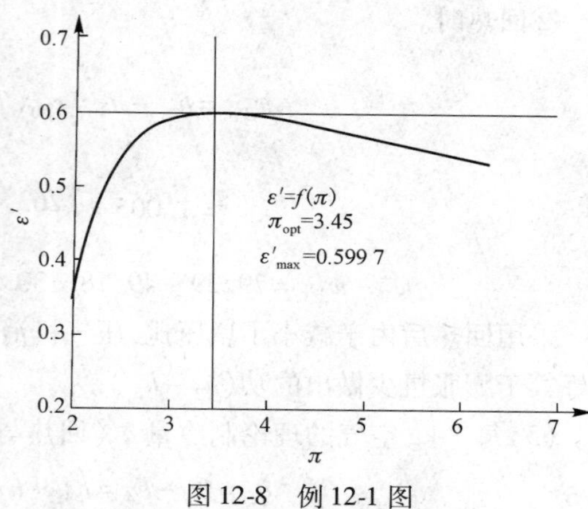

图 12-8　例 12-1 图

例 12-2　已知大气温度 $T_0=T_3=T_5=T_{1_r}=293$ K，冷库温度 $T_R=T_{3_r}=T_1=263$ K，压气机增压比 $\pi=\dfrac{p_2}{p_1}=\dfrac{p_3}{p_4}=3$，压气机理论出口温度 $T_2=T_{2_r}$。试针对空气压缩制冷循环回热和不回热两种情况求（按等比热容理想气体计算）：

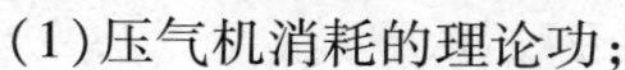

（1）压气机消耗的理论功；

（2）膨胀机做出的理论功；

（3）每 1 kg 空气的理论制冷量；

（4）理论制冷系数。

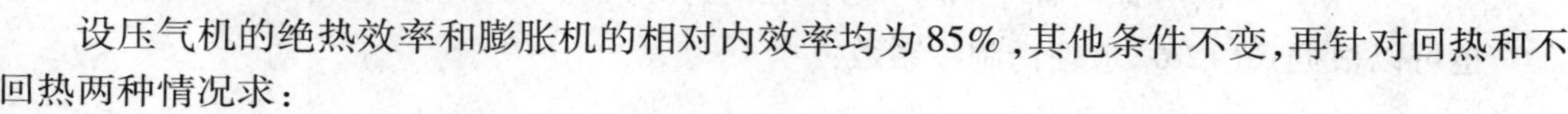

设压气机的绝热效率和膨胀机的相对内效率均为 85%，其他条件不变，再针对回热和不回热两种情况求：

（1）压气机实际消耗的功；

（2）膨胀机实际做出的功；

（3）每 1 kg 空气的实际制冷量；

（4）实际制冷系数。

解：

1）理论情况

（1）压气机消耗的理论功（1 kg 空气）。

①不回热时。

等比热容理想气体等熵压缩过程消耗的技术功为

$$w_C=\frac{\gamma_0}{\gamma_0-1}R_g T_1\left(\pi^{\frac{\gamma_0-1}{\gamma_0}}-1\right)=\frac{1.4}{1.4-1}\times 0.287\times 263\times\left(3^{\frac{1.4-1}{1.4}}-1\right)=97.42(\text{kJ/kg})$$

②回热时。

$$w_{C,r}=h_{2_r}-h_{1_r}=c_{p0}(T_{2_r}-T_{1_r})=c_{p0}\left(T_1\pi^{\frac{\gamma_0-1}{\gamma_0}}-T_{1_r}\right)$$

$$=1.005\times\left(263\times 3^{\frac{1.4-1}{1.4}}-293\right)=67.31(\text{kJ/kg})$$

$$w_C-w_{C,r}=97.42-67.31=30.11(\text{kJ/kg})=h_3-h_{3_r}$$

（2）膨胀机做出的理论功（1 kg 空气）。

①不回热时。

等比热容理想气体等熵膨胀过程的做功为

$$w_T=\frac{\gamma_0}{\gamma_0-1}R_g T_3\left(1-\frac{1}{\pi^{\frac{\gamma_0-1}{\gamma_0}}}\right)=\frac{1.4}{1.4-1}\times 0.287\times 263\times\left(1-\frac{1}{3^{\frac{1.4-1}{1.4}}}\right)=79.29(\text{kJ/kg})$$

②回热时。

$$w_{T,r}=h_{3_r}-h_4=c_{p0}(T_{3_r}-T_4)=c_{p0}\left(T_{3_r}-\frac{T_3}{\pi^{\frac{\gamma_0-1}{\gamma_0}}}\right)$$

$$=1.005\times\left(263-\frac{293}{3^{\frac{1.4-1}{1.4}}}\right)=49.18(\text{kJ/kg})$$

$$w_T-w_{T,r}=79.29-49.18=30.11(\text{kJ/kg})=h_3-h_{3r}=w_C-w_{C,r}$$

采用回热后由于减小了增压比，压气机消耗的功减少。少消耗的功（$h_3-h_{3_r}$）在理论上正好等于膨胀机少做出的功（$h_3-h_{3_r}$）。

（3）每 1 kg 空气的理论制冷量 q_2（回热与不回热相同）。

$$q_2=h_1-h_4=h_{3_r}-h_4=w_{T,r}=49.18\ \text{kJ/kg}$$

（4）理论制冷系数（回热与不回热相同）。

$$\varepsilon=\varepsilon_r=\frac{q_2}{w_C-w_T}=\frac{q_2}{w_{C,r}-w_{T,r}}=\frac{49.18}{97.42-79.29}=\frac{49.18}{67.31-49.18}=2.713$$

也可以根据式（12-6）求理论制冷系数：

$$\varepsilon=\frac{1}{\pi^{\frac{\gamma_0-1}{\gamma_0}}-1}=\frac{1}{3^{\frac{1.4-1}{1.4}}-1}=2.712$$

2）考虑压气机和膨胀机的不可逆损失（$\eta_{C,s}=\eta_{ri}=0.85$）

（1）压气机实际消耗的功（1 kg 空气）。

①不回热时。

$$w'_C=h_{2'}-h_1=\frac{w_C}{\eta_{C,s}}=\frac{97.42}{0.85}=114.61(\text{kJ/kg})$$

②回热时。

$$w'_{C,r}=h_{2'_r}-h_{1_r}=\frac{w_{C,r}}{\eta_{C,s}}=\frac{67.31}{0.85}=79.19(\text{kJ/kg})$$

两者相差：$w'_C-w'_{C,r}=114.61-79.19=35.42(\text{kJ/kg})$

（2）膨胀机实际做出的功（1 kg 空气）。

①不回热时。

$$w'_T=h_3-h_{4'}=w_T\eta_{ri}=79.29\times0.85=67.40(\text{kJ/kg})$$

②回热时。

$$w'_{T,r}=h_{3_r}-h_{4'_r}=w_{T,r}\eta_{ri}=49.18\times0.85=41.80(\text{kJ/kg})$$

两者相差：$w'_T-w'_{T,r}=67.40-41.80=25.60(\text{kJ/kg})$

即 $w'_T-w'_{T,r}<w'_C-w'_{C,r}$。因此，当存在不可逆因素时，采用回热后压气机少消耗的功大于膨胀机少做出的功。

（3）每 1 kg 空气的实际制冷量。

①不回热时。

$$q_2' = h_1 - h_{4'} = (h_1 - h_3) + (h_3 - h_{4'}) = c_{p0}(T_1 - T_3) + w_T'$$
$$= 1.005 \times (263 - 293) + 67.40 = 37.25(\text{kJ/kg})$$

②回热时。

$$q_{2,r}' = h_1 - h_{4_r'} = h_{3_r} - h_{4_r'} = w_{T,r}' = 41.80\ \text{kJ/kg}$$

显然,回热时实际制冷量增加了:

$q_{2,r}' - q_2' = 41.80 - 37.25 = 4.55(\text{kJ/kg})$,相当于图 12-7 中的面积 a。

(4)实际制冷系数。

①不回热时。

$$\varepsilon' = \frac{q_2'}{w_C' - w_T'} = \frac{37.25}{114.61 - 67.40} = 0.7890$$

②回热时。

$$\varepsilon_r' = \frac{q_{2,r}'}{w_{C,r}' - w_{T,r}'} = \frac{41.80}{79.19 - 41.80} = 1.1179 > \varepsilon'$$

显然,回热时提高了实际制冷系数。

任务 12.3　蒸气压缩制冷循环

利用一些低沸点物质的蒸气作为制冷剂,在其饱和区中实现逆向卡诺循环,这在原理上是可行的,因为在饱和区中可以实现等温过程(如图 12-9 所示)。但是考虑到在高湿度的湿蒸气区工作的压气机和膨胀机(特别是膨胀机),它们不仅效率低,而且工作不可靠,因此实际的蒸气压缩制冷循环都不使用膨胀机,而代之以节流阀(如图 12-10 所示)。这样虽然损失一些功和制冷量(图 12-11 中的 $h_{4'} - h_4$),但设备要简单和可靠得多,而且节流阀更便于调节。另外,压气机采用干蒸气压缩,这样虽然压气机多消耗一些功($h_{2'} - h_{1'} > h_2 - h_1$),但压气机的工作稳定,效率提高,而且制冷量也有所增加(增加了 $h_{1'} - h_1$)。所以,蒸气压缩式制冷机一般都采用这种干蒸气压缩制冷循环(图 12-11 中的循环 1′→2′→3→4′→1′)。

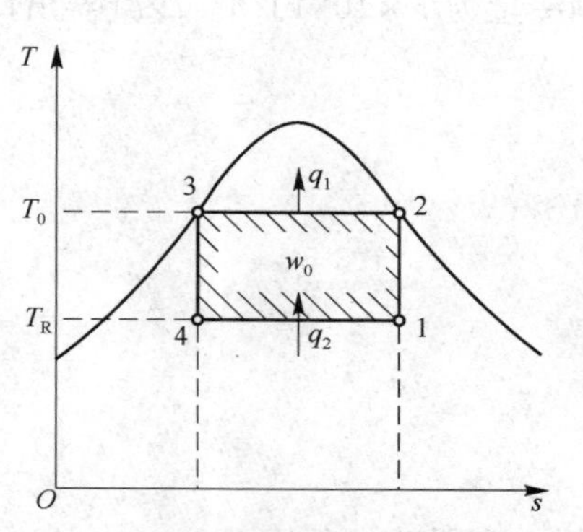

图 12-9　蒸气逆向卡诺制冷循环的 T-s 图

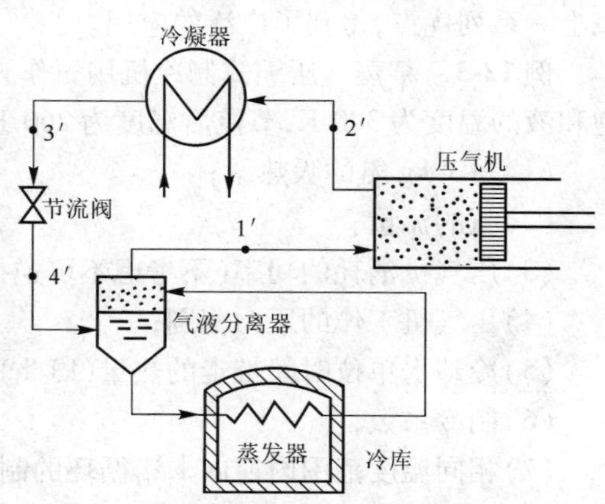

图 12-10　蒸气压缩制冷循环装置

这种蒸气压缩制冷循环的制冷系数为

$$\varepsilon=\frac{q_2}{w_0}=\frac{q_2}{w_C}=\frac{h_{1'}-h_{4'}}{h_{2'}-h_{1'}}=\frac{h_{1'}-h_3}{h_{2'}-h_{1'}} \tag{12-7}$$

若考虑到压气机的不可逆损失，则其制冷系数为

$$\varepsilon'=\frac{q_2}{w_0'}=\frac{q_2}{\dfrac{w_0}{\eta_{C,s}}}=\frac{h_{1'}-h_3}{h_{2'}-h_{1'}}\eta_{C,s} \tag{12-8}$$

式中，$\eta_{C,s}$ 为压气机的绝热效率。

式(12-7)和式(12-8)中各状态点的焓值可在制冷剂热力性质的专用图表中查得。最常用的制冷剂热力性质图是 p-h 图(参看图 B-4、图 B-5)。蒸气压缩制冷循环在 p-h 图中的表示如图 12-12 中的循环 $1'\to2'\to3\to4'\to1'$所示。

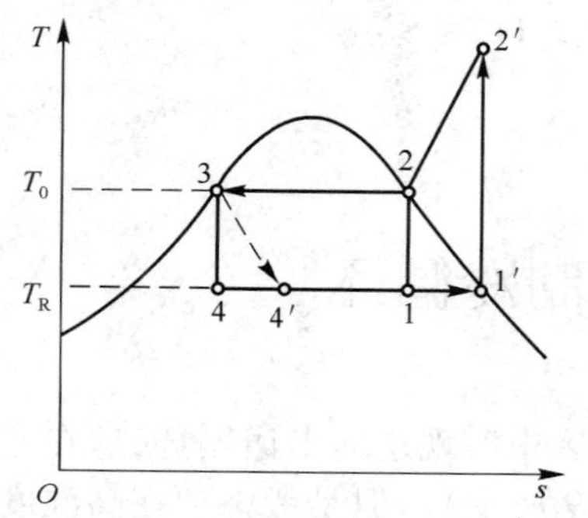

图 12-11　蒸气压缩制冷循环的 T-s 图

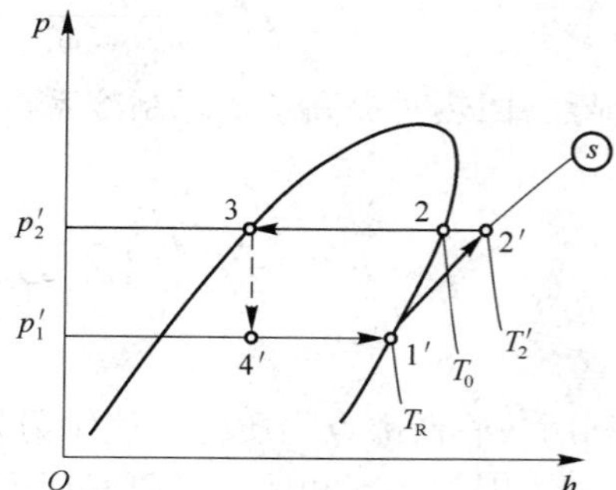

图 12-12　蒸气压缩制冷循环的 p-h 图

由于蒸气压缩制冷循环在冷库中的吸热过程是最有利的等温吸热汽化过程，冷凝器中的冷却过程也有一段是等温过程，因此其制冷系数比较大。另外，制冷剂的汽化热相对于气体的吸热能力来说，一般都大得多，因此每 1 kg 制冷剂的制冷量较大，设备比较紧凑。还可以根据制冷的温度范围选择适当的制冷剂，以达到更好的效果。蒸气压缩式制冷机因具有以上一系列优点，得到了广泛的应用。

例 12-3　某蒸气压缩式制冷机用氨作为制冷剂，制冷量为 1×10^5 kJ/h。冷凝器出口氨饱和液的温度为 300 K，节流后温度为 260 K。试求：

(1)每 1 kg 氨的吸热量；

(2)氨的流量；

(3)压气机消耗的功率(不考虑不可逆损失)；

(4)压气机工作的压力范围；

(5)冷却水单位时间带走的热量(kJ/h)；

(6)制冷系数；

(7)相同温度范围内逆向卡诺循环的制冷系数。

解：该制冷机的工作过程如图 12-11 和图 12-12 所示。查图 B-4 得

$$h_{1'}=1\ 570\ \text{kJ/kg},h_{2'}=1\ 770\ \text{kJ/kg},h_3=h_{4'}=450\ \text{kJ/kg}$$

（1）每 1 kg 氨的吸热量：

$$q_2 = h_{1'} - h_{4'} = 1\ 570 - 450 = 1\ 120 (\text{kJ/kg})$$

（2）氨的质量流量：

$$q_m = \frac{\dot{Q}_2}{q_2} = \frac{1 \times 10^5}{1\ 120} = 89.29 (\text{kg/h})$$

即 $q_m = 0.024\ 80\ \text{kg/s}$。

（3）压气机消耗的功率（不考虑不可逆损失）：

$$P_C = q_m w_C = q_m (h_{2'} - h_{1'}) = 0.024\ 80 \times (1\ 770 - 1\ 570) = 4.96 (\text{kW})$$

（4）压气机工作的压力范围。

压气机工作的压力范围即 260 K 和 300 K 所对应的饱和压力，查压焓图得此压力范围为 0.255～1.06 MPa。

（5）冷却水单位时间带走的热量（kJ/h）。

冷却水单位时间带走的热量即为制冷剂的放热量：

$$\dot{Q}_1 = q_m q_1 = q_m (h_{2'} - h_3) = 89.29 \times (1\ 770 - 450) = 1.179 \times 10^5 (\text{kJ/h})$$

（6）制冷系数：

$$\varepsilon = \frac{q_2}{w_C} = \frac{q_2}{w_C / q_m} = \frac{1\ 120}{4.96/0.024\ 80} = 5.60$$

（7）相同温度范围内逆向卡诺循环的制冷系数：

$$\varepsilon_C = \frac{1}{\dfrac{T_3}{T_{4'}} - 1} = \frac{1}{\dfrac{300}{260} - 1} = 6.50$$

任务 12.4　制冷剂的热力性质与新型制冷剂

1. 制冷剂的热力性质

制冷剂的热力性质对制冷装置的结构、所用材料及工作压力等都有所影响，因此在选择制冷剂时应考虑以下热力性质上的一些要求。

（1）对应于大气温度的饱和压力不要太高，以降低压气机成本和对设备强度、密封方面的要求。

（2）对应于冷库温度的压力不要太低，最好稍高于大气压力，以免为维持真空度而引起麻烦。

（3）在冷库温度下的汽化热要大，以使单位质量的制冷剂具有较大的制冷能力。

（4）液体比热容要小，也就是说，在温熵图中的饱和液体线要陡，这样就可以减小因节流而损失的功和制冷量。节流对耗功和制冷量的影响如图 12-13 所示。节流过程引起的功和制冷量的损失为

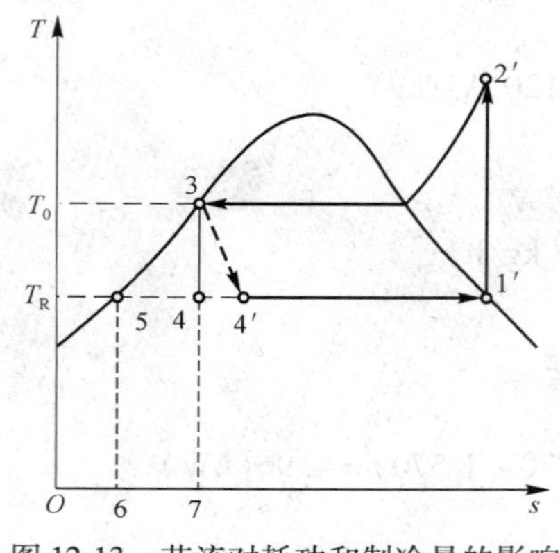

图 12-13　节流对耗功和制冷量的影响

$$h_{4'}-h_4=h_3-h_4=(h_3-h_5)-(h_4-h_5)$$
$$=A_1-A_2$$
$$=A_3$$

式中，A_1 为点 5，3，7，6 所围成的面积，A_2 为点 5，4，7，6 所围成的面积，A_3 为点 5，3，4 所围成的面积。

饱和液体线越陡，则 A_3 越小，节流过程引起的功和制冷量的损失也就越小。

（5）临界温度要显著高于大气温度，以免循环在近临界区进行，不能更多地利用等温放热而引起制冷能力和制冷系数的下降。

（6）凝固点应低于冷库温度，以免制冷剂在工作过程中凝固。

此外，制冷剂最好能满足以下要求：每单位容积的制冷能力大些，以便减小制冷装置尺寸；制冷剂传热性能良好，使换热器更紧凑；制冷剂不溶于油，以免影响润滑；制冷剂有一定的吸水性，以免因析出水分而在节流降温后产生冰塞；制冷剂不易分解变质，不腐蚀设备，不易燃，对人体无害，价格低廉，来源充足等。

氨作为制冷剂应用较多，它有很多优点：汽化热大、工作压力适中、几乎不溶于油、吸水性强、价格低廉、来源充足。但它也有缺点：对人体有刺激性、对铜腐蚀性强、空气中含氨量高时遇火会引起爆炸。

各种氯氟烃（CFC）的化学性质都很稳定，不腐蚀设备，不燃烧，对人体无害，但汽化热较小，价格较高。由于各种氯氟烃的临界参数、凝固温度及饱和蒸气压等各不相同，这就提供了根据不同工作温度选择合适的制冷剂的可能，因而其得到广泛应用。但是由于氯氟烃的蒸气破坏大气臭氧层，国际上已逐步禁止使用。因此，氯氟烃的替代物如 R-134a、R-152a 及一些烷烃类物质被推荐采用。然而它们虽然对臭氧层没有破坏作用，但还是有其他不足之处。寻找各方面都令人满意的制冷剂仍是值得探讨的课题。

2. 氟利昂对大气臭氧层的破坏及制冷剂替代工质的研究简介

氟利昂是英文 freon 一词的译音，这个词出现之初仅指二氯二氟甲烷（制冷剂 R-12），现在它代表一个相当大的化学物质类别：卤代烷（烃）。当只讲它们作为制冷剂的共性时，仍可以用氟利昂这一简单而笼统的名称称呼它们，但是当讨论破坏臭氧层的问题时就不能一概而论了。科学家说，氟利昂家族中出了破坏人类赖以生存的臭氧层的败家子，但不是全部，因此必须区别对待。

氟利昂既是制冷行业的骄子，又是破坏大气臭氧层的罪魁祸首。从 20 世纪 30 年代起，氟利昂以其无毒、稳定和良好的热力性能而广泛应用于制冷等行业，为人类生活繁荣起到了巨大的推动作用。20 世纪 70 年代初，科学家保罗·克鲁岑、舍伍德·罗兰德和马里奥·莫利纳三人发现并证明了氯氟烃是破坏大气臭氧层的罪魁祸首，这三位科学家因此荣获 1995 年诺贝尔化学奖。

1) 氯氟烃破坏大气臭氧层的机理

氯氟烃的化学性质极其稳定,寿命很长,可达百年以上,在低空中很难分解,最终都会分解在高空的平流层中。在平流层中,强烈的紫外线将促进其分解,释放出氯原子,这种新鲜的氯原子对臭氧具有亲和作用,生成了氧化氯和氧分子,从而破坏了臭氧。更糟糕的是,氧化氯又能和大气中游离的氧原子起作用,重新生成氯原子,氯原子又去消耗臭氧,如此循环下去,一个氯氟烃分子分解生成的氯原子可以连续消耗掉十万个臭氧分子,从而使臭氧层遭受严重破坏。氯氟烃破坏大气臭氧层的机理如图 12-14 所示。

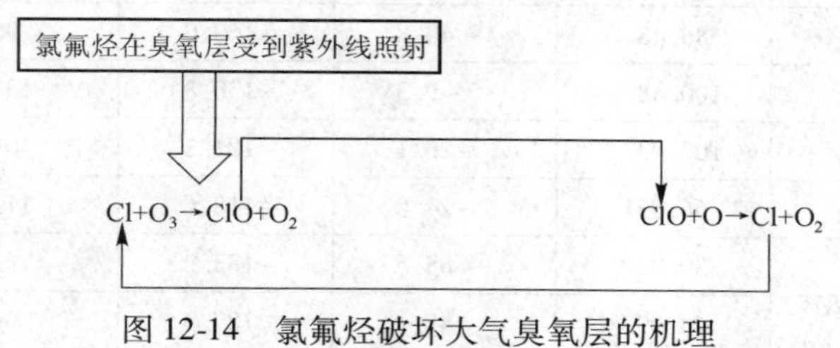

图 12-14　氯氟烃破坏大气臭氧层的机理

2) 臭氧层的作用及其被破坏后带来的危害

臭氧是氧的同素异形体,无色,气味特臭,故称臭氧。氧气或空气进行无声放电时即可产生臭氧。在离地面 15 ~50 km 的大气平流层中集中了地球上 90% 的臭氧气体,虽然其浓度从未超过十万分之一,全部集中起来也只有比鞋底还要薄的一层,但是它却吸收了绝大部分对生物有害的太阳紫外线。正是由于有了臭氧层这道天然屏障,地球上的人类和生物才得以正常生长和世代繁衍。如果臭氧层遭到破坏,太阳紫外线便可长驱直入,危及地球上的生物。强烈的紫外线使人体的抗病能力降低,从而诱发多种疾病(如皮肤癌、白内障),会使许多农作物与微生物受到损害,绝大多数农作物和其他植物会减产或降低质量。有害的紫外线对海平面下 20 m 内海水中的浮游生物、鱼虾和藻类等也会造成危害。紫外线也将引起建筑物、绘画及包装物质的老化,缩短其寿命,每年造成巨大的经济损失。

3. 世界对策及研究现状

在发现氟利昂破坏大气臭氧层后,国际社会在 20 世纪 80 年代末到 90 年代初召开了一系列国际会议,限制使用氯氟烃物质,这就是"蒙特利尔议定书"的由来。其中冰箱制冷剂 CFC12(R-12)和发泡剂 CFC11(R-11)是主要禁止使用的物质。其实,制冷剂中的氟原子并不危害臭氧层,只有其中的氯原子破坏臭氧层。目前,大体有三种制冷剂替代工质:HFC134a(美国杜邦公司)、丙烷和异丁烷等碳氢化合物(欧洲绿色和平组织,德国)、HFC152a(中国)。但是,迄今为止,各国提出的新型冰箱制冷剂替代物除了环保性能外,其他性能还都没有全面优于 CFC12。可以说,全世界范围内还没有找到一种永久的 CFC12 替代物。于是,人们在继续寻找更好的制冷剂的同时,正在积极研究磁制冷等其他新型制冷方式,预计人类要想彻底解决这一世界难题还得走相当长的一段路。值得庆幸的是,日本科学家预测:氟利昂排放所造成的南极上空臭氧层空洞从 2020 年左右将开始缩小,到 2050 年左右将基本消失。

表 12-1 给出了某些常用制冷剂的基本热力性质。在图 B-4 和图 B-5 中还分别给出了氨

和 R-134a 的热力性质图(压焓图)。

表 12-1 常用制冷剂的基本热力性质

物质	分子式	摩尔质量 M/(g/mol)	沸点/℃ (10^5 Pa)	凝固点/℃ (10^5 Pa)	临界温度 t_c/℃	临界压力 p_c/MPa
空气		28.965	-194.4		-140.7	3.774
氨	NH_3	17.031	-33.4	-77.7	132.4	11.30
R-12	CCl_2F_2	120.93	-29.8	-155.0	112.0	4.12
R-22	$CHClF_2$	86.48	-40.8	-160.0	96.1	4.98
R-142	$C_2H_3ClF_2$	100.48	-9.3	-130.8	137.0	4.12
R-134a	$C_2H_2F_4$	102.032	-26.1	-101.2	101.1	4.059
R-152a	$C_2H_4F_2$	66.051	-24.0	-118.6	113.2	4.517
乙烷	C_2H_6	30.070	-88.5	-183.2	32.2	4.88
丙烷	C_3H_8	44.097	-42.1	187.7	96.7	4.248
异丁烷	C_4H_{10}	58.124	-11.8	-159.6	134.7	3.629

任务 12.5 蒸汽喷射制冷循环和吸收式制冷循环

本项目前面各任务中所讨论的各种制冷循环(逆向卡诺循环、空气压缩制冷循环和蒸气压缩制冷循环)都靠消耗外功来达到制冷目的,但是,也可以不消耗外功,而以消耗温度较高的热能为代价来达到同样的制冷目的,蒸汽喷射制冷循环和吸收式制冷循环正是这样的循环。

1. 蒸汽喷射制冷循环

图 12-15 为蒸汽喷射制冷循环装置,该装置的特征是用由喷管、混合室和扩压管组成的喷射器来替代消耗外功的压缩机。图 12-16 为相应循环的 T-s 图。

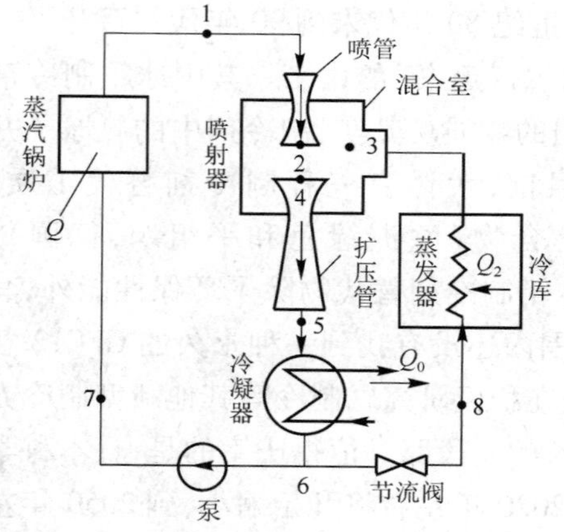

图 12-15 蒸汽喷射制冷循环装置

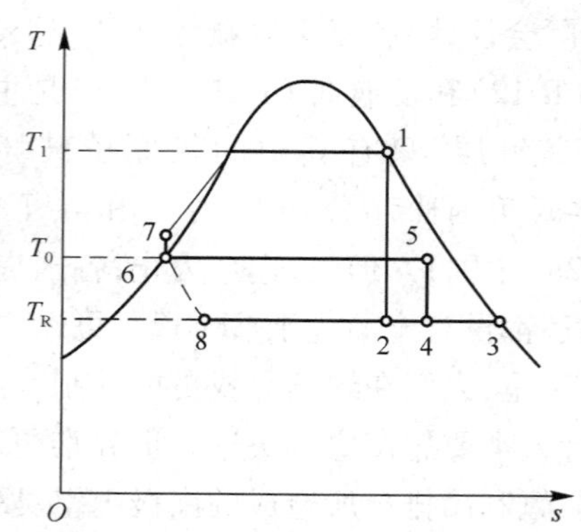

图 12-16 蒸汽喷射制冷循环的 T-s 图

从蒸汽锅炉引来的较高温度和较高压力的蒸汽(状态1)在喷管中膨胀至较低的混合室压力并获得高速(状态点2),这股高速气流在混合室中与从蒸发器过来的低压蒸汽(状态点3)混合后,形成一股速度略低的气流(状态点4)进入扩压管减速升压(图10-16中的过程4→5),然后在冷凝器中凝结(图10-16中的过程5→6)。凝结液则分为两路:一路经泵提高压力后送入蒸汽锅炉再加热汽化变为高压蒸汽;另一路经节流阀降压、降温(图10-16中的过程6→8),然后在蒸发器中吸热汽化变成低温、低压的蒸汽(状态点3)再进入混合室。

如上所述,蒸汽喷射制冷循环实际上包括两个循环:一个是逆向(在T-s图中表现为逆时针方向)的制冷循环4→5→6→8→3→4;另一个是正向循环1→2→4→5→6→7→1。二者合用喷射器和冷凝器。喷射器对制冷循环来说起到了压缩蒸汽的作用,而这部分蒸汽的压缩是靠正向循环中那部分蒸汽的膨胀作为补偿才得以实现的。从整个装置来看,低温热之所以能转移到温度较高的大气中去,是以供给锅炉的更高温度的热能最终也转移到大气中作为补偿的。

高压蒸汽流量与低压蒸汽流量之比(q_{m1}/q_{m2}),与高压蒸汽的温度、冷库温度、大气温度(冷却水温度)及喷射器的效能都有关系。显然,高压蒸汽的温度比大气温度高得越多,冷库温度比大气温度低得越少,喷射器效能越高,则上述比值越小(消耗的高压蒸汽相对越少)。

如果忽略泵所消耗的少量的功,那么整个喷射制冷装置是不消耗功的,而只消耗热量Q。热量平衡方程为

$$Q + Q_2 = Q_0 \tag{12-9}$$

式中,Q为蒸汽在锅炉中吸收的热量,Q_2为蒸汽在冷库中吸收的热量,Q_0为蒸汽在冷凝器中放出的热量。

蒸汽喷射制冷装置的热经济性可用热利用系数ξ来表示:

$$\xi = \frac{Q_2}{Q} \tag{12-10}$$

由于蒸汽混合过程的不可逆损失很大,因而热利用系数一般都较低而且降温有限。但这种装置由于用简单紧凑的喷射器取代了复杂昂贵的压气机,而喷射器又容许通过很大的容积流量,可以利用低压水蒸气作为制冷剂,因此在有现成蒸汽可用的场合,常被用于调节气温。

2. 吸收式制冷循环

吸收式制冷装置中采用沸点较高的物质作吸收剂,沸点较低、较易挥发的物质作制冷剂,常用的有氨-水溶液(氨是制冷剂,水是吸收剂)。在空气调节设备中,也常用水-溴化锂溶液(水是制冷剂,溴化锂是吸收剂)。

图12-17为吸收式制冷循环装置。其工作原理是:利用制冷剂在较低温度和较低压力下被吸收及在较高温度和较高压力下挥发所起到的压缩气体作用,再经过冷凝、节流、低温蒸发,从而达到制冷目的。吸收式制冷装置的具体工作过程如下。

蒸汽发生器从外界吸收热量Q,使溶液中较易挥发的制冷剂变为蒸汽(其中夹有少量吸收剂的蒸气)。该蒸汽具有较高的温度和较高的压力(状态点2),在冷凝器中凝结后(图12-17中的过程2→3),经节流阀降压,温度降至冷库温度(图12-17中的过程3→4),然后进入冷库中

蒸发吸热(图 12-17 中的过程 4→1),再送到吸收器中在较低的温度和压力下被吸收剂所吸收。吸收器中的溶液由于吸收了制冷剂,制冷剂相对含量较高,并有增加的趋势;而蒸汽发生器中的溶液则由于制冷剂的挥发,制冷剂相对含量较低,并有减少的趋势。为了使制冷装置能稳定地连续工作,可用泵和减压阀使蒸汽发生器和吸收器中的溶液发生交换,以取得制冷剂的质量平衡,使吸收器和蒸汽发生器中的溶液维持各自不变的含量。另外,由于制冷剂被吸收剂吸收时会放出热量,而蒸汽发生器经节流阀进入吸收器的溶液又具有较高的温度,为了保持吸收器中溶液的吸收能力,除了要维持制冷剂的含量不要太高以外,还必须维持溶液有较低的温度,因此吸收器必须加以冷却。

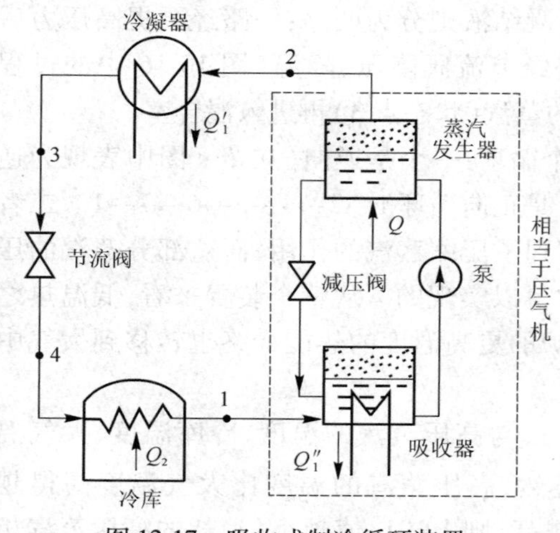

图 12-17　吸收式制冷循环装置

以上是吸收式制冷装置的整个工作过程。除蒸汽发生器和吸收器(它们共同起着压缩气体的作用)的工作过程比较特殊外,其他工作过程和蒸汽压缩制冷装置基本相同。

如果忽略泵消耗的少量的功,那么整个吸收式制冷装置也是不消耗功的,而只消耗热量 Q。热量平衡方程为

$$Q + Q_2 = Q_1' + Q_1'' \tag{12-11}$$

吸收式制冷装置的热经济性也可用热利用系数 ξ 来表示:

$$\xi = \frac{Q_2}{Q} \tag{12-12}$$

吸收式制冷装置的热利用系数比较低,但由于其设备简单,造价低廉(不需要昂贵的压气机),不消耗功,可以利用温度不是很高的热能,因此常被用在有余热可以利用的场合。

近年来,一些根据其他原理工作的新型制冷装置也不断被研制开发出来,如半导体制冷机、脉管制冷机、吸附式制冷机等,它们在一些特殊场合中有不可取代的优越性。

任务 12.6　热泵循环

前面已经说明,热泵循环与制冷循环都是消耗高品质能量以实现热量从低温热源向高温热源的传输。热泵是将热能从低温物系(如大气环境)向加热对象(高温热源,如室内空气)输送的装置。热泵循环和制冷循环的热力学原理相同,但热泵装置与制冷装置的工作温度范围和达成的效果不同。如利用热泵向房间供暖,则热泵在房间空气温度 T_H(高温热源 T_1)和大气温度 T_0(低温热源 T_2)之间工作,其效果是室内空气获得热能,并维持不变。制冷循环则是在环境温度 T_0(高温热源 T_1)和冷库温度 T_R(低温热源 T_2)之间工作。压缩蒸汽式热泵系统及其 T-s 图分别与图 12-10 及图 12-11 相似,仅温限不同而已。

热泵循环的能量平衡方程为

$$q_H = q_L + w_{net} \tag{12-13}$$

式中，q_H 为供给室内空气的热量，q_L 为取自环境介质的热量，w_{net}为供给系统的净功。

热泵循环的经济性指标为供暖系数 ε'(或热泵工作性能系数 COP′)，其表达式为

$$\varepsilon' = \frac{q_H}{w_{net}} \tag{12-14}$$

将式(12-13)代入式(12-14)，因 $q_L > 0$，所以 $\varepsilon' > 1$。

与其他加热方式(如电加热、燃料燃烧加热等)相比，热泵循环不仅把消耗的能量(如电能)转化成热能输向加热对象，而且依靠这种能质下降的补偿作用，把低温热源的热量 q_L"泵"送到高温热源。因此，热泵是一种合理的供暖装置。由于热泵循环与制冷循环的相似性，经过合理设计，同一装置可轮流用作制冷和供暖，夏季作为制冷机用于空调，冬季作为热泵用来供暖。

项目总结

制冷循环和热泵循环都是逆向循环，两者的区别是：制冷循环的目的是从低温热源(如冷库)不断地取走热量，以保持其较低的温度；热泵循环的目的是向高温物体(如供暖的房间)提供热量，以保持其较高的温度。但是，它们的热力学本质是相同的，都是使热量从低温物体传向高温物体。根据热力学第二定律，这是需要付出代价的，因此必须提供机械能(或其他能量)，以确保包括低温热源、高温热源、功源(或向循环供能的能源)在内的孤立系统的熵增大。

回热式空气压缩制冷循环是对环境保护有利的一种制冷形式，对这种制冷循环的分析，除计算循环制冷量、制冷系数、气体流量外，还包括循环制冷量、制冷系数和压力比之间的关系分析，以及回热式压缩气体制冷循环的分析计算。蒸汽压缩制冷循环的循环制冷量、制冷系数(制冷机工作性能系数)、制冷剂流量的计算很大程度上依赖于制冷剂的焓及其他参数的确定。制冷剂参数确定的原则与水蒸气参数确定的原则相同，制冷剂的热力性质表查取方法与水蒸气热力性质表的查取方法也相同，但使用的图以 p-h 图为主。

热泵循环通常从环境介质等低温热源吸取能量，输送到高温热源加以利用，它与制冷循环一样，必须消耗某种形式的能量。所以，对于热泵循环的理论分析可以参照制冷循环进行。

本项目的知识结构框图如图 12-18 所示。

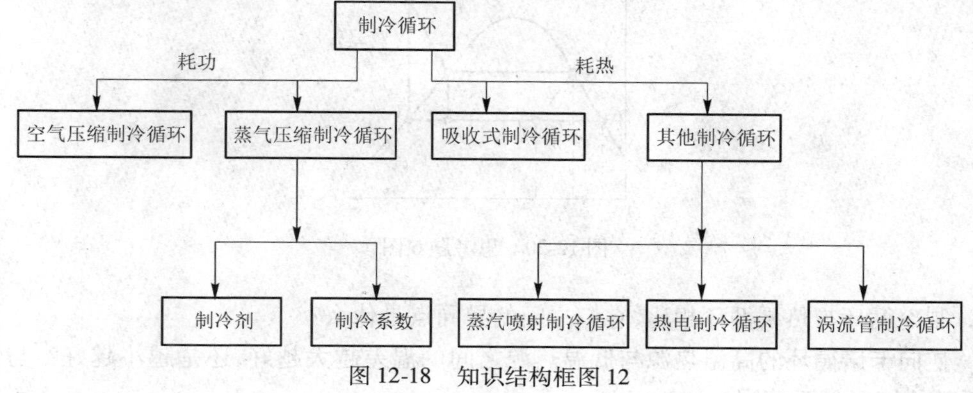

图 12-18　知识结构框图 12

思考题

1. 利用制冷机产生低温，再利用低温物体作冷源以提高热机循环的热效率，这样做是否有利？

2. 如何理解空气压缩制冷循环采取回热措施后，不能提高理论制冷系数，却能提高实际制冷系数？

3. 如图 12-19 所示，如果蒸气压缩制冷装置按 1′→2′→3→5→1′运行，就可以在不增加压气机耗功的情况下增加制冷剂在冷库中的吸热量（由原来的 $h_{1'}-h_{4'}$增加为 $h_{1'}-h_5$），从而可以提高制冷系数。这样考虑对吗？

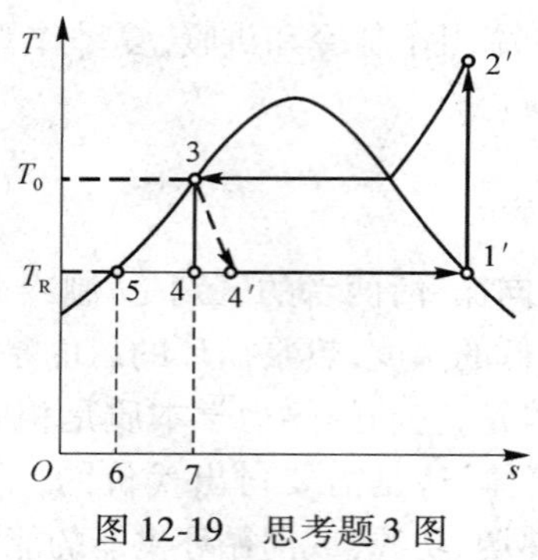

图 12-19　思考题 3 图

4. 蒸气压缩制冷循环与空气压缩制冷循环相比，有哪些优点？为什么有些时候还要用空气压缩制冷循环？

5. 蒸气压缩制冷循环可以采用节流阀来替代膨胀机，空气压缩制冷循环是否也可以采用这种方法？为什么？

6. 如图 12-20 所示，若蒸气压缩制冷循环按照 1→2→3→4→6→1 运行，循环耗功量没有变化，仍为 h_1-h_2，而制冷量则由 h_1-h_5增大为 h_1-h_6，可见这种循环的好处是明显的，但为什么没有被采用？

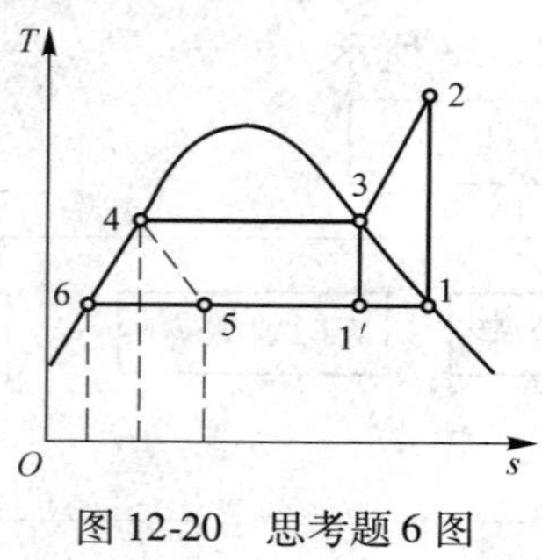

图 12-20　思考题 6 图

7. 制冷循环与热泵循环相比，它们之间的异同点是什么？

8. 逆向卡诺循环的高温热源与低温热源之间的温差越大越好，还是越小越好？与正向卡诺循环的情况是否相同？

习　题

12-1 一制冷机工作在 245 K 和 300 K 之间，吸热量为 9 kW，制冷系数是同温限逆向卡诺循环制冷系数的 75%。试计算：(1) 放热量；(2) 耗功量；(3) 制冷量为多少冷吨。

12-2 一卡诺热泵提供 250 kW 热量给温室，以便维持该室温度为 22 ℃，热量取自处于 0 ℃的室外空气。试计算供热系数、循环耗功量及从室外空气中吸取的热量。

12-3 一逆向卡诺循环，制冷系数为 4，问高温热源温度与低温热源温度之比是多少？如果输入功率为 6 kW，试问制冷量为多少冷吨？如果这个系统作为热泵循环，试求循环的供热系数及能提供的热量。

12-4 卡诺制冷机在 0 ℃下吸热，要求输入功率为 2.0 kW/冷吨，试确定循环制冷系数和放热的温度。如果循环上限温度为 40 ℃，试求需要输入的功量为多少？

12-5 一制冷机在 −20 ℃和 30 ℃的热源间工作，若其吸热 10 kW，循环制冷系数是同温限间逆向卡诺循环的 75%，试计算：(1) 散热量；(2) 循环净耗功量；(3) 循环制冷量折合多少冷吨？

12-6 一逆向卡诺制冷循环，其制冷系数为 4，问高温热源与低温热源温度之比是多少？若输入功率为 1.5 kW，试问制冷量为多少冷吨？如果将此系统改作热泵循环，高、低温热源温度及输入功率维持不变，试求循环的供热系数及能提供的热量。

12-7 空气压缩制冷循环的运行温度为 $T_R = 290$ K，$T_0 = 300$ K，如果循环增压比分别为 3 和 6，试分别计算它们的循环制冷系数和每千克工质的制冷量。假定空气为理想气体，比热容 $c_p = 1.005$ kJ/(kg · K)，$\kappa = 1.4$。

12-8 若题 12-7 中压气机的绝热效率 $\eta_{C,s} = 0.82$，膨胀机的相对内效率 $\eta_{ri} = 0.85$，试分别计算每千克工质的制冷量、循环净功及循环制冷系数。

12-9 已知大气温度为 25 ℃，冷库温度为 −10 ℃，压气机增压比分别为 2，3，4，5，6。试求空气压缩制冷循环的理论制冷系数。在所给的条件下，理论制冷系数最大可达多少？（按定比热容理想气体计算）

12-10 大气温度和冷库温度承习题 12-9，压气机增压比为 3，压气机绝热效率为 82%，膨胀机相对内效率为 84%，制冷量为 0.8×10^6 kJ/h。求压气机所需功率、整个制冷装置消耗的功率和制冷系数。（按定比热容理想气体计算）

12-11 采用布雷敦循环的制冷机运行在 300 K 和 250 K 之间，如果循环增压比分别为 3 和 6，试计算它们的循环制冷系数。假定工质可视为理想气体，$c_p = 1.004$ kJ/(kg · K)，$\kappa = 1.4$。

12-12 采用具有理想回热的布雷敦逆循环的制冷机，工作在 290 K 和 220 K 之间，循环增压比为 5，当输入功率为 3 kW 时，循环的制冷量是多少冷吨？循环的制冷系数又是多少？假定工质可视为理想气体，$c_p = 1.004$ kJ/(kg · K)，$\kappa = 1.3$。

12-13 某氨蒸气压缩制冷装置及相应的 T-s 图分别如图 12-10、图 12-11 所示，已知冷凝器中氨的压力为1 MPa，节流后压力降为 0.2 MPa，制冷量为 0.12×10^6 kJ/h，压气机绝热效率为 80%。试求：(1) 氨的流量；(2) 压气机出口温度及所耗功率；(3) 制冷系数；(4) 冷却水流量。已知冷却水经过氨冷凝器后温度升高 8 K,水的定压比热容为 4. 187 kJ/(kg · K)。

12-14 习题 12-13 中的制冷装置在冬季改作热泵用。将氨在冷却器中的压力提高到 1. 6 MPa,氨凝结时放出的热量用于取暖,节流后氨的压力为 0. 3 MPa,压气机功率和效率同上题。试求:(1)氨的流量;(2)供热量(kJ/h);(3)供热系数;(4)若用电炉直接取暖,则所需电功率为若干?

12-15 某采用理想回热的压缩气体制冷装置,工质为某种理想气体,循环增压比 $\pi=5$,冷库温度 $t_c=-40$ ℃,环境温度为 300 K。若输入功率为 3 kW,试计算:(1)循环制冷量;(2)循环制冷系数;(3)当循环制冷系数及制冷量不变,且不采用回热措施时的循环增压比为多少?气体的比热容 $c_p=0.85$ kJ/(kg · K),$\kappa=1.3$。

12-16 某热泵装置使用 R-134a 作为工质,设蒸发器中 R-134a 的温度为 -10 ℃,进入压气机时蒸气的干度为 1. 0,压缩机出口压力为 1. 0 MPa。求:(1)工质在蒸发器中吸收的热量、在冷凝器中散向室内空气的热量和循环供暖系数;(2)设该装置每小时向室内空气的供热量为 80 000 kJ,求用以带动该热泵的最小功率是多少?若改用电炉供热,则电炉功率应是多少?两者比较,可得出什么样的结论?

模块 4

化学热力学基础

项目 13　化学热力学基础

项目提要

前面各项目中所介绍的都以物理状态变化过程为限,未涉及化学反应过程。实际上,许多能源、动力、化工、环保及生物体内的能量转换和热质传递过程都涉及化学反应。本项目主要介绍热力学第一、第二定律在化学反应系统中的应用,以及反应热、过程热效应、标准生成焓等概念及在计算化学反应中具有重要意义的盖斯定律和基尔霍夫定律,同时结合燃烧反应还介绍了燃料理论燃烧温度的确定。在热力学第二定律的应用中,讨论了化学反应的最大有用功、化学反应方向的判断及化学平衡。本项目对热力学第三定律也做了简要的介绍。

学习目标

(1)明确化学反应系统热和功的计算方法,准确区分反应热、热效应、标准生成焓、容积功、非容积功、有用功及最大有用功等概念。

(2)准确应用热力学第一定律分析化学反应系统中进行的过程,具有使用盖斯定律和基尔霍夫定律计算反应热的能力。

(3)准确应用热力学第二定律分析化学反应系统,具有正确判断化学反应方向、分析计算反应最大有用功及化学平衡的能力。

(4)明确热力学第三定律的实质,准确解释绝对熵的概念及绝对零度不可能达到的原理。

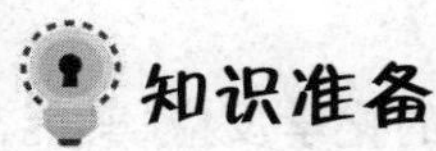

知识准备

任务 13.1　概　　述

化学热力学就是研究有化学反应时的热力学问题。能源、环境等工程领域的化学问题日益增多,如燃料电池、污水处理、大气臭氧层的消耗、生命体内的能量转换等,这使化学热力学显得更加重要。

包含化学反应的热力系统与前面各项目中讲述的只有物理变化的简单可压缩系统有所

不同。在化学反应过程中，物质的分子结构发生了变化。由于不同分子结构具有不同的化学能，因此在研究能量关系时，必须考虑内部化学能的变化。此时热力学能不仅包括分子动能和分子位能，还应包括化学能。

在简单可压缩系统中，工质的状态取决于两个相互独立的状态参数。在化学反应中，由于组分是变化的，所以需要更多的参数（如各组元的质量分数 w_i 或摩尔分数 x_i）才能表达热力系的状态，如

$$U = U(S, V, w_1, w_2, \cdots, w_i, \cdots, w_n)$$
$$H = H(S, p, w_1, w_2, \cdots, w_i, \cdots, w_n)$$
$$\cdots$$

由于独立变量增多，当两个相互独立的状态参数保持不变时，化学反应过程仍能进行，如等温等压过程、等温等容过程。这样的过程在简单可压缩系统中是无法实现的，但在化学反应系统中却具有特殊重要的意义，因为有许多实际过程接近这两种理想化的过程。

简单可压缩系统仅与外界交换容积变化功（膨胀功）W，化学反应系统与外界交换功量时则可能包含其他形式的功，如电功。化学反应过程的容积变化功实际上很难加以利用，所以非容积变化功是化学反应系统与外界交换功量的主要形式。化学热力学将非容积变化功称为有用功，用 W_u 表示。从而，系统总功为

$$W_{tot} = W + W_u \tag{13-1}$$

任务 13.2 热力学第一定律在化学反应系统中的应用

1. 化学反应系统的能量方程

热力学第一定律的一般表达式为

$$Q = \Delta E + \int_{\tau} (e_2 \delta m_2 - e_1 \delta m_1) + W_{tot}$$

将此式应用于化学反应系统，则 Q 表示化学反应过程中系统与外界交换的热量，称为反应热；W_{tot} 表示化学反应过程中系统与外界交换的总功，详见式（13-1）；e 为比总能，$e = u + c^2/2 + gz$，u 中包含化学能。

在等压或等容条件下进行的不做有用功的化学反应是实际中最常见的化学反应，其能量方程可由热力学第一定律导出。

对闭口系的等容过程，容积变化功为零。如果不做有用功，且不计工质宏观动能和宏观位能的变化，则得过程的反应热为

$$Q_v = \Delta U = U_{Pr} - U_{Re} \tag{13-2}$$

式中，下标“Pr”和“Re”分别表示生成物和反应物。可见，等容过程的反应热等于反应前后系统热力学能的变化。

对闭口系的等压过程，容积变化功 $W = p\Delta V$，如果不做有用功（$W_u = 0$），且不计工质宏观动能和宏观位能的变化，则有

$$Q_p = \Delta H = H_{Pr} - H_{Re} \tag{13-3}$$

对稳定流动开口系,无论过程是否等压,只要不做技术功和有用功($W_t = 0, W_u = 0$),且忽略过程始末宏观动能和宏观位能的变化,同样有

$$Q_p = H_2 - H_1 = H_{Pr} - H_{Re} \tag{13-4}$$

可见,闭口系的等压过程和开口系的稳定流动过程,其反应热的表达式相同,都等于生成物与反应物的焓差。

在化学热力学中,不做有用功的等温等容过程、等温等压过程、绝热等压过程、绝热等容过程是四种基本的热力过程,大多数化学反应可以理想化为这四种基本过程之一。

对等温等容过程,同样有

$$Q_V = U_{Pr} - U_{Re} \tag{13-5}$$

此时的反应热 Q_V 称为等容热效应。

对等温等压过程,同样有

$$Q_p = H_{Pr} - H_{Re} \tag{13-6}$$

此时的反应热 Q_p 称为等压热效应。

可见,等压热效应和等容热效应的定义中已经包含了过程等温、不做有用功等限定条件。而实际上,式(13-5)和式(13-6)并不要求反应过程自始至终是等温的,只要过程的初、终状态温度相等,则这两个等式就成立(因为 U 和 H 都是状态参数,过程始末两状态参数之差与过程路径无关)。需要特别注意的是,热效应(如 Q_V,Q_p)是特殊的反应热,是状态量,而反应热(如 Q)是过程量。

对绝热等容过程,由式(13-2)有

$$U_{Pr} = U_{Re} \tag{13-7}$$

对绝热等压过程,由式(13-3)有

$$H_{Pr} = H_{Re} \tag{13-8}$$

2. 焓基准、标准生成焓

由式(13-5)和式(13-6)可知,等容热效应 Q_V 和等压热效应 Q_p 存在的关系为

$$Q_p - Q_V = (H_{Pr} - H_{Re}) - (U_{Pr} - U_{Re}) = (pV)_{Pr} - (pV)_{Re} \tag{13-9}$$

如果反应物和生成物都为理想气体,则有

$$Q_p - Q_V = RT(n_{Pr} - n_{Re})$$

由于 Q_V 可以由 Q_p 计算出来,更重要的是,因为等温等压过程更为常见,所以以后的讨论以 Q_p 为主。Q_p 是等温、等压下过程的反应热,其数值与发生反应的温度和压力条件有关。化学热力学规定了化学标准状态:$t^0 = 25$ ℃,$p^0 = 101.325$ kPa(1 atm)。

由此可见,在分析化学反应过程的能量关系时,反应物和生成物的焓的计算非常重要。在化学反应系统中,生成物和反应物组分不同,只有当不同物质具有相同的焓基准点时,才能进行比较和计算。由于各种化合物都由确定的单质化合而成,因此化学热力学规定稳定单质在标准状况下的焓值为零,从而保证了不同物质有相同的焓起点。

稳定单质在标准状态下生成化合物的热效应称为标准生成热。标准生成热即为生成反

应的标准等压热效应：$Q_p^0 = H_{com}^0 - \sum H_{ele}^0$。由于稳定单质在标准状况下的焓值 H_{ele}^0 规定为零，因此，化合物在标准状况下的焓值 H_{com}^0 等于其标准生成热 Q_p^0。习惯上将标准生成热称为标准生成焓，用 H_f^0 表示。表 A-12 给出了一些化合物的标准生成焓。

标准生成焓是生成反应的一个过程量，可以通过精确的热量测量来确定，对指定的化合物，它是一个确定的常数。这就意味着，在标准状态下，指定化合物的焓值是常数，与达到此状态的途径无关。因此，作为标准状态下化合物的焓值，标准生成焓可以脱离生成反应而独立地加以应用。

3. 利用标准生成焓计算化学反应热

以标准生成焓为基础，可以计算物质在任意 T,p 下的焓值，即

$$H_m(T,p) = H_m(T^0,p^0) + [H_m(T,p) - H_m(T^0,p^0)] = H_f^0 + \Delta H_m \tag{13-10}$$

式中，H_m 表示摩尔焓，单位为 kJ/kmol。

H_f^0 为物质的标准生成焓，亦即物质在标准状态下的摩尔焓。对于单质，$H_f^0 = 0$。ΔH_m 表示物质由 (T^0,p^0) 到 (T,p) 焓的变化，这是一个物理过程，其计算与基准点的选取无关。表 A-1、表 A-11、表 A-13 至表 A-16、表 A-18、表 A-19、表 A-23 给出了一些理想气体在不同温度下的摩尔焓值。所以，不做有用功的等压过程的反应热为

$$\begin{aligned} Q_p &= H_{Pr} - H_{Re} = \sum_j (n_j H_{m,j})_{Pr} - \sum_i (n_i H_{m,i})_{Re} \\ &= \sum_j (n_j H_{f,j}^0 + n_j \Delta H_{m,j})_{Pr} - \sum_i (n_i H_{f,i}^0 + n_i \Delta H_{m,i})_{Re} \\ &= \left[\sum_j (n_j H_{f,j}^0)_{Pr} - \sum_i (n_i H_{f,i}^0)_{Re}\right] + \left[\sum_j (n_j \Delta H_{m,j})_{Pr} - \sum_i (n_i \Delta H_{m,i})_{Re}\right] \\ &= Q_p^0 + \sum_j (n_j \Delta H_{m,j})_{Pr} - \sum_i (n_i \Delta H_{m,i})_{Re} \end{aligned} \tag{13-11}$$

据此可以计算任意反应物温度、任意生成物温度、任意压力下等压过程的反应热。若反应物和生成物温度相同，都为 T，则得温度 T 下的等压热效应 Q_p。若过程在标准状态下进行，各物质的 $\Delta H_m = 0$，则得标准等压热效应 Q_p^0 为

$$Q_p^0 = \sum_j (n_j H_{f,j}^0)_{Pr} - \sum_i (n_i H_{f,i}^0)_{Re} \tag{13-12}$$

例 13-1 甲烷和空气以化学当量比进入燃烧室。若燃烧反应在标准条件下进行，试求甲烷燃烧放出的热量。

解：甲烷燃烧反应为

$$CH_4 + 2O_2 = CO_2 + 2H_2O$$

因燃烧室中的燃烧反应在定温定压下进行，可视为稳定流动过程，且忽略进、出口动能差、势能差，无轴功。反应前后温度不变，反应物和生成物显焓无变化。由(13-11)有

$$Q_p = Q_p^0 = \left[\sum_j (n_j H_{f,j}^0)_{Pr} - \sum_i (n_i H_{f,i}^0)_{Re}\right]$$

查表 A-12 有生成焓

$$(H_f^0)_{CH_4} = -74\ 850\ \text{kJ/kmol}; (H_f^0)_{O_2} = 0\ \text{kJ/kmol};$$
$$(H_f^0)_{CO_2} = -393\ 520\ \text{kJ/kmol}; (H_f^0)_{H_2O(g)} = -241\ 820\ \text{kJ/kmol}$$

则

$$Q_p = (-393\ 520 - 2\times 241\ 820) - [1\times(-74\ 850) + 2\times 0]$$
$$= -802\ 310(\text{kJ/kmol})$$

讨论:上述答案与燃烧是在纯氧还是在空气中进行无关,与氧化剂过量多少无关。因为进、出口温度都是25 ℃,且不参与燃烧的其他物质(如 N_2或过量 O_2)的焓也是不变的。

例13-2　初温 $T_1 = 400$ K 的甲烷,与 $T_2 = 500$ K 的空气(过量50%)进入燃烧室在101.325 kPa下进行反应,燃烧室出口甲烷无剩余,生成气体的温度 $T_3 = 1\ 740$ K。试求传入燃烧室或燃烧室传出的热量(J/kmol)。

解:甲烷与过剩50%的空气完全燃烧的反应为

$$CH_4 + 3\times(O_2 + 3.76N_2) = CO_2 + 2H_2O + O_2 + 11.28N_2$$

由于终温为1 740 K,水蒸气可以视为理想气体。

查表A-12得物质的标准生成焓:

$$(H_f^0)_{CH_4} = -74\ 850\ \text{kJ/kmol};(H_f^0)_{O_2} = 0\ \text{kJ/kmol};(H_f^0)_{N_2} = 0\ \text{kJ/kmol}$$
$$(H_f^0)_{CO_2} = -393\ 520\ \text{kJ/kmol};(H_f^0)_{H_2O(g)} = -241\ 820\ \text{kJ/kmol}$$

查表A-13得 N_2的显焓:

$$(H_m)_{N_2,298K} = 8\ 669\ \text{kJ/kmol};(H_m)_{N_2,500K} = 14\ 581\ \text{kJ/kmol};$$
$$(H_m)_{N_2,1\ 740K} = 55\ 516\ \text{kJ/kmol}$$

查表A-14得 O_2的显焓:

$$(H_m)_{O_2,298K} = 8\ 682\ \text{kJ/kmol};(H_m)_{O_2,500K} = 14\ 770\ \text{kJ/kmol};$$
$$(H_m)_{O_2,1\ 740K} = 58\ 136\ \text{kJ/kmol}$$

查表A-15得 CO_2的显焓:

$$(H_m)_{CO_2,298K} = 9\ 364\ \text{kJ/kmol};(H_m)_{CO_2,1\ 740K} = 85\ 231\ \text{kJ/kmol}$$

查表A-16得 CH_4的显焓:

$$(H_m)_{CH_4,298K} = 10\ 018.7\ \text{kJ/kmol};(H_m)_{CH_4,400K} = 13\ 888.9\ \text{kJ/kmol}$$

查表A-11得 H_2O 的显焓:

$$(H_m)_{H_2O,298K} = 9\ 904\ \text{kJ/kmol};(H_m)_{H_2O,1\ 740K} = 69\ 550\ \text{kJ/kmol}$$

代入式(13-11)有

$$Q_p = \sum_j (n_j H_{f,j}^0 + n_j \Delta H_{m,j})_{Pr} - \sum_i (n_i H_{f,i}^0 + n_i \Delta H_{m,i})_{Re}$$
$$= [1\times(-393\ 520 + 85\ 231 - 9\ 364)]_{CO_2} + [2\times(-241\ 820 + 69\ 550 - 9\ 904)]_{H_2O} +$$
$$[1\times(0 + 58\ 136 - 8\ 682)]_{O_2} + [11.28\times(0 + 55\ 516 - 8\ 669)]_{N_2} -$$
$$[1\times(-74\ 850 + 13\ 888.9 - 10\ 018.7)]_{CH_4} - [3\times(0 + 14\ 770 - 8\ 682)]_{O_2} -$$
$$[3\times 3.76\times(0 + 14\ 581 - 8\ 669)]_{N_2}$$
$$= -118\ 084(\text{kJ/kmol})$$

讨论:例13-1中已求出298.15 K(25 ℃)下甲烷气体理论燃烧放出的热量为802 310 kJ/kmol。本例中有过剩空气,并且烟气被加热到1 740 K。可见,298.15 K时所释放的能量中约有85%的热量用于把烟气由298.15 K加热到1 740 K。

例 13-3 利用标准生成焓数据，试求下列反应物和生成物的标准燃烧焓（标准热效应）。反应式中的 l 和 g 分别表示液态和气态。

$$C_8H_{18}(l)+12.5O_2(g)\longrightarrow 8CO_2(g)+9H_2O(g)$$

解：由式（13-12）有

$$\begin{aligned}Q_p^0&=\Delta H^0=\sum_j(n_jH_{f,j}^0)_{Pr}-\sum_i(n_iH_{f,i}^0)_{Re}\\&=8H_{f,CO_2}^0+9H_{f,H_2O(g)}^0-(H_{f,C_8H_{18}(l)}^0+12.5H_{f,O_2}^0)\end{aligned}$$

查表 A-12 得标准生成焓为

$$H_{f,CO_2}^0=-393\ 520\ \text{kJ/kmol},H_{f,H_2O(g)}^0=-241\ 820\ \text{kJ/kmol}$$

$$H_{f,C_8H_{18}(l)}^0=-249\ 950\ \text{kJ/kmol}$$

代入上式得

$$\begin{aligned}Q_p^0&=8\times(-393\ 520)+9\times(-241\ 820)-(-249\ 950+12.5\times 0)\\&=-5\ 074\ 590\ \text{kJ/kmol}=-44\ 502\ \text{kJ/kg}\end{aligned}$$

该值即是燃烧产物中的水为气态时$C_8H_{18}(l)$的标准燃烧焓，与表 A-17 中$C_8H_{18}(l)$的低位热值 44 430 kJ/kg 是相符的。

4. 盖斯定律

俄罗斯科学家盖斯在 1840 年通过实验提出盖斯定律：热效应与过程无关，仅取决于反应前后系统的状态。

其实，式（13-5）和式（13-6）已经反映了这个事实：反应热效应只取决于反应的初、末状态，与反应途径无关。这是将热力学第一定律用于化学反应系统得出的必然结论。早在热力学第一定律建立之前，盖斯就通过实验得到了这个规律，因此又将此规律称作盖斯定律，同时也可以从热力学第一定律推出盖斯定律。盖斯定律曾在化学热力学的发展中起过重要作用。

利用反应热效应的这一特性，可以由已知反应的热效应很方便地计算某些未知反应的热效应。如根据 C 在等压下的不完全燃烧性，有

$$C+\frac{1}{2}O_2\xrightarrow{Q_p}CO \tag{13-13a}$$

这个反应的热效应很难测得，因为碳燃烧的产物不只是 CO，还有 CO_2。可以借助以下两个反应的热效应来计算，即

$$CO+\frac{1}{2}O_2\xrightarrow{Q_p'}CO_2 \tag{13-13b}$$

$$C+O_2\xrightarrow{Q_p''}CO_2 \tag{13-13c}$$

可见，反应式（13-13a）+反应式（13-13b）可以达到与反应式（13-13c）相同的效果，是由 C 和 O_2生成 CO_2的另一种途径。根据盖斯定律，有

$$Q_p+Q_p'=Q_p''$$

可得 C 不完全燃烧的热效应：

$$Q_p=Q_p''-Q_p'$$

5. 基尔霍夫定律

若实际的化学反应不是在 298.15 K 的温度下进行的，而是在任意温度 T 下进行的，如图 13-1 所示，则在任意温度 T 时的定压热效应 Q_T 为

$$Q_T = \Delta H_T = H_d - H_c = H_{Pr,T} - H_{Re,T}$$

根据盖斯定律或状态参数的特性有

$$Q_T = (H_d - H_b) + (H_b - H_a) + (H_a - H_c)$$

即

$$Q_T = \Delta H^0 + (H_d - H_b) - (H_c - H_a) \quad (13\text{-}14)$$

式中，$H_d - H_b$ 和 $H_c - H_a$ 分别为生成物系和反应物系定压加热和冷却时焓的变化，与化学反应无关。对于理想气体物系，其焓值可查附录 A 或利用比热容值进行计算。而 ΔH^0 可由标准生成焓数据计算。

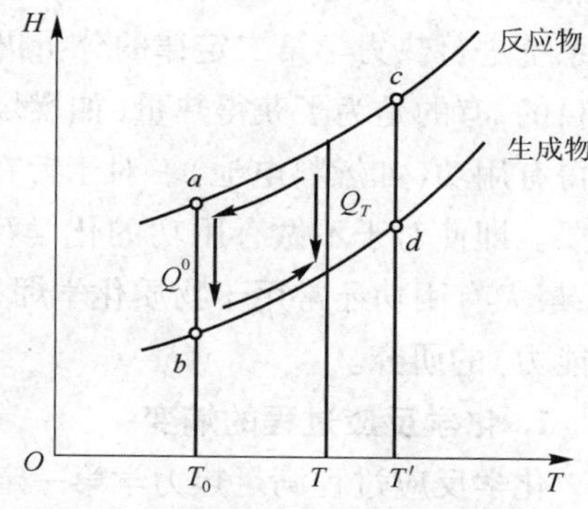

图 13-1　任意温度 T 时的热效应

式(13-14)还可写成

$$Q_T = \Delta H^0 + \left[\sum_j n_j (H_{m,j} - H^0_{m,j})\right]_{Pr} - \left[\sum_i n_i (H_{m,i} - H^0_{m,i})\right]_{Re} \quad (13\text{-}15)$$

若反应物和生成物均为理想气体，则式(13-15)可写为

$$Q_T - Q^0 = \left[\sum_j n_j\, c_{p,m,j}\Big|_{T_0}^{T} (T - T_0)\right]_{Pr} - \left[\sum_i n_i\, c_{p,m,i}\Big|_{T_0}^{T} (T - T_0)\right]_{Re}$$

式中，$c_{p,m,i}\Big|_{T_0}^{T}$ 表示 T_0 到 T 的平均摩尔定压热容，单位为 kJ/(kmol · K)。

对应于图 13-1 上的温度 T 到 T'，式(13-15)可以写成

$$Q_{T'} - Q_T = \left[\sum_j n_j\, c_{p,m,j}\Big|_{T}^{T'} (T' - T)\right]_{Pr} - \left[\sum_i n_i\, c_{p,m,i}\Big|_{T}^{T'} (T' - T)\right]_{Re}$$

使 $\Delta T = T' - T$ 趋于零，得到

$$\frac{dQ_T}{dT} = \left[\sum_j n_j\, c_{p,m,j}\Big|_{T}^{T'}\right]_{Pr} - \left[\sum_i n_i\, c_{p,m,i}\Big|_{T}^{T'}\right]_{Re} = C_{Pr} - C_{Re} \quad (13\text{-}16)$$

式(13-16)即为基尔霍夫定律的一种表达式。基尔霍夫定律表示了反应热效应随温度的变化关系，即其只由生成物系和反应物系的总热容 C_{Pr} 和 C_{Re} 的差值而定。

根据盖斯定律和基尔霍夫定律，可以利用有限的基本反应的数据计算相当大部分反应过程的反应焓。如果过程进行时的温度不是标准状态下的温度，只要有足够的比热容的数据也能计算反应的反应焓。大多数生物科学感兴趣的化学反应温度对反应焓的影响不大，但对于有些过程，如蛋白质的折叠和解析过程，温度对其反应焓的影响是非常大的，在进行数据分析和热力学计算时必须加以考虑。

任务 13.3　化学反应的热力学第二定律分析

以热力学第一定律来分析化学反应时，假设所研究的反应都能进行，而且能进行到底。然而，实际反应的实验测定表明，基于理论化学反应方程式的热力学第一定律的计算结果与

实际并不相符。应用热力学第二定律对实际反应进行分析计算,能做出较为满意的理论预测。当然,所得结果仍然不能与实际过程完全符合,这是因为实际化学反应有一定的速度,而热力学并未考虑反应的化学动力学问题。尽管如此,在研究涉及化学反应的过程时,对反应系统进行热力学第二定律的分析仍不失为一种重要的手段。不同的化学反应过程具有不同目的,有的是为了获得热量(如燃烧反应),有的是为了获得预期的生成物,有的则是为了获得有用功(如燃料电池)。对于旨在获得有用功的化学反应,显然最大有用功的计算非常重要。即使对于不做有用功的化学反应,在分析其能量转换时,也常用到最大有用功。此外,最大有用功还常用于物质化学㶲和物质间化学亲和力(不同物质相互作用发生化学反应的能力)的研究。

1. 化学反应过程的熵变

化学反应过程满足热力学第一定律,即质量和能量守恒,但是仅停留在热力学第一定律的分析是不够的,还需要进行热力学第二定律的分析,尤其感兴趣的是反应过程的㶲变化与㶲损,两者都是基于熵的。

由式(3-10)表示的任何系统(包括化学反应系统)经历任何过程的熵方程为

$$\underbrace{S_{\text{in}} - S_{\text{out}}}_{\text{热、质熵流}} + \underbrace{S_{\text{g}}}_{\text{熵产}} = \underbrace{\Delta S_{\text{热力系}}}_{\text{熵变化}}$$

对于单位摩尔燃料量,针对闭口或稳定流动反应系统,熵方程为

$$\sum \frac{Q_{\text{k}}}{T_{\text{k}}} + S_{\text{g}} = S_{\text{Pr}} - S_{\text{Re}} \tag{13-17}$$

式中,T_{k}为换热量 Q_{k}所穿过的边界的温度。对于绝热过程,式(13-17)变为

$$S_{\text{g}} = S_{\text{Pr}} - S_{\text{Re}} \geqslant 0 \tag{13-18}$$

绝热的化学反应系统的熵变化可以根据式(13-18)确定,但前提是反应物和生成物各组分的熵是确定的。如果各组分可以视作理想气体,则熵的确定会相对简单一点,但总是不像焓和热力学能的确定那样简单,因为即使是理想气体,其熵也是温度和压力的函数。

可以根据温度和分压确定理想气体混合物中某组分 i 的熵。非标准压力($p_0 = 1\ \text{atm}$)任意温度下某组分 i 的绝对熵可以通过理想气体经过等温过程的熵变化确定,即

$$\begin{aligned} S_{\text{m},i}(T,p_i) &= S_{\text{m},i}^0(T,p_0) - R\ln\frac{p_i}{p_0} \\ &= S_{\text{m},i}^0(T,p_0) - R\ln\frac{x_i p}{p_0} \end{aligned}$$

式中,$S_{\text{m},i}(T,p_i)$的单位为 kJ/(kmol · K),$p_0 = 1\ \text{atm}$,p_i是组分 i 的分压,x_i是组分 i 的摩尔分数,p 是混合气体的总压力。

如果气体混合物严重偏离了理想气体(高压或低温),可使用实际气体状态方程或通用余熵图确定组分的熵。

一旦总熵变或熵产确定了,则化学反应过程的㶲损可按下式计算:

$$E_{\text{L}} = T_0 S_{\text{g}} \tag{13-19}$$

2. 化学反应过程的最大有用功

热力学第二定律是计算化学反应最大有用功的依据。对于化学反应系统，热力学第二定律的表达式同样是

$$dS \geqslant \frac{\delta Q}{T} \tag{13-20a}$$

对于化学反应系统，闭口系热力学第一定律的表达式为

$$\delta Q = dU + pdV + \delta W_u \tag{13-20b}$$

将式(13-20b)代入式(13-20a)得热力学第一定律和第二定律联合方程为

$$TdS \geqslant dU + pdV + \delta W_u \tag{13-21}$$

式中，等号适用于可逆反应，大于号适用于不可逆反应。

以式(13-21)为基础，结合 H,F,G 的定义，对于化学热力学中的等温等容过程、等温等压过程、绝热等压过程、绝热等容过程这四种基本的理想热力过程有：

绝热等容过程：

$$-dU \geqslant \delta W_u \tag{13-22}$$

绝热等压过程：

$$-dH \geqslant \delta W_u \tag{13-23}$$

等温等容过程：

$$-dF \geqslant \delta W_u \tag{13-24}$$

等温等压过程：

$$-dG \geqslant \delta W_u \tag{13-25}$$

式(13-22)至式(13-25)表明，当系统在某两个参数不变的条件下进行可逆或不可逆反应过程时，做出的有用功 δW_u 将等于或小于某一状态参数的减少量，具有这一性质的状态参数(如 U,H,F,G 等)称为热力学位(或热力学势)。例如，吉布斯函数 G 为等温等压过程的热力学位。以 ψ 表示热力学位，则式(13-22)至式(13-25)可写为

$$-d\psi_{A,B} \geqslant \delta W_u \geqslant 0 \tag{13-26}$$

式中，A,B 表示与该热力学位相应的固定参数。由于自发反应的有用功不会小于零，对于可逆过程有

$$-d\psi_{A,B} = \delta W_u > 0 \rightarrow -d\psi_{A,B} > 0 \tag{13-27}$$

对于不可逆过程有

$$-d\psi_{A,B} > \delta W_u \geqslant 0 \rightarrow -d\psi_{A,B} > 0 \tag{13-28}$$

可见，不论是可逆过程还是不可逆过程，都有 $-d\psi_{A,B} > 0$，即化学反应总是自发地向系统热力学位减小的方向进行。所以，热力学位的变化可用作自发反应方向的判据，当系统的热力学位达最小值时，系统达到平衡，即过程自发进行方向的判据为

$$-d\psi_{A,B} > 0 \tag{13-29}$$

系统平衡的标志为

$$-d\psi_{A,B} = 0 \tag{13-30}$$

使系统的热力学位增加的反应是不可能自发进行的。

化学反应过程的有用功在可逆反应时为最大,即最大有用功为

$$\delta W_{\mathrm{u,max}} = -\mathrm{d}\psi_{A,B} \tag{13-31}$$

对等温等容过程有

$$W_{\mathrm{u}(T,v)} \leqslant F_{\mathrm{Re}} - F_{\mathrm{Pr}} \tag{13-32}$$

$$W_{\mathrm{u}(T,v)\max} = F_{\mathrm{Re}} - F_{\mathrm{Pr}} \tag{13-33}$$

即,等温等容过程的最大有用功等于系统亥姆霍兹函数的减少量。

对等温等压过程有

$$W_{\mathrm{u}(T,p)} \leqslant G_{\mathrm{Re}} - G_{\mathrm{Pr}} \tag{13-34}$$

$$W_{\mathrm{u}(T,p)\max} = G_{\mathrm{Re}} - G_{\mathrm{Pr}} = -\Delta G \tag{13-35}$$

即,等温等压过程的最大有用功等于系统吉布斯函数的减少量。

3. 化学势

化学反应系统的基本特点是系统组元(组分)有变化。对于一个组元有变化的系统,任何一个广延量参数是各组元的物质的量 n 和 p,V,T,U,H,S 等变量中的某两个变量的函数。例如,热力学能

$$U = U(V,S,n_1,n_2,\cdots) \tag{13-36}$$

即系统的热力学能由其体积、熵和组元的物质的量确定。因此,热力学能的变化不仅取决于体积和熵的变化,而且还与进入系统或从系统排出的物质的量有关,即

$$\mathrm{d}U = \left(\frac{\partial U}{\partial S}\right)_{V,n}\mathrm{d}S + \left(\frac{\partial U}{\partial V}\right)_{S,n}\mathrm{d}V + \sum_{i=1}^{r}\left(\frac{\partial U}{\partial n_i}\right)_{S,V,n_j(j\neq i)}\mathrm{d}n_i \tag{13-37}$$

对于 H,F,G,也有类似的函数:

$$H = H(S,p,n_1,n_2,\cdots) \tag{13-38}$$

$$F = F(T,V,n_1,n_2,\cdots) \tag{13-39}$$

$$G = G(T,p,n_1,n_2,\cdots) \tag{13-40}$$

且

$$\mathrm{d}H = \left(\frac{\partial H}{\partial S}\right)_{p,n}\mathrm{d}S + \left(\frac{\partial H}{\partial p}\right)_{S,n}\mathrm{d}p + \sum_{i=1}^{r}\left(\frac{\partial H}{\partial n_i}\right)_{S,p,n_j(j\neq i)}\mathrm{d}n_i \tag{13-41}$$

$$\mathrm{d}F = \left(\frac{\partial F}{\partial T}\right)_{V,n}\mathrm{d}S + \left(\frac{\partial F}{\partial V}\right)_{T,n}\mathrm{d}V + \sum_{i=1}^{r}\left(\frac{\partial F}{\partial n_i}\right)_{T,V,n_j(j\neq i)}\mathrm{d}n_i \tag{13-42}$$

$$\mathrm{d}G = \left(\frac{\partial G}{\partial T}\right)_{p,n}\mathrm{d}S + \left(\frac{\partial G}{\partial p}\right)_{T,n}\mathrm{d}V + \sum_{i=1}^{r}\left(\frac{\partial G}{\partial n_i}\right)_{T,p,n_j(j\neq i)}\mathrm{d}n_i \tag{13-43}$$

在这四个函数中,只有热力学能 U 全由广延参数来描述:U 是广延参数 V,S,n_i 的一阶齐次函数,可以利用齐次函数的欧拉定理得到

$$U = \left(\frac{\partial U}{\partial S}\right)_{V,n}S + \left(\frac{\partial U}{\partial V}\right)_{S,n}V + \sum_{i=1}^{r}\left(\frac{\partial U}{\partial n_i}\right)_{S,V,n_j(j\neq i)}n_i \tag{13-44}$$

由式(5-21)有

$$\left(\frac{\partial U}{\partial S}\right)_{V,n} = T \tag{13-45a}$$

$$\left(\frac{\partial U}{\partial V}\right)_{S,n} = -p \tag{13-45b}$$

且定义

$$\mu_i = \left(\frac{\partial U}{\partial n_i}\right)_{S,V,n_j(j\neq i)} \tag{13-45c}$$

式中,μ 称为化学势,μ_i 为第 i 组元的化学势。

将式(13-45a)、式(13-45b)、式(13-45c)代入式(13-44)得到

$$U = TS - pV + \sum_{i=1}^{r}\mu_i n_i \tag{13-46}$$

即

$$G = \sum_{i=1}^{r}\mu_i n_i \tag{13-47}$$

对于一个纯组元,有

$$G = \mu n \tag{13-48}$$

或

$$\mu = \frac{G}{n} = G_{\mathrm{m}} \tag{13-49}$$

即,纯组元的化学势与摩尔吉布斯函数 G_{m} 相等。

将式(13-45a)、式(13-45b)、式(13-45c)代入式(13-37)得到

$$\mathrm{d}U = T\mathrm{d}S - p\mathrm{d}V + \sum_{i=1}^{r}\mu_i\mathrm{d}n_i \tag{13-50}$$

因为

$$\mathrm{d}H = \mathrm{d}U + \mathrm{d}(pV)$$
$$\mathrm{d}F = \mathrm{d}U - \mathrm{d}(TS)$$
$$\mathrm{d}G = \mathrm{d}F + \mathrm{d}(pV)$$

则有

$$\mathrm{d}H = T\mathrm{d}S + V\mathrm{d}p + \sum_{i=1}^{r}\mu_i\mathrm{d}n_i \tag{13-51}$$

$$\mathrm{d}F = -S\mathrm{d}T - p\mathrm{d}V + \sum_{i=1}^{r}\mu_i\mathrm{d}n_i \tag{13-52}$$

$$\mathrm{d}G = -S\mathrm{d}T + V\mathrm{d}p + \sum_{i=1}^{r}\mu_i\mathrm{d}n_i \tag{13-53}$$

将式(13-50)、式(13-51)、式(13-52)、式(13-53)与式(13-37)、式(13-41)、式(13-42)、式(13-43)作对比,结合式(5-24)、式(5-26)和式(5-28)可得

$$\mu_i = \left(\frac{\partial U}{\partial n_i}\right)_{S,V,n_j(j\neq i)} = \left(\frac{\partial H}{\partial n_i}\right)_{S,p,n_j(j\neq i)} = \left(\frac{\partial F}{\partial n_i}\right)_{T,V,n_j(j\neq i)} = \left(\frac{\partial G}{\partial n_i}\right)_{T,p,n_j(j\neq i)} \tag{13-54}$$

反应平衡时,热力学位达到最小值。因而,根据式(13-50)至式(13-53),结合式(13-30),在四种典型过程下反应达到平衡时都有

$$\sum_{i=1}^{r}\mu_i\mathrm{d}n_i = 0 \tag{13-55}$$

4. 逸度

逸度是由刘易斯于1901年提出的,主要应用于多组分实际气体系统中,是非理想混合气体的化学势。由于实际气体的压力、温度、比体积之间的变化关系有差异,为了既能表述实际气体的 p-V-T 关系,又能利用理想气体的 p-V-T 简单关系,刘易斯提出以逸度(fugacity)f 代替理想气体吉布斯函数 G 各计算式中的 p。

吉布斯函数 G 是工质的一个重要热力参数,许多相变和化学变化大都是在恒温、恒压下进行的,吉布斯函数是这类过程进行的方向和深度的判据,也是进行相平衡和化学平衡研究的一个有用的参数。但是,吉布斯函数不能直接测定,只能通过可测量参数与吉布斯函数的关系进行计算。

由式(13-49)知,纯物质的化学势就是摩尔吉布斯函数。因此,对1 mol纯物质,由式(5-23)有

$$\left(\frac{\partial \mu}{\partial p}\right)_T = \bar{v} \tag{13-56}$$

对于理想气体:$\bar{v} = \dfrac{RT}{p}$,则式(13-56)可写为

$$\left(\frac{\partial \mu^*}{\partial p}\right)_T = \frac{RT}{p} \tag{13-57}$$

式中,“ * ”表示理想气体。将式(13-57)两边积分,得

$$\mu^* = RT\ln p + C(T) \tag{13-58}$$

式中,$C(T)$ 为积分常数。因为 p 的取值范围为 $[0, +\infty)$,则 $\ln p \in (-\infty, +\infty)$,进而理想气体化学势的取值范围为 $(-\infty, +\infty)$。

对一般的纯物质,用 f 代替理想气体摩尔吉布斯函数即式(13-58)中的 p,则

$$\mu = RT\ln f + C(T)$$

或

$$\left.\begin{aligned} \mu &= \mu^0 + RT\ln\frac{f}{f^0} \\ G &= G^0 + RT\ln\frac{f}{f^0} \end{aligned}\right\} \tag{13-59}$$

式中,μ^0,G^0,f^0 分别为标准状态下的化学势、吉布斯函数和逸度。在低压时,$f^0 = p^*$。

逸度具有与压力相同的单位。在很多热力学分析时,使用逸度较之使用化学势会更加方便,且逸度值容易确定。本项目仅介绍逸度的基本概念。

将式(13-59)代入式(13-56)有

$$RT\left(\frac{\partial \ln f}{\partial p}\right)_T = \bar{v} \tag{13-60}$$

需要注意的是,当压力 $p\to 0$ 时,任何物质将具有理想气体的性质,并且纯物质的逸度将与其压力相等,即

$$\lim_{p\to 0}\frac{f}{p} = 1 \tag{13-61}$$

式(13-60)和式(13-61)完全确定了逸度函数。

具有明确的状态方程时，可以通过直接积分状态方程而计算实际气体在任意温度和压力下的逸度。

因为压缩因子

$$Z=\frac{p\overline{v}}{RT}$$

则，式(13-60)可写为

$$RT\left(\frac{\partial \ln f}{\partial p}\right)_T=\frac{RTZ}{p} \tag{13-62}$$

或

$$\left(\frac{\partial \ln f}{\partial p}\right)_T=\frac{Z}{p} \tag{13-63}$$

将式(13-63)两端同时减去 $1/p$，且在定温下积分，得

$$(\ln f-\ln p)\Big|_{p'}^{p}=\int_{p'}^{p}(Z-1)\mathrm{d}(\ln p)$$

或

$$\ln\frac{f}{p}\Big|_{p'}^{p}=\int_{p'}^{p}(Z-1)\mathrm{d}(\ln p)$$

当 $p'\to 0$ 时，注意到式(13-61)是成立的，则

$$\ln\frac{f}{p}=\int_{0}^{p}(Z-1)\mathrm{d}(\ln p) \tag{13-64}$$

用对比压力 $p_r=\frac{p}{p_c}$ 时，式(13-64)可写为

$$\ln\frac{f}{p}=\int_{0}^{p_r}(Z-1)\mathrm{d}(\ln p_r) \tag{13-65}$$

压缩因子 Z 仅取决于对比温度和对比压力，所以式(13-65)右端是对比温度和对比压力的函数。选用实际气体状态方程后，Z 的函数形式就确定了，如对于范德瓦耳斯实际气体，有范德瓦耳斯对比状态方程式(5-75)，进而 f/p 也就确定了。而当无确定的状态方程时，可以通过通用压缩因子图对式(13-65)进行数值积分来计算逸度。

5. 吉布斯函数的计算

由式(13-31)或式(13-35)求等温等压过程的最大有用功时需要计算吉布斯函数的变化，在判断化学反应方向、计算平衡特性等时也常用到吉布斯函数差。由于生成物和反应物的组成不同，计算吉布斯函数差时同样要求不同的物质具有相同的基准，对此有如下处理方法。

1)焓基准-熵基准法

根据吉布斯函数的定义式 $G=H-TS$，化学反应过程的吉布斯函数的变化可写为

$$\begin{aligned}\Delta G &= G_{\mathrm{Pr}}-G_{\mathrm{Re}}=\sum_j(n_jG_{\mathrm{m},j})_{\mathrm{Pr}}-\sum_i(n_iG_{\mathrm{m},i})_{\mathrm{Re}}\\ &=\sum_j n_j(H_{\mathrm{m},j}-T_jS_{\mathrm{m},j})_{\mathrm{Pr}}-\sum_i n_i(H_{\mathrm{m},i}-T_iS_{\mathrm{m},i})_{\mathrm{Re}}\\ &=\left[\sum_j(n_jH_{\mathrm{m},j})_{\mathrm{Pr}}-\sum_i(n_iH_{\mathrm{m},i})_{\mathrm{Re}}\right]+\left[\sum_j(n_jT_jS_{\mathrm{m},j})_{\mathrm{Pr}}-\sum_i(n_iT_iS_{\mathrm{m},i})_{\mathrm{Re}}\right]\end{aligned} \tag{13-66}$$

可见,对于不同物质,只要具有相同的焓基准和熵基准即可进行计算。在任务 13.2 中已经给出了焓基准和焓的计算方法。熵基准则根据热力学第三定律给出(见任务 13.6):稳定单质和化合物在 0 K 时的熵为 0,物质在其状态下的熵称为绝对熵。表 A-12 给出了一些物质在标准状态下的绝对熵S_m^0,表 A-1、表 A-11、表 A-13、表 A-14、表 A-15、表 A-16、表 A-18、表 A-19、表 A-23 给出了一些理想气体在 101.325 kPa、不同温度下的绝对熵 $S_m^0(T,p^0)$。

当物质在标准状态下的绝对熵 S_m^0 已知时,任意 T,p 下的绝对熵可以这样计算:

$$S_m(T,p)=S_m(T^0,p^0)+[S_m(T,p)-S_m(T^0,p^0)]=S_m^0+\Delta S_m \tag{13-67}$$

ΔS_m表示物质由(T^0,p^0)到(T,p)的熵变。若为理想气体,由第二 ds 方程式(5-32)有

$$S_m(T,p) = S_m^0+\int_{T^0}^{T}c_{pm}\frac{dT}{T}-R\ln\frac{p}{p^0} \tag{13-68}$$

式中,c_{pm}为摩尔定压热容,R 为通用气体常数。对于附录 A 中列出的物质,由于 $S_m(T,p^0)$已知,$S_m(T,p)$也可这样计算:

$$S_m(T,p)=S_m(T,p^0)+[S_m(T,p)-S_m(T,p^0)] \tag{13-69}$$

若为理想气体,则有

$$S_m(T,p)=S_m(T,p^0)-R\ln\frac{p}{p^0} \tag{13-70}$$

2)吉布斯函数基准-熵基准法

吉布斯函数基准规定:稳定单质在标准状态下的吉布斯函数为 0;稳定单质在标准状态下生成化合物时吉布斯函数的变化为该化合物的标准生成吉布斯函数。显然,化合物在标准状态下的吉布斯函数值等于其标准生成吉布斯函数,它是一定值,与达到这一状态的途径无关。表 A-12 给出了一些物质在标准状态下的生成吉布斯函数 G_f^0。

当物质的 G_f^0 已知时,任意 T,p 下的摩尔吉布斯函数的计算式为

$$\begin{aligned}G_m(T,p)&=G_m(T^0,p^0)+[G_m(T,p)-G_m(T^0,p^0)]\\&=G_f^0+\Delta G_m\\&=G_f^0+[H_m(T,p)-TS_m(T,p)]-[H_m(T^0,p^0)-T^0S_m(T^0,p^0)]\\&=G_f^0+\Delta H_m-(TS_m-T^0S_m^0)\end{aligned} \tag{13-71}$$

从而

$$\begin{aligned}\Delta G &= G_{Pr}-G_{Re} = \sum_j (n_jG_{m,j})_{Pr}-\sum_i (n_iG_{m,i})_{Re}\\&=\sum_j n_j(G_{f,j}^0+\Delta G_m)_{Pr}-\sum_i n_i(G_{f,i}^0+\Delta G_{m,i})_{Re}\\&=\left[\sum_j (n_jG_{f,j}^0)_{Pr}-\sum_i (n_iG_{f,i}^0)_{Re}\right]+\left[\sum_j (n_j\Delta H_{m,j})_{Pr}-\sum_i (n_i\Delta H_{m,i})_{Re}\right]-\\&\quad\left[\sum_j n_j(T_jS_{m,j}+T^0S_{m,j}^0)_{Pr}-\sum_i n_i(T_iS_{m,i}+T^0S_{m,i}^0)_{Re}\right]\\&=\Delta G_f^0+\left[\sum_j (n_j\Delta H_{m,j})_{Pr}-\sum_i (n_i\Delta H_{m,i})_{Re}\right]-\end{aligned}$$

$$\left[\sum_j n_j\left(T_j S_{m,j}+T^0 S_{m,j}^0\right)_{Pr}-\sum_i n_i\left(T_i S_{m,i}+T^0 S_{m,i}^0\right)_{Re}\right] \tag{13-72}$$

式中,ΔG_f^0 为标准状态下反应的吉布斯函数差。

可见,对不同物质,只要具有相同的吉布斯函数基准和熵基准即可计算反应的吉布斯函数差 ΔG,如式(13-66)、式(13-72)。

还可以从式(13-59)出发,即基于逸度来计算吉布斯函数及其变化量。

例 13-4　燃料电池中所进行的反应可视为等温等压反应。若反应为

$$CH_4(g)+2O_2(g)=\!=\!=CO_2(g)+2H_2O\ (l)$$

求标准状态下反应的最大有用功。

解:可用两种方法求解。

(1)方法一:反应在标准状态下进行,由式(13-35)可得

$$W_{u(T,p),max}=(H_{f,CH_4}^0+2H_{f,O_2}^0-H_{f,CO_2}^0-2H_{f,H_2O}^0)-298.15(S_{m,CH_4}^0+2S_{m,O_2}^0-S_{m,CO_2}^0-2S_{m,H_2O}^0)$$

查表 A-12 得

物质种类	H_f^0/(kJ/kmol)	S_m^0/[kJ/(kmol·K)]	G_f^0/(kJ/kmol)
$CH_4(g)$	-74 850	186.23	-50 790
$O_2(g)$	0	205.03	0
$CO_2(g)$	-393 520	213.69	-394 360
$H_2O(l)$	-285 830	69.92	-237 180

$$\begin{aligned}W_{u(T,p),max}&=[-74\,850+2\times0-(-393\,520)-2\times(-285\,830)]-\\&\quad 298.15\times(186.23+2\times205.03-213.69-2\times69.92)\\&=817\,951.1(kJ/kmol)\end{aligned}$$

(2)方法二:反应在标准状态下进行,由式(13-35)得

$$W_{u(T,p)max}=G_{Re}-G_{Pr}=G_{f,CH_4}^0+2G_{f,O_2}^0-G_{f,CO_2}^0-2G_{f,H_2O}^0$$

代入数据得

$$\begin{aligned}W_{u(T,p),max}&=-50\,790+2\times0-(-394\,360)-2\times(-237\,180)\\&=817\,930(kJ/mol)\end{aligned}$$

可见,采用上述两种方法所得结果基本相同(误差小于0.03%)。但对本例而言,显然,第二种方法更为简便。

任务 13.4　化学反应方向及化学平衡

实际上,大多数化学反应并不能进行到反应物完全消失,原因是在反应物发生正向反应形成生成物的同时,生成物也在进行着逆向反应而形成反应物。当正向反应速度大于逆向反应速度时,宏观上表现为正向反应;反之,则表现为逆向反应。当正向反应和逆向反应速度相等时,达到化学平衡。此时,系统中反应物和生成物共存,并处于动态平衡。

例如 CO 的燃烧反应,若有 1 mol CO 和 0.5 mol O_2 参加反应,完全燃烧时将生成 1 mol CO_2。

但由于逆向反应的存在,达到化学平衡时,1 mol CO_2中有βmol CO_2 发生了离解反应,根据质量平衡,离解生成βmol CO 和0.5βmol O_2,从而实际反应为

$$CO+\frac{1}{2}O_2 \longrightarrow (1-\beta)CO_2+\beta CO+\frac{\beta}{2}O_2$$

β表示达到化学平衡时,单位物质量的主要生成物中离解部分所占的比例,称为离解度,其值可根据化学平衡特性确定。

1. 化学反应的方向与化学平衡

对于一般的单相化学反应,有

$$\gamma_a A_a+\gamma_b B_b \longrightarrow \gamma_c C_c+\gamma_d D_d$$

反应式中各物质的系数称为化学计量系数,它们遵守质量守恒原理。这种满足质量平衡又无多余反应物的理论反应方程称为化学计量方程。化学计量方程的一般形式为

$$\sum_i \gamma_i A_i = 0 \tag{13-73}$$

式中,γ_i 表示组元 i 的化学计量系数,对反应物取负值,对生成物取正值,A_i 表示反应物质或生成物质。

对于平衡态下的微元反应,根据式(13-55)有

$$\mu_c \mathrm{d}n_c+\mu_d \mathrm{d}n_d-\mu_a \mathrm{d}n_a-\mu_b \mathrm{d}n_b=0$$

式中,$\mathrm{d}n_i$ 为各组元物质的量的增量,μ_i 为各组元的化学势。化学计量方程实际上表示的是反应物和生成物的质量平衡关系。在化学反应中,各物质的量的变化必定满足:

$$\frac{\mathrm{d}n_1}{\gamma_1}=\frac{\mathrm{d}n_2}{\gamma_2}=\frac{\mathrm{d}n_3}{\gamma_3}=\cdots=\frac{\mathrm{d}n_n}{\gamma_n}=\mathrm{d}\varepsilon$$

或

$$\mathrm{d}n_i=\gamma_i \mathrm{d}\varepsilon$$

式中,γ_i 为化学反应计量系数,ε 为化学反应度,$\mathrm{d}\varepsilon$ 总是正值。

因此,对于微元反应有

$$\mathrm{d}\varepsilon(\gamma_c\mu_c+\gamma_d\mu_d-\gamma_a\mu_a-\gamma_b\mu_b)=0$$

即

$$\sum_i \gamma_i \mu_i = 0 \tag{13-74}$$

或

$$\sum_{\mathrm{Pr}} (\gamma\mu)_i = \sum_{\mathrm{Re}} (\gamma\mu)_i \tag{13-75}$$

式(13-75)即为单相化学反应的平衡条件。对于各组元而言,化学势是强度量,绝不能误认为物质的量为 n(mol)的物质的化学势为 $n\mu$。作为化学反应的推动力,由于化学反应必须按照计量方程进行,因而考虑推动力时要根据化学计量系数将化学势加权,正如式(13-74)和式(13-75)所示。所以,把 $\sum_{\mathrm{Pr}}(\gamma\mu)_i$ 称为生成物的化学势,把$\sum_{\mathrm{Re}}(\gamma\mu)_i$ 称为反应物的化学势。温差是热量传递的推动力,压差是功传递的推动力,而化学势则是质量传递的推动力。当$\sum_i(\gamma\mu)_i=0$ 时,系统的化学势等于零。正如温差、压差等于零时系统达到热平衡、力平衡

一样,化学势差等于零时系统达到化学平衡。若质量传递过程在均相系统中进行,那么化学势这种推动力使系统建立化学平衡;若质量传递过程在非均相系统中进行,即发生在相与相之间,则同时还形成相平衡。

在化学反应进行时,参与反应的各组元的物质的量比严格符合相应的化学计量系数之比,因而,作为质量传递的推动力,对于给定的化学反应,只有参与反应的组元(包括反应物与生成物)的化学势才起作用。对于其他物质,包括多余的反应物及惰性气体等不参与反应的物质,虽然它们也具有化学势,而且它们的存在影响了参与反应各组元的化学势的大小(因 $G_{m,i}$ 改变了),但在考虑给定反应的推动力时,只需计算参与反应的各组元的化学势。反应物的化学势为 $\sum\limits_{Re}(\gamma\mu)_i$,生成物的化学势为 $\sum\limits_{Pr}(\gamma\mu)_i$。当 $\sum\limits_{i}(\gamma\mu)_i=0$ 时,系统达到化学平衡;当 $\sum\limits_{i}(\gamma\mu)_i\neq 0$ 时,发生反应。根据 $\sum\limits_{i}(\gamma\mu)_i$ 的正负可判断反应进行的方向:

(1)若 $\sum\limits_{i}(\gamma\mu)_i<0$, $\sum\limits_{Pr}(\gamma\mu)_i<\sum\limits_{Re}(\gamma\mu)_i$,反应向右(生成物方向)进行;

(2)若 $\sum\limits_{i}(\gamma\mu)_i>0$, $\sum\limits_{Pr}(\gamma\mu)_i>\sum\limits_{Re}(\gamma\mu)_i$,反应向左(反应物方向)进行。

下面结合实例来分析化学反应的方向与化学平衡。

一闭口系中含有 CO 与 H_2O 各 1 mol 的混合气体,在 $T=1\ 000$ K, $p_0=101.325$ kPa 下进行定温定压反应。反应的化学计量方程为

$$CO+H_2O\longrightarrow CO_2+H_2$$

开始时,只有反应物,发生的反应为

$$CO+H_2O\longrightarrow \varepsilon CO_2+\varepsilon H_2+(1-\varepsilon)CO+(1-\varepsilon)H_2O$$

式中,ε 为反应度,即反应中每 1 mol 主要反应物中起反应的百分数。随着反应的向右进行,ε 增大,即反应物减少而生成物增多。当 $\varepsilon=1-\beta$(β 为离解度)时,反应达到化学平衡:

$$CO+H_2O\longrightarrow(1-\beta)CO_2+(1-\beta)H_2+\beta CO+\beta H_2O$$

反应进行中,系统的吉布斯函数 G_{tot}(系统中各组元的吉布斯函数之和)减小;反应平衡时,G_{tot} 达极小值。系统的 G_{tot} 为

$$G_{tot}=\sum_i n_iG_{m,i}=\varepsilon G_{m,CO_2}+\varepsilon G_{m,H_2}+(1-\varepsilon)G_{m,CO}+(1-\varepsilon)G_{m,H_2O} \tag{13-76}$$

反应物与生成物的化学势分别为

$$\sum_{Re}(\gamma\mu)_i=\gamma_{CO}G_{m,CO}+\gamma_{H_2O}G_{m,H_2O} \tag{13-77}$$

$$\sum_{Pr}(\gamma\mu)_i=\gamma_{CO_2}G_{m,CO_2}+\gamma_{H_2}G_{m,H_2} \tag{13-78}$$

理想气体混合物中组元 i 的摩尔吉布斯函数为

$$\begin{aligned}G_{m,i}(T,p)&=G_{m,i}(T^0,p^0)+[G_{m,i}(T,p)-G_{m,i}(T^0,p^0)]\\&=G_{f,i}^0+\Delta G_{m,i}\\&=G_{f,i}^0+[H_{m,i}(T,p)-TS_{m,i}(T,p)]-[H_{m,i}(T^0,p^0)-T^0S_{m,i}(T^0,p^0)]\\&=G_{f,i}^0+\Delta H_{m,i}-(TS_{m,i}^T-T^0S_{m,i}^0)\end{aligned} \tag{13-79}$$

式中:$G_{f,i}^0$ 为组元 i 的生成吉布斯函数;$H_{m,i}(T,p)$, $S_{m,i}(T,p)$ 分别为组元 i 在 T, p_0 时的摩尔

(绝对)比焓和摩尔(绝对)比熵；$H^0_{m,i}(T,p)$，$S^0_{m,i}(T,p)$为组元 i 在 T_0，p_0 时的摩尔(绝对)比焓和摩尔(绝对)比熵。

其中

$$S_{m,i}(T,p)=S_{m,i}(T,p^0)-R\ln\left(\frac{p_i}{p_0}\right) \tag{13-80}$$

根据式(13-49)，组元 i 的化学势为

$$\mu_i=G_{m,i} \tag{13-81}$$

式中：p_i为组元 i 的分压力；$G_{m,i}$，μ_i 分别为组元 i 在 p_i，T 时的摩尔吉布斯函数与化学势。

反应进行中，γ_i 不变，ε 增大，$G_{m,i}$ 随分压 p_i 而变，但 G_{tot} 总是减小的。随着反应的进行，生成物与反应物的化学势差逐渐减小。当 $\sum_i (\gamma\mu)_i=0$ 时，达到化学平衡，计算结果如表 13-1、表 13-2 及图 13-2 所示。

表 13-1 吉布斯函数

		CO_2	H_2	CO	H_2O	ε	说明
298.15 K	$H_{m,i}$/(kJ/kmol)	9 364	8 468	8 669	9 904		查表得到
	$S^0_{m,i}$/[kJ/(kmol·K)]	213.685	130.574	197.543	188.72		
1 000 K	$H_{m,i}$/(kJ/kmol)	42 769	29 154	30 355	35 882		
	$S^0_{m,i}$/[kJ/(kmol·K)]	269.215	166.114	234.421	232.597		
	$G^0_{f,i}$/(kJ/kmol)	−394 360	0	−137 150	−228 590		
$S_{m,i}(T,p)$/[kJ/(kmol·K)]				240.184 2	238.360 2	0	式(13-80)
		288.359 8	185.258 8	242.039 5	240.215 5	0.2	
		282.596 6	179.495 6	244.431 4	242.607 4	0.4	
		280.741 3	177.640 3	245.947 3	244.123 3	0.5	
		280.018 8	176.917 8	246.738 6	244.914 6	0.545 39	
		279.225 4	176.124 4	247.802 6	245.978 6	0.6	
		276.833 5	173.732 5	253.565 8	251.741 8	0.8	
		274.978 2	171.877 2			1	
$G_{m,i}(T,p)$/(kJ/kmol)				−296 751	−384 705	0	式(13-79)
		−585 605	−125 642	−298 606	−386 561	0.2	
		−579 841	−119 879	−300 998	−388 953	0.4	
		−577 986	−118 024	−302 514	−390 468	0.5	
		−577 264	−117 301	−303 305	−391 260	0.545 39	
		−576 470	−116 508	−304 369	−392 324	0.6	
		−574 078	−114 116	−310 132	−398 087	0.8	
		−572 223	−112 261			1	

表 13-2　总吉布斯函数与反应物、生成物的化学势

ε	0	0.2	0.4	0.5	0.545 39	0.6	0.8	1.0	说明
G_{tot}/J	−681 456	−690 383	−693 858	−694 496	−694 565	−694 464	−692 199	−684 483	式(13-76)
$\sum\limits_{Pr}(\gamma\mu)_i$/J		−711 247	−699 720	−696 010	−694 565	−646 375	−665 371	−684 483	式(13-78)
$\sum\limits_{Re}(\gamma\mu)_i$/J	−681 456	−685 167	−689 950	−692 982	−694 565	−696 693	−708 219		式(13-77)
反应方向		向右			平衡		向左		
	a 点	1 点	2 点	3 点	b 点	4 点	5 点	c 点	

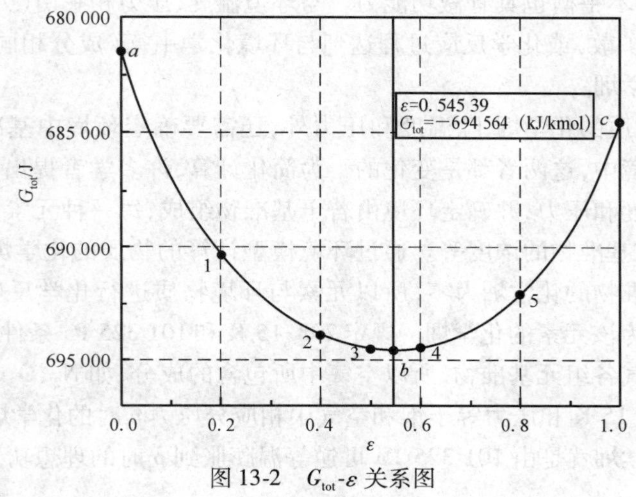

图 13-2　G_{tot}-ε 关系图

从表 13-2 和图 13-2 可见,在 ab 段,$\sum\limits_{Pr}(\gamma\mu)_i < \sum\limits_{Re}(\gamma\mu)_i$,反应向右进行;在 bc 段,$\sum\limits_{Pr}(\gamma\mu)_i > \sum\limits_{Re}(\gamma\mu)_i$,反应向左进行;在 b 点,$\sum\limits_{Pr}(\gamma\mu)_i = \sum\limits_{Re}(\gamma\mu)_i$,达到化学平衡,此时有 $\dfrac{dG_{tot}}{d\varepsilon}=0$,$G_{tot}$ 达极小值,但 $\sum\limits_{Pr} n_i G_{m,i} \neq \sum\limits_{Re} n_i G_{m,i}$,而是

$$\sum_{Pr} n_i G_{m,i} = -378\ 809\ \text{J};\ \sum_{Re} n_i G_{m,i} = -315\ 756\ \text{J},\ G_{tot} = -694\ 565\ \text{J}$$

a 点与 c 点相比,虽然 $G_{tot,c} < G_{tot,a}$,但是反应不可能自发地由 a 点到达 c 点。上述计算结果说明了在处于不平衡状态的自发反应(不可逆反应)过程中,热力学位与化学势的变化及系统达到化学平衡的状况。所谓可逆化学反应,就是在化学势差等于零(严格地说是化学势差无限小)的平衡状态下进行的化学反应。在平衡时增加反应物或减少生成物将改变各组元的化学势,以致 $\sum\limits_{Pr}(\gamma\mu)_i < \sum\limits_{Re}(\gamma\mu)_i$,结果使反应向右进行。

必须强调,化学势 μ 为强度量,其数值与摩尔吉布斯函数 G_m 相等。对于由物质的量为 n 的物质组成的系统,它在平衡状态下的吉布斯函数 $G = nG_m$,但系统的化学势仍为 μ,不能误认为系统的化学势为 $n\mu$ 或 G。对于理想混合气体的某组元 i,其化学势 μ_i 也与组元 i 的量无关。这时,对质量传递起作用的是 $\sum_{Pr}(\gamma\mu)_i$ 及 $\sum_{Re}(\gamma\mu)_i$ 之差。也就是说,在反应中,生成物与反应物的化学势差应该是按化学计量系数分别加权求和之差。系统化学势差的大小,说明化学反应推动力的大小,正负号表明化学反应进行的方向。

2. 化学㶲

在讨论系统不发生化学反应的物理变化过程中的做功能力,并把系统仅与环境发生热量交换,可逆地达到与环境温度、压力相平衡时的最大有用功称为㶲,如热力学能㶲、焓㶲等,这些㶲可以归纳为物理㶲。很显然,当系统处于环境压力、环境温度时,系统的物理㶲为零,因此,有人将这种状态称为物理死态。但是,与环境温度、压力平衡的系统的化学成分与环境不一定平衡,这种不平衡也具有做功能力。与环境温度、压力相平衡(处于物理死态)的系统,经可逆的物理(扩散)或化学反应过程达到与环境化学平衡(成分相同)时做出的最大有用功称为物质的化学㶲。

显然,为确定物质的化学㶲,除温度和压力外,还需要确定环境中基准物的浓度和热力学状态。在实际环境中,这两者都是变化的。为简化计算,许多学者提出了环境模型。环境模型规定了环境温度和压力,并确定环境由若干基准物组成,每一种元素都有其对应的基准物和基准反应,以及基准物的浓度等。通过环境模型计算的物质的化学㶲称为标准化学㶲。由于环境模型中基准物的化学㶲为零,所以元素与环境物质进行化学反应变成基准物所提供的最大有用功即为该元素的化学㶲。规定298. 15 K 和 101 325 Pa 条件下的饱和空气内的各组元作为环境空气各组元基准物,所以空气中所包含的成分,如 N_2、O_2、CO_2、Ar、He、Ne 和 H_2O 等气体,在298. 15 K 和压力等于饱和空气中相应分压力 p_i 时的化学㶲为零。因此,这些气体组分的标准化学㶲就是由 101 325 Pa 可逆等温膨胀到 p_i 时的理想功。

3. 平衡常数

化学反应达到平衡时,反应物和生成物的含量(或分压力)之间必存在一定的比例关系,这一比例关系称为化学反应的平衡常数。为简便起见,先从理想气体着手,然后通过比拟推广到液体反应。

根据吉布斯方程:

$$\mathrm{d}G = -S\mathrm{d}T + V\mathrm{d}p$$

考虑定温下进行的理想气体的化学反应有

$$\mathrm{d}G = V\mathrm{d}p = RT\frac{\mathrm{d}p}{p} \tag{13-82}$$

则

$$\int_{p^0=101\ 325\ \mathrm{Pa}}^{p}\mathrm{d}G = \int_{p^0=101\ 325\ \mathrm{Pa}}^{p}RT\frac{\mathrm{d}p}{p}$$

$$G = G^0 + RT\ln p \tag{13-83}$$

式中,R 为通用气体常数,G^0 为标准状态气体的吉布斯函数。

对于等温等压反应:

$$aA + bB \longrightarrow cC + dD$$

若用 p_i 表示物系各组分的分压力,则反应吉布斯函数的变化为

$$\begin{aligned}\Delta G &= cG_C + dG_D - aG_A - bG_B \\ &= cG_C^0 + dG_D^0 - aG_A^0 - bG_B^0 + cRT\ln p_C + dRT\ln p_D - aRT\ln p_A - bRT\ln p_B\end{aligned}$$

或

$$\begin{aligned}\Delta G^0 &= cG_C^0 + dG_D^0 - aG_A^0 - bG_B^0 \\ &= c\mu_C^0 + d\mu_D^0 - a\mu_A^0 - b\mu_B^0\end{aligned}$$

$$\Delta G = \Delta G^0 + RT\ln \frac{p_C^c p_D^d}{p_A^a p_B^b} \tag{13-84}$$

式中，ΔG^0 为各组元在 p_0，T 时生成物的化学势与反应物的化学势之差，称为标准化学势差，ΔG 称为反应吉布斯函数变化值。等温等压反应达到平衡时，$\Delta G = 0$，所以式(13-84)可写为

$$\Delta G^0 = -RT\ln \frac{p_C^c p_D^d}{p_A^a p_B^b} = -RT\ln K_p \tag{13-85}$$

式中，K_p 为平衡常数。式(13-85)建立了平衡时反应物系各组分的分压力和标准状态下的反应吉布斯函数变化量 ΔG^0（标准反应吉布斯函数）之间的定量关系。如 $\Delta G^0 < 0$，则 $K_p > 1$；反之，$\Delta G^0 > 0$，则 $K_p < 1$。需要注意的是，不要混淆反应的吉布斯函数变化量和标准状态反应的吉布斯函数变化量。在平衡状态，反应吉布斯函数变化量 $\Delta G = 0$；而在非平衡状态，ΔG 按式(13-84)计算。标准状态反应的吉布斯函数变化量 ΔG^0 是常数，是假定所有反应物和生成物都处在 1 atm 的假想反应的吉布斯函数变化量，在 $K_p = 1$ 时，$\Delta G^0 = 0$。

有些反应是在液体条件下进行的，如生物反应。若取标准状态浓度为 1 $kmol/m^3$，则此时有

$$G = G^0 + RT\ln c \tag{13-86}$$

$$\Delta G = \Delta G^0 + RT\ln \frac{c_C^c c_D^d}{c_A^a c_B^b} \tag{13-87}$$

$$\Delta G^0 = -RT\ln \frac{c_C^c c_D^d}{c_A^a c_B^b} = -RT\ln K_c \tag{13-88}$$

式中，c_A，c_B，c_C，c_D 分别为物系组元 A，B，C，D 的浓度。

对气相反应而言，以分压力表示的化学反应的平衡常数 K_p 的普通式为

$$\ln K_p = -\frac{\Delta G^0}{RT} = -\frac{\Delta G_{T,p^0}^0}{RT} \tag{13-89}$$

对一定的化学反应，$\Delta G_{T,p^0}^0$ 仅仅是温度的函数，则 K_p 也仅为温度的函数，且 K_p 与 $1/T$ 几乎是直线关系。

对任意多元的理想气体的化学反应 $aA + bB \longrightarrow cC + dD$，根据化学反应的方向判据式(13-29)，结合式(13-87)、式(13-88)和式(13-89)可导出化学反应进行的条件：

$$\frac{\left(\dfrac{p_C}{p^0}\right)^c \left(\dfrac{p_D}{p^0}\right)^d}{\left(\dfrac{p_A}{p^0}\right)^a \left(\dfrac{p_B}{p^0}\right)^b} \leqslant K_p \tag{13-90}$$

该式表明：

当$\dfrac{\left(\dfrac{p_C}{p^0}\right)^c\left(\dfrac{p_D}{p^0}\right)^d}{\left(\dfrac{p_A}{p^0}\right)^a\left(\dfrac{p_B}{p^0}\right)^b} < K_p$ 时,正向反应可以自发进行;

当$\dfrac{\left(\dfrac{p_C}{p^0}\right)^c\left(\dfrac{p_D}{p^0}\right)^d}{\left(\dfrac{p_A}{p^0}\right)^a\left(\dfrac{p_B}{p^0}\right)^b} > K_p$ 时,逆向反应可以自发进行;

当$\dfrac{\left(\dfrac{p_C}{p^0}\right)^c\left(\dfrac{p_D}{p^0}\right)^d}{\left(\dfrac{p_A}{p^0}\right)^a\left(\dfrac{p_B}{p^0}\right)^b} = K_p$ 时,反应达到平衡。

以上是以分压力表示的平衡常数。将 $p_i = x_i p$ 代入 K_p,可得用摩尔分数表示的平衡常数:

$$K_x = \frac{x_C{}^c x_D{}^d}{x_A{}^a x_B{}^b} = K_p\left(\frac{p}{p^0}\right)^{(a+b-c-d)} = K_p\left(\frac{p}{p^0}\right)^{-\Delta n} \tag{13-91}$$

式中,Δn 表示反应前后气态物质的物质的量的变化。

显然,平衡常数越大,达到化学平衡时生成物的分压力(或含量)越大,反应进行得越完全。因此,平衡常数的大小反映了反应可能达到的深度。

根据吉布斯方程

$$\mathrm{d}G = V\mathrm{d}p - S\mathrm{d}T$$

恒温下

$$\mathrm{d}G = V\mathrm{d}p$$

如果已知压力与体积的关系,通过积分就可得吉布斯函数对压力的依变关系。而对于化学反应,由于压力变化造成的产物与反应物的反应吉布斯函数的变化可写为

$$\mathrm{d}(\Delta G) = \Delta V\mathrm{d}p \tag{13-92}$$

式中,ΔG 为反应吉布斯函数,ΔV 是生成物与反应物的体积差。在标准状态下,有

$$\mathrm{d}(\Delta G^0) = \Delta V\mathrm{d}p$$

式(13-50)和式(13-53)可以合并写为

$$\Delta G^0 = -RT\ln K$$

所以

$$\mathrm{d}(\Delta G^0) = -RT\mathrm{d}(\ln K) = \Delta V\mathrm{d}p \tag{13-93}$$

或

$$\frac{\mathrm{d}(\ln K)}{\mathrm{d}p} = -\frac{\Delta V}{RT} \tag{13-94}$$

式(13-93)和式(13-94)描述了压力对吉布斯函数和平衡常数的影响。

一般来说,压力对大多数化学反应的平衡常数的影响很小,常可忽略不计,但温度对平衡常数有重要影响。根据吉布斯方程,在压力保持不变时有

$$dG = -SdT$$

对于化学反应有

$$d\Delta G = -\Delta S dT$$

考虑到吉布斯函数的定义 $G = H - TS$,在定温定压下有

$$\Delta G = \Delta H - T\Delta S = \Delta H + T\left(\frac{d(\Delta G)}{dT}\right)$$

两端除以 T^2,并整理得

$$-\frac{\Delta G}{T^2} + \frac{\left(\frac{d(\Delta G)}{dT}\right)}{T} = \frac{-\Delta H}{T^2}$$

或

$$\frac{d(\Delta G/T)}{dT} = \frac{-\Delta H}{T^2} \tag{13-95}$$

式(13-95)称为吉布斯-亥姆霍兹方程,这是一个重要的热力学关系式,描述了等压下吉布斯函数与温度的关系。

式(13-95)还可以写为

$$\frac{d(\Delta G^0/T)}{dT} = -R\frac{d(\ln K_p)}{dT} \tag{13-96}$$

将式(13-95)应用于标准状态,代入式(13-96)可以得到平衡常数与温度的关系:

$$\frac{d(\ln K_p)}{dT} = \frac{\Delta H^0}{RT^2} \tag{13-97}$$

假定 ΔH^0 与温度无关,式(13-97)两边积分得

$$\ln\frac{K_{p2}}{K_{p1}} = \frac{\Delta H^0}{R}\left(\frac{1}{T_1} - \frac{1}{T_2}\right) = \frac{(\Delta H^0/R)(T_2 - T_1)}{T_1 T_2} \tag{13-98}$$

根据式(13-98),可由反应在某一温度下的平衡常数计算任意温度下的平衡常数。需要指出的是,当温度变化范围不是太大时,对许多生物反应来说,假定标准反应焓与温度无关是合理的,但在某些情况下,温度的影响不能忽略,此时,对式(13-97)两边进行积分时就不能把 ΔH^0 移到积分号外,积分时必须考虑取决于生成物与反应物之间热容差的反应焓与温度的关系。

平衡常数是分析化学反应方向和平衡特性的重要依据,其数值越大,表明生成物的浓度越大,反应越完全。利用平衡常数可以预测化学反应进行的方向[式(13-91)]。依据不同因素对平衡常数的影响,通过调整反应条件可以控制反应进行的方向和深度。若已知理想气体化学反应的计量方程和反应达到平衡时的压力和温度,平衡常数就是确定的了,即可计算化学平衡时的物质成分(平衡成分)。

4. 平衡移动原理

对于处于化学平衡的反应系统,当外部条件发生变化时,如温度、压力改变或加入或去除某些物质,原来的平衡状态遭到破坏,反应将向着建立新的平衡状态的方向移动。1884年,吕-查德里(Le Châtelier)研究了外部因素对化学平衡影响的各种实例后指出:在化学平

衡遭到破坏的系统中,化学反应总是向着削弱外部作用影响的方向移动。这就是平衡移动原理,又称吕-查德里原理。根据吕-查德里原理,提高温度,会使吸热反应加剧(吸热量增加,以削弱温度升高影响);降低温度,会使放热反应加剧(放热量增加,以削弱温度降低的影响)。

例如,对于如下反应:

$$2CO + O_2 \longrightarrow CO_2$$
$$2C + O_2 \longrightarrow 2CO$$

当外界对物系的压力增大时,物系的压力也随之增大,这时物系中使物质的量减小这一方向的反应应加强,即使物系容积减小的反应必加强,以暂时削弱物系压力的升高。这时平衡发生移动,直至在新的压力下又达到化学平衡为止。

吕-查德里原理对平衡移动方向的论述与热力学第二定律对过程方向的论述相符合,也与实际经验相符合。

例 13-5 有水煤气反应:$CO(g) + H_2O(g) = CO_2(g) + H_2(g)$,反应物和生成物都作理想气体处理。

(1)计算反应在 2 000 K 下的平衡常数(用 $\ln K_p$ 表示);

(2)若初始反应物为 1 kmol CO、2 kmol H_2O,求在 2 000 K 下平衡时各组元的摩尔数和 CO_2 的离解度。

解:(1) $\ln K_p = -\dfrac{\Delta G^0_{T,p^0}}{RT}$

$$\Delta G^0_{T,p^0} = G_{m,CO_2}(T,p^0) + G_{m,H_2}(T,p^0) - G_{m,CO}(T,p^0) - G_{m,H_2O}(T,p^0)$$

其中:

$$\begin{aligned} G_m(T,p^0) &= H_m(2\,000\ \text{K}) - TS_m(2\,000\ \text{K}, 101.325\ \text{kPa}) \\ &= H^0_f + \Delta H_m - TS_m(2\,000\ \text{K}, 101.325\ \text{kPa}) \end{aligned}$$

查附录 A 得:

气体种类	S_m(2 000 K,101.325 kPa)/[kJ/(kmol·K)]	H_m(298.15 K)/(kJ/kmol)	H_m(2 000 K)/(kJ/kmol)	H^0_f/(kJ/kmol)	备注
CO	258.600	8 669.0	65 408	−110 530	表 A-18、表 A-12
H_2O	264.571	9 904.0	82 593	−241 820	表 A-11、表 A-12
CO_2	309.210	9 364.0	100 804	−393 520	表 A-15、表 A-12
H_2	188.297	8 468.0	61 400	0	表 A-19、表 A-12

$$\begin{aligned} G_{m,CO}(T,p^0) &= H^0_f + \Delta H_m - TS_m \\ &= -110\,530 + (65\,408 - 8\,669.0) - 2\,000 \times 258.600 \\ &= -570\,991\ (\text{kJ/kmol}) \end{aligned}$$

$$\begin{aligned} G_{m,H_2O}(T,p^0) &= H^0_f + \Delta H_m - TS_m \\ &= -241\,820 + (82\,593 - 9\,904.0) - 2\,000 \times 264.571 \\ &= -698\,273\ (\text{kJ/kmol}) \end{aligned}$$

$$G_{m,CO_2}(T,p^0)=H_f^0+\Delta H_m-TS_m$$
$$=-393\ 520+(100\ 804-9\ 364.0)-2\ 000\times309.210$$
$$=-920\ 500(kJ/kmol)$$
$$G_{m,H_2}(T,p^0)=H_f^0+\Delta H_m-TS_m$$
$$=0+(61\ 400-8\ 468.0)-2\ 000\times188.297$$
$$=-323\ 662(kJ/kmol)$$

从而得

$$\Delta G_{T,p^0}^0=G_{m,CO_2}(T,p^0)+G_{m,H_2}(T,p^0)-G_{m,CO}(T,p^0)-G_{m,H_2O}(T,p^0)$$
$$=(-920\ 500)+(-323\ 662)-(-570\ 991)-(-698\ 273)$$
$$=25\ 102(kJ/kmol)$$
$$\ln K_p=-\frac{\Delta G_{T,p^0}^0}{RT}=-\frac{25\ 102}{8.314\ 47\times2\ 000}=-1.509\ 5$$

这个值与表 A-20 中的值几乎相同。

(2)若初始反应物为 1 kmol CO、2 kmol H_2O,设平衡时有 x kmol CO 发生了反应,则有

项 目	CO	H_2O	CO_2	H_2
初始时各组元物质的量/kmol	1	2	0	0
平衡时各组元物质的量/kmol	$1-x$	$2-x$	x	x
平衡时各组元的分压力(p 为系统总压力)	$\frac{1-x}{3}p$	$\frac{2-x}{3}p$	$\frac{x}{3}p$	$\frac{x}{3}p$

由式(13-85)得平衡时:

$$\ln K_p=\ln\frac{\dfrac{p_{CO_2}p_{H_2}}{p^0\ \ p^0}}{\dfrac{p_{CO}p_{H_2O}}{p^0\ \ p^0}}=\ln\frac{\dfrac{x}{3}\times\dfrac{x}{3}}{\dfrac{1-x}{3}\times\dfrac{2-x}{3}}=-1.509\ 5$$

变形为

$$\ln\frac{x^2}{2-3x+x^2}=-1.509\ 5$$

即

$$\left(1-\frac{1}{e^{-1.5095}}\right)x^2-3x+2=0$$

解得 x =0.439 6,从而得平衡时各组元的摩尔数为

$$x_{CO}=1-x=0.560\ 4(kmol),x_{H_2O}=2-x=1.560\ 4(kmol)$$
$$x_{CO_2}=x=0.439\ 6(kmol),x_{H_2}=x=0.439\ 6(kmol)$$

CO_2的离解度:

$$\beta=1-x=1-0.439\ 6=0.560\ 4$$

在本例中,反应前后物质的摩尔数不变,所以温度一定时,压力对平衡成分和离解度没

有影响。

例 13-6 一闭口系中含有 CO 与 H_2O 各 1 mol 的混合气体，在 $T=1\ 000$ K，$p_0=101.325$ kPa 下进行定温定压反应。试计算反应平衡时的离解度。

解：该反应在定温定压下进行，假设达到化学平衡时的离解度为 β，则有

$$CO+H_2O\longrightarrow(1-\beta)CO_2+(1-\beta)H_2+\beta CO+\beta H_2O$$

平衡时总物质的量为

$$n=(1-\beta)+(1-\beta)+\beta+\beta=2$$

则平衡常数为

$$K_p=\frac{p_{CO_2}p_{H_2}}{p_{CO}p_{H_2O}}=\frac{\frac{1-\beta}{2}\times\frac{1-\beta}{2}}{\frac{\beta}{2}\times\frac{\beta}{2}}=\frac{(1-\beta)^2}{\beta^2}$$

查表 A-20，当 $T=1\ 000$ K 时有

$$K_p=\frac{1}{e^{-0.366}}=1.442=\frac{(1-\beta)^2}{\beta^2}$$

解得：$\beta=0.454\ 331$（舍去负根）

即反应度

$$\varepsilon=1-\beta=0.545\ 669$$

该值与表 13-2 获得的反应度数值（0.545 39）相比，高了 0.51‰。但是，使用平衡常数的方法计算平衡时反应度（或离解度）的过程，显然比使用吉布斯函数法方便简单多了。

任务 13.5 理论燃烧温度

1. 燃烧空气量

以 CH_4 的燃烧反应为例：

$$CH_4+2O_2=\!=\!=CO_2+2H_2O$$

可见，1 mol CH_4 完全燃烧理论上需要 2 mol O_2。实际燃烧过程中提供的通常不是纯氧，而是空气。计算时可认为空气由 O_2 和 N_2 组成，摩尔分数分别为 0.21 和 0.79，故空气中相应于 1 mol O_2 有 3.76（0.79/0.21）mol N_2。因此，1 mol CH_4 完全燃烧理论上需要 9.52[$2\times(1+3.76)$]mol 空气，这是理论上保证 1 mol CH_4 完全燃烧所需的最小空气量，称为理论空气量。在理论空气量下，CH_4 的燃烧反应方程为

$$CH_4+2(O_2+3.76N_2)=\!=\!=CO_2+2H_2O+2\times3.76N_2$$

在实际燃烧过程中，为了保证燃料充分氧化或调整燃烧产物的温度，常常需供入高于理论值的空气量，这就是实际空气量。实际空气量与理论空气量的比值称为过量空气系数。设过量空气系数为 α，则甲烷的燃烧反应可表示为

$$CH_4+2\alpha(O_2+3.76N_2)=\!=\!=CO_2+2H_2O+(2\alpha-2)O_2+2\alpha\times3.76N_2$$

燃烧过程是剧烈的化学反应过程，前面关于化学反应的讨论都适用于燃烧过程。

2. 绝热燃烧温度

燃料在定容或定压下燃烧所释放的热效应，一部分释放给外界，另一部分用于加热燃烧产物。显然，释放给外界的热量越少，燃烧产物的量越少，则燃烧产物的温度越高。对一定量的燃料，燃烧产物的量取决于过量空气系数，当 $\alpha=1$（无过量空气）时，燃烧产物最少。

因此，理论空气量下的绝热完全燃烧过程，其燃烧产物的温度最高，称为绝热燃烧温度或理论燃烧温度。不完全燃烧、空气过量、对外散热等都会使实际燃烧产物的温度低于理论燃烧温度。

利用绝热等容过程的能量方程 $U_{Pr}=U_{Re}$ 或绝热等压过程的能量方程 $H_{Pr}=H_{Re}$，结合理论空气量下的燃烧方程式，即可计算理论燃烧温度。计算时，认为反应物在标准状态下进入反应系统（参见例 13-7）。

具有燃烧反应的装置，如锅炉、燃气轮机装置、火箭推进器燃烧装置等，常要估算燃烧产物所能达到的最高温度，即理论燃烧温度。不过，估算的结果远远高于测量值，原因是燃烧总是不完全，且高温下产物发生离解（进而吸收热量），热损失总是难以避免等。即，理论燃烧温度是达不到的。考虑到化学平衡，理论上也只能达到平衡火焰温度。

例 13-7 C_2H_4 在 O_2 中等压完全燃烧时，反应式为

$$C_2H_4(g)+3O_2(g)=\!=\!=2CO_2(g)+2H_2O$$

（1）计算此燃烧反应的标准等压热效应（标准燃烧热）。按生成物中的 H_2O 为液态和气态两种情况计算。

（2）计算 500 K 时的等压热效应（燃烧热）。

（3）如果反应物的温度为 298.15 K，生成物的温度为 500 K，计算反应热。

解：由式（13-11）得反应热：

$$Q_p=Q_p^0+[(2\Delta H_{m,CO_2}+2\Delta H_{m,H_2O})-(\Delta H_{m,C_2H_4}+3\Delta H_{m,O_2})]$$

（1）标准等压热效应。

$$Q_p^0=(2\Delta H_{f,CO_2}^0+2\Delta H_{f,H_2O}^0)-(H_{f,C_2H_4}^0+3H_{f,O_2}^0)$$

查表 A-12 可知：

$$H_{f,CO_2}^0=-393\ 520\ \text{kJ/kmol},H_{f,C_2H_4}^0=52\ 280\ \text{kJ/kmol},H_{f,O_2}^0=0\ \text{kJ/kmol}$$

当燃烧产物中的 H_2O 为液态时，有

$$H_{f,H_2O(l)}^0=-285\ 830\ \text{kJ/kmol}$$

燃烧反应的标准等压热效应为

$$\begin{aligned}Q_p^0&=(2H_{f,CO_2}^0+2H_{f,H_2O}^0)-(H_{f,C_2H_4}^0+3H_{f,O_2}^0)\\&=[2\times(-393\ 520)+2\times(-285\ 830)]-(52\ 280+3\times0)\\&=-1\ 410\ 980(\text{kJ/kmol})\end{aligned}$$

燃烧产物中的 H_2O 为气态时，有

$$H_{f,H_2O(g)}^0=-241\ 820\ \text{kJ/kmol}$$

燃烧反应的标准等压热效应为

$$
\begin{aligned}
Q_p^0 &= (2H_{f,CO_2}^0 + 2H_{f,H_2O}^0) - (H_{f,C_2H_4}^0 + 3H_{f,O_2}^0) \\
&= [2\times(-393\ 520) + 2\times(-241\ 820)] - (52\ 280 + 3\times 0) \\
&= -1\ 322\ 960(\text{kJ/kmol})
\end{aligned}
$$

298.15 K 时水的汽化热为

$$
\begin{aligned}
r &= \frac{(-1\ 322\ 960) - (-1\ 410\ 980)}{2} \\
&= 44\ 010(\text{kJ/kmol})
\end{aligned}
$$

即 $r = 2\ 442.96$ kJ/kg。

查表 A-2，该值为 2 441.7 kJ/kg。

(2)将反应物和生成物都看作理想气体，则

$$\Delta H_m = H_{m,500K} - H_{m,298.15K}$$

查附录(理想气体热力性质表)，并计算得 ΔH_m 值，见下表。

气体种类	$H_{m,298.15K}$/(kJ/kmol)	$H_{m,500K}$/(kJ/kmol)	ΔH_m/(kJ/kmol)
CO_2	9 364.0	17 678.0	8 314.0
H_2O	9 904.0	16 828.0	6 924.0
O_2	8 682.0	14 770.0	6 088.0
C_2H_4	10 511.6	21 188.4	10 676.8

所以 500 K 时的等压热效应为

$$
\begin{aligned}
Q_p &= Q_p^0 + [(2\Delta H_{m,CO_2} + 2\Delta H_{m,H_2O}) - (\Delta H_{m,C_2H_4} + 3\Delta H_{m,O_2})] \\
&= -1\ 322\ 960 + [(2\times 8\ 314.0 + 2\times 6\ 924.0) - (10\ 676.8 + 3\times 6\ 088.0)] \\
&= -1\ 321\ 424.8(\text{kJ/kmol})
\end{aligned}
$$

(3)反应物温度为 298.15 K，有

$$\Delta H_{m,C_2H_4} = 0,\ \Delta H_{m,O_2} = 0$$

生成物温度为 500 K，其与标准状态的摩尔焓差为

$$\Delta H_{m,CO_2} = 8\ 314.0\ \text{kJ/kmol},\ \Delta H_{m,H_2O} = 6\ 924\ \text{kJ/kmol}$$

从而得反应热为

$$
\begin{aligned}
Q_p &= Q_p^0 + [(2\Delta H_{m,CO_2} + 2\Delta H_{m,H_2O}) - (\Delta H_{m,C_2H_4} + 3\Delta H_{m,O_2})] \\
&= -1\ 322\ 960 + [(2\times 8\ 314.0 + 2\times 6\ 924.0) - (0 + 3\times 0)] \\
&= -1\ 292\ 484(\text{kJ/kmol})
\end{aligned}
$$

例 13-8 计算 C 的理论燃烧温度。

解:C 在理论空气量下完全燃烧的方程式为

$$C + O_2 + 3.76N_2 \xlongequal{\quad} CO_2 + 3.76N_2$$

由绝热等压过程的能量方程 $H_{Pr} = H_{Re}$，并考虑到反应物处于标准状态，得

$$H_{f,C}^0 + H_{f,O_2}^0 + 3.76H_{f,N_2}^0 = (H_{f,CO_2}^0 + \Delta H_{m,CO_2}) + 3.76(H_{f,N_2}^0 + \Delta H_{m,N_2})$$

其中

$$H_{f,C}^0=0,\ H_{f,O_2}^0=0,\ H_{f,N_2}^0=0$$

由表 A-12 查得

$$H_{f,CO_2}^0=-393\ 520\ \text{kJ/kmol}$$

从而得

$$393\ 520=\Delta H_{m,CO_2}+3.76\Delta H_{m,N_2}$$

温度的计算需采用试算法。查附录 A 并计算上式等号右边得到的数据如下表所示。

T/K	H_{m,CO_2}/(kJ/kmol)	H_{m,N_2}/(kJ/kmol)	$(\Delta H_{m,CO_2}+3.76\Delta H_{m,N_2})$/(kJ/kmol)
298.15	9 364.0	8 669.0	
2 400	125 152.0	79 320.0	381 435.8
2 500	131 290.0	82 981.0	401 339.1

通过插值计算得理论燃烧温度 $T=2\ 460.7$ K。

3. 平衡火焰温度

燃烧反应必伴有离解过程。绝热条件下反应达到平衡时燃烧产物所能达到的终温称为平衡火焰温度。可以根据化学反应平衡条件和能量平衡条件计算平衡火焰温度。下面以 CO 的当量混合物的等压燃烧为例,说明平衡火焰温度的计算方法。

例 13-9　计算 CO 当量混合物等压燃烧时的平衡火焰温度。

解:CO 的当量混合物的燃烧方程式为

$$CO+\frac{1}{2}O_2+1.88N_2\longrightarrow(1-\beta)CO_2+\beta CO+\frac{\beta}{2}O_2+1.88N_2$$

求取理论燃烧温度 T_2时只有终温 T_2是未知数,因而只需要能量方程即可求解。而平衡火焰温度的求取,除了终温 T_2外,还有离解度 β 也是未知的。所以,除了能量方程外,还需要有 T_2与 β 相关联的平衡方程。平衡时的总摩尔数 n 为

$$n=(1-\beta)+\beta+\frac{\beta}{2}+1.88=2.88+\frac{\beta}{2}$$

物系平衡时的总压力为 p,则各组元的分压力为

$$p_{CO_2}=\frac{1-\beta}{n}p;p_{CO}=\frac{\beta}{n}p;p_{O_2}=\frac{\beta}{2n}p;p_{N_2}=\frac{1.88}{n}p$$

定压燃烧时,p 是已知的。

(1)平衡方程

$$K_p=\frac{\left(\dfrac{p_{CO_2}}{p^0}\right)}{\left(\dfrac{p_{CO}}{p^0}\right)\left(\dfrac{p_{O_2}}{p^0}\right)^{\frac{1}{2}}}=\frac{1-\beta}{\beta}\sqrt{\frac{2n}{\beta}}\tag{a}$$

假设 β 值,按式(a)获得 K_p,根据 K_p查表 A-20 得反应平衡时的温度 T,获得 β-T 曲线,如图 13-3 中的平衡限制曲线。

(2)能量方程

反应物在 T_1(298 K)下定压绝热反应的热效应全部用于使燃烧产物从 T_1 升温至 T_2 的能量方程为

$$(Q_p)_{298\ \mathrm{K}} + \sum_{\mathrm{Pr}} n_i (H_{\mathrm{m},T_2} - H_{\mathrm{m},298\ \mathrm{K}})_i = 0$$

即

$$[(1-\beta)Q_p]_{T_1} + \left[(1-\beta)H_{\mathrm{m,CO_2}} + \beta H_{\mathrm{m,CO}} + \frac{\beta}{2}H_{\mathrm{m,O_2}} + 1.88H_{\mathrm{m,N_2}}\right]_{T_2} -$$

$$\left[(1-\beta)H_{\mathrm{m,CO_2}} + \beta H_{\mathrm{m,CO}} + \frac{\beta}{2}H_{\mathrm{m,O_2}} + 1.88H_{\mathrm{m,N_2}}\right]_{T_1} = 0 \quad \text{(b)}$$

而

$$(Q_p)_{298\ \mathrm{K}} = \sum_{\mathrm{Pr}} n_i [H_{\mathrm{f}}^0 + (H_{\mathrm{m},T_2} - H_{\mathrm{m},298\ \mathrm{K}})]_i - \sum_{\mathrm{Re}} n_i [H_{\mathrm{f}}^0 + (H_{\mathrm{m},T_2} - H_{\mathrm{m},298\ \mathrm{K}})]_i \quad \text{(c)}$$

T_1(298 K)为已知,假定 T_2,由式(b)和式(c)可以计算出 β 值,进而获得 β-T 曲线,如图 13-3 中的能量限制曲线。两条线的交点(0.114 35,2 373.5)所对应的坐标即为平衡火焰温度 T_e 和离解度 β。

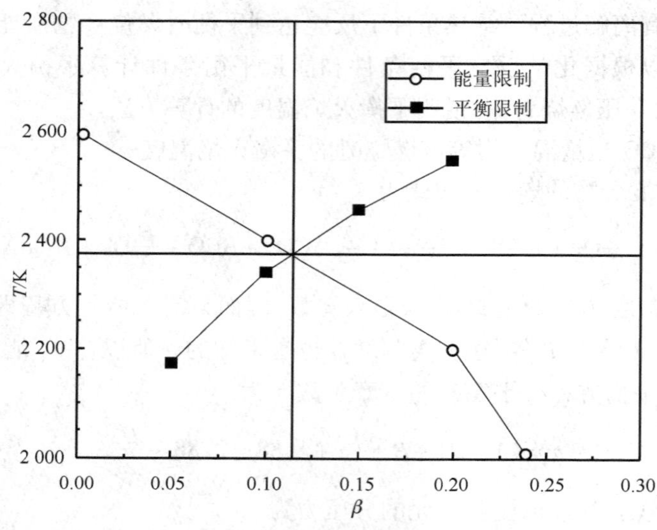

图 13-3 等压燃烧平衡火焰温度图解

例 13-10 计算下列条件下液态正辛烷(C_8H_{18})定压绝热燃烧时的温度:(1)理论空气量下完全燃烧;(2)400% 理论空气量下完全燃烧;(3)90% 理论空气量下不完全燃烧(含 CO)。正辛烷和空气的初始参数为 1 atm,25 ℃。

解:正辛烷在理论空气量下完全燃烧的燃烧方程式为

$$C_8H_{18}(\mathrm{l}) + 12.5(O_2 + 3.76N_2) \longrightarrow 8\ CO_2 + 9H_2O + 47N_2$$

(1)定压绝热燃烧时,由式(13-11)有

$$Q_p = H_{\mathrm{Pr}} - H_{\mathrm{Re}} = \sum_j (n_j H_{\mathrm{m},j})_{\mathrm{Pr}} - \sum_i (n_i H_{\mathrm{m},i})_{\mathrm{Re}} = 0$$

即

$$\sum_j (n_j H_{m,j})_{Pr} = \sum_i (n_i H_{m,i})_{Re}$$

查附录 A 有：

	H_f^0/(kJ/kmol)	H_m^0/(kJ/kmol)
C_8H_{18}(l)	−249 950	
O_2	0	8 682
N_2	0	8 669
H_2O(g)	−241 820	9 904
CO_2	−393 520	9 364

因反应物都处于标准状态，则

$$\sum_i (n_i H_{m,i})_{Re} = 1 \times (H_f^0 + \Delta H_m)_{C_8H_{18}(l)} + 12.5 \times (H_f^0 + \Delta H_m)_{O_2} + 12.5 \times 3.76 \times (H_f^0 + \Delta H_m)_{N_2}$$
$$= 1\ \text{kmol} \times (-249\ 950\ \text{kJ/kmol}) + 0 = -249\ 950\ \text{kJ}$$

$$\sum_j (n_j H_{m,j})_{Pr} = 8 \times (H_f^0 + H_m - H_m^0)_{CO_2} + 9 \times (H_f^0 + H_m - H_m^0)_{H_2O} + 47 \times (H_f^0 + H_m - H_m^0)_{N_2}$$
$$= 8 \times (-393\ 520 + H_m - 9\ 364)_{CO_2} + 9 \times (-241\ 820 + H_m - 9\ 904)_{H_2O} + 47 \times (0 + H_m - 8\ 669)_{N_2}$$
$$= 8H_{m,CO_2} + 9H_{m,H_2O} + 47H_{m,N_2} - 5\ 896\ 031$$

即

$$8H_{m,CO_2} + 9H_{m,H_2O} + 47H_{m,N_2} = 5\ 646\ 081\ \text{kJ}$$

上式中的焓值仅与温度有关。产物的总摩尔数为 8 +9 +47 =64(kmol)，则

$$\frac{5\ 646\ 081\ \text{kJ}}{64\ \text{kmol}} = 88\ 220\ \text{kJ/kmol}$$

该值相当于 2 650 K 的 N_2的焓值(见表 A-13)，或 2 100 K 的 H_2O 的焓值(见表 A-11)，或 1 800 K 的 CO_2的焓值(见表 A-15)。因为主成分是 N_2，所以燃烧温度应该接近于(但小于)2 650 K。假设燃烧温度为 2 400 K，有

$$8H_{m,CO_2} + 9H_{m,H_2O} + 47H_{m,N_2} = 8 \times 125\ 152 + 9 \times 103\ 508 + 47 \times 79\ 320$$
$$= 5\ 660\ 828(\text{kJ})$$

因 5 660 828 >5 646 081，燃烧温度应约小于 2 400 K。假设燃烧温度为 2 350 K，有

$$8H_{m,CO_2} + 9H_{m,H_2O} + 47H_{m,N_2} = 8 \times 122\ 091 + 9 \times 100\ 846 + 47 \times 77\ 496$$
$$= 5\ 526\ 654(\text{kJ})$$

因 5 526 654 <5 646 081，燃烧温度应约大于 2 350 K。即燃烧温度范围为 2 350 ~ 2 400 K。通过插值得燃烧温度为 2 395 K。

(2)400%理论空气量下完全燃烧的燃烧方程式为

$$C_8H_{18}(l)+12.5\times4(O_2+3.76N_2)\longrightarrow8CO_2+9H_2O+3\times12.5O_2+47\times4N_2$$

即

$$C_8H_{18}(l)+50(O_2+3.76N_2)\longrightarrow8CO_2+9H_2O+37.5O_2+188N_2$$

重复(1)的步骤,可得此时定压绝热燃烧温度为962 K。

由于空气过量,产物的温度显著降低。

(3)90%理论空气量下不完全燃烧(含CO)的燃烧方程式为

$$C_8H_{18}(l)+12.5\times0.9(O_2+3.76N_2)\longrightarrow5.5CO_2+9H_2O+2.5CO+47\times0.9N_2$$

即

$$C_8H_{18}(l)+11.25(O_2+3.76N_2)\longrightarrow5.5CO_2+2.5CO+9H_2O+42.3N_2$$

重复(1)的步骤,可得此时定压绝热燃烧温度为2 236 K。

由于不完全燃烧,与理论空气量下的温度相比,燃烧温度也降低了。

任务13.6 热力学第三定律与绝对熵

热力学第三定律是研究低温现象时得到的,并由量子统计力学理论支持的基本定律。它独立于热力学第一定律和热力学第二定律,其主要内容为能斯特热定理或绝对零度不能达到原理。

1. 熵的绝对值

在热力学研究和热力计算中,很多地方要用到各种物质在各种状态下的熵值。对于纯物质或不存在化学反应的混合物系,物系中物质的成分不变化,这时,对于物系中各物质可以任意规定计算熵的起点或基准点,这样计算得到的熵是各种物质熵的相对值。例如,水蒸气的热力性质表中的熵值就是相对值。但是,对于化学反应物系,例如在定温定压反应的前后:

$$W_{u(T,p)\max}=G_{Re}-G_{Pr}=(H_{Re}-TS_{Re})-(H_{Pr}-TS_{Pr}) \tag{13-99}$$

这里,S_{Re}是反应前物系中各物质熵的总和,S_{Pr}是反应后物系中各物质熵的总和。这时,各物质的熵必须是绝对值。

有理由设想:各种物质在热力学温度为0 K(绝对零度)时的熵值可以假定为零,因而从绝对零度算起的熵值可以作为物质的熵的绝对值。1882年左右,在亥姆霍兹提出自由能$F=U-TS$和吉布斯提出自由焓$G=U-TS$这些热力学函数时,这一设想就已经存在。在这些函数中,S就应是化学反应物系熵的绝对值。

1906年,德国化学家能斯特根据当时对固体和液体(凝聚物系)在低温下进行电化学反应时所测定的有用功的实验数值,提出了一个定理,后来这个定理被称为能斯特热定理,即任何物系在接近绝对零度时所进行的定温过程中,物系的熵接近不变,表示成数学表达式为

$$\lim_{T\to0}(\Delta S)_T=0 \tag{13-100}$$

这样,在接近绝对零度时,化学反应前后物系中各物质的成分由于化学反应而发生了改

变,但物系的总熵却保持不变。这只有一种可能,即在绝对零度下各种物质的比熵相等,为一常数或为零。这一结论为各种物质比熵存在绝对值这一设想找到了更为有力的根据。因为这样,各种物质比熵的绝对值就可以从绝对零度计算起,再加上这个共同的常数(相当于积分常数)就可以了。但是,这个常数却不可能根据已有的热力学第一定律和热力学第二定律求得。普朗克在 1911 年假定这个常数为零,这样,在绝对零度下,各种物质的熵值就为零。

因为非晶体、混合物、固溶体(如玻璃)等物质在绝对零度时的比熵应比绝对零度时纯物质完整晶体的比熵大,因而不等于零。所以表述成定律时,严格的说法是:"在绝对零度下任何纯粹物质完整晶体的熵等于零。"这就是热力学第三定律的一种常见的表述形式。绝对零度下纯物质完整晶体的熵等于零,与熵的统计热力学理论相符合。

但是,根据量子力学理论,考虑原子核的自转时,在绝对零度下纯物质完整晶体的熵也不等于零,不过其绝对值很小且与热力过程及热力计算无关。所以,上述定律在工程热力学上可不做修正。由此可见,任何定律也多少会带有一点相对性。

这样,各种物质比熵的绝对值 s 可从绝对零度算起:

$$s = \int_0^T \frac{\delta q}{T} \tag{13-101}$$

或

$$s = \int_0^T \frac{c_p \mathrm{d}T}{T} \tag{13-102}$$

常压下在接近 0 K 时,各种物质都已变为液体或固体,这时压力对比热容不产生影响,比热容只是温度的函数。当计算到温度较高,物体发生熔化、汽化等物态变化时,则需将物态变化时物体的熵增计算在内。由于根据实验数据及量子力学比热容理论,在接近绝对零度时各种凝聚物系的比热容急剧减小,趋近于零,故根据式(13-102)计算熵时可以得到一定的有限值。

2. 绝对零度不可能达到的热力学第三定律表述方法

在低温时,由于环境中没有更低温度的冷源使物体降温,唯一可行的降温途径就是绝热过程。显然,可逆绝热过程(等熵过程)的降温效果最好,液态氢(20.15 K,1 atm)、液态氦(4.15 K,1atm)都是通过这一过程获得的。但任何气态物质由于温度的降低而转变为液体和固体后就不能再依靠绝热下的容积膨胀来继续降低其温度。后来发现,顺磁性物质(如硫酸铁铵)在外加的强磁场作用下,其分子顺磁场排列时要放热,这些热量由液体氦带走,然后突然撤出外磁场使其去磁时,该物质就要吸热,在绝热下去磁时就会降低其温度,这样可达到 0.001 K 的低温。这一方法叫作绝热去磁制冷。但是,应用这一方法要达到更低的温度就不大可能了。后来又发现,使金属原子核的磁矩在强磁场中磁化后又使其绝热去磁,可以得到更低的温度,但仍有一定的限度。当物体的温度接近绝对零度时,不可能指望有温度更低的物体来冷却它,所以只有应用绝热过程的办法才能使物体继续降低其温度。绝热去磁也是一种绝热过程。但经验证明,越接近绝对零度时,要使物体在绝热过程中降低温度就越困难。所有经验都倾向于表明,绝对零度是最低温度的极限,绝对零度是不可能达到的。

1912 年,能斯特根据他提出的能斯特热定理推论得出:绝对零度不可能达到。叙述成定律的形式为:“不可能应用有限个方法使物系的温度达到绝对零度。”

上述定律是热力学第三定律的表述方式之一。绝对零度不可能达到,这看来是自然界的一个客观规律。这个规律的普遍意义为:物体分子和原子中和热能有关的各种运动相态不可能全部被停止。这与量子力学的观点相符合,也符合辩证唯物主义的观点:“运动是物质的不可分割的属性。”任何一种运动相态看来都不可能完全消失。

根据能斯特热定理推出绝对零度不可能达到的推理如下:据能斯特热定理,物系在接近绝对零度下进行定温过程时,物系的熵不变。物系的熵不变的过程本为孤立系统的可逆绝热过程,所以在接近绝对零度时,绝热过程也具有了定温过程的特性,想通过绝热过程(等温过程)使物体降温是不可能的,这时就不可能再依靠绝热过程来进一步降低物系的温度以达到绝对零度。

3. 关于热力学第三定律的讨论

能斯特热定理和绝对零度不能达到原理都可以作为热力学第三定律的表述,后一种表述与热力学第一定律和热力学第二定律采用了同样的形式,都说某种事情做不到。但是从实际意义上讲,热力学第三定律与热力学第一、第二定律却完全不同。热力学第一、第二定律明确指出:必须绝对放弃那种制造第一类和第二类永动机的梦想,但热力学第三定律却不阻止人们尽可能地去设法接近绝对零度。当然,温度越低,降低温度的工作就越困难。但是,只要温度不是绝对零度,理论上就有可能使它再降低。随着低温技术的发展,所能达到的最低温度可能更接近于 0 K。绝对零度不能达到原理,不可能由实验证实,它的正确性是由它的下列推论都与实际观测相符合而得到保证的。

推论 1 1911 年,普朗克发展了能斯特的论断。根据能斯特热定理,凝聚系在绝对零度时所进行的任何反应和过程,其熵变为零,即绝对零度时各种物质的熵都相等,那么,聪明而又简单的选择是取绝对零度下各物质的熵为零。这就是普朗克对能斯特热定理的推论:“绝对零度下纯固体或纯液体的熵为零。”

普朗克的推论得到许多实验结果的支持。例如,液态氦、金属中的电子气及许多晶体和非晶体的实验指出,它们的熵都随着温度趋于绝对零度而趋于零。

推论 2 西蒙基于经典的比热容理论指出,当温度趋于 0 K 时,比热容趋于某一常数。根据他的推论,对于理想气体,有

$$s_2 - s_1 = c_V \ln \frac{T_2}{T_1} + R_g \ln \frac{v_2}{v_1}$$

当 $T_1 \to 0$ 时,则 $s_1 \to -\infty$,如图 13-4(a)所示。这显然与能斯特热定理的推论 1 不符,当然也与能斯特热定理相矛盾。1907 年,爱因斯坦根据比热容的量子理论指出:当 $T \to 0$ 时,$c_V \to 0$,如图 13-4(b)所示,即

$$\lim_{T\to 0} c_p = \lim_{T\to 0} c_V = 0$$

若仅有这一推论,那么由图 13-4(b)可见,通过有限步骤,如图 13-4(b)中的 $a \to b \to c$ 过程,就可以达到绝对零度。因而热力学第三定律不仅要求绝对零度时凝结物体的比热容为零(推论 2),同时也要求绝对零度时纯固体或纯液体的比热容为零(推论 1)。也就是说,定

压线或定容线在 $T=0$ K 时应相聚于一点，如图13-4(c)所示。换句话说，以有限的步骤使物体冷却到绝对零度是办不到的。

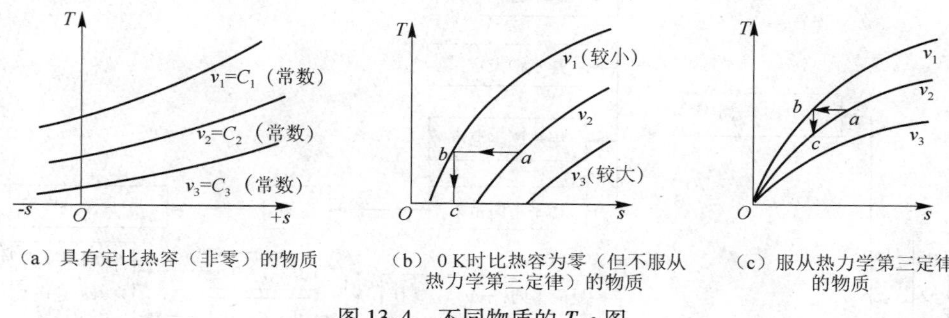

（a）具有定比热容（非零）的物质　（b）0 K时比热容为零（但不服从热力学第三定律）的物质　（c）服从热力学第三定律的物质

图13-4　不同物质的 T-s 图

熵是状态参数，与压力和温度有关。热力学第三定律表明，绝对零度时纯固体或纯液体的熵为零，与压力无关，绝对零度自然成为熵的计算起点。

热力学第三定律的两个推论都得到了量子理论的支持，所以说热力学第三定律是一个量子力学的定律。系统在放热冷却过程中，能量减少，无序度降低，作为无序度量度的熵也降低。随着放热冷却，气态冷凝为液态，液态结晶为固态，系统变得越来越有“秩序”。当系统处于最低能态即基态时，系统只有一个量子态或者只有数目不大的量子态。系统的无序度达到最小，即 $T\to 0$ 时系统微态总数 $W\to 1$，所以 $S\to 0$。正由于极低温度下系统的“有序性”，因而很多物质在极低温度下表现出一般温度下所不可想象的特性，如金属的超导性、液态氦的超流动性等。

热力学第三定律的价值不仅在于提供了绝对熵的计算依据，在熵和亥姆霍兹函数的计算及制表工作及化学反应的平衡计算中发挥重大作用，而且对低温下的实验研究，包括超低温下的物性研究起着重要的指导作用。

项目总结

化学反应系统中存在多种组元，而且各组元在反应中的物质结构可以变化，这是不同于非反应系统的物理过程的基本特点。以热力学第一、第二定律为基础，本项目研究了化学反应及伴随发生的物理变化过程。热力学第一、第二定律是自然界的普遍规律，一切化学反应过程都必须遵守。尽管系统内发生化学反应，但前面各项目中提及的一些概念(如系统、可逆过程)在本项目中可继续使用，但有一些概念(如化学反应系统的热力学能、化学系统的独立变量数、有用功等)发生一定的变化，还有一些概念(如化学计量系数、理论空气量、反应热效应和反应焓、标准生成焓等)则是新增的。虽然由于工程上化学反应的体积膨胀功不能被有效利用，造成有用功概念的不同，因而化学反应过程的热力学第一定律解析式在形式上稍有不同，但其实质是相同的。尤其要清楚的是:燃烧过程是不可逆过程，其进行必然伴随可用功(㶲)的损失，且燃烧的不可逆性随非化学当量燃烧和稀释作用(如被空气中的氮气稀释)而增加(因绝热燃烧温度降低了)。针对包括生物体内反应在内的等压反应特征，形成了反应焓、标准反应焓、燃烧焓、热值等概念，对于动力工程又有理论绝热燃烧温度等。

本项目的知识结构框图如图 13-5 所示。

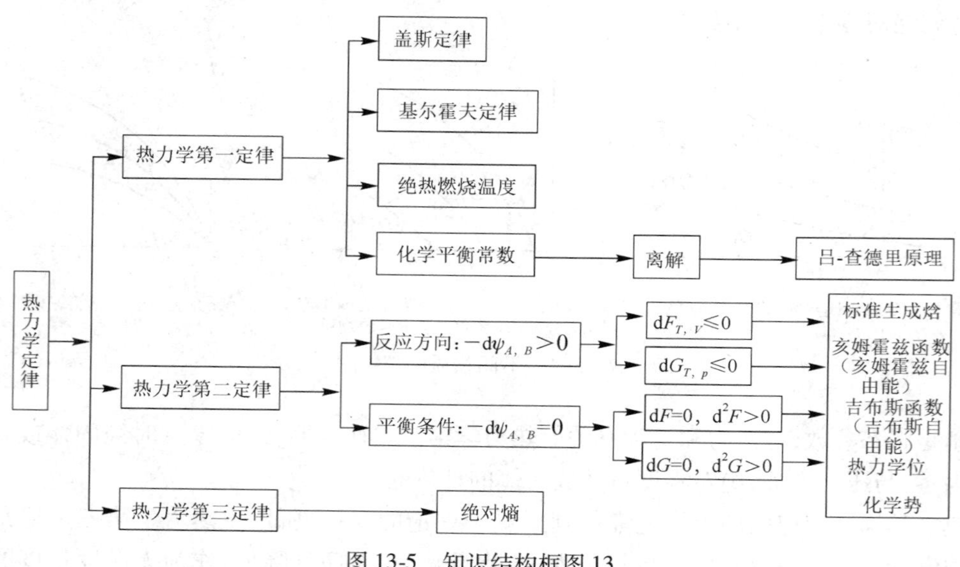

图 13-5　知识结构框图 13

思考题

1. 标准状态下进行定温定压放热反应 $CO+\frac{1}{2}O_2 \xlongequal{} CO_2$，其标准定压热效应是否就是 CO_2 的标准生成焓？

2. 化学热力学为什么规定焓基准、熵基准、吉布斯函数基准？

3. 根据吉布斯函数基准，O_2 在标准状态下的吉布斯函数为 0。根据焓基准和熵基准，在标准状态下，$H^0_{m,O_2}=0$，$S^0_{m,O_2}=205.04\ kJ/(kmol \cdot K)$，从而：

$$G^0_{m,O_2}=H^0_{m,O_2}-T^0S^0_{m,O_2}=0-298.15\times 205.04=-61\ 132.68(kJ/kmol)$$

二者是否矛盾？会不会影响计算结果？

4. 化学计量方程的不同书写形式对平衡常数的计算有无影响？如 CO 的燃烧反应，其计量方程可以写作 $2CO+O_2 \xlongequal{} 2CO_2$，也可以写作 $CO+\frac{1}{2}O_2 \xlongequal{} CO_2$。

5. 氨的合成反应为 $N_2(g)+3H_2(g) \xlongequal{} 2NH_3(g)$，用平衡移动原理判断下列情况下平衡移动的方向：

(1)加入 N_2；(2)加入 H_2；(3)提高反应温度；(4)提高反应总压。

6. 在什么情况下，生成热就是燃烧热？

7. 空气中除氧气外的其他成分的存在是否影响反应的标准定压热效应？是否影响燃烧反应中燃烧产物的温度？是否影响燃料的化学㶲？

8. 气体燃料甲烷在定温定压与定温定容下燃烧，试问定压热效应与定容热效应哪个大？

9. 过量空气系数的大小会不会影响理论燃烧温度？会不会影响热效应？

10. 过量空气系数的大小会不会影响化学反应的最大有用功？会不会影响化学反应过

程的㶲损失？

11. 某反应在 25 ℃时的 $\Delta G^0=0$，则 K_p 是多少？此时是否一定为平衡态？

习　题

13-1 设有下列理想气体反应：$aA+bB$ ══ $cC+dD$，求证定容反应过程对外热量交换为

$$Q_V=(cH_{m,C}+dH_{m,D})-(aH_{m,A}+bH_{m,B})-R[(c+d)T_{Pr}-(a+b)T_{Re}]$$

13-2 甲烷 CH_4（气态）在纯氧（气态）中发生燃烧反应，计算其标准定压热效应。燃烧产物中的 H_2O 按液态和气态分别计算。若反应在 500 K 下进行，计算燃烧的定压热效应。

13-3 对燃烧反应 $H_2(g)+\frac{1}{2}O_2(g)$ ══ $H_2O(g)$，H_2，O_2，H_2O 都可作为理想气体处理，计算反应的标准定压热效应和 298.15 K 下的定容热效应。

13-4 利用吉布斯函数判据判断反应 $2H_2O(g)$ ══ $2H_2(g)+O_2(g)$ 在标准状态下能否自发进行。

13-5 1 mol CO 和 1 mol O_2进行化学反应，求在 1 atm，3 000 K 下达到化学平衡时 CO_2的离解度和系统的平衡成分。已知平衡常数 $K_p=3.06$。（化学计量方程为 $CO+\frac{1}{2}O_2$ ══ CO_2。）

13-6 求 CH_4的理论燃烧温度。

13-7 利用表 A-7 和图 B-9 计算 CO 在 500℃时的热值$[-\Delta H_f]$。

13-8 一氧化碳与过量空气系数为 1.10 的空气量在标准状态下分别进入燃烧室，在其中经历定压绝热完全燃烧反应。试计算燃烧气体的温度。已知 N_2与 CO_2从 298.15 K 到 T 的 ΔH_m 数据如下：

T/K	2 500	2 600	2 700
$(\Delta H_m)_{N_2}$	74 312	77 973	81 659
$(\Delta H_m)_{CO_2}$	121 926	128 085	134 256

13-9 计算水蒸气在 2 000 K 时的 ΔG^0和 K_p。已知水蒸气的分解反应方程式为

$$H_2O\longrightarrow H_2+\frac{1}{2}O_2$$

13-10 1 kmol N_2和 3 kmol H_2在 450 K，202.65 kPa 的反应室内达到化学平衡。已知化学反应方程式为$\frac{1}{2}N_2+\frac{3}{2}H_2$ ══ NH_3，450 K 时的平衡常数 $K_p=1.0$，问 N_2，H_2，NH_3的分压力和摩尔数各是多少？

13-11 反应方程式 $CO+\frac{1}{2}O_2$ ══ CO_2，在 2 500 K，101.325 kPa 时达到化学平衡，试求：

（1）CO_2的离解度；

（2）各组元的分压力；

（3）各组元的摩尔分数。

13-12 CO 与理论空气量在 101.325 kPa 下燃烧至 3 000 K 时达到化学平衡组成。若在 506.625 kPa 下燃烧，平衡组成又怎样？

项目 14　燃料电池的热力学基础

项目提要

燃料电池是一种典型的能量转换装置，它将燃料中的化学能转化为电能，由于其不受卡诺循环效应的限制，因而效率较高，极具发展潜力和应用背景。本项目讨论燃料电池的热力学原理，通过分析内部化学反应、燃料电池输出的电功及燃料电池的端电压，讨论燃料电池的输出电功及其影响因素，介绍燃料电池性能的评价指标。本项目还介绍了燃料电池的分类和燃料电池发电系统。

学习目标

（1）明确燃料电池的工作原理、阳极和阴极的反应，以及电子和离子的运动方向。

（2）准确应用热力学第二定律分析燃料电池化学反应系统，具有计算燃料电池的输出电功的能力。

（3）掌握常见燃料电池的工作原理和主要特征，以及燃料电池的发电系统及其性能指标。

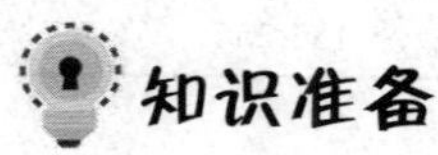

知识准备

任务 14.1　燃料电池的原理

燃料电池始于 1839 年，由英国的哥伦布发明，其最初的原理性实验图如图 14-1 所示。图 14-1 中的四个烧杯中盛有稀硫酸，烧杯内倒插充注了 O_2 和 H_2 的试管，试管内插入铂金片，把铂金片按图示方式连接后组成了以 H_2 为燃料的燃料电池。图 14-1 的上部是电解水装置，两试管内分别得到 H_2 和 O_2。实验表明，燃料电池反应是水电解的逆过程。

电池是通过电化学反应产生电能的装置。燃料电池也是个电化学装置，其单体由正、负两个电极（负极或阳极或燃料电极和正极或阴极或氧化剂电极）及电解质组成。不同的是，一般电池的活性物质贮存在电池内部，因而电池容量受到限制。燃料电池的正、负极本身不包含活性物质，它们只是个催化转换元件。因此燃料电池是名符其实的把化学能转化为电能

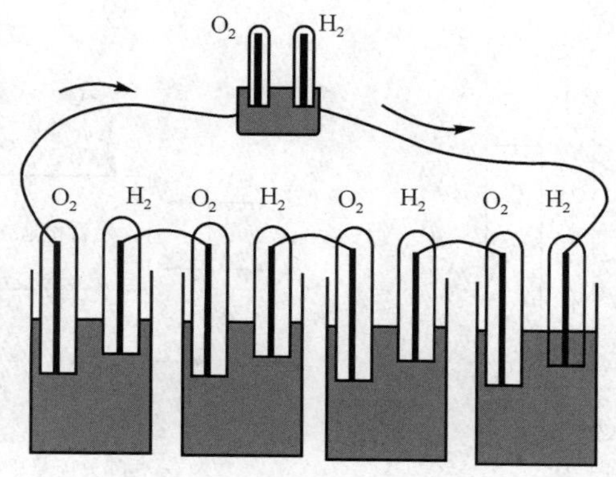

图 14-1　燃料电池最初的原理性实验图

的能量转换机器。燃料电池工作时，燃料和氧化剂由外部供给。原则上只要反应物不断输入，反应产物不断排除，燃料电池就能连续地发电。燃料电池与一般一次电池（干电池）、再生电池（充电电池）的区别在于：它的反应物是燃料，燃料通过氧化反应生成水或水和二氧化碳。电池的分类与构成如图 14 －2 所示。

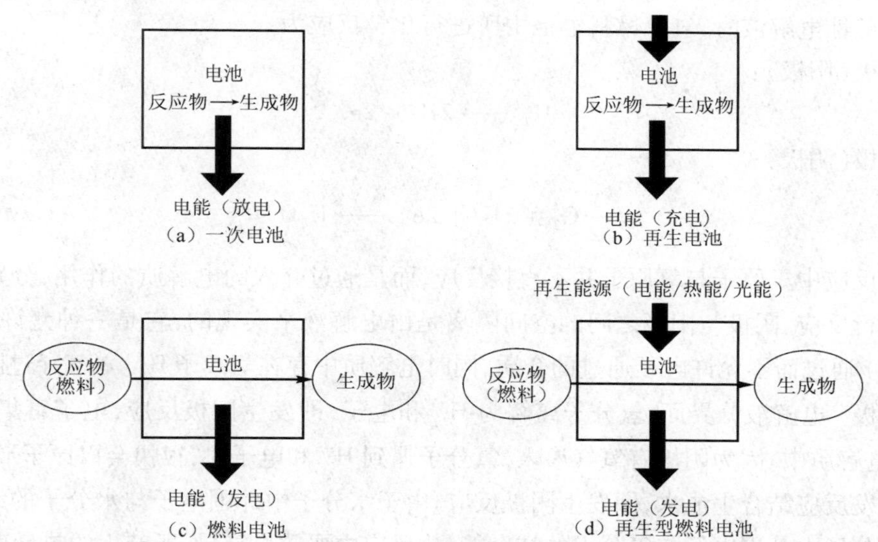

图 14-2　电池的分类与构成

燃料电池直接把燃料的化学能转换为电能，不经过热能这一中间环节，因而其效率不受卡诺循环热效率的限制。下面以常见的氢氧燃料电池为例，说明燃料电池的工作原理。图 14-3 为氢氧燃料电池原理图、能量平衡图。由于气体不能形成电极，通常用镀铂金的镍网等作电极，使氧气和氢气分别吸附在正、负电极表面，以进行电池反应，正、负电极由电解液（或离子交换膜）彼此分开，接通外电路便构成了以氢为燃料的电池。

氢氧燃料燃烧反应的能量平衡方程为

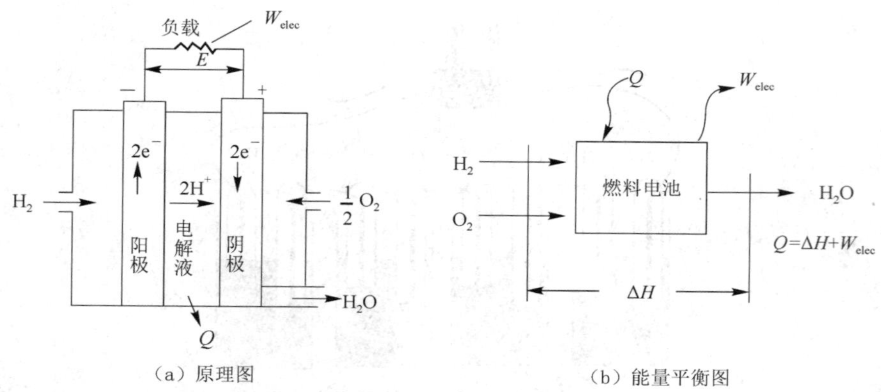

图 14-3　氢氧燃料电池

$$H_2 + \frac{1}{2}O_2 \xlongequal{\quad} H_2O + Q$$

其在标准状态下产生 $-\Delta H^0 = 286.0\text{kJ/mol}$ 的反应热(Q)。热机可利用这部分热量来发电,其最高输出功的效率为卡诺热机效率。

采用酸性电解液时,氢氧燃料电池中所进行化学反应为

燃料极(阳极):

$$H_2 \longrightarrow 2H^+ + 2e^-$$

氧化极(阴极):

$$\frac{1}{2}O_2 + 2H^+ + 2e^- \longrightarrow H_2O$$

上述反应中氢原子与氧原子并不直接反应,而是通过介入的电解质的作用,分别在阳极和阴极进行反应。阴极与阳极之间的空间隔离是由电解液来实现的,它是一种允许离子(带电的原子)通过而不允许电子通过的介质,同时电解质中存在氢离子 H^+。氢气穿过阳极后在电池的阳极 - 电解液分界面,氢分子离解为 H^+ 和电子,即发生阳极反应,电子富集于阳极,H^+ 进入电解质中。因为阴极有氧气渗入,氧分子遇到 H^+ 和电子时,很快会以原子形式与 H^+ 和电子自发反应结合生成水,即发生阴极反应。由于水分子中外围电子与水分子的结合能小于原来氢分子中外围电子与氢分子的结合能,故反应中要放出能量,所产生的热量 Q 要通过生成的水和电解质的冷却流体导出。在电解质中,H^+ 源源不断地移到阴极,氢气不断地补充到阳极,富集在阳极的电子则通过外围电路传到阴极。当外电路有负载时,燃料电池就对外做功。燃料电池使得反应中产生的电子规则地运动,反应释放的结合能除了一部分转换为热能外,大部分直接转换为电能。

考虑到能量平衡,可以得到氢氧燃料电池的完整表达式:

$$\frac{1}{2}O_2 + H_2 \longrightarrow H_2O + 2eE^0 + Q - \frac{3}{2}R_g T \tag{14-1}$$

式中,$2eE^0$ 为一个氢分子参与反应时燃料电池输出的电功,也可记作 W_{elec};Q 为释放的热能;

$\frac{3}{2}R_g T$ 为从水蒸气变为水的过程中因水蒸气体积缩小所产生的环境压力对体系做的功，R_g 为气体常数，T 为热力学温度。

任务 14.2　燃料电池的输出电功

输出电能和产生端电压都是燃料电池的重要性能。一个系统做电功的潜能是用电压来度量的。对于氢氧燃料电池，在完全转化的情况下，每摩尔氢气经燃料电池输出电功率的一般式为

$$W_{elec} = nN_A eE^0 = nFE^0 \tag{14-2}$$

式中，n 为反应通过外电路的电子数，在这个反应中每个氢分子有 2 个电子通过外电路，故 $n=2$；N_A 是阿伏伽德罗常数（$N_A = 6.022\ 1 \times 10^{23}\ \text{mol}^{-1}$）；$e$ 是电子电荷（$e = 1.602\ 18 \times 10^{-19}\ \text{C}$）；$E^0$ 是所产生的端电压；F 为法拉第常数（$F = N_A e = 96\ 485\ \text{C/mol}$）。

燃料电池工作时不消耗电极材料，这正是燃料电池与一般电池的不同之处。燃料电池工作时不断输入燃料和氧化剂，同时不断排出反应物，因而燃料电池属于开口系统，如图 14-3 所示，假定其流体的流动是稳定的，动能、位能变化可略去不计，且反应在等温等压条件下进行。对于氢氧燃料电池反应，应用式（13-34）有

$$W_{elec} \leqslant -\Delta G = G_1 - G_2$$

反应可逆时输出的最大电功为

$$W_{elec,max} = -\Delta G \tag{14-3}$$

式中，ΔG 为反应的吉布斯函数的变化值，可按照式（13-66）、式（13-72）或式（13-87）计算。

将式（14-2）代入式（14-3），得到电池所能产生的最大电压（可逆电动势）为

$$E^0 = \frac{-\Delta G}{Fn} = \frac{-\Delta G}{96\ 485n} \tag{14-4}$$

例 14-1　以氢气为燃料的燃料电池中所进行的反应可近似按定温定压反应处理。若反应在101 325 Pa 和298.15 K 下进行，试求燃料电池能输出的最大电功。

解：该反应式为

$$H_2 + \frac{1}{2}O_2 \longrightarrow H_2O\ (1)$$

由于反应物和生成物都处于101 325 Pa，298.15 K条件下，因此最大电功可由下式计算：

$$W_{elec,max} = \Delta G^0_{f,H_2} + \frac{1}{2}\Delta G^0_{f,O_2} - \Delta G^0_{f,H_2O(1)}$$

因稳定单质标准生成自由焓为零，且查表 A-12 可得 $\Delta G^0_{f,H_2O(1)} = -237.180\ \text{kJ/mol}$，即

$$W_{elec,max} = -\Delta G^0_{f,H_2O(1)} = 237.180\ \text{kJ/mol}$$

所以该燃料电池最大输出电功为237.180 kJ/mol。

例 14-2　计算 25 ℃，100 kPa 时图 14-3 所示的氢氧燃料电池的可逆电动势。

解:该燃料电池阳极的反应式为

$$H_2 \longrightarrow 2H^+ + 2e^-$$

阴极的反应式为

$$\frac{1}{2}O_2 + 2H^+ + 2e^- \longrightarrow H_2O$$

总反应式为

$$H_2 + \frac{1}{2}O_2 \longrightarrow H_2O$$

阳极每消耗 1 kmol 的 H_2,即会产生 2 kmol 的电子流过外电路。

(1) 假设各组分均处于标准状态下,且水为液态,则

$$\begin{aligned}\Delta H^0 &= (nH_m^0)_{H_2O(l)} - (nH_m^0)_{H_2} - (nH_m^0)_{O_2}\\ &= -1\times 285\,830 - 1\times 0 - \frac{1}{2}\times 0\\ &= -285\,830(\text{kJ})\end{aligned}$$

$$\begin{aligned}\Delta S^0 &= (nS_f^0)_{H_2O(l)} - (nS_f^0)_{H_2} - (nS_f^0)_{O_2}\\ &= 1\times 69.92 - 1\times 130.57 - \frac{1}{2}\times 205.03\\ &= -163.17(\text{kJ/K})\end{aligned}$$

$$\begin{aligned}\Delta G^0 &= \Delta H^0 - T_0\Delta S^0\\ &= -285\,830 - 298.15\times(-163.17)\\ &= -237\,181(\text{kJ})\end{aligned}$$

由式(14-4)计算电池电动势:

$$E^0 = \frac{-\Delta G^0}{96\,485n} = \frac{-(-237\,181)}{96\,485\times 2} = 1.229\,1 \approx 1.229(\text{V})$$

(2) 假设各组分均处于标准状态下,且水为气态,则

$$\begin{aligned}\Delta H^0 &= (nH_m^0)_{H_2O(g)} - (nH_m^0)_{H_2} - (nH_m^0)_{O_2}\\ &= -1\times 241\,820 - 1\times 0 - \frac{1}{2}\times 0\\ &= -241\,820(\text{kJ})\end{aligned}$$

$$\begin{aligned}\Delta S^0 &= (nS_f^0)_{H_2O(g)} - (nS_f^0)_{H_2} - (nS_f^0)_{O_2}\\ &= 1\times 188.72 - 1\times 130.57 - \frac{1}{2}\times 205.03\\ &= -44.37(\text{kJ/K})\end{aligned}$$

$$\begin{aligned}\Delta G^0 &= \Delta H^0 - T_0\Delta S^0\\ &= -241\,820 - 298.15\times(-44.37)\\ &= -228\,591(\text{kJ})\end{aligned}$$

由式(14-4)计算电池电动势:

$$E^0 = \frac{-\Delta G^0}{96\ 485n} = \frac{-(-228\ 591)}{96\ 485 \times 2} = 1.184\ 6 \approx 1.18(\mathrm{V})$$

该例显示了 25 ℃ 时吉布斯函数与可逆电动势的关系。在上述计算中，电池电动势（1.229 V 和1.18 V）之间的差异是由于标准状态下水的汽化导致了吉布斯函数的变化。

实际上，多数燃料电池是应用在更高温度下的，且产物水为气态而非液态，因而带走了更多的能量。此时，可逆电动势将随温度的升高而降低。

燃料电池采用的燃料种类很多，除氢气外尚有碳、一氧化碳及矿物燃料、天然气等。对于不同燃料的电池，每个分子所释放的电子数将不同，可依据化学计量方程确定。多数燃料电池的研究用于固定或移动发电用途。低温燃料电池使用氢气为燃料，而高温燃料电池可以使用甲烷和一氧化碳（通过内部重整生成氢气和二氧化碳）。低温燃料电池对一氧化碳很敏感（易于一氧化碳中毒），因而需要外部重整和纯化产生氢气。高温燃料电池可以在电池内重整天然气（主要是甲烷）、乙烷和丙烷等为氢气和一氧化碳。也有人研究将煤气化合成气作为燃料且在更高压力下（如15 atm）运行的燃料电池。由于燃料电池排气中还含有少量的燃料，因此可以使用燃气轮机装置或蒸汽轮机装置构成联合循环而利用燃料电池的排气，这类联合循环发电的效率可以超过 60%。

虽然可以通过式（14-4）计算电池电压，但是为方便起见，可直接查询标准电极电势表（见表 A-21）。通过查表可以很容易确定相对于氢还原反应的各种半化学反应的标准态可逆电压。在标准电极电势表中，氢还原反应的标准态电势定义为零，以便容易与其他反应进行比较。为了说明电极电势的概念，表14-1 列举了部分电极反应及其电极电势。

表 14-1　部分电极反应及其电极电势

电极反应	E^0/V
$Fe + 2H^+ \longrightarrow Fe^{2+} + H_2$	−0.440
$CO_2 + 2H^+ + 2e^- \longrightarrow CHOOH\ (aq)$	−0.196
$2H^+ + 2e^- \longrightarrow H_2$	0
$CO_2 + 6H^+ + 6e^- \longrightarrow CH_3OH + H_2O$	0.03
$O_2 + 4H^+ + 4e^- \longrightarrow 2H_2O$	1.229

为了找到由一个完整的电化学系统产生的标准态电压，可以把电路中所有的电势简单地相加：

$$E^0_{\mathrm{cell}} = \sum E^0_{\mathrm{half\ reactions}} \tag{14-5}$$

例如，氢氧燃料电池的标准态电势可以确定如下：

$$H_2 \longrightarrow 2H^+ + 2e^- \qquad E^0 = -0$$

$$+\frac{1}{2}(O_2 + 4H^+ + 4e^- \longrightarrow 2H_2O) \qquad E^0 = +1.229$$

$$= H_2 + \frac{1}{2}O_2 \longrightarrow H_2O \qquad E^0_{\mathrm{battery}} = +1.229\ \mathrm{V}$$

注意，把阴极反应乘以$\frac{1}{2}$后可得到正确的方程式，但不能直接把电势乘以$\frac{1}{2}$。电势的值和反应的量无关。由于把阳极反应的方向进行了改变，因此反应的电极电势的正负号也应改变。

燃料电池的最大效率或者说理想效率（可逆反应时）为

$$\eta_{max} = \frac{W_{elec,max}}{H_1 - H_2} = \frac{nN_A eE^0}{H_1 - H_2} = \frac{G_1 - G_2}{H_1 - H_2} = 1 - \frac{T(S_1 - S_2)}{H_1 - H_2} \tag{14-6}$$

式中，下角标“1”代表反应物，“2”代表生成物。对于可逆反应为放热反应的燃料电池，$\eta_{max} < 1$；对于可逆反应为吸热反应的燃料电池，$\eta_{max} > 1$。

另外，$T\Delta S = T(S_1 - S_2) = \Delta H - \Delta G$，表示反应所产生的热量。

例14-3 在室温下，对于氢氧燃料电池有：$\Delta G = -237$ kJ/mol，$\Delta H = -286$ kJ/mol，计算氢氧燃料电池的理论效率。

解：将数据代入式(14-6)可得

$$\eta_{FC,The} = \frac{\Delta G}{\Delta H} = \frac{-237}{-286} = 0.83$$

在室温下，氢氧燃料电池的理论效率为83%。

例14-4 例14-2在25 ℃，100 kPa条件下对纯氢氧燃料电池的可逆电动势进行了分析。如果氧非纯氧，而是25 ℃，100 kPa条件下的空气，试计算此时的可逆电动势。

解：该燃料电池阳极的反应式为

$$H_2 \longrightarrow 2H^+ + 2e^-$$

阴极的反应式为

$$\frac{1}{2}O_2 + 2H^+ + 2e^- \longrightarrow H_2O$$

总反应式为

$$H_2 + \frac{1}{2}O_2 \longrightarrow H_2O$$

阳极每消耗1 kmol的H_2，即会产生2 kmol的电子流过外电路。假设各组分均处于标准状态下，且水为液态，则

$$\begin{aligned}\Delta H^0 &= (nH_m^0)_{H_2O(l)} - (nH_m^0)_{H_2} - (nH_m^0)_{O_2} \\ &= -1 \times 285\,830 - 1 \times 0 - \frac{1}{2} \times 0 \\ &= -285\,830(\text{kJ})\end{aligned}$$

对于氧气，其分压力为21(0.21 × 100)kPa，则

$$\begin{aligned}\Delta S_{f,O_2}^0(p_{O_2}) &= S_{f,O_2}^0(p_0) - 8.314\,47\ln\left(\frac{p_{O_2}}{p_0}\right) \\ &= 205.03 - 8.314\,47 \times \ln\left(\frac{0.21}{1}\right) \\ &= 218.006[\text{kJ}/(\text{kmol} \cdot \text{K})]\end{aligned}$$

所以

$$\begin{aligned}\Delta S^0 &= (nS_f^0)_{H_2O(l)} - (nS_f^0)_{H_2} - (nS_f^0)_{O_2} \\ &= 1 \times 69.92 - 1 \times 130.57 - \frac{1}{2} \times 218.006 \\ &= -169.653(\text{kJ/K}) \\ \Delta G^0 &= \Delta H^0 - T_0 \Delta S^0 \\ &= -285\ 830 - 298.15 \times (-169.653) \\ &= -235\ 248(\text{kJ})\end{aligned}$$

由式(14-4)计算电池电动势：

$$E^0 = \frac{-\Delta G^0}{96\ 485n} = \frac{-(-235\ 248)}{96\ 485 \times 2} = 1.219(\text{V})$$

例 14-5　设例 14-2 中的纯氢氧燃料电池的工作温度为 600 K,而不是 298 K,试计算此时的吉布斯函数的变化及可逆电动势。

解:燃料电池的总反应式为

$$2H_2 + O_2 \longrightarrow 2H_2O$$

100 kPa,600 K 时反应生成的水为气态,则反应的焓变化为

$$\begin{aligned}\Delta H_{600\text{ K}}^0 &= 2(H_f^0 + H_{m,600\text{ K}} - H_{m,298\text{ K}})_{H_2O(g)} - 2(H_f^0 + H_{m,600\text{ K}} - H_{m,298\text{ K}})_{H_2} - \\ &\quad (H_f^0 + H_{m,600\text{ K}} - H_{m,298\text{ K}})_{O_2} \\ &= 2 \times (-241\ 820 + 20\ 402 - 9\ 904)_{H_2O(g)} - 2 \times (0 + 17\ 280 - 8\ 486)_{H_2} - \\ &\quad (0 + 17\ 929 - 8\ 682)_{O_2} \\ &= -489\ 479(\text{kJ})\end{aligned}$$

反应的熵变化为

$$\begin{aligned}\Delta S_{600\text{ K}}^0 &= 2(S_{m,600\text{ K}})_{H_2O(g)} - 2(S_{m,600\text{ K}})_{H_2} - (S_{m,600\text{ K}})_{O_2} \\ &= 2 \times 212.920 - 2 \times 150.968 - 226.346 \\ &= -102.442(\text{kJ/K})\end{aligned}$$

反应的吉布斯函数变化为

$$\begin{aligned}\Delta G_{600\text{ K}}^0 &= \Delta H_{600\text{ K}}^0 - T\Delta S_{600\text{ K}}^0 \\ &= -489\ 479 - 600 \times (-102.442) \\ &= -428\ 014(\text{kJ})\end{aligned}$$

由式(14-4)计算电池电动势：

$$E^0 = \frac{-\Delta G^0}{96\ 485n} = \frac{-(-428\ 014)}{96\ 485 \times 4} = 1.109(\text{V})$$

表14-2 列出了部分燃料根据其在标准状态下进行化学反应的 ΔH^0,ΔG^0 计算的电动势(端电压)E^0 和理论效率 η_{max}。其中,$\Delta H^0 = H_1^0 - H_2^0$,$\Delta G^0 = G_1^0 - G_2^0$,$\Delta S^0 = S_1^0 - S_2^0$。

表 14-2　部分燃料电池特性(工作温度为298.15 K)

序号	燃料	反应方程	n	$-\Delta G^0$/(kJ/mol)	$-\Delta H^0$/(kJ/mol)	E^0/V	η_{max}/%
1	氢	$H_2(g)+\frac{1}{2}O_2(g)\longrightarrow H_2O(l)$	2	237.3	286.0	1.229	83.0
2	甲烷	$CH_4(g)+2O_2(g)\longrightarrow CO_2+2H_2O(l)$	8	818.5	890.9	1.060	91.9
3	丙烷	$C_3H_8(g)+5O_2(g)\longrightarrow 3CO_2+4H_2O(l)$	20	2 109.7	2 221.6	1.093	95.0
4	甲醇	$CH_3OH(l)+\frac{3}{2}O_2(g)\longrightarrow CO_2+2H_2O(l)$	6	702.9	727.0	1.213	96.7
5	甲酸	$HCOOH+\frac{1}{2}O_2\longrightarrow CO_2+2H_2O(l)$	2	285.5	270.3	1.480	105.6
6	甲醛	$CH_2O(g)+O_2\longrightarrow CO_2+H_2O(l)$	4	522.0	561.3	1.350	93.0
7	氨	$NH_3+\frac{3}{4}O_2\longrightarrow\frac{1}{2}N_2+\frac{3}{2}H_2O(l)$	3	338.2	382.8	1.170	88.4
8	联氨	$N_2H_4+O_2\longrightarrow N_2+2H_2O(l)$	4	602.4	622.4	1.560	96.8
9	碳	$C(s)+O_2(g)\longrightarrow CO_2(g)$	4	394.6	393.8	1.022	100.2
10	碳	$C(s)+\frac{1}{2}O_2(g)\longrightarrow CO(g)$	2	137.3	110.6	0.711	124.2
11	锌	$Zn(s)+\frac{1}{2}O_2\longrightarrow ZnO$	2	318.3	348.1	1.650	91.4

燃料电池直接把化学能转换为电能,不需要经过转换为热能的中间环节,因而其效率不受卡诺循环热效率的限制。其高发电效率的原理可由图 14-4 说明。理论计算指出,可逆工作的碳氧燃料电池($C+O_2\longrightarrow CO_2$)可以使99.75% 的燃烧热转变为可用功。表14-2 中有的燃料电池的理论效率还会大于 1,这主要是因为其在等温吸热反应中吸收了环境热的缘故。温度是影响燃料电池理论效率的重要因素,影响的大小取决于ΔG和ΔH随温度的变化。氢氧燃料电池的ΔG,ΔH随温度的变化较为显著,但是碳氧燃料电池不显著。表14-3 和图 14-5 给出了氢氧燃料电池理论效率随温度的变化情况。由表 14-3 可见,当温度升高时,$|\Delta G|$减少,$|\Delta H|$增加,因此理论效率随温度上升而降低。实际工作的燃料电池都是不可逆的,但其使化学能转换为电功的效率与其他发电装置相比要高得多,因而燃料电池的研究备受关注。

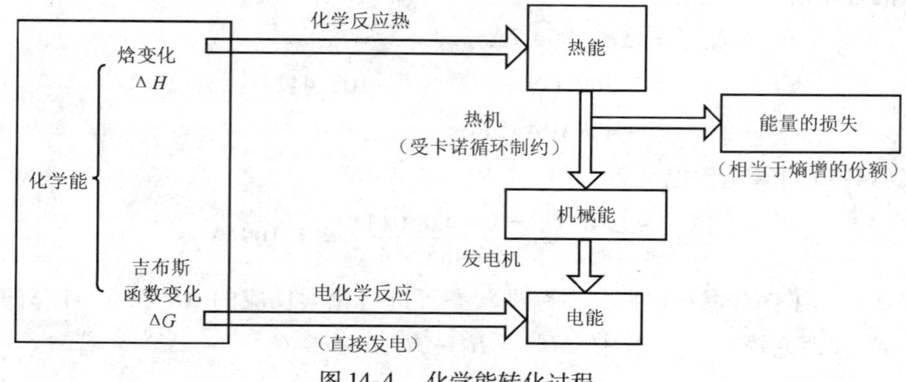

图 14-4　化学能转化过程

表 14-3　氢氧燃料电池的理论效率

T/K	ΔH/(J/mol)	ΔG/(J/mol)	$\eta_{max}=\dfrac{\Delta G}{\Delta H}$
400	-243 002	-224 077	0.92
500	-243 965	-219 221	0.90
1 000	-247 900	-192 718	0.78
2 000	-252 296	-135 275	0.54

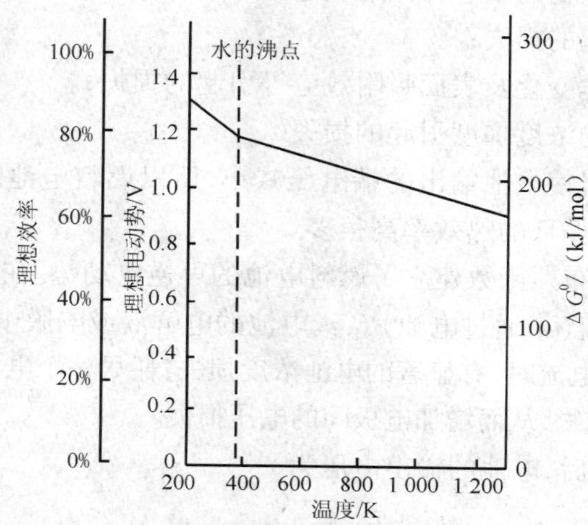

图 14-5　氢氧燃料电池的理想效率、理想电动势与温度的关系

表 14-4 为一些电池在理想情况下的电动势和效率随温度的变化情况。一般而言，电池工作温度升高，电动势和效率都下降，但固态碳电池$\left(C+\frac{1}{2}O_2 \longrightarrow CO\right)$的电动势和效率随温度的升高而显著升高。

表 14-4　一些电池的理想电动势及效率与温度的关系

反应方程	298 K		600 K		1 000 K	
	E^0/V	η/%	E^0/V	η/%	E^0/V	η/%
$H_2+\frac{1}{2}O_2 \longrightarrow H_2O(g)$	1.18	94	1.11	88	1.00	78
$CH_4+2O_2 \longrightarrow CO_2+2H_2O(g)$	1.04	100	1.04	100	1.04	100
$CO+\frac{1}{2}O_2 \longrightarrow CO_2$	1.34	91	1.18	81	1.01	69
$C+\frac{1}{2}O_2 \longrightarrow CO$	0.74	124	0.86	148	1.02	178

任务 14.3　燃料电池的端电压和输出特性

燃料电池的理论效率不受卡诺效率的限制，可以比热机循环的热效率高很多。不过，对于实际工作中的燃料电池，内部存在的不可逆因素使其效率降低，例如：

(1) 由于副反应的存在，电池端电压与理想的端电压有一定区别；

(2) 阳极和阴极反应物的状态与标准状态不一致；

(3) 电池内电阻引起的损失；

(4) 电极表面的化学变化及表面吸附效应等引起的损失；

(5) 电解质和气流的浓度梯度引起的损失。

上述不可逆因素都将使电池输出的端电压减小，所以燃料电池的实际效率要比理论效率低得多，不过仍比热机循环的热效率高很多。

任务 14.2 中基于吉布斯函数建立了燃料电池的可逆电动势。在阴极和阳极存在活化损失导致电压降低和漏电流（未通过电池）i_{leak}。电池的电解液或隔膜中存在的欧姆电阻阻碍离子的传递而产生损失。高电流时，有显著的电池浓度损失：耗尽一个电极的反应物，同时在另一个电极产生高浓度的生成物，从而增加电极间的电压损失。

因此，考虑主要损失后，电池的输出电压为

$$V = E^0 - b\ln\left(\frac{i + i_{leak}}{i_0}\right) - iR_m - c\ln\frac{i_L}{i_L - (i + i_{leak})} \tag{14-7}$$

式中，i 是电流密度，A/cm^2；b 和 c 是电池常数，V；R_m 是比电阻，$\Omega \cdot cm^2$；i_0 是参考电流密度，A/cm^2；i_L 是极限电流密度，A/cm^2。

接下来，我们引入浓差电池的概念。在浓差电池中，两个电极处都使用相同的化学物质，但是它们的浓度不同。由于两个电极处化学物质的浓度不同，这种电池可以产生电压，如图 14-6 中所示的氢浓差电池。这个电池被铂 - 电解质 - 铂结构分成两部分，其中一边是压缩的氢燃料箱，另一边是超低压的真空箱。这种电池不需要氧气与氢气发生反应就能产生电压，它与两边电极处氢气浓度有关。

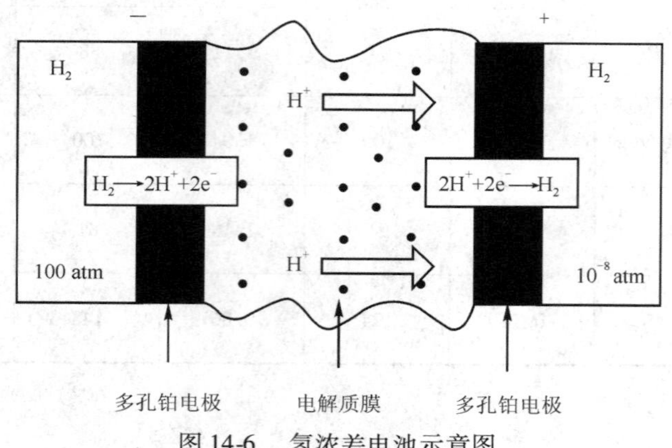

图 14-6　氢浓差电池示意图

例 14-6　某燃料电池工作温度为 350 K,电池常数为:$E^0 = 1.22$ V;$i_{leak} = 0.01$,$i_L = 2$,$i_0 = 0.013$ A/cm^2;$b = 0.08$ V,$c = 0.1$ V;$R_m = 0.01$ Ω · cm^2。试计算电流密度为 $i = 0.25$,0.75,1.0 A/cm^2 时的电压及功率密度。

解:使用式(14-7)计算电池输出电压,功率密度 $p = iV$。

(1)当 $i = 0.25$ A/cm^2 时:

$$V = 1.22 - 0.08 \times \ln\left(\frac{0.25 + 0.01}{0.013}\right) - 0.25 \times 0.01 - 0.1 \times \ln\frac{2}{2-(0.25+0.01)}$$
$$= 0.963\,9(\text{V})$$

$p = iV = 0.25 \times 0.963\,9 = 0.241$ (W/cm^2)

(2)当 $i = 0.75$ A/cm^2 时:

$$V = 1.22 - 0.08 \times \ln\left(\frac{0.75 + 0.01}{0.013}\right) - 0.75 \times 0.01 - 0.1 \times \ln\frac{2}{2-(0.75+0.01)}$$
$$= 0.839\,2(\text{V})$$

$p = iV = 0.75 \times 0.839\,2 = 0.629\,4$ (W/cm^2)

(3)当 $i = 1.0$ A/cm^2 时:

$$V = 1.22 - 0.08 \times \ln\left(\frac{1.0 + 0.01}{0.013}\right) - 1.0 \times 0.01 - 0.1 \times \ln\frac{2}{2-(1.0+0.01)}$$
$$= 0.791\,5(\text{V})$$

$p = iV = 1.0 \times 0.791\,5 = 0.791\,5$ (W/cm^2)

任务 14.4　燃料电池的分类及对比

燃料电池种类繁多,主要依据电解质和所用的燃料来区分。目前正处于研发阶段的燃料电池有以下几类:① 磷酸型燃料电池(phosphoric acid fuel cell,PAFC);② 熔融碳酸盐型燃料电池(molten carbonate fuel cell,MCFC);③ 固体氧化物型燃料电池(solid oxide fuel cell,SOFC);④ 碱基型燃料电池(alkaline fuel cell,AFC);⑤ 质子交换膜型燃料电池(proton exchange membrane fuel cell,PEMFC);⑥ 其他(如甲醇燃料型燃料电池)等。

1. 磷酸型燃料电池

图 14-7、图 14-8 分别为磷酸型燃料电池的工作原理图及其单体结构示意图。磷酸型燃料电池的电解质为液体磷酸,通常位于碳化硅基质中。磷酸型燃料电池的工作温度(150 ~ 200 ℃)要比质子交换膜型燃料电池和碱基型燃料电池的工作温度略高,但仍需电极上的铂金催化剂来加速反应。其阳极和阴极上的反应与质子交换膜型燃料电池相同,但由于其工作温度较高,所以其阴极上的反应速度要比质子交换膜型燃料电池的阴极上的反应速度快。

如图 14-8 所示,磷酸型燃料电池单体为叠层结构,每层厚数毫米,四角形边宽为600 ~ 1 000 mm。电解质层的构成方法是将由 SiC 粒子等组成的一种电解质保持剂多孔体浸泡在磷酸电解质中，电解质层应尽量薄，以利于离子传导。

磷酸型燃料电池单体特性如下所述：

（1）考虑压力的影响：运行压力从 p_1 升高到 p_2 时输出电压的变化为

$$\Delta E_p = 146\lg(p_2/p_1)$$

（2）考虑氧分压的影响：氧分压从 $p_{O_2,1}$ 升高到 $p_{O_2,2}$ 时输出电压的变化为

$$\Delta E_{O_2} = 103\lg(p_{O_2,2}/p_{O_2,1})$$

（3）考虑氢分压的影响：氢分压从 $p_{H_2,1}$ 升高到 $p_{H_2,2}$ 时输出电压的变化为

$$\Delta E_{H_2} = 77\lg(p_{H_2,2}/p_{H_2,1})$$

（4）考虑温度的影响：温度从 T_1 升高到 T_2 时输出电压的变化为

$$\Delta E_T = 1.152(T_2 - T_1)$$

（5）考虑 CO 的影响：燃料气中含有 CO 会使输出电压降低。

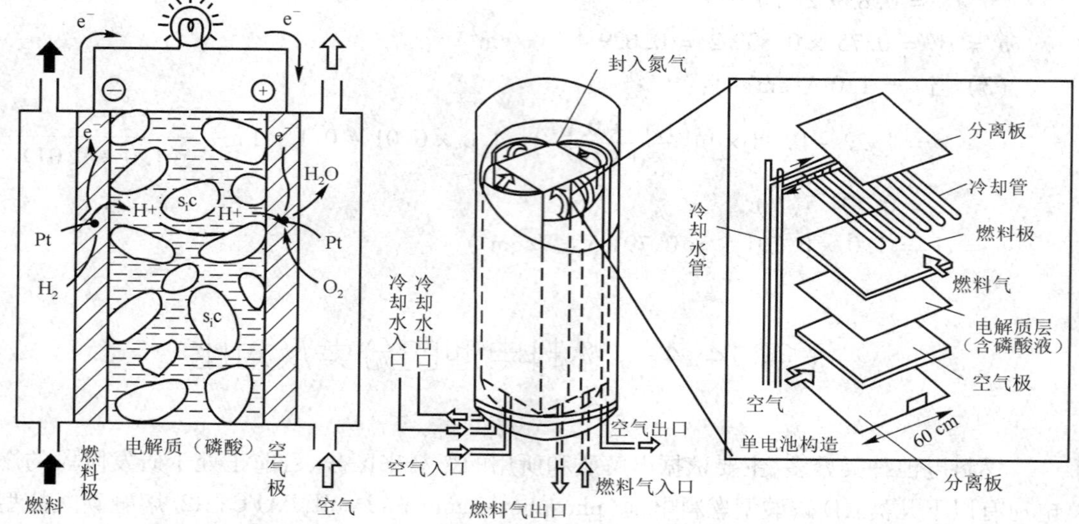

图 14-7　磷酸型燃料电池的工作原理图

图 14-8　磷酸型燃料电池的单体结构示意图

2. 熔融碳酸盐型燃料电池

熔融碳酸盐型燃料电池是用熔融碳酸盐作电解质，电解质中利用碳酸根（CO_3^{2-}）的移动进行电池反应，其工作原理图及单体结构示意图分别如图 14-9 及图 14-10 所示。对于熔融碳酸盐型燃料电池，通常使用的碳酸盐是 Li_2CO_3 和 K_2CO_3 二成分混合物或再添加 Na_2CO_3 的三成分混合物，其运行温度在 600 ~ 700 ℃。

由于这种燃料电池在较高温度下运行，无需高价的白金触媒，可使用燃料种类广泛，即使输入 CO 也能工作，发电效率高，可以回收燃料极（阳极）的 CO_2 供空气极（阴极）循环使用，故人们通常将其作为大型燃料电池开发的主要对象。

阳极反应：

$$2H_2 + 2CO_3^{2-} \longrightarrow 2CO_2 + 4e^-$$

阴极反应：

$$O_2 + 2CO_2 + 4e^- \longrightarrow 2CO_3^{2-}$$

总反应：

$$2H_2 + O_2 \longrightarrow 2H_2O$$

实际上，在阳极板 M 上还存在氢气被极板吸附成为氢原子，氢原子与 CO_3^{2-} 作用生成 OH^- 及氢原子与 OH^- 作用生成水的中间过程，用方程表示这个过程为

$$H_2 + 2M \longrightarrow 2MH$$

$$MH + CO_3^{2-} \longrightarrow OH^- + CO_2 + M + e^-$$

$$MH + OH^- \longrightarrow H_2O + M + e^-$$

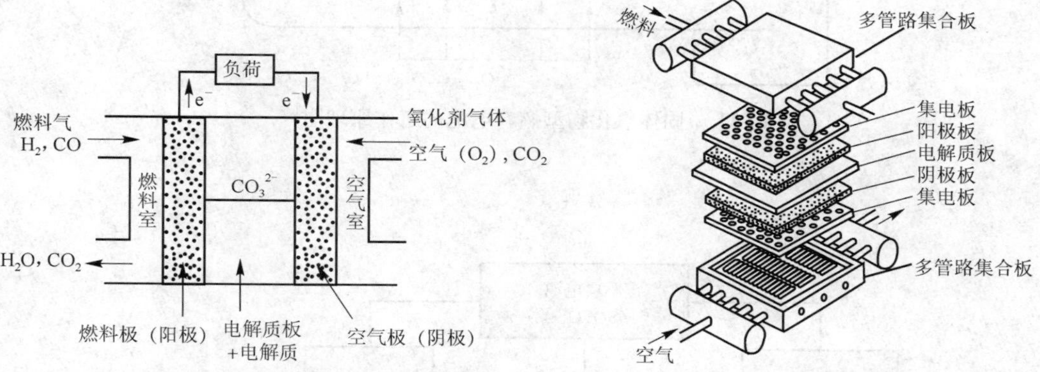

图 14-9　熔融碳酸盐型燃料电池的工作原理图　　图 14-10　熔融碳酸盐型燃料电池的单体结构示意图

3. 固体氧化物型燃料电池

固体氧化物型燃料电池以三氧化钇稳定氧化锆（YSZ）等氧化物作为离子导体场固体电解质，两壁的电极为多孔性。该电池可用于1 000 ℃ 高温，温度低会使离子在电解质中的传导迁移能力降低。其阳极反应和阴极反应分别为

阳极反应：$H_2 + O^{2-} \longrightarrow H_2O + 2e^-$

阴极反应：$\frac{1}{2}O_2 + 2e^- \longrightarrow O^{2-}$

在固体氧化物型燃料电池中，水在阳极产生，图 14-11 为其工作原理图。由于其高温的工作性质，其尾气可用于燃气轮机或蒸汽轮机构成联合发电系统。图 14-12 为燃料电池 - 燃气轮机工作示意图，固体氧化物型燃料电池替代了燃气轮机中的燃烧器。燃料电池产生电能，而其高温废气通过燃气轮机膨胀，从而产生轴功。在不燃烧的情况下以电和机械方式产生动力，燃料电池 - 燃气轮机的混合动力装置显著地提高了燃料利用率，与传统燃气轮机或蒸汽轮机技术相比，具有更低的有害气体排放量。

固体氧化物型燃料电池的高工作温度既有优势也有劣势。优势体现在其可用于构建热电联合生产装置。劣势包括电池堆硬件、封装和电池互连等方面存在的问题，此外高温环境使得对材料、机械强度、可靠性及热膨胀匹配的要求都变得更加严格。

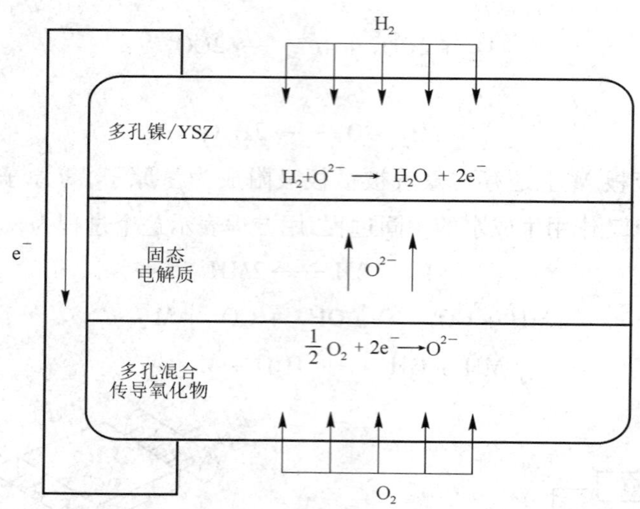

图 14-11　固体氧化物型燃料电池的工作原理图

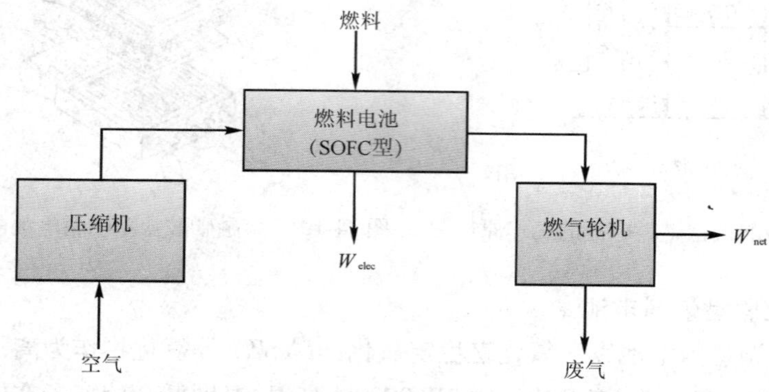

图 14-12　燃料电池 - 燃气轮机工作示意图

4. 碱基型燃料电池

碱基型燃料电池的电解质为氢氧化钾水溶液,和酸性燃料电池不同的是,碱基型燃料电池中的OH^- 由阴极传至阳极,反应式如下:

阳极反应:$H_2 + 2\,OH^- \longrightarrow 2H_2O + 2e^-$

阴极反应:$\frac{1}{2}O_2 + H_2O + 2e^- \longrightarrow 2\,OH^-$

由反应看出,如果不排除系统中产生的多余水,电解质溶液就会被稀释,从而导致整个系统效率下降,其工作原理图如图 14-13 所示。

碱基型燃料电池是1960 年开始研发的首批现代燃料电池之一,当时的应用是为阿波罗太空船提供机载电力。碱基型燃料电池在空间站的应用中已取得了相当大的成功,但其在地面上的应用因其对 CO_2 的敏感性而受到挑战。碱基型燃料电池系统根据电解液的浓度不同,能工作在60 ~ 250 ℃,需要纯氢气和纯氧气分别作为燃料和氧化剂。CO_2 为酸性气体,它会稀释电解质溶液从而影响电池效率。尽管如此，人们仍在为寻求碱基型燃料电池在移动和封闭系统（可逆燃料电池）中的应用而努力。

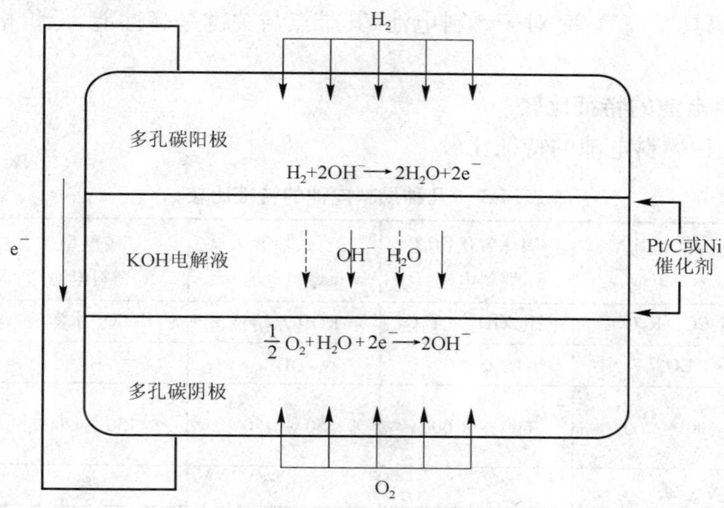

图 14-13　碱基型燃料电池的工作原理图

5. 质子交换膜型燃料电池

质子交换膜型燃料电池是将氢气与空气中的氧结合生成洁净水并释放出电能的技术，图 14-14 为质子交换膜型燃料电池的工作原理图。其工作原理是氢气通过管道或导气板到达阳极，在阳极催化剂作用下，氢分子解离为带正电的氢离子并释放出带负电的电子。氢离子穿过电解质（质子交换膜）到达阴极，电子则通过外电路到达阴极。电子在外电路形成电流，通过适当连接可向负载输出电能。在电池另一端，氧气（或空气）通过管道或导气板到达阴极。氧气与氢离子及电子在阴极发生反应生成水，生成的水不稀释电解质，而是通过电极随反应尾气排出。

质子交换膜型燃料电池有着广泛的应用，它是燃料电池汽车的主要动力来源。

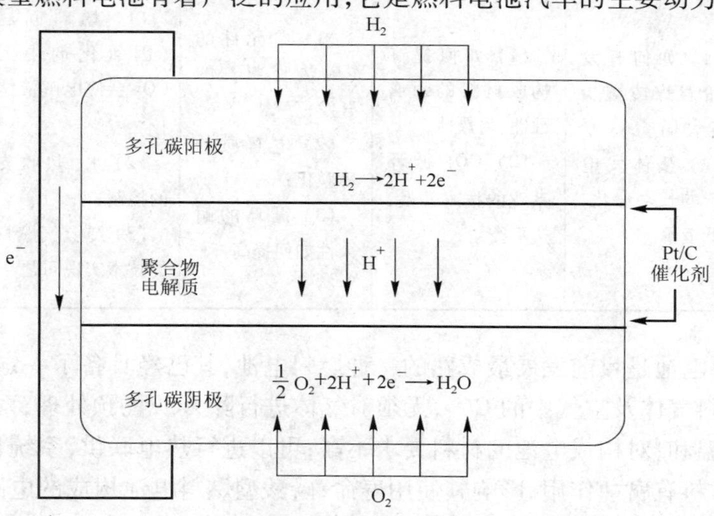

图 14-14　质子交换膜型燃料电池的工作原理图

燃料电池是21世纪能量转换领域的一场革命，不仅具有化学能转化为电能的高效率，非常环保（NO_x 和 SO_x 的排放量仅分别为火力发电厂的2‰和0.15‰），而且功率易调节，无噪声，小型化后仍具有高效率。对于燃料电池，其难点与关键是高性能、低价格和性能稳定的材料的开发。

6. 几种燃料电池的特征比较

表14-5为几种燃料电池的特征比较。

表14-5 几种燃料电池的特征比较

		熔融碳酸盐型燃料电池	固体氧化物型燃料电池	碱基型燃料电池	磷酸型燃料电池	质子交换膜型燃料电池
电解质	电解质	Li_2CO_3, K_2CO_3	固化 $ZrO_2 + Y_2O_3$	KOH水溶液	H_3PO_4 水溶液	离子交换膜
	导电离子	CO_3^{2-}	O^{2-}	OH^-	H^+	H^+
	工作温度/℃	600 ~ 700	600 ~ 1 000	50 ~ 150	150 ~ 200	40 ~ 80
	腐蚀性	强	—	中等	强	中等
电极	触煤	铂金丝	—	—	镍银	铂金丝
	燃料极	$H_2 \longrightarrow 2H^+ + 2e^-$	$H_2 + CO_3^{2-} \longrightarrow CO_2 + 2e^-$	$H_2 + O^{2-} \longrightarrow H_2O + 2e^-$	$H_2 + 2OH^- \longrightarrow 2H_2O + 2e^-$	$H_2 \longrightarrow 2H^+ + 2e^-$
	氧化极	$\frac{1}{2}O_2 + 2H^+ + 2e^- \longrightarrow 2H_2O$	$\frac{1}{2}O_2 + CO_2 + 2e^- \longrightarrow CO_3^{2-}$	$\frac{1}{2}O_2 + 2e^- \longrightarrow O^{2-}$	$\frac{1}{2}O_2 + H_2O + 2e^- \longrightarrow 2OH^-$	$\frac{1}{2}O_2 + 2H^+ + 2e^- \longrightarrow H_2O$
燃料		氢气（可含CO）	氢气，CO	氢气，CO	纯氢（CO不可）	氢气（可含CO）
燃料源		天然气，甲醇，轻油	天然气，甲醇，石油，煤	天然气，甲醇，石油，煤	电解水的氢	天然气，甲醇
系统效率		40% ~ 45%	45% ~ 60%	50% ~ 60%	60%	40% ~ 45%
待解决的问题		（1）如何开发低价触煤或减少铂金使用量；（2）整体发电系统的长寿命化，降低造价	（1）如何提高构成材料的耐腐蚀性、耐热性；（2）CO_2 循环系统的技术开发，热平衡	（1）单元件的（耐热材料）的开发；（2）电解质的薄膜化；（3）循环的耐久性如何提高	（1）燃料问题（因氧化剂中的 CO_2 会使电解液恶化）；（2）水、热收支的控制；（3）纯氢气燃料的技术实现问题	（1）构成材料的高性能化、长寿命化；（2）单元件构成技术大型化；（3）水、热管理；（4）如何减少铂金使用量

磷酸型燃料电池是目前发展最成熟的一种燃料电池，其已经具备了一定规模的商业化。其优点有：耐燃料气体及空气中的 CO_2，无须对气体进行除 CO_2 的预处理，系统简化，成本降低；工作温度较温和，对构成电池的材料要求不高；可以进行热电联供，系统稳定。其缺点是：磷酸电解质对材料有腐蚀作用，影响其使用寿命；磷酸型燃料电池构成的电路的运行发电成本较网电价格高很多，限制了其商业运行。

熔融碳酸盐型燃料电池是一种中高温燃料电池，工作温度在 600 ~ 700 ℃，它的理想用途在于分散式电站和集中型大规模电厂，其正处于商品化前的示范运行阶段，美国和日本已经相继进行了实验电站的工作。其优点有：可用的燃料广泛，能直接使用 CH_4 或 CO；其会产生高温余热，用于热电联供，整个系统的效率较高。其缺点是：电解质的高腐蚀性对燃料电池的寿命有一定的影响；CO_2 的循环增加了系统结构的复杂性。

固体氧化物型燃料电池是一种全固体燃料电池，与液态电解质燃料电池相比，它不存在电解质的挥发和材料腐蚀问题，工作寿命较长，其工作温度比熔融碳酸盐型燃料电池的还要高，主要应用于分散式电站和集中型大规模电厂。其优点是：可用空气作氧化剂，可用天然气或 CH_4 作燃料气。其缺点是：过高的工作温度会带来材料、结构和密封上的一系列问题。

碱基型燃料电池是第一种得到实际应用的燃料电池，20 世纪 60 年代中期，NASA（美国国家航空航天局）成功将其运用到阿波罗登月飞船上。其相比于其他燃料电池具有一些显著的优点：其由于是碱性电解质，反应更易发生，因此可以采用较为便宜的金属催化剂，降低了成本；其工作电压较高，在不考虑热电联供的情况下，电效率是最高的。其缺点是：由于要使用纯氢作燃料，纯氧作氧化剂，所以限制了其应用的范围，基本局限于航天和军事领域的应用。

质子交换膜型燃料电池和熔融碳酸盐型燃料电池类似，也是一种固体燃料电池，它的特点是：工作温度低，启动速度快，可作为汽车及小规模分布式发电站和便携式电源应用的重要备选；在燃料电池中功率密度较高。其缺点是：生成的水为液态，需要严格的水管理；对燃料的纯度要求较高；使用昂贵的铂金催化剂。

任务 14.5　燃料电池的发电系统及性能指标

1. 燃料电池的发电系统

燃料电池发电系统及其优化中有很多热物理方面的研究内容。图 14-15 为燃料电池发电系统内各个功能部块示意图，主要包括空气处理系统、燃料处理系统、直流发电系统和热管理系统（包括热处理系统和热排放系统）等。

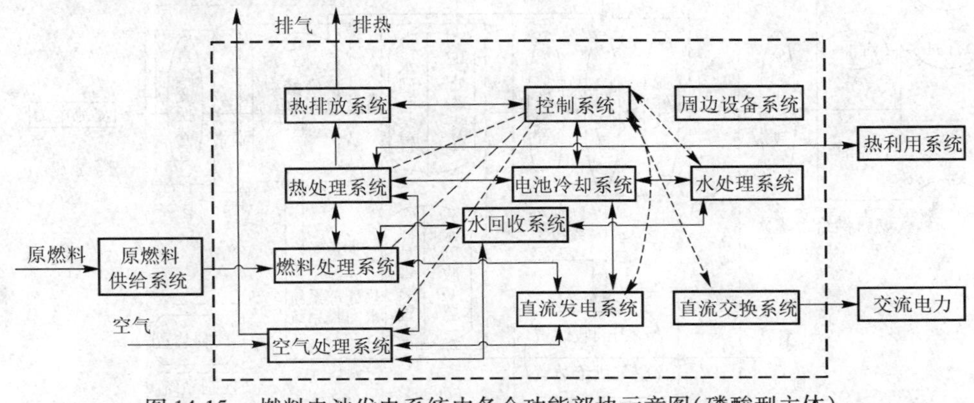

图 14-15　燃料电池发电系统内各个功能部块示意图（磷酸型主体）

燃料处理系统以化学方式把碳氢化合物燃料（如天然气）转化为需要的气体（如富氢气

体),这种高纯度的气体非常适合作燃料电池电极或催化剂。该系统同时具有净化功能,用于去除或减少有毒物质。直流发电系统可以把燃料电池中产生的直流电转化为交流电,不仅如此,其还可通过储能装置起到平衡供电需求和燃料电池系统电能供给的作用。热管理系统收集由燃料电池和燃料处理系统等子系统释放的热量,并将这些热量用于加热其他系统组件或供热用户使用。

在图 14-15 所示的燃料电池发电系统中,首先由燃料供给装置提供燃料(一般是碳氢化合物)。燃料处理系统中除了有燃料外,还有来自燃料电池本体反应中的剩余燃料及来自热排放系统中的水蒸气。燃料在燃料处理系统中经过脱硫、改质和变换过程转化为富氢气体,同时燃料处理系统具有净化功能,可以去除或减少有毒物质(如一氧化碳或硫化物)。这在磷酸型燃料电池中非常关键,该类型电池必须要使用纯氢气。燃料处理系统需要一定的反应温度,因此需通过剩余燃料和热排放系统的水蒸气提供热量。富氢气体进入热处理和水回收系统中进一步反应生成发电所需要的燃气,燃气和由空气供给装置所提供的空气在直流发电系统利用燃料电池进行发电,之后经过转换变为交流电输出使用。热处理系统和水回收系统中还有来自燃料电池本体的剩余空气,因为整个热处理系统和水回收系统温度较高,需要接冷却塔来进行散热,剩余空气经过热处理系统和水回收系统后与来自燃料处理系统的废气一起进入动力回收装置加热供给的空气,并排出一定量的煤气。水经过水处理装置进入电池冷却系统吸收燃料电池本体反应中所释放的热量变为温度较高的水蒸气,水蒸气最后进入燃料热处理系统。热利用系统则收集燃料电池和其他子系统释放的热能,该热能可用于供热或直接排放到空气中。以上各子系统都是由控制系统统一进行控制,保证系统的正常运行。加压主要是为了提高燃料电池的电压,从而增加电功。图 14-16 为加压型磷酸型燃料电池发电系统的原理图,图 14-17 为熔融碳酸盐型燃料电池发电系统(外部改质型)的原理图。

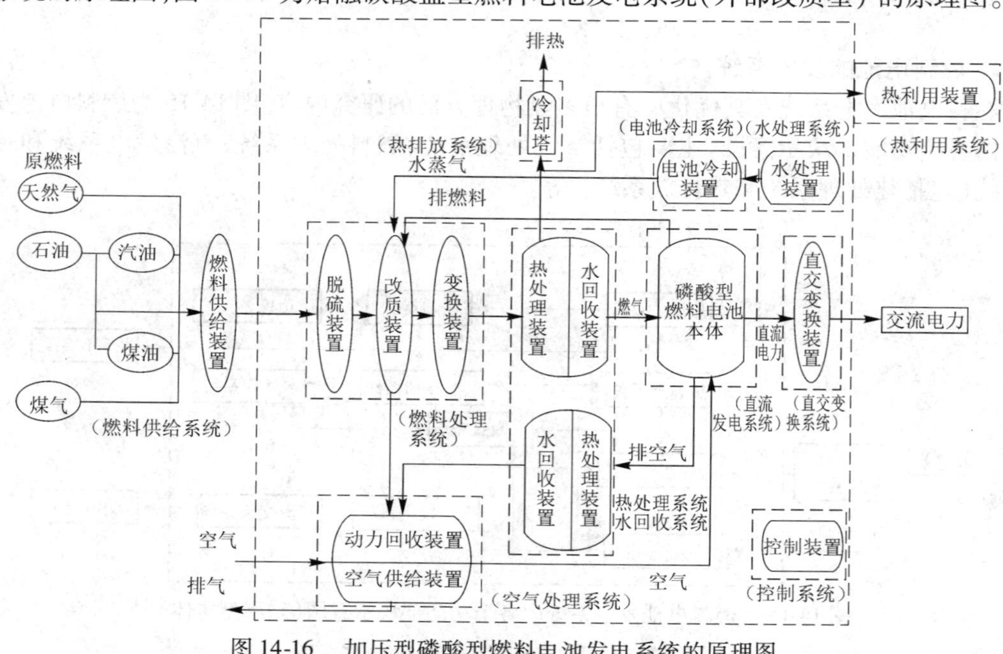

图 14-16　加压型磷酸型燃料电池发电系统的原理图

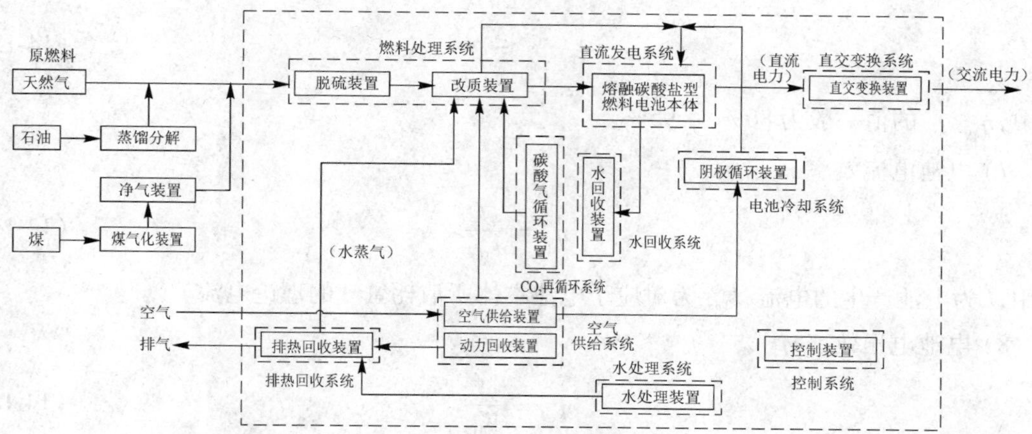

图 14-17　熔融碳酸盐型燃料电池发电系统（外部改质型）的原理图

2. 燃料电池的性能指标

评价燃料电池的性能时一般使用如下指标。

1）交流端净效率 $\eta_{AC,Net}$

$$\eta_{AC,Net} = \frac{P_{AC}}{q_m q_f} \tag{14-8}$$

式中，P_{AC} 为交流端的输出功率，q_m 为燃料的质量流量，q_f 为燃料的发热量。

2）交流端总效率 $\eta_{AC,Gross}$

$$\eta_{AC,Gross} = \frac{P_{AC} + P_B}{q_m q_f} \tag{14-9}$$

式中，P_B 为辅助机消耗的功率。

3）直流发电端总效率 $\eta_{DC,Gross}$

$$\eta_{DC,Gross} = \frac{P_{DC}}{q_m q_f} \tag{14-10}$$

式中，P_{DC} 为直流发电端的输出功率。

4）直流输电效率 $\eta_{DC,Cable}$

$$\eta_{DC,Cable} = \frac{P_{DC,Sent}}{P_{DC}} \tag{14-11}$$

式中，$P_{DC,Sent}$ 为直流送电端功率。

5）电池本体效率 η_{FCS}

$$\eta_{FCS} = \frac{P_{DC}}{q_{m,H_2} q_{H_2}} \tag{14-12}$$

式中，q_{m,H_2} 为氢气的消耗流量，q_{H_2} 为氢气的发热量。

6）电池理论效率 $\eta_{FC,The}$

$$\eta_{FC,The} = \frac{\Delta G}{q_f} \tag{14-13}$$

式中，$\eta_{FC,The}$ 的值一般为 80% ～95%。

7）电池电流效率 η_I

$$\eta_I = \frac{I}{I_{The}} \tag{14-14}$$

式中，I 为电池产生的电流，I_{The} 为对应于电池本体所消耗氢气的理论电流。

8）电池电压效率 η_V

$$\eta_V = \frac{V}{V_{The}} \tag{14-15}$$

式中，V 为电池实际产生的电压，V_{The} 为理论开路电压，η_V 的值一般为 55% ～80%。

9）过程效率 η_{Pss}

$$\eta_{Pss} = \frac{q_{m,H_2} q_{H_2}}{q_m q_f} \tag{14-16}$$

式中，η_{Pss} 的值一般为 80% ～90%。

10）全效率 η_{Rss}

$$\eta_{Rss} = \frac{q_{m,RH_2} q_{H_2}}{q_m q_f} \tag{14-17}$$

式中，q_{m,RH_2} 为燃料氢的全流量，η_{Rss} 的值一般为 95% ～116%。

11）燃料的利用率 U_f

$$U_f = \frac{q_{m,H_2}}{q_{m,RH_2}} \tag{14-18}$$

式中，U_f 的值一般为 75% ～85%。

项目总结

燃烧过程是不可逆过程，其进行必然伴随可用功（㶲）的损失，且燃烧的不可逆性随非化学当量燃烧和稀释作用（如被空气中的氮气所稀释）而增加（因绝热燃烧温度降低了）。根据流动㶲的概念，使用热力学第二定律获得的可逆功即为吉布斯函数的变化量。高温下比燃烧过程的不可逆性更小的过程是燃料电池中进行的化学转化过程，释放的能量直接转换为电功输出，且燃料电池的效率不受卡诺循环热效率的限制，因此此过程比含有燃烧过程的能量转换过程具有更高的能量转换效率，是很有前途的能量利用方式。

本项目的知识结构框图如图 14-18 所示。

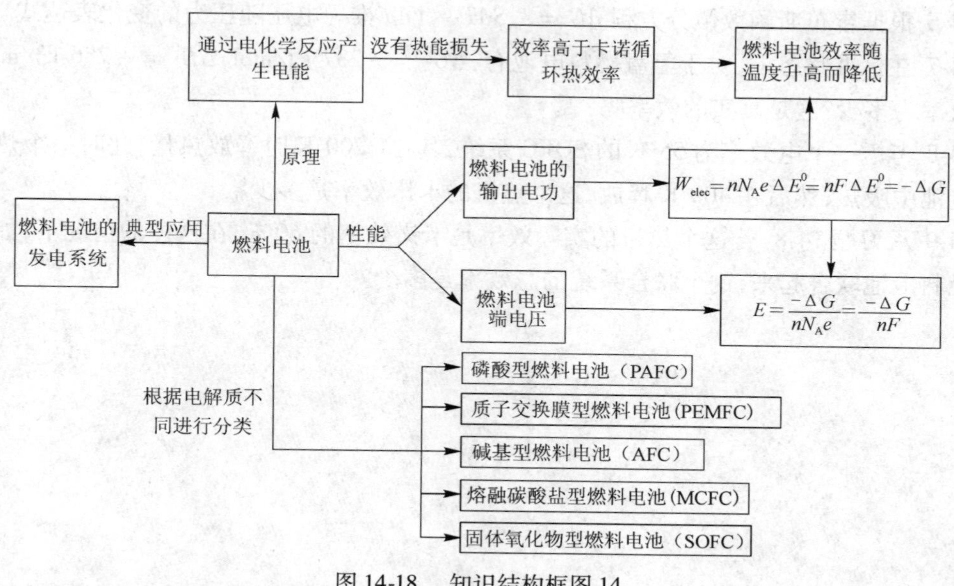

图 14-18　知识结构框图 14

思考题

1. 燃料电池是一种高效的能量转换装置,它比其他能量转换装置都好,是这样吗?
2. 为什么燃料电池的效率会随温度的升高而降低?
3. 试解释电极表面的化学变化及表面吸附效应等引起的损失。
4. 试解释电解质和气流的浓度梯度所引起的损失。
5. 高温燃料电池相比低温燃料电池有哪些特点?
6. 常见的燃料电池有哪几类?分别适用于什么场合?
7. 为何需要燃料电池?

习　题

14-1 请写出甲烷燃料电池的正极、负极和总反应方程式(碱性、酸性介质均可),并描述反应过程。

14-2 直接甲醇燃料电池属于质子交换膜型燃料电池中的一类,具备低温快速启动、燃料洁净环保及电池结构简单等特性,请写出该燃料电池的正极、负极和总反应方程式。

14-3 计算如下反应的标准态可逆电压:

$$Fe + 2H^+ \longrightarrow Fe^{2+} + H_2$$

14-4 试计算直接甲醇燃料电池的标准态可逆电压:

$$CH_3OH + \frac{3}{2}O_2 \longrightarrow CO_2 + 2H_2O(l)$$

14-5 根据吉布斯函数微分方程 $dG = -SdT + Vdp$ 推导电压随温度的变化表达式。

14-6 根据吉布斯函数微分方程 $dG = -SdT + Vdp$ 推导电压随压力的变化表达式。

14-7 在标准状态下，对于氢氧燃料电池有：$\Delta G^0 = -237$ kJ/mol，$\Delta H^0 = -286$ kJ/mol。其可逆效率为多少？这是真实的效率吗？

14-8 考虑一个电效率为55% 的 SOFC 系统，其在1 200 K 时释放热量，此时一个热机从燃料电池中吸热，然后在 400 K 释放，这个热机的卡诺效率是多少？

14-9 承习题 14-8。若这个热机的实际效率是卡诺效率的 60%，在这样的情况下，如果热机和燃料电池联合起来，这个联合系统的总效率是多少？

附录 A 常用热力性质表

常用热力性质表见表 A-1 ~ A-28。

表 A-1 羟基(OH)在理想气体状态下的热力性质表

T/K	H_m/(kJ/kmol)	U_m/(kJ/kmol)	S_m^0/[kJ/(kmol·K)]	T/K	H_m/(kJ/kmol)	U_m/(kJ/kmol)	S_m^0/[kJ/(kmol·K)]
0	0	0	0	2 400	77 015	57 061	248.628
298	9 188	6 709	183.594	2 450	78 801	58 431	249.364
300	9 244	6 749	183.779	2 500	80 592	59 806	250.088
500	15 181	11 024	198.955	2 550	82 388	61 186	250.799
1 000	30 123	21 809	219.624	2 600	84 189	62 572	251.499
1 500	46 046	33 575	232.506	2 650	85 995	63 962	252.187
1 600	49 358	36 055	234.642	2 700	87 806	65 358	252.864
1 700	52 706	38 571	236.672	2 750	89 622	66 757	253.530
1 800	56 089	41 123	238.606	2 800	91 442	68 162	254.186
1 900	59 505	43 708	240.453	2 850	93 266	69 570	254.832
2 000	62 952	46 323	242.221	2 900	95 095	70 983	255.468
2 050	64 687	47 642	243.077	2 950	96 927	72 400	256.094
2 100	66 428	48 968	243.917	3 000	98 763	73 820	256.712
2 150	68 177	50 301	244.740	3 100	102 447	76 673	257.919
2 200	69 932	51 641	245.547	3 200	106 145	79 539	259.093
2 250	71 694	52 987	246.338	3 300	109 855	82 418	260.235
2 300	73 462	54 339	247.116	3 400	113 578	85 309	261.347
2 350	75 236	55 697	247.879	3 500	117 312	88 212	262.429

表 A-2　饱和水与饱和水蒸气的热力性质表(按温度排列)

T/℃	饱和压力 p_{sat}/kPa	比体积/(m³/kg)		比热力学能/(kJ/kg)			比焓/(kJ/kg)			比熵/[kJ/(kg·K)]		
		饱和液体	饱和蒸汽	饱和液体	蒸发	饱和蒸汽	饱和液体	蒸发	饱和蒸汽	饱和液体	蒸发	饱和蒸汽
		v_f	v_g	u_f	u_{fg}	u_g	h_f	$h_{fg}(r)$	h_g	s_f	$s_{fg}(\beta)$	s_g
0.01	0.611 7	0.001 000	206.00	0.000	2 374.9	2 374.9	0.001	2 500.9	2 500.9	0.000 0	9.155 6	9.155 6
5	0.872 5	0.001 000	147.03	21.019	2 360.8	2 381.8	21.020	2 489.1	2 510.1	0.076 3	8.948 7	9.024 9
10	1.228 1	0.001 000	106.32	42.020	2 346.6	2 388.7	42.022	2 477.2	2 519.2	0.151 1	8.748 8	8.899 9
15	1.705 7	0.001 001	77.885	62.980	2 332.5	2 395.5	62.982	2 465.4	2 528.3	0.224 5	8.555 9	8.780 3
20	2.339 2	0.001 002	57.762	83.913	2 318.4	2 402.3	83.915	2 453.5	2 537.4	0.296 5	8.369 6	8.666 1
25	3.169 8	0.001 003	43.340	104.83	2 304.3	2 409.1	104.83	2 441.7	2 546.5	0.367 2	8.189 5	8.556 7
30	4.246 9	0.001 004	32.879	125.73	2 290.2	2 415.9	125.74	2 429.8	2 555.6	0.436 8	8.015 2	8.452 0
35	5.629 1	0.001 006	25.205	146.63	2 276.0	2 422.7	146.64	2 417.9	2 564.6	0.505 1	7.846 6	8.351 7
40	7.385 1	0.001 008	19.515	167.53	2 261.9	2 429.4	167.53	2 406.0	2 573.5	0.572 4	7.683 2	8.255 6
45	9.595 3	0.001 010	15.251	188.43	2 247.7	2 436.1	188.44	2 394.0	2 582.4	0.638 6	7.524 7	8.163 3
50	12.352	0.001 012	12.026	209.33	2 233.4	2 442.7	209.34	2 382.0	2 591.3	0.703 8	7.371 0	8.074 8
55	15.763	0.001 015	9.563 9	230.24	2 219.1	2 449.3	230.26	2 369.8	2 600.1	0.768 0	7.221 8	7.989 8
60	19.947	0.001 017	7.667 0	251.16	2 204.7	2 455.9	251.18	2 357.7	2 608.8	0.831 3	7.076 9	7.908 2
65	25.043	0.001 020	6.193 5	272.09	2 190.3	2 462.4	272.12	2 345.4	2 617.5	0.893 7	6.936 0	7.829 6
70	31.202	0.001 023	5.039 6	293.04	2 175.8	2 468.9	293.07	2 333.0	2 626.1	0.955 1	6.798 9	7.754 0
75	38.597	0.001 026	4.129 1	313.99	2 161.3	2 475.3	314.03	2 320.6	2 634.6	1.015 8	6.665 5	7.681 2
80	47.416	0.001 029	3.405 3	334.97	2 146.6	2 481.6	335.02	2 308.0	2 643.0	1.075 6	6.535 5	7.611 1
85	57.868	0.001 032	2.826 1	355.96	2 131.9	2 487.8	356.02	2 295.3	2 651.4	1.134 6	6.408 9	7.543 5
90	70.183	0.001 036	2.359 3	376.97	2 117.0	2 494.0	377.04	2 282.5	2 659.6	1.192 9	6.285 3	7.478 2
95	84.609	0.001 040	1.980 8	398.00	2 102.0	2 500.1	398.09	2 269.6	2 667.6	1.250 4	6.164 7	7.415 1
100	101.42	0.001 043	1.672 0	419.06	2 087.0	2 506.0	419.17	2 256.4	2 675.6	1.307 2	6.047 0	7.354 2
105	120.90	0.001 047	1.418 6	440.15	2 071.8	2 511.9	440.28	2 243.1	2 683.4	1.363 4	5.931 9	7.295 2
110	143.38	0.001 052	1.209 4	461.27	2 056.4	2 517.7	461.42	2 229.7	2 691.1	1.418 8	5.819 3	7.238 2
115	169.18	0.001 056	1.036 0	482.42	2 040.9	2 523.3	482.59	2 216.0	2 698.6	1.473 7	5.709 2	7.182 9
120	198.67	0.001 060	0.891 33	503.60	2 025.3	2 528.9	503.81	2 202.1	2 706.0	1.527 9	5.601 3	7.129 2
125	232.23	0.001 065	0.770 12	524.83	2 009.5	2 534.3	525.07	2 188.1	2 713.1	1.581 6	5.495 6	7.077 1
130	270.28	0.001 070	0.668 08	546.10	1 993.4	2 539.5	546.38	2 173.7	2 720.1	1.634 6	5.391 9	7.026 5
135	313.22	0.001 075	0.581 79	567.41	1 977.3	2 544.7	567.75	2 159.1	2 726.9	1.687 2	5.290 1	6.977 3
140	361.53	0.001 080	0.508 50	588.77	1 960.9	2 549.6	589.16	2 144.3	2 733.5	1.739 2	5.190 1	6.929 4
145	415.68	0.001 085	0.446 00	610.19	1 944.2	2 554.4	610.64	2 129.2	2 739.8	1.790 8	5.091 9	6.882 7
150	476.16	0.001 091	0.392 48	631.66	1 927.4	2 559.1	632.18	2 113.8	2 745.9	1.841 8	4.995 3	6.837 1
155	543.49	0.001 096	0.346 48	653.19	1 910.3	2 563.5	653.79	2 098.0	2 751.8	1.892 4	4.900 2	6.792 7

续表

T/℃	饱和压力 p_{sat}/kPa	比体积/(m³/kg)		比热力学能/(kJ/kg)			比焓/(kJ/kg)			比熵/[kJ/(kg·K)]		
		饱和液体	饱和蒸汽	饱和液体	蒸发	饱和蒸汽	饱和液体	蒸发	饱和蒸汽	饱和液体	蒸发	饱和蒸汽
		v_f	v_g	u_f	u_{fg}	u_g	h_f	$h_{fg}(r)$	h_g	s_f	$s_{fg}(\beta)$	s_g
160	618.23	0.001 102	0.306 80	674.79	1 893.0	2 567.8	675.47	2 082.0	2 757.5	1.942 6	4.806 6	6.749 2
165	700.93	0.001 108	0.272 44	696.46	1 875.4	2 571.9	697.24	2 065.6	2 762.8	1.992 3	4.714 3	6.706 7
170	792.18	0.001 114	0.242 60	718.20	1 857.5	2 575.7	719.08	2 048.8	2 767.9	2.041 7	4.623 3	6.665 0
175	892.60	0.001 121	0.216 59	740.02	1 839.4	2 579.4	741.02	2 031.7	2 772.7	2.090 6	4.533 5	6.624 2
180	1 002.8	0.001 127	0.193 84	761.92	1 820.9	2 582.8	763.05	2 014.2	2 777.2	2.139 2	4.444 8	6.584 1
185	1 123.5	0.001 134	0.173 90	783.91	1 802.1	2 586.0	785.19	1 996.2	2 781.4	2.187 5	4.357 2	6.544 7
190	1 255.2	0.001 141	0.156 36	806.00	1 783.0	2 589.0	807.43	1 977.9	2 785.3	2.235 5	4.270 5	6.505 9
195	1 398.8	0.001 149	0.140 89	828.18	1 763.6	2 591.7	829.78	1 959.0	2 788.8	2.283 1	4.184 7	6.467 8
200	1 554.9	0.001 157	0.127 21	850.46	1 743.7	2 594.2	852.26	1 939.8	2 792.0	2.330 5	4.099 7	6.430 2
205	1 724.3	0.001 164	0.115 08	872.86	1 723.5	2 596.4	874.87	1 920.0	2 794.8	2.377 6	4.015 4	6.393 0
210	1 907.7	0.001 173	0.104 29	895.38	1 702.9	2 598.3	897.61	1 899.7	2 797.3	2.424 5	3.931 8	6.356 3
215	2 105.9	0.001 181	0.094 680	918.02	1 681.9	2 599.9	920.50	1 878.8	2 799.3	2.471 2	3.848 9	6.320 0
220	2 319.6	0.001 190	0.086 094	940.79	1 660.5	2 601.3	943.55	1 857.4	2 801.0	2.517 6	3.766 4	6.284 0
225	2 549.7	0.001 199	0.078 405	963.70	1 638.6	2 602.3	966.76	1 835.4	2 802.2	2.563 9	3.684 4	6.248 3
230	2 797.1	0.001 209	0.071 505	986.76	1 616.1	2 602.9	990.14	1 812.8	2 802.9	2.610 0	3.602 8	6.212 8
235	3 062.6	0.001 219	0.065 300	1 010.0	1 593.2	2 603.2	1 013.7	1 789.5	2 803.2	2.656 0	3.521 6	6.177 5
240	3 347.0	0.001 229	0.059 707	1 033.4	1 569.8	2 603.1	1 037.5	1 765.5	2 803.0	2.701 8	3.440 5	6.142 4
245	3 651.2	0.001 240	0.054 656	1 056.9	1 545.7	2 602.7	1 061.5	1 740.8	2 802.2	2.747 6	3.359 6	6.107 2
250	3 976.2	0.001 252	0.050 085	1 080.7	1 521.1	2 601.8	1 085.7	1 715.3	2 801.0	2.793 3	3.278 8	6.072 1
255	4 322.9	0.001 263	0.045 941	1 104.7	1 495.8	2 600.5	1 110.1	1 689.0	2 799.1	2.839 0	3.197 9	6.036 9
260	4 692.3	0.001 276	0.042 175	1 128.8	1 469.9	2 598.7	1 134.8	1 661.8	2 796.6	2.884 7	3.116 9	6.001 7
265	5 085.3	0.001 289	0.038 748	1 153.3	1 443.2	2 596.5	1 159.8	1 633.7	2 793.5	2.930 4	3.035 8	5.966 2
270	5 503.0	0.001 303	0.035 622	1 177.9	1 415.7	2 593.7	1 185.1	1 604.6	2 789.7	2.976 2	2.954 2	5.930 5
275	5 946.4	0.001 317	0.032 767	1 202.9	1 387.4	2 590.3	1 210.7	1 574.5	2 785.2	3.022 1	2.872 3	5.894 4
280	6 416.6	0.001 333	0.030 153	1 228.2	1 358.2	2 586.4	1 236.7	1 543.2	2 779.9	3.068 1	2.789 8	5.857 9
285	6 914.6	0.001 349	0.027 756	1 253.7	1 328.1	2 581.8	1 263.1	1 510.7	2 773.7	3.114 4	2.706 6	5.821 0
290	7 441.8	0.001 366	0.025 554	1 279.7	1 296.9	2 576.5	1 289.8	1 476.9	2 766.7	3.160 8	2.622 5	5.783 4
295	7 999.0	0.001 384	0.023 528	1 306.0	1 264.5	2 570.5	1 317.1	1 441.6	2 758.7	3.207 6	2.537 4	5.745 0
300	8 587.9	0.001 404	0.021 659	1 332.7	1 230.9	2 563.6	1 344.8	1 404.8	2 749.6	3.254 8	2.451 1	5.705 9
305	9 209.4	0.001 425	0.019 932	1 360.0	1 195.9	2 555.8	1 373.1	1 366.3	2 739.4	3.302 4	2.363 3	5.665 7
310	9 865.0	0.001 447	0.018 333	1 387.7	1 159.3	2 547.1	1 402.0	1 325.9	2 727.9	3.350 6	2.273 7	5.624 3
315	10 556	0.001 472	0.016 849	1 416.1	1 121.1	2 537.2	1 431.6	1 283.4	2 715.0	3.399 4	2.182 1	5.581 6

续表

T/℃	饱和压力 p_{sat}/kPa	比体积/(m³/kg)		比热力学能/(kJ/kg)			比焓/(kJ/kg)			比熵/[kJ/(kg·K)]		
		饱和液体	饱和蒸汽	饱和液体	蒸发	饱和蒸汽	饱和液体	蒸发	饱和蒸汽	饱和液体	蒸发	饱和蒸汽
		v_f	v_g	u_f	u_{fg}	u_g	h_f	$h_{fg}(r)$	h_g	s_f	$s_{fg}(\beta)$	s_g
320	11 284	0.001 499	0.015 470	1 445.1	1 080.9	2 526.0	1 462.0	1 238.5	2 700.6	3.449 1	2.088 1	5.537 2
325	12 051	0.001 528	0.014 183	1 475.0	1 038.5	2 513.4	1 493.4	1 191.0	2 684.3	3.499 8	1.991 1	5.490 8
330	12 858	0.001 560	0.012 979	1 505.7	993.5	2 499.2	1 525.8	1 140.3	2 666.0	3.551 6	1.890 6	5.442 2
335	13 707	0.001 597	0.011 848	1 537.5	945.5	2 483.0	1 559.4	1 086.0	2 645.4	3.605 0	1.785 7	5.390 7
340	14 601	0.001 638	0.010 783	1 570.7	893.8	2 464.5	1 594.6	1 027.4	2 622.0	3.660 2	1.675 6	5.335 8
345	15 541	0.001 685	0.009 772	1 605.5	837.7	2 443.2	1 631.7	963.4	2 595.1	3.717 9	1.558 5	5.276 5
350	16 529	0.001 741	0.008 806	1 642.4	775.9	2 418.3	1 671.2	892.7	2 563.9	3.778 8	1.432 6	5.211 4
355	17 570	0.001 808	0.007 872	1 682.2	706.4	2 388.6	1 714.0	812.9	2 526.9	3.844 2	1.294 2	5.138 4
360	18 666	0.001 895	0.006 950	1 726.2	625.7	2 351.9	1 761.5	720.1	2 481.6	3.916 5	1.137 3	5.053 7
365	19 822	0.002 015	0.006 009	1 777.2	526.4	2 303.6	1 817.2	605.5	2 422.7	4.000 4	0.948 9	4.949 3
370	21 044	0.002 217	0.004 953	1 844.5	385.6	2 230.1	1 891.2	443.1	2 334.3	4.111 9	0.689 0	4.800 9
373.95	22 064	0.003 106	0.003 106	2 015.7	0	2 015.7	2 084.3	0	2 084.3	4.407 0	0	4.407 0

表 A-3　饱和水与饱和水蒸气的热力性质表(按压力排列)

p/kPa	饱和温度 T_{sat}/℃	比体积/(m^3/kg)		比热力学能/(kJ/kg)			比焓/(kJ/kg)			比熵/[kJ/(kg·K)]		
		饱和液体	饱和蒸汽	饱和液体	蒸发	饱和蒸汽	饱和液体	蒸发	饱和蒸汽	饱和液体	蒸发	饱和蒸汽
		v_f	v_g	u_f	u_{fg}	u_g	h_f	$h_{fg}(r)$	h_g	s_f	$s_{fg}(\beta)$	s_g
1.0	6.97	0.001 000	129.19	29.302	2 355.2	2 384.5	29.303	2 484.4	2 513.7	0.105 9	8.869 0	8.974 9
1.5	13.02	0.001 001	87.964	54.686	2 338.1	2 392.8	54.688	2 470.1	2 524.7	0.195 6	8.631 4	8.827 0
2.0	17.50	0.001 001	66.990	73.431	2 325.5	2 398.9	73.433	2 459.5	2 532.9	0.260 6	8.462 1	8.722 7
2.5	21.08	0.001 002	54.242	88.422	2 315.4	2 403.8	88.424	2 451.0	2 539.4	0.311 8	8.330 2	8.642 1
3.0	24.08	0.001 003	45.654	100.98	2 306.9	2 407.9	100.98	2 443.9	2 544.8	0.354 3	8.222 2	8.576 5
4.0	28.96	0.001 004	34.791	121.39	2 293.1	2 414.5	121.39	2 432.3	2 553.7	0.422 4	8.051 0	8.473 4
5.0	32.87	0.001 005	28.185	137.75	2 282.1	2 419.8	137.75	2 423.0	2 560.7	0.476 2	7.917 6	8.393 8
7.5	40.29	0.001 008	19.233	168.74	2 261.1	2 429.8	168.75	2 405.3	2 574.0	0.576 3	7.673 8	8.250 1
10	45.81	0.001 010	14.670	191.79	2 245.4	2 437.2	191.81	2 392.1	2 583.9	0.649 2	7.499 6	8.148 8
15	53.97	0.001 014	10.020	225.93	2 222.1	2 448.0	225.94	2 372.3	2 598.3	0.754 9	7.252 2	8.007 1
20	60.06	0.001 017	7.648 1	251.40	2 204.6	2 456.0	251.42	2 357.5	2 608.9	0.832 0	7.075 2	7.907 3
25	64.96	0.001 020	6.203 4	271.93	2 190.4	2 462.4	271.96	2 345.5	2 617.5	0.893 2	6.937 0	7.830 2
30	69.09	0.001 022	5.228 7	289.24	2 178.5	2 467.7	289.27	2 335.3	2 624.6	0.944 1	6.823 4	7.767 5
40	75.86	0.001 026	3.993 3	317.58	2 158.8	2 476.3	317.62	2 318.4	2 636.1	1.026 1	6.643 0	7.669 1
50	81.32	0.001 030	3.240 3	340.49	2 142.7	2 483.2	340.54	2 304.7	2 645.2	1.091 2	6.501 9	7.593 1
75	91.76	0.001 037	2.217 2	384.36	2 111.8	2 496.1	384.44	2 278.0	2 662.4	1.213 2	6.242 6	7.455 8
100	99.61	0.001 043	1.694 1	417.40	2 088.2	2 505.6	417.51	2 257.5	2 675.0	1.302 8	6.056 2	7.358 9
101.325	99.97	0.001 043	1.673 4	418.95	2 087.0	2 506.0	419.06	2 256.5	2 675.6	1.306 9	6.047 6	7.354 5
125	105.97	0.001 048	1.375 0	444.23	2 068.8	2 513.0	444.36	2 240.6	2 684.9	1.374 1	5.910 0	7.284 1
150	111.35	0.001 053	1.159 4	466.97	2 052.3	2 519.2	467.13	2 226.0	2 693.1	1.433 7	5.789 4	7.223 1
175	116.04	0.001 057	1.003 7	486.82	2 037.7	2 524.5	487.01	2 213.1	2 700.2	1.485 0	5.686 5	7.171 6
200	120.21	0.001 061	0.885 78	504.50	2 024.6	2 529.1	504.71	2 201.6	2 706.3	1.530 2	5.596 8	7.127 0
225	123.97	0.001 064	0.793 29	520.47	2 012.7	2 533.2	520.71	2 191.0	2 711.7	1.570 6	5.517 1	7.087 7
250	127.41	0.001 067	0.718 73	535.08	2 001.8	2 536.8	535.35	2 181.2	2 716.5	1.607 2	5.445 3	7.052 5
275	130.58	0.001 070	0.657 32	548.57	1 991.6	2 540.1	548.86	2 172.0	2 720.9	1.640 8	5.380 0	7.020 7
300	133.52	0.001 073	0.605 82	561.11	1 982.1	2 543.2	561.43	2 163.5	2 724.9	1.671 7	5.320 0	6.991 7
325	136.27	0.001 076	0.561 99	572.84	1 973.1	2 545.9	573.19	2 155.4	2 728.6	1.700 5	5.264 5	6.965 0
350	138.86	0.001 079	0.524 22	583.89	1 964.6	2 548.5	584.26	2 147.7	2 732.0	1.727 4	5.212 8	6.940 2
375	141.30	0.001 081	0.491 33	594.32	1 956.6	2 550.9	594.73	2 140.4	2 735.1	1.752 6	5.164 5	6.917 1
400	143.61	0.001 084	0.462 42	604.22	1 948.9	2 553.1	604.66	2 133.4	2 738.1	1.776 5	5.119 1	6.895 5
450	147.90	0.001 088	0.413 92	622.65	1 934.5	2 557.1	623.14	2 120.3	2 743.4	1.820 5	5.035 6	6.856 1
500	151.83	0.001 093	0.374 83	639.54	1 921.2	2 560.7	640.09	2 108.0	2 748.1	1.860 4	4.960 3	6.820 7

续表

p/kPa	饱和温度 T_{sat}/℃	比体积/(m^3/kg)		比热力学能/(kJ/kg)			比焓/(kJ/kg)			比熵/[kJ/(kg·K)]		
		饱和液体	饱和蒸汽	饱和液体	蒸发	饱和蒸汽	饱和液体	蒸发	饱和蒸汽	饱和液体	蒸发	饱和蒸汽
		v_f	v_g	u_f	u_{fg}	u_g	h_f	$h_{fg}(r)$	h_g	s_f	$s_{fg}(\beta)$	s_g
550	155.46	0.001 097	0.342 61	655.16	1 908.8	2 563.9	655.77	2 096.6	2 752.4	1.897 0	4.891 6	6.788 6
600	158.83	0.001 101	0.315 60	669.72	1 897.1	2 566.8	670.38	2 085.8	2 756.2	1.930 8	4.828 5	6.759 3
650	161.98	0.001 104	0.292 60	683.37	1 886.1	2 569.4	684.08	2 075.5	2 759.6	1.962 3	4.769 9	6.732 2
700	164.95	0.001 108	0.272 78	696.23	1 875.6	2 571.8	697.00	2 065.8	2 762.8	1.991 8	4.715 3	6.707 1
750	167.75	0.001 111	0.255 52	708.40	1 865.6	2 574.0	709.24	2 056.4	2 765.7	2.019 5	4.664 2	6.683 7
800	170.41	0.001 115	0.240 35	719.97	1 856.1	2 576.0	720.87	2 047.5	2 768.3	2.045 7	4.616 0	6.661 6
850	172.94	0.001 118	0.226 90	731.00	1 846.9	2 577.9	731.95	2 038.8	2 770.8	2.070 5	4.570 5	6.640 9
900	175.35	0.001 121	0.214 89	741.55	1 838.1	2 579.6	742.56	2 030.5	2 773.0	2.094 1	4.527 3	6.621 3
950	177.66	0.001 124	0.204 11	751.67	1 829.6	2 581.3	752.74	2 022.4	2 775.2	2.116 6	4.486 2	6.602 7
1 000	179.88	0.001 127	0.194 36	761.39	1 821.4	2 582.8	762.51	2 014.6	2 777.1	2.138 1	4.447 0	6.585 0
1 100	184.06	0.001 133	0.177 45	779.78	1 805.7	2 585.5	781.03	1 999.6	2 780.7	2.178 5	4.373 5	6.552 0
1 200	187.96	0.001 138	0.163 26	796.96	1 790.9	2 587.8	798.33	1 985.4	2 783.8	2.215 9	4.305 8	6.521 7
1 300	191.60	0.001 144	0.151 19	813.10	1 776.8	2 589.9	814.59	1 971.9	2 786.5	2.250 8	4.242 8	6.493 6
1 400	195.04	0.001 149	0.140 78	828.35	1 763.4	2 591.8	829.96	1 958.9	2 788.9	2.283 5	4.184 0	6.467 5
1 500	198.29	0.001 154	0.131 71	842.82	1 750.6	2 593.4	844.55	1 946.4	2 791.0	2.314 3	4.128 7	6.443 0
1 750	205.72	0.001 166	0.113 44	876.12	1 720.6	2 596.7	878.16	1 917.1	2 795.2	2.384 4	4.003 3	6.387 7
2 000	212.38	0.001 177	0.099 587	906.12	1 693.0	2 599.1	908.47	1 889.8	2 798.3	2.446 7	3.892 3	6.339 0
2 250	218.41	0.001 187	0.088 717	933.54	1 667.3	2 600.9	936.21	1 864.3	2 800.5	2.502 9	3.792 6	6.295 4
2 500	223.95	0.001 197	0.079 952	958.87	1 643.2	2 602.1	961.87	1 840.1	2 801.9	2.554 2	3.701 6	6.255 8
3 000	233.85	0.001 217	0.066 667	1 004.6	1 598.5	2 603.2	1 008.3	1 794.9	2 803.2	2.645 4	3.540 2	6.185 6
3 500	242.56	0.001 235	0.057 061	1 045.4	1 557.6	2 603.0	1 049.7	1 753.0	2 802.7	2.725 3	3.399 1	6.124 4
4 000	250.35	0.001 252	0.049 779	1 082.4	1 519.3	2 601.7	1 087.4	1 713.5	2 800.8	2.796 6	3.273 1	6.069 6
5 000	263.94	0.001 286	0.039 448	1 148.1	1 448.9	2 597.0	1 154.5	1 639.7	2 794.2	2.920 7	3.053 0	5.973 7
6 000	275.59	0.001 319	0.032 449	1 205.8	1 384.1	2 589.9	1 213.8	1 570.9	2 784.6	3.027 5	2.862 7	5.890 2
7 000	285.83	0.001 352	0.027 378	1 258.0	1 323.0	2 581.0	1 267.5	1 505.2	2 772.6	3.122 0	2.692 7	5.814 8
8 000	295.01	0.001 384	0.023 525	1 306.0	1 264.5	2 570.5	1 317.1	1 441.6	2 758.7	3.207 7	2.537 3	5.745 0
9 000	303.35	0.001 418	0.020 489	1 350.9	1 207.6	2 558.5	1 363.7	1 379.3	2 742.9	3.286 6	2.392 5	5.679 1
10 000	311.00	0.001 452	0.018 028	1 393.3	1 151.8	2 545.2	1 407.8	1 317.6	2 725.5	3.360 3	2.255 6	5.615 9
11 000	318.08	0.001 488	0.015 988	1 433.9	1 096.6	2 530.4	1 450.2	1 256.1	2 706.3	3.429 9	2.124 5	5.554 4
12 000	324.68	0.001 526	0.014 264	1 473.0	1 041.3	2 514.3	1 491.3	1 194.1	2 685.4	3.496 4	1.997 5	5.493 9
13 000	330.85	0.001 566	0.012 781	1 511.0	985.5	2 496.6	1 531.4	1 131.3	2 662.7	3.560 6	1.873 0	5.433 6
14 000	336.67	0.001 610	0.011 487	1 548.4	928.7	2 477.1	1 571.0	1 067.0	2 637.9	3.623 2	1.749 7	5.372 8

续表

p/kPa	饱和温度 T_{sat}/℃	比体积/(m^3/kg)		比热力学能/(kJ/kg)			比焓/(kJ/kg)			比熵/[kJ/(kg·K)]		
		饱和液体	饱和蒸汽	饱和液体	蒸发	饱和蒸汽	饱和液体	蒸发	饱和蒸汽	饱和液体	蒸发	饱和蒸汽
		v_f	v_g	u_f	u_{fg}	u_g	h_f	$h_{fg}(r)$	h_g	s_f	$s_{fg}(\beta)$	s_g
15 000	342.16	0.001 657	0.010 341	1 585.5	870.3	2 455.7	1 610.3	1 000.5	2 610.8	3.684 8	1.626 1	5.310 8
16 000	347.36	0.001 710	0.009 312	1 622.6	809.4	2 432.0	1 649.9	931.1	2 581.0	3.746 1	1.500 5	5.246 6
17 000	352.29	0.001 770	0.008 374	1 660.2	745.1	2 405.4	1 690.3	857.4	2 547.7	3.808 2	1.370 9	5.179 1
18 000	356.99	0.001 840	0.007 504	1 699.1	675.9	2 375.0	1 732.2	777.8	2 510.0	3.872 0	1.234 3	5.106 4
19 000	361.47	0.001 926	0.006 677	1 740.3	598.9	2 339.2	1 776.8	689.2	2 466.0	3.939 6	1.086 0	5.025 6
20 000	365.75	0.002 038	0.005 862	1 785.8	509.0	2 294.8	1 826.6	585.5	2 412.1	4.014 6	0.916 4	4.931 0
21 000	369.83	0.002 207	0.004 994	1 841.6	391.9	2 233.5	1 888.0	450.4	2 338.4	4.107 1	0.700 5	4.807 6
22 000	373.71	0.002 703	0.003 644	1 951.7	140.8	2 092.4	2 011.1	161.5	2 172.6	4.294 2	0.249 6	4.543 9
22 064	373.95	0.003 106	0.003 106	2 015.7	0	2 015.7	2 084.3	0	2 084.3	4.407 0	0	4.407 0

表 A-4 过热水蒸气的热力性质表

T/℃	v/ (m³/kg)	u/ (kJ/kg)	h/ (kJ/kg)	s/ [kJ/(kg·K)]	v/ (m³/kg)	u/ (kJ/kg)	h/ (kJ/kg)	s/ [kJ/(kg·K)]	v/ (m³/kg)	u/ (kJ/kg)	h/ (kJ/kg)	s/ [kJ/(kg·K)]
	$p=0.01$ MPa(45.81 ℃)				$p=0.05$ MPa(81.32 ℃)				$p=0.10$ MPa(99.61 ℃)			
饱和	14.670	2 437.2	2 583.9	8.148 8	3.240 3	2 483.2	2 645.2	7.593 1	1.694 1	2 505.6	2 675.0	7.358 9
50	14.867	2 443.3	2 592.0	8.174 1								
100	17.196	2 515.5	2 687.5	8.448 9	3.418 7	2 511.5	2 682.4	7.695 3	1.695 9	2 506.2	2 675.8	7.361 1
150	19.513	2 587.9	2 783.0	8.689 3	3.889 7	2 585.7	2 780.2	7.941 3	1.936 7	2 582.9	2 776.6	7.614 8
200	21.826	2 661.4	2 879.6	8.904 9	4.356 2	2 660.0	2 877.8	8.159 2	2.172 4	2 658.2	2 875.5	7.835 6
250	24.136	2 736.1	2 977.5	9.101 5	4.820 6	2 735.1	2 976.2	8.356 8	2.406 2	2 733.9	2 974.5	8.034 6
300	26.446	2 812.3	3 076.7	9.282 7	5.284 1	2 811.6	3 075.8	8.538 7	2.638 9	2 810.7	3 074.5	8.217 2
400	31.063	2 969.3	3 280.0	9.609 4	6.209 4	2 968.9	3 279.3	8.865 9	3.102 7	2 968.3	3 278.6	8.545 2
500	35.680	3 132.9	3 489.7	9.899 8	7.133 8	3 132.6	3 489.3	9.156 6	3.565 5	3 132.2	3 488.7	8.836 2
600	40.296	3 303.3	3 706.3	10.163 1	8.057 7	3 303.1	3 706.0	9.420 1	4.027 9	3 302.8	3 705.6	9.099 9
700	44.911	3 480.8	3 929.9	10.405 6	8.981 3	3 480.6	3 929.7	9.662 6	4.490 0	3 480.4	3 929.4	9.342 4
800	49.527	3 665.4	4 160.6	10.631 2	9.904 7	3 665.2	4 160.4	9.888 3	4.951 9	3 665.0	4 160.2	9.568 2
900	54.143	3 856.9	4 398.3	10.842 9	10.828 0	3 856.8	4 398.2	10.100 0	5.413 7	3 856.7	4 398.0	9.780 0
1 000	58.758	4 055.3	4 642.8	11.042 9	11.751 3	4 055.2	4 642.7	10.300 0	5.875 5	4 055.0	4 642.6	9.980 0
1 100	63.373	4 260.0	4 893.8	11.232 6	12.674 5	4 259.9	4 893.7	10.489 7	6.337 2	4 259.8	4 893.6	10.169 8
1 200	67.989	4 470.9	5 150.8	11.413 2	13.597 7	4 470.8	5 150.7	10.670 4	6.798 8	4 470.7	5 150.6	10.350 4
1 300	72.604	4 687.4	5 413.4	11.585 7	14.520 9	4 687.3	5 413.3	10.842 9	7.260 5	4 687.2	5 413.3	10.522 9
	$p=0.20$ MPa(120.21 ℃)				$p=0.30$ MPa(133.52 ℃)				$p=0.40$ MPa(143.61 ℃)			
饱和	0.885 78	2 529.1	2 706.3	7.127 0	0.605 82	2 543.2	2 724.9	6.991 7	0.462 42	2 553.1	2 738.1	6.895 5
150	0.959 86	2 577.1	2 769.1	7.281 0	0.634 02	2 571.0	2 761.2	7.079 2	0.470 88	2 564.4	2 752.8	6.930 6
200	1.080 49	2 654.6	2 870.7	7.508 1	0.716 43	2 651.0	2 865.9	7.313 2	0.534 34	2 647.2	2 860.9	7.172 3
250	1.198 90	2 731.4	2 971.2	7.710 0	0.796 45	2 728.9	2 967.9	7.518 0	0.595 20	2 726.4	2 964.5	7.380 4
300	1.316 23	2 808.8	3 072.1	7.894 1	0.875 35	2 807.0	3 069.6	7.703 7	0.654 89	2 805.1	3 067.1	7.567 7
400	1.549 34	2 967.2	3 277.0	8.223 6	1.031 55	2 966.0	3 275.5	8.034 7	0.772 65	2 964.9	3 273.9	7.900 3
500	1.781 42	3 131.4	3 487.7	8.515 3	1.186 72	3 130.6	3 486.6	8.327 1	0.889 36	3 129.8	3 485.5	8.193 3
600	2.013 02	3 302.2	3 704.8	8.779 3	1.341 39	3 301.6	3 704.0	8.591 5	1.005 58	3 301.0	3 703.3	8.458 0
700	2.244 34	3 479.9	3 928.8	9.022 1	1.495 80	3 479.5	3 928.2	8.834 5	1.121 52	3 479.0	3 927.6	8.701 2
800	2.475 50	3 664.7	4 159.8	9.247 9	1.650 04	3 664.3	4 159.3	9.060 5	1.237 30	3 663.9	4 158.9	8.927 4
900	2.706 56	3 856.3	4 397.7	9.459 8	1.804 17	3 856.0	4 397.3	9.272 5	1.352 98	3 855.7	4 396.9	9.139 4
1 000	2.937 55	4 054.8	4 642.3	9.659 9	1.958 24	4 054.5	4 642.0	9.472 6	1.468 59	4 054.3	4 641.7	9.339 6
1 100	3.168 48	4 259.6	4 893.3	9.849 7	2.112 26	4 259.4	4 893.1	9.662 4	1.584 14	4 259.2	4 892.9	9.529 5
1 200	3.399 38	4 470.5	5 150.4	10.030 4	2.266 24	4 470.3	5 150.2	9.843 1	1.699 66	4 470.2	5 150.0	9.710 2
1 300	3.630 26	4 687.1	5 413.1	10.202 9	2.420 19	4 686.9	5 413.0	10.015 7	1.815 16	4 686.7	5 412.8	9.882 8

续表

T/℃	v/(m^3/kg)	u/(kJ/kg)	h/(kJ/kg)	s/[kJ/(kg·K)]	v/(m^3/kg)	u/(kJ/kg)	h/(kJ/kg)	s/[kJ/(kg·K)]	v/(m^3/kg)	u/(kJ/kg)	h/(kJ/kg)	s/[kJ/(kg·K)]
	p=0.80 MPa(170.41 ℃)				p=0.50 MPa(151.83 ℃)				p=0.60 MPa(158.83 ℃)			
饱和	0.374 83	2 560.7	2 748.1	6.820 7	0.315 60	2 566.8	2 756.2	6.759 3	0.240 35	2 576.0	2 768.3	6.661 6
150	0.425 03	2 643.3	2 855.8	7.061 0	0.352 12	2 639.4	2 850.6	6.968 3	0.260 88	2 631.1	2 839.8	6.817 7
200	0.474 43	2 723.8	2 961.0	7.272 5	0.393 90	2 721.2	2 957.6	7.183 3	0.293 21	2 715.9	2 950.4	7.040 2
250	0.522 61	2 803.3	3 064.6	7.461 4	0.434 42	2 801.4	3 062.0	7.374 0	0.324 16	2 797.5	3 056.9	7.234 5
300	0.570 15	2 883.0	3 168.1	7.634 6	0.474 28	2 881.6	3 166.1	7.548 1	0.354 42	2 878.6	3 162.2	7.410 7
400	0.617 31	2 963.7	3 272.4	7.795 6	0.513 74	2 962.5	3 270.8	7.709 7	0.384 29	2 960.2	3 267.7	7.573 5
500	0.710 95	3 129.0	3 484.5	8.089 3	0.592 00	3 128.2	3 483.4	8.004 1	0.443 32	3 126.6	3 481.3	7.869 2
600	0.804 09	3 300.4	3 702.5	8.354 4	0.669 76	3 299.8	3 701.7	8.269 5	0.501 86	3 298.7	3 700.1	8.135 4
700	0.896 96	3 478.6	3 927.0	8.597 8	0.747 25	3 478.1	3 926.4	8.513 2	0.560 11	3 477.2	3 925.3	8.379 4
800	0.989 66	3 663.6	4 158.4	8.824 0	0.824 57	3 663.2	4 157.9	8.739 5	0.618 20	3 662.5	4 157.0	8.606 1
900	1.082 27	3 855.4	4 396.6	9.036 2	0.901 79	3 855.1	4 396.2	8.951 8	0.676 19	3 854.5	4 395.5	8.818 5
1 000	1.174 80	4 054.0	4 641.4	9.236 4	0.978 93	4 053.8	4 641.1	9.152 1	0.734 11	4 053.3	4 640.5	9.018 9
1 100	1.267 28	4 259.0	4 892.6	9.426 3	1.056 03	4 258.8	4 892.4	9.342 0	0.791 97	4 258.3	4 891.9	9.209 0
1 200	1.359 72	4 470.0	5 149.8	9.607 1	1.133 09	4 469.8	5 149.6	9.522 9	0.849 80	4 469.4	5 149.3	9.389 8
1 300	1.452 14	4 686.6	5 412.6	9.779 7	1.210 12	4 686.4	5 412.5	9.695 5	0.907 61	4 686.1	5 412.2	9.562 5
	p=1.00 MPa(179.88 ℃)				p=1.20 MPa(187.96 ℃)				p=1.40 MPa(195.04 ℃)			
饱和	0.194 37	2 582.8	2 777.1	6.585 0	0.163 26	2 587.8	2 783.8	6.521 7	0.140 78	2 591.8	2 788.9	6.467 5
200	0.206 02	2 622.3	2 828.3	6.695 6	0.169 34	2 612.9	2 816.1	6.590 9	0.143 03	2 602.7	2 803.0	6.497 5
250	0.232 75	2 710.4	2 943.1	6.926 5	0.192 41	2 704.7	2 935.6	6.831 3	0.163 56	2 698.9	2 927.9	6.748 8
300	0.257 99	2 793.7	3 051.6	7.124 6	0.213 86	2 789.7	3 046.3	7.033 5	0.182 33	2 785.7	3 040.9	6.955 3
350	0.282 50	2 875.7	3 158.2	7.302 9	0.234 55	2 872.7	3 154.2	7.213 9	0.200 29	2 869.7	3 150.1	7.137 9
400	0.306 61	2 957.9	3 264.5	7.467 0	0.254 82	2 955.5	3 261.3	7.379 3	0.217 82	2 953.1	3 258.1	7.304 6
500	0.354 11	3 125.0	3 479.1	7.764 2	0.294 64	3 123.4	3 477.0	7.677 9	0.252 16	3 121.8	3 474.8	7.604 7
600	0.401 11	3 297.5	3 698.6	8.031 1	0.333 95	3 296.3	3 697.0	7.945 6	0.285 97	3 295.1	3 695.5	7.873 0
700	0.447 83	3 476.3	3 924.1	8.275 5	0.372 97	3 475.3	3 922.9	8.190 4	0.319 51	3 474.4	3 921.7	8.118 3
800	0.494 38	3 661.7	4 156.1	8.502 4	0.411 84	3 661.0	4 155.2	8.417 6	0.352 88	3 660.3	4 154.3	8.345 8
900	0.540 83	3 853.9	4 394.8	8.715 0	0.450 59	3 853.3	4 394.0	8.630 3	0.386 14	3 852.7	4 393.3	8.558 7
1 000	0.587 21	4 052.7	4 640.0	8.915 5	0.489 28	4 052.2	4 639.4	8.831 0	0.419 33	4 051.7	4 638.8	8.759 5
1 100	0.633 54	4 257.9	4 891.4	9.105 7	0.527 92	4 257.5	4 891.0	9.021 2	0.452 47	4 257.0	4 890.5	8.949 7
1 200	0.679 83	4 469.0	5 148.9	9.286 6	0.566 52	4 468.7	5 148.5	9.202 2	0.485 58	4 468.3	5 148.1	9.130 8
1 300	0.726 10	4 685.8	5 411.9	9.459 3	0.605 09	4 685.5	5 411.6	9.375 0	0.518 66	4 685.1	5 411.3	9.303 6

续表

T/℃	v/ (m^3/kg)	u/ (kJ/kg)	h/ (kJ/kg)	s/ [kJ/(kg·K)]	v/ (m^3/kg)	u/ (kJ/kg)	h/ (kJ/kg)	s/ [kJ/(kg·K)]	v/ (m^3/kg)	u/ (kJ/kg)	h/ (kJ/kg)	s/ [kJ/(kg·K)]
	p=1.60 MPa(201.37 ℃)				p=1.80 MPa(207.11 ℃)				p=2.00 MPa(212.38 ℃)			
饱和	0.123 74	2 594.8	2 792.8	6.420 0	0.110 37	2 597.3	2 795.9	6.377 5	0.099 59	2 599.1	2 798.3	6.339 0
225	0.132 93	2 645.1	2 857.8	6.553 7	0.116 78	2 637.0	2 847.2	6.482 5	0.103 81	2 628.5	2 836.1	6.416 0
250	0.141 90	2 692.9	2 919.9	6.675 3	0.125 02	2 686.7	2 911.7	6.608 8	0.111 50	2 680.3	2 903.3	6.547 5
300	0.158 66	2 781.6	3 035.4	6.886 4	0.140 25	2 777.4	3 029.9	6.824 6	0.125 51	2 773.2	3 024.2	6.768 4
350	0.174 59	2 866.6	3 146.0	7.071 3	0.154 60	2 863.6	3 141.9	7.012 0	0.138 60	2 860.5	3 137.7	6.958 3
400	0.190 07	2 950.8	3 254.9	7.239 4	0.168 49	2 948.3	3 251.6	7.181 4	0.151 22	2 945.9	3 248.4	7.129 2
500	0.220 29	3 120.1	3 472.6	7.541 0	0.195 51	3 118.5	3 470.4	7.484 5	0.175 68	3 116.9	3 468.3	7.433 7
600	0.249 99	3 293.9	3 693.9	7.810 1	0.222 00	3 292.7	3 692.3	7.754 3	0.199 62	3 291.5	3 690.7	7.704 3
700	0.279 41	3 473.5	3 920.5	8.055 8	0.248 22	3 472.6	3 919.4	8.000 5	0.223 26	3 471.7	3 918.2	7.950 9
800	0.308 65	3 659.5	4 153.4	8.283 4	0.274 26	3 658.8	4 152.4	8.228 4	0.246 74	3 658.0	4 151.5	8.179 1
900	0.337 80	3 852.1	4 392.6	8.496 5	0.300 20	3 851.5	4 391.9	8.441 7	0.270 12	3 850.9	4 391.1	8.392 5
1 000	0.366 87	4 051.2	4 638.2	8.697 4	0.326 06	4 050.7	4 637.6	8.642 7	0.293 42	4 050.2	4 637.1	8.593 6
1 100	0.395 89	4 256.6	4 890.0	8.887 8	0.351 88	4 256.2	4 889.6	8.833 1	0.316 67	4 255.7	4 889.1	8.784 2
1 200	0.424 88	4 467.9	5 147.7	9.068 9	0.377 66	4 467.6	5 147.3	9.014 3	0.339 89	4 467.2	5 147.0	8.965 4
1 300	0.453 83	4 684.8	5 410.9	9.241 8	0.403 41	4 684.5	5 410.6	9.187 2	0.363 08	4 684.2	5 410.3	9.138 4
	p=2.50 MPa(223.95 ℃)				p=3.00 MPa(233.85 ℃)				p=3.50 MPa(242.56 ℃)			
饱和	0.079 95	2 602.1	2 801.9	6.255 8	0.066 67	2 603.2	2 803.2	6.185 6	0.057 06	2 603.0	2 802.7	6.124 4
225	0.080 26	2 604.8	2 805.5	6.262 9								
250	0.087 05	2 663.3	2 880.9	6.410 7	0.070 63	2 644.7	2 856.5	6.289 3	0.058 76	2 624.0	2 829.7	6.176 4
300	0.098 94	2 762.2	3 009.6	6.645 9	0.081 18	2 750.8	2 994.3	6.541 2	0.068 45	2 738.8	2 978.4	6.448 4
350	0.109 79	2 852.5	3 127.0	6.842 4	0.090 56	2 844.4	3 116.1	6.745 0	0.076 80	2 836.0	3 104.9	6.660 1
400	0.120 12	2 939.8	3 240.1	7.017 0	0.099 38	2 933.6	3 231.7	6.923 5	0.084 56	2 927.2	3 223.2	6.842 8
450	0.130 15	3 026.2	3 351.6	7.176 8	0.107 89	3 021.2	3 344.9	7.085 6	0.091 98	3 016.1	3 338.1	7.007 4
500	0.139 99	3 112.8	3 462.8	7.325 4	0.116 20	3 108.6	3 457.2	7.235 9	0.099 19	3 104.5	3 451.7	7.159 3
600	0.159 31	3 288.5	3 686.8	7.597 9	0.132 45	3 285.5	3 682.8	7.510 3	0.113 25	3 282.5	3 678.9	7.435 7
700	0.178 35	3 469.3	3 915.2	7.845 5	0.148 41	3 467.0	3 912.2	7.759 0	0.127 02	3 464.7	3 909.3	7.685 5
800	0.197 22	3 656.2	4 149.2	8.074 4	0.164 20	3 654.3	4 146.9	7.988 5	0.140 61	3 652.5	4 144.6	7.915 6
900	0.215 97	3 849.4	4 389.3	8.288 2	0.179 88	3 847.9	4 387.5	8.202 8	0.154 10	3 846.4	4 385.7	8.130 4
1 000	0.234 66	4 049.0	4 635.6	8.489 7	0.195 49	4 047.7	4 634.2	8.404 5	0.167 51	4 046.4	4 632.7	8.332 4
1 100	0.253 30	4 254.7	4 887.9	8.680 4	0.211 05	4 253.6	4 886.7	8.595 5	0.180 87	4 252.5	4 885.6	8.523 6
1 200	0.271 90	4 466.3	5 146.0	8.861 8	0.226 58	4 465.3	5 145.1	8.777 1	0.194 20	4 464.4	5 144.1	8.705 3
1 300	0.290 48	4 683.4	5 409.5	9.034 9	0.242 07	4 682.6	5 408.8	8.950 2	0.207 50	4 681.8	5 408.0	8.878 6

续表

T/℃	v/ (m^3/kg)	u/ (kJ/kg)	h/ (kJ/kg)	s/ [kJ/(kg·K)]	v/ (m^3/kg)	u/ (kJ/kg)	h/ (kJ/kg)	s/ [kJ/(kg·K)]	v/ (m^3/kg)	u/ (kJ/kg)	h/ (kJ/kg)	s/ [kJ/(kg·K)]
	p=4.00 MPa(250.35 ℃)				p=4.50 MPa(257.44 ℃)				p=5.00 MPa(263.94 ℃)			
饱和	0.049 78	2 601.7	2 800.8	6.069 6	0.044 06	2 599.7	2 798.0	6.019 8	0.039 45	2 597.0	2 794.2	5.973 7
275	0.054 61	2 668.9	2 887.3	6.231 2	0.047 33	2 651.4	2 864.4	6.142 9	0.041 44	2 632.3	2 839.5	6.057 1
300	0.058 87	2 726.2	2 961.7	6.363 9	0.051 38	2 713.0	2 944.2	6.285 4	0.045 35	2 699.0	2 925.7	6.211 1
350	0.066 47	2 827.4	3 093.3	6.584 3	0.058 42	2 818.6	3 081.5	6.515 3	0.051 97	2 809.5	3 069.3	6.451 6
400	0.073 43	2 920.8	3 214.5	6.771 4	0.064 77	2 914.2	3 205.7	6.707 1	0.057 84	2 907.5	3 196.7	6.648 3
450	0.080 04	3 011.0	3 331.2	6.938 6	0.070 76	3 005.8	3 324.2	6.877 0	0.063 32	3 000.6	3 317.2	6.821 0
500	0.086 44	3 100.3	3 446.0	7.092 2	0.076 52	3 096.0	3 440.4	7.032 3	0.068 58	3 091.8	3 434.7	6.978 1
600	0.098 86	3 279.4	3 674.9	7.370 6	0.087 66	3 276.4	3 670.9	7.312 7	0.078 70	3 273.3	3 666.9	7.260 5
700	0.110 98	3 462.4	3 906.3	7.621 4	0.098 50	3 460.0	3 903.3	7.564 7	0.088 52	3 457.7	3 900.3	7.513 6
800	0.122 92	3 650.6	4 142.3	7.852 3	0.109 16	3 648.8	4 140.0	7.796 2	0.098 16	3 646.9	4 137.7	7.745 8
900	0.134 76	3 844.8	4 383.9	8.067 5	0.119 72	3 843.3	4 382.1	8.011 8	0.107 69	3 841.8	4 380.2	7.961 9
1 000	0.146 53	4 045.1	4 631.2	8.269 8	0.130 20	4 043.9	4 629.8	8.214 4	0.117 15	4 042.6	4 628.3	8.164 8
1 100	0.158 24	4 251.4	4 884.4	8.461 2	0.140 64	4 250.4	4 883.2	8.406 0	0.126 55	4 249.3	4 882.1	8.356 6
1 200	0.169 92	4 463.5	5 143.2	8.643 0	0.151 03	4 462.6	5 142.2	8.588 0	0.135 92	4 461.6	5 141.3	8.538 8
1 300	0.181 57	4 680.9	5 407.2	8.816 4	0.161 40	4 680.1	5 406.5	8.761 6	0.145 27	4 679.3	5 405.7	8.712 4
	p=6.0 MPa(275.59 ℃)				p=7.0 MPa(285.83 ℃)				p=8.0 MPa(295.01 ℃)			
饱和	0.032 45	2 589.9	2 784.6	5.890 2	0.027 378	2 581.0	2 772.6	5.814 8	0.023 525	2 570.5	2 758.7	5.745 0
300	0.036 19	2 668.4	2 885.6	6.070 3	0.029 492	2 633.5	2 839.9	5.933 7	0.024 279	2 592.3	2 786.5	5.793 7
350	0.042 25	2 790.4	3 043.9	6.335 7	0.035 262	2 770.1	3 016.9	6.230 5	0.029 975	2 748.3	2 988.1	6.132 1
400	0.047 42	2 893.7	3 178.3	6.543 2	0.039 958	2 879.5	3 159.2	6.450 2	0.034 344	2 864.6	3 139.4	6.365 8
450	0.052 17	2 989.9	3 302.9	6.721 9	0.044 187	2 979.0	3 288.3	6.635 3	0.038 194	2 967.8	3 273.3	6.557 9
500	0.056 67	3 083.1	3 423.1	6.882 6	0.048 157	3 074.3	3 411.4	6.800 0	0.041 767	3 065.4	3 399.5	6.726 6
550	0.061 02	3 175.2	3 541.3	7.030 8	0.051 966	3 167.9	3 531.6	6.950 7	0.045 172	3 160.5	3 521.8	6.880 0
600	0.065 27	3 267.2	3 658.8	7.169 3	0.055 665	3 261.0	3 650.6	7.091 0	0.048 463	3 254.7	3 642.4	7.022 1
700	0.073 55	3 453.0	3 894.3	7.424 7	0.062 850	3 448.3	3 888.3	7.348 7	0.054 829	3 443.6	3 882.2	7.282 2
800	0.081 65	3 643.2	4 133.1	7.658 2	0.069 856	3 639.5	4 128.5	7.583 6	0.061 011	3 635.7	4 123.8	7.518 5
900	0.089 64	3 838.8	4 376.6	7.875 1	0.076 750	3 835.7	4 373.0	7.801 4	0.067 082	3 832.7	4 369.3	7.737 2
1 000	0.097 56	4 040.1	4 625.4	8.078 6	0.083 571	4 037.5	4 622.5	8.005 5	0.073 079	4 035.0	4 619.6	7.941 9
1 100	0.105 43	4 247.1	4 879.7	8.270 9	0.090 341	4 245.0	4 877.4	8.198 2	0.079 025	4 242.8	4 875.0	8.135 0
1 200	0.113 26	4 459.8	5 139.4	8.453 4	0.097 075	4 457.9	5 137.4	8.381 0	0.084 934	4 456.1	5 135.5	8.318 1
1 300	0.121 07	4 677.7	5 404.1	8.627 3	0.103 781	4 676.1	5 402.6	8.555 1	0.090 817	4 674.5	5 401.0	8.492 5

续表

T/℃	v/(m³/kg)	u/(kJ/kg)	h/(kJ/kg)	s/[kJ/(kg·K)]	v/(m³/kg)	u/(kJ/kg)	h/(kJ/kg)	s/[kJ/(kg·K)]	v/(m³/kg)	u/(kJ/kg)	h/(kJ/kg)	s/[kJ/(kg·K)]
	p=9.0 MPa(303.35 ℃)				p=10.0 MPa(311.00 ℃)				p=12.5 MPa(327.81 ℃)			
饱和	0.020 489	2 558.5	2 742.9	5.679 1	0.018 028	2 545.2	2 725.5	5.615 9	0.013 496	2 505.6	2 674.3	5.463 8
325	0.023 284	2 647.6	2 857.1	5.873 8	0.019 877	2 611.6	2 810.3	5.759 6				
350	0.025 816	2 725.0	2 957.3	6.038 0	0.022 440	2 699.6	2 924.0	5.946 0	0.016 138	2 624.9	2 826.6	5.713 0
400	0.029 960	2 849.2	3 118.8	6.287 6	0.026 436	2 833.1	3 097.5	6.214 1	0.020 030	2 789.6	3 040.0	6.043 3
450	0.033 524	2 956.3	3 258.0	6.487 2	0.029 782	2 944.5	3 242.4	6.421 9	0.023 019	2 913.7	3 201.5	6.274 9
500	0.036 793	3 056.3	3 387.4	6.660 3	0.032 811	3 047.0	3 375.1	6.599 5	0.025 630	3 023.2	3 343.6	6.465 1
550	0.039 885	3 153.0	3 512.0	6.816 4	0.035 655	3 145.4	3 502.0	6.758 5	0.028 033	3 126.1	3 476.5	6.631 7
600	0.042 861	3 248.4	3 634.1	6.960 5	0.038 378	3 242.0	3 625.8	6.904 5	0.030 306	3 225.8	3 604.6	6.782 8
650	0.045 755	3 343.4	3 755.2	7.095 4	0.041 018	3 338.0	3 748.1	7.040 8	0.032 491	3 324.1	3 730.2	6.922 7
700	0.048 589	3 438.8	3 876.1	7.222 9	0.043 597	3 434.0	3 870.0	7.169 3	0.034 612	3 422.0	3 854.6	7.054 0
800	0.054 132	3 632.0	4 119.2	7.460 6	0.048 629	3 628.2	4 114.5	7.408 5	0.038 724	3 618.8	4 102.8	7.296 7
900	0.059 562	3 829.6	4 365.7	7.680 2	0.053 547	3 826.5	4 362.0	7.629 0	0.042 720	3 818.9	4 352.9	7.519 5
1 000	0.064 919	4 032.4	4 616.7	7.885 5	0.058 391	4 029.9	4 613.8	7.834 9	0.046 641	4 023.5	4 606.5	7.726 9
1 100	0.070 224	4 240.7	4 872.7	8.079 1	0.063 183	4 238.5	4 870.3	8.028 9	0.050 510	4 233.1	4 864.5	7.922 0
1 200	0.075 492	4 454.2	5 133.6	8.262 5	0.067 938	4 452.4	5 131.7	8.212 6	0.054 342	4 447.7	5 127.0	8.106 5
1 300	0.080 733	4 672.9	5 399.5	8.437 1	0.072 667	4 671.3	5 398.0	8.387 4	0.058 147	4 667.3	5 394.1	8.281 9
	p=15.0 MPa(342.16 ℃)				p=17.5 MPa(345.67 ℃)				p=20.0 MPa(365.75 ℃)			
饱和	0.010 341	2 455.7	2 610.8	5.310 8	0.007 932	2 390.7	2 529.5	5.143 5	0.005 862	2 294.8	2 412.1	4.931 0
350	0.011 481	2 520.9	2 693.1	5.443 8								
400	0.015 671	2 740.6	2 975.7	5.881 9	0.012 463	2 684.3	2 902.4	5.721 1	0.009 950	2 617.9	2 816.9	5.552 6
450	0.018 477	2 880.8	3 157.9	6.143 4	0.015 204	2 845.4	3 111.4	6.021 2	0.012 721	2 807.3	3 061.7	5.904 3
500	0.020 828	2 998.4	3 310.8	6.348 0	0.017 385	2 972.4	3 276.7	6.242 4	0.014 793	2 945.3	3 241.2	6.144 6
550	0.022 945	3 106.2	3 450.4	6.523 0	0.019 305	3 085.8	3 423.6	6.426 6	0.016 571	3 064.7	3 396.2	6.339 0
600	0.024 921	3 209.3	3 583.1	6.679 6	0.021 073	3 192.5	3 561.3	6.589 0	0.018 185	3 175.3	3 539.0	6.507 5
650	0.026 804	3 310.1	3 712.1	6.823 3	0.022 742	3 295.8	3 693.8	6.736 6	0.019 695	3 281.4	3 675.3	6.659 3
700	0.028 621	3 409.8	3 839.1	6.957 3	0.024 342	3 397.5	3 823.5	6.873 5	0.021 134	3 385.1	3 807.8	6.799 1
800	0.032 121	3 609.3	4 091.1	7.203 7	0.027 405	3 599.7	4 079.3	7.123 7	0.023 870	3 590.1	4 067.5	7.053 1
900	0.035 503	3 811.2	4 343.7	7.428 8	0.030 348	3 803.5	4 334.6	7.351 1	0.026 484	3 795.7	4 325.4	7.282 9
1 000	0.038 808	4 017.1	4 599.2	7.637 8	0.033 215	4 010.7	4 592.0	7.561 6	0.029 020	4 004.3	4 584.7	7.495 0
1 100	0.042 062	4 227.7	4 858.6	7.833 9	0.036 029	4 222.3	4 852.8	7.758 8	0.031 504	4 216.9	4 847.0	7.693 3
1 200	0.045 279	4 443.1	5 122.3	8.019 2	0.038 806	4 438.5	5 117.6	7.944 9	0.033 952	4 433.8	5 112.9	7.880 2
1 300	0.048 469	4 663.3	5 390.3	8.195 2	0.041 556	4 659.2	5 386.5	8.121 5	0.036 371	4655.2	5 382.7	8.057 4

续表

T/℃	v/ (m^3/kg)	u/ (kJ/kg)	h/ (kJ/kg)	s/ [kJ/(kg·K)]	v/ (m^3/kg)	u/ (kJ/kg)	h/ (kJ/kg)	s/ [kJ/(kg·K)]	v/ (m^3/kg)	u/ (kJ/kg)	h/ (kJ/kg)	s/ [kJ/(kg·K)]
	p = 25.0 MPa				p = 30.0 MPa				p = 35.0 MPa			
375	0.001 978	1 799.9	1 849.4	4.034 5	0.001 792	1 738.1	1 791.9	3.931 3	0.001 701	1 702.8	1 762.4	3.872 4
400	0.006 005	2 428.5	2 578.7	5.140 0	0.002 798	2 068.9	2 152.8	4.475 8	0.002 105	1 914.9	1 988.6	4.214 4
425	0.007 886	2 607.8	2 805.0	5.470 8	0.005 299	2 452.9	2 611.8	5.147 3	0.003 434	2 253.3	2 373.5	4.775 1
450	0.009 176	2 721.2	2 950.6	5.675 9	0.006 737	2 618.9	2 821.0	5.442 2	0.004 957	2 497.5	2 671.0	5.194 6
500	0.011 143	2 887.3	3 165.9	5.964 3	0.008 691	2 824.0	3 084.8	5.795 6	0.006 933	2 755.3	2 997.9	5.633 1
550	0.012 736	3 020.8	3 339.2	6.181 6	0.010 175	2 974.5	3 279.7	6.040 3	0.008 348	2 925.8	3 218.0	5.909 3
600	0.014 140	3 140.0	3 493.5	6.363 7	0.011 445	3 103.4	3 446.8	6.237 3	0.009 523	3 065.6	3 399.0	6.122 9
650	0.015 430	3 251.9	3 637.7	6.524 3	0.012 590	3 221.7	3 599.4	6.407 4	0.010 565	3 190.9	3 560.7	6.303 0
700	0.016 643	3 359.9	3 776.0	6.670 2	0.013 654	3 334.3	3 743.9	6.559 9	0.011 523	3 308.3	3 711.6	6.462 3
800	0.018 922	3 570.7	4 043.8	6.932 2	0.015 628	3 551.2	4 020.0	6.830 1	0.013 278	3 531.6	3 996.3	6.740 9
900	0.021 075	3 780.2	4 307.1	7.166 8	0.017 473	3 764.6	4 288.8	7.069 5	0.014 904	3 749.0	4 270.6	6.985 3
1 000	0.023 150	3 991.5	4 570.2	7.382 1	0.019 240	3 978.6	4 555.8	7.288 0	0.016 450	3 965.8	4 541.5	7.206 9
1 100	0.025 172	4 206.1	4 835.4	7.582 5	0.020 954	4 195.2	4 823.9	7.490 6	0.017 942	4 184.4	4 812.4	7.411 8
1 200	0.027 157	4 424.6	5 103.5	7.771 0	0.022 630	4 415.3	5 094.2	7.680 7	0.019 398	4 406.1	5 085.0	7.603 4
1 300	0.029 115	4 647.2	5 375.1	7.949 4	0.024 279	4 639.2	5 367.6	7.860 2	0.020 827	4 631.2	5 360.2	7.784 1
	p = 40.0 MPa				p = 50.0 MPa				p = 60.0 MPa			
375	0.001 641	1 677.0	1 742.6	3.829 0	0.001 560	1 638.6	1 716.6	3.764 2	0.001 503	1 609.7	1 699.9	3.714 9
400	0.001 911	1 855.0	1 931.4	4.114 5	0.001 731	1 787.8	1 874.4	4.002 9	0.001 633	1 745.2	1 843.2	3.931 7
425	0.002 538	2 097.5	2 199.0	4.504 4	0.002 009	1 960.3	2 060.7	4.274 6	0.001 816	1 892.9	2 001.8	4.163 0
450	0.003 692	2 364.2	2 511.8	4.944 9	0.002 487	2 160.3	2 284.7	4.589 6	0.002 086	2 055.1	2 180.2	4.414 0
500	0.005 623	2 681.6	2 906.5	5.474 4	0.003 890	2 528.1	2 722.6	5.176 2	0.002 952	2 393.2	2 570.3	4.935 6
550	0.006 985	2 875.1	3 154.4	5.785 7	0.005 118	2 769.5	3 025.4	5.556 3	0.003 955	2 664.6	2 901.9	5.351 7
600	0.008 089	3 026.8	3 350.4	6.017 0	0.006 108	2 947.1	3 252.6	5.824 5	0.004 833	2 866.8	3 156.8	5.652 7
650	0.009 053	3 159.5	3 521.6	6.207 8	0.006 957	3 095.6	3 443.5	6.037 3	0.005 591	3 031.3	3 366.8	5.886 7
700	0.009 930	3 282.0	3 679.2	6.374 0	0.007 717	3 228.7	3 614.6	6.217 9	0.006 265	3 175.4	3 551.3	6.081 4
800	0.011 521	3 511.8	3 972.6	6.661 3	0.009 073	3 472.2	3 925.8	6.522 5	0.007 456	3 432.6	3 880.0	6.403 3
900	0.012 980	3 733.3	4 252.5	6.910 7	0.010 296	3 702.0	4 216.8	6.781 9	0.008 519	3 670.9	4 182.1	6.672 5
1 000	0.014 360	3 952.9	4 527.3	7.135 5	0.011 441	3 927.4	4 499.4	7.013 1	0.009 504	3 902.0	4 472.2	6.909 9
1 100	0.015 686	4 173.7	4 801.1	7.342 5	0.012 534	4 152.2	4 778.9	7.224 4	0.010 439	4 130.9	4 757.3	7.125 5
1 200	0.016 976	4 396.9	5 075.9	7.535 7	0.013 590	4 378.6	5 058.1	7.420 7	0.011 339	4 360.5	5 040.8	7.324 8
1 300	0.018 239	4 623.3	5 352.8	7.717 5	0.014 620	4 607.5	5 338.5	7.604 8	0.012 213	4 591.8	5 324.5	7.511 1

表 A-5　未饱和水(过冷水)的热力性质表

T/℃	v/ (m^3/kg)	u/ (kJ/kg)	h/ (kJ/kg)	s/ [kJ/(kg·K)]	v/ (m^3/kg)	u/ (kJ/kg)	h/ (kJ/kg)	s/ [kJ/(kg·K)]	v/ (m^3/kg)	u/ (kJ/kg)	h/ (kJ/kg)	s/ [kJ/(kg·K)]
	p = 5 MPa(263.94 ℃)				p = 10 MPa(311.00 ℃)				p = 15 MPa(342.16 ℃)			
饱和	0.001 286 2	1 148.1	1 154.5	2.920 7	0.001 452 2	1 393.3	1 407.9	3.360 3	0.001 657 2	1 585.5	1 610.3	3.684 8
0	0.000 997 7	0.04	5.03	0.000 1	0.000 995 2	0.12	10.07	0.000 3	0.000 992 8	0.18	15.07	0.000 4
20	0.000 999 6	83.61	88.61	0.295 4	0.000 997 3	83.31	93.28	0.294 3	0.000 995 1	83.01	97.93	0.293 2
40	0.001 005 7	166.92	171.95	0.570 5	0.001 003 5	166.33	176.37	0.568 5	0.001 001 3	165.75	180.77	0.566 6
60	0.001 014 9	250.29	255.36	0.828 7	0.001 012 7	249.43	259.55	0.826 0	0.001 010 5	248.58	263.74	0.823 4
80	0.001 026 7	333.82	338.96	1.072 3	0.001 024 4	332.69	342.94	1.069 1	0.001 022 1	331.59	346.92	1.065 9
100	0.001 041 0	417.65	422.85	1.303 4	0.001 038 5	416.23	426.62	1.299 6	0.001 036 1	414.85	430.39	1.295 8
120	0.001 057 6	501.91	507.19	1.523 6	0.001 054 9	500.18	510.73	1.519 1	0.001 052 2	498.50	514.28	1.514 8
140	0.001 076 9	586.80	592.18	1.734 4	0.001 073 8	584.72	595.45	1.729 3	0.001 070 8	582.69	598.75	1.724 3
160	0.001 098 8	672.55	678.04	1.937 4	0.001 095 4	670.06	681.01	1.931 6	0.001 092 0	667.63	684.01	1.925 9
180	0.001 124 0	759.47	765.09	2.133 8	0.001 120 0	756.48	767.68	2.127 1	0.001 116 0	753.58	770.32	2.120 6
200	0.001 153 1	847.92	853.68	2.325 1	0.001 148 2	844.32	855.80	2.317 4	0.001 143 5	840.84	858.00	2.310 0
220	0.001 186 8	938.39	944.32	2.512 7	0.001 180 9	934.01	945.82	2.503 7	0.001 175 2	929.81	947.43	2.495 1
240	0.001 226 8	1 031.6	1 037.7	2.698 3	0.001 219 2	1 026.2	1 038.3	2.687 6	0.001 212 1	1 021.0	1 039.2	2.677 4
260	0.001 275 5	1 128.5	1 134.9	2.884 1	0.001 265 3	1 121.6	1 134.3	2.871 0	0.001 256 0	1 115.1	1 134.0	2.858 6
280					0.001 322 6	1 221.8	1 235.0	3.056 5	0.001 309 6	1 213.4	1 233.0	3.041 0
300					0.001 398 0	1 329.4	1 343.3	3.248 8	0.001 378 3	1 317.6	1 338.3	3.227 9
320									0.001 473 3	1 431.9	1 454.0	3.426 3
340									0.001 631 1	1 567.9	1 592.4	3.655 5
	p = 20 MPa(365.75 ℃)				p = 30 MPa				p = 50 MPa			
饱和	0.002 037 8	1 785.8	1 826.6	4.014 6								
0	0.000 990 4	0.23	20.03	0.000 5	0.000 985 7	0.29	29.86	0.000 3	0.000 976 7	0.29	49.13	−0.001 0
20	0.000 992 9	82.71	102.57	0.292 1	0.000 988 6	82.11	111.77	0.289 7	0.000 980 5	80.93	129.95	0.284 5
40	0.000 999 2	165.17	185.16	0.564 6	0.000 995 1	164.05	193.90	0.560 7	0.000 987 2	161.90	211.25	0.552 8
60	0.001 008 4	247.75	267.92	0.820 8	0.001 004 2	246.14	276.26	0.815 6	0.000 996 2	243.08	292.88	0.805 5
80	0.001 019 9	330.50	350.90	1.062 7	0.001 015 5	328.40	358.86	1.056 4	0.001 007 2	324.42	374.78	1.044 2
100	0.001 033 7	413.50	434.17	1.292 0	0.001 029 0	410.87	441.74	1.284 7	0.001 020 1	405.94	456.94	1.270 5
120	0.001 049 6	496.85	517.84	1.510 5	0.001 044 5	493.66	525.00	1.502 0	0.001 034 9	487.69	539.43	1.485 9
140	0.001 067 9	580.71	602.07	1.719 4	0.001 062 3	576.90	608.76	1.709 8	0.001 051 7	569.77	622.36	1.691 6
160	0.001 088 6	665.28	687.05	1.920 3	0.001 082 3	660.74	693.21	1.909 4	0.001 070 4	652.33	705.85	1.888 9
180	0.001 112 2	750.78	773.02	2.114 3	0.001 104 9	745.40	778.55	2.102 0	0.001 091 4	735.49	790.06	2.079 0
200	0.001 139 0	837.49	860.27	2.302 7	0.001 130 4	831.11	865.02	2.288 8	0.001 114 9	819.45	875.19	2.262 8
220	0.001 169 7	925.77	949.16	2.486 7	0.001 159 5	918.15	952.93	2.470 7	0.001 141 2	904.39	961.45	2.441 4

续表

T/℃	v/ (m³/kg)	u/ (kJ/kg)	h/ (kJ/kg)	s/ [kJ/(kg·K)]	v/ (m³/kg)	u/ (kJ/kg)	h/ (kJ/kg)	s/ [kJ/(kg·K)]	v/ (m³/kg)	u/ (kJ/kg)	h/ (kJ/kg)	s/ [kJ/(kg·K)]
	p = 20 MPa(365.75 ℃)				p = 30 MPa				p = 50 MPa			
240	0.001 205 3	1 016.1	1 040.2	2.667 6	0.001 192 7	1 006.9	1 042.7	2.649 1	0.001 170 8	990.55	1 049.1	2.615 6
260	0.001 247 2	1 109.0	1 134.0	2.846 9	0.001 231 4	1 097.8	1 134.7	2.825 0	0.001 204 4	1 078.2	1 138.4	2.786 4
280	0.001 297 8	1 205.6	1 231.5	3.026 5	0.001 277 0	1 191.5	1 229.8	3.000 1	0.001 243 0	1 167.7	1 229.9	2.954 7
300	0.001 361 1	1 307.2	1 334.4	3.209 1	0.001 332 2	1 288.9	1 328.9	3.176 1	0.001 287 9	1 259.6	1 324.0	3.121 8
320	0.001 445 0	1 416.6	1 445.5	3.399 6	0.001 401 4	1 391.7	1 433.7	3.355 8	0.001 340 9	1 354.3	1 421.4	3.288 8
340	0.001 569 3	1 540.2	1 571.6	3.608 6	0.001 493 2	1 502.4	1 547.1	3.543 8	0.001 404 9	1 452.9	1 523.1	3.457 5
360	0.001 824 8	1 703.6	1 740.1	3.878 7	0.001 627 6	1 626.8	1 675.6	3.749 9	0.001 484 8	1 556.5	1 630.7	3.630 1
380					0.001 872 9	1 782.0	1 838.2	4.002 6	0.001 588 4	1 667.1	1 746.5	3.810 2

表 A-6 饱和冰-水蒸气的热力性质表

T/℃	饱和压力 p_{sat}/kPa	比体积/(m³/kg)		比热力学能/(kJ/kg)			比焓/(kJ/kg)			比熵/[kJ/(kg·K)]		
		饱和冰	饱和蒸汽	饱和冰	升华	饱和蒸汽	饱和冰	升华	饱和蒸汽	饱和冰	升华	饱和蒸汽
		v_i	v_g	u_i	u_{ig}	u_g	h_i	h_{ig}	h_g	s_i	s_{ig}	s_g
0.01	0.611 69	0.001 091	205.99	−333.40	2 707.9	2 374.5	−333.40	2 833.9	2 500.5	−1.220 2	10.374	9.154
0	0.611 15	0.001 091	206.17	−333.43	2 707.9	2 374.5	−333.43	2 833.9	2 500.5	−1.220 4	10.375	9.154
−2	0.517 72	0.001 091	241.62	−337.63	2 709.4	2 371.8	−337.63	2 834.5	2 496.8	−1.235 8	10.453	9.218
−4	0.437 48	0.001 090	283.84	−341.80	2 710.8	2 369.0	−341.80	2 835.0	2 493.2	−1.251 3	10.533	9.282
−6	0.368 73	0.001 090	334.27	−345.94	2 712.2	2 366.2	−345.93	2 835.4	2 489.5	−1.266 7	10.613	9.347
−8	0.309 98	0.001 090	394.66	−350.04	2 713.5	2 363.5	−350.04	2 835.8	2 485.8	−1.282 1	10.695	9.413
−10	0.259 90	0.001 089	467.17	−354.12	2 714.8	2 360.7	−354.12	2 836.2	2 482.1	−1.297 6	10.778	9.480
−12	0.217 32	0.001 089	554.47	−358.17	2 716.1	2 357.9	−358.17	2 836.6	2 478.4	−1.313 0	10.862	9.549
−14	0.181 21	0.001 088	659.88	−362.18	2 717.3	2 355.2	−362.18	2 836.9	2 474.7	−1.328 4	10.947	9.618
−16	0.150 68	0.001 088	787.51	−366.17	2 718.6	2 352.4	−366.17	2 837.2	2 471.0	−1.343 9	11.033	9.689
−18	0.124 92	0.001 088	942.51	−370.13	2 719.7	2 349.6	−370.13	2 837.5	2 467.3	−1.359 3	11.121	9.761
−20	0.103 26	0.001 087	1 131.3	−374.06	2 720.9	2 346.8	−374.06	2 837.7	2 463.6	−1.374 8	11.209	9.835
−22	0.085 10	0.001 087	1 362.0	−377.95	2 722.0	2 344.1	−377.95	2 837.9	2 459.9	−1.390 3	11.300	9.909
−24	0.069 91	0.001 087	1 644.7	−381.82	2 723.1	2 341.3	−381.82	2 838.1	2 456.2	−1.405 7	11.391	9.985
−26	0.057 25	0.001 087	1 992.2	−385.66	2 724.2	2 338.5	−385.66	2 838.2	2 452.5	−1.421 2	11.484	10.063
−28	0.046 73	0.001 086	2 421.0	−389.47	2 725.2	2 335.7	−389.47	2 838.3	2 448.8	−1.436 7	11.578	10.141
−30	0.038 02	0.001 086	2 951.7	−393.25	2 726.2	2 332.9	−393.25	2 838.4	2 445.1	−1.452 1	11.673	10.221
−32	0.030 82	0.001 086	3 610.9	−397.00	2 727.2	2 330.2	−397.00	2 838.4	2 441.4	−1.467 6	11.770	10.303
−34	0.024 90	0.001 085	4 432.4	−400.72	2 728.1	2 327.4	−400.72	2 838.5	2 437.7	−1.483 1	11.869	10.386
−36	0.020 04	0.001 085	5 460.1	−404.40	2 729.0	2 324.6	−404.40	2 838.4	2 434.0	−1.498 6	11.969	10.470
−38	0.016 08	0.001 085	6 750.5	−408.07	2 729.9	2 321.8	−408.07	2 838.4	2 430.3	−1.514 1	12.071	10.557
−40	0.012 85	0.001 084	8 376.7	−411.70	2 730.7	2 319.0	−411.70	2 838.3	2 426.6	−1.529 6	12.174	10.644

表 A-7　某些常用气体在理想气体状态下的比热容

(a) $T = 300$ K

气体		分子式	气体常数(R_g)/[kJ/(kg·K)]	c_p/[kJ/(kg·K)]	c_V/[kJ/(kg·K)]	γ_0
空气	Air	—	0.287 0	1.005	0.718	1.400
氩	Argon	Ar	0.208 1	0.520 3	0.312 2	1.667
正丁烷	Butane	C_4H_{10}	0.143 3	1.716 4	1.573 4	1.091
二氧化碳	Carbon dioxide	CO_2	0.188 9	0.846	0.657	1.289
一氧化碳	Carbon monoxide	CO	0.296 8	1.040	0.744	1.400
乙烷	Ethane	C_2H_6	0.276 5	1.766 2	1.489 7	1.186
乙烯	Ethylene	C_2H_4	0.296 4	1.548 2	1.251 8	1.237
氦气	Helium	He	2.076 9	5.192 6	3.115 6	1.667
氢气	Hydrogen	H_2	4.124 0	14.307	10.183	1.405
甲烷	Methane	CH_4	0.518 2	2.253 7	1.735 4	1.299
氖气	Neon	Ne	0.411 9	1.029 9	0.617 9	1.667
氮气	Nitrogen	N_2	0.296 8	1.039	0.743	1.400
正辛烷	Octane	C_8H_{18}	0.072 9	1.711 3	1.638 5	1.044
氧气	Oxygen	O_2	0.259 8	0.918	0.658	1.395
丙烷	Propane	C_3H_8	0.188 5	1.679 4	1.490 9	1.126
水蒸气	Steam	H_2O	0.461 5	1.872 3	1.410 8	1.327

(b) 温度变化

温度/K	c_p/[kJ/(kg·K)]	c_V/[kJ/(kg·K)]	γ_0	c_p/[kJ/(kg·K)]	c_V/[kJ/(kg·K)]	γ_0	c_p/[kJ/(kg·K)]	c_V/[kJ/(kg·K)]	γ_0
	空气			CO_2			CO		
250	1.003	0.716	1.401	0.791	0.602	1.314	1.039	0.743	1.400
300	1.005	0.718	1.400	0.846	0.657	1.288	1.040	0.744	1.399
350	1.008	0.721	1.398	0.895	0.706	1.268	1.043	0.746	1.398
400	1.013	0.726	1.395	0.939	0.750	1.252	1.047	0.751	1.395
450	1.020	0.733	1.391	0.978	0.790	1.239	1.054	0.757	1.392
500	1.029	0.742	1.387	1.014	0.825	1.229	1.063	0.767	1.387
550	1.040	0.753	1.381	1.046	0.857	1.220	1.075	0.778	1.382
600	1.051	0.764	1.376	1.075	0.886	1.213	1.087	0.790	1.376
650	1.063	0.776	1.370	1.102	0.913	1.207	1.100	0.803	1.370
700	1.075	0.788	1.364	1.126	0.937	1.202	1.113	0.816	1.364
750	1.087	0.800	1.359	1.148	0.959	1.197	1.126	0.829	1.358
800	1.099	0.812	1.354	1.169	0.980	1.193	1.139	0.842	1.353

续表

温度/K	c_p/[kJ/(kg·K)]	c_V/[kJ/(kg·K)]	γ_0	c_p/[kJ/(kg·K)]	c_V/[kJ/(kg·K)]	γ_0	c_p/[kJ/(kg·K)]	c_V/[kJ/(kg·K)]	γ_0
	空气			CO_2			CO		
900	1.121	0.834	1.344	1.204	1.015	1.186	1.163	0.866	1.343
1 000	1.142	0.855	1.336	1.234	1.045	1.181	1.185	0.888	1.335
温度/K	H_2			N_2			O_2		
250	14.051	9.927	1.416	1.039	0.742	1.400	0.913	0.653	1.398
300	14.307	10.183	1.405	1.039	0.743	1.400	0.918	0.658	1.395
350	14.427	10.302	1.400	1.041	0.744	1.399	0.928	0.668	1.389
400	14.476	10.352	1.398	1.044	0.747	1.397	0.941	0.681	1.382
450	14.501	10.377	1.398	1.049	0.752	1.395	0.956	0.696	1.373
500	14.513	10.389	1.397	1.056	0.759	1.391	0.972	0.712	1.365
550	14.530	10.405	1.396	1.065	0.768	1.387	0.988	0.728	1.358
600	14.546	10.422	1.396	1.075	0.778	1.382	1.003	0.743	1.350
650	14.571	10.447	1.395	1.086	0.789	1.376	1.017	0.758	1.343
700	14.604	10.480	1.394	1.098	0.801	1.371	1.031	0.771	1.337
750	14.645	10.521	1.392	1.110	0.813	1.365	1.043	0.783	1.332
800	14.695	10.570	1.390	1.121	0.825	1.360	1.054	0.794	1.327
900	14.822	10.698	1.385	1.145	0.849	1.349	1.074	0.814	1.319
1 000	14.983	10.859	1.380	1.167	0.870	1.341	1.090	0.830	1.313

(c)温度的函数

$$c_{p,m} = a + bT + cT^2 + dT^3$$

T,K;$c_{p,m}$,kJ/(kmol·K)

物质		分子式	a	b	c	d	T	误差/%	
								最大	平均
氮气	Nitrogen	N_2	28.90	$-0.157\,1\times10^{-2}$	$0.808\,1\times10^{-5}$	-2.873×10^{-9}	273.15 ~ 1 800	0.59	0.34
氧气	Oxygen	O_2	25.48	1.520×10^{-2}	$-0.715\,5\times10^{-5}$	1.312×10^{-9}	273.15 ~ 1 800	1.19	0.28
空气	Air	—	28.11	$0.196\,7\times10^{-2}$	$0.480\,2\times10^{-5}$	-1.966×10^{-9}	273.15 ~ 1 800	0.72	0.33
氢气	Hydrogen	H_2	29.11	$-0.191\,6\times10^{-2}$	$0.400\,3\times10^{-5}$	$-0.870\,4\times10^{-9}$	273.15 ~ 1 800	1.01	0.26
一氧化碳	Carbon monoxide	CO	28.16	$0.167\,5\times10^{-2}$	$0.537\,2\times10^{-5}$	-2.222×10^{-9}	273.15 ~ 1 800	0.89	0.37
二氧化碳	Carbon dioxide	CO_2	22.26	5.981×10^{-2}	-3.501×10^{-5}	7.469×10^{-9}	273.15 ~ 1 800	0.67	0.22
水蒸气	Water vapor	HO	32.24	$0.192\,3\times10^{-2}$	1.055×10^{-5}	-3.595×10^{-9}	273.15 ~ 1 800	0.53	0.24
氧化氮	Nitric oxide	NO	29.34	$-0.093\,95\times10^{-2}$	$0.974\,7\times10^{-5}$	-4.187×10^{-9}	273.15 ~ 1 500	0.97	0.36
一氧化二氮	Nitrous oxide	N_2O	24.11	$5.863\,2\times10^{-2}$	-3.562×10^{-5}	10.58×10^{-9}	273.15 ~ 1 500	0.59	0.26
二氧化氮	Nitrogen dioxide	NO_2	22.9	5.715×10^{-2}	-3.52×10^{-5}	7.87×10^{-9}	273.15 ~ 1 500	0.46	0.18

续表

$$c_{p,\mathrm{m}} = a + bT + cT^2 + dT^3$$

T,K;$c_{p,\mathrm{m}}$,kJ/(kmol·K)

物质		分子式	a	b	c	d	T	误差/%	
								最大	平均
氨	Ammonia	NH_3	27.568	$2.563\,0\times10^{-2}$	$0.990\,72\times10^{-5}$	$-6.690\,9\times10^{-9}$	273.15~1 500	0.91	0.36
硫	Sulfur	S	27.21	2.218×10^{-2}	-1.628×10^{-5}	3.986×10^{-9}	273.15~1 800	0.99	0.38
二氧化硫	Sulfur dioxide	SO_2	25.78	5.795×10^{-2}	-3.812×10^{-5}	8.612×10^{-9}	273.15~1 800	0.45	0.24
三氧化硫	Sulfur trioxide	SO_3	16.40	14.58×10^{-2}	-11.20×10^{-5}	32.42×10^{-9}	273.15~1 300	0.29	0.13
乙炔	Acetylene	C_2H_2	21.8	$9.214\,3\times10^{-2}$	-6.527×10^{-5}	18.21×10^{-9}	273.15~1 500	1.46	0.59
苯	Benzene	C_6H_6	−36.22	48.475×10^{-2}	-31.57×10^{-5}	77.62×10^{-9}	273.15~1 500	0.34	0.20
甲醇	Methanol	CH_4O	19.0	9.152×10^{-2}	-1.22×10^{-5}	-8.039×10^{-9}	273.15~1 000	0.18	0.08
乙醇	Ethanol	C_2H_6O	19.9	20.96×10^{-2}	-10.38×10^{-5}	20.05×10^{-9}	273.15~1 500	0.40	0.22
氯化氢	Hydrogen chloride	HCl	30.33	$-0.762\,0\times10^{-2}$	1.327×10^{-5}	-4.338×10^{-9}	273.15~1 500	0.22	0.08
甲烷	Methane	CH_4	19.89	5.024×10^{-2}	1.269×10^{-5}	-11.01×10^{-9}	273.15~1 500	1.33	0.57
乙烷	Ethane	C_2H_6	6.900	17.27×10^{-2}	-6.406×10^{-5}	7.285×10^{-9}	273.15~1 500	0.83	0.28
丙烷	Propane	C_3H_8	−4.04	30.48×10^{-2}	-15.72×10^{-5}	31.74×10^{-9}	273.15~1 500	0.40	0.12
正丁烷	*n*-Butane	C_4H_{10}	3.96	37.15×10^{-2}	-18.34×10^{-5}	35.00×10^{-9}	273.15~1 500	0.54	0.24
异丁烷	*i*-Butane	C_4H_{10}	−7.913	41.60×10^{-2}	-23.01×10^{-5}	49.91×10^{-9}	273.15~1 500	0.25	0.13
正戊烷	*n*-Pentane	C_5H_{12}	6.774	45.43×10^{-2}	-22.46×10^{-5}	42.29×10^{-9}	273.15~1 500	0.56	0.21
正己烷	*n*-Hexane	C_6H_{14}	6.938	55.22×10^{-2}	-28.65×10^{-5}	57.69×10^{-9}	273.15~1 500	0.72	0.20
乙烯	Ethylene	C_2H_4	3.95	15.64×10^{-2}	-8.344×10^{-5}	17.67×10^{-9}	273.15~1 500	0.54	0.13
丙烯	Propylene	C_3H_6	3.15	23.83×10^{-2}	-12.18×10^{-5}	24.62×10^{-9}	273.15~1 500	0.73	0.17

(d)某些常用气体在理想气体状态下的平均定压比热容 $\bar{c}_{p0}\Big|_0^t$(单位:kJ/(kg·K))

温度/℃	H_2	O_2	N_2	空气	CO	CO_2	H_2O
0	14.195	0.915	1.039	1.004	1.040	0.815	1.859
100	14.353	0.923	1.040	1.006	1.042	0.866	1.873
200	14.421	0.935	1.043	1.012	1.046	0.910	1.894
300	14.446	0.950	1.049	1.019	1.054	0.949	1.919
400	14.447	0.965	1.057	1.028	1.063	0.983	1.948
500	14.509	0.979	1.066	1.039	1.075	1.013	1.978
600	14.542	0.993	1.076	1.050	1.086	1.040	2.009
700	14.587	1.005	1.087	1.061	1.098	1.064	2.042
800	14.641	1.016	1.097	1.071	1.109	1.085	2.075
900	14.706	1.026	1.108	1.081	1.120	1.104	2.110

续表

温度/℃	H_2	O_2	N_2	空气	CO	CO_2	H_2O
1 000	14.776	1.035	1.118	1.091	1.130	1.122	2.144
1 100	14.853	1.043	1.127	1.100	1.140	1.138	2.177
1 200	14.934	1.051	1.136	1.108	1.149	1.153	2.211
1 300	15.023	1.058	1.145	1.117	1.158	1.166	2.243
1 400	15.113	1.065	1.153	1.124	1.166	1.178	2.274
1 500	15.202	1.071	1.160	1.131	1.173	1.189	2.305
1 600	15.294	1.077	1.167	1.138	1.180	1.200	2.335
1 700	15.383	1.083	1.174	1.144	1.187	1.209	2.363
1 800	15.472	1.089	1.180	1.150	1.192	1.218	2.391
1 900	15.561	1.094	1.186	1.156	1.198	1.226	2.417
2 000	15.649	1.099	1.191	1.161	1.203	1.233	2.442
2 100	15.736	1.104	1.197	1.166	1.208	1.241	2.466
2 200	15.819	1.109	1.201	1.171	1.213	1.247	2.489
2 300	15.902	1.114	1.206	1.176	1.218	1.253	2.512
2 400	15.983	1.118	1.210	1.180	1.222	1.259	2.533
2 500	16.064	1.123	1.214	1.184	1.226	1.264	2.554

(e)某些常用气体在理想气体状态下的平均定容比热容$\bar{c}_{V0}\Big|_0^t$（单位：kJ/(kg·K)）

温度/℃	H_2	O_2	N_2	空气	CO	CO_2	H_2O
0	10.071	0.655	0.742	0.716	0.743	0.626	1.398
100	10.288	0.663	0.744	0.719	0.745	0.677	1.411
200	10.297	0.675	0.747	0.724	0.749	0.721	1.432
300	10.322	0.690	0.752	0.732	0.757	0.760	1.457
400	10.353	0.705	0.760	0.741	0.767	0.794	1.486
500	10.384	0.719	0.769	0.752	0.777	0.824	1.516
600	10.417	0.733	0.779	0.762	0.789	0.851	1.547
700	10.463	0.745	0.790	0.773	0.801	0.875	1.581
800	10.517	0.756	0.801	0.784	0.812	0.896	1.614
900	10.581	0.766	0.811	0.794	0.823	0.916	1.648
1 000	10.652	0.775	0.821	0.804	0.834	0.933	1.682
1 100	10.729	0.783	0.830	0.813	0.843	0.950	1.716
1 200	10.809	0.791	0.839	0.821	0.857	0.964	1.749
1 300	10.899	0.798	0.848	0.829	0.861	0.977	1.781
1 400	10.988	0.805	0.856	0.837	0.869	0.989	1.813

续表

温度/℃	H_2	O_2	N_2	空气	CO	CO_2	H_2O
1 500	11.077	0.811	0.863	0.844	0.876	1.001	1.843
1 600	11.169	0.817	0.870	0.851	0.883	1.010	1.873
1 700	11.258	0.823	0.877	0.857	0.889	1.020	1.902
1 800	11.347	0.829	0.883	0.863	0.896	1.029	1.929
1 900	11.437	0.834	0.889	0.869	0.901	1.037	1.955
2 000	11.524	0.839	0.894	0.874	0.906	1.045	1.980
2 100	11.611	0.844	0.900	0.879	0.911	1.052	2.005
2 200	11.694	0.849	0.905	0.884	0.916	1.058	2.028
2 300	11.798	0.854	0.909	0.889	0.921	1.064	2.050
2 400	11.858	0.858	0.914	0.893	0.925	1.070	2.072
2 500	11.939	0.863	0.918	0.897	0.929	1.075	2.093

表 A-8　部分物质的分子量、气体常数、临界点参数与范德瓦耳斯常数

物质		化学式	分子量 M/(kg/kmol)	气体常数 R_g/[kJ/(kg·K)]	临界点参数				范德瓦耳斯常数	
					温度/K	压力/MPa	比摩尔体积/(m^3/kmol)	临界压缩因子(Z_c)	a	b
空气	Air		28.97	0.287	132.5	3.77	0.088 3	0.302 2	161.82	0.001 261
氨气	Ammonia	NH_3	17.03	0.488 2	405.5	11.28	0.072 4	0.242 2	1 465.72	0.002 194
氩气	Argon	Ar	39.948	0.208 1	151	4.86	0.074 9	0.290 0	85.71	0.000 808
苯	Benzene	C_6H_6	78.115	0.106 4	562	4.92	0.260 3	0.274 2	306.60	0.001 519
溴	Bromine	Br_2	159.808	0.052	584	10.34	0.135 5	0.288 7	37.63	0.000 367
正丁烷	*n*-Butane	C_4H_{10}	58.124	0.143	425.2	3.80	0.254 7	0.273 9	410.45	0.002 000
二氧化碳	Carbon dioxide	CO_2	44.01	0.188 9	304.2	7.39	0.094 3	0.275 6	188.50	0.000 972
一氧化碳	Carbon monoxide	CO	28.011	0.296 8	133	3.50	0.093 0	0.294 4	187.82	0.001 410
四氯化碳	Carbon tetrachloride	CCl_4	153.82	0.054 05	556.4	4.56	0.275 9	0.272 0	83.67	0.000 824
氯气	Chlorine	Cl_2	70.906	0.117 3	417	7.71	0.124 2	0.276 1	130.92	0.000 793
三氯甲烷	Chloroform	$CHCl_3$	119.38	0.069 64	536.6	5.47	0.240 3	0.294 6	107.70	0.000 854
二氯二氟甲烷；氟利昂-12（R-12）	Dichlorodifluoromethane	CCl_2F_2	120.91	0.068 76	384.7	4.01	0.217 9	0.273 2	73.61	0.000 825
一氟二氯甲烷；氟利昂-21（R-21）	Dichlorofluoromethane	$CHCl_2F$	102.92	0.080 78	451.7	5.17	0.197 3	0.271 6	108.64	0.000 882
乙烷	Ethane	C_2H_6	30.07	0.276 5	305.5	4.48	0.148 0	0.261 0	671.92	0.002 357
乙醇	Ethyl alcohol	C_2H_5OH	46.07	0.180 5	516	6.38	0.167 3	0.248 8	573.61	0.001 825
乙烯	Ethylene	C_2H_4	28.054	0.296 4	282.4	5.12	0.124 2	0.270 8	577.30	0.002 044
乙炔	Ethyne	C_2H_2	26.038	0.319 3	308.3	6.14	0.112 7	0.270 1	665.83	0.002 004
氦气	Helium	He	4.003	2.076 9	5.3	0.23	0.057 8	0.301 7	222.25	0.005 982
正己烷	*n*-Hexane	C_6H_{14}	86.179	0.096 47	507.9	3.03	0.367 7	0.263 9	334.26	0.002 021
氢气	Hydrogen (normal)	H_2	2.016	4.124	33.3	1.30	0.064 9	0.304 7	6 120.21	0.013 205
氪	Krypton	Kr	83.8	0.099 21	209.4	5.50	0.092 4	0.291 9	33.10	0.000 472

续表

物质		化学式	分子量 M/(kg/kmol)	气体常数 R_g/[kJ/(kg·K)]	临界点参数				范德瓦耳斯常数	
					温度/K	压力/MPa	比摩尔体积/(m^3/kmol)	临界压缩因子(Z_c)	a	b
甲烷	Methane	CH_4	16.043	0.518 2	191.1	4.64	0.099 3	0.290 0	891.62	0.002 668
甲醇	Methyl alcohol	CH_3OH	32.042	0.259 5	513.2	7.95	0.118 0	0.219 8	941.16	0.002 094
一氯甲烷	Methyl chloride	CH_3Cl	50.488	0.164 7	416.3	6.68	0.143 0	0.275 9	296.90	0.001 283
二氟一氯甲烷，R-22	Monochlorodifluoromethane	$CHClF_2$	86.469	0.096 16	369.3	4.97	0.165 2	0.267 3	107.05	0.000 893
氖气	Neon	Ne	20.183	0.411 9	44.5	2.73	0.041 7	0.307 7	51.92	0.000 839
氮气	Nitrogen	N_2	28.013	0.296 8	126.2	3.39	0.089 9	0.290 5	174.59	0.001 381
一氧化二氮	Nitrous oxide	N_2O	44.013	0.188 9	309.7	7.27	0.096 1	0.271 3	198.61	0.001 006
正辛烷	Octane	C_8H_{18}	114.232	0.072 79	568.8	2.49	0.492 3	0.259 2	290.43	0.002 078
氧气	Oxygen	O_2	31.999	0.259 8	154.8	5.08	0.078 0	0.307 9	134.32	0.000 990
丙烷	Propane	C_3H_8	44.097	0.188 5	370	4.26	0.199 8	0.276 7	481.73	0.002 047
丙烯	Propylene	C_3H_6	42.081	0.197 6	365	4.62	0.181 0	0.275 5	475.01	0.001 951
二氧化硫	Sulfur dioxide	SO_2	64.063	0.129 8	430.7	7.88	0.121 7	0.267 8	167.32	0.000 887
四氟乙烷（R-134a）	Tetrafluoroethane	CF_3CH_2F	102.03	0.081 49	374.2	4.06	0.199 3	0.260 0	96.65	0.000 939
三氯氟甲烷（R-11）	Trichlorofluoromethane	CCl_3F	137.37	0.060 52	471.2	4.38	0.247 8	0.277 1	78.33	0.000 814
水	Water	H_2O	18.015	0.461 5	647.1	22.06	0.056 0	0.229 6	1 705.55	0.001 692
氙	Xenon	Xe	131.3	0.063 32	289.8	5.88	0.118 6	0.289 4	24.16	0.000 390

表 A-9 空气在理想气体状态下的热力性质表

T/K	h/(kJ/kg)	p_r	u/(kJ/kg)	v_r	s^0/[kJ/(kg·K)]	T/K	h/(kJ/kg)	p_r	u/(kJ/kg)	v_r	s^0/[kJ/(kg·K)]
200	199.97	0.336 3	142.56	1 707.0	1.295 59	580	586.04	14.38	419.55	115.7	2.373 48
210	209.97	0.398 7	149.69	1 512.0	1.344 44	590	596.52	15.31	427.15	110.6	2.391 40
220	219.97	0.469 0	156.82	1 346.0	1.391 05	600	607.02	16.28	434.78	105.8	2.409 02
230	230.02	0.547 7	164.00	1 205.0	1.435 57	610	617.53	17.30	442.42	101.2	2.426 44
240	240.02	0.635 5	171.13	1 084.0	1.478 24	620	628.07	18.36	450.09	96.92	2.443 56
250	250.05	0.732 9	178.28	979.0	1.519 17	630	638.63	19.84	457.78	92.84	2.460 48
260	260.09	0.840 5	185.45	887.8	1.558 48	640	649.22	20.64	465.50	88.99	2.477 16
270	270.11	0.959 0	192.60	808.0	1.596 34	650	659.84	21.86	473.25	85.34	2.493 64
280	280.13	1.088 9	199.75	738.0	1.632 79	660	670.47	23.13	481.01	81.89	2.509 85
285	285.14	1.158 4	203.33	706.1	1.650 55	670	681.14	24.46	488.81	78.61	2.525 89
290	290.16	1.231 1	206.91	676.1	1.668 02	680	691.82	25.85	496.62	75.50	2.541 75
295	295.17	1.306 8	210.49	647.9	1.685 15	690	702.52	27.29	504.45	72.56	2.557 31
298	298.18	1.354 3	212.64	631.9	1.695 28	700	713.27	28.80	512.33	69.76	2.572 77
300	300.19	1.386 0	214.07	621.2	1.702 03	710	724.04	30.38	520.23	67.07	2.588 10
305	305.22	1.468 6	217.67	596.0	1.718 65	720	734.82	32.02	528.14	64.53	2.603 19
310	310.24	1.554 6	221.25	572.3	1.734 98	730	745.62	33.72	536.07	62.13	2.618 03
315	315.27	1.644 2	224.85	549.8	1.751 06	740	756.44	35.50	544.02	59.82	2.632 80
320	320.29	1.737 5	228.42	528.6	1.766 90	750	767.29	37.35	551.99	57.63	2.647 37
325	325.31	1.834 5	232.02	508.4	1.782 49	760	778.18	39.27	560.01	55.54	2.661 76
330	330.34	1.935 2	235.61	489.4	1.797 83	780	800.03	43.35	576.12	51.64	2.690 13
340	340.42	2.149	242.82	454.1	1.827 90	800	821.95	47.75	592.30	48.08	2.717 87
350	350.49	2.379	250.02	422.2	1.857 08	820	843.98	52.59	608.59	44.84	2.745 04
360	360.58	2.626	257.24	393.4	1.885 43	840	866.08	57.60	624.95	41.85	2.771 70
370	370.67	2.892	264.46	367.2	1.913 13	860	888.27	63.09	641.40	39.12	2.797 83
380	380.77	3.176	271.69	343.4	1.940 01	880	910.56	68.98	657.95	36.61	2.823 44
390	390.88	3.481	278.93	321.5	1.966 33	900	932.93	75.29	674.58	34.31	2.848 56
400	400.98	3.806	286.16	301.6	1.991 94	920	955.38	82.05	691.28	32.18	2.873 24
410	411.12	4.153	293.43	283.3	2.016 99	940	977.92	89.28	708.08	30.22	2.897 48
420	421.26	4.522	300.69	266.6	2.041 42	960	1 000.55	97.00	725.02	28.40	2.921 28
430	431.43	4.915	307.99	251.1	2.065 33	980	1 023.25	105.2	741.98	26.73	2.944 68
440	441.61	5.332	315.30	236.8	2.088 70	1 000	1 046.04	114.0	758.94	25.17	2.967 70
450	451.80	5.775	322.62	223.6	2.111 61	1 020	1 068.89	123.4	776.10	23.72	2.990 34
460	462.02	6.245	329.97	211.4	2.134 07	1 040	1 091.85	133.3	793.36	23.29	3.012 60
470	472.24	6.742	337.32	200.1	2.156 04	1 060	1 114.86	143.9	810.62	21.14	3.034 49
480	482.49	7.268	344.70	189.5	2.177 60	1 080	1 137.89	155.2	827.88	19.98	3.056 08
490	492.74	7.824	352.08	179.7	2.198 76	1 100	1 161.07	167.1	845.33	18.896	3.077 32
500	503.02	8.411	359.49	170.6	2.219 52	1 120	1 184.28	179.7	862.79	17.886	3.098 25
510	513.32	9.031	366.92	162.1	2.239 93	1 140	1 207.57	193.1	880.35	16.946	3.118 83
520	523.63	9.684	374.36	154.1	2.259 97	1 160	1 230.92	207.2	897.91	16.064	3.139 16
530	533.98	10.37	381.84	146.7	2.279 67	1 180	1 254.34	222.2	915.57	15.241	3.159 16
540	544.35	11.10	389.34	139.7	2.299 06	1 200	1 277.79	238.0	933.33	14.470	3.178 88
550	555.74	11.86	396.86	133.1	2.318 09	1 220	1 301.31	254.7	951.09	13.747	3.198 34
560	565.17	12.66	404.42	127.0	2.336 85	1 240	1 324.93	272.3	968.95	13.069	3.217 51
570	575.59	13.50	411.97	121.2	2.355 31						

续表

T/K	h/(kJ/kg)	p_r	u/(kJ/kg)	v_r	s^0/[kJ/(kg·K)]	T/K	h/(kJ/kg)	p_r	u/(kJ/kg)	v_r	s^0/[kJ/(kg·K)]
1 260	1 348.55	290.8	986.90	12.435	3.236 38	1 600	1 757.57	791.2	1 298.30	5.804	3.523 64
1 280	1 372.24	310.4	1 004.76	11.835	3.255 10	1 620	1 782.00	834.1	1 316.96	5.574	3.538 79
1 300	1 395.97	330.9	1 022.82	11.275	3.273 45	1 640	1 806.46	878.9	1 335.72	5.355	3.553 81
1 320	1 419.76	352.5	1 040.88	10.747	3.291 60	1 660	1 830.96	925.6	1 354.48	5.147	3.568 67
1 340	1 443.60	375.3	1 058.94	10.247	3.309 59	1 680	1 855.50	974.2	1 373.24	4.949	3.583 35
1 360	1 467.49	399.1	1 077.10	9.780	3.327 24	1 700	1 880.1	1 025	1 392.7	4.761	3.597 9
1 380	1 491.44	424.2	1 095.26	9.337	3.344 74	1 750	1 941.6	1 161	1 439.8	4.328	3.633 6
1 400	1 515.42	450.5	1 113.52	8.919	3.362 00	1 800	2 003.3	1 310	1 487.2	3.994	3.668 4
1 420	1 539.44	478.0	1 131.77	8.526	3.379 01	1 850	2 065.3	1 475	1 534.9	3.601	3.702 3
1 440	1 563.51	506.9	1 150.13	8.153	3.395 86	1 900	2 127.4	1 655	1 582.6	3.295	3.735 4
1 460	1 587.63	537.1	1 168.49	7.801	3.412 47	1 950	2 189.7	1 852	1 630.6	3.022	3.767 7
1 480	1 611.79	568.8	1 186.95	7.468	3.428 92	2 000	2 252.1	2 068	1 678.7	2.776	3.799 4
1 500	1 635.97	601.9	1 205.41	7.152	3.445 16	2 050	2 314.6	2 303	1 726.8	2.555	3.830 3
1 520	1 660.23	636.5	1 223.87	6.854	3.461 20	2 100	2 377.7	2 559	1 775.3	2.356	3.860 5
1 540	1 684.51	672.8	1 242.43	6.569	3.477 12	2 150	2 440.3	2 837	1 823.8	2.175	3.890 1
1 560	1 708.82	710.5	1 260.99	6.301	3.492 76	2 200	2 503.2	3 138	1 872.4	2.012	3.919 1
1 580	1 733.17	750.0	1 279.65	6.046	3.508 29	2 250	2 566.4	3 464	1 921.3	1.864	3.947 4

表 A-10　0.1 MPa 时饱和空气的状态参数

干球温度 t/℃	水蒸气压力 p_s/kPa	含湿量 d/(g/kg)	饱和焓 h_s/(kJ/kg)	密度 ρ/(kg/m^3)	水汽化热 r/(kJ/kg)
-20	0.103	0.64	-18.5	1.38	2 839
-18	0.125	0.78	-16.4	1.36	2 839
-16	0.150	0.94	-13.8	1.35	2 838
-14	0.181	1.13	-11.3	1.34	2 838
-12	0.217	1.35	-8.7	1.33	2 837
-10	0.259	1.62	-6.0	1.32	2 837
-8	0.309	1.93	-3.2	1.31	2 836
-6	0.368	2.30	-0.3	1.30	2 836
-4	0.437	2.73	2.8	1.29	2 835
-2	0.517	3.23	6.0	1.28	2 834
0	0.611	3.82	9.5	1.27	2 500
2	0.705	4.42	13.1	1.26	2 496
4	0.813	5.10	16.8	1.25	2 491
6	0.935	5.87	20.7	1.24	2 486
8	1.072	6.74	25.0	1.23	2 481
10	1.227	7.73	29.5	1.22	2 477
12	1.401	8.84	34.4	1.21	2 472
14	1.597	10.10	39.5	1.21	2 470
16	1.817	11.51	45.2	1.20	2 465
18	2.062	13.10	51.3	1.19	2 458
20	2.337	14.88	57.9	1.18	2 453
22	2.642	16.88	65.0	1.17	2 448
24	2.982	19.12	72.8	1.16	2 444
26	3.360	21.63	81.3	1.15	2 441
28	3.778	24.42	90.5	1.14	2 434
30	4.241	27.52	100.5	1.13	2 430
32	4.753	31.07	111.7	1.12	2 425
34	5.318	34.94	123.7	1.11	2 420
36	5.940	39.28	137.0	1.10	2 415
38	6.624	44.12	151.6	1.09	2 411
40	7.376	49.52	167.7	1.08	2 406
42	8.198	55.54	185.5	1.07	2 401
44	9.100	62.26	205.0	1.06	2 396
46	10.085	69.76	226.7	1.05	2 391

续表

干球温度 t/℃	水蒸气压力 p_s/kPa	含湿量 d/(g/kg)	饱和焓 h_s/(kJ/kg)	密度 ρ/(kg/m^3)	水汽化热 r/(kJ/kg)
48	11.162	78.15	250.7	1.04	2 386
50	12.335	87.52	277.3	1.03	2 382
52	13.613	98.01	306.8	1.02	2 377
54	15.002	109.80	339.8	1.00	2 372
56	16.509	123.00	376.7	0.99	2 367
58	18.146	137.89	418.0	0.98	2 363
60	19.917	154.752	464.5	0.97	2 358
65	25.010	207.44	609.2	0.93	2 345
70	31.160	281.54	811.1	0.90	2 333
75	38.550	390.20	1 105.7	0.85	2 320
80	47.360	559.61	1 563.0	0.81	2 309
85	57.800	851.90	2 351.0	0.76	2 295
90	70.110	1 459.00	3 983.0	0.70	2 282

表 A-11 水蒸气(H_2O)在理想气体状态下的热力性质表

T/K	H_m/(kJ/kmol)	U_m/(kJ/kmol)	S_m^0/[kJ/(kmol·K)]	T/K	H_m/(kJ/kmol)	U_m/(kJ/kmol)	S_m^0/[kJ/(kmol·K)]
0	0	0	0	600	20 402	15 413	212.920
220	7 295	5 466	178.576	610	20 765	15 693	213.529
230	7 628	5 715	180.054	620	21 130	15 975	214.122
240	7 961	5 965	181.471	630	21 495	16 257	214.707
250	8 294	6 215	182.831	640	21 862	16 541	215.285
260	8 627	6 466	184.139	650	22 230	16 826	215.856
270	8 961	6 716	185.399	660	22 600	17 112	216.419
280	9 296	6 968	186.616	670	22 970	17 399	216.976
290	9 631	7 219	187.791	680	23 342	17 688	217.527
298	9 904	7 425	188.720	690	23 714	17 978	218.071
300	9 966	7 472	188.928	700	24 088	18 268	218.610
310	10 302	7 725	190.030	710	24 464	18 561	219.142
320	10 639	7 978	191.098	720	24 840	18 854	219.668
330	10 976	8 232	192.136	730	25 218	19 148	220.189
340	11 314	8 487	193.144	740	25 597	19 444	220.707
350	11 652	8 742	194.125	750	25 977	19 741	221.215
360	11 992	8 998	195.081	760	26 358	20 039	221.720
370	12 331	9 255	196.012	770	26 741	20 339	222.221
380	12 672	9 513	196.920	780	27 125	20 639	222.717
390	13 014	9 771	197.807	790	27 510	20 941	223.207
400	13 356	10 030	198.673	800	27 896	21 245	223.693
410	13 699	10 290	199.521	810	28 284	21 549	224.174
420	14 043	10 551	200.350	820	28 672	21 855	224.651
430	14 388	10 813	201.160	830	29 062	22 162	225.123
440	14 734	11 075	201.955	840	29 454	22 470	225.592
450	15 080	11 339	202.734	850	29 846	22 779	226.057
460	15 428	11 603	203.497	860	30 240	23 090	226.517
470	15 777	11 869	204.247	870	30 635	23 402	226.973
480	16 126	12 135	204.982	880	31 032	23 715	227.426
490	16 477	12 403	205.705	890	31 429	24 029	227.875
500	16 828	12 671	206.413	900	31 828	24 345	228.321
510	17 181	12 940	207.112	910	32 228	24 662	228.763
520	17 534	13 211	207.799	920	32 629	24 980	229.202
530	17 889	13 482	208.475	930	33 032	25 300	229.637
540	18 245	13 755	209.139	940	33 436	25 621	230.070
550	18 601	14 028	209.795	950	33 841	25 943	230.499
560	18 959	14 303	210.440	960	34 247	26 265	230.924
570	19 318	14 579	211.075	970	34 653	26 588	231.347
580	19 678	14 856	211.702	980	35 061	26 913	231.767
590	20 039	15 134	212.320	990	35 472	27 240	232.184

续表

T/K	H_m/(kJ/kmol)	U_m/(kJ/kmol)	S_m^0/[kJ/(kmol·K)]	T/K	H_m/(kJ/kmol)	U_m/(kJ/kmol)	S_m^0/[kJ/(kmol·K)]
1 000	35 882	27 568	232.597	1 760	70 535	55 902	258.151
1 020	36 709	28 228	233.415	1 780	71 523	56 723	258.708
1 040	37 542	28 895	234.223	1 800	72 513	57 547	259.262
1 060	38 380	29 567	235.020	1 820	73 507	58 375	259.811
1 080	39 223	30 243	235.806	1 840	74 506	59 207	260.357
1 100	40 071	30 925	236.584	1 860	75 506	60 042	260.898
1 120	40 923	31 611	237.352	1 880	76 511	60 880	261.436
1 140	41 780	32 301	238.110	1 900	77 517	61 720	261.969
1 160	42 642	32 997	238.859	1 920	78 527	62 564	262.497
1 180	43 509	33 698	239.600	1 940	79 540	63 411	263.022
1 200	44 380	34 403	240.333	1 960	80 555	64 259	263.542
1 220	45 256	35 112	241.057	1 980	81 573	65 111	264.059
1 240	46 137	35 827	241.773	2 000	82 593	65 965	264.571
1 260	47 022	36 546	242.482	2 050	85 156	68 111	265.838
1 280	47 912	37 270	243.183	2 100	87 735	70 275	267.081
1 300	48 807	38 000	243.877	2 150	90 330	72 454	268.301
1 320	49 707	38 732	244.564	2 200	92 940	74 649	269.500
1 340	50 612	39 470	245.243	2 250	95 562	76 855	270.679
1 360	51 521	40 213	245.915	2 300	98 199	79 076	271.839
1 380	52 434	40 960	246.582	2 350	100 846	81 308	272.978
1 400	53 351	41 711	247.241	2 400	103 508	83 553	274.098
1 420	54 273	42 466	247.895	2 450	106 183	85 811	275.201
1 440	55 198	43 226	248.543	2 500	108 868	88 082	276.286
1 460	56 128	43 989	249.185	2 550	111 565	90 364	277.354
1 480	57 062	44 756	249.820	2 600	114 273	92 656	278.407
1 500	57 999	45 528	250.450	2 650	116 991	94 958	279.441
1 520	58 942	46 304	251.074	2 700	119 717	97 269	280.462
1 540	59 888	47 084	251.693	2 750	122 453	99 588	281.464
1 560	60 838	47 868	252.305	2 800	125 198	101 917	282.453
1 580	61 792	48 655	252.912	2 850	127 952	104 256	283.429
1 600	62 748	49 445	253.513	2 900	130 717	106 605	284.390
1 620	63 709	50 240	254.111	2 950	133 486	108 959	285.338
1 640	64 675	51 039	254.703	3 000	136 264	111 321	286.273
1 660	65 643	51 841	255.290	3 050	139 051	113 692	287.194
1 680	66 614	52 646	255.873	3 100	141 846	116 072	288.102
1 700	67 589	53 455	256.450	3 150	144 648	118 458	288.999
1 720	68 567	54 267	257.022	3 200	147 457	120 851	289.884
1 740	69 550	55 083	257.589	3 250	150 272	123 250	290.756

表 A-12 标准状态下(25 ℃,1 atm)一些物质的生成焓、生成吉布斯函数及绝对熵

物质(相态)		分子式	生成焓 H_f^0/(kJ/kmol)	生成吉布斯函数 G_f^0/(kJ/kmol)	绝对熵 S_f^0/[kJ/(kmol·K)]
碳(s)	Carbon(s)	C	0	0	5.74
氢(g)	Hydrogen(g)	H_2	0	0	130.57
氮(g)	Nitrogen(g)	N_2	0	0	191.50
氧(g)	Oxygen(g)	O_2	0	0	205.03
一氧化碳(g)	Carbon monoxide(g)	CO	−110 530	−137 150	197.54
二氧化碳(g)	Carbon dioxide(g)	CO_2	−393 520	−394 360	213.69
水蒸气(g)	Water vapor(g)	H_2O	−241 820	−228 590	188.72
水(l)	Water(l)	H_2O	−285 830	−237 180	69.92
过氧化氢(g)	Hydrogen peroxide(g)	H_2O_2	−136 310	−105 600	232.63
氨(g)	Ammonia(g)	NH_3	−46 190	−16 590	192.33
甲烷(g)	Methane(g)	CH_4	−74 850	−50 790	186.23
乙炔(g)	Acetylene(g)	C_2H_2	+226 730	+209 170	200.94
乙烯(g)	Ethylene(g)	C_2H_4	+52 280	+68 120	219.31
乙烷(g)	Ethane(g)	C_2H_6	−84 680	−32 890	229.49
丙烯(g)	Propylene(g)	C_3H_6	+20 410	+62 720	266.94
丙烷(g)	Propane(g)	C_3H_8	−103 850	−23 490	269.91
正丁烷(g)	*n*-Butane(g)	C_4H_{10}	−126 150	−15 710	310.12
正辛烷(g)	*n*-Octane(g)	C_8H_{18}	−208 450	+16 530	466.73
正辛烷(l)	*n*-Octane(l)	C_8H_{18}	−249 950	+6 610	360.79
正十二烷(g)	*n*-Dodecane(g)	$C_{12}H_{26}$	−291 010	+50 150	622.83
苯(g)	Benzene(g)	C_6H_6	+82 930	+129 660	269.20
甲醇(g)	Methyl alcohol(g)	CH_3OH	−200 670	−162 000	239.70
甲醇(l)	Methyl alcohol(l)	CH_3OH	−238 660	−166 360	126.80
乙醇(g)	Ethyl alcohol(g)	C_2H_5OH	−235 310	−168 570	282.59
乙醇(l)	Ethyl alcohol(l)	C_2H_5OH	−277 690	−174 890	160.70
氧(原子)(g)	Oxygen(g)	O	+249 190	+231 770	160.94
氢(原子)(g)	Hydrogen(g)	H	+218 000	+203 290	114.72
氮(原子)(g)	Nitrogen(g)	N	+472 650	+455 510	153.30
羟基(g)	Hydroxyl(g)	OH	+39 460	+34 280	183.59

表 A-13　氮气(N_2)在理想气体状态下的热力性质表

T/K	H_m/(kJ/kmol)	U_m/(kJ/kmol)	S_m^0/[kJ/(kmol·K)]	T/K	H_m/(kJ/kmol)	U_m/(kJ/kmol)	S_m^0/[kJ/(kmol·K)]
0	0	0	0	600	17 563	12 574	212.066
220	6 391	4 562	182.639	610	17 864	12 792	212.564
230	6 683	4 770	183.938	620	18 166	13 011	213.055
240	6 975	4 979	185.180	630	18 468	13 230	213.541
250	7 266	5 188	186.370	640	18 772	13 450	214.018
260	7 558	5 396	187.514	650	19 075	13 671	214.489
270	7 849	5 604	188.614	660	19 380	13 892	214.954
280	8 141	5 813	189.673	670	19 685	14 114	215.413
290	8 432	6 021	190.695	680	19 991	14 337	215.866
298	8 669	6 190	191.502	690	20 297	14 560	216.314
300	8 723	6 229	191.682	700	20 604	14 784	216.756
310	9 014	6 437	192.638	710	20 912	15 008	217.192
320	9 306	6 645	193.562	720	21 220	15 234	217.624
330	9 597	6 853	194.459	730	21 529	15 460	218.059
340	9 888	7 061	195.328	740	21 839	15 686	218.472
350	10 180	7 270	196.173	750	22 149	15 913	218.889
360	10 471	7 478	196.995	760	22 460	16 141	219.301
370	10 763	7 687	197.794	770	22 772	16 370	219.709
380	11 055	7 895	198.572	780	23 085	16 599	220.113
390	11 347	8 104	199.331	790	23 398	16 830	220.512
400	11 640	8 314	200.071	800	23 714	17 061	220.907
410	11 932	8 523	200.794	810	24 027	17 292	221.298
420	12 225	8 733	201.499	820	24 342	17 524	221.684
430	12 518	8 943	202.189	830	24 658	17 757	222.067
440	12 811	9 153	202.863	840	24 974	17 990	222.447
450	13 105	9 363	203.523	850	25 292	18 224	222.822
460	13 399	9 574	204.170	860	25 610	18 459	223.194
470	13 693	9 786	204.803	870	25 928	18 695	223.562
480	13 988	9 997	205.424	880	26 248	18 931	223.927
490	14 285	10 210	206.033	890	26 568	19 168	224.288
500	14 581	10 423	206.630	900	26 890	19 407	224.647
510	14 876	10 635	207.216	910	27 210	19 644	225.002
520	15 172	10 848	207.792	920	27 532	19 883	225.353
530	15 469	11 062	208.358	930	27 854	20 122	225.701
540	15 766	11 277	208.914	940	28 178	20 362	226.047
550	16 064	11 492	209.461	950	28 501	20 603	226.389
560	16 363	11 707	209.999	960	28 826	20 844	226.728
570	16 662	11 923	210.528	970	29 151	21 086	227.064
580	16 962	12 139	211.049	980	29 476	21 328	227.398
590	17 262	12 356	211.562	990	29 803	21 571	227.728

续表

T/K	H_m/(kJ/kmol)	U_m/(kJ/kmol)	S_m^0/[kJ/(kmol·K)]	T/K	H_m/(kJ/kmol)	U_m/(kJ/kmol)	S_m^0/[kJ/(kmol·K)]
1 000	30 129	21 815	228.057	1 760	56 227	41 594	247.396
1 020	30 784	22 304	228.706	1 780	56 938	42 139	247.798
1 040	31 442	22 795	229.344	1 800	57 651	42 685	248.195
1 060	32 101	23 288	229.973	1 820	58 363	43 231	248.589
1 080	32 762	23 782	230.591	1 840	59 075	43 777	248.979
1 100	33 426	24 280	231.199	1 860	59 790	44 324	249.365
1 120	34 092	24 780	231.799	1 880	60 504	44 873	249.748
1 140	34 760	25 282	232.391	1 900	61 220	45 423	250.128
1 160	35 430	25 786	232.973	1 920	61 936	45 973	250.502
1 180	36 104	26 291	233.549	1 940	62 654	46 524	250.874
1 200	36 777	26 799	234.115	1 960	63 381	47 075	251.242
1 220	37 452	27 308	234.673	1 980	64 090	47 627	251.607
1 240	38 129	27 819	235.223	2 000	64 810	48 181	251.969
1 260	38 807	28 331	235.766	2 050	66 612	49 567	252.858
1 280	39 488	28 845	236.302	2 100	68 417	50 957	253.726
1 300	40 170	29 361	236.831	2 150	70 226	52 351	254.578
1 320	40 853	29 378	237.353	2 200	72 040	53 749	255.412
1 340	41 539	30 398	237.867	2 250	73 856	55 149	256.227
1 360	42 227	30 919	238.376	2 300	75 676	56 553	257.027
1 380	42 915	31 441	238.878	2 350	77 496	57 958	257.810
1 400	43 605	31 964	239.375	2 400	79 320	59 366	258.580
1 420	44 295	32 489	239.865	2 450	81 149	60 779	259.332
1 440	44 988	33 014	240.350	2 500	82 981	62 195	260.073
1 460	45 682	33 543	240.827	2 550	84 814	63 613	260.799
1 480	46 377	34 071	241.301	2 600	86 650	65 033	261.512
1 500	47 073	34 601	241.768	2 650	88 488	66 455	262.213
1 520	47 771	35 133	242.228	2 700	90 328	67 880	262.902
1 540	48 470	35 665	242.685	2 750	92 171	69 306	263.577
1 560	49 168	36 197	243.137	2 800	94 014	70 734	264.241
1 580	49 869	36 732	243.585	2 850	95 859	72 163	264.895
1 600	50 571	37 268	244.028	2 900	97 705	73 593	265.538
1 620	51 275	37 806	244.464	2 950	99 556	75 028	266.170
1 640	51 980	38 344	244.896	3 000	101 407	76 464	266.793
1 660	52 686	38 884	245.324	3 050	103 260	77 902	267.404
1 680	53 393	39 424	245.747	3 100	105 115	79 341	268.007
1 700	54 099	39 965	246.166	3 150	106 972	80 782	268.601
1 720	54 807	40 507	246.580	3 200	108 830	82 224	269.186
1 740	55 516	41 049	246.990	3 250	110 690	83 668	269.763

表 A-14　氧气(O_2)在理想气体状态下的热力性质表

T/K	H_m/(kJ/kmol)	U_m/(kJ/kmol)	S_m^0/[kJ/(kmol·K)]	T/K	H_m/(kJ/kmol)	U_m/(kJ/kmol)	S_m^0/[kJ/(kmol·K)]
0	0	0	0	600	17 929	12 940	226.346
220	6 404	4 575	196.171	610	18 250	13 178	226.877
230	6 694	4 782	197.461	620	18 572	13 417	227.400
240	6 984	4 989	198.696	630	18 895	13 657	227.918
250	7 275	5 197	199.885	640	19 219	13 898	228.429
260	7 566	5 405	201.027	650	19 544	14 140	228.932
270	7 858	5 613	202.128	660	19 870	14 383	229.430
280	8 150	5 822	203.191	670	20 197	14 626	229.920
290	8 443	6 032	204.218	680	20 524	14 871	230.405
298	8 682	6 203	205.033	690	20 854	15 116	230.885
300	8 736	6 242	205.213	700	21 184	15 364	231.358
310	9 030	6 453	206.177	710	21 514	15 611	231.827
320	9 325	6 664	207.112	720	21 845	15 859	232.291
330	9 620	6 877	208.020	730	22 177	16 107	232.748
340	9 916	7 090	208.904	740	22 510	16 357	233.201
350	10 213	7 303	209.765	750	22 844	16 607	233.649
360	10 511	7 518	210.604	760	23 178	16 859	234.091
370	10 809	7 733	211.423	770	23 513	17 111	234.528
380	11 109	7 949	212.222	780	23 850	17 364	234.960
390	11 409	8 166	213.002	790	24 186	17 618	235.387
400	11 711	8 384	213.765	800	24 523	17 872	235.810
410	12 012	8 603	214.510	810	24 861	18 126	236.230
420	12 314	8 822	215.241	820	25 199	18 382	236.644
430	12 618	9 043	215.955	830	25 537	18 637	237.055
440	12 923	9 264	216.656	840	25 877	18 893	237.462
450	13 228	9 487	217.342	850	26 218	19 150	237.864
460	13 525	9 710	218.016	860	26 559	19 408	238.264
470	13 842	9 935	218.676	870	26 899	19 666	238.660
480	14 151	10 160	219.326	880	27 242	19 925	239.051
490	14 460	10 386	219.963	890	27 584	20 185	239.439
500	14 770	10 614	220.589	900	27 928	20 445	239.823
510	15 082	10 842	221.206	910	28 272	20 706	240.203
520	15 395	11 071	221.812	920	28 616	20 967	240.580
530	15 708	11 301	222.409	930	28 960	21 228	240.953
540	16 022	11 533	222.997	940	29 306	21 491	241.323
550	16 338	11 765	223.576	950	29 652	21 754	241.689
560	16 654	11 998	224.146	960	29 999	22 017	242.052
570	16 971	12 232	224.708	970	30 345	22 280	242.411
580	17 290	12 467	225.262	980	30 692	22 544	242.768
590	17 609	12 703	225.808	990	31 041	22 809	242.120

续表

T/K	H_m/(kJ/kmol)	U_m/(kJ/kmol)	S_m^0/[kJ/(kmol·K)]	T/K	H_m/(kJ/kmol)	U_m/(kJ/kmol)	S_m^0/[kJ/(kmol·K)]
1 000	31 389	23 075	243.471	1 760	58 880	44 247	263.861
1 020	32 088	23 607	244.164	1 780	59 624	44 825	264.283
1 040	32 789	24 142	244.844	1 800	60 371	45 405	264.701
1 060	33 490	24 677	245.513	1 820	61 118	45 986	265.113
1 080	34 194	25 214	246.171	1 840	61 866	46 568	265.521
1 100	34 899	25 753	246.818	1 860	62 616	47 151	265.925
1 120	35 606	26 294	247.454	1 880	63 365	47 734	266.326
1 140	36 314	26 836	248.081	1 900	64 116	48 319	266.722
1 160	37 023	27 379	248.698	1 920	64 868	48 904	267.115
1 180	37 734	27 923	249.307	1 940	65 620	49 490	267.505
1 200	38 447	28 469	249.906	1 960	66 374	50 078	267.891
1 220	39 162	29 018	250.497	1 980	67 127	50 665	268.275
1 240	39 877	29 568	251.079	2 000	67 881	51 253	268.655
1 260	40 594	30 118	251.653	2 050	69 772	52 727	269.588
1 280	41 312	30 670	252.219	2 100	71 668	54 208	270.504
1 300	42 033	31 224	252.776	2 150	73 573	55 697	271.399
1 320	42 753	31 778	253.325	2 200	75 484	57 192	272.278
1 340	43 475	32 334	253.868	2 250	77 397	58 690	273.136
1 360	44 198	32 891	254.404	2 300	79 316	60 193	273.891
1 380	44 923	33 449	254.932	2 350	81 243	61 704	274.809
1 400	45 648	34 008	255.454	2 400	83 174	63 219	275.625
1 420	46 374	34 567	255.968	2 450	85 112	64 742	276.424
1 440	47 102	35 129	256.475	2 500	87 057	66 271	277.207
1 460	47 831	35 692	256.978	2 550	89 004	67 802	277.979
1 480	48 561	36 256	257.474	2 600	90 956	69 339	278.738
1 500	49 292	36 821	257.965	2 650	92 916	70 883	279.485
1 520	50 024	37 387	258.450	2 700	94 881	72 433	280.219
1 540	50 756	37 952	258.928	2 750	96 852	73 987	280.942
1 560	51 490	38 520	259.402	2 800	98 826	75 546	281.654
1 580	52 224	39 088	259.870	2 850	100 808	77 112	282.357
1 600	52 961	39 658	260.333	2 900	102 793	78 682	283.048
1 620	53 696	40 227	260.791	2 950	104 785	80 258	283.728
1 640	54 434	40 799	261.242	3 000	106 780	81 837	284.399
1 660	55 172	41 370	261.690	3 050	108 778	83 419	285.060
1 680	55 912	41 944	262.132	3 100	110 784	85 009	285.713
1 700	56 652	42 517	262.571	3 150	112 795	86 601	286.355
1 720	57 394	43 093	263.005	3 200	114 809	88 203	286.989
1 740	58 136	43 669	263.435	3 250	116 827	89 804	287.614

表 A-15　二氧化碳(CO_2)在理想气体状态下的热力性质表

T/K	H_m/(kJ/kmol)	U_m/(kJ/kmol)	S_m^0/[kJ/(kmol·K)]	T/K	H_m/(kJ/kmol)	U_m/(kJ/kmol)	S_m^0/[kJ/(kmol·K)]
0	0	0	0	600	22 280	17 291	243.199
220	6 601	4 772	202.966	610	22 754	17 683	243.983
230	6 938	5 026	204.464	620	23 231	18 076	244.758
240	7 280	5 285	205.920	630	23 709	18 471	245.524
250	7 627	5 548	207.337	640	24 190	18 869	246.282
260	7 979	5 817	208.717	650	24 674	19 270	247.032
270	8 335	6 091	210.062	660	25 160	19 672	247.773
280	8 697	6 369	211.376	670	25 648	20 078	248.507
290	9 063	6 651	212.660	680	26 138	20 484	249.233
298	9 364	6 885	213.685	690	26 631	20 894	249.952
300	9 431	6 939	213.915	700	27 125	21 305	250.663
310	9 807	7 230	215.146	710	27 622	21 719	251.368
320	10 186	7 526	216.351	720	28 121	22 134	252.065
330	10 570	7 826	217.534	730	28 622	22 522	252.755
340	10 959	8 131	218.694	740	29 124	22 972	253.439
350	11 351	8 439	219.831	750	29 629	23 393	254.117
360	11 748	8 752	220.948	760	30 135	23 817	254.787
370	12 148	9 068	222.044	770	30 644	24 242	255.452
380	12 552	9 392	223.122	780	31 154	24 669	256.110
390	12 960	9 718	224.182	790	31 665	25 097	256.762
400	13 372	10 046	225.225	800	32 179	25 527	257.408
410	13 787	10 378	226.250	810	32 694	25 959	258.048
420	14 206	10 714	227.258	820	33 212	26 394	258.682
430	14 628	11 053	228.252	830	33 730	26 829	259.311
440	15 054	11 393	229.230	840	34 251	27 267	259.934
450	15 483	11 742	230.194	850	34 773	27 706	260.551
460	15 916	12 091	231.144	860	35 296	28 125	261.164
470	16 351	12 444	232.080	870	35 821	28 588	261.770
480	16 791	12 800	233.004	880	36 347	29 031	262.371
490	17 232	13 158	233.916	890	36 876	29 476	262.968
500	17 678	13 521	234.814	900	37 405	29 922	263.559
510	18 126	13 885	235.700	910	37 935	30 369	264.146
520	18 576	14 253	236.575	920	38 467	30 818	264.728
530	19 029	14 622	237.439	930	39 000	31 268	265.304
540	19 485	14 996	238.292	940	39 535	31 719	265.877
550	19 945	15 372	239.135	950	40 070	32 171	266.444
560	20 407	15 751	239.962	960	40 607	32 625	267.007
570	20 870	16 131	240.789	970	41 145	33 081	267.566
580	21 337	16 515	241.602	980	41 685	33 537	268.119
590	21 807	16 902	242.405	990	42 226	33 995	268.670

续表

T/K	H_m/(kJ/kmol)	U_m/(kJ/kmol)	S_m^0/[kJ/(kmol·K)]	T/K	H_m/(kJ/kmol)	U_m/(kJ/kmol)	S_m^0/[kJ/(kmol·K)]
1 000	42 769	34 455	269.215	1 760	86 420	71 787	301.543
1 020	43 859	35 378	270.293	1 780	87 612	72 812	302.217
1 040	44 953	36 306	271.354	1 800	88 806	73 840	302.884
1 060	46 051	37 238	272.400	1 820	90 000	74 868	303.544
1 080	47 153	38 174	273.430	1 840	91 196	75 897	304.198
1 100	48 258	39 112	274.445	1 860	92 394	76 929	304.845
1 120	49 369	40 057	275.444	1 880	93 593	77 962	305.487
1 140	50 484	41 006	276.430	1 900	94 793	78 996	306.122
1 160	51 602	41 957	277.403	1 920	95 995	80 031	306.751
1 180	52 724	42 913	278.361	1 940	97 197	81 067	307.374
1 200	53 848	43 871	297.307	1 960	98 401	82 105	307.992
1 220	54 977	44 834	280.238	1 980	99 606	83 144	308.604
1 240	56 108	45 799	281.158	2 000	100 804	84 185	309.210
1 260	57 244	46 768	282.066	2 050	103 835	86 791	310.701
1 280	58 381	47 739	282.962	2 100	106 864	89 404	312.160
1 300	59 522	48 713	283.847	2 150	109 898	92 023	313.589
1 320	60 666	49 691	284.722	2 200	112 939	94 648	314.988
1 340	61 813	50 672	285.586	2 250	115 984	97 277	316.356
1 360	62 963	51 656	286.439	2 300	119 035	99 912	317.695
1 380	64 116	52 643	287.283	2 350	122 091	102 552	319.011
1 400	65 271	53 631	288.106	2 400	125 152	105 197	320.302
1 420	66 427	54 621	288.934	2 450	128 219	107 849	321.566
1 440	67 586	55 614	289.743	2 500	131 290	110 504	322.808
1 460	68 748	56 609	290.542	2 550	134 368	113 166	324.026
1 480	66 911	57 606	291.333	2 600	137 449	115 832	325.222
1 500	71 078	58 606	292.114	2 650	140 533	118 500	326.396
1 520	72 246	59 609	292.888	2 700	143 620	121 172	327.549
1 540	73 417	60 613	292.654	2 750	146 713	123 849	328.684
1 560	74 590	61 620	294.411	2 800	149 808	126 528	329.800
1 580	76 767	62 630	295.161	2 850	152 908	129 212	330.896
1 600	76 944	63 741	295.901	2 900	156 009	131 898	331.975
1 620	78 123	64 653	296.632	2 950	159 117	134 589	333.037
1 640	79 303	65 668	297.356	3 000	162 226	137 283	334.084
1 660	80 486	66 592	298.072	3 050	165 341	139 982	335.114
1 680	81 670	67 702	298.781	3 100	168 456	142 681	336.126
1 700	82 856	68 721	299.482	3 150	171 576	145 385	337.124
1 720	84 043	69 742	300.177	3 200	174 695	148 089	338.109
1 740	85 231	70 764	300.863	3 250	177 822	150 801	339.069

表 A-16　NO,CH_4,C_2H_2,C_2H_4 在理想气体状态下的热力性质表

T/K	NO		CH_4		C_2H_2		C_2H_4	
	H_m/(kJ/kmol)	$S_m(T,p^0)$/[kJ/(kmol·K)]	H_m/(kJ/kmol)	$S_m(T,p^0)$/[kJ/(kmol·K)]	H_m/(kJ/kmol)	$S_m(T,p^0)$/[kJ/(kmol·K)]	H_m/(kJ/kmol)	$S_m(T,p^0)$/[kJ/(kmol·K)]
200	6 253.1	198.797	6 691.7	172.733	6 076.7	185.062	6 818.6	204.417
298.15	9 192.0	210.758	10 018.7	186.233	10 005.4	200.936	10 511.6	219.308
300	9 247.1	210.942	10 089.9	186.471	10 093.7	201.231	10 597.4	219.595
400	12 234.2	219.534	13 888.9	197.367	14 843.4	214.853	15 406.8	233.362
500	15 262.9	226.290	18 225.3	207.019	20 118.2	226.605	21 188.4	246.224
600	18 358.2	231.931	23 151.4	215.984	25 783.2	236.924	27 850.1	258.347
700	21 528.3	236.817	28 659.1	224.463	31 759.0	246.130	35 281.9	269.789
800	24 770.9	241.146	34 704.6	232.528	38 003.7	254.465	43 372.8	280.584
900	28 079.3	245.042	41 232.6	240.212	44 496.0	262.109	52 027.1	290.771
1 000	31 449.2	248.591	48 200.7	247.550	51 217.3	269.188	61 180.4	300.411
1 100	34 871.9	251.853	55 567.3	254.568	58 143.2	275.788	70 773.3	309.551
1 200	38 339.5	254.870	63 290.1	261.285	65 261.1	281.980	80 761.2	318.239
1 300	41 845.3	257.676	71 325.4	267.716	72 552.1	287.815	91 092.2	326.506
1 400	45 383.8	260.298	79 634.7	273.872	79 999.2	293.333	101 721.0	334.382
1 500	48 950.2	262.759	88 183.9	279.770	87 587.2	298.568	112 608.4	341.893
1 600	52 540.4	265.076	96 943.5	285.422	95 302.5	303.547	123 720.8	349.064
1 700	56 151.1	267.265	105 887.7	290.844	103 133.1	308.294	135 029.5	355.919
1 800	59 779.5	269.339	114 994.3	296.049	111 068.3	312.829	146 510.3	362.481
1 900	63 423.4	271.309	124 244.4	301.050	119 098.8	317.171	158 142.9	368.770
2 000	67 081.0	273.185	133 621.7	305.860	127 216.2	321.334	169 910.5	374.805
2 100	70 750.9	274.975	143 112.5	310.490	135 413.3	325.334	181 799.2	380.606
2 200	74 432.0	276.688	152 705.1	314.952	143 683.8	329.181	193 797.1	386.187
2 300	78 123.4	278.329	162 389.7	319.257	152 022.0	332.887	205 894.6	391.564
2 400	81 824.5	279.904	172 157.5	323.414	160 422.9	336.463	218 082.9	396.752
2 500	85 534.6	281.418	182 001.0	327.432	168 882.0	339.916	230 354.4	401.761
2 600	89 253.1	282.877	191 913.1	331.320	177 395.1	343.254	242 701.4	406.603
2 700	92 979.3	284.283	201 886.9	335.084	185 958.3	346.486	255 115.9	411.289
2 800	96 712.4	285.641	211 915.6	338.731	194 567.7	349.617	267 589.1	415.825
2 900	100 451.2	286.953	221 991.7	342.267	203 219.6	352.653	280 110.9	420.219
3 000	104 194.5	288.222	232 106.8	345.696	211 909.8	355.599	292 669.1	424.476

表 A-17 常用燃料和碳氢化合物的热力性质表

燃料(相态)		分子式	摩尔质量/(kg/kmol)	密度①/(kg/L)	蒸发焓②/(kJ/kg)	比热① c_p/[kJ/(kg·K)]	高位热值③/(kJ/kg)	低位热值③/(kJ/kg)
碳(s)	Carbon(s)	C	12.011	2	—	0.708	32 800	32 800
氢(g)	Hydrogen(g)	H_2	2.016	—	—	14.4	141 800	120 000
一氧化碳(g)	Carbon monoxide(g)	CO	28.013	—	—	1.05	10 100	10 100
甲烷(g)	Methane(g)	CH_4	16.043	—	509	2.20	55 530	50 050
甲醇(l)	Methanol(l)	CH_4O	32.042	0.790	1 168	2.53	22 660	19 920
乙炔(g)	Acetylene(g)	C_2H_2	26.038	—	—	1.69	49 970	48 280
乙烷(g)	Ethane(g)	C_2H_6	30.070	—	172	1.75	51 900	47 520
乙醇(l)	Ethanol(l)	C_2H_6O	46.069	0.790	919	2.44	29 670	26 810
丙烷(l)	Propane(l)	C_3H_8	44.097	0.500	335	2.77	50 330	46 340
丁烷(l)	Butane(l)	C_4H_{10}	58.123	0.579	362	2.42	49 150	45 370
戊烯(l)	1-Pentene(l)	C_5H_{10}	70.134	0.641	363	2.20	47 760	44 630
异戊烷(l)	Isopentane(l)	C_5H_{12}	72.150	0.626	—	2.32	48 570	44 910
苯(l)	Benzene(l)	C_6H_6	78.114	0.877	433	1.72	41 800	40 100
己烯(l)	Hexene(l)	C_6H_{12}	84.161	0.673	392	1.84	47 500	44 400
己烷(l)	Hexane(l)	C_6H_{14}	86.177	0.660	366	2.27	48 310	44 740
甲苯(l)	Toluene(l)	C_7H_8	92.141	0.867	412	1.71	42 400	40 500
庚烷(l)	Heptane(l)	C_7H_{16}	100.204	0.684	365	2.24	48 100	44 600
辛烷(l)	Octane(l)	C_8H_{18}	114.231	0.703	363	2.23	47 890	44 430
癸烷(l)	Decane(l)	$C_{10}H_{22}$	142.285	0.730	361	2.21	47 640	44 240
汽油(l)	Gasoline(l)	$C_nH_{1.87n}$	100~110	0.72~0.78	350	2.4	47 300	44 000
轻柴油(l)	Light diesel(l)	$C_nH_{1.8n}$	170	0.78~0.84	270	2.2	46 100	43 200
重柴油(l)	Heavy diesel(l)	$C_nH_{1.7n}$	200	0.82~0.88	230	1.9	45 500	42 800
天然气(g)	Natural gas(g)	$C_nH_{3.8n}N_{0.1n}$	18	—	—	2	50 000	45 000

注:①1atm,20 ℃。

②液体燃料:25 ℃;气体燃料:常压沸点温度。

③25 ℃;乘以摩尔质量可得以 kJ/kmol 表示的热值。

表 A-18 一氧化碳(CO)在理想气体状态下的热力性质表

T/K	H_m/(kJ/kmol)	U_m/(kJ/kmol)	S_m^0/[kJ/(kmol·K)]	T/K	H_m/(kJ/kmol)	U_m/(kJ/kmol)	S_m^0/[kJ/(kmol·K)]
0	0	0	0	600	17 611	12 622	218.204
220	6 391	4 562	188.683	610	17 915	12 843	218.708
230	6 683	4 771	189.980	620	18 221	13 066	219.205
240	6 975	4 979	191.221	630	18 527	13 289	219.695
250	7 266	5 188	192.411	640	18 833	13 512	220.179
260	7 558	5 396	193.554	650	19 141	13 736	220.656
270	7 849	5 604	194.654	660	19 449	13 962	221.127
280	8 140	5 812	195.713	670	19 758	14 187	221.592
290	8 432	6 020	196.735	680	20 068	14 414	222.052
298	8 669	6 190	197.543	690	20 378	14 641	222.505
300	8 723	6 229	197.723	700	20 690	14 870	222.953
310	9 014	6 437	198.678	710	21 002	15 099	223.396
320	9 306	6 645	199.603	720	21 315	15 328	223.833
330	9 597	6 854	200.500	730	21 628	15 558	224.265
340	9 889	7 062	201.371	740	21 943	15 789	224.692
350	10 181	7 271	202.217	750	22 258	16 022	225.115
360	10 473	7 480	203.040	760	22 573	16 255	225.533
370	10 765	7 689	203.842	770	22 890	16 488	225.947
380	11 058	7 899	204.622	780	23 208	16 723	226.357
390	11 351	8 108	205.383	790	23 526	16 957	226.762
400	11 644	8 319	206.125	800	23 844	17 193	227.162
410	11 938	8 529	206.850	810	24 164	17 429	227.559
420	12 232	8 740	207.549	820	24 483	17 665	227.952
430	12 526	8 951	208.252	830	24 803	17 902	228.339
440	12 821	9 163	208.929	840	25 124	18 140	228.724
450	13 116	9 375	209.593	850	25 446	18 379	229.106
460	13 412	9 587	210.243	860	25 768	18 617	229.482
470	13 708	9 800	210.880	870	26 091	18 858	229.856
480	14 005	10 014	211.504	880	26 415	19 099	230.227
490	14 302	10 228	212.117	890	26 740	19 341	230.593
500	14 600	10 443	212.719	900	27 066	19 583	230.957
510	14 898	10 658	213.310	910	27 392	19 826	231.317
520	15 197	10 874	213.890	920	27 719	20 070	231.674
530	15 497	11 090	214.460	930	28 046	20 314	232.028
540	15 797	11 307	215.020	940	28 375	20 559	232.379
550	16 097	11 524	215.572	950	28 703	20 805	232.727
560	16 399	11 743	216.115	960	29 033	21 051	233.072
570	16 701	11 961	216.649	970	29 362	21 298	233.413
580	17 003	12 181	217.175	980	29 693	21 545	233.752
590	17 307	12 401	217.693	990	30 024	21 793	234.088

续表

T/K	H_m/ (kJ/kmol)	U_m/ (kJ/kmol)	S_m^0/ [kJ/(kmol · K)]	T/K	H_m/ (kJ/kmol)	U_m/ (kJ/kmol)	S_m^0/ [kJ/(kmol · K)]
1 000	30 355	22 041	234.421	1 760	56 756	42 123	253.991
1 020	31 020	22 540	235.079	1 780	57 473	42 673	254.398
1 040	31 688	23 041	235.728	1 800	58 191	43 225	254.797
1 060	32 357	23 544	236.364	1 820	58 910	43 778	255.194
1 080	33 029	24 049	236.992	1 840	59 629	44 331	255.587
1 100	33 702	24 557	237.609	1 860	60 351	44 886	255.976
1 120	34 377	25 065	238.217	1 880	61 072	45 441	256.361
1 140	35 054	25 575	238.817	1 900	61 794	45 997	256.743
1 160	35 733	26 088	239.407	1 920	62 516	46 552	257.122
1 180	36 406	26 602	239.989	1 940	63 238	47 108	257.497
1 200	37 095	27 118	240.663	1 960	63 961	47 665	257.868
1 220	37 780	27 637	241.128	1 980	64 684	48 221	258.236
1 240	38 466	28 426	241.686	2 000	65 408	48 780	258.600
1 260	39 154	28 678	242.236	2 050	67 224	50 179	259.494
1 280	39 844	29 201	242.780	2 100	69 044	51 584	260.370
1 300	40 534	29 725	243.316	2 150	70 864	52 988	261.226
1 320	41 226	30 251	243.844	2 200	72 688	54 396	262.065
1 340	41 919	30 778	244.366	2 250	74 516	55 809	262.887
1 360	42 613	31 306	244.880	2 300	76 345	57 222	263.692
1 380	43 309	31 836	245.388	2 350	78 178	58 640	264.480
1 400	44 007	32 367	245.889	2 400	80 015	60 060	265.253
1 420	44 707	32 900	246.385	2 450	81 852	61 482	266.012
1 440	45 408	33 434	246.876	2 500	83 692	62 906	266.755
1 460	46 110	33 971	247.360	2 550	85 537	64 335	267.485
1 480	46 813	34 508	247.839	2 600	87 383	65 766	268.202
1 500	47 517	35 046	248.312	2 650	89 230	67 197	268.905
1 520	48 222	35 584	248.778	2 700	91 077	68 628	269.596
1 540	48 928	36 124	249.240	2 750	92 930	70 066	270.285
1 560	49 635	36 665	249.695	2 800	94 784	71 504	270.943
1 580	50 344	37 207	250.147	2 850	96 639	72 945	271.602
1 600	51 053	37 750	250.592	2 900	98 495	74 383	272.249
1 620	51 763	38 293	251.033	2 950	100 352	75 825	272.884
1 640	52 472	38 837	251.470	3 000	102 210	77 267	273.508
1 660	53 184	39 382	251.901	3 050	104 073	78 715	274.123
1 680	53 895	39 927	252.329	3 100	105 939	80 164	274.730
1 700	54 609	40 474	252.751	3 150	107 802	81 612	275.326
1 720	55 323	41 023	253.169	3 200	109 667	83 061	275.914
1 740	56 039	41 572	253.582	3 250	111 534	84 513	276.494

表 A-19 氢气(H_2)在理想气体状态下的热力性质表

T/K	H_m/(kJ/kmol)	U_m/(kJ/kmol)	S_m^0/[kJ/(kmol·K)]	T/K	H_m/(kJ/kmol)	U_m/(kJ/kmol)	S_m^0/[kJ/(kmol·K)]
0	0	0	0	1 440	42 808	30 835	177.410
260	7 370	5 209	126.636	1 480	44 091	31 786	178.291
270	7 657	5 412	127.719	1 520	45 384	32 746	179.153
280	7 945	5 617	128.765	1 560	46 683	33 713	179.995
290	8 233	5 822	129.775	1 600	47 990	34 687	180.820
298	8 468	5 989	130.574	1 640	49 303	35 668	181.632
300	8 522	6 027	130.754	1 680	50 622	36 654	182.428
320	9 100	6 440	132.621	1 720	51 947	37 646	183.208
340	9 680	6 853	134.378	1 760	53 279	38 645	183.973
360	10 262	7 268	136.039	1 800	54 618	39 652	184.724
380	10 843	7 684	137.612	1 840	55 962	40 663	185.463
400	11 426	8 100	139.106	1 880	57 311	41 680	186.190
420	12 010	8 518	140.529	1 920	58 668	42 705	186.904
440	12 594	8 936	141.888	1 960	60 031	43 735	187.607
460	13 179	9 355	143.187	2 000	61 400	44 771	188.297
480	13 764	9 773	144.432	2 050	63 119	46 074	189.148
500	14 350	10 193	145.628	2 100	64 847	47 386	189.979
520	14 935	10 611	146.775	2 150	66 584	48 708	190.796
560	16 107	11 451	148.945	2 200	68 328	50 037	191.598
600	17 280	12 291	150.968	2 250	70 080	51 373	192.385
640	18 453	13 133	152.863	2 300	71 839	52 716	193.159
680	19 630	13 976	154.645	2 350	73 608	54 069	193.921
720	20 807	14 821	156.328	2 400	75 383	55 429	194.669
760	21 988	15 669	157.923	2 450	77 168	56 798	195.403
800	23 171	16 520	159.440	2 500	78 960	58 175	196.125
840	24 359	17 375	160.891	2 550	80 755	59 554	196.837
880	25 551	18 235	162.277	2 600	82 558	60 941	197.539
920	26 747	19 098	163.607	2 650	84 368	62 335	198.229
960	27 948	19 966	164.884	2 700	86 186	63 737	198.907
1 000	29 154	20 839	166.114	2 750	88 008	65 144	199.575
1 040	30 364	21 717	167.300	2 800	89 838	66 558	200.234
1 080	31 580	22 601	168.449	2 850	91 671	67 976	200.885
1 120	32 802	23 490	169.560	2 900	93 512	69 401	201.527
1 160	34 028	24 384	170.636	2 950	95 358	70 831	202.157
1 200	35 262	25 284	171.682	3 000	97 211	72 268	202.778
1 240	36 502	26 192	172.698	3 050	99 065	73 707	203.391
1 280	37 749	27 106	173.687	3 100	100 926	75 152	203.995
1 320	39 002	28 027	174.652	3 150	102 793	76 604	204.592
1 360	40 263	28 955	175.593	3 200	104 667	78 061	205.181
1 400	41 530	29 889	176.510	3 250	106 545	79 523	205.765

表 A-20　某些化学反应平衡常数的自然对数值($\ln K_p$)

反应 $aA + bB \rightleftharpoons cC + dD$ 的平衡常数 K_p 定义为:$K_p = \dfrac{p_C^c p_D^d}{p_A^a p_B^b}$。

T/K	$H_2 \rightleftharpoons 2H$	$O_2 \rightleftharpoons 2O$	$N_2 \rightleftharpoons 2N$	$H_2O \rightleftharpoons H_2 + \frac{1}{2}O_2$	$H_2O \rightleftharpoons \frac{1}{2}H_2 + OH$	$CO_2 \rightleftharpoons CO + \frac{1}{2}O_2$	$\frac{1}{2}N_2 + \frac{1}{2}O_2 \rightleftharpoons NO$	$CO_2 + H_2 \rightleftharpoons CO + H_2O$
298	-164.005	-186.975	-367.480	-92.208	-106.208	-103.762	-35.052	-11.543
500	-92.827	-105.630	-213.372	-52.691	-60.281	-57.616	-20.295	-4.925
1 000	-39.803	-45.150	-99.127	-23.163	-26.034	-23.529	-9.388	-0.366
1 200	-30.874	-35.005	-80.011	-18.182	-20.283	-17.871	-7.569	0.149
1 400	-24.463	-27.742	-66.329	-14.609	-16.099	-13.842	-6.270	0.603
1 600	-19.637	-22.285	-56.055	-11.921	-13.066	-10.830	-5.294	1.057
1 800	-15.866	-18.030	-48.051	-9.826	-10.657	-8.497	-4.536	1.329
2 000	-12.840	-14.622	-41.645	-8.145	-8.728	-6.635	-3.931	1.510
2 200	-10.353	-11.827	-36.391	-6.768	-7.148	-5.120	-3.433	1.649
2 400	-8.276	-9.497	-32.011	-5.619	-5.832	-3.860	-3.019	1.759
2 600	-6.517	-7.521	-28.304	-4.648	-4.719	-2.801	-2.671	1.847
2 800	-5.002	-5.826	-25.117	-3.812	-3.763	-1.894	-2.372	1.918
3 000	-3.685	-4.357	-22.359	-3.086	-2.937	-1.111	-2.114	1.976
3 200	-2.534	-3.072	-19.937	-2.451	-2.212	-0.429	-1.888	2.022
3 400	-1.516	-1.935	-17.800	-1.891	-1.576	0.169	-1.690	2.059
3 600	-0.609	-0.926	-15.898	-1.392	-1.088	0.701	-1.513	2.074
3 800	0.202	-0.019	-14.199	-0.945	-0.501	1.176	-1.356	2.090
4 000	0.934	0.796	-12.660	-0.542	-0.044	1.599	-1.216	2.141
4 500	2.486	2.513	-9.414	0.312	0.920	2.490	-0.921	2.181
5 000	3.725	3.895	-6.807	0.996	1.689	3.197	-0.686	2.201
5 500	4.743	5.023	-4.666	1.560	2.318	3.771	-0.497	
6 000	5.590	5.963	-2.865	2.032	2.843	4.245	-0.341	

表 A-21　25℃时的标准电极电势

电化学半反应	E^0/V
$Li^+ + e^- \longrightarrow Li$	-3.04
$2H_2O + 2e^- \longrightarrow H_2 + 2OH^-$	-0.83
$Fe^{2+} + 2e^- \longrightarrow Fe$	-0.440
$CO_2 + 2H^+ + 2e^- \longrightarrow CHOOH(aq)$	-0.196
$2H^+ + 2e^- \longrightarrow H_2$	0
$CO_2 + 6H^+ + 6e^- \longrightarrow CH_3OH + H_2O$	+0.03
$\frac{1}{2}O_2 + H_2O + 2e^- \longrightarrow 2OH^-$	+0.40
$O_2 + 4H^+ + 4e^- \longrightarrow 2H_2O$	+1.229
$H_2O_2 + 2H^+ + 2e^- \longrightarrow 2H_2O$	+1.78
$O_3 + 2H^+ + 2e^- \longrightarrow O_2 + H_2O$	+2.07
$F_2 + 2e^- \longrightarrow 2F^-$	+2.87

表 A-22　不同海拔高度的大气热力性质表

海拔高度/m	温度/℃	压力/kPa	重力加速度/(m/s^2)	声速/(m/s)	密度/(kg/m^3)	黏度 μ/[kg/(m·s)]	导热系数/[W/(m·K)]
0	15.00	101.33	9.807	340.3	1.225	1.789×10^{-5}	0.025 3
200	13.70	98.95	9.806	339.5	1.202	1.783×10^{-5}	0.025 2
400	12.40	96.61	9.805	338.8	1.179	1.777×10^{-5}	0.025 2
600	11.10	94.32	9.805	338.0	1.156	1.771×10^{-5}	0.025 1
800	9.80	92.08	9.804	337.2	1.134	1.764×10^{-5}	0.025 0
1 000	8.50	89.88	9.804	336.4	1.112	1.758×10^{-5}	0.024 9
1 200	7.20	87.72	9.803	335.7	1.090	1.752×10^{-5}	0.024 8
1 400	5.90	85.60	9.802	334.9	1.069	1.745×10^{-5}	0.024 7
1 600	4.60	83.53	9.802	334.1	1.048	1.739×10^{-5}	0.024 5
1 800	3.30	81.49	9.801	333.3	1.027	1.732×10^{-5}	0.024 4
2 000	2.00	79.50	9.800	332.5	1.007	1.726×10^{-5}	0.024 3
2 200	0.70	77.55	9.800	331.7	0.987	1.720×10^{-5}	0.024 2
2 400	−0.59	75.63	9.799	331.0	0.967	1.713×10^{-5}	0.024 1
2 600	−1.89	73.76	9.799	330.2	0.947	1.707×10^{-5}	0.024 0
2 800	−3.19	71.92	9.798	329.4	0.928	1.700×10^{-5}	0.023 9
3 000	−4.49	70.12	9.797	328.6	0.909	1.694×10^{-5}	0.023 8
3 200	−5.79	68.36	9.797	327.8	0.891	1.687×10^{-5}	0.023 7
3 400	−7.09	66.63	9.796	327.0	0.872	1.681×10^{-5}	0.023 6
3 600	−8.39	64.94	9.796	326.2	0.854	1.674×10^{-5}	0.023 5
3 800	−9.69	63.28	9.795	325.4	0.837	1.668×10^{-5}	0.023 4
4 000	−10.98	61.66	9.794	324.6	0.819	1.661×10^{-5}	0.023 3
4 200	−12.3	60.07	9.794	323.8	0.802	1.655×10^{-5}	0.023 2
4 400	−13.6	58.52	9.793	323.0	0.785	1.648×10^{-5}	0.023 1
4 600	−14.9	57.00	9.793	322.2	0.769	1.642×10^{-5}	0.023 0
4 800	−16.2	55.51	9.792	321.4	0.752	1.635×10^{-5}	0.022 9
5 000	−17.5	54.05	9.791	320.5	0.736	1.628×10^{-5}	0.022 8
5 200	−18.8	52.62	9.791	319.7	0.721	1.622×10^{-5}	0.022 7
5 400	−20.1	51.23	9.790	318.9	0.705	1.615×10^{-5}	0.022 6
5 600	−21.4	49.86	9.789	318.1	0.690	1.608×10^{-5}	0.022 4
5 800	−22.7	48.52	9.785	317.3	0.675	1.602×10^{-5}	0.022 3
6 000	−24.0	47.22	9.788	316.5	0.660	1.595×10^{-5}	0.022 2
6 200	−25.3	45.94	9.788	315.6	0.646	1.588×10^{-5}	0.022 1
6 400	−26.6	44.69	9.787	314.8	0.631	1.582×10^{-5}	0.022 0
6 600	−27.9	43.47	9.786	314.0	0.617	1.575×10^{-5}	0.021 9
6 800	−29.2	42.27	9.785	313.1	0.604	1.568×10^{-5}	0.021 8
7 000	−30.5	41.11	9.785	312.3	0.590	1.561×10^{-5}	0.021 7
8 000	−36.9	35.65	9.782	308.1	0.526	1.527×10^{-5}	0.021 2
9 000	−43.4	30.80	9.779	303.8	0.467	1.493×10^{-5}	0.020 6
10 000	−49.9	26.50	9.776	299.5	0.414	1.458×10^{-5}	0.020 1
12 000	−56.5	19.40	9.770	295.1	0.312	1.422×10^{-5}	0.019 5
14 000	−56.5	14.17	9.764	295.1	0.228	1.422×10^{-5}	0.019 5
16 000	−56.5	10.53	9.758	295.1	0.166	1.422×10^{-5}	0.019 5
18 000	−56.5	7.57	9.751	295.1	0.122	1.422×10^{-5}	0.019 5

表 A-23 单原子氧(O)在理想气体状态下的热力性质表

T/K	H_m/(kJ/kmol)	U_m/(kJ/kmol)	S_m^0/[kJ/(kmol·K)]	T/K	H_m/(kJ/kmol)	U_m/(kJ/kmol)	S_m^0/[kJ/(kmol·K)]
0	0	0	0	2 400	50 894	30 940	204.932
298	6 852	4 373	160.944	2 450	51 936	31 566	205.362
300	6 892	4 398	161.079	2 500	52 979	32 193	205.783
500	11 197	7 040	172.088	2 550	54 021	32 820	206.196
1 000	21 713	13 398	186.678	2 600	55 064	33 447	206.601
1 500	32 150	19 679	195.143	2 650	56 108	34 075	206.999
1 600	34 234	20 931	196.488	2 700	57 152	34 703	207.389
1 700	36 317	22 183	197.751	2 750	58 196	35 332	207.772
1 800	38 400	23 434	198.941	2 800	59 241	35 961	208.148
1 900	40 482	24 685	200.067	2 850	60 286	36 590	208.518
2 000	42 564	25 935	201.135	2 900	61 332	37 220	208.882
2 050	43 605	26 560	201.649	2 950	62 378	37 851	209.240
2 100	44 646	27 186	202.151	3 000	63 425	38 482	209.592
2 150	45 687	27 811	202.641	3 100	65 520	39 746	210.279
2 200	46 728	28 436	203.119	3 200	67 619	41 013	210.945
2 250	47 769	29 062	203.588	3 300	69 720	42 283	211.592
2 300	48 811	29 688	204.045	3 400	71 824	43 556	212.220
2 350	49 852	30 314	204.493	3 500	73 932	44 832	212.831

表 A-24　饱和氨(NH_3)的热力性质表(按温度排列)

T/℃	饱和压力 p_{sat}/kPa	比体积/(m^3/kg)		比焓/(kJ/kg)			比熵/[kJ/(kg·K)]		
		饱和液体	饱和蒸气	饱和液体	蒸发	饱和蒸气	饱和液体	蒸发	饱和蒸气
		v_f	v_g	h_f	$h_{fg}(r)$	h_g	s_f	$s_{fg}(\beta)$	s_g
-30	119.5	0.001 476	0.963 39	44.3	1 359.7	1 404.0	0.185 6	5.592 2	5.777 8
-25	151.6	0.001 490	0.771 19	66.6	1 344.6	1 411.2	0.276 3	5.418 4	5.694 7
-20	190.2	0.001 504	0.623 34	89.1	1 329.0	1 418.0	0.365 7	5.249 8	5.615 5
-15	236.3	0.001 519	0.508 38	111.7	1 312.9	1 424.6	0.453 8	5.085 9	5.539 7
-10	290.9	0.001 534	0.418 08	134.4	1 296.4	1 430.8	0.540 8	4.926 5	5.467 3
-5	354.9	0.001 550	0.346 48	157.3	1 279.4	1 436.7	0.626 6	4.773 1	5.399 7
0	429.6	0.001 556	0.289 20	180.4	1 261.8	1 442.2	0.711 4	4.619 5	5.330 9
5	515.9	0.001 583	0.242 99	203.6	1 243.7	1 447.3	0.795 1	4.471 5	5.266 6
10	615.2	0.001 600	0.205 04	227.0	1 225.0	1 452.0	0.877 9	4.326 6	5.204 5
15	728.6	0.001 619	0.174 62	250.5	1 205.8	1 456.3	0.959 8	4.184 6	5.144 4
20	857.5	0.001 638	0.149 22	274.3	1 185.9	1 460.2	1.040 8	4.045 2	5.086 0
25	1 003.2	0.001 658	0.128 13	298.3	1 165.3	1 463.5	1.121 0	3.908 3	5.029 3
30	1 167.0	0.001 680	0.110 49	322.4	1 143.9	1 466.3	1.200 5	3.773 3	4.973 8
35	1 350.4	0.001 702	0.095 67	346.8	1 121.8	1 468.6	1.279 2	3.637 7	4.916 9
40	1 554.9	0.001 725	0.083 13	371.4	1 098.8	1 470.2	1.357 4	3.508 8	4.866 2
45	1 782.0	0.001 750	0.074 28	396.3	1 074.9	1 471.2	1.435 0	3.378 6	4.813 6
50	2 033.1	0.001 777	0.063 37	421.5	1 050.0	1 471.5	1.512 1	3.249 3	4.761 4
55	2 310.1	0.001 804	0.055 55	447.0	1 024.0	1 471.0	1.588 8	3.120 7	4.709 5
60	2 614.4	0.001 834	0.048 80	472.8	996.9	1 469.7	1.665 2	2.992 5	4.657 7
65	2 947.8	0.001 866	0.042 96	499.0	968.5	1 467.5	1.741 5	2.864 2	4.605 7
70	3 312.0	0.001 900	0.037 87	525.7	938.7	1 464.4	1.817 8	2.735 5	4.553 3
75	3 709.0	0.001 937	0.033 41	552.9	907.2	1 460.1	1.894 3	2.605 8	4.500 1
80	4 140.5	0.001 978	0.029 51	580.7	873.9	1 454.6	1.971 2	2.474 6	4.445 8
85	4 608.6	0.002 022	0.026 06	609.2	838.6	1 447.8	2.048 8	2.341 3	4.390 1
90	5 115.3	0.002 071	0.023 00	638.6	800.8	1 439.4	2.127 3	2.205 2	4.332 5
95	5 662.9	0.002 126	0.020 28	669.0	760.2	1 429.2	2.207 3	2.065 0	4.272 3
100	6 253.7	0.002 188	0.017 84	700.6	716.3	1 416.9	2.289 3	1.919 5	4.208 8
105	6 890.4	0.002 261	0.015 46	733.9	668.1	1 402.0	2.374 0	1.766 7	4.140 7
110	7 575.7	0.002 347	0.013 63	769.2	614.6	1 383.7	2.462 5	1.604 0	4.066 5
115	8 313.3	0.002 452	0.011 78	807.2	553.8	1 361.0	2.556 6	1.426 7	3.983 3
120	9 107.2	0.002 589	0.010 03	849.4	482.3	1 331.7	2.659 3	1.226 8	3.886 1
132.3	11 333.2	0.004 255	0.004 26	1 085.9	0.0	1 085.9	3.231 6	0.000 0	3.231 6

表 A-25 过热氨(NH_3)蒸气的热力性质表

T/℃	v/ (m³/kg)	h/ (kJ/kg)	s/ [kJ/(kg·K)]	v/ (m³/kg)	h/ (kJ/kg)	s/ [kJ/(kg·K)]	v/ (m³/kg)	h/ (kJ/kg)	s/ [kJ/(kg·K)]
	p=0.050 MPa(-46.53 ℃)			p=0.075 MPa(-39.16 ℃)			p=0.100 MPa(-33.60 ℃)		
-30	2.344 84	1 413.4	6.233 3	1.553 21	1 410.1	6.024 7	1.157 27	1 406.7	5.873 4
-20	2.446 31	1 434.6	6.318 7	1.622 21	1 431.7	6.112 0	1.210 07	1 428.8	5.962 6
-10	2.547 11	1 455.7	6.400 6	1.690 50	1 453.3	6.195 4	1.262 13	1 450.8	6.047 7
0	2.647 36	1 476.9	6.479 5	1.758 23	1 474.8	6.275 6	1.313 62	1 472.6	6.1291
10	2.747 16	1 498.1	6.555 6	1.825 51	1 496.2	6.352 7	1.364 65	1 494.4	6.207 3
20	2.846 61	1 519.3	6.629 3	1.892 43	1 517.7	6.427 2	1.415 32	1 516.1	6.282 6
30	2.945 78	1 540.6	6.700 8	1.959 06	1 539.2	6.499 3	1.465 69	1 537.7	6.355 3
40	3.044 72	1 562.0	6.770 3	2.025 47	1 560.7	6.569 3	1.515 82	1 559.5	6.425 8
50	3.143 48	1 583.5	6.837 9	2.091 68	1 582.4	6.637 3	1.565 77	1 581.2	6.494 3
60	3.242 09	1 605.1	6.903 8	2.157 75	1 604.1	6.703 6	1.615 57	1 603.1	6.560 9
70	3.340 58	1 626.9	6.968 2	2.223 69	1 626.0	6.768 3	1.665 25	1 625.1	6.625 8
80	3.438 97	1 648.8	7.031 2	2.289 54	1 648.0	6.831 5	1.714 82	1 647.1	6.689 2
100	3.635 51	1 693.2	7.153 3	2.420 99	1 692.4	6.953 9	1.813 73	1 691.7	6.812 0
120	3.831 83	1 738.2	7.270 8	2.552 21	1 737.5	7.071 6	1.912 40	1 736.9	6.930 0
140	4.027 97	1 783.9	7.384 2	2.683 26	1 783.4	7.185 3	2.010 91	1 782.8	7.043 9
160	4.223 98	1 830.4	7.494 1	2.814 18	1 829.9	7.295 3	2.109 27	1 829.4	7.154 0
180	4.419 88	1 877.7	7.600 8	2.944 99	1 877.2	7.402 1	2.207 54	1 876.8	7.260 9
	p=0.125 MPa(-29.07 ℃)			p=0.150 MPa(-25.22 ℃)			p=0.200 MPa(-18.86 ℃)		
-20	0.962 71	1 425.9	5.844 6	0.797 74	1 422.9	5.746 5			
-10	1.005 06	1 448.3	5.931 4	0.833 64	1 445.7	5.834 9	0.619 26	1 440.6	5.679 1
0	1.046 82	1 470.5	6.014 1	0.868 92	1 468.3	5.918 9	0.646 48	1 463.8	5.765 9
10	1.088 11	1 492.5	6.093 3	0.903 73	1 490.6	5.999 2	0.673 19	1 486.8	5.848 4
20	1.129 03	1 514.4	6.169 4	0.938 15	1 512.8	6.076 1	0.699 51	1 509.4	5.927 0
30	1.169 64	1 536.3	6.242 8	0.972 27	1 534.8	6.150 2	0.725 53	1 531.9	6.002 5
40	1.210 03	1 558.2	6.313 8	1.006 15	1 556.9	6.221 7	0.751 29	1 554.3	6.075 1
50	1.250 22	1 580.1	6.382 7	1.039 84	1 578.9	6.291 0	0.776 85	1 576.6	6.145 3
60	1.290 26	1 602.1	6.449 6	1.073 38	1 601.0	6.358 3	0.802 26	1 598.9	6.213 3
70	1.330 17	1 624.1	6.514 9	1.106 78	1 623.2	6.423 8	0.827 54	1 621.3	6.279 4
80	1.369 98	1 646.3	6.578 5	1.140 09	1 645.4	6.487 7	0.852 71	1 643.7	6.343 7
100	1.449 37	1 691.0	6.701 7	1.206 46	1 690.2	6.611 2	0.902 82	1 688.8	6.467 9
120	1.528 52	1 736.3	6.819 9	1.272 59	1 735.6	6.729 7	095 268	1 734.4	6.586 9
140	1.607 49	1 782.2	6.933 9	1.338 55	1 781.7	6.843 9	1.002 37	1 780.6	6.701 5
160	1.686 33	1 828.9	7.044 3	1.404 37	1 828.4	6.954 4	1.051 92	1 827.4	6.812 3
180	1.765 07	1 876.3	7.151 3	1.470 09	1 875.9	7.061 5	1.101 36	1 875.0	6.919 6
200	1.843 71	1 924.5	7.255 3	1.535 72	1 924.1	7.165 6	1.150 72	1 923.3	7.023 9
220	1.922 29	1 973.4	7.356 6	1.601 27	1 973.1	7.267 0	1.200 00	1 972.4	7.125 5

续表

T/℃	v/ (m³/kg)	h/ (kJ/kg)	s/ [kJ/(kg·K)]	v/ (m³/kg)	h/ (kJ/kg)	s/ [kJ/(kg·K)]	v/ (m³/kg)	h/ (kJ/kg)	s/ [kJ/(kg·K)]
	p=0.250 MPa(−13.66 ℃)			p=0.300 MPa(−9.24 ℃)			p=0.350 MPa(−5.36 ℃)		
0	0.512 93	1 459.3	5.644 1	0.423 82	1 454.7	5.542 0	0.360 11	1 449.9	5.453 2
10	0.534 81	1 482.9	5.728 8	0.442 51	1 478.9	5.629 0	0.376 54	1 474.9	5.542 7
20	0.556 29	1 506.0	5.809 3	0.460 77	1 502.6	5.711 3	0.392 51	1 499.1	5.627 0
30	0.577 45	1 529.0	5.886 1	0.478 70	1 525.9	5.789 6	0.408 14	1 522.9	5.706 8
40	0.598 35	1 551.7	5.959 9	0.496 36	1 549.0	5.864 5	0.423 50	1 546.3	5.782 8
50	0.619 04	1 574.3	6.030 9	0.513 82	1 571.9	5.936 5	0.438 65	1 569.5	5.855 7
60	0.639 58	1 596.8	6.099 7	0.531 11	1 594.7	6.006 0	0.453 62	1 592.6	5.925 9
70	0.659 98	1 619.4	6.166 3	0.548 27	1 617.5	6.073 2	0.468 46	1 615.5	5.993 8
80	0.680 28	1 641.9	6.231 2	0.565 32	1 640.2	6.138 5	0.483 19	1 638.4	6.059 6
100	0.720 63	1 687.3	6.356 1	0.599 16	1 685.8	6.264 2	0.512 40	1 684.3	6.186 0
120	0.760 73	1 733.1	6.475 6	0.632 76	1 731.8	6.384 2	0.541 35	1 730.5	6.306 6
140	0.800 65	1 779.4	6.590 6	0.666 18	1 778.3	6.499 6	0.570 12	1 777.2	6.422 3
160	0.840 44	1 826.4	6.701 6	0.699 46	1 825.4	6.610 9	0.598 76	1 824.4	6.534 0
180	0.880 12	1 874.1	6.809 3	0.732 63	1 873.2	6.718 8	0.627 28	1 872.3	6.642 1
200	0.919 72	1 922.5	6.913 8	0.765 72	1 921.7	6.823 5	0.655 71	1 920.9	6.747 0
220	0.959 23	1 971.6	7.015 5	0.798 72	1 970.9	6.925 4	0.684 07	1 970.2	6.849 1
	p=0.400 MPa(−1.89 ℃)			p=0.500 MPa(4.13 ℃)			p=0.600 MPa(9.28 ℃)		
10	0.327 01	1 470.7	5.466 3	0.257 57	1 462.3	5.334 0	0.211 15	1 453.4	5.220 5
20	0.341 29	1 495.6	5.552 5	0.269 49	1 488.3	5.424 4	0.221 54	1 480.8	5.315 6
30	0.355 20	1 519.8	5.633 8	0.281 03	1 513.5	5.509 0	0.231 52	1 507.1	5.403 7
40	0.368 84	1 543.6	5.711 1	0.292 27	1 538.1	5.588 9	0.241 18	1 532.5	5.486 2
50	0.382 26	1 567.1	5.785 0	0.303 28	1 562.3	5.664 7	0.250 59	1 557.3	5.564 1
60	0.395 50	1 590.4	5.856 0	0.314 10	1 586.1	5.737 3	0.259 81	1 581.6	5.638 3
70	0.408 60	1 613.6	5.924 4	0.324 78	1 609.6	5.807 0	0.268 88	1 605.7	5.709 4
80	0.421 60	1 636.7	5.990 7	0.335 35	1 633.1	5.874 4	0.277 83	1 629.5	5.777 8
100	0.447 32	1 682.8	6.117 9	0.356 21	1 679.8	6.003 1	0.295 45	1 676.8	5.908 1
120	0.472 79	1 729.2	6.239 0	0.376 81	1 726.6	6.125 3	0.312 81	1 724.0	6.031 4
140	0.498 08	1 776.0	6.355 2	0.397 22	1 773.8	6.242 2	0.329 97	1 771.5	6.149 1
160	0.523 23	1 823.4	6.467 1	0.417 48	1 821.4	6.354 8	0.346 99	1 819.4	6.262 3
180	0.548 27	1 871.4	6.575 5	0.437 64	1 869.6	6.463 6	0.363 89	1 867.8	6.371 7
200	0.573 21	1 920.1	6.680 6	0.457 71	1 918.5	6.569 1	0.380 71	1 916.9	6.477 6
220	0.598 09	1 969.5	6.782 8	0.477 70	1 968.1	6.671 7	0.397 45	1 966.6	6.580 6
240	0.622 89	2 019.6	6.882 5	0.497 63	2 018.3	6.771 7	0.414 12	2 017.1	6.680 8
260	0.647 64	2 070.5	6.979 7	0.517 49	2 069.3	6.869 2	0.430 73	2 068.2	6.778 6
280	0.672 34	2 122.1	7.074 7	0.537 31	2 121.1	6.964 4	0.447 29	2 120.1	6.874 1

续表

T/℃	v/ (m³/kg)	h/ (kJ/kg)	s/ [kJ/(kg·K)]	v/ (m³/kg)	h/ (kJ/kg)	s/ [kJ/(kg·K)]	v/ (m³/kg)	h/ (kJ/kg)	s/ [kJ/(kg·K)]
	p=0.700 MPa(13.80 ℃)			p=0.800 MPa(17.85 ℃)			p=0.900 MPa(21.52 ℃)		
20	0.187 21	1 473.0	5.219 6	0.161 38	1 464.9	5.132 8	—		
30	0.196 10	1 500.4	5.311 5	0.169 47	1 493.5	5.228 7	0.148 72	1 486.5	5.153 0
40	0.204 64	1 526.7	5.396 8	0.177 20	1 520.8	5.317 1	0.155 82	1 514.7	5.244 7
50	0.212 93	1 552.2	5.477 0	0.184 65	1 547.0	5.399 6	0.162 63	1 541.7	5.329 6
60	0.221 01	1 577.1	5.552 9	0.191 89	1 572.5	5.477 4	0.169 22	1 567.9	5.409 3
70	0.228 94	1 601.6	5.625 4	0.198 96	1 597.5	5.551 3	0.175 63	1 593.3	5.484 7
80	0.236 74	1 625.8	5.694 9	0.205 90	1 622.1	5.621 9	0.181 91	1 618.4	5.556 5
100	0.252 05	1 673.7	5.826 8	0.219 49	1 670.6	5.755 5	0.194 16	1 667.5	5.691 9
120	0.267 09	1 721.4	5.951 2	0.232 80	1 718.7	5.881 1	0.206 12	1 716.1	5.818 7
140	0.281 93	1 769.2	6.069 8	0.245 90	1 766.9	6.000 6	0.217 87	1 764.5	5.938 9
160	0.296 63	1 817.3	6.183 7	0.258 86	1 815.3	6.115 0	0.229 48	1 813.2	6.054 1
180	0.311 21	1 866.0	6.293 5	0.271 70	1 864.2	6.225 4	0.240 97	1 862.4	6.164 9
200	0.325 70	1 915.3	6.399 9	0.284 45	1 913.6	6.332 2	0.252 36	1 912.0	6.272 1
220	0.340 12	1 965.2	6.503 2	0.297 12	1 963.7	6.435 8	0.263 68	1 962.3	6.376 2
240	0.354 47	2 015.8	6.603 7	0.309 73	2 014.5	6.536 7	0.274 93	2 013.2	6.477 4
260	0.368 76	2 067.1	6.701 8	0.322 28	2 065.9	6.635 0	0.286 12	2 064.8	6.576 0
	p=1.000 MPa(24.90 ℃)			p=1.200 MPa(30.94 ℃)			p=1.400 MPa(36.26 ℃)		
30	0.132 06	1 479.1	5.082 6						
40	0.138 68	1 508.5	5.177 8	0.112 87	1 495.4	5.056 4	0.094 32	1 481.6	4.946 3
50	0.144 99	1 536.3	5.265 4	0.118 46	1 525.1	5.149 7	0.099 42	1 513.4	5.046 2
60	0.151 06	1 563.1	5.347 1	0.123 78	1 553.3	5.235 7	0.104 23	1 543.1	5.137 0
70	0.156 95	1 589.1	5.424 0	0.128 90	1 580.5	5.315 9	0.108 82	1 571.5	5.220 9
80	0.162 70	1 614.6	5.497 1	0.133 87	1 606.8	5.391 6	0.113 24	1 598.8	5.299 4
100	0.173 89	1 664.3	5.634 2	0.143 47	1 658.0	5.532 5	0.121 72	1 651.4	5.444 3
120	0.184 77	1 713.4	5.762 2	0.152 75	1 708.0	5.663 1	0.129 86	1 702.5	5.577 5
140	0.195 45	1 762.2	5.883 4	0.161 81	1 757.5	5.786 0	0.137 77	1 752.8	5.702 3
160	0.205 97	1 811.2	5.999 2	0.170 71	1 807.1	5.903 1	0.145 52	1 802.9	5.820 8
180	0.216 38	1 860.5	6.110 5	0.179 50	1 856.9	6.015 6	0.153 15	1 853.2	5.934 3
200	0.226 69	1 910.4	6.218 2	0.188 19	1 907.1	6.124 1	0.160 68	1 903.8	6.043 7
220	0.236 93	1 960.8	6.322 6	0.196 80	1 957.9	6.229 2	0.168 13	1 955.0	6.149 5
240	0.247 10	2 011.9	6.424 1	0.205 34	2 009.3	6.331 3	0.175 51	2 006.7	6.252 3
260	0.257 20	2 063.6	6.522 9	0.213 82	2 061.3	6.430 8	0.182 83	2 059.0	6.352 3
280	0.267 26	2 116.0	6.619 4	0.222 25	2 114.0	6.527 8	0.190 10	2 111.9	6.449 8

表 A-26　饱和 R-134a 的热力性质表（按温度排列）

T/℃	饱和压力 p_{sat}/kPa	比体积/（m^3/kg）		比热力学能/（kJ/kg）			比焓/（kJ/kg）			比熵/[kJ/（kg·K）]		
		饱和液体	饱和蒸气	饱和液体	蒸发	饱和蒸气	饱和液体	蒸发	饱和蒸气	饱和液体	蒸发	饱和蒸气
		v_f	v_g	u_f	u_{fg}	u_g	h_f	$h_{fg}(r)$	h_g	s_f	$s_{fg}(\beta)$	s_g
−40	51.25	0.000 705 4	0.360 81	−0.036	207.40	207.37	0.000	225.86	225.86	0.000 00	0.968 66	0.968 66
−38	56.86	0.000 708 3	0.327 32	2.475	206.04	208.51	2.515	224.61	227.12	0.010 72	0.955 11	0.965 84
−36	62.95	0.000 711 2	0.297 51	4.992	204.67	209.66	5.037	223.35	228.39	0.021 38	0.941 76	0.963 15
−34	69.56	0.000 714 2	0.270 90	7.517	203.29	210.81	7.566	222.09	229.65	0.031 99	0.928 59	0.960 58
−32	76.71	0.000 717 2	0.247 11	10.05	201.91	211.96	10.10	220.81	230.91	0.042 53	0.915 60	0.958 13
−30	84.43	0.000 720 3	0.225 80	12.59	200.52	213.11	12.65	219.52	232.17	0.053 01	0.902 78	0.955 79
−28	92.76	0.000 723 4	0.206 66	15.13	199.12	214.25	15.20	218.22	233.43	0.063 44	0.890 12	0.953 56
−26	101.73	0.000 726 5	0.189 46	17.69	197.72	215.40	17.76	216.92	234.68	0.073 82	0.877 62	0.951 44
−24	111.37	0.000 729 7	0.173 95	20.25	196.30	216.55	20.33	215.59	235.92	0.084 14	0.865 27	0.949 41
−22	121.72	0.000 732 9	0.159 95	22.82	194.88	217.70	22.91	214.26	237.17	0.094 41	0.853 07	0.947 48
−20	132.82	0.000 736 2	0.147 29	25.39	193.45	218.84	25.49	212.91	238.41	0.104 63	0.841 01	0.945 64
−18	144.69	0.000 739 6	0.135 83	27.98	192.01	219.98	28.09	211.55	239.64	0.114 81	0.829 08	0.943 89
−16	157.38	0.000 743 0	0.125 42	30.57	190.56	221.13	30.69	210.18	240.87	0.124 93	0.817 29	0.942 22
−14	170.93	0.000 746 4	0.115 97	33.17	189.09	222.27	33.30	208.79	242.09	0.135 01	0.805 61	0.940 63
−12	185.37	0.000 749 9	0.107 36	35.78	187.62	223.40	35.92	207.38	243.30	0.145 04	0.794 06	0.939 11
−10	200.74	0.000 753 5	0.099 516	38.40	186.14	224.54	38.55	205.96	244.51	0.155 04	0.782 63	0.937 66
−8	217.08	0.000 757 1	0.092 352	41.03	184.64	225.67	41.19	204.52	245.72	0.164 98	0.771 30	0.936 29
−6	234.44	0.000 760 8	0.085 802	43.66	183.13	226.80	43.84	203.07	246.91	0.174 89	0.760 08	0.934 97
−4	252.85	0.000 764 6	0.079 804	46.31	181.61	227.92	46.50	201.60	248.10	0.184 76	0.748 96	0.933 72
−2	272.36	0.000 768 4	0.074 304	48.96	180.08	229.04	49.17	200.11	249.28	0.194 59	0.737 94	0.932 53
0	293.01	0.000 772 3	0.069 255	51.63	178.53	230.16	51.86	198.60	250.45	0.204 39	0.727 01	0.931 39
2	314.84	0.000 776 3	0.064 612	54.30	176.97	231.27	54.55	197.07	251.61	0.214 15	0.716 16	0.930 31
4	337.90	0.000 780 4	0.060 338	56.99	175.39	232.38	57.25	195.51	252.77	0.223 87	0.705 40	0.929 27
6	362.23	0.000 784 5	0.056 398	59.68	173.80	233.48	59.97	193.94	253.91	0.233 56	0.694 71	0.928 28
8	387.88	0.000 788 7	0.052 762	62.39	172.19	234.58	62.69	192.35	255.04	0.243 23	0.684 10	0.927 33
10	414.89	0.000 793 0	0.049 403	65.10	170.56	235.67	65.43	190.73	256.16	0.252 86	0.673 56	0.926 41
12	443.31	0.000 797 5	0.046 295	67.83	168.92	236.75	68.18	189.09	257.27	0.262 46	0.663 08	0.925 54
14	473.19	0.000 802 0	0.043 417	70.57	167.26	237.83	70.95	187.42	258.37	0.272 04	0.652 66	0.924 70
16	504.58	0.000 806 6	0.040 748	73.32	165.58	238.90	73.73	185.73	259.46	0.281 59	0.642 30	0.923 89
18	537.52	0.000 811 3	0.038 271	76.08	163.88	239.96	76.52	184.01	260.53	0.291 12	0.631 98	0.923 10
20	572.07	0.000 816 1	0.035 969	78.86	162.16	241.02	79.32	182.27	261.59	0.300 63	0.621 72	0.922 34
22	608.27	0.000 821 0	0.033 828	81.64	160.42	242.06	82.14	180.49	262.64	0.310 11	0.611 49	0.921 60

续表

T/℃	饱和压力 p_{sat}/kPa	比体积/(m^3/kg)		比热力学能/(kJ/kg)			比焓/(kJ/kg)			比熵/[kJ/(kg·K)]		
		饱和液体	饱和蒸气	饱和液体	蒸发	饱和蒸气	饱和液体	蒸发	饱和蒸气	饱和液体	蒸发	饱和蒸气
		v_f	v_g	u_f	u_{fg}	u_g	h_f	$h_{fg}(r)$	h_g	s_f	$s_{fg}(\beta)$	s_g
24	646.18	0.000 826 1	0.031 834	84.44	158.65	243.10	84.98	178.69	263.67	0.319 58	0.601 30	0.920 88
26	685.84	0.000 831 3	0.029 976	87.26	156.87	244.12	87.83	176.85	264.68	0.329 03	0.591 15	0.920 18
28	727.31	0.000 836 6	0.028 242	90.09	155.05	245.14	90.69	174.99	265.68	0.338 46	0.581 02	0.919 48
30	770.64	0.000 842 1	0.026 622	92.93	153.22	246.14	93.58	173.08	266.66	0.347 89	0.570 91	0.918 79
32	815.89	0.000 847 8	0.025 108	95.79	151.35	247.14	96.48	171.14	267.62	0.357 30	0.560 82	0.918 11
34	863.11	0.000 853 6	0.023 691	98.66	149.46	248.12	99.40	169.17	268.57	0.366 70	0.550 74	0.917 43
36	912.35	0.000 859 5	0.022 364	101.55	147.54	249.08	102.33	167.16	269.49	0.376 09	0.540 66	0.916 75
38	963.68	0.000 865 7	0.021 119	104.45	145.58	250.04	105.29	165.10	270.39	0.385 48	0.530 58	0.916 06
40	1 017.1	0.000 872 0	0.019 952	107.38	143.60	250.97	108.26	163.00	271.27	0.394 86	0.520 49	0.915 36
42	1 072.8	0.000 878 6	0.018 855	110.32	141.58	251.89	111.26	160.86	272.12	0.404 25	0.510 39	0.914 64
44	1 130.7	0.000 885 4	0.017 824	113.28	139.52	252.80	114.28	158.67	272.95	0.413 63	0.500 27	0.913 91
46	1 191.0	0.000 892 4	0.016 853	116.26	137.42	253.68	117.32	156.43	273.75	0.423 02	0.490 12	0.913 15
48	1 253.6	0.000 899 6	0.015 939	119.26	135.29	254.55	120.39	154.14	274.53	0.432 42	0.479 93	0.912 36
52	1 386.2	0.000 915 0	0.014 265	125.33	130.88	256.21	126.59	149.39	275.98	0.451 26	0.459 41	0.910 67
56	1 529.1	0.000 931 7	0.012 771	131.49	126.28	257.77	132.91	144.38	277.30	0.470 18	0.438 63	0.908 80
60	1 682.8	0.000 949 8	0.011 434	137.76	121.46	259.22	139.36	139.10	278.46	0.489 20	0.417 49	0.906 69
65	1 891.0	0.000 975 0	0.009 950	145.77	115.05	260.82	147.62	132.02	279.64	0.513 20	0.390 39	0.903 59
70	2 118.2	0.001 003 7	0.008 642	154.01	108.14	262.15	156.13	124.32	280.46	0.537 55	0.362 27	0.899 82
75	2 365.8	0.001 037 2	0.007 480	162.53	100.60	263.13	164.98	115.85	280.82	0.562 41	0.332 72	0.895 12
80	2 635.3	0.001 077 2	0.006 436	171.40	92.23	263.63	174.24	106.35	280.59	0.588 00	0.301 11	0.889 12
85	2 928.2	0.001 127 0	0.005 486	180.77	82.67	263.44	184.07	95.44	279.51	0.614 73	0.266 44	0.881 17
90	3 246.9	0.001 193 2	0.004 599	190.89	71.29	262.18	194.76	82.35	277.11	0.643 36	0.226 74	0.870 10
95	3 594.1	0.001 293 3	0.003 726	202.40	56.47	258.87	207.05	65.21	272.26	0.675 78	0.177 11	0.852 89
100	3 975.1	0.001 526 9	0.002 630	218.72	29.19	247.91	224.79	33.58	258.37	0.722 17	0.089 99	0.812 15

表 A-27　饱和 R-134a 的热力性质表(按压力排列)

压力/kPa	饱和温度/℃	比体积/(m^3/kg)		比热力学能/(kJ/kg)			比焓/(kJ/kg)			比熵/[kJ/(kg·K)]		
		饱和液体	饱和蒸气	饱和液体	蒸发	饱和蒸气	饱和液体	蒸发	饱和蒸气	饱和液体	蒸发	饱和蒸气
		v_f	v_g	u_f	u_{fg}	u_g	h_f	$h_{fg}(r)$	h_g	s_f	$s_{fg}(\beta)$	s_g
60	−36.95	0.000 709 8	0.311 21	3.798	205.32	209.12	3.841	223.95	227.79	0.016 34	0.948 07	0.964 41
70	−33.87	0.000 714 4	0.269 29	7.680	203.20	210.88	7.730	222.00	229.73	0.032 67	0.927 75	0.960 42
80	−31.13	0.000 718 5	0.237 53	11.15	201.30	212.46	11.21	220.25	231.46	0.047 11	0.909 99	0.957 10
90	−28.65	0.000 722 3	0.212 63	14.31	199.57	213.88	14.37	218.65	233.02	0.060 08	0.894 19	0.954 27
100	−26.37	0.000 725 9	0.192 54	17.21	197.98	215.19	17.28	217.16	234.44	0.071 88	0.879 95	0.951 83
120	−22.32	0.000 732 4	0.162 12	22.40	195.11	217.51	22.49	214.48	236.97	0.092 75	0.855 03	0.947 79
140	−18.77	0.000 738 3	0.140 14	26.98	192.57	219.54	27.08	212.08	239.16	0.110 87	0.833 68	0.944 56
160	−15.60	0.000 743 7	0.123 48	31.09	190.27	221.35	31.21	209.90	241.11	0.126 93	0.814 96	0.941 90
180	−12.73	0.000 748 7	0.110 41	34.83	188.16	222.99	34.97	207.90	242.86	0.141 39	0.798 26	0.939 65
200	−10.09	0.000 753 3	0.099 867	38.28	186.21	224.48	38.43	206.03	244.46	0.154 57	0.783 16	0.937 73
240	−5.38	0.000 762 0	0.083 897	44.48	182.67	227.14	44.66	202.62	247.28	0.177 94	0.756 64	0.934 58
280	−1.25	0.000 769 9	0.072 352	49.97	179.50	229.46	50.18	199.54	249.72	0.198 29	0.733 81	0.932 10
320	2.46	0.000 777 2	0.063 604	54.92	176.61	231.52	55.16	196.71	251.88	0.216 37	0.713 69	0.930 06
360	5.82	0.000 784 1	0.056 738	59.44	173.94	233.38	59.72	194.08	253.81	0.232 70	0.695 66	0.928 36
400	8.91	0.000 790 7	0.051 201	63.62	171.45	235.07	63.94	191.62	255.55	0.247 61	0.679 29	0.926 91
450	12.46	0.000 798 5	0.045 619	68.45	168.54	237.00	68.81	188.71	257.53	0.264 65	0.660 69	0.925 35
500	15.71	0.000 805 9	0.041 118	72.93	165.82	238.75	73.33	185.98	259.30	0.280 23	0.643 77	0.924 00
550	18.73	0.000 813 0	0.037 408	77.10	163.25	240.35	77.54	183.38	260.92	0.294 61	0.628 21	0.922 82
600	21.55	0.000 819 9	0.034 295	81.02	160.81	241.83	81.51	180.90	262.40	0.307 99	0.613 78	0.921 77
650	24.20	0.000 826 6	0.031 646	84.72	158.48	243.20	85.26	178.51	263.77	0.320 51	0.600 30	0.920 81
700	26.69	0.000 833 1	0.029 361	88.24	156.24	244.48	88.82	176.21	265.03	0.332 30	0.587 63	0.919 94
750	29.06	0.000 839 5	0.027 371	91.59	154.08	245.67	92.22	173.98	266.20	0.343 45	0.575 67	0.919 12
800	31.31	0.000 845 8	0.025 621	94.79	152.00	246.79	95.47	171.82	267.29	0.354 04	0.564 31	0.918 35
850	33.45	0.000 852 0	0.024 069	97.87	149.98	247.85	98.60	169.71	268.31	0.364 13	0.553 49	0.917 62
900	35.51	0.000 858 0	0.022 683	100.83	148.01	248.85	101.61	167.66	269.26	0.373 77	0.543 15	0.916 92
950	37.48	0.000 864 1	0.021 438	103.69	146.10	249.79	104.51	165.64	270.15	0.383 01	0.533 23	0.916 24
1 000	39.37	0.000 870 0	0.020 313	106.45	144.23	250.68	107.32	163.67	270.99	0.391 89	0.523 68	0.915 58
1 200	46.29	0.000 893 4	0.016 715	116.70	137.11	253.81	117.77	156.10	273.87	0.424 41	0.488 63	0.913 03
1 400	52.40	0.000 916 6	0.014 107	125.94	130.43	256.37	127.22	148.90	276.12	0.453 15	0.457 34	0.910 50
1 600	57.88	0.000 940 0	0.012 123	134.43	124.04	258.47	135.93	141.93	277.86	0.479 11	0.428 73	0.907 84
1 800	62.87	0.000 963 9	0.010 559	142.33	117.83	260.17	144.07	135.11	279.17	0.502 94	0.402 04	0.904 98
2 000	67.45	0.000 988 6	0.009 288	149.78	111.73	261.51	151.76	128.33	280.09	0.525 09	0.376 75	0.901 84
2 500	77.54	0.001 056 6	0.006 936	166.99	96.47	263.45	169.63	111.16	280.79	0.575 31	0.316 95	0.892 26
3 000	86.16	0.001 140 6	0.005 275	183.04	80.22	263.26	186.46	92.63	279.09	0.621 18	0.257 76	0.878 94

表 A-28 过热 R-134a 蒸气的热力性质表

T/℃	v/(m³/kg)	u/(kJ/kg)	h/(kJ/kg)	s/[kJ/(kg·K)]	v/(m³/kg)	u/(kJ/kg)	h/(kJ/kg)	s/[kJ/(kg·K)]	v/(m³/kg)	u/(kJ/kg)	h/(kJ/kg)	s/[kJ/(kg·K)]
	p=0.06 MPa(−36.95 ℃)				p=0.10 MPa(−26.37 ℃)				p=0.14 MPa(−18.77 ℃)			
饱和	0.311 21	209.12	227.79	0.964 4	0.192 54	215.19	234.44	0.951 8	0.140 14	219.54	239.16	0.944 6
−20	0.336 08	220.60	240.76	1.017 4	0.198 41	219.66	239.50	0.972 1				
−10	0.350 48	227.55	248.58	1.047 7	0.207 43	226.75	247.49	1.003 0	0.146 05	225.91	246.36	0.972 4
0	0.364 76	234.66	256.54	1.077 4	0.216 30	233.95	255.58	1.033 2	0.152 63	233.23	254.60	1.003 1
10	0.378 93	241.92	264.66	1.106 6	0.225 06	241.30	263.81	1.062 8	0.159 08	240.66	262.93	1.033 1
20	0.393 02	249.35	272.94	1.135 3	0.233 73	248.79	272.17	1.091 8	0.165 44	248.22	271.38	1.062 4
30	0.407 05	256.95	281.37	1.163 6	0.242 33	256.44	280.68	1.120 3	0.171 72	255.93	279.97	1.091 2
40	0.421 02	264.71	289.97	1.191 5	0.250 88	264.25	289.34	1.148 4	0.177 94	263.79	288.70	1.119 5
50	0.434 95	272.64	298.74	1.219 1	0.259 37	272.22	298.16	1.176 2	0.184 12	271.79	297.57	1.147 4
60	0.448 83	280.73	307.66	1.246 3	0.267 83	280.35	307.13	1.203 5	0.190 25	279.96	306.59	1.174 9
70	0.462 69	288.99	316.75	1.273 2	0.276 26	288.64	316.26	1.230 5	0.196 35	288.28	315.77	1.202 0
80	0.476 51	297.41	326.00	1.299 7	0.284 65	297.08	325.55	1.257 2	0.202 42	296.75	325.09	1.228 8
90	0.490 32	306.00	335.42	1.326 0	0.293 03	305.69	334.99	1.283 6	0.208 47	305.38	334.57	1.255 3
100	0.504 10	314.74	344.99	1.352 0	0.301 38	314.46	344.60	1.309 6	0.214 49	314.17	344.20	1.281 4
	p=0.18 MPa(−12.73 ℃)				p=0.20 MPa(−10.09 ℃)				p=0.24 MPa(−5.38 ℃)			
饱和	0.110 41	222.99	242.86	0.939 7	0.099 87	224.48	244.46	0.937 7	0.083 90	227.14	247.28	0.934 6
−10	0.111 89	225.02	245.16	0.948 4	0.099 91	224.55	244.54	0.938 0				
0	0.117 22	232.48	253.58	0.979 8	0.104 81	232.09	253.05	0.969 8	0.086 17	231.29	251.97	0.951 9
10	0.122 40	240.00	262.04	1.010 2	0.109 55	239.67	261.58	1.000 4	0.090 26	238.98	260.65	0.983 1
20	0.127 48	247.64	270.59	1.039 9	0.114 18	247.35	270.18	1.030 3	0.094 23	246.74	269.36	1.013 4
30	0.132 48	255.41	279.25	1.069 0	0.118 74	255.14	278.89	1.059 5	0.098 12	254.61	278.16	1.042 9
40	0.137 41	263.31	288.05	1.097 5	0.123 22	263.08	287.72	1.088 2	0.101 93	262.59	287.06	1.071 8
50	0.142 30	271.36	296.98	1.125 6	0.127 66	271.15	296.68	1.116 3	0.105 70	270.71	296.08	1.100 1
60	0.147 15	279.56	306.05	1.153 2	0.132 06	279.37	305.78	1.144 1	0.109 42	278.97	305.23	1.128 0
70	0.151 96	287.91	315.27	1.180 5	0.136 41	287.73	315.01	1.171 4	0.113 10	287.36	314.51	1.155 4
80	0.156 73	296.42	324.63	1.207 4	0.140 74	296.25	324.40	1.198 3	0.116 75	295.91	323.93	1.182 5
90	0.161 49	305.07	334.14	1.233 9	0.145 04	304.92	333.93	1.224 9	0.120 38	304.60	333.49	1.209 2
100	0.166 22	313.88	343.80	1.260 2	0.149 33	313.74	343.60	1.251 2	0.123 98	313.44	343.20	1.235 6

续表

T/℃	v/(m³/kg)	u/(kJ/kg)	h/(kJ/kg)	s/[kJ/(kg·K)]	v/(m³/kg)	u/(kJ/kg)	h/(kJ/kg)	s/[kJ/(kg·K)]	v/(m³/kg)	u/(kJ/kg)	h/(kJ/kg)	s/[kJ/(kg·K)]
	p=0.28 MPa(−1.25 ℃)				p=0.32 MPa(2.46 ℃)				p=0.40 MPa(8.91 ℃)			
饱和	0.072 35	229.46	249.72	0.932 1	0.063 60	231.52	251.88	0.930 1	0.051 201	235.07	255.55	0.926 9
0	0.072 82	230.44	250.83	0.936 2								
10	0.076 46	238.27	259.68	0.968 0	0.066 09	237.54	258.69	0.954 4	0.051 506	235.97	256.58	0.930 5
20	0.079 97	246.13	268.52	0.998 7	0.069 25	245.50	267.66	0.985 6	0.054 213	244.18	265.86	0.962 8
30	0.083 38	254.06	277.41	1.028 5	0.072 31	253.50	276.65	1.015 7	0.056 796	252.36	275.07	0.993 7
40	0.086 72	262.10	286.38	1.057 6	0.075 30	261.60	285.70	1.045 1	0.059 292	260.58	284.30	1.023 6
50	0.090 00	270.27	295.47	1.086 2	0.078 23	269.82	294.85	1.073 9	0.061 724	268.90	293.59	1.052 8
60	0.093 24	278.56	304.67	1.114 2	0.081 11	278.15	304.11	1.102 1	0.064 104	277.32	302.96	1.081 4
70	0.096 44	286.99	314.00	1.141 8	0.083 95	286.62	313.48	1.129 8	0.066 443	285.86	312.44	1.109 4
80	0.099 61	295.57	323.46	1.169 0	0.086 75	295.22	322.98	1.157 1	0.068 747	294.53	322.02	1.136 9
90	0.102 75	304.29	333.06	1.195 8	0.089 53	303.97	332.62	1.184 0	0.071 023	303.32	331.73	1.164 0
100	0.105 87	313.15	342.80	1.222 2	0.092 29	312.86	342.39	1.210 5	0.073 274	312.26	341.57	1.190 7
110	0.108 97	322.16	352.68	1.248 3	0.095 03	321.89	352.30	1.236 7	0.075 504	321.33	351.53	1.217 1
120	0.112 05	331.32	362.70	1.274 2	0.097 75	331.07	362.35	1.262 6	0.077 717	330.55	361.63	1.243 1
130	0.115 12	340.63	372.87	1.299 7	0.100 45	340.39	372.54	1.288 2	0.079 913	339.90	371.87	1.268 8
140	0.118 18	350.09	383.18	1.325 0	0.103 14	349.86	382.87	1.313 5	0.082 096	349.41	382.24	1.294 2
	p=0.50 MPa(15.71 ℃)				p=0.60 MPa(21.55 ℃)				p=0.70 MPa(26.69 ℃)			
饱和	0.041 118	238.75	259.30	0.924 0	0.034 295	241.83	262.40	0.921 8	0.029 361	244.48	265.03	0.919 9
20	0.042 115	242.40	263.46	0.938 3								
30	0.044 338	250.84	273.01	0.970 3	0.035 984	249.22	270.81	0.949 9	0.029 966	247.48	268.45	0.931 3
40	0.046 456	259.26	282.48	1.001 1	0.037 865	257.86	280.58	0.981 6	0.031 696	256.39	278.57	0.964 1
50	0.048 499	267.72	291.96	1.030 9	0.039 659	266.48	290.28	1.012 1	0.033 322	265.20	288.53	0.995 4
60	0.050 485	276.25	301.50	1.059 9	0.041 389	275.15	299.98	1.041 7	0.034 875	274.01	298.42	1.025 6
70	0.052 427	284.89	311.10	1.088 3	0.043 069	283.89	309.73	1.070 5	0.036 373	282.87	308.33	1.054 9
80	0.054 331	293.64	320.80	1.116 2	0.044 710	292.73	319.55	1.098 7	0.037 829	291.80	318.28	1.083 5
90	0.056 205	302.51	330.61	1.143 6	0.046 318	301.67	329.46	1.126 4	0.039 250	300.82	328.29	1.111 4
100	0.058 053	311.50	340.53	1.170 5	0.047 900	310.73	339.47	1.153 6	0.040 642	309.95	338.40	1.138 9
110	0.059 880	320.63	350.57	1.197 1	0.049 458	319.91	349.59	1.180 3	0.042 010	319.19	348.60	1.165 8
120	0.061 687	329.89	360.73	1.223 3	0.050 997	329.23	359.82	1.206 7	0.043 358	328.55	358.90	1.192 4
130	0.063 479	339.29	371.03	1.249 1	0.052 519	338.67	370.18	1.232 7	0.044 688	338.04	369.32	1.218 6
140	0.065 256	348.83	381.46	1.274 7	0.054 027	348.25	380.66	1.258 4	0.046 004	347.66	379.86	1.244 4
150	0.067 021	358.51	392.02	1.299 9	0.055 522	357.96	391.27	1.283 8	0.047 306	357.41	390.52	1.269 9
160	0.068 775	368.33	402.72	1.324 9	0.057 006	367.81	402.01	1.308 8	0.048 597	367.29	401.31	1.295 1

续表

T/℃	v/(m^3/kg)	u/(kJ/kg)	h/(kJ/kg)	s/[kJ/(kg·K)]	v/(m^3/kg)	u/(kJ/kg)	h/(kJ/kg)	s/[kJ/(kg·K)]	v/(m^3/kg)	u/(kJ/kg)	h/(kJ/kg)	s/[kJ/(kg·K)]
	p=0.80 MPa(31.31 ℃)				p=0.90 MPa(35.51 ℃)				p=1.00 MPa(39.37 ℃)			
饱和	0.025 621	246.79	267.29	0.918 3	0.022 683	248.85	269.26	0.916 9	0.020 313	250.68	270.99	0.915 6
40	0.027 035	254.82	276.45	0.948 0	0.023 375	253.13	274.17	0.932 7	0.020 406	251.30	271.71	0.917 9
50	0.028 547	263.86	286.69	0.980 2	0.024 809	262.44	284.77	0.966 0	0.021 796	260.94	282.74	0.952 5
60	0.029 973	272.83	296.81	1.011 0	0.026 146	271.60	295.13	0.997 6	0.023 068	270.32	293.38	0.985 0
70	0.031 340	281.81	306.88	1.040 8	0.027 413	280.72	305.39	1.028 0	0.024 261	279.59	303.85	1.016 0
80	0.032 659	290.84	316.97	1.069 8	0.028 630	289.86	315.63	1.057 4	0.025 398	288.86	314.25	1.045 8
90	0.033 941	299.95	327.10	1.098 1	0.029 806	299.06	325.89	1.086 0	0.026 492	298.15	324.64	1.074 8
100	0.035 193	309.15	337.30	1.125 8	0.030 951	308.34	336.19	1.114 0	0.027 552	307.51	335.06	1.103 1
110	0.036 420	318.45	347.59	1.153 0	0.032 068	317.70	346.56	1.141 4	0.028 584	316.94	345.53	1.130 8
120	0.037 625	327.87	357.97	1.179 8	0.033 164	327.18	357.02	1.168 4	0.029 592	326.47	356.06	1.158 0
130	0.038 813	337.40	368.45	1.206 1	0.034 241	336.76	367.58	1.194 9	0.030 581	336.11	366.69	1.184 6
140	0.039 985	347.06	379.05	1.232 1	0.035 302	346.46	378.23	1.221 0	0.031 554	345.85	377.40	1.210 9
150	0.041 143	356.85	389.76	1.257 7	0.036 349	356.28	389.00	1.246 7	0.032 512	355.71	388.22	1.236 8
160	0.042 290	366.76	400.59	1.283 0	0.037 384	366.23	399.88	1.272 1	0.033 457	365.70	399.15	1.262 3
170	0.043 427	376.81	411.55	1.308 0	0.038 408	376.31	410.88	1.297 2	0.034 392	375.81	410.20	1.287 5
180	0.044 554	386.99	422.64	1.332 7	0.039 423	386.52	422.00	1.322 1	0.035 317	386.04	421.36	1.312 4
	p=1.20 MPa(46.29 ℃)				p=1.40 MPa(52.40 ℃)				p=1.60 MPa(57.88 ℃)			
饱和	0.016 715	253.81	273.87	0.913 0	0.014 107	256.37	276.12	0.910 5	0.012 123	258.47	277.86	0.907 8
50	0.017 201	257.63	278.27	0.926 7								
60	0.018 404	267.56	289.64	0.961 4	0.015 005	264.46	285.47	0.938 9	0.012 372	260.89	280.69	0.916 3
70	0.019 502	277.21	300.61	0.993 8	0.016 060	274.62	297.10	0.973 3	0.013 430	271.76	293.25	0.953 5
80	0.020 529	286.75	311.39	1.024 8	0.017 023	284.51	308.34	1.005 6	0.014 362	282.09	305.07	0.987 5
90	0.021 506	296.26	322.07	1.054 6	0.017 923	294.28	319.37	1.036 4	0.015 215	292.17	316.52	1.019 4
100	0.022 442	305.80	332.73	1.083 6	0.018 778	304.01	330.30	1.066 1	0.016 014	302.14	327.76	1.050 0
110	0.023 348	315.38	343.40	1.111 8	0.019 597	313.76	341.19	1.094 9	0.016 773	312.07	338.91	1.079 5
120	0.024 228	325.03	354.11	1.139 4	0.020 388	323.55	352.09	1.123 0	0.017 500	322.02	350.02	1.108 1
130	0.025 086	334.77	364.88	1.166 4	0.021 155	333.41	363.02	1.150 4	0.018 201	332.00	361.12	1.136 0
140	0.025 927	344.61	375.72	1.193 0	0.021 904	343.34	374.01	1.177 3	0.018 882	342.05	372.26	1.163 2
150	0.026 753	354.56	386.66	1.219 2	0.022 636	353.37	385.07	1.203 8	0.019 545	352.17	383.44	1.190 0
160	0.027 566	364.61	397.69	1.244 9	0.023 355	363.51	396.20	1.229 8	0.020 194	362.38	394.69	1.216 3
170	0.028 367	374.78	408.82	1.270 3	0.024 061	373.75	407.43	1.255 4	0.020 830	372.69	406.02	1.242 1
180	0.029 158	385.08	420.07	1.295 4	0.024 757	384.10	418.76	1.280 7	0.021 456	383.11	417.44	1.267 6

附录 B　常用热力性质图

常用热力性质图如图 B-1 ~ B-9 所示。

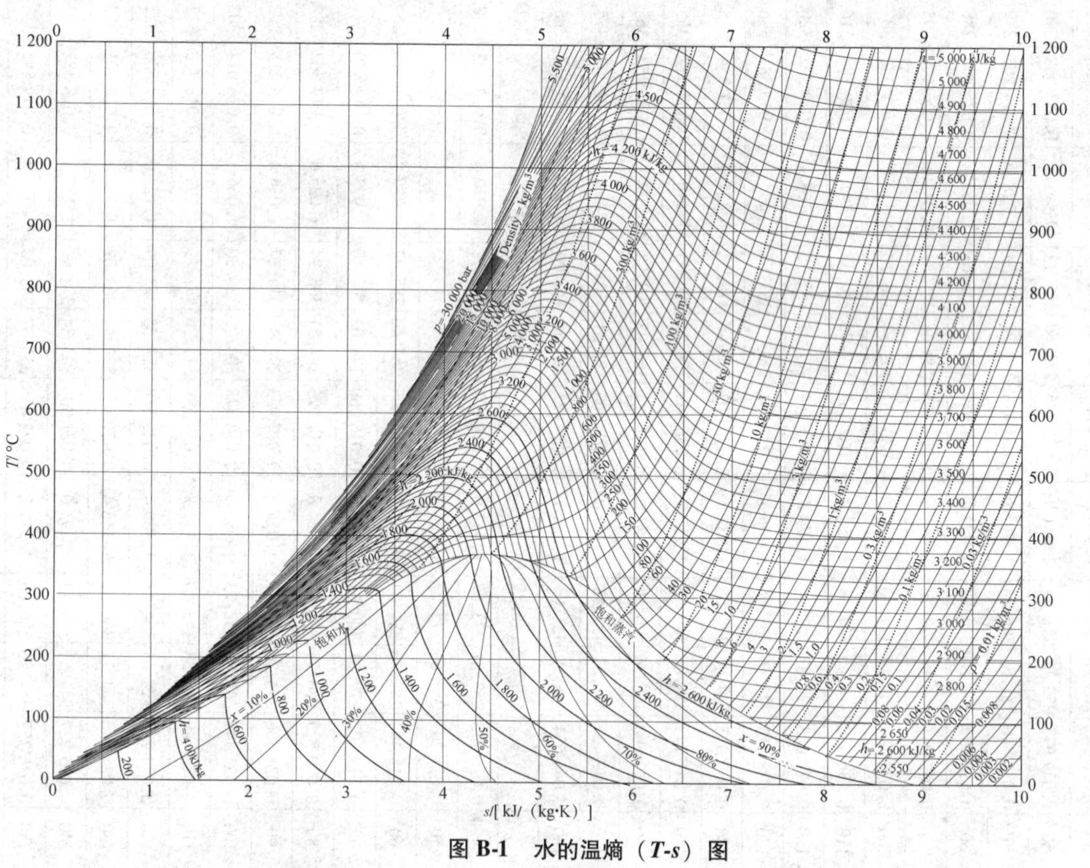

图 B-1　水的温熵（T-s）图

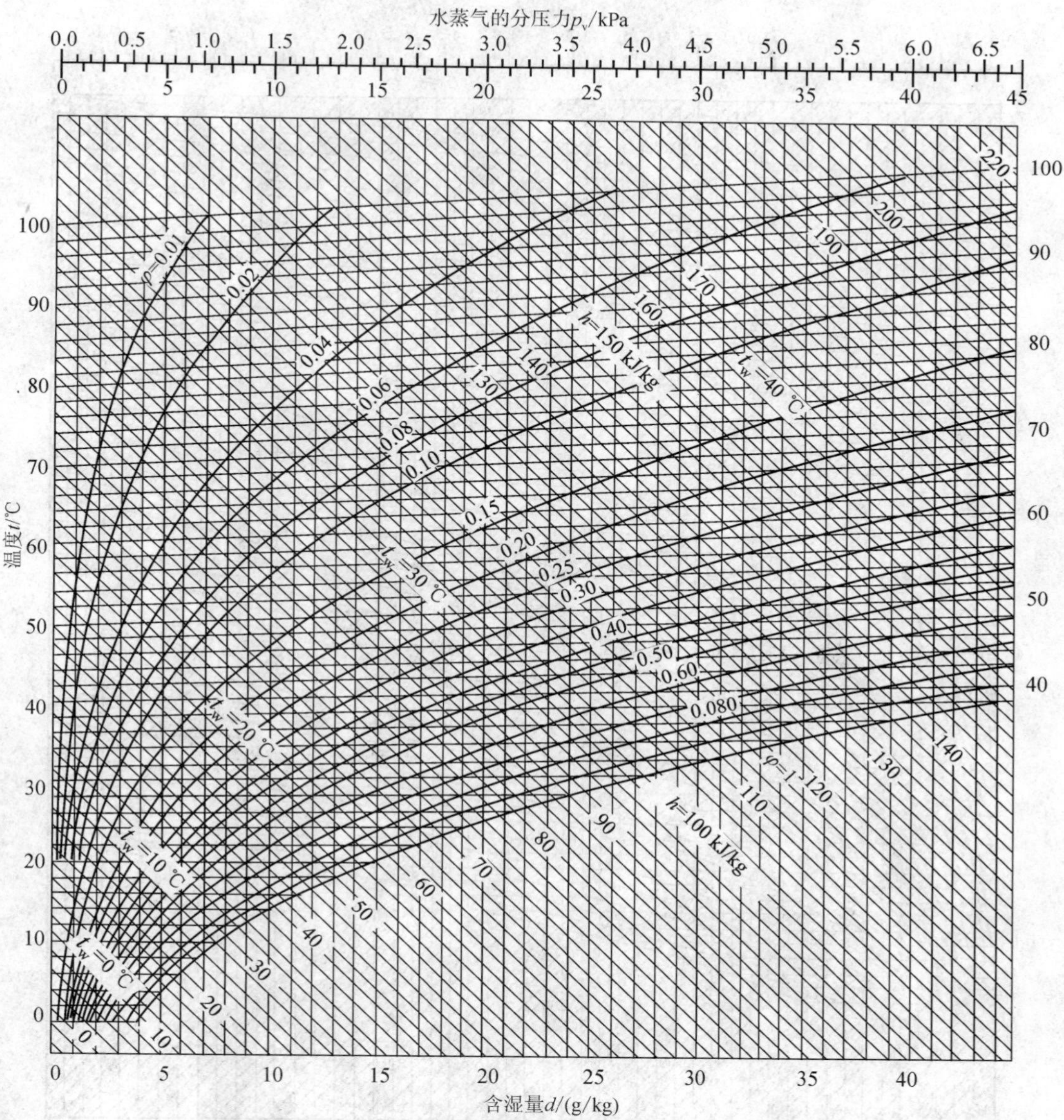
水蒸气的分压力p_v/kPa
0.0
0.5
1.0
1.5
2.0
2.5
3.0
3.5
4.0
4.5
5.0
5.5
6.0
6.5
温度t/℃
含湿量d/(g/kg)
φ=0.01
0.02
0.04
0.06
0.08
0.10
0.15
0.20
0.25
0.30
0.40
0.50
0.60
0.080
φ=1
h=150 kJ/kg
h=100 kJ/kg
t_w=40 ℃
t_w=30 ℃
t_w=20 ℃
t_w=10 ℃
t_w=0 ℃

图 B-2　湿空气的焓湿图

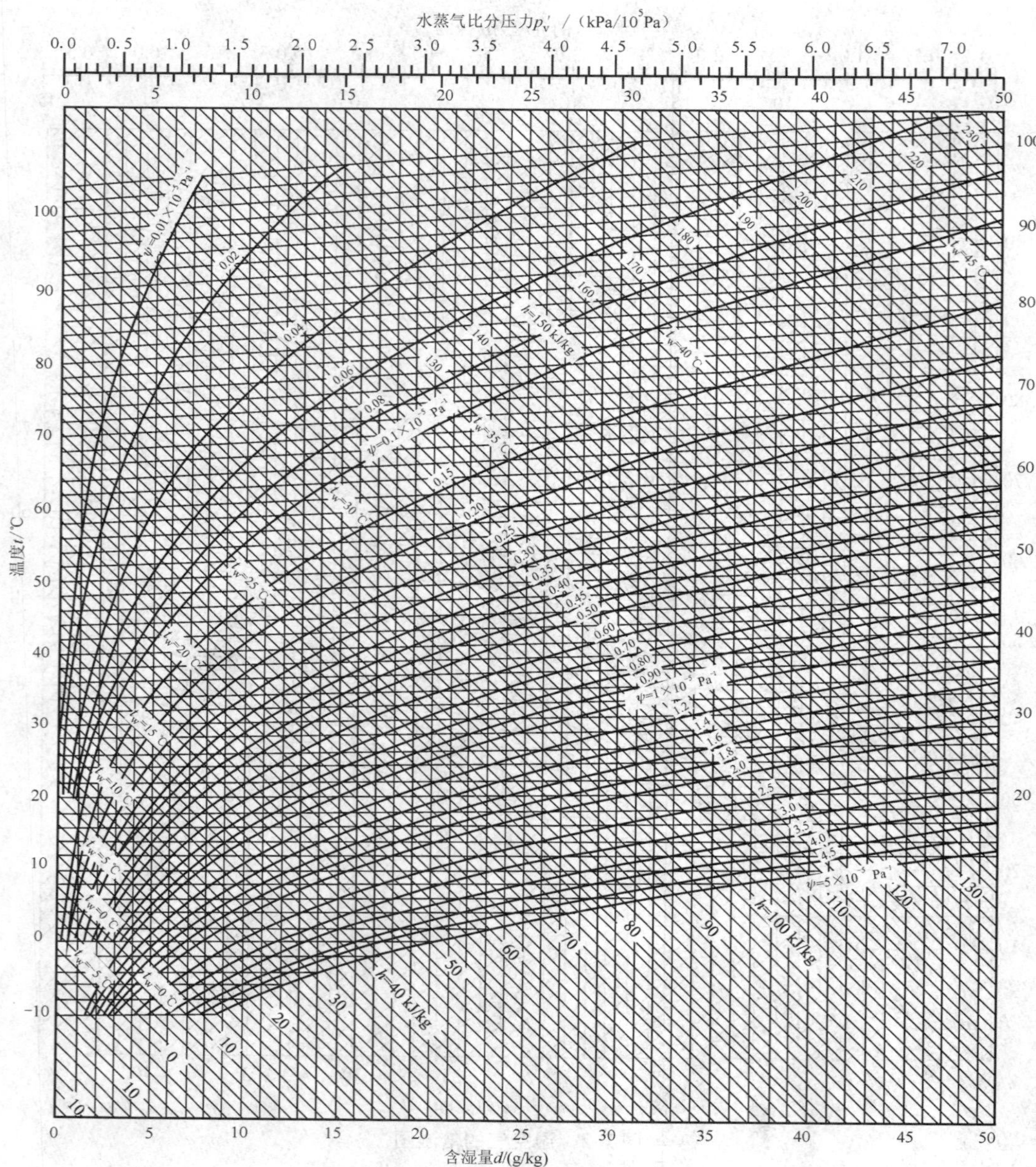

图 B-3　湿空气的通用焓湿图

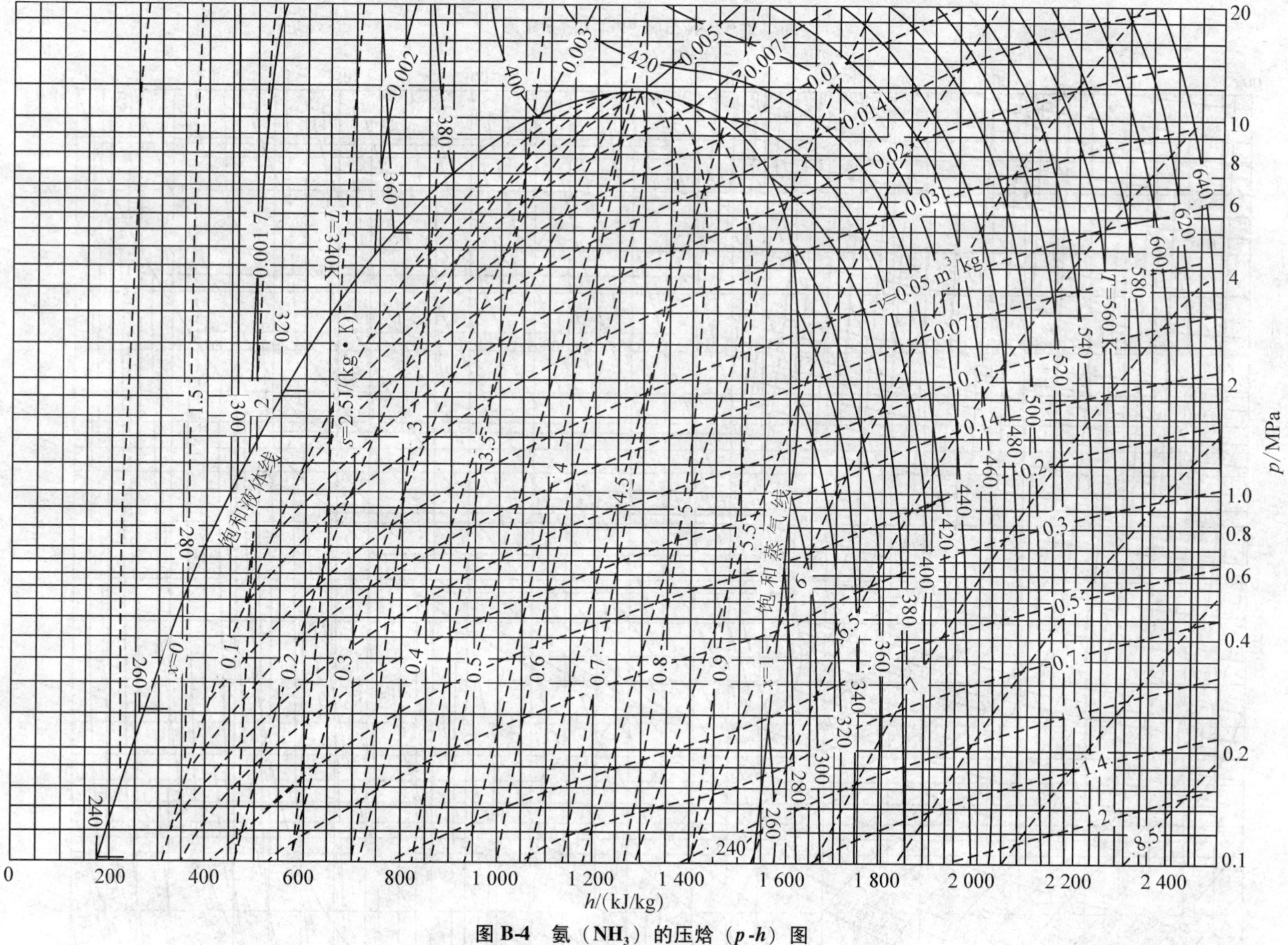

图 B-4 氨（NH_3）的压焓（*p-h*）图

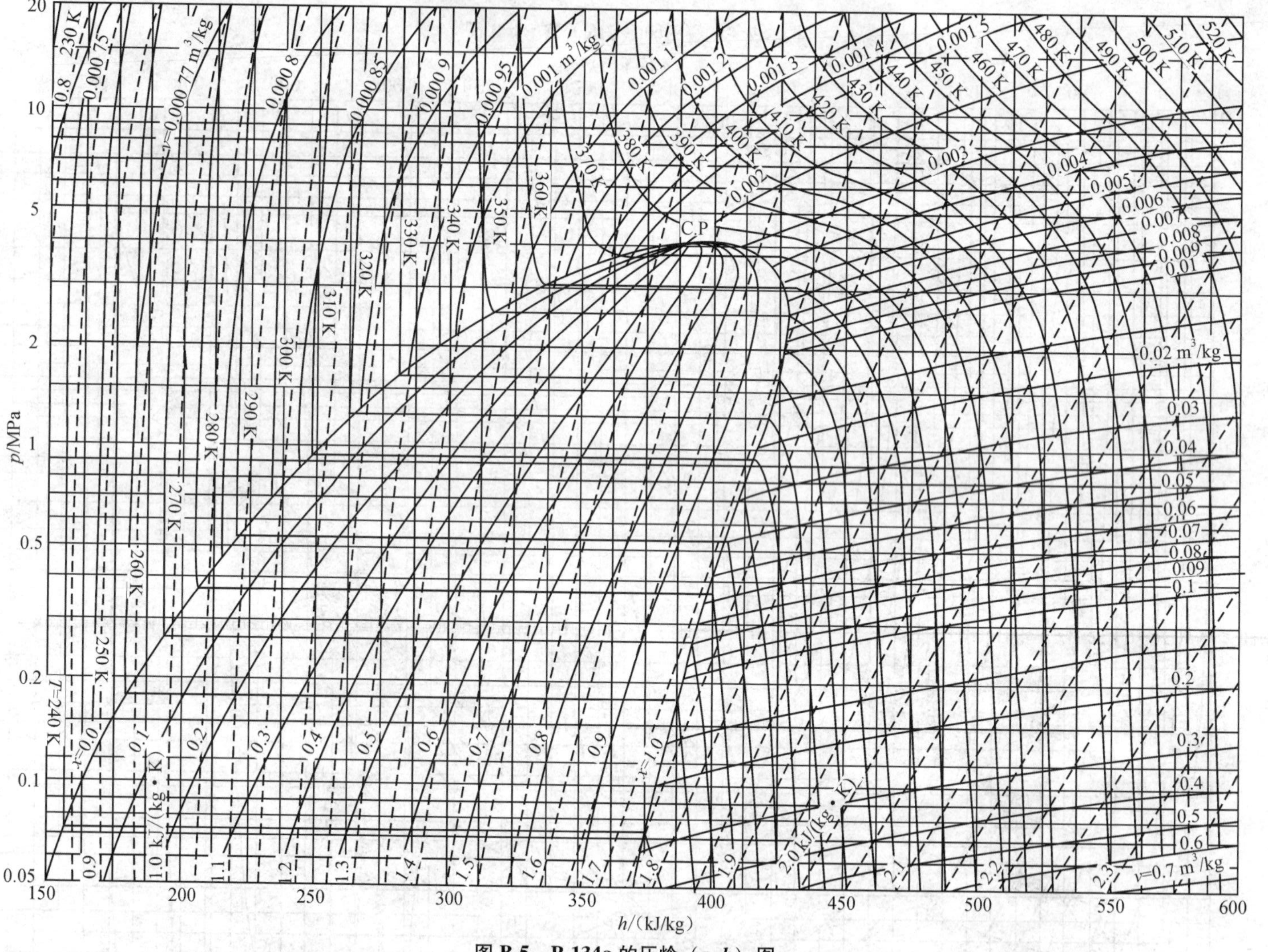

图 B-5 R-134a 的压焓（p-h）图

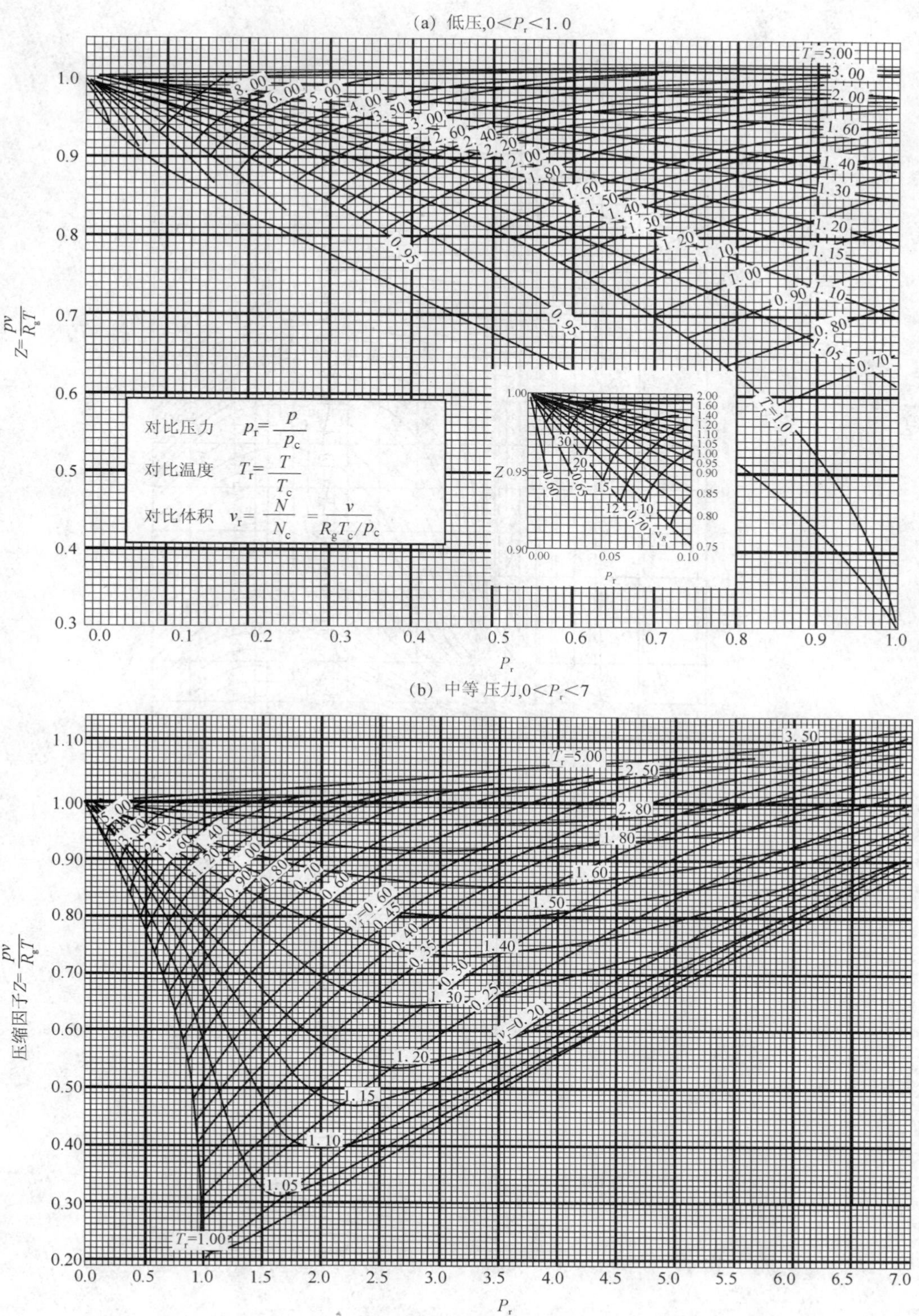
(a) 低压,0<P_r<1.0
对比压力 $p_r=\frac{p}{p_c}$
对比温度 $T_r=\frac{T}{T_c}$
对比体积 $v_r=\frac{N}{N_c}=\frac{v}{R_g T_c/p_c}$
$Z=\frac{pv}{R_g T}$
P_r
(b) 中等压力,0<P_r<7
压缩因子 $Z=\frac{pv}{R_g T}$
T_r=5.00
T_r=1.00

图 B-6　通用压缩因子图

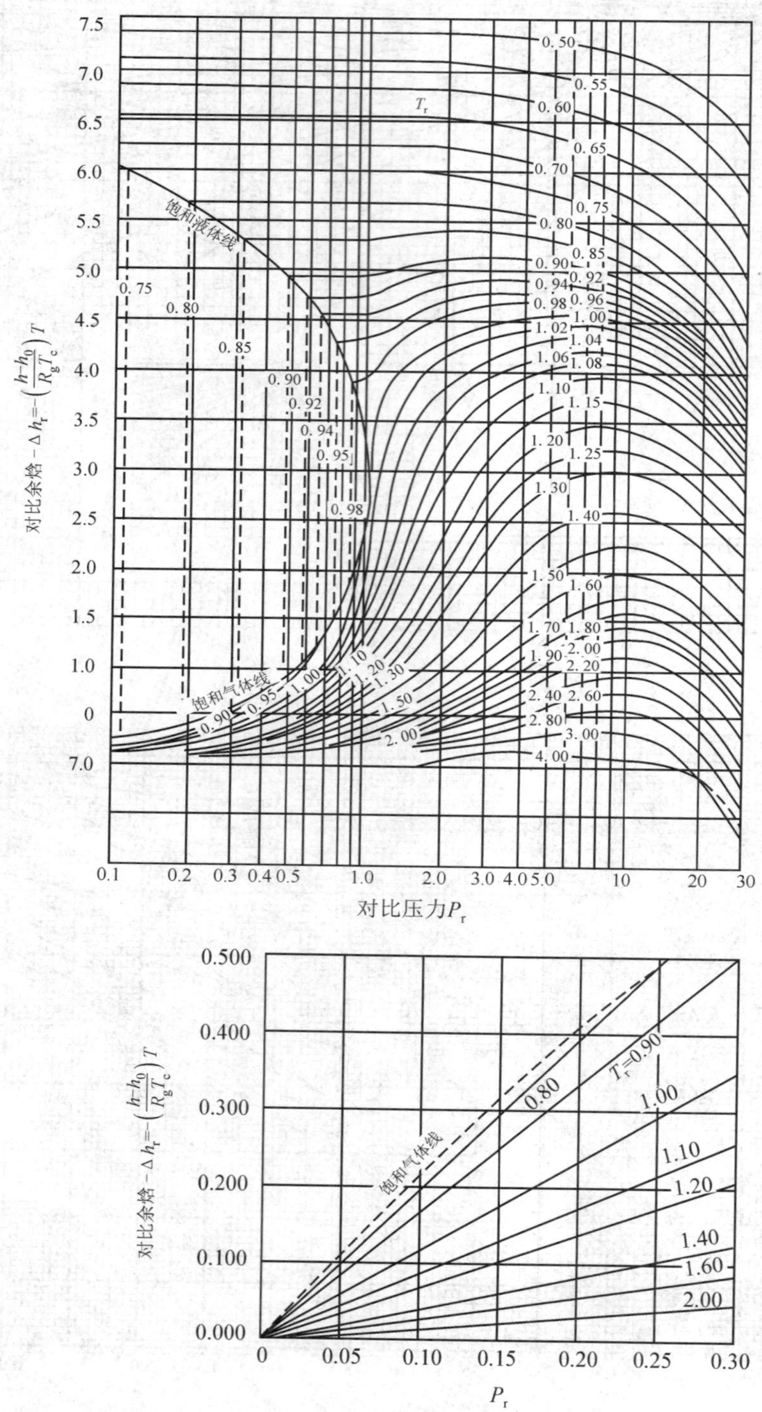

对比余焓 $-\Delta h_r = -\left(\frac{h-h_0}{R_g T_c}\right)_T$
对比压力P_r
T_r
饱和液体线
饱和气体线
0.50
0.55
0.60
0.65
0.70
0.75
0.80
0.85
0.90
0.92
0.94
0.95
0.96
0.98
1.00
1.02
1.04
1.06
1.08
1.10
1.15
1.20
1.25
1.30
1.40
1.50
1.60
1.70
1.80
1.90
2.00
2.20
2.40
2.60
2.80
3.00
4.00
T_r=0.90
P_r

图 B-7 通用余焓图

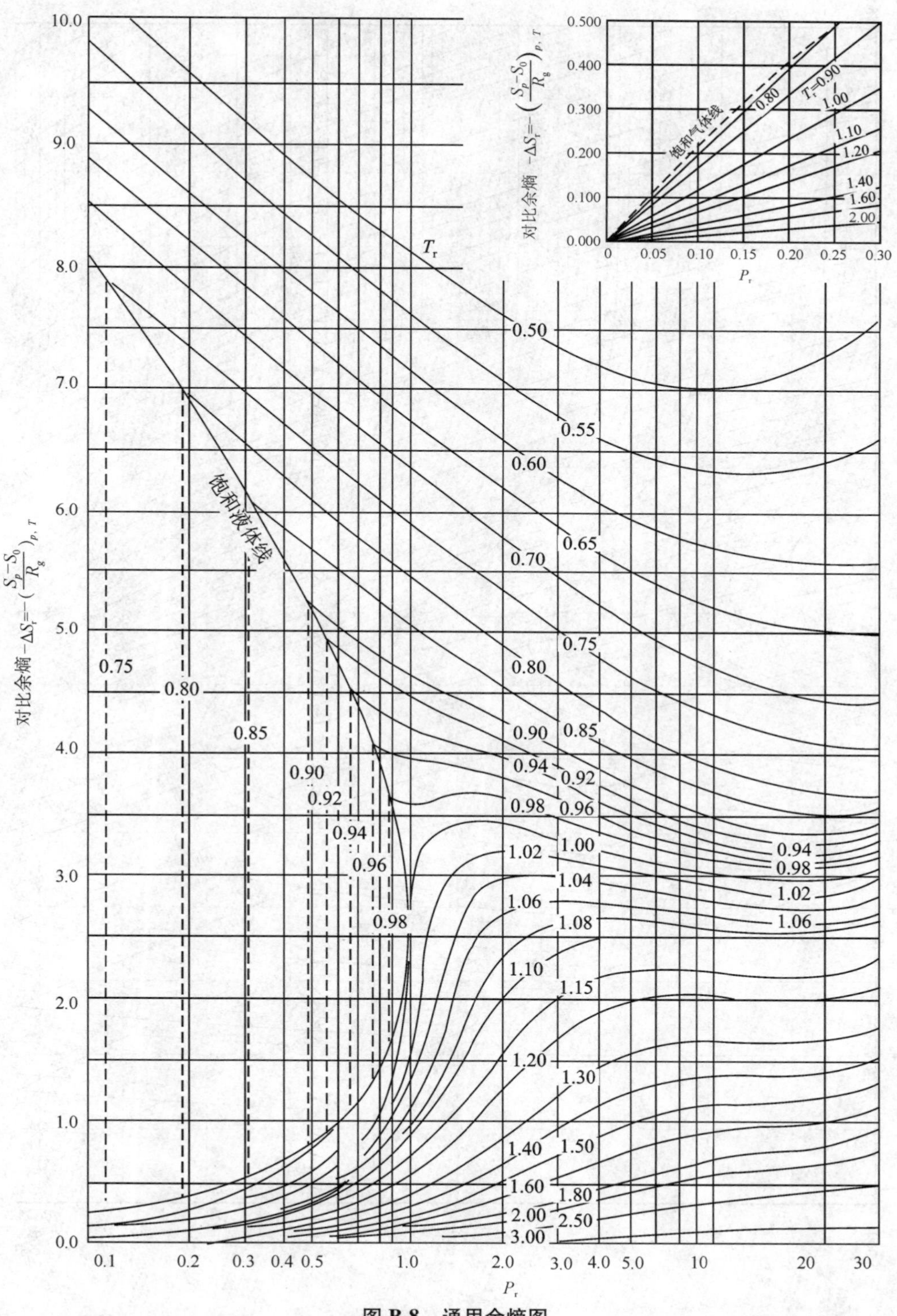

对比余熵 $-\Delta S_r=-\left(\frac{S_p-S_0}{R_g}\right)_{p,T}$
P_r
T_r
饱和液体线
饱和气体线
T_r=0.90

图 **B-8**　通用余熵图

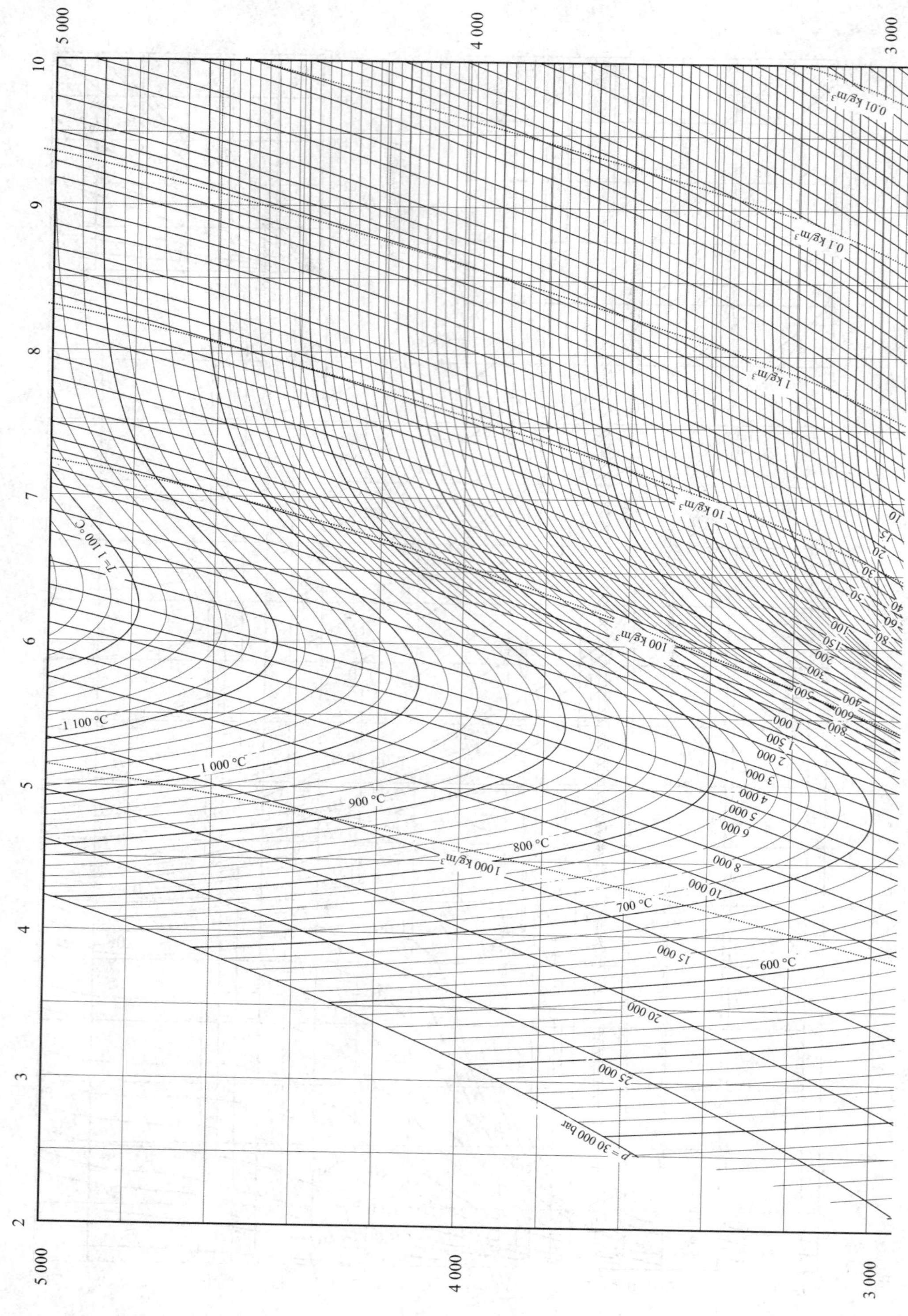

图 B-9　水的焓

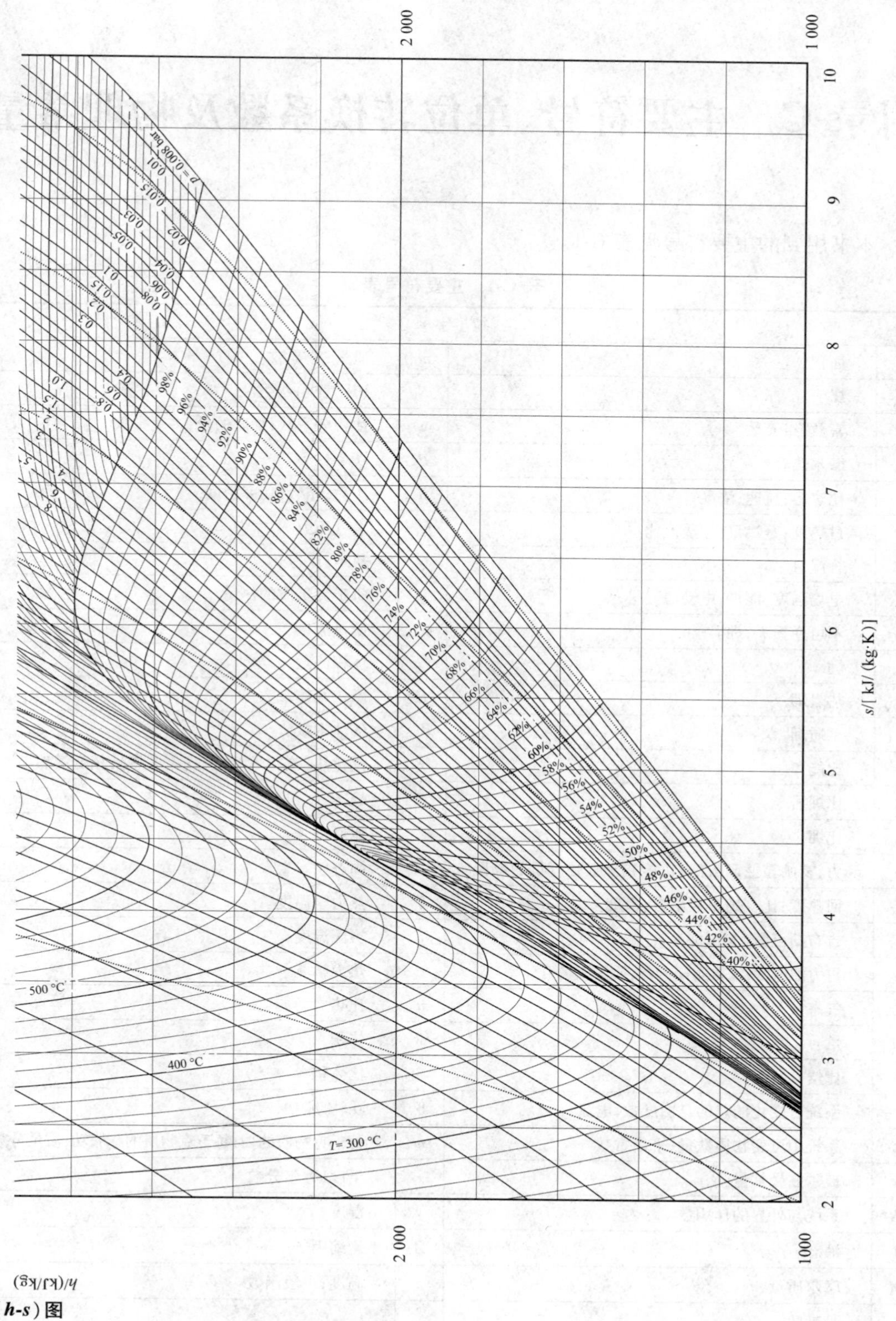

熵（***h-s***）图

附录 C　主要符号、单位转换系数及物理常量

本书用到的主要符号见表 C-1。

表 C-1　主要符号表

拉丁字母			
A	面积	m	质量；分子数
A_n	炕	N	（压气机）级数
C	常数；组元数	n	体积分子数；物质的量；多变指数
C_{m}	摩尔热容	P	功率
c	比热容；流速；浓度	p	压力；相数；功率密度
D	过热度；蒸汽量；注蒸汽比	p_{b}	大气压力
d	含湿量	Q	热量；反应热
E	电场强度；能量；电动势	q	每千克工质的热量
E_{L}	不可逆损失；烟损	q_m	质量流量
E_{x}	烟	q_V	体积流量
$E_{\mathrm{x,Q}}$	热量烟	R	摩尔气体常数
$E_{\mathrm{x,U}}$	工质烟	R_{g}	气体常数
e	比能	r	汽化热（汽化焓变化、汽化潜热）；相变潜热
e_{L}	比烟损	S	熵
e_{x}	比烟	s	比熵
F	力；亥姆霍兹函数（自由能）；独立强度量的数目	s	固态
f	回热度；比亥姆霍兹函数；逸度	T	热力学温度
G	吉布斯函数（自由能）	t	摄氏温度
g	重力加速度；比吉布斯函数；质量流量百分率	U	热力学能
g	气态	u	比热力学能
H	焓	V	体积
h	比焓	v	比体积
I	系统可变化的总的自由度数；电流	W	功；膨胀功
K	系统中可变物质数量；平衡常数	w	每千克物质的功；每千克物质的膨胀功；质量分数
k	玻尔兹曼常量	x	干度；摩尔分数
L	系统与外界的作用数	y	湿度
l	液态	Z	压缩因子
M	摩尔质量	z	高度；一般函数
Ma	马赫数		

续表

顶标			
•	单位时间的	—	平均
上标			
*	滞止	0	化学标准状况
′	饱和液体	″	饱和蒸汽
下标			
A	三相点	Pr	生成物
a	空气	p	位能
act	实际	*p*	等压
atm	大气	PP	节点(夹点)
B	锅炉	R	冷库
C	卡诺循环;逆向卡诺循环;压气机;冷凝器	Re	反应物
c	临界	r	回热;对比;余(函数)
com	化合物	ri	相对
DA	干空气	rev	可逆
d	露点	rj	热机
e	环境	ry	热源
ele	稳定单质	*s*	等熵
f	摩擦;(熵)流;生成;燃料;流体;液体	s	饱和;相平衡
g	表(压力);(热、熵)产	sh	轴(功)
H	供热	std	标准状态
i	内部	*T*	等温
id	孤立系	T	透平(燃气轮机;蒸汽轮机;膨胀机)
in	进口(参数)	t	热(效率);技术(功)
irr	不可逆	Th	喉部
k	动能	the	理论
L	(功)损	tot	总的
m	每摩尔的;平均	u	有用(功)
max	最大	*v*	体积
min	最小	v	真空(度);水蒸气
mix	混合	*V*	等容
n	多变过程	w	水;湿球(温度)
ndc	凝汽式机组	ws	工质
net	循环的(功、热量)	x	湿蒸汽
opt	最佳	1	初态;进口
out	出口(参数)	2	终态;出口
P	泵		

续表

希腊字母			
α	抽汽率;过量空气系数	κ	等熵指数
α_p	相对压力系数	κ_s	等熵压缩率
α_V	体膨胀系数	κ_T	等温压缩率
β	汽化熵变化;离解度	λ	压升比
β_c	临界压力比	μ	引射系数;化学势;黏度
Δ	增量	μ_J	焦耳-汤姆孙系数
δ	微小量	σ	应力
ε	应变;压缩比;制冷系数;化学反应度	π	增压比
ε_2	膨胀比	ρ	密度;预胀比
φ	相对湿度;体积分数;喷管速度系数	τ	升温比
γ	比热比;绝热指数;化学计量系数;表面张力	ξ	能量利用率;供热系数;热利用系数
η	效率	ψ	比相对湿度;热力学位

单位转换系数见表 C-2。

C-2　单位转换系数表

加速度	$1\ m/s^2 = 100\ cm/s^2$
面积	$1\ m^2 = 10^4\ cm^2 = 10^6\ mm^2 = 10^{-6}\ km^2$
密度	$1\ g/cm^3 = 1\ kg/L = 1\ 000\ kg/m^3$
能量	$1\ kJ = 1\ 000\ J = 1\ 000\ N \cdot m = 1\ kPa \cdot m^3$
	$1\ kJ/kg = 1\ 000\ m^2/s^2$
	$1\ kW \cdot h = 3\ 600\ kJ$
	$1\ cal = 4.186\ 8\ J$
力	$1\ N = 1\ kg \cdot m/s^2$
	$1\ kgf = 9.806\ 65\ N$
热流	$1\ W/cm^2 = 104\ W/m^2$
换热系数	$1\ W/(cm^2 \cdot ℃) = 1\ W/(cm^2 \cdot K)$
长度	$1\ m = 100\ cm = 1\ 000\ mm = 10^6\ \mu m = 10^{-3}\ km$
质量	$1\ kg = 1\ 000\ g = 10^{-3}\ t$
功率	$1\ W = 1\ J/s$
	$1\ kW = 1\ 000\ W = 1.341\ hp$
压力	$1\ Pa = 1\ N/m^2$
	$1\ kPa = 10^3\ Pa = 10^{-3}\ MPa$
	$1\ atm = 101.325\ kPa = 1.013\ 25\ bar$ $= 760\ mm\ Hg$ $= 1.033\ 23\ kgf/cm^2$ $1\ bar = 100\ kPa$
	$1\ mm\ Hg = 0.133\ 3\ kPa$

续表

比热	1 kJ/(kg · ℃) = 1 kJ/(kg · K) = 1 J/(g · ℃)
比体积	1 m^3/kg = 1 000 L/kg = 1 000 cm^3/g
温度	T(K) = T(℃) + 273.15
	ΔT(K) = ΔT(℃)
热导率	1 W/(m · ℃) = 1 W/(m · K)
速度	1 m/s = 3.60 km/h
体积	1 m^3 = 1 000 L = 10^6 mm^3 (cc)
体积流率	1 m^3/s = 60 000 L/min = 10^6 cm^3/s

本书用到的物理常量见表 C-3。

表 C-3　物理常量

摩尔气体常数	R = 8.314 47 kJ/(kmol · K) = 8.314 47 kPa · m^3/(kmol · K) = 0.083 144 7 bar · m^3/(kmol · K)
重力加速度	g = 9.806 65 m/s^2
大气压	1atm = 101.325 kPa = 1.101 325 bar = 14.696 psia = 760 mmHg = 10.332 3 mH_2O
斯特藩-玻尔兹曼常量	$\sigma = 5.670\ 4 \times 10^{-8}$ W/(m^2 · K^4)
玻尔兹曼常量	$k = 1.380\ 650\ 5 \times 10^{-23}$ J/K
电磁波在真空中的速度	$c_0 = 2.997\ 9 \times 10^8$ m/s

参考文献

[1]沈维道，童钧耕．工程热力学[M]．5版．北京:高等教育出版社,2016.
[2]毕明树,戴晓春,冯殿义,等．工程热力学[M]．3版．北京:化学工业出版社,2016.
[3]傅秦生．工程热力学[M]．北京:机械工业出版社,2016.
[4]严家騄,王永青．工程热力学[M]．5版．北京:高等教育出版社,2015.
[5]朱明善．工程热力学[M]．2版．北京:清华大学出版社,2011.
[6]杨玉顺．工程热力学[M]．北京:机械工业出版社,2010.
[7]华自强，张忠进,高青．工程热力学[M]．5版．北京:高等教育出版社,2009.
[8]王修彦．工程热力学[M]．北京:机械工业出版社,2008.
[9]曾丹苓,敖越,张新铭,等．工程热力学[M]．3版．北京:高等教育出版社,2002.
[10]陈则韶．高等工程热力学[M]．2版．合肥：中国科学技术大学出版社,2014.
[11]BALMER R T. Modern engineering thermodynamics[M]. Elsevier Inc. ,2011.
[12]SONNTAG R E,BORGNAKKE C. Introduction to engineering thermodynamics[M]. 2nd ed. New York:John Wiley & Sons,2007.
[13]BORGNAKKE C,SONNTAG R E. Fundamentals of thermodynamics[M]. 10th ed. New York:John Wiley & Sons,2019.
[14]BORGNAKKE C,SONNTAG R E. Fundamentals of thermodynamics[M]. 9th ed. New York:John Wiley & Sons,2017.
[15]BORGNAKKE C,SONNTAG R E. Fundamentals of thermodynamics[M]. 8th ed. New York:John Wiley & Sons,2013.
[16]BORGNAKKE C,SONNTAG R E. Fundamentals of thermodynamics[M]. 7th ed. New York:John Wiley & Sons,2009.
[17]ÇENGEL Y A,BOLES M A,KANOGLU M. Thermodynamics:an engineering approach[M]. 9th ed. New York:McGraw－Hill,2019.
[18]ÇENGEL Y A,BOLES M A. Thermodynamics: an engineering approach[M]. 8th ed. New York:McGraw－Hill,2015.
[19]ÇENGEL Y A,BOLES M A. Thermodynamics: an engineering approach[M]. 7th ed. New York:McGraw－Hill,2011.
[20]MORAN M J,SHAPIRO H N,BOETTNER D D,et al. Fundamentals of engineering thermodynamics[M]. 9th ed. New York:John Wiley & Sons,2018.
[21]MORAN M J,SHAPIRO H N,BOETTNER D D,et al. Fundamentals of engineering thermodynamics[M]. 8th ed. New York:John Wiley & Sons,2014.

[22]MORAN M J,SHAPIRO H N,BOETTNER D D,et al. Fundamentals of engineering thermodynamics[M]. 7th ed. New York:John Wiley & Sons,2011.

[23]ANSERMET J P,BRECHET S D. Principles of thermodynamics[M]. Cambridge UK:Cambridge University Press,2019.

[24]TABATABAIAN M,RAJPUT E R K. Advanced thermodynamics:fundamentals,mathematics,applications[M]. Virginia:David Pallai,2018.

[25]王丰. 热力学循环优化分析[M]. 北京:国防工业出版社,2014.

[26]吴晓敏. 工程热力学精要与题解[M]. 北京:清华大学出版社,2012.

[27]何雅玲. 工程热力学精要解析[M]. 西安:西安交通大学出版社,2014.